Wie funktioniert das?
Die Umwelt des Menschen

**Meyer-Nachschlagewerke
aus dem
Bibliographischen Institut**

Meyers Enzyklopädisches Lexikon
in 25 Bänden

Meyers Kontinente und Meere
in 8 Bänden

Meyers Handbücher
der großen Wissensgebiete

Meyers Großes Bücherlexikon

Meyers Großes Jahreslexikon

Meyers Großes Handlexikon in Farbe

Meyers Standardlexikon

Meyers Großer Weltatlas

Meyers Neuer Handatlas

Meyers Universalatlas

Meyers Neuer Atlas der Welt

Wie funktioniert das?

Klipp und klar

Meyers Kinder-Sachbücher

Meyers Jahresreport

Wie funktioniert das?
Die Umwelt des Menschen

Herausgegeben und bearbeitet
von der Redaktion
Naturwissenschaft und Medizin
des Bibliographischen Instituts
unter der Leitung von
Karl-Heinz Ahlheim

Wissenschaftliche Mitarbeit:
Prof. Dr. Kurt Egger, Dr. Jürgen Bässler,
Dieter Teufel

Bibliographisches Institut Mannheim/Wien/Zürich
Meyers Lexikonverlag

Redaktionelle Mitarbeit:
Gerhard Krauß, Dr. Erika Retzlaff,
Kurt Dieter Solf

242 zweifarbige Schautafeln

305 Textseiten

11 Registerseiten

Die Bezeichnung »Wie funktioniert das?«
ist für Bücher aller Art für das Bibliographische Institut
als Warenzeichen geschützt

Alle Rechte vorbehalten
Nachdruck, auch auszugsweise, verboten
© Bibliographisches Institut AG, Mannheim 1975
Satz: Bibliographisches Institut AG und
Beltz-Druck, Hemsbach
(Photosatz Linotron 505 TC)
Druck und Einband: Klambt-Druck, Speyer
Printed in Germany
ISBN 3-411-00981-0

Vorwort

Alle reden von „Umwelt" und „Umweltverschmutzung" – aber die wenigsten fühlen sich persönlich von der Umweltproblematik betroffen. Die ernsthafte Beschäftigung mit der Sache selbst überläßt man dem Fachwissenschaftler, dem Ökologen, und nimmt im übrigen zur Kenntnis, daß es Bürgerinitiativen gibt, die sich engagiert mit Umweltfragen auseinandersetzen.

Einer der Hauptgründe für dieses fatale Desinteresse dürfte in der unzureichenden Kenntnis von den vielfältigen Verästelungen und der Verwobenheit der Kreisläufe und Wirkmechanismen zu suchen sein, die in der Natur und im technisch-zivilisatorischen Bereich eine Rolle spielen.

Wir bedürfen also in erster Linie grundlegender Informationen über den Gegenstand „Umwelt" selbst und über die Voraussetzungen, auf denen „Umwelt" funktioniert – bzw. nicht funktioniert. Erst dann werden wir kompetent genug sein, um in Umweltfragen verantwortlich mitdenken, mitreden und auch mithandeln zu können. Diesem Ziel will das vorliegende Buch dienen. Es stellt nicht den einen oder anderen Ausschnitt der Palette „Umwelt" dar, sondern erfaßt das Thema in seiner komplexen Gesamtheit: das Spannungsfeld der funktionalen Abläufe in der Natur und der diesen gegenüberstehenden ökologischen Auswirkungen menschlicher Tätigkeit. In dieser Polarität werden auch die mannigfach verflochtenen menschlichen Lebensbereiche, und zwar sowohl das Nützliche und Weiterführende als auch das Bedrohliche und Zerstörende der mit ihnen verbundenen Technologien, transparent gemacht. Den Schwerpunkt des ersteren, natürlich-funktionalen Teils des Buches bildet die Darstellung der Lebewesen in ihren ökologischen Beziehungen. Im gegenpoligen Bereich menschlicher Zivilisation und Technik nehmen diejenigen Kapitel, die sich mit den verschiedenen Formen der Energie, nicht zuletzt auch der Kernenergie, befassen, den breitesten Raum ein. Dazwischen spannt sich ein weiter Bogen, der von den Vorgängen und Kreisläufen in der Atmosphäre, Hydrosphäre, Pedosphäre und Lithosphäre über die Gefahren der Verunreinigung der Lebensräume Boden, Luft und Wasser, über die permanent auf uns und unsere Umwelt einwirkenden zahllosen Schadstoffe, über die Beseitigung bzw. Wiederverwertung (Recycling) der Zivilisationsabfälle bis hin zu den bedrängenden Problemen des Wachstums im technisch-zivilisatorischen Bereich, insbesondere des Bevölkerungswachstums, reicht.

Die in den Bänden der Reihe „Wie funktioniert das?" vielfach bewährte Form der Darstellung, die jeweilige Textinformation, wo immer es möglich und sachdienlich ist, auf gegenüberliegenden zweifarbigen Schautafeln „ins Bild zu setzen", erreicht hier sicher ein Höchstmaß an Sinnfälligkeit.

Wir sind davon überzeugt, daß dieses Buch, das in seiner Komplexität das bisher einzige seiner Art sein dürfte, die sachlichen Voraussetzungen für eine vertiefte Umweltdiskussion schaffen wird.

Mannheim, im Herbst 1975

Herausgeber und Bearbeiter

Inhaltsverzeichnis

Vorwort 5

Literaturhinweise 11

Bildquellenverzeichnis 11

Die Umwelt des Menschen – Einführung in die Problematik .. 12–29

Staat und Umwelt 30–35
Das Umweltprogramm
   der Bundesregierung 30
Allgemeine Empfehlungen
   des Sachverständigenrates
   für Umweltfragen 31
Die Umweltschutzgesetzgebung .. 32
Genehmigungsverfahren für die
   Errichtung von Kernkraftwerken . 33
Modellvorschlag für ein
   verbessertes Genehmigungs-
   verfahren für Industrieanlagen .. 34

**Was kann der einzelne tun? –
Umwelttips** 36

**Die naturwissenschaftliche
Gliederung der Umwelt** 38

Die Atmosphäre 40–63
Die Strahlungsbilanz der Erde ... 42
Kohlendioxid –
   seine Rolle in der Atmosphäre .. 44
Der Wind 46
Der Wind –
   kleinräumige Windsysteme 48
Die Entstehung der Wolken 50
Die Entstehung von Regen 52
Nebel 54
Verdunstung und Transpiration .. 56
Die Temperatur
   in der bodennahen Luftschicht .. 58
Die Temperatur
   in der bodennahen Luftschicht –
   Temperaturumkehr 60
Die Temperatur
   in der Pflanzenschicht 62

Die Hydrosphäre 64–87
Der Wasserkreislauf 66
Das Meer – der Meeresboden 68
Das Meer – Meeresströmungen ... 70
Die Gezeiten 72
Die Zusammensetzung des
   Meerwassers 74
Das Meer – physikalische
   Verhältnisse im Meer 76

Binnengewässer 78
Physikalische Verhältnisse in Seen . 80
Temperaturverhältnisse und
   Gashaushalt in fließenden und
   stehenden Gewässern 82
Chemische Verhältnisse in
   Binnengewässern 84
Grundwasser 86

Die Pedosphäre 88–107
Die Bodenluft 90
Die Bedeutung des Bodenwassers . 92
Die Bedeutung der organischen
   Substanz im Boden 94
Die Bodentemperatur 96
Bodenbeschaffenheit und
   bodenanzeigende Pflanzen ... 98
Die Zerstörung des Bodens . 102–107
Wassererosion 104
Winderosion 106

Die Lithosphäre 108–127
Erzlager I 110
Erzlager II 112
Kohle – Kohlelager 114
Erdöl und Erdgas – ihre Entstehung 116
Erdöllager 118
Salzlagerstätten 120
Verwitterung 122–127
Physikalische Verwitterung 122
Chemische und biologische
   Verwitterung I 124
Chemische und biologische
   Verwitterung II 126

Die belebte Umwelt 128–255

Die Biosphäre – Ökosysteme .. 128
Biotope 130–147
Biozönose – der Buchenwald ... 132
Leben im Boden –
   die Bodenfauna I 134
Leben im Boden –
   die Bodenfauna II 136
Leben im Boden – die Bodenflora . 138
Quellen – Leben in Quellen 140
Das Grundwasser –
   Leben im Grundwasser 144
Leben in der Tiefsee 146
Wasserpflanzen 148
Fleischfressende Pflanzen 150
Insekten 152

Freundliches und feindliches Zusammenleben von Organismen 156–169

Die Staaten der Insekten .. 156–161
Die Staaten der Insekten –
der Bienenstaat 158
Symbiose 162
Parasitismus 166
Wirtswechsel bei Parasiten –
der Bandwurm 168

Grundphänomene des Lebens 170–193
Grundphänomene des Lebens –
Reizbarkeit bei Pflanzen 172
Grundphänomene des Lebens –
Reizbarkeit bei Tieren 176
Grundphänomene des Lebens –
die Fortpflanzung 178
Generationswechsel bei Tieren .. 182
Grundphänomene des Lebens –
Differenzierung 184
Evolution – Beeinflussung des
Genotyps durch die Umwelt .. 186
Modifikationen –
Beeinflussung des Phänotyps
durch die Umwelt 190
Die Erbinformation –
Umweltgifte und Erbschäden . 192

Stoffwechselvorgänge im Organismus 196–225
Der Energiehaushalt der Zelle .. 196
Energiehaushalt und
äußere Einflüsse 198
Die Photosynthese 200
Die Chemosynthese 206
Die Glykolyse 208
Der Zitronensäurezyklus 210
Die Atmungskette 212
Gärungen 214
Der Wasserhaushalt der Pflanzen . 216
Der Kreislauf des Kohlenstoffs
und des Sauerstoffs 220
Der Kreislauf des Stickstoffs ... 222
Der Kreislauf des Phosphors ... 224

Die Nahrungskette 226

Wald und Moor 228–237
Der Wald – die Gefährdung
des Waldes 228
Der Wald – Funktionswandel des
deutschen Waldes 230
Der Wald – Waldschutzgebiete .. 232
Der Wald – Waldlichtungen 233
Moore – Moorbildung 234
Moore – Kultivierung und
Erhaltung 236

Naturschutz 238–255
Geschützte Tierarten 239
Geschützte Tierarten –
das Auerhuhn 240
Geschützte Tierarten –
der Fischotter 242
Vogelschutz 244
Vogelschutz –
praktischer Vogelschutz 245
Die Einbürgerung neuer Tierarten 248
Die Ausrottung von Tieren
und Pflanzen 250
Geschützte Pflanzen 252
Nationalpark Königssee 253
Naturparks 254

Landwirtschaft, Pflanzenbau und Tierhaltung 256–317
Landwirtschaft
und Landschaftsgestaltung .. 256
Landwirtschaft
und Landschaftsgestaltung –
die Erholungsfunktion 258
Landwirtschaft –
Mono- und Mischkultur 260
Gartenbau – die Hügelkultur ... 262
Viehhaltung und Umwelt – der
traditionelle Gemischtbetrieb . 264
Viehhaltung und Umwelt –
die Massentierhaltung 266
Antibiotika in der Tierernährung . 268
Ökologische Auswirkungen der
Grünlandnutzung – die Mahd . 270
Ökologische Auswirkungen der
Grünlandnutzung – die Weide . 271

Pflanzennährstoffe und Düngung 272–279
Pflanzennährstoffe –
der Stickstoff 272
Pflanzennährstoffe –
der Phosphor 274
Pflanzennährstoffe – das Kalium . 276
Pflanzennährstoffe – Spuren-
elemente – das Kupfer 278

Temperaturverhältnisse an Pflanzen 280–283
Die Auswirkung tiefer Temperaturen
auf Pflanzen 281
Tau und Reif – ihre Bedeutung
für die Pflanzen 282
Frostschutz 284–285
Windwirkung an Pflanzen .. 286–289
Windschutzmaßnahmen für
Kulturbestände 288
Bewässerung 290–295
Bewässerung – die Beregnung .. 292
Künstlicher Niederschlag 294

Entwässerung durch
Dränung 296–297

**Schädlingsbekämpfung und
Pflanzenschutz** 298–317
Pestizide – ökologische
Problematik 298
Ökologische Schäden durch
Pestizide – Beispiel Baumwollanbau in Peru 300
Pestizide –
medizinische Problematik ... 302
Pestizide – Gesundheitsschäden
durch Pestizidrückstände ... 304
Populationsdynamik –
Erkenntnisse für die
Schädlingsbekämpfung 306
Ökologische Schädlingsbekämpfung – Kulturmaßnahmen 308
Biologische Schädlingsbekämpfung durch Nützlinge 310
Der Einsatz tierischer und pflanzlicher Duftstoffe in der biologischen Schädlingsbekämpfung . 314
Unkrautbekämpfung – ökologische Unkrautbekämpfung .. 316

**Siedlungswesen und
Landschaftsgestaltung.** 318–327
Raumordnung – die Besiedlungsdichte in der BRD 318
Flächennutzung in der BRD 319
Zersiedlung – Zweitwohnungen . 320
Verstädterung 322
Mikroklima in Städten 324
Mikroklima in Städten –
Bäume und Grünanlagen
als Regulatoren 326

Verkehr und Umwelt 328–335
Lösung des Verkehrsproblems –
Vorschläge der Gesellschaft für
rationale Verkehrspolitik 330
Fußgängerbereiche 331
Neue Verkehrssysteme –
das Kabinentaxi 332
Benzin – Methanol statt Blei 334

**Luftverschmutzung und
Luftreinhaltung** 336–353
Luftverunreinigung – Aerosole .. 336
Gesundheitsschäden durch
Staubemissionen 338
Luftverunreinigung –
chemische Industrie 340
Luftverunreinigung –
Mineralölindustrie 342
Luftverunreinigung
aus Spraydosen 344
Photochemischer Smog 346
London-Smog 348

Luftverunreinigung –
Smogalarmpläne 350
Pflanzenschäden durch
Luftverunreinigungen 351
Luftreinhaltung –
der Elektroentstauber 352

**Wasserverschmutzung,
Wasserreinhaltung und
Wasserversorgung** 354–373
Wasserverschmutzung –
der Bodensee 354
Wasserverschmutzung –
der Rhein 356
Wasserverschmutzung –
die Nordsee 358
Ölpest – Bekämpfung durch die
schwimmende Absaugpumpe . 360
Aufheizung der Flüsse 362
Die Selbstreinigung
der Gewässer 364
Abwasserreinigung 366
Abwasserreinigung –
der Wellplattenabscheider ... 368
Kompostierung von
Klärschlamm – das Gegenstromverfahren 370
Wasserversorgung – Aufbereitung
von Oberflächenwasser 372

Schadstoffe in der Umwelt . 374–407
Fluor – Fluoridierung des
Trinkwassers 374
Gesundheitsschäden
durch Kohlenmonoxid 376
Gesundheitsschäden
durch Stickoxide 378
Ozon – Entstehung und Wirkung
auf den Organismus 380
Schwefeldioxid 382
Chlorierte Kohlenwasserstoffe .. 384
Blei – Gesundheitsschäden
durch Blei 386
Cadmium – Gesundheitsschäden
durch Cadmium 388
Gesundheitsschäden durch
Quecksilber 390
Zigaretten und Tabak –
Aktivrauchen 392
Zigaretten und Tabak –
Passivrauchen 394
Umweltgifte und Krebs 396

Radioaktive Schadstoffe .. 398–407
Wie wirken radioaktive Stoffe
auf Lebewesen? 398
Die Anreicherung
radioaktiver Stoffe 400
Strahlendosis und
Strahlenschäden 402
Plutonium 404
Tritium 406

Schall und Lärm 408–419
Lärm – Grenzwerte der
   Lärmbelästigung 410
Lärm und menschliches
   Wohlbefinden 412
Schwerhörigkeit durch Lärm . . . 414
Lärmschutz 416
Fluglärm – Fluglärmschutz 418

**Abfallbeseitigung und
Abfallverwertung** 420–459
Die Beseitigung von Siedlungs-
abfällen in industriellen
   Ballungsräumen 420
Müll – die Müllabsauganlage . . . 422
Müll – die Vorsortierung von
   Abfällen im Haushalt 424
Müll – die geordnete Deponie . . . 426
Müll – der Deponieverdichter . . . 428
Müll – Deponie von Müll
   in „Müllblöcken" 430
Müll – die ungeordnete Müllkippe 432
Müll – Kunststoffe im Müll 434
Müll – die Müllverbrennung 436
Emissionen aus
   Müllverbrennungsanlagen . . . 438
Müllverhüttung im Lichtbogenofen 440
Die Beseitigung von Abfällen
aus der Massentierhaltung –
   das Licom-System 442
Kompostierung
von Müllklärschlamm –
   das Brikollare-Verfahren 444
Kompostierung von
Müllklärschlamm – das Jetzer-
   Kompostplattenverfahren . . . 446
Kompostausbringung 448
Die landwirtschaftliche Verwen-
dung von Müllkompost und
   Müll-Klärschlamm-Kompost . . 450
Problemmüll 452–459
Die Tiefversenkung flüssiger
   Abfälle 452
Atommüll – Problematik 454
Atommüllagerung in
   oberirdischen Lagertanks . . . 456
Atommüllagerung
   im Salzbergwerk 458

Energie und Umwelt 460–507
Was ist Energie? 460
Wofür wird Energie gebraucht? . . 462
Energiereserven 464
Verschwendung von Energie . . . 466
Energieplanung –
   Wirtschaftsprognosen 468

Energieplanung –
   wissenschaftliche Prognosen . 470
MHD-Generatoren 472
Energie aus dem Erdinnern 474
Windkraftwerke 476
Wasserenergie 478
Gezeitenkraftwerke 480
Energie aus dem Meer 482
Gletscherkraftwerke 484
Sonnenenergie
   zur Stromerzeugung 486
Sonnenenergie zur Heizung
   und Kühlung 488

*Sonderprobleme
der Kernenergie* 490–507
Natürliche Radioaktivität 490
Kernspaltung und Radioaktivität . 492
Kernenergie und Umwelt 494
Kernkraftwerke – Aufbau 496
Schnelle Brüter 498
Kernfusion 500
Sicherheit von Kernkraftwerken . 502

Die Kühlung von Kraftwerken 504–507
Großkühltürme –
   klimatische Auswirkungen . . . 506

**Wachstum, allgemeine und
gesamtwirtschaftliche Aspekte
des Wachstums** 508–538
Wachstum –
   exponentielles Wachstum . . . 508
Was sind Rückkopplungen? . . . 510
Verzögerungsfaktoren in ökolo-
   gischen Prozessen – DDT . . . 512
Wachstumsgrenzen 514
Die Studie
   „Grenzen des Wachstums" . . . 518
Die Ausrottung der Wale –
ein Beispiel für die Überschrei-
   tung von Wachstumsgrenzen . 522
Bevölkerungswachstum –
   regionalisiertes Weltmodell . . 524
Das Wachstum
   der Erdbevölkerung 526
Bevölkerungsprobleme
   der dritten Welt 528
Die Wachstumskatastrophe
   New York 532
Die Informationslawine 534
Kosten-Nutzen-Analyse 536
Die Kosten der Umweltbelastung –
   das Verursacherprinzip 538

Streß und Umwelt 539
**Menschliche Psyche und
technischer Fortschritt** 540

Literaturhinweise

Altner, G., Schöpfung am Abgrund..., Neukirchen-Vluyn 1974.
Bundesminister des Inneren, Referat Öffentlichkeitsarbeit (Herausgeber), Kurzfassung des Umweltgutachtens 1974 des Rates von Sachverständigen für Umweltfragen, Bonn 1974.
Commoner, B., Wachstumswahn und Umweltkrise, München 1973.
Dollinger, H., Die totale Autogesellschaft, München 1972.
Ehrlich, P. u. A., Bevölkerungswachstum und Umweltkrise..., Frankfurt am Main 1972.
Eppler, E., Ende der Wende, Stuttgart 1975.
Friedrichs, G. (Redaktion), Qualität des Lebens... Beiträge zur vierten internationalen Arbeitstagung der IG Metall für die BRD 11.–14. 4. 1972 in Oberhausen, Frankfurt am Main 1973.
Goldsmith, E./Allen, R., Planspiel zum Überleben. Ein Aktionsprogramm, Stuttgart 1972.
Gruen, V., Das Überleben der Städte, Wien 1973.
Gunnarsson, B., Japans ökologisches Harakiri..., Reinbek 1974.
Illich, I. D., Selbstbegrenzung, eine polit. Kritik der Technik, Reinbek 1975.
Klasing, K., Apokalypse auf Raten. Respektlose Gedanken über den Fortschritt, München 1971.
Lambert, W., u. a., Damit alle leben können, Mainz 1973.
Lorenz, K., Die acht Todsünden der zivilisierten Menschheit, München 1974.
Meadows, D. u. a., Die Grenzen des Wachstums. Bericht des Club of Rome zur Lage der Menschheit: 1. Bericht Reinbek 1972, 2. Bericht Reinbek 1974.
Novick, Sh., Katastrophe auf Raten. Wie sicher sind Atomkraftwerke?, München 1971.
Olchowy, G., Belastete Landschaft – gefährdete Welt, München 1971.
Osche, G., Ökologie – Grundlagen, Erkenntnisse, Entwicklung der Umweltforschung, Freiburg i. Br. 1973.
Pauling, L., Leben oder Tod im Atomzeitalter, Wien 1960.
Peccei, Au., Die Grenzen des Wachstums. Fazit und Folgestudien, Reinbek 1974.
Schumacher, E. F., Es geht auch anders. Technik und Wirtschaft nach Menschenmaß..., München 1974.
Schwabe, G. H., Umwelt heute. Beiträge zur Diagnose, Erlenbach-Zürich 1973.
Taylor, G. R., Das Selbstmordprogramm. Zukunft oder Untergang der Menschheit, Frankfurt am Main 1973.
Wagner, F., Weg und Abweg der Naturwissenschaft..., München 1970.
Weish, P./Gruber, E., Atomenergie und Umweltsituation, Frankfurt am Main 1973.
Weish, P./Gruber, E., Radioaktivität und Umwelt, Frankfurt am Main 1975.

Bildquellenverzeichnis

(Die Bildquellenangaben stehen im allgemeinen unter den einzelnen Schautafeln; zusammenfassend werden hier die folgenden aufgeführt)
   Alfa-Laval GmbH, Hamburg. – BAV Biologische Abfallverwertungsgesellschaft mbH u. Co., Schöneck. – Bomag Division Koehring GmbH, Boppard. – BSH Büttner-Schilde-Haas AG, Krefeld-Uerdingen. – EVT Energie- und Verfahrenstechnik GmbH, Stuttgart. – IWKA Industriewerke Karlsruhe/Augsburg. – Jetzer Engineering AG, Neuenhof Damsau. – KUKA Keller u. Knappich Augsburg.

Die Umwelt des Menschen
Einführung in die Problematik

*Das Raumschiff Erde auf Kollisionskurs?
Die Konzeption dieses Buches*

Der Mensch wirkt, seit es ihn gibt, auf seine Umwelt ein und verändert sie – keineswegs immer zu seinem oder der Umwelt Vorteil. Dies war aber praktisch niemals Anlaß für besondere Überlegungen. Eine bewußte *Umweltplanung* im heutigen Sinne ist etwas gänzlich Neues. Erst seit wenigen Jahren, und zwar genau von dem Zeitpunkt an, als der Mensch erstmals auf der Fahrt zum Mond die Erde als Planeten zu sehen bekam, weiß alle Welt um das „Raumschiff Erde" – und um seine Begrenztheit.

Wachsendes Wirken auf begrenztem Raum muß eines Tages *Grenzen des Wachstums* zur Erfahrung bringen. An Grenzen stoßen oder sie vorübergehend überschreiten heißt hier zum Beispiel: kostbare, unersetzliche Rohstoffe voreilig erschöpfen und künftig ohne sie leben müssen. Dies gilt heute für unseren wichtigsten fossilen Energieträger, das Erdöl, in geringerem Maße (zum Glück) auch für die Kohle. Es gilt ebenso für eine Reihe wichtiger Metalle wie Aluminium, Zink, Kupfer, Quecksilber und Silber. Grenzen mißachten führt ferner zu Störungen in wichtigen Abläufen. So bricht z. B. die Fähigkeit der Gewässer zur Selbstreinigung durch zu hohe Abwasserbelastung zusammen, oder die landwirtschaftliche Produktion wird durch Übernutzung der Böden und Erosion gefährdet.

Solche *Gefährdungen* stellen eine Herausforderung dar. Wir haben die Chance, durch vernünftiges und verantwortungsvolles Handeln, d. h. hier durch *aktiven Umweltschutz*, unseren Nachkommen eine hinreichende Lebensqualität zu hinterlassen.

Doch warum soviel Aufhebens? Was ist denn das Neue an dieser Lage? Stets hat der Mensch im Laufe seiner Geschichte die von der Umwelt gebotenen Möglichkeiten ausgenutzt und oft genug auch übernutzt, wenigstens kurzfristig auf Kosten der nachfolgenden Generationen. Dies führte jeweils zu Rückschlägen, sei es durch Versorgungskrisen und Hungersnöte, sei es durch Kriege, sei es durch Abwanderung in noch intakte Gebiete. Die Zerstörung der Wälder im Mittelmeerraum für die Zwecke des Schiffsbaus, gefolgt vom Niedergang der landwirtschaftlichen Produktion und der Erosion der Böden, ging dem Zusammenbruch des Römischen Imperiums voraus – ein Beispiel für viele. Neu für uns ist heute, daß wir nicht nur an einzelnen, isolierten Stellen an Grenzen stoßen, sondern daß die Erde als Wirtschaftseinheit funktioniert und insgesamt ausgelastet ist – und daß wir uns dessen weltweit in faszinierend kurzer Zeit bewußt geworden sind.

Die *Stockholmer Umweltkonferenz* im Jahre 1972 war das äußere Zeichen für diese weltweite Einheit und zugleich für die hinter dieser Einheit noch wirksamen Differenzen. Die Erde ist heute von einem alles umfassenden Informationsnetz umspannt, sie ist eine *informatische Einheit*. Die Nachrichtensatelliten im Weltraum sind ein äußeres Zeichen dafür. Damit ist eine wesentliche Voraussetzung erfüllt, daß sie auch politisch als zusammenhängendes System funktionieren kann, wenn auch mit starker innerer Differenzierung und mit erheblichen Reibungspunkten. Neu ist aber auch, daß wir unsere kritische Lage erkennen und damit global gezielte Zukunftsplanung betreiben können.

Atemberaubend schnell haben wir diese Einsicht gewonnen: Die Erhaltung der Umwelt erfordert sofortige Maßnahmen. Die meisten Staaten der Erde legten in Stockholm umfangreiche Umweltberichte und Sofortprogramme vor. Doch dann tauchten die Kontroversen auf. Die Entwicklungsländer befürchteten, die Umweltkrise werde von den Industrienationen benutzt und hochgespielt, um das Wachstum weltweit einzufrieren und damit die heutigen Unterschiede zwischen reichen und armen Ländern zu verewigen. Dem Enthusiasmus der ersten Stunde folgten Rückschläge, Halbheiten, Zweifel.

Gibt uns dies Grund zum Pessimismus? Im Gegenteil! Wir haben gesehen, daß und wie schnell die grundsätzliche Einsicht in weltweiten Umweltschutz zu gewinnen war. Es darf uns nicht verwundern, daß die Realisierung, die sich im Detail vollziehen muß, völlig andere Zeitdimensionen beansprucht. Jetzt müssen zunächst einmal die Interessenkonflikte ausgetragen und Kompromisse erzielt werden. Was soll, was muß denn im einzelnen geändert werden? Wie kann dies geschehen, ohne das Funktionieren unseres nun einmal komplizierten Lebens katastrophal zu stören? Besonnenheit ist nötig und Behutsamkeit im Vorgehen.

Das „Raumschiff Erde" bedarf zweifellos der *Kurskorrektur*. Der neue Kurs ist in großen Zügen klar, im einzelnen aber müssen die notwendigen Maßnahmen sorgfältig geprüft und ausgewählt werden. Keinesfalls ist dies eine Sache ausschließlich für Experten. Viele grundsätzliche Entscheidungen sind zu fällen, die jeden angehen. Wir alle können unseren Beitrag leisten, als einzelne Bürger, in der Familie und im Freundeskreis, im Beruf und innerhalb der Organisationen unserer differenzierten Gesellschaft. Unsere *Demokratie* bietet *optimale Voraussetzungen* für die Mitwirkung des einzelnen, ebenso für den Zusammenschluß von Gruppen, für eine öffentliche Meinungsbildung, für Parteiarbeit, für Bürgerinitiative, für Kritik. Die Demokratie lebt dadurch, daß hinreichend viele Bürger von diesen Grundrechten Gebrauch machen. Sie lebt von kritischer Auseinandersetzung.

Das setzt jedoch voraus, daß jeder einzelne die Lage erkennt und sich um solide Information bemüht. Wir müssen wissen, *wie unsere Umwelt funktioniert und wo diese Funktionen gefährdet oder gestört sind*. Sachlichkeit muß sich mit Verantwortung und persönlichem Engagement verbinden, wenn brauchbare Lösungen erreicht werden sollen. Dies schließt hartes Ringen ein. Die Vitalität und Stabilität unserer Demokratie zeigt sich gerade dort, wo sie sich tolerante Auseinandersetzung auch mit härtester Kritik leisten kann, ohne den Freiraum persönlicher Meinungsäußerung einzuschränken. Darin liegt unsere bessere Chance, die Umweltkrise zu meistern!

Dieses Buch möchte dem Leser das *Funktionieren unserer Umwelt,* vor allem im Blick auf Gefährdungen und Störungen, – um des Schutzes Willen – verständlich machen. Es beschränkt sich nicht auf die Schilderung intakter Abläufe, sondern hebt bewußt die dunklen Seiten, die gestörten Bereiche heraus, da sie unserer Aufmerksamkeit und korrigierenden Hilfe vorrangig bedürfen. Eine Reihe einleitender Kapitel, die im Unterschied zu den folgenden am besten im Zusammenhang zu lesen sind, geben einen Überblick über unsere Situation und die globalen Aufgaben, die wir im Interesse der Erhaltung einer lebenswerten Umwelt bewältigen müssen. Sodann wird, ohne daß sich das Buch erschöpfend in alle Details verlieren könnte, Einblick in wesentliche *umweltrelevante Grundfunktionen* der Erdoberfläche gegeben – vorab in die anorganischen Grundlagen Luft, Wasser, Gesteine. Es folgen die Aspekte des Lebens – Biochemie, Evolution, Ökosysteme. Das Schwergewicht liegt schließlich auf der Wechselwirkung zwischen den Menschen im technischen Zeitalter mit dieser vorgegebenen und durch den Menschen veränderten Umwelt. Dabei werden vor allem erwiesene und befürchtete Störungen angesprochen, ebenso werden praktizierte oder vorgeschlagene Auswege aus kritischen Situationen aufgezeigt. Hauptstichworte sind Konsum und Abfall, Energie, Industrie, Wassernutzung, Verkehr, Landwirtschaft. Alle diese Kapitel sind so abgefaßt, daß sie nach Lust, Anlaß und Bedarf einzeln für sich gelesen werden können.

Technische Umwelt – Zustand und Ziel

Unsere gegenwärtige Umwelt ist vorwiegend die Welt hochrationalisierter industriell-technischer Produktion, die den Stil unseres Lebens prägt. Dies gilt keineswegs nur für die eigentliche Industrie selbst; auch viele andere Bereiche sind von der industriellen Massenproduktion geprägt: unsere Wohnkultur, alle Dienstleistungen wie Handel, Verkehr, Gesundheitswesen, Verwaltung, Erziehung, die wissenschaftliche Forschung ebenso wie die organisierte Freizeitgestaltung. Noch zu wenig beachtet wird, daß auch für die landwirtschaftliche Produktion die gleichen Maßstäbe gelten.

Verzichten wir auf alle Details und versuchen, die wichtigsten umweltrelevanten Vorgänge zusammenzufassen, so erscheint unsere technische Welt der „natürlichen" Umwelt auf die folgende Weise eingefügt:

Der moderne Mensch wünscht sich ein vielseitiges und reiches Angebot von Waren, Nahrungs- und Genußmitteln, Gebrauchswaren, eine Vielzahl von Geräten, Wohnraum, Dienstleistungen, Unterhaltung usw. Wir nennen dies *Nachfrage*. Sie spiegelt Bedürfnisse, die durch viele Einflüsse sehr variabel bestimmt werden. Zu diesen Einflüssen gehören die ererbte Natur des Menschen, seine Erziehung, sein Sozialstatus, die Mode und die Werbung. Die Werbung kann in der Wechselwirkung zwischen Angebot und Nachfrage bis zur Bedürfnissuggestion aktiv werden.

Die *Befriedigung von Bedürfnissen* setzt voraus, daß *produktive Arbeit* geleistet wird. Während in ursprünglichen Gesellschaften kleinere Einheiten (Familie, Clan, Dorf) alles weitgehend selbst herstellen, was sie brauchen *(Subsistenzwirtschaft)*, entsteht die hohe Leistung unserer industriellen Produktion durch extreme *Arbeitsteilung (Rationalisierung)*. Man arbeitet an der Produktion von irgend etwas, erhält dafür Lohn und kauft sich dafür auf dem Markt, was man wünscht. Das Ganze wird durch komplizierte ökonomische Systeme in Funktion gehalten: durch freie Marktwirtschaft, durch soziale Marktwirtschaft (die am anpassungsfähigsten ist) oder durch Planwirtschaft.

Wie fügen sich nun Produktion und Konsum in die Umwelt ein? Zwei Produktionszweige müssen wir unterscheiden: *Industrie* und *Landwirtschaft*. Während die erste vorwiegend im städtischen Siedlungsbereich konzentriert ist, ist die zweite flächenhaft ausgedehnt und besonders eng an die „natürliche" Umwelt angeschlossen, ja weitgehend mit ihr identisch, wenn wir unter Natur die mit Pflanzen und Tieren belebte freie Landschaft verstehen. Beide Produktionszweige beliefern den *Konsum*, dieser erzeugt *Abfall*. Die Industrie entnimmt der Umwelt Rohstoffe und Wasser und erzeugt ebenfalls Abfall. Der Landwirtschaft liefert sie Produktionsmittel (Maschinen, Düngemittel, Biozide).

Dieses Bild läßt in besonders einfacher Weise erkennen, welche Hauptaufgaben der Umweltschutz in diesem System hat. Da die Umweltkrise vor allem zwei Aspekte hat, nämlich Rohstofferschöpfung und Verschmutzung, muß zwischen Basis und Produktion ein Filter eingeschaltet werden, das den Zugriff in beiden Richtungen verringert. Dies bedeutet für die Industrie und den Konsum *Rückführung der Abfälle*, so weit möglich, in wieder verwendbare Formen *(Recycling)*: teils als *Rohmaterial* (Metalle, Glas, Schlacke), teils als Energie (Müllverbrennung), als Müll-Klärschlamm-Kompost, der in der Landwirtschaft gute Dienste leisten kann, usw. Für die Landwirtschaft bedeutet es Suche nach *ökologisch schonenden Anbauverfahren*.

Diese Aufgaben lösen sich natürlich nicht von selbst. Ihre Lösungen müssen vielmehr durch die politische Steuerung durchgesetzt werden, wozu diese wieder an geeigneter Stelle im ökonomischen Mechanismus einzugreifen hat. Unsere soziale Marktwirtschaft bietet alle dazu nötigen Ansatzpunkte.

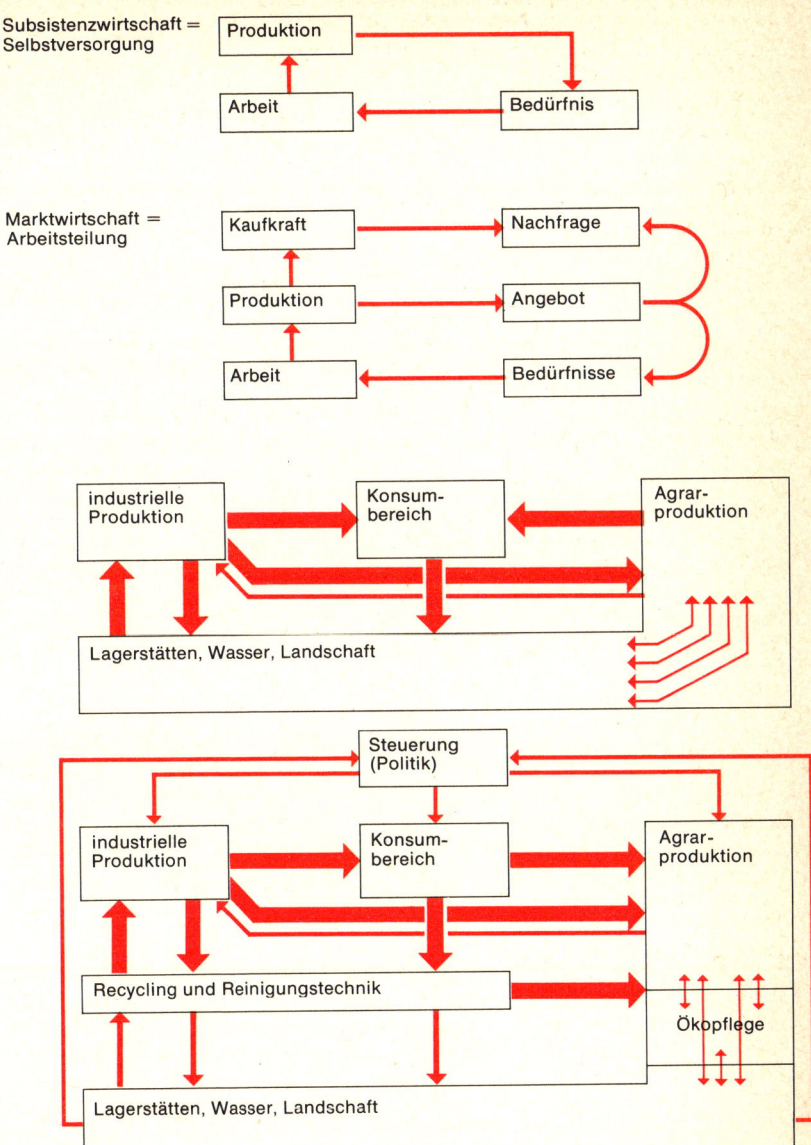

Evolution der Umwelt

Der heutige Zustand der Umwelt ist das Ergebnis einer langen Entwicklungsgeschichte, während der sich die Erde ständig verändert hat. Umwelt ist nichts Konstantes, nichts, das als Erstarrtes zu konservieren wäre. Desgleichen strebt Umweltschutz nicht das Verhindern jeder Veränderung und damit jeder Entwicklung an. Wir wollen daher in äußerst groben Zügen überblicken, durch welche *Stufen der Entwicklung* unsere heutige Umwelt entstanden ist, um zu erkennen, vor welcher entscheidenden neuen Stufe wir stehen. Wir werden uns fragen, was aus dieser heutigen Umwelt morgen werden kann und soll.

Wir müssen zunächst eine Zeit annehmen, in der noch kein Leben auf unserem Planeten existierte (Stufe I), in der vielmehr reine *chemisch-physikalische Prozesse* abliefen. In dieser Epoche müssen sich die Vorbedingungen für die Entstehung organisierten Lebens gebildet haben, wie etwa hinreichend komplizierte organische Verbindungen (Aminosäuren, Porphyrine usw.). Eine besondere Atmosphäre ohne Sauerstoff, aber reich an Kohlensäure, Methan, Wasserstoff, Stickstoff, Ammoniak und Wasser, war die Voraussetzung dafür. Wir sprechen von der Zeit der *chemischen Evolution*.

Das *Leben* beginnt mit dem ersten Auftreten zellartiger Gebilde, die zur Selbstvermehrung und zur Weitergabe von Erbinformation befähigt waren, wobei es von untergeordneter Bedeutung ist, wie sie ausgesehen haben mögen. Nun setzt der lange Weg der *Evolution der Organismen* ein. Diese Zeit veränderte das Gesicht der Erde tiefgreifend. Eine Pflanzendecke beginnt vom Wasser her die Landmassen zu überziehen, die Atmosphäre bekommt eine andere chemische Zusammensetzung: Die reduzierenden Verbindungen verschwinden, Sauerstoff und Stickstoff werden vorherrschend (bestimmend). Erst jetzt können sich die heutigen Tierformen und die Mehrzahl der pflanzlichen Organismen entwickeln. Es bilden sich aus abgestorbenen Organismenresten riesige *Lagerstätten von Kohle und Erdöl*, unsere heutigen fossilen Energieträger (Stufe II).

Eine neue Zeit bricht mit dem Auftreten des *Menschen als Werkzeugmacher* an. Über sehr lange Zeiträume allerdings bleibt der Mensch ein Glied unter vielen anderen des Organismenreiches. Wegen seiner zunächst noch geringen technischen Möglichkeiten, seiner geringen Anzahl und seiner vielen Feinde beeinflußt der Mensch die Erde nicht stärker als andere Lebewesen auch. Der harte Selbstbehauptungskampf gegen allerhand tierische Feinde und gegen die Unbilden der Natur mögen die frühe Zeit des Menschen vielfach gekennzeichnet haben.

Einige Eigenschaften verleihen dem Menschen aber immer mehr Vorteile im Lebenskampf und führen zum Anstieg der Bevölkerungszahl. Entscheidend war dabei, daß der Mensch im Gegensatz zu den Tieren in der Lage ist, nicht nur Werkzeuge zu erfinden und herzustellen, sondern auch alle dementsprechenden Erfahrungen seinen Artgenossen und insbesondere seinen Kindern weiterzuvermitteln. Auf diese Weise häuften sich die Erfahrungen und bewirkten, angesammeltem Kapital vergleichbar, einen jeweils günstigeren Start für neue Erfindungen. Fast unabhängig vom genetischen Erbe, das für die Tiere nahezu allein bestimmend ist, wird die *menschliche Entwicklung vor allem durch überlieferte Erfahrung geprägt*. Dadurch steigt seine Fähigkeit, sich den Tieren gegenüber durchzusetzen, exponentiell an. Es dauert schließlich nicht lange, bis in geschichtlicher Zeit große Landstriche durch den Menschen in *Kulturlandschaften* umgeformt werden (Stufe III).

Die *Entwicklung der Wissenschaften*, insbesondere der Naturwissenschaften, und die Entdeckung ihrer Anwendbarkeit für technische Zwecke im militärischen und wirtschaftlichen Bereich führt schließlich zur Entfaltung unserer spezifischen abendländischen industriell-technischen Kultur. Sie führt in Form der *wissenschaftlich-technischen Revolution*, die in Ost und West heute noch in vollem Gange

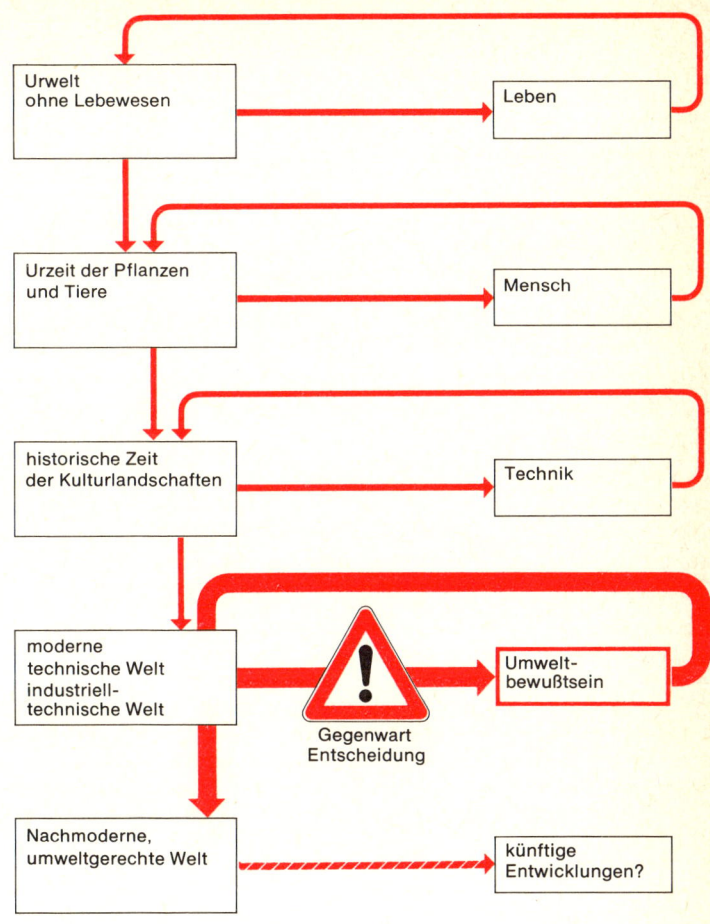

ist, – unbeschadet der unterschiedlichen Auffassungen im speziellen Bereich der Ökonomie – zur alles Bisherige in den Schatten stellenden *Umgestaltung unserer Umwelt*. Es entstehen die modernen Industrielandschaften, Straßennetze, Siedlungsballungen. Ungeahnte Steigerungen aller wirtschaftlichen und technischen Prozesse werden möglich. Das ökonomische System wird darüber hinaus so organisiert, daß es ein ständiges Wachstum des Wirtschaftsvolumens voraussetzt. Damit nähern wir uns im Eilschritt den durch die Umwelt gesetzten *Wachstumsgrenzen;* wir haben die Stufe IV der modernen Welt erreicht.

Was liegt nun vor uns? Offenbar stehen wir am Wendepunkt zu einer nächsten Stufe, in der nicht mehr der Akzent auf „Wachstum", sondern auf „Gleichgewicht" in einem stabilisierten System bewußt gestalteter und gepflegter Umwelt gesetzt wird. Noch wissen wir nicht, wie diese „Nachmoderne" im einzelnen aussehen wird. Doch sind wir alle dazu aufgerufen, an ihrer Gestaltung schöpferisch mitzuwirken und ihre Grenzbedingungen zu ermitteln.

Wissenschaft als Verführer
Die Rolle der naturwissenschaftlichen Rationalität

Der Durchbruch unserer modernen industriell-technischen Welt, der durchaus als *industrielle Revolution* empfunden und bezeichnet wurde und größenordnungsmäßig kaum mehr als die letzten hundert Jahre umfaßt, hat sich während der vorangehenden Kulturen der Antike, des mittelalterlichen Abendlandes und schließlich der Renaissance langsam vorbereitet und geistesgeschichtlich herausgebildet.

Grundlage ist die spezifische *wissenschaftliche Rationalität* als eingeübte Denkweise. Wir sind so sehr darin erzogen, daß es uns schwerfällt, Distanz zu gewinnen und diese Denkweise als eine sehr einseitige unter vielen möglichen zu erkennen. Versuchen wir, einige Tendenzen der geschichtlichen Entwicklung dieses Denkens herauszulösen, um die Rolle unserer naturwissenschaftlichen Rationalität als Wegebereiter industrieller Technik besser zu verstehen.

Der erste Schritt, der bereits von den Griechen vollzogen wurde, liegt in der Einteilung der vollen uns gegebenen Wirklichkeit in einen sogenannten *rationalen*, d. h. logisch auflösbaren und durchschaubaren, und einen *irrationalen Teil*, der alles Emotionale, Empfindungsmäßige, aber auch Wertende und Religiöse enthält. Der nächste Schritt enthält etwas Gefährliches: Die Tatsache, daß das Rationale versachlicht mitteilbar oder, wie man auch sagt, objektivierbar ist, während das Irrationale im schwer mitteilbaren Bereich subjektiver Wahrnehmung liegt, führt dazu, das Rationale als das allein Wirkliche und Reale zu identifizieren, während der irrationale, nicht objektivierbare Bereich als irreal, unwirklich apostrophiert wird.

Die theokratisch bestimmte mittelalterliche Hochkultur hatte zunächst naturwissenschaftlichem Denken wenig Raum gelassen. Der *Realitätsbegriff* war in dieser Zeit stark jenseitsorientiert. Der ethisch-religiöse Bereich, Sinn- und Wertvorstellungen hatten erste Realität. In der Renaissance begann eine Auflehnung gegen diese Vorherrschaft des religiösen Bereichs. Die Zuwendung zur naturwissenschaftlichen Forschung, von der Kirche zunächst als etwas uninteressant Weltliches toleriert, erlaubte es, einen geistigen Freiraum zu schaffen. Damit stellte sich aber gegen den religiösen Wirklichkeitsbegriff ein weltlich orientierter, an das griechische Denken anschließender Wirklichkeitsbegriff. Die Triebkraft hierzu war Emanzipation von der theokratischen Vorherrschaft.

Abgesehen von vielerlei Komplikationen im einzelnen, kam es, aufs Ganze gesehen, zu keiner endgültigen Auseinandersetzung zwischen den beiden Realitätsbegriffen, vielmehr arrangierten sich beide, indem sie die volle Realität teilten: die Kirche für das Jenseits, die Wissenschaft für das Diesseits. Die Naturwissenschaft hatte nun aber auf ihrer Seite den Vorteil technischer Anwendung. Dies

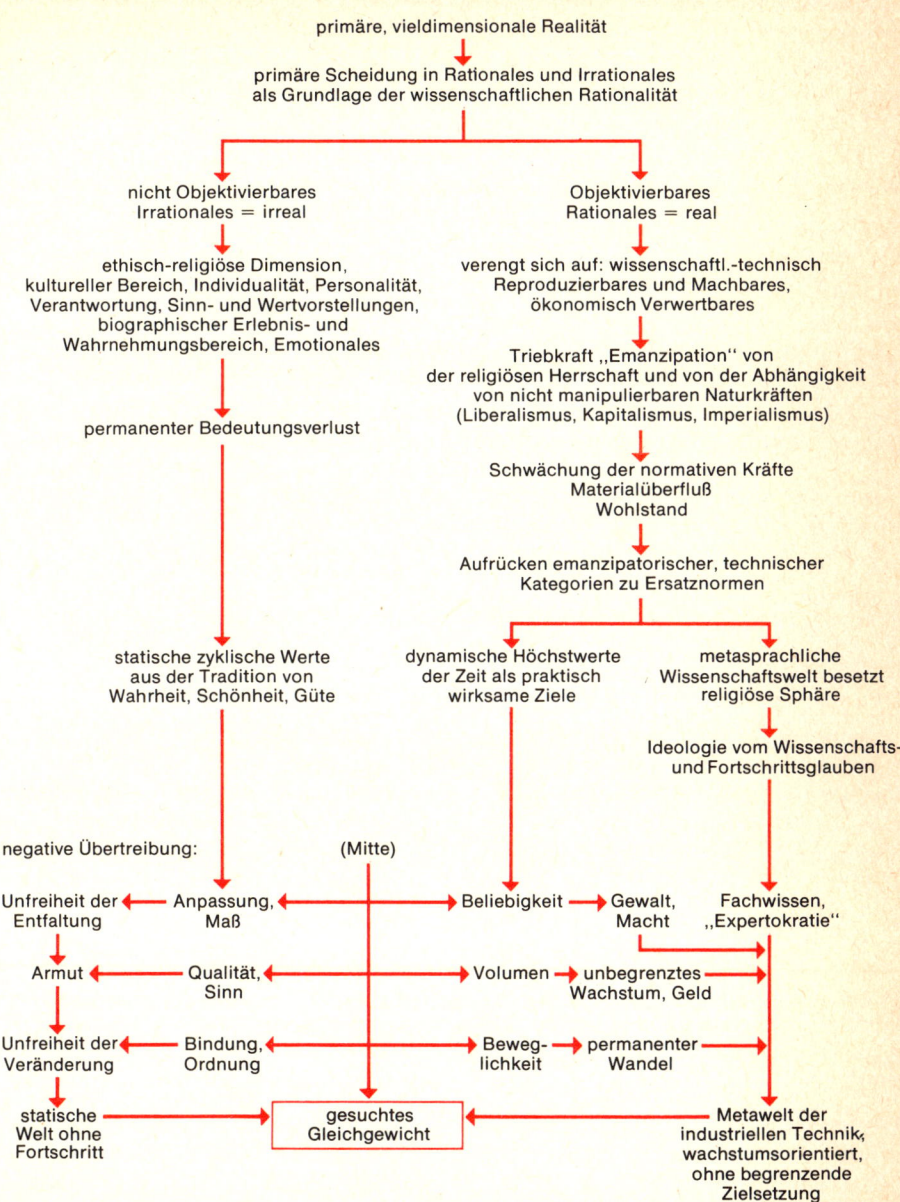

führte zunächst zur Waffenproduktion, damit zur Möglichkeit militärischer Machtausübung, schließlich zur Entfaltung industrieller Produktion. Liberalismus, Kapitalismus und Imperialismus kennzeichnen diese Entwicklung. Einfluß und Kraft der nicht objektivierbaren Wirklichkeit werden immer schwächer, Wert- und Sinnvorstellungen verlieren ihren Einfluß auf die technische Entwicklung. Die alten Wertvorstellungen des Wahren, Schönen und Guten, die Zielvorstellungen von Maß, Sinn und Ordnung verblassen immer mehr. An ihre Stelle treten dynamische Ziele technischer Entfaltung, die wir mit Streben nach Beliebigkeit, nach möglichst großem Volumen, nach freier Beweglichkeit umschreiben können.

Hatte die wissenschaftliche Entwicklung zunächst unsere Wirklichkeitswahrnehmung auf das Rationale eingeengt, so tritt mit der technischen Entfaltung eine weitere Verengung ein. Wirklich ist nicht mehr alles Rationale, sondern nur noch das wissenschaftlich-technisch Reproduzierbare und Machbare; schließlich behält praktischen Realitätscharakter nur noch das aus diesem Bereich ökonomisch Interessante und Verwertbare. Der wissenschaftliche Zugang zur Wirklichkeit ist gekennzeichnet durch das Isolieren einzelner Probleme und Faktoren und durch das kausal-analytische Durchschauen mechanistischer Funktionen. Alles, was mit diesem Zugriff nicht durchschaubar ist, bleibt außerhalb der Wahrnehmung. Technik und Ökonomie bringen dem Menschen eine zunehmende Machtfülle. Die Wissenschaft, die diese Machtfülle ermöglicht hat, rückt mehr und mehr in die Rolle einer Art Ersatzreligion, von der wir uns über technische Entwicklungen die Erlösung von allen Übeln dieser Welt versprechen. Man bezeichnet diese Entwicklung als *Wissenschafts-* und *Fortschrittsglauben*. Es entsteht schließlich eine mehr und mehr von speziellem Fachwissen geprägte Wissenschaftswelt, in der der Laie immer weniger, der Spezialist immer mehr mitzureden hat.

Hatten die alten statischen Wertvorstellungen von Maß, Sinn und Ordnung in ihrer einseitigen Verwirklichung zu Unfreiheit, Armut und Starrheit geführt, als ihren negativen Entsprechungen, so neigen die dynamischen Höchstwerte der technischen Zeit, wenn sie einseitig verwirklicht werden, zu Streben nach Gewalt, unbegrenztem Wachstum und permanentem Wandel. Man hat diese Entwicklung als einen „Verlust der Mitte" bezeichnet, dabei aber übersehen, daß die heutige Einseitigkeit im Grunde eine Konsequenz der vorangegangenen statischen Einseitigkeit ist. Das heißt, was eigentlich nötig wäre, wäre nicht eine Rückkehr zu den statischen Vorstellungen, sondern ein wohlausgewogenes Gleichgewicht der statischen und komplementären dynamischen Vorstellungen. In einem solchen Gleichgewicht müßte dynamische technische Eigenentfaltung den Sinn- und Wertvorstellungen des Menschen wieder eingeordnet und auf die ökologischen Grenzen unserer Möglichkeiten bezogen sein. In unserer komplizierten Wissenschaftswelt ist das aber nicht ohne die Hilfe einer sich auf ihre Grundlagen neu besinnenden Wissenschaft möglich. Die Wissenschaft war der Verführer zur heutigen industriellen Technik, sie muß nunmehr zum Helfer für die Überwindung der aufgetretenen Schwierigkeiten werden.

Die Wissenschaft als Helfer
Umweltforschung – Ökologie – Humanökologie

Die Entfaltung der abendländischen Naturwissenschaften war die geschichtliche Vorbedingung für die moderne technisch-industrielle Welt. Deren Konzeption hat uns ungeheuer bereichert – und uns die *globale Umweltkrise* beschert. Wie nun diese überwinden? Wir erkennen immer klarer, daß eben die Wissenschaften, die uns in die Krise geführt haben, uns auch aus ihr heraushelfen müssen. Der wissenschaftliche Erkenntnisprozeß enthält ein hohes Maß an Zweckfreiheit. Die Zwecke, denen wissenschaftliche Ergebnisse dienen, können von „außen", etwa politisch, gesetzt werden. Danach wird sich die Forschung denjenigen Fragen widmen und die Fächer vorrangig zur Entfaltung bringen, die den gesetzten Zwecken dienlich sind. Als oberster Zweck galt bisher, zur technisch-industriellen Entfaltung beizutragen. Das gilt u. a. für die Wirtschaftswissenschaften, die Erziehungswissenschaften, die Medizin und die Biologie (v. a. die Biochemie), jedoch mit absolutem Vorrang für Physik, Chemie und die Fächer der angewandten Technik.

Nunmehr sind die gewaltigen Aufgaben der Erhaltung unserer Lebensgrundlagen – „Umweltschutz" meint letztlich genau dies – zu bewältigen. Wichtige Teilaufgaben sind:
- Verringerung des Zugriffs an den knapp werdenden Rohstoffen; Wiederverwertung von Abfällen und Verwendung von Ersatzstoffen;
- Reduzierung der Umweltverschmutzung auf ein Maß, das der natürlichen Regenerationskraft der verschmutzten Medien entspricht; also entsprechende Reinigung von Abgasen und Abwässern; Beseitigung von Abfällen unter Berücksichtigung der Müllkompostierung; Einschränkung des Lärms (als „akustischen Schmutzes");
- Erhaltung vegetationstragender, freier Landschaften; also Verzicht auf weitere Vermehrung der Bau- und Straßenflächen;
- Verringerung der Belastung von Boden, Wasser und Nahrungsmitteln mit Schadstoffen; Verringerung der Gefährdung des Bodens durch Erosion im Bereich der Landwirtschaft; also Entwicklung ökologisch schonender Schädlingsbekämpfungs- und Landbaumethoden.

Lösungen sind nur mit Unterstützung durch die Wissenschaft zu erreichen. Die großen Ziele der Umweltpolitik sind rasch formuliert, doch ihre praktische Realisierung erfordert Zeit und erhebliche Anstrengungen im Detail. Der Wissenschaft ist damit ein neuer Zweck gesetzt. Auf vielen Gebieten hat sie diese Aufgabe angenommen und darüber hinaus umweltrelevante Disziplinen stärker entwickelt. So wurden in der BRD zahlreiche *Forschungsprogramme* im Rahmen der Umweltberichte von Bund und Ländern ins Leben gerufen und zum Teil auch finanziert. Das gilt in erster Linie für die Reinhaltung von Wasser und Luft, für die Messung der Umweltbelastung und für die Entwicklung umweltfreundlicher Technologien in der Abfallbeseitigung. Diese regionalen und nationalen Programme werden durch internationale Programme im Rahmen der UN-Organisationen, z. B. das Programm „Man and the Biosphere" (Der Mensch und die Biosphäre) der Unesco, flankiert.

Bei dieser *Neuorientierung der Wissenschaften* – zuerst waren sie die „Verführer", die das Abenteuer einer grenzenlosen technischen Entfaltung provozierten, nunmehr werden sie zu „Helfern", die den Weg für die Überwindung der Umweltkrise und für die Eroberung einer „ökologischen" Zukunft ebnen –, bei dieser Neuorientierung sind drei Stufen wissenschaftlicher Hinwendung zu unterscheiden, die in der praktischen Arbeit alle gleichzeitig bedeutsam werden können:
1. die allgemeine analytische Umweltforschung;
2. die spezielle Erforschung der Lebensbedingungen durch die Ökologie und Systemtheorie;
3. die interdisziplinäre Erforschung der Einfügung des Menschen in ökologische Ordnungen durch die Humanökologie.

Die allgemeine *analytische Umweltforschung* schließt, wenn auch mit neuer Zwecksetzung, in ihren Methoden nahtlos an die *traditionellen Aufgaben* an. Physik, Chemie, Geologie, Teilbereiche der Geographie, Biologie und Medizin sowie die angewandten technischen Disziplinen versuchen uns Klarheit zu geben über die Rohstoffvorräte der Erde, über die verschiedenen Möglichkeiten zur Energiegewinnung, über die Entstehung und den Abbau von Schadstoffen, über die Wirkung von Schadstoffen auf Menschen, Tiere und Pflanzen, über die Methoden der Messung von Schadstoffkonzentrationen, über die Möglichkeiten umweltfreundlicher Technologien. Hier geht es um die Lösung klar abgrenzbarer Einzelprobleme, um begrenzte, wenn auch oft umfangreiche Aufgaben. Die Ergebnisse dieser Arbeiten werden in der Politik und im öffentlichen Leben als Entscheidungshilfen benötigt.

Für den Laien ist es höchst verwirrend, sich in der Vielzahl der Disziplinen zurechtzufinden. Spalten sich doch mit dem Fortschreiten der Kenntnisse und Verfahren die tratitionellen Fächer in immer mehr sich in komplizierter Weise überschneidende *Einzeldisziplinen* auf. So sind z. B. auf dem Gebiet der *Geologie* die Teilbereiche „Meteorologie", „Hydrologie", „Pedologie", „Ozeanographie", „Geochemie", aus dem Bereich der *Chemie* die Teilbereiche „Spurenanalyse der analytischen Chemie", „Radiochemie", aus dem Bereich der *Biowissenschaften* die Teilbereiche „Umweltmedizin", „Sozialmedizin", „Krebsforschung", „Strahlenmedizin", „Toxikologie", „Abwasserbiologie", „Genetik", „Limnologie", „Agrarbiologie" zu nennen.

Alle diese Gebiete sind heute aufgerufen, Schäden zu reparieren, die im Laufe der jüngsten Geschichte indirekt durch sie selbst verursacht worden sind. Sie werden in ihren Anstrengungen unterstützt durch jene früher vernachlässigten Wissenschaften, deren Forschungsgegenstand die Analyse hochkomplizierter Wirkungsgefüge im Zusammenspiel vieler wirksam werdender Einzelfaktoren ist: Ökologie und Systemtheorie (bzw. Systemanalyse). In letzter Konsequenz führen diese Fächer schließlich zu dem übergreifenden Versuch einer Humanökologie.

Das zentrale Problem der Umweltkrise liegt doch offenbar weniger darin, daß dieses oder jenes Spezialproblem ungelöst ist, als vielmehr in der Tatsache, daß insgesamt das Zusammenspiel der einzelnen Faktoren zu einem sinnvollen Ganzen und im Hinblick auf ein vertretbares und in der gegebenen Biosphäre mögliches Ziel nicht mehr gelingen will. Eben diese Problematik fällt in die Forschungskompetenz der *Ökologie* und der *Systemforschung.* Diese Disziplinen wollen erfassen und verstehen, wie das komplizierte Zusammenwirken aller miteinander verwobenen Vorgänge funktioniert und welche Entwicklungstendenzen darin erkennbar werden. Sie wollen weiterhin verstehen, wie man solche „Systeme" auf bestimmte Ziele hin lenken oder doch wenigstens ihren „Kurs" korrigieren kann, ohne unerwünschte Nebenreaktionen auszulösen.

Die *Ökologie,* aus der Biologie hervorgegangen, beobachtet den Haushalt miteinander zusammenlebender Organismen in ihrer Umwelt und in ihren Wechselbeziehungen mit ihrer Umwelt; sie untersucht ihre zeitliche Entfaltung, Krisen in ihrer Entwicklung und Mechanismen der Wiederherstellung von Gleichgewichten. Die *Systemforschung,* die aus der wirtschaftlichen Betriebsanalyse hervorgegangen ist, behandelt formal-mathematisch alle möglichen Systeme, unabhängig davon, ob Lebewesen in sie integriert sind oder nicht; sie spielt vor allem in der Unternehmensberatung zur Marktanalyse eine Rolle. Die Systemforschung kann der Ökologie die mathematischen Grundlagen für die Berechnung ihrer speziellen „Ökosysteme" liefern. Die Ökologie bedient sich darüber hinaus der Erkenntnisse jedweder speziellen Grundlagenforschung, indem sie die gewonnenen Einzeldaten zu einem Gesamtverständnis verbindet und damit die Bedingungen und Möglichkeiten für stabile oder kritische Entwicklungen in der Zukunft aufzeigt.

Die Ökologie kann uns demnach Auskunft geben über die *Belastbarkeit von Ökosystemen,* d.h. von Flüssen, Seen, Wäldern, landwirtschaftlichen Anbaugebieten usw. Sie kann uns die Folgen einseitiger Eingriffe (etwa durch die chemische Schädlingsbekämpfung) klar machen. Gegenüber den auf die selbstüberschätzende Durchsetzung partikulärer Ansprüche angelegten Spezialwissenschaften leistet die Ökologie nicht zuletzt auch einen nicht zu unterschätzenden ideellen Beitrag: Sie erzieht zu *kooperativem Denken* und zur *Rücksichtnahme.* Das deutet auf einen moralischen Kern der Umweltkrise hin.

Die Ökologie bedarf, wenn sie sich – mit oder ohne Verwendung systemtheoretischer formaler Hilfsmittel – den komplexen Wechselwirkungen zwischen dem Menschen, seiner technischen Welt und dem sie tragenden Ökosystem (letztlich der gesamten Biosphäre) zuwendet, der Mitwirkung zahlreicher anderer Fächer, die Sozial- und Geisteswissenschaften mit eingeschlossen. Hier wird die Ebene der zahlreichen einzelnen Fachdisziplinen endgültig verlassen; hier ist nur mehr problemorientierte, interdisziplinäre und fächerübergreifende Gruppenarbeit möglich. Die so erweiterte Ökologie ist das Feld der *Humanökologie,* die nicht mehr als neue Fachdisziplin, sondern als das Gegenteil jeder Spezialisierung verstanden werden muß, als der Versuch, die Umweltprobleme unter Einbeziehung aller möglichen Aspekte zu lösen.

Die Einführungskapitel dieses Buches sind in diesem Sinne humanökologisch. Die vom „Club of Rome" angeregte Studie „Grenzen des Wachstums" (s. S.518) war der bisher umfassendste Versuch, formale, d.h. mathematisch-systematische Humanökologie zu schreiben. Humanökologie lehrt uns, daß nicht das Wachstum eines Systemteils (etwa der menschlichen Technik), sondern nur ein dynamisches Gleichgewicht zwischen allen Systemteilen langfristige Stabilität begründen kann. Aus dieser These die richtigen politischen Konsequenzen zu ziehen, ist unser größtes Problem.

Das künstliche Umweltsystem des Menschen

Die Umweltforschung, wie sie oben skizziert wurde, erfaßt vor allem naturwissenschaftliche Daten. Die ökologische und schließlich die humanökologische Betrachtungsweise lassen aber die Grenzen dessen, was „Umwelt" eigentlich ist, schwimmend werden. Leben wir wirklich in einer „naturwissenschaftlich erfaßbaren" Umwelt? Umgeben uns nicht vielmehr Kultur, Tradition, Mode, Wissen, umgeben uns nicht Kunstwerke, Bilder, Gebäude, Personen, persönliche Bindungen? Umgibt uns nicht ein Rechtssystem, ein Staat?

Nach wie vor liefert uns die naturwissenschaftlich-ökologische Erfassung der Umwelt die Orientierungsdaten für das, was wir uns im Umgang mit der Natur als Daseinsbasis leisten können. Wie wir aber dieses Wissen in Handeln umsetzen können, was dabei für den Menschen erreichbar und wünschbar ist, welche Kompromisse wir bei Zielkonflikten eingehen können, das wird erst erkennbar, wenn wir die komplexe Vieldimensionalität menschlicher Umwelt betrachten und würdigen.

Tatsächlich wächst der Mensch als Kind nicht in eine freie Natur hinein, sondern über die erste Nahrungsaufnahme in persönliche Beziehungen und Bindungen. Den ersten „Spielraum" bilden das Haus, die Nachbarn und die Straße. Sodann umgibt den Menschen ein vielfältiges Erziehungssystem (Schule, Jugendgruppen, Religion usw.), eine komplizierte Welt von Informationen, kulturellen Traditionen, Verhaltensregeln usw. Verwirrend für ihn ist auch das feinmaschig organisierte Verkehrssystem, mit dem er auf den Straßen konfrontiert wird. So kann es geschehen, daß ein Stadtbewohner jahrelang überhaupt keine freie Landschaft zu Gesicht bekommt, sondern nur eine nach technischen Gesichtspunkten gestaltete Produktionslandschaft.

Wir sehen also, daß der Mensch in einem komplizierten, selbstgeschaffenen „System" lebt, das in das natürliche Ökosystem mehr oder weniger vollkommen eingebaut ist. Dieses System erlaubt ihm, im Spannungsfeld zwischen seiner angeborenen Natur und den Bedingungen der äußeren Natur in einer Gemeinschaft wirksam zu werden. Wir können nun in diesem komplizierten Umweltsystem *Subsysteme* voneinander trennen, die sich durch eine gewisse Selbständigkeit und Eigendynamik auszeichnen:

1. Das *kulturelle Subsystem,* also Tradition, Sprache, Sitten und Gebräuche, Erziehung. Ohne diese eigenständige Sphäre, die heute gelegentlich von

Systemkritikern als „repressive" Gewalt negativ apostrophiert wird und die dafür sorgt, daß wir in eine geschichtliche Dimension eingebunden sind, wäre menschliches Leben undenkbar. Von hier aus lenken uns in der Tat wichtige Kräfte; von hier aus formen wir unsere Zielvorstellungen, unsere moralischen Normen. Das kulturelle Subsystem befindet sich heute in mächtigen, tiefgreifenden Umformungen, die seinen lenkenden Einfluß auf unsere Gemeinschaft stark schwächen und lähmen.

2. Das *soziale Subsystem* meint die von Land zu Land wechselnde Art der Bildung von Gemeinschaften, Gruppen, Organisationen; die Art und Weise des Zusammenlebens, die Regeln der Kontaktnahme, die Formen gegenseitiger Zu- und Unterordnung. Kein menschliches Leben funktioniert ohne Traditionen einer geregelten Gemeinschaftsbildung.

3. Ein besonders durchstrukturierter Teil des sozialen Bereiches ist das *politische Subsystem*, in das wir die Aufrechterhaltung der Ordnung im Lande und die Regelung zwischenstaatlicher Beziehungen hineinverlagern. Es gerät zum Nachteil aller, wenn dieses Subsystem zu schwach ist. Andererseits bedeutet es größte Gefahr, wenn dieses Subsystem selbstherrlich und zu stark wird. Die Demokratie wird von uns als die beste Möglichkeit erachtet, zwischen beiden Extremen die Balance zu halten. Ihr Ziel ist ein handlungsfähiges System, das unter Kontrolle und unter dem Zwang zur Verantwortung gehalten wird.

4. Die Aufgabe des *ökonomischen Subsystems* ist es, die Warenproduktion und die sinnvolle Verteilung von Waren und anderen Gütern in unserer hochspezialisierten arbeitsteiligen Gesellschaft in Gang zu halten. Das Wirtschaftssystem ist ein Instrument, kein Selbstzweck. Die Prinzipien, nach denen wir dieses Subsystem gestalten, können an sich frei gewählt werden; unsere politische Verfassung schreibt uns kein bestimmtes System vor. Selbstverständlich wird diese Freiheit durch das historisch Gewachsene und durch unseren dringenden Wunsch nach Kontinuität und Vermeidung krisenhafter Umbrüche entscheidend eingeengt. Im Augenblick sollten wir wohl versuchen, die im Konzept sozialer Marktwirtschaft angelegte Flexibilität zu nutzen, um mit unseren Problemen fertig zu werden.

5. Das *wissenschaftlich-technische Subsystem*. Eigentlich müßte es genauer heißen: das naturwissenschaftlich-technische Subsystem; denn was in diesem „Komplex" als Einheit erscheint, ist die enge Zusammenarbeit zwischen den Naturwissenschaften und der technischen Anwendung ihrer Erkenntnisse. Die moderne Welt ist ja recht eigentlich die wissenschaftlich-technische Welt, wobei die „Verwissenschaftlichung" oft skurrile, zwanghafte Formen annehmen kann, vor allem bei der immer stärker werdenden Verschulung und Theoretisierung der Berufsausbildung. Der wissenschaftlich-technische Bereich ist, unbeschadet seiner inhaltlichen Selbständigkeit, eng an den wirtschaftlichen Bereich angeschlossen. Dies gilt so sehr, daß man von außen die „Doppelnatur" etwa eines Industriebetriebes, in dem die Ziele der Techniker oft hart mit denen der Betriebsökonomen im Streite liegen, fast gar nicht wahrnimmt. Gegenüber den anderen Subsystemen kann man daher auch die beiden letzten als einheitlichen, eigenständigen Bereich ansehen; beruht doch die starke Durchsetzungskraft unserer Wirtschaft gerade auf ihrer industriellen Produktionsbasis. Auf dieser Durchsetzungskraft beruht aber zugleich auch das Anstoßen an die Wachstumsgrenzen und damit die Umweltkrise, die sich in allen (westlichen und östlichen) Industrieländern in gleicher Weise zeigt. Das spezielle ökonomische System ist ökologisch von zweitrangiger Bedeutung. Gesellschaftskritik, die nur am ökonomischen System ansetzt, verfehlt daher das Umweltproblem.

Vergleichen wir unser Bild der gesellschaftlichen Subsysteme mit unserem Wissen um die Umweltkrise einerseits und unseren Einsichten in die historische Entwicklung unserer heutigen technischen Welt andererseits, so erscheint die folgende These gerechtfertigt:

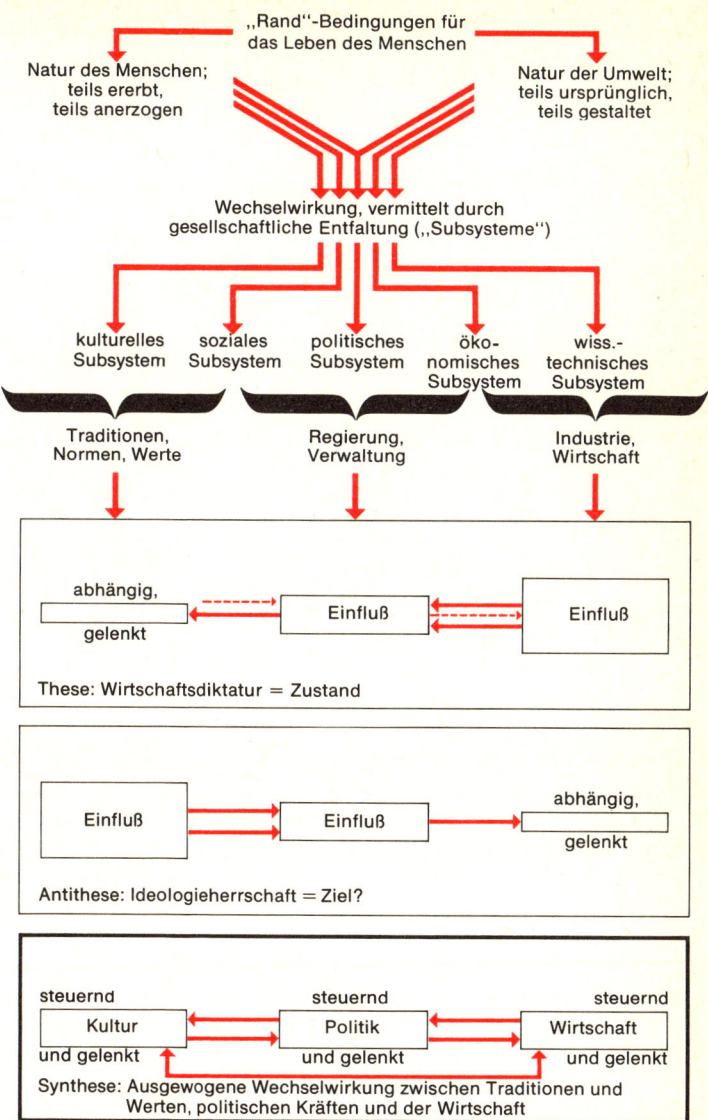

Abb. Störung im Verhältnis der gesellschaftlichen Teilkräfte zueinander als Ursache der Umweltkrise

These: Ein Schwerpunkt unserer Umweltkrise liegt im Bereich einer tiefen Disharmonie der Subsysteme. Der kulturell-normative Bereich ist zu schwach, der ökonomisch-technisch-wissenschaftliche Bereich zu stark betont. Das politische Subsystem wird daher allzu sehr vom wirtschaftlichen Bereich bestimmt und zu wenig vom normativen, also von übergeordneten Zielen her.

Dieser These könnte man deshalb als *Antithese* entgegensetzen: Durch einen Systemwandel sind diese Akzente umzukehren. Übergeordnete Ideen und Ziele des normativ-kulturellen Bereichs haben zu führen, die anderen Bereiche sind diesen unterzuordnen.

Kritik: Wohin würde uns eine solche Umkehr führen? Gehen wir davon aus, daß gerade die jeweils uns ideal erscheinenden Ziele die Oberhand gewinnen und die Gesellschaft lenken würden, so erscheint uns das ausgezeichnet. Was aber, wenn Ideologien, die wir ablehnen, diese Rolle übernehmen? Dann geraten wir in die Diktatur von Ideologien, die ein flexibles Eingehen auf neue Probleme stärker verhindern als unser heutiges System. Dabei ist es gleichgültig, ob es sich um Theokratien, um sozialistische oder um faschistische Ideologien handelt.

Das legt nahe, zwischen unserer These und ihrer Antithese zu vermitteln und folgende *Synthese* zu suchen: Nicht das eine oder das andere System, sondern ein Gleichmaß zwischen den Subsystemen garantiert eine lebendige, offene Entwicklung. Sicher müssen wir uns stärker als bisher wieder von übergeordneten Zielen leiten lassen und müssen den ökonomischen Bereich in gewisse Schranken verweisen. Wir wären aber gut beraten, dem ökonomischen Bereich wiederum eine Eigendynamik zu belassen. Krisen in der Zielfindung müssen dann nicht unbedingt auch Krisen der Wirtschaft sein!

Raumschiff Erde – oder geteilte Welt?

Unsere Bemühungen um den Umweltschutz trifft oft der Vorwurf von linker Seite, die Umweltkrise sei nur eine von Kapitalisten zu ihrem Schutz hochgespielte Erfindung, um die Ungleichheit in der Welt zu verschleiern und zu zementieren; alles Reden vom Nullwachstum sei nur ein Versuch, neue Formen des Kolonialismus festzuschreiben. Dem könnte man entgegenhalten, daß der Ostblock vor eher noch größeren Schwierigkeiten steht als wir. Man könnte genau so gut das Argument zurückgeben und darauf verweisen, daß die linken Kritiker das Mitleid mit den Entwicklungsländern nur benutzen, um sich aus der Schlinge unserer heftigen Wachstumskritik zu ziehen. Sind sie doch bis zum äußersten auf wissenschaftlich-technischen Fortschritt als Erlösungsvorstellung programmiert, weit mehr noch als die westliche Wirtschaft selbst. Im übrigen leisten gerade die sozialistischen Staaten des Ostens die geringste Entwicklungshilfe.

Wie schief immer die Motive der Argumentation liegen mögen, der Vorwurf greift tatsächlich eine ernste Sorge auf, die auf der Stockholmer Umweltkonferenz von Entwicklungsländern vorgetragen wurde. Dort wurde geäußert, daß die Probleme der Umweltüberlastung doch einen spezifischen Bereich der Industrienationen angehen; für die Entwicklungsländer gebühre dem Wachstum und der Entwicklung mindestens noch eine gehörige Zeitlang der Vorrang vor dem Umweltschutz. Dabei wurde aber nicht in Abrede gestellt, daß auch in Entwicklungsländern die Umweltprobleme gravierend zunehmen.

Das lenkt unsere Aufmerksamkeit auf zwei Dinge: Zum einen haben diese Länder an einer Umweltkonferenz teilgenommen und waren davon überzeugt, daß die ganze Biosphäre als Einheit zu sehen ist und globale Gefährdungen vor uns allen stehen – Raumschiff Erde! Zum anderen wird bewußt, daß dieses Raumschiff recht unterschiedliche ,,Decks" hat, von denen aus die Probleme verschieden gewertet werden. Eine Reihe von Regionen, oder besser verschiedene Gruppen von Ländern, können zusammengefaßt werden; z. B. *kapitalistische Industrienationen* wie die

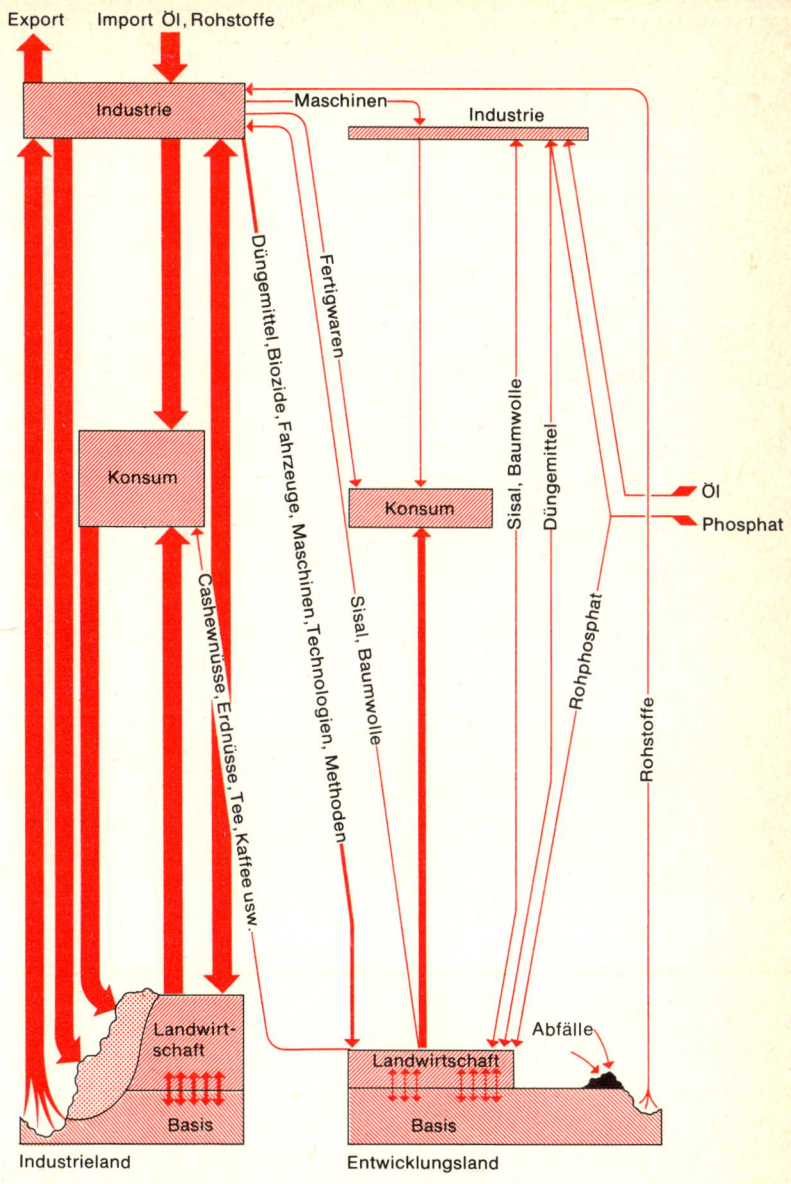

Abb. Wirtschaftliche Wechselbeziehungen zwischen Industrie- und Entwicklungsländern

USA, die Länder Westeuropas, Südafrika, Japan; *sozialistische Industrienationen* wie Rußland, die DDR und die übrigen Staaten Osteuropas; die verschiedenen, heute zu hohem Reichtum gekommenen *Ölländer;* die beiden Giganten und Sonderfälle *China* und *Indien;* schließlich eine große Zahl armer, häufig übervölkerter und auf landwirtschaftliche Produktion angewiesener *Entwicklungsländer,* die einen großen Teil der Flächen von Afrika, Südamerika und Südasien bedecken.

Die Ölländer könnten – noch wissen wir nicht, ob sie dazu politisch in der Lage sind – uns dazu zwingen, indirekt wirksame Entwicklungshilfe zu leisten, indem sie die durch die hohen Ölpreise erzielten Mehreinnahmen als Kredite an die Entwicklungsländer weitergäben, die ihrerseits für dieses Geld bei uns Waren kaufen könnten. Bis jetzt haben die ,,armen" *Entwicklungsländer* davon allerdings wenig verspürt. Sie hatten härter unter den Ölpreiserhöhungen zu leiden als wir. Die Fortschritte der Landwirtschaft waren dort auf moderne energie- und rohstoffintensive Methoden der sogenannten ,,Grünen Revolution" aufgebaut. Eine Steigerung der Energiepreise um das Zwei- bis Dreifache ließ Düngemittel, Pestizide und Maschinenhilfsmittel in vielen Gebieten unerschwinglich werden. Die Produktion droht zusammenzubrechen. Dies kann arme Länder an den Rand des Bankrotts bringen – und das heißt dort: Tod für Millionen durch Hunger! Helfen könnte hier nur der sofortige Übergang zu energie- und rohstoffsparenden biologischen Anbaumethoden; doch an deren Entwicklung war bislang keine Entwicklungshilfe interessiert. Unsere Wissenschaft – hier besonders die Agrarökologie – ist also einmal mehr aufgerufen, neuen Zielsetzungen zu dienen.

Dabei tritt uns eine Schwierigkeit entgegen. Energie- und rohstoffsparende Anbaumethoden gehören zu den sogenannten *angepaßten Technologien.* Es sind dies Verfahren, die nicht unbedingt dem letzten technischen Stand entsprechen, sondern die vielmehr an angemessenen ökonomischen, sozialen und ökologischen, dem jeweiligen Gebiet angepaßten Maßstäben orientiert sind. Meist sind es arbeitsintensive Verfahren mit relativ geringem Kapital- bzw. Maschineneinsatz. Viele Politiker der Entwicklungsländer lehnen gerade solche Anpassungen aus Prestigegründen ab. Sie sehen in ihnen eine minderwertige Variante für Arme. Sie befürchten, wir wollten sie mit zweitrangigen Technologien abspeisen. In dieser Lage benötigen beide Seiten ein hohes Maß an Feingefühl, an Sinn für Realistik und Einsicht in das Unausweichliche, um zu Kompromissen zu gelangen.

China ist hier mit Erfolg einen kompromißlosen Weg der arbeitsintensiven Anpassung gegangen, dabei als Endziel moderne Technologie anvisierend. Ob es auf dem Weg dahin letztlich doch nur die Industrienationen samt ihren Fehlern kopiert oder auf einer maßvollen Zwischenstufe halt macht, ist noch nicht abzusehen. Eine Reihe rigoroser Wachstumsdrosselungen auf dem Gebiet der Stadtentwicklung und der Bevölkerungspolitik läßt uns hoffen; Anderes stimmt nachdenklich.

Stellen wir die Extreme in einem ,,humanökologischen" *Systemvergleich* in starker Vereinfachung nebeneinander, um uns die Gegensätze klar zu machen: In den *Industrieländern* haben wir neben hohen Import- und Exportraten einen durch eine mächtige Industrie und eine hochentwickelte Landwirtschaft bestens versorgten Konsumbereich. Dafür ist die ökologische Basis außerordentlich stark in Anspruch genommen und zum Teil gefährdet. Zu hoch sind die Entnahmen von Material, die Beanspruchung des Geländes, der Ausstoß an belastenden Abfällen. Anders in *Entwicklungsländern:* Hier besteht eine Wechselwirkung zwischen einem offensichtlich unterbelieferten Konsumbereich einerseits und einer mangelhaft entwickelten Landwirtschaft sowie einer nur in Andeutung vorhandenen Industrie andererseits. Viele Fertigwaren, Technologien, Maschinen, Informationen usw. müßten zur Aufrechterhaltung der Wirtschaft eingeführt werden. Womit aber sollen sie bezahlt werden? Es steht nur eine geringfügige Überschußproduktion zur Verfügung. Sie betrifft im wesentlichen einige landwirtschaftliche Rohprodukte.

Diese aber stehen auf dem Weltmarkt unter hartem Konkurrenzdruck; das Preisverhältnis zwischen diesen Waren und den Industrieprodukten wird im Laufe der Zeit eher noch ungünstiger werden. Daher wird es diesen Wirtschaftsräumen kaum gelingen, sich zu stabilisieren und von unserer Hilfe unabhängig zu werden. Dabei wären in all diesen Ländern durchaus noch ökologische Reserven vorhanden. Während aber bei uns das Anstoßen an die ökologischen Grenzen durch die zu starke Entfaltung des industriellen Produktionsraums erfolgt, zeigt das Umweltproblem der Entwicklungsländer einen anderen Aspekt: Alle Ansätze zur Stabilisierung und wirtschaftlichen Entwicklung werden dort bedroht durch ein ungewöhnlich *starkes Bevölkerungswachstum.* Ein kaum zu durchbrechender Teufelskreis baut sich hier auf. Wir wissen, daß eine wirksame Bevölkerungskontrolle nur möglich ist bei sozialer und wirtschaftlicher Stabilität. Andererseits ist gerade diese Bevölkerungsentwicklung die Ursache für das Zusammenbrechen vieler Entwicklungsbemühungen. Niemand weiß heute eine brauchbare Lösung für dieses Problem.

Das Umweltprogramm der Bundesregierung

Das im Jahre 1970 von der Bundesregierung verabschiedete erste Umweltprogramm kann in 10 Thesen zusammengefaßt werden:

1. Das Umweltprogramm definiert die *Umweltpolitik* als die Gesamtheit aller Maßnahmen, die notwendig sind, um dem Menschen eine Umwelt zu sichern, wie er sie für seine Gesundheit und für ein menschenwürdiges Dasein braucht; um Boden, Luft und Wasser, Pflanzen- und Tierwelt vor nachteiligen Wirkungen menschlicher Eingriffe zu schützen und um Schäden oder Nachteile aus menschlichen Eingriffen zu beseitigen.

2. Eine Hauptforderung des Umweltprogramms ist das *Verursacherprinzip*. Danach hat grundsätzlich der Verursacher von Umweltbelastungen die Kosten für deren Beseitigung zu tragen (s. S. 538).

3. Der *Umweltschutz* soll durch finanz- und steuerpolitische Maßnahmen sowie durch Infrastrukturmaßnahmen unterstützt werden. Das Umweltprogramm ist so angelegt, daß die Leistungsfähigkeit der Volkswirtschaft nicht überfordert wird.

4. Der *technische Fortschritt* muß in Zukunft umweltschonend verwirklicht werden. Ein Ziel des Programms ist eine „umweltfreundliche Technik", bei deren Anwendung die Umwelt erhalten bleibt oder nur wenig belastet wird.

5. Die Bundesregierung sieht in der *Förderung des Umweltbewußtseins* einen wesentlichen Bestandteil ihrer Umweltpolitik. Der Umweltschutz ist Sache jedes einzelnen Bürgers.

6. Im Umweltprogramm ist festgelegt, daß die Bundesregierung sich für ihre Entscheidungen in Fragen des Umweltschutzes verstärkt der *wissenschaftlichen Beratung* bedienen wird. Dafür hat sie inzwischen einen „Rat von Sachverständigen für die Umwelt" berufen.

7. Die notwendigen *Forschungs-* und *Entwicklungskapazitäten* für den Umweltschutz müssen ausgebaut und die Koordinierung der Forschungsarbeit verstärkt werden. Dadurch muß die Möglichkeit geschaffen werden, alle Umweltbelastungen und ihre Wirkungen systematisch zu erforschen. Ferner müssen alle auf die Umwelt bezogenen Daten erfaßt und in einem Informationssystem so aufgearbeitet werden, daß sie der öffentlichen Hand, der Wissenschaft und der Wirtschaft zur Verfügung stehen.

8. Durch interdisziplinäre und praxisbezogene *Aufbaustudien* an Hoch- und Fachschulen sollen die Möglichkeiten der Ausbildung für die Spezialgebiete des Umweltschutzes vermehrt und verbessert werden.

9. Um einen wirksamen Umweltschutz realisieren zu können, bedarf es einer engen *Zusammenarbeit* zwischen Bund, Ländern und Gemeinden untereinander und mit Wissenschaft und Wirtschaft.

10. Da der Umweltschutz internationale Zusammenarbeit verlangt, ist die Bundesregierung hierzu in allen Bereichen bereit und setzt sich für *internationale Vereinbarungen* ein: Angleichung von Meßmethoden, Warnsystemen und Registrierverfahren; internationale Umweltgesetzgebung, gemeinsame Umweltpolitik, v. a. im Bereich der EG-Staaten.

Allgemeine Empfehlungen des Sachverständigenrates für Umweltfragen

Im „Umweltgutachten 1974" des Rates von Sachverständigen für Umweltfragen der Bundesregierung sind zu allgemeinen umweltpolitischen Problemen folgende Empfehlungen enthalten:

Grundrecht auf menschenwürdige Umwelt: Der Sachverständigenrat empfiehlt als einen Schritt von grundsätzlicher Bedeutung die Aufnahme eines Grundrechtes auf menschenwürdige Umwelt in das Grundgesetz.

Umweltbewußtsein: Die Wirksamkeit des Umweltschutzes hängt vom Verantwortungsbewußtsein des Einzelnen ab. Deshalb ist die Wandlung der Einstellung des Bürgers von der Gleichgültigkeit zur Verantwortung gegenüber der Umwelt von entscheidender Bedeutung. Der Rat empfiehlt daher, die Aufklärung der Öffentlichkeit auf allen Gebieten des Umweltschutzes zu verstärken.

Verursacherprinzip: In der Frage der Zurechnung und Anlastung umweltpolitischer Maßnahmen ist nach Meinung des Rates dem Verursacherprinzip überall dort grundsätzlich der Vorzug zu geben, wo eine Zurechnung möglich ist. Dabei sollten grundsätzlich alle instrumentellen Möglichkeiten (politisch, rechtlich, wirtschaftlich, technisch) überprüft werden (s. auch S. 538).

Bewertungskriterien: Umweltschäden wie Vorteile des Umweltschutzes werden in der Regel nur langfristig wirksam. Daher besteht immer wieder die Gefahr, daß Maßnahmen des Umweltschutzes gegenüber sonstigen Investitionen, die direkten Nutzen versprechen, unterbewertet werden. Der Rat empfiehlt, bei allen Entscheidungen, die die Umwelt berühren oder berühren können, den Langzeitwirkungen besondere Aufmerksamkeit zu schenken.

Erfolgskontrolle: Alle öffentlichen Umweltprogramme sollten eindeutige Erfolgskriterien enthalten. Da Umweltprogramme in der Regel langfristiger Natur sind, ist es nach der Auffassung des Rates unerläßlich, insbesondere zeitliche Kontrollmöglichkeiten vorzusehen. Dafür ist eine enge Zusammenarbeit zwischen dem Umweltbundesamt und den entsprechenden Landesämtern notwendig.

Verbandsklage: Umweltpolitik leidet vielfach unter einem „Vollzugsdefizit" besonders auf den unteren Verwaltungsebenen. Um die Wirksamkeit der geltenden Vorschriften zu erhöhen, tritt der Rat dafür ein, daß die Klagemöglichkeiten des Verwaltungsprozeßrechtes in Umweltschutzsachen erweitert werden (s. auch S. 32).

Internationale Aspekte: Die intensive ökonomische und ökologische Verflechtung der Bundesrepublik Deutschland mit ihren europäischen Nachbarn erfordert eine internationale Abstimmung der Umweltpolitik. Aus diesem Grund empfiehlt der Rat, alle Möglichkeiten zur gemeinsamen Lösung grenzüberschreitender Umweltprobleme auszuschöpfen. Innerhalb der EG ist auf eine Harmonisierung der umweltpolitischen Instrumente hinzuwirken.

Umweltverträglichkeitsprüfung: Eine wirksame Planung des Umweltschutzes erfordert eigene Koordinierungsverfahren, die über die bestehenden Regelungen in einzelnen Gesetzen hinausgehen. Der Rat empfiehlt zu diesem Zweck die Einführung einer generellen Umweltverträglichkeitsprüfung in Form eines Gesetzes. Das Gesetz sollte die Sachgrundsätze regeln, nach denen die Umweltverträglichkeit geprüft wird, sowie das Verfahren, das dabei anzuwenden ist.

Umweltstatistik: Die erste Begutachtung von Situationen und Maßnahmen auf dem Gebiet des Umweltschutzes hat gezeigt, daß zu Einzelgebieten wegen fehlender, nicht vergleichbarer oder mit systematischen Mängeln behafteter Daten nur grob skizzierende Aussagen möglich sind. Die durch das geplante Umweltstatistikgesetz angestrebte Vergrößerung und Vereinheitlichung der Datenbasis wird daher begrüßt; das Gesetz sollte rasch verabschiedet werden.

Die Umweltschutzgesetzgebung

Durch neue *Umweltschutzgesetze* wird die Rechtsgrundlage für die Erhaltung und Gestaltung einer menschenwürdigen Umwelt geschaffen. Im allgemeinen sind für die *Durchführung der Umweltschutzgesetze* die Verwaltungsbehörden, meistens Behörden der Länder, zuständig. Sie müssen die umweltrelevanten Planungen entwickeln, die Genehmigungsverfahren für umweltrelevante Anlagen und Einrichtungen durchführen, die Genehmigungen erteilen, diese Anlagen überwachen und mit den in entsprechenden Gesetzen vorgeschriebenen Maßnahmen gegen unzulässige Einwirkungen auf die Umwelt vorgehen. In der bisherigen Praxis des Umweltschutzes wurden die Rechtsvorschriften des Umweltschutzrechts von den Verwaltungsbehörden und den Staatsanwaltschaften nicht sehr streng gehandhabt. Das „Umweltgutachten 1974" des Rats von Sachverständigen für Umweltfragen der Bundesregierung stellt fest, daß dadurch der heute schon weithin beklagenswerte Zustand der Umwelt zum nicht geringen Teil mitverursacht werde. Im Umweltgutachten heißt es dazu weiter: „Das Erstarken eines allgemeinen Umweltbewußtseins wird vor allem an dem Verhalten der Verwaltungsbehörden, das in manchen Fällen bezüglich der Umweltschutzvorschriften fast an Vollzugsverweigerung grenzt, nur wenig ändern. Staat und Kommunen sind nämlich in aller Regel auf Grund ihres vorausgegangenen Tuns zumindest bei industrieller und gewerblicher Umweltverschmutzung nicht mehr zu unabhängigem Handeln und Entscheiden in der Lage, weil sie entweder die entsprechenden Planungen erstellt oder die Genehmigungen erteilt oder von polizeilichen, ordnungsbehördlichen oder sonstigen Untersagungs- und Eingriffsmöglichkeiten zu Gunsten des Umweltschutzes keinen oder nur einen unzulänglichen Gebrauch gemacht haben."

Um einen ordnungsgemäßen Vollzug der Umweltschutzgesetze zu gewährleisten, gibt es in unserem Rechtsstaat die Möglichkeit der Anrufung unabhängiger Gerichte. Nach dem geltenden Recht steht dies jedem Bürger zu, der geltend machen kann, daß er durch die Entscheidung einer Behörde (z. B. die Genehmigung eines umweltbelastenden Industriebetriebs) in seinen Rechten verletzt wird. In der Praxis scheitert diese Klagemöglichkeit des einzelnen Bürgers jedoch oft daran, daß er nicht vollständig beweisen kann, daß er selbst als einzelner Bürger betroffen ist. Bei Problemen der Umweltzerstörung geht es jedoch oft nicht darum, zu beweisen, daß eine bestimmte Person betroffen ist, sondern zu unterbinden, daß eine größere Zahl von Bürgern oder gar die Allgemeinheit gefährdet und geschädigt wird. Obwohl in vielen Umweltschutzgesetzen festgelegt ist, daß die Behörde bei Planungen und Genehmigungen das öffentliche Wohl und die Belange der Allgemeinheit mit berücksichtigen muß, hat die Allgemeinheit bisher keine Möglichkeit, die Einhaltung dieser Gebote durchzusetzen.

Von der Verwaltungsrechtswissenschaft wird deshalb mit Recht die Forderung erhoben, daß die Klagemöglichkeiten innerhalb des Verwaltungsprozeßrechtes in Umweltschutzsachen so erweitert werden, daß auch Verbände, die laut ihrer Satzung sich den Belangen des Umweltschutzes widmen, das Recht zur *Verbandsklage* erhalten. In diesem Fall müßte als Voraussetzung zur Klage nicht mehr nachgewiesen werden, daß ein bestimmter Bürger gefährdet ist, sondern es würde der Nachweis der Gefährdung der Allgemeinheit die Voraussetzung zur Klagemöglichkeit erfüllen. Das Recht auf eine Verbandsklage in die Allgemeinheit betreffenden Fällen des Umweltschutzes fordern heute der „Rat von Sachverständigen für Umweltfragen" der Bundesregierung, der „Bundesverband Bürgerinitiativen Umweltschutz e. V.", der „Deutsche Naturschutzring" und andere Organisationen und Institutionen des Umweltschutzes.

Genehmigungsverfahren für die Errichtung von Kernkraftwerken

Wer ein Atomkraftwerk errichten oder betreiben will, muß nach § 7 des Atomgesetzes (AtG) um Genehmigung nachsuchen. Das Genehmigungsverfahren hat stets eine konkrete Einzelanlage zum Gegenstand. Es wird in der Praxis in eine Reihe von *Teilgenehmigungen* aufgespalten (Standortvorbescheid, Standortgenehmigung, Errichtungsgenehmigung, Betriebsgenehmigung). Hat der Antragsteller die erforderlichen Unterlagen vollständig eingereicht, veröffentlicht die Genehmigungsbehörde das Vorhaben in ihrem amtlichen Veröffentlichungsblatt und in einer im Bereich des Standortes der Anlage verbreiteten Zeitung mit der Aufforderung, Einwendungen innerhalb von 2 Monaten vorzubringen. Vom Zeitpunkt der amtlichen Veröffentlichungen an können von der Bevölkerung gegen das geplante Kernkraftwerk Einsprüche in schriftlicher Form bei der Behörde eingereicht werden. *Einsprüche* werden in einem *Erörterungstermin* in Anwesenheit des Antragstellers (Energieversorgungsunternehmen und Reaktorindustrie), der Gutachter, der Einsprecher und der Genehmigungsbehörde diskutiert. § 7, Abs. 3 des Atomgesetzes schreibt vor, daß „das Genehmigungsverfahren nach den Grundsätzen... der Gewerbeordnung durch Rechtsverordnung geregelt" wird. Nach § 19, Abs. 2 der Gewerbeordnung haben die Einsprecher einen Rechtsanspruch darauf, daß ihre Einwendungen in dem Erörterungstermin „vollständig" erörtert werden. Dieses wichtige Umstandswort fehlt in dem der Gewerbeordnung nachgebildeten § 3, Abs. 2 der Atomanlagenverordnung. Es steht somit im Belieben der Behörde, welche Einwendungen sie zur Erörterung stellt. Diese Benachteiligung der Einsprecher im atomaren Genehmigungsverfahren ist unverständlich, zumal die hier drohenden Gefahren im Vergleich mit Betrieben, die nach der Gewerbeordnung genehmigt werden müssen (z. B. Holz-, Glas-, Betonfabrik) unvergleichlich größer sind.

Nachteilig für die Einsprecher wirkt sich weiter die Tatsache aus, daß die derzeitigen Genehmigungsbehörden nicht unparteiisch sind. In den meisten Bundesländern ist das Wirtschaftsministerium, das schon ressortmäßig einseitig auf die Förderung der Wirtschaft ausgerichtet ist, die Genehmigungsbehörde für Kernkraftwerke. Die für die atomrechtlichen Genehmigungen zuständigen Landesminister sind darüber hinaus (mit Ausnahme Bremens) Mitglieder des Deutschen Atomforums. Nach § 2 der Satzung dieses Vereins sind die Mitglieder gehalten, alle Bestrebungen zu fördern, die „mit der Entwicklung und Nutzung der Kernenergie zu friedlichen Zwecken zusammenhängen".

Nach dem Erörterungstermin entscheiden die Länderministerien über den Antrag, wobei dem durch die Reaktorsicherheitskommission beratenen Bundesinnenministerium ein Vetorecht eingeräumt ist.

Wegen der beschriebenen Mängel des Genehmigungsverfahrens für Kernkraftwerke wurden in der letzten Zeit wiederholt Forderungen nach einer Verbesserung des Atomgesetzes laut. Während Umweltschutzorganisationen und Bürgerinitiativen fordern, daß das Genehmigungsverfahren und das Atomgesetz im Sinne einer Mitentscheidung der Bevölkerung verbessert werden sollen, fordert die Energieindustrie heute eine Verbesserung des Atomgesetzes im Sinne einer leichteren Genehmigung von Kernkraftwerken. Es ist damit zu rechnen, daß sich diese Konflikte zwischen der um ihre Umwelt und ihren Lebensraum besorgten Bevölkerung und der Wirtschaft verschärfen werden.

Modellvorschlag für ein verbessertes Genehmigungsverfahren für Industrieanlagen

Zur Verbesserung des bisherigen Genehmigungsverfahrens für Kernkraftwerke und zur Objektivierung der Gutachten hat die Evangelische Akademie Baden ein bemerkenswertes Modell entwickelt, den sog. *Wiedenfelser Entwurf*. Beteiligt an diesem Projekt waren Wissenschaftler eines Kernforschungszentrums als Gutachter, Vertreter von Genehmigungsbehörden als Auftraggeber von Gutachten und Vertreter von Bürgerinitiativen und Umweltschutzorganisationen. Die Teilnehmer befaßten sich zunächst vorwiegend am Beispiel des Genehmigungsverfahrens nach § 16 der Gewerbeordnung mit der Rolle wissenschaftlicher Gutachten und öffentlicher Kritik bei der Vorbereitung behördlicher Entscheidungen, die für die wirtschaftliche Entwicklung wie für den Umweltschutz einer Region von erheblicher Bedeutung sind. Die Einbeziehung der Bürgerinitiativen in das Genehmigungsverfahren wird nicht so sehr als eine Kritik an der Verwaltung betrachtet, sondern als Ausdruck eines Demokratisierungsprozesses, der es den Betroffenen überläßt, ihre Betroffenheit zu artikulieren, und es gerade den für den Umweltschutz Zuständigen erleichtert, sich im politischen Ausgleich zwischen Umweltschutz und Wirtschaftswachstum zu behaupten.

Im einzelnen macht das Wiedenfelser Modell zum Ablauf des Genehmigungsverfahrens folgende Vorschläge: Nach Eingang des Antrags auf Genehmigung einer umweltrelevanten Anlage einigen sich die Prozeßpartner (Industrie, Behörde und Bürgerinitiative) zunächst auf einen Fragenkatalog und einen Zeitplan für den Prüfungsprozeß. Dieser Katalog soll alle Fragen umfassen, die irgendeinem der Beteiligten wesentlich erscheinen. Er definiert außerdem die vom Antragsteller zu machenden Angaben. Der wesentliche Inhalt des Fragenkatalogs soll in einem öffentlichen *Hearing*, dem der Genehmigungsantrag samt einer ersten Analyse der Auswirkungen des Vorhabens durch den Antragsteller zugrunde liegt, erarbeitet werden. Außerdem soll der Fragenkatalog veröffentlicht werden und von jedem Bürger ergänzt werden können. Jeder der drei Prozeßpartner erhält die Möglichkeit, je einen *Gutachter* seiner Wahl zu beauftragen. Die Kosten für die Gutachten trägt der Antragsteller, die Abrechnung erfolgt über die Behörde. Jeder Gutachter erfaßt unabhängig die Ausgangssituation und prognostiziert die Folgen der geplanten Maßnahme unter den im Fragenkatalog genannten Aspekten und Prämissen. Sind die drei Gutachten fertig, führt die Behörde zusammen mit den Gutachtern eine Klausurtagung durch, in der die Gutachten diskutiert, unterschiedliche Auffassungen auf divergierende Wert- bzw. Zielvorstellungen zurückgeführt und Fehler in den Gutachten beseitigt werden können. Das dadurch entstehende *Gesamtgutachten* soll samt Separatvoten der Gutachter und der Einzelgutachten veröffentlicht werden. Diese Unterlagen sollen dann in einer dynamischen Diskussion besprochen werden. Jeder Bürger kann nach schriftlicher Anmeldung an dieser Diskussion teilnehmen. Die *dynamische Diskussion* soll eine Empfehlung der Genehmigungsfrage an die Exekutive aussprechen. Sie kann sich darüber hinaus mit Vorschlägen an die Legislative (Änderung von Grenzwerten o. ä.), die politischen Parteien (Überprüfung der Wirtschafts- oder Regionalpolitik o. ä.) und die Wissenschaft und ihre Auftraggeber (Aufnahme gewisser Forschungsthemen o. ä.) wenden.

Das im Jahre 1973 unter der Schirmherrschaft der Evangelischen Akademie Baden entwickelte Wiedenfelser Modell für ein neues Genehmigungsverfahren wurde von der Legislative bisher noch nicht in ein entsprechendes Gesetz aufgenommen.

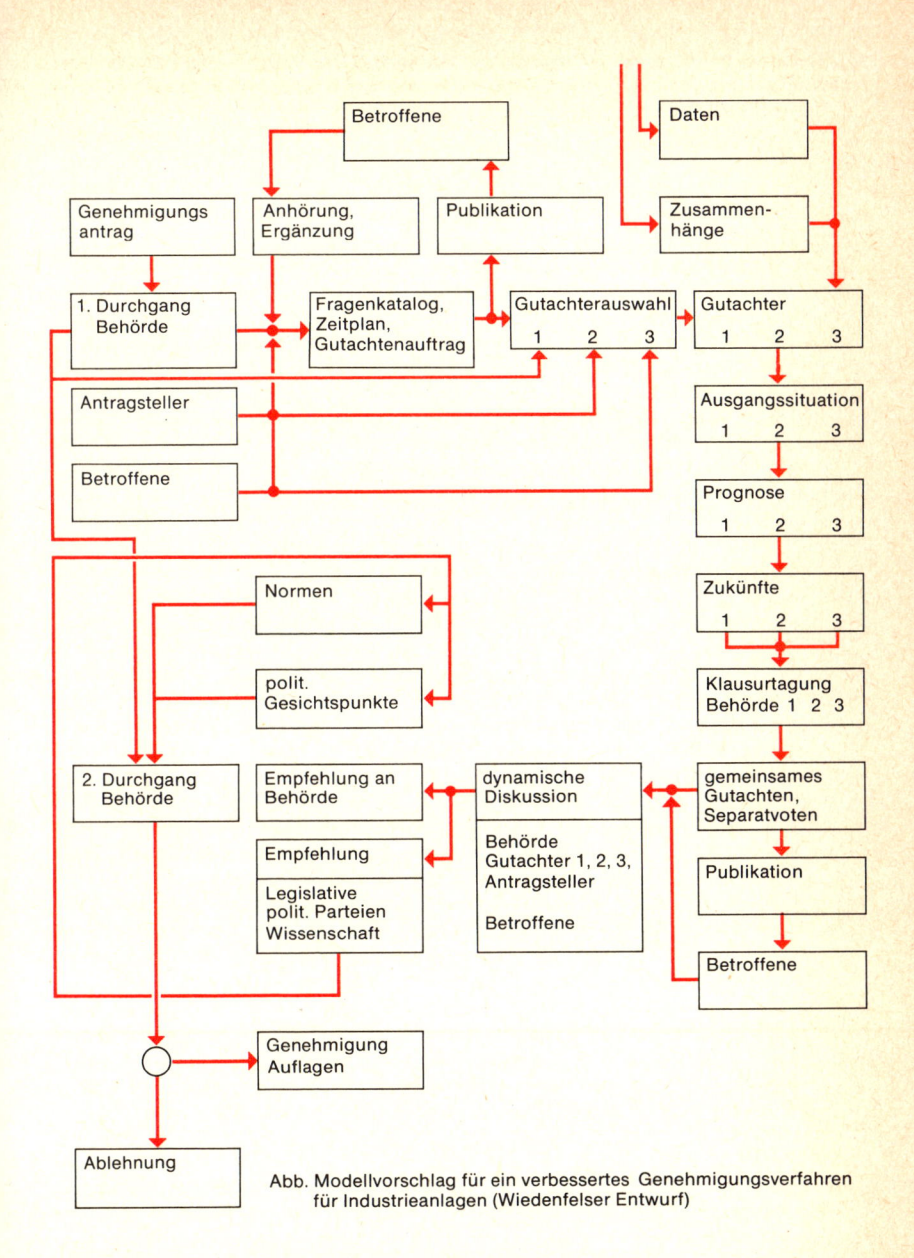

Abb. Modellvorschlag für ein verbessertes Genehmigungsverfahren für Industrieanlagen (Wiedenfelser Entwurf)

Was kann der einzelne tun? – Umwelttips

Das Problem der Umweltverschmutzung hängt unmittelbar mit dem wirtschaftlichen Wachstum sowie mit dem Verbrauch und der industriellen Umsetzung von Rohstoffen zusammen. Jeder einzelne Bürger kann durch sein Verhalten als Verbraucher auf das Ausmaß der Umweltverschmutzung Einfluß nehmen.

I. Energie:
1. Gehe sparsam mit jeder Form von Energie um. Schalte alle elektrischen Verbraucher (Licht, Heizofen, Radio usw.) sofort aus, wenn sie nicht mehr benötigt werden.
2. Spare Heizmaterial durch bessere Isolation deines Hauses oder deiner Wohnung.
3. Wähle helle Farben für die Decke und Wände der Wohnräume; das spart künstliches Licht.
4. Wende dich gegen unnötige Lichtreklamen.
5. Kaufe wenn möglich nichts in Aluminiumdosen (z. B. Fruchtsäfte, Bier). Du wirfst mit jeder leeren Einwegdose viel Energie weg, weil zur Herstellung von Aluminium große Elektrizitätsmengen erforderlich sind.

II. Wasser:
1. Vergeude kein Trinkwasser; bessere schadhafte Wasserhähne und Rohrleitungen alsbald aus.
2. Wenn du dich duschst, statt zu baden, verbrauchst du 5mal weniger Wasser.
3. Nutze deine Waschmaschine voll aus; warte, bis sich genügend Wäsche für eine volle Beladung der Maschine angesammelt hat.
4. Wasche deinen Wagen nicht zu oft; benutze für die Wagenwäsche Eimer und Schwamm anstelle des Wasserschlauchs.
5. Achte darauf, daß du kein Öl verschüttest; 1 l Öl macht 1 Million l Trinkwasser ungenießbar. – Lasse deinen Heizöltank regelmäßig überprüfen.

III. Verpackungsmaterial:
1. Verzichte beim Einkauf auf Produkte, die in unnötigen Wegwerfpackungen angeboten werden.
2. Verwende zum Einkauf deine „altmodische" Einkaufstasche; du sparst dabei auch Geld für die Plastiktragetaschen.
3. Verzichte auf Aluminiumfolien; kaufe keine Gerichte, die in Aluminiumbehältern angeboten werden, die zum Wegwerfen bestimmt sind.
5. Kaufe deine Getränke in Pfandflaschen. Die Einwegflasche ist teurer und stellt ein großes Problem bei der Müllbeseitigung dar.
6. Sammle Altmaterial (Zeitungen, Lumpen, Papier) und spende dieses zur Wiederverwertung bei Sammelaktionen von Wohlfahrtsorganisationen.
7. Nimm für Wanderungen und zum Picknick für den Abfall einen „Müllbeutel" (z. B. Tragetasche) mit, den du später daheim in die Mülltonne entleeren kannst.
8. Ziehe die umweltfreundlichere Papierverpackung der Verpackung aus Plastikmaterial vor.
9. Benutze keine Wegwerfbecher, -teller, -tischtücher, -textilien usw.; die Kosten für diese Gegenstände stehen in keinem Verhältnis zu ihrem Nutzen.

IV. Luft:
1. Bevor du ein Auto kaufst, überlege, ob du es wirklich benötigst und bedenke die Kosten (Anschaffungspreis, Benzin, Steuer, Versicherung, Reparaturen,

Unfallkosten usw.). Ziehe im Zweifelsfall den kleineren Wagen dem größeren vor; er benötigt weniger Energie.
2. Wähle für längere Reisestrecken die Eisenbahn. Der Zug trägt sehr viel weniger zur Verschmutzung bei und befördert – bei gleichem Raum und gleicher Energie – viel mehr Reisende als der Wagen. Außerdem ist das Reisen im Zug erholsamer.
3. Gehe bei kleineren Strecken zu Fuß oder benutze ein Fahrrad.
4. Lasse den Automotor nie unnötig im Leerlauf laufen.
5. Sorge dafür, daß die Einstellung des Ölbrenners deiner Ölheizung regelmäßig kontrolliert wird.
6. Verbrenne kein Gras oder Unkraut. Grünzeug und Laub eignen sich gut zur Kompostierung.
7. Verzichte auf das Rauchen oder nimm wenigstens Rücksicht auf Nichtraucher.

V. Lebensmittel:
1. Kaufe Gemüse und Früchte, die nach biologisch-dynamischen Verfahren angebaut werden, d. h. ohne giftige Spritzmittel und treibende mineralische Kunstdünger gezogen werden. Unterstütze Betriebe, die solche Nahrungsmittel herstellen.
2. Wenn du einen eigenen Garten hast, informiere dich über biologische Anbau- und Pflanzenschutzmethoden.

VI. Natur und Erholung:
1. Setze dich in deiner Gemeinde für die Schaffung von Grünanlagen und Parks ein. Die Grünflächen in den Siedlungen sollten nicht nur mit Gras, sondern auch mit Gebüsch und Bäumen bepflanzt und durch kleine Tümpel und Teiche bereichert werden. Ein mittelgroßer Laubbaum regeneriert mehr Luft als 1 ha Grünfläche.
2. Setze dich dafür ein, daß längere Zeit freistehende Bauplätze nicht als Schuttwüsten brachliegen, sondern in der Zwischenzeit begrünt und wenn möglich der Öffentlichkeit zugänglich gemacht werden.
3. Fordere die Schaffung großer Landschafts- und Naturschutzgebiete.
4. Verschandele die Landschaft nicht durch achtlos weggeworfene Abfälle.
5. Hänge in deinem Garten, wenn möglich, Nistkästen auf. Sorge darüber hinaus in landwirtschaftlichen Gebieten und im Garten für genügend natürliche Nistplätze wie Gebüsch und Heckenraine.
6. Unterstütze die Maßnahmen zur Erhaltung vom Aussterben bedrohter Tiere, indem du es z. B. ablehnst, Kleidungsstücke, die aus dem Fell dieser Tiere hergestellt werden, zu tragen.
7. Gib deinen Kindern die Chance, die Schönheit der Natur zu erleben, und wecke in ihnen das Verständnis für die ökologischen Gesetzmäßigkeiten.

Die naturwissenschaftliche Gliederung der Umwelt

Im allgemeinen geht man davon aus, daß die Erde sich in die drei Bereiche Festland, Meer und Lufthülle gliedert. Die naturwissenschaftliche Betrachtung erfordert jedoch eine differenziertere Unterteilung in Lithosphäre (festes Gestein), Pedosphäre (Verwitterungsprodukte der Gesteine, Böden), Hydrosphäre (Wasserhülle; die Lithosphäre und Pedosphäre umspülend bzw. durchdringend) und Atmosphäre (Lufthülle; alle angeführten Bereiche vollständig umschließend). Diese Gliederung deckt sich weitgehend mit den naturwissenschaftlichen Forschungszweigen Geologie (Erdkunde), Pedologie (Bodenkunde), Hydrologie (Gewässerkunde) und Meteorologie (Wetterkunde). Die Biologie (Lehre vom Leben) befaßt sich mit der Biosphäre (Lebensraum), die alle anorganischen Sphären durchzieht.

Alle obengenannten Teilbereiche sind voneinander abhängig und beeinflussen sich wechselseitig. Die *Atmosphäre* (s. auch S. 40) enthält Wasser, das sie durch Verdunstung freien Wassers und durch transpirierende Lebewesen aufgenommen hat. Bei Erreichen eines bestimmten Sättigungspunktes wird das Wasser erneut an die übrigen Teilbereiche in Form von Regen, Schnee usw. abgegeben. Ebenso findet man in der Atmosphäre feste Partikel (Staub), die von Boden und Gestein herrühren, und Lebewesen. – In der *Hydrosphäre* (s. auch S. 64) sind Gase wie der lebenswichtige Sauerstoff gelöst, werden Gesteine abgebaut, ihre Verwitterungsprodukte transportiert und zu neuen Formationen abgelagert. Sie ist der ursprüngliche Lebensraum aller Organismen. – Die *Lithosphäre* (s. auch S. 108) ist von Wasser und Gasen durchsetzt. Weiterhin weist sie organische Verbindungen wie Kohle und Öl auf sowie spezielle Lebensformen, die sich diesem Bereich angepaßt haben. – In den Poren der *Pedosphäre* (s. auch S. 88), dem lockeren Verwitterungsprodukt der Gesteine und toter organischer Substanzen, besteht ein ständiger Wechsel von Wasser und Luft. Sie ist das Mineraliendepot vieler Lebewesen, das aus der Lithosphäre mit oft wechselnder Intensität neu beliefert wird. – Die *Biosphäre* (s. auch S. 128), die Pflanzen, Tiere und Mikroorganismen einschließt, findet sich im erdnahen Teil der Lufthülle, durchdringt wahrscheinlich die gesamte Hydrosphäre und ist in der obersten Schicht des Erdmantels nachweisbar.

Die enge räumliche *Verflechtung der Umweltsphären* hat, wie bereits angedeutet, eine starke wechselseitige Beeinflussung der Bereiche zur Folge. Dies muß bei allen Veränderungen durch den Menschen innerhalb einer Sphäre berücksichtigt werden. Wird z. B. die Begradigung eines Flusses geplant, ein Eingriff im Gewässerbereich, so sind nicht nur die Folgen in diesem, wie z. B. Verminderung der Sauerstoffaufnahme durch geringere Oberfläche und damit verbunden der Verlust eines Teils der Selbstreinigungskraft, sondern auch die Auswirkungen auf die übrigen Bereiche zu untersuchen. Für die Pedosphäre ergibt sich daraus evtl. ein Absinken des Grundwasserspiegels, was Veränderungen in Flora und Fauna nach sich zieht. Die Wasserabgabe an die Atmosphäre wird vermindert, woraus weitere Veränderungen in der Vegetation und damit auch in der Tierwelt resultieren. Auf Grund des schnelleren Wasserabflusses wird die erodierende Kraft des Wassers erhöht, was durch vermehrten Abtrag von Gesteinsmaterial einschneidende Veränderungen im Relief hervorruft. An diesen Beispielen sollte bei nur oberflächlicher Betrachtung die enorme Tragweite von umweltbeeinflussenden Entscheidungen für alle Bereiche aufgezeigt werden.

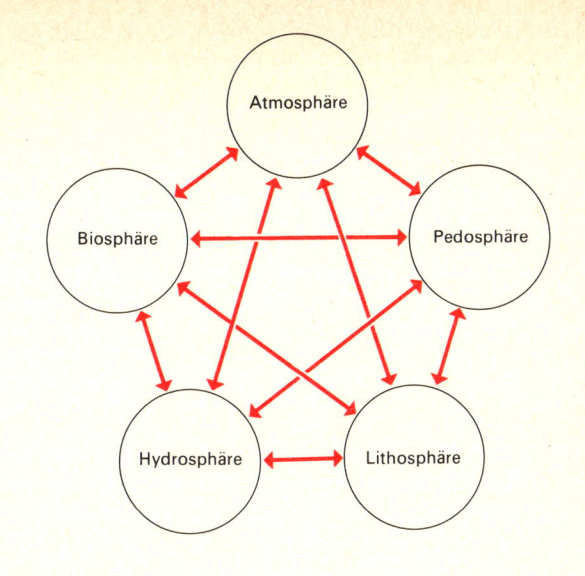

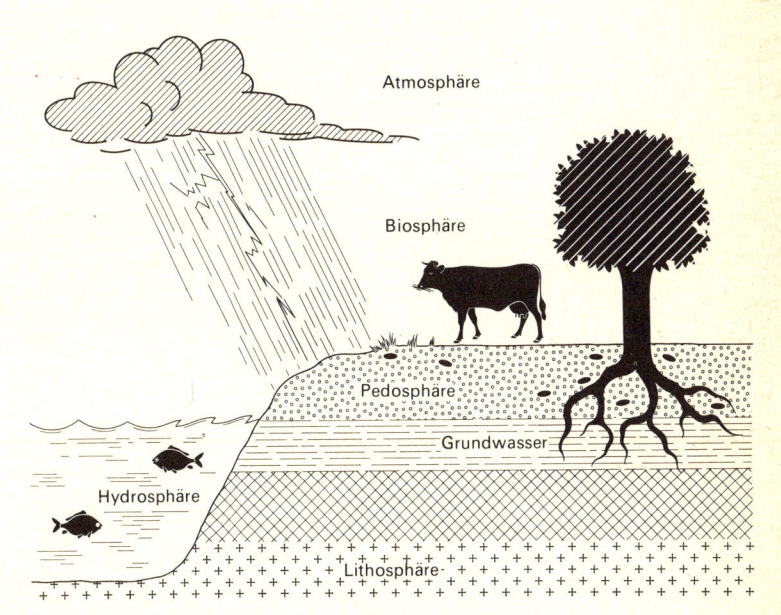

Abb. Schematische Darstellung der grundlegenden Umweltbereiche

Die Atmosphäre

Die *gasförmige* Lufthülle um die Erde konnte dadurch entstehen, daß ein Gleichgewicht zwischen der *Gravitation* (Schwerkraft), die wie alle übrigen Massen auch Gase an der Erde festhält, und der *Eigenbewegung der Moleküle*, die Gase durch Diffusion rasch in den Weltraum verflüchtigen lassen würde, besteht. Die Molekularbewegung ist umso heftiger, je geringer die Molekül- und Atommassen sind und je höher die Temperatur steigt. Besitzen Gase geringe Molekülmassen, so erreichen sie bei gleicher Temperatur höhere Geschwindigkeiten und erhalten damit größere Chancen, gegen die Gravitation in den Weltraum zu entweichen.

Ihre Entstehung verdankt die Atmosphäre vermutlich der *Exhalation* (dem Ausgasen) von Gesteinen. Gestützt wird diese These durch den bemerkenswert hohen Gehalt der Atmosphäre an dem Edelgas *Argon*, das wiederum aus dem radioaktiven Zerfall des Kaliumisotops K 40 stammt. Dieses Isotop kommt, wenn auch nur in geringen Mengen, in fast allen Gesteinen der Erdkruste vor. Die in der Atmosphäre der Erde vorhandene Menge an Argon entspricht etwa der Menge, die möglicherweise aus dem Kaliumgehalt der Krustengesteine freigesetzt worden ist. Da Argon ein hohes Molekulargewicht besitzt, ist es nicht in den Weltraum entwichen.

Die *Luft* ist in ihrer Zusammensetzung, mit Ausnahme des Wasserdampfgehaltes, der stärkeren Schwankungen unterliegen kann, ein sehr wenig veränderliches *Gasgemisch*. Nur in den bodennahen Luftschichten unterhalb 10–50 m Höhe treten geringe Schwankungen auf, die vor allem auf den Einfluß organischen Lebens zurückzuführen sind. Die *Hauptbestandteile der Atmosphäre* sind die Gase *Stickstoff* und *Sauerstoff*. In ähnlicher Größenordnung ist weiterhin nur noch das Edelgas *Argon* zu finden. Daneben tritt eine große Anzahl sogenannter *Spurengase* auf, deren Menge so gering ist, daß man sie nicht mehr in Volumprozent, sondern in ppm (Parts per million), d. h. Millionstel Volumteilen, anzugeben pflegt. Die Angaben in der nebenstehenden Tabelle beziehen sich auf trockene Luft. In der Atmosphäre rangiert der Wasserdampf mit 1–4 % noch vor dem Edelgas Argon. Trotz des vergleichsweise geringen Wasseranteils in der Atmosphäre ist der Wasserdampf doch meteorologisch besonders wichtig, weil er als *Dampf, flüssiges Wasser* und *Eis* in allen drei Aggregatzuständen vorkommt.

Bis in etwa 100 km Höhe ist die Zusammensetzung der atmosphärischen Luft unverändert, abgesehen von der raschen Abnahme des Wasserdampfgehaltes. Oberhalb 100 km wird die Atmosphäre unter dem Einfluß der ultravioletten Strahlung völlig verändert. Die in der tieferen Atmosphäre als mehratomige Moleküle auftretenden Gase werden dort in ihre Bestandteile zerlegt.

Abb. 1 Vorgänge innerhalb der Atmosphäre

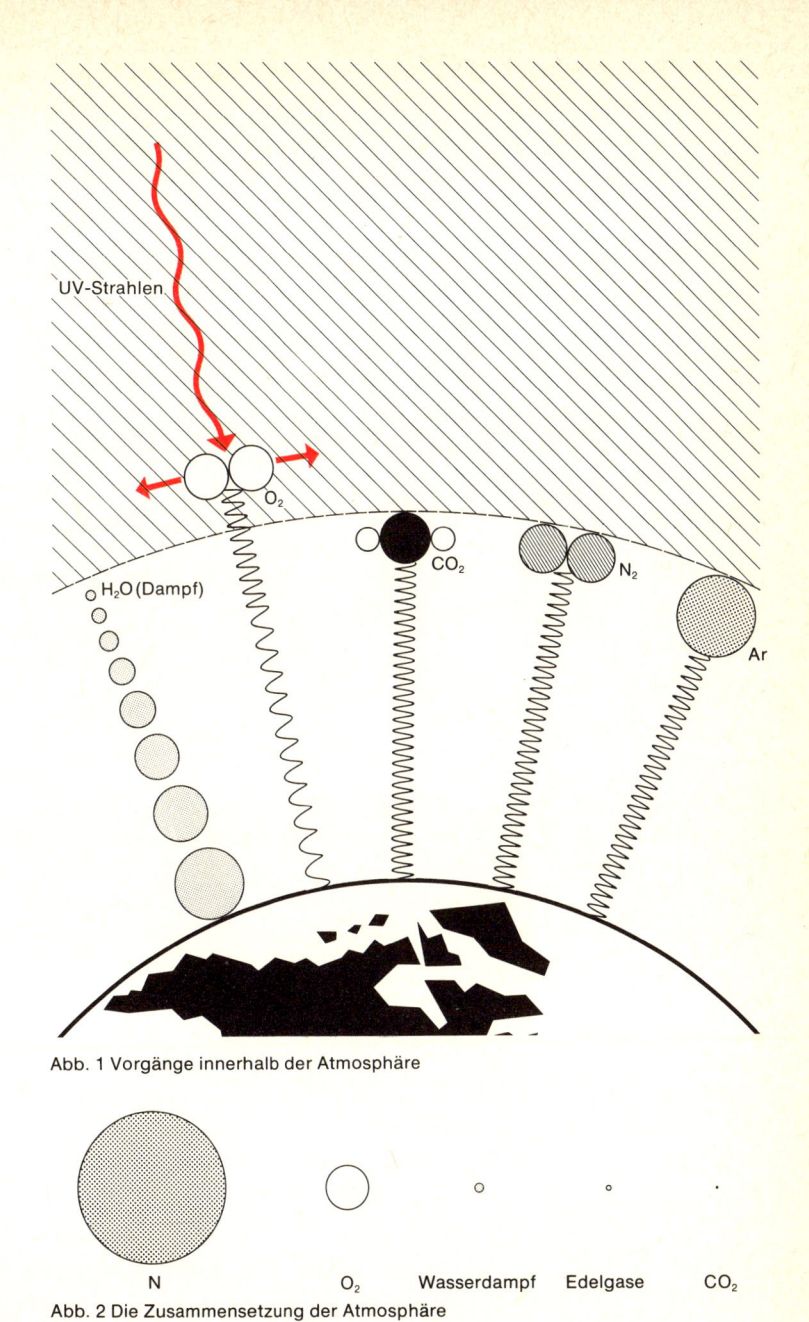

N   O₂   Wasserdampf   Edelgase   CO₂

Abb. 2 Die Zusammensetzung der Atmosphäre

Die Strahlungsbilanz der Erde

Die für die Erhaltung des Lebens auf der Erde benötigte Energie wird der Erde durch die *Sonnenstrahlung* zugeführt. Diese setzt sich zusammen aus elektromagnetischer Strahlung verschiedener Wellenlängen, von der kurzwelligen *Röntgenstrahlung* (die in den oberen Atmosphärenschichten absorbiert wird) bis zur langwelligen *Radiostrahlung*. Die Erde müßte ständig wärmer werden, wenn nicht von ihr aus ein Energiestrom zum Weltall hin gerichtet wäre, wodurch die von der Sonne eingestrahlte Energie wieder in den Weltraum abgeführt wird. Es besteht demnach ein *Energieaustausch* zwischen dem Weltall und dem Planeten Erde, bei dem sich solare Einstrahlung und terrestrische Ausstrahlung im Gleichgewicht befinden.

Um einen Eindruck vom Strahlungshaushalt der betroffenen Erdhalbkugel zu erhalten, setzt man die Intensität der einfallenden Sonnenstrahlung an der äußersten Grenze der Lufthülle gleich 100 Einheiten und bezieht die Intensität aller anderer Strahlungsströme auf diesen Wert.

Bevor die Sonnenstrahlung zum Erdboden gelangt, wird sie, bei zunächst als wolkenlos angenommener Atmosphäre, an Luftmolekülen aus ihrer ursprünglichen Richtung abgelenkt, was bei einem Teil der ankommenden Solarstrahlung dazu führt, daß sie sofort wieder in den Weltraum zurückgeschickt wird. Außerdem wirft der Erdboden einen Teil der Strahlung zurück; bei bewölktem Himmel kommt noch die Reflexion durch die Wolkendecke hinzu. Insgesamt verliert die Erde durch diese Vorgänge – man faßt sie unter dem Begriff „Albedo" zusammen – ca. 34 % der eingestrahlten Energie. Von den Molekülen der in der Atmosphäre vorhandenen Gase (Wasserdampf, Kohlendioxid, Ozon usw.) werden etwa 20 % der eingestrahlten Energie aufgenommen, wodurch es zu einer Erwärmung der Atmosphäre kommt. Direkt oder nach Streuung in der Erdatmosphäre gelangen demnach 46 % der Solarstrahlung zum Erdboden und werden dort nach Abzug des Reflexionsverlustes absorbiert.

Jeder Körper sendet Strahlung aus, deren Wellenlänge sehr wesentlich von der Oberflächentemperatur des Körpers bestimmt wird. Dabei stellt man fest, daß die Wellenlänge der ausgesandten Strahlung mit zunehmender Erwärmung kürzer wird. Da die Sonnenoberfläche wesentlich wärmer als die Oberfläche der Erde ist, verschiebt sich das Maximum der Strahlung auf der Erde gegenüber der Sonne vom kurzwelligen zum langwelligen Bereich. Die *Erde sendet* also *langwellige Wärmestrahlung* aus, und zwar auf Grund der an der Erdoberfläche gegenüber der Atmosphäre herrschenden höheren Temperatur ca. 112 Einheiten. Diese werden jedoch nicht in den Weltraum abgestrahlt, sondern werden zum überwiegenden Teil von den atmosphärischen Gasen und den Wolken zurückgehalten, da Wasserdampf und Kohlendioxid z. B. für langwellige Wärmestrahlung wenig durchlässig sind. Somit kommen 98 der 112 Einheiten als Gegenstrahlung aus der Atmosphäre der Erde wieder zugute.

Insgesamt nimmt der Erdboden 32 Einheiten mehr auf, als er abgibt (46 Einheiten Gewinn aus der kurzwelligen Sonnenstrahlung, 14 Einheiten Verlust aus der langwelligen Ausstrahlung), so daß er eine *positive Strahlungsbilanz* aufweist. Diese wird dadurch ausgeglichen, daß die Atmosphäre 66 Einheiten langwelliger Strahlung der Gase und Wolken in den Weltraum verliert. Der Zugewinn der Atmosphäre von 132 Einheiten aus kurzwelliger Streustrahlung und langwelliger Erdausstrahlung wird durch den Verlust von 164 Einheiten durch Gegenstrahlung und langwellige Ausstrahlung in den Weltraum negativ, d. h., es tritt ein Verlust von 32 Einheiten ein. Die gesamte Strahlungsbilanz der Erde ist somit ausgeglichen.

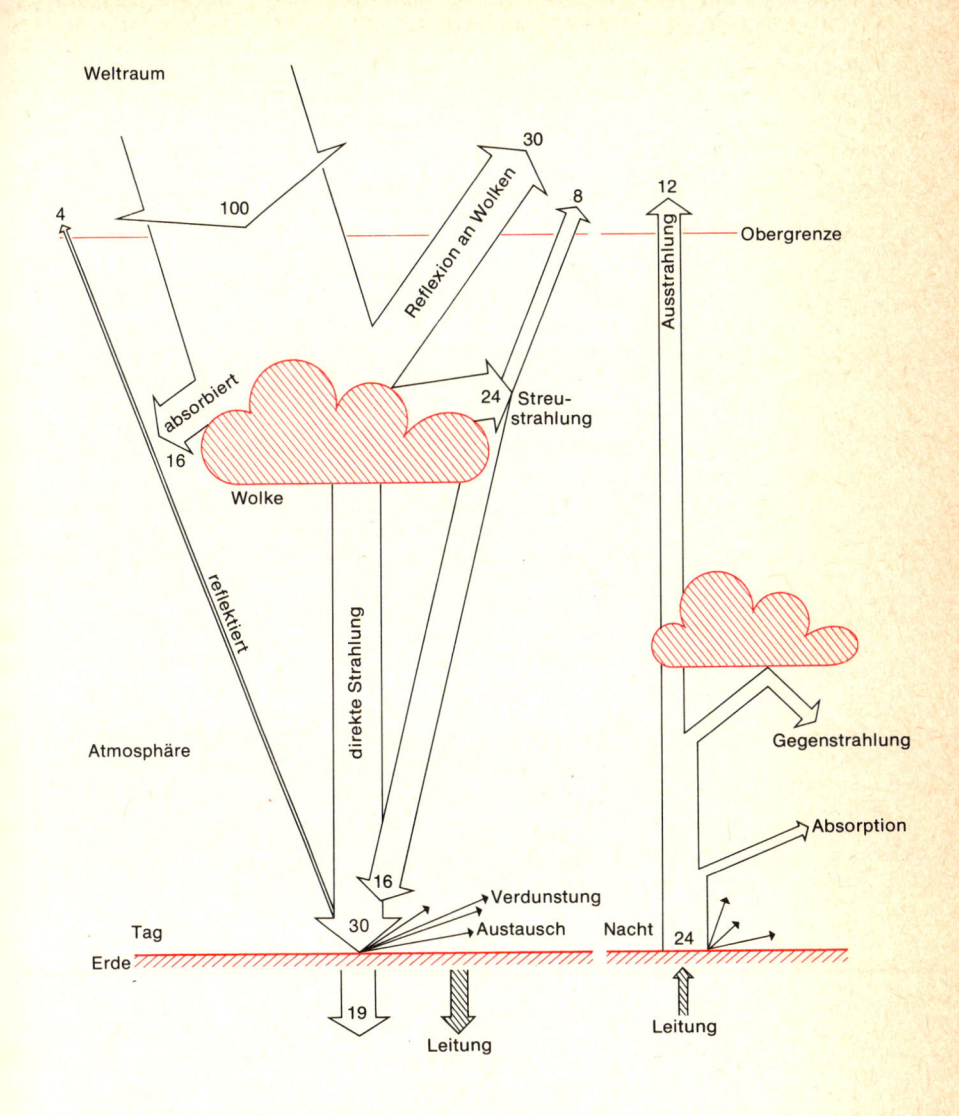

Abb. Strahlungsbilanz (modifiziert nach Geiger-Kessler).

Kohlendioxid – seine Rolle in der Atmosphäre

Kohlendioxid (CO_2), ein Gas, das bei der Verbrennung kohlenstoffhaltiger Substanzen wie Kohle, Erdölprodukte, Holz u. a. in Motoren, Industrie und Haushalten entsteht, ist für Mensch und Tier direkt nicht giftig, da es auch in jedem Lebewesen bei der Veratmung der Nahrungsmittel entsteht und ausgeatmet wird. Schädlich wird es erst bei sehr hoher Konzentration (Erstickung).

Ein Teil des bei der Verbrennung entstehenden Kohlendioxids wird von den Pflanzen unter Rückgabe des Sauerstoffs assimiliert (man schätzt diesen Anteil auf etwa 50 %) oder in den Gewässern physikalisch gelöst. Der Rest des Kohlendioxids verteilt sich in der Atmosphäre.

Seit der frühen Erdgeschichte bildete sich im Laufe von Jahrmillionen durch die Kohlendioxidassimilation der Pflanzen die Sauerstoffatmosphäre der Erde aus. Der bei der Assimilation in den Pflanzen verbleibende Kohlenstoff gelangte durch die Fossilisation der Pflanzen in die Erdrinde und wurde dort in Form von Erdöl, Kohle, Erdgas, Torf gespeichert (s. auch S. 114 ff.).

Seit einigen Jahrzehnten hat der Mensch begonnen, dieses festgelegte Kohlenstoffreservoir in steigendem Maße auszubeuten, zu verbrennen und dadurch den Kohlenstoff wieder mit Sauerstoff zu verbinden. Die Folge ist die Produktion von Kohlendioxid und der Verbrauch von Sauerstoff. Seit Beginn der Industrialisierung hat dadurch der *Kohlendioxidgehalt der Atmosphäre* um 15 % zugenommen. Man schätzt, daß bis zum Jahr 2000 die Zunahme etwa 30 % betragen wird. In Industriegebieten ist der Kohlendioxidgehalt der Luft besonders groß, da dort nicht nur mehr Kohlendioxid produziert, sondern auch der Bestand an Pflanzen, die CO_2 aufnehmen und Sauerstoff abgeben, stetig abnimmt.

Das Kohlendioxidmolekül hat auf Grund seiner Form die Eigenschaft, Infrarotstrahlung zu absorbieren und in Wärme umzuwandeln. Dies hat zur Folge, daß schon eine geringe Zunahme des Kohlendioxidgehaltes der Erdatmosphäre die Wärmespeicherfähigkeit der Luft beträchtlich erhöht. Normalerweise strahlt die Erdoberfläche einen großen Teil des eingestrahlten Sonnenlichtes in Form infraroter Wärmestrahlung wieder ins Weltall ab. Dadurch wird verhindert, daß die Temperatur auf der Erde als Folge der Sonneneinstrahlung dauernd zunimmt. Wird jedoch der Kohlendioxidgehalt der Atmosphäre erhöht, so wird ein größerer Teil dieser reflektierten Infrarotstrahlung in der Luft absorbiert, verbleibt so auf der Erde und erhöht dadurch die Temperatur.

Eine Steigerung der Temperatur kann das Klima der Erde auf lange Sicht entscheidend verändern. Eine Erhöhung der Weltdurchschnittstemperatur bereits um 2–3 °C würde sehr wahrscheinlich zum Abschmelzen großer Mengen Polareises und damit zum Ansteigen des Meeresspiegel und zum Verlust weiter Landstriche führen. Der Grund, weshalb diese Entwicklung bisher trotz steigender Kohlendioxidgehalte noch nicht eingetreten ist, liegt groteskerweise an der Verschmutzung der Atmosphäre durch Staubpartikel. Parallel zum Anwachsen des Kohlendioxidgehalts nahm auch der Staubgehalt in höheren Luftschichten zu, was die Sonneneinstrahlung durch Streuung beträchtlich verminderte.

Die ersten *Messungen des Kohlendioxidgehalts der Atmosphäre* zu Beginn der industriellen Revolution zeigen eine Konzentration von 280 ppm (=0,028 %). Bis heute stieg dieser Wert auf 330 ppm an mit einer jährlichen Zuwachsrate von 0,07 ppm. Bis zum Jahr 2000 dürfte der Wert auf 379 ppm angestiegen sein. Nach heutigen Kenntnissen nimmt die *globale Durchschnittstemperatur* pro 18 % Erhöhung des Kohlendioxidgehalts um 0,5 °C zu. Bis zum Jahre 2000 müßte sie demnach um 1 °C zunehmen.

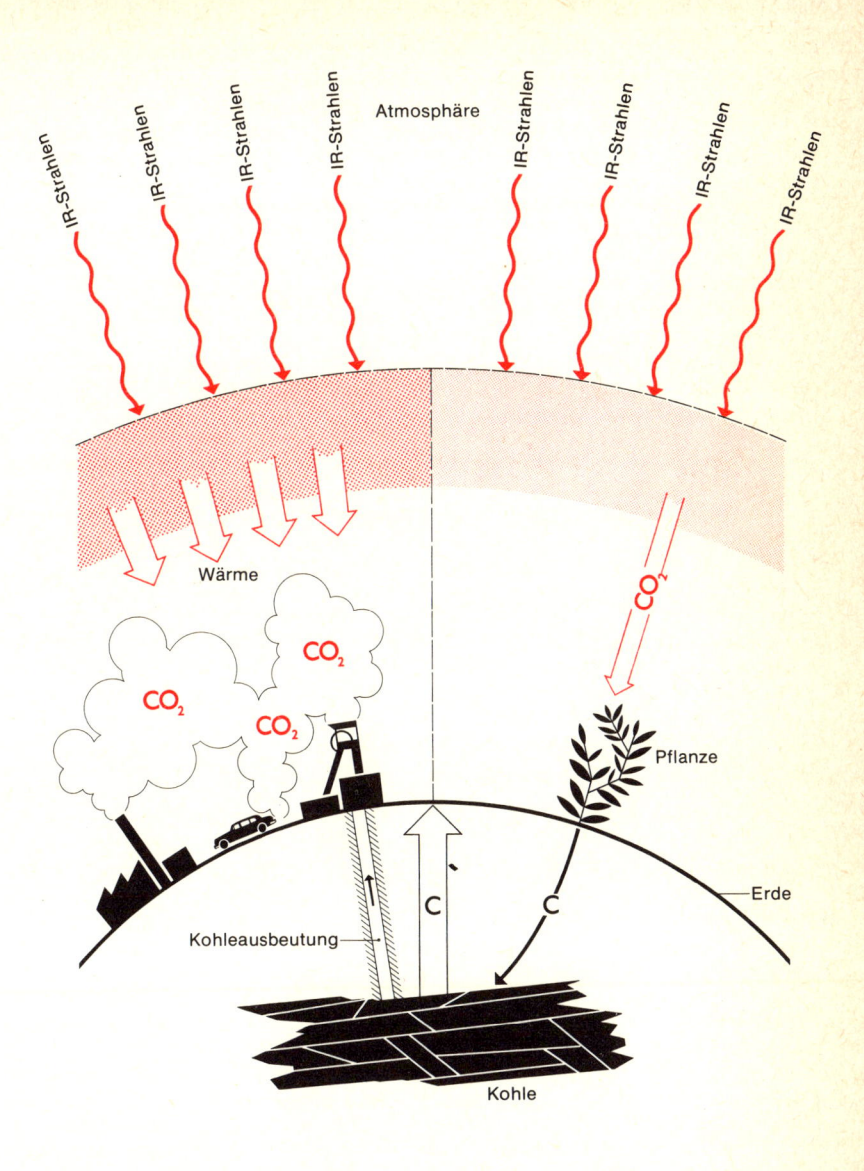

Abb. Die Rolle des Kohlendioxids in der Atmosphäre

Der Wind

Wind wird im herkömmlichen Sinne definiert als „Luft, die sich in Bewegung befindet". Diese Definition wird jedoch nur großräumigen Luftmassenverschiebungen gerecht (z. B. Passat, Monsun). Im streng wissenschaftlichen Sinne sind für eine exakte Begriffsbestimmung des Phänomens „Wind" noch weitere Merkmale (Bedingungen) erforderlich: Die *Luftströmung* muß *gerichtet* sein, sie muß darüber hinaus über eine größere Entfernung hin eine bestimmte *Strömungsgeschwindigkeit* haben. So entstehen z. B. bei starker Sonneneinstrahlung über dem Erdboden auf Grund der Temperaturabnahme zur Atmosphäre hin feine *Austauschströme* von bewegter Luft, ohne daß man dabei von Wind sprechen könnte. Zum Wind im eigentlichen Sinne werden solche Luftströmungen erst dann, wenn sie sich zu sog. *Aufwindschläuchen* zusammenschließen (in Schlotströmungen von Gewittern kann man dabei Aufwindgeschwindigkeiten bis zu 30 m/s messen).

Im übrigen bezeichnet man als Wind nur die gerichtete Luftbewegung in der Horizontalen, wenn auch die vertikale Luftbewegung keineswegs bedeutungslos ist.

Wind *entsteht* als Folge von *Luftdruckunterschieden* in der Atmosphäre, durch die die Luft eine Beschleunigung erfährt. Die Luftteilchen folgen dabei dem Luftdruckgefälle vom hohen zum tiefen Druck. Die Richtung des Druckgefälles läßt sich aus der Art der Luftdruckverteilung ableiten. Sie wird entweder in Form der *Isohypsen* (gedachte Höhenschichtlinien, die Flächen gleichen Luftdrucks einschließen) in den *Höhenwetterkarten* registriert, sofern es sich um das Luftdruckfeld in der freien Atmosphäre handelt, oder sie werden in Form der *Isobaren* (gedachte Linien zwischen Orten gleichen Luftdrucks bei 0 °C, auf Meereshöhe und die Schwerkraft bei 45° Breite bezogen) in den *Bodenwetterkarten* dargestellt. Je geringer die Abstände zwischen den einzelnen Isohypsen bzw. Isobaren werden, desto stärker ist das Druckgefälle, das senkrecht auf diesen Linien steht.

Neben der Beschleunigung durch das Luftdruckgefälle erfahren die Luftteilchen bei großräumigen Bewegungen über weite Entfernung auch eine Beschleunigung durch die ablenkende Kraft der Erddrehung *(Corioliskraft)*. Die Coriolisbeschleunigung spielt für die Bewegungsvorgänge in der Atmosphäre eine bedeutende Rolle, ohne deren Kenntnis die Bewegungssysteme nicht zu verstehen sind. Die Corioliskraft greift senkrecht zur Bewegungsrichtung der Luftteilchen an und nimmt mit steigender Geschwindigkeit der Teilchen zu. Auf der *Südhalbkugel* leitet sie die Luftteilchen nach links, auf der *Nordhalbkugel* nach rechts ab, am *Äquator* dagegen nach unten (bei Bewegungen nach Westen, in Richtung der untergehenden Sonne) bzw. nach oben (bei Bewegungen in Richtung Osten). Für die *Windrichtung* auf der Nordhalbkugel bedeutet das, daß bei einem Druckgefälle von Süden nach Norden kein Südwind, sondern ein Westwind entsteht.

In der *bodennahen Luftschicht* wird die Richtung und Geschwindigkeit des Windes außer durch die oben beschriebenen Faktoren noch wesentlich durch die *Reibung der Luftteilchen* an der Erdoberfläche und die durch die jeweilige *Geländeform* bedingte *Ablenkung* bestimmt. So ist z. B. die Windgeschwindigkeit über Land geringer als über freien Wasserflächen. Ferner kann Wind in seiner Richtung z. B. durch Gebirgszüge oder Täler umgelenkt werden.

In der *freien Atmosphäre* oberhalb einer wenige hundert Meter starken Reibungsschicht sind die Verhältnisse insofern anders, als hier lediglich Corioliskraft und Druckgradient wirksam werden, die miteinander im Gleichgewicht stehen. Der hier entstehende sog. *geostrophische Wind* weht parallel zu den Isobaren. Dieser Höhenwind ist von praktischem Interesse für die Beurteilung von Wind- und Druckverhältnissen in der Atmosphäre sowie von Wanderungsbewegungen von Wolkenfeldern.

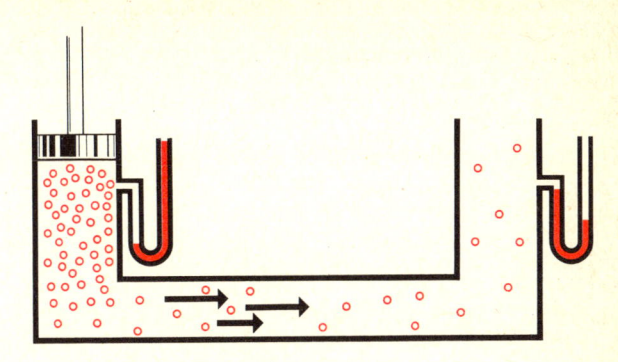

Abb. 1 Luftteilchen folgen dem Druckgefälle vom hohen zum tiefen Druck

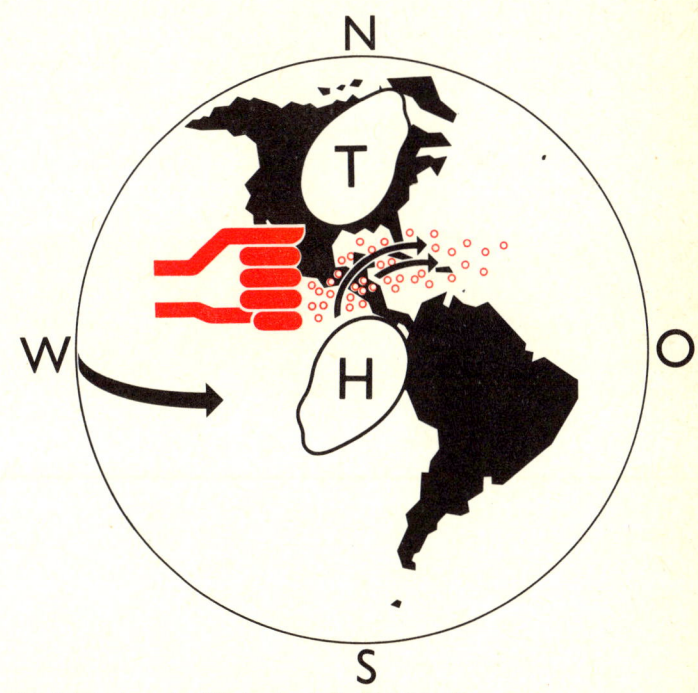

Abb. 2 Ablenkung des Windes durch die Corioliskraft

Der Wind – kleinräumige Windsysteme

Kleinräumige Windsysteme erstrecken sich im allgemeinen über einen Ausdehnungsbereich von rund 100 km in der Horizontalen und weniger als 1 km in der Vertikalen (über dem Erdboden). Sie werden stark geprägt von der jeweiligen Geländeform, von der Wärmekapazität, der Boden- oder Wasseroberfläche und von den Tag- und Nachtschwankungen der Sonnenein- und -ausstrahlung.

In *Küstengebieten* entwickelt sich bei Schönwetterlagen ein *Land-Seewind-System,* das bei trübem Wetter kaum in Erscheinung tritt und oft von großräumigen Luftbewegungen überlagert wird. Auf Grund der unterschiedlichen Wärmeleitungseigenschaften von Wasser und festem Boden entstehen an Küsten auf geringe Entfernung Temperaturunterschiede. Fester Boden erwärmt sich bei Einstrahlung viel stärker als Wasser und kühlt nachts als Folge seiner Ausstrahlung auch wieder stärker ab. Wasser behält eine viel gleichmäßigere Temperatur, da es eine wesentlich höhere Wärmekapazität besitzt als der Mineralboden.

Bei Tag steigen die Lufttemperaturen über dem festen Boden stärker an als über dem kühleren Meer. Erhöhte Lufttemperaturen über der Landfläche führen dort zum Ansteigen der erwärmten Luftmassen, wodurch zwischen Meer und Land ein Druckunterschied entsteht. Die kühlere Meeresluft fließt nun dem Druckgefälle nach zum Land, wodurch eine *See-Land-Strömung* in der bodennahen Luftschicht erzeugt wird, die in der Höhe entgegengesetzt gerichtet ist.

In der Nacht sind die Verhältnisse umgekehrt. Das Meer ist wärmer und das Land kühler, wodurch in Bodennähe eine *Land-Seewind-Zirkulation* entsteht. Letztere ist nicht so stark ausgeprägt wie die See-Landwind-Zirkulation, da sich die nächtliche Abkühlung über Land nur auf flache Luftschichten über dem Boden erstreckt, wodurch das Windsystem flacher ist als bei Tag und sich die Bodenreibung zusätzlich hemmend auswirkt.

Als Folge der Geländeform treten im *Binnenland* Hangwinde sowie Berg- und Talwindsysteme in Erscheinung. Wie das Land-Seewind-System sind auch diese an den Tagesgang der Sonneneinstrahlung gebunden. Die unmittelbar einem geneigten Berghang anliegende Luft wird bei Einstrahlung stärker erwärmt als diejenige in der freien Atmosphäre neben dem Hang. Dadurch wird sie leichter und steigt den Hang entlang als *Hangaufwind* auf. Die Hangaufwinde tragen feuchtwarme Luft aus dem Tal hoch und tragen damit zur Wolkenbildung bei.

Bei Nacht kühlt sich die Luft unmittelbar über der Hangoberfläche als Folge der starken Ausstrahlung des Bodens stärker ab als in höheren Schichten; die schwere Kaltluft beginnt der Schwerkraft nach ins Tal zu fließen, wodurch der kalte *Hangwind* entsteht. Beide Strömungen verlaufen quer zur Talrichtung in der Gefällelinie des Hangs.

Tagsüber strömen die Luftmassen seitlich zum Tal heraus, nachts zum Talgrund hin. Aus diesem Strömungsverhalten entsteht ein *Berg-Talwind-System*. Durch den Hangaufwind bei Tag werden dem Talgrund Luftmassen entzogen, die durch taleinwärts fließende Luftmassen ersetzt werden. Nachts fließt kalte Luft als *Bergwind* talauswärts. Im Gegensatz zu den Hangwinden, von denen nur eine flache Luftschicht erfaßt wird, greifen die *Berg-* und *Talwinde* über den gesamten Talquerschnitt. Durch den Zusammenhang mit dem Hangwindsystem sind die Berg-Tal-Winde keine einfachen Zirkulationen, sondern besitzen einen komplizierten räumlichen Aufbau, da auch Luftmassen über die seitlichen Kämme der Täler fließen.

Ein ähnliches System wie beim Hangabwind tritt beim *Gletscherwind* in Erscheinung. Die kalte Gletscheroberfläche erzeugt, wenn die Luft im Tal erwärmt wird, einen Hangabwind längs des Gletschers, der bei Tag (hoher Temperaturunterschied) stärker weht als bei Nacht.

Abb. 1 Seewind

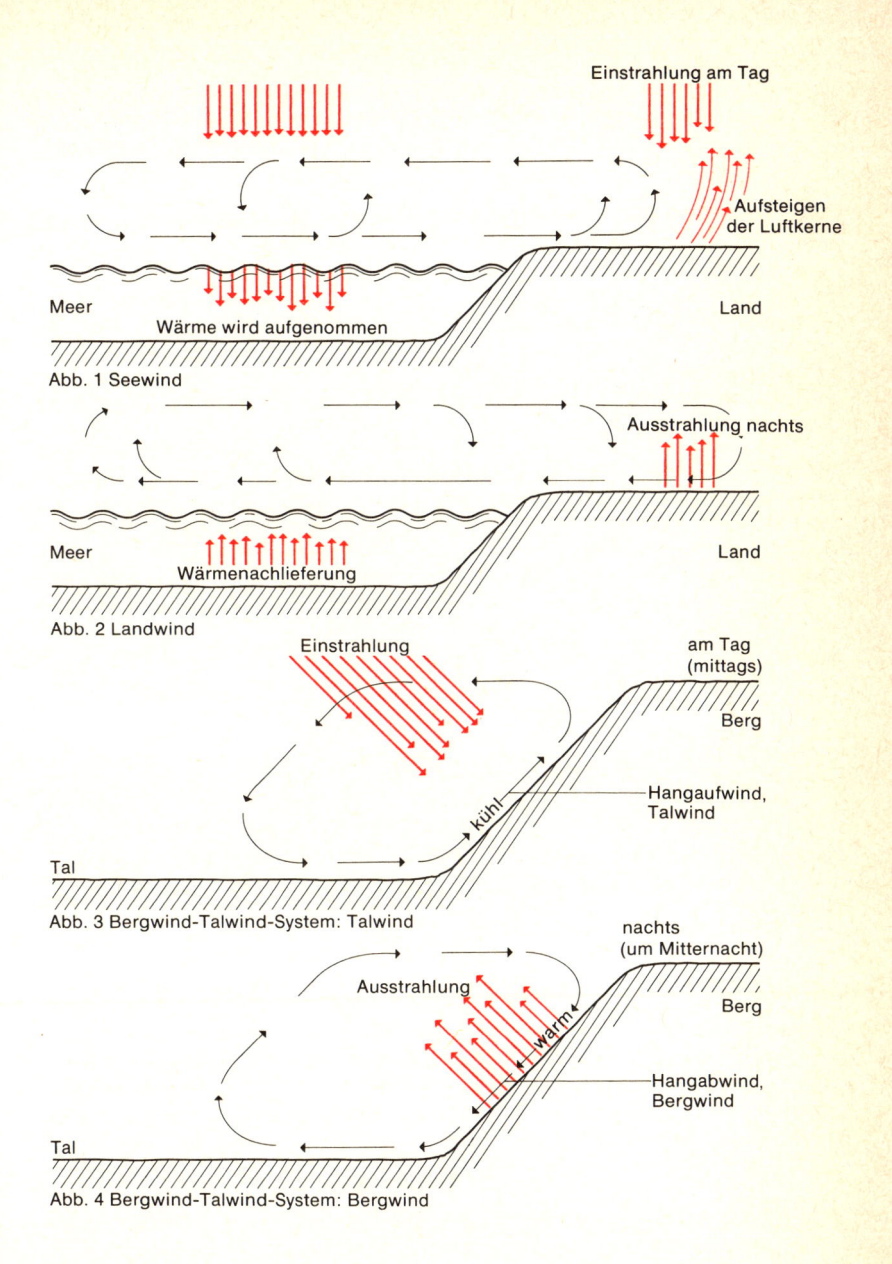

Einstrahlung am Tag
Aufsteigen der Luftkerne
Meer — Wärme wird aufgenommen — Land

Abb. 2 Landwind

Ausstrahlung nachts
Meer — Wärmenachlieferung — Land

Abb. 3 Bergwind-Talwind-System: Talwind

Einstrahlung
am Tag (mittags)
Berg
Hangaufwind, Talwind
kühl
Tal

Abb. 4 Bergwind-Talwind-System: Bergwind

Ausstrahlung
nachts (um Mitternacht)
Berg
Hangabwind, Bergwind
warm
Tal

Die Entstehung der Wolken

Durch die Sonneneinstrahlung ist die Luft in den bodennahen Schichten wärmer als in der freien Atmosphäre. Da die Moleküle in wärmerer Luft größere Bewegungsenergie besitzen als in kalter, sind sie in der Lage, mehr Wassermoleküle aus der flüssigen Phase zu entreißen und sie in die Dampfform überzuführen. *Warme Luft* kann demnach mehr Wasserdampf aufnehmen als kalte. Warme Luft ist außerdem leichter als kalte, was zur Folge hat, daß warme Luft in die Atmosphäre aufsteigt, während kalte absinkt. Beim Aufsteigen kühlen sich die warmen Luftmassen allmählich ab, wodurch die Wassermoleküle wieder Energie verlieren und sich wieder zu größeren Einheiten zusammenschließen. Ist ein Zustand erreicht, in dem keine Wassermoleküle vom flüssigen in den dampfförmigen Zustand mehr übergehen, so spricht man von *Wasserdampfsättigung*.

Wird der Sättigungsdampfdruck bei Abkühlung erreicht, so ist dies allerdings noch keine genügende Voraussetzung für den Zusammenschluß von *Wassermolekülen* zu *Wassertröpfchen*. Daß die Kondensation in einem von allen Staubteilchen gereinigten Luft- und Wasserdampfgemisch weit über den Sättigungspunkt verzögert werden kann, ist aus Versuchen bekannt. Das kommt daher, daß beim Eindringen von Wassermolekülen in winzige Tröpfchen der Dampfdruck eine Arbeit gegen die Kohäsionskräfte des Tröpfchens leisten muß. Um einen winzigen Anfangstropfen zu bilden, ist eine riesige Übersättigung nötig, die in der Natur nicht beobachtet wird. Für die Entstehung eines solchen Tropfens muß demnach in der Natur eine Starthilfe gegeben werden. Dies kann durch elektrische Ladungen erfolgen, die durch ionisierende (kosmische) Strahlung erzeugt werden. In der Atmosphäre ist dies jedoch von geringer Bedeutung, da die Kondensation erst bei sehr hoher Übersättigung auf diese Weise erfolgt, was dort nicht eintritt.

Kondensationskerne, kleine Materieteilchen, bilden einen *Anfangstropfen,* an den sich weitere Wassermoleküle anlagern können. Die Wirkung solcher Kerne ihre stoffliche Zusammensetzung spielt keine Rolle; sie dürfen nur nicht wasserabstoßend sein – beruht darauf, daß sie die im Augenblick der Anlagerung überschüssige Bewegungsenergie der Wassermoleküle aufnehmen. Das kann man auch daraus ableiten, daß bei Überschreiten des Sättigungsdampfdrucks zuerst die großen Kerne, die viel Energie aufnehmen können, wirksam werden. Zusätzliche Wirkung wird erreicht, wenn die Kerne aus wasserlöslichen Salzen bestehen; dann tritt bereits bei Luftfeuchtigkeiten unter dem Sättigungspunkt eine Anlagerung von Wasser ein, da wasserlösliche Salze hygroskopisch sind, d. h. Wasser anziehen.

Da bereits bei Luftfeuchtigkeiten unter 100 % relativer Feuchte *Dunst* auftritt, kann man annehmen, daß solche Kerne in der Luft vorhanden sind. Der überwiegende Anteil der Kerne besteht jedoch wahrscheinlich aus wasserunlöslichen Kernen oder aus Mischkernen, die aus löslichen und unlöslichen Teilen zusammengesetzt sind.

Die *Entstehung der Kondensationskerne* beruht im wesentlichen auf Verbrennungsprozessen, Vulkanausbrüchen und Windwirkung. Bei Verbrennungsprozessen gelangen Sulfate und Stickstoffverbindungen in die Atmosphäre, die sich zu Ammoniumsulfat verbinden und als Kondensationskerne wirken. Kerne aus Salzen, vorwiegend Natriumchlorid, die aus versprühter Gischt in die Atmosphäre gelangen, besitzen geringere Bedeutung als man ursprünglich annahm.

Die *Tropfenbildung an den Kondensationskernen* erfolgt durch Diffusion des Wasserdampfes zum Kern hin, wodurch Wolkentropfen bis zu einem Durchmesser von 10 μm entstehen können. Die wesentlich größeren Regentropfen werden durch andere Vorgänge gebildet (s. S. 52).

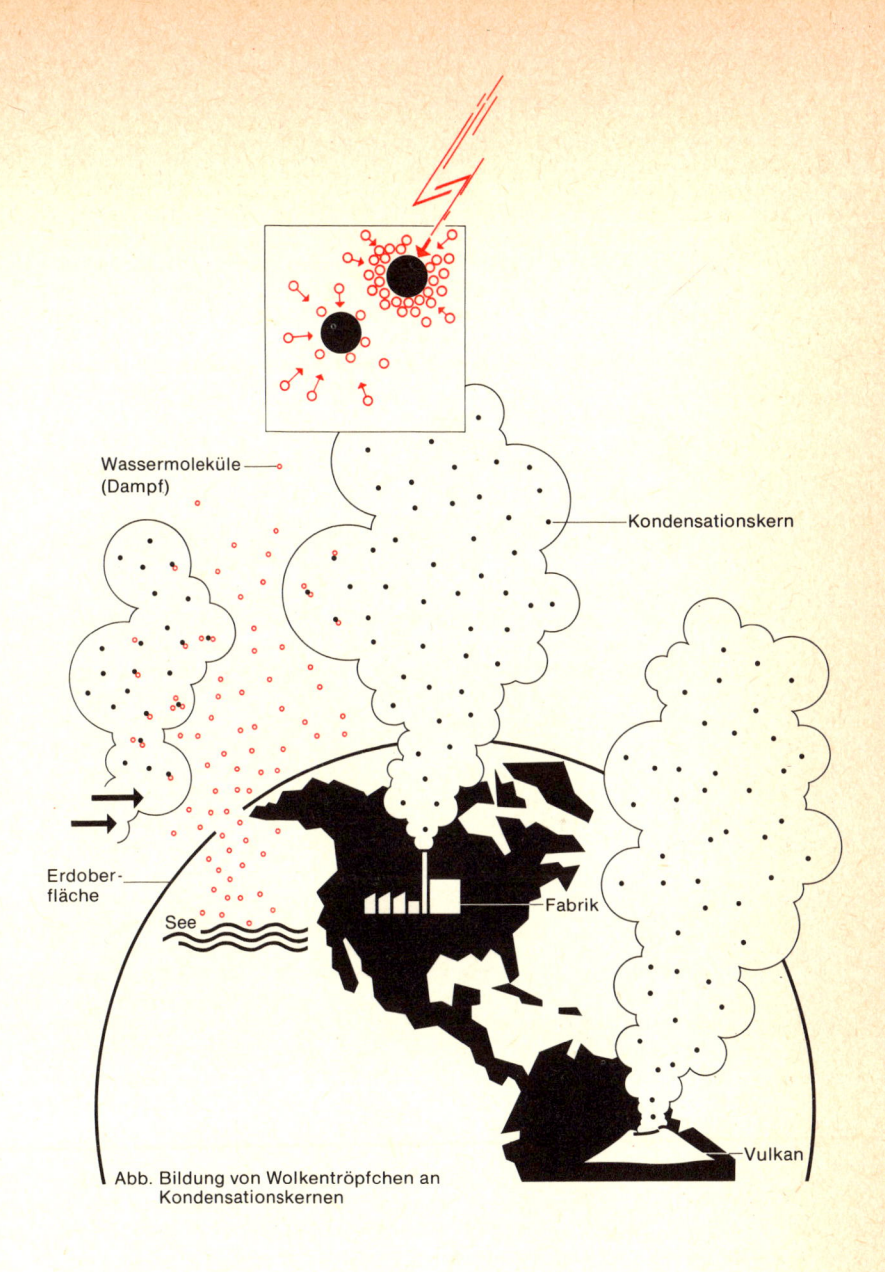

Abb. Bildung von Wolkentröpfchen an Kondensationskernen

Die Entstehung von Regen

Die in den Wolken vorliegenden Wassertröpfchen (Nebel) sind so klein, daß sie die Wolken nicht verlassen können, ohne zu verdunsten. Damit Regentropfen entstehen, die bis zum Boden gelangen, bevor sie verdampfen, müssen sich bis zu einer Million Wolkentröpfchen zusammenlagern. Für dieses Anwachsen der Wolkentropfen reichen Diffusion und Kondensation als Erklärung nicht aus.

Es gibt zwei unterschiedliche Hypothesen über den Mechanismus der Regentropfenbildung, die beide unter verschiedenen klimatischen Bedingungen ihre Gültigkeit besitzen. Die eine besagt, daß nicht alle in einer Wolke vorhandenen Wolkentröpfchen die gleiche Größe haben. Die größeren Tröpfchen fallen im Verhältnis zu den kleineren schneller, so daß ein größerer Tropfen alle auf seinem Fallweg liegenden kleineren einholen und aufsammeln würde, wenn sich nicht um den fallenden Tropfen eine Luftströmung ausbildete, die einen Teil der in der Luft schwebenden kleineren Tröpfchen an den großen vorbeilenkt, so daß die tatsächliche Anlagerung geringer ist als die mögliche, Dennoch können bei einer großen Wolke, in der ein langer Fallweg und genügend Tröpfchen vorhanden sind, auf diese Weise Regentropfen entstehen. Hinzu kommt, daß in aufsteigenden Wolken beträchtliche Aufwinde herrschen, durch die größere Tropfen in der Schwebe gehalten werden, während kleinere hochgerissen werden und mit den großen zusammentreffen. Wird der einzelne Tropfen zu groß, verliert er seine Stabilität, zerplatzt, und die Tropfentrümmer werden erneut hochgerissen und wachsen wieder an, bis sie als große Tropfen aus der Wolke fallen. Diese auch als *Langmuirsche Kettenreaktion* bezeichnete Art der Regentropfenbildung ist vorwiegend in der warmen und wasserdampfreichen Luft der Tropen möglich.

Die zweite Hypothese basiert auf der Beobachtung, daß in den gemäßigten Breiten alle Wolken, aus denen großtropfiger Regen fällt, in den obersten Schichten aus Eiskristallen bestehen. Die Eisphase ist in den gemäßigten Regionen offenbar eine Voraussetzung für die Entstehung großtropfigen Regens. Wie bei der Kondensation, dem Übergang von der gasförmigen in die flüssige Phase, ein Kondensationskern (Staubteilchen) nötig ist, so muß auch beim Übergang von der flüssigen in die feste Phase ein Gefrierkern vorhanden sein. Die Temperatur, bei der der Übergang von der flüssigen in die feste Phase vor sich geht, ist abhängig von der Größe und von der Struktur des Molekülgitters des Kerns. Die in gemäßigten Gebieten wirksamen Gefrierkerne lassen im allgemeinen eine Unterkühlung der Wassertröpfchen bis auf $-15\,°C$ zu, bevor die Eisbildung einsetzt. Nach Bildung der Eiskristalle wachsen diese rasch weiter, fallen dadurch schneller und lagern weitere unterkühlte Tröpfchen auf ihrem Fallweg an, die noch zum Wachstum der Kristalle beitragen. Je mehr Tröpfchen sich anlagern, desto schneller fällt ein Kristall und desto weniger Zeit bleibt für die Ausbildung der Kristallformen, so daß aus dem ursprünglich sechseckigen Kristall ein unförmiger Eisklumpen wird, der unterhalb der atmosphärischen $0°$-Grenze (also bei Temperaturen über $0\,°C$) schmilzt und zum Regentropfen wird.

Die Anlagerung unterkühlter Wassertröpfchen an Eiskristalle ist wesentlich wirksamer als der von Langmuir beschriebene Vorgang. *Hagel* bildet sich dann, wenn infolge starken Aufwindes die Graupelkörner länger in Schwebe gehalten werden und die Eisteilchen durch Anlagerungen unterkühlter Tröpfchen so groß werden, daß sie sich auch bei Temperaturen über $0\,°C$ noch als Eis halten.

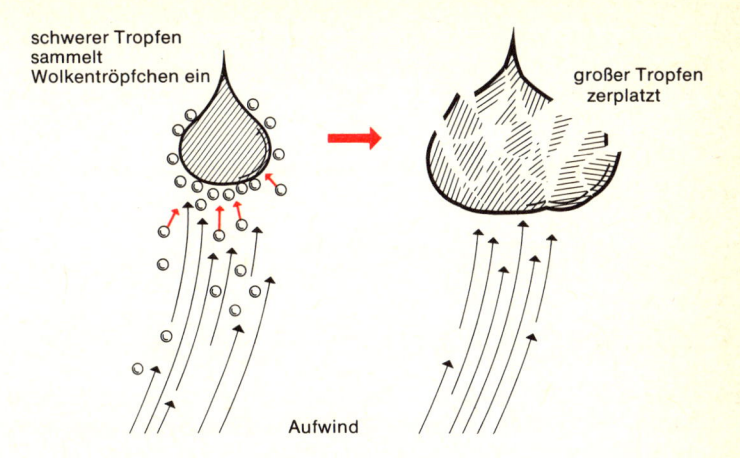

Abb. 1 Entstehung von Regen, erste Hypothese

schwerer Tropfen sammelt Wolkentröpfchen ein

großer Tropfen zerplatzt

Aufwind

−15 °C

Wolkentröpfchen

Wolkentröpfchen lagern sich an

Eisklumpen

0 °C

Regentropfen

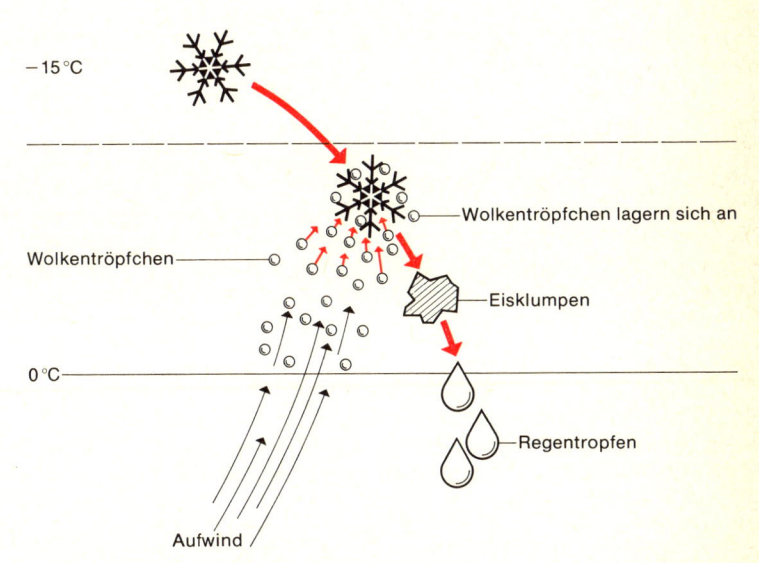

Aufwind

Abb. 2 Entstehung von Regen, zweite Hypothese

Nebel

Nebel entsteht in der bodennahen Luft, wenn die relative Feuchtigkeit 100 % erreicht, d. h., wenn der Dampfdruck dem Sättigungsdampfdruck gleichkommt oder diesen überschreitet. Da die physikalischen Vorgänge der Wolkenbildung (s. S. 50) und der Nebelbildung identisch sind, kann man Nebel auch als „Wolke in Bodennähe" bezeichnen. Das Erreichen der Sättigung und die Entstehung der kleinen sichtbaren Wassertröpfchen kann verschiedene Ursachen haben, nach denen man einzelne Nebeltypen unterscheidet:

Der *Bodennebel* ist die charakteristischste Nebelform. Er bildet sich abends oder nachts, wenn die Strahlungsbilanz des Bodens negativ ist, wenn also die Ausstrahlung die Einstrahlung überwiegt. Bei Tag reichert sich die bodennahe Luft mit Wasserdampf an, der als Folge der starken Abkühlung bei Nacht kondensiert. Gefördert wird die Nebelbildung, wenn sich durch Kaltluftfluß in Tälern Kaltluft sammelt oder wenn der Wassergehalt des Bodens (Moore, Feuchtwiesen) sehr hoch ist. Da Bodennebel in Strahlungsnächten auftritt und immer mit Temperaturumkehr in der bodennahen Luftschicht verbunden ist (s. auch S. 60), wird er häufig auch als *Strahlungsnebel* bezeichnet.

Vorwiegend im Herbst, wenn bei Kaltlufteinbrüchen kalte Luft über warmes Wasser oder warmen, feuchten Boden zieht, entstehen *Dampfnebel*. Da in solchen Lagen Temperaturunterschiede zwischen kalter Luft und warmem Wasser von 10 °C und mehr auftreten, verdampft das Wasser an der Oberfläche stark, und der Wasserdampf kondensiert sofort wieder in der kalten Luft. Der so entstehende Nebel zerreißt wegen der instabilen Temperaturschichtung (Warm unter Kalt) rasch, so daß er sich rauchartig ausbildet. Ähnliches kann man im Sommer z. B. über Wäldern oder Straßen beobachten, wenn die Sonne wieder scheint. Das Wasser verdunstet durch die starke Energiezufuhr an den Blatt- oder Straßenoberflächen und kondensiert sofort wieder in der aufsteigenden Luft.

Von *Mischungsnebel (Warmfrontnebel)* spricht man, wenn sich warme Luft über flach am Boden anliegende Kaltluft lagert, so daß durch Austausch und Turbulenz der Wasserdampf der Warmluft in die darunterliegende Kaltluft eindringen kann. Infolge der durch die Mischung verursachten Temperaturerniedrigung im Gemisch gegenüber gesättigter Warmluft wird dabei der Sättigungsdampfdruck erniedrigt, und der Wasserdampf kondensiert.

Durch Ausstrahlung der Luft unter tiefliegenden Inversionen entsteht *Hochnebel*. Häufig dehnt er sich nach unten aus und wird dadurch zum Bodennebel. Hochnebel ist, obwohl auch andere Faktoren zu seiner Entstehung beitragen können, weitgehend ein Strahlungsnebel.

Advektionsnebel entsteht, wenn im Warmluftbereich eines Tiefs warme Luft subtropischen Ursprungs über eine kältere Luftschicht gelangt. Dabei wird die Warmluft durch turbulenten Austausch vom Boden her abgekühlt, so daß nach Erreichen des Taupunktes Nebel entsteht. Eine solche Nebelbildung kommt nur im Winterhalbjahr vor, wenn die Temperaturunterschiede zwischen dem subtropischen und dem gemäßigten Bereich groß sind. Im Sommer sind sie zu gering, um eine nennenswerte Abkühlung hervorzurufen. Zu Nebelbildung dieser Art kommt es auch, wenn warme, feuchte Luft über kalte Wasserflächen strömt. Diese Erscheinung ist von allen kalten Meeresströmungen bekannt und tritt vorwiegend im Sommer in Erscheinung.

Abb. 1 Bodennebel

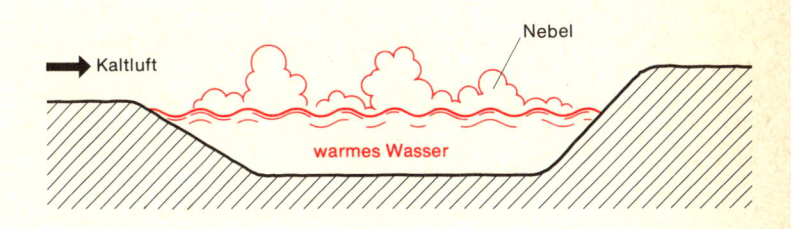

Abb. 2 Dampfnebel

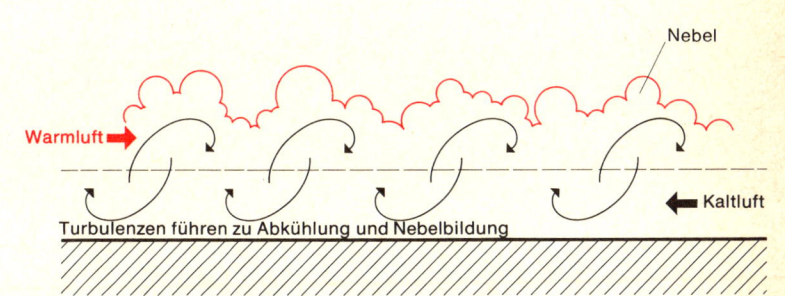

Abb. 3 Mischungsnebel

Verdunstung und Transpiration

Ein großer Teil des in der Atmosphäre befindlichen Wasserdampfs stammt aus *Verdunstungen (Evaporationen)* von Wasser im Bereich der Wasseroberflächen oder des unbewachsenen Erdbodens. Unter gleichen klimatischen Bedingungen bestehen zwischen den Verdunstungen beider Bereiche erhebliche Unterschiede, sofern die Bodenoberfläche nicht sehr gut mit Wasser versorgt ist. Die Verdunstung von der freien Wasseroberfläche ist die maximal mögliche und wird daher auch *potentielle Verdunstung* genannt, während die tätsächliche oder aktuelle Verdunstung von der Bodenoberfläche großer Gebiete in der Regel wesentlich geringer ist, da die Bodenoberfläche rasch austrocknet und der Wassernachschub aus der Tiefe dadurch erschwert ist.

In gemäßigten Klimaten ist eine deutliche Abhängigkeit der Verdunstung von der *Temperatur* festzustellen. Auf ein ganzes Jahr gesehen, sind die Werte im Winter außerordentlich gering, steigen im Frühjahr rasch an und erreichen im Juli/August, in den warmen Monaten, ihr Maximum, um dann zum Herbst hin wieder abzufallen.

Deutlich steigt die Verdunstung auch mit der *Erhöhung der Windgeschwindigkeit*. Dies gilt allerdings nicht allgemein, da auch die Temperatur der zugeführten Luft von Bedeutung ist. Bringt der Wind kühle Luft, so kann die Verdunstung herabgesetzt sein, führt er dagegen stark überhitzte Luftmassen (z. B. bei Hangaufwinden) heran, so werden extrem hohe Verdunstungswerte erreicht.

Auch die *Einstrahlung der Sonne* beeinflußt die Verdunstung. Im Schatten eines Waldes ist die Verdunstung gegenüber freien Wiesenflächen stark herabgesetzt.

Auf dem Festland spielt die Verdunstung der Lebewesen *(Transpiration)*, insbesondere im Bereich der pflanzlichen Vegetation, eine besondere Rolle. Die Pflanze transpiriert, um Kohlendioxid aufnehmen zu können. Starke Transpiration weist daher auf hohe Stoffproduktion hin, niedere auf eingeschränkte Photosyntheseaktivität (s. auch Photosynthese, S. 200ff.).

Auch die Transpiration ist stark von klimatischen Faktoren abhängig. Da jedoch bei der Transpiration ein lebendes System regelnde Funktionen ausübt, sind nicht nur physikalische Gesetze wirksam. Die *Wirkung der Atmosphärilien* (in der Atmosphäre wirksame chemische und physikalische Stoffe) auf die Transpiration ist deshalb nicht mit deren Wirkung auf die Verdunstung (Evaporation) zu vergleichen. *Wind* z. B. erhöht kurzfristig die Transpiration; mit zunehmender Windgeschwindigkeit wird jedoch sehr bald ein Transpirationswert erreicht, der nicht weiter gesteigert wird. Die Transpirationsrate kann sogar durch Verschluß der pflanzlichen Spaltöffnungen bei beginnender Welke (verursacht durch erhöhte Transpiration) bei längerer Windwirkung unter die Normalwerte bei ruhiger Luft absinken.

Bei der *Temperaturwirkung* wird ähnliches beobachtet. Mit Zunahme der Temperatur wird zunächst die Transpiration erhöht. Da jedoch starke Temperaturerhöhung in der Regel mit Wasserknappheit verbunden ist, schließt die Pflanze die Spaltöffnungen und schränkt die Transpiration ein, damit ihr Wasserhaushalt nicht zu stark angespannt wird.

Die Verdunstung des Bodens und die Transpiration der Pflanzen können bei Freilandmessungen oft nicht getrennt erfaßt werden. Man faßt deshalb im allgemeinen beide Phänomene begrifflich zusammen *(Evapotranspiration)*, wenn man den Wasserverbrauch eines Bestandes angeben will.

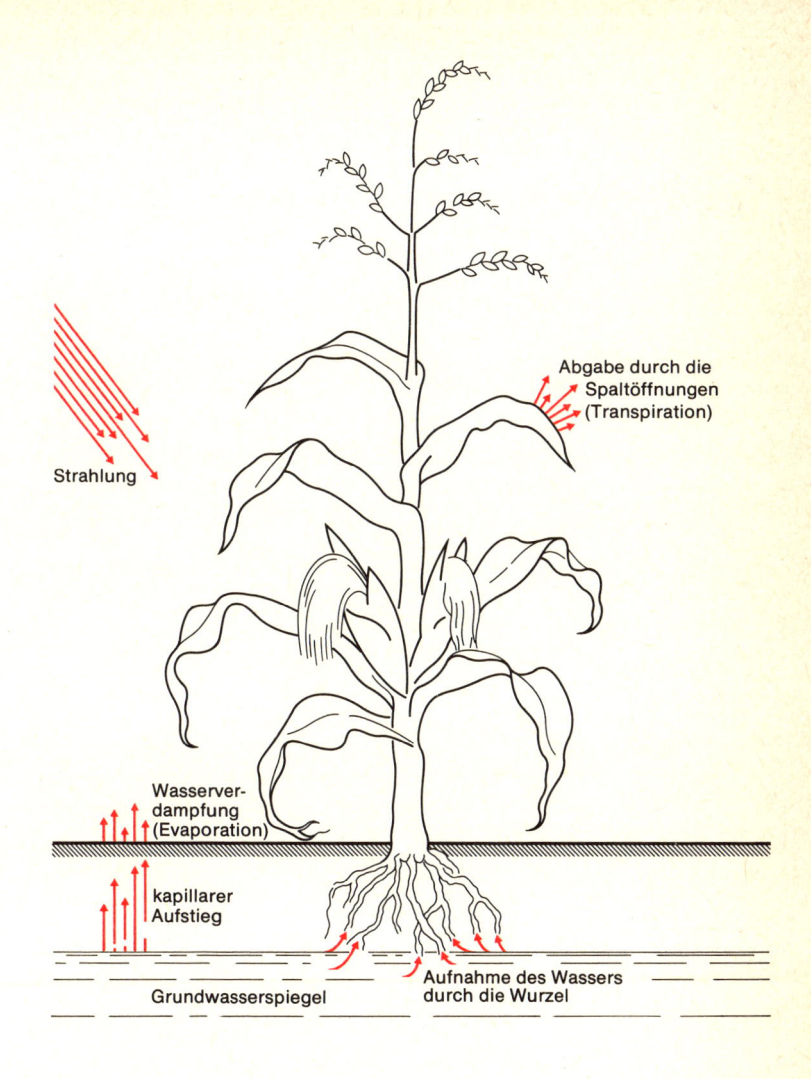

Abb. Evapotranspiration im Wasserhaushalt der Pflanze

Die Temperatur in der bodennahen Luftschicht

Von weitreichender Bedeutung für die Lebensvorgänge in der Biosphäre ist der Faktor *Temperatur*. Die als Volumenänderung von Quecksilber mit dem Thermometer gemessene Temperatur ist ein Maß für die mittlere Bewegungsenergie der Luftmoleküle, die im wesentlichen von der zur Erde gelangten Sonnenstrahlung aufgebracht wird. Die *Temperatur der bodennahen Luftschicht* wird also durch den Umfang der eingestrahlten Sonnenenergie bestimmt. Dieser wiederum wird beeinflußt durch die Zusammensetzung der Atmosphäre, durch die geographische Breite, die Beschaffenheit der Boden- oder Gesteinsoberfläche, die Geländeform u. a. m. Die Zufuhr kalter oder warmer Luftmassen durch großräumige Strömungen kann die Temperatur der bodennahen Luftschicht wesentlich verändern.

Am *Tag* dringt ein Teil der zur Erde gelangenden Sonnenstrahlung durch die Atmosphäre zur Bodenoberfläche. Ein Teil davon wird am Boden in *Wärmestrahlung* (infrarote Strahlung) umgewandelt und in die Atmosphäre zurückgestrahlt. Diese Wärmestrahlung wird von der Luft aufgenommen, die dadurch energiereicher, d. h. wärmer wird. Da die meiste Energie den der Energiequelle, also dem Boden, am nächsten liegenden Molekülen zugeführt wird, wird die Luft unmittelbar über dem Boden stark erwärmt. In unseren gemäßigten Breiten wurden an klaren Sommertagen bei Windstille in der Luftschicht unmittelbar über dem Boden schon Temperaturen über 70 °C gemessen. Die an der Bodenoberfläche befindliche erwärmte Luft ist spezifisch leichter als die darüberliegende Kaltluft und hat darum das Bestreben, aufzusteigen. Während des *Luftaufstiegs* geben die energiereichen Moleküle Energie an die umgebenden ab, bis ein Energieausgleich zustande kommt. Durch die Einstrahlung von Sonnenenergie am Tage bildet sich in der bodennahen Luftschicht demnach ein *Temperaturgradient* aus. Die Lufttemperatur geht mit zunehmender Höhe über der Erdoberfläche zurück. Dieser Vorgang tritt bei Einstrahlung zwar immer auf, ist jedoch nur bei Windstille oder schwachen Luftbewegungen ausgeprägt. Starke Luftbewegungen verändern die Temperaturverhältnisse in der bodennahen Luftschicht völlig.

Bei *Nacht* wird die von der Boden- oder Gesteinsoberfläche ausgestrahlte Wärmestrahlung nicht mehr durch die Sonnenstrahlung ergänzt. Da die Energiequelle fehlt, wird die Ausstrahlung im Verlauf der Nacht immer schwächer. Dadurch wird die zu Boden sinkende Kaltluft nicht mehr erwärmt und bleibt als *Kaltluftschicht* am Boden liegen. Je nach Geländebeschaffenheit kann die Kaltluft, der Erdanziehung folgend, in Vertiefungen wie Senken, Mulden, Dolinen (Erdfälle in Karstgebieten) zusammenfließen und sog. *Kaltluftseen* bilden. Temperaturdifferenzen von 10 °C und mehr zwischen den Kaltluftseen und den wärmeren Zonen am Mittel- und Oberhang sind keine Seltenheit.

Das Aufziehen von *Bewölkung* verringert die Ausstrahlung der Wärmeenergie durch deren Reflexion an der Wolkenunterseite beträchtlich. Sprunghafter Temperaturanstieg von 5 °C und darüber konnten beim Nahen einer Wolkenwand beobachtet werden. *Starker Wind* verhindert ebenfalls die Ausbildung eines nächtlichen Temperaturgradienten.

Der Temperaturgradient in der bodennahen Luftschicht ist also einem ständigen Tag/Nacht-Wechsel unterworfen. Die Vorgänge, die zur Ausbildung dieses Gradienten führen, können durch Wind, Beschaffenheit und Gliederung der Bodenoberfläche sowie durch Wolkenbildung und andere Witterungseinflüsse verändert werden.

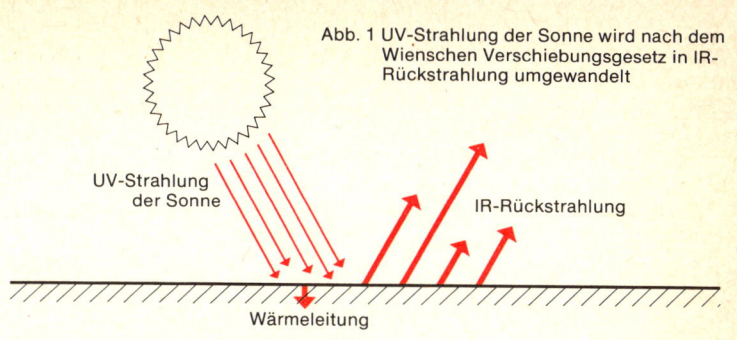

Abb. 1 UV-Strahlung der Sonne wird nach dem Wienschen Verschiebungsgesetz in IR-Rückstrahlung umgewandelt

UV-Strahlung der Sonne

IR-Rückstrahlung

Wärmeleitung

Abb. 2 Luftmoleküle werden von der IR-Strahlung getroffen und in stärkere Schwingungen versetzt

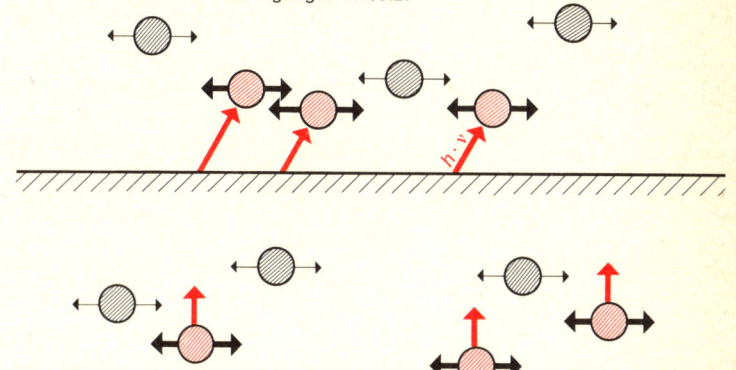

Abb. 3 Starke Schwingung der Luftmoleküle bedeutet Erwärmung. Erwärmte Luft steigt auf, kalte sinkt ab, da die Luftmoleküle auf Grund der geringeren Schwingungsenergie näher beieinander liegen

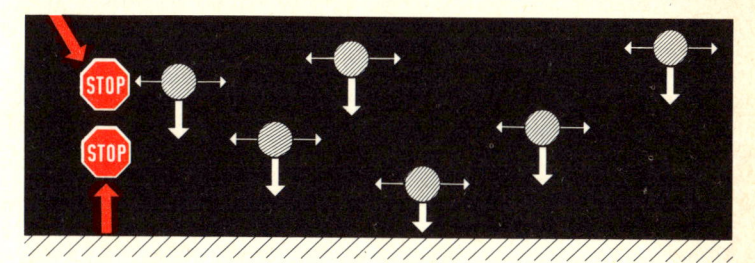

Abb. 4 Nachts sinken die Temperaturen in der Luft, da keine Ausstrahlung vom Boden mehr stattfindet

Die Temperatur in der bodennahen Luftschicht
Temperaturumkehr

In der bodennahen Luftschicht bildet sich, wie bereits auf S. 58 angedeutet, ein Temperaturgradient aus, in dem die Temperatur am Tage mit zunehmender Höhe über dem Erdboden sinkt, bei Nacht hingegen mit der Höhe zunimmt. Diesen Vorgang nennt man *Temperaturumkehr (Inversion)*. Wird der Boden im Laufe des folgenden Tages wieder erwärmt, so wird die nächtliche Inversion durch Energiezufuhr vom Boden an die darüberliegende Kaltluft im Laufe des Tages wieder aufgehoben, und der normale Temperaturgradient stellt sich wieder ein. Die Ausbildung solcher Inversionen hängt sehr von der Geländeform und den Witterungsbedingungen ab und ist meist nicht sehr stabil. Andere Verhältnisse ergeben sich, wenn eine Kaltluftschicht über warme Luftmassen hinwegfließt und dadurch eine *großräumige Inversion* der Temperatur stattfindet. Solche Wetterlagen können sehr beständig sein und Tage oder Wochen anhalten.

Die Bedeutung der Inversion für den Gasaustausch in der bodennahen Luftschicht liegt im unterschiedlichen spezifischen Gewicht kalter und warmer Gase bei gleicher Zusammensetzung. Am Boden erwärmte Kaltluft steigt im Bereich dieser Schicht auf und kühlt sich dabei ab. Erreicht sie die Warmluftschicht, so ist wegen deren niedrigeren spezifischen Gewichtes der weitere Aufstieg der erwärmten Kaltluft behindert. Über die Grenzschicht hinaus kann also kein Gasaustausch stattfinden.

Solche *Sperrschichten* werfen für die bodennahe Luftschicht über industriellen Ballungszentren besondere Probleme auf. Die tiefliegende Kaltluft wird durch die Verbrennungsprozesse in Haushalt, Verkehr und Industrie verbraucht und mit Verbrennungsgasen und Stäuben angereichert. Liegt keine Sperrschicht vor, so werden diese Schadstoffe mit dem normalen Massenaustausch bis in die hohen Luftschichten getragen und damit so verdünnt, daß keine unmittelbare Gefahr einer Schädigung für Mensch, Tier und Pflanze besteht. Liegt in geringer Höhe (30–100 m) über dem Industrie- und Siedlungsbereich eine Inversion, so können die emittierten Verbrennungsprodukte die Sperrschicht nicht überwinden und bleiben im Bereich der tiefen Kaltluft. Die Konzentrationen an Schadgasen und Stäuben steigen dann rasch an und führen zu erheblichen Beeinträchtigungen der Biosphäre (s. S. 128 ff.).

In ungünstigen Tallagen (Kesseln) kann sich auch die nächtliche Inversion auf diese Weise bemerkbar machen. Daß die *Inversionslage in Talkesseln* sehr stabil ist, erkennt man an den oft unbeweglich liegenden Nebelbänken. Auch die Rauchsäulen aus Schornsteinen wirken an der Sperrschicht wie abgeschnitten; der *Rauch* selbst sammelt sich unterhalb der Sperrschicht an und bildet große Schwaden. Reicht der Schornstein über die Sperrschicht hinaus, so kann der Rauch frei abziehen. Wird der Rauch durch hohe Luftfeuchte niedergedrückt, legt er sich direkt auf die Sperrschicht auf, ohne sie zu durchdringen.

Die *Häufigkeit solcher Inversionslagen* ist abhängig von der Jahreszeit. Während im Sommer durch langanhaltende und starke Einstrahlung sehr geringe Inversionsneigung besteht, nimmt diese mit abnehmender Tageslänge und dadurch verringerter Einstrahlung zu. Da das Überwiegen der Einstrahlung gegenüber der Ausstrahlung nicht etwa mit dem Sonnenaufgang oder -untergang zusammenfällt, sondern die Ausstrahlung bereits einige Stunden vor Sonnenuntergang und noch einige Stunden nach Sonnenaufgang die Einstrahlung übertrifft, kann sich die Einstrahlung in den kurzen Wintertagen selbst bei klarem Wetter kaum auswirken, so daß die Häufigkeit und Dauer der Inversionslage im Winter zunimmt.

Höhe

keine Inversion, vertikale Temeraturabnahme

Temperatur⟶

Abb. 1 Wetterlage ohne Inversion

Höhe

Inversion

Temperatur⟶   Wind⟶   Abb. 2 Inversionswetterlage

Höhe

Inversion

Temperatur⟶   Wind⟶   Abb. 3 Nächtliche Inversionswetterlage

Tag   Höhe   Nacht

Temperaturabnahme mit der Höhe am Tag

Temperaturzunahme mit der Höhe bei Nacht

Temperatur⟶   Temperatur⟶

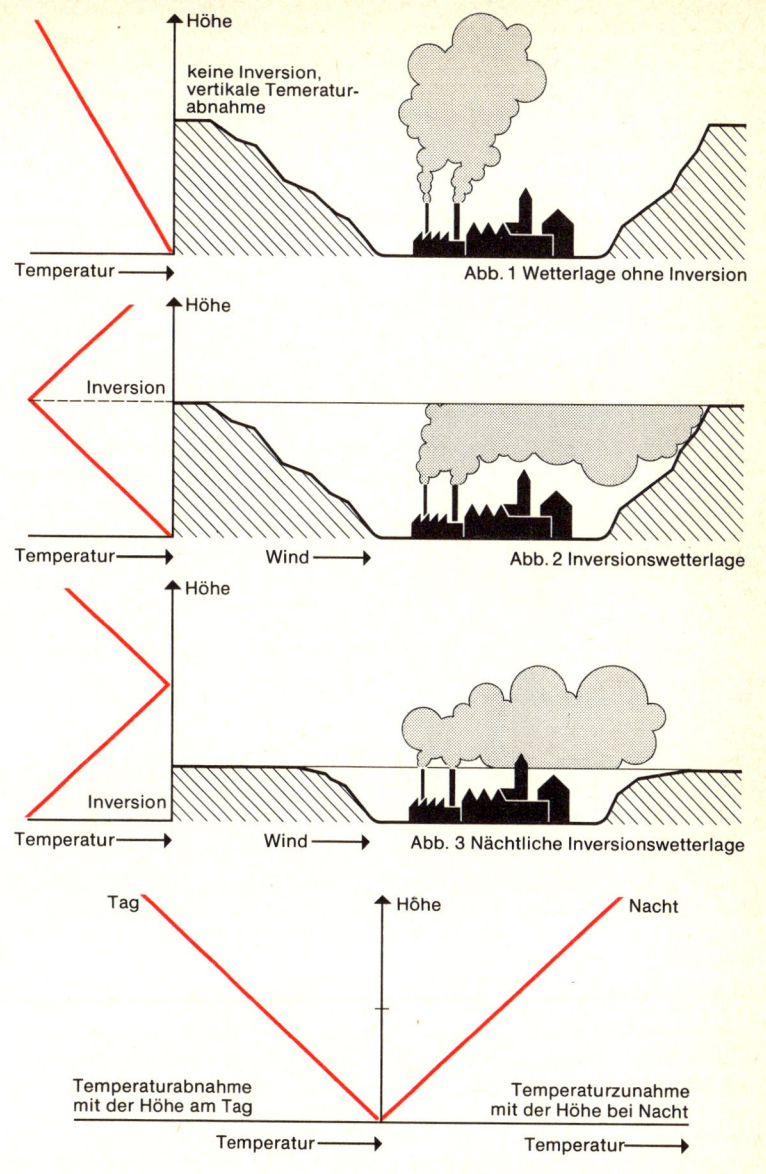

Abb. 4 Schematisierter Temperaturverlauf in der Luft bei Tag und Nacht

Die Temperatur in der Pflanzenschicht

Ähnliche Temperaturverhältnisse wie bei unbedecktem Boden treten in offenen Pflanzengesellschaften (z. B. junge Kulturen und Schonungen) auf. In extremen Lagen *(Südhang)* können bei Windstille und maximaler Einstrahlung an der *Bodenoberfläche* Temperaturen um 70°C erreicht werden, die also etwa 20–30°C über der Lufttemperatur liegen. Derart hohe Temperaturen schädigen die jungen Keimpflanzen an der Stengelbasis, da diese noch kein wärmeisolierendes Abschlußgewebe ausgebildet haben. Bisweilen führt dies zu Verbrennungen und zum Hitzetod der Pflanzen. Vorwiegend betroffen werden davon die Keimlinge der Bäume. Die hauptsächlich im Frühjahr und Herbst ausgebrachten Kulturpflanzen sind solchen extremen Temperaturen kaum ausgesetzt.

Liegt eine geschlossene, *bodendeckende Pflanzendecke* vor, so verringert sich das erreichbare Temperaturmaximum erheblich. Die aktive Oberfläche ist nun nicht mehr die Bodenoberfläche, sondern die Fläche der von der Strahlung getroffenen Pflanzenteile. Die Temperatur wird durch die starke Transpiration der Pflanzen herabgesetzt. In offenen Gesellschaften ist dies nicht möglich, da die Verdunstung sofort aufhört, sobald eine dünne Bodenschicht ausgetrocknet ist, während auf bewachsenem Boden der gesamte von den Pflanzenwurzeln eingenommene Raum durch die Pflanze Wasser an die Atmosphäre abgibt. Beim Vergleich zwischen einer Rasenfläche und unbewachsenem Sandboden stellt man fest, daß die Rasenfläche unter gleichen gemäßigten Klimabedingungen nahezu die doppelte Wassermenge im Jahresdurchschnitt verdunstet. Dadurch, daß in einem Pflanzenbestand, z. B. einer Wiese, die eindringende Strahlung von der Bestandsoberfläche bis zum Boden sehr rasch abnimmt, ist die Temperaturverteilung im Bestand ganz anders als auf vegetationsloser Fläche.

Wie die Strahlung so hat auch die Temperatur ihr Maximum an der *obersten Pflanzenschicht* und wird auf Grund der schlechten Wärmeleitfähigkeit der Pflanzenteile nicht in den Bestand abgeleitet. Mit zunehmender Höhe der Vegetationsschicht verlagert sich das *Temperaturmaximum*. Auch die *Blattstellung* im Bestand ist für die Lage und die Ausprägung des Temperaturmaximums von Bedeutung. In einer Wiese, in der die Hauptmasse der Blätter senkrecht steht, tritt eine Erwärmung wegen der größeren Eindringtiefe der Strahlung nicht nur an einer Fläche, sondern innerhalb des gesamten Vegetationsraums ein, so daß nie extreme Werte erreicht werden. Stehen die Blätter des Bestandes horizontal, so rückt die aktive Oberfläche des Bestandes in der obersten Blattschicht zusammen, wodurch das Temperaturmaximum dort deutlich ausgeprägt ist.

In *klaren Nächten* ist die äußerste Bestandsschicht (wie bei unbedecktem Boden) die ausstrahlende Schicht, so daß sich hier das *Temperaturminimum* ausbildet, während die Temperaturen im Bestand bis zum Boden hin ansteigen. Dies hat zur Folge, daß die Temperaturschwankungen zwischen Tag und Nacht in einem Bestand weniger ausgeprägt sind als bei unbedecktem Boden. Dabei sind die Mitteltemperaturen etwas tiefer.

Die *Temperaturverteilung in bewaldeten Flächen* wird an windarmen Tagen bestimmt durch die Trennung in ein extremes *Kronenraumklima* an der aktiven Oberfläche des Bestandes und ein gemäßigtes *Stammraumklima*, das sehr ausgeglichen ist. Die Temperaturverhältnisse am Waldboden wiederum werden von der Bestandsdichte beeinflußt. In lichten Beständen, in denen Sonnenstrahlen bis zum Boden durchdringen, entsteht dort ein zweites Temperaturmaximum. In geschlossenen Beständen entspricht die Bodentemperatur der des Stammraums.

aktive Oberfläche
Boden

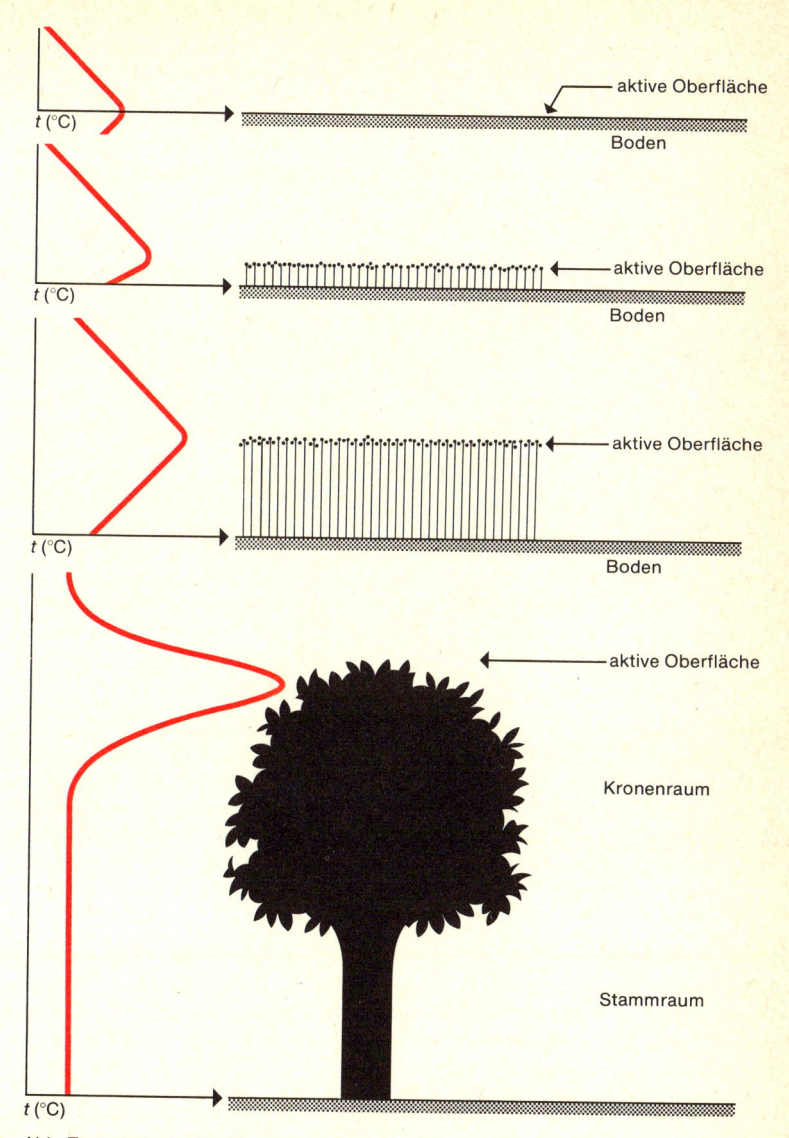

aktive Oberfläche
Boden

aktive Oberfläche
Boden

aktive Oberfläche
Kronenraum
Stammraum

Abb. Temperatur in der Pflanzenschicht

Die Hydrosphäre

Alle Lebensvorgänge auf der Erde können nur dann ablaufen, wenn Wasser vorhanden ist. Für jedes lebendige System ist daher das Vorhandensein oder die Beschaffung von Wasser von ausschlaggebender Bedeutung. Die Gesamtheit aller Wasservorräte, die es auf der Erde gibt, wird als Hydrosphäre bezeichnet. Diese kann für den Zeitraum der menschlichen Entwicklung als unverändert betrachtet werden.

Die *Wassermengen in der Hydrosphäre* (insgesamt $\approx 1{,}4 \times 10^{18}$ m^3) können in der Reihenfolge ihrer Größenordnung in drei große Verteilungsräume eingeteilt werden:
    1. die Meere,
    2. das Wasser der Kontinente,
    3. das Wasser in der Atmosphäre.

Der größte Anteil des Wassers der Hydrosphäre (ca. 97,3 %) entfällt auf die großen Ozeane und ihre Randmeere. Die übrigen 2,7 % sind auf den Kontinenten verteilt, wobei die Hauptmasse in den riesigen Gletschern der Gebirge und der Antarktis gespeichert ist. Die Menge des in der Atmosphäre befindlichen Wassers ist mit einem Hunderttausendstel der gesamten Hydrosphäre nur sehr klein. Sein Einfluß auf das Klima in den verschiedenen Regionen der Erde sowie auf die Lage der Süßwasserspeicher des Festlandes ist im Verhältnis zu seiner Menge jedoch von allergrößter Bedeutung.

Die *Wassermassen der Kontinente* sind ungleichmäßig auf verschiedene Speicherräume verteilt. An erster Stelle in der Größenordnung der Speicher stehen dabei die *Gletscher* mit 29×10^{15} m^3, gefolgt vom *Grundwasser* mit $8{,}4 \times 10^{15}$ m^3. Von der Gesamtmenge des Grundwassers entfallen nur $0{,}066 \times 10^{15}$ m^3 auf das in der Bodenschicht enthaltene Wasser. Der weitaus größere Teil verteilt sich ungefähr gleichmäßig auf zwei Grundwasserzonen, die tiefer als 800 m bzw. etwas darüber liegen. Einen wesentlich geringeren Anteil an Süßwasser nehmen die *Flüsse* und *Seen* ein ($0{,}2 \times 10^{15}$ m^3) und das *in den lebenden Organismen enthaltene Wasser*, das sich auf etwa $0{,}0006 \times 10^{15}$ m^3 beläuft.

Neben den kontinentalen Süßwasserspeichern gibt es in den Ozeanen zwei große Süßwasservorkommen, nämlich die im *Polareis* der Arktis und Antarktis festgelegten Wassermassen, die immerhin 1,8 % der gesamten Hydrosphäre ausmachen und somit verhältnismäßig bedeutend sind.

Diese Verteilung des Wassers der Hydrosphäre auf die verschiedenen Bereiche ist im Laufe der Erdgeschichte nicht unverändert geblieben. So sind z. B. innerhalb der vergangenen 2 Millionen Jahre die *Polkappen* periodisch abgeschmolzen und haben sich dann wieder gebildet. Würden die Polkappen heute wieder vollständig abschmelzen, so würde der Meeresspiegel über 60 m ansteigen, und das Meer würde große Teile der Kontinente überfluten. In den Zeiten der größten Meeresvereisung hat sich dagegen der Wasserspiegel der Meere bis zu 140 m gesenkt. Solche Veränderungen in der Wassermassenverteilung der Hydrosphäre auf der Erde haben nicht nur für diese, sondern auch für die übrigen Bereiche schwerwiegende Folgen, wie z. B. Trockenperioden oder Überschwemmungskatastrophen. Auch die Lithosphäre kann durch das Auftreten großer Eislasten, die Druck auf das darunterliegende Gestein ausüben, verändert werden.

Verteilung des Wassers in der Hydrosphäre

Hydrosphäre insgesamt	$1,4 \times 10^9$ km³	
Ozeane	$1,3 \times 10^9$ km³	(97,3 %)
Gletscher und Polareis	$2,9 \times 10^7$ km³	
Grundwasser	$8,4 \times 10^6$ km³	
Seen und Flüsse	$0,2 \times 10^6$ km³	(2,7 %)
Atmosphäre	$1,3 \times 10^4$ km³	
Biosphäre	$0,6 \times 10^3$ km³	

Ozeane

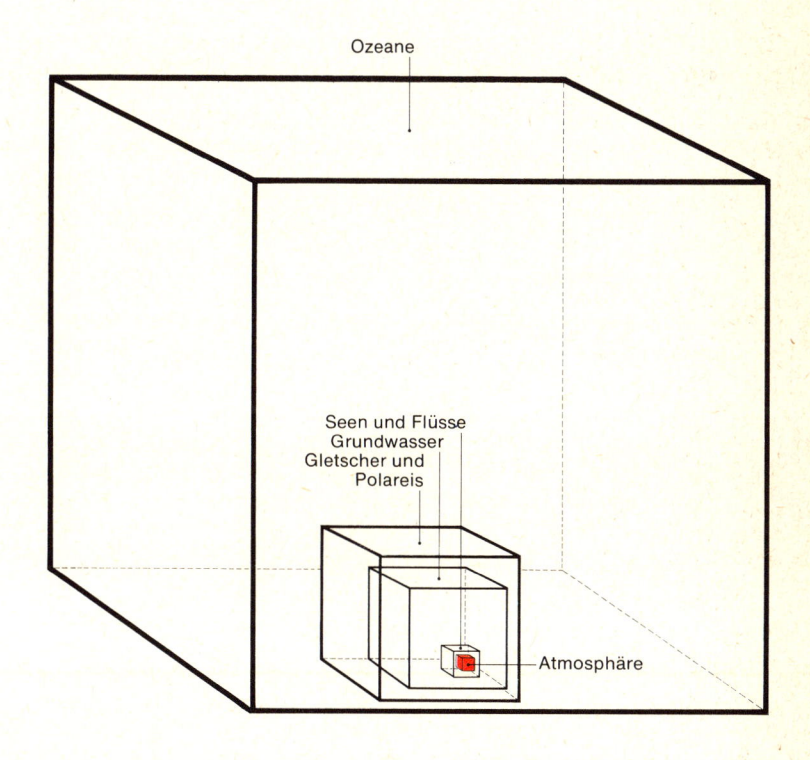

Seen und Flüsse
Grundwasser
Gletscher und Polareis

Atmosphäre

Der Wasserkreislauf

Die drei großen *Wasserspeicher* der Erde, die Meere, die Kontinente und die Atmosphäre, sind keine in sich abgeschlossenen Räume, sondern stehen in dauernder Wechselbeziehung untereinander. Diese Beziehungen lassen sich in einem Kreislauf darstellen. Durch die Sonneneinstrahlung wird ständig Wasser verdunstet und in Form von *Wasserdampf* in die Atmosphäre abgegeben. Dieser Vorgang kann auf den verschiedensten Wegen ablaufen. Einmal verdunstet Wasser direkt über der Oberfläche von Meeren, Seen und Flüssen, über Gletschern und Schneefeldern oder aus dem Erdboden. Zum anderen geben alle lebenden Organismen, Tiere und Pflanzen, bei der Atmung neben Kohlendioxid auch Wasserdampf an die Atmosphäre ab. Ein dritter Weg ist die Abgabe von Wasserdampf durch Verbrennen organischen Materials wie Holz, Kohle, Öl usw., was ständig überall auf der Erde stattfindet. Der weitaus größte Anteil des verdunsteten Wassers stammt jedoch direkt aus den Ozeanen.

Das in der Atmosphäre in Form von Wasserdampf enthaltene Wasser ist für die klimatischen Verhältnisse auf unserer Erde von größter Bedeutung. Es bedingt die Zusammensetzung der Luftmassen, hat Einfluß auf die energetischen Verhältnisse der Atmosphäre und bestimmt die Aufrechterhaltung des Wasserkreislaufs wesentlich mit.

Der Gehalt an Wasser in der Atmosphäre wird als *relative Luftfeuchtigkeit* gemessen. Während Teile der verdunsteten Wassermassen ständig in der Atmosphäre als Wasserdampf verbleiben, kondensieren andere wiederum durch die Abkühlung aufsteigender Luftmassen und zeigen sich dann in Form von Wolken, Nebel, Regen oder Tau. Kühlt das Wasser noch mehr ab, so bilden sich in den Wolken Schnee oder Hagelkörner. Werden die Wolken zu schwer, so kommt es zu *Niederschlägen,* die in Form von Regen, Schnee oder Hagel wieder zur Erde zurückkehren. Fallen die Niederschläge direkt ins Meer oder in abflußlose Seen, so ist hiermit der Wasserkreislauf geschlossen. Erreichen sie den Boden, dann sammeln sie sich durch oberflächlichen Abfluß teilweise in den Bächen, Flüssen oder Strömen, um auf diese Weise in die Ozeane zurückzukehren. Weitere Niederschläge versickern in der Erde und erreichen das Grundwasser oder werden, sofern sie in der obersten Bodenschicht als Haftwasser zurückgehalten werden, von dort direkt verdunstet. Das *Haftwasser* steht außerdem den Pflanzen zur Verfügung, die es mit der Wurzel aufnehmen und durch Atmung und Transpiration wieder als Wasserdampf in die Atmosphäre abgeben.

Dieser Kreislauf kann wie auch alle anderen auf der Erde nicht ohne treibende Kraft ablaufen. Sämtliche Abläufe werden durch die ständig einstrahlende *Sonnenenergie* aufrechterhalten. Von der gesamten von der Erde aufgenommenen Energie muß ca. ein Viertel für die Aufrechterhaltung des Wasserkreislaufs aufgewendet werden. *Lufttemperatur, Luftfeuchtigkeit* und *Luftbewegung* (Winde) bestimmen die Höhe der Verdunstung.

Obwohl die Gesamtmenge des atmosphärischen Wassers im Vergleich mit der gesamten Hydrosphäre sehr gering ist, findet doch durch die atmosphärische Zirkulation ein riesiger Wassermengentransport innerhalb eines Jahres statt. Um einen Jahresniederschlag auf der Erde von ca. 470 000 km^3 zu erhalten, muß sich das atmosphärische Wasser (ca. 12 300 km^3) ungefähr 35–40mal im Jahr umsetzen.

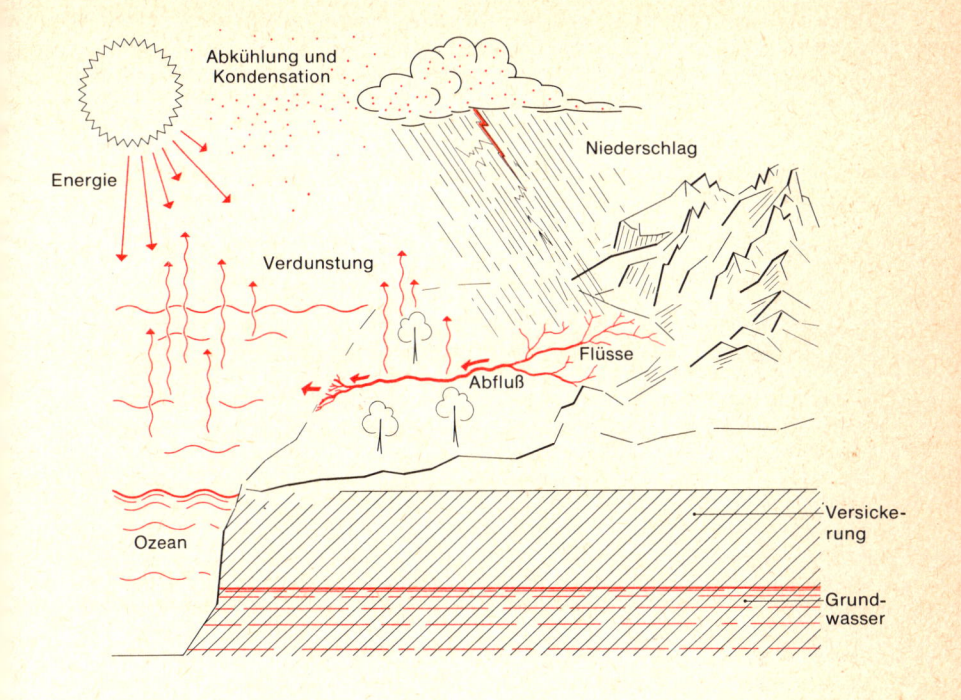

Abb. Schema des Wasserkreislaufs in der Natur

Das Meer – der Meeresboden

Die *Ozeane* überdecken nahezu 71 % der Erdoberfläche; das sind etwa 361 Mill. km^2. Die Speicher dieser ungeheuren Wassermenge sind über die Erde nicht gleich verteilt, sondern wechseln in Ausdehnung und Tiefe stark ab. Die drei flächenmäßig größten Ozeane trennen die Hauptlandmassen des amerikanischen, eurasischen, afrikanischen und australischen Kontinents voneinander. Der *Stille Ozean (Pazifische Ozean)* mit 180 Mill. km^2 Oberfläche nimmt nahezu die Hälfte der gesamten Meeresfläche ein. Ihm folgen der Größenordnung nach der *Atlantische Ozean* mit 82 Mill. km^2 und der *Indische Ozean* mit 75 Mill. km^2. Die übrigen Meeresgebiete (Mittelmeer, Schwarzes Meer, Nord- und Ostsee usw.) bedecken zusammen nur eine Fläche von rund 22 Mill. km^2.

Auch hinsichtlich der *Meerestiefen* treten Unterschiede auf. Die größten bekannten Meerestiefen finden wir im Stillen Ozean mit teilweise über 10 000 m, während die durchschnittliche Meerestiefe nur etwa 3 700 m beträgt.

In Küstennähe ist der *Meeresboden* im allgemeinen recht flach und fällt nur langsam bis zu einer durchschnittlichen Tiefe von 200 m ab. Der flache Meeressaum umgibt fast alle Küsten der Kontinente wie ein Gürtel und zeichnet die Umrisse der Kontinente nach. Dieser Gürtel flachliegender Meeresböden wird als *Kontinentalschelf* bezeichnet. Der Sedimentanfall, der alljährlich von den Flüssen ins Meer geschwemmt wird, lagert sich überwiegend in diesem Bereich ab. Der Kontinentalschelf wird vom *Kontinentalrand* begrenzt, an den sich der *Kontinentalhang* anschließt. Hier sinkt der Meeresboden schnell bis in größere Tiefen ab. Häufig treten dabei Gefälle von 1 : 15 und Neigungswinkel von mehr als 45° auf. Mitunter gibt es in diesem Bereich sogar senkrechte Wände. In ca. 3 000 – 6 000 m Tiefe geht der Kontinentalhang allmählich in den *Tiefseeboden* über. Der Abfall bis zum Tiefseeboden erfolgt im Kontinentalhang jedoch selten gleichförmig, sondern wird oft von Zwischensenken, Schluchten u. ä. durchbrochen. Der eigentliche Tiefseeboden ist über weite Flächen einförmig und eben. In einigen Gebieten wird der Meeresboden allerdings von noch tieferen Rinnen, den *Tiefseegräben,* durchschnitten. Dort kann er bis auf 7 000 m und tiefer abfallen. Die meisten dieser Tiefseegräben sind am Rande des Pazifiks entlang des asiatischen Kontinents zu finden.

In anderen Meeresgebieten wiederum hebt sich der Meeresboden zu großen *Plateaus* an, die weite Teile der Ozeane durchziehen. Man kann diese Plateaus oder untermeerischen Rücken mit den Gebirgen auf den Kontinenten vergleichen; sie sind jedoch viel schärfer ausgeprägt. Die größte bekannte Meeresschwelle ist der mittelatlantische Rücken, der sich S-förmig von Norden nach Süden mitten durch den Atlantischen Ozean erstreckt und in etwa die Umrisse des amerikanischen Kontinents nachzeichnet. Solche untermeerischen Rücken und Plateaus erlangen für die Meeresströmung und den Wasseraustausch zwischen den einzelnen Meeresteilen eine wichtige Bedeutung.

Plateaus

Tiefseegräben

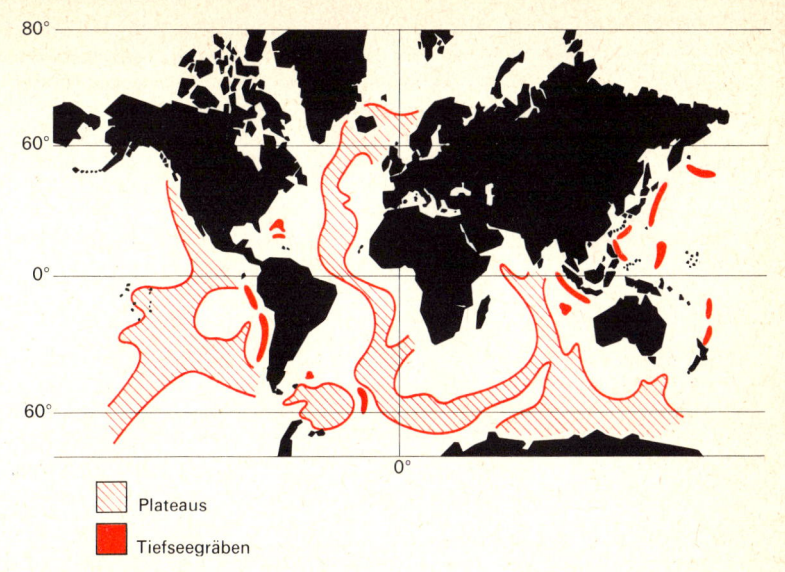

Abb. 1 Die wichtigsten Ozeane, Tiefseegräben und Meeresplateaus

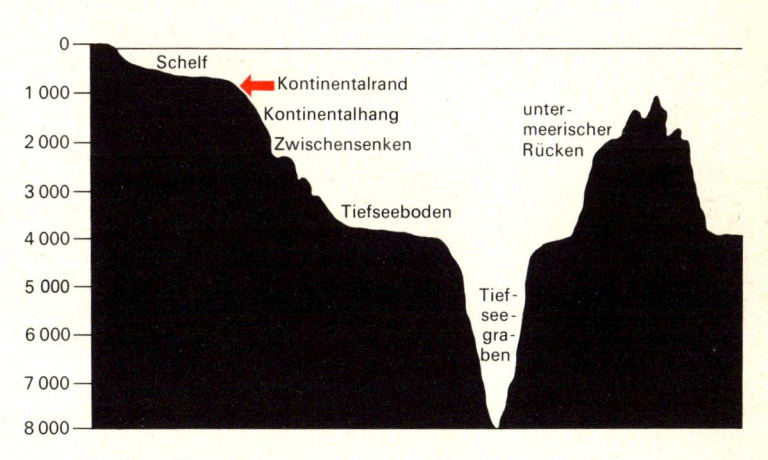

Schelf
Kontinentalrand
Kontinentalhang
Zwischensenken
Tiefseeboden
untermeerischer Rücken
Tiefseegraben

Abb. 2 Profil des Meeresbodens

Das Meer – Meeresströmungen

Die Wassermassen der Ozeane sind keine ruhenden Körper, sondern befinden sich in ständiger Bewegung. Verlaufen die Bewegungen des Wassers in eine bevorzugte Richtung, so spricht man von *Meeresströmungen*. Die Ursachen für diese Strömungen sind sehr unterschiedlich. Die wichtigsten Faktoren, die Meeresströmungen bewirken können, sind Winde, Dichteunterschiede innerhalb des Wasserkörpers sowie Unterschiede im Wärmefluß zwischen Wasser und Atmosphäre. Die genannten Faktoren können sich, wenn sie gemeinsam auftreten, sowohl gegenseitig verstärken als auch hemmen.

Erdumdrehung, Form der Kontinente, untermeerische Höhenrücken und Gezeitenkräfte bestimmen zumeist die Richtung der einzelnen Meeresströmungen. Durch die Vielzahl der bestimmenden Faktoren wird die Berechnung der Richtung der resultierenden Meeresströmung außerordentlich kompliziert. Die Geschwindigkeiten in den Strömungen sind im Vergleich zu denen in Flüssen wesentlich geringer.

Hat der Wind einmal das Oberflächenwasser in Bewegung gesetzt, so folgt die Strömungsrichtung nicht einfach der Windrichtung. Auf Grund der Erdumdrehung und der dabei wirksamen Corioliskräfte (s. auch S. 46) werden die Strömungen in einem bestimmten Winkel zur Windrichtung abgelenkt. Auf der nördlichen Halbkugel erfolgt die *Ablenkung aller Strömungen* im Uhrzeigersinn nach rechts, auf der Südhalbkugel dagegen in umgekehrter Richtung nach links. Da zugleich auch die Hauptwindrichtungen dieselbe Ablenkung erfahren, tritt eine zusätzliche Verstärkung der Ablenkungskräfte ein. Die Ablenkung der strömenden Wassermassen ist dabei umso stärker, je tiefer sich die Wassersäule unter der Oberfläche befindet.

Grundsätzlich unterscheidet man zwei Typen von Meeresströmungen: Oberflächenströmung und Tiefenströmung. Die wichtigsten *Oberflächenströmungen* entstehen im Äquatorgürtel zwischen dem nördlichen und südlichen Wendekreis. Nordost- und Südostpassate sind der Motor dieser großen *Äquatorialströmungen*. Durch die einzelnen Kontinente werden diese Strömungen in ihrer Richtung verändert und nach Norden und Süden abgelenkt. Da die Corioliskräfte mit zunehmender geographischer Breite immer stärker werden, kehrt sich allmählich die ursprüngliche Strömungsrichtung um. Somit entsteht ein riesiger Kreislauf von Oberflächenströmungen. In den Zentren dieser Kreisel befinden sich Zonen mit relativ geringer Oberflächenbewegung (z. B. die Sargassosee im nördlichen Atlantik).

Das Schema der Oberflächenströmungen ist in allen Ozeanen ungefähr dasselbe. Die Wassermassen, die vom Äquator aus nach Norden und Süden polwärts fließen, kühlen sich auf ihrem Weg mit zunehmender geographischer Breite allmählich immer stärker ab. Ihr spezifisches Gewicht nimmt dabei zu, und so sinken die bewegten Wassermassen in tiefere Zonen ab und kehren als kalte *Bodenströmungen* zum Äquator zurück. Überall dort, wo der Wind größere Wassermassen abtransportiert, müssen diese durch einen Zufluß ersetzt werden. Dies geschieht entweder durch nachfließendes Oberflächenwasser oder durch Zustrom aus tiefer gelegenen Wasserschichten. Polwärts fließende und sich dabei abkühlende Wassermassen leiten die *Tiefenströmungen* ein.

Bereiche, in denen Oberflächenströmungen zusammentreffen und Tiefenströmungen erzeugen, bezeichnet man als *Konvergenzen*. Unter dem Einfluß von Oberflächen-, Tiefen- und Bodenströmung kommt es im Laufe der Zeit zu einem ständigen Austausch von Wassermassen unter allen großen Ozeanen.

→ Windrichtungen
→ Meeresströmungen

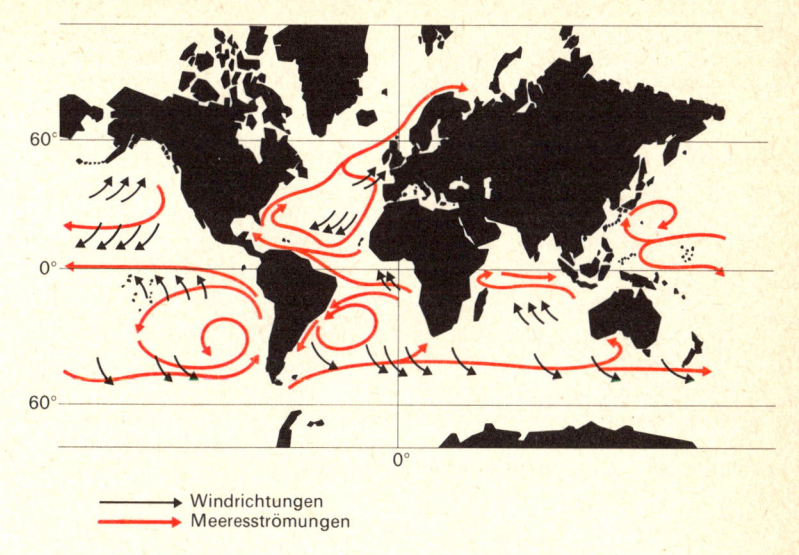

Abb. 1 Die wichtigsten Meeresströmungen und Windrichtungen

→ Bodenströmung
→ Tiefenströmung
--→ Zwischenströmung

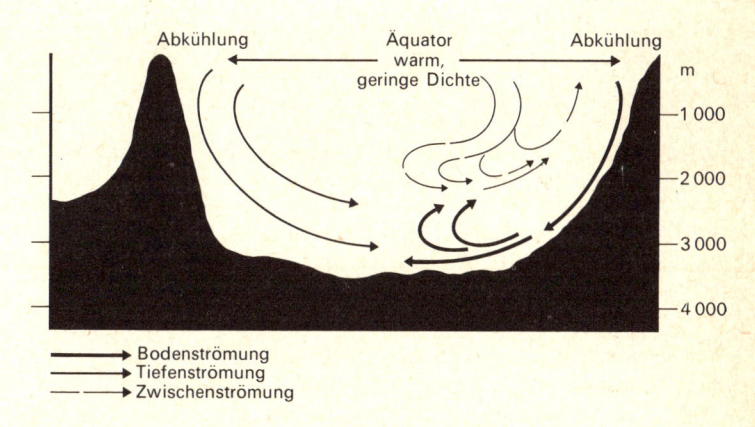

Abb. 2 Hauptströmungen unter der Oberfläche (Beispiel Atlantik)

Die Gezeiten

Für den periodischen Wechsel von *Ebbe* und *Flut* an den Meeresküsten sind neben der Wind- und Erdrotation diejenigen Kräfte verantwortlich, die durch den Einfluß von Mond und Sonne auf die Wassermassen der Ozeane ausgeübt werden. Der Ablauf der Gezeiten ist recht kompliziert und von Ort zu Ort verschieden. Bereits seit I. Newton kennt man die Anziehungskraft von Mond und Sonne als Ursache für die Entstehung der Gezeiten. Ihr Einfluß ist jedoch unterschiedlich stark, wobei dem Mond die größere Bedeutung zugemessen werden muß.

In bezug auf den *Einfluß des Mondes* sind zwei getrennte Kräfte zu unterscheiden: die *Anziehungskraft* des Mondes und die aus Mond- und Erdumlauf (um den gemeinsamen Schwerpunkt) resultierende *Zentrifugalkraft*. Während die Zentrifugalkraft an jedem Punkt der Erdoberfläche konstant bleibt, ändert sich die Anziehungskraft des Mondes umgekehrt proportional zum Quadrat seiner Entfernung von der Erde. Das bedeutet, daß die Anziehungskraft des Mondes auf der dem Mond abgewandten Seite der Erde geringer ist als auf der dem Mond zugewandten. Hieraus resultiert eine *horizontale Kraft*, die die Wassermassen der Erde an zwei bestimmten Punkten zusammenzuziehen versucht, von denen der eine dem Mond direkt gegenüber und der andere an der genau entgegengesetzten Seite der Erde liegt. So treten an diesen beiden Punkten (A, B) *Gezeitenberge* auf. Diese würden im Idealfalle als Folge der Erdrotation und des Mondumlaufs in einer Periode um die Erde wandern, die genau der Länge eines Mondtages (24 h, 50 min) entspräche.

Auch die *Sonne* übt auf die Erde Gezeitenkräfte aus. Die Masse der Sonne ist zwar wesentlich größer als die des Mondes, sie ist jedoch von der Erde sehr viel weiter entfernt. Aus dieser Konstellation ergibt sich, daß die Gezeitenkräfte der Sonne 46 % derjenigen des Mondes betragen.

Der Wechsel der Gezeitenstärke im Laufe eines Monats erklärt sich aus dem Zusammenspiel der Kräfte von Sonne und Mond. So addieren sich die von Sonne und Mond ausgehenden Kräfte bei Voll- und Neumond maximal und rufen die Erscheinung der *Springfluten* hervor. Im ersten und letzten Viertel des Mondes stehen die Richtungen ihrer Kräfte senkrecht zueinander und führen damit zu einer Reduzierung der Gezeitenstärke, die sich in der Erscheinung der *Nipptiden* bemerkbar macht. Springfluten und Nipptiden treten innerhalb eines Mondmonates zweimal auf.

Die Lage der Kontinente hindert die Gezeiten an der Ausführung von idealperiodischen Veränderungen und bewirkt dadurch viele Unregelmäßigkeiten. Da die riesigen Wassermassen, wenn sie einmal in Schwung geraten sind, eine eigenperiodische Schwingung ausführen, können sich die periodischen Veränderungen der Gezeiten und die Eigenschwingung des Wassers überlagern und so zu sehr komplizierten Gezeitenerscheinungen führen. Gelegentlich kommt es dabei zu Resonanzen, die eine maximale Verstärkung des *Tidenhubs* bewirken (bis zu 14 m), wie man sie z. B. an der Bretagneküste beobachten kann. In Gezeitenkraftwerken versucht man, diese Energie für den Menschen nutzbar zu machen (s. S. 480).

Neben den Gezeitenkräften haben auch *Wind-* und *Luftdruck* einen nicht unbeträchtlichen Einfluß auf die Größe des Gezeitenunterschiedes. So können entsprechend anhaltend wehende Winde einen eigenen Tidenhub von ca. 1 m erzeugen. Stürme führen bisweilen zu extremen Anomalien, die als *Sturmfluten* in Erscheinung treten.

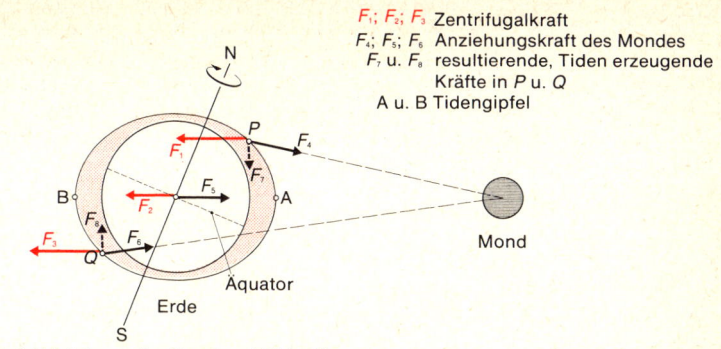

$F_1; F_2; F_3$ Zentrifugalkraft
$F_4; F_5; F_6$ Anziehungskraft des Mondes
F_7 u. F_8 resultierende, Tiden erzeugende Kräfte in P u. Q
A u. B Tidengipfel

Abb. 1 Entstehung der Gezeiten („Tiden")

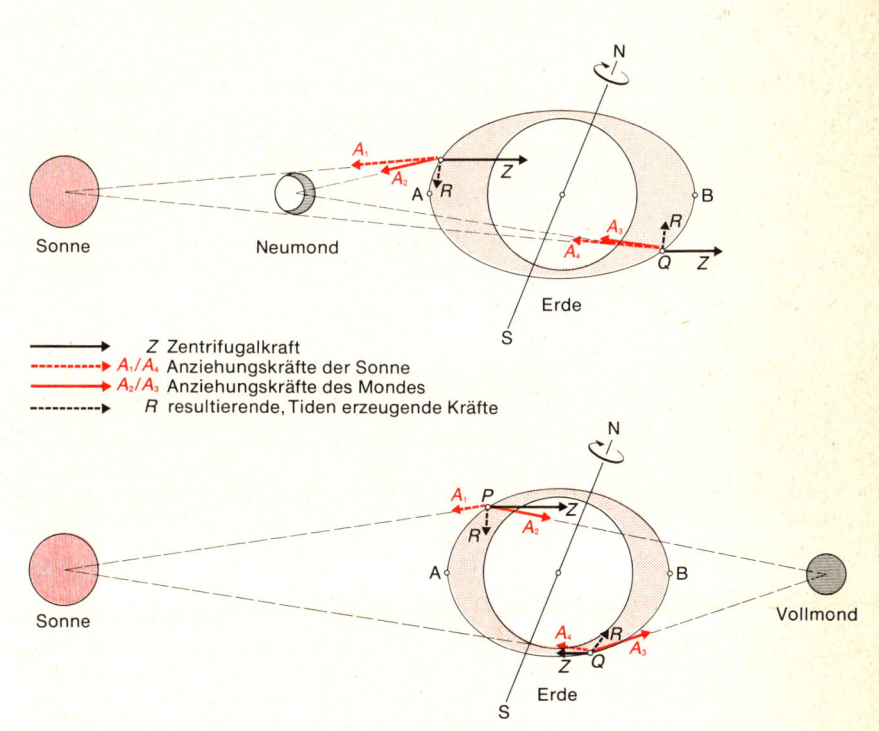

Z Zentrifugalkraft
A_1/A_4 Anziehungskräfte der Sonne
A_2/A_3 Anziehungskräfte des Mondes
R resultierende, Tiden erzeugende Kräfte

Abb. 2 Entstehung der Springtiden durch Einfluß von Sonne und Mond

Die Zusammensetzung des Meerwassers

Meerwasser ist eine komplexe Lösung der verschiedensten Salze, Spurenelemente und Gase. Es herrscht ein bestimmtes Gleichgewicht zwischen Zufuhr an gelösten Stoffen durch Flüsse und durch Auswaschung aus der Atmosphäre durch Regen und Verlust durch Fällung und Nahrungsaufnahme. Der Hauptteil der *gelösten Stoffe* wird dem Meer durch die Verwitterung und Erosion der Gesteine der festen Erdkruste zugeführt. Viele dieser Stoffe werden bald gefällt und bilden am Meeresboden neue Gesteinsablagerungen, die in geologischen Zeiträumen aufgeschichtet werden und durch Druckbewegungen der Erdkruste wieder zu neuen Gebirgen werden können.

Zu Schwankungen in der Zusammensetzung des Meerwassers kann es kurzfristig durch biologische Prozesse (in Abhängigkeit z. B. von der Temperatur) und heute vor allem durch die Einbringung von Abfällen und Giftstoffen in das Meer kommen. Im allgemeinen beträgt die Menge an *anorganischem Material*, das sich im Seewasser in Lösung befindet, 35 g pro kg Wasser. Dies entspricht einer 3,5%igen Lösung.

Im einzelnen enthält das Meerwasser folgende Elemente (Konzentration in Durchschnittswerten):

Bestandteil	Konzentration (mg/kg)	Bestandteil	Konzentration (mg/kg)
Natrium	10 600	Aluminium	0,5
Chlor	18 990	Lithium	0,1
Magnesium	1 270	Barium	0,05
Schwefel	2 700	Jod	0,05
Calcium	400	Phosphor	0,0001–0,1
Kalium	390	Arsen	0,02
Kohlenstoff (als Carbonat und Kohlendioxid)	23–28	Eisen	0,002–0,02
		Mangan	0,001–0,01
Strontium	8,1	Kupfer	0,001–0,01
Brom	65	Zink	0,005–0,01
Bor	4,6	Blei	0,004
Silicium	0,02–4,0	Selen	0,004
Fluor	1,5	Cäsium	0,002
Stickstoff	0,02–0,8	Uran	0,0015
Rubidium	0,2	Silber	0,0003
		Thorium	0,00005

Der überwiegende Teil dieser Elemente ist in Form von Salzen im Meerwasser gelöst, ein geringerer Teil liegt in Form von gelösten Gasen vor. Die wichtigsten davon sind Sauerstoff und Kohlendioxid. Der *Sauerstoffgehalt* des Meerwassers schwankt zwischen 0 und 8,5 ml/l. Die hohen Konzentrationen treten in der Nähe der Wasseroberfläche auf, wo der Sauerstoff im Gleichgewicht mit dem Sauerstoff der Atmosphäre steht. Eine zweite Quelle des im Meer gelösten Sauerstoffs stellt die Photosynthese des Phytoplanktons dar. In großen Tiefen kann es vorkommen, daß durch die intensive Tätigkeit von Bakterien und Tieren, die Sauerstoff verbrauchen, der Sauerstoffgehalt des Meerwassers auf Null absinkt. An vielen Stellen wird jedoch durch das absinkende Wasser der Konvektionsströme eine große Menge an gelöstem Sauerstoff des Oberflächenwassers in größere Meerestiefen transportiert.

Eine wesentliche Rolle spielt das Gas *Kohlendioxid*, das in beträchtlichen Mengen im Meerwasser gespeichert ist. Da in Meerwasser die basischen Ionen Natrium, Kalium und Calcium vorherrschen, ermöglicht dies die Lösung eines relativ hohen Prozentsatzes an Kohlendioxid. Dieses Kohlendioxid ist einer der Grundstoffe der Photosynthese (s. S. 200 ff.). Die im Meer lebenden Pflanzen (vor allem Plankton) nehmen also das zur Photosynthese benötigte Kohlendioxid direkt aus dem sie umgebenden Wasser. Der zweite wichtige Effekt des Kohlendioxids im Meerwasser ist seine Wirkung als Puffer (gelöster Stoff, der den pH-Wert der Lösung über weite Bereiche annähernd konstant hält). Normalerweise liegt der *pH-Wert des Meerwassers* zwischen 7,5 und 8,4. Da das Kohlendioxid und seine Folgeprodukte in einem chemischen Gleichgewicht stehen, bleibt der pH-Wert des Meerwassers sowohl bei Zugabe von Säure als auch bei Zugabe von Basen annähernd konstant.

In weit geringerer Konzentration als Sauerstoff und Kohlendioxid sind die anderen Gase der Atmosphäre im Meerwasser gelöst. Die Konzentrationen betragen:

Bestandteil	Konzentration (mg/l)	Bestandteil	Konzentration (mg/l)
Stickstoff	zwischen 8,4 und 15	Argon	0,6
Helium	0,000005	Krypton	0,0003
Neon	0,0001	Xenon	0,0001

Ein besonderes Phänomen ist die *Anreicherung von Spurenelementen* des Meerwassers zu erheblichen Konzentrationen in Lebewesen. Ein Beispiel sind die Aszidien, kleine, meist festsitzende Tiere, die das Element Vanadium bis zur 50000fachen Normalkonzentration in Meerwasser anreichern. Man weiß heute, daß auch viele anderen Spurenelemente wie Jod, Arsen, Nickel, Zink, Titan, Chrom und Strontium sehr stark angereichert werden. Von einigen Fischen ist bekannt, daß sie Chrom, Nickel, Silber, Zinn und Zink anreichern. Ähnlich wie diese Anreicherung natürlicher Substanzen wird ein Teil der durch den Menschen erzeugten und als Abfallsubstanzen in die Meere gelangenden Substanzen angereichert. Da diese Anreicherung in Nahrungsketten längere Zeit braucht, werden die dadurch entstehenden Schäden oft erst zu spät registriert. Die Anreicherung von chlorierten Kohlenwasserstoffen z. B. (vor allem Pestizide wie DDT) erreicht erst mit einer zeitlichen Verzögerung von 11 Jahren nach ihrer Ausbringung die maximale Konzentration in Fischen (s. auch S. 512).

Für das Leben im Meer von wesentlicher Bedeutung ist außerdem der Gehalt an *Ammoniumverbindungen, Nitraten* und *Phosphaten.* Da diese von Pflanzen zum Aufbau ihres Körpers aufgenommen werden, schwankt ihr Gehalt im Meerwasser je nach der Stärke des pflanzlichen Wachstums erheblich. Man hat folgende Konzentrationen im Meerwasser festgestellt:

Bestandteil	Konzentration (mg/l)	Bestandteil	Konzentration (mg/l)
Ammoniak	0,4– 50	organisch gebundener Stickstoff	30 –200
Nitrate	1 –600	Phosphate	1 –100
Stickoxide (vor allem NO$_2$)	0 – 15	organisch gebundener Phosphor	1 – 30

Das Meer – physikalische Verhältnisse im Meer

Ebenso wie das Festland und die Binnengewässer (s. auch S. 78 ff.) sind auch die Ozeane der Erde jahreszeitlichen *Temperaturschwankungen* unterworfen. Diese sind jedoch im Meer sehr viel geringer. Das hat seine Ursache in der ständig stattfindenden Wasserzirkulation innerhalb der Ozeane und in der extrem hohen spezifischen Wärme des Salzwassers und der damit verbundenen Fähigkeit, viel Energie speichern zu können. Außer in dem flachen Schelfgürtel am Rand der Kontinente sind die Temperaturen innerhalb des Meeres daher sehr gleichmäßig. In niedrigen geographischen Breiten beiderseits des Äquators mißt man im Oberflächenwasser die höchsten Temperaturen, die bis zu 30 °C betragen können, in flachen und abgeschlossenen Meeresteilen können diese in Küstennähe bisweilen auf 50 °C ansteigen. Abgesehen von den extremsten Lagen, liegen die Temperaturschwankungen zwischen den kältesten und wärmsten Meeresgebieten im Bereich von 30–35 °C. Im Gebiet der Polarkreise und im äquatorialen Bereich sind die Temperaturen über das ganze Jahr weitgehend ausgeglichen. Für das Tiefseewasser kann man in allen Ozeanen sogar eine konstante Wassertemperatur annehmen. Die tiefsten Temperaturen findet man im Eismeer, wo sie bis an den Gefrierpunkt des Meerwassers ($-1,9$ °C) heranreichen.

Während in den niederen Breiten das Meerwasser Wärme aus der Atmosphäre aufnimmt, gibt es in *hohen Breiten* umgekehrt Wärme an die Atmosphäre ab. Die dadurch entstehende Abkühlung der Wasseroberfläche führt zur Ausbildung von *Konvektionsströmungen,* die eine Durchmischung der Wassermassen und einen Temperaturausgleich zwischen Oberflächen- und Tiefenwasser bewirken. Diese Erscheinung beruht auf der Tatsache, daß Meerwasser (Salzgehalt 35 %) sein Dichtemaximum bei $-3,5$ °C hat (gegenüber 4 °C bei reinem Wasser). In dieser Beziehung verhält sich Meerwasser also grundsätzlich anders als Süßwasser. Es gefriert bei Abkühlung, ehe es sein Dichtemaximum erreicht. Daraus folgt, daß sich nicht wie bei Süßwasser im Winter oder im arktischen Bereich eine stabile Temperaturschichtung ausbildet, sondern daß die Durchmischung im Meer nicht unterbrochen wird. Die im Meerwasser gespeicherte Wärme wird bei Abkühlung des Wassers in die Atmosphäre abgegeben, anders als im Süßwasser, wo unter einer dünnen Deckschicht das Wasser eine konstante Temperatur von 4 °C behält. Auf dieser Eigenschaft beruht die Bedeutung des Meeres für die Milderung der Klimate.

In *niederen Breiten* kann das warme Oberflächenwasser auf Grund seines geringeren spezifischen Gewichtes keine Konvektionsströmung einleiten. So kommt es zur Ausbildung von erheblichen Wärmegefällen zwischen Oberflächen- und Tiefenwasser und zur Entstehung von sog. *Sprungschichten*, die in Tiefen zwischen 100–500 m Wassertiefe zu finden sind. In *gemäßigten Breiten* findet ein jahreszeitlicher Wechsel zwischen der Ausbildung von Konvektionsströmungen und Sprungschichten statt. Während der Sommermonate, wenn sich das Oberflächenwasser durch die verstärkte Sonneneinstrahlung erwärmt, werden in 15–40 m Tiefe Sprungschichten ausgebildet. Im Laufe des Herbstes, wenn sich das Wasser allmählich abkühlt, verschwinden die Sprungschichten, und Konvektionsströmungen setzen ein.

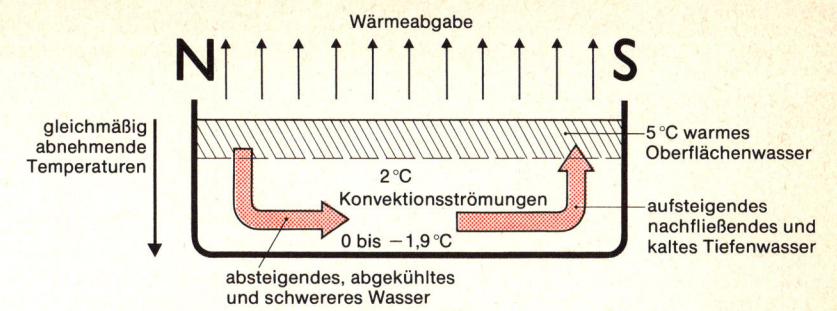

Abb. 1 Strömungen in den hohen Breiten

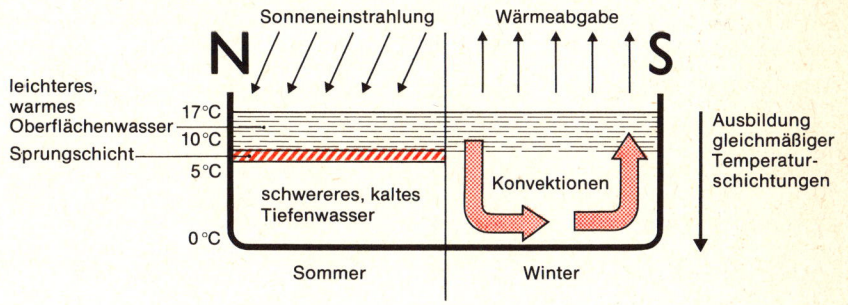

- Wärmeabgabe
- N ... S
- gleichmäßig abnehmende Temperaturen
- 5 °C warmes Oberflächenwasser
- 2 °C Konvektionsströmungen
- 0 bis −1,9 °C
- aufsteigendes nachfließendes und kaltes Tiefenwasser
- absteigendes, abgekühltes und schwereres Wasser

Abb. 2 Strömungsverhältnisse in den gemäßigten Breiten

- Sonneneinstrahlung
- Wärmeabgabe
- N ... S
- leichteres, warmes Oberflächenwasser
- Sprungschicht
- 17 °C
- 10 °C
- 5 °C
- 0 °C
- schwereres, kaltes Tiefenwasser
- Konvektionen
- Sommer | Winter
- Ausbildung gleichmäßiger Temperaturschichtungen

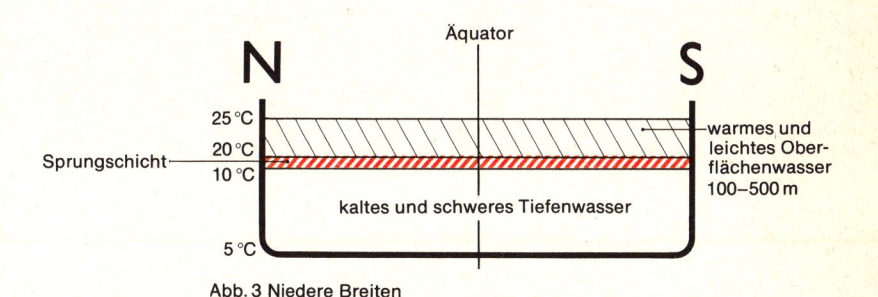

Abb. 3 Niedere Breiten

- Äquator
- N ... S
- Sprungschicht
- 25 °C
- 20 °C
- 10 °C
- 5 °C
- kaltes und schweres Tiefenwasser
- warmes und leichtes Oberflächenwasser 100–500 m

Abb. 1–3 Entstehung von Konvektionsströmungen und Sprungschichten

Binnengewässer

Binnengewässer entstehen durch Niederschläge und sind somit Teil des Wasserkreislaufs der Hydrosphäre. Man unterscheidet unterirdische und oberirdische, fließende und stehende Gewässer. Im Gegensatz zu den Fließgewässern sammeln stehende Gewässer (Seen, Teiche usw.) große Mengen an Niederschlagswasser an; andererseits wird auch in stehenden Gewässern die Wassermenge, oft kaum merklich, durch Zu- und Abflüsse innerhalb größerer Zeiträume erneuert.

Seen sind große, ausdauernde Gewässer ohne direkte Verbindung zum Meer. Auf allen Kontinenten sind sie inselhaft verteilt. Erdgeschichtlich sind sie noch sehr jung und weisen eine verhältnismäßig kurze Lebensdauer auf. Nach den Ursachen ihrer Entstehung unterscheidet man vier häufige Typen: *Tektonische Seen* sind durch tektonische Einsenkungen und Einbrüche entstanden; sie haben ihren Ursprung im Tertiär. Zu diesem Seentyp gehören z. B. der Tanganjikasee und der Baikalsee. Typisch für tektonische Seen ist ihre große Tiefe und die auf Grund ihres Alters ungestörte Weiterentwicklung tertiärer Tiere in ihnen. – Die Entstehung von *Dammseen* ist häufig auf die Tätigkeit von Gletschern zurückzuführen; auch Bergrutsche können zur Dammseebildung führen. Zu den Dammseen zählen die nordamerikanischen Seen sowie die Seen Norddeutschlands. – *Ausräumungsseen* sind meist durch glaziale Erosion entstanden. Zu ihnen zählen die Karseen der Gebirge und die großen Talseen am nördlichen Alpenrand. – *Kraterseen* und *Maare* sind vulkanischen Ursprungs. Kraterseen füllen die Krater erloschener Vulkane. Maare sind Explosionstrichter unterirdischer Gasexplosionen. Sie weisen oft kreisrunde Oberflächen auf und sind meist ziemlich tief.

Die Kenntnis der Entstehungsgeschichte der Seen hat besondere Bedeutung für das Verständnis ihrer Form, ihres Wärmehaushaltes, ihrer Lebewesen und allgemein ihrer gesamten Stoffkreisläufe. Seen glazialen Ursprungs sind kaum älter als einige Zehntausend Jahre, meist jedoch viel jünger. Ihre Existenz ist zeitlich begrenzt, da sie allmählich mit organischen und anorganischen Sedimenten angefüllt werden. Die Schichtung dieser Sedimente läßt Rückschlüsse auf ihr Alter und auf biologische Vorgänge früherer Zeiträume zu.

Fließgewässer sind im allgemeinen bedeutend schwieriger zu charakterisieren als Seen. Es handelt sich um Gerinne, in denen der oberirdische Wassertransport abläuft. Flüsse können ihren Ursprung in Quellen, Grundwasseraustritten und Seen haben. Die Wasserbewegung folgt stets dem Gefälle des zugrundeliegenden Geländes und ist, abgesehen von ganz eng begrenzten Bereichen, am Grunde der Flüsse turbulent. Die *Fließgeschwindigkeit* ist abhängig vom Gefälle, vom mitgeführten Wasservolumen und von der Querschnittsbreite der Abflußrinne. Da sich alle diese Faktoren von der Quelle bis zur Mündung eines Flusses ständig ändern, ist auch der Charakter eines Flusses ständigem Wandel unterworfen.

Am *Oberlauf* der Flüsse wird ständig Gestein erodiert, was zur Vertiefung des Wasserlaufs rückschreitender Erosion von Taltiefungen und zum Abtrag von Feststoffen führt. Im *Mittel-* und *Unterlauf* folgt eine Ablagerungszone, in der die erodierten Feststoffe allmählich sedimentieren und so im Laufe der Zeit das Flußbett auffüllen. Dabei lagern sich die groben *Gerölle*, die schiebend und rollend fortbewegt werden, zuerst ab, da die Schleppkraft des Wassers mit zunehmendem Volumen und zunehmender Glättung des Wassers abnimmt. Die feineren und feinsten Feststoffe schweben im Wasser und werden dadurch am weitesten verfrachtet. Die meisten gelangen erst in der Flußmündung und im Meer zur Sedimentation. Durch starke Sedimentation kommt es zu Talaufschüttungen und damit zu Verlagerungen des Gewässerverlaufs.

Abb. 1 Tektonische Seen

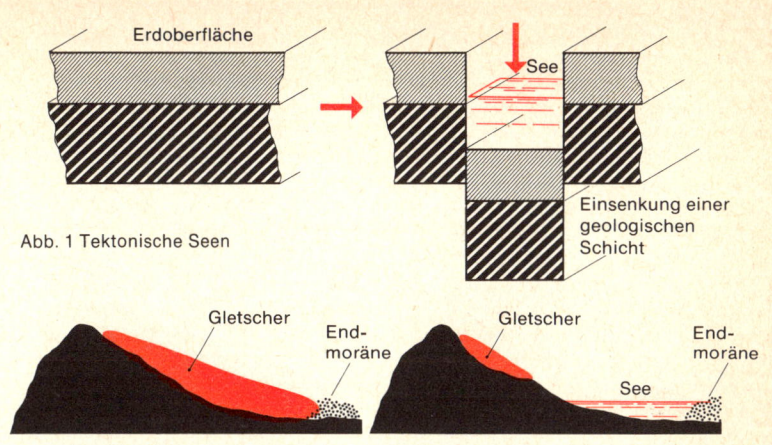

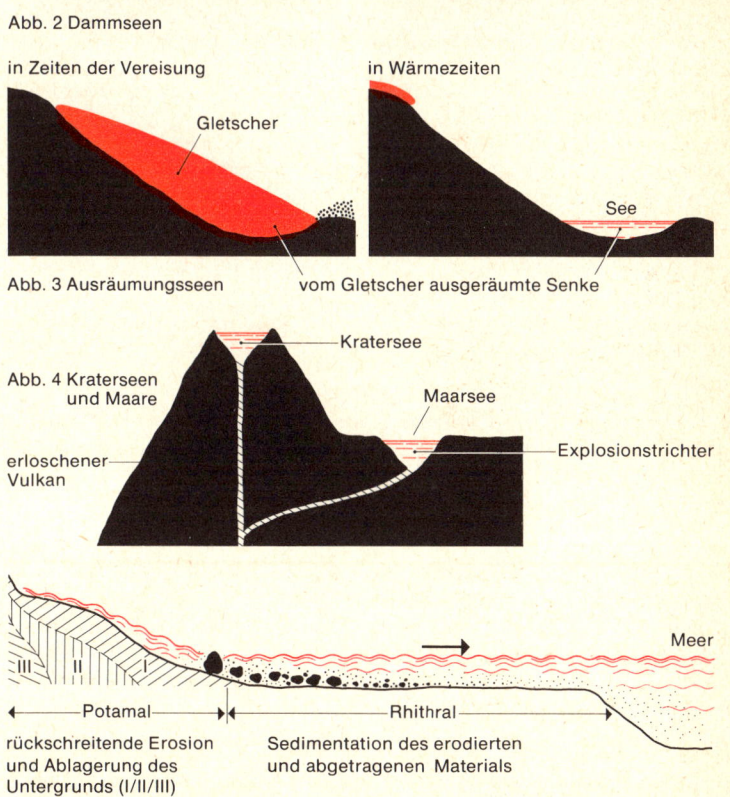

Erdoberfläche

Einsenkung einer geologischen Schicht

See

Abb. 2 Dammseen

in Zeiten der Vereisung

in Wärmezeiten

Gletscher — Endmoräne — See

Abb. 3 Ausräumungsseen

Gletscher — vom Gletscher ausgeräumte Senke

Abb. 4 Kraterseen und Maare

Kratersee — Maarsee — Explosionstrichter — erloschener Vulkan

Abb. 5 Gliederung eines Fließgewässers

Potamal — Rhithral — Meer

rückschreitende Erosion und Ablagerung des Untergrunds (I/II/III)

Sedimentation des erodierten und abgetragenen Materials

Physikalische Verhältnisse in Seen

Für die physikalischen Verhältnisse in Seen sind die diesbezüglichen Eigenschaften des Wassers verantwortlich. Als wichtigste Eigenschaft tritt die *Dichteanomalie* in Erscheinung. Das spezifische Gewicht des Wassers ist von der Temperatur, dem Druck und der Konzentration darin gelöster Stoffe abhängig. Mit zunehmendem Gehalt an gelösten Stoffen, der in Binnengewässern (außer Salzseen) normalerweise unter 1 g je l Wasser liegt, nimmt die Dichte zu. Geringe Differenzen im Salzgehalt führen in stehenden Gewässern bereits zur Ausbildung stabiler Schichten.

Bedeutsam sind die durch Temperaturveränderungen hervorgerufenen *Dichteunterschiede*, die eine Änderung des spezifischen Volumens des Wassers bewirken. Unter normalen Bedingungen hat Wasser seine maximale Dichte bei 3,94 °C. Oberhalb und unterhalb dieses Wertes nimmt die Dichte des Wassers ab. Zwischen 24 und 25 °C ist die Dichtedifferenz 30mal größer als zwischen 4 und 5 °C. Diese Eigenschaft erklärt sich aus dem *unsymmetrischen Bau des Wassermoleküls*, in dem die zwei positiv geladenen Wasserstoffatome nicht einen gestreckten Winkel mit dem doppelt geladenen Sauerstoffatom bilden, sondern einen Winkel von 109° einschließen. Das Wassermolekül ist demzufolge ein sehr starker elektrischer Dipol. Die großen Dipolkräfte des Wassermoleküls führen zur Bildung von *Molekülschwärmen,* was wiederum zur Folge hat, daß ungewöhnlich hohe Wärmemengen notwendig sind, um die Molekularbewegung im Wasser zu steigern.

Für das Leben in einem See ist die Erscheinung der Dichteanomalie des Wassers, d. h. das Dichtemaximum oberhalb des Gefrierpunktes, von hervorragender Bedeutung. Die Tiefenschichten eines Sees können in kalten Jahreszeiten nie kälter als 4 °C sein. Dies hat zur Folge, daß ein See nur von der Oberfläche her zufrieren kann. Eine einmal vorhandene Eisdecke verhindert das Zufrieren tieferer Schichten, da Wasser wie auch Eis eine sehr geringe Wärmeleitfähigkeit besitzt. Genügend tiefe Seen können daher nie völlig zufrieren und bieten somit eine Gewähr für das Überleben der in ihnen befindlichen Pflanzen und Tiere.

Der *Wärmehaushalt* eines Sees wird bedingt durch Wärmeaufnahme, -verteilung und -abgabe. Wärme wird durch Absorption der Strahlungsenergie (vor allem langwelliger Strahlen) aufgenommen. Die absorbierte Wärme kann durch Ausstrahlung, Verdunstung und Abfließen von Oberflächenwasser an die Umwelt wieder verlorengehen. Wärme kann auch in tiefere Wasserschichten transportiert werden. Dies geschieht wegen der geringen Wärmeleitfähigkeit des Wassers fast ausschließlich durch Bewegung erwärmten Wassers.

Der Motor für diese Bewegung ist der *Wind.* Er erzeugt eine oberflächliche Strömung, die an den Seeufern nach unten umbiegt, wobei die Tiefenausdehnung der Strömungsschicht von Windgeschwindigkeit und -richtung sowie von der Temperatur des Oberflächenwassers abhängt. Je höher die Temperatur, desto geringer ist die Mächtigkeit der Strömungsschicht. Es kommt daher zu jahreszeitlichen periodischen Änderungen in der Wärmeverteilung eines Sees. Im Sommer treten auf Grund der hohen Temperatur stabile thermische Schichten auf. Dasselbe gilt wegen der Dichteanomalie für den Winter. Im Frühjahr und Herbst wird durch Abkühlung bzw. Erwärmung des Wassers die gesamte Wassermasse eines Sees von einer Zirkulation erfaßt. Man spricht daher von Winter- und Sommerstagnation bzw. Frühjahrs- und Herbstzirkulation. – S. auch „Das Meer – physikalische Verhältnisse im Meer", S. 76.

Abb. 1 Dichteanomalie des Wassers (in Abhängigkeit von der Temperatur)

Sommer 22°C / 18°C / 6°C / 4°C
- Sonneneinstrahlung
- Wind
- oberflächliche Zirkulation
- Epilimnion
- Metalimnion oder Sprungschicht
- Hypolimnion
- Sommerstagnation

Herbst 4°C / 4°C
- Wind — Abkühlung
- holomiktische Zirkulation (Erfassung der gesamten Wassermasse)
- Herbstzirkulation

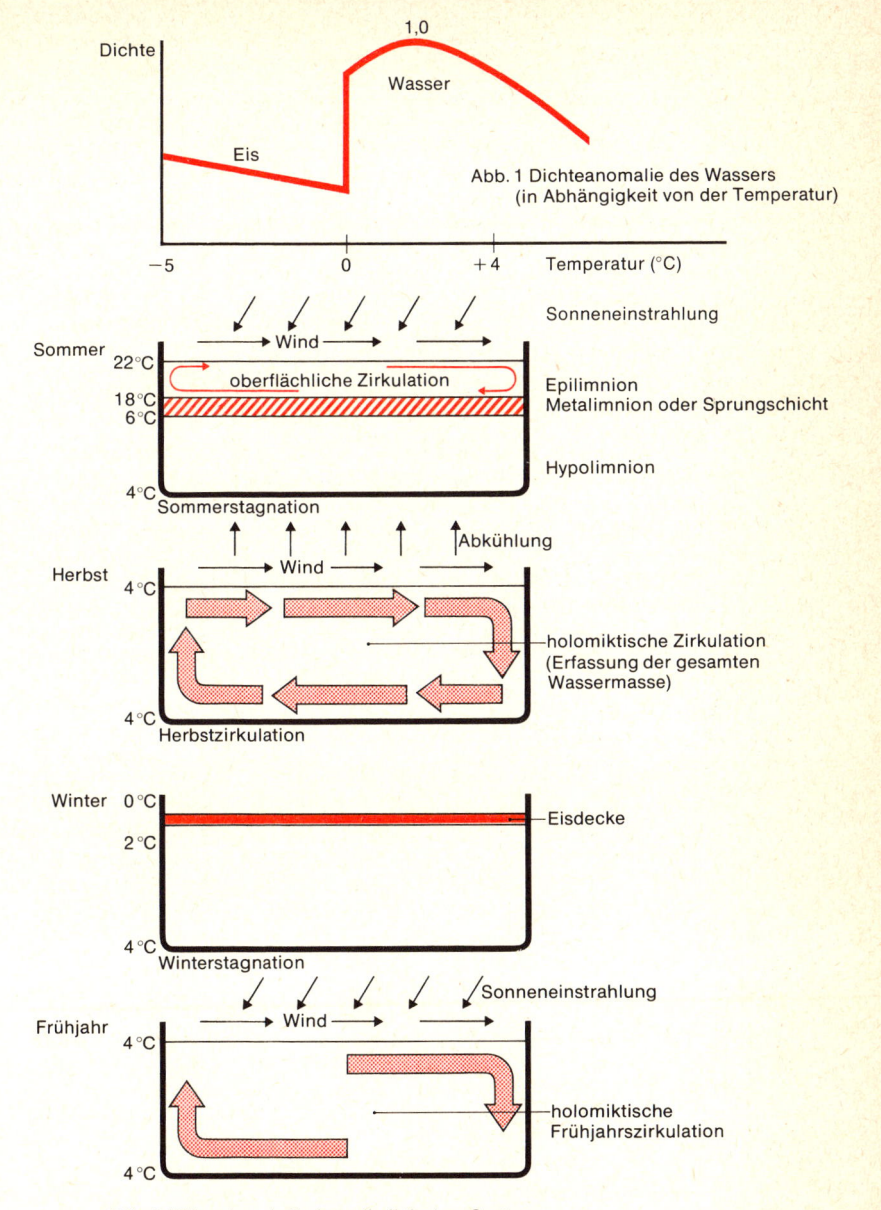

Winter 0°C / 2°C / 4°C
- Eisdecke
- Winterstagnation

Frühjahr 4°C / 4°C
- Sonneneinstrahlung
- Wind
- holomiktische Frühjahrszirkulation

Abb. 2 Wärmehaushalt eines dimiktischen Seetyps (N-Eurasien und N-Amerika)

Temperaturverhältnisse und Gashaushalt in fließenden und stehenden Gewässern

Im Gegensatz zu den Seen, in denen abwechselnd Perioden der Stagnation und der Vollzirkulation vorkommen, ist das Flußwasser in ständiger Bewegung. Auch in den Flüssen ist der Wärmehaushalt ebenso wie in Seen von der Ein- und Ausstrahlung, der Verdunstung und dem Wärmeaustausch mit dem Untergrund und der Atmosphäre abhängig. Der *Wärmeaustausch mit der Luft* ist in Flüssen jedoch von größerer Bedeutung. Je nach Wasservolumen zeigen die Fließgewässer einen rhythmischen *Wechsel zwischen Temperaturmaximum und -minimum,* der an den Tagesrhythmus der Sonneneinstrahlung gebunden ist. Dieser Wechsel tritt vorwiegend im Sommer in Erscheinung. Die Ausprägung der Maxima wird von der Intensität der Sonnenstrahlung bestimmt. Tagsüber wird das Wasser durch die Strahlung erwärmt, nachts strahlt der Fluß Wärme aus und kühlt ab. Abkühlung und Erwärmung treten auf Grund der Fließbewegung räumlich unterschiedlich auf. Der Tagesgang der Temperatur einer beliebigen Stelle eines Flusses wird somit jeweils von einer weiter oben gelegenen beeinflußt. Vom Frühjahr an nehmen die Flüsse quellabwärts Wärme auf, so daß ihre Durchschnittstemperatur bis in den Sommer allmählich ansteigt. Dieser Temperaturanstieg wird von den Tagesschwankungen überlagert.

Von den *im Wasser gelösten Gasen* spielen lediglich Sauerstoff und Kohlendioxid eine Rolle. Andere Gase, z. B. Stickstoff und Schwefelwasserstoff, besitzen nur lokale Bedeutung im Stoffwechsel bestimmter Mikroorganismen. Die räumliche Verteilung der in Gewässern gelösten Gase erfolgt weitgehend durch thermische und windbedingte Wasserverfrachtung, in geringerem Maße auch durch Fließbewegung und Aufwirbelungen in Fließgewässern. Die molekulare Diffusion gelöster Stoffe verläuft in Gewässern viel zu langsam, als daß sie für die Stoffverteilung von Bedeutung sein könnte.

Die Löslichkeit der Gase ist abhängig von Druck und Temperatur. *Sauerstoff,* dessen Gehalt im Wasser mit steigender Temperatur abnimmt, gelangt teils durch Aufnahme aus der Atmosphäre, teils als Folge der Photosynthese (s. S. 200ff.) von Wasserpflanzen in die Gewässer. Durch Atmung der wasserbewohnenden Tiere, Abbaureaktionen organischer Stoffe und Verluste an die Atmosphäre (bei Erwärmung) wird er wieder weitgehend oder völlig verbraucht. In Seen mit Vollzirkulation ist der gesamte Wasserkörper mit annähernd gleichviel Sauerstoff versorgt. In Zeiten der Stagnation kann es jedoch zu starken vertikalen Konzentrationsunterschieden kommen.

Kohlendioxid besitzt die größte Löslichkeit, da es mit Wasser Kohlensäure und mit Kationen Carbonate bilden kann. Es gelangt teils aus der Atmosphäre, teils aus Niederschlägen und aus dem Grundwasser in die Gewässer. Bedeutende Mengen liefert die Stoffwechselaktivität der Tiere und der reduzierenden Bakterien. Die Verringerung des Kohlendioxidgehaltes des Wassers tritt vor allem durch Erwärmung und durch Photosynthese ein. Dies geschieht vorwiegend in der obersten Wasserschicht, in der Wasserpflanzen leben. Im unteren Bereich dagegen reichert sich das Kohlendioxid auf Grund der größeren Aktivität der reduzierenden Bakterien an. Die größte Kohlendioxidkonzentration ist meist am Grund der Gewässer zu finden.

Abb. 1 Räumlich und zeitlich verschobene Temperaturänderungen eines Flusses (bezogen auf ein bestimmtes Volumen *V*) im Sommer

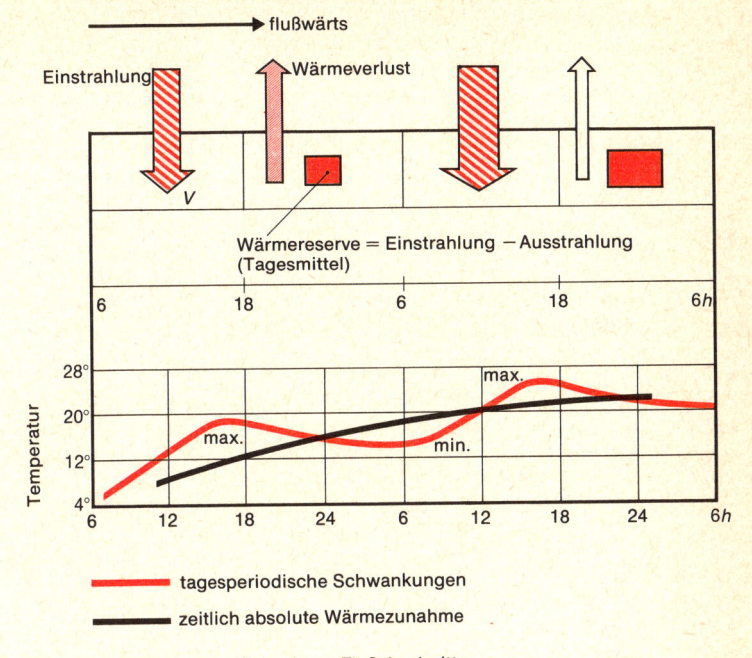

flußwärts

Einstrahlung   Wärmeverlust

V

Wärmereserve = Einstrahlung − Ausstrahlung (Tagesmittel)

tagesperiodische Schwankungen
zeitlich absolute Wärmezunahme

Abb. 2 Tagesgang des O_2 in einem Flußabschnitt

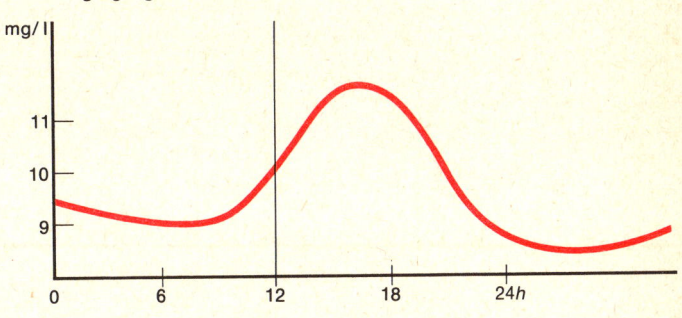

CO_2-Kalk-Gleichgewicht:

$$Ca(HCO_3)_2 \underset{\text{bei } CO_2\text{-Überschuß}}{\overset{\text{bei } CO_2\text{-Defizit}}{\rightleftarrows}} CaCO_3 + \boxed{CO_2\uparrow} + H_2O$$

Chemische Verhältnisse in Binnengewässern

Im Gegensatz zu den Meeren (s. S. 74f.) enthalten Süßgewässer überwiegend Carbonate, unter denen Calciumcarbonat eine hervorragende Stellung einnimmt. Auch Nitrate und Silicate sind in Binnengewässern in bedeutendem Umfang zu finden. Daneben treten noch Eisen, Mangan und Ammoniumverbindungen sowie Spurenelemente in geringer Konzentration auf.

Anders als bei den Gasen nimmt die *Löslichkeit* fester Stoffe bei steigender Temperatur zu; vom Druck ist sie weitgehend unabhängig. Die meisten der im Wasser enthaltenen Stoffe sind molekular gelöst oder liegen als Ionen vor. Daneben gibt es aber auch einige wichtige anorganische und organische Substanzen, die sich nur kolloidal, d. h. in äußerst feiner Suspension im Wasser befinden. Dazu gehören z. B. Huminsäuren, Kieselsäure und Hydratkomplexe von Eisen-III-Oxid.

Am leichtesten lösen sich Chloride und Nitrate. Carbonate der Erdalkalimetalle, Magnesium und Calcium sowie Hydratkomplexe einiger Schwermetalle sind nur in geringem Umfang löslich. Verbindungen des Stickstoffs liegen als Nitrat, Nitrit und Ammonium sowie in organischer Form als Zwischenstufen des Eiweißabbaus und in freien Verbindungen (Aminosäuren) gelöst vor. Nitrate und Ammoniumverbindungen sind dabei die wichtigsten Stickstofflieferanten für die grüne Pflanze.

Phosphor erscheint in Form organischer Phosphorverbindungen gewöhnlich nur in Spuren. Durch Erosion phosphorhaltiger Gesteine (Apatit) und Böden kann den Seen und Flüssen Phosphor zugeführt werden. Gelöste *Phosphate* gelangen aus natürlichen, unbehandelten Böden nicht in Gewässer, da sie in diesen fest gebunden sind. Drei Phosphatfraktionen liegen in Binnengewässern in der Regel nebeneinander vor: anorganisch gelöstes, organisch gelöstes und organisch gebundenes Phosphat (Organismen und Stoffwechselprodukte). Die Phosphatfraktion eines Binnengewässers ist einem vielfältigen biologischen Stoffwechsel unterworfen. Phosphate aus organischen Resten werden gewöhnlich als *Eisenphosphat* in Sedimenten ausgefällt, da dieses bei Anwesenheit von Sauerstoff unlöslich ist. Bei völligem Sauerstoffmangel wird das dreiwertige Eisen wieder zu zweiwertigem reduziert, und Eisenphosphat geht in Lösung. In vollzirkulierenden Seen verteilt sich daher das Phosphat nicht gleichmäßig, sondern wird in beträchtlichen Mengen im Sediment zurückgehalten und somit dem Stoffkreislauf weitgehend entzogen. Nur wenn im Sediment noch Sulfide vorhanden sind, kann Phosphat auch unter Sauerstoffeinfluß in Lösung gehen, da das Eisenphosphat durch Sulfide reduziert wird.

Schwefel tritt in anorganischen Verbindungen in Gewässern überwiegend als *Sulfat* in Erscheinung. Es kann so von den grünen Pflanzen direkt aufgenommen werden. Durch molekularen Sauerstoff wird *Schwefelwasserstoff,* der bei der Eiweißzersetzung anfällt, zu Schwefel oxydiert. Ein weiterer chemischer Vorgang, an dem auch Bakterien beteiligt sind, ist die Bildung von *Sulfiden,* vorwiegend von *Eisensulfid* im Sediment.

Auf Grund seiner geringen Löslichkeit findet man *Eisen* in Gewässern in verhältnismäßig geringen Mengen. Verbindungen des dreiwertigen Eisens sind nahezu ganz unlöslich. Meist liegt zweiwertiges Eisen in Lösung vor. Die Anwesenheit von Huminsäuren verhindert die Ausfällung von Eisen aus der wäßrigen Lösung, da es mit diesen Komplexbindungen eingeht. Notwendige Voraussetzungen für die Lösung von Eisen sind: eine Sauerstoffsättigung von weniger als 50 %, die Anwesenheit von reichlich freiem, gelöstem Kohlendioxid und von zersetzbaren organischen Stoffen sowie ein pH-Wert unter 7,5. Diese Bedingungen sind bei stagnierendem Wasser erfüllt. Während der Vollzirkulation fällt Eisen durch den zugeführten Sauerstoff als Eisenhydroxid aus.

oxydierende Zone

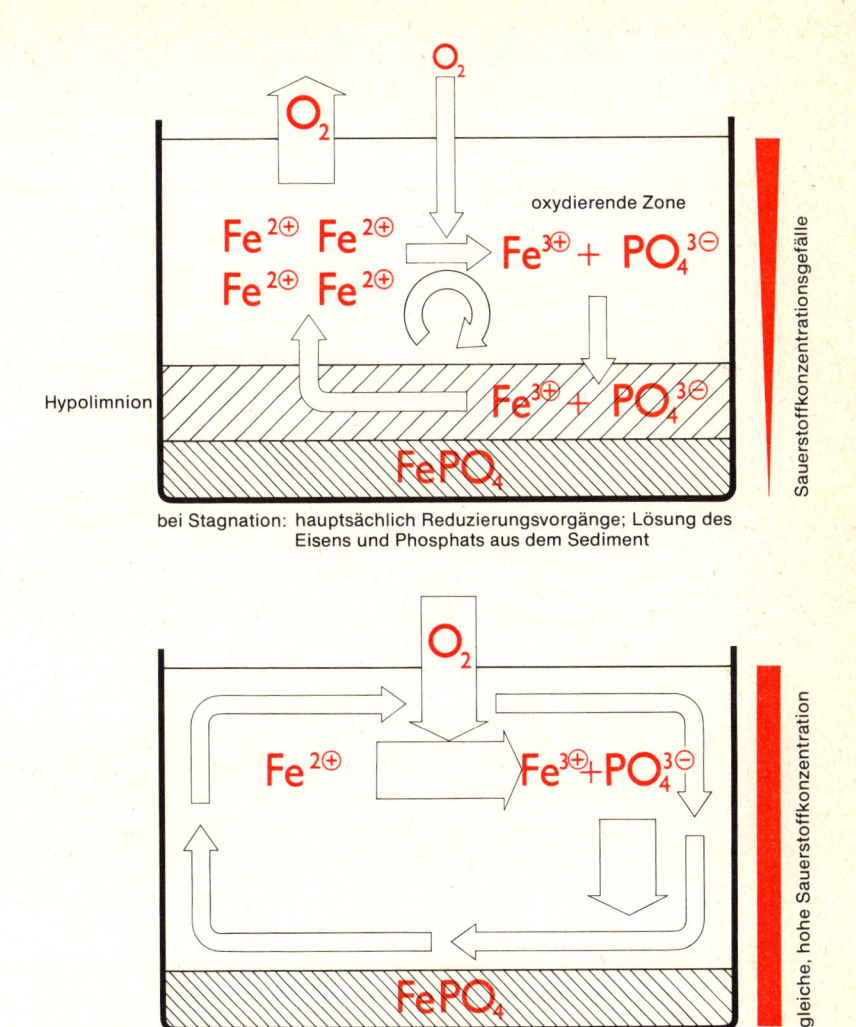

Hypolimnion

Fe^{2+} Fe^{2+} Fe^{2+} Fe^{2+} → $Fe^{3+} + PO_4^{3-}$

$Fe^{3+} + PO_4^{3-}$

$FePO_4$

Sauerstoffkonzentrationsgefälle

bei Stagnation: hauptsächlich Reduzierungsvorgänge; Lösung des Eisens und Phosphats aus dem Sediment

O_2

Fe^{2+} → $Fe^{3+} + PO_4^{3-}$

$FePO_4$

gleiche, hohe Sauerstoffkonzentration

bei Vollzirkulation: hauptsächlich Oxydationsreaktionen, Ausfällung des Eisens und Phosphats im Sediment

Abb. Eisen-Phosphat-Umsatz in einem See mit Wechsel von Stagnations- u. Zirkulationsperioden

Grundwasser

Ein großer Teil der Niederschläge versickert im Boden und bereichert die unterirdischen Wasservorräte. Genauer besehen, können zwei Formen des unterirdischen Wassers unterschieden werden: das Sickerwasser und das eigentliche Grundwasser. Bei schwachen Regenfällen dringen die Niederschläge als *Sickerwasser* nur in die oberen Bodenschichten ein und bleiben in den obersten Horizonten hängen. Dies tritt besonders dann auf, wenn der Boden aus Torf oder stark tonigem Material entstanden ist. Die oberste Zone bezeichnet man als *Haftwasserzone*. Sind die Niederschläge stärker oder ist der Untergrund sehr sandig bzw. kiesig, so tritt das Sickerwasser durch die oberen Horizonte hindurch und mit dem Grundwasser in Verbindung. In den tiefer liegenden Bodenhorizonten staut sich die zugeführte Sickerwassermenge meist über einer wasserundurchlässigen Bodenschicht und bildet so das *Grundwasser*. Die wasserführenden Bodenschichten werden als *Grundwasserhorizont* bezeichnet. Besonders reich an Grundwasser sind Bodenhorizonte aus Sand und Kies, die meist aus dem Pleistozän stammen, da zwischen den einzelnen Bodenteilchen viele kleine Zwischenräume entstehen, die mit Wasser gefüllt werden können. Verbindungslinien gleich großer Grundwasserstände bezeichnet man als *Grundwassergleichen*. An ihnen zeigt sich, daß das Grundwasser im steten Austausch mit den Flüssen steht. Im allgemeinen liegt der Grundwasserhorizont höher als der benachbarte Flußhorizont. Der Grundwasserhorizont bewegt sich mit dem Flußhorizont, allerdings bedeutend langsamer, flußabwärts und stellt ein Reservoir für die Flüsse dar, die bei niedrigem Flußwasserstand aus dem Grundwasser aufgefüllt werden und bei hohem Wasserstand oder bei Hochwasser überschüssiges Wasser an das Grundwasser abgeben.

In Trockengebieten steht das Grundwasser bedeutend tiefer als in feuchten. Die Sickerwasserzone enthält nur Bodenfeuchte und gelegentlich auch Grundwasser, das entgegen der Schwerkraft in den Bodenkapillaren aufsteigt. Als Folge der Verdunstung des Kapillarwassers an der Oberfläche scheiden sich die im Wasser gelösten Minerale als Salz und Gips auf oder in dem obersten Horizont ab.

Im festen Gestein kann man zwischen Kluft- und Schichtwasser unterscheiden. Das *Kluftwasser* dringt als „Bergfeuchte" durch kleine Hohlräume ins feste Gestein ein und vermag die schmalen Sickerungen allmählich durch physikalische und chemische Prozesse zu erweitern. Die chemischen Prozesse treten besonders stark bei Salz- und Gipsuntergrund sowie bei Kalkgesteinen durch den hohen CO_2-Gehalt des Sickerwassers (Haftbildung) in Erscheinung. *Schichtwasser* findet sich vor allem in Sedimentgesteinen wie Sandstein und Löß. Sind wasserundurchlässige Schichten über- oder unterlagert, so können sich große unterirdische Wasserleitungen bilden, die in Mulden als *artesische Brunnen* durch eigene Kraft an die Oberfläche treten.

Grundwasser ist im allgemeinen sehr reich an gelösten Stoffen. Ihr Anteil hängt von der Dauer des unterirdischen Wasserflusses, der Temperatur, der Löslichkeit und der Zusammensetzung der Gesteine ab. Durch den im Grundwasser gewöhnlich niedrigen Sauerstoffgehalt finden in diesen Horizonten nur in geringem Umfang Oxydationsprozesse statt, wodurch die Löslichkeit vieler Verbindungen erhalten bleibt. Treten solche Wässer wieder an die Oberfläche und mit Sauerstoff in Verbindung, so fallen die gelösten Verbindungen als Oxide aus.

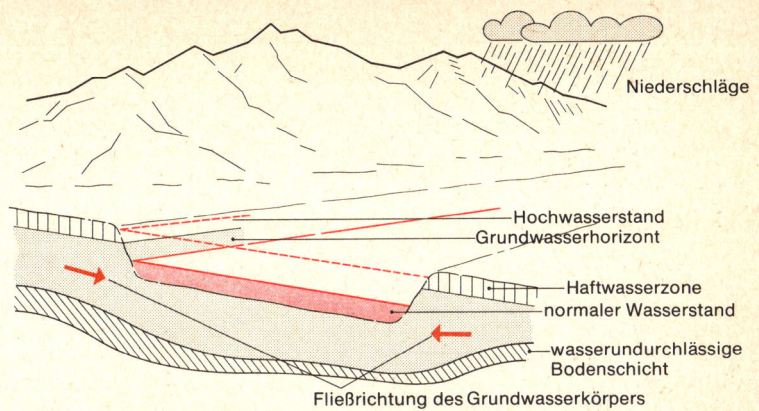

Abb. 1 Grundwasser und Flüsse

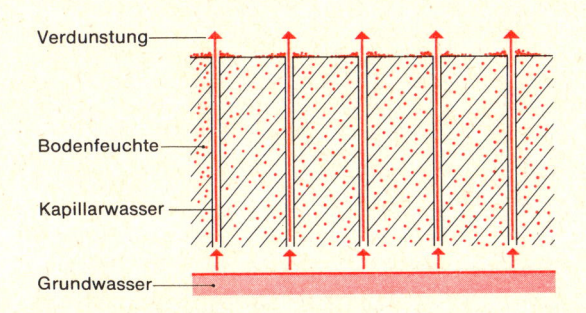

Abb. 2 Das Grundwasser in Trockengebieten

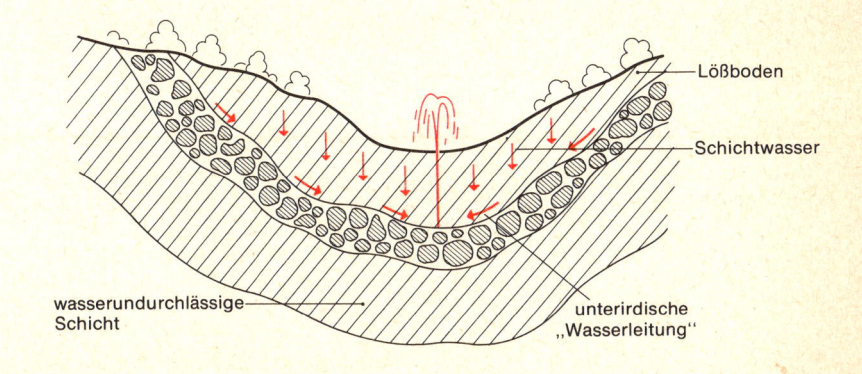

Abb. 3 Entstehung artesischer Brunnen

Die Pedosphäre

Die die Erdoberfläche bedeckenden Böden werden aus lockeren und festen Gesteinen und Humus gebildet. Temperaturschwankungen, Gefrieren und Auftauen von Wasser in Gesteinsspalten, Lösung und Kristallisation von Salzen zerkleinern das Gestein so, daß lockere *Verwitterungsprodukte* entstehen. Unter dem Einfluß der Atmosphärilien wie Sauerstoff, Kohlendioxid und Wasser unterliegen zahlreiche Mineralien an der so geschaffenen großen Oberfläche der *chemischen Verwitterung,* wodurch weitere Zerfallsprodukte entstehen.

Diese so entstandene Verwitterungsschicht wird von niederen und höheren Organismen besiedelt, durch deren Ausscheidungen und Aufnahme mineralischer Nährstoffe die Verwitterung weiter verstärkt wird. Exkremente, abgestorbene Pflanzenteile und Tierleichen bilden die *tote organische Substanz,* die von Bodentieren bzw. Mikroorganismen zu *Kohlendioxid* zersetzt oder in *Humus* umgewandelt wird.

Die anstehenden geologischen Schichten werden demnach durch Verwitterung und Tonneubildung, Zersetzung der organischen Substanz und Humusbildung sowie Verfrachtung von Bodenbestandteilen (durch Wasser oder Wind) zu Boden umgestaltet. Somit ist der *Boden* ein kompliziertes dynamische System, in dem physikalische, chemische und biologische Vorgänge miteinander verflochten sind.

Die Pedosphäre ist kein abgegrenzter Raum, sondern geht allmählich in die übrigen Bereiche über und wird von ihnen durchdrungen. In der Pedosphäre vereinigen sich die Luft der Atmosphäre, das Wasser der Hydrosphäre, die Mineralien der Lithosphäre sowie durch die Besiedlung der Verwitterungsprodukte die Organismen der Biosphäre. Alle bodenbildenden Prozesse werden unmittelbar durch die genannten Sphären gesteuert und stellen damit nicht bodenfremde Systeme dar, sondern gehören der Pedosphäre unmittelbar an.

Böden sind im Gegensatz zu chemisch definierten Stoffen ein *Dreiphasensystem,* bestehend aus einer festen (Minerale), einer flüssigen (Wasser) und einer gasförmigen Phase (Bodenluft); sie sind in ständiger Umwandlung begriffen. Das Ausgangsgestein in seinen unterschiedlichen Korngrößen, neugebildete Tonminerale und Salze gehören zu den *anorganischen Anteilen* eines Bodens. Lebende Organismen wie Bakterien, Pilze, Würmer, Milben gehören ebenso wie Pflanzenwurzeln und tote organische Stoffe, die aus Pflanzenrückständen, abgestorbenen Mikroorganismen und Bodentieren bestehen, zu den *organischen Bodenbestandteilen*. Man unterscheidet *Mineralböden,* die aus Gesteinen hervorgegangen sind, und *organische Böden (Moorböden),* die ausschließlich aus abgestorbenen organischen Massen entstanden.

Der Boden ist Standort der Pflanze und bietet einer Vielzahl von Bodentieren Lebensraum (s. S. 134 ff.). Die *Pflanzen* entnehmen ihm Nährstoffe, Wasser und Sauerstoff. Der Boden nimmt von der Pflanzenwurzel CO_2 auf und absorbiert schädliche Stoffe. In dem Begriff *Bodenfruchtbarkeit* werden diese Eigenschaften zusammengefaßt. Sie ist durch die Verschiedenheit der bodenbildenden Prozesse in den Böden unterschiedlich ausgeprägt und durch den Menschen beeinflußbar.

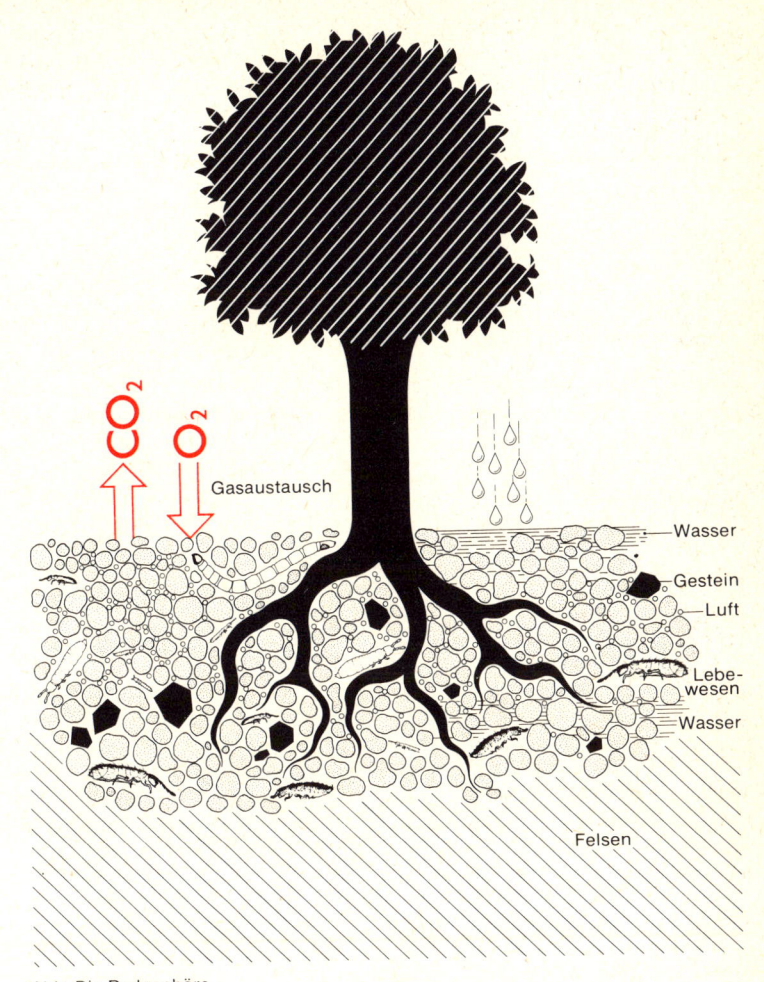

Abb. Die Pedosphäre

Die Bodenluft

Das *Bodenvolumen* wird von den drei Komponenten Mineralboden, Wasser und Bodenluft eingenommen. Während der Anteil des Mineralbodens am Gesamtvolumen weitgehend konstant ist, verändern sich Luft- und Wasseranteil umgekehrt proportional zueinander. Im trockenen Boden wird nahezu das gesamte Porenvolumen von Luft eingenommen, während der Luftanteil im nassen Boden je nach Bodenart zwischen 0 und 40 % schwankt.

Die *Bodenluft* setzt sich zwar weitgehend aus den gleichen Komponenten wie die atmosphärische zusammen. Das Verhältnis zwischen den Komponenten weicht jedoch oft beträchtlich von dem in der Atmosphäre ab. Dies gilt besonders für den Kohlendioxid- und Sauerstoffanteil. Während die Anteile von *Sauerstoff* und *Kohlendioxid* in der Atmosphäre nahezu konstant sind, schwanken sie in der Bodenluft erheblich, wobei die Schwankungen des Sauerstoffgehaltes die des Kohlendioxidgehaltes noch übertreffen. Durch die Atmung der Bodentiere und Pflanzenwurzeln wird Sauerstoff verbraucht und Kohlendioxid erzeugt. Anteilmäßig bringt die Wurzelatmung ca. 1/3 des Kohlendioxids, die Bakterientätigkeit ca. 2/3 im Boden hervor.

Durch die unterschiedliche Zusammensetzung der Boden- und atmosphärischen Luft entsteht zwischen beiden Bereichen ein *Gasaustausch* durch Diffusion. Der Partialdruck von Sauerstoff in der Atmosphäre ist immer höher als im Boden, der des CO_2 immer niedriger, wodurch bei Sauerstoff ein Diffusionsstrom zum Boden, bei CO_2 dagegen in Richtung Atmosphäre entsteht. Gefrieren, Vernässen oder Verdichten des Oberbodens führen durch die Behinderung des Gasaustausches zur *Kohlendioxidanreicherung*. Dabei kann der Kohlendioxidgehalt der Bodenluft auf Werte bis zu 5 % ansteigen (s. auch „Die Atmosphäre", S. 40).

Die *Feuchtigkeit der Bodenluft* ist meist höher als die der atmosphärischen. Die Feuchteschwankungen im Boden sind nicht so stark ausgeprägt; zwischen Ober- und Unterboden können als Folge der bisweilen möglichen stärkeren Austrocknung des Oberbodens Unterschiede bezüglich der Feuchte der Bodenluft entstehen. Unter 95 % relative Feuchte sinken die Werte im Unterboden jedoch kaum ab.

Die CO_2-Entwicklung in Böden und damit auch der Sauerstoffverbrauch werden von Temperatur und Feuchtigkeit stark beeinflußt, so daß tages- und jahreszeitliche Schwankungen zu verzeichnen sind. In der warmen Jahreszeit bestimmt vorwiegend die Feuchtigkeit die Kohlendioxidentwicklung, in der kalten die Temperatur. Bei Temperaturen unter 0 °C oder starker Trockenheit kommt die Kohlendioxidentwicklung weitgehend zum Erliegen. Starke Vernässung verdrängt den von den Pflanzenwurzeln und Mikroorganismen benötigten Sauerstoff und behindert so die CO_2-Entwicklung.

Zwischen Bodenluft und Atmosphäre ist hohe Austauschgeschwindigkeit der Gase, also eine *gute Durchlüftung* notwendig. Sie wird stark vom Anteil der Grobporen am Porenvolumen bestimmt, da diese infolge geringeren Reibungswiderstandes besser zu Durchlüftung des Bodens beitragen. *Schwere Böden (Tonböden)* mit überwiegend feinen Poren weisen daher schlechte Durchlüftung auf, *leichte Böden (Sandböden)* mit überwiegend groben Poren sind gut durchlüftet. Mit zunehmender Bodentiefe verlangsamt sich der Gasaustausch durch den Reibungswiderstand, so daß der CO_2-Gehalt der Bodenluft zunimmt.

Schlechte Durchlüftung wirkt sich auf Pflanze und Boden ungünstig aus. Tritt *Sauerstoffmangel* auf, so wird das Wurzelwachstum der Pflanzen gehemmt, die Nährstoff- und Wasseraufnahme damit reduziert, und das gesamte Wachstum ist geringer. Die überwiegend anaerob lebenden Mikroorganismen verdrängen die aerob lebenden. Es treten *Faulungsvorgänge* ein, die auch auf die Pflanzenwurzeln übergreifen. Produkte aus den Faulungsvorgängen wie Methan, organische Säuren und Schwefelwasserstoff stellen für die höheren Pflanzen Gifte dar.

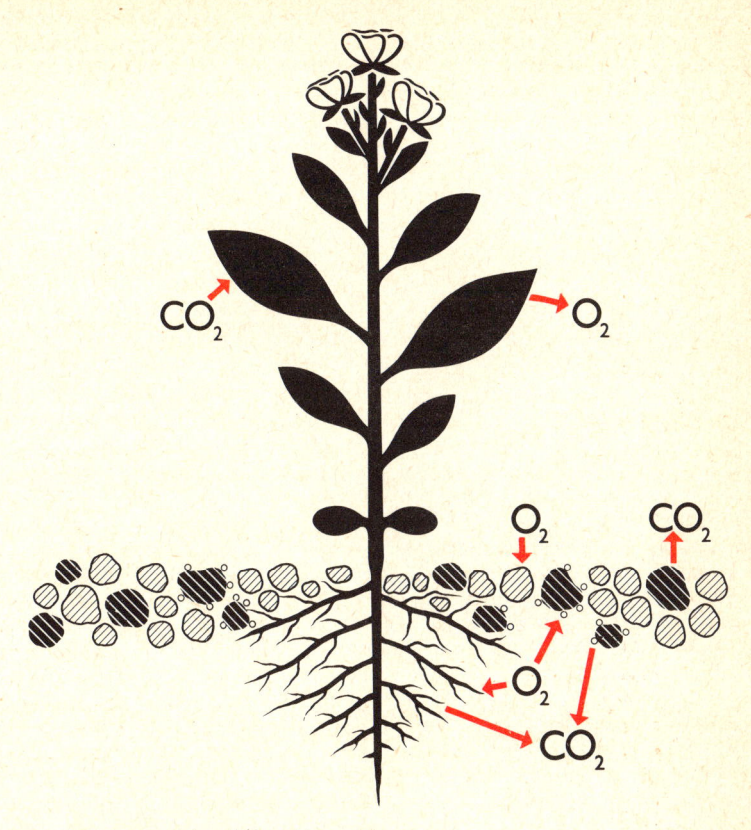

Abb. 1 Gasaustausch zwischen Atmosphäre und Boden

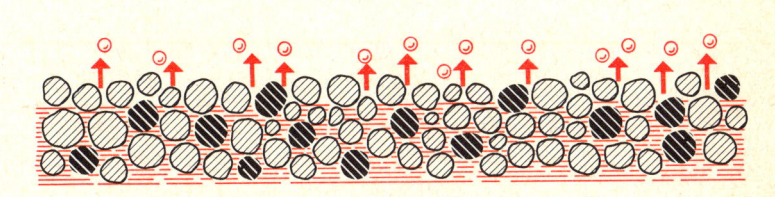

Abb. 2 Verdrängung der Bodenluft durch Wasser

Die Bedeutung des Bodenwassers

Die wichtigsten Quellen des Bodenwassers sind die Niederschläge und das Grundwasser. Das mit den *Niederschlägen* angelieferte Wasser dringt in den Boden ein oder fließt, wenn mehr Wasser angeliefert wird, als der Boden aufnehmen oder weiterleiten kann, als Oberflächenwasser ab. In Böden, die aus groben Teilchen aufgebaut sind und dadurch große Poren besitzen, dringt das Wasser schnell ein und versickert in der Tiefe. Dabei werden in der obersten Bodenschicht Salze gelöst und in tiefere verlagert. Besonders betroffen sind davon Sulfate, Chloride und Carbonate, von denen einige als Bodendüngemittel Bedeutung besitzen. Auch schwerlösliche Salze wie Calcium- und Magnesiumcarbonat können im Sickerwasser gelöst und verlagert werden. Je nach Niederschlagshöhe, Bodenmächtigkeit und Bodenart gelangen die gelösten Salze ins Grundwasser und verlassen den Bodenkörper oder bilden in tieferen Zonen sog. Anreicherungshorizonte. Verlagerungen von Ton- und Humusteilchen durch das Sickerwasser werden v. a. in sauren Böden beobachtet. Dadurch entstehen im Unterboden Ton- bzw. Humusanreicherungshorizonte sowie entsprechende Verarmungshorizonte im Oberboden.

Verdunstet Wasser an der Bodenoberfläche, so steigt Bodenwasser aus den feuchteren Schichten in den Oberboden auf. Dabei führt es leichtlösliche Salze an die Bodenoberfläche. Dort verdunstet das Wasser, und die Salze fallen infolge steigender Konzentration aus und bilden Salz- oder Kalkkrusten an der Bodenoberfläche. Diese Erscheinungen treten im gemäßigten Klimabereich allerdings sehr in den Hintergrund, da die Wasserbewegung in den Böden der ozeanisch beeinflußten Gebiete, bedingt durch die hohen Niederschläge, meist von oben nach unten verläuft.

Schwer wasserdurchlässige Schichten wie Tone oder feste Gesteine hemmen die Abwärtsbewegung des Sickerwassers, so daß sich über solchen Schichten Wasser anreichert. Ist eine solche Anreicherung dauernd vorhanden, so wird sie als *Grundwasser* bezeichnet, bei vorübergehendem Auftreten spricht man von *Stauwasser*. Stehendes Grund- oder Stauwasser verdrängt die Bodenluft aus den Poren. Dadurch wird den Eisen- und Manganverbindungen in diesem Bereich Sauerstoff entzogen; sie werden chemisch reduziert und damit leicht wasserlöslich. Auf Grund ihrer Molekularbewegung verteilen sich gelöste Verbindungen im gesamten, vom Lösungsmittel eingenommenen Raum. Dieser Vorgang *(Diffusion)* führt zur Verlagerung der Eisen- und Manganverbindungen. Sinkt der Grundwasserspiegel oder trocknet das Stauwasser aus, reichert sich Sauerstoff wieder an, und Eisen oder Mangan fallen als Oxide bzw. Hydroxide aus.

Der *mikrobielle Ab-* oder *Umbau* der organischen Substanz aus Pflanzen- oder Tierresten im Boden geschieht vorwiegend durch Bakterien (s. S. 94 und 138), deren Aktivität entscheidend vom Wasserangebot bestimmt wird. Tritt stauende Nässe auf, so ist das Sauerstoffangebot gering, und die Anaerobier (Bakterien, die ohne Sauerstoff leben können) übernehmen den Abbau. Dieser ist, da Sauerstoff zur vollständigen Mineralisation der organischen Substanz fehlt, nicht vollständig, sondern führt nur zu Zwischenprodukten. Unter diesen Bedingungen häuft sich organische Substanz im Boden an. Wenn die organische Substanz aus schwer zersetzbaren Pflanzenteilen besteht, kommt es auf diese Weise zur Bildung von mächtigen Rohhumusauflagen oder Mooren (s. S. 234).

Trocknet der Boden aus, so verschiebt sich die Mikropopulation zugunsten der niederen Pilze, deren Abbauleistung nicht die bakterielle erreicht. Bei verstärktem Wassermangel gehen schließlich alle Mikroorganismen in ihre Dauerformen über oder sterben ab. Die Mineralisation der organischen Substanz kommt dann ebenfalls zum Erliegen. Optimale Zersetzungsbedingungen sind dann vorhanden, wenn das Wasser etwa die Hälfte der zur Verfügung stehenden Speicherkapazität im Boden einnimmt.

Abb. 1 Salzlösung durch das Sickerwasser

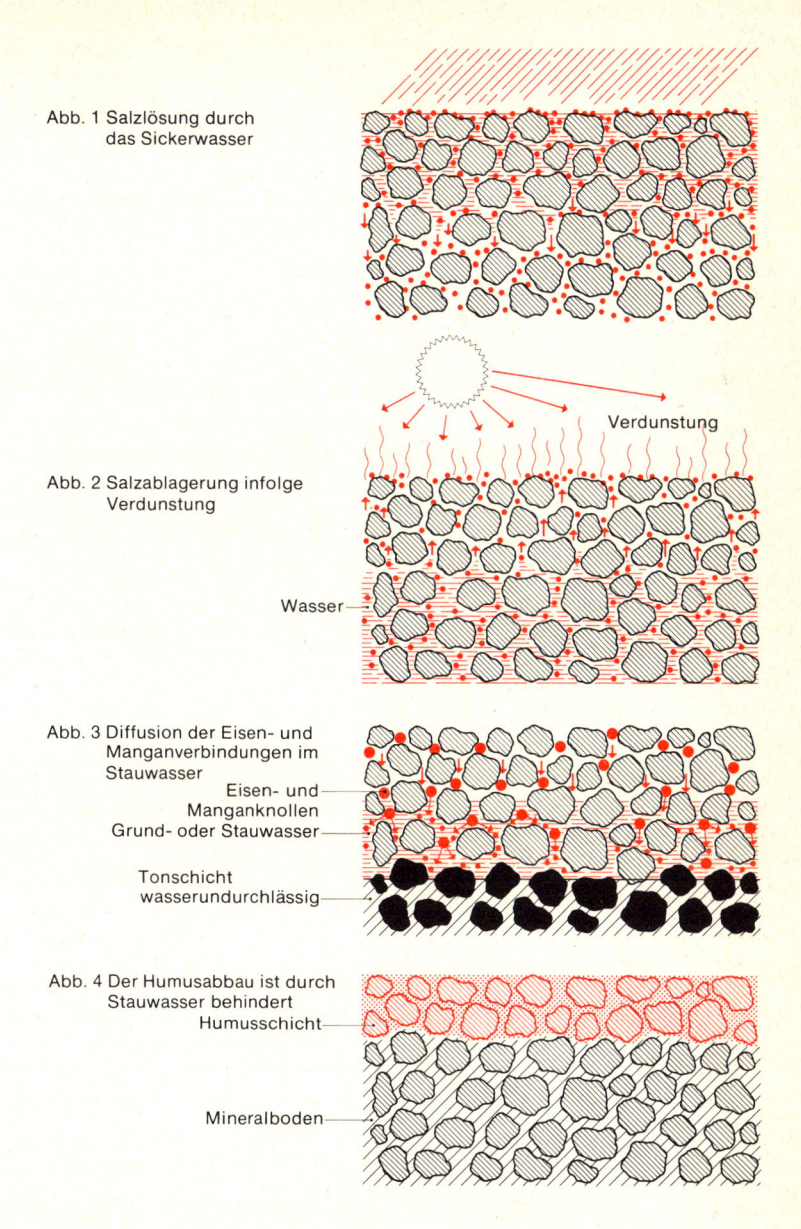

Verdunstung

Abb. 2 Salzablagerung infolge Verdunstung

Wasser

Abb. 3 Diffusion der Eisen- und Manganverbindungen im Stauwasser
Eisen- und Manganknollen
Grund- oder Stauwasser
Tonschicht wasserundurchlässig

Abb. 4 Der Humusabbau ist durch Stauwasser behindert
Humusschicht
Mineralboden

Die Bedeutung der organischen Substanz im Boden

Die organische Substanz im Boden – mehr oder weniger zersetzte Pflanzenreste, tierische Exkremente und Tierleichen, niedere Pilze, Strahlenpilze und Bakterien – bedingt nach Menge, Form und Zusammensetzung wesentliche Eigenschaften des Bodens.

In *Lehm-* und *Tonböden,* die wegen ihrer feinen Poren zu ungenügendem Luftaustausch und zu Vernässung neigen, wird durch die grobporige organische Substanz aus Wurzelresten und abgestorbenen oberirdischen Pflanzenteilen die Durchlüftung begünstigt. Niederschlagswasser dringt hier wegen der grobporigen Struktur schneller ein, so daß in ebenen Lagen eine Verschlämmung und am Hang Erosion verhindert werden.

In wasserdurchlässigen *Sandböden,* die leicht austrocknen, werden durch organische Substanz, die das Drei- bis Fünffache ihres Eigengewichtes an Wasser festhalten kann, für die Pflanze günstigere Wachstumsbedingungen geschaffen. Dunkle Flächen, wie sie durch die braunen Humusstoffe im Oberboden erzeugt werden, absorbieren die Sonnenstrahlung besser als helle. Dadurch erwärmt sich der Boden im Frühjahr schneller, und die Vegetationsperiode wird verlängert.

Im *natürlichen Boden* ist v. a. die Zufuhr von Pflanzennährstoffen (Stickstoff, Phosphor, Kalium und Spurenelemente) durch die organische Substanz für das weitere Pflanzenwachstum von Bedeutung. Unter Mithilfe der Bodentiere und Mikroorganismen werden die in organischer Form (Aminosäuren) festgelegten Nährstoffe in die körpereigene Substanz dieser Organismen eingebaut und schließlich wieder in pflanzenaufnehmbare, mineralische Form übergeführt (s. auch S. 134 ff. und 138).

Die Nachlieferung an Pflanzennährstoffen ist demnach von der *biologischen Aktivität* des Bodens abhängig. In Wäldern, in denen aus klimatischen Gründen (Boden zu kalt oder zu trocken) der Abbau der Bestandsabfälle nicht oder nur sehr langsam vonstatten geht, sind häufig Wuchsstockungen, d. h. verminderter Zuwachs an den Bäumen, zu beobachten. Die organische Substanz ist außerdem in der Lage, mineralische Nährstoffe, wie z. B. Nitratstickstoff, der durch seine gute Wasserlöslichkeit der Auswaschung unterliegt, im Oberboden festzuhalten und damit der Pflanze zu bewahren.

Die Bestandsabfälle sind die Lebensgrundlage der *saprophytischen* (von toter organischer Substanz lebenden) *Bodenorganismen.* Ist ausreichende Nahrung vorhanden, so ist deren Vermehrung und Wachstum begünstigt, und die Parasiten werden unterdrückt. Daneben sind manche Bodenmikroorganismen in der Lage, Stickstoff aus der Luft zu binden und der Pflanze zur Verfügung zu stellen. Wird die Zufuhr an organischer Substanz zum Boden unterbunden, z. B. durch Streunutzung (in einigen Gebieten wurden noch bis vor wenigen Jahrzehnten die Blätter und Nadeln aus den Wäldern zur Einstreu in den Stall eingebracht), so hat dies den Zusammenbruch der saprophytischen Organismen zur Folge. Um deren biologische Aktivität zu erhalten, bedarf es deshalb ständiger Nachlieferung an organischer Substanz.

Während der Zersetzung der organischen Substanz durch Bodenmikroorganismen entstehen als Zwischenprodukte aus deren Stoffwechsel zahlreiche Verbindungen mit Wirkstoffcharakter. Besonders hervorzuheben sind die von Pilzen gebildeten *Antibiotika* und *Wuchsstoffe.* Auch Vitamine wurden in Böden bereits nachgewiesen. Über die Wirkung und die Beständigkeit solcher Substanzen ist wegen der bestehenden Untersuchungsschwierigkeiten noch wenig bekannt. Künstlich dem Boden zugefügte Wuchsstoffe werden dort rasch abgebaut.

Abb. 1 Lehm- und Tonböden werden durch die organische Substanz aufgelockert

Abb. 2 Freisetzung von Pflanzennährstoffen aus der Streu durch Bodenmikroorganismen

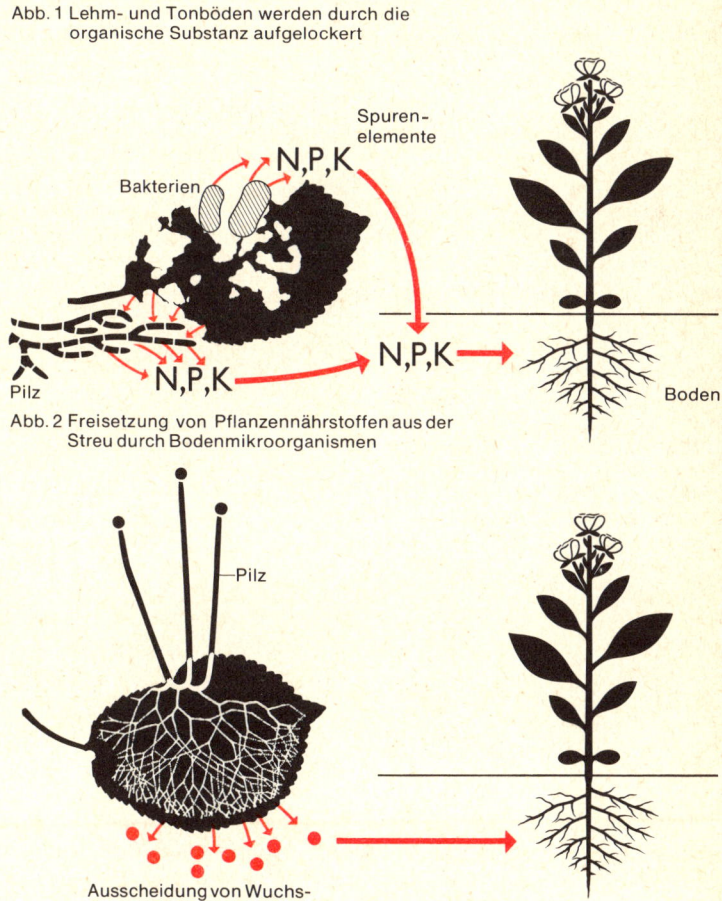

Abb. 3 Als Zwischenprodukte des Mikrobenstoffwechsels entstehen Verbindungen mit Wirkstoffcharakter

Die Bodentemperatur

Die Temperatur des Bodens ist für das biologische, chemische und physikalische Geschehen in der Pedosphäre von ausschlaggebender Bedeutung. *Keimung, Wurzel-* und *Sproßwachstum* der höheren Pflanzen nehmen mit steigender Temperatur zu. Auch die *Aktivität der Bodentiere* sowie der zersetzenden Bodenbakterien, Pilze und Strahlenpilze steigt mit der Temperatur. Gegenüber zu hohen Temperaturen, wie sie bei unbedecktem oder nur schwach bewachsenem Boden an Tagen mit hoher Sonneneinstrahlung an der Bodenoberfläche entstehen, reagieren die Organismen allerdings negativ. Während sich die mobilen Tiere aus den überhitzten in tiefere, kühlere Zonen zurückziehen, ist dies der Pflanze nicht möglich, so daß es zu Schädigungen oder sogar zum Absterben der Pflanze, besonders bei Keimpflanzen, kommt.

Auch die *physikalischen* und *chemischen Verwitterungsvorgänge* sind abhängig von der Bodentemperatur. Steigt die Temperatur der Bodenlösung, so können weitere Salze gelöst werden. Bei hohen Temperaturen nehmen die Thermospannungen zwischen heißer Außen- und kühler Innenschicht, zwischen dunklen und hellen Mineralien in den Bodenaggregaten zu und führen zu deren Zerfall. *Luft-* und *Wasserhaushalt* des Bodens werden durch die erhöhte Verdunstung ebenfalls von der Bodentemperatur geprägt.

Die *Energie* für die Erhöhung der Bodentemperatur entstammt im wesentlichen der *Sonnenstrahlung*. Bei starker Ausstrahlung in klaren Nächten kann die Gegenstrahlung von aufziehenden Wolken, von Bäumen und anderen Bodendeckern zusätzlich Energie liefern. Auch Tau- und Reifbildung tragen zur Energiezufuhr in den Oberboden bei (s. auch S. 282).

Den umfassendsten Anteil am *Energieverlust* des Bodens nimmt die *Ausstrahlung* ein. Durch sie entstehen die ausgeprägten Tag- und Nachtschwankungen im Oberboden. Durch Wärmeleitung wird Energie aus dem Oberboden in tiefere Schichten abgeführt. Auf Grund der Wärmekapazität der Bodenlösung und durch die mineralischen Bestandteile wird der Energiefluß mit zunehmender Bodentiefe immer geringer. Die Tagesschwankungen sind nicht mehr so ausgeprägt; ihre Amplitude verringert sich. Gleichzeitig tritt durch die Zeitverzögerung der Wärmeleitung eine *Verschiebung des Temperaturmaximums* ein, die in tieferen Schichten zur vollständigen Umkehr des Temperaturgangs führen kann. Neben den Tag- und Nachtschwankungen der Bodentemperatur ist in den gemäßigten und kühleren Zonen auch ein Jahresgang festzustellen. Im Oberboden wird dabei das Temperaturmaximum im Sommer, das Minimum im Winter registriert. Im Unterboden tritt auch hier eine Verschiebung der Maxima und Minima auf, so daß in tieferen Schichten die Bodentemperatur im Winter über der im Sommer liegt.

Neben der Wärmeleitfähigkeit und der Wärmekapazität bestimmen auch *Farbe* und *Oberflächenbeschaffenheit des Bodens* die Ausprägung der Bodentemperatur. Helle, humusarme Böden erwärmen sich im Frühjahr als Folge der Reflexion nicht so stark wie dunkle, humose. Dadurch sind die Keimung und das Pflanzenwachstum bei sonst gleichen Bedingungen auf humusreichen Böden besser. In Moorböden ist durch das große Porenvolumen die Temperaturleitfähigkeit sehr gering. Bei nächtlicher Ausstrahlung ist die in dünner Schicht gespeicherte Energie rasch abgestrahlt. Dadurch treten extreme Tag-Nacht-Temperaturschwankungen auf, die bei klaren Nächten auch im Sommer noch zu Frösten führen können.

Durch *Bodenlockerung* wird ein ähnlicher Effekt erreicht. Die in den Grobporen befindliche Luft verzögert die Wärmeleitung, wodurch der Oberboden stark erwärmt wird, nachts allerdings auch wieder stärker abkühlt. Bodenbedeckung verringert durch Energieabsorption die eingestrahlte Energie und damit die Erwärmung. Die Schwankungen der Bodentemperatur im Oberboden zwischen Tag und Nacht werden dadurch besser ausgeglichen.

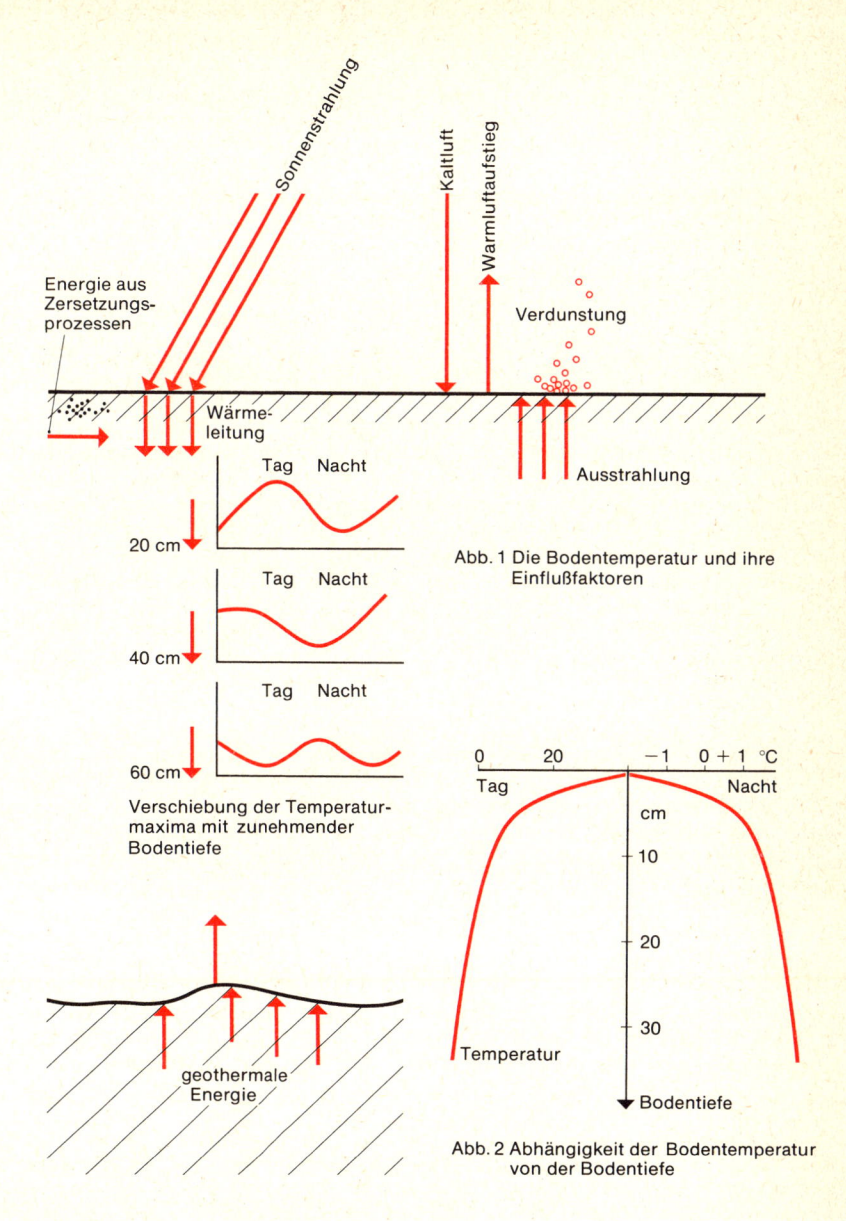

Abb. 1 Die Bodentemperatur und ihre Einflußfaktoren

Sonnenstrahlung
Kaltluft
Warmluftaufstieg
Energie aus Zersetzungsprozessen
Verdunstung
Wärmeleitung
Ausstrahlung

Tag Nacht
20 cm
Tag Nacht
40 cm
Tag Nacht
60 cm

Verschiebung der Temperaturmaxima mit zunehmender Bodentiefe

geothermale Energie

Abb. 2 Abhängigkeit der Bodentemperatur von der Bodentiefe

0   20   −1 0 +1 °C
Tag   Nacht
cm
10
20
30
Temperatur
Bodentiefe

7 Umwelt

Bodenbeschaffenheit und bodenanzeigende Pflanzen

Neben dem Klima ist die Bodenart einer der wichtigsten ökologischen Faktoren für die Zusammensetzung einer Pflanzengesellschaft, da die einzelnen Pflanzen sehr unterschiedliche Ansprüche an die Bodenbeschaffenheit stellen.

Die *Faktoren, die eine Bodenart charakterisieren,* sind chemischer (Gehalt an Nährstoffen und Spurenelementen, pH-Wert) und physikalischer Natur (Korngröße, Wassergehalt, Temperatur, osmotischer Druck, Durchlüftung im Zusammenhang mit der Stabilität der Krümelstruktur und der Bodenkolloide); die mikrobielle Besiedlung (s. S. 138) bestimmt ebenfalls den Bodentyp.

Die Pflanzen passen sich innerhalb eines bestimmten, artgebundenen Bereiches stoffwechselphysiologisch an die verschiedenen Bodenarten an und haben spezielle Anpassungsmechanismen ausgebildet. Während es Pflanzen gibt, die mehr oder weniger anspruchslos sind, d. h. auf mehreren oder vielen Bodenarten gedeihen können, gibt es andere, die sog. *bodensteten Pflanzen,* die zu ihrem Gedeihen ganz bestimmte Bodenverhältnisse benötigen. Mit Hilfe dieser letzeren Pflanzen, die als *Bodenanzeiger (Leitpflanzen)* bezeichnet werden, lassen sich Rückschlüsse auf die Zusammensetzung bzw. die Art des Bodens an dem betreffenden Standort ziehen.

Einige Pflanzenarten benötigen z. B. sehr viel *Stickstoff.* Diese *Nitratpflanzen* siedeln sich daher besonders gern auf Schuttplätzen mit stickstoffhaltigen Abfällen an. Es sind dies v. a. Gänsefußarten (Chenopodium) und Brennesseln (Urtica). – Die Brennessel zeigt außerdem *eisenhaltige Böden* an, wie sie durch Eisenabfälle an Schuttplätzen entstehen. – Auf Wiesen, die mit Jauche überdüngt wurden, entwickelt sich der *nitrophile* Bärenklau besonders gut. – Kulturpflanzen, die einen gut mit *Kaliumsalzen* versorgten Boden benötigen, sind Rüben, Kartoffeln und Tabakpflanzen.

Viele *trockene Böden,* die keine Verbindung zum Grundwasser besitzen, haben Flechtenbewuchs; im Norden ist es vornehmlich die Rentierflechte. Die ebenfalls trockenen, aber warmen und stickstoffhaltigen *Sandböden der Dünen* werden von *halophilen* (den Salzgehalt der Böden tolerierenden) *xerophytischen Pflanzen* besiedelt, die nur wenig Wasser benötigen und es ohne Schaden überstehen, wenn sie gelegentlich von Sand überweht werden. Hierher gehören Binsenquecke (Agropyron junceum), Salzmiere (Honckenya peploides), Strandroggen (Elymus arenarius), Meersenf (Cakile maritima), Strandmelde (Atriplex litoralis) und Stranddistel (Eryngium maritimum).

Feuchte, sandige *Lehmböden* werden vom Ackerschachtelhalm (Equisetum arvense) bevorzugt.

Auf *salzhaltigen Böden* in Meeresnähe und in Salzsteppen hat sich eine besondere Flora entwickelt. Diese sog. *Halophyten* vermögen trotz des hohen osmotischen Drucks des Bodens (infolge seines Salzgehaltes) die Nährstoffe und das Wasser entgegen dem Gradienten aufzunehmen. Typische Vertreter der salzliebenden Pflanzen sind Queller (Salicornia europaea) und Salzaster (Aster tripolium).

Besonders ausgeprägt sind die Unterschiede in bezug auf die Bodenanzeiger bei Böden mit verschieden hohem *Kalkgehalt.* Hiermit ist auch meist der pH-Wert des Bodens gekoppelt, der bei *kalkarmen Böden* sauer, bei *kalkreichen Böden* neutral bis schwach alkalisch ist. Bei den kalkmeidenden Pflanzen können die Wurzeln nur bei einem gewissen Säuregrad des Bodens Nährstoffe aufnehmen, während die kalkliebenden Pflanzen neutrale oder schwach alkalische Böden benötigen. Typische *kalkmeidende Pflanzen* sind z. B.: Ackerhundskamille (Anthemis arvensis), Ackerklee (Trifolium arvense), Besenginster (Sarothamnus scroparius), Hederich (Raphanus raphanistrum), Feldspark (Spergula arvensis), Heidelbeere (Vaccinium myrtillus), Heidekraut (Calluna vulgaris), Kleiner Sauerampfer (Rumex

Abb. 1 Stickstoffanzeiger

| Große Brennessel | Roter Gänsefuß | Bärenklau |

Abb. 2 Kaliumliebende Pflanzen (Kulturpflanzen)

| Kartoffel | Bauerntabak |

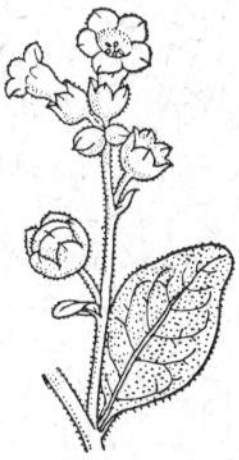

Abb. 3 Xerophytische Pflanzen

| Meersenf | Strandroggen | Strandmelde |

| Salzmiere | Stranddistel |

acetosella), Roter Spärkling (Spergularia rubra). Unter den *kalkliebenden Pflanzen* sind besonders zu nennen: Ackerrittersporn (Delphinium consolida), Ackersenf (Sinapis arvensis), Ehrenpreisarten (Veronica), Gänsefingerkraut (Potentilla anserina), Gemeines Kreuzkraut (Senecio vulgaris), Kleine Brennessel (Urtica urens), Nickende Distel (Carduus nutans), Rote Taubnessel (Lamium purpureum), Sonnenwendige Wolfsmilch (Euphorbia helioscopa).

Saure Böden, die zumeist auch sehr naß sind, werden vorzugsweise von Pilzen und bestimmten Moosarten, wie z. B. Gabelzahnmoose (Dicranum), Federmoos (Ptilium crista-castrensis) und Widertonmoose (Polytrichum), besiedelt. – Demgegenüber bieten *neutrale Böden* optimale Lebensbedingungen für Bakterien.

Besondere Pflanzengesellschaften finden sich auf *Hochmooren*. Die Hochmoorböden sind sehr naß und werden daher zu den *kalten Böden* gezählt. Außerdem sind sie sehr nährstoffarm, bes. in bezug auf Spurenelemente, die teilweise durch die Humussäuren festgelegt werden. Charakterpflanzen sind: Torfmoosarten (Sphaghum), Gemeines Widertonmoos (Polytrichum commune), Schlankes Widertonmoos (Polytrichum gracile), Wellenblättriges Sternmoos (Mnium undulatum), Sonnentauarten (Drosera), Heidekraut (Calluna vulgaris), Moorheide (Erica tetralix), Rauschbeere (Vaccinium uliginosum), Kleine Moosbeere (Vaccinium oxycoccus), Preißelbeere (Vaccinium vitis-idaea), Moosbirke (Betula pubescens).

Auf stark *zinkhaltigen Böden* wachsen die sog. *Galmeipflanzen,* deren Asche bis zu 20 % Zink enthalten kann. Hierzu gehören das Galmeistiefmütterchen (Viola lutea var. calaminaria), der Taubenkropf (Silene inflata) und die Frühlingsmiere (Minuartia verna).

Mit Hilfe bodenanzeigender Pflanzen ist also ohne aufwendige Bodenuntersuchungen eine gewisse Bodenbeurteilung möglich. Wichtig jedoch ist dabei, daß man niemals von einer einzelnen Pflanzenart, auch wenn sie in größerer Menge vertreten ist, ausgehen darf. Erst wenn mehrere bodenanzeigende Pflanzenarten an einem Biotop wachsen, können einigermaßen gültige Schlüsse auf die Bodenverhältnisse gezogen werden.

Abb. 1 Salzliebende Pflanzen

| Strandaster | Queller |

Abb. 2 Kalkliebende Pflanzen

| Ackerrittersporn | Sonnenwendige Wolfsmilch | Rote Taubnessel |

Abb. 3 Kalkmeidende Pflanzen

| Ackerklee | Feldspark | Ackerschachtelhalm |

Abb. 4 Hochmoorpflanzen

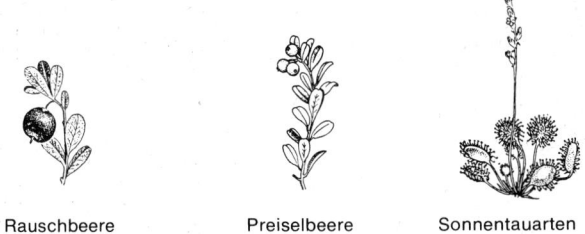

| Rauschbeere | Preiselbeere | Sonnentauarten |

Die Zerstörung des Bodens

Die potentiell landwirtschaftlich nutzbare Fläche auf der Erde vermindert sich mit jedem Jahr. Riesige Anbauflächen sind bereits durch Erosion nahezu unbrauchbar geworden. Vor allem in den Tropen und Subtropen wird die landwirtschaftliche Produktion durch Erosion und Bodenverarmung gefährdet. Eine der Hauptursachen für die Zerstörung des Bodens ist die Entwaldung durch *Brandrodung*. Beim Abbrennen des Waldes geht praktisch der gesamte Stickstoffvorrat des Vegetation-Boden-Systems verloren. Die anderen Nährstoffe (Calcium, Kalium, Phosphor u. a.) liegen zunächst in Form von Asche noch in löslicher Form vor und können so von den Pflanzen verwertet werden. In den ersten Jahren nach der Brandrodung ist der Boden deshalb landwirtschaftlich nutzbar. Da jedoch im Boden absorptionsfähige Tonminerale fehlen, können die Nährstoffe nicht gespeichert werden. Da sie andererseits löslich sind, wandern sie in tiefe Schichten ab, wo sie von den Kulturpflanzen nicht mehr erreicht werden können. So kommt es zu einer rapiden Verschlechterung der Bodenqualität und damit zu einer Verringerung der Vegetation. Neben dem Nährstoffverlust verschlechtern sich außerdem der Wasserhaushalt und das Mikroklima. Die Schwammwirkung des Waldbodens, die vorher den Wechsel zwischen Trockenheit und Regenzeit ausgleichen konnte, ist nicht mehr vorhanden. Dadurch kommt es in der Regenzeit zu Überschwemmungen und in der Trockenzeit zu Dürre. Bei heftigem Regen wird die Bodenoberfläche durch die Regentropfen und das Einschlämmen feinen Materials so verdichtet, daß beim Austrocknen eine harte Kruste zurückbleibt. Auf diese Weise wird die für die Wurzeltätigkeit der Pflanzen nötige Sauerstoffzuführung abgeriegelt. Für die meisten Kulturpflanzen hat dies eine starke Wachstumshemmung zur Folge, weshalb diese durch widerstandsfähige Gräser zurückgedrängt werden. So bildet sich eine Grassteppe, die von der Landwirtschaft nicht mehr nutzbar ist.

Als zweite Hauptursache der Bodenzerstörung ist die Winderosion zu nennen. Die *Winderosion*, wie sie vor allem in trockenen Gebieten mit starken Winden vorkommt, wird normalerweise dadurch verhindert, daß der Boden von einer dichten Pflanzendecke geschützt und durch das Wurzelwerk festgehalten wird. Dadurch wird ein Abtragen der oberen, wertvollen Humusschicht durch den Wind (und das Wasser) verhindert. Bei der landwirtschaftlichen Nutzung wird nun diese Pflanzendecke zerstört und durch Kulturpflanzen ersetzt. Da diese laufend abgeerntet und wieder neu gepflanzt werden, ist der Boden periodisch (z. B. nach dem Umpflügen und wenn die neu gepflanzten Kulturpflanzen noch klein sind) den negativen Einflüssen von Wind und Wasser voll ausgesetzt. Die Winderosion kann in geringen Grenzen gehalten werden, wenn die Kulturpflanzen in Mischkulturen angelegt sind oder wenn die Felder klein sind und wenn der Boden außerdem mit organischem Material bedeckt ist. Andererseits beschleunigt sich der Erosionsprozeß durch Wechselwirkungen, wenn die Winderosion erst einmal begonnen hat: Je stärker der Boden erodiert wird, desto weniger fruchtbar ist er und desto weniger dicht und weniger schnell wachsen die Pflanzen auf ihm. Durch den verringerten Bewuchs verstärkt sich die Winderosion. – s. auch „Winderosion", S. 106.

Ähnliche Ursachen wie die Winderosion hat die *Wassererosion*. Sie kommt besonders in Gebieten mit hohen Niederschlägen vor. Zur Wassererosion kommt es, wenn die schützende Pflanzendecke des Bodens an steilen Hängen zerstört wird (z. B. durch Rodung von Wald, durch Straßenbau), wodurch das abfließende Wasser in der Regenzeit die oberen Bodenschichten wegschwemmen kann. Zurück bleibt oft nur der nackte Fels, auf dem eine Vegetation kaum mehr möglich ist. – S. auch „Wassererosion", S. 104.

Bereits im Jahre 1968 waren in Indonesien 28 Millionen, in Indien 17 Millionen und in Pakistan 7 Millionen Hektar Grassteppe durch Entwaldung entstanden. Im mittleren Westen der USA wurden in den dreißiger Jahren dieses Jahrhunderts durch Winderosion von rund 3 Millionen km² Nutzfläche 2,35 Millionen km² schwer geschädigt. Ein Viertel dieses erodierten Gebietes ist auch heute noch nicht nutzbar und hat einen wüstenähnlichen Charakter angenommen. In Südrußland sind fast 60 % des Bodens stark erodiert. Die Ertragsfähigkeit ist auf die Hälfte bis ein Drittel reduziert. Als Folge der Bodenerosion sank die Produktionskapazität des südafrikanischen Ackerlandes seit dem Jahr 1870 um rund 30 %. Von Guinea bis in den Süden erstreckt sich quer durch Afrika ein erodierter Landschaftsgürtel. Am schwersten betroffen sind in Ostafrika Äthiopien, Kenia, Sambia, Uganda und Burundi.

Was kann man gegen die Erosion des Bodens unternehmen? Die Winderosion kann am ehesten dadurch verhindert werden, daß die landwirtschaftlichen Kulturen in ökologisch sinnvoller Weise angelegt werden. Dies bedeutet: Mischkulturen statt Monokulturen; Verzicht auf Kunstdüngung mit leichtlöslichen mineralischen Düngern, stattdessen organische Düngung in Form der Gründüngung, Einstreuen von Büschen, Gehölzen und Bäumen in die landwirtschaftliche Fläche als Windschutz und gleichzeitig zur Stabilisierung des ökologischen Gleichgewichtes. Ähnliches gilt für die Verhinderung der Wassererosion. Der Bodenerosion durch Waldrodung kann man in erster Linie dadurch begegnen, daß man auf die Abholzung des Waldes zur Schaffung neuen Ackerlandes verzichtet und stattdessen die durch Bodenerosion zu Grassteppen gewordenen Flächen wieder regeneriert. Dies erfordert zunächst ein Zurückdrängen des Steppengrases, etwa durch den Anbau landwirtschaftlicher Pionierpflanzen (z. B. bestimmte tiefwurzelnde Schmetterlingsblütler), die mit stickstoffbindenden Bakterien in Symbiose leben und sich so ihre Stickstoffdüngung aus der Luft selbst besorgen können. Mit ihrem tiefen Wurzelsystem können sie außerdem das Wasser der tieferen Bodenschichten aufnehmen, so daß sie auch in Monaten der Trockenheit grün bleiben können. In vielen Fällen kann man auf solchen regenerierten Böden bereits nach zwei Jahren Nutzpflanzen wie Ölpalmen, Sojabohnen, Mais und Baumwolle anbauen. Zusätzlich zu dieser Überführung der erodierten Gebiete in landwirtschaftlichen Boden sollte ein Teil der zurückgewonnenen Flächen wieder bewaldet werden. Der Wald kann dann als Erosionsschutz sowie zur Stabilisierung des Wasserhaushaltes und des Klimas beitragen.

Wassererosion

Überall auf der Erde, außer in den extremen Wüstengebieten und in den Polarregionen, ist der Boden der Wassererosion ausgesetzt, wenn er bei Regenfällen unbedeckt ist. Zwei Haupttypen der Wassererosion werden unterschieden, die geologische und die beschleunigte Erosion. Im weitesten Sinne ist die *geologische Wassererosion* ein normaler Prozeß, der das Abtragen der Landoberfläche in ihrer natürlichen Umgebung ohne menschlichen Einfluß darstellt. *Beschleunigt wird die Erosion* durch Bodenbearbeitung und den Bau von Häusern, Straßen, Schienen usw.

Die Wassererosion umfaßt die drei Aspekte Flächen- und Mikrokanalerosion, Kanalerosion und Sedimentation.

Durch die *Flächenerosion* wird bei einer vegetationsarmen Fläche eine mehr oder weniger mächtige Bodenschicht abgetragen. Es handelt sich bei der Schichterosion um eine ziemlich unauffällige Erosionsform, da bei jedem erodierenden Niederschlag gewöhnlich nur eine sehr dünne Bodenschicht abgetragen wird. Über einen längeren Zeitraum jedoch kann sie allerdings beträchtliche Ausmaße erreichen. Die Flächenerosion kann bereits bei Hangneigungen von 1° einsetzen. Ihr Auftreten wird von hellen Bodenflächen am Oberhang angezeigt, die entstehen, wenn der dunkler gefärbte Oberboden, der organische Substanz enthält, abgetragen wird. Zwei grundlegende Vorgänge verursachen die Flächenerosion. Einmal werden die Bodenpartikel vom Bodenkörper durch auftreffende Regentropfen losgeschlagen, zum anderen werden die Bodenteilchen aus ihrer ursprünglichen Lage abtransportiert. Regentropfen, die auf feuchten Boden auftreffen, bilden einen Krater. Durch den Aufprall werden Wasser und Boden in die Luft geschleudert und um den Kraterbezirk wieder abgelagert. Bodenpartikel können so 50–60 cm hoch und bis zu 1,5 m weit geworfen werden.

Wenn die auftreffende Regenmenge die Rate des in den Boden infiltrierenden Wassers weit übersteigt, so fließt das Wasser über die Bodenoberfläche ab. Es nimmt dabei die von den Regentropfen losgelösten Partikel auf und trägt sie weg. Wenn die Oberfläche sanft und gleichbleibend geneigt ist, fließt das Wasser in dünner Schicht ab. Wenn die Bodenoberfläche, was in ackerbaulich genutzten Feldern der Fall ist, sich unregelmäßig wellt, kann es sich in Senken und Vertiefungen sammeln und von dort aus den Weg des geringsten Widerstandes suchen. So gelangt das oberflächlich abfließende Wasser mit seinem Gehalt an Bodenteilchen in *Rinnen* oder *Mikrokanäle*. Abtrag und Transport von Bodenteilen sind in der *Rinnenerosion* größer als in der Flächenerosion, da die Geschwindigkeit des Wassers in den Rinnen größer ist als auf den Flächen. Die Ausmaße des Bodenabtrags durch fließendes Wasser sind dem Quadrat seiner Geschwindigkeit proportional, d. h., wird die Fließgeschwindigkeit verdoppelt, so vervierfacht sich die Erosionsmenge. Die Transportkapazität des Wassers steigt mit der fünften Potenz seiner Geschwindigkeit, d. h., die Verdopplung der Fließgeschwindigkeit erbringt eine Verzweiunddreißigfachung der Transportkapazität.

Nehmen die Wassermassen und die Fließgeschwindigkeit weiter zu, so werden aus den Mikrorinnen oft größere *Kanäle*. In ihren Ausmaßen können sie eine Breite von 30 und mehr Metern erreichen und Tiefen von 1–15 Meter und darüber. Boden, der aus seiner ursprünglichen Lage erodiert wurde, sedimentiert immer an anderer Stelle. Das kann ganz in der Nähe des Abtragortes sein oder erst im Meer oder irgendwo zwischen beiden Extremen.

Der Hauptteil des an Hängen erodierten Materials kommt am Hangfuß zur *Sedimentation*, wo es den ursprünglichen Boden bedeckt und dadurch in auflaufenden Kulturen Schaden anrichten kann. Weitere Bodenmassen werden in Kanälen, Flüssen und Wasserspeichern u. ä. sedimentiert, wo deren Beseitigung erhebliche Kosten verursacht.

Abb. 1 Wassertropfen schleudern Bodenpartikel hangabwärts

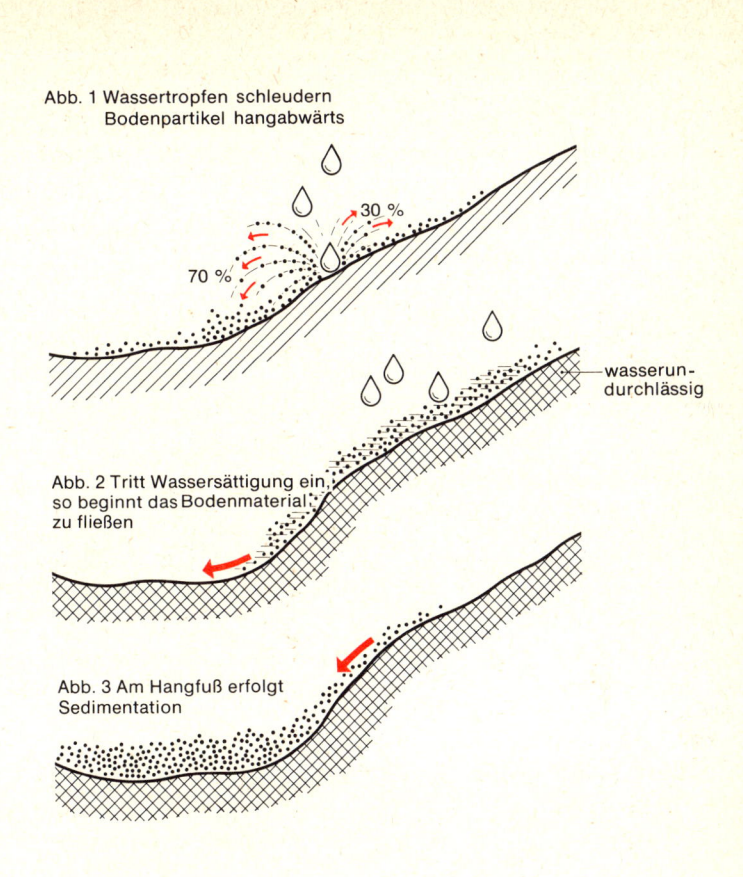

30 %

70 %

wasserundurchlässig

Abb. 2 Tritt Wassersättigung ein, so beginnt das Bodenmaterial zu fließen

Abb. 3 Am Hangfuß erfolgt Sedimentation

Abb. 4 Kleine Gerinne fließen zu Rinnen und Kanälen zusammen

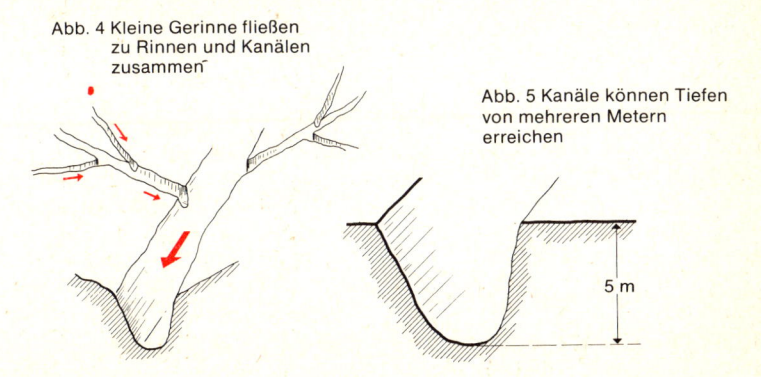

Abb. 5 Kanäle können Tiefen von mehreren Metern erreichen

5 m

Winderosion

Die Verlagerung von Bodenteilchen durch Windkräfte spielt im humiden Klima Mitteleuropas im Gegensatz zur Wassererosion (s. S. 104) nur eine untergeordnete Rolle. Stark betroffen sind vor allem die Böden der semiariden (Mittelmeerraum) und ariden Gebiete (Wüsten), die während längerer Trockenperioden keine oder nur spärliche Vegetation aufweisen und damit dem Wind gute Angriffsmöglichkeiten bieten.

Wird Luft über die Bodenoberfläche bewegt, so besteht in Abhängigkeit von der Höhe über dem Boden ein Geschwindigkeitsgradient, d. h., je bodennäher die Luftströmung ist, desto geringer wird infolge der erhöhten Reibung die Windgeschwindigkeit. Gewöhnlich ist die *Geschwindigkeit des Windes* im Bereich von 0,03–2,5 mm über dem Boden gleich Null. Darüber liegt eine schmale Zone mit laminarer (gleichmäßiger) Strömung. Ihr schließt sich ein Turbulenzbereich an. Diese *Turbulenzen* erzeugen erodierende Kräfte. Sehr kleine Bodenpartikel reichen nicht bis in die Turbulenzzone und werden infolgedessen nicht bewegt. Auf Bodenteilchen, die in den Turbulenzraum ragen, wirken die Windkräfte. Sie werden, sofern sie nicht mit anderen stark verklebt sind, aus ihrer ursprünglichen Lage versetzt.

Sind die Bodenteile durch Turbulenzen losgerissen, kommen drei mögliche Bewegungsarten in Frage: Das *Springen* ist die verbreitetste Bewegungsform. Die Teile werden hochgehoben, verbleiben für kurze Zeit in der Turbulenzzone und treffen dann oft schon nach wenigen Zentimetern oder Millimetern wieder auf dem Boden auf. Diese Form der Bewegung ist für Teilchen im Größenbereich 0,05–0,5 mm charakteristisch. – Das *Rollen* wird meist bei Teilchen beobachtet, die zu schwer sind, um von den Turbulenzkräften angehoben zu werden. Das Rollen wird oft ausgelöst durch das Auftreffen springender Partikel. Teilchen, die sich durch Rollen fortbewegen, liegen im Größenbereich von 0,5–2 mm. – Die *Suspension,* die dritte Form, ist die Bewegung von feinen Bodenteilchen, die im Luftstrom mitgeführt werden. Ihre Abtrennung vom Boden wird ebenfalls durch das Auftreffen springender Teile ausgelöst, da sie entweder nicht in den Turbulenzbereich ragen oder fest an anderen Körnern haften. Sind sie einmal in die turbulenten Luftschichten gelangt, so werden sie in größere Höhen mitgerissen und oft erst nach vielen Kilometern wieder abgelagert. Letzteres erfolgt gewöhnlich im Windschatten natürlicher oder künstlicher Hindernisse. Dies erklärt z. B. die Wanderung von Dünen: Die auf der Windseite erodierten Sandkörner lagern sich immer wieder im Windschatten ab.

Die die *Ausmaße der Winderosion* bestimmenden Faktoren sind Anzahl und Größe der erodierbaren Teilchen sowie die Windstärke. Weiterhin verstärkt sich die Erosionswirkung mit der Größe der von der Winderosion betroffenen Fläche, da immer mehr losgerissene Bodenteile durch ihr erneutes Auftreffen weitere lockern. Auf der windwärtigen Seite der Erosionsfläche ist daher der Bodenfluß gering. Er nimmt in Windrichtung ständig zu, bis er ein Maximum erreicht, das von der Windgeschwindigkeit und den obengenannten Faktoren bestimmt wird. Die Erosionsanfälligkeit von Böden kann durch Kulturmaßnahmen des Menschen stark beeinflußt werden (s. S. 102 f.).

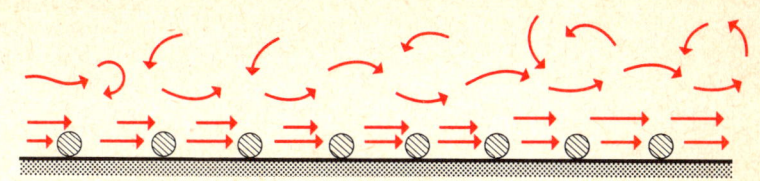

Abb. 1 Bodenteile im Bereich der laminaren Strömung werden nicht bewegt

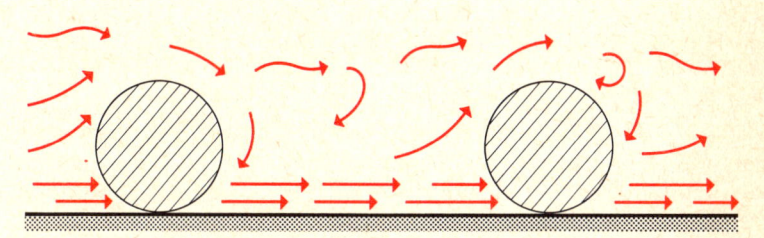

Abb. 2 Bodenteile im Bereich der turbulenten Strömung; hier kann eine Bewegung einsetzen

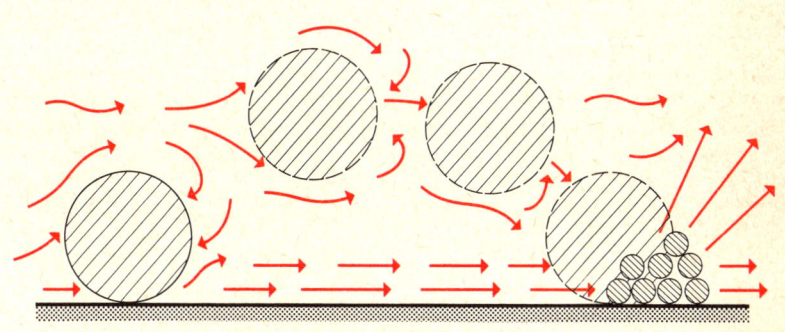

Abb. 3 Kleine und verklebte Bodenteilchen werden durch das Auftreffen springender Teile in die turbulenten Schichten geschleudert

Die Lithosphäre

Die äußere Gesteinsschale der Erde, die *Lithosphäre,* reicht von der Erdoberfläche, wo sie z. T. mit Wasser bedeckt ist, bis in 1 000 km Tiefe. Ihr geochemischer Aufbau ist von besonderem wissenschaftlichem und wirtschaftlichem Interesse. Minerale und Gesteine, aus denen sich die Erdkruste aufbaut, sind aus Elementen von sehr unterschiedlicher Häufigkeit zusammengesetzt. Gold und Platin z. B. kommen sehr selten vor, Eisen dagegen ist häufiger zu finden. Genauere Angaben über die geochemische Zusammensetzung der Lithosphäre gibt es bis jetzt nur für die oberste Erdkruste bis zu einer Tiefe von 16 km.

Mit fast 50 % ist in der Lithosphäre der *Sauerstoff* (in Form seiner verschiedenen Verbindungen) am stärksten vertreten. An zweiter Stelle folgt *Silicium* mit rund 28 % Anteilen. Reines Silicium kommt ebenso wie reiner Sauerstoff in der Lithosphäre nicht vor. Häufig tritt Silicium in der Verbindung des chemisch inaktiven und daher sehr beständigen *Quarzes* auf. An dritter Stelle folgt mit einem Anteil von 8 % *Aluminium,* das eine große Rolle bei der Zusammensetzung der Silicate spielt und vor allem den Grundbestandteil der Tonerde bildet. An vierter Stelle steht das überall – wenn auch nur in geringen Mengen– vorhandene *Eisen* (5 %), das den Gesteinen als Roteisen, Magneteisen und Brauneisen beigemengt ist. In der Reihenfolge ihrer Prozentanteile folgen *Calcium, Natrium, Kalium* und *Magnesium.*

Die in der Erdkruste vorkommenden festen Stoffe sind überwiegend aus zahlreichen *Kristallen* aufgebaut. Der kristallisierte Zustand ist die Hauptform der festen Materie. Die als anorganische natürliche Körper in der Erdkruste auftretenden Kristallarten werden als *Minerale* bezeichnet. Von der großen Zahl der bekannten Minerale sind nur verhältnismäßig wenige an der Zusammensetzung von Gesteinen beteiligt. *Gesteine* stellen im allgemeinen Gemenge verschiedenartiger Minerale dar. Kleine Teile der Erdkruste können allerdings auch aus einer einzigen Mineralart bestehen (z. B. Gips). Die Gesteine unterscheiden sich voneinander durch ihren Mineralbestand, ihre chemische Zusammensetzung, ihre physikalischen Eigenschaften sowie durch ihren inneren Bau, ihr Gefüge, das durch die Struktur und die Textur (durch äußere Ursachen hervorgerufene Verbindungsart und räumliche Anordnung der mineralischen Gemengeteile) bestimmt wird.

Nach ihrer Entstehung teilt man die Gesteine in Magmatite, Sedimentite und Metamorphite ein. *Magmatite,* die man auch als Erstarrungs-, Eruptiv-, Massen- oder Magmagesteine bezeichnet, sind aus schmelzflüssigem Magma erstarrt. Je nach dem, ob sie innerhalb der Erdkruste oder auf der Erdoberfläche gebildet werden, unterscheidet man *Tiefengesteine* und *Ergußgesteine. – Sedimentite,* auch Schicht- oder Absatzgesteine genannt, entstehen durch Ablagerung von durch Verwitterung zerstörtem bzw. aufbereitetem Gesteinsmaterial, vor allem im Meer. Man unterscheidet je nach Art der Verwitterung, aus der dieses Gesteinsmaterial hervorgegangen ist, *klastische* (vorwiegend physikalische Verwitterung), *chemische* (vorwiegend chemische Verwitterung) und *organogene Sedimente* (z. B. Kohle, Torf, Bernstein), die aus organischer Substanz entstanden sind. *– Metamorphite* (metamorphe Gesteine) gehen aus der Umwandlung anderer Gesteine hervor. Die zur Bildung metamorpher Minerale führenden Reaktionen laufen unter Beibehaltung des kristallinen Zustandes in Gegenwart von Wasserdampf bei Temperaturen oberhalb von etwa 300 °C und bei höheren Drücken, d. h. also meist in größeren Tiefen der Erdkruste, ab.

Magmatite und Metamorphite nehmen rund 95 % des bisher bekannten oberen Teils der Erdkruste bis in etwa 16 km Tiefe ein, während auf die Sedimentgesteine nur rund 5 % entfallen. Betrachtet man aber nicht das Volumen, sondern die Oberfläche der Erdkruste, so wird diese zu 75 % von Sedimentiten und nur zu 25 % von Magmatiten und Metamorphiten bedeckt.

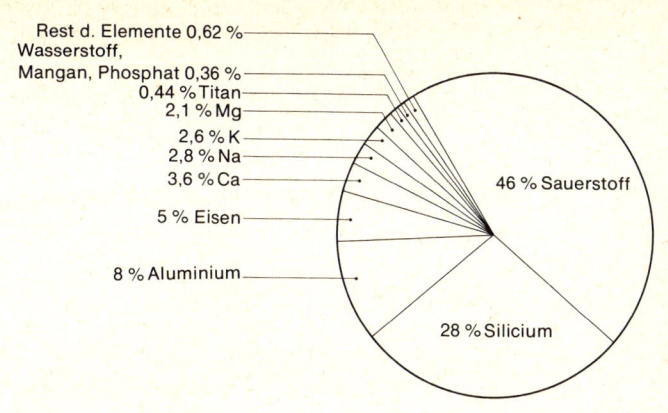

Abb. 1 Vorkommen der Elemente in der Erdkruste

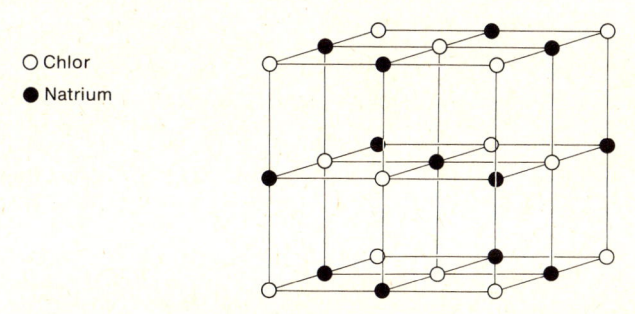

Abb. 2 Raumgitter des Steinsalzes

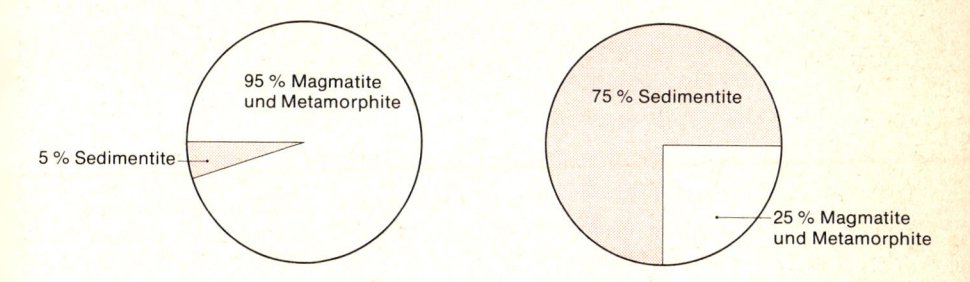

○ Chlor
● Natrium

Abb. 3 Häufigkeit der Magmatite, Metamorphite und Sedimentite innerhalb der 16-km-Zone der Lithosphäre (rechts) und an der Erdoberfläche (links)

Erzlager I

Unter *Erz* versteht man im Bergbau metallhaltige Minerale und Mineralgemenge, aus denen auf ökonomisch vertretbare Art Metalle oder Metallverbindungen gewonnen werden können. Diese *Metalle* entstammen den Tiefengesteinen und magmatischen Körpern, in denen sie in feiner Verteilung vorkommen.
Bereits im Magmaschmelzfluß ist eine Trennung in Fraktionen verschiedener Dichte möglich. Chromit, Magnetit, Titanit, Platin und Diamant sind z. B. an die schweren, basischen Bestandteile gebunden und sinken mit diesen nach unten. Sie können dort bis zur Abbauwürdigkeit angereichert werden.
Blei, Zink, Uran, Beryllium, Bor, Lithium u. a. sind mit den sauren Gesteinen (Granit), die bei fallenden Temperaturen und fallendem Druck auskristallisieren, vergesellschaftet.
Hydrothermale Lagerstätten mit Erzen, die Gold, Silber, Kupfer, Blei, Nickel und Antimon enthalten, entstehen aus den übrigbleibenden wäßrigen und mit leicht flüchtigen Stoffen versehenen Spaltprodukten des Magmas.
Die wirtschaftliche Bedeutung dieser Lagerstätten geht wegen der bereits seit Jahrtausenden betriebenen Ausbeute in neuerer Zeit mehr und mehr zurück. Zunehmend an Bedeutung gewinnen dagegen solche Lagerstätten, in denen sich Erze nach physikalischer oder chemischer Verwitterung anderer Gesteine mechanisch oder chemisch angereichert haben. Nachdem die Gesteine verwittert oder durch chemische Umsetzungen zerstört wurden, werden die Zersetzungsprodukte vorwiegend vom Wasser transportiert, nach Dichte und Korngröße „sortiert" und von neuem abgelagert. Durch diesen Sortierungsprozeß werden viele nutzbare Ablagerungen erzeugt, die man im Falle der Erzablagerung als *Seifen* bezeichnet. Bei der Gewinnung von Gold, Diamant, Platin, Wolfram und anderen Schwermetallen spielen sie eine wichtige Rolle.
Durch die Einwirkung der Brandung in Flachmeeren und Strandbereichen älterer geologischer Zeiträume entstanden in großem Maße *Trümmerlagerstätten*. In flachen Meeresbuchten wurde der Eisenerzschutt der Landgebiete eingeschwemmt. Ein Beispiel hierfür bietet die Eisenerzlagerstätte von Salzgitter (Niedersachsen).
Viele Metallanreicherungen beruhen auf *Lösungs-* und *Ausfällungsvorgängen*. Besonders die Elemente Eisen, Kupfer, Aluminium, Chrom, Blei und Mangan gehen bei einer Reihe von Verwitterungsvorgängen lösliche Verbindungen ein. Die Löslichkeit der Minerale hängt dabei von Druck, Temperatur, Redoxpotential und pH-Wert ab. Auch die Tätigkeit von Organismen, vorwiegend Mikroben (d. h. deren Stoffwechselvorgänge), bewirkt die Ausfällung von Metallen und anderen Elementen.
Raseneisenerz bildet sich durch einen Oxidationsvorgang. Im Grundwasserbereich, der sehr sauerstoffarm ist, ist zweiwertiges Eisen leicht löslich. Als Säure zur Eisenlösung kann in diesem Falle freie Kohlensäure des Grundwassers fungieren. In gelöster Form steigt das zweiwertige Eisen kapillar aus der reduzierenden Grundwasserzone in sauerstoffreichere oxidierende Zonen auf und wird dort bei Sauerstoffzutritt zu unlöslichem dreiwertigem Eisen oxidiert. – Bei Mangan treten ähnliche Erscheinungen auf.

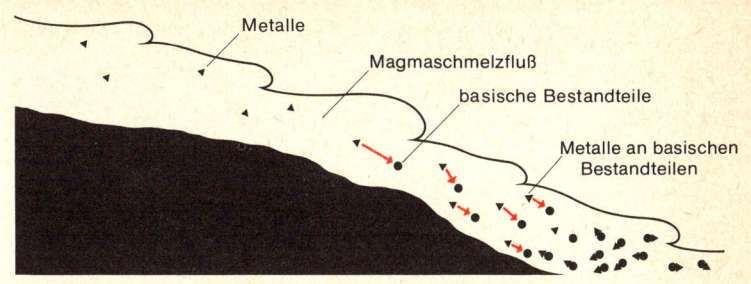

Abb. 1 Metalle hoher Dichte sinken im Magmaschmelzfluß nach unten und reichern sich an

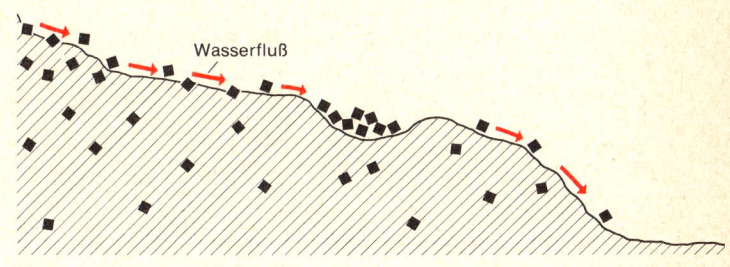

Abb. 2 Entstehung von Seifen

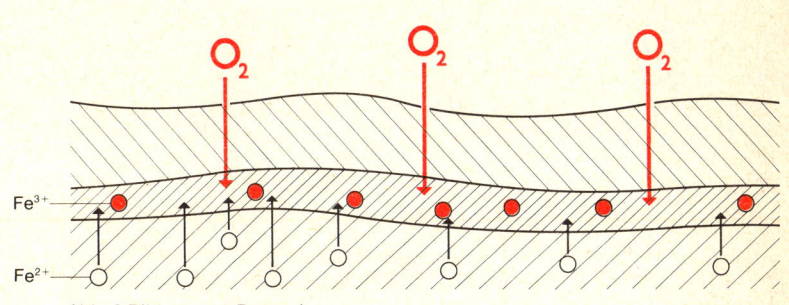

Abb. 3 Bildung von Raseneisenerz

Erzlager II

In sauerstoffreicher Umgebung kann *Eisen* (ebenso wie Mangan) im Wasser nur in Form von Kolloiden transportiert werden. Eine wichtige Rolle spielen dabei *Huminsäuren,* die das Eisen in Humatform überführen und zusammen mit den Schutzkolloiden der Huminsäuren eine stabile Lösung ergeben. Gelangen diese Kolloide in das salzreiche Meerwasser, so fallen sie als *Eisenhydrogele* aus und bilden nach Entwässerung Erze. Diese Gele können sich im Brandungsbereich an Sandkörnchen und deren Mineralen ablagern und die sog. *Oolithe* bilden. Solche Lagerstätten entstanden z. B. in Lothringen.

Die Hauptlieferanten für *Aluminium* sind gelöste Feldspate. Während in feuchtkühlen Klimabereichen das Aluminium als Tonerdesilicat abgeschieden wird, bleibt die Kieselsäure im trockenheißen Klima unter schwach alkalischen Bedingungen in Lösung, und Tonerdehydrate (wie z. B. Bauxit) bilden wertvolle Lagerstätten.

Uranlagerstätten bilden sich in ähnlicher Weise wie Erdöllagerstätten (s. S. 118). *Uran* ist in Sulfatform leicht löslich, kommt in unterirdischen Gewässern allerdings nur in geringem Umfang vor. Wandert die Lösung in porösem Gestein in Bereiche organischer Sedimente (Bitumen, Kohle), so wirken diese als Reduktionsmittel und führen zur Ausfällung des Urans. Dafür müssen poröse Speichergesteine und Fallen (wie Erdölfallen) zur Verfügung stehen.

Kupfer ist als Sulfat ebenfalls leicht löslich und kann unter sauerstoffreichen Bedingungen weit transportiert werden. In stagnierendem Wasser unter sauerstofffreien Bedingungen in Anwesenheit von Schwefelwasserstoff fällt es als Sulfid aus *(Kupferschiefer).*

In naher Zukunft wird der ständig steigende Rohstoffbedarf zunehmend aus ozeanischen Lagerstätten gedeckt werden müssen, über deren Umfang und Bedeutung allerdings noch nichts Genaues bekannt ist. Im Boden der Ozeane fand man *Konkretionen* (knollenartige Zusammenballungen von Mineralsubstanzen) bis zu Kartoffelgröße, die 25–40 % Mangan, bis zu 2 % Kobalt, Kupfer, Nickel, Titan, Eisen und seltene Metalle enthalten. Die Bildung solcher Konkretionen geht möglicherweise rascher vonstatten, als der Weltverbrauch an diesen Metallen ansteigt.

Phosphitknollen mit einem Phosphorgehalt von 31–32 % P_2O_5, die durch Metalle verunreinigt sind, finden sich auf den *Schelfen.* Der Umfang dieser für die Nahrungsproduktion und die Industrie wichtigen Phosphorvorräte wird auf 10^{10} t geschätzt. Die Vorräte an *Manganknollen* mit zahlreichen Nebenmetallen liegen nach Schätzungen bei 10^{12} t. *Lagerstätten in den Küstenbereichen* werden bereits seit einiger Zeit genutzt. So gewinnt man z. B. aus der Bucht von Tokio Eisenminerale. Aus Diamantseifen vor der Küste Südwestafrikas werden 5 Karat pro Tonne Abraum gefördert, während auf dem Festland nur 1 Karat pro Tonne gewonnen wird. Vor den Küsten Floridas finden sich Titanvorkommen, vor den Küsten Brasiliens und Indiens seltene Erden. Die Lagerstätten der Schelfe und der Tiefsee werden in zunehmendem Maße durch die ozeanologische Forschung, für die mehr und mehr Mittel von den großen Industrieländern aufgewandt werden, erkundet und für die Menschen nutzbar gemacht.

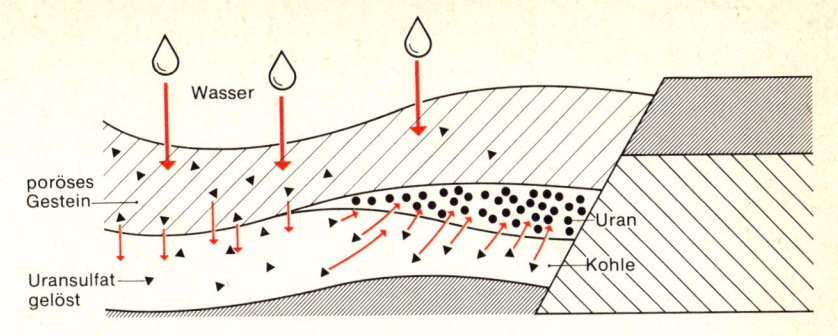

Abb. 1 Entstehung von Uranlagerstätten

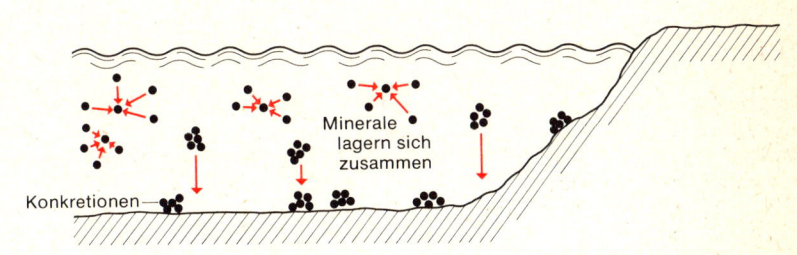

Abb. 2 Ozeanische Lagerstätten

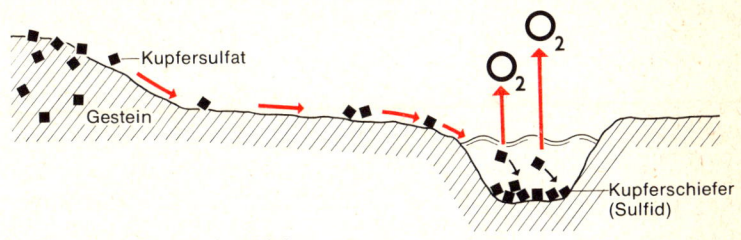

Abb. 3 Bildung von Kupferschiefer

Kohle – Kohlelager

Mit wachsendem Energiebedarf des Menschen nimmt die Nachfrage nach Kohle als Energieträger neben Erdöl und Erdgas wieder stärker zu. Neben Energie liefert Kohle auch wichtige Rohstoffe für die chemische Industrie.

Die Voraussetzungen für die *Bildung von Kohlelagern,* die eine immense Anreicherung inkohlter pflanzlicher Substanz darstellen, sind günstige klimatische Bedingungen, die starken Pflanzenwuchs fördern, sowie die Ablagerung dieser Pflanzensubstanz in Becken, in die vom Festland her nur wenig erodiertes Gesteinsmaterial gelangt. Außerdem mußten die Pflanzen im Wasser stehen oder doch rasch darin versinken, um dem allfälligen Abbau durch aerobe Mikroorganismen zu Kohlendioxid und Wasser zu entgehen. Aus der Beobachtung, daß in vielen Lagerstätten mächtige Flöze vorhanden sind bzw. mehrere übereinander bestehen, kann geschlossen werden, daß die Becken langsam und in Etappen absanken, wobei sich während der Stillstandszeiten eine neue Pflanzendecke bildete, die dann ihrerseits im Wasser versank. Sog. *Stubbenhorizonte* in den Kohlelagern mit aufrechtstehenden Stammresten und bewurzelten Stümpfen von Bäumen am Grund von Steinkohleflözen beweisen, daß sich die Kohle am Ort der Entstehung der pflanzlichen Ausgangssubstanzen gebildet hat. Sehr selten sind Lagerstätten aus zusammengeschwemmtem Material.

Zunächst vertorft das im Wasser unter weitgehendem Luftabschluß abgelagerte Material. Dabei bilden sich aus der hochpolymeren *Zellulose,* dem Hauptbestandteil der Pflanzenmasse, *einfache Zucker,* die ihrerseits zur Polymerisation neigen. Auch *Eiweißstoffe* und aromatische Zellbestandteile wie *Lignin* werden chemisch und mikrobiell unter Abspaltung von Kohlendioxid und Wasser zu braunen *Humusstoffen* umgebaut. Je nach Zersetzungsgrad sind im Torf die ursprünglichen Pflanzenstrukturen noch erkennbar.

Im weiteren Verlauf der *Inkohlung* wird der Anteil an Kohlenstoff durch weiteren Verlust an Hydroxylgruppen (OH-Gruppen), Wasser und Methan erhöht. In der so entstehenden *Braunkohle* sind die Pflanzenstrukturen kaum noch erkennbar. Dieser Prozeß wird v. a. durch die steigende Temperatur beim Absenken der Torfschichten bewirkt. Die Verdichtung der Braunkohlenmasse führt dabei zum Verlust von Porenwasser, so daß Braunkohle bei hohem Druck das Aussehen von Steinkohle annehmen kann.

Je nach dem Grad der Inkohlung werden bei der Braunkohle *Erdbraunkohle, Weichbraunkohle* und *Hartbraunkohle* unterschieden. Für die Nutzung der Braunkohle von Bedeutung ist deren *Brikettierbarkeit.* Bei Kohlen, die unter alkalischen, nährstoffreichen Bedingungen (Niedermoor) hervorgegangen sind, ist die Pflanzensubstanz stark zersetzt, wobei sich hochpolymere Huminsäuren gebildet haben. Solche Kohlen sind wenig ,,brikettierfreundlich". Kommen die Braunkohlen dagegen aus sauren, nährstoffarmen Hochmooren, bei denen die Pflanzensubstanz nur geringfügig durch Bakterien und Pilze abgebaut und daher noch gut erhalten ist, sind sie gut ,,brikettierbar".

Während des Übergangs vom Braunkohlen- in das Steinkohlenstadium werden die entstandenen Huminsäuren weitgehend zerstört. Dabei wird Methan abgegeben, und die ursprünglich gasreiche *Steinkohle* wird immer gasärmer und schließlich zur *Magerkohle* und zum *Anthrazit.*

Steinkohlebildung ist bereits aus dem Präkambrium bekannt. In Skandinavien wird Kohle, die aus Devonschichten stammt, gewonnen. Die wertvollsten Kohlelager der Erde stammen aus dem Karbon und Perm. Die bedeutendsten Braunkohlelager haben sich im Tertiär gebildet.

Abb. Die Entstehung von Kohle

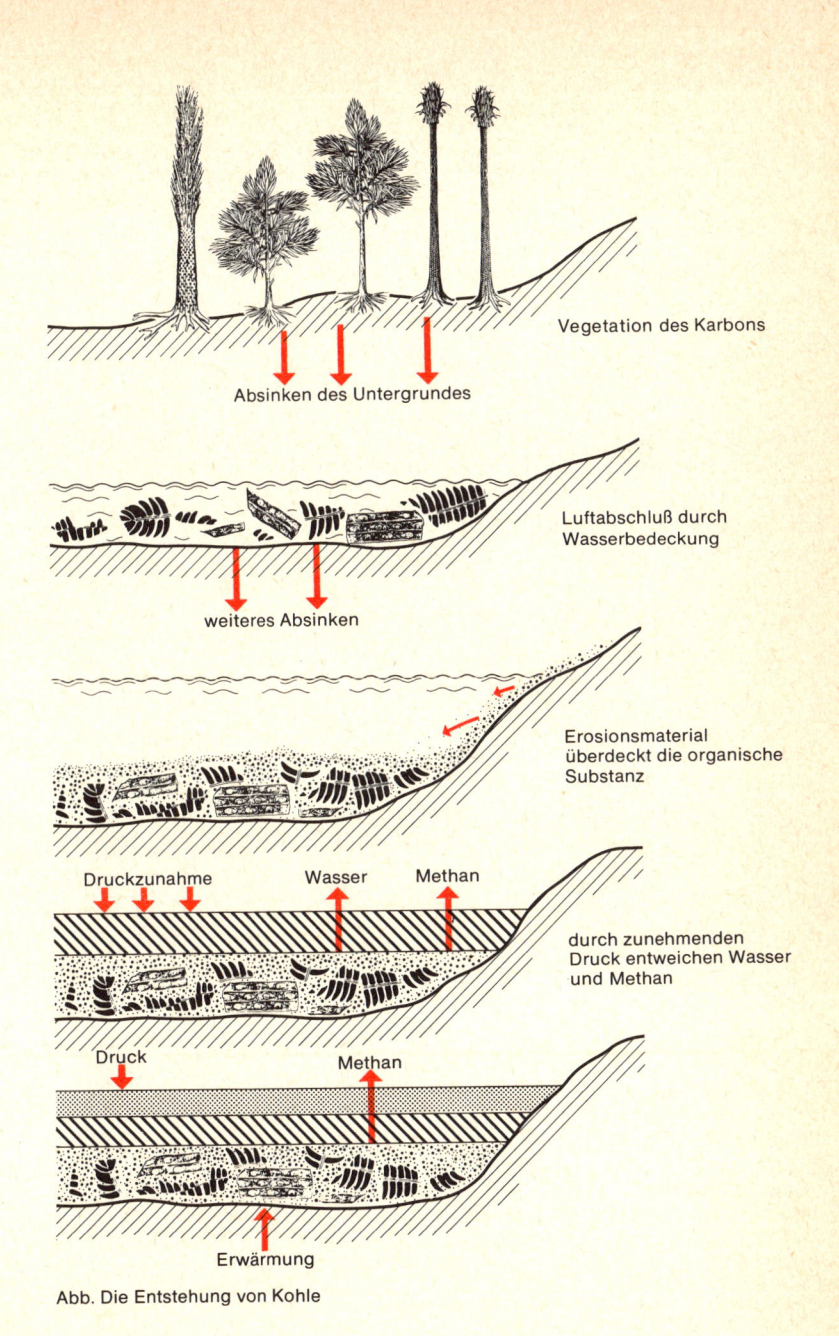

Erdöl und Erdgas – ihre Entstehung

Erdöl und Erdgas sind derzeit in der Welt die wichtigsten Energieträger und begehrte Rohstoffe für die chemische Industrie.

Erdöl stellt zum größten Teil ein Gemisch aus einigen Hunderten bis Tausenden von Kohlenwasserstoffen dar; in vielen Erdölen sind sie alleiniger Bestandteil. In anderen kommt eine größere Zahl weiterer organischer Verbindungen hinzu, zu denen Ölsäuren, Asphaltene, Harze und eine Reihe von Schwefel- und Stickstoffverbindungen gehören. Die unübersehbare Vielfalt der *Kohlenwasserstoffe* resultiert aus der Vierwertigkeit des Kohlenstoffs und den zahlreichen möglichen Bindungsarten in Form von Ketten unterschiedlicher Länge mit Einfach-, Doppel- und Dreifachbindungen, von Ringen unterschiedlicher Bindungsart und Größe sowie in Form der verschiedensten Verkettungen untereinander und der Ausbildung von Seitenketten. *Harze* und *Asphaltene* sind hochmolekulare organische Verbindungen; sie geben den Ölen die dunkle Farbe und erhöhen deren Viskosität. Die *Schwefel-* und *Stickstoffverbindungen* sind Ketten- oder Ringverbindungen, in denen Kohlenstoffatome durch Schwefel- oder Stickstoffatome ersetzt sind.

Die Erklärung der *Erdölentstehung* ist eines der schwierigsten Probleme geologischer Forschung. Fast alle Tatsachen sprechen für eine *organische Entstehung* aus Zersetzungsprodukten pflanzlicher und tierischer Organismen, die sich in den Schlammen der Gewässer niederschlugen, hier wegen Fehlens von Sauerstoff vor sofortiger Verwesung bewahrt blieben und nun *Gesteinsbitumen* bildeten. Es ergibt sich nun bei der Erklärung der Erdölentstehung insofern eine Schwierigkeit, als die Organismen weitgehend aus oxydierten Verbindungen bestehen, Erdöl jedoch aus reduzierten (sauerstofffreien). Reduktion ist aber nur durch Energiezufuhr denkbar. Durch Erdwärme kann zumindest in der ersten Phase der Umbildung die benötigte Energie nicht geliefert worden sein, da die Erdöle noch Bausteine des Blattgrüns und des Blutfarbstoffs enthalten, die eine höhere Temperatur als 200 °C nicht vertragen und außerdem nur in sauerstofffreier Umgebung beständig sind. Eine mögliche Reaktion, die auch bei niederen Temperaturen und anaerob (ohne freien Sauerstoff) abläuft, ist die *biologische Reduktion* durch Bakterien. In den Sedimenten des Wassers und im Öl sind eine ganze Reihe anaerober Bakterien bekannt, die in der Lage sind, organische Stoffe zu reduzieren und zu Fettsäuren, Methan, Äthan, aber auch zu anderen Kohlenwasserstoffen umzubauen. Diese genannten Kohlenwasserstoffe stellen allerdings noch kein Erdöl dar.

Die weitere Umwandlung der langkettigen Verbindungen (Fettsäuren) in Erdöl mit seinen leichten *Paraffinen* (5–7 Kohlenstoffatome) kann nur bei niedriger Temperatur und in Anwesenheit aktiver Tone als Katalysatoren oder in größeren Tiefen bei hohem Druck durch thermische Spaltung ablaufen. Bei dieser *thermischen Spaltung* werden langkettige Kohlenwasserstoffe in Methan und andere leichte gasförmige Kohlenwasserstoffe zerlegt.

Auf diese Weise entsteht auch *Erdgas*, das neben den Kohlenwasserstoffen noch Kohlendioxid, Stickstoff, Schwefelwasserstoff und Beimengungen von Edelgasen enthalten kann. Man unterscheidet dabei *trockene Gase,* die fast nur aus Methan bestehen, *nasse Gase,* die höhere Kohlenwasserstoffe (Äthan, Propan, Butan u. a.) enthalten, sowie *saure Gase* mit Beimengungen von Schwefelwasserstoff.

Die Bildung von Erdöl und Erdgas stellt somit ein Prozeß dar, der sehr unterschiedliche Reaktionen (bakterielle und thermische Spaltung) einschließt und sich über lange Zeiträume hinzieht. Die Entstehung der jüngsten Erdöllagerstätten liegt ungefähr 1 Million Jahre zurück.

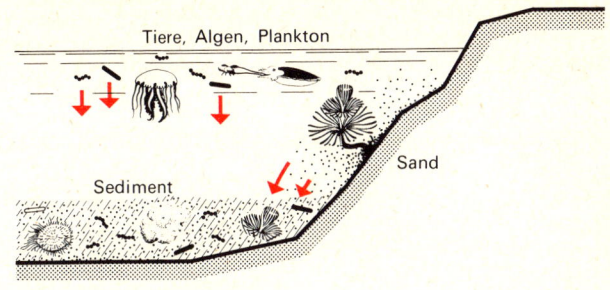

Abb. 1 Sedimentation

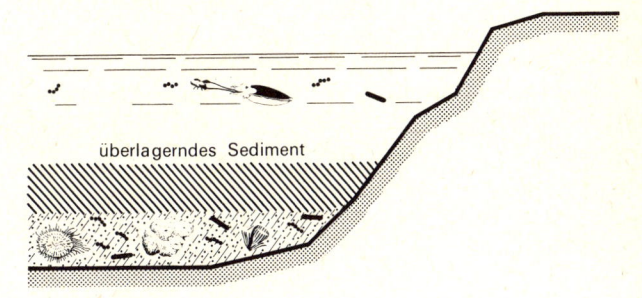

Abb. 2 Anaerobe Bakterien zersetzen die sedimentierten Organismen

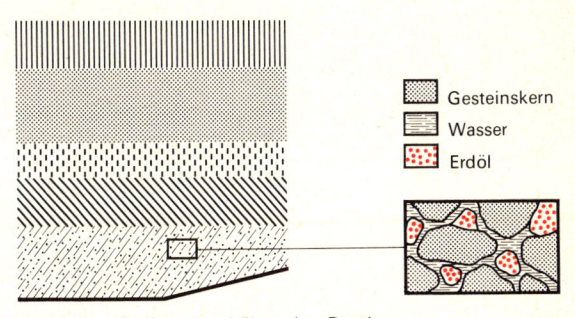

Abb. 3 Verschiedene Sedimente erhöhen den Druck

Gesteinskern
Wasser
Erdöl

Erdöllager

Die Erdölmuttergesteine sind vorwiegend feinkörnige Schlammablagerungen, in denen das Erdöl in feiner Verteilung vorhanden ist. Der Gehalt dieser Sedimente an organischer Substanz ist mit 6–7 % nicht sehr hoch. Von diesem Anteil sind jedoch nur Bruchteile in Kohlenwasserstoffe umgebildet, so daß man noch nicht von Lagerstätten im eigentlichen Sinne sprechen kann. Damit Erdöl Lagerstätten bilden kann, muß es konzentriert werden, was durch Wanderung des Erdöls in den Gesteinsporen erfolgt.

Über die *Wanderbewegungen des Erdöls in den Gesteinen* gibt es verschiedene Hypothesen. Eine davon besagt, daß in Tiefen ab 1 500 m Druck und Temperatur so zunehmen, daß das Öl in einen gasförmigen Zustand übergeht und dadurch im Gestein wanderungsfähig wird. In flüssiger Phase kann das Öl in durchlässigem Gestein nur dann wandern, wenn die Gesteinsporen auf längeren Strecken mit Öl angefüllt sind und dadurch eine sog. kontinuierliche Phase gebildet wird.

Eine andere Erklärung der Erdölwanderung basiert auf der Vermutung, daß Erdöl bereits in einem frühen Stadium seiner Entstehung eine kolloidale Suspension mit Wasser bilde. Da Meeressedimente sehr viel Wasser enthalten, besteht in ihnen eine kontinuierliche wäßrige Phase, mit der das Öl strömen kann. Gelangt das Erdölmuttergestein in Kontakt mit porösen, durchlässigen Gesteinen (z. B. Sandstein), so wird durch den Druck neuer überlagernder Sedimente Wasser und damit auch Erdöl in das poröse Gestein gepreßt. Öl und Wasser wandern in diesem Gestein bis zu einer Stelle, an der durch undurchlässiges Gestein (z. B. Tongestein) die Wanderung unterbrochen wird. Öl und Gas sammeln sich dann in einer sog. Falle. In den tieferen Teilen der Sedimentationsbecken ist der Druck der überlagernden Gesteine größer, so daß die Lösungen randwärts wandern. Das hat zur Folge, daß sich Erdöllagerstätten sehr stark in den Randbereichen konzentrieren.

Für die Annahme einer Erdölwanderung in wäßriger Suspension spricht die Tatsache, daß manche Erdöle nie in größeren Tiefen versenkt waren. Andere wichtige Indizien für die Wahrscheinlichkeit dieser Hypothese sind die größenmäßige Verteilung der Ölmoleküle und das Vorhandensein von Emulgatoren in den Wassern der Lagerstätten.

Erdölfallen sind zumeist in den porösen Gesteinen in den Scheitelbereichen von Antiklinalen (Sättel) zu finden, ferner in Gesteinen, die an Verwerfungen mit abdichtenden Eigenschaften anstoßen, und an Flanken von Salzstöcken und ähnlichen Zonen, die die Öle am Weiterwandern hindern. Da solche Fallen auch für Wasser undurchlässig sein können, bildet sich Randwasser aus, das meist einen hohen Salzgehalt aufweist. Daneben gibt es sog. *lithologische Fallen;* das sind Zonen, deren Gesteine im Vergleich zur Umgebung höhere Porosität und größere Poren aufweisen. Öl hat im Vergleich zum Wasser eine wesentlich kleinere Oberflächenspannung und versucht daher die größten verfügbaren Räume einzunehmen. Hat sich das Öl einmal in den großen Poren gesammelt, so bleibt es darin, da es gegen den Kapillardruck des Wassers in die kleinen Poren und Kapillaren nicht eindringen kann. Fallen dieses Typs sind z. B. Sandlinsen oder begrabene alte, mit grobem Material aufgefüllte Flußläufe.

Aus den Speichergesteinen wird das Öl durch *Sonden* entnommen, in denen es durch den Druck der Gaskappe, den Druck des Wassers auf die Lagerstätte oder durch die Expansion des im Öl gelösten Gases bei Druckentlastung aufsteigt.

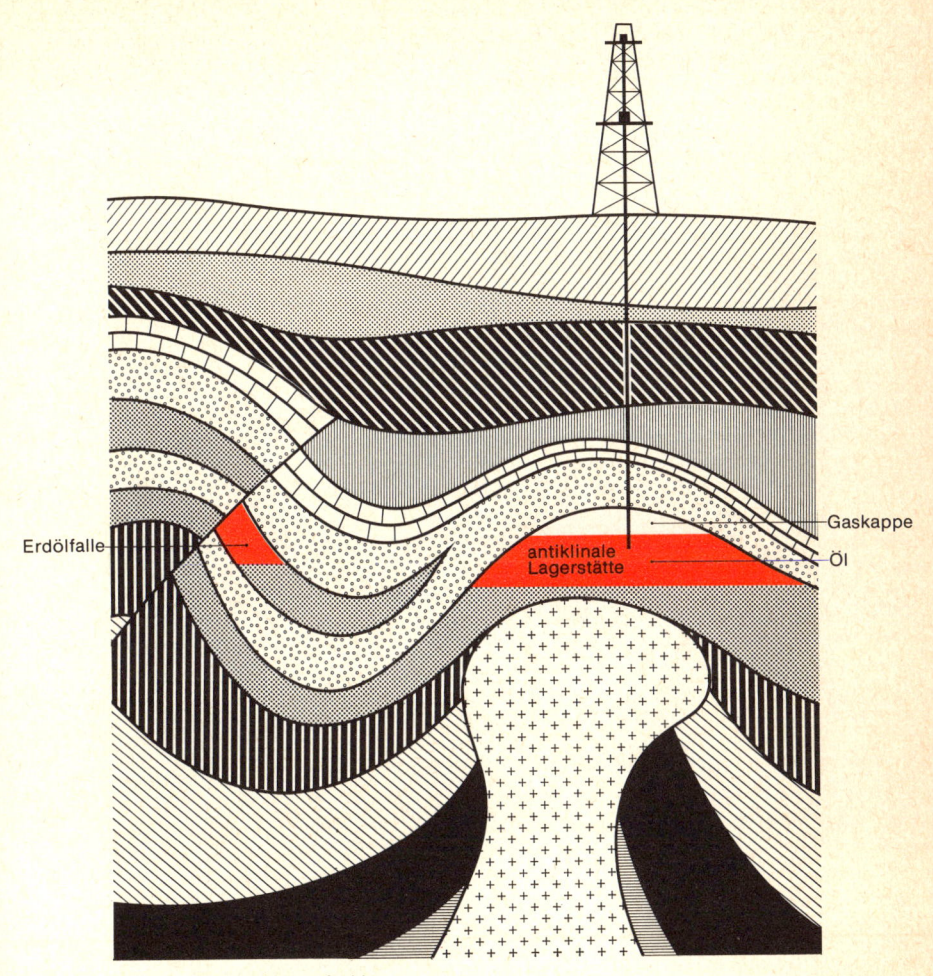

Abb. Erdöllager (schematisch)

Salzlagerstätten

Bei der Verwitterung der Gesteine (Eruptivgesteine) werden vor allem die Erdalkalimetalle Calcium und Magnesium sowie die Alkalimetalle Natrium und Kalium gelöst, während die Oxide des Siliciums kaum löslich sind. Ein Teil des Kaliums wird der Verwitterungslösung durch Tonminerale, die das Kalium einbauen, entzogen. Durch die Flüsse werden im wesentlichen Kalium, Calcium und Natrium, aber auch Magnesium, gelöstes Kohlendioxid und Schwefelverbindungen bis in die Ozeane hinaus verfrachtet, wo sie schließlich Salze bilden.

Im freien Meerwasser ist die Salzkonzentration zu gering, als daß die Salze ausfallen könnten. Sie kann aber durch Verdunsten des Wassers bis zu einer Grenzkonzentration erhöht werden, bei der eine *Ablagerung gefällter Salze* erfolgt. Dies setzt jedoch die Abschnürung von Meeresbecken voraus, in denen bestimmte Bedingungen herrschen müssen. Der Verdunstungsverlust muß den Wasserzustrom übersteigen. Außerdem müssen die Ränder des Binnensees oder der Meeresbucht so flach sein, daß dem Becken vom Land her kein Material mehr zugeführt wird.

Zuerst setzen sich die am schwersten löslichen *Carbonate* und *Sulfate* ab. Dies kann auch bei sehr geringen Konzentrationen biogen durch Meeresorganismen geschehen, die über ihren Stoffwechsel den Kalk als Gerüstsubstanz in ihre Schalen einbauen. Mit dem sog. *Foraminiferenschlamm,* der aus den Schalen abgestorbener Einzeller und aus Tonsubstanzen aufgebaut ist, sind etwa 2/5 des Tiefseebodens bedeckt. In der weiteren Folge der Ausfällung und Sedimentation kommt dann das *Steinsalz* und schließlich das am leichtesten lösliche *Kalisalz.*

Die Senkung des Beckenbodens, die Anhebung der Beckenränder und das Einströmen neuer Wassermassen bewirken, daß sich der Salzbildungsprozeß wiederholt. Die *Salzbildung* erfolgt demnach nur während eines Ruhezustandes des betreffenden Teils der Erdkruste. In manchen Bereichen kann man mehrere solcher Zyklen nacheinander erkennen. Die in Zeiten verstärkter Erosion der umgebenden Landfläche in das Becken eingeschwemmten Tone schützen die Salzlager vor Auslaugung.

Salzbildung ist sowohl in Binnenseen als auch in Meeren möglich. Die Salze unterscheiden sich jedoch in ihrer chemischen Zusammensetzung, was deshalb erstaunlich ist, weil nicht nur die Binnenseen, sondern auch die Meere ihren Mineralbestand von den Landoberflächen erhalten. Dies läßt den Schluß zu, daß die Ozeane einen ursprünglichen Salzbestand aufweisen, der durch die vom Land her einströmenden Salzfrachten nur schwach verändert wurde.

Da die verschiedenen Salze zeitlich nacheinander ausfallen, lagern sie sich einzeln übereinander ab. Auch vom Beckenrand zur Mitte hin werden zuerst tonige und karbonatische Gesteine abgesetzt, weiter im Beckeninneren die Sulfate und schließlich die Chloride. Auf diese Weise entstehen *Salzbecken* mit ihrer typischen Salzverteilung.

Aus Salzlagern, die durch Sedimente überlagert sind, können sich *Salzstöcke* bilden. Dies beruht darauf, daß Salz bereits bei verhältnismäßig geringen Spannungsunterschieden in den Sedimenten zu fließen beginnt. Die Spannungsunterschiede werden z. B. durch Bewegungen in der Erdkruste oder unterschiedlichen Abtrag der Deckgebirge erzeugt. Das Salz fließt nun in Zonen geringeren Drucks, häuft sich an und bildet sog. *Salzkissen.* An dieser Stelle wird das Deckgebirge angehoben; an der Stelle, an der das Salz abgewandert ist, sackt es nach. Durch den weiteren Abtrag des aufgewölbten Gesteins, das sich in der danebenliegenden Senke sammelt, wird dort der Auflagedruck weiter erhöht und somit der Druckunterschied vergrößert. Dadurch fließt weiteres Salz zum Salzstock. Dieser Vorgang kann sich solange fortsetzen, bis das Salz an die Erdoberfläche durchgebrochen ist.

- Carbonate
- Steinsalz
- Kalisalze

Wasser

Meer

Abb. 1 Erdalkalimetalle werden gelöst und ins Meer verfrachtet

Verdunstung

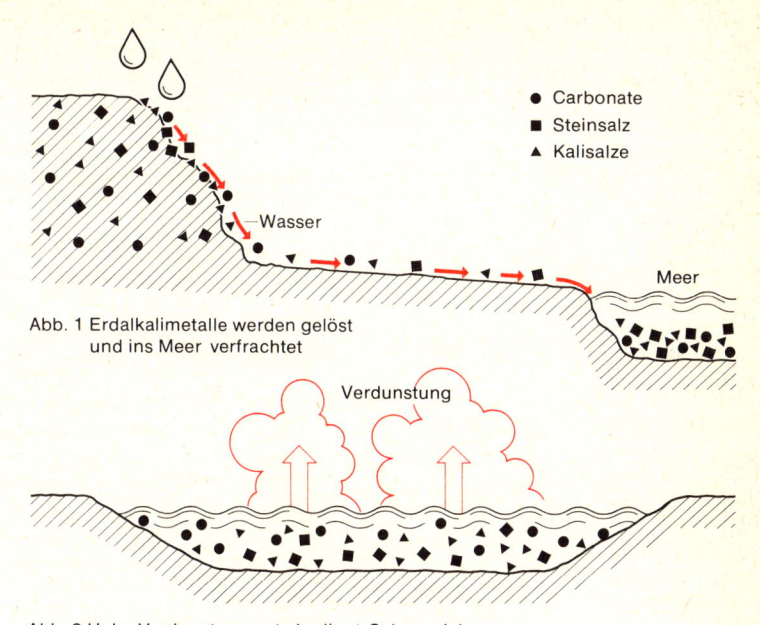

Abb. 2 Hohe Verdunstungsrate bedingt Salzanreicherung in Gewässern mit geringem Zufluß

Abb. 3 Sedimentation der schwerlöslichen Carbonate am Gewässerrand

Abb. 4 Abgeschlossene Sedimentation in Zonen unterschiedlicher Löslichkeit

Physikalische Verwitterung

Unter physikalischer Verwitterung versteht man den mechanischen Zerfall der Gesteine ohne Veränderung ihrer chemischen Zusammensetzung, hervorgerufen durch Druckabnahme, Temperaturwechsel, Spaltenfrost und Salzsprengung. Werden kompakte Gesteinsmassen abgetragen, so verringert sich der Druck auf die darunterliegenden Schichten, die sich infolgedessen ausdehnen können. Während des Dehnungsvorgangs treten in der sich dehnenden Schicht Risse, Klüfte und Spalten auf. Das so zerklüftete Gestein ist nun den übrigen Verwitterungskräften ausgesetzt.

Die *Temperaturverwitterung* beruht auf zwei physikalischen Eigenschaften der Gesteine: 1. Es bestehen Unterschiede im Ausdehnungskoeffizienten der gesteinsbildenden Minerale, d. h., verschiedene Minerale dehnen sich bei Erwärmung oder Abkühlung unterschiedlich stark aus, so daß an den Grenzflächen Spannungen entstehen, die zum Bruch führen. 2. Auf Grund der geringen Wärmeleitfähigkeit tritt zum Inneren der Gesteinsmasse hin ein Temperaturgradient auf, d. h., die Temperatur der Außenschicht (einige Millimeter bis Zentimeter) weicht wesentlich von der Innentemperatur ab, so daß an Temperaturgrenzflächen Spannungen entstehen, die das Gestein dort sprengen. Der Einfluß der Temperaturverwitterung ist dann besonders stark, wenn die Temperaturen und die Geschwindigkeit des Temperaturwechsels extreme Werte erreichen, z. B. in Wüsten (Unterschied Tag/Nacht ca. 50–60 °C) und Hochgebirgen.

Die *Frostverwitterung* durch Spaltenfrost beruht darauf, daß Wasser beim Gefrieren sein Volumen um ca. 10% erhöht. Dringt Wasser in Gesteinsspalten ein, so bildet sich beim Gefrieren an seiner Oberfläche eine Eisschicht, die als „Eispfropfen" das darunter anstehende Wasser einschließt. Es wird bei weiterem Gefrieren an der Ausdehnung gehindert und entfaltet dadurch Kräfte, die auf das umgebende Gestein einwirken. Der Höchstdruck, der bei Eissprengung auftreten kann, wird mit 2 200 kg/cm^2 angegeben. Die Frostverwitterung ist im Hochgebirge durch häufigen Wechsel von Gefrieren und Auftauen bei reichlichen Niederschlägen meist intensiver als die Temperaturverwitterung.

Eine weitere Möglichkeit der mechanischen Zerkleinerung stellt die *Salzsprengung* dar. Lösliche Stoffe werden in trockenen Gebieten nicht ausgewaschen, sondern bei Verdunsten des Wassers in der äußeren Gesteinsschicht angereichert. Verschließen Salzkristalle die von übersättigten Salzlösungen gefüllten Hohlräume, so werden erhebliche Sprengkräfte wirksam, wenn die übersättigte Lösung auskristallisiert, da die Summe der Volumina der gesättigten Lösung und der ausgeschiedenen Kristalle größer ist als das Volumen der übersättigten Lösung. Weiterhin beruht Salzsprengung auf der Volumenzunahme von Salzkristallen bei der Hydratbildung. Dabei können Gegendrücke von mehreren 100 kg/cm^2 überwunden werden. Die Volumenzunahme bei der Hydratation resultiert daraus, daß sich Wassermoleküle an der Kristalloberfläche anlagern, kristallbildende Ionen sich aus dem Kristallgitter lösen und von Wassermolekülen umgeben werden. Häufiger Wechsel von Austrocknung und Durchfeuchtung erhöhen die Wirksamkeit dieses Vorgangs.

Abb. 1 Temperaturverwitterung

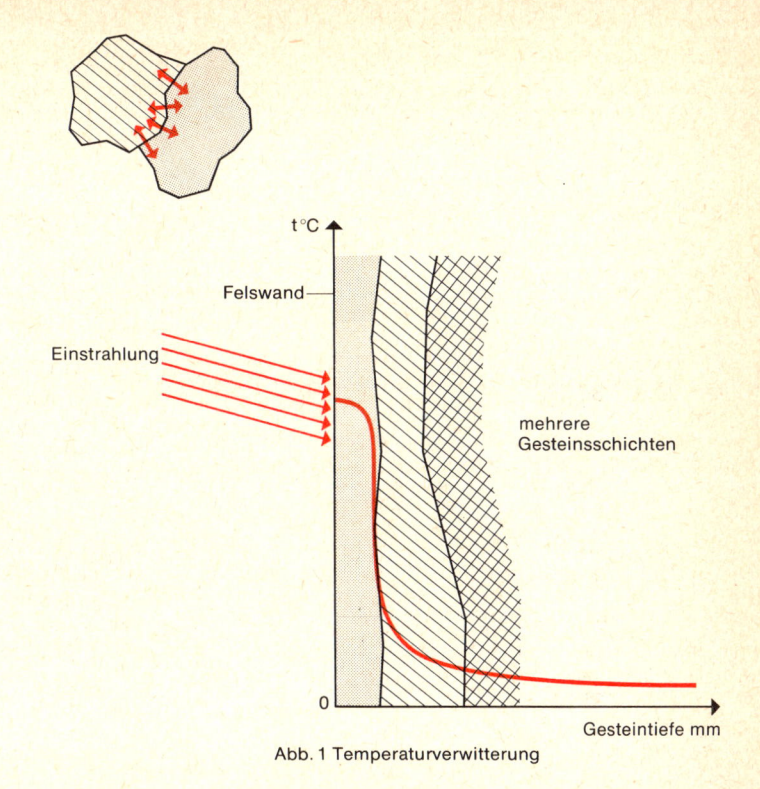

Abb. 2 Frostverwitterung

Abb. 3 Salzsprengung

Chemische und biologische Verwitterung I

Wichtige Vorarbeit für die chemische und biologische Verwitterung wird durch die Zerklüftung der Gesteinsoberfläche bei den Vorgängen der physikalischen Verwitterung (s. S. 122) geleistet. Die *chemische Verwitterung* beinhaltet die Vorgänge der Lösung, Zersetzung und *Hydratation* (Eigenschaft von Mineralen, Wasser aufzunehmen oder an ihrer Oberfläche anzulagern), deren Ausmaß und Stärke u. a. von der Oberflächenstruktur des Gesteins bestimmt wird. Zerklüftete Gesteinsoberflächen bieten den chemischen Agenzien bessere Angriffsflächen.

Wichtigstes Agens bei den Vorgängen der chemischen Verwitterung ist das *Wasser*. Seine Wirksamkeit wird durch organische und anorganische Säuren verstärkt; auch der Faktor *Temperatur* beeinflußt die Verwitterungsvorgänge erheblich.

Die *Lösungsverwitterung* betrifft in erster Linie die leicht löslichen Alkali- und Erdalkalisalze. In feuchten Klimagebieten kommen vor allem die sehr leicht löslichen Kalisalze niemals an der Erdoberfläche vor. In halbtrockenen und trockenen Gebieten (Wüsten) treten zuweilen das weniger leicht lösliche Steinsalz, Salpeter u. a. zu Tage. Die Lösungsverwitterung wird durch im Wasser gelöste *Kohlensäure* verstärkt. Sie entsteht aus Kohlendioxid, das von der Luft oder durch Zersetzung der organischen Substanz aus dem Boden in das Wasser gelangt. Der überwiegende CO_2-Anteil bleibt gasförmig im Wasser erhalten; nur ein geringer wird in Kohlensäure umgewandelt. Dies hat vor allem auf die schwerlöslichen Calcium- und Magnesiumcarbonate Auswirkungen, die in leichter lösliche Hydrogencarbonate umgewandelt werden. Bei niedrigen Wassertemperaturen ist mehr Kohlendioxid im Wasser gelöst; das Lösungsgleichgewicht ändert sich zugunsten des Hydrogencarbonats, das durch freies Kohlendioxid in Lösung gehalten wird.

Bei Temperaturerhöhung entweicht das CO_2, und *Calciumcarbonat (Kalk)* fällt aus. In warmen Klimabereichen wird daher das gelöste Carbonat bereits in kurzer Distanz vom Lösungsgebiet wieder abgeschieden (Kalksinterbecken). Da Kalkgesteine weit verbreitet sind, hat diese Art der Lösungsverwitterung große Bedeutung. Sie verursacht die Bildung von Dolinen (Erdfälle) sowie großer Spalten und Höhlen (z. B. Bärenhöhle bei Erpfingen; Blautopf in Blaubeuren).

Die *Silicate* (Feldspäte, Quarz u. a.), die wichtigsten gesteinsbildenden Minerale, werden von den bisher beschriebenen Verwitterungsmechanismen nicht betroffen. Sie werden unter dem Einfluß der Wasserstoff- und Sauerstoffionen des dissoziierten Wassers zersetzt. Diesen Vorgang bezeichnet man als *Hydrolyse*. Die Wasserstoffionen spalten die Silicate in ihren sauren und basischen Anteil; dabei geht die Kieselsäure kolloidal in Lösung. Wird die Kieselsäure weitgehend oder vollständig weggeführt, so werden im Rückstand *Aluminium-* und *Eisenhydroxide* ausgefällt. Letztere bewirken eine intensive Rotfärbung des Verwitterungsprodukts (z. B. Bauxit). Dieser Verwitterungstyp ist vorwiegend im Übergangsbereich zwischen schwachfeuchtem und schwachtrockenem Klima zu finden. Im feuchten Klimabereich ist die Löslichkeit der Kieselsäure und damit die Auswaschung durch hohen Humusgehalt stark eingeschränkt. Dadurch entstehen neue Silicium-Aluminium-Verbindungen, die *Tonminerale*. Durch diese Art der Verwitterung entsteht z. B. aus feldspatreichem Gestein die Porzellanerde, das *Kaolin*.

Abb. 1 Lösungsverwitterung

Kaliumsalze
Natriumsalze

Mg-Carbonat
schwerlösliche Ca- und Mg-Carbonate werden durch CO_2 als Hydrogencarbonate in Lösung gehalten

Ca
CO_2

durch Erwärmung in Luft CO_2-Abgabe
kaltes CO_2-haltiges Wasser
Ca-Carbonat

Abb. 2 Carbonatlösung
Kalkausfällung

Si
O
K
Feldspat

H-Ionen
OH-Ionen
Wassertropfen

Kieselsäure (H_2SiO_3)
KOH

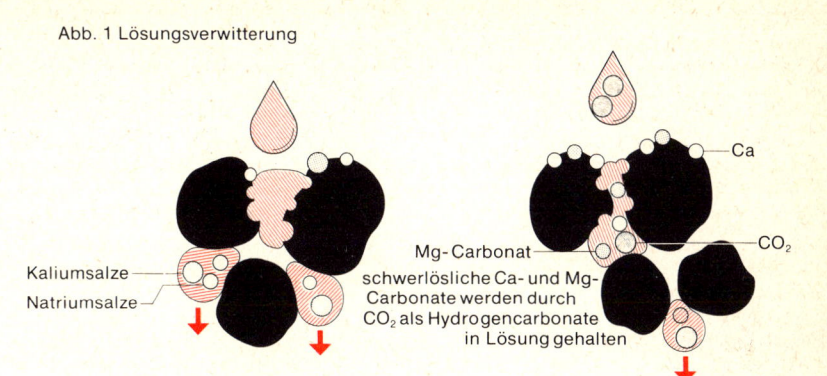

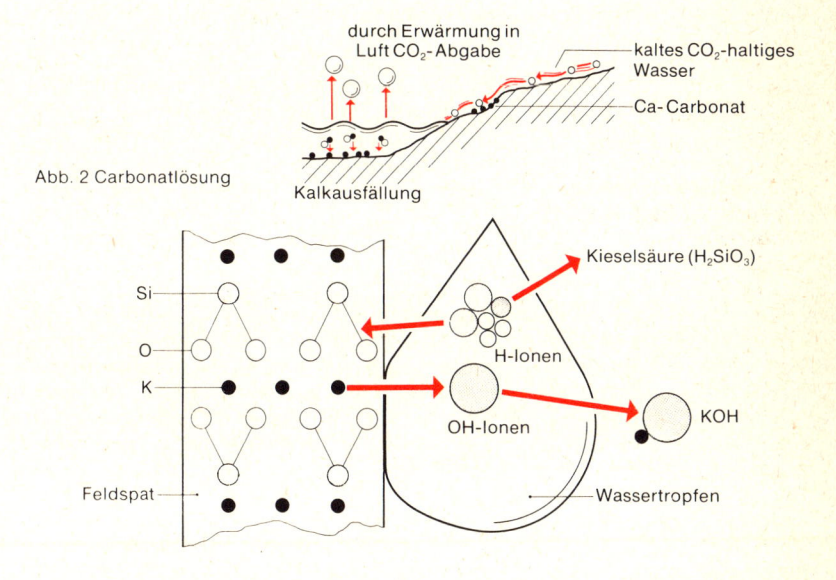

Abb. 3 Hydrolyse

Chemische und biologische Verwitterung II

Das Redoxpotential, das in erster Linie durch den Sauerstoffpartialdruck und den pH-Wert der Bodenlösung bestimmt wird, bewirkt vorwiegend in den oberen Bodenbereichen die *Oxydationsverwitterung*. Im Sauerstoffgleichgewicht mit der Luft hat Wasser von pH 7 ein Redoxpotential, das ausreicht, zweiwertiges Eisen in dreiwertiges zu überführen. Eisen-III-Carbonat, Eisen-II-Silicate und andere Eisen-II-Minerale zerfallen unter Bildung von Eisen-II-Oxiden. Die Verwitterung eines Gesteins ist vielfach durch Entstehung intensiv roter oder rostbrauner Farben gekennzeichnet, da zahlreiche Minerale zweiwertiges Eisen enthalten. Auch Mangan- und Schwefelverbindungen werden oxydiert. Sulfide werden zu Sulfaten, aus denen z. B. Brauneisen entstehen kann.

Auch die *Rauchgasverwitterung* ist zur chemischen Verwitterung zu zählen. Durch Verbrennungsprozesse werden in Großstädten und Industriegebieten in großem Umfang Kohlendioxid, Schwefeldioxid und andere in Verbindung mit Niederschlagswasser Säuren bildende Stoffe abgegeben. Mit dem Regenwasser fallen sie auf das Mauerwerk, an dem sie z. B. durch Kohlensäureverwitterung oder Salzsprengung wirken (s. auch S. 122).

Unter dem Begriff *biologische Verwitterung* faßt man alle Verwitterungserscheinungen zusammen, bei denen Pflanzen beteiligt sind. Nur geringe Bedeutung erlangt die physikalisch wirkende biologische Verwitterung. Da sich die wühlende Tätigkeit bodenbewohnender Tiere weitgehend auf den oberen Teil der lockeren Sedimente beschränkt, ist nur die Sprengwirkung der Pflanzenwurzeln zu beobachten.

Die überwiegende Wirkung der Pflanzen ist chemischer Natur. Die Oberfläche der Gesteine wird von *niederen Pflanzen* wie Algen, Moosen, Flechten und Pilzen besiedelt, die in feine Risse eindringen. Sie zersetzen dort das Gestein allmählich, indem sie Nährstoffe und partiell auch Kieselsäure (z. B. Kieselalgen) der Bodenlösung entziehen und damit den Silicatzerfall begünstigen. Das Ausscheiden komplexbildender organischer Verbindungen wie Salicylsäure, Weinsäure, Zitronensäure, Brenzcatechin, Ketogluconsäure und Salicylaldehyd führt zur Lösung von Metallionen aus den Silicaten und deren Einbau in Komplexverbindungen, die mit dem Niederschlagswasser verlagert werden können.

Weiterhin verstärken die *höheren Pflanzen* vor allem durch den Entzug von Pflanzennährstoffen aus der Bodenlösung und durch die Ausscheidung komplexbildender Stoffe die Verwitterung. Wasserstoffionen werden von den Pflanzenwurzeln abgegeben, die die Kationen (z. B. Kalium, Magnesium und Calcium) an den Tonmineralen und den organischen Austauschern des Bodens austauschen. Die so in den Mineralbestand eingebrachten Wasserstoffionen wirken sich wiederum auf die Hydrolyse der Silicate verstärkend aus.

Daneben erhöhen abgestorbene, zu Boden gefallene Pflanzenteile die mikrobielle Aktivität. Auch bei der Zersetzung der Streustoffe werden organische Säuren frei, die zur Verwitterung der Minerale beitragen.

kapillarer Wasseranstieg
Luft
Fe III

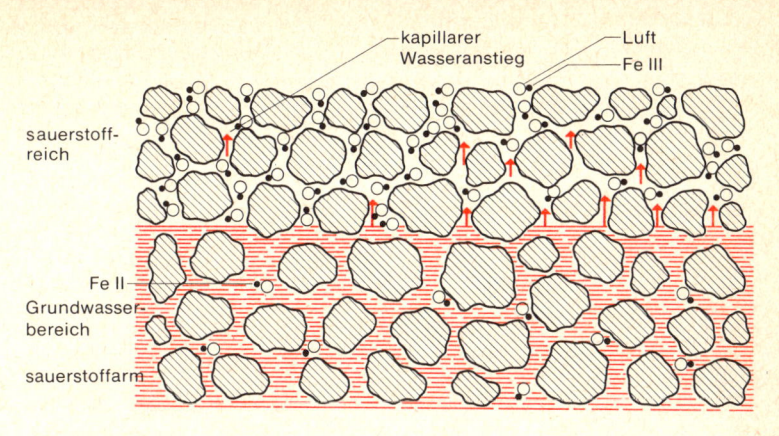

sauerstoff-
reich

Fe II
Grundwasser-
bereich

sauerstoffarm

Abb. 1 Oxydationsverwitterung

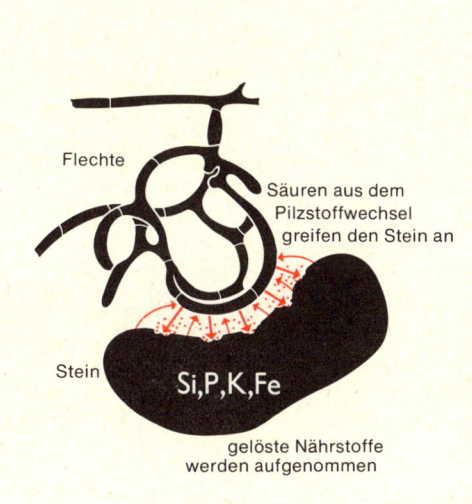

Flechte

Säuren aus dem
Pilzstoffwechsel
greifen den Stein an

Stein Si, P, K, Fe

gelöste Nährstoffe
werden aufgenommen

Abb. 2 biologische Verwitterung

Lösung der
Gesteinsoberfläche
durch Säuren

Sprengwirkung durch Dickenwachstum der Pflanzenwurzeln

Die Biosphäre – Ökosysteme

Die *Biosphäre* als der gesamte von Organismen bewohnte Teil der Erde reicht vom Bodenbereich (Pedosphäre, s. S. 88) über den Bereich der Gewässer (Hydrosphäre, s. S. 64) bis hinein in die bodennahen Luftschichten der Atmosphäre (s. S. 40). Die Funktionseinheiten der Biosphäre sind die *Ökosysteme* in Form der Wälder, Savannen, Seen, Meere usw., die sich ständig weiterentwickeln und dabei bis zu einem gewissen Grad zur Selbstregulation fähig sind. Ökosysteme sind Wirkungsgefüge von Lebensgemeinschaften (s. auch Biozönose, S. 132) und nichtbiologischen Umweltfaktoren.

Die Zusammensetzung und Ausprägung der *Lebensgemeinschaften* in Ökosystemen wird u. a. von *Klimafaktoren* wie Niederschlagshöhe, Sonneneinstrahlung, Lufttemperatur und Luftbewegung bestimmt. So ist die zunehmende Verbreitung der *Stechpalme* (Ilex aquifolium) nach Osten zu klimatisch bedingt. Die Ostgrenze ihrer Verbreitung fällt mit einer gedachten Linie zusammen, die alle Orte miteinander verbindet, an denen an 345 Tagen im Jahr ein Temperaturmaximum von über 0 °C erreicht wird. – Auf den Kerguelen im Indischen Ozean, einer ständig von starken Stürmen heimgesuchten Inselgruppe, sind *fliegende Insekten* ausgestorben, da sie der permanenten Gefahr ausgesetzt waren, ins Meer geweht zu werden. Anstelle der ehemaligen Fluginsekten finden sich hier flügellose Insekten oder Insekten mit verkümmerten Flügeln.

Innerhalb der klimatischen Verbreitungsgrenzen der Pflanzen entscheiden natürlich auch die *Bodeneigenschaften* über das Vorkommen und die Häufigkeit einer Art. So unterscheidet man z. B. kalkliebende und kalkmeidende Pflanzen, salzliebende und salzfliehende (s. auch S. 98).

Es ist nun nicht so, daß nur die abiotischen Faktoren auf die Lebensgemeinschaften und ihre Verbreitung einwirken, vielmehr üben auch die Biozönosen einen Einfluß auf die *Umweltfaktoren* aus. Die *Windstärke* z. B., die für die Verdunstung (s. S. 56) von großer Bedeutung ist, wird in einem *Wald* stark reduziert und erreicht in einem dichten Bestand praktisch den Wert Null. Der Wald beeinflußt auch die *lokalen Wärmeverhältnisse:* In einem bewaldeten Gebiet sind die *Temperaturextreme* gegenüber offenen Flächen *gemildert*. Die Einstrahlungswärme wird bereits im Bereich der Baumkronen verbraucht. Andererseits sinkt die bei der Wärmeabstrahlung von der Blattoberfläche im Bereich der Baumkrone entstehende kalte Luft in den Stammraum ab und vermischt sich dort mit der vorhandenen wärmeren Luft. Daher fließt an bewaldeten Hängen keine Kaltluft ab, was einen Vegetationsvorteil für den Unterhang bedeutet.

Hinsichtlich ihrer *Energiebilanz* sind Ökosysteme offene Systeme, die von der Sonne einseitig Energie aufnehmen. Die natürlichen Stoffkreisläufe in einem Ökosystem sind ausgeglichen, so daß sich ein dynamisches Gleichgewicht, ein sog. *Fließgleichgewicht,* einstellt. Die Organismen werden von einem ständigen Strom ausgetauschter Materie und Energie in Form der Nahrung durchflossen. Das Fließgleichgewicht bewirkt einen quasistationären Zustand in bezug auf die an den Austauschvorgängen beteiligten chemischen Verbindungen. Das zeigt sich darin, daß sich die Konzentration der beiden an der Photosynthese der Pflanzen (s. S. 200ff.) beteiligten Gase Kohlendioxid und Sauerstoff langfristig nicht ändert.

Das *ökologische Gleichgewicht* ist dadurch gekennzeichnet, daß jede Veränderung im Ökosystem selbsttätig über eine Regelkreisbeziehung eine entsprechende Gegenveränderung auslöst, die den alten Zustand weitgehend wiederherstellt. So sind z. B. bei Wühlmäusen oder Hasen deutliche Populationswellen zu verzeichnen, die darauf zurückzuführen sind, daß bei Anwachsen der Population entweder die Nahrungsgrundlage verknappt oder die Freßfeinde und Parasiten ebenfalls zunehmen. Das System schwankt in der Regel zwischen bestimmten Grenzwerten; s. auch Populationsdynamik, S. 306.

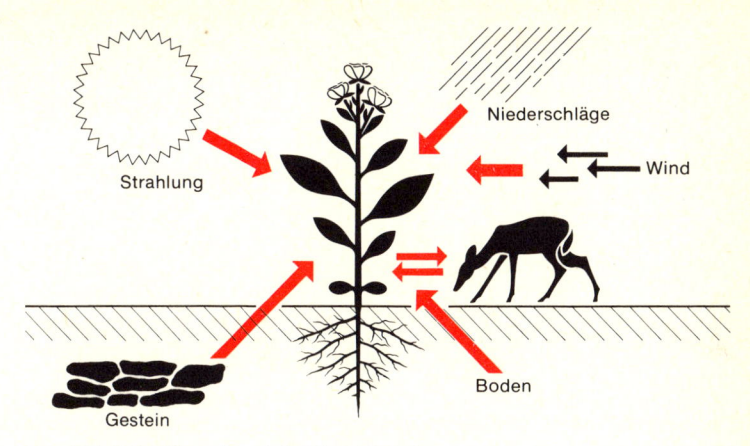

Abb. 1 Einflußgrößen, die auf die Biosphäre einwirken

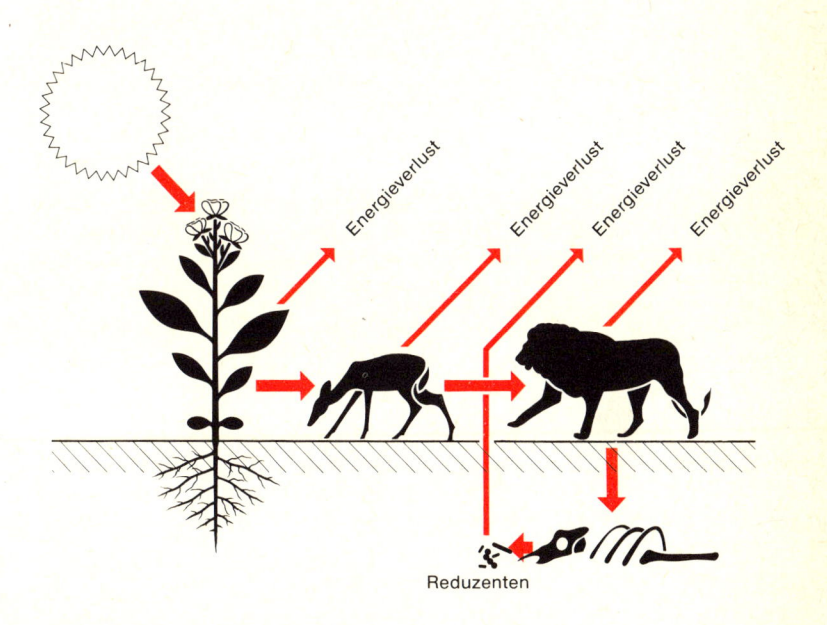

Abb. 2 Energiefluß in einem Ökosystem

Biotope

Biotope sind Lebensbereiche, die bezüglich der in ihnen gegebenen Umweltbedingungen von benachbarten Arealen relativ gut abgegrenzt sind. Typische Biotope sind z. B. Moore, Quellen, Höhlen, Feuchtwiesen, Tümpel. Sie bieten Pflanzen und Tieren die ihren Lebensansprüchen entsprechende Lebensgrundlage. Das gilt besonders für die biotopeigenen sog. *Charakterarten* als die Leitformen eines bestimmten Biotops. So ist z. B. die in Auwäldern und an Bachufern wachsende Gemeine Pestwurz (Petasites hybridus) eine Charakterart für Biotope mit hohem Grundwasserstand; bei Wassermangel welkt die Pestwurz rasch.

Neben den Charakterarten sind in einem Biotrop Arten zu finden, die auch in einigen anderen Biotopen vorkommen oder sogar allgemein verbreitet sein können. Man bezeichnet solche Arten als *Ubiquisten (ubiquitäre Arten)*. Als Beispiele hierfür gelten unter den Pflanzen ubiquitäre niedere Pilze, unter den Tieren die Ratte.

Schließlich kann man in einem Biotop solchen Arten begegnen, die ihr Lebensoptimum in einem anderen Biotop haben und sich daher nur vorübergehend in diesem Fremdbiotop halten können. Man nennt diese Arten *Besucher* oder Biotopfremde. Zu ihnen sind z. B. die Zugvögel zu rechnen.

Alle Organismen eines Biotops, die Charakterarten, die Ubiquisten und die Besucher, bilden zusammen eine *Lebensgemeinschaft* (s. Biozönose, S. 132).

Da ein Biotop, ein Buchenwald etwa, sich über einen größeren Bereich (Fläche) erstrecken kann, ist nicht zu erwarten, daß alle in diesem Biotop lebenden Organismen überall in gleicher Verteilung vorkommen. Es gibt viele Bereiche, in denen bestimmte Organismen, wie etwa die Enchyträen in der Streuschicht des Buchenwaldes (s. auch Bodenfauna, S. 134ff.), gehäuft vorkommen, da sie dort ihre optimalen Nahrungs-, Schutz-, Feuchte- und Temperaturbedingungen vorfinden. Solche durch spezielle Umweltbedingungen charakterisierte Stellen innerhalb eines Biotops bezeichnet man als *Biochoren (Biochorien)*.

Ändern sich durch Schmälerung oder Wegfall der Nahrungsgrundlage die Lebensbedingungen für die Bewohner einer Biochore, wie dies z. B. in der Streuschicht des Buchenwaldes vor dem Wiedereinsetzen des Streufalls im folgenden Jahr durch die Freßtätigkeit der dort lebenden Organismen vorkommt, so führt dies (hier nur vorübergehend) zu einer Veränderung in der Zusammensetzung der betreffenden Lebensgemeinschaft. Man spricht in einem solchen Fall, wo verschiedene Lebensgemeinschaften in einem bestimmten Lebensbezirk eines Biotops einander ablösen, von *ökologischer Sukzession*.

Wenn im Verlauf der Sukzession die Umweltsituation nicht immer wieder auf die Ausgangssituation zurückgeführt wird, wie dies in der Streuschicht durch den periodischen Laubfall geschieht, dann strebt die Sukzession allmählich einem stabilen Endzustand zu *(Klimaxstadium)*, in dem die Produktion von organischer Substanz durch die grünen Pflanzen in einem ausgeglichenen Verhältnis zum Abbau durch die Konsumenten und Destruenten steht (s. auch S. 226).

Nur frei bewegliche Tiere sind in der Lage, ihr Biotop zu wählen und aufzusuchen, wie z. B. die Zugvögel, die jahreszeitlich bedingt ihr Biotop wechseln, oder die Aas- und Kotfresser, deren Nahrung immer wieder an einer anderen Stelle angeboten wird. Für viele andere Tiere ist dagegen ihre Biochore mit dem Geburtsort identisch.

Besucher

Charakterarten — Streuschicht (als Biochore) — Ubiquist

Destruenten

CO_2
CO_2

schwer zersetzbare organische
Substanz wird abgelagert

Abb. Die einzelnen Elemente eines Biotops
und die ökologische Sukzession

Biozönose – der Buchenwald

Jeder natürliche Pflanzenverband besteht aus einem abwechslungsreichen Gemisch verschiedener Pflanzenarten, die sich auf Grund gleicher oder ähnlicher Ansprüche an die betreffenden Boden- und Klimaverhältnisse zusammengefunden haben und sich „vertragen" und auch gegenseitig ergänzen. Man spricht dann von einer natürlichen Lebensgemeinschaft, einer *Biozönose,* in die auch die hier lebenden Tiere einbezogen sind. Im Hinblick auf ihren individuellen Beitrag zur Aufrechterhaltung eines biologischen Gleichgewichtes in der Biozönose unterscheidet man bei den einzelnen Organismen einer Biozönose zwischen Produzenten, Reduzenten und Konsumenten.

Die grünen Pflanzen sind die eigentlichen *Produzenten* innerhalb einer Biozönose. Sie bauen mit Hilfe der Photosynthese (s. S. 200 ff.) hochmolekulare organische Verbindungen aus einfachen anorganischen Stoffen (Kohlensäure, Wasser, Mineralsalze) auf.

Der Wiederabbau der hochmolekularen organischen Substanz der toten Organismen in einfache anorganische Verbindungen wird durch die Tätigkeit zahlreicher Lebewesen, der sog. *Reduzenten,* bewirkt. Es sind dies v. a. Bakterien und Pilze. Außerdem enthält ein gesunder Waldboden unserer Breiten pro Kubikdezimeter ca. 1 Milliarde Algen und Urtierchen, 30 000 Fadenwürmer, 500 Räder- und Bärtierchen, 1 000 Springschwänze, 1 500 Milben, 100 Insekten (v. a. Larven), kleine Spinnen und Tausendfüßer, 50 Borstenwürmer, 2 Regenwürmer.

Konsumenten sind Lebewesen, die in ihrer Ernährung auf die Pflanzen angewiesen sind, entweder direkt (als Pflanzenfresser) oder indirekt (indem sie von Pflanzenfressern oder von Pflanzenfresser fressenden Tieren leben). Im Buchenwald (s. unten) gehören dazu u. a. Mäuse (in den Bodenschicht), Insekten, Schnecken, Lurche, Wildschweine, Rehe usw. (in der Kraut-, z. T. auch Strauchschicht), Eichhörnchen, Vögel (v. a. in der Baumkronenschicht).

Ein typisches Beispiel für eine Biozönose ist der *natürliche Buchenwald.* Er ist eine aus vielen Arten zusammengesetzte Pflanzengemeinschaft, die sich in übereinanderliegenden Schichten aufbaut. Die obere Schicht besteht aus den *Kronen* der ausgewachsenen Bäume. Dann kommt die beim Buchenwald nicht besonders stark ausgeprägte *Strauchschicht* (zu der auch die Jungpflanzen der Bäume gehören). Auf die Strauchschicht folgt die *Krautschicht* und unmittelbar am Boden die *Moosschicht.* Unter der Moosschicht liegt in der oberen Bodenschicht die von den Wurzeln der oberirdischen Pflanzen durchzogene *Pilzschicht,* die sich hauptsächlich aus Pilzmyzelen (Myzelien) zusammensetzt.

Entsprechend dem Stockwerkbau ist die *Lichtversorgung des Buchenwaldes* stark unterschiedlich. Im Frühling, solange die Blätter der Strauch- und Baumschicht noch nicht entfaltet sind, kann auf Grund der guten Lichtverhältnisse zunächst die Krautschicht mit ihren Frühjahrsblühern ein reges Leben entwickeln. Beispiele für solche frühblühenden Pflanzen des Buchenwaldes sind das Buschwindröschen und das Scharbockskraut. Wenn sich die Blätter der Buchen voll ausgebildet haben, erhalten die Kronen der ausgewachsenen Bäume das meiste Sonnenlicht. Der Rest des Lichtes, der noch nach unten dringt, muß den übrigen Pflanzen zum Leben genügen. Sie sind deshalb in der Kraut- und Moosschicht meist besonders an das Schattendasein angepaßt. Ausgesprochen schattenbedürftige Pflanzen, wie z. B. der Sauerklee, gehen in vollem Sonnenlicht sogar zugrunde. Am wenigsten Licht erhält die Moosschicht, in einem ausgewachsenen Buchenwald im Sommer nur etwa 1/100 des vollen Tageslichtes. Moose sind deshalb sehr anspruchslos. Sie wachsen nur sehr langsam, sind im allgemeinen sehr widerstandsfähig gegen Trockenheit, indem sie ihre Lebenstätigkeit weitgehend einstellen können (Trockenstarre), und bilden sparsamerweise nur winzige, einzellige Sporen aus. Sie besiedeln im Buchenwald v. a. Gestein und Baumstümpfe.

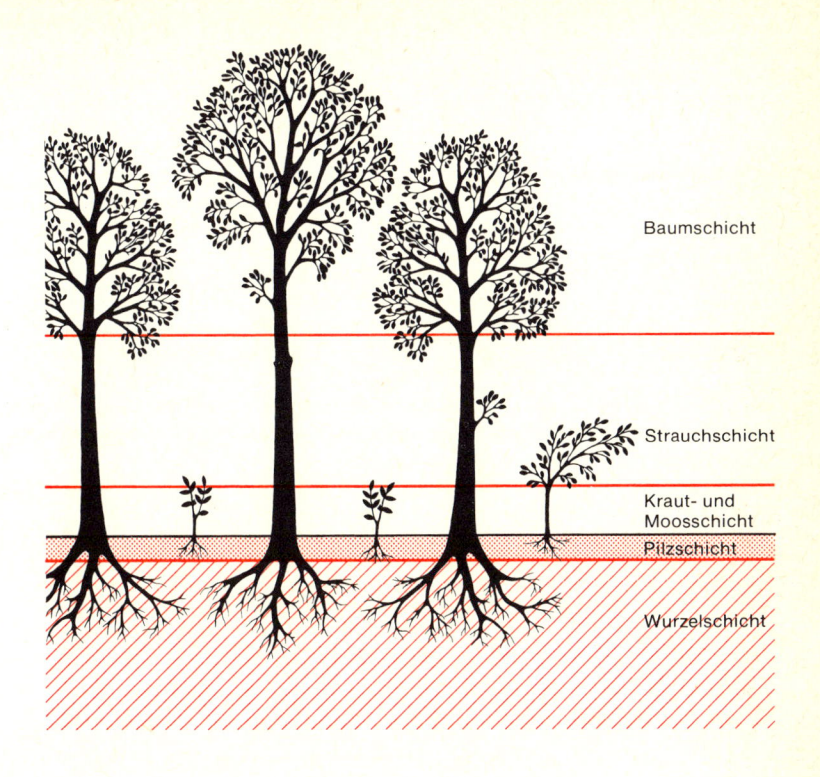

Abb. Aufbau des Buchenhochwaldes

Leben im Boden – die Bodenfauna I

Zahlreiche Tiere, vom primitivsten Einzeller bis zum hochentwickelten Säugetier, sind im Boden zu Hause. Einige halten sich dort nur während bestimmter Lebensabschnitte auf, andere verbringen ihr ganzes Leben im Boden. Die meisten erlangen für die Stoffumsetzungen und die Bodenbildung wesentliche Bedeutung.

Die *Bodenprotozoen (Urtierchen),* deren aktive Stadien an das Vorhandensein von Wasser gebunden sind – es handelt sich eigentlich um Wassertiere –, kommen im Boden mit dünnen Wasserfilmen, mit denen organische und mineralische Bodenkrümel behaftet sind, aus. Sie sind meist kleiner als ihre entsprechenden Vertreter im freien Wasser. Man unterscheidet *Amöben, Geißeltierchen (Flagellaten)* und *Wimpertierchen (Ziliaten),* die sich mit Hilfe von Scheinfüßchen, Geißeln bzw. Wimpern frei im Wasser bewegen können. Einige Arten ernähren sich autotroph (sie enthalten Chloroplasten), andere leben von toter oder lebender organischer Substanz.

In welchem Umfang manche Bodeneinzeller durch das Vertilgen von Bodenbakterien, Pilzen (z. B. Hefepilzen) und Algen die Zahl der Zersetzer von organischer Substanz verringern, ist noch unklar.

Wie viele Bakterien überdauern die Bodenprotozoen ungünstige Umweltbedingungen in Form von *Zysten:* Nachdem sich verschiedene Organellen zurückgebildet haben, schrumpft das Plasma ein, und die Tiere umgeben sich mit einer schützenden Kapsel, in der sie über lange Zeit (oft jahrzehntelang) lebensfähig bleiben können. – Die *Vermehrung der Urtierchen* erfolgt weitgehend vegetativ durch einfache Zellteilung.

Von den *Vielzellern,* von denen unzählige Arten im Boden beheimatet sind, seien zuerst die *niederen Würmer* erwähnt. Da sie aktive Wühlarbeit nicht ausführen können, kriechen sie durch im Erdreich vorhandene Lücken und Gänge und sind vor allem in der durchwurzelten Bodenschicht zu finden. Bei ungünstigen Lebensbedingungen kapseln sie sich ein und überstehen so z. B. Trockenheit und extreme Temperaturen.

Die *Fadenwürmer (Nematoden),* von denen einige als gefährliche Pflanzenparasiten fungieren, ernähren sich entweder von Pflanzensäften durch Anstechen pflanzlichen Gewebes, oder sie fressen Bakterien, Algen und Urtierchen oder überfallen andere Nematoden. Bei den nicht an Pflanzen schmarotzenden Fadenwürmern ist anzunehmen, daß sie außerdem noch an der Zersetzung von Pflanzenresten mitwirken.

Von den *Weichtieren,* d. h. den *Schnecken,* ist zu sagen, daß sie am Abbau der Laubstreu von Waldböden beteiligt sind, wenn genügend große feuchte Hohlräume wie Regenwurmgänge vorhanden sind. Ansonsten ist ihre bodenbiologische Bedeutung gering, abgesehen davon, daß sie durch Abweiden der nacktes Gestein bedeckenden Flechtenrasen den Beitrag der Flechten zur Bodenbildung verhindern.

Von großem bodenbiologischem Interesse sind dagegen die Vertreter aus zwei Familien der Ringelwürmer, die Enchyträen und die Regenwürmer. Die *Enchyträen* leben als 2–40 mm lange, weißliche Würmer vorwiegend in der Laubstreu bzw. in der obersten Bodenschicht. In lockeren Böden sind sie häufiger anzutreffen als in dichten, da sie sich nur beschränkt durch den Boden graben können. Ihre Nahrung besteht vorwiegend aus verrottenden Blättern und Nadeln. Außerdem greifen sie pflanzenparasitäre Fadenwürmer an, wodurch sie sich als nützlich erweisen. Sehr empfindlich sind die Enchyträen gegen Frost und Austrocknung. Nur ihre Eikokons können größere Temperaturschwankungen und Trockenheit überstehen. Daher ist ihre Populationsdichte in feuchten Böden im Sommer am größten, in trockenen Böden und während der kalten Jahreszeit ist sie deutlich geringer. – Über Regenwürmer s. S. 136.

Abb. 1 Wechselbeziehung zwischen autotrophen und heterotrophen Mikroorganismen des Bodens

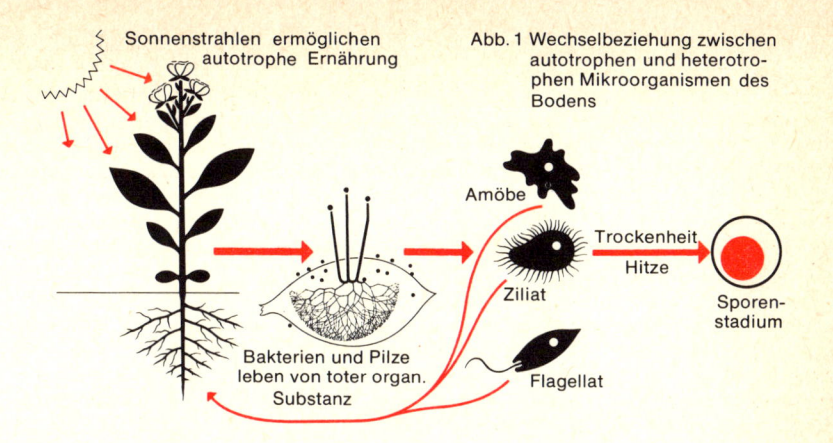

Sonnenstrahlen ermöglichen autotrophe Ernährung

Bakterien und Pilze leben von toter organ. Substanz

Amöbe

Ziliat

Flagellat

Trockenheit
Hitze

Sporenstadium

Abb. 2 Nematoden, die Pflanzenparasiten und Bakterienfresser sind, können ungünstige Perioden wie Einzeller im Zystenstadium überdauern

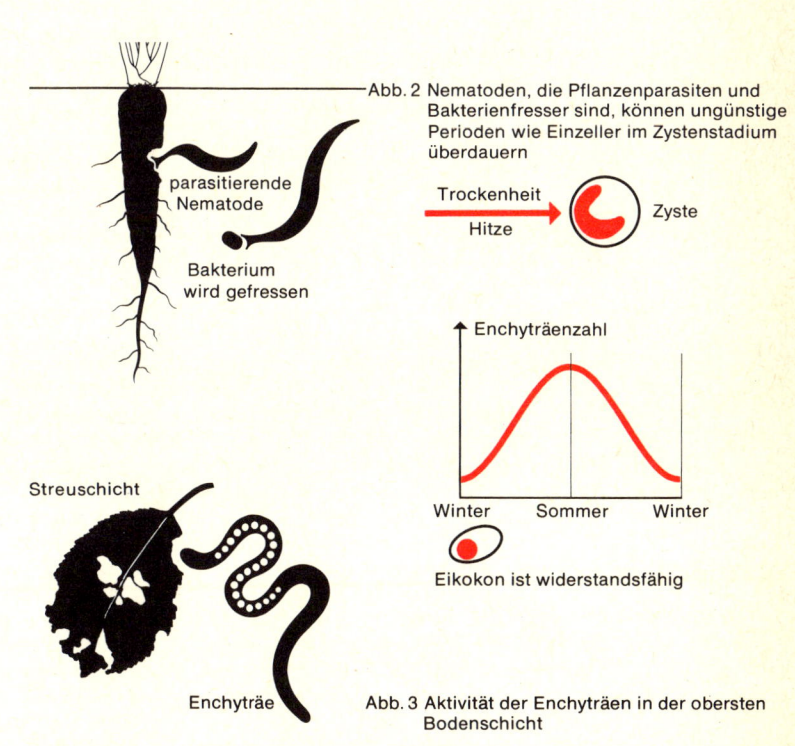

parasitierende Nematode

Bakterium wird gefressen

Trockenheit
Hitze

Zyste

Streuschicht

Enchyträenzahl

Winter   Sommer   Winter

Eikokon ist widerstandsfähig

Enchyträ

Abb. 3 Aktivität der Enchyträen in der obersten Bodenschicht

Leben im Boden – die Bodenfauna II

Die bekanntesten bodenbewohnenden Tiere sind die *Regenwürmer*, die auch für den landwirtschaftlich genutzten Boden von weitreichender Bedeutung sind. Verschiedene Bodentypen und Bodenschichten werden von unterschiedlichen Regenwurmarten besiedelt. Einige Arten leben im obersten, organischen Bodenhorizont, andere bevorzugen tiefere, mineralische Böden und kommen, da sie lichtempfindlich sind, nur nachts oder wenn starke Regenfälle ihre röhrenartigen Gänge überschwemmt haben, so daß die Atemluft knapp wird, an die Erdoberfläche. Regenwürmer leben von Pflanzenresten, die sie in ihre Röhren einbringen.

Die Zusammensetzung und Menge der im oder auf dem Boden vorhandenen organischen Substanz haben Auswirkungen auf die Regenwurmarten und deren Besiedlungsdichte. Auch der pH-Wert und die Feuchtigkeit des Bodens beeinflussen die Regenwurmpopulation. Saure Böden werden weitgehend gemieden, und bei Trockenheit ziehen sich die Regenwürmer in tiefere, feuchtere Erdschichten zurück, wo sie sich (wie auch für die kalte Jahreszeit) mit einer Schleimhülle umgeben und in ein Ruhestadium übergehen.

Auf Grund des geringen Nahrungsangebotes und der häufigen Störungen durch die Bodenbearbeitung sind die Regenwürmer in Ackerböden weniger vertreten als im Wald- oder Wiesenboden. Man kann dies durch Düngung des Bodens mit organischer Substanz ausgleichen, die als Nahrungsgrundlage dient. Die für Regenwürmer günstigsten Temperatur- und Feuchteverhältnisse sind im Frühjahr und im Herbst gegeben. Hohe Temperaturen über 28 °C sind für Regenwürmer tödlich.

Regenwürmer bohren sich aktiv durch den Boden, indem sie sich durch diesen hindurchfressen oder Bodenteile auf die Seite schieben. Sie hinterlassen dabei *Röhren*, die sie durch Schleimabsonderungen verfestigen. Die verlassenen Wurmgänge erleichtern den Pflanzenwurzeln das Vordringen in größere Tiefen, wobei den Wurzeln die im hinterlassenen Schleim enthaltenen chemischen Nährstoffe wie Phosphor-, Stickstoff-, Kalium- und Calciumverbindungen zugute kommen.

Wie die Enchyträen sind auch die Regenwürmer *Zwitter*. Sie legen nach gegenseitiger Begattung ihre *Eikokons* in den oberen Bodenschichten ab. In den Kokons entwickeln sich die jungen Regenwürmer.

Unter den *Gliederfüßern* sind v. a. die *Milben* von bodenbiologischer Bedeutung. Sie leben überwiegend in den Streulagern und obersten Bodenschichten. Die *Raubmilben* unter ihnen ernähren sich von Fadenwürmern, Springschwänzen und anderen Kleintieren. Im Boden sind sie nicht gleichmäßig verteilt, sondern kommen nesterweise vor. – Die *Hornmilben*, die besonders in feuchten Böden von Nadel- und Laubwäldern und im Wiesenboden zu finden sind, fressen neben Bakterien auch Pflanzenreste. Da die schwer zersetzlichen Nahrungsbestandteile wie Zellulose und Lignin den Milbendarm unverändert passieren, liegt die bodenbiologische Bedeutung ihrer Freßtätigkeit hauptsächlich in der mechanischen Zerkleinerung der organischen Substanz.

Von Interesse sind auch die zu den Insekten gehörenden *Springschwänze (Kollembolen)*. Wegen ihrer geringen Empfindlichkeit gegenüber niedrigen Temperaturen gehören sie zu den am weitesten verbreiteten Bodentieren. Sie ernähren sich von Pflanzenresten, Tierleichen, Mikroorganismen und manche auch von unzersetzter Holzsubstanz. Wie die Hornmilben sind auch die Kollembolen an der Aufbereitung von pflanzlicher Substanz für den weiteren Abbau durch Bakterien und Pilze (s. S. 138) beteiligt.

Unter den *Wirbeltieren* sind v. a. Maulwürfe, Wühl- und Springmäuse, Hamster und Kaninchen Bodenbewohner, von denen die Maulwürfe die bodenbiologisch wichtigsten sind.

Abb. 1 Regenwürmer bohren aktiv Gänge durch den Boden

Streuschicht

Schleimschicht stabilisiert Gang

eingeringelter Regenwurm (Ruhestadium)

Schleimschicht enthält N, P, K, Ca

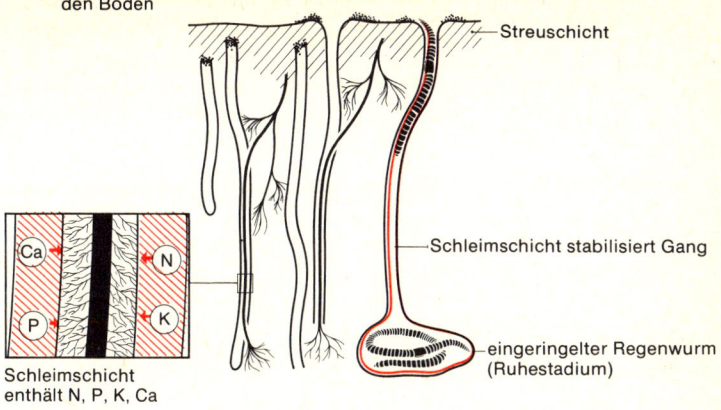

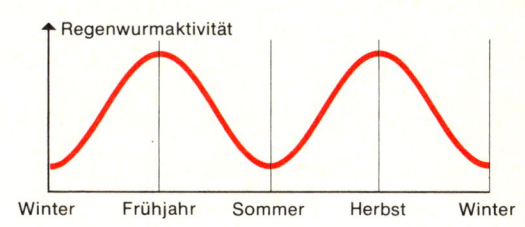

Abb. 2 Jahreszeitliche Aktivität der Regenwürmer

Abb. 3 Kollembolen zerkleinern schwer zersetzbare Bestandsabfälle und bereiten sie für den bakteriellen Angriff auf

Bakterien

Kot

Leben im Boden – die Bodenflora

Für den Abbau der organischen Reste der höheren Pflanzen und verendeter Tiere besitzt die *Bodenflora,* zu der die Bodenbakterien, Strahlenpilze, Pilze, Algen und Flechten zu zählen sind, große Bedeutung.

Zu den für die Stoffumsetzungen wichtigsten Organismen gehören die *Bodenbakterien.* Zahlenmäßig überwiegen sie gegenüber allen anderen Lebewesen im Boden. Oft sind sie von einer Schleimschicht umgeben, die die Lebendverdauung der anorganischen Bodenteilchen und den Zusammenhalt der Bakterien in sog. Mikrokolonien bewirkt. Die Schleimschicht hat ferner Bedeutung für die Lösung und Aufnahme schwer verfügbarer Mineralnährstoffe wie Eisen und Phosphor.

Gegen ungünstige Umgebungsbedingungen, wie z. B. Austrocknung oder Hitze, wie sie an der Bodenoberfläche in ungünstigen Lagen häufig während der warmen Jahreszeit auftreten, schützen sich die Bakterien durch Bildung widerstandsfähiger *Sporen,* die eine deutlich verstärkte Zellwand ausbilden. Jede Bakterienzelle entwickelt jeweils eine Spore, die bei günstigeren Umweltbedingungen wieder zu einem Bakterium auskeimt. Weitere *Dauerformen,* die als *Zysten* bezeichnet werden, sind bei einigen stickstoffbindenden Bakterien zu finden.

Die zur Erhaltung ihres Lebens und zum Aufbau neuer Zellen notwendige *Energie* gewinnen die Bakterien entweder *chemoautotroph,* d. h., sie oxydieren anorganische Verbindungen und benutzen die dabei freiwerdende Energie zur Assimilation des Kohlendioxids, oder sie leben *heterotroph,* d. h., sie benötigen organische Kohlenstoffquellen (Kohlenhydrate, Eiweiß, Fett), um ihren Energiebedarf zu decken.

Die *Strahlenpilze,* die den Bakterien zugeordnet werden, treten während des Abbaus von Tier- und Pflanzenresten dann auf, wenn die leicht abbaubaren Stoffe weitgehend zersetzt sind, da sie langsamer als die übrigen Bakterien und die Pilze wachsen. Gegenüber den Bakterien bevorzugen sie mehr trockene Böden; außerdem sind sie empfindlicher gegen saure Bodenreaktion. Ihre Hauptnahrungsquellen sind höhermolekulare organische Verbindungen wie Zellulose und Chitin. Strahlenpilze sind auch an der Bildung von *Huminstoffen* maßgeblich beteiligt.

Eine weitere Gruppe der bodenbewohnenden Mikroorganismen sind die *Schleimbakterien* (Myxobakterien), die vornehmlich auf verrottendem Pflanzenmaterial als Zellulosezersetzer zu finden sind.

Die *Pilze* sind unter den pflanzlichen Mikroorganismen neben den Bakterien die umfangreichste Gruppe der Bodenbewohner. In trockenen oder sauren Böden übertreffen sie bisweilen die Bakterien an Zellmasse. Sie leben stets *heterotroph,* d. h. von organischer Substanz, und besitzen im Gegensatz zu Bakterien einen echten Zellkern. Einige ihrer Vertreter erzeugen Pflanzenkrankheiten. Sie bauen vornehmlich Kohlenhydrate ab. Viele von ihnen, insbesondere die *Ständerpilze,* zerstören vor allem verholzte Pflanzenteile durch den Abbau von Lignin und Zellulose. Zahlreiche Vertreter der Ständerpilze leben mit den Baumwurzeln in Symbiose (s. auch S. 162ff.), die für die Ernährung der Waldbäume eine wichtige Rolle spielt.

Die bodenbewohnenden *Blaualgen* und *Algen* besitzen wie die höhere Pflanze Chlorophyll und leben daher *autotroph.* Einzelne Arten können aber auch in tieferen Bodenschichten ohne Licht für einige Zeit von organischen Substanzen leben. Durch die Fähigkeit einiger *Blaualgen,* Luftstickstoff zu binden, sind diese ein wichtiges Glied im Stickstoffkreislauf.

Bei den *Flechten* handelt es sich um eine Lebensgemeinschaft von Pilzen und Algen (s. auch S. 162). Als Bodenbewohnern kommt ihnen nur untergeordnete Bedeutung zu.

Eisen und Phosphor werden gelöst

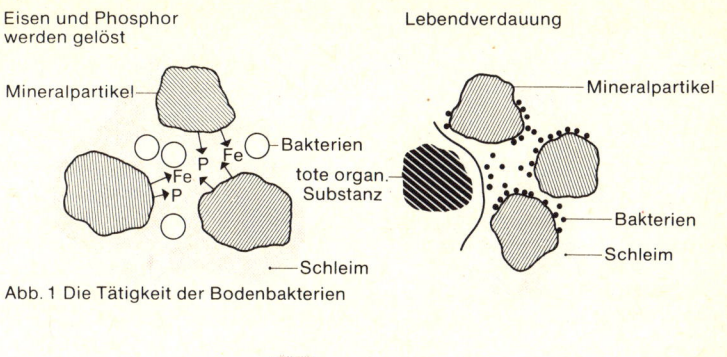

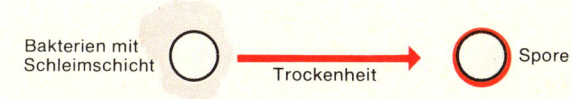

Mineralpartikel — Bakterien — tote organ. Substanz — Schleim

Lebendverdauung

Mineralpartikel — Bakterien — Schleim

Abb. 1 Die Tätigkeit der Bodenbakterien

Bakterien mit Schleimschicht → Trockenheit → Spore

Abb. 2 Sporenbildung

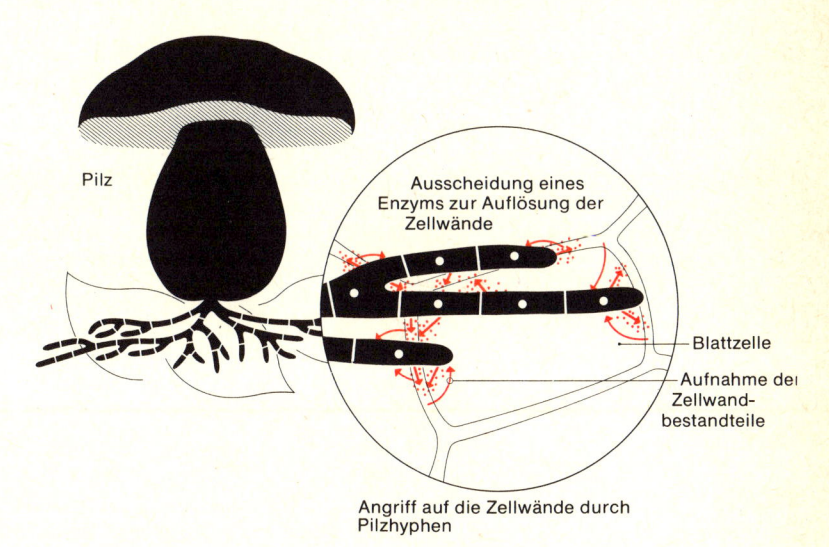

Pilz — Ausscheidung eines Enzyms zur Auflösung der Zellwände — Blattzelle — Aufnahme der Zellwandbestandteile

Angriff auf die Zellwände durch Pilzhyphen

Abb. 3 Ständerpilze bauen Lignin und Zellulose in verholzten Pflanzenteilen ab

Quellen – Leben in Quellen

An Quellen tritt ein Grundwasserfluß an die Erdoberfläche. Dies geschieht dort, wo sich wasserstauende Bodenschichten wie Ton, Lehm oder Gestein, die das versickernde Oberflächenwasser sammeln, mit der Erdoberfläche „schneiden". Nach der Art und Weise, wie das Wasser aus dem Boden tritt, werden drei Quelltypen unterschieden:

Die *Sturz-* oder *Sprudelquellen* treten vor allem an Berghängen auf. Dort bricht das Wasser oft mit großer Kraft aus dem Boden und strömt sofort auf dem geneigten Gelände talwärts. Da das Wasser sehr schnell fließt, ist der Grund des Quellrinnsals frei von Wasserpflanzen.

Bei den *Tümpelquellen* liegt der eigentliche Quellmund am Grund eines mehr oder weniger tiefen Teiches. Das aus der Quelle austretende Wasser füllt zuerst diesen Quelltümpel an und fließt dann als Rinnsal (Bach) ab. Da hier das Wasser nur sehr langsam fließt, können sich am Rand des Tümpels Wasserpflanzen ansiedeln. Wenn der Quellfluß nicht sehr intensiv ist, kann sich am Grund des Tümpels Schlamm ablagern, was eine stärkere pflanzliche Besiedlung der Tümpelquelle ermöglicht.

Im Flach- und Hügelland treten vor allem *Sicker-* oder *Sumpfquellen* auf. Bei diesen ist das gesamte Quellgebiet ein Sumpf, in dem nur an wenigen kleinen Stellen freie Wasserflächen vorkommen. Diese Sumpfquellen können beträchtliche Ausmaße annehmen. Da bei ihnen das Wasser nur sehr langsam fließt, sind sie dicht von Sumpfpflanzen überwachsen.

Quellen besitzen bestimmte ökologische Eigenschaften, die zu einer spezifischen *Quellenfauna* und *-flora* führen. Ein wichtiger, das Vorkommen von Wassertieren bestimmender Faktor ist der Temperaturverlauf während des Jahres. Quellwasser hat im Gegensatz zu Bach- oder Seewasser das ganze Jahr über eine annähernd *konstante Temperatur*. Während die jährliche Temperaturschwankungsbreite in den oberflächlichen Wasserschichten von Seen bei 4–25 °C liegt, beläuft sie sich bei Quellen auf nur wenige Grade. Die Temperaturkonstante hat ihre Ursache darin, daß das in der Quelle zutage tretende Wasser Grundwasser ist, das durch die überlagernden Bodenschichten vor den Temperatureinflüssen der verschiedenen Jahreszeiten geschützt wird.

Im Vergleich zu anderen oberirdischen Gewässern führen die Quellen im Sommer kühleres, im Winter wärmeres Wasser. Deshalb sind Quellen einerseits ein geeigneter Lebensraum für Tiere, die an gleichmäßig niedrige Temperaturen gewöhnt sind, auf der anderen Seite aber auch für Arten, denen die noch tieferen Wintertemperaturen in anderen Gewässern schaden. Besonders kalt sind *Hochgebirgsquellen*, die auch im Hochsommer nur Temperaturen von 2–3 °C besitzen.

Quellwasser hat nur einen niedrigen *Sauerstoffgehalt*, der oft nur wenige Prozent bis etwa 50 % des möglichen Sauerstoffanteils beträgt. Er ist für die einzelne Quelle, unabhängig von den Jahreszeiten, immer gleich hoch. Den höchsten Sauerstoffgehalt haben die Sickerquellen, da bei ihnen das Wasser beim langsamen Durchströmen durchlüfteter Bodenschichten Sauerstoff aufnehmen kann. Wenn das Wasser in einem kleinen Rinnsal von der Quelle wegfließt, reichert es sich rasch mit Sauerstoff an, da hier durch die vielen Steine und Kiesel das Wasser aufgewirbelt wird und dadurch stärker mit der Luft in Kontakt kommt.

Da Quellen die Übergangszone vom lichtlosen Grundwasser des Erdinnern zu den oberirdischen Gewässern darstellen, kommen in Quellen auch Tiere des Grundwassers vor (s. auch S. 144) wie der blinde Höhlenflohkrebs und verschiedene gleichfalls augenlose Strudelwürmer. Diese halten sich tagsüber meist unter Steinen oder Pflanzen versteckt auf.

Die meisten Quellen sind sehr arm an pflanzlicher Nahrung. Die sie bewohnenden pflanzenfressenden Tiere sind deshalb auf die Reste vermodernder Wasserpflan-

wasserundurchlässige Schicht (z. B. Ton)

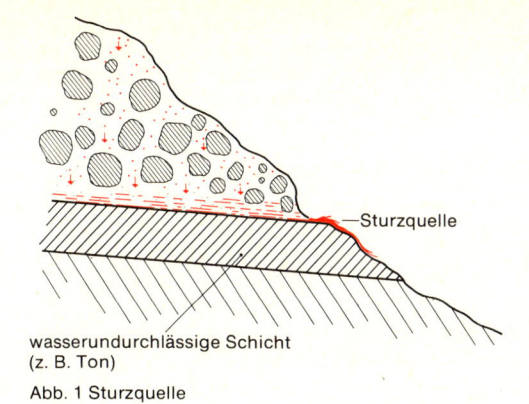

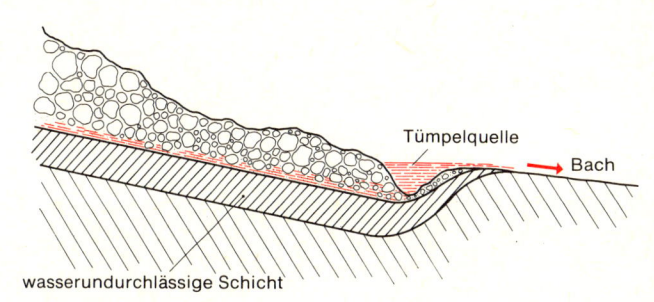

Abb. 1 Sturzquelle

wasserundurchlässige Schicht

Abb. 2 Tümpelquelle

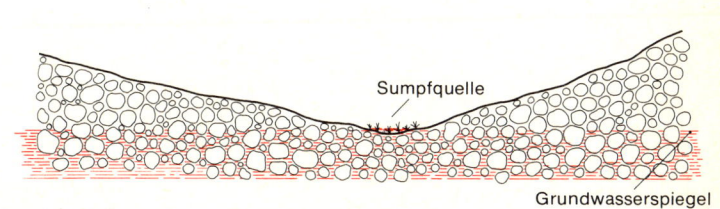

Abb. 3 Sumpfquelle

zen, auf hineingefallene Pflanzenteile und manchmal sogar lediglich auf die winzigen Teilchen organischer Stoffe, die das Grundwasser mitführt *(Detritus)*, angewiesen. Die typischen *Quellentiere (Krenobionten)* sind zum überwiegenden Teil sehr kleine Formen. Sie sind an reines, gleichmäßig kühles, verhältnismäßig sauerstoff- und nahrungsarmes Wasser angepaßt. Es handelt sich vor allem um Strudelwürmer, winzige Quellschnecken der Gattung Bythinella, um Wassermilben, Köcherfliegenlarven und Käfer. Der Bachflohkrebs (Gammarus pulex), der normalerweise in Bachläufen vorkommt, hat eine kleinere Form ausgebildet, die in Quellen lebt. – Die meisten Quellentiere sind Pflanzenfresser, selten auch Räuber. Ein besonderes Merkmal der *Quelleninsekten,* die in ihrem Larvenstadium in Quellen leben, ist ihre frühe Flugzeit im zeitigen Frühjahr, oft schon ab Februar. Dies hat seine Ursache darin, daß durch das im Winter relativ warme Quellwasser sich die Larven schon im Winter entwickeln können, so daß die Vollinsekten im zeitigen Frühjahr schlüpfen. Beispiele dafür sind Zuckmücken- und Steinfliegenarten.

Ein ganz anderes Biotop als die normalen kalten Quellen sind die *Thermalquellen.* Sie werden aus Grundwasser gespeist, das aus großen Tiefen des Erdinnern kommt, wo auf Grund der Erdwärme eine höhere Temperatur herrscht. Daher liegt ihre Wassertemperatur fast konstant das ganze Jahr über mehr oder weniger stark über der jahreszeitlichen Temperatur der Gegend. Thermalquellen kommen vor allem in tektonischen Bruchzonen und in Gebieten erloschener oder tätiger Vulkane vor. In Thermalquellen haben sich interessante spezifische *Heißwasserformen* von Tieren gebildet, die meist über die ganze Erde verbreitet sind. In Thermalquellen bis etwa 40 °C treten noch normale Lebensgemeinschaften auf, die denen in anderen Quellen ähneln. In Quellen über 40 °C bis etwa 45 °C gehen diese normalen Lebensgemeinschaften zurück und werden von den an heißes Wasser angepaßten Tieren abgelöst. Die höchste Wassertemperatur, bei der noch Pflanzen, nämlich Blaualgen, gedeihen können, liegt bei 83 °C. Alle anderen Pflanzen vertragen nur Temperaturen unter 40 °C. Die höchste tolerable Wassertemperatur für Tiere liegt bei etwa 55 °C. Am besten angepaßt an hohe Temperaturen sind verschiedene *Einzeller* wie *Rädertierchen.* Aber auch eine Reihe höher entwickelter Tiere kommt in Thermalquellen vor. Beispiele dafür sind bestimmte Schneckenarten (z. B. Bithynia thermalis; 53 °C) und einige Fadenwürmer, die ebenfalls in Wasser von über 50 °C leben können. – Ähnlich wie in normalen Quellen kommen in Thermalquellen bestimmte Heißwasserformen von Larven verschiedener Arten von Zuckmücken, Waffen- und Salzfliegen und anderer Zweiflügler vor, außerdem Schwimm-, Wasser-, Taumel- und Hakenkäfer sowie Wasserwanzen. Heute kennt man insgesamt über 180 Arten von Tieren, die in Thermalquellen leben können. Darunter stellen die Käfer mit 45 Arten die stärkste Gruppe. Da die Lebensweise dieser Tiere nur an sehr wenigen Standorten in Thermalquellen studiert werden kann, sind noch viele Fragen über ihre genaue Lebensweise, insbesondere über ihre Fortpflanzung, unbeantwortet.

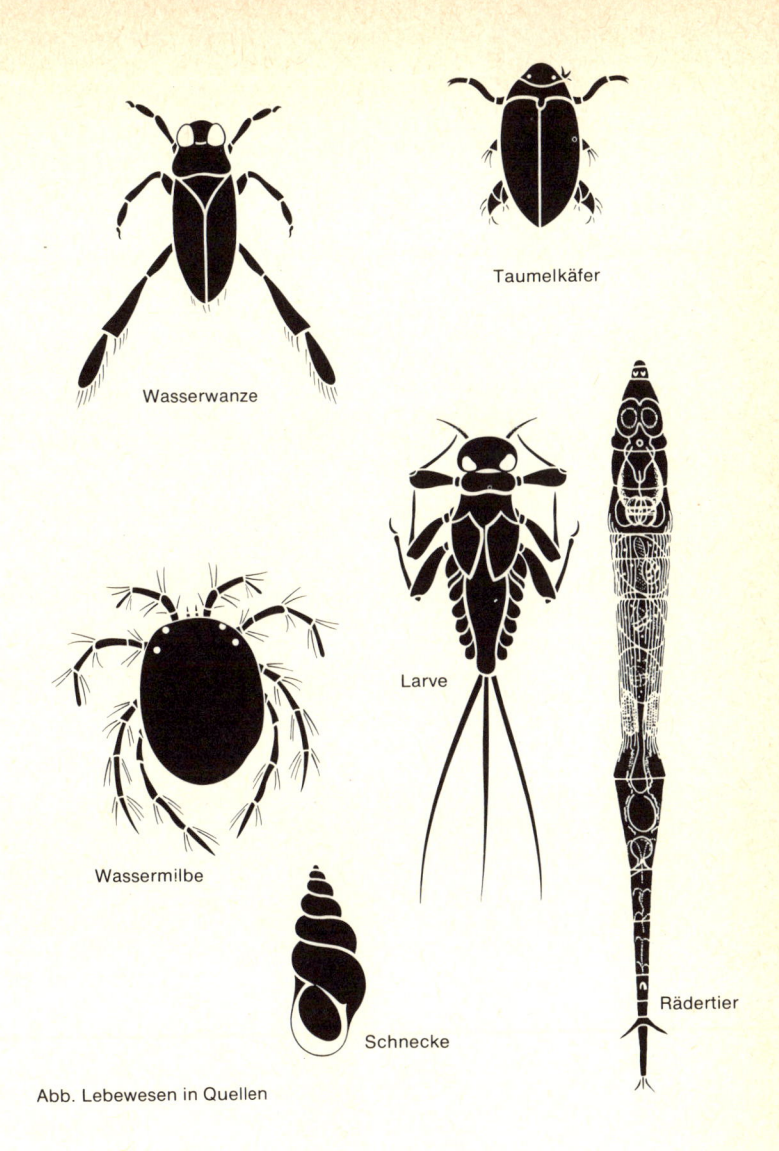

Wasserwanze

Taumelkäfer

Wassermilbe

Larve

Schnecke

Rädertier

Abb. Lebewesen in Quellen

Das Grundwasser – Leben im Grundwasser

Das *Grundwasser* füllt die Spalten der Schotter- und Kiesschichten, die Klüfte der Gesteine, es sammelt sich im Gebirge in vielen Höhlen und an einigen Stellen in gewaltigen unterirdischen Becken und fließt in oft kilometerbreiten Strömen tief unter der Erdoberfläche dahin. Die Sammlung und die Fließrichtung des Grundwassers wird bestimmt durch die Lage wasserundurchlässiger Schichten, die das versickernde Regenwasser auffangen und weiterleiten.

Obwohl im Grundwasserraum im Gegensatz zu den oberirdischen Gewässern völlige Finsternis herrscht, haben sich verschiedene Lebewesen an dieses Biotop angepaßt. Untersuchen kann man diesen Lebensraum nur dort, wo das Grundwasser an die Oberfläche kommt, also in Quellen, Höhlen, Brunnen und Bergwerksschächten. Bedingt durch das Fehlen des Sonnenlichtes, gibt es im Grundwasser keine grünen Pflanzen. Damit sind alle im Grundwasser lebenden Organismen auf die Zufuhr organischer Substanz von außen, d. h. von der Erdoberfläche, angewiesen. Man findet zwar Moose und Farne oft noch erstaunlich weit im Innern von Höhlen, wo nur noch Spuren von Tageslicht hingelangen. Jenseits dieser Grenze kommen jedoch nur noch *Bakterien, Pilze* und *tierische Organismen* vor. Sie leben vor allem von den feinen Teilchen zersetzter Pflanzenreste, die mit dem Sickerwasser in das Grundwasser eingespült werden. Da dieser Nahrungseintrag aber wegen der Filterung durch die oberen Bodenschichten in den meisten Fällen nur unbedeutend ist, kann die Populationsdichte der von dieser Nahrung lebenden Tiere im Grundwasser nur gering sein.

Die meisten *Grundwassertiere (Stygobionten)* sind Würmer, Krebse und Schnecken. Zu den echten Grundwassertieren gehören vor allem Strudelwürmer der Gattung Dendrocoelum, Ruderfußkrebse, Wasserasseln und Flohkrebse. In geringerem Maße vertreten sind einige Arten von Borstenwürmern, Wassermilben und Muschelkrebsen. Gemeinsame Merkmale bei diesen Arten sind *verkümmerte* oder *fehlende Augen* und eine weißliche, mehr oder weniger *durchscheinende Körperdecke.* Als Ersatz für die fehlenden Augen ist in den meisten Fällen der *Tast-* und *Geschmackssinn* wesentlich verfeinert, was sich oft in einer Vergrößerung von Fühlern und Borsten (im Vergleich zu oberirdischen Formen) manifestiert.

Da die Wassertemperatur das ganze Jahr über annähernd konstant zwischen 8 und 10 °C liegt, gibt es für die Grundwasserbewohner keine festen Fortpflanzungszeiten. Man findet so zur selben Zeit stets trächtige Weibchen und Jungtiere verschiedenen Alters. Interessant ist, daß die Weibchen weniger Eier ablegen. Zum Ausgleich dafür ist die durchschnittliche Lebensdauer der Individuen verlängert.

Nach unseren heutigen Kenntnissen stammt die Tierwelt des Grundwassers von oberirdischen Arten ab, die früher in das Grundwasser eingewandert sind. Vermutlich handelte es sich dabei um lichtscheue Arten, wie sie auch heute unter Steinen und im Schlamm schattiger Waldbäche leben. Denkbar ist auch, daß diese „Einwanderung" unter dem Einfluß der Eiszeit erfolgte: Mit dem Fortschreiten der Eiszeit wurden die oberirdischen Gewässer immer kälter und damit die Lebensbedingungen für die Wassertiere immer schlechter. Es könnte also gut möglich sein, daß das konstant zwischen 8 und 10 °C temperierte Grundwasser zu einer Art Zufluchtsstätte für oberirdische Tiere wurde, die durch die Eiszeit von der Erdoberfläche verdrängt wurden und sich im Laufe ihrer Evolution dann an die unterirdischen Verhältnisse des Grundwassers angepaßt haben. Umgekehrt bot vielleicht auch das Grundwasser denjenigen Tieren eine Zufluchtsmöglichkeit, die sich während der Eiszeit an die kalten Temperaturen gewöhnt hatten und am Ende der Eiszeiten durch die zunehmende Erwärmung der Gewässer in das kühlere Grundwasser verdrängt wurden.

Strudelwurm

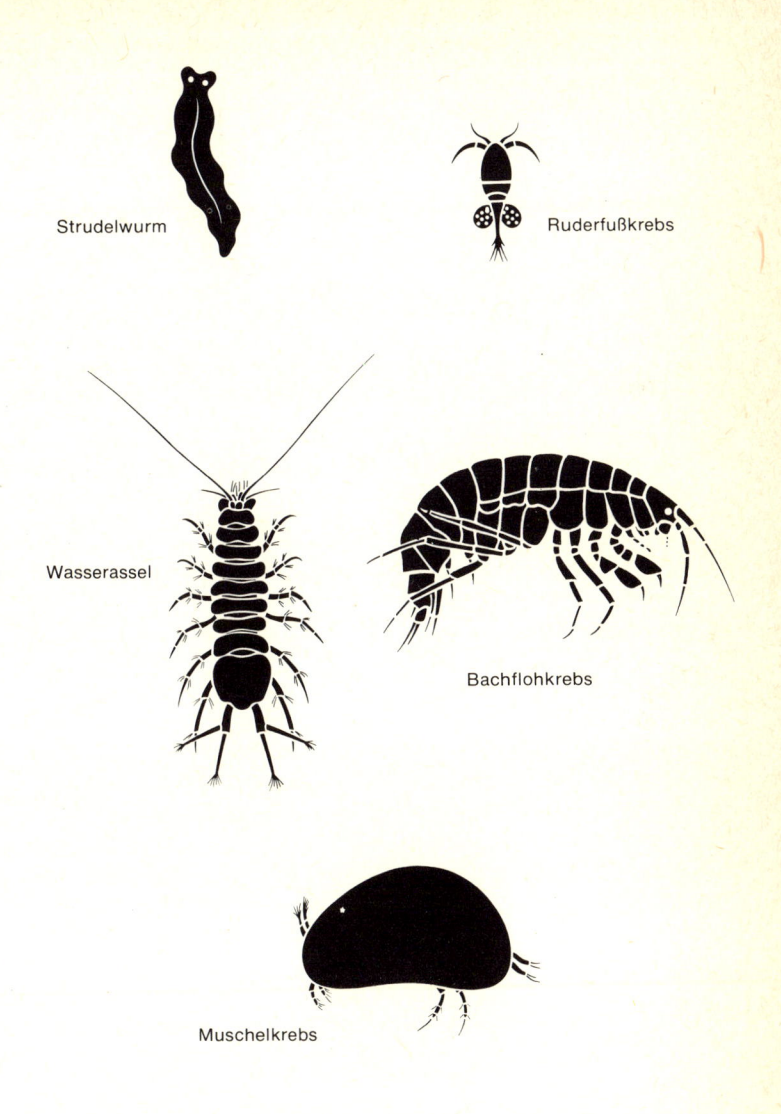

Ruderfußkrebs

Wasserassel

Bachflohkrebs

Muschelkrebs

Abb. Lebewesen im Grundwasser

Leben in der Tiefsee

Das Sonnenlicht dringt etwa bis in eine Tiefe von 1 000 m in das Meer ein. Die Tiere, die in dieser Dämmerzone leben, haben deshalb sehr große Augen und außergewöhnlich weite Pupillen. Ähnlich wie bei vielen landlebenden Nachttieren sind bei Tiefseetieren alle Sinneszellen der Retina als *Stäbchen* ausgebildet. Diese Stäbchen, die die Aufgabe haben, das geringe Licht aufzunehmen und in Nervenimpulse umzuwandeln, sind ungewöhnlich lang und groß. Ein Nervenstrang des Sehnervs wird immer von mehreren Stäbchen gleichzeitig versorgt. Durch diese Anordnung wird eine extrem hohe Lichtempfindlichkeit erreicht.

Unterhalb einer Wassertiefe von etwa 1 000 m, wo praktisch völlige Dunkelheit herrscht, haben die Fische entweder überhaupt keine Augen mehr oder nur noch sehr kleine oder degenerierte Augen. Man weiß heute, daß solche *Tiefseefische* sich vor allem mit ihren *Seitenlinienorganen*, mit denen sie Vibrationen im Wasser wahrnehmen können, in der Dunkelheit zurechtfinden. Viele Tiefseefische weisen sehr lange *Tastorgane* in den merkwürdigsten Formen auf: Tentakeln von extremer Länge, fühlerartige Flossenenden und überlange Schwanzenden. Manche Fische haben lange Fühler, die oft mit Haken und Stacheln bewehrt sind und gleichzeitig dem Auffinden und dem Fang der Beute dienen.

Einige Meeresorganismen haben die Fähigkeit, selbsttätig zu leuchten bzw. mehr oder weniger intensives Licht abzustrahlen *(Biolumineszenz)*. Bei vielen Tiefseefischen leuchten bestimmte Zellen, die von reflektierenden Zellgruppen umgeben sind. Andere Tiere können Leuchtstoffe an das umgebende Wasser abgeben, die längere Zeit selbsttätig außerhalb des Lebewesens leuchten und so wahrscheinlich zur Tarnung dienen. In besonderen Fällen konnte eine Symbiose zwischen Leuchtbakterien und Fischen festgestellt werden, derart daß die Leuchtbakterien von dem größeren Tier praktisch in Gewebekultur gehalten wurden. Einige Arten senden scheinwerferartige Lichtbündel aus, die sehr wahrscheinlich dem Auffinden der Beute dienen. Andere Tiefseefische haben an den Enden ihrer langen Fortsätze leuchtende Köder, die in den verschiedensten Formen und Farben auftreten können. Bei bestimmten Arten hängt der Leuchtköder sogar direkt im riesigen Maul. Häufig dienen die *Leuchtorgane* auch dazu, daß sich Männchen und Weibchen einer Art am Grund des Meeres zur Paarung finden können. Viele Meeresorganismen können ihre Lichtquelle „an- und abschalten" und so ihre Gegner verwirren.

Viele Tiefseefische haben große Zähne und Mäuler. Auch ist ihr Magen oft extrem dehnbar. Dies weist darauf hin, daß sie nur selten Nahrung finden, die dafür andererseits sehr groß sein kann und über längere Zeit den Hunger des Tiers stillen muß.

Viele Probleme der Tiefseefische sind noch ungeklärt, da man häufig nur auf Zufallsfunde angewiesen ist und die an die Meeresoberfläche gebrachten Tiere oft schnell absterben, so daß eingehende Untersuchungen nicht möglich sind.

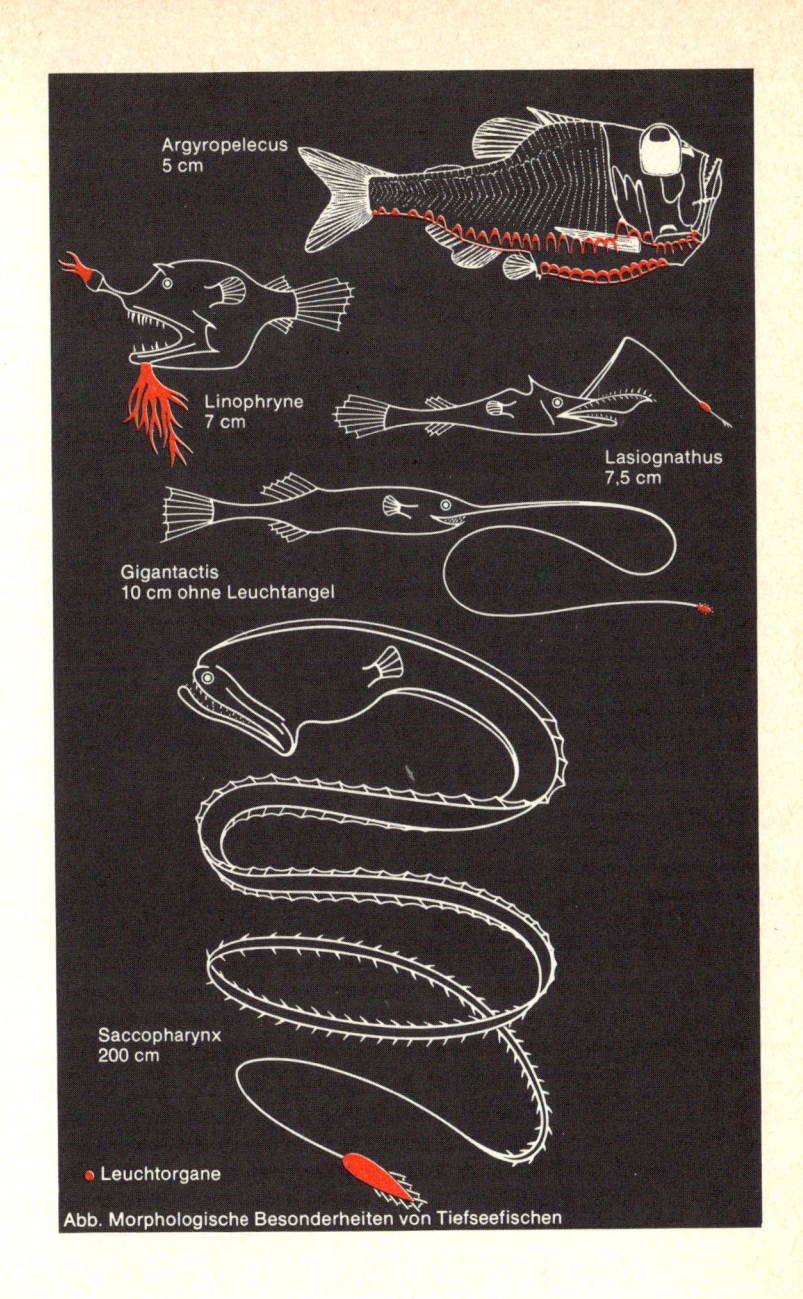

Abb. Morphologische Besonderheiten von Tiefseefischen

Wasserpflanzen

Die höheren Wasserpflanzen *(Hydrophyten)*, die sich wahrscheinlich aus feuchtigkeitsliebenden Schattenpflanzen *(Hygrophyten)* entwickelt und an ein völliges Leben im Wasser angepaßt haben, unterscheiden sich von den Landpflanzen in einer Reihe charakteristischer Merkmale.

Während die Landpflanzen Mineralstoffe in den meisten Fällen nur aus dem Erdreich über Wurzeln aufnehmen können, können die Wasserpflanzen die im Wasser gelösten Salze über die ganze *Pflanzenoberfläche*, vor allem über die Blätter, aufnehmen. Die Blattoberfläche der Wasserpflanzen ist meist größer als die verwandter Arten auf dem Land; außerdem ist ihre Epidermis (Oberhaut) dünner und zarter. Dies ermöglicht einen regen Stoffaustausch auf der ganzen Pflanzenoberfläche.

Die Wasserpflanzen haben zwei Möglichkeiten der *Kohlendioxidaufnahme* realisiert: die direkte Aufnahme des im Wasser gelösten Gases Kohlendioxid über die Epidermis der geschlitzten Blätter und die Reduktion des häufig im Wasser in größerer Menge vorhandenen Calciumbicarbonats. Das dabei entstehende Kohlendioxid wird von der Pflanze aufgenommen, während der zurückbleibende Rest oft in Form *weißer Kalkkrusten* abgelagert wird.

Während sich Kohlendioxid im Wasser ziemlich gut löst, ist die Löslichkeit von Sauerstoff in Wasser wesentlich geringer. Viele Wasserpflanzen besitzen deshalb aus sternförmigen Zellen gebildete *lufterfüllte Interzellularräume*, in denen der tagsüber durch die Photosynthese erzeugte *Sauerstoff* als Atmungsreserve für die Nacht gespeichert werden kann. Diese Luftkammern ermöglichen außerdem einen gewissen *Auftrieb,* der die Pflanzen im Wasser aufrecht stellt. Wegen dieses Auftriebs im Wasser benötigt der Pflanzenkörper weit weniger Festigungsgewebe als auf dem Lande. Eine Verholzung findet deshalb bei den meisten Wasserpflanzen nicht statt. Ebenso fehlt ein sekundäres Dickenwachstum. Die einzige stärkere Beanspruchung von Wasserpflanzen ist in fließenden Gewässern gegeben, wo die Pflanzenkörper eine starke Zugfestigkeit besitzen müssen. Dies wird in den meisten Fällen nicht durch ein randliches Festigungsgewebe, sondern durch einen zentralen, stabilen Strang gewährleistet. Sofern Wurzeln vorhanden sind, dienen diese nicht oder nur kaum der Nahrungsaufnahme (s. oben), sondern der Verankerung der Pflanze.

Entsprechend den verschiedenen ökologischen Verhältnissen vom Ufer bis zum Tiefwasser zeigen die Wasserpflanzen einen großen *Formenreichtum*. Bei den *Sumpfpflanzen (Helophyten)* sind nur die Wurzelorgane und evtl. die untersten Sproßteile von Wasser bedeckt. Sie können deshalb als Übergang von den echten Landpflanzen zu den Wasserpflanzen angesehen werden. Wenn der Sumpf im Sommer austrocknet, können die meisten Sumpfpflanzen diese Trockenperiode überdauern. – In der nächsten Anpassungsphase begegnen *amphibische Pflanzen* und *Schwimmblattpflanzen*. Bei den ersteren lebt ein beträchtlicher Teil der Pflanze ständig untergetaucht im Wasser, während die blütentragenden Sproßteile oft zusammen mit einem Teil der grünen Blätter weit aus dem Wasser ragen. Beispiele dafür sind die Teichbinse und das Pfeilkraut. Bei den Schwimmblattpflanzen schwimmen alle Blätter oder ein Teil der Blätter flach auf dem Wasserspiegel, so daß die betreffende Blattoberseite der Luft, die Unterseite dem Wasser zugewandt ist. Auch bei diesen Formen ragen die Blüten in den meisten Fällen über den Wasserspiegel hinaus (z. B. Teich- und Seerosen). Da sie mit der Blattoberfläche noch der Luft zugewandt sind, erfolgt der Gasaustausch von Kohlendioxid und Sauerstoff noch über Spaltöffnungen an der Oberseite der Blätter.

Von diesen Formen leiten sich dann die echten, *untergetauchten Wasserpflanzen* ab. Viele davon bilden keine Blüten mehr aus, sondern vermehren sich ausschließlich vegetativ (z. B. Ausläufer, Abgliederung von Sproßteilen).

CO_2 — Reduktion — $Ca^{++} + 2HCO_3^-$

CO_2 → Ca

Wasserpflanze — Kalkablagerungen an Blatt und Stengel

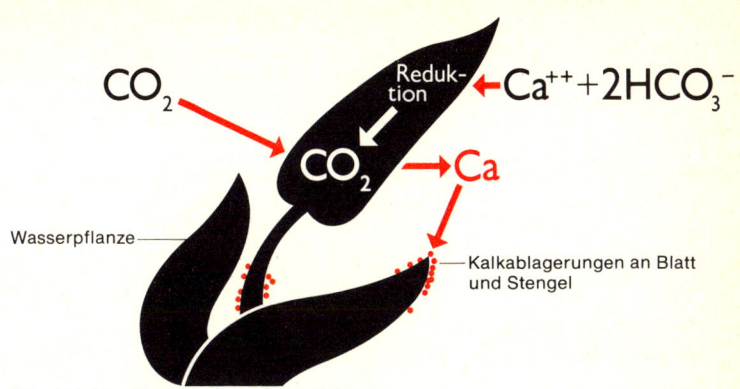

Abb. 1 Kohlendioxidaufnahme und Kalkablagerung bei Wasserpflanzen

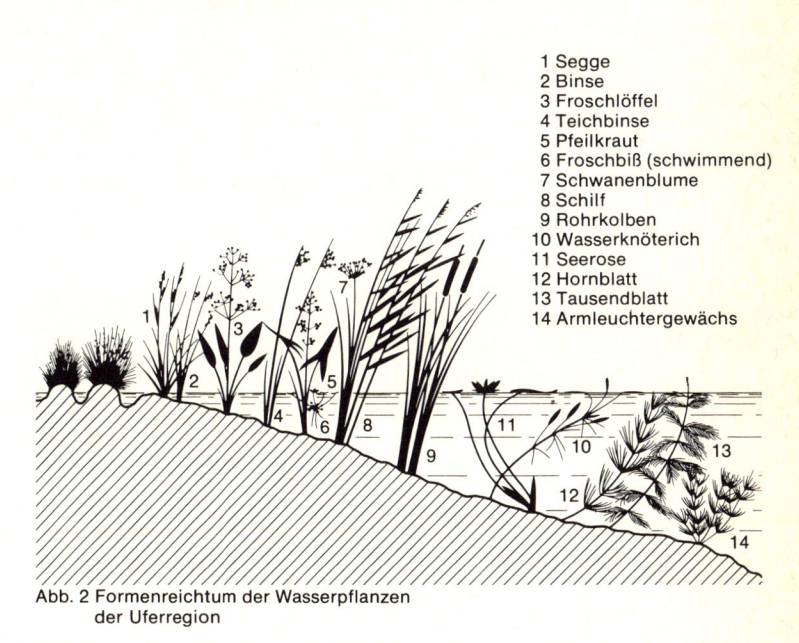

1 Segge
2 Binse
3 Froschlöffel
4 Teichbinse
5 Pfeilkraut
6 Froschbiß (schwimmend)
7 Schwanenblume
8 Schilf
9 Rohrkolben
10 Wasserknöterich
11 Seerose
12 Hornblatt
13 Tausendblatt
14 Armleuchtergewächs

Abb. 2 Formenreichtum der Wasserpflanzen der Uferregion

Fleischfressende Pflanzen

Die fleischfressenden Pflanzen nehmen in ihrer Ernährung eine Mittelstellung zwischen autotropher und heterotropher Lebensweise ein. Insgesamt gibt es auf der ganzen Erde rund 500 Arten von Tiere fangenden Blütenpflanzen. Sie leben meist auf sehr stickstoffarmem, kargem Boden und beziehen daher den benötigten Stickstoff v. a. aus der *Verdauung tierischen Eiweißes*. Dies geschieht durch *Enzyme,* die das Fleisch ihrer Opfer (meist Insekten) auflösen. Oft sind auch *zersetzende Bakterien* an diesem Abbauprozeß beteiligt. Alle diese Pflanzen besitzen Chlorophyll und sind bewurzelt, so daß sie sich auch autotroph ernähren können.

Nach der *Beschaffenheit ihrer Fangeinrichtungen* teilt man die fleischfressenden Pflanzen ein in Leimruten-, Klappfallen- und Fallgrubenfänger.

Ein typischer *Leimrutenfänger* ist der v. a. in unseren Hochmooren vorkommende *Sonnentau* (Gattung Drosera). Seine Blätter tragen an der Oberseite zahlreiche Drüsenhaare, die an ihrer Spitze einen blasigen, klebrigen Schleim ausscheiden, der in der Sonne wie ein Tautropfen glänzt. Insekten, die über diese Blätter krabbeln, verfangen sich in den Drüsenhaaren, kleben fest und kommen bei ihren Befreiungsversuchen mit immer mehr Köpfchen der Drüsenhaare in Berührung. Dies löst eine Krümmungsbewegung der Drüsenstiele nach der Beute zu aus. Bei einer besonders starken Reizung des Blattes durch ein größeres Tier krümmt sich auch die Blattfläche ein, so daß das Tier ganz umschlossen wird. Nun sondern die Drüsenköpfchen eine verdauende Flüssigkeit ab, die innerhalb einiger Tage die Eiweißsubstanz des Tiers auflöst, so daß nur noch die Chitinhülle übrig bleibt.

Ebenfalls ein Leimrutenfänger ist das *Fettkraut* (Gattung Pinguicula), das auf torfigen, feuchten Böden (v. a. in Flachmooren) vorkommt. Die Oberseite seiner dickfleischigen Blätter ist mit winzigen Drüsenhaaren dicht besetzt, die einen zähflüssigen Schleim absondern. Wenn sich in diesem Schleim ein Insekt verfangen hat, wird durch den chemischen Reiz des tierischen Eiweißes enzymhaltiger Schleim abgesondert. Gleichzeitig rollen sich die Blattränder über die Breite ein. In kurzer Zeit ist die Eiweißsubstanz des Tiers aufgelöst und wird wie beim Sonnentau aufgesaugt.

Zu den *Klappfallenfängern* gehört u. a. der *Wasserschlauch* (Gattung Utricularia), eine schwimmende Wasserpflanze, die an ihren Stengeln kleine Bläschen besitzt, die interessante Fangvorrichtungen darstellen. Die Wände dieser Wasser enthaltenden, oben von einer mit steifen Borsten besetzten Klappe verschlossenen Fallen sind elastisch nach innen gespannt, wodurch in den Bläschen ein geringer Unterdruck entsteht. Wenn nun ein Wassertier (z. B. ein Wasserfloh) eine der hebelartig wirkenden Borsten an der Klappe berührt, öffnet sich diese nach innen, und die Blasenwände schnellen nach außen. Das in das Bläschen einströmende Wasser reißt das Beutetier mit.

Durch rasches Zusammenklappen ihrer Blattflächen fängt die in Nordamerika heimische *Venusfliegenfalle* (Gattung Dionaea) Insekten ein. Jedes Fangblatt besteht am Ende aus zwei Teilen, die außen mit kleinen Zähnchen besetzt sind und innen jeweils drei Sinnesborsten tragen. Wenn ein Insekt diese berührt, klappen die Blattflächen fast augenblicklich zusammen, wodurch das Insekt zwischen den Blattflächen festgehalten wird. Darauf wird von kleinen Drüsen auf der Blattfläche Verdauungsflüssigkeit ausgeschieden, die das Insekt verdaut.

Als *Fallgrubenfänger* ist die in feuchten Urwäldern Asiens an Bäumen sich hochrankende Kannenpflanze (Gattung Nepenthes) bekannt. Das Fangorgan besteht aus einem kannenförmigen Gebilde, das außen in bunten Farben leuchtet. Im Inneren wird Nektar ausgeschieden, der Insekten anlockt. Die Innenwand der Kanne ist jedoch so glatt, daß die Insekten keinen Halt finden können und in die Kanne abstürzen, wo sie in einer verdauenden Flüssigkeit ertrinken.

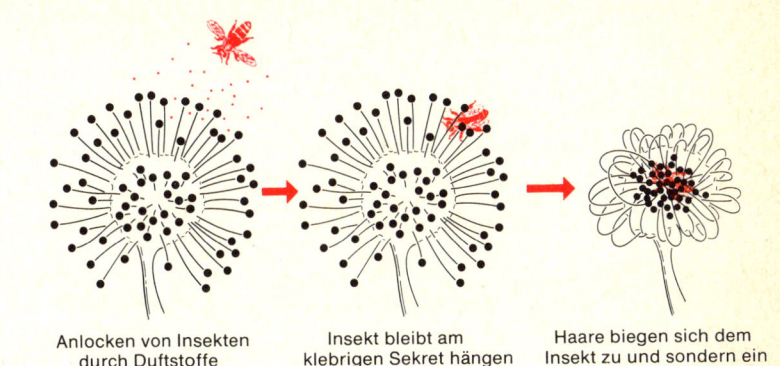

| Anlocken von Insekten durch Duftstoffe | Insekt bleibt am klebrigen Sekret hängen | Haare biegen sich dem Insekt zu und sondern ein Verdauungssekret ab |

Abb. 1 Die Funktion der Fangeinrichtung beim Sonnentau

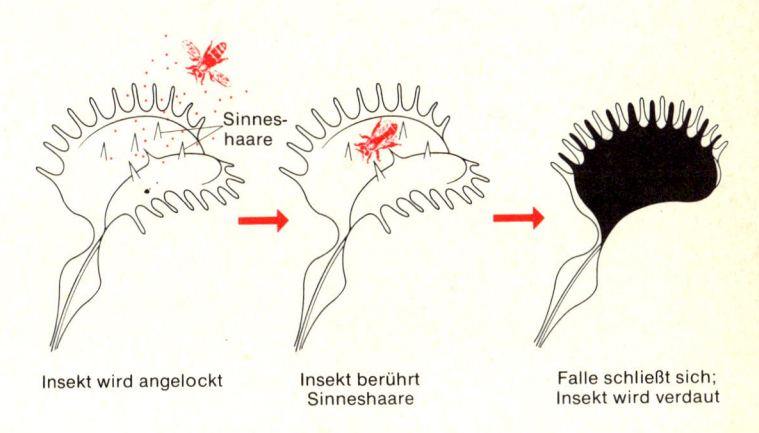

Sinnes-haare

| Insekt wird angelockt | Insekt berührt Sinneshaare | Falle schließt sich; Insekt wird verdaut |

Abb. 2 Die Funktion der Fangeinrichtung bei der Venusfliegenfalle

Insekten

Unter den etwas mehr als eine Million zählenden heute bekannten Tierarten sind rund drei Viertel Insekten. Die Gesamtzahl der Insektenarten ist sehr wahrscheinlich noch wesentlich größer, wenn man die zahlreichen noch nicht entdeckten Arten berücksichtigt. Insekten zeigen eine außerordentliche Mannigfaltigkeit in Größe, Aussehen, Lebensweise und Verbreitung. Vor allem in den warmen Monaten des Jahres gibt es fast keinen insektenfreien Lebensraum.

Nach unseren heutigen wissenschaftlichen Erkenntnissen gibt es Insekten auf der Erde seit rund 300 Millionen Jahren. Die frühesten *Fossilien von Insekten* stammen aus der Karbonzeit, der Zeit der Steinkohlenwälder. Die Insektenentwicklung hatte damals eine Blütezeit. Vor etwa 60 Millionen Jahren, mit dem Beginn des Tertiärs, setzte eine neue große Entfaltung der Insekten ein (Abb.). Diese Insekten sahen den heutigen bereits sehr ähnlich. Die am besten erhaltenen Tiere sind uns eingebettet in Bernstein überliefert. Selbst Einzelheiten von ihnen lassen sich noch mit dem Mikroskop erkennen. Viele haben sich seit dem Tertiär praktisch nicht mehr verändert.

Insekten sind keineswegs primitive Lebewesen, sondern stehen nach ihrer Organisationshöhe, ihrer Anpassungsfähigkeit an die Umwelt und hinsichtlich ihrer erstaunlichen Verhaltensweisen auf dem gleichen Rang wie die Wirbeltiere.

Alle Insekten haben wesentliche Merkmale gemeinsam. Im Gegensatz zu den Wirbeltieren, die ein inneres Knochenskelett besitzen, tragen die Insekten ein *Hautskelett,* das als meist harter Chitinpanzer den Körper umschließt. Die notwendige Beweglichkeit des Körpers wird durch die Gliederung in einzelne *Segmente* gewährleistet, die durch dünneres, biegsames Chitin miteinander verbunden und gegeneinander verschiebbar sind.

Der Insektenkörper besteht aus dem Kopf, einem Brustabschnitt aus drei Segmenten (Vorder-, Mittel- und Hinterbrust) und dem Hinterleib aus bis zu 11 Gliedern. Der Brustabschnitt trägt drei Beinpaare und bis zu zwei Flügelpaare. Der Hauptbaustoff des Insektenkörpers ist *Chitin*. Diese Substanz hat chemisch wie physikalisch in vielerlei Hinsicht einzigartige Eigenschaften. Chitin vereinigt große Härte mit geringem Gewicht. Es bildet die dicken Panzer der Käfer und die zarten Flügel der Schmetterlinge aus. Aus Chitin besteht der Haarpelz der Hummeln und der Stech- und Saugrüssel der Stechmücken. Jedes Insektenbein und jeder Fühler werden durch Chitin geformt und gestützt. Auch das Tracheensystem im Inneren des Insektenkörpers ist bis zu den chitinfreien Endästen, die jede einzelne Zelle mit Sauerstoff versorgen, mit Chitin ausgekleidet.

Da die Insekten ein Außenskelett besitzen, liegt die Muskulatur innen. Der starre Chitinpanzer erlaubt kein Wachstum, so daß sich das wachsende Insekt, d.h. die Larve, von Zeit zu Zeit *häuten* muß, wobei jedesmal ein neues, größeres Chitinskelett ausgebildet wird.

Die Insekten haben sich in vielfältiger Weise an unterschiedliche ökologische Bedingungen angepaßt. Dies zeigen z. B. die Veränderungen in der Ausbildung der *Mundwerkzeuge.* Den Grundtyp stellen die *beißend-kauenden Mundwerkzeuge* dar, wie sie Heuschrecken und Schmetterlingsraupen besitzen. Viele Käfer, die Ameisen und die Bienen haben *kauend-leckende Mundwerkzeuge,* mit denen sie z. B. Blütenstaub und zugleich Pflanzensäfte aufnehmen können. Die *leckend-saugenden Mundwerkzeuge* dienen allein zur Aufnahme von flüssiger Nahrung, so daß die Mandibeln funktionslos geworden sind oder überhaupt fehlen (z. B. Schwebfliegen). Diesen Typus finden wir v. a. bei Fliegen und Schmetterlingen in Form des Rüssels verwirklicht. Ein weiterer evolutorischer Fortschritt war die Ausbildung von *stechend-saugenden Mundwerkzeugen,* da oft erst Gewebe durchbohrt werden muß, um an die Nahrung wie Pflanzensäfte oder Blut herankommen zu können. Diese unterschiedlichen *Stechapparate* sind alle nach einem bestimmten Grund-

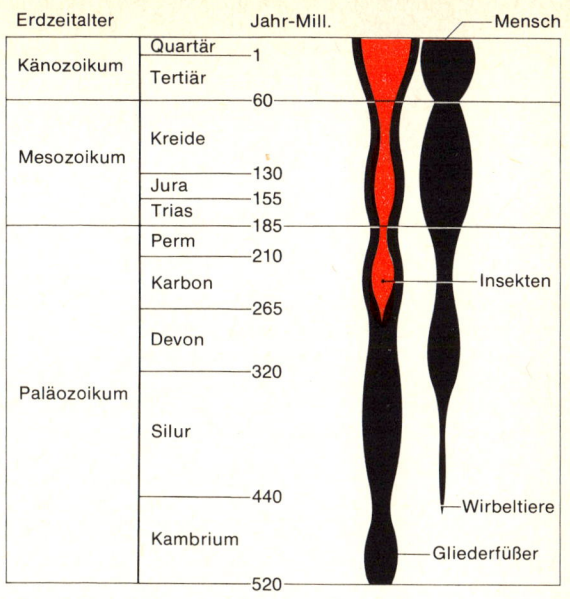

Erdzeitalter		Jahr-Mill.
Känozoikum	Quartär	1
	Tertiär	
		60
Mesozoikum	Kreide	
		130
	Jura	155
	Trias	185
Paläozoikum	Perm	210
	Karbon	265
	Devon	320
	Silur	
		440
	Kambrium	
		520

Mensch — Insekten — Wirbeltiere — Gliederfüßer

Abb. 1 Die Entwicklung der Insekten im Verlaufe der Erdgeschichte

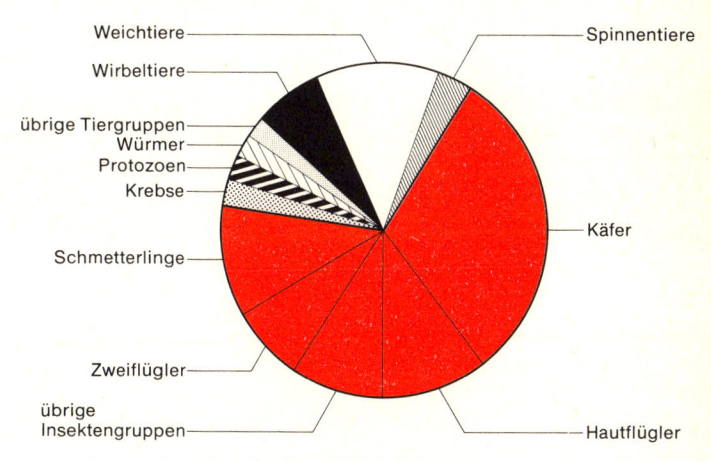

Abb. 2 Zahl der Insektenarten auf der Erde im Verhältnis zu den Artenzahlen bei den übrigen Tierarten

schema ausgebildet: Die Unterlippe (Labium) ist zu einer äußeren Gleitrinne geworden, in der die zu Stechborsten umgebildeten Ober- und Unterkiefer (Mandibeln und Maxillen) liegen. Über einen Speichelkanal wird gerinnungshemmender Speichel in die Stichwunde eingebracht, und über einen Saugkanal wird die Flüssigkeit eingezogen.

Die Insekten sind von recht *unterschiedlicher Größe*. Besonders groß werden einige Käfer. Der *Herkuleskäfer* aus dem tropischen Südamerika z. B. erreicht eine Länge von 16 cm. Die Männchen tragen zwei mächtige, nach vorn gerichtete Hörner als Fortsätze des Halsschildes (der obere, längere Auswuchs) und der Stirn. Das Weibchen dagegen ist wesentlich kleiner und unscheinbarer. Die kleinsten Insekten der Erde dagegen sind nicht viel größer als das einzellige Pantoffeltierchen. Zu diesen kleinsten Insekten gehören z. B. der *Zwergspringschwanz* und verschiedene *Schlupfwespen,* die eine Größe von 0,1–0,3 mm erreichen. Es ist phantastisch, in welch winziger Ausbildung in diesen kleinen Lebewesen alle wichtigen Organe der größeren Insekten vorhanden sind. – Ein anderes Extrem ist ein in Südamerika lebender *Eulenfalter,* dessen Spannweite über 32 cm beträgt. Das längste heute lebende Insekt ist eine südamerikanische *Riesenstabheuschrecke,* (über 30 cm).

Die Insekten sind, wie auch die übrigen Gliederfüßer, in der *Besiedlung der Lebensräume* unserer Erde von allen Tiergruppen am weitaus erfolgreichsten. Sie haben es praktisch überall verstanden, alle nur irgendwie für sie brauchbaren Nahrungsquellen zu nutzen und sich unterschiedlichsten Umweltbedingungen anzupassen. In den Tropen haben sie sich zu einem überwältigenden Artenreichtum entfaltet. Aber auch in den Gebieten der Erde mit harten Lebensbedingungen sind fast keine insektenfreien Gebiete zu finden. Man fand Insekten in den Steppen und heißesten Wüsten, im Schlamm tiefer Höhlen, wo kein Sonnenlicht hingelangt, auf kleinen Meeresinseln und auf den Gletschern der Gebirge. So gibt es winzige Gletscherflöhe, die hochalpine oder polnahe Schneefelder bevölkern und von organischen Substanzen leben, die in dem vom Wind hertransportierten Staub enthalten sind. Im Himalaya fand man noch in Höhen bis 5 000 m Ameisen, Wespen, Bienen, Schmetterlinge, Wanzen und Käfer. Auch in den Binnengewässern haben sich die Insekten zu einer artenreichen Vielfalt entwickelt. – Eine seltsame Ausnahme bildet nur das Meer, in dem, mit wenigen Ausnahmen, Insekten fehlen.

Eine besondere Eigenschaft, die von vielen Insektenarten entwickelt wurde, ist das *Fliegen.* Es wurde in der Natur viermal „erfunden": von den Vögeln, den Fledermäusen, den Flugsauriern und den Insekten. Vor allem die *Libellen* haben es zu einer außerordentlichen Flugfähigkeit gebracht. Sie erreichen Fluggeschwindigkeiten bis zu 50 Stundenkilometern, können blitzschnell im Flug die Richtung ändern und können rückwärts fliegen.

Ein weiteres besonderes Merkmal der Insekten sind ihre *Facettenaugen.* Diese bestehen im Gegensatz zu den Augen anderer Tiere aus einer Vielzahl von sechseckigen Einzelaugen, die zusammen ein komplettes Auge bilden. Jede der Facetten des Facettenauges ist in eine bestimmte Richtung orientiert, wodurch eine mosaikartig zusammengesetzte Abbildung der Umgebung entsteht. Mit den Facettenaugen können v. a. die schnellfliegenden Insekten wie die Libellen außerordentlich gut sehen und Veränderungen im Sichtbereich schnell wahrnehmen. Weitere Sehleistungen fand man bei *Bienen,* die, z. B. im Gegensatz zum Menschen, ultraviolettes und polarisiertes Licht wahrnehmen können.

Auch im allgemeinen Naturgeschehen spielen die Insekten eine wichtige Rolle. Schmetterlinge, Bienen und Hummeln sind z. B. die wichtigsten *Bestäuber der Blütenpflanzen* und ermöglichen so deren Fortpflanzung. Käfer wie Totengräber, Speck- und Aaskäfer sorgen für die *Beseitigung von Tierleichen.* Bestimmte Insektenpopulationen in abgestorbenen Baumstämmen und in Baumstümpfen sorgen für deren völlige Zerstörung und damit für deren Wiedereingliederung in den Kreislauf der Natur. – S. auch „Die Staaten der Insekten", S. 156 ff.

leckend-
saugend

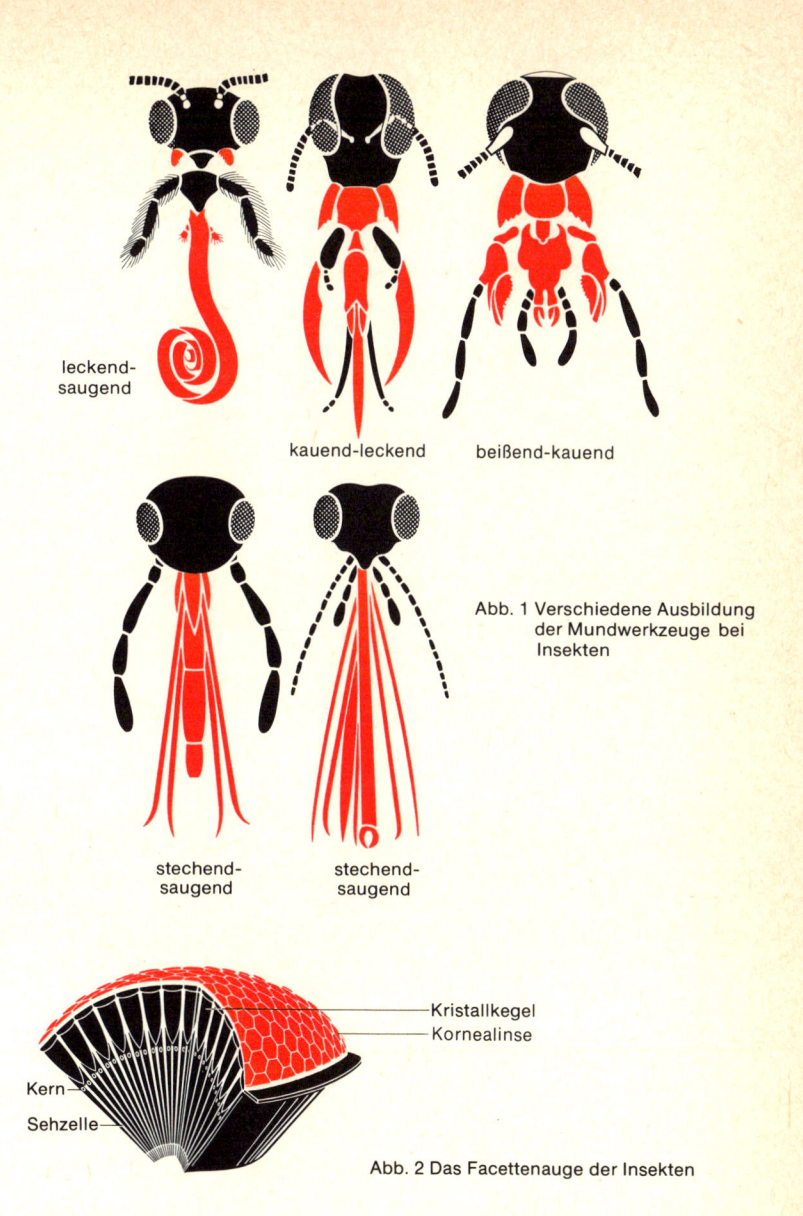

kauend-leckend

beißend-kauend

stechend-
saugend

stechend-
saugend

Abb. 1 Verschiedene Ausbildung der Mundwerkzeuge bei Insekten

Kristallkegel
Korneallinse
Kern
Sehzelle

Abb. 2 Das Facettenauge der Insekten

Die Staaten der Insekten

Außer den einzeln (solitär) lebenden Insektenarten – es ist die überwiegende Mehrzahl – gibt es auch einige Insektenarten, die aus vielen Individuen bestehende Staaten bilden. Die allmähliche Bildung von großen Staaten läßt sich am besten bei den *Hautflüglern* (Bienen, Wespen, Ameisen) beobachten. Die *Pelzbienen* z. B. legen ihre röhrenförmigen Bauten an Lehm- oder Mörtelwänden oft in großer Zahl dicht beisammen an. In solch größeren Kolonien entwickelt sich dabei zeitweise ein gemeinsames Handeln, wenn die Tiere z. B. gemeinsam über einen Störenfried herfallen. Dies tun sie auch dann, wenn die eigene Brut gar nicht bedroht ist. Das Zusammenleben der Pelzbienen dauert jedoch nur so lange, bis die Eier abgelegt und mit Nahrung versorgt sind. Ein Zusammenleben der Mütter mit den Jungen oder der Jungen untereinander kommt auf dieser Stufe noch nicht vor.

Die nächsthöhere Stufe in Richtung einer Staatenbildung findet sich bei *Hummeln.* Im Frühling wird der Hummelstaat durch die Hummelkönigin, ein überwinterndes Weibchen, gegründet. Die Königin baut dazu an einem geeigneten Ort (kleine Erdhöhle o. ä.) einige eiförmige Zellen aus mit Blütenstaub oder Harz verknetetem Hummelwachs. Die Zellen werden mit Blütenstaub und Honig gefüllt und von der Königin mit mehreren Eiern belegt. Im Nest wird außerdem ein kugelförmiger Vorratsbehälter errichtet, den die Königin mit Honig beschickt. Die geschlüpften Maden werden zunächst von der Königin gefüttert. Sie werden zu Arbeiterinnen mit verkümmerten Eierstöcken. Sie sammeln Honig und Blütenstaub, füttern die jungen Maden, bauen weitere Zellen und pflegen das Nest. Je mehr Arbeiterinnen herangewachsen sind, desto mehr wird die Königin entlastet, so daß sie sich zuletzt ganz auf das Eierlegen konzentrieren kann. Gegen den Sommer hin entstehen dann auch fertile Weibchen und die Männchen. Gegen Ende des Herbstes stirbt das Hummelvolk ab. Es kann bis dahin bis auf einige Hundert Tiere angewachsen sein. Die befruchteten jungen Königinnen überwintern und gründen im Frühjahr wieder neue Staaten.

Einen ähnlichen Staat wie die Hummeln bilden die *Wespen* und *Hornissen,* doch sind diese Staaten individuenreicher. Die Substanz für den Nestbau ist eine papierartige Masse aus mit klebrigem Speichel vermengtem, fein zerkautem Holz. Die runden bis sechseckigen Zellen stehen in Waben zusammen. Sie werden nur mit je einem Ei beschickt. Vorräte werden von den räuberisch lebenden Wespen und Hornissen nicht angelegt. Das Nest wird gemeinsam verteidigt.

Eine besonders hohe Organisationsform haben die *Ameisenstaaten.* Wir finden hier größere Königinnen, flügellose, sterile Arbeiterinnen sowie Männchen. In großen Ameisenstaaten können mehrere Königinnen vorkommen. Durch besondere Fütterung entstandene Arbeiterinnen mit dicken Köpfen und groß entwickelten Kiefern werden als Soldaten bezeichnet. Die *Ameisennester* bestehen aus einem System von Kammern und Gängen und dienen v. a. zur Aufzucht der Jungen. Interessant ist, daß die südamerikanischen Blattschneiderameisen Pilzzüchter sind. Die größeren Arbeiterinnen tragen Blattstückchen in ihr Erdnest ein. Diese werden von den kleineren Arbeiterinnen zu einem Blattbrei zerkaut, mit Pilzkeimen geimpft und dauernd mit Speichel und Kot gedüngt. Das entstehende üppige Pilzgeflecht dient diesen Ameisen als Nahrung. – S. auch ,,Die Staaten der Insekten – der Bienenstaat'', S. 158 ff.

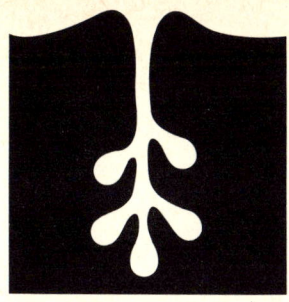

Abb. 1 Nestanlage einer einzeln lebenden Erdbienenart

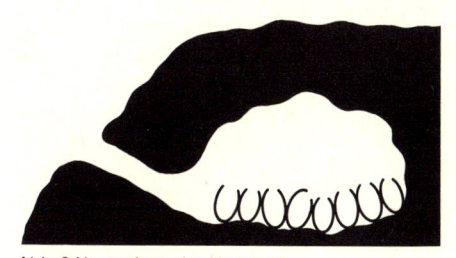

Abb. 2 Nestanlage der Hummeln

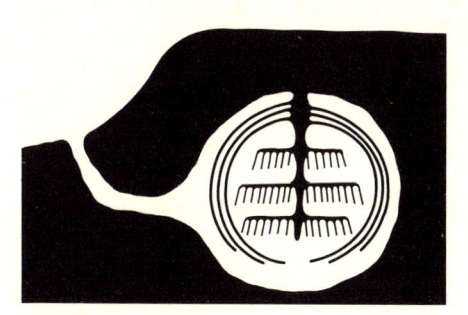

Abb. 3 Nestanlage der Deutschen Wespe (nach Linder)

Die Staaten der Insekten – der Bienenstaat

Der Staat der Honigbienen besteht aus einer einzigen Königin und 40 000–70 000 Arbeiterinnen, zu denen im Frühjahr noch einige Hundert männliche Tiere (Drohnen) hinzukommen. Nur die *Königin* kann im allgemeinen Eier legen. Von ihr stammen alle übrigen Bewohner des Bienenstocks ab. Sie erreicht ein Alter von 4 bis 5 Jahren.

Die *Arbeiterinnen* sind verkümmerte Weibchen, die außer dem Eierlegen alle Arbeiten für den Staat erledigen und nur einige Wochen im Frühjahr und Sommer leben. Der Arbeitseinsatz ist streng geregelt. Vom 1. bis etwa 10. Lebenstag verrichten die Arbeitsbienen *Arbeiten im Stockinneren*. Bis zum 3. Lebenstag reinigen sie als Putzbienen den Stock. – Ab dem 4. Lebenstag *füttern sie die junge Bienenbrut*, wozu sie ein besonderes Sekret, die Ammenmilch, erzeugen; je nach dem Alter der Maden werden zusätzlich zur Ammenmilch noch Honig und Pollen verfüttert. – Vom 10. bis zum 20. Lebenstag widmet sich die Arbeitsbiene dem *Wabenbau*. Sie besitzt dafür zwischen den Hinterleibsringen Wachsdrüsen, die Bienenwachs in Form kleiner Schüppchen abscheiden. Diese werden von ihr mit den Beinen erfaßt, zu den Mundwerkzeugen geführt und dort gründlich durchgeknetet. Dann setzen diese sog. *Baubienen* Kügelchen um Kügelchen aneinander, bis eine sechskantig geformte Wabenzelle entsteht. Es ist auch heute noch nicht genau bekannt, wie diese erstaunliche Regelmäßigkeit der Zellen (auch in bezug auf ihre Wanddicke) zustande kommt. – Um den 20. Lebenstag herum verrichten die Arbeiterinnen *Wächterdienst am Flugloch*. Mit Hilfe ihres Geruchssinns erkennen sie alle nicht zum Stock gehörenden Bienen und andere Tiere und verwehren diesen den Zutritt. Um ankommenden Stockgenossinnen das Auffinden des Nestes zu erleichtern, scheiden sie einen Duftstoff aus; dabei strecken sie am Flugloch ihren Hinterleib steil in die Höhe („Sterzeln"). – Im Anschluß an den Wächterdienst verbringt die Arbeitsbiene den Rest ihres Lebens (als Sammelbiene) mit dem *Einsammeln von Blütenstaub und Nektar*. Dabei erfüllt sie zusammen mit anderen blütenbesuchenden Insekten eine wichtige Rolle in der Natur, indem sie die Blüten bestäubt und so für die Samen- bzw. Fruchtbildung der Blütenpflanzen sorgt.

Fallen Bienen eines bestimmten Aufgabenbereiches aus, dann können die übrigen Bienen diese Tätigkeiten übernehmen, indem entweder funktionslos gewordene Organe (z. B. die Geschlechtsorgane oder die Wachsdrüsen bei Arbeiterinnen) wieder tätig werden oder bestimmte Organe früher als üblich in Aktion treten. Das Bienenvolk kann demnach als ein Organismus höherer Ordnung angesehen werden.

Die *Drohnen* leisten im Stock keine Arbeit, sondern lassen sich von den Arbeiterinnen füttern. Ihre Aufgabe ist es, die Bienenkönigin zu begatten. Wenn dies geschehen ist, werden sie aus dem Stock vertrieben oder getötet („Drohnenschlacht").

Im *Nest* der Honigbiene befinden sich mehrere senkrecht angeordnete *Waben* mit den dicht aneinanderliegenden, sechsseitigen, prismatischen *Wachszellen*. Dabei liegen die Zellen mit der Brut an einer bestimmten Stelle in der Mitte des Nestes. Dem Brutbezirk benachbart wird der Blütenstaub gespeichert. Die mit Honig gefüllten Waben hängen vor und hinter dem Brutnest.

Die *Innentemperatur des Stocks* liegt konstant (mit Ausnahme des Winters) zwischen 34,5 und 35,5 °C. Die Bienen haben einen sehr genauen Temperatursinn, mit dem sie noch Temperaturunterschiede von nur 1/5 °C registrieren können. Jede Änderung der Innentemperatur des Stocks wird sofort reguliert: Bei zu hoher Temperatur bringen die Bienen Wasser in leere Zellen und nutzen so die Verdunstungskälte für eine Temperaturerniedrigung, wobei sie zusätzlich durch Flügelbewegungen die Verdunstung beschleunigen. Sinkt die Temperatur andererseits unter den Normwert ab, so nehmen die Bienen zur Steigerung ihres

Abb. 1 Entwicklung der Arbeitsbiene

Königin legt Ei in Wabe → Made → Puppe → Imago (fertige Biene)

1.–10. Tag
Innendienst

↓

10.–20. Tag
Wabenbau

→

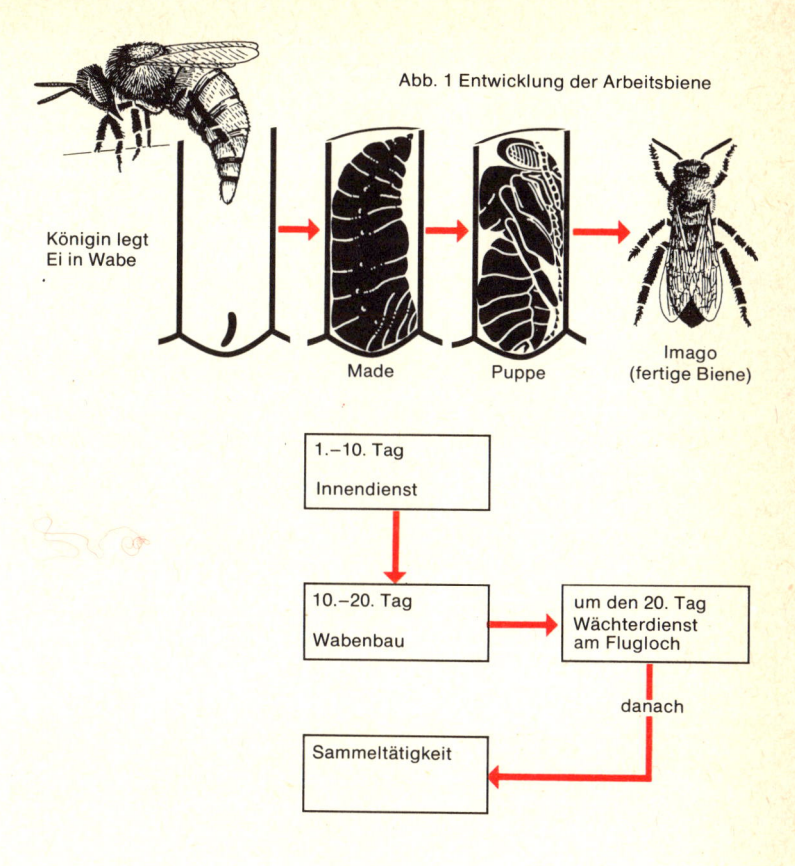

um den 20. Tag
Wächterdienst am Flugloch

danach

Sammeltätigkeit

Abb. 2 Funktionswandel der Arbeitsbiene

Stoffwechsels Honig aus ihrem Vorrat auf und erzeugen durch Muskelzittern und Flügelschwirren zusätzliche Körperwärme. Dies alles geschieht zum Schutz der Brut, v. a. auf den Brutwaben, wo die Bienen dicht zusammenrücken. – Im *Winter*, wenn die Bruttätigkeit erloschen ist, bilden alle Bienen zusammen eine dichte *Traube*, in der die Temperatur kaum unter 20 °C abfällt. Von Zeit zu Zeit findet dabei ein Austausch zwischen den ausgekühlten Bienen der Peripherie und den Bienen im Inneren der Traube statt.

Anders als bei Hummeln und Wespen vollzieht sich die *Neugründung des Bienenstaates* nicht durch die Königin allein. Wenn das Bienenvolk zu einer gewissen Größe herangewachsen ist, verläßt die alte Königin mit einem Teil der Bienen als Schwarm den Stock. Es ist dies die Stammbelegschaft für den neuen Staat. Im alten Stock wird die Stelle der alten Königin von einer frisch geschlüpften übernommen.

Von besonderer Bedeutung für das soziale Verhalten der Honigbienen ist deren *Mitteilungsvermögen* („Bienensprache"). Sammelbienen, die eine Nektar- oder Blütenstaubquelle entdeckt haben, teilen dies im Bienenstock durch verschiedene *Tänze* mit. Die experimentellen Untersuchungen hierüber hat K. v. Frisch durchgeführt. Danach führen die Sammelbienen auf den Waben einfache *Rundtänze* auf, wenn sich die Futterquelle in der Nähe des Stocks befindet. Ist die Futterquelle, etwa ein blühender Obstbaum, weiter als 80–100 m vom Stock entfernt, so geht der Rundtanz in einen *Schwänzeltanz* über: Die Lauffigur ist eine Acht, wobei die Tänzerin beim Durchlaufen der Mittelstrecke mit dem Hinterleib rasch hin und her „schwänzelt". Die dabei eingehaltene *Laufrichtung* gibt den Stockgenossinnen die Flugrichtung zur Futterquelle in Abhängigkeit vom Sonnenstand an. Liegt z. B. die Futterquelle genau in Richtung des Sonnenstandes, so verläuft der Schwänzeltanz senkrecht nach oben. Liegt die Futterquelle in einem bestimmten Winkel zur Sonne, so deutet dies die Biene dadurch an, daß sie die Schwänzelrichtung genau um dieselbe Gradzahl von der Senkrechten weg nach der betreffenden Seite zu ändert. Je weiter die Futterquelle entfernt ist, desto langsamer sind die Umläufe, jedoch umso intensiver ist dann andererseits das Schwänzeln auf dem Mittelstück der Tanzfigur. Die Biene kann so durch die *Zahl ihrer Umläufe* pro Zeiteinheit ihren Stockgenossinnen genau angeben, welche Flugleistung notwendig ist, um die Futterquelle zu erreichen. Dabei sind die jeweiligen Geländeformen und Windeinflüsse bereits berücksichtigt. Durch die Fähigkeit der Bienen, polarisiertes Licht wahrzunehmen, genügt ihnen bereits ein kleiner Fleck blauen Himmels, um den augenblicklichen Sonnenstand zu erkennen.

Abb. 1 Die drei Formen der Honigbiene (Apis mellifica)

Königin — Drohne — Arbeiterin

Rundtanz — Schwänzeltanz

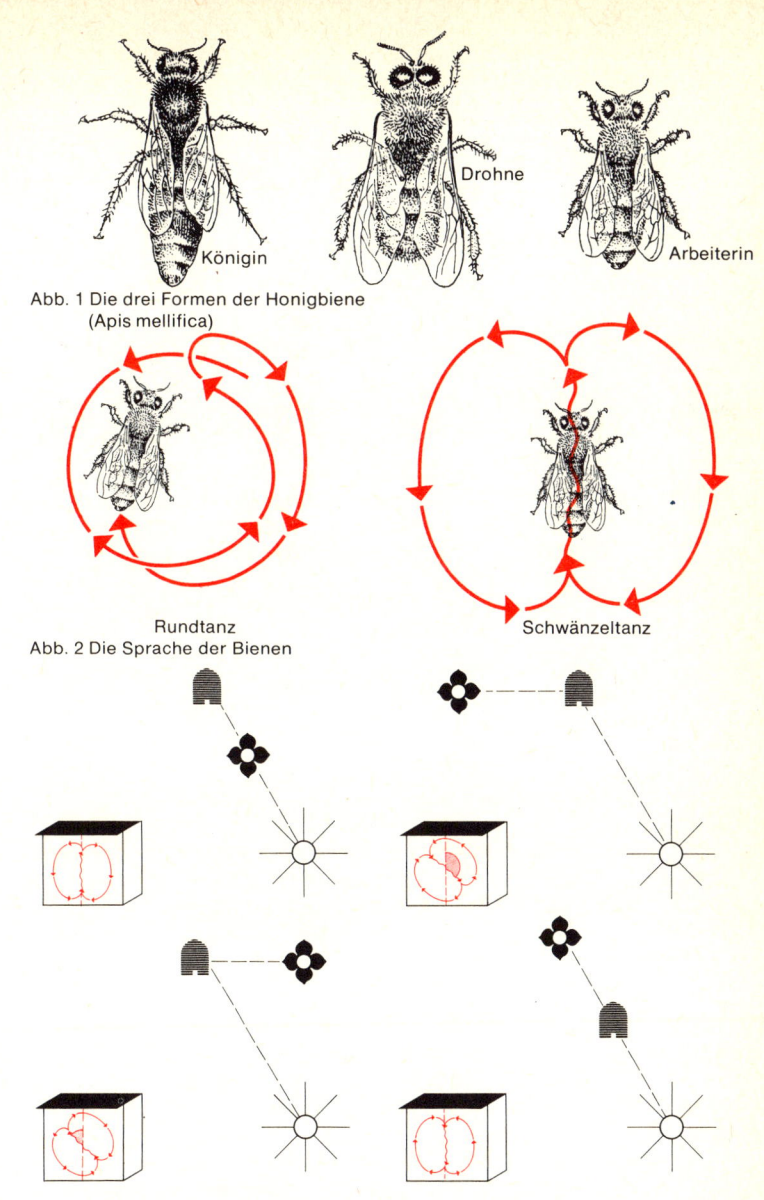

Abb. 2 Die Sprache der Bienen

Abb. 3 Richtungsweisung der Bienen beim Schwänzeltanz nach dem Sonnenstand

Symbiose

Unter *Symbiose* versteht man das Zusammenleben zweier oder mehrerer Organismen verschiedener Artzugehörigkeit, wobei jeder Partner, im Gegensatz zum Parasitismus (s. S. 166ff.), Nutzen von dieser Verbindung hat. Häufig sind ein autotrophes und ein heterotrophes Lebewesen zu einer Symbiose vereint. *Autotrophe Organismen* sind z. B. die Blattgrün aufweisenden Pflanzen, die imstande sind, allein von anorganischen Substanzen zu leben, aus denen sie mit Hilfe des Sonnenlichtes körpereigene organische Substanzen aufbauen. *Heterotrophe Organismen* dagegen benötigen zum Leben organische, d. h. energiereiche Verbindungen.

Bei einer Symbiose zwischen einem autotrophen und einem heterotrophen Partner bietet der heterotrophe dem autotrophen Schutz und Aufenthalt, während der autotrophe jenem einen Teil seiner aufgebauten organischen Substanz abgibt.

Ein interessantes Beispiel dafür sind die *Flechten*. Diese werden als eigene systematische Pflanzenkategorie geführt, obwohl sie eine Symbiose aus Alge oder Blaualge und Pilz darstellen. Die morphologische Verknüpfung beider Partner ist so eng, daß praktisch ein neuer „Organismus" von einer bestimmten Gestalt und von konstanten, systematisch erfaßbaren Merkmalen entsteht. Bei einem Querschnitt durch eine Flechte kann man deutlich den Symbiosecharakter erkennen. Das Hauptgewebe besteht aus Pilzfäden, die der Flechte die charakteristische Gestalt geben. Zwischen diesen Pilzfäden liegen, v. a. an der Thallusoberfläche, grüne Algen oder Blaualgen, die die Fähigkeit zur Photosynthese (s. S. 200) besitzen. Für die betreffende Flechtenart sind die Symbiontenarten jeweils spezifisch. Es sind v. a. einzellige oder fadenförmige mehrzellige Vertreter der *Grünalgen* (Chlorophyzeen) oder *Blaualgen* (Zyanophyzeen); bei den Pilzen sind es hauptsächlich *Schlauchpilze* (Askomyzeten), manchmal *Ständerpilze* (Basidiomyzeten). Die in einer Flechte zusammenlebenden Symbionten lassen sich erstaunlicherweise auch getrennt voneinander auf einem künstlichen Nährboden halten. Doch gedeihen sie in Symbiose wesentlich besser. Der Pilz erhält in der Symbiose in erster Linie einen Teil der Assimilationsprodukte des Partners, während er selbst die Versorgung der Flechte mit Wasser und Salzen übernimmt. So ermöglicht er den Algen bzw. Blaualgen, die sonst nur an feuchten Standorten gedeihen können, das Leben an relativ trockenen Plätzen.

Interessant ist, daß Algen bzw. Blaualgen in den Flechten die Fähigkeit zur geschlechtlichen Fortpflanzung verloren haben. Sie vermehren sich nur noch durch ungeschlechtliche Zellteilung. Die *Vermehrung der Flechten* erfolgt dadurch, daß der Flechtenpilz Fruchtorgane ausbildet, in denen kleine, junge Flechten entstehen, die schon einige Algen bzw. Blaualgen besitzen, so daß sie sich, wenn sie vom Wind verweht werden und auf einen günstigen Standort treffen, von Anfang an in Symbiose entwickeln können.

Eine andere Art von pflanzlicher Symbiose ist das Zusammenleben zwischen einem Pilz und einer höheren Pflanze in Form der *Mykorrhiza*. Bei vielen Waldbäumen (z. B. Kiefer, Buche) sind die keulig angeschwollenen Wurzelenden von einem dichten Geflecht aus Pilzfäden (Myzel) umgeben. Diese Pilzfäden ersetzen die der Wirtspflanze fehlenden Wurzelhaare und übernehmen so die Wasser- und Mineralversorgung des Baums. Dafür erhalten sie von der Wirtspflanze Assimilationsprodukte, die sie aus dem Rindengewebe der Wurzeln saugen. Oft können sowohl die Pilze als auch die Wirtspflanzen mehrere Symbiosepartner haben. Es kommen jedoch auch ganz spezifische Symbiosen vor, z. B. zwischen der Lärche und dem Goldröhrling oder der Birke und dem Birkenpilz.

Von erheblicher Bedeutung ist auch die *Symbiose von stickstoffbindenden Knöllchenbakterien und Schmetterlingsblütlern* (Leguminosen). Die im Boden frei lebenden Knöllchenbakterien der Gattung Rhizobium dringen durch die Zellwände

Abb. 1 Symbiose bei Flechten

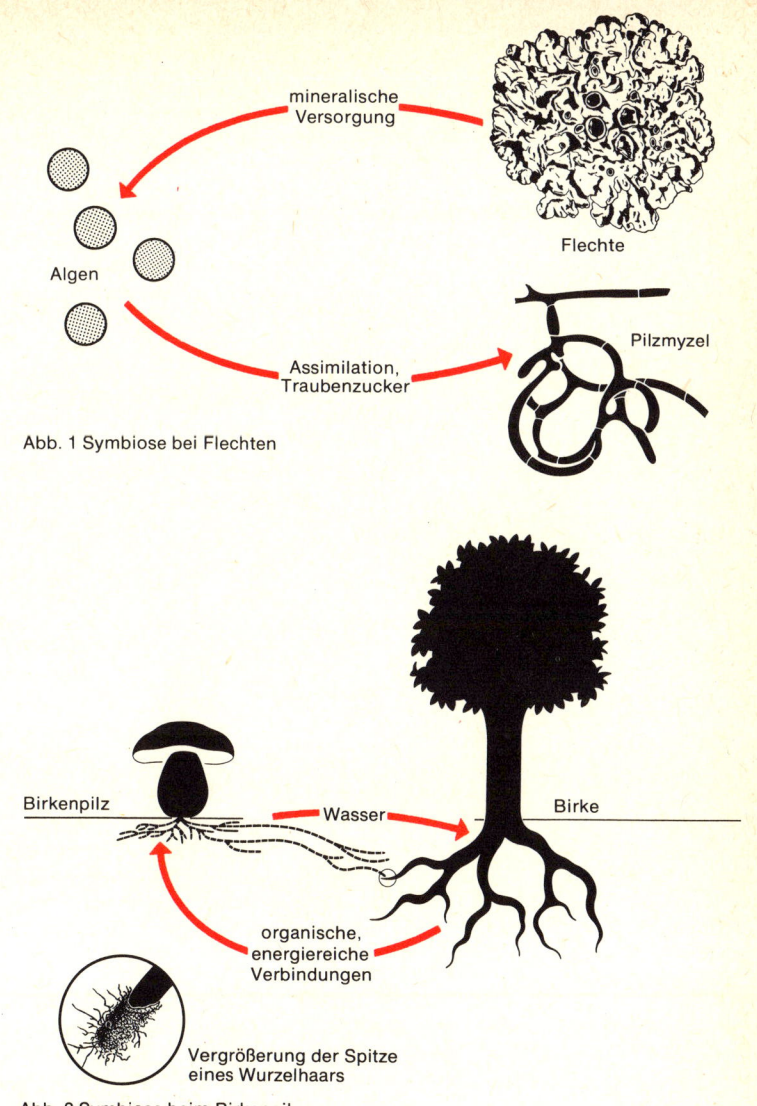

Abb. 2 Symbiose beim Birkenpilz

der Wurzelhaare in die Pflanze ein und veranlassen diese, (ähnlich z. B. wie bei der Gallenbildung durch Gallwespen) wucherndes Gewebe, die sog. *Wurzelknöllchen*, auszubilden. In diesen Knöllchen erfolgt eine starke Vermehrung der Bakterien. Diese sind befähigt, aus dem elementaren Stickstoff der Luft Stickstoffverbindungen aufzubauen. Wenn die Vermehrung der Bakterien einen gewissen Grad überschritten hat, beginnt die Wirtspflanze, einen Teil von ihnen zu verdauen. Dadurch erhält die Pflanze nicht nur einen Teil der ihr zuvor von den Bakterien entzogenen Kohlenstoffverbindungen wieder zurück, sondern sie kommt v. a. auch in den Besitz des durch die Bakterien gebundenen Stickstoffs. Da Stickstoff von wesentlicher Bedeutung für das Leben der Pflanzen ist, können die mit Knöllchenbakterien infizierten Leguminosen auch auf sehr stickstoffarmen Böden gedeihen. Da immer nur ein Teil der Bakterien verdaut wird, gelangen nach dem Absterben der Pflanze und nach dem Zerfall der Knöllchen wesentlich mehr Bakterien in den Boden zurück, als ursprünglich in die Pflanze eingedrungen waren.

Im *Tierreich* gibt es ebenfalls vielfältige Beispiele für Symbiosen. Verschiedene tierische Einzeller, wie z. B. das *Pantoffeltierchen* (Paramaecium bursaria), enthalten in ihrem Zellinnern einzellige *Grünalgen*, die durch ihre Fähigkeit zur Photosynthese der Wirtszelle Assimilationsprodukte und Sauerstoff abgeben können. Diese bietet ihrerseits den Grünalgen Schutz, transportiert sie auf Grund ihrer Fähigkeit zur Fortbewegung in günstige Lichtverhältnisse und gibt ihnen Kohlendioxid aus ihrem Atmungsstoffwechsel ab, das den Grünalgen wieder zum Aufbau von Assimilationsprodukten dient. Im allgemeinen sind die Symbionten resistent gegen die Verdauungsenzyme des Wirtes. Es kann jedoch vorkommen, daß Überschüsse der Algen, die sich laufend durch Zellteilung vermehren, vom Wirt resorbiert, d. h. verdaut werden.

Eine häufige Art von Symbiose findet sich bei Tieren, die von einseitiger und zudem noch schwerverdaulicher Nahrung leben. *Zellulose* z. B. kann unmittelbar nur von wenigen Pflanzenfressern (manche Schnecken, holzfressende Käferlarven) verdaut werden. Viele Pflanzenfresser wie die Huftiere und einige Insekten (v. a. die holzfressenden Termiten) können die Zellulose nur dadurch verdauen, daß sie in einer *Verdauungssymbiose* mit Bakterien oder anderen Einzellern leben, derart daß sie in deren Darm die Zellulose abbauen. So stellen bei *Wiederkäuern* Pansen und Netzmagen eine große „Gärkammer" dar, in der durch den Bakterienstoffwechsel die Zellulose aufgeschlossen wird. Es kommt zu einer Massenvermehrung der Bakterien. In den nachfolgenden Magenabschnitten wird dann ein großer Teil der Bakterien, die aus der Zellulose körpereigene Substanz aufgebaut haben, vom Wirt wieder verdaut. Unverdauliche Zellulose ist zu verdaulicher Bakteriensubstanz geworden.

Ein Beispiel von Symbiose zwischen zwei höher entwickelten Tieren ist das Zusammenleben von bestimmten *Ameisenarten* mit *Blattläusen*. Die Ameisen tragen die Blattläuse auf bestimmte Wirtspflanzen, die den Blattläusen dann als Nahrungsspender dienen. Gleichzeitig schützen die Ameisen die Blattläuse gegen ihre natürlichen Feinde, so daß die Blattläuse sich stark vermehren können. Als Gegenleistung dürfen die Ameisen die Blattläuse „melken" und erhalten so einen zuckerhaltigen Saft als Nahrung.

Vielfältige Symbiosen kommen zwischen *Seeanemonen* und *Einsiedlerkrebsen* vor. Der Einsiedlerkrebs, der in leeren Schnecken- oder Muschelschalen haust, nimmt beim Umziehen in eine neue Schale die auf seiner alten Schale sitzenden Seeanemonen mit. Die Nesselkapseln der Seeanemone schützen den Krebs vor Feinden, während andererseits die Seeanemone an den Nahrungsresten des Krebses partizipiert.

Abb. 1 Paramaecium bursaria
(Pantoffeltierchen)
mit Grünalgen

Abb. 2 Einsiedlerkrebs mit Seerosen

Parasitismus

Als *Parasiten (Schmarotzer)* bezeichnet man Lebewesen, die ihre Nahrung anderen Lebewesen entnehmen und sich vorübergehend oder dauernd an oder in deren Körper aufhalten. Die Grenze zwischen Parasiten und räuberisch lebenden Organismen, die andere Lebewesen fressen oder aussaugen, ist nicht scharf. Man unterscheidet *fakultative Parasiten (Gelegenheitsparasiten),* die gewöhnlich von sich zersetzender Substanz leben, aber z. B. auch vom Darm aus oder von Wunden in lebendes Gewebe eindringen können (z. B. manche Fliegenmaden), und *obligate Parasiten,* die sich so an einen Wirt angepaßt haben, daß sie nur noch mit diesem zusammen lebensfähig sind. Dabei gibt es harmlose Parasiten, die ihrem Wirt nur geringfügig schaden, und solche, die ihrem Wirt erheblichen Schaden zufügen und ihn mitunter sogar töten.

Nach der Lokalisation unterscheidet man: *Organparasiten,* die in bestimmten Organen bzw. in deren Hohlräumen leben (z. B. Bandwürmer, Spulwürmer, Leberegel); *Leibeshöhlenparasiten,* die in der Leibeshöhle zwischen den Organen leben (z. B. Schlupfwespenlarven, die vor allem in Insekten parasitieren); *Blutparasiten,* die in der Blutflüssigkeit bzw. den Blutkörperchen vorkommen und sich dort vermehren (z. B. die Malariaerreger, die durch Stechmücken beim Blutsaugen übertragen werden); *Muskelparasiten* (Trichinen und die Finnen als Zwischenstadien des Bandwurms).

In den allermeisten Fällen (s. dagegen Wirtswechsel S. 168) ist ein Parasit ganz spezifisch an eine bestimmte Wirtsart gebunden. Der *Befall eines Wirtes* durch einen Parasiten ist oft ein kompliziertes Wechselspiel. Wenn ein Parasit einen Wirt befallen hat, kann der Wirt der stärkere sein und durch seine natürlichen Abwehrreaktionen den Parasiten überwinden. Wenn der Wirt schwächer ist als der Parasit, kann es über eine Massenvermehrung des Parasiten mehr oder weniger schnell zum Tod des Wirtes kommen. Wenn der Wirt und der Parasit einander das Gleichgewicht halten, kann sich der Parasit über längere Zeit in dem Wirt halten, der die Dauerbelastung dann ohne schwere Schädigung übersteht. Ein solcher Anpassungszustand zwischen Parasiten und Wirt gibt dem Parasiten die beste Aussicht auf eine dauernde Vermehrung und Verbreitung seiner Art.

Die meisten Parasiten zeigen auf Grund einer ähnlichen Lebensweise ähnliche *Anpassungserscheinungen,* wie z. B.: Rückbildung des Bewegungsapparats und der Sinnesorgane, die nicht benötigt werden; große Eizahl (Eiproduktion z. B. beim Spulwurm etwa 50 Millionen), da durch den oft sehr komplizierten Entwicklungsgang hohe Verluste auftreten; Selbstbefruchtung des Parasiten durch dessen Zwittrigkeit, da ein Ortswechsel und dadurch ein Zusammenkommen von Weibchen und Männchen oft nicht möglich ist; Verlust der Pigmentierung wie bei Höhlentieren; Rückbildung der Mundwerkzeuge und des Verdauungsapparates, soweit die Nahrung bereits chemisch aufgeschlossen bzw. als Flüssigkeit vorliegt (v. a. bei Darm- und Blutparasiten).

Kopflaus

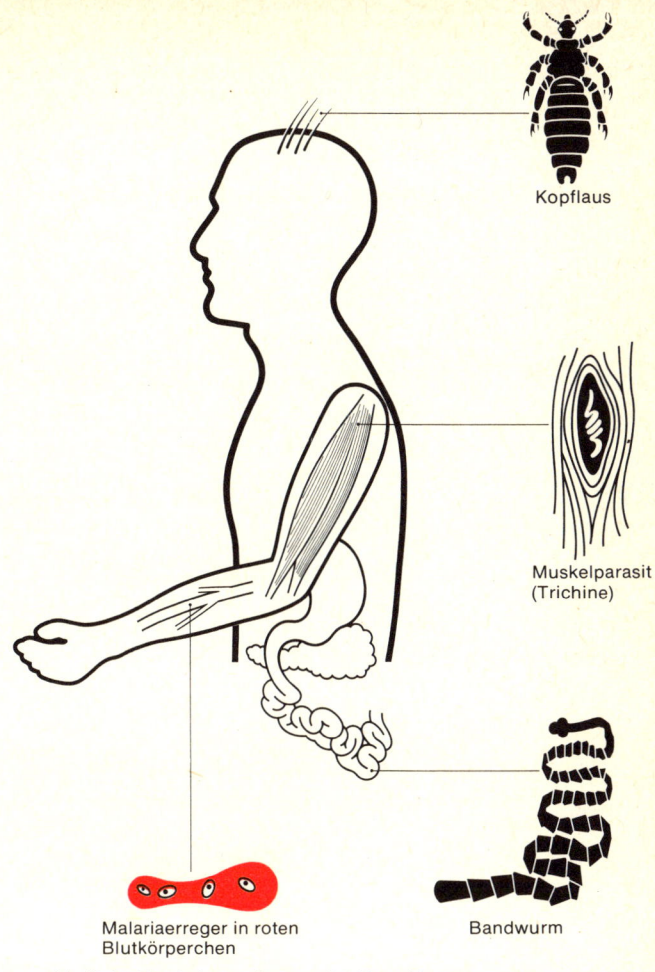

Muskelparasit (Trichine)

Malariaerreger in roten Blutkörperchen

Bandwurm

Abb. Unterschiedliche Erscheinungsformen des Parasitismus

Wirtswechsel bei Parasiten – der Bandwurm

Von einem *Wirtswechsel* spricht man dann, wenn im Entwicklungsgang eines Parasiten verschiedene Stadien ihre Entwicklung an bzw. in unterschiedlichen Wirten durchmachen. Durch den Wirtswechsel wird eine ausgiebige Vermehrung und Ausbreitung von Wirt zu Wirt gewährleistet.

Ein Beispiel für Wirtswechsel sind die *Bandwürmer*. Von diesen gibt es eine Reihe von Arten, die im geschlechtsreifen Zustand im Darm von Wirbeltieren von deren Darminhalt leben. Mit Hilfe von meist vier *Saugnäpfen* und einem *Hakenkranz* heftet sich der Bandwurm mit dem Kopf an der Darmwand fest. Hinter dem Kopf beginnt ein oft langer Körper, der in *Segmente* gegliedert ist. In jedem dieser Segmente befinden sich männliche und weibliche Geschlechtsorgane. Bei einigen Bandwurmarten durchlaufen die Segmente zuerst eine männliche, dann eine weibliche Geschlechtsreife. Dadurch können die vorderen Glieder eines Wurms die hinteren Glieder begatten. Es kann aber auch ein Glied sich selbst begatten. Jeweils die hintersten, zahlreiche befruchtete Eier enthaltenden Glieder lösen sich danach ab und gelangen mit dem Kot nach außen. Im Anschluß an die Befruchtung hat jedes Ei eine derbe Haut ausgebildet. Dadurch kann ein solches *Bandwurmei* längere Zeit überdauern. Gelangt es in den Magen eines geeigneten Zwischenwirtes, schlüpft aus ihm eine kleine Larve, die wegen ihrer Haken als *Hakenlarve* bezeichnet wird. Mit den Haken bohrt sie sich durch die Darmwand des Zwischenwirtes, gelangt in den *Blutstrom* und wird von diesem in die Muskulatur oder ein Organ (z. B. die Leber, das Gehirn) transportiert, wo sie sich festsetzt und ein zweites Larvenstadium, die sog. *Finne*, ausbildet. Diese ist eine hohle Blase, in deren Innerem aus einer Einstülpung der Haut die Anlage für einen neuen Bandwurmkopf entsteht. Wenn der Zwischenwirt von einem anderen Tier gefressen wird oder z. B. im Falle des Rinder-, Schweine- oder Fischbandwurms der Mensch rohes Rind-, Schweine- bzw. Fischfleisch verspeist, kann die Finne in den Magen eines solchen Bandwurmendwirtes gelangen. Dort stülpt sich die Kopfanlage handschuhfingerartig nach außen, die Blase der Finne wird abgestoßen, und ein kleiner, neuer Bandwurm ist fertig. Dieser setzt sich nun wieder mit seinen Saugnäpfen an der Darmwand fest, und der Kreislauf beginnt von neuem.

Beim *Kleinen Hundebandwurm* vermehrt sich die Finne innerhalb dieses Kreislaufs zusätzlich noch vegetativ, indem sie zahlreiche Köpfe bildet. Dadurch wird die Finne größer, was zur Bildung mächtiger Geschwülste, besonders in der Leber oder Lunge von Haustieren und auch des Menschen, führen kann. Aus einer Hakenlarve können in diesem Fall Tausende von kleinen Bandwürmern werden. Da hier ein Hauptteil der Individuenvermehrung im Finnenstadium geschieht, besitzt der Hundebandwurm nur wenige Glieder.

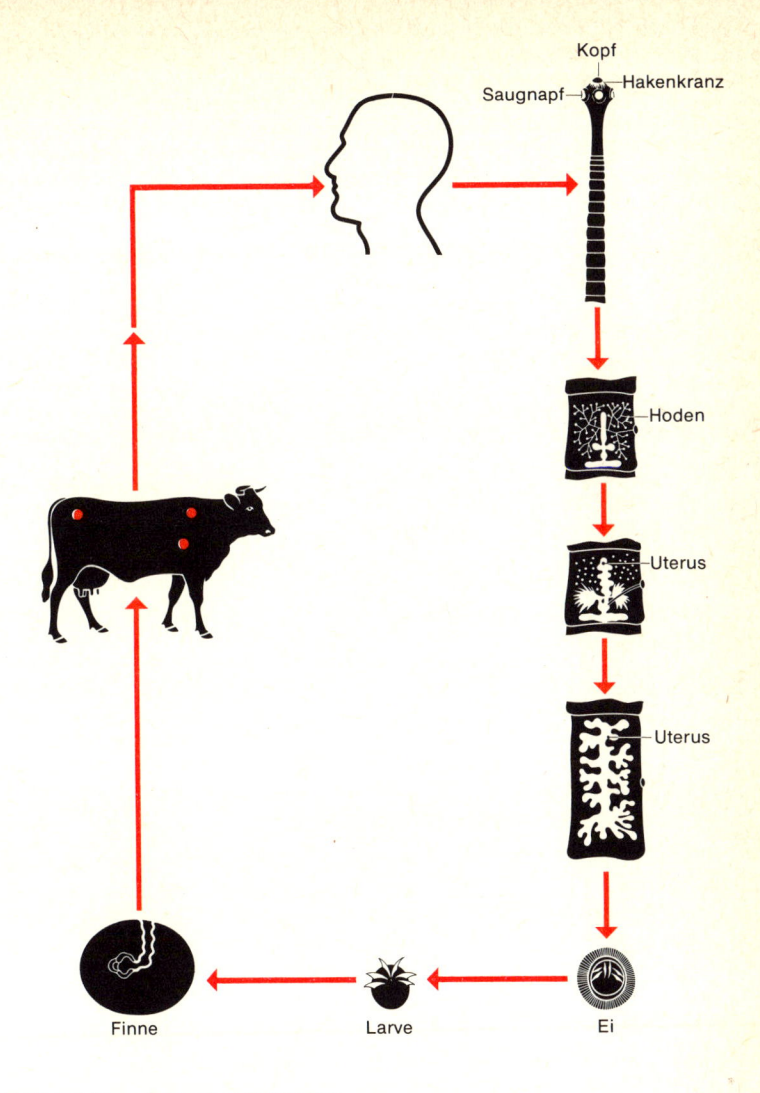

Abb. Entwicklungskreis eines Bandwurms

Grundphänomene des Lebens

Das *Leben* zeigt sich uns in einer überwältigenden Fülle von Formen. Schon ein einzelliges Lebewesen weist alle wichtigen Eigenschaften des Lebens auf. Leben ist grundsätzlich an biologische Elementareinheiten, die Zellen, gebunden. Die *Zelle* ist der Grundbaustein aller Lebewesen. Die Summe aller Zellen eines Lebewesens bildet wiederum eine Einheit, stellt ein Ganzes dar. Jede Zelle geht aus einer Mutterzelle durch Teilung hervor. Dabei wird die im Zellkern der Mutterzelle in Form der Gene gespeicherte Erbinformation an die Tochterzellen weitergegeben. Alle Zellen zeichnen sich aus durch *Reizbarkeit* (s. S. 172 ff.). Bei den höheren Tieren finden wir außerdem Spezialorgane für die *Reizempfindung* und *Reizleitung*.

Ein Grundprinzip des Lebens ist auch der *Stoffwechsel*, ein im anorganischen Bereich unbekannter Vorgang, der die stoffliche Grundlage eines Organismus einem dauernden Wechsel unterwirft. Fast alle Strukturelemente der Zelle und des Körpers werden dauernd abgebaut und wieder neu gebildet. So wird z. B. der ganze Eiweißbestand des menschlichen Körpers in etwa 80 Tagen zur Hälfte abgebaut und wieder aufgebaut. Dieser dauernde Wandel im Körper eines Lebewesens ist vor allem deshalb so eigenartig, weil dadurch dessen spezifische organische Gestalt nicht verändert wird.

Obwohl alle Organismen eine typische, artspezifische *Gestalt* besitzen, variiert diese doch innerhalb gewisser Grenzen. Die Species Mensch ist genau definiert; trotzdem gleicht doch kein Mensch dem anderen, wenn man von eineiigen Zwillingen absieht. Diese Verschiedenheit hat ihre Ursachen in *Variationen des Erbgutes* und in Umwelteinflüssen.

Eine weitere Grundeigenschaft der Lebewesen ist ihr *Regenerationsvermögen*. Oft werden in erstaunlichem Umfang verlorengegangene oder beschädigte Teile des Körpers nach Form und Funktion wieder völlig neu gebildet, etwa die Beine bei Salamandern, die Arme bei Seesternen, die fehlende Körperhälfte bei Regenwürmern. Außerdem sind alle Lebewesen befähigt, kleine Wunden wieder zu schließen und durch geordnetes Zellwachstum defektes Gewebe wieder zu ersetzen.

Um die Lebensvorgänge aufrecht erhalten zu können, wird *Energie* benötigt. Grüne Pflanzen entnehmen die Energie dem Sonnenlicht (s. S. 200 ff.), nichtgrüne Pflanzen (z. B. Pilze) und Tiere decken ihren Energiebedarf aus energiereichen organischen Nahrungsstoffen, deren Entstehung letztlich wiederum auf Stoffwechselprozesse innerhalb der grünen Pflanzen zurückgeht. Diese Nahrungsstoffe werden im Stoffwechsel des Organismus stufenweise abgebaut, wobei die Energie in bestimmten Stoffwechselmolekülen, z. B. im Adenosintriphosphat (ATP; s. S. 208 und 212), gespeichert wird.

Ein gleichfalls allen Lebewesen eigener Prozeß ist das *Wachstum*. Die Dauer des Wachstums ist begrenzt. Einzeller wachsen so lange, bis sie eine Grenzgröße erreichen, bei der sie sich teilen. Pflanzliches Wachstum wird begrenzt durch das Überwiegen von Alterungsprozessen, die den Tod der Pflanzen herbeiführen. Bei den höheren Tieren findet das Wachstum vornehmlich im Jugendstadium statt.

Für jede Organismenart ist eine bestimmte *Lebensdauer* charakteristisch. Während manche Insekten im ausgebildeten Zustand nur wenige Tage oder Wochen leben, bringen es einige große Reptilien auf einige Hundert Jahre (z. B. Riesenschildkröten). Unter den Säugetieren werden die Elefanten etwa 70–100, Pferde etwa 40, Kühe 20–25, Hunde 12–15, Ratten etwa 3 Jahre alt. Manche Vögel erreichen ein hohes Alter: Falken, Eulen und Papageien können 50 bis über 100 Jahre alt werden. Von Ameisenköniginnen weiß man, daß sie 12–15 Jahre leben. Die Lebensdauer der meisten anderen Gliedertiere jedoch ist wesentlich geringer.

Über die allen Lebewesen gemeinsame Fähigkeit zur Vermehrung bzw. *Fortpflanzung* s. S. 178 ff.

lebende Zelle

Fortpflanzung

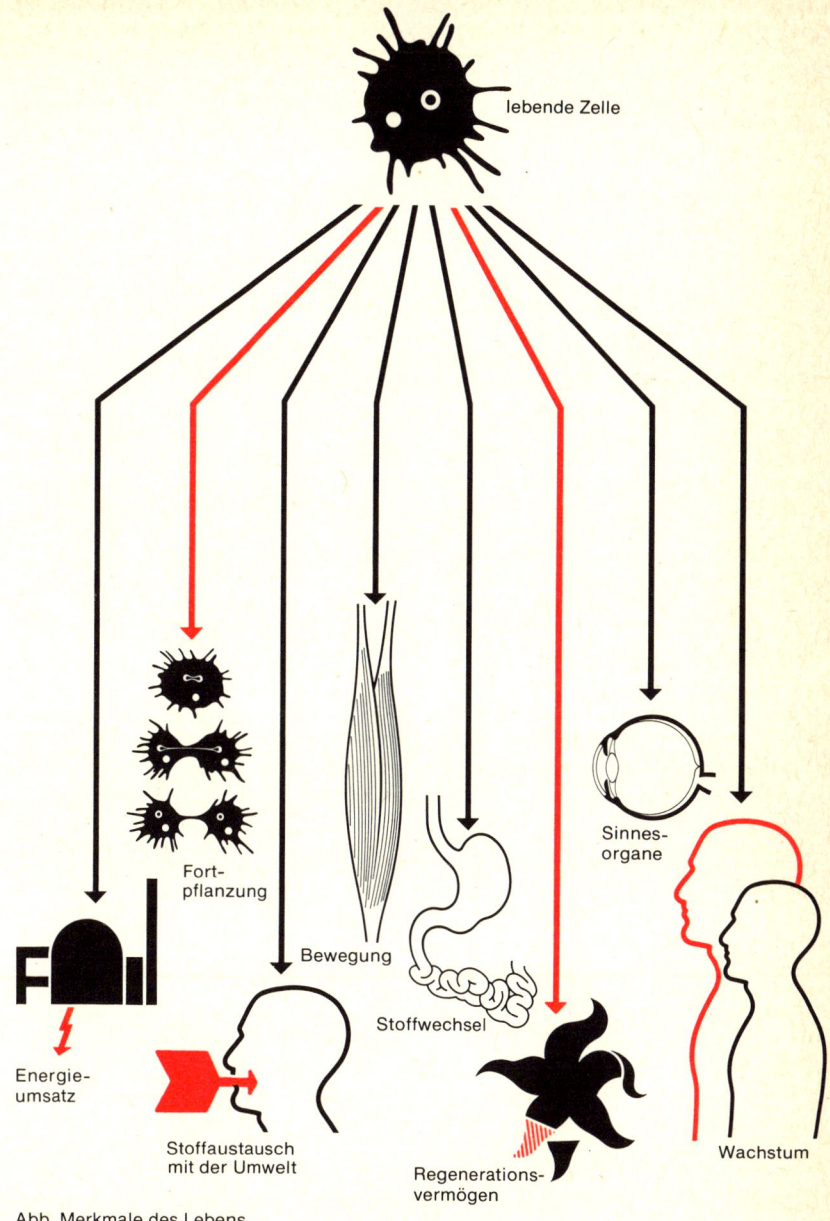

Bewegung

Stoffwechsel

Sinnesorgane

Energieumsatz

Stoffaustausch mit der Umwelt

Regenerationsvermögen

Wachstum

Abb. Merkmale des Lebens

Grundphänomene des Lebens – Reizbarkeit bei Pflanzen

Bei Pflanzen fallen Reizreaktionen nicht so auf wie bei den frei beweglichen Tieren (s. auch S. 176), da Pflanzen im allgemeinen nur sehr langsame Bewegungen ausführen. Pflanzen vermögen auf Licht-, Temperatur- und Feuchtigkeitsänderungen, auf Schwerkraftreize sowie auf chemische und mechanische Reize zu reagieren. Als Reaktion auf diese Reize lassen sich Wachstums- und Turgorbewegungen sowie, innerhalb der Zellen, Plasmabewegungen unterscheiden.

Das *Reagieren auf Lichtreize* ist für die grünen Pflanzen lebensnotwendig, da sie das Licht für die Photosynthese (s. S. 200) benötigen. Einseitig einfallendes Licht löst eine Wachstumsänderung aus, die als *Phototropismus* bezeichnet wird. Ein junger Sproß wendet sich dem Licht zu, er ist *positiv phototrop*. Wurzeln dagegen, besonders deutlich erkennbar bei Luftwurzeln, sind *negativ phototrop.*, d. h., sie wenden sich vom Licht ab und dem Erdreich zu. Beim Zymbelkraut sind die Blütenstiele wachstumsbedingt vor der Bestäubung der Blüte positiv phototrop, nach der Bestäubung dagegen negativ phototrop.

Eine andere Art, auf Lichtreize zu reagieren, findet man bei einigen Pflanzen, wie z. B. dem Sauerklee und der Robinie, die in schwachem Licht ihre Fiederblättchen flach ausbreiten, in starkem Sonnenlicht dagegen als Schutz vor der intensiven Bestrahlung zurückklappen. Es handelt sich hierbei um Turgorbewegungen, für die unterschiedliche Druckverhältnisse innerhalb der Zellen der beiden Seiten des entsprechenden Organteils verantwortlich sind. Die Richtung der Bewegung ist also durch den Organismus vorbestimmt, hier durch die Ausbildung eines „Gelenks". Solche nicht durch die Richtung des einwirkenden Reizes ausgerichtete Bewegungen heißen *Nastien,* in dem hier beschriebenen speziellen Fall (Auslösung durch Licht) *Photonastien.*

Entsprechendes gilt auch, wenn Blüten sich unter dem Einfluß wechselnder Lichtintensität öffnen und schließen. Hinzu kommt hier oft noch ein gewisser Einfluß der Luftfeuchtigkeit.

Die sog. *Schlafbewegungen (nyktinastische Bewegungen),* wie wir sie z. B. bei den Blättern der Feuerbohne beobachten können, bei denen in Nachtstellung der Blattstiel angehoben und die Fiederblättchen abgesenkt sind, erfolgen v. a. durch autonome innere, dem Tag-Nacht-Rhythmus entsprechende Reize. Auch bei dem bereits erwähnten Sauerklee zeigen die Blätter neben Photonastie auch nyktinastische Bewegungen.

Die Lichtempfindlichkeit der Pflanzen kann sehr groß sein. Man fand heraus, daß schon lichtstarke Blitze von 1/1000–1/2000 Sekunden Dauer genügen, um Reaktionen auszulösen.

Hand in Hand mit den Lichtreaktionen gehen oft solche Wachstumsbewegungen der Pflanze, die durch Wärmereize ausgelöst werden *(Thermotropismus).* Verlaufen diese Bewegungen auf die Wärmequelle zu, bezeichnet man sie als *positiv thermotrop*, im umgekehrten Fall als *negativ thermotrop.*

Mitbestimmend für die Wachstumsrichtung einer Pflanze oder ihrer Teile ist neben dem Licht- und Wärmeeinfluß v. a. auch die Schwerkraft. Das gerichtete Reagieren auf den Schwerkraftreiz wird als *Geotropismus* bezeichnet. So zeigt die Hauptwurzel einer Pflanze *positiv geotropes,* die Sproßachse *negativ geotropes* Wachstum. Dies ist auch der Grund dafür, daß z. B. ein abgeknickter Getreidehalm wieder senkrecht nach oben weiterwächst oder sich ein Baum an steilem Hang vertikal zur Erdoberfläche und nicht zum Hang ausrichtet. – Im Gegensatz zur Sproßachse und zur Hauptwurzel zeigen die Seitenverzweigungen ein *transversal geotropes* Wachstum, wobei der Winkel zur Hauptachse bzw. zur Schwerkraftwirkung im Bauplan der Pflanze festgelegt ist. Trotzdem kann z. B. bei der Fichte nach Verlust des Gipfeltriebes zu dessen Ersatz ein Seitentrieb zu negativ geotropem Wachstum übergehen, d. h. sich aufrichten.

allseitiges Licht einseitiges Licht

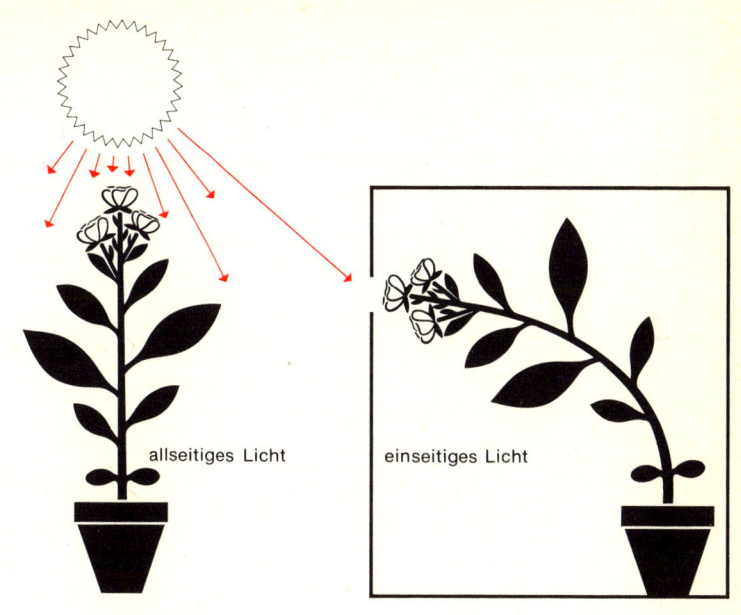

Abb. 1 Phototropismus

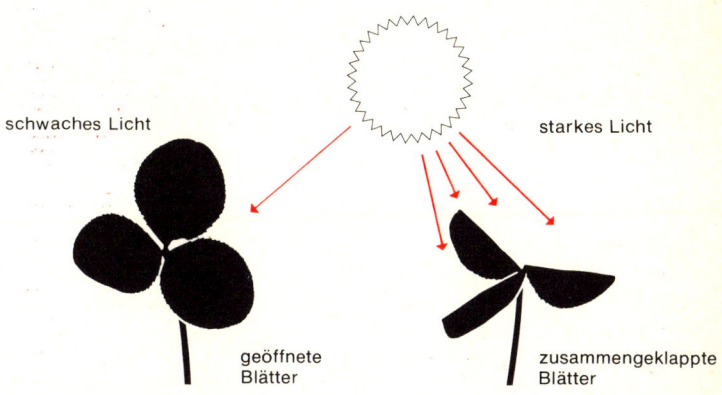

schwaches Licht starkes Licht

geöffnete Blätter zusammengeklappte Blätter

Abb. 2 Phototropismus beim Sauerklee

Beim *Chemotropismus* sind chemische Substanzen in unterschiedlicher Konzentration bestimmend für die Wachstumsrichtung einer Pflanze oder von Pflanzenteilen. In gasförmiger oder gelöster Form entsteht bei der Ausbreitung eines Stoffes in einem Medium ein Konzentrationsgefälle. *Positiver Chemotropismus,* d. h. das Wachstum entgegen dem Konzentrationsgefälle, bewirkt z. B., daß Pilzhyphen oder die Saugorgane (Haustorien) gewisser Schmarotzerpflanzen durch sich ausbreitende Aminosäuren oder Zucker immer mehr zur Stoffquelle hin, z. B. einer sich zersetzenden organischen Substanz bzw. nährstoffreichem Wirtsgewebe, vordringen, während andere Substanzen abweisend, d. h. *negativ chemotrop* wirken können. Auch das Wachstum der Pollenschläuche zu den Samenanlagen hin erfolgt chemotrop.

Die Wachstumsorientierung nach einem Feuchtigkeitsgradienten *(Hydrotropismus)* entspricht im wesentlichen dem Chemotropismus.

Eine Reizbarkeit durch Berührung als mechanischen Reiz findet man v. a. bei den Ranken kletternder Pflanzen (Zaunwicke, Clematis, Kürbis, Weinstock u. a.). Beim Suchen nach einem Halt führen die Enden der fadenförmigen Ranken kreisende Bewegungen aus, bis sie mit einem Gegenstand in Berührung kommen. Auf diesen Reiz hin krümmen sie sich infolge vermehrten Wachstums der der Berührungsstelle entgegengesetzt liegenden Epidermiszellen ziemlich schnell nach der Seite der Berührung zu ein und umschlingen dadurch den Gegenstand. Bei einigen Rankenkletterern wird der Reiz sogar zum mittleren, freien Teil der Ranke weitergeleitet, worauf sich dieser spiralig aufrollt. Durch die so bewirkte Verkürzung der Ranke wird die Pflanze näher an die Stütze herangezogen. Ein solch gerichtetes Wachstum auf Grund von Berührungsreizen heißt *Haptotropismus (Thigmotropismus).*

Sehr bekannt, da erstaunlich schnell verlaufend, ist die durch Turgorveränderungen bewirkte *Haptonastie* der doppelt gefiederten Blätter bei den Mimosen. Normalerweise stehen die Fiederblättchen ausgebreitet an der Blättchen- bzw. Blattachse. Wird das Fiederblatt berührt, dann klappen die Fiederchen der Fiederblättchen sehr rasch paarweise gegeneinander zusammen, die Stiele der Fiederblättchen nähern sich einander, und schließlich senkt sich der Blattstiel ruckartig ab; denn alle Fiederblattteile besitzen „Gelenke". Nach einiger Zeit erholt sich das Blatt und nimmt langsam wieder seine frühere Stellung ein.

Abb. 1 Geotropismus

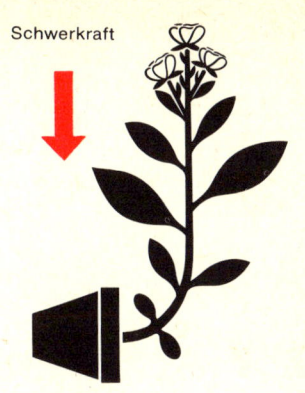

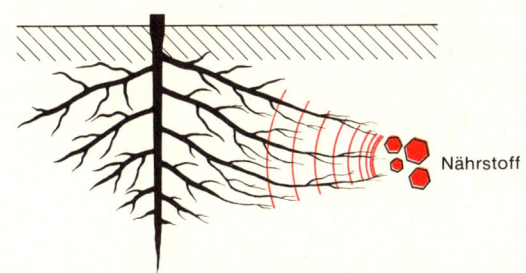

Schwerkraft

Abb. 2 Chemotropismus

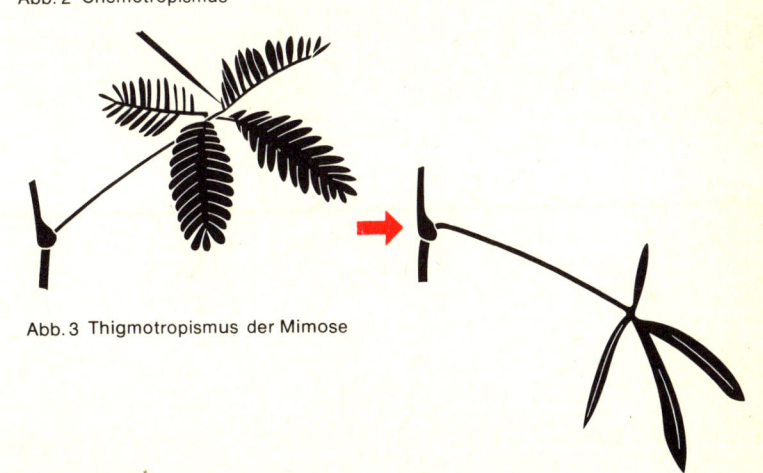

Nährstoff

Abb. 3 Thigmotropismus der Mimose

Grundphänomene des Lebens – Reizbarkeit bei Tieren

Eines der interessantesten Phänomene ist die Fähigkeit lebender Organismen, auf *Reize* aus der Umwelt zu reagieren. Damit eine Einwirkung als Reiz wirkt, muß sie eine gewisse Größe, den Schwellenwert, überschreiten. Man unterscheidet *äußere Reize*, die auf den Organismus aus der Umgebung einwirken (z. B. Licht, Temperatur, mechanische, chemische Reize), und *innere Reize*, welche vom Körperinneren ausgehen (z. B. Bewegungsempfindungen auslösende Reize, hormonelle Reize wie Wachstumsreize).

Durch einen Reiz entsteht in den reizaufnehmenden Zellen (oft spezifische Sinneszellen) eine *Erregung*, d. h. eine spezifische Veränderung im Protoplasma, über dessen genaue physikalisch-chemische Natur wir in vielen Fällen noch nicht genau Bescheid wissen. Diese Erregung breitet sich im Organismus, meist über *Nervenbahnen*, mit großer Geschwindigkeit aus; entweder direkt, d. h. über einen *Reflexbogen*, zu den reizbeantwortenden Organen, oder über ein *Zentralnervensystem* (Gehirn, bei niederen Tieren Nervenknoten), wo dann, meist unbewußt, der „Befehl" für eine *Reizbeantwortung* gegeben wird. Diese Antwortreaktion kann z. B. eine Bewegung oder eine Stoffwechseländerung sein.

Außer bei den mehrzelligen Organismen sind die Reizerscheinungen bei den *Einzellern*, wie z. B. den Amöben, Pantoffeltierchen, Geißeltierchen, besonders interessant. Da diese Lebewesen nur aus einer einzigen Zelle bestehen, muß diese Zelle alle jene lebensnotwendigen Funktionen übernehmen, die bei höheren Lebewesen durch spezielle Zellen bzw. Organe ausgeführt werden. Jedes Teilchen des flüssigen Zellplasmas bei den Einzellern ist gleich reizbar und reaktionsfähig. Man kann dies unter einem Mikroskop gut beobachten, wenn eine Amöbe an einer Seite von einem starken Lichtreiz, einem chemischen Reiz, einem Wärmereiz oder einem Berührungsreiz getroffen wird. Zuerst reagiert die von dem Reiz getroffene Seite, indem sie sich (in den meisten Fällen) vom Ort der Reizeinwirkung zurückzieht. Wurde der Reiz dagegen durch ein Nahrungsklümpchen verursacht, so reagiert die Amöbe mit dem Ausstrecken eines Scheinfüßchens und dem Hinströmen zur Nahrung. Jedesmal pflanzt sich die Erregung in kurzer Zeit durch den Zellkörper hindurch fort und erfaßt damit das ganze Tier, das sich dann vom Reizort weg- oder zum Reizort hinbewegt.

Ein weiteres interessantes Beispiel sind einige gefärbte *Geißeltierchen* (z. B. Euglena viridis). Diese nehmen eine Mittelstellung ein zwischen Tier und Pflanze. Sie besitzen wie die meisten Pflanzen den grünen Blattfarbstoff Chlorophyll, mit dem sie mit Hilfe des Sonnenlichtes Stärke aufbauen können. Mit den Tieren sind sie dadurch verwandt, daß sie eine Geißel besitzen, mit der sie sich fortbewegen können. Viele dieser grünen Geißeltierchen besitzen außerdem einen roten Augenfleck, mit dem sie Helligkeit und die Richtung des Lichtes wahrnehmen können. Hält man eine Anzahl dieser Tierchen in einem Glas, an dem an einer Seite ein starker Lichtstrahl einfällt, so sammeln sie sich im Laufe der Zeit an diesem Ort des Lichtes an, da sie das Licht für ihre Photosynthese benötigen.

Es gibt verschiedene *Reizqualitäten*, auf die die Organismen ein entsprechendes Verhalten zeigen. Man kann unterscheiden:

Chemotaxis, das Verhalten gegenüber dem Konzentrationsgefälle einer bestimmten chemischen Substanz;

Thermotaxis, das Aufsuchen einer bestimmten optimalen Wärmezone in einem Temperaturgefälle;

Phototaxis, das Aufsuchen eines Ortes mit einer bestimmten optimalen Lichtintensität;

Galvanotaxis, das Verhalten innerhalb eines elektrischen Feldes, z. B. die Orientierung nach der Stromrichtung bzw. zu einem bestimmten Pol hin;

Geotaxis, die Reaktion auf die Gravitationskraft der Erde.

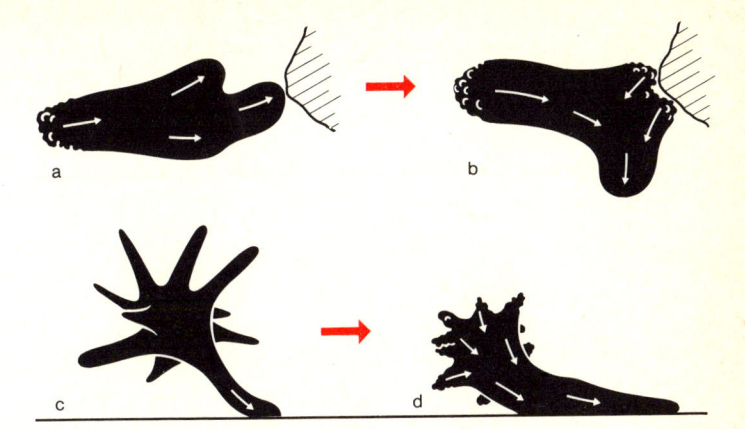

Abb. 1 Reizreaktionen einer Amöbe (schematisch)
a, b: negative Reaktion auf einen chemischen Reiz;
c, d: positive Reaktion auf Berührung mit einer Unterlage
(→Strömungsrichtung des Plasmas)

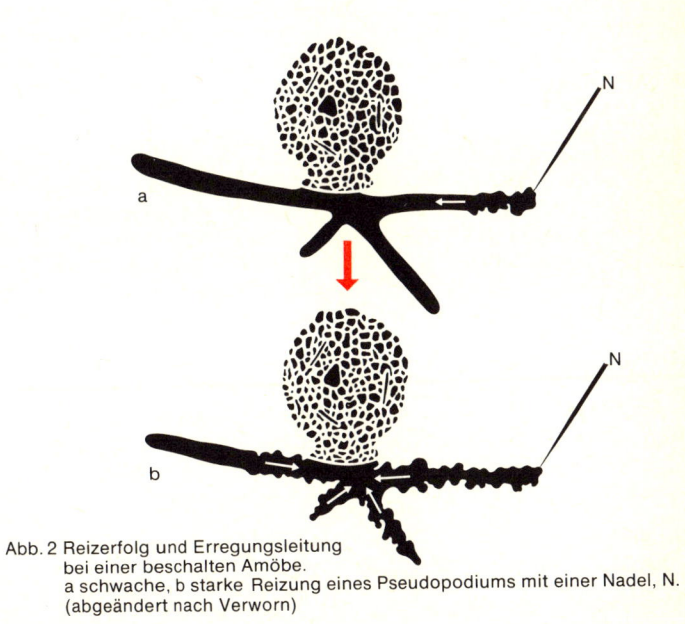

Abb. 2 Reizerfolg und Erregungsleitung
bei einer beschalten Amöbe.
a schwache, b starke Reizung eines Pseudopodiums mit einer Nadel, N.
(abgeändert nach Verworn)

Grundphänomene des Lebens – die Fortpflanzung

Das Leben wird repräsentiert durch die einzelnen Individuen. Diese haben nur eine begrenzte Lebensdauer. Damit sich Leben erhalten kann, müssen sich die Individuen fortpflanzen. Dies kann auf ungeschlechtlichem oder auf geschlechtlichem Weg erfolgen.

Der einfachste Vorgang der *ungeschlechtlichen Fortpflanzung* bei den einzelligen Lebewesen ist die *Zweiteilung,* die nach einer gewissen Größe der Mutterzelle einsetzt. Zunächst teilt sich der Zellkern, der die Erbinformation in Form der Chromosomen enthält. Zugleich beginnt sich die ganze Zelle von der Zellwand zur Mitte hin einzuschnüren, bis die beiden Hälften vollständig voneinander getrennt sind. Diese Zellteilung dauert je nach Größe der Zelle und der Art der Lebensbedingungen zwischen zehn Minuten und einigen Stunden. Manche Organellen der Mutterzelle werden nach der Teilung in jeder der beiden Tochterzellen neu gebildet; z. B. bildet bei den Amöben jede Tochterzelle eine neue pulsierende Vakuole aus; bei den Geißeltierchen wird nach der Teilung ein neuer Geißelapparat gebildet.

Bei manchen Einzellern, besonders bei Parasiten, die sich stark und schnell vermehren, teilt sich der Zellkern vor der Durchschnürung des Protoplasmas mehrmals. Wenn dann die Zellteilung erfolgt, zerfällt der Zellkörper durch *Vielteilung* in mehrere Tochterzellen gleichzeitig.

Bei der *Fortpflanzung der Einzeller* geht gewöhnlich keine Substanz des Muttertieres verloren. Ein natürlicher Tod, d. h. das Sterben des individuellen Körpers unter Bildung einer Leiche, tritt deshalb nicht ein. Abgesehen von den Fällen, in denen Einzeller durch äußere Umstände umkommen, kann man sie daher als potentiell unsterblich bezeichnen.

Neben dieser ungeschlechtlichen Fortpflanzungsweise zeigen die Einzeller auch schon verschiedene Arten von Geschlechtsvorgängen. Der Hauptsinn der Vereinigung von Zellkernen bei der *geschlechtlichen Fortpflanzung* besteht in der Neumischung des Erbmaterials. – Bei der *Kopulation* zweier Einzeller verschmelzen zwei Zellen (Gameten) vollständig zu einer Zelle (der Zygote). Man unterscheidet dabei *Isogamie* (die Gameten sind unter sich gleichgestaltet) und *Anisogamie,* bei der die Gameten in Makrogameten (große, meist unbewegliche weibliche Zellen) und Mikrogameten (kleine, bewegl. männliche Zellen) differenziert sind. – Bei der *Konjugation* gehen zwei Individuen nur eine vorübergehende oberflächliche Vereinigung über eine Plasmabrücke miteinander ein, wobei es zwischen den beiden zu einem Austausch von Kernmaterial kommt, indem nach Teilung des Kerns bei jedem Partner jeweils ein Kern sich als Wanderkern mit dem stationär bleibenden Kern der anderen Zelle vereinigt. Diese Konjugation findet sich vor allem bei den Wimpertierchen.

Ein Prinzip der geschlechtlichen Fortpflanzung ist die *Befruchtung,* bei der zwei Kerne miteinander verschmelzen. Während bei den Einzellern die ungeschlechtliche Fortpflanzung durch Zellteilung und die Befruchtung sich noch völlig voneinander getrennt vollziehen, sind diese beiden Vorgänge bei den höheren Tieren miteinander verbunden. Auch die vielzelligen Lebewesen gehen bei ihrer Fortpflanzung über einzellige Stadien. In den männlichen und weiblichen *Geschlechtsorganen* werden durch Zellteilung einzellige Gameten (Geschlechtszellen) gebildet. Diese verschmelzen bei der Befruchtung zu einer einzelligen Zygote, aus der sich dann durch viele Zellteilungen wieder ein neuer Organismus entwickelt. Die Geschlechtszellen der vielzelligen Tiere weisen in ihrem Äußeren eine *geschlechtliche Differenzierung* auf. Während die *Eizelle* meist größer und bewegungsunfähig ist, ist die männliche *Samenzelle* klein und bewegungsfähig und besitzt an Substanz fast nur das genetische Material.

Bei *Pflanzen* tritt bei der Fortpflanzung ein *Generationswechsel* zwischen einer geschlechtlichen und einer ungeschlechtlichen Generation auf. Dabei kann die

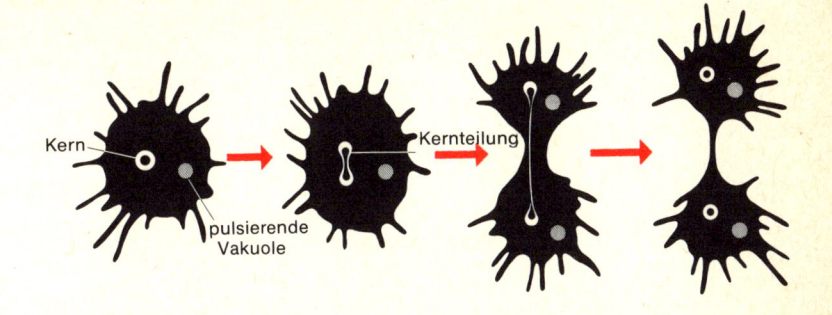

Abb. 1 Teilung einer Amöbe (Amoeba polypodia; abgeändert nach F. E. Schulze)

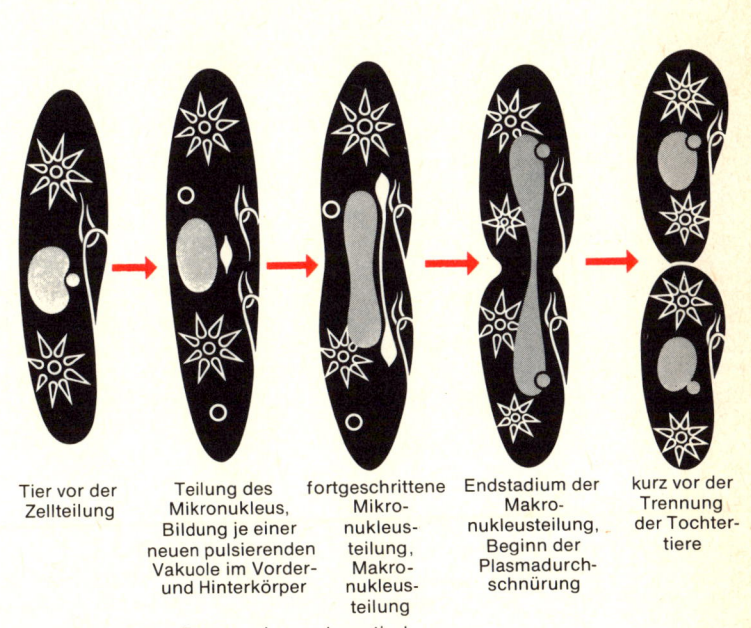

| Tier vor der Zellteilung | Teilung des Mikronukleus, Bildung je einer neuen pulsierenden Vakuole im Vorder- und Hinterkörper | fortgeschrittene Mikro- nukleus- teilung, Makro- nukleus- teilung | Endstadium der Makro- nukleusteilung, Beginn der Plasmadurch- schnürung | kurz vor der Trennung der Tochter- tiere |

Abb. 2 Teilung von Paramaecium; schematisch

ungeschlechtliche Generation die auffällige, dominierende Pflanzenform repräsentieren (z. B. bei den Farnen) oder die geschlechtliche (z. B. bei den Blütenpflanzen). Als Beispiel sei der Generationswechsel und die *Fortpflanzung bei Farnen* beschrieben: Wenn eine *Farnspore* auf eine günstige feuchte Stelle des Waldbodens fällt, dann bildet sich aus ihr ein kleines, unscheinbares, etwa pfenniggroßes Pflänzchen, der sog. *Vorkeim* oder das *Prothallium*. Auf diesem meist herzförmigen Vorkeim bilden sich im Reifestadium männliche *(Antheridien)* und weibliche *(Archegonien)* Geschlechtsorgane aus, in denen die weiblichen (festsitzende Eizellen) bzw. männlichen Geschlechtszellen (bewegliche Spermatozoen) entstehen. Ein Wassertropfen ermöglicht es dann den reifen männlichen Gameten, auszuschwärmen und schwimmend die Archegonien zu erreichen, in diese einzudringen und sich mit einer Eizelle unter Bildung einer *Zygote* zu vereinen. Nach diesem Befruchtungsvorgang hat der Vorkeim seine Aufgabe erfüllt und verwelkt. Aus der Zygote wächst im Laufe von Monaten und Jahren eine *Farnpflanze* heran und bildet im Sommer auf der Unterseite ihrer Blattwedel kleine, braune Kügelchen aus, die sog. Sporenträger *(Sporangien)*. In diesen entstehen durch vegetative, d. h. ungeschlechtliche Vermehrung viele winzige Zellen, die *Sporen*, die das Erbmaterial des Farns enthalten. Außen sind sie von einer derben Haut umgeben, damit sie auch unter harten Umweltbedingungen einige Zeit überdauern können. Die Sporen werden frei, wenn die Sporenkapseln der Sporangien reif sind und platzen, so daß die Sporen herausgeschleudert werden. Die *Sporenbildung*, d. h. die ungeschlechtliche Fortpflanzung, ist der eigentliche Vermehrungsvorgang der Farne. Vom Wind an eine günstige Stelle des Waldbodens getragen, keimt die Spore wieder aus, der Kreislauf beginnt von neuem. Es wechselt also eine geschlechtliche Generation (Vorkeim) mit einer ungeschlechtlichen (die eigentliche Farnpflanze, die die Sporen ausbildet) ab.

Bei vielen *Moosen* sind die geschlechtliche und die ungeschlechtliche Generation etwa gleich deutlich erkennbar entwickelt. Beim Frauenhaarmoos zum Beispiel, einem bekannten Moos unserer Wälder, bedeutet das grüne Moospflänzchen die Geschlechtsgeneration. Nach einem Befruchtungsvorgang wächst auf dem alten Moospflänzchen ein neues Pflänzchen heran, das oben an seiner Spitze eine Sporenkapsel ausbildet. Es ist dies die ungeschlechtliche Generation des Frauenhaarmooses, die kein Blattgrün mehr besitzt.

Die *Fortpflanzung bei den höheren Pflanzen* geschieht durch *Samen*. Diese entstehen aus der Verschmelzung einer weiblichen und einer männlichen Keimzelle. Neben dem Zellkern besitzt der Samen eine mehr oder weniger große Menge von Nährgewebe, meist Fette, die dem jungen Keimling als Nahrung dienen. Je nachdem, wie die Samen einer Pflanzenart verbreitet werden, sind sie unterschiedlich gestaltet. Wenn sie durch den Wind verweht werden, sind sie entweder sehr klein und leicht (z. B. bei Orchideen) oder sie besitzen Härchen bzw. ,,Fallschirme" als Schwebeeinrichtungen (z. B. beim Löwenzahn). Andere Samen besitzen steife Haare oder Borsten mit Widerhaken, mit denen sie sich im Fell von Tieren verankern können und so verbreitet werden. Wieder andere sind von saftigem Fruchtfleisch umgeben, so daß sie von Tieren gefressen werden und dann unverdaut und noch keimfähig mit dem Kot an den verschiedensten Orten wieder ausgeschieden werden (z. B. viele von Vögeln gern gefressene Beeren).

—Anulus

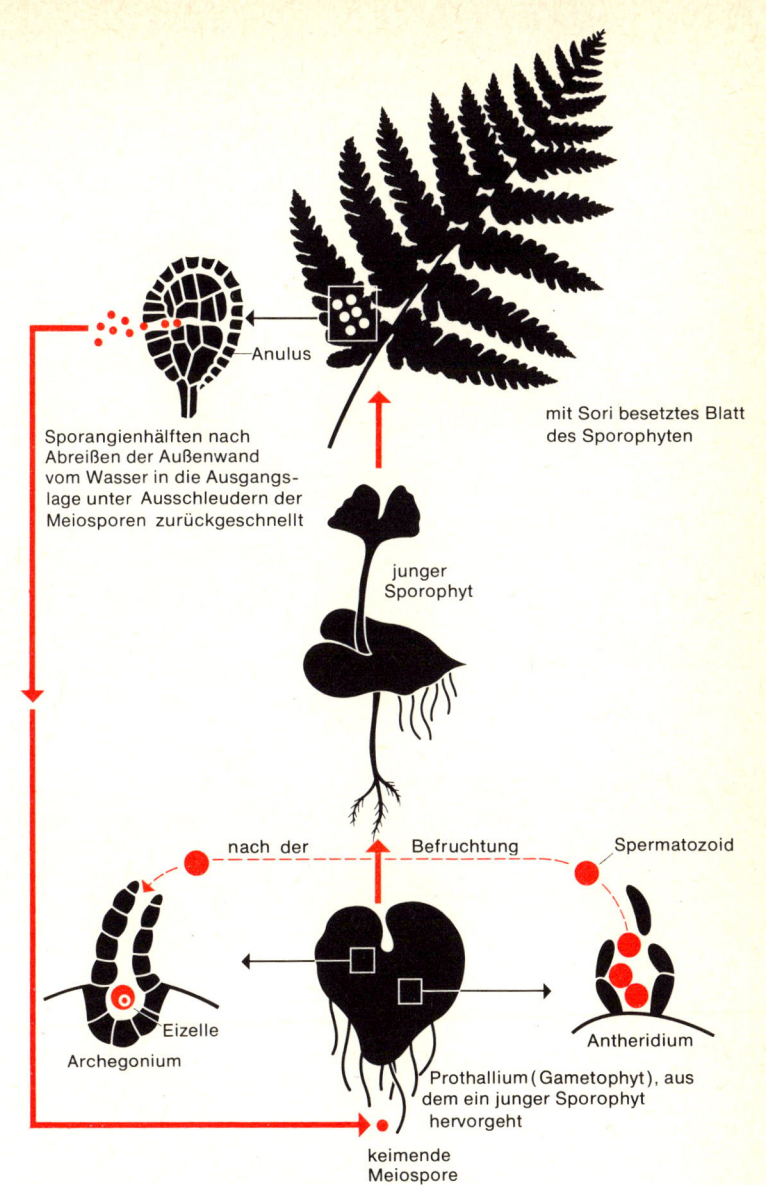

mit Sori besetztes Blatt
des Sporophyten

Sporangienhälften nach
Abreißen der Außenwand
vom Wasser in die Ausgangs-
lage unter Ausschleudern der
Meiosporen zurückgeschnellt

junger
Sporophyt

nach der Befruchtung Spermatozoid

Eizelle
Archegonium

Antheridium

Prothallium (Gametophyt), aus
dem ein junger Sporophyt
hervorgeht

keimende
Meiospore

Abb. Generationswechsel bei Farnen
(z. T. nach Sinnot-Wilson, Kny, Stock verändert).

Generationswechsel bei Tieren

Bei Tieren unterscheidet man zwei Formen des Generationswechsels, Heterogonie und Metagenese.

Bei der *Heterogonie* treten abwechselnd Generationen mit zweigeschlechtlicher und Generationen mit eingeschlechtlicher (parthenogenetischer) Fortpflanzung auf. Heterogonie kommt vor allem bei Parasiten vor.

Ein typisches Beispiel für einen solchen Generationswechsel bietet die *Reblaus*, ein aus Nordamerika nach Europa eingeschleppter Schädling des Weinstocks, bei dem jährlich 5–6 eingeschlechtliche Generationen und eine zweigeschlechtliche Generation entstehen: Im Frühjahr schlüpfen aus überwinterten befruchteten Eiern *(Wintereier)* die an den Blättern anfälliger Amerikanerreben oder Hybriden saugenden und dabei kleine, krugförmige Gallen erzeugenden Blattrebläuse *(Gallenläuse).* Es sind dies ausnahmslos ungeflügelte Weibchen, die die erste, eingeschlechtlich (parthenogenetisch) sich fortpflanzende Generation darstellen. Sie werden *Maigallenläuse* genannt. Aus den unbefruchtet bleibenden ca. 200 bis 500 Eiern, die diese Weibchen in jede Blattgalle ablegen, schlüpfen wiederum Weibchen, und zwar ebenfalls *Blattrebläuse*, aber auch *Wurzelrebläuse*, die in den Boden eindringen und die Wurzeln des Rebstocks unter Bildung knotiger Anschwellungen befallen. Aus den Blattrebläusen gehen noch einige eingeschlechtliche Generationen von Blatt- und Wurzelrebläusen, aus den Wurzelrebläusen weitere, auch (über einen Winterschlaf) ins nächste Jahr übergehende eingeschlechtliche Generationen von Wurzelrebläusen hervor. Im Spätsommer jedoch entwickelt sich aus Wurzelrebläusen (über die Ausbildung von *Nymphenstadien)* zusätzlich noch eine Generation *geflügelter Weibchen*, die außerhalb des Erdreichs für die Ausbreitung des Parasiten auf andere Rebstöcke sorgen und an den oberirdischen Teilen des Weinstocks ihre Eier ablegen, die sich in der Größe unterscheiden. Diese Eier bilden die zweigeschlechtliche, wiederum *ungeflügelte Generation* der Reblaus aus, wobei sich aus den kleineren Eiern die *Männchen* entwickeln. Die Tiere dieser Generation besitzen nur verkümmerte Mundwerkzeuge. Sie können sich daher praktisch nur der Fortpflanzung widmen. Mit der Ablage der nunmehr befruchteten Eier, der *Wintereier,* ist der komplizierte jährliche Lebenszyklus der Reblaus geschlossen. Den eigentlichen Schaden am Weinstock verursachen die Wurzelrebläuse, die sich zudem noch im Boden ausbreiten können. Die Gallenläuse treten in Europa kaum in Erscheinung.

Bei der *Metagenese* lösen sich Generationen mit geschlechtlicher und ungeschlechtlicher (vegetativer) Fortpflanzung ab.

Metagenese ist u. a. bei verschiedenen *Nesseltieren* verwirklicht, bei denen aus einer *Polypengeneration* durch ungeschlechtliche Fortpflanzung *Medusen (Quallen)* hervorgehen. Dies geschieht dadurch, daß die festsitzende Polyp *Knospen* entwickelt, die sich ablösen und zu freischwimmenden Medusen werden, oder auch durch Querteilung des Polypen, wobei aus dem abgetrennten Teil ebenfalls eine Meduse wird. Die Medusen sind die Geschlechtstiere, die die Geschlechtszellen ausbilden. So entstehen aus der Medusengeneration durch geschlechtliche Fortpflanzung wiederum Polypen.

geflügelte Form

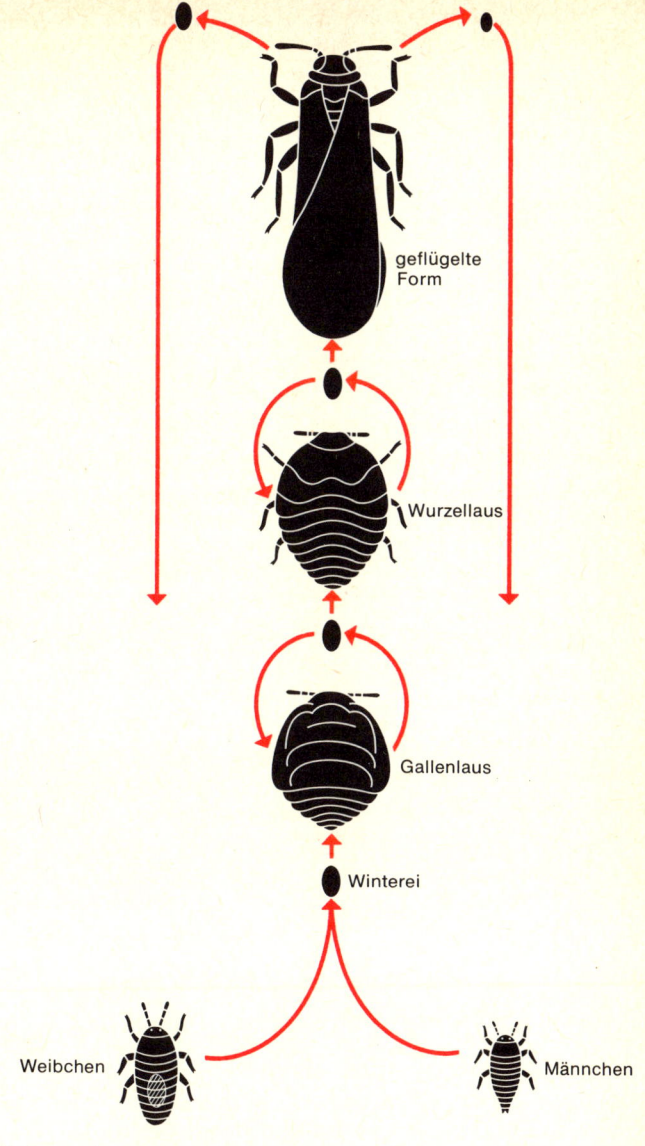

Wurzellaus

Gallenlaus

Winterei

Weibchen   Männchen

Abb. Generationskreislauf der Reblaus

Grundphänomene des Lebens – Differenzierung

Eine der interessantesten und rätselhaftesten Phänomene des Lebens ist seine Fähigkeit zur Differenzierung. In der unbelebten Welt herrscht die natürliche Tendenz, sich auf einen Zustand immer größerer *Unordnung* hinzubewegen. Dieses im zweiten Hauptsatz der Thermodynamik formulierte Gesetz besagt, daß in einem abgeschlossenen System die Wahrscheinlichkeit für einen Zustand um so größer ist, je größer seine Unordnung ist. Ein Maß für die Unordnung ist die sog. *Entropie*. Jedes sich selbst überlassene und in sich abgeschlossene System erfährt mit der Zeit einen Zustand immer größerer Entropie. Die Ordnung in einem Kasten, in dem weiße und schwarze Kugeln in einer bestimmten Weise angeordnet sind, wird durch Schütteln nicht zu-, sondern abnehmen. Moleküle einer gasförmigen Substanz, die z. B. in hoher Konzentration an einer bestimmten Stelle des Raums lokalisiert sind (hohe Ordnung), haben das Bestreben, sich durch Diffusion zu verteilen und so in einen Zustand höherer Entropie überzugehen.

Das Leben besitzt die erstaunenswerte Fähigkeit, entgegen dem Zwang zur Unordnung eine phantastische Ordnung aufzubauen. Dies geschieht durch den Vorgang der *Differenzierung*. Jede Körperzelle eines Lebewesens besitzt im Zellkern die vollständige genetische Information des gesamten Organismus. Jedes Lebewesen entwickelt sich aus einer einzigen Zelle (der befruchteten *Eizelle* bei Vielzellern oder der *Mutterzelle* bei Einzellern). Die befruchtete Eizelle ist noch nicht differenziert. Sie enthält neben dem Zellkern mehr oder weniger viel Nährgewebe. Durch wiederholte Zell- und Kernteilungen entsteht aus der einzelnen Eizelle im Laufe der Zeit ein Vielzellenstadium, das sich während der Embryonalentwicklung zu einem jungen *Organismus* umwandelt. In diesem allein lebensfähigen Organismus kommen viele Arten ganz verschiedener Zellen vor, die sich alle aus derselben Eizelle entwickelt haben: Epithelzellen (Deckzellen), Muskelzellen, Nervenzellen, Speicherzellen, Leberzellen, Blutzellen usw. In all diesen Zellen ist zwar noch die vollständige genetische Information der Eizelle enthalten, aber nur ein Teil dieser Information wird tatsächlich verwendet.

Bei der Embryonalentwicklung der verschiedenen Lebewesen lassen sich unterscheiden: die *früh determinierte Differenzierung* und das lang beibehaltene *Regenerationsvermögen*. Bei den Aszidien (Seescheiden; auf dem Meeresgrund festsitzende Manteltiere) sind die einzelnen Zellen in ihrer Differenzierung schon sehr früh im Embryonalstadium determiniert. Wenn man einzelne Zellen im Furchungsstadium der Zellteilung (dem frühesten Stadium nach der Befruchtung) entnimmt, so entwickeln sich aus ihnen lediglich die Zellarten oder Organe bzw. Körperteile der Larve, die auch im normalen Embryonalverband aus ihnen entstanden wären. So liefert z. B. eine Zelle des Zweizellenstadiums einen rechten oder linken Halbkeim. Trennt man im Vierzellenstadium die zwei vorderen von den zwei hinteren Furchungszellen, so entwickelt sich entsprechend nur die vordere bzw. hintere Hälfte des Embryos. Man nennt solche Keime, in denen die spätere Bedeutung der Einzelzellen bereits fest determiniert ist, *Mosaikkeime*. – Bei den meisten anderen Arten jedoch besitzen die Embryonen ein mehr oder weniger großes Regenerationsvermögen. Dadurch können Störungen der Entwicklung, die Fortnahme von Stücken des Keims u. ä. durch die benachbarten, intakten Zellen ausgeglichen werden. Aus Teilen des Keims können noch ganze, intakte Organismen, allerdings von entsprechend verringerter Größe, hervorgehen. Trennt man z. B. die beiden ersten Furchungszellen eines Amphibienkeims, so entsteht aus jeder Hälfte eine ganze Larve und später ein ganzer junger Frosch oder Molch. Auch in einem späteren Stadium des Eingriffs können noch vollständige Lebewesen entstehen. Beim Menschen kommt es durch eine frühe Teilung des Keims zur Ausbildung eineiiger Zwillinge.

Eizelle

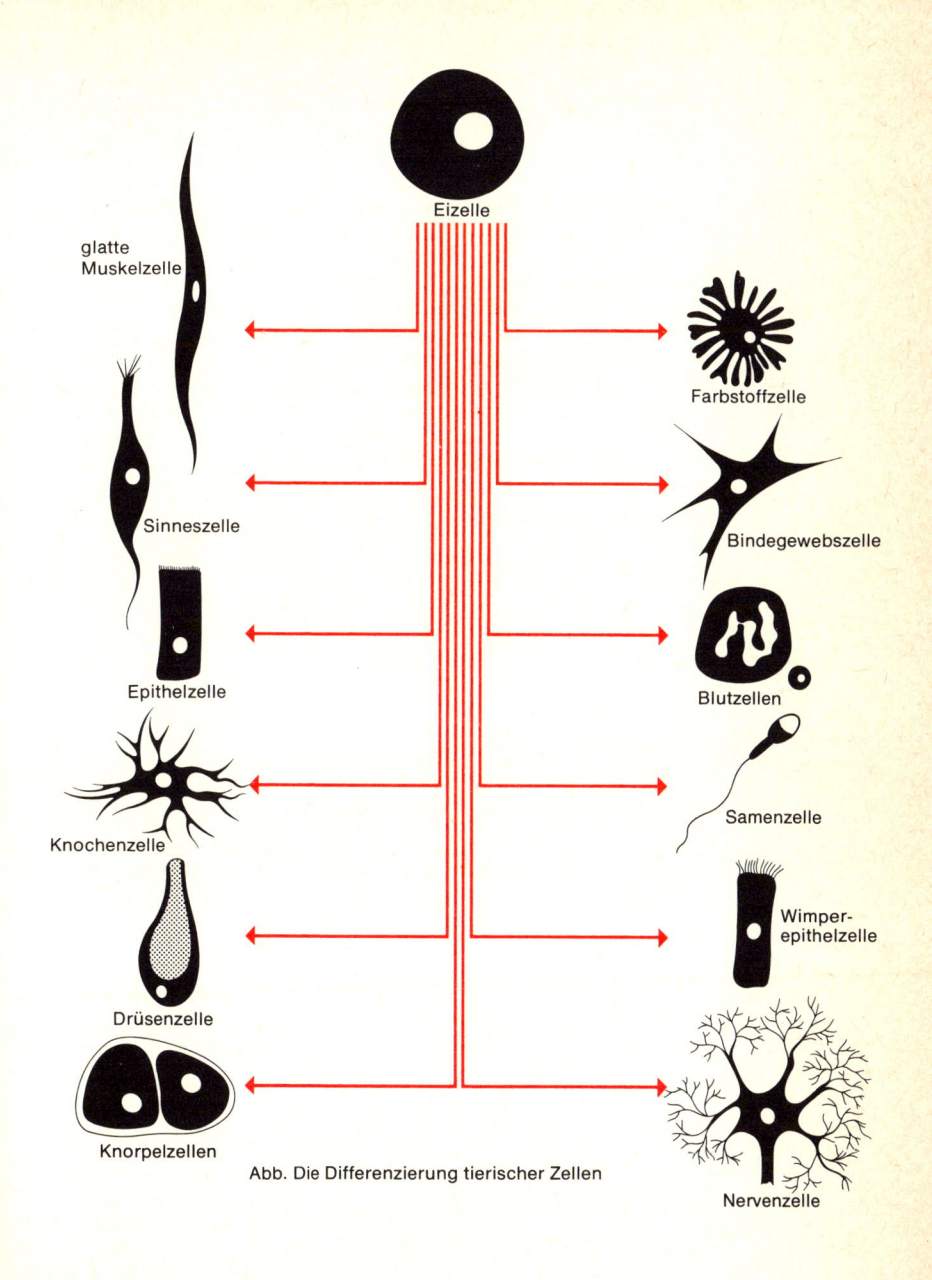

glatte Muskelzelle

Sinneszelle

Epithelzelle

Knochenzelle

Drüsenzelle

Knorpelzellen

Farbstoffzelle

Bindegewebszelle

Blutzellen

Samenzelle

Wimperepithelzelle

Nervenzelle

Abb. Die Differenzierung tierischer Zellen

Evolution – Beeinflussung des Genotyps durch die Umwelt

Als *Evolution* bezeichnet man die Stammesentwicklung der Lebewesen von einfachen, urtümlichen Formen zu hochentwickelten. Noch bis zum Beginn des 19. Jahrhunderts galt in der Biologie die Lehrmeinung, daß die aus einem göttlichen Schöpfungsakt hervorgegangenen Arten unveränderlich seien. Diese Meinung wurde zunehmend erschüttert durch die Funde von Fossilien, urtümlichen Pflanzen und Tieren, die meist rezent nicht mehr vorkommen.

Als erster stellte deshalb J. B. *Lamarck* (1744–1829) die Theorie von der Evolution, d. h. von der langsamen Weiterentwicklung der Arten, auf. Lamarck nahm als Ursache der Evolution an, daß außer einem den Lebewesen innewohnenden Vervollkommnungstrieb veränderte Umweltbedingungen und der Gebrauch oder Nichtgebrauch von Organen zu weitervererbbaren Änderungen im Körperbau führen würden, wodurch neue Arten entstünden *(Lamarckismus)*. Heute wissen wir, daß die umweltbedingten Modifikationen (s. S. 190) nicht vererbbar sind.

Eine plausible Erklärung für die Evolution fand dann Ch. *Darwin* (1809–1882). Seine *Evolutionstheorie* besteht aus zwei Teilen: 1. Bei jeder Art kommen mehr oder weniger häufig zufällige Erbänderungen vor. Ursache für solche *Mutationen* können z. B. radioaktive Strahlen oder chemische Einflüsse sein. Mutationen sind nicht zielgerichtet, d. h. die Änderung, die durch sie hervorgerufen wird, ist völlig zufällig. Die weitaus meisten Mutationen wirken sich schädlich aus. Nur ganz wenige (weit unter 0,1 %) sind für das entstandene Lebewesen vorteilhaft. 2. Da durch die natürliche Vermehrung stets mehr Individuen einer Art entstehen, als der betreffende Lebensraum zuläßt, findet dauernd ein Kampf ums Überleben statt. Dieser „Kampf ums Dasein" erweist sich als *Auslesemechanismus:* Die besser an ihre Umwelt angepaßten, den Artgenossen auf Grund zufällig vorteilhafter Mutationen wenn auch nur geringfügig überlegenen Organismen werden sich immer stärker durchsetzen. Ihre Nachkommen können sich auf Grund des *Selektionsvorteils* bevorzugt ausbreiten und schließlich nach vielen Generationen die Ursprungsform weitgehend verdrängt haben.

Ein wichtiges Beispiel für ein Selektionsgeschehen in heutiger Zeit ist die Ausbreitung gegen chemische Gifte *resistenter Schädlinge*. Wie im Kapitel „Pestizide" (s. S. 298) beschrieben, sind viele der Schädlinge, die bisher intensiv mit Giften bekämpft worden sind, inzwischen gegen diese Gifte widerstandsfähig geworden. Dies kam folgendermaßen zustande: Zunächst bewirkte eine Mutation zufällig, daß einer der Schädlinge gegen das betreffende Gift immun wurde. Bei dem weiteren Gifteinsatz hatten die Nachkommen dieses Individuums einen entscheidenden Vorteil gegenüber ihren Nahrungskonkurrenten. Sie blieben am Leben und bildeten nach kurzer Zeit eine vorherrschende, giftresistente Schädlingspopulation.

Obwohl noch viele Fragen der Evolution ungeklärt sind, weiß man jetzt, daß sich die heute lebenden Arten aus *gemeinsamen Urformen* entwickelt haben. Dies geschah in einem Zeitraum von einer Milliarde bis 1,5 Milliarden Jahren. Beweise hierfür findet man in den Gesteinsschichten der verschiedenen geologischen Formationen in Form von pflanzlichen oder tierischen Überresten *(Fossilien)*, die von Lebewesen herrühren, die zur Zeit der Bildung dieser geologischen Schichten lebten. Das Auffinden solcher Fossilien hängt weitgehend vom Zufall ab. Außerdem sind im allgemeinen nur Hartteile wie Skelette, Schalen u. ä. erhalten geblieben, während die Weichteile nur unter besonders günstigen Verhältnissen als Abdrücke überliefert sind. Aus diesen Fossilien kann nun die Geschichte der Lebewesen abgelesen werden. Die ältesten *Fossilienfunde* stammen aus dem *Altproterozoikum* (Alter etwa 1,5 Milliarden Jahre). Es handelt sich dabei um Wasseralgen, tierische Einzeller und Bakterien.

neue Arten

positive Mutationen (< 0,1%)

Selektion

negative Mutationen (> 99,9%) Erbkrankheiten

negative Mutationen Mißgeburten

Mutationen

DNS

mutagene Faktoren:

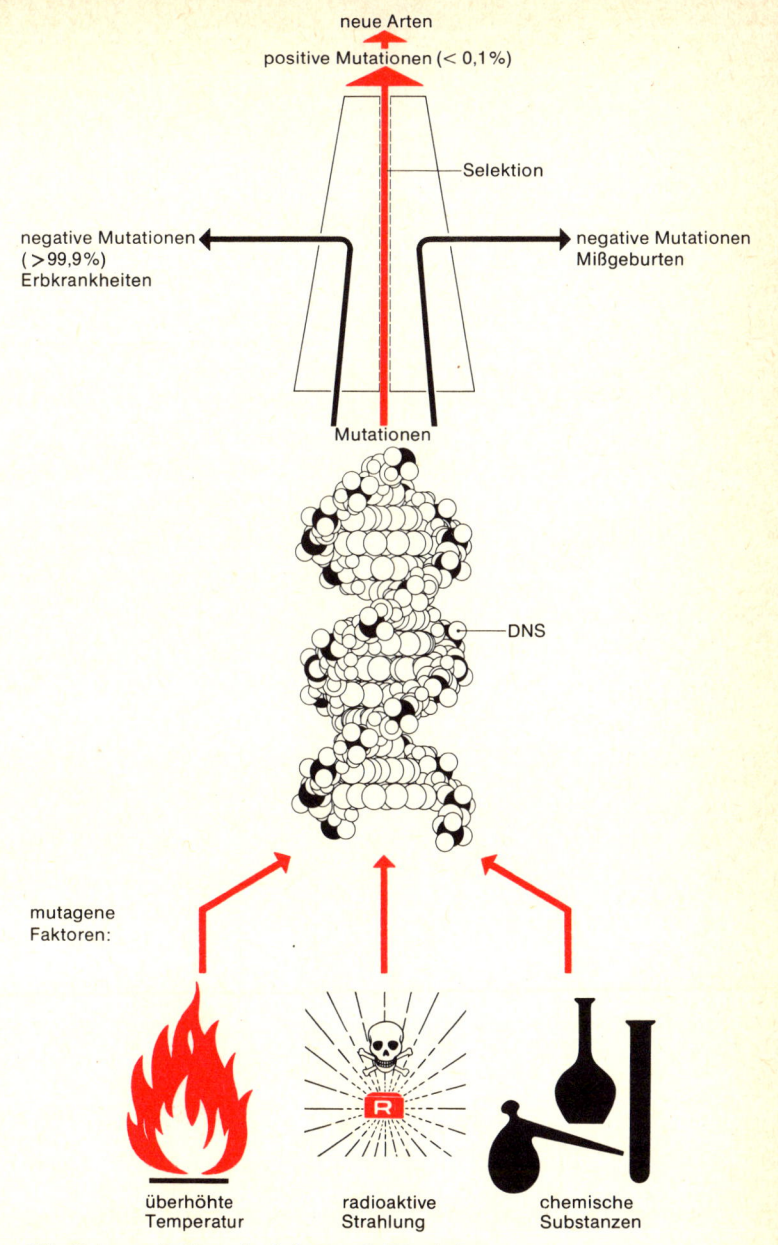

überhöhte Temperatur

radioaktive Strahlung

chemische Substanzen

Abb. Mutagene Faktoren beeinflussen die Erbsubstanz

Die erste geologische Epoche, die zeitlich genauer festzulegen ist und gut erhaltene Versteinerungen zeigt, ist das *Kambrium* (vor 600–500 Millionen Jahren). Interessant ist, daß schon damals alle Stämme der wirbellosen Tiere existierten (Urtierchen, Weichtiere, Gliederfüßer u. a.). Besonders stark vertreten waren in dieser Zeit die *Dreilappkrebse* (Trilobiten). Von den Pflanzen waren v. a. die *Blau-, Grün-* und *Rotalgen* vertreten.

Aus dem Tierreich des Kambriums entwickelten sich im *Untersilur* (vor 500–440 Millionen Jahren) die ersten *Wirbeltiere*. Es waren gepanzerte, kieferlose Fische mit knorpeliger Wirbelsäule. Die einzigen Pflanzen waren weiterhin die Algen.

Im darauffolgenden Zeitalter, dem *Obersilur* (vor 440–400 Millionen Jahren), lag die Hauptentfaltungszeit der *wirbellosen Tiere*. Es gab über 2 m lange, krebsartige Tiere, die *Gigantostraken*. Die ersten *Skorpione* und *Tausendfüßer* begannen das Land zu erobern. Vor einer Austrocknung schützte sie der Chitinpanzer. Gleichzeitig mit diesen ersten Landtieren entstanden am Rande der Gewässer die *Nacktfarne* als erste Landpflanzen.

Das *Devon* (vor 400–350 Millionen Jahren) war das Zeitalter der *Fische*. In ihm entwickelten sich aus den Knorpelfischen die ersten Knochenfische, darunter die Lungenfische und Quastenflosser. Diese *Quastenflosser*, Fische mit Gliedmaßenflossen, sind die Vorstufe der Landwirbeltiere. Ursprünglich waren sie nur fossil bekannt, bis man in einsamen Meeresgebieten noch einige lebende Exemplare dieser Tiere auffinden konnte. – Gegen Ende des Devons entstanden aus diesen oder ähnlichen Formen die (teils im Wasser, teils auf dem Land lebenden) *Amphibien*. – Die Landpflanzen entwickelten sich von den Nacktfarnen weiter zu den echten Farnen, zu Schachtelhalmen und Bärlappgewächsen.

Im darauffolgenden *Karbon* (vor 350–270 Millionen Jahren) entwickelten sich die Bärlappgewächse, Schachtelhalme und Farne zu mächtigen Wäldern. Man bezeichnet diese als *Steinkohlenwälder,* da die heutige Steinkohle auf diese Pflanzen zurückgeht. Aus den Amphibien gingen die ersten *Kriechtiere* hervor, außerdem entstanden die ersten *geflügelten Insekten,* von denen die Libellen bis zu 80 cm groß waren. Gegen Ende des Karbons zweigten sich von den Farnen und Bärlappgewächsen die ersten *Samenpflanzen* ab. Es sind dies die Vorläufer der heutigen Nacktsamer.

Mit dem *Perm* (vor 270–255 Millionen Jahren) ging das *Erdaltertum (Paläozoikum)* zu Ende. Das feuchttropische Klima wurde zu Wüsten- und Steppenklima. Die Reptilien bildeten die vorherrschende Tiergruppe. Erste Vorläufer der heutigen Vögel und Säugetiere zeigten sich.

In der *Jurazeit* (vor 180–135 Millionen Jahren) kam es zu einer starken Entwicklung und Ausbreitung der *Reptilien*. Es ist das Zeitalter der *Saurier.* Sie eroberten sich alle Lebensräume der Erde mit Ausnahme der kalten Regionen, wo sie als wechselwarme Tiere nicht leben konnten. Es gab Flugsaurier mit über 8 m Flügelspannweite und Landformen mit Körperlängen bis über 30 m.

In der *Kreidezeit* (vor 135–70 Millionen Jahren) starben die Saurier wahrscheinlich auf Grund von Klimaveränderungen aus. Danach begann die mannigfaltige Entwicklung der *Säugetiere.*

Wie aus dieser entwicklungsgeschichtlichen Zusammenfassung zu ersehen ist, verläuft die Evolution des Lebens von einfachen zu immer höher organisierten Formen. Vom Leben im Wasser gingen die Organismen immer mehr zum Landleben über, gleichlaufend mit einer Veränderung ihrer Organisation in Anpassung an die veränderten Umweltbedingungen.

Kambrium

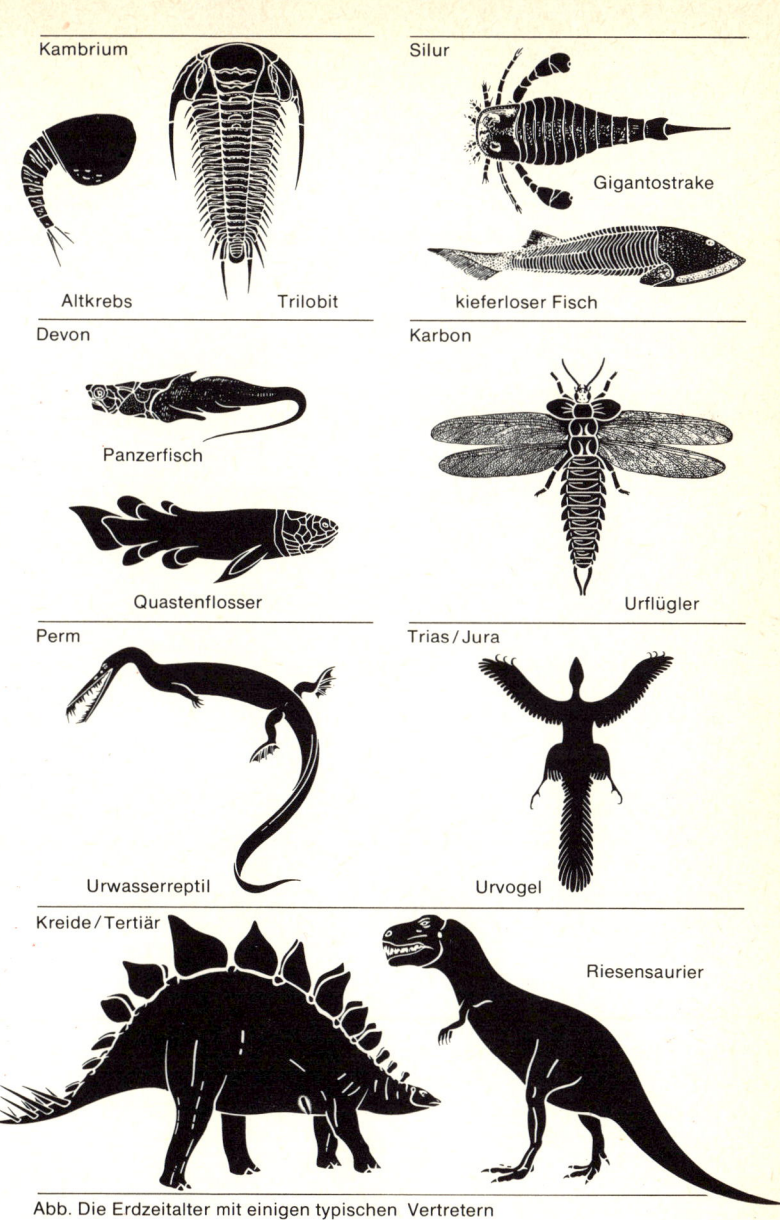

Altkrebs   Trilobit

Silur

Gigantostrake

kieferloser Fisch

Devon

Panzerfisch

Quastenflosser

Karbon

Urflügler

Perm

Urwasserreptil

Trias / Jura

Urvogel

Kreide / Tertiär

Riesensaurier

Abb. Die Erdzeitalter mit einigen typischen Vertretern

Modifikationen
Beeinflussung des Phänotyps durch die Umwelt

Die *körperlichen Merkmale* eines Lebewesens sind weitgehend durch das Erbgut festgelegt. Wie kommt es nun, daß Lebewesen mit völlig gleichem Erbgut unterschiedlich aussehen können? Es sind Umwelteinflüsse, die bewirken, daß erblich festgelegte Entwicklungstendenzen gefördert oder unterdrückt werden. Dabei kann bei Unterdrückung eines bestimmten erblichen Merkmals ein anderes Merkmal stärker zur Geltung kommen, auch eventuell dessen Funktionen übernehmen. Dies ist um so eher möglich, je weniger weit die Differenzierung des Organismus fortgeschritten ist.

So kommt es, daß die Lebewesen sich in gewissen Grenzen an die jeweilige Umwelt *anpassen* können. Ein typisches Beispiel dafür ist der *Löwenzahn*. Wenn man eine junge Löwenzahnpflanze halbiert und die eine Hälfte im Tiefland, die andere im Hochgebirge anpflanzt, so entwickeln sich die beiden völlig erbgleichen Pflanzen unterschiedlich. Während die Tieflandpflanze einen hohen, kräftigen Wuchs zeigt, kahle Blätter und eine kurze Wurzel hat, ist die starker UV-Strahlung ausgesetzte Hochgebirgspflanze von kleinem, gedrungenem Wuchs, ist behaart und besitzt eine tiefgehende, kräftige Wurzel.

Eine solch unterschiedliche Ausbildung artgleicher Individuen nennt man *Modifikation*. Eine allgemein bekannte Ursache für Modifikationen ist auch der *Einfluß der Ernährung*. Der Ertrag bzw. die Größe von Nutzpflanzen hängt außer von der Güte des Saatgutes und von der Witterung vor allem vom Nährstoffgehalt des Bodens ab.

Um den Zusammenhang zwischen Umwelteinflüssen und Modifikationen genau untersuchen zu können, muß man möglichst mit völlig *erbgleichen Individuen* arbeiten, wie dies z. B. bei den aus einer Zweiteilung hervorgegangenen *Einzellern* der Fall ist. Solche von einem Individuum abstammende, erbgleiche Lebewesen nennt man *Klone*. Werden Klone, z. B. von einem Pantoffeltierchen, in genügend großer Zahl gezüchtet und auf ihre Größe hin untersucht, so zeigt sich, daß die Größe zwischen zwei Grenzwerten variiert. Eine graphische Darstellung über die Häufigkeit, mit der die verschiedenen Größen vertreten sind, ergibt eine statistische Verteilung um einen Mittelwert.

Die Modifikationen beim Pantoffeltierchen in bezug auf die Größe sind das Ergebnis zahlreicher Einzelfaktoren (z. B. Nahrung, Temperatur, Licht, Sauerstoff), die einesteils wachstumsfördernd, anderenteils wachstumshemmend wirken. Dabei sind nach den Gesetzen der Wahrscheinlichkeit diejenigen zufälligen Kombinationen am häufigsten, bei denen sich fördernde und hemmende Faktoren gerade die Waage halten. Daher ist die mittlere Größe die häufigste. Sehr selten treten ausschließlich hemmende oder ausschließlich fördernde Faktorengruppen auf, die dann jeweils sehr kleine oder sehr große Individuen entstehen lassen.

Als Beispiel für *Modifikationen in der Blütenfarbe* sei noch die *Chinesische Primel* erwähnt. Ihrem Erbgut nach kann diese Pflanze weiß und rot blühen. Bei einer Temperatur über 30 °C blüht sie weiß, bei niedriger Temperatur rot.

Für alle Modifikationen gilt, daß sie im einzelnen nicht vererbt sind oder vererbt werden können. Im Erbgut festgelegt ist lediglich das Vermögen, auf bestimmte Umweltbedingungen in einer bestimmten Art und Weise zu reagieren.

UV-Strahlung

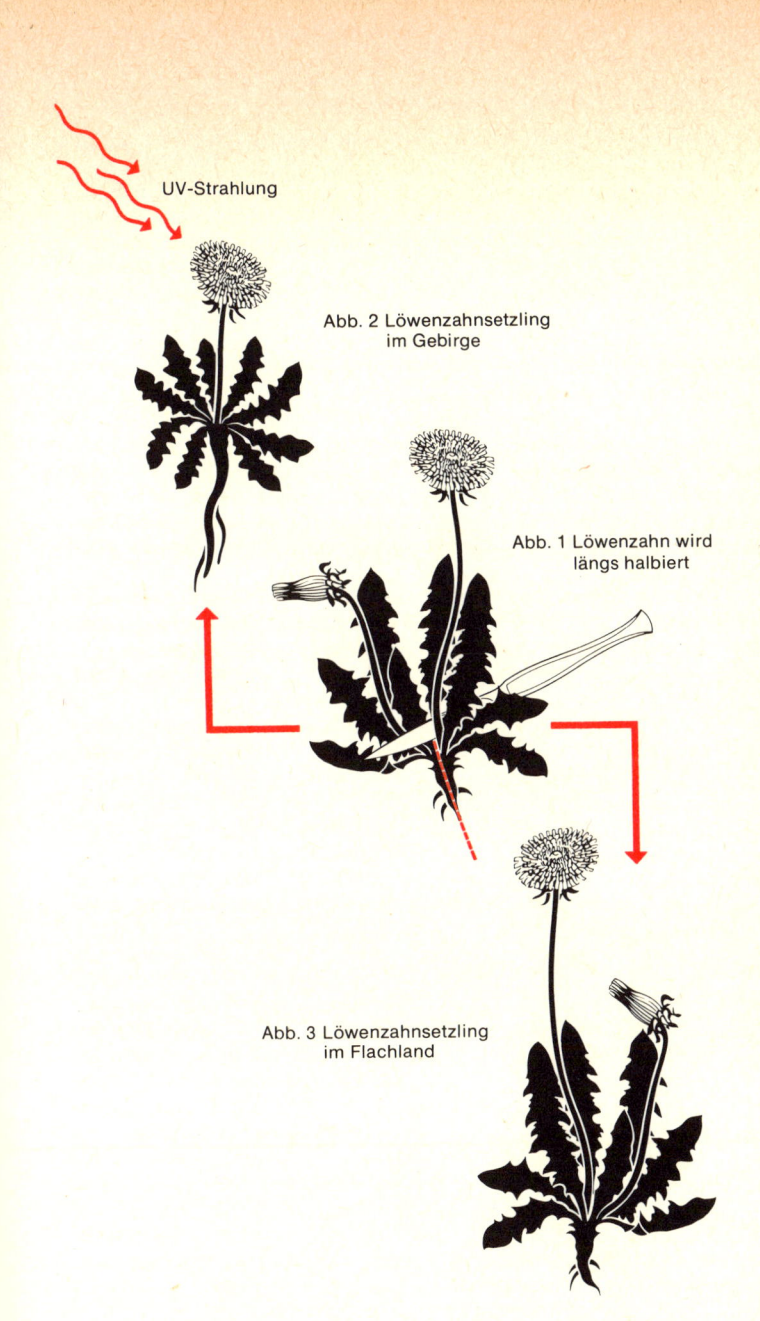

Abb. 2 Löwenzahnsetzling
im Gebirge

Abb. 1 Löwenzahn wird
längs halbiert

Abb. 3 Löwenzahnsetzling
im Flachland

Die Erbinformation – Umweltgifte und Erbschäden

Die *Erbinformation,* die den Aufbau und die Funktion jedes Organismus bestimmt, ist in einem Makromolekül, der *Desoxyribonukleinsäure (DNS)* der Chromosomen, gespeichert. Die DNS ist in jedem Zellkern enthalten und wird bei der Zellteilung nach Verdopplung (Autoreduplikation) in je einer kompletten Ausführung wieder an die Tochterzellen weitergegeben.

Die Fähigkeit der DNS zur *Informationsübertragung* beruht auf den spezifischen Struktureigentümlichkeiten und auf der spezifischen Anordnung bestimmter Bauelemente dieses Moleküls, d. h., jede Eigenschaft bzw. jedes Merkmal eines Organismus hat seinen Ursprung in der Eigenart seiner Erbsubstanz. Die Träger der Erbinformation bzw. der Merkmale sind die *Gene,* definierte Abschnitte der Chromosomen. Die spezifische Erbinformation eines Gens manifestiert sich nun in der Reihenfolge bestimmter *Nukleotide* (Bestandteile der Nukleinsäuren aus je 1 Mol Phosphorsäure, Pentose und Base) bzw. Basen (Adenin, Guanin, Zytosin, Thymin), nämlich in der sog. *Basensequenz.* Diese Information wird durch einen komplizierten Übertragungsmechanismus von der DNS im Zellkern über Boten-Ribonukleinsäure *(Messenger-RNS)* auf die *Ribosomen,* proteinbildende Zellorganellen, im Zellplasma übertragen.

An den Ribosomen wird dann unter Vermittlung der *Transfer-Ribonukleinsäure* das genetisch fixierte *Enzymprotein* aus den im Zellplasma vorhandenen Aminosäuren synthetisiert. Die Spezifität dieser (Enzym)proteine manifestiert sich nun wiederum in der Reihenfolge *(Aminosäuresequenz)* der 20 biogenen Aminosäuren in den Polypeptidketten der Eiweiße.

Die Umwandlung der Basensequenz bzw. Nukleinsäuresequenz des Gens in die Aminosäuresequenz der Proteine (s. o.) erfolgt mit Hilfe des sog. *genetischen Codes.* Jede der 20 biogenen Aminosäuren wird durch die Aufeinanderfolge von 3 Basen bzw. 3 Nukleotiden, dem *Triplett* oder *Codon,* determiniert. Die Triplettsequenz nun wiederum bestimmt die Aminosäuresequenz im Polypeptid.

Diese komplizierten Übertragungs- und Synthesemechanismen können sehr leicht in ihrem Ablauf gestört werden, so daß *Erbänderungen (Mutationen)* auftreten. Es genügt bereits ein Austausch oder der Wegfall einer Base, so daß eine falsche Basensequenz entsteht, um die Enzymsynthese und damit den Stoffwechsel zu stören. Die durch die Änderung der Basensequenz in der DNS entstehende Erbänderung nennt man *Punktmutation;* sie greift jeweils nur am einzelnen Gen an *(Genmutation).*

Andersartige Veränderungen an der Erbsubstanz sind die *Chromosomenmutationen.* Hier wird ein Teil des DNS-Moleküls abgerissen oder ein anderer Teil an das Ende eines DNS-Moleküls angehängt. Die hierdurch veränderte Genabfolge bedingt eine Änderung in der Merkmalsausbildung, da die in einem Gen determinierte Merkmalsausbildung auch von den benachbarten Genen beeinflußt wird. Enthält ein *Genom* (vollständiger Chromosomensatz einer Zelle) ein bis mehrere Chromosomen zu viel oder zu wenig, so spricht man von *Genommutationen.*

Die beiden letztgenannten Mutationen sind mikroskopisch feststellbar und konnten in den letzten Jahren als Ursache für schon längere Zeit bekannte Erbkrankheiten des Menschen erkannt werden (z. B. Mongolismus, Klinefelter-Syndrom). Beim *Mongolismus* ist das Chromosom 21s in dreifacher statt in zweifacher Anzahl vorhanden. Beim *Klinefelter-Syndrom* handelt es sich um die Chromosomenkonstitution XXY.

Normalerweise erfolgen Mutationen unabhängig vom Milieu und ungerichtet. Nur ein äußerst geringer Anteil der Mutationen manifestiert sich in der Änderung der Merkmalsausbildung. Diese Mutationen werden als *natürliche Mutationen* bezeichnet, im Gegensatz zu den durch UV-Licht, radioaktive Strahlung, Hitze, Chemikalien *induzierten Mutationen.*

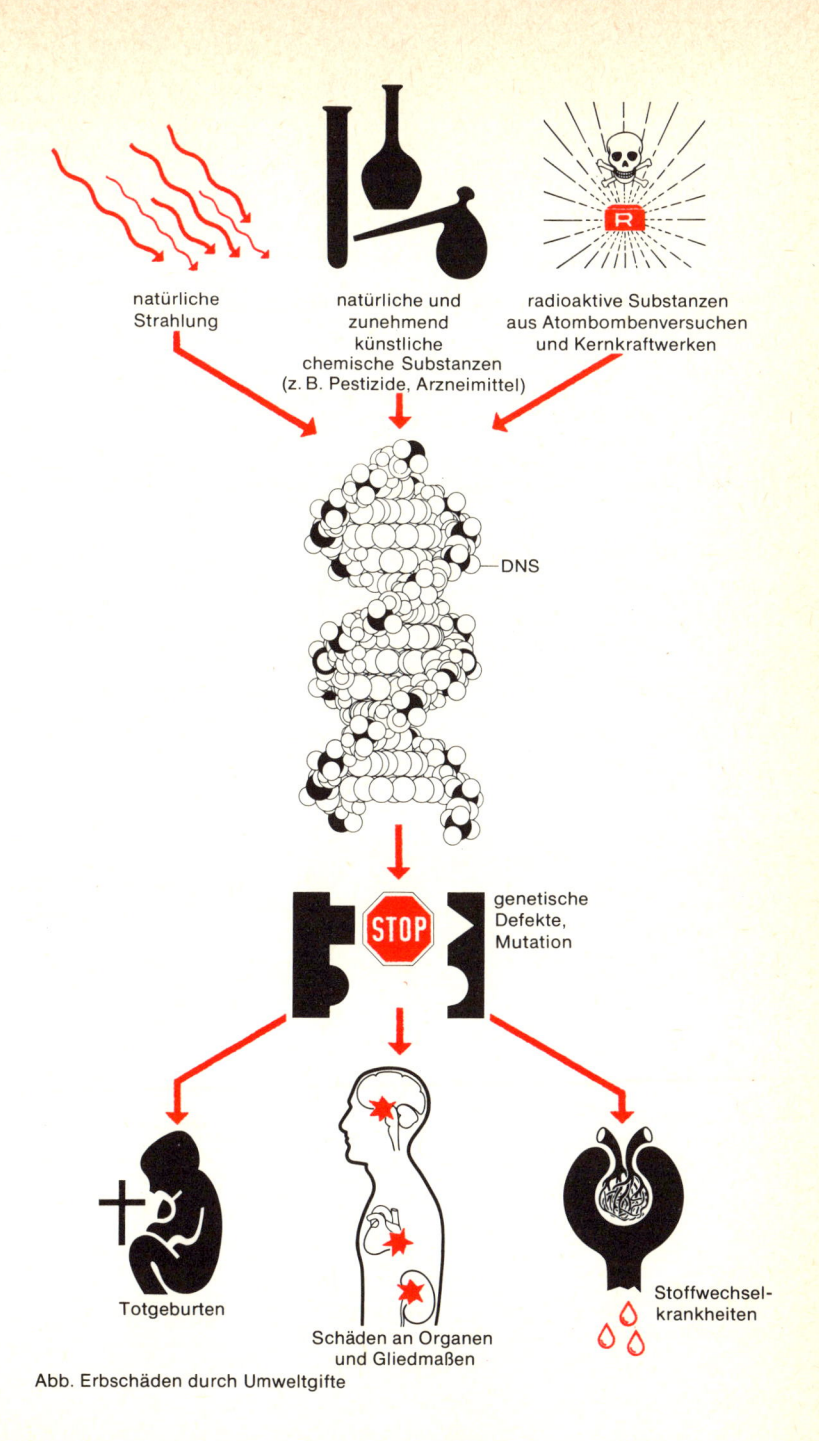

natürliche Strahlung

natürliche und zunehmend künstliche chemische Substanzen (z. B. Pestizide, Arzneimittel)

radioaktive Substanzen aus Atombombenversuchen und Kernkraftwerken

DNS

genetische Defekte, Mutation

Totgeburten

Schäden an Organen und Gliedmaßen

Stoffwechselkrankheiten

Abb. Erbschäden durch Umweltgifte

13 Umwelt

Der Wirkungsmechanismus *mutagener Substanzen* beruht auf spezifischen Gruppen innerhalb eines Moleküls. So wirken z. B. Substanzen, die Basenanaloga enthalten, dadurch mutagen, daß diese Analoga in die Nukleotide eingebaut werden und dann die falschen Basenpartner binden, so daß eine falsche Erbinformation codiert wird. Andere Agenzien, z. B. Nitrit, Hydroxylamin, alkylierende Verbindungen (z. B. Äthylmethansulfonat, Dimethylsulfat, Stickstofflost), verändern die Basen in ihren chemischen Eigenschaften, so daß ebenfalls eine falsche Erbinformation übertragen wird. Akridinfarbstoffe verändern die räumliche Anordnung der Basen auf dem fadenförmigen DNS-Molekül, was einen Verlust eines Nukleotids oder das Einschieben einer zusätzlichen Base zur Folge hat; dadurch wird bei der Proteinsynthese der Ablesevorgang an der Boten-RNS verschoben. – Der Wirkungsmechanismus der Röntgen-, Ultraviolett- und radioaktiven Strahlung ist noch nicht restlos aufgeklärt; es hat jedoch den Anschein, daß der Mechanismus vorwiegend an den Nukleinsäuren angreift.

Die *Lebewesen* haben sich im Verlauf einer langen Evolution jeweils optimal *an die Umwelt angepaßt*, obwohl über 99,9 % aller Erbänderungen für das Lebewesen keinen Fortschritt hinsichtlich des Ziels „optimale Anpassung" bedeuten. Erbänderungen, die ein Lebewesen in dieser Hinsicht benachteiligen, werden allgemein als *Erbschäden* bezeichnet. Die hauptsächlichsten und besonders gut untersuchten Erbschäden beim Menschen und bei den Haustieren sind *Totgeburten, anatomische Fehler* (z. B. Fehlen oder Verunstaltung von Körperteilen), *Stoffwechselschäden* (z. B. Schwachsinn, Idiotie, Allergien, Ausfall bestimmter körperlicher Prozesse) und *Störungen im psychischen Verhalten*.

Durch die Fortschritte in Wissenschaft und Technik in der hochzivilisierten Welt werden zunehmend künstliche Produkte hergestellt und verwendet. Diese Produkte können nun Substanzen enthalten, die mutationsauslösenden Charakter besitzen. Bisher wurden über 550 chemische Verbindungen als *potentielle Mutagene* erkannt.

Jährlich kommen Tausende neuer chemischer Substanzen auf den Markt, die es bisher in der Natur und in der Umwelt des Menschen noch nicht gab. Die *Überprüfung dieser neuen Substanzen auf ihre Mutagenität* wird zwar in der Industrie, an den Universitäten und anderen Forschungsstätten durchgeführt, sie ist jedoch wegen der Vielzahl der Substanzen und deren möglichen Kombinationswirkungen (s. auch S. 302) nicht ausreichend. Ein beträchtlicher Anteil der damit verbundenen Grundlagenforschung sowie die Testung liegen in der Verantwortlichkeit der Industrie. Der Staat selbst beschränkt sich auf seine Aufsichtspflicht, hat aber in den entsprechenden Gesetzen (Arzneimittel-, Lebensmittel-, Landschafts- und Naturschutzgesetz, Pflanzenschutzgesetz, Gesetze gegen Verunreinigung von Luft und Wasser u. a. m.) eine gewisse Handhabe gegen einen Mißbrauch von mutagenen Substanzen. Als unabhängige Institution wurde im Jahre 1964 von der Deutschen Forschungsgemeinschaft eine „Kommission für Mutagenitätsfragen" gegründet; im Jahre 1969 wurde in Freiburg ein „Zentrallaboratorium für Mutagenitätsprüfung" seiner Bestimmung übergeben.

Problematisch ist heute jedoch noch die Anwendung z. B. von Pflanzenschutzmitteln, die schon lange auf dem Markt sind, aber noch nicht nach den neuesten wissenschaftlichen Erkenntnissen auf ihre Mutagenität geprüft worden sind (bei manchen besteht sogar der Verdacht der Mutagenität).

In den verschiedenen Verfahren zur Prüfung von Substanzen auf Mutagenität wird geprüft, bei welchen Konzentrationen ein Schadeffekt auftritt, welcher Art er ist und wie der Wirkungsmechanismus verläuft. Als *Testorganismen* werden Bakterien, Pilze, Taufliegen (Drosophila), Mäuse, Syrische Hamster (Goldhamster) und andere Versuchstiere sowie Zellkulturen aus menschlichen Lymphozyten und Fibroblasten aus dem Bindegewebe verwendet, wobei als Kriterien die Ansprechbarkeit auf gewisse Substanzen, d. h. die spezifische Reaktionsbereitschaft, eine hohe Vermehrungsrate bzw. eine kurze Generationsdauer und die Übertragbarkeit der Ergebnisse auf die Besonderheiten des menschlichen Organismus dienen. Eine große Bedeutung als Routinetest haben die *Bakterienversuche,* da Bakterien eine hohe Vermehrungsrate besitzen.

Einige Substanzen wandeln sich erst nach der Reaktion mit Stoffwechselprodukten zu einer erbschädigenden Substanz um. Um auch diese Substanzen erfassen zu können, wurde ein besonderes Verfahren entwickelt, das sog. *Hostmediated assay* (engl. = durch einen zwischengeschalteten Wirt vermittelter Test). Dabei überträgt man vorübergehend Bakterien in den Körper eines Wirtsorganismus – z. B. in dessen Leber oder in die Hoden. Der Wirt wird anschließend einige Zeit mit dem zu testenden Stoff behandelt. Dieser Stoff unterliegt dann dem Wirtsstoffwechsel und wirkt in seiner dadurch veränderten Form auf die Bakterien ein. Entnimmt man dem Wirt nach einer gewissen Zeit Proben der Bakteriennachkommen und testet sie auf eingetretene Erbänderungen, so ergeben sich meist nützliche Hinweise dafür, ob die untersuchte Substanz genetisch aktiv ist oder nicht. Der Vorteil dieses Verfahrens besteht darin, daß man nur eine geringe Anzahl höher differenzierter Versuchstiere in statistisch verwertbaren Mengen braucht, die Testzeit relativ kurz ist und keine Vererbungsexperimente über mehrere Generationen gemacht werden müssen. Die große Zahl der Bakterien mit einem u. U. veränderten Genom ergibt auf jeden Fall ein gutes, statistisch gesichertes Ergebnis.

Das Freiburger Zentrallaboratorium für Mutagenitätsprüfung hat bisher 14 Substanzen genannt, die in mindestens einem Mutagenitätstest genetisch aktiv waren. Darunter sind folgende Stoffe: *Dieldrin,* ein in der Landwirtschaft eingesetztes Mittel gegen Insekten, Milben und Spinnmilben; die Insektenbekämpfungsmittel *Dichlorphos, Dimethoat* u. *Methylparathion* (E 605). Im Bakterientest erwiesen sich außerdem die Unkrautvernichtungsmittel (Herbizide) *MCPB* und *MCPA,* in Tests mit Pilzen das Herbizid *Pentachlorphenol* und die Pilzbekämpfungsmittel (Fungizide) *Captan* und *Folpet* in mehreren Mutagenitätstests als mutagen. Ebenfalls mutagene Wirkungen zeigte das inzwischen verbotene, nur noch in Ausnahmefällen nach behördlicher Genehmigung anzuwendende *DDT* (s. auch S. 384) und sein chemischer Abkömmling *DDA,* die in menschlichen Lymphozyten Chromosomenmutationen erzeugten.

Das Problem der Erbschädigung durch mutagene Einflüsse aus der Umwelt ist darüber hinaus auch aus einem anderen Grund besonders schwerwiegend: In der bisherigen Geschichte der Menschheit wurden die natürlich entstandenen, für den Organismus nachteiligen Mutationen durch einen sehr harten Selektionsdruck wieder ausgesiebt (die erbkranken Menschen gelangten meist nicht zur Vermehrung), wodurch eine „Verschlechterung" des Erbgutes verhindert wurde. Dieser Selektionsdruck ist jedoch durch die Zivilisation des Menschen, durch die moderne Medizin und durch die soziale Fürsorge stark verringert worden. Dies hat zur Folge, daß die heute entstehenden „negativen" Mutationen eine wesentlich größere Chance besitzen, weitergegeben zu werden und somit das Erbgut der gesamten Menschheit im negativen Sinne zu verändern. Aus diesem Grund muß die Anzahl der erbschädigenden Substanzen, die in die Umwelt des Menschen gelangen, so niedrig wie möglich gehalten werden.

Der Energiehaushalt der Zelle

Lebendige Organismen sind aus einer großen Zahl der verschiedensten organischen Verbindungen aufgebaut. In jeder dieser organischen Verbindungen liegt eine bestimmte, je nach Molekülart unterschiedlich große Energiemenge gebunden vor, die beim Abbau freigesetzt und umgekehrt bei der Bildung des betreffenden Moleküls dem Syntheseprozeß zugeführt wird. Wenn ein Organismus die Energie, die er für die Synthese eigenen organischen Materials und zur Aufrechterhaltung seiner Lebensvorgänge benötigt, nur durch den Ab- bzw. Umbau von außen aufgenommener organischer Substanz gewinnen kann, bezeichnet man ihn als *heterotroph;* wenn er hingegen nicht unbedingt auf die Aufnahme fremder organischer Substanz angewiesen ist, sondern seine Energie durch andere Prozesse (v. a. Photosynthese, s. S. 200 ff.) gewinnen kann, bezeichnet man ihn als *autotroph.* Heterotroph sind alle Tiere und der Mensch, aber auch zahlreiche Pflanzen wie Pilze und die Mehrzahl der Bakterien. Autotrophie gibt es nur im Pflanzenreich. Hier ist es in der überwiegenden Anzahl der Fälle die Strahlung der Sonne, aus der die autotrophen Pflanzen ihren Energiehaushalt speisen. Daneben gibt es noch einige niedere pflanzliche Organismen (z. B. Purpur- und Schwefelbakterien), die aus der Oxydation anorganischen Materials (z. B. Ammoniak, Schwefelwasserstoff, Nitrit, Wasserstoff) Energie für den Aufbau organischer Substanzen gewinnen (Chemosynthese, s. S. 206).

Für alle Lebensvorgänge benötigt die Zelle *Energie.* Für die Arbeit der Muskelzellen ist mechanische Energie, für die Arbeit der Nervenzellen elektrische Energie, für den Stoffaufbau chemische Energie und für die Aufrechterhaltung der Körperwärme Wärmeenergie erforderlich. Wie auch in der unbelebten Welt gilt für die Zelle der Satz von der Erhaltung der Energie. Im Energiehaushalt der lebenden Zelle laufen also grundsätzlich zwei Arten von Energievorgängen ab: die Freisetzung von Energie und die Verwendung dieser Energie für die lebenden Prozesse. Die Energie erhält der Organismus aus dem *Abbau* (Atmung oder Gärung) *von Nahrungssubstanzen* (Kohlenhydrate, Fette usw.).

Die Abbauprozesse sind jedoch nicht direkt mit Energie verbrauchenden Prozessen gekoppelt, sondern über einen raffinierten Zwischenkreislauf verbunden. In diesem Zwischenkreislauf wird eine energiereiche Standardverbindung, die sog. *Adenosintriphosphat (ATP),* aufgebaut, das für praktisch alle energieverbrauchenden Prozesse in der Zelle die Energie liefert. Das ATP entstammt unterschiedlichen Abbauprozessen (s. S. 202, 208, 212 und 214).

Die ATP-Moleküle, die sich aus Adenin, einem Ribosemolekül und 3 Molekülen Phosporsäure zusammensetzen, werden mehr oder weniger lange Zeit in den Zellen gespeichert, bis sie bei energieverbrauchenden Prozessen wieder abgebaut werden. Die Phosphatreste sind nun (s. auch Abb.) auf eine sehr energiereiche Weise mit dem Grundmolekül verbunden (Phosphorylierung). Wenn von ATP ein Phosphatrest (durch die Einwirkung eines Enzyms) abgespalten wird, entstehen pro Mol ATP etwa 7 kcal Energie. Aus ATP entsteht dabei *Adenosindiphospat (ADP),* das nur noch zwei Phosphatreste besitzt. Nach dieser Reaktion geht das ADP in den Kreislauf zurück und wird erneut zu dem Energiespeicher ATP aufgebaut. Die Bildung von ATP findet vor allem in den Mitochondrien statt, sein Abbau erfolgt überall dort, wo Energie gebraucht wird, also in Zellen (Muskel-, Nerven-, Drüsenzellen usw.).

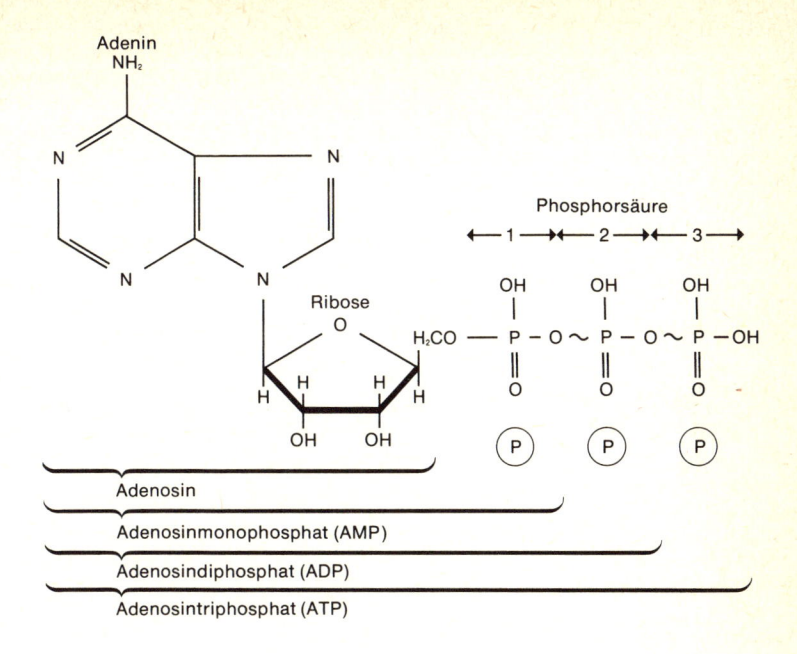

Abb. 1 Der chemische Aufbau des ATP

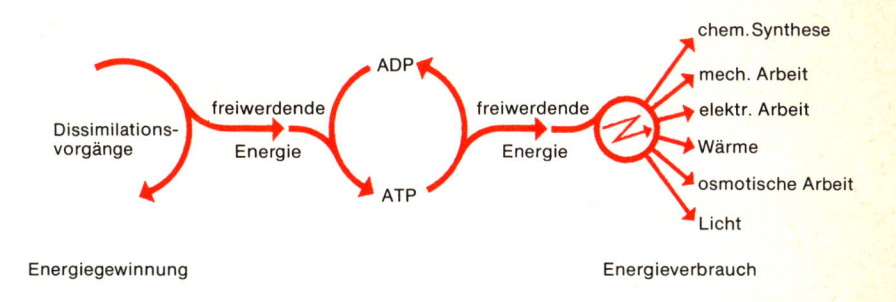

Abb. 2 Schema des Energiehaushalts der Zelle

Energiehaushalt und äußere Einflüsse

Jedes Lebewesen hat, seinen Lebensumständen entsprechend, einen bestimmten *Gesamtenergieumsatz,* der zusätzlich noch von Außenfaktoren beeinflußt wird. Praktisch und klinisch wichtig ist der sog. *Grundumsatz.* Dieser ist beim Menschen streng definiert als Energieumsatz bei vollständiger Körperruhe und Indifferenztemperatur (28–30 °C Außentemperatur; im unbekleideten Zustand) nach 12stündiger Nüchternheit und vorangegangener zweitägiger Eiweißkarenz. Er beträgt normalerweise beim Menschen zwischen 40 und 60 % des Energieverbrauches bei voller Aktivität und richtet sich nach Geschlecht, Alter und Körpergewicht.

Für den *Menschen* gelten folgende *Durchschnittswerte* des Grundumsatzes:

Alter (Jahre)	männlich	weiblich
	(kcal pro m² Körperoberfläche in 24 Std.)	
5	1 180	1 160
10	1 050	1 020
15	1 000	910
20	930	850
30	880	840
40	870	835
50	860	815
60	840	785
70	810	760

Der Grundumsatz hängt von einer Vielzahl von inneren und äußeren Faktoren ab. Bei *Fieber* steigt der Grundumsatz z. B. bis zu 40 % über den Normalwert. Bei einer *Überfunktion der Schilddrüse* (Basedow-Krankheit) kann er bis zu 75 % über dem Normalwert, bei einer *Unterfunktion der Schilddrüse* bis zu 50 % unter dem Normalwert liegen. *Äußere Faktoren,* die den Grundumsatz beeinflussen, sind z. B. Art und Dichte der Hautbedeckung und die Außentemperatur.

Interessant ist der *Zusammenhang zwischen Grundumsatz und Körpergröße.* Da ein kleines Tier im Verhältnis zu seinem Volumen eine relativ größere Oberfläche hat als ein großes Tier und eine größere Oberfläche auch eine größere Abstrahlung von Wärme an die Umgebung bedeutet, hat z. B. die Spitzmaus pro Gewichtseinheit einen 65mal größeren Grundumsatz als der Mensch und einen etwa 200mal größeren Grundumsatz als der Elefant.

Da der Blutkreislauf die wichtige Funktion des Energietransportes (Glucose, Sauerstoff, Wärme) hat, ist die *Herzfrequenz* ein bestimmtes Maß für die Höhe des Grundumsatzes. An folgender Tabelle lassen sich deutlich die Unterschiede zwischen großen und kleinen gleichwarmen Tieren zeigen:

Tierart	Körpergewicht (kg)	Herzschläge pro Minute
Elefant	3 000	46
Pferd	390	55
Mensch	65	75
Schaf	50	70–80
Hund	6,5	120
Katze	1,3	240
Grünfink	0,022	690
Distelfink	0,0127	750
Blaumeise	0,01	960

Wie schon erwähnt, hängt der Grundumsatz von der Außentemperatur ab; daher wird er auch von der *geographischen Verbreitung* eines Lebewesens beeinflußt. Je kleiner ein Tier ist, desto größere Energie muß es aufwenden, um seine Körpertemperatur gegenüber der kalten Umgebung aufrechtzuerhalten. Kleine Säugetiere schränken daher die Wärmeabgabe durch ihr besonderes Verhalten wie Winterschlaf (s. unten) oder Bau unterirdischer Nester ein. Man konnte zwei Regeln über den Zusammenhang zwischen dem Energiestoffwechsel eines Lebewesens und seiner geographischen Verbreitung aufstellen: Die *Proportionsregel* besagt, daß die Säugetiere in kälteren Gebieten eine gedrungenere Körperform, kürzere Gliedmaßen, Ohren und Schwänze haben als ihre verwandten Arten in den gemäßigten Zonen. In den warmen Gebieten der Erde kommen Tiere vor mit oft grazilen und großen Körperteilen (wie die Giraffen mit langem Hals oder die Antilopen mit langen, dünnen Beinen), die in einem kalten Klima nicht überleben könnten, weil der Quotient aus Oberfläche und Volumen dieser langen Körperteile zu ungünstig ist. – Die *Bergmannsche Regel* besagt, daß die Größe von Säugetieren einer gleichen Art bzw. Gattung zu den Erdpolen hin zunimmt. So ist z. B. ein sibirisches Reh größer als ein mitteleuropäisches Reh und dieses wiederum größer als ein spanisches oder italienisches.

Viele Tiere überbrücken die kalte Jahreszeit mit einer Winterruhe oder einem Winterschlaf. In dieser Zeit ist der Energiebedarf und der Stoffwechsel stark eingeschränkt. Unter *Winterruhe* versteht man einen längeren Ruheschlaf, wobei die Körpertemperatur nicht herabgesetzt ist. Beispiele dafür sind der Bär, der Dachs und das Eichhörnchen. Der Energiestoffwechsel bleibt also auf dem Niveau des Grundumsatzes. Diese Tiere wachen oft mehrmals während des Winters auf und gehen dann auf die Jagd oder zehren von Nahrungsvorräten. – Andere Arten halten einen *Winterschlaf*. Beispiele dafür sind die Fledermäuse, der Hamster, der Igel, das Murmeltier. In diesem Zustand sind alle Lebensfunktionen auf ein Minimum herabgesetzt. Die Körpertemperatur sinkt bis auf wenige Grad oberhalb 0 °C ab.

Folgende Tabelle zeigt einen Vergleich der Wärmeerzeugung bei Winterschläfern im Wachzustand im Sommer und während des Winterschlafs:

Tierart	Sommer		Winter	
	Körpergewicht (kg)	kcal pro kg Körpergewicht i. d. Stunde	Körpergewicht (kg)	kcal pro kg Körpergewicht i. d. Stunde
Murmeltier	1,87	2,1	2,15	0,086
Igel	0,68	3,5	0,9	0,075
Ziesel	0,23	4,5	0,275	0,085
Siebenschläfer	0,13	5,0	0,13	0,07
Haselmaus	0,019	13,0	0,023	0,17

Eine besondere Art der Überbrückung der kalten Jahreszeit findet bei *wechselwarmen Tieren* statt (Lurche, Insekten, Kriechtiere usw.). Diese fallen während der kalten Jahreszeit in eine *Winterstarre,* aus der sie durch Eigenproduktion von Wärme nicht eher wieder aufwachen, bis die Umgebungstemperatur (im Frühjahr) einen bestimmten Schwellwert überschreitet. In der Winterstarre können wechselwarme Tiere monatelang hungern. Die Körpertemperatur der wechselwarmen Tiere ist jedoch nicht vollständig von der Außentemperatur abhängig. Bestimmte Tiere können in ihrem Wachstadium durch eigene Wärmeproduktion durchaus ihre Temperatur über die Temperatur ihrer Umgebung steigern, wie dies z. B. bei fliegenden Insekten, brütenden Schlangen oder überwinternden Bienen der Fall ist, die durch Flügelvibrationen die Temperatur im Bienenkorb konstant halten.

Die Photosynthese

Der für das Leben auf der Erde wichtigste biologische Vorgang ist die *Photosynthese der grünen Pflanzen*. Durch ihn wird praktisch die gesamte organische Substanz auf der Erde erzeugt und damit die Energiezufuhr für fast alle Lebewesen gewährleistet. Gleichzeitig wird durch die Photosynthese das durch tierische Organismen ausgeatmete Kohlendioxid im Austausch gegen Sauerstoff verwertet, der seinerseits für die Tiere lebensnotwendig ist.

Die Vorgänge, die bei der Photosynthese eine Rolle spielen, lassen sich stark vereinfacht folgendermaßen darstellen: Das über die Spaltöffnungen der Blätter aus der Luft aufgenommene *Kohlendioxid* wird zusammen mit *Wasser*, das über die Wurzeln aufgenommen wird, mit Hilfe des *Sonnenlichtes* und des *Blattgrüns* (Chlorophyll) in *Traubenzucker* umgewandelt. Bei dieser Reaktion entsteht *Sauerstoff*, der an die Atmosphäre abgegeben wird. Bei der Photosynthese wird also Strahlungsenergie der Sonne absorbiert und in die Form einer energiereichen chemischen Verbindung überführt. Dabei wird aus dem Wasser unter Freisetzung des Sauerstoffs Wasserstoff abgespalten, der auf das Kohlendioxid übertragen wird und zunächst in Form einer metastabilen Kohlenstoffverbindung festgelegt wird. Das Kohlendioxid hat also die Rolle eines Empfängers für den Wasserstoff (Wasserstoffakzeptor), der aus dem aufgenommenen Wasser stammt. Bei der Trennung von Wasserstoff und Sauerstoff wird Energie verbraucht, und zwar genau so viel, wie bei der Wasserbildung aus Wasserstoff und Sauerstoff (sog. Knallgasreaktion) frei wird. Diese Energie bezieht die Pflanze aus der Aufnahme des Sonnenlichtes. Die allgemeine *Formel der Photosynthese* lautet:

$$6\ CO_2 + 12\ H_2O \longrightarrow C_6H_{12}O_6 + 6\ O_2 + 6\ H_2O.$$

Nach dieser Formel scheint die Photosynthese ein relativ einfacher Vorgang zu sein. Umfangreiche Forschungen der Biochemie in den letzten Jahrzehnten ergaben jedoch, daß an der Photosynthese eine Vielzahl von Einzelreaktionen beteiligt sind, die in komplizierter Weise zusammenwirken. Einige Reaktionen laufen nur im Licht ab (Lichtreaktionen), andere können auch bei Dunkelheit stattfinden (Dunkelreaktionen).

Die Absorption der für die Photosynthese notwendigen Lichtstrahlung erfolgt durch das *Chlorophyll*, den grünen Blattfarbstoff der Pflanzen, der in den sog. *Chloroplasten* gespeichert ist. Diese kommen hauptsächlich in solchen pflanzlichen Zellen vor, die dem Licht stark ausgesetzt sind. Das Diagramm in der Abb. zeigt die Absorption der Lichtstrahlen durch die beiden Chlorophyllarten *Chlorophyll a* und *b* in Abhängigkeit von der Wellenlänge des Lichtes. Das Bild unterhalb des Diagramms zeigt einen Grünalgenfaden, der in einem durch ein Prisma aufgefächerten Lichtspektrum liegt. Man sieht deutlich, daß die Assimilationsleistung vor allem im Wellenbereich von 400–500 nm (blaues Licht) und im Bereich von 600–700 nm (rotes Licht) am stärksten ist. Dies wurde in diesem Versuch dadurch sichtbar gemacht, daß dieser Grünalge bewegungsfähige, sauerstoffliebende Bakterien zugesetzt wurden, die sich nach kurzer Zeit an den Stellen der maximalen Sauerstoffproduktion durch die Grünalge einfinden. Je mehr Bakterien an einer Stelle sind, umso größer ist die Sauerstoffproduktion und damit auch die Photosyntheserate. Der wichtigste Farbstoff der Photosynthese ist das Chlorophyll a, das bei allen photoautotrophen Organismen vorkommt und dessen Absorptionsmaximum bei 660 nm liegt.

Bei den *Lichtreaktionen* geschieht folgendes: Wenn ein Chlorophyll-a-Molekül ein Lichtquant absorbiert, geht das Molekül in einen energiereichen („angeregten") Zustand über. Dieser Zustand hat nur eine Lebensdauer von etwa 10^{-9} Sekunden. Wenn die dabei freiwerdende Energie nicht genutzt wird, wird sie in Form eines roten Fluoreszenzlichtes abgestrahlt und geht der Pflanze verloren.

Mougeotia

Oedogonium

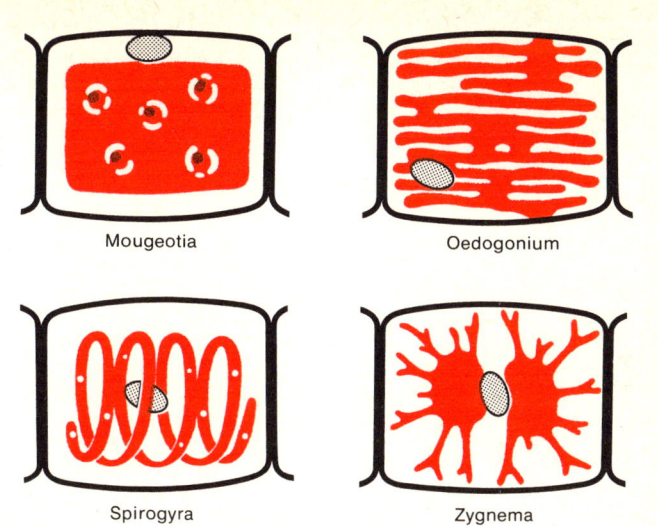

Spirogyra

Zygnema

Abb. 1 Verschieden geformte Chloroplasten bei Algen

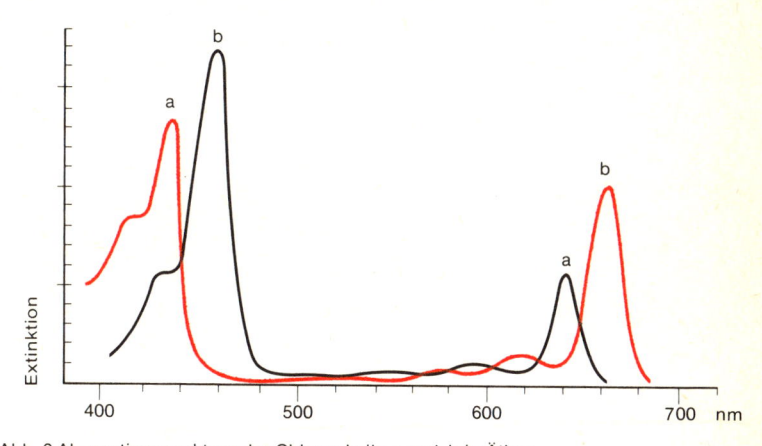

Abb. 2 Absorptionsspektren der Chlorophylle a und b in Äther

Abb. 3 Engelmannscher Bakterienversuch: Auf den Faden einer Grünalge (Oedogonium) wird ein Spektrum projiziert. Eine stärkere Ansammlung der aerophilen Bakterien deutet auf Sauerstoffproduktion hin (nach Zscheile, Pfeffer, verändert)

Damit die von dem angeregten Chlorophyllmolekül gespeicherte Energie genutzt werden kann, muß sie in die Form eines chemischen Potentials (d. h. eines *energiereichen Moleküls*) überführt werden. Die im Chlorophyllmolekül gespeicherte Energie wird deshalb für folgende chemische Reaktionen genutzt: 1. Wasser wird in zwei Wasserstoffatome (zwei Protonen und zwei Elektronen) und ein Sauerstoffatom gespalten. Der Sauerstoff wird an die Atmosphäre abgegeben. 2. Die bei der Wasserspaltung entstehenden zwei Wasserstoffatome werden durch eine energieverbrauchende Reaktion auf ein Akzeptormolekül, das sog. Nicotinamid-adenin-dinukleotid-phosphat ($NADP^+$), übertragen. Dieses geht dadurch in die energiereiche Verbindung des reduzierten Nicotinamid-adenin-dinukleotidphosphats ($NADPH + H^+$) über, die in der Dunkelreaktion benötigt wird. 3. Das während der Dunkelreaktion verbrauchte Adenosindiphosphatmolekül wird im Verlauf der Lichtreaktionen wieder zu Adenosintriphosphat (ATP), dem Standardenergiespeicher der Zelle, aufgebaut.

Die *Bildung von ATP* während der Lichtreaktion erfolgt im Rahmen der sog. *zyklischen Photophosphorylierung,* eines Elektronenkreislaufs, der durch Lichtenergie angetrieben wird. Durch die Anregung von Chlorophyllmolekülen durch Lichtquanten werden Elektronen angeregt, d. h. auf ein höheres Energieniveau gehoben und auf das eisenhaltige Eiweiß *Ferredoxin* übertragen. Von hier kehren die Elektronen über eine Kette von Katalysatoren (Plastochinon, Zytochrom f) zum Chlorophyll zurück, wobei sie die Energie für die Phosphorylierung des ADP liefern. Dadurch wird aus ADP und anorganischem Phosphat das energiereiche ATP gebildet. – Neben diesem zyklischen Elektronentransport gibt es auch noch einen nichtzyklischen. Dieser findet bei der Bildung der energiereichen Verbindung $NADPH + H^+$ statt. Dabei werden die Elektronen vom Ferredoxin nicht wieder auf das Chlorophyll, sondern auf das $NADP^+$ übertragen. Dieses wird dadurch und unter gleichzeitiger Aufnahme von zwei Wasserstoffionen in die energiereichere Form $NADPH + H^+$ überführt. Die Wasserstoffionen stammen dabei aus der Spaltung des Wassers.

Parallel zu diesen Lichtreaktionen laufen die *Dunkelreaktionen* ab. Dabei entstehen aus Kohlendioxidmolekülen die aus 6 Kohlenstoffatomen bestehenden Zuckermoleküle der Glucose. Lange Zeit hatte man angenommen, daß aus je 6 Molekülen CO_2 direkt ein Glucosemolekül entstehe. Durch experimentelle Untersuchungen, die vor allem durch M. Calvin und seine Mitarbeiter durchgeführt wurden, zeigte sich, daß die Bildung von Glucose aus Kohlendioxid auf eine ganz andere Weise, nämlich in einem Kreislaufprozeß, entsteht *(Calvin-Zyklus),* Ausgangssubstanz ist ein aus 5 Kohlenstoffatomen bestehender Zucker mit 2 Phosphatresten: *Ribulose-1,5-diphosphat.* An das Ribulosemolekül wird ein Kohlendioxidmolekül angelagert. Dadurch entsteht ein C_6-Körper, der sofort unter Enzymeinwirkung wieder in zwei C_3-Körper (nämlich Phosphoglycerinsäure) gespalten wird (Abb.). Die *Phosphoglycerinsäure* wird dann in einem energieverbrauchenden Prozeß in 2 Moleküle *Triose-3-phosphat* umgewandelt. Dabei entstehen aus je 1 Molekül ATP und NADPH die energieärmeren Moleküle ADP und $NADP^+$. Im Calvin-Zyklus sind an dieser Stelle (Abb.) insgesamt 12 Moleküle dieser reaktionsfähigen (d. h. energiereichen) C_3-Moleküle vorhanden. Jeweils zwei dieser zwölf C_3-Körper gehen zusammen und bilden ein Glucosemolekül (C_6). Die restlichen 10 C_3-Körper verwandeln sich in einem komplizierten, über C_3-, C_4-, C_5- und C_7-Körper laufenden Zyklus wieder zurück in die Ausgangssubstanz, Ribulose-1,5-diphosphat, worauf der Zyklus von neuem beginnt.

Der Weg der Photosynthese geht also über Lichtquanten, die Chlorophyllmoleküle anregen. Diese geben die Energie weiter zur Spaltung von Wasser und zur Bildung von ATP und $NADPH + H^+$. Die aus den Lichtreaktionen in Form energiereicher Moleküle gebundene Energie wird dann benutzt, um in der Dunkelreaktion in einem komplizierten Zyklus (Calvin-Zyklus) aus Kohlendioxid-

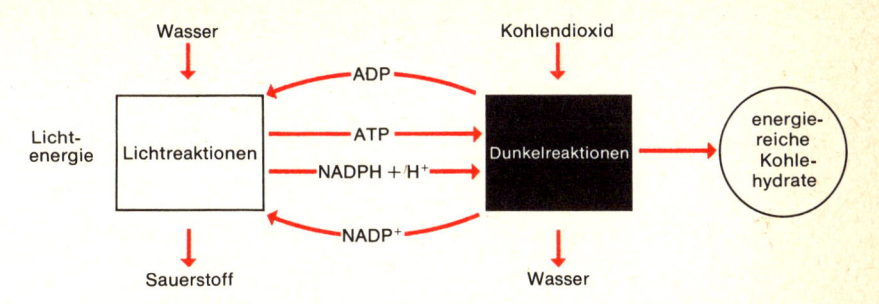

Abb. 1 Stark vereinfachtes Schema des Gesamtprozesses der Photosynthese

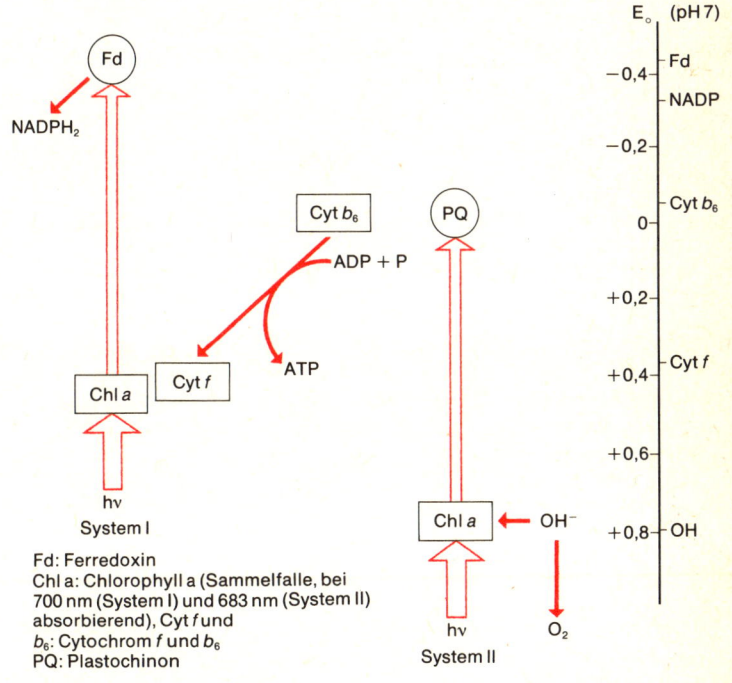

Fd: Ferredoxin
Chl a: Chlorophyll a (Sammelfalle, bei 700 nm (System I) und 683 nm (System II) absorbierend), Cyt f und b_6: Cytochrom f und b_6
PQ: Plastochinon

Abb. 2 Vereinfachtes Schema der Lichtreaktionen bei der Photosynthese (modifiziert nach G. Grimmer)

molekülen schrittweise die aus 6 Kohlenstoffatomen bestehenden Traubenzuckermoleküle (Glucose) aufzubauen.

Die Photosynthese in den grünen Pflanzen ist von bestimmten *äußeren Faktoren* wie Licht, Kohlendioxidgehalt der Luft, Luftfeuchtigkeit und Temperatur abhängig. Allgemein kann man sagen, daß die *Photosyntheserate* mit zunehmender Stärke der Bestrahlung ansteigt. Oberhalb eines bestimmten Sättigungswertes kann sie jedoch durch eine weitere Erhöhung der *Lichtintensität* nicht mehr gesteigert werden. Die Sättigungswerte sind für die einzelnen Pflanzenarten unterschiedlich hoch. Sie sind z. B. bei Schattenpflanzen niedriger als bei Sonnenpflanzen, die an eine hohe Lichtintensität angepaßt sind. – Ein begrenzender Faktor für die Höhe der Photosyntheserate am natürlichen Standort ist oft der *Kohlendioxidgehalt der Luft*. Dieser liegt konstant bei 0,03%. In Gewächshauskulturen kann dieser CO_2-Gehalt der Luft angehoben werden, wobei unter günstigen Bestrahlungsverhältnissen die Photosynthese ansteigt. – Die *Luftfeuchtigkeit* beeinflußt den Öffnungsgrad der Spaltöffnungen der Blätter und damit die Aufnahme des Kohlendioxids. – Während die photochemischen Reaktionen der Photosynthese weitgehend temperaturunabhängig sind, nehmen die Dunkelreaktionen größenordnungsmäßig bei einer Temperaturerhöhung um 10 °C um den Faktor 2 zu. Die *Temperaturabhängigkeit* der Photosyntheserate kann graphisch mit einer typischen Optimumskurve dargestellt werden. Bei Pflanzen unserer Breiten liegt dieses Temperaturoptimum zwischen 20 und 30 °C; das Minimum liegt im Bereich des Gefrierpunktes. Pflanzen an extremen Standorten besitzen jedoch (z. B. Flechten) Temperaturminima weit unter dem Nullpunkt, während die Maxima bei Wüstenpflanzen im Bereich von 35–50 °C liegen.

Die *Photosyntheseleistung* der grünen Pflanzen ist gewaltig. Stündlich produziert 1 Quadratmeter Blattfläche etwa 1 Gramm Zucker. Umgerechnet bedeutet dies, daß die jährliche Assimilationsleistung der gesamten Erdvegetation etwa 100 Milliarden t Kohlenstoff beträgt. Dies ist etwa 100mal so groß wie die gesamte Weltkohlenförderung. Der *Wirkungsgrad der Energieumwandlung* bei der Photosynthese beträgt rund 30 %. Er liegt damit weit über den Wirkungsgraden, wie sie von der Technik bei der Umwandlung von Licht in chemische oder elektrische Energie bisher erreicht wurden. Am höchsten ist der Wirkungsgrad im tropischen Urwald, wo die Pflanzen in verschiedenen „Etagen" angeordnet sind und so das einfallende Sonnenlicht optimal nutzen können.

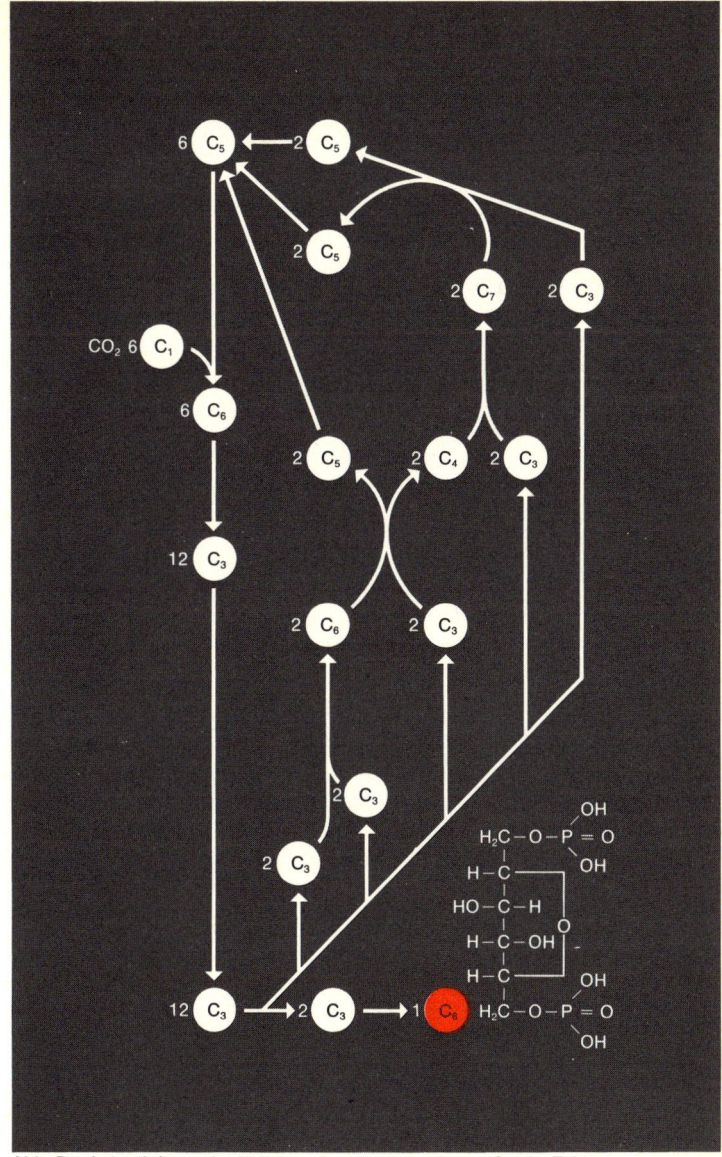

Abb. Dunkelreaktionen im Rahmen der Photosynthese (Calvin-Zyklus)

Die Chemosynthese

Die Photosynthese grüner Pflanzen (s. S. 200 ff.) ist zwar der wichtigste, aber nicht der einzige Weg, auf dem autotrophe Organismen organische Substanz aufbauen können. Es gibt daneben ähnliche Vorgänge, bei denen entweder die Art der zugeführten Energie oder die Ausgangssubstanzen anders sind.

Die *Purpurbakterien* betreiben ebenfalls Photosynthese, sie verwenden jedoch als Ausgangssubstanzen Kohlendioxid und Schwefelwasserstoff (statt Kohlendioxid und Wasser). Ihr *Bakterienchlorophyll* unterscheidet sich sowohl im chemischen Aufbau als auch in der Lage seiner Hauptabsorptionsbereiche von dem Chlorophyll grüner Pflanzen. Der Hauptabsorptionsbereich des Bakterienchlorophylls liegt zwischen 800 und 900 nm, also bereits im Infrarotbereich, der von den grünen Pflanzen nicht mehr genutzt werden kann. Als Wasserstoffquelle dienen den Purpurbakterien keine Wassermoleküle, sondern anorganische Schwefelverbindungen, vor allem Schwefelwasserstoff (H_2S). Die Gesamtformel für die Photosynthese der Purpurbakterien lautet:

$$6 CO_2 + 12 H_2S \xrightarrow{Strahlung} C_6H_{12}O_6 + 12 S + 6 H_2O.$$

Der Schwefel wird in den Zellen in Form von Polysulfidtröpfchen abgelagert, die lichtmikroskopisch sichtbar sind.

Neben diesen photoautotrophen Bakterien kennen wir *chemoautotrophe Bakterien*, die die Energie für den Assimilationsprozeß nicht aus Lichtstrahlen, sondern aus chemischen Reaktionen, und zwar aus der Oxydation verschiedener anorganischer Substanzen, gewinnen. Oxydation steht hierbei nicht nur für die Verbindung mit Sauerstoff, sondern auch für eine Abgabe von Wasserstoff bzw. eine Aufnahme von Elektronen. Ein interessantes Beispiel sind die *Nitrit-* und *Nitratbakterien,* die jeweils vergesellschaftet auftreten. Die Nitritbakterien der Gattung Nitrosomonas gewinnen ihre Energie aus der Oxydation von Ammoniak:

$$2 NH_3 + 3 O_2 \longrightarrow 2 HNO_2 + 2 H_2O + 158 \text{ kcal}.$$

Die bei diesem Prozeß entstehende salpetrige Säure bzw. deren Salze, die Nitrite, werden dann von den Nitratbakterien der Gattung Nitrobacter zu einer weiteren energiegewinnenden chemischen Reaktion ausgenutzt nach der Formel:

$$2 HNO_2 + O_2 \longrightarrow 2 HNO_3 + 36 \text{ kcal}.$$

Diese Nitrit- und Nitratbakterien erfüllen im Kreislauf der Natur eine wichtige Rolle. Sie sorgen dafür, daß das bei der Zersetzung von Eiweiß entstehende *Ammoniak* nicht in die Luft entweicht (wodurch es den Pflanzen verlorenginge), sondern über die Festlegung in Nitrite und Nitrate wieder in eine pflanzenverfügbare Form umgewandelt wird. Die bei der Chemosynthese dieser Bakterien entstehenden Säuren werden nämlich im Boden neutralisiert, wodurch sich Nitrite und Nitrate als Salze bilden, die von den Wurzeln der Pflanzen aufgenommen und zum Aufbau des pflanzlichen Organismus verwendet werden können. Oft findet man im Umkreis von Ställen und Jauchegruben auf dem Mauerwerk sog. ,,blühenden Mauersalpeter", weiße Salzblüten, die wie Rauhreif an dem Mauerwerk hängen. Diese entstehen durch die bakterielle Oxydation des dort auftretenden Ammoniaks.

Die *Eisenbakterien* nehmen zweiwertige Eisenionen, die im Wasser als Eisenhydrogencarbonat gelöst sind, auf und oxydieren es zu dreiwertigem, unlöslichem Eisenhydroxid. Man kann dies manchmal am Grund von Bächen oder Tümpeln als braune Flocken erkennen. Die Formel dieses Vorgangs lautet:

$$4 Fe(HCO_3)_2 + 2 H_2O + O_2 \longrightarrow 4 Fe(OH)_3 + 8 CO_2 + 64 \text{ kcal}.$$

Andere Bakterien gewinnen die Energie für den Aufbau organischen Materials aus der Oxydation von Wasserstoff, Schwefelwasserstoff, Schwefel u. a. anorganischen Substanzen (s. auch S. 196).

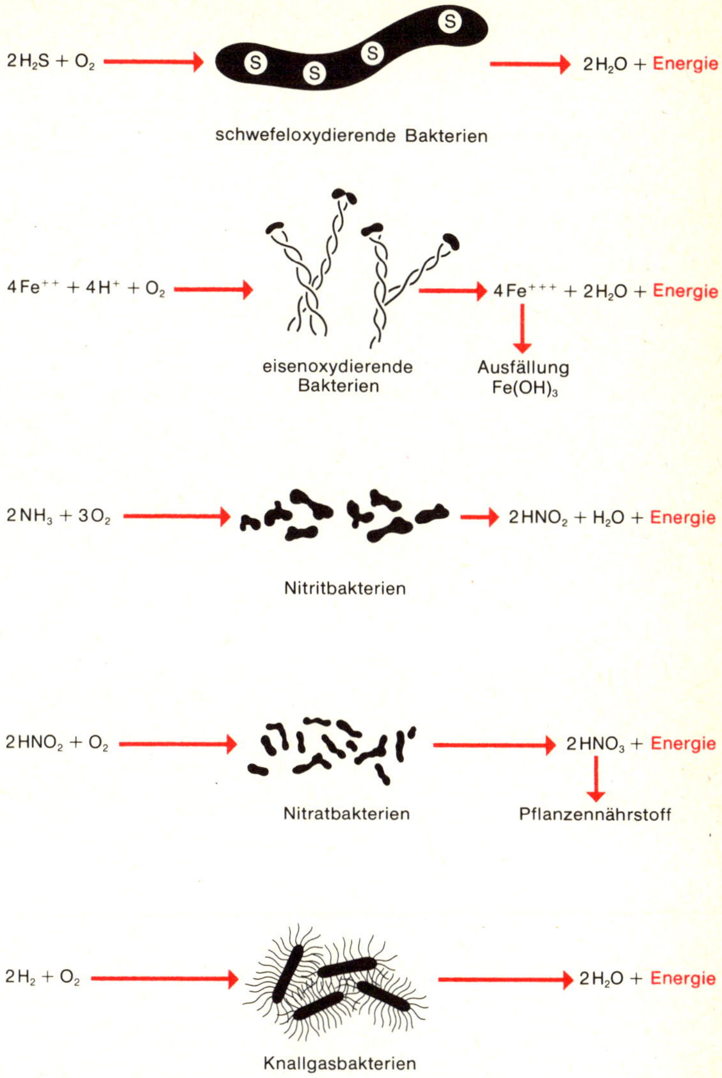

$2H_2S + O_2 \longrightarrow$ schwefeloxydierende Bakterien $\longrightarrow 2H_2O +$ Energie

$4Fe^{++} + 4H^+ + O_2 \longrightarrow$ eisenoxydierende Bakterien $\longrightarrow 4Fe^{+++} + 2H_2O +$ Energie $\longrightarrow$ Ausfällung $Fe(OH)_3$

$2NH_3 + 3O_2 \longrightarrow$ Nitritbakterien $\longrightarrow 2HNO_2 + H_2O +$ Energie

$2HNO_2 + O_2 \longrightarrow$ Nitratbakterien $\longrightarrow 2HNO_3 +$ Energie $\longrightarrow$ Pflanzennährstoff

$2H_2 + O_2 \longrightarrow$ Knallgasbakterien $\longrightarrow 2H_2O +$ Energie

Abb. Verschiedene Arten der Chemosynthese

Die Glykolyse

Unter *Glykolyse* versteht man die anaerobe Oxidation von Kohlenhydraten im Organismus und die damit verbundene biologische Energiegewinnung. Ausgangspunkte der Glykolyse sind meist *Polysaccharide,* d. h. miteinander verknüpfte Hexosen (Zucker mit 6 Kohlenstoffatomen) wie Glucose und Fructose, die vor der glykolytischen Spaltung auf dem Weg der sog. *Phosphorolyse* in ihre Einzelbestandteile zerlegt werden. Dabei werden die Moleküle der Polysaccharide unter der Einwirkung eines Enzyms *(Phosphorylase)* Molekül für Molekül abgebaut, wobei sich das einzelne freiwerdende Glucosemolekül sofort mit einem Phosphatrest verbindet. Dadurch entsteht *Glucose-1-phosphat* (Abb.). Dieses wird durch ein weiteres Enzym in *Glucose-6-phosphat* umgewandelt, welches die Ausgangssubstanz für die Glykolyse ist. Zucker wie Maltose und Galactose werden zunächst durch die Einwirkung bestimmter Enzyme in Glucose umgewandelt.

Der genaue Ablauf der Glykolyse ist folgender (Abb.): Glucose-6-phosphat wird enzymatisch zu Fructose-6-phosphat umgebildet. An dieses Molekül wird unter Energieverbrauch (Adenosintriphosphat = ATP wird in Adenosindiphosphat = ADP umgewandelt) ein zweiter Phosphatrest angehängt, so daß Fructose-1,6-diphosphat entsteht. Dieses Molekül wird durch das Enzym *Aldolase* in je zwei C_3-Körper gespalten. Dabei entstehen zwei verschiedene isomere C_3-Körper, die jedoch in einem chemischen Gleichgewicht untereinander stehen und sich ineinander umwandeln können. Für den weiteren Verlauf der Glykolyse ist nur einer der beiden C_3-Körper verwertbar; wenn dieser abgebaut ist, wandelt sich der zweite in den verwertbaren C_3-Körper unter Energiefreisetzung um und wird ebenfalls verwertet.

Die freiwerdende Energie wird zum Aufbau je eines Moleküls *Adenosintriphosphat (ATP)* und reduziertes Nicotinamid-adenin-dinukleotid-phosphat $(NADH + H^+)$ verwendet. Der bei dieser Reaktion entstehende C_3-Körper wird dann innermolekular umgebaut, worauf ihm Wasser entzogen wird. Dadurch entsteht *Phosphoenolbrenztraubensäure,* die unter Bildung eines ATP-Moleküls in *Enolbrenztraubensäure* übergeht. Letztere ist ein wichtiges Zwischenprodukt, das über eine Decarboxylierung in den Zitronensäurezyklus (s. S. 210) übergeht und dort weiter abgebaut wird.

Eine wichtige Frage bei biologischen Energieumwandlungsprozessen ist immer die Frage nach der *Energiebilanz.* Betrachten wir die Entstehung und den Verbrauch von ATP-Molekülen bei der Glykolyse der Reihe nach: Zunächst wurde das Glucosemolekül unter Verbrauch von 2 Molekülen ATP als Reaktionszündung mit 2 Phosphorsäureresten beladen. Diese Investition bringt Gewinn; denn dadurch werden 4 Moleküle ATP (jeweils 2 für einen C_3-Körper) zurückgewonnen. Der Nettogewinn beträgt also pro Mol Glucose 2 Mol ATP (entspricht 14 kcal). Dieser Gewinn erscheint zunächst gering, doch stellt das vorläufige Endprodukt, die *Brenztraubensäure,* eine noch relativ energiereiche Verbindung dar, die durch weiteren Abbau weitere Energie liefert. Auch die beiden $(NADH + H^+)$-Moleküle stellen eine potentielle Energiequelle dar, da sie später in der Atmungskette (s. S. 212) oxydiert werden und dadurch Energie liefern.

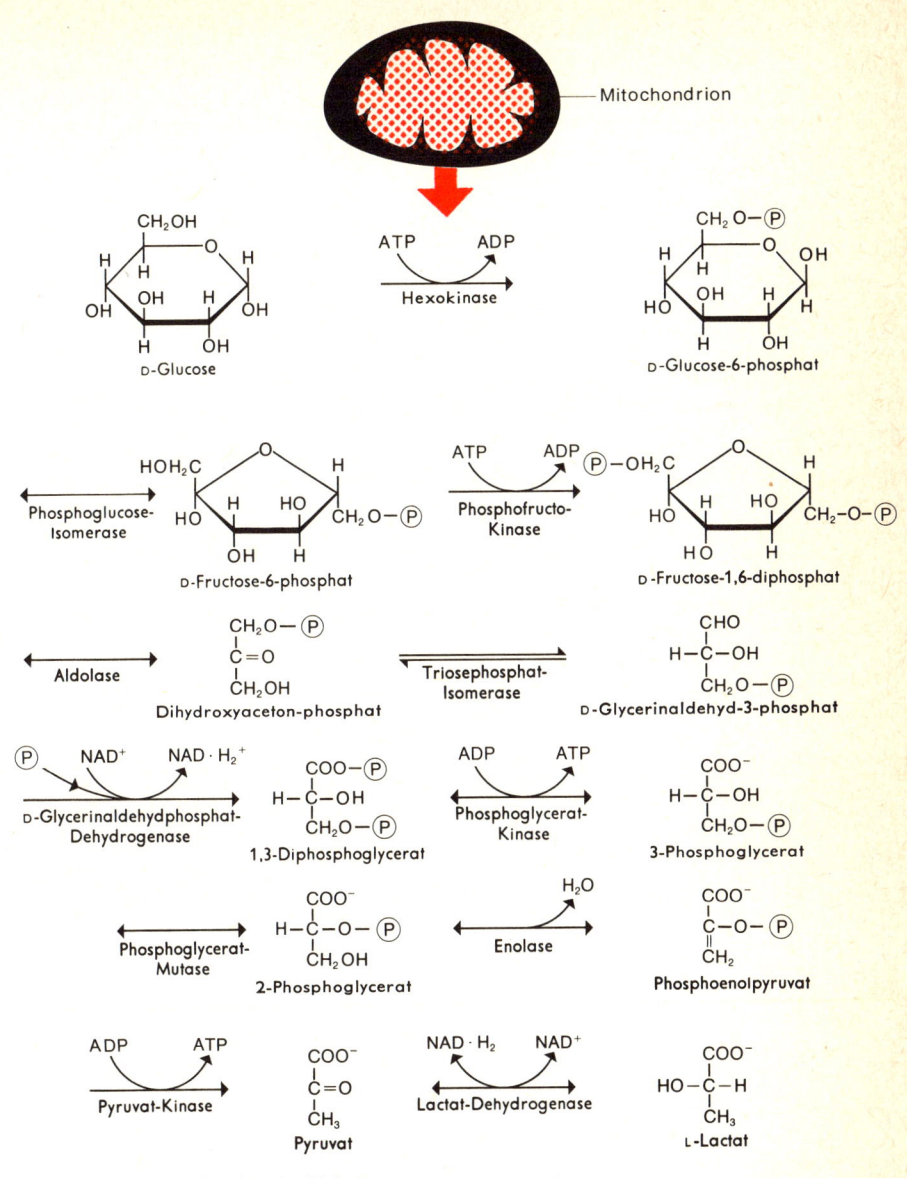

Abb. Die einzelnen Schritte der Glykolyse

Der Zitronensäurezyklus

Der *Zitronensäurezyklus*, der in den Mitochondrien lokalisiert ist, kommt bei den meisten Pflanzen und Tieren vor, wo er eine wichtige Schlüsselrolle im oxydativen Abbau von Nahrungsstoffen einnimmt. Er schließt an die (nichtoxydative) Glykolyse (s. S. 208) an und geht von der Brenztraubensäure aus.

Im Zitronensäurezyklus muß die *Brenztraubensäure* zunächst aktiviert werden. Dies geschieht, indem von dem C_3-Körper der Brenztraubensäure Kohlendioxid und Wasserstoff abgespalten wird, wobei *Essigsäure* entsteht, die sich sofort in einer energiereichen Bindung an das sog. *Koenzym A* anhängt. Dadurch entsteht die im Stoffwechsel der Organismen wichtige Substanz *Acetyl-Koenzym A*, die auch als „aktivierte Essigsäure" bezeichnet wird. Dieses Acetyl-Koenzym A geht als Ausgangssubstanz in den Zitronensäurezyklus ein (s. unten). Darüber hinaus ist es eine wichtige Vorstufe für viele Biosynthesen (z. B. die Biosynthese der Fettsäuren, der Karotinoide, der Terpene und der Steroide). Das Acetyl-Koenzym A entsteht nicht im Verlauf der Glykolyse, sondern auch aus dem Fettsäureabbau und aus verschiedenen Umwandlungsreaktionen von Aminosäuren.

Für den Zitronensäurezyklus stellt der *Acetylrest*, der an das Koenzym A gebunden ist, den eigentlichen Betriebsstoff dar. Der Zitronensäurezyklus ist ein Kreislauf von C_4- und C_6-Körpern, bei denen pro Umlauf ein C_2-Körper (Acetyl-Koenzym A) hinzukommt und jeweils zwei C_1-Körper (Kohlendioxid) abgespalten werden. Wie die Abb. zeigt, wird das Acetyl-Koenzym A beim Eintritt in den Zyklus an die aus 4 C-Atomen bestehende *Oxalessigsäure* gebunden. Dadurch entsteht *Zitronensäure*. Diese wird intramolekular in *Isozitronensäure* umgewandelt, worauf in einem folgenden Reaktionsschritt 1 CO_2 abgespalten wird. Gleichzeitig werden in einem energieliefernden Prozeß 2 Wasserstoffatome abgetrennt, wodurch 1 Molekül *Nicotinamid-adenin-dinukleotid (NAD)* in reduziertes Nicotinamid-adenin-dinukleotid (NADH + H$^+$) übergeht. Dadurch entsteht *Ketoglutarsäure*, von der ein zweites Molekül Kohlendioxid abgetrennt wird. Gleichzeitig wird wieder aus einem Molekül NAD ein Molekül NADH + H$^+$ gebildet. Über eine durch das Koenzym A vermittelte Reaktion entsteht nun *Bernsteinsäure*, wobei der energieliefernde Charakter dieser Reaktion zur Bildung eines Moleküls *Guanosintriphosphat* (GTP) aus Guanosindiphosphat (GDP) verwendet wird.

Aus der Bernsteinsäure entsteht nun unter Bildung von reduziertem *Flavin-adenin-dinukleotid* (FADH$_2$), einem ebenfalls energiespeichernden Molekül, *Fumarsäure*. Diese geht unter Wasseraufnahme in *Äpfelsäure* über, die dann unter nochmaliger Bildung von NADH + H$^+$ in das ursprüngliche Produkt, die *Oxalessigsäure*, umgewandelt wird. Der Kreislauf beginnt nun von neuem, indem an diese Oxalessigsäure wieder ein neues Acetyl-Koenzym A gebunden wird.

Wichtig ist wieder die *Gesamtbilanz* des Zitronensäurezyklus. Als Energiegewinn entsteht pro Umlauf lediglich 1 GTP-Molekül. Gleichzeitig werden jedoch 3 Moleküle NADH + H$^+$ und 1 Molekül FADH$_2$ gebildet. Daraus wird ersichtlich, daß die Hauptleistung des Zitronensäurezyklus in erster Linie in der Bereitstellung von *reaktionsfähigem Wasserstoff* liegt. Dieser Wasserstoff ist an Koenzyme gebunden (NAD und FAD), die ihn in die Atmungskette (s. auch S. 212) einbringen, wo er dann unter Bildung von ATP-Molekülen oxydiert wird. Gleichzeitig sind die wasserstoffhaltigen NAD- und FAD-Moleküle wichtige Reaktionspartner für andere Stoffwechselreaktionen, bei denen Wasserstoff gebraucht wird.

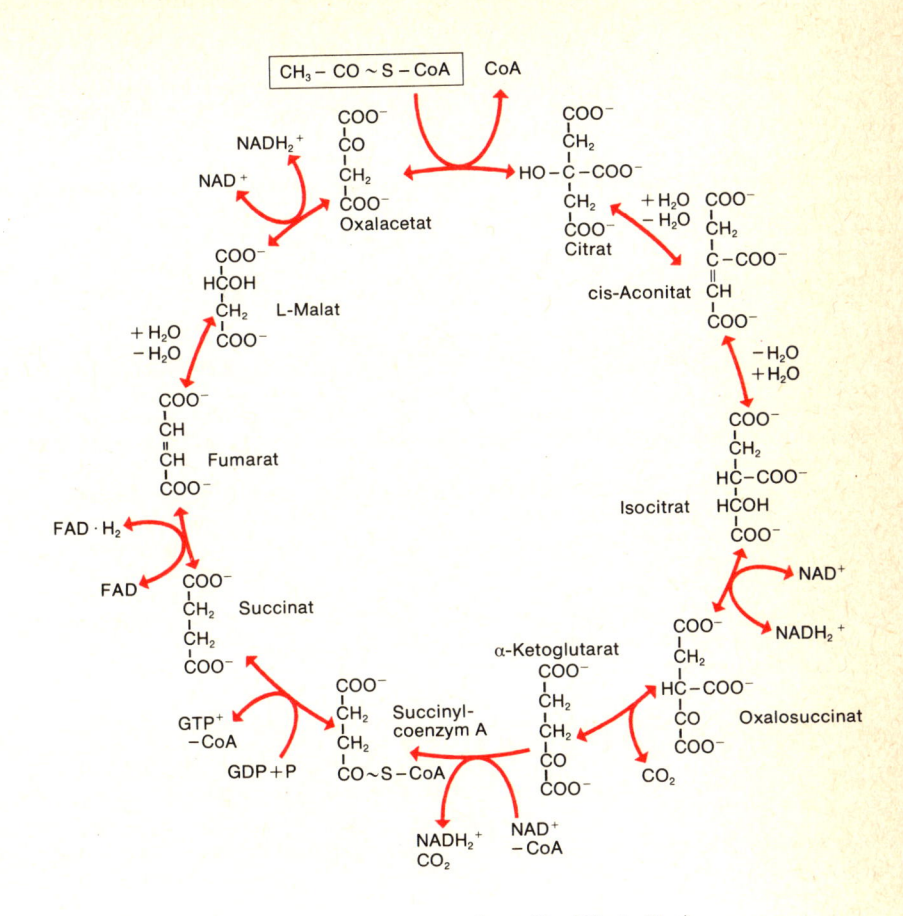

Abb. Die einzelnen Schritte des Zitronensäurezyklus (Citratzyklus) (nach Krebs u. a.)

Die Atmungskette

Der lebende Organismus benötigt für die Aufrechterhaltung der lebensnotwendigen Funktionen und für die Erhaltung seiner Substanz Energie, die er v. a. aus dem Abbau energiereicher Verbindungen gewinnt. Der Hauptgewinn an chemischer Energie aus dem Abbau der Nahrungsstoffe wird in der *Atmungskette* erzielt. Wenn die Kohlenhydrate über die Glykolyse (s. S. 208) und den Zitronensäurezyklus (s. S. 210) weitgehend abgebaut sind, bleibt aus diesen beiden Prozessen *Wasserstoff* übrig, der an Koenzyme gebunden ist. Dieser Wasserstoff liegt vor allem in Form von reduziertem Nicotinamid-adenin-dinukleotid (NADH + H$^+$), in geringerem Maße in Form von reduziertem Flavin-adenin-dinukleotid (FADH$_2$) vor. Der Wasserstoff stellt ein großes *Energiepotential* dar, das durch die Verbindung des Wasserstoffs mit Sauerstoff (Oxydation) freigesetzt werden kann.

Aus der anorganischen Reaktion von Wasserstoff und Sauerstoff (Knallgasreaktion) ist bekannt, daß diese Reaktion unter starker Energiefreisetzung vor sich geht. Die Sauerstoff atmenden Lebewesen sind nun in der Lage, diese Oxydationsreaktion des Wasserstoffs in mehreren Schritten so zu steuern, daß die Energie nicht plötzlich in Form von Wärme frei wird, sondern schrittweise über mehrere Reaktionen (Atmungskette) an ATP-Moleküle gebunden werden kann. Man nennt diesen Vorgang, bei dem aus Adenosindiphosphat (ADP) und freien Phosphatresten das energiereiche Adenosintriphosphat (ATP) entsteht, auch *oxydative Phosphorylierung*.

Die *Potentialdifferenz zwischen Wasserstoff und Sauerstoff* beträgt 1,23 V. Dies entspricht einem Energiebetrag von 57 kcal, der bei der Bildung eines Mols H$_2$O frei würde. Da der Wasserstoff hier nicht in molekularer Form vorliegt, sondern an ein Koenzym gebunden ist, ist die Potentialdifferenz in Wirklichkeit etwas geringer. Sie beträgt im Falle des NADH + H$^+$ 1,12 V, was einer freien Energie von 52 kcal pro Mol entspricht. Dieser große Energiebetrag wird in mehreren aufeinanderfolgenden Reaktionsschritten freigesetzt. Wie die Abb. zeigt, werden dabei Wasserstoffatome bzw. Elektronen über eine Kette von *Redoxsystemen* (Atmungskette) transportiert. Die aufeinanderfolgenden Redoxsysteme haben jeweils ein stärkeres positives Redoxpotential. Bei jedem Elektronenübergang von einem zum anderen System wird also ein Teilbetrag der Energie frei. Dabei werden pro 2 Wasserstoffatome (entspricht 1 NADH + H$^+$) jeweils 3 ATP-Moleküle gebildet.

Der für diese Reaktion notwendige *Sauerstoff* wird aus der Umgebung aufgenommen. Bei Einzellern oder kleinen, im Wasser lebenden Tieren geschieht dies durch direkte Aufnahme, indem der in Wasser gelöste Sauerstoff in den Körper der Tiere diffundiert. Die höheren Tiere verteilen den Sauerstoff von den Atmungsorganen über einen Blutkreislauf in die einzelnen Zellen.

Wichtig ist die *Gesamtbilanz* der Reaktion: 2 Moleküle ATP entstehen bei der Glykolyse, bei der 1 Glucosemolekül in 2 Moleküle Brenztraubensäure gespalten wird. Die bei der Glykolyse entstandenen zwei Moleküle NADH + H$^+$ erzielen bei ihrer Oxydation über die Atmungskette einen weiteren Gewinn von 6 Molekülen ATP. Die beiden Moleküle Brenztraubensäure (C$_3$-Körper) werden durch die Abspaltung von Kohlendioxid in Acetyl-Koenzym A überführt, wobei 2 Moleküle NADH + H$^+$ entstehen. Diese bringen bei der Oxydation in der Atmungskette 6 Moleküle ATP. Beim Durchlaufen der in den Zitronensäurezyklus eingehenden 2 Moleküle Acetyl-Koenzym A durch die Atmungskette werden weitere 24 Moleküle ATP erzielt. Somit entstehen durch den aeroben Abbau eines Glucosemoleküls *insgesamt 38 Moleküle ATP*. Diese stehen dem Organismus als jederzeit verwertbare Energie zur Verfügung. Der Wirkungsgrad des Gesamtabbaus liegt bei etwa 40 %. Wie ein Vergleich dieser Werte mit dem anaeroben Abbau von Kohlenhydraten bei den verschiedenen Formen der Gärung zeigt (s. S. 214), wird durch den aeroben Abbau (Atmung) die Nahrung am besten ausgenutzt.

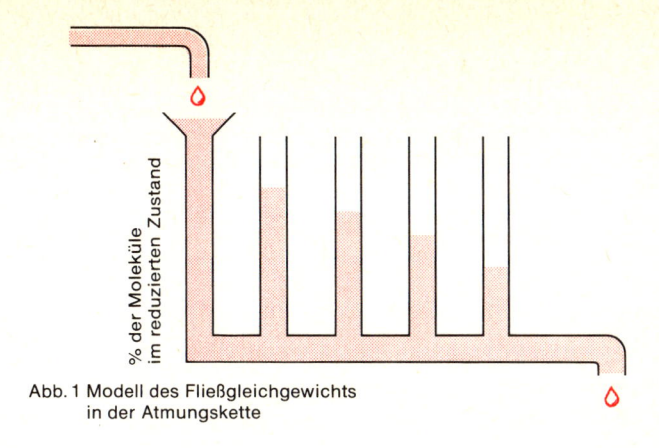

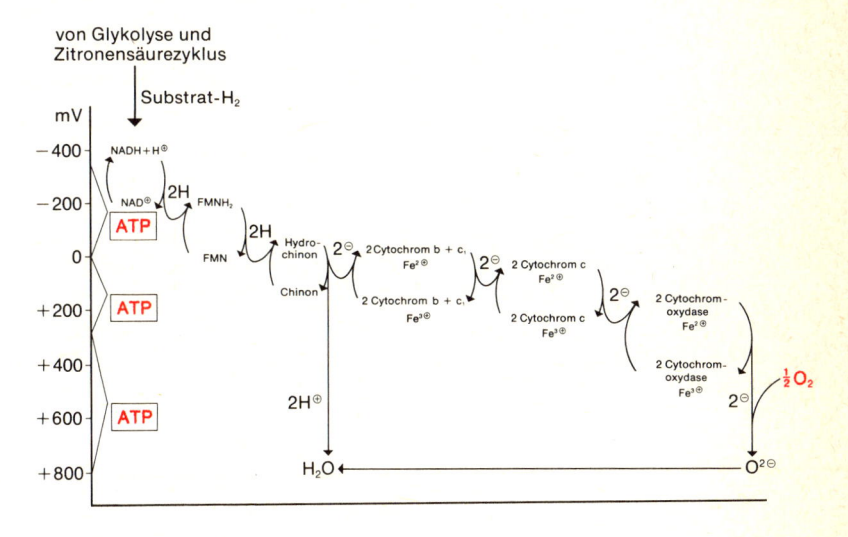

Abb. 1 Modell des Fließgleichgewichts
in der Atmungskette

% der Moleküle im reduzierten Zustand

Abb. 2 Schrittweise Oxydation von Wasserstoff
in der Atmungskette

von Glykolyse und Zitronensäurezyklus

Substrat-H_2

mV
−400 — NADH+$H^{\oplus}$
−200 — $NAD^{\oplus}$ 2H $FMNH_2$
   ATP
0 —   FMN   2H   Hydro-chinon $2^{\ominus}$ 2 Cytochrom b + c_1 $Fe^{2\oplus}$ $2^{\ominus}$ 2 Cytochrom c $Fe^{2\oplus}$
+200 —   ATP   Chinon   2 Cytochrom b + c_1 $Fe^{3\oplus}$ 2 Cytochrom c $Fe^{3\oplus}$ $2^{\ominus}$ 2 Cytochrom-oxydase $Fe^{2\oplus}$
+400 —   2 Cytochrom-oxydase $Fe^{3\oplus}$
+600 —   ATP $2H^{\oplus}$ $2^{\ominus}$ ½O_2
+800 — H_2O ← $O^{2\ominus}$

Gärungen

Viele Mikroorganismen, aber auch höhere Pflanzen und Tiere (einschließlich Mensch) sind in der Lage, organische Substanzen auch ohne Sauerstoff unter Energiegewinn abzubauen. Man unterscheidet dabei *obligat anaerobe* Lebewesen bzw. Gewebe, die nur in einer sauerstofffreien Atmosphäre leben können, und *fakultativ anaerobe* Lebewesen bzw. Gewebe, die bei Sauerstoffmangel ihren Nahrungsabbau auf Gärung umstellen können. Ein Beispiel für die letztere Form ist die Milchsäuregärung in den menschlichen Muskeln. Sie tritt dann auf, wenn der stark beanspruchte Muskel durch das Blut nicht mehr genügend Sauerstoff erhält. Das zur Aufrechterhaltung der Muskelfunktion notwendige Adenosintriphosphat (ATP) wird in diesem Fall durch den anaeroben Abbau (Gärung) von Glucose gewonnen. Das Endprodukt der Gärung, die Milchsäure, sammelt sich im Muskel an und verursacht dann den sog. „Muskelkater".

Der *Abbaumechanismus bei Gärungen* erfolgt wie bei der Glykolyse (s. S. 208) als Oxydation von Kohlenhydraten, mit dem Unterschied, daß anstelle von Sauerstoff andere einfache Verbindungen als Wasserstoffakzeptoren dienen. Das Glucosemolekül (C_6) wird in zwei Teile zerlegt (C_3), von denen der eine durch den anderen oxydiert wird. Die *Gärungsprodukte* sind entsprechend dem jeweiligen Wasserstoffakzeptor unterschiedlich, so daß man im einzelnen alkoholische Gärung, Milchsäuregärung, Ameisensäuregärung, Propionsäuregärung und Buttersäuregärung unterscheiden kann.

Alkoholische Gärung kommt bei Hefen, z. B. bei der Bierhefe, vor. Die Ausgangssubstanz ist Glucose, die nach den Reaktionen der Glykolyse bis zur Brenztraubensäure abgebaut wird. Diese wird nun nicht in den Zitronensäurezyklus (s. S. 210) überführt, sondern durch Abspaltung von Kohlendioxid in *Acetaldehyd* umgewandelt (Abb.). Letzteres wird dann durch eine weitere Reaktion in die Endsubstanz, den *Äthylalkohol*, überführt. Der Energiegewinn bei der alkoholischen Gärung beträgt pro Mol Glucose nur 2 Mol ATP – sehr wenig im Vergleich zum oxydativen Abbau, bei dem pro Mol Glucose 38 Mol ATP entstehen. Die Hefen müssen deshalb sehr große Zuckermengen umsetzen, um ihren Energiehaushalt zu decken.

Nach einem grundsätzlich ähnlichen Schema verläuft die *Milchsäuregärung*. Sie wird von zahlreichen Bakterienarten durchgeführt. Beim Abbau von Glucose entsprechen die Umsetzungen bis zur Brenztraubensäure genau denen der Glykolyse. Die Brenztraubensäure wird hier jedoch nicht zu Acetaldehyd umgewandelt wie bei der alkoholischen Gärung, sondern sie dient vielmehr als Wasserstoffakzeptor. Es entsteht durch diesen Vorgang *Milchsäure*. Auch hier beträgt die Energieausbeute nur 2 Mol ATP pro Mol Glucose.

Die hier und in den Kapiteln über „Glykolyse" (s. S. 208), „Zitronensäurezyklus" (s. S. 210) und die „Atmungskette" (s. S. 212) beschriebenen Abbauvorgänge kommen in gleicher oder ähnlicher Form in allen Lebewesen vor. Wahrscheinlich ist die anaerobe Form der Energiegewinnung (Gärung) die ältere in der Geschichte des Lebens. Dies entspricht der Vorstellung, daß die Erdatmosphäre in den Anfangsphasen des Lebens sauerstofffrei war. Erst mit steigender Spezialisierung vermochten die Organismen Sauerstoff für den Nahrungsabbau und damit für die Energiegewinnung heranzuziehen.

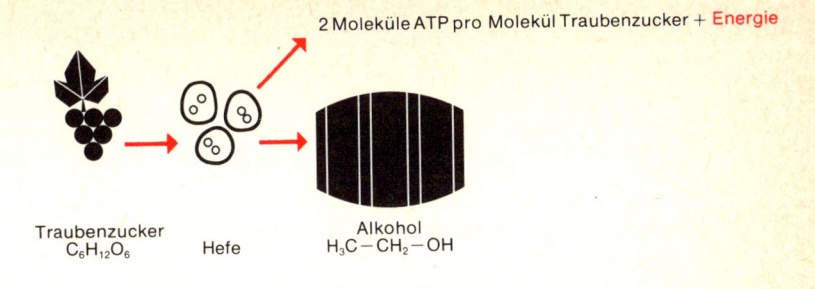

2 Moleküle ATP pro Molekül Traubenzucker + Energie

Traubenzucker
$C_6H_{12}O_6$ Hefe   Alkohol
H_3C-CH_2-OH

Abb. 1a Alkoholische Gärung

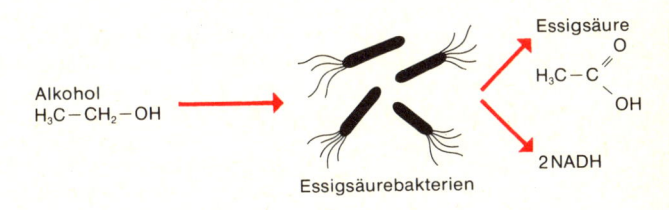

Alkohol
H_3C-CH_2-OH → Essigsäurebakterien →

Essigsäure
$H_3C-C\underset{OH}{\overset{O}{\diagup\!\!\!\diagdown}}$

2 NADH

Abb. 1b Essigsäuregärung

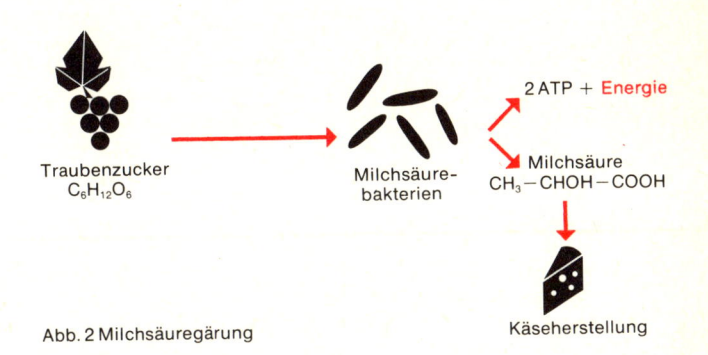

Traubenzucker
$C_6H_{12}O_6$ → Milchsäure-bakterien →

2 ATP + Energie

Milchsäure
$CH_3-CHOH-COOH$

Käseherstellung

Abb. 2 Milchsäuregärung

Der Wasserhaushalt der Pflanzen

Während Wasserpflanzen (s. S. 148) an der Luft rasch vertrocknen, haben sich die *Landpflanzen* an die besonderen Verhältnisse im Luftraum angepaßt. In der Vegetationsperiode geht in ihrem Innern ein ständiger Austausch von Wasser und gelösten Stoffen vor sich.

Die Pflanze hat zwei Arten von *Leitungsbahnen:* lange, aus toten Zellen bestehende „Wasserleitungen" und Siebröhren, die aus lebenden Zellen bestehen und die in den Blättern erzeugten Eiweißstoffe und Kohlenhydrate in der Pflanze verteilen. Wichtig für den Wasserhaushalt der Pflanze sind vor allem die Wassergefäße, die als lange Leitbündel die ganze Pflanze durchziehen.

Da die Oberflächenhaut der Pflanze *(Kutikula)* nicht völlig undurchlässig ist und außerdem durch die *Spaltöffnungen* Wasser als Dampf nach außen dringt, verliert die Pflanze ständig Wasser durch Verdunstung. Bei Wassermangel kann die Pflanze diese Wasserabgabe durch Verschluß der Spaltöffnungen vorübergehend stark einschränken. Dieser Schutz kann jedoch nicht beliebig lange aufrechterhalten werden, da durch einen dauernden Verschluß der Spaltöffnungen auch die Photosynthese (s. S. 200 ff.) gedrosselt wird. Das durch die Verdunstung verlorengehende Wasser wird ständig über die Wurzeln aus dem Boden ersetzt.

So entsteht ein regelrechter *Wasserstrom,* der ein Motor für den *Stofftransport* innerhalb der Pflanze ist, da mit ihm auch die aus dem Boden aufgenommenen *Mineralstoffe* zu den Bättern gelangen. Die Mineralstoffe werden dort durch die Verdunstung des Wassers angereichert. (Man kann dies experimentell durch Verbrennen der Pflanzen nachweisen: Der Aschegehalt ist in den Blättern stets höher als in den übrigen Pflanzenteilen.) Durch diesen Effekt werden die aus dem Boden aufgenommmenen Mineralstoffe an die Stelle in der Pflanze transportiert, wo die Synthese der Eiweiße und anderer lebensnotwendiger Stoffe mit Hilfe der Mineralien stattfindet.

Die *Wasserverdunstung* der Pflanzen kann beträchtliche Ausmaße annehmen. Eine große Sonnenblume gibt täglich etwa 1 l Wasser ab. Eine ausgewachsene, freistehende Birke verdunstet an einem heißen und trockenen Sommertag rund 300–400 l. In 1 ha Buchenwald mit ausgewachsenen Bäumen verdunsten durchschnittlich jeden Tag 20 000 l Wasser. Dieses Wasser ziehen die Bäume aus dem Grundwasser des Bodens, geben es an die Luft ab, von wo es in Form von Regen wieder zum Boden zurückkehren kann. Dadurch wird ein *Kreislauf des Wassers* und damit ein günstiges Klima ermöglicht.

An die verschiedenen Wasserverhältnisse an unterschiedlichen Standorten (Niederschlagsmenge, Höhe der Luftfeuchtigkeit, jahreszeitliche Verteilung der Niederschläge usw.) hat sich die Pflanzenwelt hervorragend angepaßt. Es gibt viele Bakterien, Algen, Pilze und Moose, die in lufttrockenem Zustand erstaunlich lange Zeit am Leben bleiben können. Man weiß von manchen Samen, daß sie bis zu 50 Jahren (die Samen der Lotosblume z. B. sogar 250 Jahre) keimfähig bleiben. Bestimmte Flechten überleben in völlig ausgetrocknetem Zustand bis zu 5 Jahre.

Die Pflanzen trockener Standorte *(Xerophyten)* haben sich in vielfältiger Weise an die zeitweise oder dauernde starke Trockenheit des Bodens und der Luft angepaßt. Das Wurzelwerk ist bei ihnen äußerst fein verzweigt und im Verhältnis zu den oberirdischen Teilen sehr stark entwickelt. Die Wurzeln dringen viele Meter, bei einigen Steppenpflanzen bis zu 30 m tief in den Boden vor. Durch die Verkleinerung der Blätter wird die Wasserverdunstung stark herabgesetzt. Die Oberhaut der Blätter ist häufig stark verdickt und lederartig (z. B. Hartlaubgewächse der Mittelmeerländer). Eine ähnliche Wirkung zeigen Wachsüberzüge oder Haarfilze. Die Spaltöffnungen sind häufig eingesenkt und werden oft durch Falten oder Einrollen der Blätter vor dem austrocknenden Wind besonders geschützt. Bei einem Wassermangel kann dadurch die Wasserabgabe fast völlig unterbunden werden.

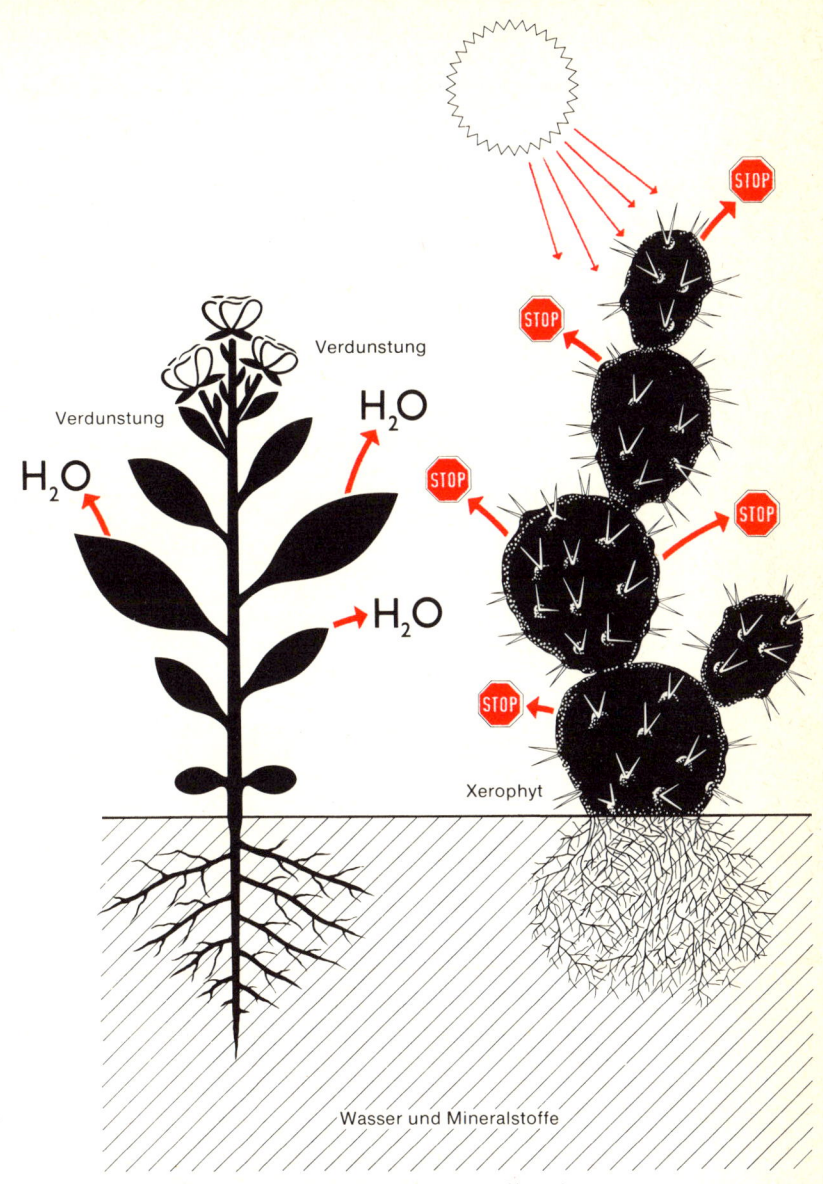

Abb. Wasseraustausch zwischen Pflanze und Umwelt an feuchten und trockenen Standorten

Eine besonderer Typ der Xerophyten sind die *Fettpflanzen (Sukkulenten)*. Diese nehmen in der kurzen Regenzeit in der Steppe oder Wüste viel Wasser auf, speichern es im Inneren und können so lange Trockenzeiten überleben. Die Wasserspeicherung erfolgt entweder in den Blättern (*Blattsukkulenten;* einheimisch z. B. Mauerpfeffer und Hauswurz) oder der Sproßachse, die dann stark verdickt ist (z. B. Kakteen). Bei diesen *Stammsukkulenten* sind die Blätter fast völlig rückgebildet (z. B. zu Stacheln), so daß die Assimilationstätigkeit auf den stark angeschwollenen Stamm verlagert ist. Da die Spaltöffnungen zur Verdunstung des Wassers nur sehr selten geöffnet sind, ist auch der Gasaustausch und damit die Photosyntheserate erheblich verringert. Die Fettpflanzen wachsen deshalb nur sehr langsam. Interessant ist, daß verschiedene Pflanzenfamilien Sukkulentenformen ausgebildet haben. So gehören die Stammsukkulenten in Amerika zur Familie der Kakteen, während die in ihrem Aussehen sehr ähnlichen Stammsukkulenten Afrikas Wolfsmilchgewächse sind.

Eine andere Form der Anpassung (an einen regelmäßigen Feuchtigkeits- bzw. Klimawechsel) zeigen die sog. *Tropophyten*. Diese meist holzigen oder krautigen Pflanzen entwickeln in der feuchten Jahreszeit ihre Assimilationsorgane, treiben Blüten und vermehren sich, während sie in der Trocken- bzw. Kälteperiode ihre Blätter abwerfen oder oberirdisch absterben und mit ausdauernden Pflanzenteilen unterirdisch weiterexistieren. Dort überdauern sie die für sie schlechte Jahreszeit als *Knollen, Wurzelstöcke* oder *Zwiebeln*. Bei der *Überwinterung* ist die Wurzeltätigkeit der Pflanzen auf Grund der niedrigen Temperaturen so stark verringert, daß die Pflanzen fast kein Wasser mehr aufnehmen können. Sie würden deshalb, wenn sie ihre Blätter behalten würden, im Winter verwelken. So passen sie sich durch Abwerfen der Blätter (z. B. Laubbäume) an diese Jahreszeit an. Andere Arten mit ledrig harten Blättern (Nadelbäume, Efeu) können die Verdunstung so stark reduzieren, daß sie ohne Laubfall den Winter überdauern können.

Eine besondere Form der Wasseraufnahme zeigen die sog. *Epiphyten (Aerophyten)*, die vor allem im tropischen Urwald vorkommen. Sie besiedeln dort andere Pflanzen, wobei sie sich an diese in den mannigfaltigsten Formen angepaßt haben. Sie nehmen das Wasser entweder direkt über ihre Blattoberfläche auf und speichern es dann in Knollen oder anderen Organen oder sie bilden, wie z. B. die epiphytischen Orchideen, besondere Luftwurzeln aus, mit denen sie Wasser aus der Luft wie ein Schwamm aufsaugen.

Wolfsmilchgewächse
(Afrika)

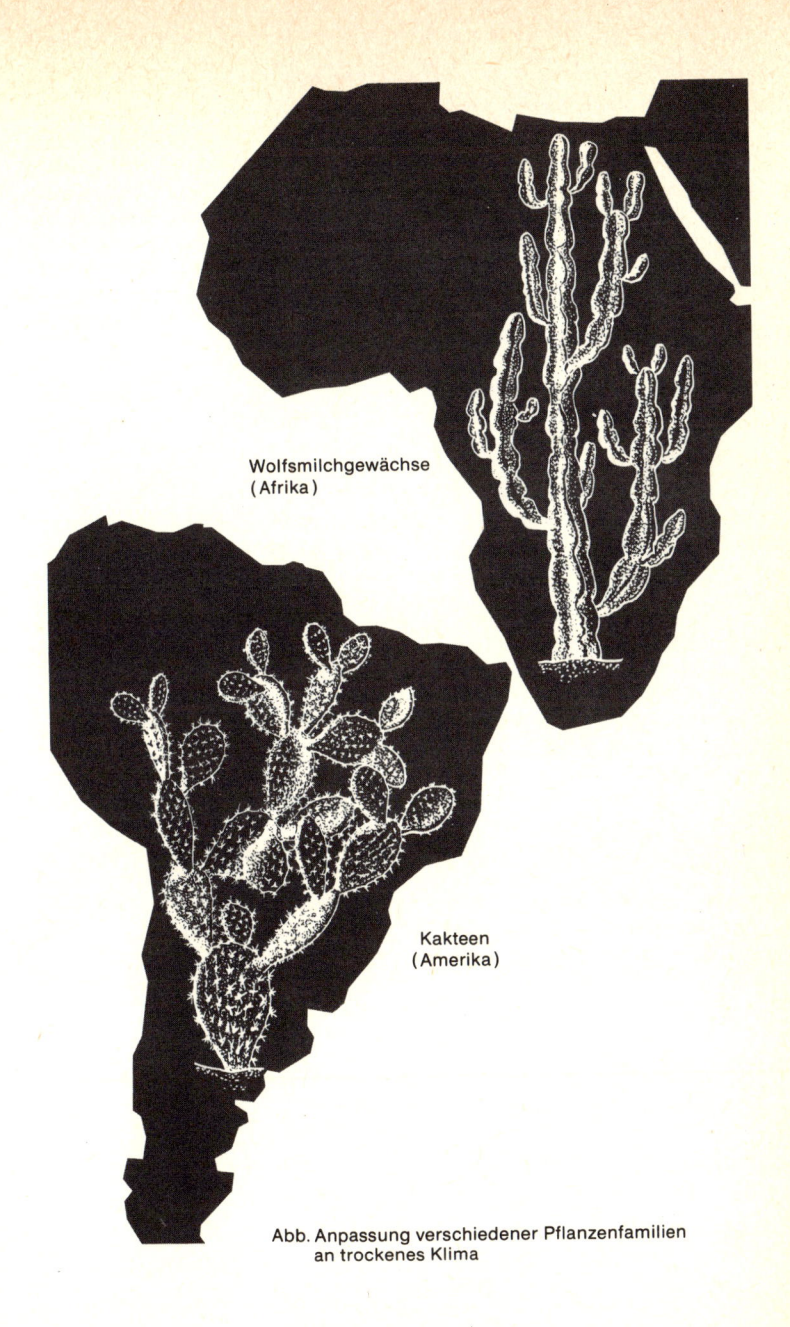

Kakteen
(Amerika)

Abb. Anpassung verschiedener Pflanzenfamilien an trockenes Klima

Der Kreislauf des Kohlenstoffs und des Sauerstoffs

Die Kreisläufe des *Kohlenstoffs* und des *Sauerstoffs* in der Biosphäre sind eng miteinander verknüpft. Beide Stoffkreisläufe bilden zusammen ein System, das sich aus mikrobiellen Abbauprozessen (s. S. 226), der Photosynthese der grünen Pflanzen (s. S. 200 ff.) und der Atmungskette der tierischen Organismen (s. S. 212) aufbaut.

Das *Reservoir* für Sauerstoff und Kohlendioxid in der Biosphäre ist die *Atmosphäre* (s. auch S. 40). Sie enthält 0,03 Vol-% Kohlendioxid und 21 Vol-% Sauerstoff. Man veranschlagt die Gesamtmenge an Kohlendioxid in der Atmosphäre auf rund 2 100 Billionen kg.

Nach groben Schätzungen beläuft sich der *jährliche Einbau von Kohlendioxid* im Verlauf der Photosynthese der Landpflanzen auf ca. 13–22 Billionen kg. Die Kohlendioxidaufnahme der Wasserpflanzen dürfte die der Landpflanzen noch weit übersteigen. So rechnet man unter günstigen Bedingungen mit einer jährlichen Bindung von 360 g Kohlenstoff durch Meeresalgen pro Quadratmeter Meeresoberfläche. Da der photosynthetisch festgelegte Kohlenstoff fast ausschließlich der Atmosphäre entstammt, müßte rein rechnerisch der *atmosphärische Kohlendioxidgehalt* ständig abnehmen. Daß das nicht eintritt, dafür sorgen Mikroorganismen und niedere Tiere, die das Kohlendioxidreservoir der Atmosphäre durch die Mineralisation der organischen Substanz immerzu auffüllen (s. unten).

Auch der gesamte *in der Atmosphäre vorkommende Sauerstoff* entstammt fast ausschließlich dem Photosyntheseprozeß. Dieser Sauerstoff wird für die Gewinnung der lebensnotwendigen Energie im Verlauf der tierischen und pflanzlichen Atmungsprozesse, nämlich der Spaltung energiereicher organischer Substanz (Zucker), benötigt.

Ein großer Teil des von der Pflanze *assimilierten Kohlenstoffs* dient der Aufrechterhaltung der Lebensfunktionen der Pflanze und wird sofort wieder veratmet. Der Rest wird als Struktur- oder Reservesubstanz in die pflanzlichen Zellen eingebaut. Bei Tag ist die Assimilationsrate der Pflanzen höher als die Veratmungsrate, so daß ein *Zuwachs an organischer Substanz* erzielt wird. Nachts setzt die Photosynthese aus, und die Pflanze verliert durch die Atmung Biomasse, d. h., sie verbraucht Reservestoffe.

Auch die *tierischen Organismen,* die die Fähigkeit zur Kohlenstoffassimilation nicht besitzen, tragen durch ihre *Atmung* zur Rückführung des Kohlenstoffs in die Atmosphäre bei. Ein erwachsener Mensch z. B. atmet in 24 Stunden rund 1 kg CO_2 aus.

Gleichwohl wären sämtliche auf der Erde lebenden Tiere und Menschen nicht in der Lage, die gesamte durch die Pflanzen aufgebaute organische Substanz wieder zu mineralisieren (veratmen) und dadurch den notwendigen atmosphärischen Kohlendioxidvorrat aufrechtzuerhalten. Diese Leistung vollbringen zum größten Teil die *Mikroorganismen,* also Bakterien, Pilze und Strahlenpilze. Sie sind in der Lage, organische Substanzen, besonders solche von anderen Organismen nicht verwertbare, Kadaver also, Exkremente und Bestandsabfälle (Laub), zu mineralisieren, und produzieren dabei ungeheure Mengen an Kohlendioxid. So wird z. B. die CO_2-Entwicklung pro Hektar guten Ackerbodens, in dem mehrere Milliarden Bakterien je Kubikzentimeter Boden leben, auf stündlich 2–5 kg geschätzt. Für Waldboden liegt die Veratmungsrate noch höher.

In früheren Erdepochen wurde von lebenden Organismen Kohlenstoff gebunden, der in die Sedimente gelangte und somit dem Kohlenstoffkreislauf entzogen wurde. Die Kohle-, Erdgas- und Erdöllager (s. auch S. 114 und S. 118) stellen derartige *festgelegten Kohlenstoffvorräte* dar, aus denen ebenfalls Kohlenstoff über Heizungsanlagen und Wärmekraftmaschinen in Form von Kohlendioxid wieder in die Atmosphäre zurückgeführt wird.

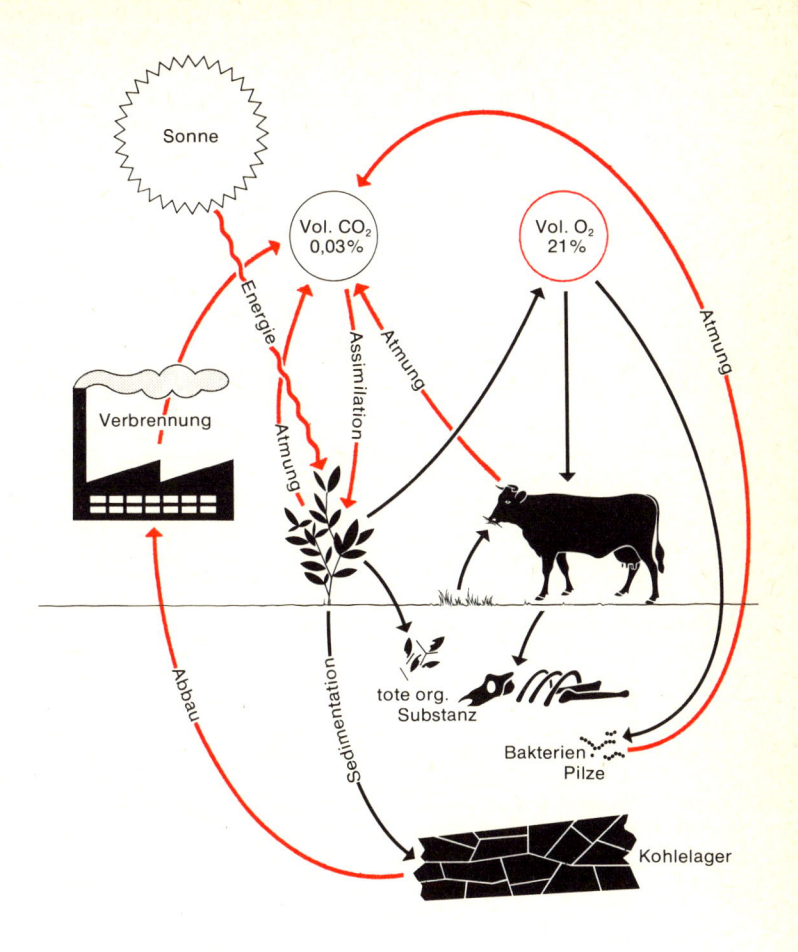

Abb. Der Kohlenstoffkreislauf

Der Kreislauf des Stickstoffs

Mit einem Stickstoffanteil von 78 % ist die Atmosphäre das umfangreichste Stickstofflager auf der Erde. Der *Stickstoff* liegt dort als N_2 (Stickstoffmolekül mit zwei Stickstoffatomen) vor. In dieser Form weist der Stickstoff ähnliche chemische Eigenschaften wie die Edelgase auf. Diese verbinden sich auf der Erde unter normalen Bedingungen kaum mit anderen Elementen, sie sind sehr reaktionsträge. Daher kann der Luftstickstoff bis auf wenige Ausnahmen von den die Biosphäre belebenden Organismen nicht aufgenommen und verwertet werden.

Stickstoff ist eines der Elemente, aus denen die in allen Lebewesen eine große Rolle spielenden Aminosäuren aufgebaut sind. Die *Aminosäuren* stellen wiederum die Vorstufe der *Proteine* (Eiweiße) dar. Die einzigen Organismen, die Stickstoff aus der Luft aufnehmen können, sind unter den *Bakterien* zu finden: Stickstoffsammler, die frei im Boden leben, und andere, die mit Pflanzenwurzeln eine Symbiose (s. S. 162) eingehen. Beide Formen stellen den Stickstoff für die autotrophe Pflanze (s. S. 196) bereit. Sterben die Stickstoffsammler im Boden ab, so wird der im Eiweiß dieser Bakterien vorhandene Stickstoff von anderen Mikroorganismen zu *Ammoniak* abgebaut. Für die optimale Stickstoffversorgung der Pflanze muß der Boden daneben auch Nitratstickstoff enthalten, der z. T. ebenfalls mit Hilfe von bodenbewohnenden Bakterien aus Ammoniak über mehrere Zwischenstufen hergestellt wird.

Die Pflanze nimmt den Stickstoff über ihre Wurzeln auf und baut ihn in ihr körpereigenes Eiweiß um. Geht die Pflanze zugrunde oder werden Pflanzenteile abgeworfen (z. B. beim jährlichen Laubfall), so werden diese im Boden ebenfalls von Mikroorganismen zersetzt, und der Stickstoff wird so der nächsten Generation wieder zugeführt. Ein Teil des von den Stickstoffsammlern in den Boden eingebrachten Stickstoffs wird vom Niederschlagswasser aufgenommen und in den Grundwasserbereich transportiert, von wo aus er in die Vorflut (Bäche, Flüsse) weitergeleitet werden kann. Die *Stickstoffauswaschung* hängt sehr stark von der Niederschlagsmenge und wesentlich von der Bodenbeschaffenheit ab. In Böden mit schlechter Humusversorgung und geringem Tonanteil wird der Stickstoff von den Humus- und Bodenteilchen nicht festgehalten und damit leicht ausgeschwemmt. Tonreiche Böden neigen in Hanglagen, da dort das Niederschlagswasser nur schwer eindringt, zur Erosion (s. S. 104), was ebenfalls zum Verlust des an den erodierten Bodenteilchen anhaftenden Stickstoffs führt.

Durch mikrobielle Aktivität (s. auch S. 138) kann auch gasförmiges Ammoniak aus dem Boden freigesetzt werden. Man nennt diesen Vorgang *Denitrifikation,* weil dabei Bakterien bei ungünstiger Sauerstoffversorgung aus dem Nitrat des Bodens Sauerstoff abspalten. Wird das aus der Eiweißzersetzung anfallende Ammoniak nicht in Nitrat umgewandelt, entsteht u. U. ebenfalls gasförmiges Ammoniak.

Der von Tieren mit pflanzlicher Nahrung aufgenommene Stickstoff wird teils in körpereigenes Eiweiß umgebaut, teils mit dem Harn (Harnstoff) oder Kot ausgeschieden. Auch der ausgeschiedene Stickstoff wird mikrobiell verwertet und der Pflanze wieder zugeführt. Auf demselben Wege gelangt das im tierischen Organismus aufgebaute körpereigene Eiweiß, wenn der Kadaver des verendeten Tiers verwest, in den Boden.

Neben der biologischen Stickstoffbindung durch Bakterien wird Stickstoff auch durch *elektrische Entladung in der Atmosphäre* bei Gewitter dem Boden zugeführt. Durch die hohe Energie, die bei solchen Entladungen freigesetzt wird, bilden sich aus dem Stickstoff und dem Sauerstoff der Luft Stickoxide, die zu einer Erhöhung des Nitratgehaltes im Boden führen. Dieser Vorgang besitzt allerdings nur in Zonen großer Gewitterhäufigkeit Bedeutung.

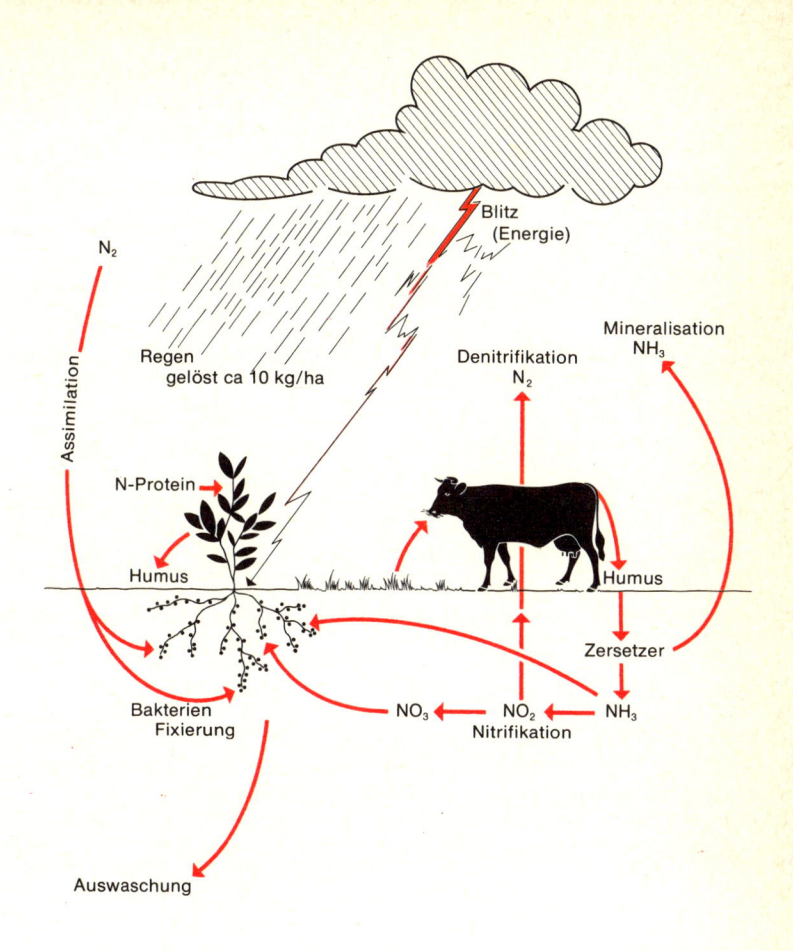

Abb. Der Kreislauf des Stickstoffs

Der Kreislauf des Phosphors

In der *Biosphäre* ist Phosphor fast ausschließlich als *Phosphat* zu finden. Die Elemente Calcium, Eisen und Aluminium bilden Phosphatsalze, die im Wasser kaum löslich sind. Der größte Teil des auf der Erde vorkommenden Phosphors ist daher in Gesteinen, Böden oder Sedimenten festgelegt und nahezu gleichmäßig über die Erde verteilt. Im Verlauf der Erdgeschichte haben sich an einigen Stellen aus dem stark phosphorhaltigen Mineral *Apatit* Lagerstätten gebildet, die als natürliche Reserven für den ständig zunehmenden Phosphorbedarf des Menschen dienen.

Für alle Lebensvorgänge in der Biosphäre wird Energie benötigt, die von der grünen Pflanze aus der Sonnenstrahlung in chemische Energie umgewandelt wird. Bei dieser Umformung ist *Adenosintriphosphat (ATP)*, ein Nukleotid, das aus einem Molekül der Base Adenin, einem Molekül des Zuckers Ribose und aus drei Molekülen Phosphorsäure aufgebaut ist, von großer Bedeutung. Da sich ATP bei Energiezufuhr aus Adenosinmonophosphat (AMP) bzw. Adenosindiphosphat (ADP) und Phosphorsäure leicht aufbaut und unter Freisetzung dieser Energie auch leicht wieder abbauen läßt, ist es eine geeignete Verbindung, um Energie auf Stoffwechselreaktionen zu übertragen oder um freigewordene Energie bei Abbaureaktionen zu speichern (s. auch S. 208 ff.). In seiner Verbindung mit ATP ist Phosphor als eine Schlüsselsubstanz des Lebens zu betrachten.

Phosphor wird von der Pflanze aus dem Boden als *Phosphation* aufgenommen. Wegen der schlechten Wasserlöslichkeit von Phosphor sind in der Bodenlösung nur wenige verfügbare Phosphationen vorhanden. Die Verfügbarkeit des Phosphors ist sehr von der Bodenreaktion (pH-Wert) und der Form des Phosphors im Boden abhängig. In sauren Böden lösen sich Eisen- und Aluminiumphosphate mit zunehmender pH-Erniedrigung schlechter. Ist der Boden basisch, so bilden sich Calciumphosphate, deren Löslichkeit sich mit zunehmendem pH-Wert verschlechtert. Die beste Verfügbarkeit des Bodenphosphats für die Pflanze besteht bei neutraler Bodenreaktion.

Stirbt die Pflanze oder sterben Pflanzenteile ab, so wird die organische Substanz dem Boden wieder zugeführt und dort von Bakterien und Pilzen abgebaut. Dabei wird ein Teil des in die Pflanze eingebauten Phosphors im Körper der Mikroorganismen festgelegt, der Rest wird freigesetzt und geht in den Boden. Je nach Bodenreaktion und Angebot an Eisen-, Aluminium- und Calciumionen wird der Phosphor wieder als Eisen-, Aluminium- oder Calciumphosphat festgelegt. Wird die Pflanze von Tieren gefressen, so wird der in ihr enthaltene Phosphor vom tierischen Organismus eingebaut und letztlich in Form von Exkrementen oder mit dem Kadaver dem Boden wieder zugeführt.

In der *Atmosphäre* ist Phosphor weitgehend an *Aerosole gebunden*. Seine Verlagerung in dieser Form spielt nur bei Staub- und Sandstürmen oder Vulkanausbrüchen eine Rolle. Mit dem Nachlassen der Luftbewegung werden die Staubpartikel wieder sedimentiert. In die Vorflut (Bäche, Flüsse usw.) gelangt Phosphor weitgehend nur durch Erosion phosphorhaltiger Bodenteilchen. Im *Wasser* geht Phosphor, wenn auch nur geringfügig, in *Lösung* und wird von Wasserpflanzen (s. S. 148) aufgenommen. Der weitaus größere Teil wird mit den erodierten Bodenteilchen abgesetzt.

In natürlichen Ökosystemen erfolgt die Nachlieferung von Phosphor in die Biosphäre weitgehend durch die *Verwitterung phosphorhaltiger Gesteine*. Unter bestimmten Bedingungen, z. B. in Flußauen, erreicht die Phosphorzufuhr durch Schlamm, der bei periodischen Überschwemmungen dieses Gebietes abgesetzt wird, eine gewisse Bedeutung für die Phosphorversorgung der Vegetation, während die Phosphorverlagerung nur in extrem trockenen Gebieten mit schwachem Pflanzenwuchs und hoher Winderosionsanfälligkeit eine Rolle spielt.

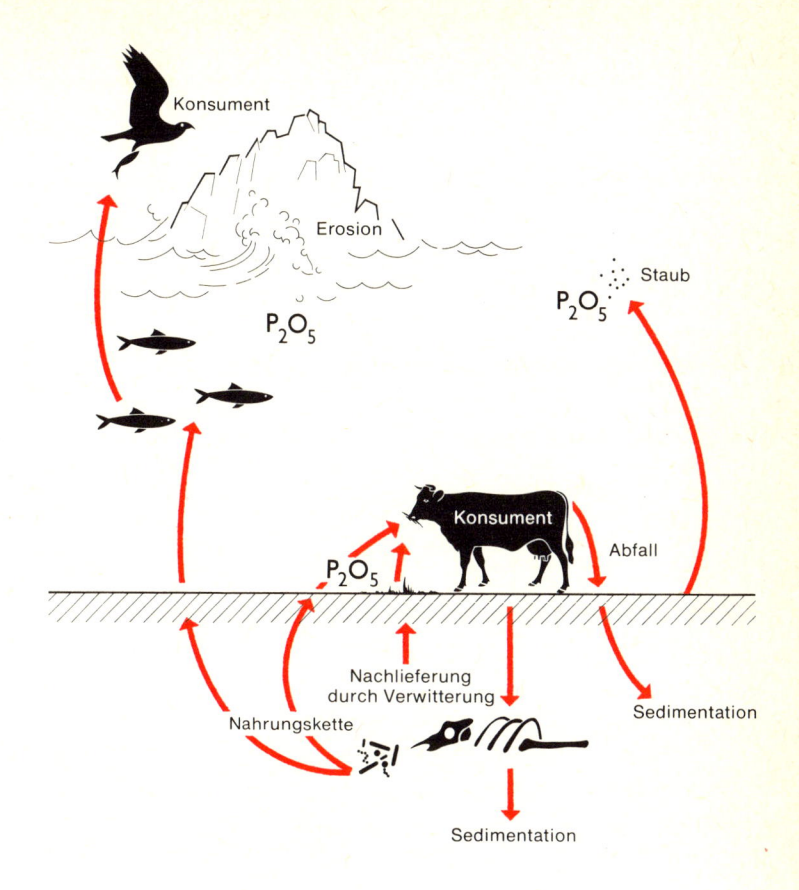

Abb. Der Phosphorkreislauf in der Biosphäre

Die Nahrungskette

Das Tier ist nicht in der Lage, wie die grüne Pflanze aus anorganischen Stoffen unter unmittelbarer Ausnutzung des Sonnenlichtes organische Substanzen aufzubauen (s. Photosynthese, S. 200ff.). Es muß vielmehr seinen Energie- und Baustoffbedarf aus den von den grünen Pflanzen synthetisierten organischen Verbindungen decken. Das tierische und damit auch das menschliche Leben ist also letzten Endes völlig von der Lebenstätigkeit der grünen Pflanzen abhängig.

Die *grünen Pflanzen* bilden somit das erste Glied der Nahrungskette. Im Wasser wird die pflanzliche Grundlage vorwiegend von *einzelligen Algen* gebildet, während auf dem Land die *höheren Pflanzen* vorherrschen. – Die folgenden Glieder der Nahrungskette bilden die verschiedenen *tierischen Verzehrer (Konsumenten)*: An erster Stelle stehen die *Pflanzenfresser (Herbivoren)*, als nächstes Glied folgen die *Fleischfresser (Karnivoren, Räuber)*. Während man die Herbivoren als Primärkonsumenten bezeichnet, werden die nachfolgenden Karnivoren, die ihrerseits Herbivoren oder auch andere Karnivoren fressen, je nach ihrer Stellung in der Nahrungskette als *Sekundär-, Tertiärkonsumenten* usw. eingeordnet. Zwischen den ausgesprochenen Pflanzenfressern und den ausschließlichen Fleischfressern stehen die als Konsumenten an verschiedenen Stellen der Nahrungskette einstufbaren *Allesfresser (Omnivoren)*, die sowohl tierische als auch pflanzliche Kost zu sich nehmen. Organismen mit einem solch weiten Nahrungsspektrum werden auch als *polyphag* bezeichnet, die auf eine bestimmte Nahrung spezialisierten dagegen als monophag. Den Übergang bilden die *oligophagen* Lebewesen, die in der Auswahl ihrer Nahrung innerhalb gewisser Grenzen noch variieren können.

Der *Mensch* ist, da er alles Genießbare aufnimmt, ein typischer Vertreter der Polyphagen. Zu den Oligophagen gehören viele Insekten, die auf einigen wenigen, nicht miteinander verwandten Futterpflanzen Nahrung finden. Zu den monophagen Organismen gehören viele Parasiten, die nur auf einer ganz bestimmten Wirtspflanzen- bzw. Tierart und dort oft nur an bestimmten Organen vorkommen. So haben sich die Kopf- und die Kleiderlaus z. B. ganz auf den Menschen spezialisiert.

Den Schluß der Nahrungskette bilden die *abbauenden Organismen (Destruenten, Reduzenten)*. Diese Gruppe besteht aus Bakterien, Pilzen und vielen bodenbewohnenden Tieren (s. auch S. 134ff.), die sich (als *Saprophyten* bzw. *Saprozoen*) von toter organischer Substanz (Exkrementen, Detritus, Aas) ernähren, d. h. von dem, was von den bisher besprochenen Gliedern der Nahrungskette ausgeschieden wird bzw. übrigbleibt. Sie leben im Humus und produzieren letztlich anorganische Substanz, wie sie die Pflanze wiederum zu ihrem Leben benötigt.

Da der Großteil der Nahrung in der Nahrungskette zur Energiegewinnung umgesetzt, ein anderer Teil als unverwertbar ausgeschieden wird, nimmt das *Gewicht* eines Lebewesens nach grober Schätzung nur um ein Zehntel des Gewichtes der aufgenommenen Nahrungsmenge zu. Daraus folgt, daß der Mensch, wenn er z. B. 10 kg Hechtfleisch verzehrt, nur um 1 kg zunimmt. Damit der Hecht diese 10 kg Fleisch produzieren kann, muß er wiederum 100 kg Karpfen fressen, und die Karpfen benötigen dann 1 000 kg Algen, um dem Hecht diese Substanzzunahme zu ermöglichen.

In der Nahrungskette ist das gefressene Lebewesen gewöhnlich kleiner als das dieses fressende (z. B. Getreidekorn < Maus < Katze). Die *Größensteigerung* braucht nicht extrem zu sein, wie sich aus der Reihenfolge Pflanzensaft–Blattlaus–Marienkäfer–Singvogel–Greifvogel ergibt. Andererseits kann das Beutetier auch unverhältnismäßig groß sein, z. B. bei Schlangen, oder auch winzig klein, wie dies bei den riesigen Bartenwalen der Fall ist, die sich ausschließlich von tierischem Plankton ernähren.

Sonnenenergie

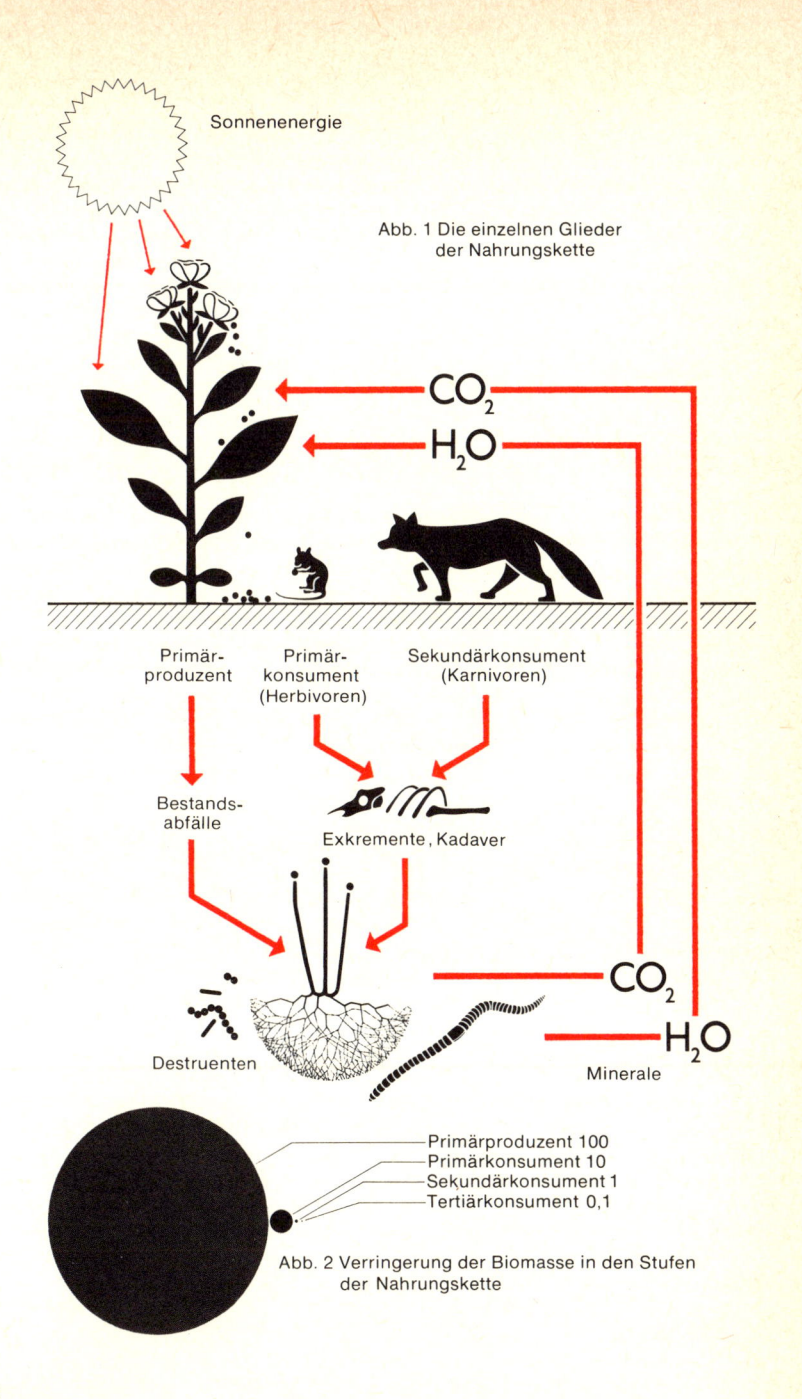

Abb. 1 Die einzelnen Glieder der Nahrungskette

CO_2

H_2O

Primär-
produzent

Primär-
konsument
(Herbivoren)

Sekundärkonsument
(Karnivoren)

Bestands-
abfälle

Exkremente, Kadaver

Destruenten

CO_2

H_2O

Minerale

Primärproduzent 100
Primärkonsument 10
Sekundärkonsument 1
Tertiärkonsument 0,1

Abb. 2 Verringerung der Biomasse in den Stufen der Nahrungskette

Der Wald – die Gefährdung des Waldes

Der *Wald* spielt im Haushalt der Natur eine wichtige Rolle. Gerade in einem dicht bevölkerten Land wie der Bundesrepublik stellt er einen wichtigen Faktor für Lufthygiene, Luftbewegung, Regulierung des Wasserhaushaltes, für den Schutz der Böden und für das lokale und großräumige Klima dar.

Wald bewirkt örtlich eine *Erhöhung der Niederschlagsmenge* im Laufe eines Jahres um bis zu 20 %. Im Wald verdunstet mehr Wasser als in landwirtschaftlich genutzten Kulturen, da der Abfluß der Niederschläge in starkem Maße vom Wald beeinflußt wird. Der *Regen* dringt tiefer als im Freiland in den Boden ein und fließt nur zögernd ab. Das Einsickern in den Boden wird dadurch erleichtert, daß sich der Waldboden durch die dauernde Beschattung, durch die Bodenvegetation und die Streu- und Humusschicht in einem günstigen Zustand der Bodengare befindet. In Verbindung mit der kräftigen, tiefgehenden Durchwurzelung (speziell des Laubwaldbodens) und der Moos- und Krautschicht wird ein großer Teil des Regens festgehalten, über längere Zeit gespeichert und kontinuierlich in Form von Quellen und über die Verdunstung durch die Bäume wieder abgegeben. Durch diese „Schwammwirkung" wird sowohl die Gefahr von Hochwasser bei heftigen Regenfällen als auch die Gefahr der Austrocknung bei lange ausbleibendem Regen verringert.

Die Auswirkungen des Waldes auf den Wasserhaushalt sind allerdings bei *Nadelhölzern* weniger günstig. Das Nadelpolster im Fichtenwald verschließt den Boden und saugt das Regenwasser auf. So gelangt nur ein kleiner Teil des Wassers in den Boden, der überwiegende Teil fließt oberirdisch ab und kann so nicht gespeichert werden. Im Fichtenwald finden sich in geringer Tiefe bodenverdichtende Schichten, die unter der Einwirkung von Humussäure entstehen und teilweise wasserundurchlässig sind. Deshalb wird bei Fichten, die Flachwurzler sind, der Abfluß des Wassers begünstigt und die Speicherwirkung verringert.

Vom ökologischen Standpunkt aus ist deshalb die *Zusammensetzung der Wälder* heute keinesfalls günstig gewählt. Noch um das Jahr 1860 bestanden die deutschen Wälder zu 70 % aus Laubbäumen und zu 30 % aus Nadelbäumen. Heute ist das Verhältnis genau umgekehrt. Die Ursache liegt im wirtschaftlichen Bereich. Mit Fichtenwaldungen können schnellere und bessere Erträge erzielt werden, da Fichten praktisch bereits nach 80 Jahren, Buchen und Eichen aber erst nach 150–200 Jahren ausgewachsen sind. So wurden in den letzten Jahrzehnten Zehntausende Hektar Wald, die früher Laubwald waren, in Fichtenmonokulturen umgewandelt.

Ein warnendes Beispiel ist der Schwarzwald, wo seit 1945 durch falsche Waldnutzung, Waldzerstörung, Kahlschläge und Monokulturen fast 700 Quellen versiegt sind. Durch den Kahlschlag und die Abholzung weiter Waldflächen kommt es in vielen Landstrichen zu einer Bodenerosion großen Ausmaßes. Der fruchtbare Boden wird, da er keine schützende Pflanzendecke mehr hat, durch Regen ausgeschwemmt und durch Wind abgetragen.

Die *Waldverluste* in der Bundesrepublik durch die Anlage neuer Straßen, neuer Industrien und Siedlungen betragen jährlich etwa 7 000 ha. Mindestens 60 000 ha Wald sind durch industrielle Luftverschmutzung geschädigt. Im Kern des Ruhrgebietes sind die gegen Luftverschmutzung besonders empfindlichen Nadelbäume heute bereits verschwunden. Ursache dafür sind vor allem Schwefeldioxid (s. auch S. 382) und Fluorabgase (s. auch S. 351). Durch Luftverschmutzung geschwächte Bäume werden überdies leichter ein Opfer von Schadinsekten und Pilzen.

Bei oberflächlicher Betrachtung hat die Waldfläche in der Bundesrepublik zwischen 1960 und 1970 sogar um 0,9 % zugenommen, d. h., es sind in einem Jahrzehnt 63 000 ha Wald neu hinzugekommen. Die Problematik allerdings ergibt sich daraus, daß durch die Waldverluste gerade diejenigen Gebiete betroffen sind, in denen der Wald zur Steuerung des ökologischen Gleichgewichtes und als Naherholungsraum am dringendsten gebraucht wird, nämlich im Umland der Städte und der großen Ballungsgebiete.

Hinzu kommt, daß der quantitative Zuwachs an Waldfläche durch die Aufforstung der letzten Jahre nicht unbedingt auch eine qualitative Verbesserung des Waldes bedeutet. Die neu aufgeforsteten Gebiete sind v. a. aus wirtschaftlichen Erwägungen zum größten Teil *Monokulturen* (meist Fichten), die weder ökologisch noch ihrem Freizeitwert nach dichte Buchen- oder Mischwaldbestände ersetzen können. Die einseitigen Monokulturen sind darüber hinaus außerordentlich anfällig gegenüber Forstschädlingen, die sich in günstigen Jahren darin plötzlich zu Riesenheeren vermehren können. Schließlich sind Monokulturen viel stärker durch Windböen gefährdet als Mischwaldkulturen, da die Bäume alle etwa in gleicher Höhe stehen.

Die Erholungsfunktion des Waldes, sein Einfluß auf Wasserhaushalt, Klima, Lufthygiene, Bodenschutz usw. bringt leider keinen direkten wirtschaftlichen Vorteil. Alle Maßnahmen in der Waldbewirtschaftung werden viel mehr nur am maximalen *Holzertrag* optimiert, und zwar umso mehr, je stärker die Holzwirtschaft in Konkurrenz mit anderen Wirtschaftszweigen, etwa der chemischen Industrie (Kunststoffe) treten muß. Eine Lösung dieses Problems könnte darin liegen, daß die zur Erhaltung der der Allgemeinheit zukommenden Vorteile des Waldes nötigen wirtschaftlichen Einbußen von der öffentlichen Hand getragen werden. Parallel zu dieser Subventionierung der Forstwirtschaft müßte durch Bestimmungen sichergestellt werden, daß die Anpflanzung neuer Monokulturen zugunsten von Mischkulturen reduziert und daß der Wald in der Umgebung von Großstädten bevorzugt geschützt wird und daß schließlich die einzelnen Formen der Waldnutzung ökologischen Forderungen angepaßt werden.

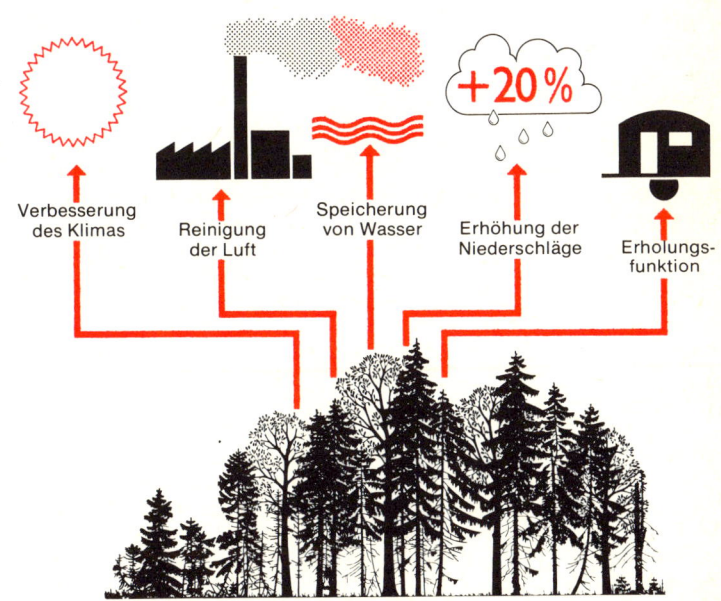

Abb. Die ökologischen Funktionen des Waldes

Der Wald – Funktionswandel des deutschen Waldes

Im Laufe der Jahrhunderte haben sich in der Bedeutung des Waldes für Mensch und Umwelt große Wandlungen vollzogen. Vor etwa tausend Jahren begann eine große *Rodungsperiode,* in der der Wald als großes Kulturhindernis angesehen wurde. Über drei Viertel der deutschen Landoberfläche waren damals noch bewaldet. Bis zum Ende des 13. Jahrhunderts waren die Rodungen im wesentlichen beendet. Die heutigen Waldflächen sind im großen und ganzen noch dieselben, die bei den damaligen Rodungsmaßnahmen übrig geblieben waren.

Da im Mittelalter die Besiedlung nur sehr dünn war, reichte der verbliebene mittelalterliche Wald für die Versorgung der Bevölkerung mit Brenn-, Werk- und Bauholz aus. Sein biologischer Zustand war jedoch nicht besonders gut. Das Vieh wurde zur Weide in den Wald getrieben, wodurch eine natürliche Verjüngung des Waldes verhindert wurde. Jahrhundertelang wurden außerdem Blätter und Nadeln für Streuzwecke in der Viehhaltung zusammengerecht, was zu einer Verarmung der Humusdecke und damit zu einer Verarmung des Waldbodens führte. Diese *Funktion des Waldes als Ernährungsfläche* war bis zur Einführung der Düngung und des Kartoffelbaus etwa genauso wichtig wie seine *Funktion als Holzlieferant.* Vor der Einführung des Rohr- und Rübenzuckers im 17. bzw. 19. Jahrhundert hatte der Wald außerdem die wichtige *Funktion einer Bienenweide,* die die Grundlage der Honigwirtschaft (Zeidlerei) war.

Bereits im ausgehenden Mittelalter traten im Bereich von Berg- und Hüttenbetrieben Holzverknappungen auf, weshalb in der Folge um 1500 die ersten Forstordnungen zur Nutzungsregelung erlassen wurden. Als die Bevölkerung gegen Ende des 18. Jahrhunderts stark zunahm und die industrielle Revolution begann, machte sich ein allgemeiner Waldmangel bemerkbar. In diese Zeit fällt der Beginn der *modernen Forstwirtschaft.* Während sich der Wald früher durch Samenanflug selbst regenerierte, begann man nun, durch Saat und Pflanzung künstlich gleichaltrige und *geschlossene Baumbestände* zu schaffen. Anstelle der natürlich vorkommenden Laubhölzer wurden in zunehmendem Maße die schneller wachsenden *Nadelbäume* wie Fichte, Kiefer und (seltener) Tanne gepflanzt.

Vor tausend Jahren bestanden noch etwa neun Zehntel der westdeutschen Wälder aus *Laubwald.* Die Kiefer kam z. B. in der Rheinebene und in anderen Flußtälern kaum vor. Die Fichte war im Schwarzwald auf die höchsten Lagen beschränkt. Heute entfallen auf den Laubwald nur noch drei Zehntel der Gesamtwaldfläche.

In den letzten Jahren wurden neben diesen Nutzwirkungen des Waldes die *Schutzwirkungen* zur Sicherung der natürlichen Lebensgrundlagen immer wichtiger. Wälder vergrößern und regenerieren den Wasserkreislauf und erhalten die Wasserqualität, sie verhindern Versteppungserscheinungen, mildern Klimaextreme, schwächen schädliche Wind- und Sturmwirkungen ab und schützen gegen Erosion der fruchtbaren Erde. Hinzu kommt die wichtige Bedeutung der Wälder für die *Erholung des Menschen.*

Abgesehen von Hochgebirgswäldern, die schon seit langem als Bollwerk gegen Hochwasser, Lawinen und Steinschlag angesehen wurden, hat die Forstwirtschaft auf diese Wohlfahrtswirkungen des Waldes bislang keine besondere Rücksicht genommen, da sie praktisch als Nebenprodukt der auf Nachhaltigkeit des Ertrags, Wahrung der Bodenkraft und Betriebssicherheit bedachten Forstwirtschaft mehr oder weniger zufällig anfielen. Erst durch die zunehmende Industrialisierung und Bevölkerungsdichte und durch das gestiegene Umweltbewußtsein der Bevölkerung wurden die Schutz- und Sozialfunktionen des Waldes zu einem wichtigen Faktum der heutigen Forstwirtschaft. Da eine bestimmte Waldfläche oft mehrere wichtige Aufgaben zu erfüllen hat, muß ihre Bewirtschaftung und Pflege auf die Erzielung einer optimalen Funktionenharmonie ausgerichtet sein.

Bienenweide

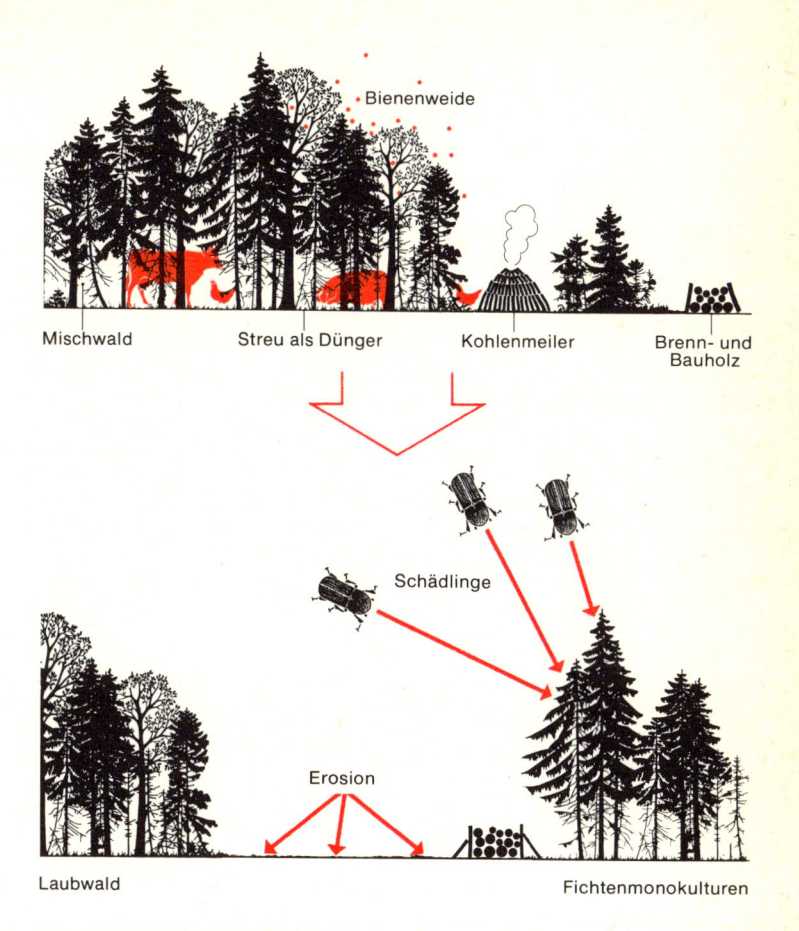

Mischwald · Streu als Dünger · Kohlenmeiler · Brenn- und Bauholz

Schädlinge

Erosion

Laubwald · Fichtenmonokulturen

Abb. Wandlung des multifunktionalen mittelalterlichen Mischwaldes zur modernen Monoforstkultur

Der Wald – Waldschutzgebiete

Waldschutzgebiete sind charakteristische, unter strengem Naturschutz stehende Waldgebiete, wie Sie als solche von den Ländern Baden-Württemberg und Bayern schon vor Jahrzehnten ausgewiesen wurden. Sie umfassen Bann- und Schonwälder, von denen es unterdessen auch in fast allen anderen Bundesländern auf die wichtigsten Standortgebiete ausgedehnte Systeme gibt.

Bannwälder sind Totalreservate, die aus der forstwirtschaftlichen Bewirtschaftung herausgenommen sind und sich selbst überlassen bleiben. In ihnen ist jegliche Nutzung und Veränderung durch Saat, Pflanzung, Anlage von Wirtschaftswegen, Gräben, Steinbrüchen, Sandgruben o. ä. verboten. Damit der interessierte Wanderer die Entstehung eines Urwaldes beobachten kann, werden in Bannwäldern lediglich schmale Fußpfade angelegt. Wenn Großkatastrophen (z. B. Sturmschäden) oder Kalamitäten (z. B. Borkenkäfer) die angrenzenden Wirtschaftswälder gefährden, dürfen im Bannwald nur die im Interesse des Forstschutzes notwendigen Bekämpfungsmaßnahmen durchgeführt werden. Das dabei anfallende Holz soll in der Fläche des Bannwaldes verbleiben. Untersagt ist im Bannwald auch das Ausbringen von Düngemitteln und Herbiziden (Unkrautvertilgungsmittel). Die Jagdausübung ist unbeschränkt gestattet; sie soll jedoch unter Schonung des Raubwildes nur mit solcher Intensität erfolgen, daß die Erreichung der gesteckten Ziele nicht gestört oder verhindert wird.

Im Gegensatz zum Bannwald steht der *Schonwald* in forstlicher Bewirtschaftung. Durch die Anlage von Schonwäldern soll erreicht werden, daß bestimmte Pflanzengesellschaften (z. B. Laubwald mit seltenen Frühjahrsblumen wie Schneeglöckchen, Gelbe Anemone oder Scillaarten) oder ein bestimmter Waldaufbau über längere Zeiträume hinweg erhalten und in dieser Form erneuert werden. Die Bewirtschaftungsformen sind dabei von Fall zu Fall festgelegt.

Die Waldschutzgebiete können als *Freilandlaboratorien* angesehen werden, in denen landespflegerische und ökologische Untersuchungen durchgeführt werden können. Sie dienen dabei vor allem der wissenschaftlichen Erforschung der Lebensgemeinschaft Wald in den verschiedenen Wuchsgebieten, der wissenschaftlichen Beobachtung der Entwicklung von Böden, Humus, Waldvegetation und Waldfauna nach Aufhören des menschlichen Einflusses und bieten damit einen Vergleich mit dem angrenzenden, normal behandelten Wirtschaftswald. Durch das Unterbleiben chemischer Schädlingsbekämpfung bieten die Bannwälder umfangreiche Studienmöglichkeiten für die Erarbeitung und Erprobung biologischer Verfahren zur Schädlingsbekämpfung.

Durch die Ausweisung eines Bann- oder Schutzwaldes können besonders urwüchsige, charakteristische und naturnahe Waldteile geschützt und erhalten werden, die gleichzeitig auch als Demonstrationsobjekte für Schulunterricht und Erwachsenenbildung dienen können.

Neben diesen geschützten Waldgebieten sind im Wald oft einzelne erhaltenswerte *Naturdenkmale* geschützt, Einzelschöpfungen der Natur wie besondere Bäume, Felsen, Wasserfälle, deren Umgebung nicht verändert werden darf. Schließlich gibt es im Wald, besonders in extensiv genutzten Waldformen, überdurchschnittlich viele *seltene Pflanzen und Tiere,* die unter Naturschutz stehen und so einen ganzjährigen Schutz genießen (s. auch S. 239 und 252).

Der Wald – Waldlichtungen

In den ursprünglichen *Urwäldern* Mitteleuropas waren größere Waldlichtungen selten. Nur manchmal wurden durch starke Stürme oder katastrophale Waldbrände größere Freiflächen geschaffen, die einen Lebensraum für bestimmte Pflanzen und Tiere bildeten.

Durch die *Holznutzung* der letzten Jahrhunderte mit *Kahlschlägen* und *unterwuchsarmen Nadelbaumbeständen* haben sich die Waldlichtungen zahlen- und flächenmäßig vergrößert. Dies führte zu einer starken Vermehrung der ursprünglich seltenen Pflanzen- und Tierarten der Waldlichtungen. Wenn der Waldboden den Schutz der Baumkronen verliert, kann die Sonne direkt auf den Boden scheinen. Dadurch sind die Temperaturen in Bodennähe tagsüber höher, in wolkenlosen Nächten dagegen niedriger. Als Folge dieser veränderten Temperaturverhältnisse *verschiebt sich die Flora des Waldbodens.* Sonnenpflanzen, rasch wachsende und üppig grüne Pflanzen bevölkern jetzt den Boden. Durch die Änderung des Kleinklimas wird die Zersetzung der organischen Abfallstoffe des Waldbodens durch Mikroorganismen angekurbelt. Die dabei freiwerdenden Pflanzennährstoffe (insbesondere Stickstoff) können so von den Kräutern des Waldbodens als natürlicher Dünger aufgenommen werden. Es entsteht bald eine ungewöhnlich üppige *Krautflora* aus bestimmten Pflanzen wie Weidenröschen, Walderdbeere, Fingerhut, Tollkirsche, Binsen, Reitgräser, Ruhr- und Greiskräuter.

Wenn im Laufe von wenigen Jahren die rasch umgesetzten Nährstoffe des Bodens aufgebraucht sind, fassen länger lebende Pflanzen, vor allem Jungbäume und Sträucher, Fuß. Diese werden zum Teil durch Vögel verbreitet, die ihre Beeren fressen und mit dem Kot die lebensfähig bleibenden Samen aussäen. Die üppige Krautflora wird so mehr und mehr durch *Sträucher* und *Pioniergehölze* wie Holunder, Birken, Espen, Weiden, auch Brombeeren und Himbeeren verdrängt. Diese Pflanzen wachsen schnell und bilden damit einen dichten Bestand, unter dessen Schutz sich allmählich ein echter *Mischwald* mit seiner typischen Tier- und Pflanzenwelt entwickelt.

Außer bestimmten Pflanzen sind auch ganz bestimmte *Tiere* an Waldlichtungen und Freiflächen im Wald gebunden. So können sich durch das reiche Angebot an Gräsern, Samen, Kräutern, Früchten und Insekten hier v. a. Mäuse stark vermehren. Diese wiederum locken in stärkerem Maße Mäusejäger wie Füchse, Waldkauz und Mäusebussard an, die darüber hinaus auf den Lichtungen bessere Jagdbedingungen haben. Hierzu kommt, daß einige Mäusebussarde ebenso wie Fuchs und Marder eine Vorliebe für die Beeren und Früchte der Lichtungen haben. Aus den gleichen Gründen sind hier bestimmte Vögel wie Baumpieper und Steinschmätzer, von den größeren Vögeln v. a. Birkhuhn und Haselhuhn vermehrt anzutreffen, letztere auch deshalb, weil sie in den Lichtungen gute Unterschlupfmöglichkeiten vorfinden. Eine wichtige Rolle spielen Waldlichtungen für die großen Pflanzenfresser wie Rehe und Hirsche. Diese finden auf Lichtungen ihre bevorzugten Äsungspflanzen wie Himbeere, Brombeere, Weiden und Espen. Im normalen Hochwald sind die Pflanzenfresser auf die dort viel spärlichere Vegetation des Bodens angewiesen.

Neben diesen tier- und pflanzenökologischen Faktoren haben Lichtungen außerdem eine wesentliche Bedeutung für die *Erholungsfunktion des Waldes.* Durch sie wird die Erlebnisvielfalt des Waldes vergrößert. Lichtungen laden zur Rast, zum beschaulichen Verweilen ein. Bedauerlicherweise werden durch das Zurückgehen der Landwirtschaft in ertragsarmen Gegenden wie den Mittelgebirgen immer mehr Wiesen und Lichtungen in den Tälern aufgegeben. Das Gelände wächst zu und verwaldet im Lauf der Zeit. Um dies zu vermeiden, sollten solche Freiflächen entweder (von Rindern, aber auch von Schafen oder Ziegen) regelmäßig beweidet oder wenigstens einmal jährlich gemäht werden.

Moore – Moorbildung

Moore werden dann als solche bezeichnet, wenn ihre Torfdecke einen Gehalt von mindestens 30 % organischer Substanz aufweist und im unentwässerten Zustand mehr als 30 cm mächtig ist. Man unterscheidet je nach ihrer Entstehung die im Grundwasserbereich unter der Wasseroberfläche gebildeten *Niedermoore (Flachmoore)*, die in der Regenwasserzone, also über dem Grundwasser entstandenen *Hochmoore* und als dazwischenliegende Stufe die *Übergangsmoore*. Typische Pflanzen des Niedermoors sind Rohrkolben, Seggen, Schilf, Erle und Weide. Im Übergangsmoor treten Kiefer und Birke auf. Das Hochmoor wird von Torfmoos, Wollgras, Glockenheide, Besenheide und Haarsimse geprägt.

Grundvoraussetzung für die *Entstehung eines Moors* ist ein großer Wasserüberschuß, der das Wachstum feuchtigkeitsliebender Pflanzen begünstigt. Daneben werden durch den Überschuß an Wasser anaerobe Verhältnisse geschaffen, die den mikrobiellen Abbau der abgestorbenen Pflanzenreste hemmen und einen Inkohlungsprozeß einleiten, der zur Torfbildung führt.

Nach der letzten Eiszeit, während der nachfolgenden, noch kalten Periode, bildeten sich in den Schmelz- und Stauwasserseen, die zwischen den Moränen zurückgeblieben waren, sog. *Mudden* (Ablagerungen von Schlamm) aus, die durch ihr Eigengewicht stark zusammengepreßt wurden. Mit weiterer klimatischer Erwärmung verstärkte sich der Pflanzenwuchs, und im Bereich zwischen Hoch- und Niedrigwasser drangen die Pflanzen des Ufersaums immer mehr zur Mitte des Sees vor. Damit begann die Niedermoorbildung. Das Röhricht wurde mit fortschreitender Verlandung von Seggen verdrängt, was zur Bildung von *Schilf-* und *Seggentorfen* führte. Nach Verschwinden der freien Wasserfläche entstanden Schwarzerlenbestände und Weidenbruchwald. Dieser Bodenhorizont wurde zu *Bruchwaldtorf*.

Nachdem die Pflanzendecke im Übergangsmoor über das nährstoffreiche Grundwasser emporgewachsen war, wurde sie nur mehr durch die Niederschläge mit (nährstoffarmem) Wasser versorgt. So kam es, daß allmählich immer stärker die weniger anspruchsvollen Kiefern und Birken sich ansiedelten, die nunmehr die Zusammensetzung der Pflanzendecke bestimmten. Die Reste des Kiefern- und Birkenbruchwaldes wurden zum *Übergangsmoortorf*.

Im Atlantikum, einer feuchteren Erdperiode, begannen dann *Torfmoose* auf Grund der häufigen Niederschläge üppig zu gedeihen und das Wurzelwerk der Bäume des Übergangsmoors zu ersticken. Diese Torfmoose besitzen die Fähigkeit, Wasser in einer Menge, die etwa dem Zwanzigfachen ihres Trockengewichtes entspricht, über mit Poren versehene, abgestorbene Zellen wie ein Schwamm aufzusaugen. Sie bildeten große, geschlossene Polster aus, die stetig höher wuchsen, während die unteren Pflanzenteile abstarben und zu Torf wurden. Wie ein Uhrglas wölbte sich schließlich das Hochmoor über seine Umgebung empor.

Durch Aufreißen der Torfmoordecke konnten sich im Hochmoor *Moorseen* bilden.

Die heute durchschnittlich etwa 3 000–8 000 Jahre alten *Hochmoore* haben rund 3–5 m hohe, z. T. auch weit mächtigere *Torflager* ausgebildet, was einer Zunahme von ca. 1 mm Torf pro Jahr entspricht. Der stärker zersetzte Hochmoortorf bildete den *Schwarztorf*, der weniger zersetzte, jüngere den *Weißtorf* und die oberste, von noch lebenden Wurzeln durchzogene Torfschicht die sog. *Bunkerde*. Zwischen Schwarz- und Weißtorf treten Übergangshorizonte mit einem starken Bestand an Wollgras- und Heidekrautresten in Erscheinung.

Der Jahr für Jahr auf die jeweilige Hochmoorfläche aus der Umgebung angewehte Blütenpollen gibt (durch Pollenanalyse) Aufschluß über die Zusammensetzung der Vegetation, z. B. eines Waldbestandes, während der Zeit der Moorbildung und läßt damit auch eine Aussage über das damals herrschende Klima zu.

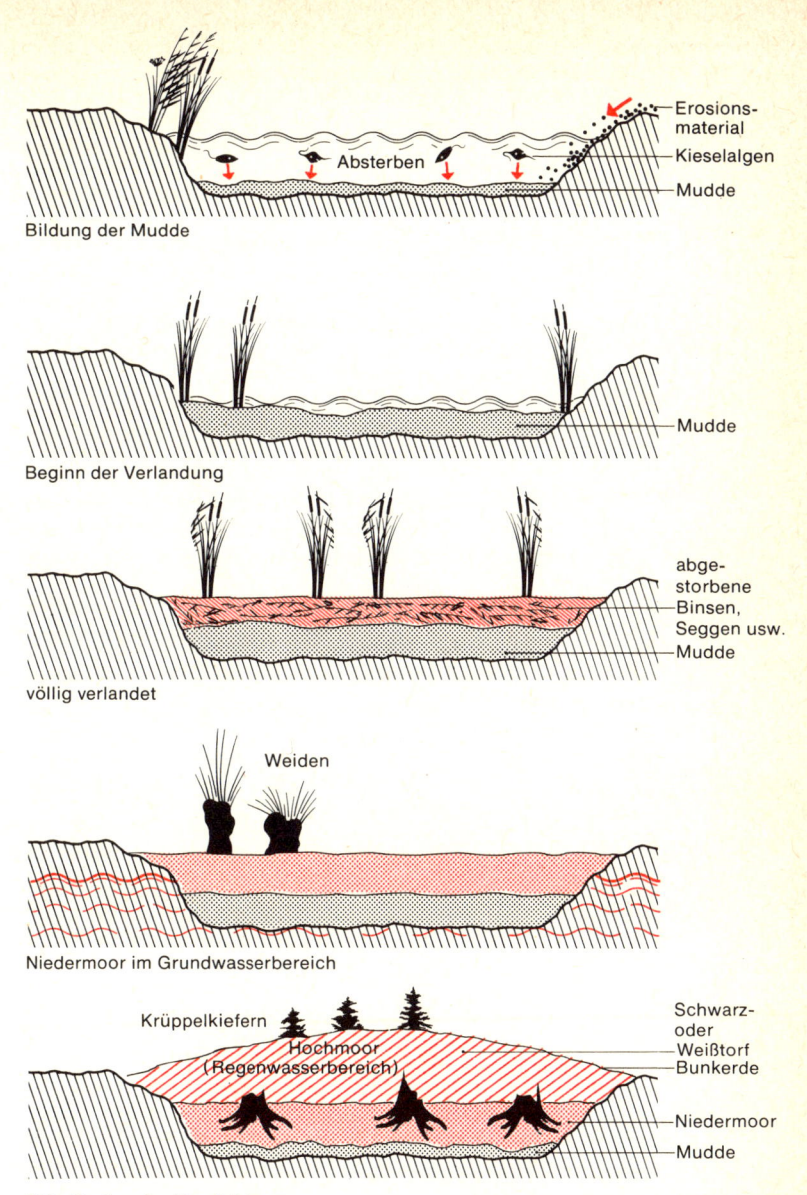

Bildung der Mudde — Erosionsmaterial, Kieselalgen, Mudde, Absterben

Beginn der Verlandung — Mudde

völlig verlandet — abgestorbene Binsen, Seggen usw.; Mudde

Niedermoor im Grundwasserbereich — Weiden

Stadien der Moorbildung — Krüppelkiefern, Hochmoor (Regenwasserbereich), Schwarz- oder Weißtorf, Bunkerde, Niedermoor, Mudde

Abb. Stadien der Moorbildung

Moore – Kultivierung und Erhaltung

Ein Moorboden stellt noch keinen im ackerbaulichen Sinne nutzbaren Boden dar, solange er sich noch im Urzustand befindet. Erst wenn durch Entwässerung eine Durchlüftung des Torfbodens möglich geworden ist und der Wasserhaushalt des Moorbodens sich normalisiert hat, setzt die Entwicklung eines ackerfähigen Bodens ein.

In den vergangenen Jahrhunderten wurden die Moore meist durch Torfstich zur Gewinnung von Brennmaterial, Düngemitteln und Streu genutzt. Um Ackerland zu gewinnen, hat man Moore auch einfach abgebrannt; in die zurückgebliebene Torfascheschicht brachte man die Saat ein. Die Erträge dieser heute nicht mehr üblichen *Moorbrandkultur* waren jedoch gering.

Bei der aus den Niederlanden stammenden, heute nur noch selten angewandten *Fehnkultur* wird die Bunkerde (s. S. 234) wieder auf den abgetorften Mineralboden aufgebracht und mit diesem vermischt, wodurch ein ackerfähiger Boden entsteht. Der abgeräumte Torf wird als Brennmaterial, zur Kompostbereitung und als Einstreu verwandt.

Gute Wasser- und Wärmeverhältnisse werden auf *Niedermoorböden* durch Aufbringen einer Sanddecke erreicht *(Sanddeckkultur)*, die in erster Linie die Gefahr des Vermullens (Verlust der Wiederbenetzbarkeit des Torfs bei starker Austrocknung) und die Schadwirkung der Spätfröste vermindert.

Neben einer solchen Sanddeckkultur, die eine grundsätzlich vom Moorboden verschiedene Krume erbringt, kann auch der reine Moorboden in der sog. *Niedermoor-Schwarzkultur* in Nutzung genommen werden. Der bei diesem Verfahren gewonnene Boden eignet sich mehr für Grünlandkultur.

Anstelle der sehr kostspieligen Sanddeckkultur können die Torflagen, wenn sie nicht allzu tief sind, auch mit dem mineralischen, im allgemeinen sandigen Untergrund durch Tiefpflügen vermischt werden *(Sandmischkultur)*, wodurch ebenfalls brauchbare Böden entstehen.

Die *Entwässerung der Hochmoore,* eine notwendige Voraussetzung für deren Nutzung, erfolgt durch die Anlage von Grabennetzen und Dräns (Abflußrohre). Durch den Wasserentzug tritt eine Moorsackung ein, was bei der Anlage der Dränage berücksichtigt werden muß. Nach der Entwässerung wird als erste Düngemaßnahme Kalk zugeführt. In den meisten Fällen ist die Nutzung solcher Hochmoorböden als Dauergrünland die beste Nutzungsart, da die biochemischen Zersetzungsverluste bei Ackernutzung bei ca. 1 cm pro Jahr liegen, bei Grünland jedoch erheblich geringer sind.

Kultivierung und industrielle Ausbeutung der Moore führten und führen zu einer erheblichen *Reduzierung der Moorflächen.* So waren z. B. gegen Ende des 18. Jahrhunderts noch fast 25 % der Fläche des nördlichen Niedersachsens von Hochmooren bedeckt. Damit war dieses Gebiet eines der moorreichsten der Erde. Heute sind die meisten Hochmoore trockengelegt. Weite Gebiete haben ihre Torfdecke durch bäuerlichen Torfstich, den „Torfverzehr" bei direkter landwirtschaftlicher Nutzung, durch Kultivierung und industriellen Abbau verloren.

Seit einiger Zeit bemüht sich der *Naturschutz* stetig um die naturgemäße Erhaltung ausreichend großer, noch unverändert gebliebener Restflächen der früheren Moorgebiete. Die kleine Zahl der heute bestehenden *Moornaturschutzgebiete* beschränkt sich hauptsächlich auf *Moorseen,* die jedoch häufig auf Grund des schmalen Randstreifens nur ungenügend vor einer Entwässerung geschützt sind, so daß ihr Wasserspiegel allmählich absinkt und die Verlandung einsetzt.

Nur in der *Geest* findet man auf höhergelegenen Sandböden noch zahlreiche geschützte *Kleinstmoore,* die durch Mulden im Untergrund entstanden sind und an denen man heute noch deutlich die Stufen der Moorbildung studieren kann, von der freien Wasserfläche und dem Sumpf bis zum aufgewölbten Hochmoor.

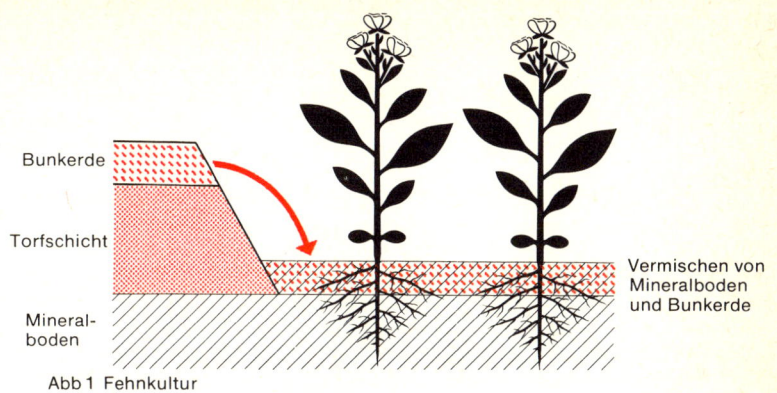

Abb. 1 Fehnkultur
- Bunkerde
- Torfschicht
- Mineralboden
- Vermischen von Mineralboden und Bunkerde

Abb. 2 Sanddeckkultur
- Sandschicht
- Torfschicht

Abb. 3 Sandmischkultur

Naturschutz

Mit dem Wachstum der Industrie, der Ausdehnung der Städte und Verkehrsanlagen und mit der zunehmenden Zersiedlung der Landschaft wurden ursprüngliche Naturlandschaften immer seltener. Deshalb setzten schon relativ früh Bestrebungen ein, besonders schöne und charakteristische Gebiete zu schützen und für künftige Generationen zu erhalten. Der Gedanke, die Natur vor dem Menschen zu schützen, reicht in seinen Wurzeln in das humanistische Zeitalter zurück. Um das Jahr 1900 wurden in verschiedenen Ländern Deutschlands staatliche Institutionen für Naturschutz und Landschaftspflege gegründet. Heute kennt man in der Hauptsache 5 Möglichkeiten, Naturschutz zu realisieren: Nationalparks, Naturparks, Landschaftsschutzgebiete, Naturschutzgebiete und Naturdenkmale.

Nationalparks (s. auch Übersicht S. 254) sind großräumige Naturlandschaften, die durch ihre besondere Eigenart oft keine Parallelen auf der Erde mehr besitzen. Sie werden strengen Schutzbestimmungen im Sinne des Vollnaturschutzes unterworfen, können aber in Teilen auch für Erholungszwecke zur Verfügung stehen. Der einzige deutsche Nationalpark ist bisher der "Nationalpark Bayerischer Wald".

Naturparks sind in sich geschlossene, sich durch ihre Schönheit auszeichnende Landschaften (z. B. die deutschen Mittelgebirge), die nur auf Grund ihrer Großräumigkeit und ihrer bedeutsamen Erholungsfunktion nicht mehr zu den Landschaftsschutzgebieten gezählt werden.

Als *Landschaftsschutzgebiete* bezeichnet man geschützte Landschaftsteile (viele Waldgebiete, Seeufer, Mittelgebirgs- und Heidelandschaften, vor allem im Nahbereich von Siedlungen), die entsprechend den gesetzlichen Bestimmungen "zur Zierde und zur Belebung des Landschaftsbildes" beitragen. Im öffentlichen Interesse verdienen sie daher, erhalten und vor Beeinträchtigung (z. B. Minderung des Erholungswertes) bewahrt zu werden. Eine an die natürlichen Verhältnisse angepaßte Entwicklung und eine ordnungsgemäße forst- und landwirtschaftliche Nutzung kann in Landschaftsschutzgebieten weiter betrieben werden. Landschaftsschutzgebiete werden als solche durch *Landschaftsschutzverordnungen* der Kreisverwaltungen ausgewiesen und in eine *Landschaftsschutzkarte* eingetragen. Dadurch sollen Beeinträchtigungen wie wahllose Müllablagerungen, Zersiedlung, großflächige Kahlschläge und andere massive Eingriffe in die Landschaft verhindert werden.

Zu den *Naturschutzgebieten* zählen solche Bereiche, die in ihrer Natürlichkeit vollständig oder in einzelnen Teilen aus wissenschaftlichen, historischen, heimat- oder volkskundlichen Gründen oder wegen ihrer landschaftlichen Schönheit oder Eigenart geschützt werden. Naturschutzgebiete werden durch *Verordnungen der Bezirksregierungen* (höhere Naturschutzbehörden) ausgewiesen und in das *Naturschutzbuch* bei der obersten Naturschutzbehörde eingetragen. Typische Beispiele sind das Wollmatinger Ried, der Kühkopf, die Hallig Norderoog, der Königssee und die Lüneburger Heide.

Unter *Naturdenkmalen* versteht man einzelne Schöpfungen der Natur, die aus wissenschaftlichen, historischen, heimat- oder volkskundlichen Gründen schützenswert sind. *Verordnungen über Naturdenkmale* können von den Landkreisen oder Stadtkreisen als der unteren Naturschutzbehörde erlassen werden. Zu den Naturdenkmalen zählen z. B. alte oder seltene Bäume, erdgeschichtliche Aufschlüsse und einzelne Territorien bis etwa 5 ha Größe.

Unter Naturschutz können auch vom Aussterben bedrohte Tier- oder Pflanzenarten gestellt werden (s. S. 239 und 252). Diese Maßnahmen fallen in die Länderhoheit.

Geschützte Tierarten

Die „Verordnung zum Schutze der wild wachsenden Pflanzen und der nicht jagdbaren wild lebenden Tiere" *(Naturschutzverordnung)* in der Fassung vom 6.6.1963 bestimmt, daß alle einheimischen nicht jagdbaren, *wild lebenden Vogelarten* geschützt sind. Ausgenommen von diesem Schutz sind die Krähen, der Eichelhäher, die Elster und die Sperlinge, bei denen jedoch eine Bejagung ebenfalls verboten ist, wenn sie zur Nachtzeit oder unter Zuhilfenahme von Leim, Schlingen, Tellereisen, Selbstschüssen, großen Netzen, künstlichen Lichtquellen oder unter Anwendung von Giftstoffen oder betäubenden Mitteln erfolgt. Der Schutz für alle übrigen in Deutschland vorkommenden Vogelarten bedeutet, daß es verboten ist, diese Vögel zu fangen, mutwillig zu beunruhigen oder zu töten. Ferner ist es verboten, ihre Eier und Nester zu beschädigen oder wegzunehmen und mit dem Fleisch von Vögeln dieser Arten Handel zu treiben. Das Verbot beinhaltet auch, daß in der freien Natur Hecken, Feld- und Ufergehölze sowie Schilf- und Rohrbestände nicht beseitigt und die Bodendecke auf Wiesen, Feldrainen, ungenutztem Gelände, an Hängen und Hecken nicht abgebrannt werden dürfen.

Von den übrigen nicht jagdbaren, wild lebenden Tieren sind folgende Arten geschützt: Unter den *Säugetieren* die Fledermäuse (alle Arten), der Igel, der Gartenschläfer und die Haselmaus; unter den *Kriechtieren* die Sumpfschildkröte, die Blindschleiche, alle Eidechsenarten (Mauer-, Zaun-, Smaragd- und Waldeidechse); unter den *Schlangen* die Ringelnatter, die Würfelnatter, die Glattnatter und die Äskulapnatter. Bei den *Lurchen* und *Amphibien* sind mit wenigen Ausnahmen alle Arten geschützt, also u. a. Feuersalamander und Alpensalamander, unter den Wassermolchen Kammolch, Bergmolch, Fadenmolch und Teichmolch, unter den Unken und Kröten Rot- und Gelbbauchunke, Geburtshelferkröte, Knoblauchkröte, Erdkröte, Wechselkröte und Kreuzkröte, unter den Fröschen der Laubfrosch und der Seefrosch. Von den *Insekten* stehen erst wenige Arten unter Naturschutz: Segelfalter, alle Arten der Apollofalter, der Hirschkäfer, die Rote Waldameise, der Alpenbock (ein Käfer) und der Puppenräuber. Die Rote Waldameise und der Puppenräuber sind deshalb geschützt, weil sie große Vertilger von Schädlingen sind.

Es ist allgemein verboten, Tiere dieser Arten mutwillig zu töten sowie ihre Puppen, Larven, Eier, Nester oder Brutstätten zu beschädigen oder zu zerstören. Außerdem dürfen diese Tiere weder lebend noch tot (einschließlich der Eier, Larven, Puppen und Nester) verkauft, versandt, exportiert, erworben oder gewerblich verarbeitet werden. Eine Ausnahme besteht lediglich darin, daß das Fangen einzelner Tiere dann erlaubt ist, wenn sie für kurze Zeit in einem Aquarium oder Terrarium gehalten und dann wieder in die Natur ausgesetzt werden.

Einen *eingeschränkten Schutz* genießen alle einheimischen Tagfalter mit Ausnahme der weißflügeligen Weißlingsarten (z. B. der Schädling Kohlweißling), alle einheimischen Schwärmer, Ordensbänder und Bärenspinner (alles Schmetterlinge) und alle Rosenkäfer (Goldkäfer). Diese Arten dürfen weder im ganzen noch in Teilen gewerblich verarbeitet werden.

Dieses an sich vorbildliche, wenn auch noch erweiterungsfähige Naturschutzgesetz bietet also eine juristische Handhabe gegen das Töten oder gewerbliche Sammeln von geschützten Tieren. Eine Schädigung der bedrohten Tierarten kann damit im Einzelfall verhindert werden. In der Praxis war es jedoch bisher, mit wenigen Ausnahmen, noch nicht möglich, mit Hilfe dieses Gesetzes auch die Vernichtung geschützter Tierarten durch Eingriffe in die Natur in Form von Giften (z. B. Pestizide; s. S. 298ff.) und die Vernichtung ökologischer Nischen zu verhindern.

Geschützte Tierarten – das Auerhuhn

Einer der am stärksten von der Ausrottung bedrohten einheimischen Großvögel ist das Auerhuhn. Es zählt wie das Rebhuhn, die Wachtel und das Birkhuhn zu den Hühnervögeln. Das Männchen hat zur *Balzzeit* einen blauen Schwanz und Hals, grüne Bauchfedern, braune Flügelfedern und einen roten Augenstreif. Die Auerhennen sind dagegen unscheinbar gefärbt und etwas kleiner. Zur Balzzeit setzt sich der *Auerhahn* frühmorgens auf bestimmte freistehende Bäume, um durch seinen Balzgesang die Hennen anzulocken. Er bevorzugt dabei abgestorbene Bäume oder Bäume ohne Wipfel, die dem schwerfälligen Vogel gute Anflugsmöglichkeiten bieten und von denen aus er einen guten Überblick über das Gelände hat.

Die *Nahrungsansprüche* des Auerhuhns sind bescheiden. Im Winter frißt es Kiefern- und Fichtentriebe, Rinde und Gräser, im Sommer ernährt es sich von Laub und verschiedenen Beeren wie Heidel- und Vogelbeeren. Zur Brutzeit nimmt die Auerhenne Waldkräuter und Insekten auf.

In den letzten Jahrhunderten war fast ganz Mitteleuropa von großen Wäldern überzogen, in denen das Auerhuhn genügend Lebensraum fand, sofern der Anteil an Nadelbäumen als Nahrungsquelle für den Winter ausreichte. Ursprünglich war das Auerhuhn vor allem im üppigen *Bergmischwald* (Fichten-Tannen-Buchen-Wälder) der Alpen, der Mittelgebirge und des Alpenvorlandes heimisch. In den heutigen forstwirtschaftlich genutzten Wäldern herrschen jedoch eintönige Fichten- oder Fichten-Buchen-Wälder vor, in denen die Bäume durch ihre Altersgleichheit ein einheitliches dichtes Kronendach bilden, das nicht genügend Licht auf den Waldboden durchläßt, um Kräuter, Farne und Moose üppig gedeihen zu lassen. Das Auerhuhn findet darum keine ausreichende Bodenvegetation. Es kann ferner auf den schwachen Ästen der Stangenhölzer nicht landen und verliert so die Möglichkeit, den Wald großräumig zu durchfliegen. Das Auerhuhn wurde also in erster Linie durch seine Größe und durch die forstwirtschaftlichen Eingriffe in den Wald aus seinem natürlichen Lebensraum verdrängt.

Aus diesen Gründen und darüber hinaus durch die starke *Bejagung* in den letzten Jahrhunderten (der Auerhahn war als Trophäe sehr geschätzt) ist das Auerhuhn heute in Deutschland fast ausgestorben. Im *Nationalpark Bayerischer Wald* gibt es noch rund 60 Exemplare dieser größten und schwersten Vogelart unserer Wälder. Das von Natur aus an weitläufige, lückenhafte Altbestände von Bäumen mit ausgeprägtem Unterbewuchs angepaßte Auerhuhn findet hier allerdings nur im Bereich des einen großflächig geschlossenen Waldkomplex darstellenden Bergfichtenwaldes optimalen Lebensraum. Die anderen Waldgebiete des Nationalparks sind als natürliche Urwälder entweder zu klein oder sie bestehen aus Monokulturen und Altersklassenbeständen, deren einzelne Bäume gleich alt und damit meist auch gleich hoch sind und deshalb einen ökologisch ausgewogenen Lebensraum, wie ihn das Auerhuhn benötigt, vermissen lassen. Hinzu kommt, daß die Hennen dort in regnerisch-kühlen Sommern keine Küken hochbringen können und dadurch die Bestände klimabedingt großen Schwankungen unterworfen sind.

Zur Erhaltung der Gesamtpopulation müßte eine bestimmte Mindestgröße der Population aufrechterhalten werden, was wiederum bei der für das Auerhuhn charakteristischen niedrigen Siedlungsdichte einen erheblich größeren Lebensraum voraussetzt. Die Fläche des Nationalparks Bayerischer Wald ist jedoch zu klein. Um eine ausreichende große Auerhuhnpopulation zu erhalten, müßte das gesamte Waldgebiet des inneren Bayerischen Waldes als Auerhuhnschutzzone ausgewiesen werden. Die Überlebenschancen der Restbestände sind unter diesen Voraussetzungen nicht groß.

Abb. 1 Balzender Auerhahn

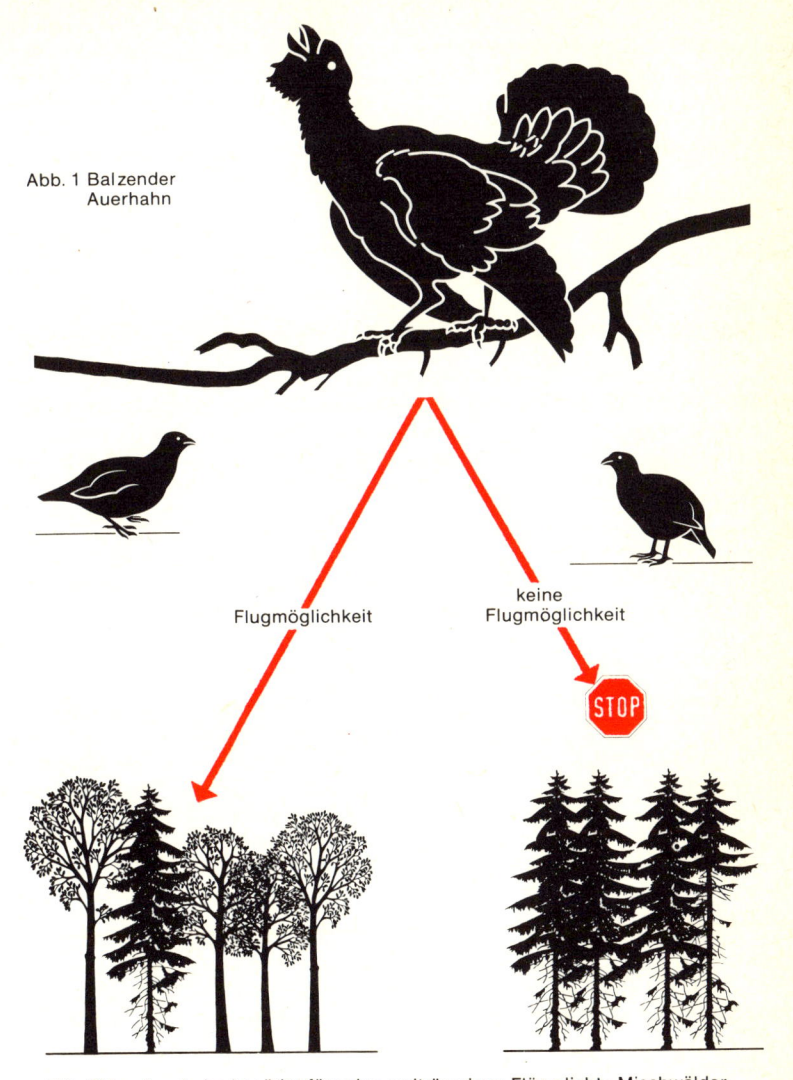

Flugmöglichkeit

keine Flugmöglichkeit

Abb. 2 Das Auerhuhn benötigt für seine weiträumigen Flüge lichte Mischwälder

16 Umwelt

Geschützte Tierarten – der Fischotter

Der Fischotter lebt an fischreichen Gewässern mit bewaldeten Ufern. Er frißt mit Vorliebe Fische, daneben aber auch Krebse, Vögel, Lurche, Schnecken, Insekten und pflanzliche Kost. Wie Fuchs und Dachs bewohnt er eine unterirdische Höhle, die er am Uferrand anlegt. Sein braunes, samtartiges Fell ist (durch Talgdrüsen) gut eingefettet und daher wasserundurchlässig.

Der Fischotter ist ein Meister im Schwimmen und Tauchen. Sein Rumpf ist langgestreckt und sehr biegsam. Die kurzen Beine (die Zehen sind durch Schwimmhäute verbunden) dienen ihm beim Schwimmen als Ruder, der Schwanz als Steuerruder.

Bei der Nahrungssuche und während der Paarungszeit legt der Fischotter oft große Wegstrecken zurück (bis zu 30 km in einer Nacht). Dabei läuft er teils über Land, teils bewegt er sich an oder in Bächen. Durch den ständigen Ortswechsel innerhalb seines Reviers verhindert der Otter eine Überfischung seiner Jagdgewässer.

Früher hielt man den Fischotter wegen seiner ausgeprägten Vorliebe für Fische für einen gefährlichen Schädling, der die Fische ausrotte. Für seine Tötung wurden daher vom Staat Prämien gezahlt. Ein anderer Grund für die starke Bejagung des Fischotters in der Vergangenheit ist sein glattes, robustes Fell, das in der Pelzwirtschaft auch heute noch sehr begehrt ist. Die Abschußziffern für Bayern lagen im Jahre 1865 bei 415 Tieren. Als im Jahre 1925 „nur" mehr 117 Tiere erlegt werden konnten, begannen die Naturschützer auf den bedrohlichen Rückgang der Bestände aufmerksam zu machen. Trotzdem wurde der Otter weiterhin als Schädling gejagt.

Wie man heute weiß, ist die Hauptbefürchtung, die zur fast vollständigen Ausrottung des Fischotters in Deutschland führte, nicht aufrechtzuerhalten. Wie auch bei anderen Jagd-Beute-Verhältnissen kann ein Jagdtier in einem im ökologischen Gleichgewicht stehenden Lebensraum seine Beutetiere niemals ausrotten. Gefressen werden nämlich in erster Linie die alten, schwachen und kranken Beutetiere, wodurch ein gesunder Bestand der entsprechenden Tierart gewährleistet ist.

Die Bejagung und Verfolgung zwangen den Fischotter immer mehr in die Rückzugsgebiete der dichten Wälder. Heute gibt es in Deutschland außer einer unbedeutenden Population in Schleswig-Holstein nur noch einen Restbestand von 20 Exemplaren im Bayerischen Wald. Auch diese Bestände sind durch Wasserverschmutzung, durch die verändernden Eingriffe in die Bäche und Flüsse und durch die Zunahme des Fremdenverkehrs in ihrer Existenz bedroht.

Man versucht deshalb im Nationalpark Bayerischer Wald Fischotter nachzuzüchten und auszusetzen. Seit 1970 leben in der Gehegezone des Nationalparks einige aus Indien importierte Exemplare. Wenn diesen Maßnahmen Züchtungserfolge über einen längeren Zeitraum beschieden wären, könnte man aus den dabei gewonnenen Erfahrungen die Schutzmaßnahmen für die freilebenden Bestände verbessern. Voraussetzung ist jedoch in jedem Fall, daß noch ausreichend große Gewässerabschnitte als Biotop für den Fischotter vorhanden sind.

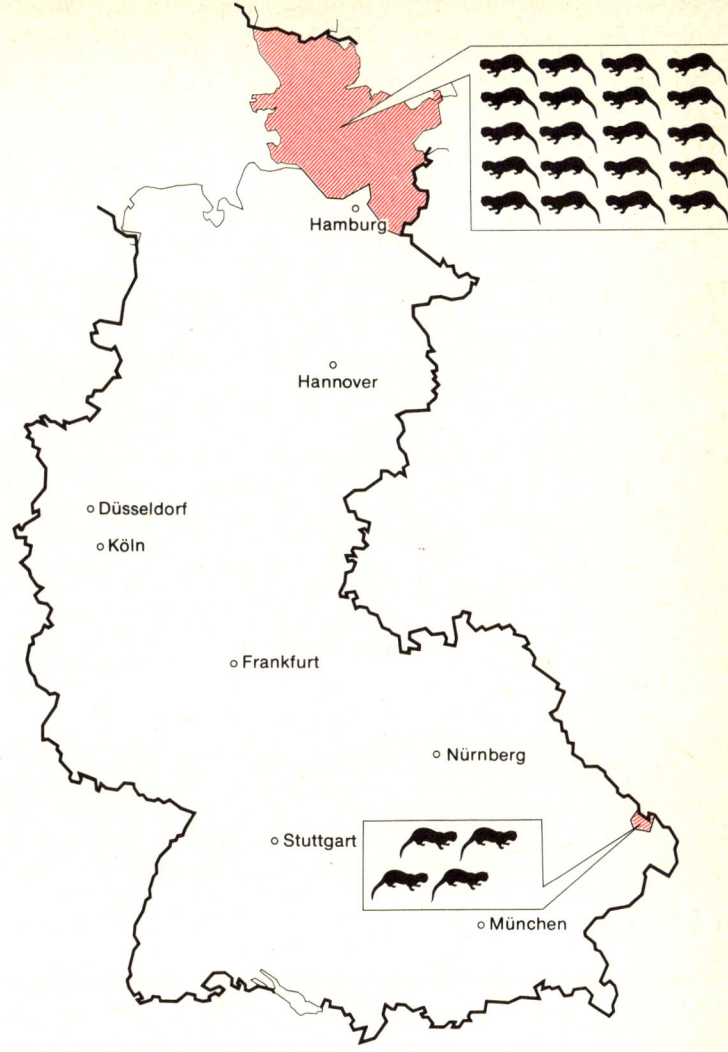

Abb. Letzte Populationen des Fischotters in der BRD

Vogelschutz

Vogelschutz läßt sich von der Motivation her begreifen als *ethischer* oder *kultureller Vogelschutz*, der die Vögel und ihre Arten um ihrer selbst willen schützt, und als *materieller* oder *wirtschaftlicher Vogelschutz*, der ein Teilgebiet der biologischen Schädlingsbekämpfung darstellt.

Die *Vögel* spielen im Haushalt der Natur eine wichtige Rolle. Als Körner- und Beerenfresser tragen sie zur Verbreitung der Pflanzen bei, als Insektenfresser und Jäger (wie Greifvögel und Eulen) sind sie wichtige Schädlingsbekämpfer und sorgen für ein natürliches biologisches Gleichgewicht in der Natur.

Unter Vogelschutz wird häufig nur die Winterfütterung der Vögel und die Ansiedlung von Höhlenbrütern mit Hilfe von künstlichen Niststätten verstanden. Obgleich dieser *praktische Vogelschutz* sehr wichtig ist (s. S. 245f.), muß das Augenmerk vor allem auch auf die Erhaltung der durch die Zivilisation und die Technisierung in der Land- und Forstwirtschaft in ihrer Existenz gefährdeten Vogelarten gerichtet werden. Zu diesen gehören weniger unsere Meisen, Buch- und Grünfinken oder Rotschwänzchen, als vielmehr Großvögel wie Störche, Kraniche, Reiher, viele Greifvögel und Eulen.

Tiere kann man erst dann wirklich schützen, wenn man ihre *Lebensgewohnheiten* genau kennt. Um diese Kenntnis zu erlangen, sind umfangreiche und langjährige Forschungsarbeiten notwendig. Heute befassen sich in der Bundesrepublik sieben Vogelschutzwarten mit diesen Problemen. Der praktische Vogelschutz wird vor allem von dem „Deutschen Bund für Vogelschutz" ausgeführt, dem sowohl Wissenschaftler als auch Liebhaberornithologen angehören.

Ein besonderes Anliegen des Vogelschutzes ist es, Gebiete mit natürlicher Tier- und Pflanzenwelt als dem Lebensraum vieler Vogelarten zu erfassen und in Form von Naturschutzgebieten oder Landschaftsschutzgebieten zu schützen. Solche großen Gebiete, in denen die Populationen der seltenen Vogelarten ungestört bleiben, können jedoch nur in Ausnahmefällen errichtet werden. So ist es für die Erhaltung einer natürlichen und vielfältigen Vogelwelt wichtig, wenigstens *ökologische Nischen* im landwirtschaftlichen Nutzland zu erhalten bzw. neu zu schaffen. In der Landwirtschaft wurden durch jahrzehntelange Intensivierung und oft falsch verstandene Modernisierung natürliche ökologische Nischen (z. B. Hecken, Feldränder, einzelnstehende, große Bäume, kleine Ödländer, kleine Teiche und Gräben) zielstrebig beseitigt, wodurch z. T. riesige Ausmaße annehmende monotone Kultursteppen entstanden, aus denen die Vögel verschwanden, da sie weder Nistgelegenheiten noch Aufenthaltsorte bzw. Schlupfwinkel finden konnten. Hinzu kommen die chemischen Gifte gegen Schädlinge. So konnte in Amerika, England und gebietsweise in Skandinavien der Rückgang verschiedener Greifvögel auf den Einsatz von Schädlingsbekämpfungsmitteln zurückgeführt werden, die diese mit der Nahrung aufgenommen hatten und die dann in den verendeten Vögeln nachgewiesen werden konnten. Ein Übergang von den heutigen chemotechnischen Methoden in der Landwirtschaft zu ökologisch-biologischen hätte daher nicht nur einen günstigen Einfluß auf die Nahrungsqualität und das Landschaftsbild, sondern auch auf das Vogelleben und wäre damit auch ein wichtiger Faktor in den Bestrebungen des Vogelschutzes.

Vogelschutz – praktischer Vogelschutz

Die praktische Vogelschutzarbeit besteht vor allem in der *Fütterung der Vögel* im Winter und in der *Schaffung von Niststätten*. In einer vom Menschen unberührten Landschaft wären solche Vogelschutzmaßnahmen nicht notwendig. In unseren Kulturlandschaften jedoch finden viele der bei uns überwinternden Vögel in der kalten Jahreszeit keine ausreichende Nahrung. Die Winterfütterung birgt jedoch auch einige Gefahren. Viele Tierfreunde glauben, daß das, was uns schmeckt, auch den Vögeln zuträglich sein müsse. Dies ist oft nicht der Fall. Man sollte immer bedenken, daß das Winterfutter nur ein Zusatzfutter ist, das den Ansprüchen der Vögel gerecht werden muß. Folgende Besonderheiten sollten beachtet werden:

1. Die *Fleischfresser* (Greifvögel und Eulen) leben fast ausschließlich von lebender Beute (Mäusebussarde und Milane nehmen auch Aas). Da die in Betracht kommenden Beutetiere, vor allem Mäuse, auch im Winter an die Erdoberfläche kommen, ist eine Winterfütterung der Fleischfresser kaum nötig. In strengen Zeiten können Fleischbrocken ausgelegt werden, von denen die Tiere dann das Fleisch faserweise abreißen können. Auf keinen Fall darf das Fleisch in kleine Würfel geschnitten werden, da es sonst bei Frost in Form von gefrorenen Klötzchen ganz von den Vögeln verschluckt wird, wodurch der betreffende Vogel erkranken oder sogar eingehen kann.

2. Für die *Weichfutterfresser* (Meisen, Kleiber, Drosseln, Rotkehlchen, Baumläufer, Zaunkönige und Spechte) eignen sich Weichfutter, Schweinenabel, mit Fett angeröstete Haferflocken, fein gehackte Nüsse oder Pinienkerne, zerschnittene Rosinen sowie angefaultes Obst. Man kann Weichfutter nach folgendem Rezept auch selbst herstellen: 1 kg ausgelassenes, ungesalzenes Rinderfett wird zum Schmelzen gebracht; dann rührt man in das zerlaufene Fett 1 kg Weizenkleie, bis ein dicker Brei entsteht. Dieser kann in halbierte Kokosnußschalen, Blumentöpfe, Konservendosen u. ä. eingefüllt werden. Nach dem Erkalten hängt man die Futterbehälter an der Futterstelle auf oder bröckelt das Gemisch ins Futterhaus. – Weichfutterfresser sind auch die meisten Wasservögel, die auf unseren Flüssen und Seen überwintern. An diese können trockene Brotreste, frische Gemüse- und Salatabfälle, an frostfreien Tagen auch gekochte Kartoffeln, Hackfleisch o. ä. verfüttert werden. Außerdem nehmen Wasservögel gern Gerste, Hafer, Futterweizen und Mais an, die man am Ufer ausstreuen kann.

3. An die *Körnerfresser* (Finkenvögel, Sperlinge, Tauben und z. T. auch Meisen und Kleiber) kann man im Winter Sonnenblumenkerne, Hafer, Hanf, Mohn, Futterweizen, Salat- und Distelsamen füttern. Die Futterstelle sollte, wenn sie einmal eingerichtet ist, vom Spätsommer bis zum Frühjahr stets mit Futter versorgt werden, da sich die Vögel daran gewöhnen und sich teilweise darauf verlassen, daß sie Futter an dieser Stelle vorfinden. Der Futterplatz sollte gegen Feuchtigkeit (Schnee, Regen) und gegen streunende Katzen geschützt sein.

Eine weitere wichtige praktische Vogelschutzmaßnahme besteht in der *Bereitstellung von Niststätten*. Natürliche Niststätten werden immer seltener. Hohle Bäume werden gefällt, Gestrüpp und Hecken werden gerodet; in den modernen Gebäuden finden sich kaum noch Winkel und Löcher, die Nischenbrütern zur Anlage eines Nestes dienen könnten. Hier kann der Mensch Abhilfe schaffen. Im Garten ist es am einfachsten, dichte Hecken anzulegen, in denen viele Vögel nisten können. Holunderbüsche zum Beispiel stellen sowohl Nistplätze dar als auch im Spätsommer durch die Holunderbeeren Nahrungsstätten.

Für die *Höhlenbrüter* wie Gartenrotschwanz, Kohl-, Blau- und Sumpfmeise, Kleiber, Trauer- und Halsbandfliegenschnäpper können wir künstliche, selbstgebastelte *Nisthöhlen* aufhängen (Flugblochdurchmesser 32 mm; Aufhängehöhe 2,5–3 m). Wenn alle Nistkästen (in einem kleinen Garten 3–5) besetzt sind, kann man weitere aufhängen. Am besten ist es, die Kästen bereits im Herbst anzubringen, damit sich die Vögel bereits im Laufe des Winters daran gewöhnen können. Das Flugloch soll nach Möglichkeit nicht nach der Wetterseite, sondern mehr nach Süden oder Osten zeigen. Im Herbst müssen die Nistkästen ausgeräumt und gereinigt werden.

Um *Eulen* Nistmöglichkeiten zu bieten, kann man an Scheunen hinter offenstehenden Luken *Brutkästen* anbringen. Diese bestehen z. B. für Schleiereulen aus einer etwa 50 cm hohen Kiste von etwa 1 m^2 Grundfläche mit einem großen Einflugloch, das an die Luke anschließen soll. Um diese Niststätte einem alten morschen Baum anzugleichen, streut man auf den Boden der Kiste etwas Torfmull. Manchmal wird eine solche Nisthöhle auch von Waldkäuzen angenommen.

Da *Schwalben* in den Dörfern heute durch das Verschwinden der Schlammpfützen auf den Dorfstraßen nur noch wenig Baumaterial finden, kann man für sie künstliche Nester aus Holzbeton anbringen, die von diesen Vögeln gern angenommen werden. Für die *Mehlschwalben* werden die Nester unter der Dachrinne, für *Rauchschwalben* (als oben offene Nester) in Ställen, Fluren, Scheunen usw. angebracht. Die Einflugluken müssen ständig offenbleiben.

Spechte nehmen nur ungern künstliche Bruthöhlen an. Sie zimmern ihre Höhle gern selbst in alten, abgestorbenen Bäumen.

Zum praktischen Vogelschutz gehört auch, daß man in Gebieten, in denen es wenig Wasser gibt, im Sommer im Garten oder Hof eine kleine *Vogeltränke* anlegt. Am einfachsten ist eine flache, unter einen leicht tropfenden Wasserhahn gestellte Schüssel, in die ein paar größere, flache Steine gelegt werden. Es ist eine Freude, an solchen Tränken das muntere Treiben der Vögel beim Baden zu beobachten.

Eine häufige, oft tödliche *Falle* für Vögel stellen durchsichtige *Glaswände* dar, die von den Vögeln beim Fliegen oft nicht wahrgenommen werden, so daß sie sich daran die Halswirbelsäule brechen können. Man kann diese Gefahrenstellen z. B. dadurch entschärfen, daß man Büsche oder Bäume vor den Scheiben anpflanzt oder Jalousien anbringt. Auch die Bespannung der Glasflächen auf der Innenseite mit Vorhängen, die Verwendung von Milchglas oder das Anbringen von Greifvogelsilhouetten, an denen die Vögel das Hindernis erkennen können, sind geeignete Schutzmaßnahmen.

Bei der *Hilfe für Jungvögel außerhalb des Nestes* ist folgendes zu beachten: Flugunfähige Jungvögel außerhalb des Nestes sind nicht von ihren Eltern verlassen. Viele Jungvögel verlassen vorzeitig das Nest und hüpfen auf dem Boden oder in den Zweigen umher. Durch bestimmte Laute zeigen sie ihren Eltern an, wo sie sitzen, so daß die Eltern sie immer wieder finden und füttern können. Man läßt daher einen solchen Vogel am besten in Ruhe oder, wenn er z. B. auf einer Straße sitzt, nimmt ihn vorsichtig auf und setzt ihn in das nächste Gebüsch, wo er sicher ist. Man darf ihn dabei aber nicht allzu weit von der Fundstelle entfernen, da er sonst von seinen Eltern nicht mehr gefunden wird. – Anderes gilt nur für *Mehlschwalben* und *Mauersegler*. Diese nehmen aus dem Nest gefallene Junge nicht mehr an und füttern sie nicht mehr. Man hat in diesem Fall nur die Möglichkeit, die Jungen entweder in das Nest zurückzusetzen oder sie selbst aufzuziehen (z. B. Gabe von erbsengroßen Portionen aus frischem, magerem Quark und Fliegen). Am besten wendet man sich an die zuständige Vogelschutzwarte oder an eine Ortsgruppe des Deutschen Bundes für Vogelschutz.

| Fütterung im Winter | Schaffung von Nistmöglichkeiten | Vermeidung von Pestiziden | Erhaltung ökologischer Nischen |

praktischer Vogelschutz

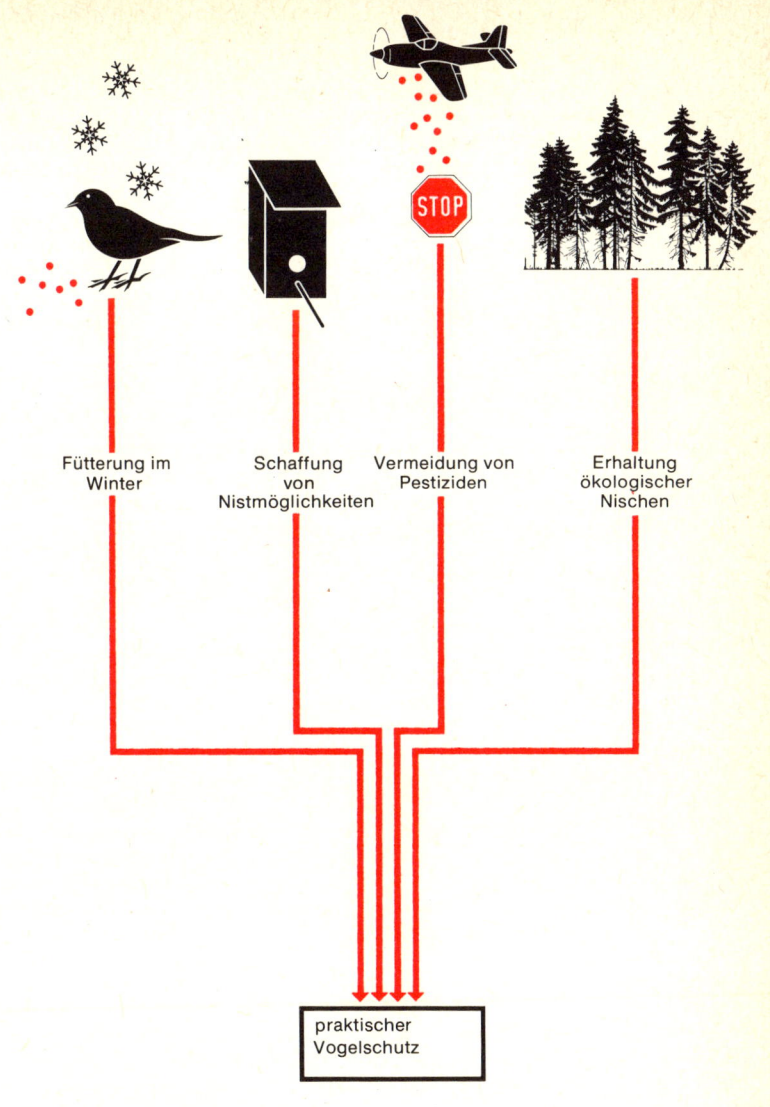

Abb. Möglichkeiten des praktischen Vogelschutzes

Die Einbürgerung neuer Tierarten

Durch die Einbürgerung neuer Tierarten in nicht angestammte Lebensräume können ähnlich gravierende Veränderungen im ökologischen Gefüge der Natur verursacht werden wie durch die Ausrottung von Tierarten. Es gibt dafür, vor allem außerhalb von Europa, mehrere aufsehenerregende Beispiele.

Das bekannteste Beispiel ist die Einführung des Kaninchens in Australien. Da sich der Kontinent *Australien* schon relativ früh in der Erdgeschichte von den anderen Kontinenten löste, hat sich auf ihm eine Tierwelt entwickelt, die von der anderer Kontinente stark verschieden ist. So gibt es in der australischen Fauna z. B. keine Regelsysteme für *Kaninchen.* Auf diesen Mangel wurde man jedoch erst aufmerksam, als man 1851 bereits einige Kaninchen dort ausgesetzt hatte, ein schwerwiegender Fehler, wie sich zeigen sollte. Da die Kaninchen in Australien keine natürlichen Feinde unter den Tieren hatten und da sie andererseits optimale Lebensbedingungen vorfanden, vermehrten sie sich bis zum Jahr 1932 auf 20 Millionen Exemplare. Dadurch waren sie zu einer ungeheueren Landplage geworden, die das ökologische Gleichgewicht, aber auch die Landwirtschaft Australiens stark gefährdete. Erst mit Hilfe einer durch Viren erzeugten Seuche, der *Myxomatose,* gelang es schließlich, sie wieder nahezu auszurotten.

Ein anderes Beispiel ist der *Mungo,* ein in Ostindien heimisches Raubtier von Mardergröße. Dieser wurde auf *Jamaika* (1872) ausgesetzt, wo er die durch Schiffe eingeschleppten Ratten vertilgen sollte, die an Zuckerrohrpflanzen großen Schaden anrichteten. Die wenigen eingeführten Exemplare vermehrten sich stark und verminderten so die Zahl der Ratten erheblich. Als jedoch die Zahl der Ratten, die die Hauptnahrung der Mungos bilden, immer mehr zurückging, ging der Mungo dazu über, auch andere Tiere zu fressen: Wild, Geflügel, Kleinvögel und ihre Eier, Eidechsen, Lurche, Schlangen u. a. Die Folge war, daß diese Tiere dort nahezu ausgerottet wurden und damit ihre natürlichen Beutetiere, bestimmte Schadinsekten, in verheerendem Ausmaß überhand nahmen. Bereits um das Jahr 1890 war der Schaden, den der Mungo angerichtet hatte, viel größer als sein Nutzen.

Aus ökologischer Sicht erscheint deshalb die Einbürgerung nicht einheimischer Tierarten nicht sinnvoll, eher bedenklich. So hat z. B. selbst die Einbürgerung inzwischen akklimatisierter Tierarten, wie etwa des *Jagdfasans,* zu negativen indirekten Wirkungen geführt, indem heimische Tierarten durch zu starke Bejagung in ihren Beständen vermindert und teilweise sogar ausgerottet wurden. Das sind im Falle des Jagdfasans vor allem die für den Naturhaushalt sehr wichtigen Greifvogelarten, die man deshalb jagte, weil sie ab und zu einen der von den Jägern gehegten Jagdfasanen erbeuteten. Außerdem hat der Jagdfasan negative, verdrängende Wirkung auf verwandte heimische Tierarten wie Birkhuhn, Rebhuhn u. a.

Aus nämlichen Gründen muß man der geplanten Einbürgerung von jagdbaren Tieren wie Mufflon, Kanadagans, Baumwachtel, Steinhuhn, Rothuhn, Königsfasan, Perlhuhn, Truthuhn u. a. mit Skepsis begegnen.

Anders ist die Situation bei der wissenschaftlich sorgfältig vorbereiteten *Wiedereinbürgerung ausgestorbener oder von der Ausrottung bedrohter Tierarten,* mit der die natürliche Vielfalt der Tierwelt wieder hergestellt oder erhalten werden soll. Allerdings ist die Zahl erfolgreicher Wiedereinbürgerungen oder geglückter Bestandsauffrischungen in der Bundesrepublik noch gering. Erfolgreiche Versuche sind bisher mit Biber, Luchs, Uhu, Murmeltier, Rothirsch, Reh, Gemse, Großtrappe und Graugans zu verzeichnen.

Rattenplage

Mungo jagt Ratten

Mungo wechselt Nahrung

starke Dezimierung von
Eidechsen, Schlangen usw.

Schadinsekten nehmen zu

Abb. Störung des ökologischen Gleichgewichts durch die Einbürgerung des Mungos auf Jamaika

Die Ausrottung von Tieren und Pflanzen

Durch die zunehmende Ausbeutung und Zerstörung der Natur in den letzten Jahrzehnten wurde nicht nur die Gesamtzahl der wild lebenden Tiere und der Wildpflanzen verringert, sondern auch die Zahl der Arten, was einen Verlust an genetischem Reservoir der Erde bedeutet. In den letzten 300 Jahren wurden über 200 *Säugetier-* und *Vogelarten* ausgerottet. Etwa 290 Säugetier- und Vogelarten stehen kurz vor dem Aussterben und weitere 1 000 gelten bereits als sehr selten. – Ähnliches gilt auch für die *Bewohner der Meere.* Der bekannte französische Tiefseeforscher J. Cousteau hat auf seinen Forschungsreisen festgestellt, daß innerhalb der letzten 50 Jahre im Meer etwa 1 000 Tiergattungen (rund 40 %) verschwunden sind. Cousteau gibt als Ursache dafür die Meeresverschmutzung an. Nicht viel anders sieht es bei den *Pflanzenarten* aus. Untersuchungen in der Umgebung der Stadt Stuttgart ergaben, daß über 6 % der Arten, die vor 100 Jahren dort vorkamen, heute verschwunden sind. Die Rekultivierung von Mooren, die Beseitigung von Au- und Bruchwäldern, die zunehmende Zerstörung von Landschaften durch den Bau von Straßen, Flugplätzen, Industrieanlagen und durch Besiedlung raubten vielen, vor allem den empfindlichen Pflanzenarten, die letzten Zufluchtsstätten.

Vom Verschwinden vieler, vor allem der kleinen, unscheinbaren Lebewesen erhalten wir keine Kunde mehr, da ihre Existenz bisher nicht registriert werden konnte. Im Jahr 1939 waren in Deutschland rund 40 000, auf der Erde rund 1 Million Tierarten bekannt. Seither kamen jährlich etwa 25 000 neu entdeckte hinzu. Die Ausrottung von Großtieren stellt zweifellos eine Verarmung der Natur und des Lebens auf der Erde dar. Ohne die *Kleinlebewesen* ist jedoch der Fortbestand des Lebens auf die Dauer gefährdet. Gerade diese kleinen, unscheinbaren Organismen sind für den Haushalt der Natur im allgemeinen von weit größerer Bedeutung als etwa der Wisent oder der Auerochse.

Welche unbedachten Auswirkungen massive, zerstörende *Eingriffe des Menschen in die Natur* haben, zeigt folgendes Beispiel: In *Borneo* wurden Stechmücken mit *DDT* bekämpft. Direkt nach der Bekämpfungsaktion war ein großer „Erfolg" sichtbar, da praktisch keine Mücken mehr aufzufinden waren. Eine andere Tierart jedoch, die dort verbreiteten Kakerlaken, blieben trotz DDT am Leben. Die Eidechsen, deren normale Nahrung u. a. diese Kakerlaken sind, nahmen nun mit den DDT-verseuchten Beutetieren ebenfalls das Gift auf. Dies reicherte sich in deren Körper an und machte die Tiere durch die dadurch eintretende Nervenschädigung träger. Die Folge war, daß sie nun von Katzen sehr leicht gefangen und gefressen werden konnten. Durch die hohe Giftanreicherung in den Beutetieren starben die Katzen bereits nach dem Verzehr einiger Eidechsen. Als Folge davon konnten sich nun die Ratten ungehindert vermehren, so daß Seuchengefahr bestand. – Ein zweiter Effekt des DDT war die Ausrottung eines kleinen Insekts, das von Raupen in den Strohdächern der Eingeborenenhütten lebt und so bisher deren Massenvermehrung verhindert hatte. Die Folge war, daß die Dächer der Häuser durch den Massenfraß der Schadraupen einfielen. So wurden durch den einmaligen Gifteinsatz negative Wirkungen auf ganz verschiedenen, praktisch nicht voraussehbaren Gebieten verursacht.

Bei der Verarmung unserer Fauna darf die *Tötung von Tieren durch den Straßenverkehr* nicht vergessen werden. Jährlich sterben auf den Straßen der Bundesrepublik etwa 300 000 Hasen, Rehe, Hirsche und Wildschweine, dazu einige Millionen von kleinen Säugetieren, Vögeln und Kriechtieren. So ist z. B. der *Igel* durch den Straßenverkehr (auch durch den Einsatz von Giften in der Landwirtschaft) heute nahezu ausgerottet.

Ein weiteres Beispiel für die Dezimierung von Tieren ist die Tatsache, daß in einigen europäischen Ländern auch heute noch Millionen von *Singvögeln,* die auf dem Durchzug sind, gefangen und verspeist werden. Während in Belgien die Vernichtung von Singögeln inzwischen verboten ist, werden in Italien nach wie vor Millionen der durch den Flug stark geschwächten Zugvögel getötet. So haben in den letzten 70 Jahren die insektenfressenden Singvögel als Opfer des Vogelfangs und der Schädlingsbekämpfungsmittel um 90 % abgenommen.

Weiterhin seien die größten Säugetiere der Erde, die *Wale* erwähnt, die auf Grund wirtschaftlicher Interessen nahezu ausgerottet wurden; außerdem die Abschlachtung von *Walrossen, See-Elefanten, Seehunden* und *Seelöwen*. Es gibt heute noch rund 40 000 Walrosse auf der Erde. Jährlich werden davon 10 000 abgeschossen, trotz der geringen natürlichen Zuwachsrate von nur 5 000 Tieren pro Jahr, so daß also der Bestand an Walrossen um 5 000 pro Jahr abnimmt. Ähnliches gilt für andere große Säugetiere. Vom indischen *Panzernashorn* gibt es höchstens noch 200 Exemplare, vom *Sumatranashorn* nur noch 10, vom *Javanashorn* höchstens noch 25 Tiere. In Ostafrika, wo Nashörner noch etwas häufiger vorkommen, werden durch Wilderer jährlich rund 1 000 Tiere getötet, da dort die Hornsubstanz der Nashörner mit hohem Profit als Potenzmittel für alternde Männer verkauft werden kann. Es ist zu befürchten, daß die endgültige Ausrottung aller Nashornarten noch in den 70er Jahren erfolgen wird.

Durch den massiven Einsatz von Giften in der Land- und Forstwirtschaft, durch die Begradigung und Betonierung von Bächen und durch das Zuschütten von Tümpeln werden in Europa gerade die *Nützlinge* unter den Tieren am stärksten betroffen. Dazu gehören v. a. die kaum beachteten Kröten, Frösche, Eidechsen, Florfliegen und Marienkäfer.

Bei den chemischen und großtechnischen Eingriffen in die Natur sind nicht zuletzt auch die *Insekten* gefährdet, auf die viele Pflanzenarten für die Bestäubung angewiesen sind: Hummeln, Schmetterlinge, Blütenkäfer und viele andere. Von der Bestäubung hängt aber auch der Ertrag an für den Menschen wichtigen Früchten ab.

Der Rückgang und die Ausrottung von Tier- und Pflanzenarten vollzieht sich im allgemeinen sehr langsam und für den Laien unbemerkt. Deshalb wirken sich *Schutzmaßnahmen* meist erst nach einer gewissen Zeit aus; oft kommen sie sogar zu spät.

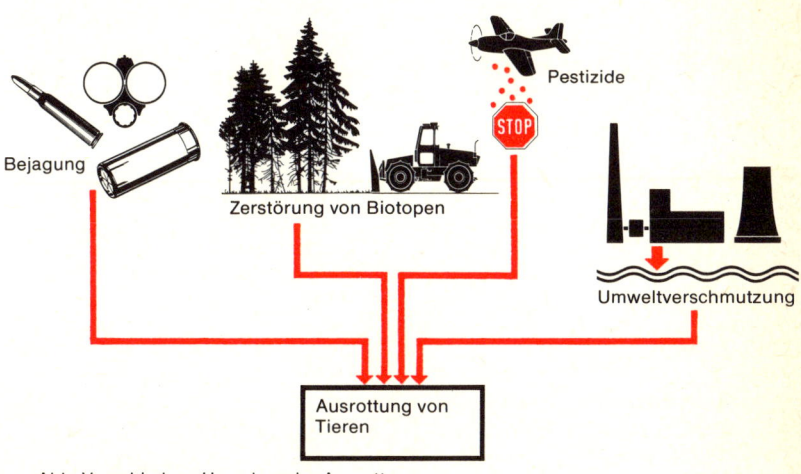

Abb. Verschiedene Ursachen der Ausrottung von Tierarten

Geschützte Pflanzen

Zahlreiche Pflanzenarten sind durch die Zivilisation in ihrer Existenz bedroht. Einige Arten sind inzwischen so selten geworden, daß sie nur noch an wenigen Standorten in Deutschland vorkommen. Zu ihrer Erhaltung sind deshalb bestimmte staatliche Schutzmaßnahmen unumgänglich. Nach den Bestimmungen der *Naturschutzverordnung* vom 18. 3. 1936 zum *Reichsnaturschutzgesetz* vom 26. 6. 1935 (gilt nicht als Bundesrecht fort; es gilt das jeweilige Landesrecht) ist es u. a. verboten, wild wachsende Pflanzen mißbräuchlich zu nutzen oder ihre Bestände zu verwüsten. Dazu gehört das unbefugte Abbrennen der Pflanzendecke, das böswillige und zwecklose Niederschlagen von Stauden und Uferpflanzen und die übermäßige Entnahme von Blumen und Farnkräutern. Darüber hinaus stehen eine größere Zahl von Pflanzenarten vollständig unter Naturschutz.

Man unterscheidet *vollkommen geschützte* Pflanzen, die weder gepflückt, noch ausgerissen, ausgegraben oder beschädigt werden dürfen, und *teilweise geschützte* Pflanzen, die nur in kleineren Bezirken vollkommen geschützt sind, sonst aber nur in kleinen Mengen (Handstrauß), in Einzelfällen jedoch nicht in mehreren Exemplaren und auf keinen Fall zu gewerblichen Zwecken gesammelt werden dürfen. Die Wurzeln, Wurzelstöcke, Zwiebeln oder Rosetten der teilweise geschützten Pflanzen dürfen ebenfalls nicht entnommen oder beschädigt werden.

Im folgenden werden die wichtigsten geschützten Pflanzenarten genannt:
Von den *Farnkräutern* Königsfarn, Straußfarn und Hirschzunge; *Alpenrose;* von den *Lilien* Feuerlilie und Türkenbund; *Schneeglöckchen;* von den *Orchideen* alle Arten (bes. die verschiedenen Arten der Kanabenkräuter, die u. a. in Auwäldern vorkommen); von den *Nelken* die Pfingst- oder Felsennelke; *Federgras* (alle Arten); von den *Seerosen* die Weiße und Glänzende Seerose sowie die Gelbe und Kleine Teichrose; die *Christrose;* die Arten der *Akelei;* von den *Anemonen* Großes Windröschen, Narzissenwindröschen; von den *Küchenschellen* u. a. Frühlingsküchenschelle, Nickende Küchenschelle, Heideküchenschelle und Große Küchenschelle; Frühlingsadonisröschen; mehrere Arten des *Seidelbasts;* von den *Schlüsselblumen* alle rotblühenden Arten (z. B. Aurikel und die Zwergschlüsselblume); das *Alpenveilchen;* alle Arten des *Enzians;* der *Gelbe Fingerhut;* die *Edelraute* und das *Edelweiß.*

In der zweiten Kategorie der *teilweise geschützten* Pflanzen sind diejenigen zusammengefaßt, von denen es verboten ist, die unterirdischen Teile (Wurzelstöcke, Zwiebeln) oder die Rosetten wild wachsender Pflanzen zu beschädigen oder von ihrem Standort zu entfernen. Zu diesen Pflanzen gehören: *Wilde Tulpe;* alle Arten der *Träubelhyazinthe; Maiglöckchen; Gelbe Narzisse; Schlüsselblume* (alle gelbblühenden Arten); *Schweizer Mannsschild.*

Zur dritten Kategorie der Pflanzenarten, die weder ganz noch in Teilen für gewerbliche Zwecke gesammelt werden dürfen, gehören die verschiedenen *Bärlapparten,* der *Wacholder,* die *Eibe,* zahlreiche *Schwertlilienarten, Gagelstrauch, Trollblume,* verschiedene *Eisenhutarten,* das *Leberblümchen,* alle Arten des *Sonnentaus,* die *Stechpalme, Arnika* und *Silberdistel.*

Bei einigen dieser Arten kann ausnahmsweise von den [höheren] Naturschutzbehörde eine Sammelerlaubnis für Gebiete erteilt werden, in denen diese häufig vorkommen.

Nationalpark Königssee

Neben dem bisher einzigen Nationalpark *Bayerischer Wald* (s. S. 238 und 240) wird ein zweiter Nationalpark in der Bundesrepublik Deutschland voraussichtlich in der Alpenlandschaft ausgewiesen. Dafür ist ein Gebiet von rund 21 000 ha um den *Königssee* und den *Watzmann* herum vorgesehen. Das Gelände ist heute in Staatsbesitz. Es zeichnet sich durch wesentliche geologische, biologische und ökologische Besonderheiten aus. Es besitzt viele steile Berghänge mit extremen Höhenunterschieden, wie z. B. zwischen dem 600 m hoch gelegenen Königssee und dem 2713 m hohen Watzmann. Im Gebiet der Reiteralpe und im Steinernen Meer besitzt es ausgedehnte Hochplateaulagen. Geologisch besteht der Untergrund aus Dachsteinkalk und Dolomit. Kleinflächig treten verwitternde Steine wie Lias und Muschelkalk auf. Es gibt trockene Karst- und Schotterflächen, aber auch mehrere Seen mit einer Fläche von insgesamt 600 ha.

Diese unterschiedlichen geologischen und geographischen Verhältnisse schaffen eine Vielzahl von *natürlichen Biotopen*. Etwa 1/3 des vorgesehenen Gebietes besteht aus *Wald*. Die *Laubwälder* setzen sich aus Ahorn-Buchen-, Ahorn-Eschen-, Buchen- oder Linden-Buchen-Gesellschaften zusammen, die alle zum großen Teil ökologisch sehr stabil sind. An anderen Stellen bilden Laubgehölze die Unter- und Zwischenschicht in den künstlich von der Forstwirtschaft angelegten Fichtenbeständen. An die Zone der *Laubwälder* schließt sich ein breiter Gürtel des *Fichten-Tannen-Buchen-Waldes* an, der bis etwa 1 350 m hinaufreicht. Auf dem Hochplateau des Steinernen Meeres kommen die berühmten *Zirben-Lärchen-Wälder* vor, die im bayerischen Raum einmalig sind.

Dieses Gebiet der *Berchtesgadener Alpen* wurde zu Beginn des 12. Jahrhunderts besiedelt. Die Siedler rodeten damals an allen geeigneten Stellen den Wald, um Almen anzulegen und das Holz zu nutzen. In den vergangenen Jahrhunderten war dieser Landstrich ein beliebtes Jagdrevier für Fürsten und Könige. Landwirtschaftlich wurde das Gebiet vor allem auf hochgelegenen Almen genutzt, von denen heute noch 65 im Nationalparkbereich liegen; davon werden allerdings nur noch 18 bewirtschaftet. Der Anteil der Almen an der Gesamtfläche liegt bei etwa 3 %. Während in den früheren Jahrhunderten das Holz auf fast allen Hängen genutzt wurde, wurde in den letzten Jahrzehnten die Nutzung der Wälder auf vielen entlegenen Standorten wegen der Verteuerung der menschlichen Arbeitskraft als unrentabel eingestellt. Heute wird nur noch etwa 1/5 der Gesamtfläche forstwirtschaftlich genutzt. Die Forstwirtschaft ist vielmehr bestrebt, wieder natürliche Mischwälder aufzubauen.

Wegen seiner besonderen Schönheiten wurde das Berchtesgadener Alpenland bereits um die Wende vom 18. zum 19. Jahrhundert von vielen Dichtern begeistert beschrieben und von Malern verewigt. Hier entwickelte sich (seit etwa 100 Jahren) eines der ältesten Fremdenverkehrsgebiete Deutschlands. Die Zahl der jährlichen Übernachtungen ist inzwischen auf zwei Millionen angestiegen. Trotz dieser großen Touristenzahlen wurde der Naturhaushalt durch den Fremdenverkehr noch nicht nennenswert gestört. Dies liegt auch daran, daß der größte Teil des Nationalparkgebietes für den normalen Touristen unzugänglich ist und nur an einigen Stellen, die auf Grund besonderer Naturschönheiten erschlossen sind, begangen werden kann.

Naturparks

Naturparks sind großräumige Landschaften, die dem Fremdenverkehr und der Erholung dienen (s. auch S. 258). Sie sind ähnlich wie Landschaftsschutzgebiete gegen massive wirtschaftliche Eingriffe in Natur und Umwelt geschützt. Insbesondere sind Veränderungen verboten, die die Landschaft verunstalten, die Natur schädigen oder den Naturgenuß beeinträchtigen. Im folgenden werden die Naturparks in der Bundesrepublik Deutschland nach Ländern geordnet aufgeführt (in Klammern Größe und Jahr der Errichtung):

Niedersachsen: Naturschutzpark Lüneburger Heide (Fläche 200 km^2, 1921); Naturpark Münden (195 km^2, 1959); Naturpark Harz (950 km^2, 1960); Nördlicher Teutoburger Wald (1 092 km^2, 1962, einschließlich Wiehengebirge in Nordrhein-Westfalen); Solling-Vogler (500 km^2, 1963); Naturpark Südheide (560 km^2, 1963); Elbufer Drawehn (709 km^2, 1958); Naturpark Harburger Berge (565 km^2, in Vorbereitung); Steinhuder Meer (680 km^2, in Vorbereitung); Naturpark Dümmer (200 km^2, 1972); Naturpark Weserbergland (900 km^2, in Vorbereitung); Ostfriesische Inseln und Küste (1 500 km^2, in Vorbereitung); Großerholungsgebiet (im Sinne von Naturpark) Wildeshauser Geest (890 km^2, in Vorbereitung).

Hessen: Naturpark Hoher Vogelsberg (384 km^2, 1957); Bergstraße-Odenwald (2 080 km^2, 1960); Meißner-Kaufunger Wald (420 km^2, 1962); Habichtswald (467 km^2, 1962); Naturpark Hochtaunus (1 200 km^2, 1962); Naturpark Hessischer Spessart (670 km^2, 1962); Hessische Rhön (400 km^2, 1963); Naturpark Rhein-Taunus (650 km^2, 1968).

Rheinland-Pfalz: Naturpark Südeifel (395 km^2, 1958, zusammen mit dem luxemburgischen Teil insgesamt 740 km^2); Pfälzer Wald (1 793 km^2, 1958); Naturpark Nassau (530 km^2, 1962); Rhein-Westerwald (370 km^2, 1962).

Nordrhein-Westfalen: Naturpark Siebengebirge (42 km^2, 1958); Kottenforst-Ville (169 km^2, 1959); Arnsberger Wald (447 km^2, 1960); Naturpark Nordeifel (1 335 km^2, 1960, zusammen mit dem belgischen Teil 2 300 km^2); Rothaargebirge (1 130 km^2, 1963); Hohe Mark (1 010 km^2, 1963); Ebbegebirge (658 km^2, 1964); Südlicher Teutoburger Wald (593 km^2, 1965); Bergisches Land und Königsforst (1 970 km^2, 1965); Naturpark Homert (370 km^2, 1965); Naturpark Schwalm/Nette (414 km^2, 1965).

Bayern: Naturpark Bayerischer Spessart (1 350 km^2, 1959); Oberpfälzer Wald (1 042 km^2, 1966); Bayerische Rhön (1 000 km^2, 1967); Oberer Bayerischer Wald, Gebiet um Kötzting (400 km^2, 1968); Mittlerer Bayerischer Wald, Gebiet um Zwiesel (290 km^2, 1968); Veldensteiner Forst (180 km^2, 1968); Altmühltal (2 700 km^2, 1969); Steinwald (165 km^2, 1970); Fichtelgebirge (500 km^2, 1972); Steigerwald (1 200 km^2, in Vorbereitung); Nationalpark Bayerischer Wald (112 km^2, 1969).

Schleswig-Holstein: Lauenburgische Seen (400 km^2, 1960); Westensee (140 km^2, 1969); Naturpark Aukrug (240 km^2, 1972); Hüttener Berge-Wittensee (100 km^2, 1972); Nordfriesische Watten und Halligen (1 500 km^2, in Vorbereitung); Nationalpark Nordfriesisches Wattenmeer (1 700 km^2, in Vorbereitung).

Neben den reinen Naturparks gibt es noch *naturparkähnliche Großerholungsgebiete*. Dazu gehören in *Baden-Württemberg:* Badischer Odenwald (2 343 km^2); Schwäbische Alb (3 946 km^2); Schwarzwald (8 338 km^2); Schwäbisch-Fränkischer Wald (2 260 km^2); Bodensee-Allgäu-Gebiet (2 759 km^2); im *Saarland* bzw. in *Rheinland-Pfalz:* Schwarzwälder Hochwald und Vorland (680 km^2).

Insgesamt gab es im Jahr 1972 in der Bundesrepublik Deutschland 54 Naturparks oder Naturparks vergleichbare Großerholungsgebiete mit einer Gesamtfläche von rund 35 000 km^2. Ein Teil der Naturparks erfüllt eine wichtige Funktion für die Naherholung der in Ballungsräumen und Großstädten lebenden Menschen. Andere Naturparks, die weiter entfernt von Großstädten liegen, sind Fernerholungs- und Urlaubsgebiete.

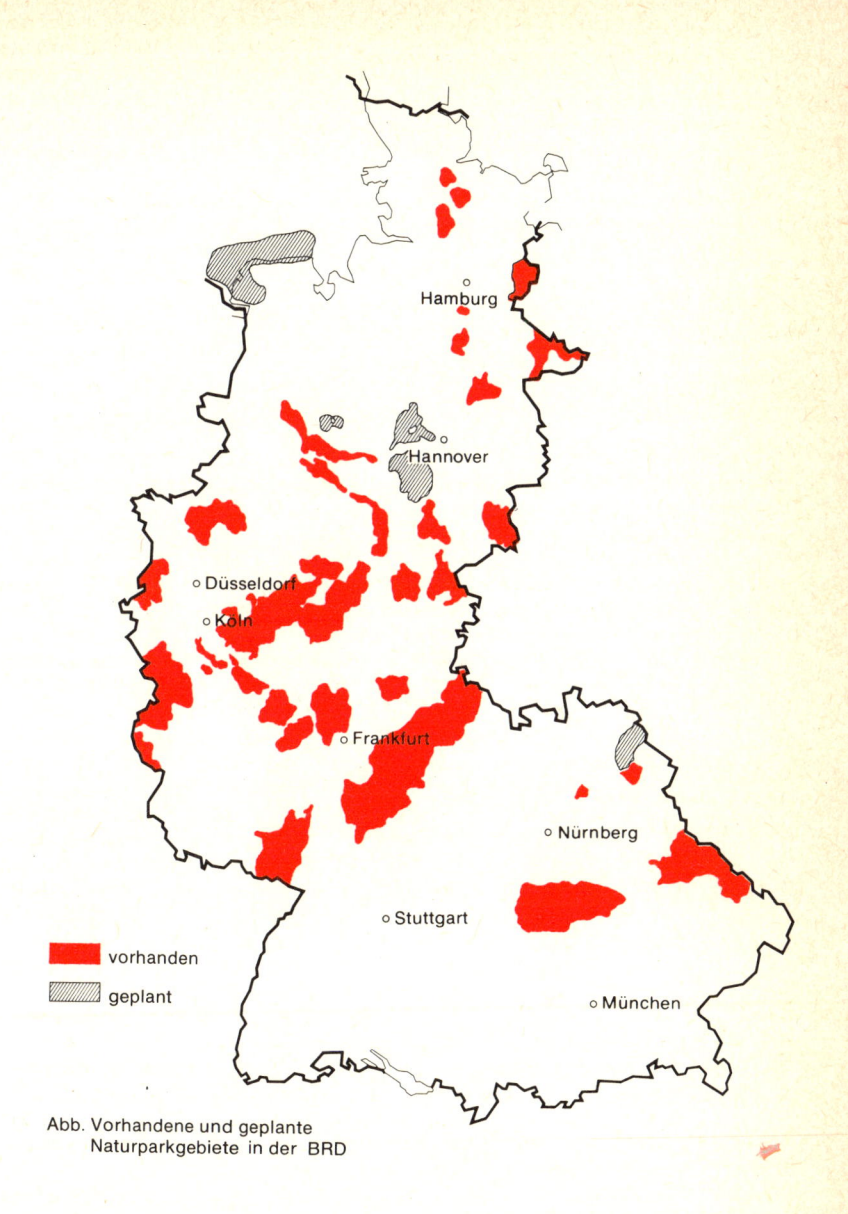

Abb. Vorhandene und geplante Naturparkgebiete in der BRD

Landwirtschaft und Landschaftsgestaltung

Das Erscheinungsbild der *Agrarlandschaft* wird im wesentlichen bestimmt durch die Art der Bodennutzung (Acker, Grünland), die Gliederung der Flur (große oder kleine Parzellen) und durch die Struktur der Siedlungen. Während der Mensch früher gezwungen war, seine Aktivitäten der natürlichen Ausstattung des Raums bis zu einem gewissen Grade anzupassen, führte die technische Entwicklung in zunehmendem Maße dazu, daß nicht mehr die Nutzung der Landschaft, sondern die Landschaft der Nutzung angepaßt wird.

Eines der wichtigsten landschaftsgestaltenden Elemente ist die *Mechanisierung*. Die Zahl der in der Landwirtschaft der BRD eingesetzten Traktoren hat von 1960 bis 1972 um nahezu 60 % zugenommen, ihre Motorleistung sogar um 100 %. Die Entwicklung geht eindeutig in die Richtung: immer mehr und stärkere Maschinen. Die Maschinen sind aber nur dann sinnvoll und rationell einzusetzen, wenn die zu bearbeitenden Parzellen nicht zu klein sind.

Dies hat insbesondere im Agrarraum, der durch die Realteilung stark zersplittert ist, zur Folge, daß viele kleine Parzellen zu großen zusammengelegt werden müssen. In der durch Täler und Hügel stark gegliederten Landschaft bedeutet dies, daß die Erosionsgefahr (s. S. 102ff.) an den meist an den Hängen liegenden Äckern zunimmt. Daneben bringen Maschinen mit hohen Leistungen größere Achslasten auf den Boden, was in schweren Böden zu Verdichtungen führt, die ihrerseits wiederum die Erosion begünstigen. Auch die *Erosionsschäden* selbst mit ihren Auswirkungen auf den Wasserhaushalt, die Pflanzenwelt und die Nutzung verändern das Landschaftsbild.

Eine weitere Maßnahme, die sich aus dem Zwang zur Rationalisierung in der Landwirtschaft ergibt, ist die *Flurbereinigung,* die oft mit Aussiedlung und Hofsanierung einhergeht. Die Flurbereinigung beinhaltet einen *Gewässerplan,* nach dem Böden mit stauender Nässe entwässert und offene Kanäle sowie Bäche einer Korrektur unterworfen werden. In vielen Fällen, wenn die nötige Umsicht vorhanden ist, sind diese Maßnahmen positiv. Oft aber werden dabei z. B. auch Gehölze an Bachufern entfernt und nicht wieder neu angepflanzt. Hinzu kommt die *Absenkung des Grundwassers* und ein *rascherer Abfluß der Niederschläge* überhaupt. In niederschlagsreichen Perioden führt dies zu übermäßigen Hochwasserspitzen, in Trockenperioden u. U. zur nachteiligen Austrocknung von Wiesen und Feldern. Daneben entfällt die Gliederung der Landschaft durch die Bachvegetation. Die Landschaft wird kahl und verliert ihren Reiz.

Neben dem Gewässerplan wird auch ein *Wegeplan* erstellt, um die Gemarkungsteile besser erschließen zu können. Alte Wege, deren Entstehung zufällig war oder die einer besonderen Rechtslage entsprochen hatten, verschwinden und werden oft durch sehr schematische Wegenetze ersetzt, die der Tatsache Rechnung tragen, daß geradlinige Grundstücksgrenzen für die Bewirtschaftung wesentliche Vorteile bringen. Oft werden dabei auch die die Wege säumenden Bäume und Büsche entfernt, wodurch die Landschaft noch weiter schematisiert wird.

Neben den landschaftlichen Aspekten der Rationalisierung entstehen durch das Aussiedeln ganzer Höfe aus geschlossenen Dorfgemeinschaften auch *soziale Probleme,* da die Verbindung der Menschen untereinander, der Erfahrungsaustausch und die kulturellen Werte der Dorfgemeinschaft durch die räumliche Trennung beeinträchtigt werden.

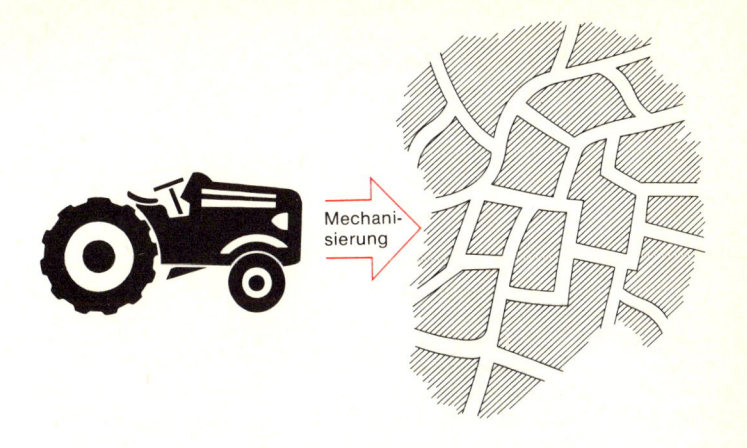

Abb. 1 Vor der Flurbereinigung war die Mechanisierung nicht in vollem Umfang durchzuführen

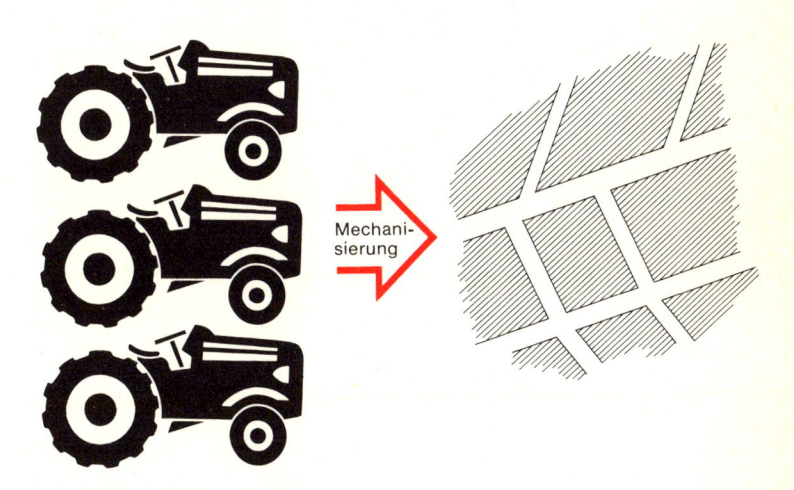

Abb. 2 Nach der Flurbereinigung kommt die Mechanisierung zum Tragen

17 Umwelt

Landwirtschaft und Landschaftsgestaltung
Die Erholungsfunktion

Neben der reinen Produktionsfunktion, die man mit den Maßnahmen der Flurbereinigung zu verbessern sucht, tritt in den letzten Jahren immer stärker die Frage nach dem *Erholungswert der Agrarlandschaft* für den Stadtbewohner in den Vordergrund.

In zahlreichen Landstrichen, insbesondere in Gebirgslagen, sind die Erträge je Flächeneinheit als Folge der ungünstigen Klimabedingungen und der damit verbundenen kürzeren Vegetationsperiode gegenüber klimatisch begünstigten Tieflagen sehr niedrig. Hinzu kommt, daß durch die Hangneigung des Geländes der Arbeits- und Maschineneinsatz viel schwieriger ist und daß aufwendigere Maschinen (Traktor mit Allradantrieb) zur rationellen Arbeit eingesetzt werden müssen. Dem vermehrten Arbeits- und Kapitaleinsatz steht ein verminderter Erlös für die dort erzeugten Agrarprodukte gegenüber, der dadurch noch verschlechtert wird, daß mit Hilfe der modernen Transport- und Kühltechnik viele Agrarerzeugnisse aus südlichen Ländern früher und qualitativ besser (z. B. höherer Klebergehalt des Weizens) auf den Markt gelangen und so den Erlös aus dem Verkauf dieser Produkte schmälern. Das Betreiben einer rein auf Nahrungsproduktion ausgerichteten Landwirtschaft wird in solchen Gegenden unrentabel, was auch aus der Tatsache deutlich wird, daß der überwiegende Teil der Landwirte dort ihren Hof nur noch im Nebenerwerb bewirtschaften.

Schließlich geben die Betroffenen ihren Betrieb auf. Die sich selbst überlassenen, ehemals genutzten Flächen gehen allmählich über ein Zwischenstadium der *Versteppung* und *Buschbildung* in *Waldgebiete* über. Dieser Vorgang, der Jahrzehnte dauert, hat oft negative Auswirkungen auf das angrenzende Kulturland, indem z. B. Unkraut und Ungeziefer vom Brachland aus in das Kulturland vordringen. Auch bezüglich des Erholungswertes sind solche ungepflegten, verwilderten Landschaftsteile nur gering zu bewerten.

Eine mögliche *Aufforstung* solcher Brachen ist nicht in jeder Hinsicht für die Landschaft günstig. Oft werden nämlich aus wirtschaftlichen Gründen *Fichtenmonokulturen* angelegt, die nicht nur die Böden nachhaltig in Mitleidenschaft ziehen, sondern durch ihre Monotonie das Landschaftsbild eher verschlechtern. Da die Aufforstung brachfallender Flächen andererseits bis zu einem gewissen Grad notwendig ist, um den *Wasserhaushalt* eines Gebietes zu *regulieren* und die *Staubfilterwirkung* des Waldes zu nutzen, sollte bevorzugt Mischwald angepflanzt werden, zumal die Staubfilterwirkung von Laubbäumen die der Nadelbäume übertrifft.

Zu beachten ist jedoch, daß der Waldanteil einer Region nicht über 60 % ansteigen sollte, weil sonst der *Erholungswert* der Landschaft sinkt; erfahrungsgemäß wird nämlich der Erholungswert durch offene Landschaftsteile gesteigert. Ein Beispiel hierfür sind die Talauen, die, wenn sie bewaldet werden, viel von ihrem ursprünglichen landschaftlichen Reiz verlieren. Hier kann die Zurverfügungstellung öffentlicher Mittel hilfreich sein. Sie können für den Landwirt einen Anreiz bieten, landespflegerisch tätig zu werden, indem er durch eine für ihn im übrigen wenig rentable Tierhaltung und damit durch Mahd und Weidebewirtschaftung dazu beiträgt, daß bestimmte Landschaftsteile offengehalten werden.

In jedem Fall sollte bei einer landwirtschaftlichen Kosten-Nutzen-Analyse (s. S. 536) für sog. Problemgebiete (z. B. Gebirgsgegenden) der Faktor Erholungswert unbedingt berücksichtigt werden. Denn die Bereitstellung von ökologisch ausgewogenen und gepflegten Erholungsräumen für den Menschen trägt auch nicht unwesentlich zur Erhaltung der Qualität der Luft, des Wassers und des Bodens bei.

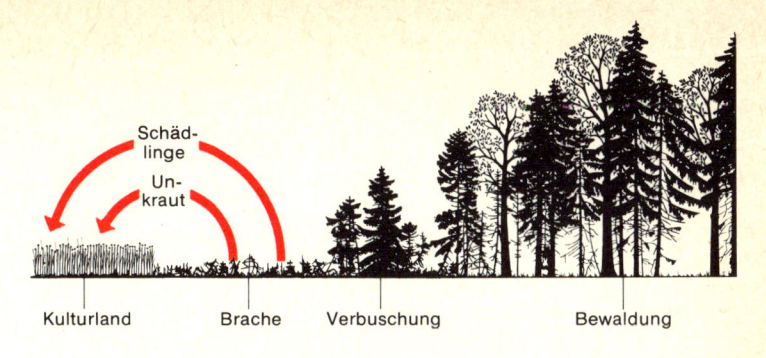

Abb. 1 Beeinträchtigung des Kulturlandes durch Brache

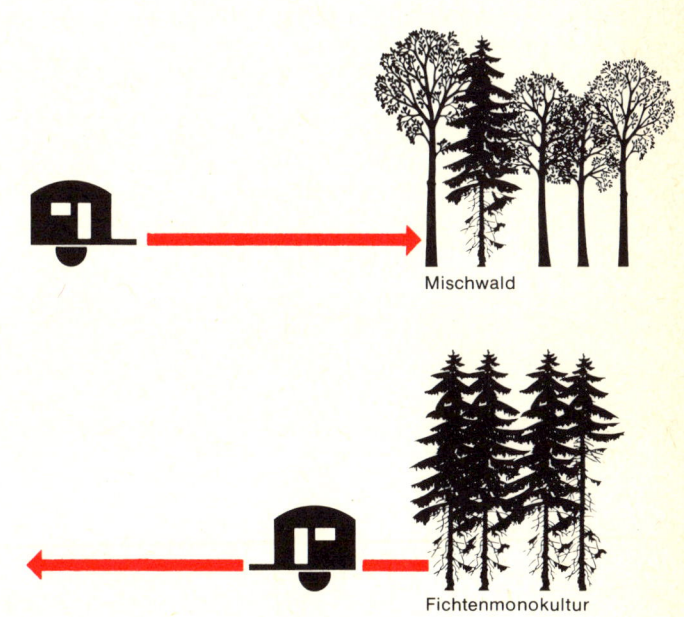

Abb. 2 Aufforstung des Brachlandes; bedingte Erholungsfunktion bei Monokultur

Landwirtschaft – Mono- und Mischkultur

Anders als bei den natürlichen Lebensgemeinschaften (s. „Biozönose", S. 132), die ursprünglich bestanden haben und die Humusbildung durch ihre Verwesungsstoffe und Ausscheidungen bewirkt haben, sind die Verhältnisse bei *Kulturland*. Hier liegt der Schwerpunkt auf der Erzeugung großer Mengen ausgewählter Pflanzen, die dem Menschen zu Nahrungs- und anderen Nutzzwecken dienen. Zu diesem Zweck ist es üblich geworden, große Flächen mit nur einer Pflanzenart zu bebauen, z. B. mit Weizen, Erdbeeren, Tomaten, Kohl, in Waldgebieten mit Fichten, Tannen oder Kiefern. Diese Anbauweise *(Monokultur)* erlaubt eine arbeitssparende Bodenbearbeitung mit großen Maschinen.

So leicht und schnell auf diese Weise jedoch selbst ein großes Feld bewirtschaftet werden kann, so leicht und schnell können sich auch *Krankheiten* und *Schädlinge* in Monokulturen ausbreiten. Das dichte Zusammenstehen der einzelnen Pflanzen erleichtert es den meist pflanzenartspezifischen Schädlingen sehr, die benachbarten Pflanzen zu erreichen. Zur wirksamen Schädlingsbekämpfung sind daher große Mengen Pflanzenschutzmittel erforderlich (s. S. 298ff.).

Da in Monokulturen außerhalb der Vegetationszeit der betreffenden Kulturpflanzen der Boden für einige Zeit ungeschützt daliegt, siedeln sich zudem noch zahllose *Wildpflanzen* als *Unkräuter* an, zu deren Vernichtung abermals Spritzmittel (Herbizide) eingesetzt werden. Außerdem besteht während dieser Zeit die Gefahr der *Abschwemmung des Bodens* durch Regen, der *Verwehung von Humus* durch Wind sowie der *Austrocknung*, die zu einer Beeinträchtigung des Lebens der Bodenorganismen führt. Schließlich wird bei Monokulturen durch die starke und einseitige Bodenbeanspruchung auch der natürliche Mineralgehalt des Bodens innerhalb weniger Jahre aufgezehrt, weshalb eine intensive Düngung mit Mineralstoffen durchgeführt werden muß.

Diese Schwierigkeiten, die Monokulturen mit sich bringen, lassen sich verringern oder gar weitgehend vermeiden, wenn *Mischkulturen* angelegt werden, die den Verhältnissen, wie sie für natürliche Biozönosen gelten, sehr viel mehr gerecht werden. So wird durch Mischkulturen eine *ganzjährige Bodenbedeckung* erreicht, wodurch der Boden vor Abschwemmung, Austrocknung und Verwehung geschützt ist. Dies fördert die Humusbildung. Bei sinnvollem Fruchtwechsel finden Unkräuter keine Möglichkeit mehr, sich anzusiedeln. Wegen der verschiedenartigen Bedürfnisse der einzelnen Pflanzenarten wird in bezug auf die Bodenmineralien Raubbau vermieden.

Mischkulturen lassen sich so zusammenstellen, daß stark den Boden auszehrende *(Starkzehrer)* und weniger Nährstoffe dem Boden entziehende Pflanzen *(Schwachzehrer)* sowie *Flach-* und *Tiefwurzler* nebeneinander vorhanden sind. *Leguminosenwurzeln* z. B. fördern das Wurzelwachstum der Nachbarpflanzen durch ihr tiefgehendes, die Durchlüftung des Bodens förderndes Wurzelwerk. Durch ihre Wurzelbakterien sind sie auf den Nitratgehalt des Bodens nicht angewiesen. Günstige Partner in Mischkulturen sind auch *Kohl* und *Bohnen*, *Tomaten* und *Petersilie*, *Zwiebeln* und *Karotten*. Bei letzteren werden durch schädlingsabweisende Aromastoffe (Repellents, s. auch S. 314) einerseits die Möhrenfliegen, anderseits die Zwiebelfliegen ferngehalten. Weitere Beispiele für vorteilhafte Mischkulturpflanzen sind *Sonnenblumen*, deren Samen Meisen anlocken, die gleichzeitig auch Jagd auf Raupen und Insekten machen, sowie der *Hanf*, der durch sein Aroma den Kohlweißling abweist.

Wegen der zahlreichen unterschiedlichen ökologischen Nischen in einer Mischkultur im Vergleich zur Monokultur ist die Lebensmöglichkeit für Nützlinge stark erweitert, wodurch es zu einer weiteren Verminderung der Schädlinge kommt. So lassen sich durch geeignete Pflanzenkombinationen vielfältige positive Wirkungen erzielen, die erst zu einem geringen Teil genauer erforscht sind.

gute Ausbreitungsmöglichkeit für Schädlinge

einseitige
Auszehrung
des Bodens

Abb. 1 Monokultur

Ausbreitung der Schädlinge gehemmt

Repellents

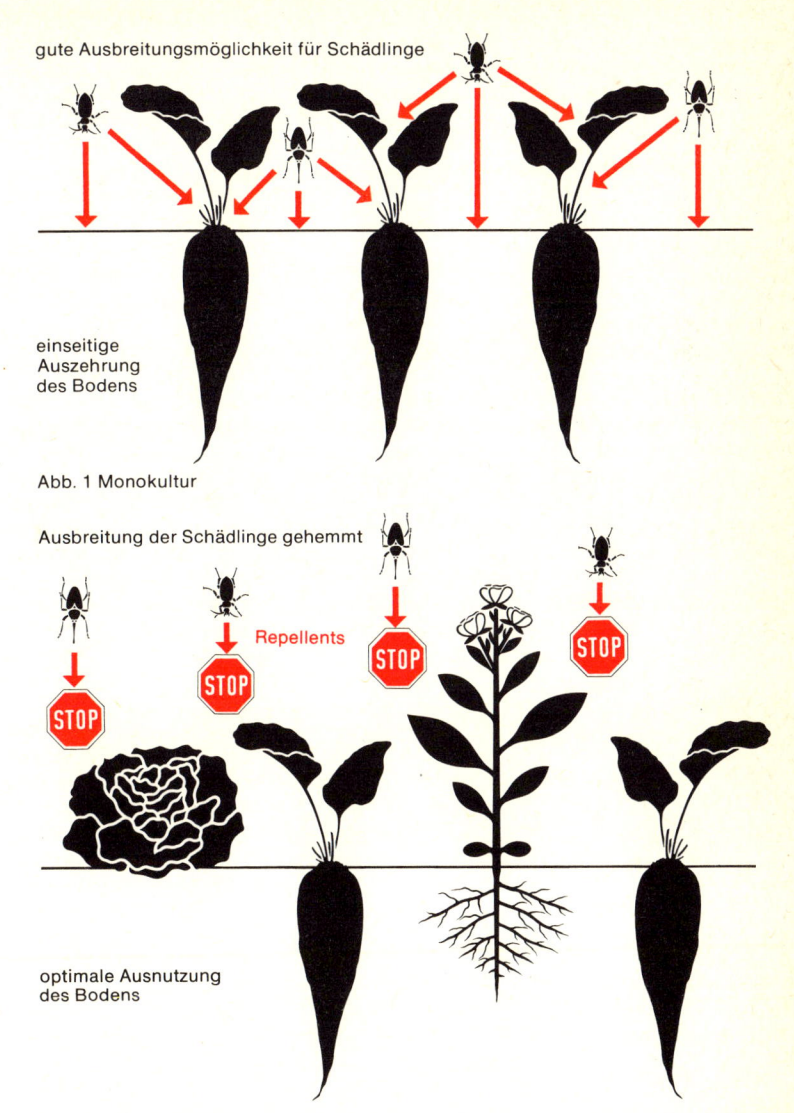

optimale Ausnutzung
des Bodens

Abb. 2 Mischkultur

Gartenbau – die Hügelkultur

Zur Erzielung eines möglichst hohen Ertrags auf kleiner Gartenfläche wurde in den letzten 15 Jahren vor allem von Hermann Andrä und Hans Beba eine *Intensivkultur* entwickelt, die gegenüber der üblichen Anbaumethode einen großen Einsatz von *organischem Material* vorsieht. Dieses Material wird zu *Hügeln* aufgeschichtet (daher die Bezeichnung „Hügelkultur"). Die *Hügelbeete*, die etwa 180 cm breit, 80 cm hoch und in beliebiger Länge aufgesetzt werden, bringen eine Oberflächenvergrößerung mit sich, die angesichts des sich verknappenden Lebensraums nicht unwesentlich ist. Nach den bisherigen Erfahrungen reicht ein mit Hügelkulturen bewirtschafteter Garten von 100–200 m^2 zur Selbstversorgung mit Gemüse für eine Familie aus, während bei der üblichen Bewirtschaftung etwa 600 m^2 benötigt werden. Ein größerer Arbeitsaufwand ist bei der Hügelkultur nur einmal beim Aufbau der Beete nötig. Während der 6 Jahre, die das Material im Hügel verrottet, müssen außer Säen und Ernten keine nennenswerten Arbeiten mehr vorgenommen werden. Die Erhöhung der Beete um 50–80 cm bringt darüber hinaus eine erhebliche Arbeitserleichterung.

Als Material für den Aufbau der Hügelbeete werden alle *organischen Abfälle* aus Küche und Garten, teils direkt und teils kompostiert, verwendet. Der *Hügelkern* besteht aus den gröbsten Teilen, Ästen und Zweigen, die beim jährlichen Baum- und Sträucherschnitt anfallen, und anderen verholzten Pflanzenteilen wie Sonnenblumenstengel, Kartoffel- und Tomatenkraut. Als nächste Schicht folgen *Rasensoden*, die auf der Fläche des entstehenden Beetes ausgestochen wurden. Es folgt eine etwa 25 cm dicke Schicht *feuchten Herbstlaubs*, dann eine Schicht gut durchfeuchteten *Rohkomposts*. Der Hügel wird schließlich mit *durchsiebter Komposterde*, die mit Muttererde vermischt ist, etwa 20 cm dick nach allen Seiten bedeckt (s. auch Abb.).

Auf den Hügelbeeten gedeihen alle Pflanzen auffallend gut. Das hängt damit zusammen, daß die Verrottung der Pflanzenteile im Hügel einen Treibhauseffekt bewirkt. Beim *Abbau der organischen Stoffe* werden Wasser, Kohlendioxid und Wärme frei. Das *Kohlendioxid* steigt im Hügel auf und wird von den Pflanzen verwertet, die diesen Stoff zur Photosynthese (s. S. 200 ff.) und damit zum Aufbau ihrer Pflanzensubstanz benötigen. Die gleiche Wirkung wird in Treibhäusern durch Verbrennen von Holzkohle erzielt. Das *Wasser* und die *Wärme* tragen wesentlich zum Wachstum der Pflanzen bei, die auf dem Hügelbeet wie in einem glaslosen Gewächshaus gedeihen. Tomatenstöcke beispielsweise, die im üblichen Anbau einen Höchstertrag von 9 kg pro Stock haben, erreichten in Hügelkultur über 15 kg pro Pflanze. Auch auf die *Qualität der Erzeugnisse* wirkt sich der Anbau in Hügelkultur aus. Im Gegensatz zu Treibhausgewächsen sind Geschmack und Haltbarkeit hervorragend. Dies und die natürliche Resistenz gegen Schädlinge und Krankheiten ist auch darauf zurückzuführen, daß die Hügelbeete, außer bei besonderen Kulturen wie Spargeln, in Mischkultur bebaut werden (s. auch S. 260).

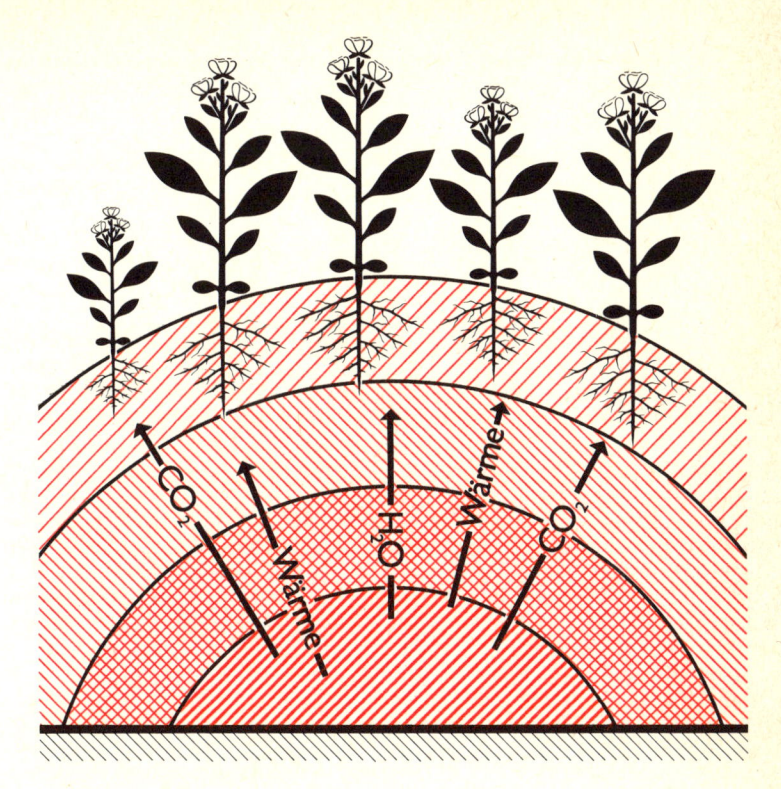

Abb. 1 Aufbau eines Hügelbeets

Viehhaltung und Umwelt – der traditionelle Gemischtbetrieb

Für die *herkömmliche Landwirtschaft* mit Ackerbau und Viehhaltung gab es keine nennenswerten Umweltprobleme. Der bäuerliche Gemischtbetrieb war hinsichtlich der *Viehhaltung* relativ klein. Man hatte neben einigen Milchkühen noch Zucht- und Mastschweine, selten mehr als 20, und hielt sich in überschaubarem Rahmen Geflügel, dessen Stückzahl nur in Ausnahmefällen über hundert hinausreichte. Die *Ställe* waren durch die geringe Belegung großräumig. Ferner benutzte man *Stroh* als Einstreu, wodurch *Mist* gewonnen wurde, der bei der Düngung des Acker- und Grünlandes unersetzlich war. Der Mist wurde außerhalb des Stalls gestapelt, während man die *Jauche,* vom Mist getrennt, in einer Grube sammelte.

Alle aus der Tierhaltung entstehenden *Abfälle* wurden auf dem Acker- und Grünland des gemischten Betriebes eingesetzt, so daß es im Hinblick auf die Abfallbeseitigung so gut wie keine Umweltprobleme gab. Von Geruchsbelästigung durch die Tierhaltung, wie wir sie heute empfinden, sprach niemand, da die Menschen mit den Tieren, die ja ihre Existenzgrundlage bildeten, von Kind an vertraut waren. Hinzu kommt, daß die kleinen landwirtschaftlichen Betriebe geographisch gut über die Landschaft verteilt und durch viele Jahrhunderte in ihre Umgebung integriert waren.

Das Verhältnis zwischen der Anzahl der Stalltiere und der für Grünlandnutzung und Ackerbau zur Verfügung stehenden Bodenfläche war ausgewogen; denn Viehhaltung war nur denkbar auf der Basis von Ackerbau und Grünlandnutzung, die ja die Futtergrundlage bildeten, und andererseits konnte man ohne Viehhaltung wegen der sonst fehlenden Düngung keinen Ackerbau betreiben. Das Verhältnis zwischen Nutzfläche und Stalltieren durfte bis zur allgemeinen Einführung der künstlichen Mineraldüngung und des Futterzukaufs (auf der Grundlage industriell hergestellten Kraftfutters) gar nicht verändert werden, wenn man nicht Gefahr laufen wollte, daß es zum Düngerdefizit kommen würde.

Die *Düngung mit natürlichem Dung* war eine der wesentlichen Voraussetzungen für die Erhaltung des Nutzpflanzenbestandes. Daher galt in der älteren Landwirtschaft der Grundsatz, daß alle pflanzliche Substanz im Bereich des bäuerlichen Betriebes mit Ausnahme der für die menschliche Ernährung benötigten Anteile auf dem Hof an das Vieh verfüttert werden sollte, damit sie dem Boden als Mist wieder zugeführt werden konnte.

In den letzten Jahrzehnten hat sich die landwirtschaftliche Produktion mit der zunehmenden Besiedlungsdichte im ländlichen Raum und dem damit verbundenen Verstädterungsprozeß immer mehr von der herkömmlichen Betriebsform entfernt. Die *Tierhaltung im großen Stil* (s. auch S. 266) entwickelte sich zu einem Belastungsfaktor für Mensch und Umwelt. Das bezieht sich u. a. sowohl auf das Stallklima (schlechte Be- und Entlüftung bei zu starker Belegung der Ställe) als auch auf die Geruchsbelästigung für die Anwohner und auf die mit der Abfallbeseitigung verbundenen Probleme. Zur Vermeidung solcher negativer Auswirkungen einer an sich durchaus positiv zu beurteilenden rationellen Viehhaltung müssen daher biologische Verfahren entwickelt werden, die den veränderten Bedingungen der Massentierhaltung angemessen sind.

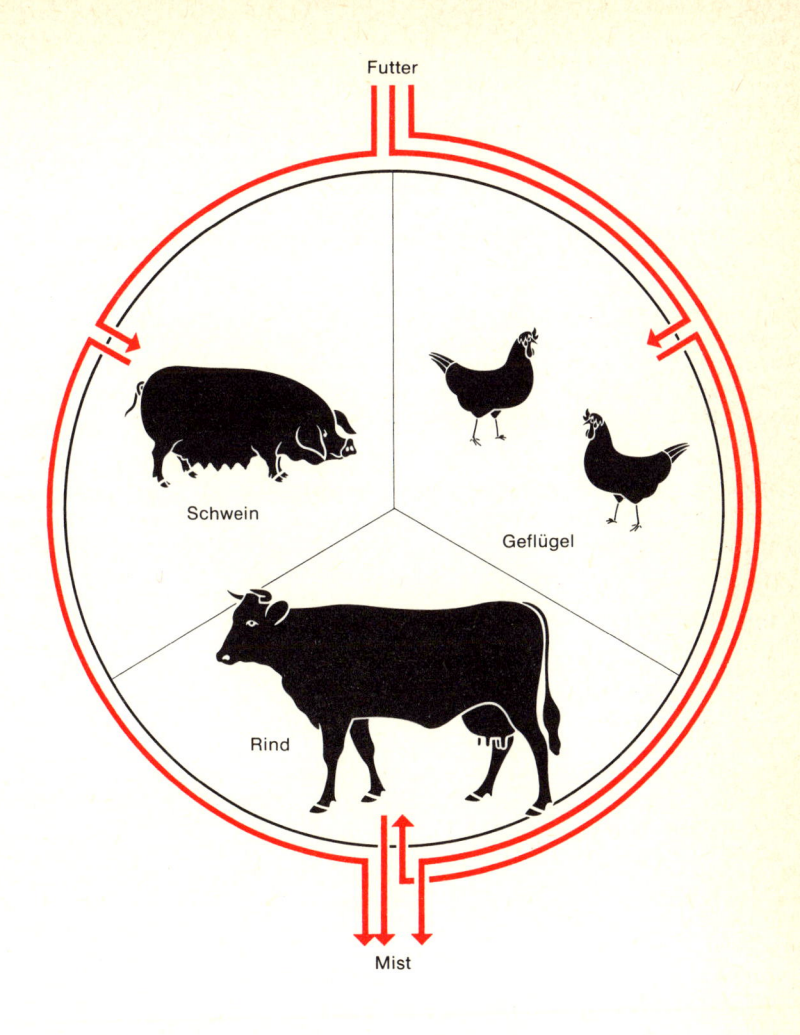

Abb. Futterversorgung und Entsorgung in einem traditionellen Gemischtbetrieb

Viehhaltung und Umwelt – die Massentierhaltung

Die Viehhaltung wurde im Hinblick auf die Verbesserung der Arbeitsbedingungen und des Arbeitserlöses durch eine Reihe tiefgreifender Veränderungen mit wichtigen Folgen für die Umwelt modernisiert.

Insbesondere in der Schweine- und Geflügelhaltung wurde eine Senkung der Baukosten je Tier durch dichtere Stallbelegung angestrebt. Während man in den Ställen für Legehennen früher mit 3–4 Tieren pro Quadratmeter rechnete und darüber hinaus noch ein Auslauf vorhanden war, wird die *Belegungsdichte* in modernen Großbetrieben zwischenzeitlich auf 10–20 Tiere je Quadratmeter gesteigert, und der Auslauf fällt gänzlich weg.

Eine weitere Veränderung besteht in der Einführung arbeitssparender Methoden. In Rindvieh-, Schweine- und Geflügelställen können *Fütterung* und *Wasserversorgung* voll *automatisiert* werden. Durch den Wegfall der Einstreu kann bei Vorhandensein eines Spaltenbodens die täglich anfallende Entmistungsarbeit stark reduziert werden oder ganz entfallen.

Da in den modernen Tierhaltungen die Zahl der Tiere je Betrieb nicht mehr in einem „normalen" Verhältnis zur betriebseigenen Nutzfläche steht, können *Kot* und *Jauche* nicht mehr vollständig als Dünger dort ausgebracht werden, wo sie anfallen. Vielfach sind diese Betriebe auf engem Raum in unmittelbarer Nähe der großen Ballungszentren und der Zulieferindustrie (Futtermittelwerke) und weiterverarbeitenden Industrie (Schlachthöfe, Wurstfabriken) angesiedelt, so daß weithin Ackerflächen für den anfallenden Mist fehlen. Die Folge ist, daß das *Abwasser mit Tierexkrementen belastet wird*.

Der *Verschmutzungsgrad* des Abwassers aus der Rinderhaltung wird je Tier auf 10 Einwohneräquivalente geschätzt, d. h., jedes Rind verursacht eine so starke Abwasserverschmutzung wie 10 Einwohner einer Großstadt; ein Schwein verursacht immer noch 2 Einwohneräquivalente an Verschmutzung, ein Huhn 0,1. Wird z. B. der gesamte Abfall aus einer großen Legehennenhaltung mit einer Million Tiere – es bestehen in der BRD bereits Haltungen mit 2–4 Millionen Tiere – in die Kanalisation geleitet, so entsteht eine Abwasserverschmutzung, die der einer Großstadt von 100 000 Einwohnern gleichkommt.

Der Transport von Mistüberschüssen in wenig besiedelte Gebiete mit genügend landwirtschaftlicher Nutzfläche ist zwar möglich, aber sehr teuer. Auch die Trocknung des Kotes in großen Trockenöfen und seine Weiterverarbeitung zu organischen Düngemitteln ist mit sehr hohen Kosten verbunden, die letztlich der Endverbraucher zu tragen hat.

Neben dem Abfallproblem darf auch das Problem der *Geruchsbelästigung*, besonders bei hohen Tierkonzentrationen in der Nähe von Wohngebieten, nicht außer acht gelassen werden. Der Grad der Luftverschmutzung durch Schadgase wie Ammoniak und Schwefelwasserstoff aus der Nutztierhaltung ist zwar sehr gering und nicht mit dem in Siedlungs- und Industriebereichen zu vergleichen. Gleichwohl können organische gasförmige Verbindungen (wie Merkaptan aus der Stalluft) für die Umgebung eine starke Belästigung darstellen. Da andererseits die Stalluft, die auf Grund der großen Belegungsdichte ständig in hoher Konzentration anfällt, auch für die Tiere selbst nicht ungefährlich ist, versucht man die verbrauchte Stalluft über Luftschächte abzusaugen und in einiger Entfernung vom Stall, mit Frischluft verdünnt, in die Atmosphäre abzugeben. Die gelegentlich versuchte Beimengung von Deodoranzien zur Stalluft kann bezüglich einer Reduzierung der Geruchsbelästigung nur eine Notlösung darstellen, da ein solches Verfahren zu teuer ist.

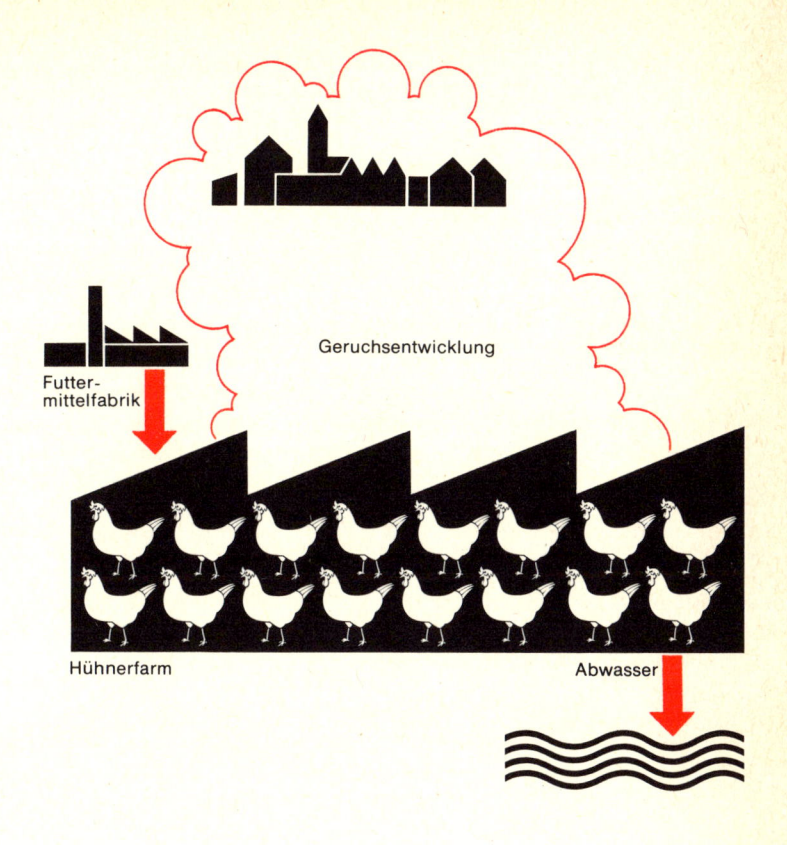

Abb. Umweltbeeinträchtigung durch Massentierhaltung

Antibiotika in der Tierernährung

Der Einsatz von Antibiotika bei der Ernährung der Nutztiere zur Produktionssteigerung fand in den letzten Jahren vorwiegend in den auf höchste Produktivität angelegten Massentierhaltungen (s. auch S. 266) Anwendung. Nicht alle Antibiotika sind zu Fütterungszwecken zugelassen; ebenso sind einige Tiergruppen (Schafe, Rinder, Milchkühe) von der Antibiotikafütterung ausgeschlossen. Unter den verschiedenen auf dem Markt befindlichen Antibiotika dürfen nur solche dem Tierfutter beigegeben werden, die von der Darmwand nicht oder kaum resorbiert werden und daher nur in geringer Menge ins Gewebe gelangen.

Bereits kleine Antibiotikamengen in Futtermitteln bewirken eine geringere Infektionsanfälligkeit der Tiere, eine vermehrte Futteraufnahme, eine bessere Futterverwertung und ein schnelleres Wachstum.

Nach eingehenden wissenschaftlichen Untersuchungen entfalten die verfütterten Antibiotika ihre Wirkung auf den Organismus auf indirektem Wege, nämlich über eine *Beeinflussung der Darmflora.* Nach den Erfahrungen mit Antibiotika in der Medizin waren daher Auswirkungen sowohl auf die pathogenen (krankheitserregenden) als auch auf die apathogenen (nicht krankheitserregenden) Keime der Darmflora zu erwarten. Auf Grund der geringen Dosis in den Futtermitteln werden die Keime (im Gegensatz zur gezielten medizinischen Anwendung) nicht vollständig bzw. nicht selektiv vollständig abgetötet, sondern die Mikroorganismen im Darm erleiden lediglich eine Veränderung ihres Stoffwechsels, derart daß weniger giftige Stoffwechselprodukte entstehen. Als Beispiel hierfür kann die *Reduzierung der Ammoniakproduktion im Darmtrakt* unter dem Einfluß verfütterter Antibiotika angeführt werden: Ammoniak, ein starkes Stoffwechselgift, entsteht bei der bakteriellen Spaltung von Harnstoff und Eiweiß im Darm. Durch Zufütterung von Antibiotika wird nun das Enzym Urease, das die Harnstoffspaltung durchführt, in seiner Wirksamkeit behindert und damit der Ammoniakgehalt des Darms gesenkt.

Durch die Antibiotikafütterung wird außerdem die *Produktion toxisch wirkender Keime verhindert,* so daß der Entgiftungsmechanismus der Leber entlastet wird; die Leber kann daher verstärkt andere Funktionen ausüben.

Unter dem Einfluß verfütterter Antibiotika konnte ferner eine *höhere Aufnahmefähigkeit des Darmgewebes für die aufgeschlossene Nahrung* nachgewiesen werden, was wahrscheinlich auf einer direkten Einwirkung der Antibiotika auf die Enzyme beruht. Die verbesserte Futterverwertung ist also weniger auf die unmittelbare Hemmung pathogener Keime im tierischen Organismus als vielmehr auf eine indirekte Entlastung des tierischen Abwehrsystems zurückzuführen.

Ein anderer Aspekt des Einsatzes von Antibiotika in der Tierernährung ergibt sich aus der Tatsache, daß Bakterien nach längerer Antibiotikaanwendung gegen die betreffenden Mittel resistent (unempfindlich) werden. *Resistente Keime* stellen aber eine Gefahr für Mensch und Tier dar. Die Möglichkeit, daß resistent gewordene Bakterienstämme vom Tier auf den Menschen übertragen werden und dort schwer zu bekämpfende Krankheiten auslösen, ist allerdings unter natürlichen Infektionsbedingungen sehr gering; denn die Fremdflora wird unter normalen Umständen von der körpereigenen Darmflora verdrängt, wodurch eine Art Selbstreinigung im Organismus stattfindet. Gleichwohl ist nicht auszuschließen, daß das Problem der Erkrankung durch antibiotikaresistente Keime einmal akut werden könnte.

Es sollten daher bestimmte *Richtlinien,* die auf Empfehlungen einer entsprechenden Kommission der Deutschen Forschungsgemeinschaft basieren, *bei der Fütterung von Antibiotika beachtet werden:* Einschränkung des Antibiotikagebrauchs bei nichtmedizinischen Indikationen; keine Antibiotika während der Endmast; Vermeidung von Antibiotika, die in der Human- oder Tiermedizin eingesetzt werden; Vermeidung von Antibiotika, die zur Selektion mehrfachresistenter Stämme von Darmbakterien führen.

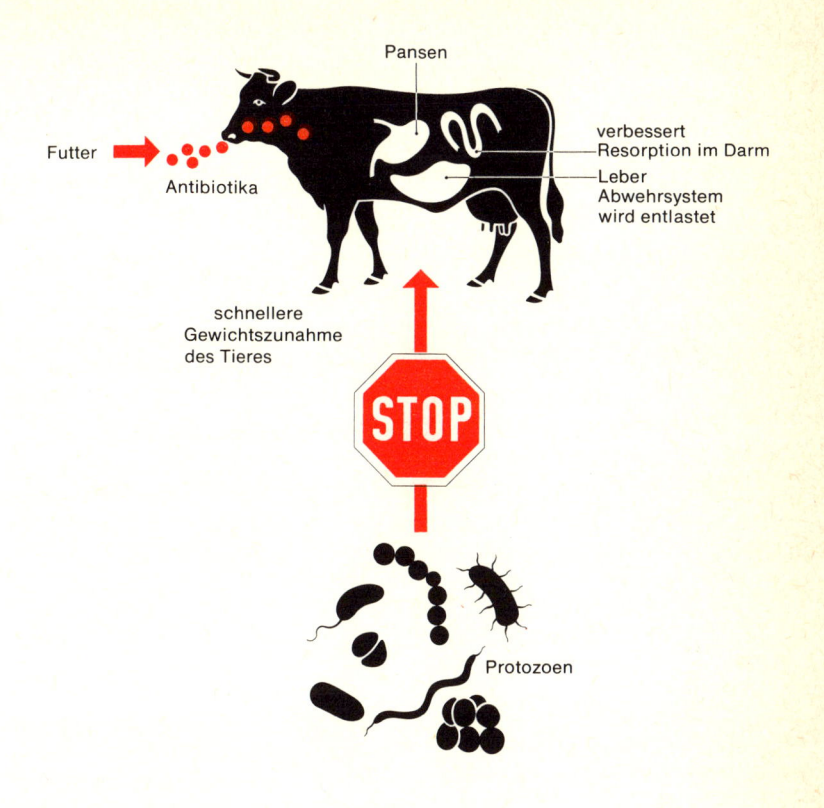

Abb. Auswirkungen der Antibiotikafütterung

Ökologische Auswirkungen der Grünlandnutzung – die Mahd

Im wintermilden Klima Westeuropas, in dem nur eine kurzfristige Stallhaltung notwendig ist, war die Grünlandnutzung in Form der reinen Mähwiese in der traditionellen landwirtschaftlichen Betriebsform unbekannt. Das für die Stallhaltungsperiode im Winter erforderliche *Grasheu* wurde als Nebenprodukt von vorhandenen Weiden gewonnen.

Steigender Bedarf durch wachsende Bevölkerung sowie steigende Ansprüche an die Agrarprodukte, das Bestreben mehr und besseres Fleisch in kürzerer Zeit sowie eine hohe Milch- und Fettleistung zu erzielen, führten zum modernen *Intensivbetrieb* mit ganzjähriger Stallfütterung. Diese wiederum setzt die Intensivierung der Bodennutzung voraus, was auch zur Entstehung der zwei- und mehrschürigen Wiese mit ausschließlicher Mähnutzung führte.

Alle oberirdischen Pflanzenteile der Grasnarbe werden durch die *Mahd* gleichermaßen betroffen. In den hochwüchsigen Beständen wird bei jeder Mahd der größte Teil der assimilierenden Organe (Blätter) in einiger Höhe über dem Erdboden abrupt entfernt. Einen solchen Eingriff können nur Pflanzen überstehen, die entweder nach dem Schnitt sehr schnell wieder nachwachsen (Arten, die von außen in die Wiesengesellschaft eingedrungen sind, können sich deshalb nicht halten) oder die vor dem Schnitt für den Wiederaustrieb ausreichend Reserven in den Wurzeln gespeichert haben. Bei rankenden Leguminosen (Platterbsen und Wicken) z. B. sind beide Voraussetzungen gegeben. Auch eine Reihe von Stauden und Obergräsern überstehen diesen Eingriff und bieten, v. a. bei nur zweimaligem Schnitt pro Jahr *(zweischürige Wiese),* den blumenreichen Anblick einer Mähwiese; denn auch die Häufigkeit der Schnitte sowie Düngungszeitpunkt, -menge und -art beeinflussen die Zusammensetzung und den Ertrag einer Wiese.

So können sich z. B. bei nur einmaligem und dann in der Regel spätem Schnitt *(einschürige Wiese)* auch Arten entwickeln, die spät blühen und fruchten und die ihre Nährstoffreserven nur langsam aufzubauen vermögen. Da solche Wiesen im allgemeinen auch nährstoffarm sind, sind hier langsamwachsende, anspruchslose Pflanzenarten den schnellwüchsigen, mehr Nährstoffe beanspruchenden überlegen. Das Pfeifengras z. B. kann sich nur in einschürigen Wiesen halten.

Wird die Schnittfrequenz auf drei oder vier Schnitte gebracht *(mehrschürige Wiese),* verändert sich auch die Zusammensetzung der Pflanzengesellschaft, denn durch häufigen Schnitt haben diejenigen Pflanzen einen Konkurrenzvorteil, deren Blätter dicht dem Boden anliegen, d. h. deren assimilierende Organe durch den Schnitt weniger stark dezimiert werden. In ein- und zweischürigen Wiesen werden dagegen derartige Pflanzen auf Grund der starken Beschattung durch die hochwüchsigen Pflanzen (Obergräser und Unkräuter) unterdrückt. Viele Frühblüher machen nach der Reife Unkräutern Platz, so daß der wertvollere Pflanzenbestand lückig wird. Als Beispiele für *bodenanliegende Pflanzen* gelten Löwenzahn, Wegericharten, Weißklee; dazu kommen noch die sog. Untergräser.

Bei *verstärktem Düngereinsatz,* z. B. durch Anwendung wirtschaftseigenen Düngers wie Stallmist und Kompost, werden, insbesondere bei mehrschürigen Wiesen, die anspruchsvolleren Pflanzenarten gefördert, ohne daß es zu einer Verschiebung des Gras-Klee-Kraut-Verhältnisses kommt. *Mineralvolldüngung* begünstigt die Obergräser, *übersteigerte Stickstoffdüngung* (z. B. Jauche) begünstigt krautige Pflanzen, besonders Unkräuter wie Bärenklau und Wiesenkerbel. Diese sind in der Lage, in kurzer Zeit wieder genügend assimilationsfähige Organe zu entwickeln und sogar zur Blüte und Fruchtreife zu gelangen.

Unter den jeweils gegebenen Boden- und Klimabedingungen kann der Landwirt also durch richtige Wahl des Schnittzeitpunktes, durch die Schnitthäufigkeit sowie durch Art, Menge und Zeitpunkt der Düngung die Zusammensetzung, den Nährwert und die Ertragsmenge des Heues beeinflussen.

Ökologische Auswirkungen der Grünlandnutzung – die Weide

Die ursprüngliche Form der Grünlandnutzung, der *Weidegang*, hat sich von der extensiven *Waldweide* über die *Standweide* im letzten halben Jahrhundert seit der Einführung des Elektrozauns rasch zur intensivsten Form, der *Portionsweide* mit höchstem Tierbesatz, fortentwickelt.

Die Auswirkungen der Beweidung unterscheiden sich erheblich von denen der Mahd (s. S. 270). Die Weidetiere weiden die Pflanzen unterschiedlich ab, je nachdem ob die einzelne Pflanze schmackhaft oder weniger schmackhaft ist. Es werden daher nicht alle Pflanzen gleichermaßen verbissen. Darüber hinaus bleiben auch Pflanzenteile übrig, die das Tier nicht erreichen kann. Da auf der Weide die Pflanzen, deren Blätter am Boden anliegen, im allgemeinen überwiegen, wird die Assimilation nie so stark verringert wie bei der Mahd.

Daneben sind die Weidepflanzen aber auch der *Trittbelastung* durch das Tier ausgesetzt, besonders stark nach Regenfällen und bei dichten und schweren Böden. Die Trittbelastung der Weide ist viel intensiver als die Traktorbelastung der Mähwiese, da ja auch die Hufe und Klauen der Weidetiere wesentlich scharfkantiger sind als die Reifen des Traktors.

Gegenüber der Mähwiese ist die *Nährstoffzufuhr* bei der Weide günstiger. Während bei der Mahd die gesamte Pflanzensubstanz mit ihren Nährstoffen abgeführt wird, was eine besonders ausgewogene Düngung erforderlich macht, erhält die Weide Pflanzennährstoffe in Form der Tierexkremente wieder zurück; zusätzliche Arbeit bereitet allenfalls die gleichmäßige Verteilung der Exkremente.

Die *Auswirkungen der Beweidung* werden im wesentlichen durch den Viehbesatz bestimmt. Falsche Besatzdichte führt zur Unter- oder Überbeweidung. Bei *Unterbeweidung* weist die Grasnarbe mehr Futter auf, als die Tiere zur Sättigung benötigen. Die Tiere nehmen nur das schmackhafteste Futter auf und lassen das weniger schmackhafte einfach unberührt, mit der Folge, daß die Weide verunkrautet.

Bei *Überbeweidung* ist das Nahrungsangebot geringer als der Bedarf. Die Tiere verbeißen alles schmackhafte Futter völlig, auch das weniger schmackhafte nehmen sie auf oder zertreten es.

Dieser unerwünschte Sortiereffekt nach Geschmack, Bewehrung und Trittfestigkeit der Pflanzen, der zur Entwicklung minderwertiger Grünflächen führt, kann durch Weiterentwicklung der Weideverfahren, durch Vor- und Nachmahd, Ruhezeit für die Pflanzen, Beregnung in witterungsbedingten Mangelzeiten und durch Änderung der Besatzdichte verhindert werden.

Es haben sich verschiedene *Weideformen* entwickelt: Die *Hutung* oder *Trittweide*, wie sie noch in Mittel- und Hochgebirgen, v. a. bei der Schafzucht, anzutreffen ist, betrifft meist *Allmendeflächen*, die genossenschaftlich unter täglicher Abweidung großer Gebiete bewirtschaftet werden. Da genügend Futter vorhanden ist, suchen sich die Tiere schmackhafte Pflanzen und umgehen die weniger schmackhaften. Dieses Verfahren führt leicht zur Unterbeweidung mit all ihren negativen Erscheinungen.

Bei der *Umtriebsweide* werden die Tiere im Wechsel auf mehreren größeren, umzäunten Koppeln geweidet, wodurch die vorgenannten Mängel der Hutung weitgehend eingeschränkt werden.

Bei der *Portionsweide (Rationsweide)* werden sehr viele Tiere auf kleiner Fläche kurzfristig (1/2–2 Tage) gehalten. Durch diese Maßnahme wird den Tieren durch häufigen Flächenwechsel stets annähernd gleichwertiges Futter zur Verfügung gestellt. Die Unterbeweidung wird dabei durch hohen Tierbesatz, die Überbeweidung durch häufigen Wechsel der Weidefläche vermieden.

Die z. Z. intensivste Weideform ist die *Mähweide*, die die Vorteile der Portionsweide (Sommerfutter) und der (stets gemähten) Wiese (Winterfutter) verbindet und eine artenreiche Pflanzengesellschaft und die Bodenfruchtbarkeit erhält.

Pflanzennährstoffe – der Stickstoff

Stickstoff ist eines der Elemente, die für das Wachstum und eine normale Entwicklung der Pflanzen notwendig sind und deren Funktion in der Pflanze von keinem anderen Element ersetzt werden kann. Er ist ein wesentliches Bauelement der Eiweißkörper in der Pflanze.

Unter den Pflanzennährstoffen nimmt *Stickstoff im Boden* eine Sonderstellung ein, da er nur in Form von Nitraten oder Ammoniumverbindungen aufgenommen werden kann und zudem der Ausgangsgehalt der Gesteine an Stickstoff nur gering ist. Die Anreicherung von Stickstoff im Boden erfolgt über Pflanze und Tier. In den oberen Bodenschichten ist der Stickstoff hauptsächlich als organischer Stickstoff in belebter und unbelebter organischer Substanz gebunden. Dahin gelangt er aus dem nahezu unerschöpflichen Stickstoffreservoir der Luft mit Hilfe von Mikroorganismen, die Luftstickstoff in ihre körpereigene organische Substanz einbauen (s. auch S. 222).

Im Ackerbau wird der Stickstoff in der Regel als *Mineraldünger* in Nitrat- oder Ammoniumform dem Boden zugeführt. Beide Formen können im Boden (durch die Stoffwechseltätigkeit von Mikroorganismen) ineinander umgewandelt werden. Bei hohem Sauerstoffgehalt der Bodenluft wird der Stickstoff überwiegend als *Nitrat* festgelegt, bei niedrigem als *Ammoniumverbindung*.

Der Stickstoff wird dem Boden durch die Pflanze, durch Auswaschung, durch Erosion von Oberbodenmaterial oder durch gasförmiges Entweichen von Ammoniak entzogen. Sowohl die Nitratform als auch die Ammoniumform können von der Pflanze aufgenommen werden. Die Menge des aus dem Boden aufgenommenen Stickstoffs hängt sehr stark von der Art der jeweiligen Kulturpflanzen ab. So entziehen z. B. Hackfrüchte und Leguminosen (Bohne, Erbse usw.) dem Boden viel Stickstoff, während Getreide sehr viel weniger Stickstoff benötigt. Wird dem Boden nicht genügend Stickstoff zugeführt, so stellt sich bei den Pflanzen *Stickstoffmangel* ein, der sich in Kümmerwuchs und fahler, hellgelber Blattfärbung äußert.

Auch eine *Überdüngung* mit Stickstoff kann nachteilige Folgen für die Pflanze bzw. für den Konsumenten haben. In Blattgemüsen wie Spinat wird bei zu hoher Stickstoffdüngung Nitrat gespeichert, das durch die Zubereitung zu Nitrit umgebaut wird, das in großen Mengen auf den Organismus toxisch wirkt.

Von Bedeutung für die Umwelt ist vor allem die *Stickstoffauswaschung* aus dem Boden, bes. die Auswaschung von Nitrat. Da Nitrat gut wasserlöslich ist, wird es mit einsickerndem Niederschlagswasser in tiefere Bodenschichten verlagert. Dieser Vorgang tritt insbesondere bei leichten Böden, durch die das Sickerwasser sehr rasch abfließt, auf. Aber auch Lößböden werden davon betroffen. Die Wirkung der Sommerniederschläge ist nicht so schwerwiegend wie die der Winterniederschläge, da im Sommer die Verdunstung hoch ist und das eindringende Sickerwasser zu Zeiten höherer Verdunstung wieder kapillar aufsteigt und die Nitratanionen mitzieht. Im Winter dagegen, besonders nach Einsetzen der Schneeschmelze, ist die Wasserbewegung im Boden vorwiegend vertikal nach unten gerichtet, wodurch das Nitrat des Oberbodens ausgewaschen wird und in die Vorflut gelangt. In Seen und Flüssen, die in Gebieten mit intensiver landwirtschaftlicher Nutzung (Gemüsebau) liegen, ist dann mit vermehrter Nitratzufuhr und damit *Eutrophierung* (s. auch S. 442) zu rechnen.

Ähnlich ist auch die Stickstoffwirkung aus erodiertem Bodenmaterial, das in die Vorflut gelangt, zu betrachten. Auch dieser Stickstoff wirkt eutrophierend, d. h., er vermehrt die Nährstoffe im Gewässer, wirkt dadurch stimulierend auf das Algenwachstum und stört somit das eingestellte biologische Fließgleichgewicht.

Die *Stickstoffverluste,* die durch gasförmiges Entweichen von Ammoniakstickstoff aus dem Boden entstehen, sind hinsichtlich ihrer Umweltwirkung von untergeordneter Bedeutung.

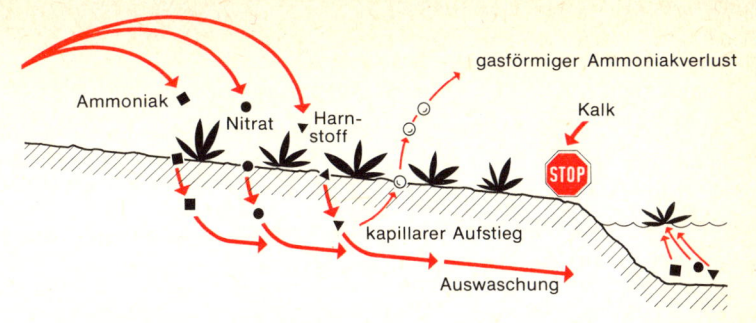

Abb. 1 Stickstoff wird dem Boden als Mineraldünger zugeführt

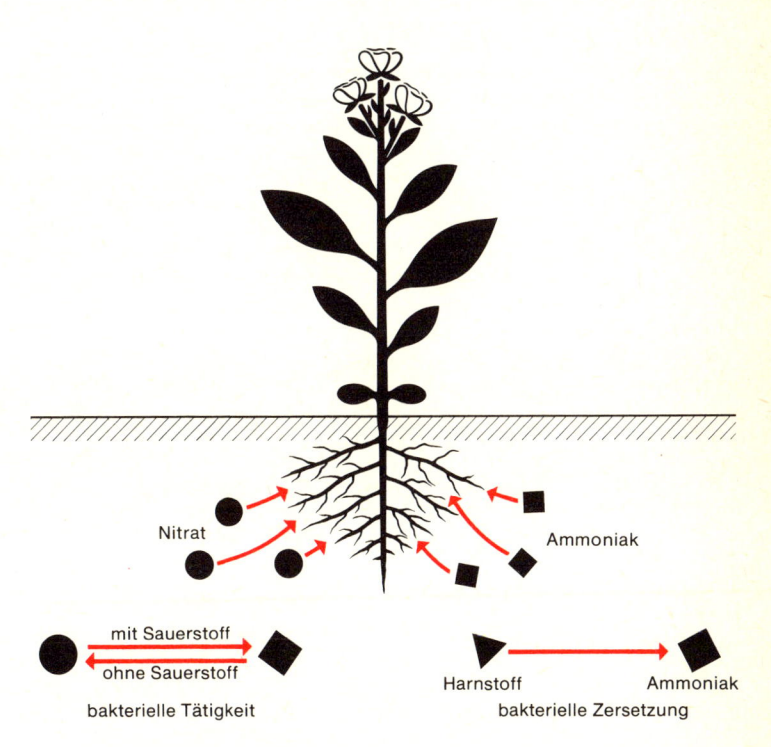

Abb. 2 Umwandlung der Stickstoffverbindungen durch Mikroorganismen im Boden

Pflanzennährstoffe – der Phosphor

Ebenso wie der Stickstoff (s. S. 272) gehört auch der *Phosphor* zu den für eine normale Entwicklung der Pflanze notwendigen Nährstoffen (Makronährstoffe), für die es keinen Ersatz gibt. Anders als beim Stickstoff, dessen Gehalt im Ausgangsgestein des Bodens für die Stickstoffernährung der Pflanze keine Rolle spielt, muß jedoch die Pflanze ihren Phosphorbedarf aus den *mineralischen Phosphoranteilen des Bodens* decken, die durch chemische Verwitterungsvorgänge aus dem Gestein (v. a. Apatit) für die Pflanze verfügbar gemacht werden. Neben der mineralischen Form findet man Phosphor auch in *organischer Bindung* in Pflanzenresten, Humussubstanzen und Bodenorganismen.

Phosphor ist Bestandteil der Nukleinsäuren, der prosthetischen Gruppen mancher Enzyme, der Phosphatide und Plasmamembranen. Vielfach ist auch ein Phosphoratom an ein anderes Atom energiereich gebunden (z. B. ATP; s. S. 208 und 212) und dient daher zur Übertragung und Speicherung chemischer Energie im pflanzlichen und tierischen Organismus.

Im Ackerbau wird der Phosphor als *Mineraldünger* hpts. in Form von *Thomasmehl*, einem Beiprodukt der Eisenverhüttung, oder in Form von *Superphosphat* (mit Schwefelsäure aufgeschlossenes Phosphat) oder als *Rohphosphat* (gemahlener Apatit) verwendet. Die dem Boden zugeführten Phosphate werden dort rasch verändert. In Böden mit niedrigerem pH-Wert wird das Phosphat als Eisen-Aluminium-Phosphat-Komplex festgelegt, in kalkreichen Böden als Calciumphosphat. Diese *Phospatfestlegung* macht es notwendig, ständig Phosphatdünger nachzuliefern. Sie ist auch der Grund dafür, daß nach Überdüngung keine Wachstumsminderung eintritt (wie bei Stickstoff oder Kalium), sondern daß vielmehr jeder Phosphatschub eine positive Wirkung ausübt.

Bei intensiv genutzten Böden führt die ständige Phosphordüngung zu allmählicher *Phosphatanreicherung im Oberboden.* Man kann dies durch den sog. *Humateffekt* verringern: Die Zufuhr organischer Substanz in den Boden verbessert für die Pflanze die Verfügbarkeit von Phosphat. Diese Wirkung beruht sehr wahrscheinlich v. a. auf der Steigerung der Mikroorganismenaktivität. Die Mikroorganismen vermögen durch komplexbildende Stoffwechselprodukte größere Mengen von Calciumionen zu binden, so daß sich Phosphationen nicht zu unlöslichen Phosphaten umbilden können. Dadurch bleibt der Phosphor in der Bodenlösung für die Pflanze verfügbar.

Auch die Pflanzenwurzel selbst hat die Möglichkeit, durch Ausscheiden von Wasserstoffionen in die unmittelbare Umgebung der Pflanzenwurzel die schwerlöslichen Phosphate durch pH-Erniedrigung in die lösliche Form überzuführen.

Die oben beschriebenen Vorgänge sind auch unmittelbar vom Wassergehalt des Bodens abhängig. In trockenen Jahren wird weniger Phosphat von der Pflanze aufgenommen als in feuchten.

Wegen der schlechten Löslichkeit der Phosphate entstehen *Phosphorverluste* aus dem Boden nur, wenn Phosphor den Pflanzen entzogen wird, oder durch Erosion des Oberbodenmaterials. Eine Phosphatauswaschung ist im allgemeinen ohne Bedeutung.

Die Erosion des Oberbodenmaterials kann aber, besonders bei intensiv gedüngten Flächen, zur *Verfrachtung erheblicher Phosphatmengen in die Vorflut* (Bäche, Flüsse u. dgl.) führen. Phosphor wirkt auch hier ähnlich wie Stickstoff stimulierend auf das Wachstum der Wasserpflanzen, insbesondere Algen, wodurch das biologische Gleichgewicht des Vorfluters erheblich gestört wird. Man kann dies v. a. durch erosionsverhütende Maßnahmen wie Verkürzung der Brache, Einbringen organischer Substanz in den Boden und Maßnahmen der Flußregulierung verhindern.

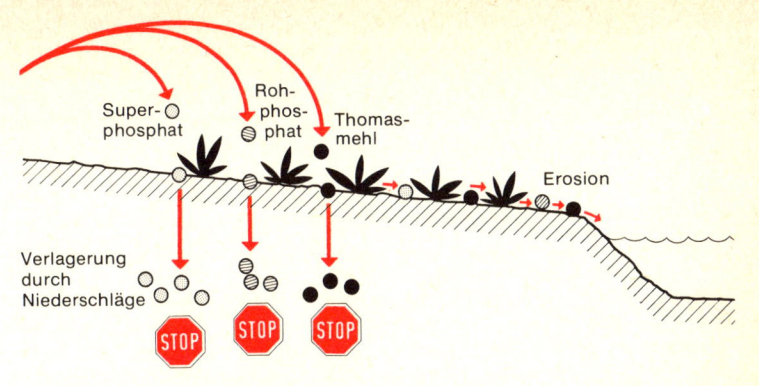

Abb. 1 Phosphor wird dem Boden als Düngemittel zugeführt

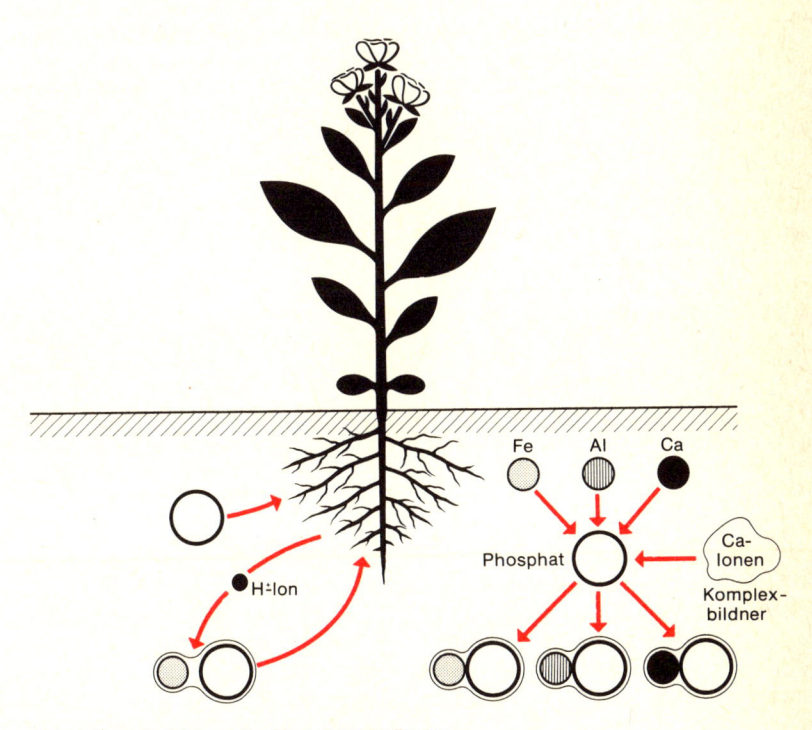

Abb. 2 Komplexbildung des Phosphats im Boden

Pflanzennährstoffe – das Kalium

Kalium zählt neben Stickstoff und Phosphor zu den wichtigsten Pflanzennährstoffen. Der durchschnittliche *Kaliumgehalt* der Mineralböden liegt bei etwa 3 %; in organischen (z. B. Moorböden) und tonarmen Sandböden ist der Kaliumgehalt bedeutend geringer. Kalium liegt in der Bodenlösung als *fixiertes Kalium* vor. Es findet sich zwischen den Schichtpaketen von Tonmineralen, als Baustein im Kristallgitter verschiedener Mineralien sowie an natürlichen organischen und mineralischen Ionenaustauschern.

Unter natürlichen Bedingungen wird Kalium im Boden durch chemische Verwitterungsvorgänge in die Bodenlösung und damit in eine pflanzenverfügbare Form übergeführt. Aus *primären Tonmineralen* (Glimmer, Feldspat) bilden sich dadurch *Illite*, die nach weiterem Kaliumverlust in *Vermikulit* und *Montmorillonit* übergehen. Letztere können bei Austrocknung die Kaliumionen wieder aufnehmen und sie zwischen die Schichtpakete einlagern. Bei Wiederbefeuchtung dehnen sich die Schichtpakete erneut aus, so daß das Kalium wieder in die Bodenlösung übergeht.

Den Vorgang der Kaliumaufnahme durch Tonminerale nennt man *Kaliumfixierung* (K-Fixierung). Er spielt ebenfalls bei der *Kaliumdüngung* eine bedeutende Rolle, da Kalium auch aus den Mineraldüngern fixiert wird. Je nach den gegebenen Umständen wirkt sich die K-Fixierung fördernd oder hemmend auf die Ernährung der Kulturpflanze aus. In montmorillonitreichen Böden wandert das Düngekalium bevorzugt in die Zwischenschichten ein, wo es nach Trockenperioden festgehalten und damit den Pflanzen entzogen wird. Andererseits schützt die K-Fixierung vor Auswaschung.

Ausgewaschenes (Dünge)kalium gelangt nämlich über Grund- oder Oberflächenwasser in die Vorflut (Bäche, Flüsse usw.), in der es auf die Wasserpflanzen düngende Wirkung ausübt. Ist allerdings eine starke Kaliumauslaugung festzustellen, so findet man hohe Salzfracht in der Vorflut, die schließlich zu Salzschäden an der Flora und Fauna des Vorfluters führt.

Neben dem Verlust durch Auswaschung tritt vornehmlich eine *Abnahme des Kaliumgehaltes* im Boden durch den Kaliumentzug durch die Pflanze ein. Dabei stellen die Hackfrüchte sowie Luzerne und Rotklee die höchsten Ansprüche an die Kaliumversorgung des Bodens. Auch gärtnerische Kulturen wie Möhren, Gurken und Kohl erreichen Entzugswerte von 350 kg K_2O/ha.

Dieser Entzug muß vom Landwirt bei intensiver Bodennutzung durch *Kaliumdüngung* ausgeglichen werden. Dafür stehen ihm zwei Düngerarten zur Verfügung: *Kaliumchlorid* und *Kaliumsulfat*. Da beide Verbindungen leicht wasserlöslich sind, wird das Kaliumion gut von der Pflanze aufgenommen. Die beiden begleitenden Ionen, das Chloridion und das Sulfation, haben jedoch ihrerseits Auswirkungen auf die Pflanze, die bei der Wahl der Düngungsform berücksichtigt werden müssen. Das Chloridion wird unter den feuchten Bedingungen Mitteleuropas zwar rasch ausgewaschen. Es gibt jedoch einige Kulturpflanzen, die darauf negativ reagieren (z. B. Tabak, Kartoffeln und Wein), so daß bei diesen Pflanzen eine Kaliumsulfatdüngung angezeigt ist.

Bei *Kaliummangel* ist der gesamte Habitus der Pflanze schlaff und welk. Die Ursache dafür ist, daß Kalium das Wasser im Zellsaft der Vakuole festhält; es besitzt eine quellende Wirkung. Pflanzen ohne ausreichende Kaliumversorgung geben das Wasser leicht nach außen ab, wodurch der Zelldruck (Turgor) abnimmt und die Pflanze welkt.

Die Aufrechterhaltung des Quellungsgrades der Plasmakolloide ist allerdings nicht die einzige Aufgabe des Kaliums in der Pflanze. Auch an der Photosynthese (s. S. 200ff.) und der Aktivierung von einigen Enzymen im Zellstoffwechsel ist Kalium beteiligt.

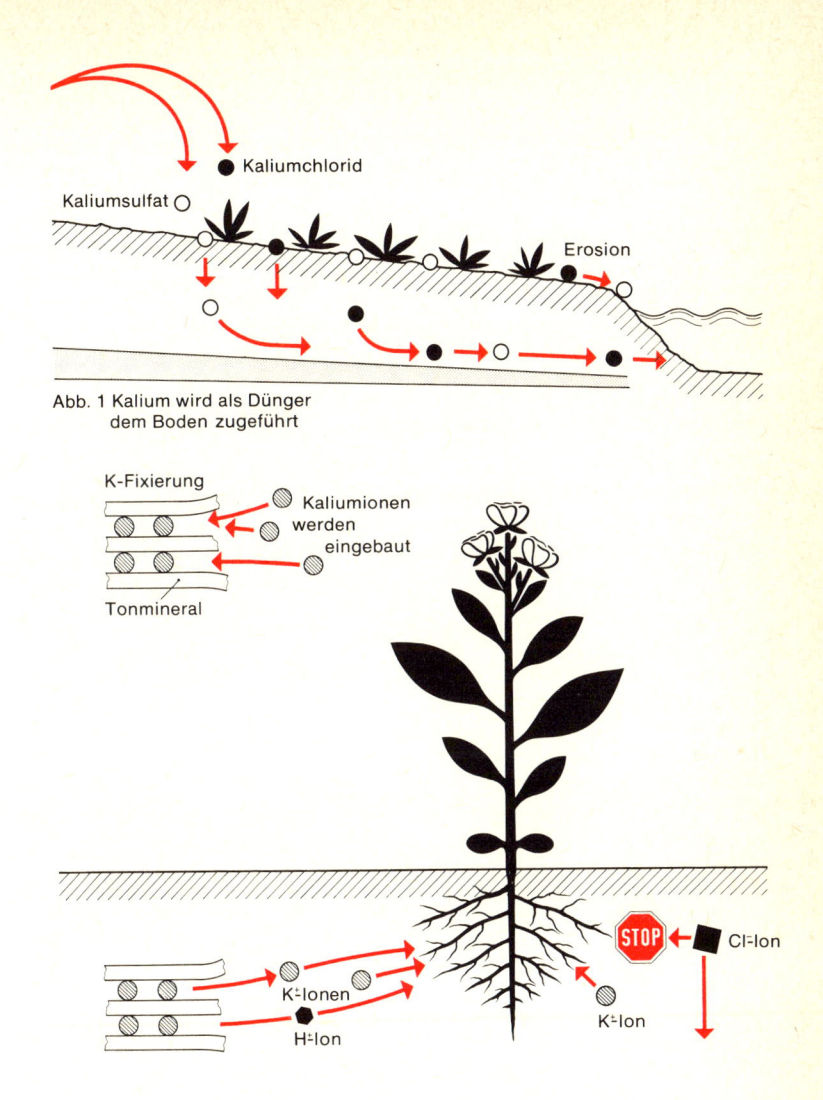

Abb. 1 Kalium wird als Dünger
dem Boden zugeführt

Abb. 2 Kaliumfixierung durch Tonminerale und
Kaliumentzug durch die Pflanze

Pflanzennährstoffe – Spurenelemente – das Kupfer

Die Pflanzennährstoffe teilt man im traditionellen Sinne ein in die sog. *Hauptnährstoffe* wie Stickstoff (s. S. 272), Phosphor (s. S. 274) und Kalium (s. S. 276) und in die sog. *Spurenelemente* wie Bor, Zink, Mangan. Diese Einteilung basiert auf dem mengenmäßigen Bedarf der Pflanze an den einzelnen Elementen; so benötigt ja z. B. die höhere Pflanze etwa tausendmal mehr Kalium als Bor.

Sinnvoller erscheint eine Unterteilung nach chemischen Gesichtspunkten bzw. der Wirkungsweise der Nährstoffe im pflanzlichen Organismus, wie sie in den letzten Jahren vorgeschlagen wurde. Nach diesem Prinzip lassen sich folgende Gruppen von Pflanzennährstoffen aufstellen:

1. Die *Nichtmetalle* umfassen u. a. die Grundelemente der organischen Substanz, also Kohlenstoff, Wasserstoff und Sauerstoff (s. auch S. 220), sowie Phosphor (s. S. 224), Schwefel, Silicium und Stickstoff (s. S. 222).

2. In der *Alkali-Erdalkali-Gruppe,* zu der u. a. Kalium, Calcium, Magnesium und Mangan gehören, liegen die Elemente im Boden als Ionen vor und werden von der Pflanze als solche aufgenommen. Sie haben vorwiegend die Aufgabe, die Ladungen organischer Ionen, die auf Grund ihrer Größe nicht durch das Membransystem der Zelle wandern können, abzusättigen.

3. Unter den *Schwermetallen* sind insbesondere Kupfer, Molybdän, Zink und Eisen zu nennen.

Die physiologisch aktivsten *Spurenelemente* sind in den Gruppen 2 und 3 zu finden. Obwohl die Spurenelemente nur in äußerst geringen Mengen von den Pflanzen benötigt werden, kommt ihnen, da sie meist als Bestandteile von Enzymen an wichtigen Stellen des Stoffwechsels eine Rolle spielen, für die Ernährung der Kulturpflanzen große Bedeutung zu. Dies soll am Beispiel des Kupfers dargestellt werden:

Kupfer ist im Boden entweder in der Tonfraktion angereichert oder es liegt in organischer Bindung vor. Von allen Spurenelementen geht Kupfer die stabilsten Bindungen mit der organischen Substanz des Bodens ein. Dadurch wird jedoch seine pflanzenphysiologische Wirksamkeit nicht behindert, sondern eher verbessert.

Kupfer, das aus den Mineralen durch Verwitterung freigesetzt wird, wird aus der Bodenlösung an die Sorptionsstellen der Tonminerale gebunden. Diese Bindung ist sehr fest, so daß Kupfer im Boden nur gering beweglich ist. Durch starke Säuren oder organische Verbindungen, die mit dem Kupfer komplexe Bindungen eingehen, kann das Kupfer mobilisiert werden.

Die *Kupferaufnahme* der Pflanzen hängt im wesentlichen von der Menge an pflanzenverfügbarem Kupfer in der Bodenlösung ab. Im pflanzlichen Organismus liegt es wohl vorwiegend in Komplexbindung vor.

Die Bedeutung des Kupfers (wie auch der meisten anderen Schwermetalle) liegt darin, daß es Bestandteil von Enzymen, im wesentlichen Oxydasen, ist, die wichtige Funktionen im Stoffwechsel der Pflanze ausüben.

Zur *Verbesserung der Kupferversorgung* der Kulturpflanzen werden vielfach *Kupfersulfat* und *kupferhaltige Metallmehle* gedüngt. Wie gering die Aufwandmengen von Kupfer sind, zeigen die Entzugswerte einer mittleren Getreideernte, die ca. 20–30 g Kupfer je Hektar betragen. Um eine sichere Düngewirkung zu erzielen, muß man allerdings das Mehrfache dieser Menge geben. Auf Mangelböden werden 5–10 kg Kupfer je Hektar empfohlen.

Gerste, Weizen und Hafer sind die empfindlichsten Feldfrüchte gegenüber *Kupfermangel*. Dieser äußert sich darin, daß die Spitzen der Blätter schmal bleiben, weiß werden und sich eindrehen. Bei extremem Kupfermangel bleibt die Ähren- oder Rispenbildung aus, in günstigeren Fällen bleiben die Ähren zumindest teilweise taub.

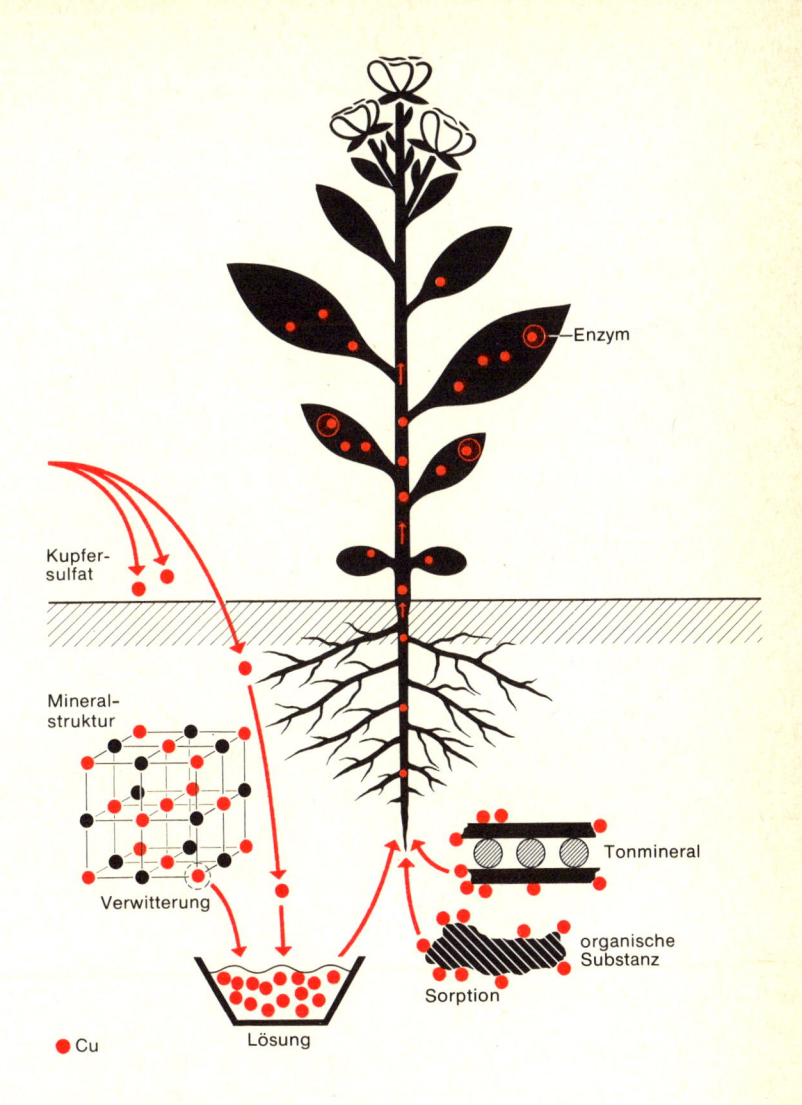

Abb. Die Versorgung der Pflanze mit Kupfer

Temperaturverhältnisse an Pflanzen

Nicht nur die Temperaturen in einem Pflanzenbestand, sondern auch die Temperaturverhältnisse an der einzelnen Pflanze und die darauf Einfluß nehmenden Faktoren sind für die Beurteilung eines Pflanzenstandortes und der dafür geeigneten Vegetation von Bedeutung.

Die Wärmezufuhr zur Pflanze wird in erster Linie durch die *Sonneneinstrahlung* bestimmt; eine gewisse (unbedeutende) Rolle spielt auch die *Veratmung von organischen Verbindungen* zu CO_2, Wasser und Energie. Die Sonneneinstrahlung erfaßt nur Teile der Pflanze, und zwar die oberirdischen, während die Wurzeln nicht betroffen werden. Man kann daher ohne weiteres annehmen, daß an den *Wurzeln* die gleichen Temperaturen wie im umgebenden Boden herrschen.

Anders sind die Verhältnisse an den *Blättern* und *Stengeln*. Sie werden direkt von der Sonnenstrahlung getroffen. Dabei wird ein Teil der Strahlung wieder zurückgeworfen, und zwar vornehmlich der Grünanteil des sichtbaren Lichtes und die Wärmestrahlung (IR). Nicht allzu dicke Blätter lassen einen weiteren Teil, und zwar wiederum vornehmlich den Grünanteil des sichtbaren Lichtes und die Wärmestrahlung, durch. Die verbleibende Reststrahlung wird vom Blatt aufgenommen. Dort wird ein Teil der aufgenommenen Energie für die Photosynthese (s. S. 200ff.) verbraucht, ein weitaus größerer für die Transpiration, und die verbleibende Energie schließlich führt zur Erwärmung des Blattes.

Wie an der Bodenoberfläche, so findet auch an der *Blattoberfläche* ein Wärmeaustausch mit der umgebenden Luft statt. Dieser ist umso intensiver, je stärker die Luftbewegung in der umgebenden Atmosphäre ist. Außerdem begünstigt Luftbewegung die Transpiration dadurch, daß der Wasserdampf aus der unmittelbaren Umgebung des Blattes weggeführt wird und damit größere Unterschiede im Dampfdruck zwischen Blatt und umgebender Luft entstehen. Beide Vorgänge führen zur Abkühlung der Blattoberfläche. Bei Sonneneinstrahlung am Tage sind an den Blattoberflächen wie auch an der Bodenoberfläche meist Temperaturen zu messen, die über der Temperatur der freien Atmosphäre liegen. Die *Übertemperaturen* werden dabei von der *Blattdicke* mitbestimmt, da dicke, fleischige Blätter mehr Energie aufnehmen, eine kleinere Oberfläche besitzen, wenig transpirieren und geringen Wärmeaustausch mit der umgebenden Luft aufweisen. Dünne Blätter dagegen sind stärkeren Schwankungen unterworfen, da sie weniger Energie in das Innere des Blattes abführen können.

Auch die Wasserversorgung der Pflanze ist ein bestimmender Faktor für die Übertemperaturen. Bei guter Wasserzufuhr können diese auf Grund der Transpirationserhöhung niedrig gehalten werden, bei ungünstigen Wasserverhältnissen welken die Blätter, und es können beträchtliche Übertemperaturen entstehen.

Übertemperaturen können bei Pflanzen *Hitzeschäden* verursachen. Die meisten Lebensvorgänge sind an einen Temperaturbereich von 0 °C bis 40 °C geknüpft, den nur wenige Organismen überschreiten können. Da bei intensiver Einstrahlung und geringer Luftbewegung auch Blattemperaturen über 40 °C bis 53 °C gemessen werden, ist leicht einzusehen, daß Hitzeschäden bei Forst- und Obstkulturen unter ungünstigen Bedingungen häufiger vorkommen, als man annimmt.

Bei Nacht treten an den Blattoberflächen durch die vermehrte Ausstrahlung auch *Untertemperaturen* auf, die jedoch nicht so extreme Werte wie die Übertemperaturen am Tage annehmen. Die Untertemperaturen der Blattoberfläche liegen etwa 1–2°C unter der Temperatur der Außenluft, während die Übertemperaturen auf 10–14°C gegenüber der freien Atmosphäre ansteigen können.

Die Auswirkung tiefer Temperaturen auf Pflanzen

Während der kalten Jahreszeit ist das Stoffwechselgeschehen im pflanzlichen Organismus stark eingeschränkt; die Pflanzen befinden sich im Ruhezustand. Dennoch haben auch in dieser Vegetationsperiode die Temperaturen in der Umgebung der Pflanze einen gewissen Einfluß auf den pflanzlichen Organismus, da die einzelnen Pflanzenarten gegen Abkühlung unterschiedlich empfindlich sind. Besonders gefährdet durch tiefe Temperaturen sind die Pflanzen im Frühjahr und im Spätwinter, wenn sie durch einzelne warme Tage „verwöhnt" werden oder bereits junge, nicht abgehärtete Triebe hervorgebracht haben.

Hinsichtlich der *Gefährdung* durch tiefe Temperaturen kann man drei *Pflanzentypen* unterscheiden:

Manche Pflanzen „*erkälten*" sich bereits bei *Temperaturen von wenig über 0°C*. Zu solchen Pflanzen gehören neben den tropischen Gewächsen die Kulturpflanzen Tabak, Tomate und Bohne, die, sofern sie nicht vollständig abgetötet werden, durch diese „Erkältung" nachhaltig im Wachstum gehemmt werden. Möglicherweise handelt es sich bei diesen Kälteschäden um irreversible Veränderungen in der Plasmastruktur der Zellen, die eine Verschiebung des enzymatischen Gleichgewichtes zur Folge haben.

Zahlreiche Pflanzen werden erst bei *Temperaturen unter 0°C durch Eisbildung geschädigt*. Besonders betroffen sind davon junge Triebe und stark wasserhaltige Pflanzenteile. Die Hypothese, daß durch die Ausdehnung des gefrierenden Wassers in den Zellen die Zellwände zerreißen, konnte nicht bestätigt werden. Man muß vielmehr annehmen, daß der „Eistod" eine Folge mechanischer Wirkungen der Eiskristalle auf die Feinstrukturen des Plasmas ist bzw. daß das Zellplasma durch den plötzlichen Wasserentzug beim Gefrieren entquillt oder Schäden am Plasma durch plötzlichen Wasserüberschuß beim Auftauen entstehen.

Schließlich gibt es Pflanzen, die tiefe *Temperaturen unter 0°C* mit Eisbildung im Gewebe *ohne Schädigung* aushalten können. Zu diesem Pflanzentyp gehören u. a. verschiedene immergrüne Nadelbäume.

Ein besonderes Problem unter den Auswirkungen tiefer Temperaturen auf Pflanzen stellt das sog. *Auswintern* (das Zugrundegehen der Wintersaat) dar, das vornehmlich bei den Wintergetreidearten vorkommt. Ein häufiger Auswinterungsgrund ist das *Auffrieren*. Dazu kommt es, wenn bei Wechselfrost Tauwasser in den Boden eindringt, wenig später dort gefriert und durch die damit verbundene Volumenausdehnung den Boden anhebt. Dadurch werden die angehobenen Wurzeln entweder mechanisch (Zerreißen) geschädigt, oder sie werden freigelegt und verdorren. – Nach üppiger Herbstentwicklung der Wintersaat kann es, wenn der Boden zu naß ist, unter einer mächtigen, möglicherweise noch überfrorenen Schneedecke durch Sauerstoffmangel und Kohlensäureanhäufung zum *Ersticken der Pflanzen* kommen. Diese Erscheinungen gehen meist mit dem Befall des Bestandes durch Pilze (z. B. Schneeschimmel) und tierische Schädlinge (z. B. Kleekrebs, Rapserdflohlarven) einher.

Die *Frostresistenz (Frosthärte)* der Pflanzen ist *jahreszeitlichen Schwankungen* unterworfen. Sie wird vom Frühjahr an zum Sommer hin immer geringer, während sie im Herbst ständig zunimmt und in der kalten Jahreszeit am stärksten ausgeprägt ist. Eine enge Wechselbeziehung besteht dabei zwischen der jeweiligen Frosthärte und dem *Zuckergehalt* einer Pflanze, ohne daß man jedoch sagen könnte, ob die Zuckeranreicherung eine Begleiterscheinung der zunehmenden Frostresistenz ist oder ob sie die verstärkte Frostresistenz bewirkt.

Tau und Reif – ihre Bedeutung für die Pflanzen

Tau entsteht, wenn Wasserdampf am Erdboden oder auf der Oberfläche von Pflanzen bei Temperaturen über 0 °C kondensiert; erfolgt die Kondensation unter 0 °C, entsteht *Reif*. Der Vorgang der Taubildung ist im einzelnen folgender: Die Bodentemperatur nimmt nachts durch die Wärmeabstrahlung des Bodens ab. Unterschreitet die Bodentemperatur einen bestimmten Wert, bei dem der vorhandene Wasserdampfdruck zur Wasserdampfsättigung ausreicht *(Taupunkt)*, dann sinkt der Wasserdampf zum Boden ab und kondensiert an der Boden- bzw. Pflanzenoberfläche zu Wasser.

Bei diesem Vorgang wird *Kondensationswärme* frei. Außerdem wird dem Erdboden durch das Absinken der Luftteilchen aus der Atmosphäre *Bewegungsenergie* zugeführt. Die Stärke dieser beiden Energieströme wird von der Menge der abgestrahlten Bodenwärme bestimmt. In klaren Nächten ist die Wärmeabstrahlung groß, so daß auch der Taufall erhöht wird. Nach bedeckten Nächten ist hingegen kaum Taubildung zu verzeichnen, da die abgestrahlte Bodenwärme von den Wolkendecke reflektiert wird.

Die unter günstigsten Bedingungen fallende *Taumenge* liegt mit 0,5 mm deutlich unter dem theoretisch errechneten Wert von 0,8 mm. Taunasse Wiesen erwecken allerdings oft den Eindruck, als sei wesentlich mehr Wasser vorhanden. Diese Erscheinung beruht darauf, daß besonders die Gräser die Fähigkeit besitzen, aus Wasserspalten zusätzliches sog. *Guttationswasser* abzugeben, das fälschlich oft als Tau angesehen wird.

Wasserdampf schlägt sich als *Reif* nieder, wenn die Boden- bzw. Oberflächentemperatur der Pflanzen, wie bereits oben gesagt, unter 0 °C liegt. Dabei geht das Wasser unmittelbar aus der dampfförmigen in die feste Phase *(Eiskristalle)* über. Die Lufttemperatur spielt bei diesem Vorgang keine Rolle; sie kann durchaus über dem Gefrierpunkt liegen. Ebenso wie bei der Taubildung wird auch bei der Bildung von Reif die dem Boden durch den Eisbildungsprozeß zugeführte Wärmeenergie *(Gefrierwärme)* durch die Wärmeabstrahlung des Bodens wieder entzogen.

Die *Auswirkungen von Tau- und Reifniederschlägen* auf die Pflanzen ist in den gemäßigten Zonen besonders hinsichtlich der Wasserversorgung der Pflanzen nur von untergeordneter Bedeutung. Der Bodenwassergehalt wird durch Tau (ebenso wenig wie durch Nebel) nicht nennenswert erhöht. Auch die direkte Tauaufnahme durch die Blattoberfläche spielt für die Wasserversorgung der Pflanzen keine wesentliche ökologische Rolle. Anders ist das z. B. bei solchen Pflanzen, die auf anderen Pflanzen wachsen, ohne die Leitungssysteme der Wirtspflanzen in Anspruch zu nehmen *(Epiphyten)*. Diese können mit Hilfe besonderer Organe wie Luftwurzeln oder Saugschuppen das Niederschlagswasser des Taus direkt aufnehmen. – Auch das Wachstum der Flechten wird durch Tau begünstigt.

Von größerem Interesse ist die physiologische Bedeutung des Taus für die *Reduzierung der pflanzlichen Transpiration* (Abgabe von Wasserdampf durch die Spaltöffnungen). Mit dem Einsetzen der Photosynthese (s. S. 200ff.) am Morgen öffnen sich die Spaltöffnungen der Pflanze, und die Transpiration nimmt zu. Liegt nun Tau auf den Blättern, so wird die Transpiration verringert oder gar gänzlich verhindert. Die Pflanze übersteht auf diese Weise kürzere Trockenperioden, ohne Schaden zu nehmen. Insbesondere Jungpflanzen, die noch kein ausgeprägtes Wurzelsystem besitzen, werden so vom Tau begünstigt.

Ungünstige Auswirkungen hat Taufall vor allem in *feucht-warmen Perioden*. Indem er nämlich eine Wasserdampfsättigung in Pflanzenbeständen bewirkt, fördert er die *Sporenbildung* und damit das Wachstum pflanzenschädigender Pilze.

Abb. 1 Die Entstehung von Tau

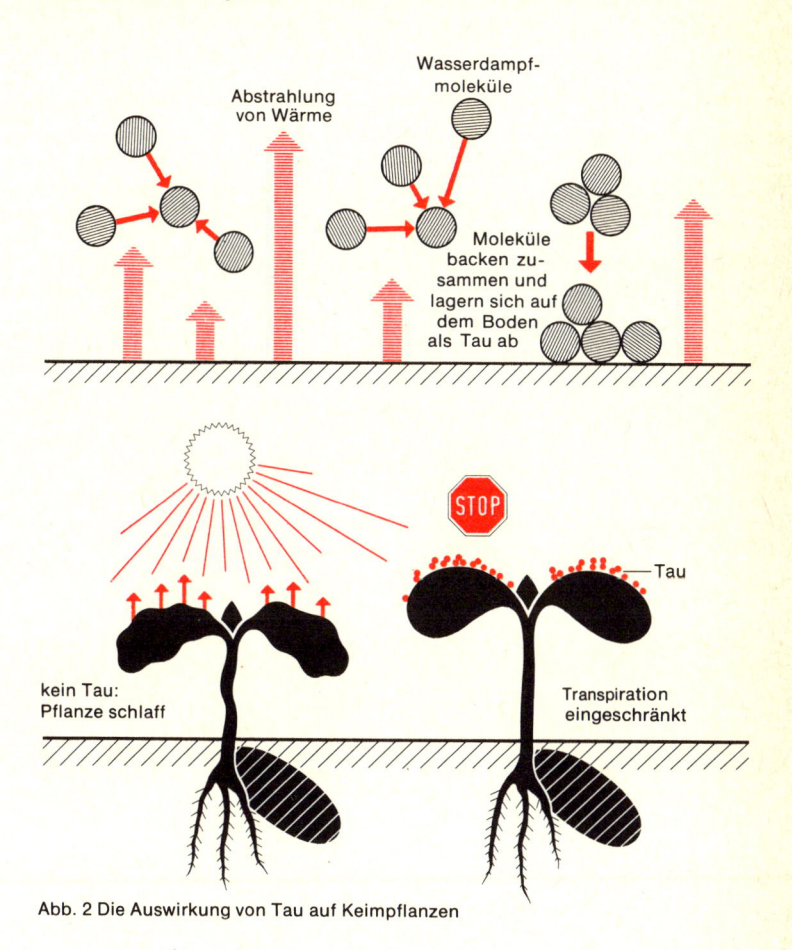

Abstrahlung von Wärme

Wasserdampfmoleküle

Moleküle backen zusammen und lagern sich auf dem Boden als Tau ab

kein Tau: Pflanze schlaff

Tau

Transpiration eingeschränkt

Abb. 2 Die Auswirkung von Tau auf Keimpflanzen

Frostschutz

Die großen Schäden, die an frostempfindlichen Kulturen durch *Strahlungsfröste* und *Kaltlufteinbrüche (Advektivfröste)* zu Beginn der Vegetationsperiode im Frühjahr bis in den Frühsommer hinein entstehen, erfordern wirksame Schutzmaßnahmen.

Während gegen Advektivfröste kaum vorbeugende Maßnahmen ergriffen werden können, kann man die Ausbildung von Kaltluftseen bei Strahlungsfrösten verhindern. Dies geschieht durch *Melioration* (Bodenverbesserung) nasser Wiesen und Moore (sofern sie nicht unter Naturschutz stehen) oder durch die Anlage wärmespeichernder Teiche. Auch die Abschirmung durch *lebende Schutzstreifen* (Hecken) kann das Einfließen von Kaltluft verhindern und damit die Ausbildung von Kaltluftseen. Ferner kann man aufgestaute Kaltluft ableiten, indem man das Abflußhindernis durchbricht.

Neben vorbeugenden Maßnahmen haben vor allem die unmittelbaren Schutzmaßnahmen große Bedeutung. Diese können zum einen darin bestehen, daß man die *Ausstrahlung vom Boden verringert,* indem man die ausstrahlende Fläche über dem Pflanzenstand abschirmt. Das *Abdecken der Kulturen* mit Matten, Tüchern, Kunststoffolien, Glasfenstern, Papierschirmen, Stroh, Stalldünger oder Kartoffelkraut findet wegen des sehr hohen Arbeitsaufwandes meist nur in gärtnerischen Kulturen Anwendung. Große Flächen und hohe Pflanzen können auf diese Weise nicht geschützt werden.

Rationeller und billiger als Frostschutzmaßnahme ist die *Lufttrübung,* die durch Verbrennen von Altöl oder Pflanzenabfällen (starke Rauchentwicklung) erreicht wird; geeignet sind auch Räucherpatronen und das Abblasen von Nebelsäure (Mischung von Chlorsulfonsäure und Schwefeltrioxyd). Das Verfahren der Lufttrübung ist allerdings nur in ebenem Gelände und bei Windstille (Schutzwirkung etwa bis $-2\,°C$) wirksam.

Wirksamen Frostschutz bietet auch die *Wärmespeicherung* oder *Wärmezufuhr.* Ersteres geschieht durch die *Vorwegberegnung,* durch die Wärme im Oberboden gespeichert wird. Voraussetzung für eine günstige Wirkung ist allerdings warme und sonnige Witterung nach der Beregnung. Außerdem ist dieses Verfahren nur bei niedrigen Kulturen und schwachen Frösten geeignet. Besser bewährt hat sich die Dauerberegnung während des Frostes. Die Schutzwirkung der *Dauerberegnung* beruht darauf, daß die beim Gefrieren des Wassers freiwerdende Erstarrungsenergie die Temperatur der Eisschicht und der Pflanze bei etwa $-0{,}5\,°C$ hält. Für den überwiegenden Teil der Kulturpflanzen ist diese geringe Unterkühlung unschädlich. Die Regendichte sollte allerdings zur Vermeidung einer zu starken Vereisung möglichst gering sein, und die Beregnung sollte bis zum Auftauen fortgesetzt werden. Weit verbreitet ist die Frostschutzberegnung vor allem während der Baumblüte im Obstbau. Durch die Frostschutzberegnung können Fröste bis zu $-6\,°C$ abgewehrt werden.

Sehr aufwendig und auch teuer sind bis jetzt die verschiedenen Verfahren der *Geländeaufheizung.* Dabei bringt das Aufstellen von *Ölöfen* in frostgefährdeten Kulturen immerhin einen wirksamen Frostschutz bis etwa $-5\,°C$. Die Technologie der Heranführung wärmerer Luft in Pflanzenkulturen aus der freien Atmosphäre oder künstlich erwärmter Luft über Propeller ist noch nicht weit genug entwickelt, als daß man hier ein endgültiges Urteil abgeben könnte.

Ein sehr wirksamer Frostschutz auf lange Sicht ist durch pflanzenzüchterische Maßnahmen erzielbar. Allerdings erfordert das Herauszüchten *frostresistenter Sorten* viel Zeit und Geduld.

Abb. 1 Bodenausstrahlung

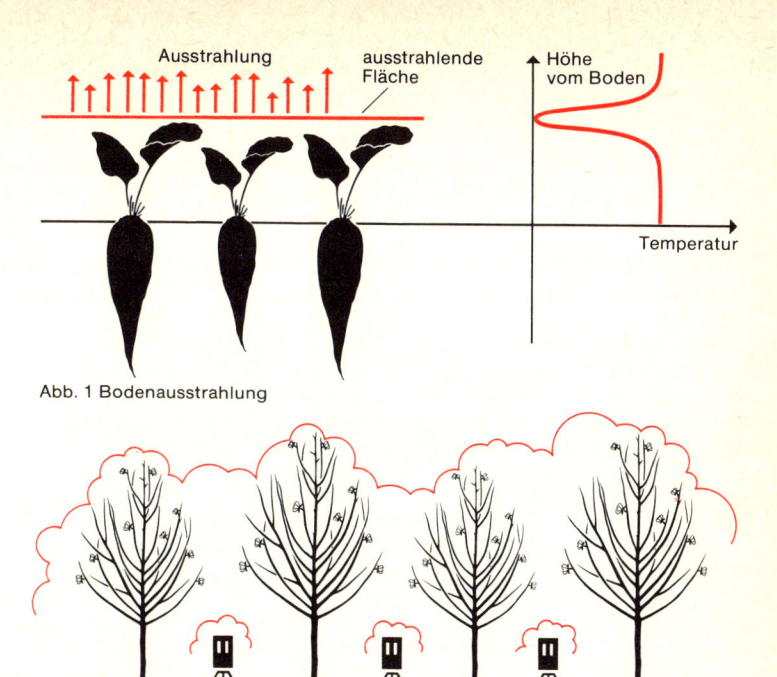

Abb. 2 Lufttrübung als Frostschutzmaßnahme

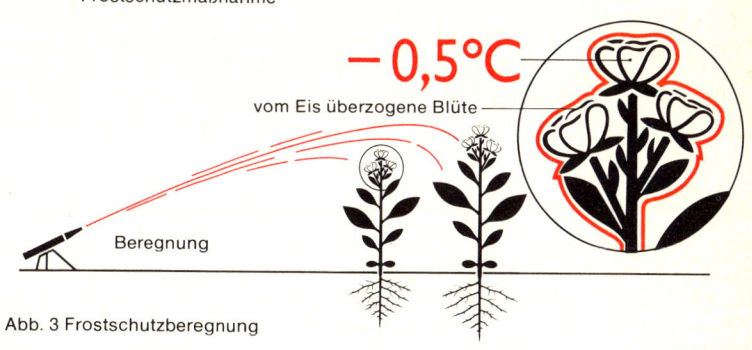

Abb. 3 Frostschutzberegnung

Windwirkung an Pflanzen

Klimafaktoren wie Wind, Sonneneinstrahlung, Kälte und Wärme sowie Niederschläge haben einen großen Einfluß auf den Stoffwechsel und die Ausbildung der Gestalt der Pflanzen. Die Wirkung von Luftbewegungen mehr oder minder großer Stärke ist einerseits physiologischer, andererseits mechanischer Art.

Auf die Pflanze wirken *Luftbewegungen* zunächst durch die *Erhöhung der Transpirationsrate.* Bei ausreichender Wasserversorgung ist dies zur Verbesserung der Stoffproduktion erwünscht. Unter *trockenen Klimabedingungen* wird die *Wasserbilanz* der Pflanze durch die Windwirkung jedoch sehr schnell *negativ.* Als Folge der beginnenden Welke schließen sich die Spaltöffnungen der Blätter. Damit wird zwar die Transpiration eingeschränkt, aber gleichzeitig auch die Kohlendioxidassimilation gestoppt. Eine *leichte Luftbewegung* dagegen fördert die Photosynthese der Pflanzen (s. S. 200 ff.) durch Heranführen von Kohlendioxid aus der Bodenluft.

Die mechanische, *formbildende Wirkung des Windes* an Pflanzen und Pflanzenteilen ist vor allem in Gegenden zu beobachten, in denen die Winde häufig hohe Geschwindigkeiten erreichen. Solche Gebiete sind die *Wüsten* und *Steppen,* in denen auf Grund fehlenden Bodenbewuchses bzw. fehlender Baumbestände der Wind voll auflaufen kann. Sehr starke Winde treten auch an den Meeresküsten und an einzelnstehenden Berggipfeln auf. In unmittelbarer *Bodennähe* ist die Windgeschwindigkeit als Folge der Reibung geringer, so daß niedrige Pflanzen (z. B. Gräser), selbst bei hohen Windgeschwindigkeiten, kaum mechanischen Belastungen ausgesetzt sind.

Bäume dagegen, insbesondere freistehende, werden starken mechanischen Beanspruchungen ausgesetzt. Durch Aneinanderschlagen und -reiben werden Äste geknickt oder abgerissen und werden die Blätter gequetscht; es treten Verletzungen auf. – Große *Blätter* (z. B. beim Tabak) können zerrissen werden, und Wasser wird aus den verletzten Gewebsstellen ausgepreßt. Weiterhin führt das Hin- und Herbiegen der Blätter zu ständigen Volumenveränderungen der Interzellularräume im Schwammgewebe des Blattes, wodurch selbst bei Spaltenschluß Luft eingesaugt und ausgepreßt wird, was zu hohen Wasserverlusten und zum Vertrocknen der Blätter führt. Besonders betroffen sind die großen, dünnhäutigen *Schattenblätter* der Bäume, während die relativ kleineren, dickhäutigen *Sonnenblätter* unter der Windwirkung viel weniger leiden.

Die dem Wind zugewandten Äste *freistehender Bäume* (auch Bäume an Waldrändern) werden durch die Windwirkung im Wachstum gehemmt, während die Äste der windabgewandten Seite normales Wachstum zeigen. Dadurch entsteht der Eindruck, der Baum zeige in Windrichtung. Bei windgescherten Bäumen sind die Zweige an der windzugewandten Seite völlig abgestorben.

Windbruch und *Windwurf* sind die schwerwiegendsten Folgen der Windwirkung. Beim Windbruch werden durch den Winddruck die Baumkrone und/oder starke Äste abgebrochen, während beim Windwurf der Baum mit dem Wurzelwerk umgeworfen wird. In überalterten und kränklichen Baumbeständen sowie in Monokulturen treten diese Formen der Windwirkung besonders deutlich auf. Ein Beispiel sind reine *Fichtenforste:* Freistehende Fichten sind unter natürlichen Bedingungen von der Basis bis zur Spitze beastet. Dabei nimmt die Ausladung der Äste von oben nach unten zu, so daß der Schwerpunkt des Baums tief liegt. In den engstehenden Kulturbeständen sterben infolge Lichtmangels die unteren Äste der Fichten ab, so daß nur die Krone beastet ist; die Stämme sind lang und schlank. Der Schwerpunkt eines solchen Baums liegt dadurch sehr hoch, was Instabilität zur Folge hat. Geschützt werden diese Bäume durch besser ausgebildete, tiefbeastete Bäume am Waldrand, die einen „Windmantel" darstellen.

Windrichtung

Abb. 1 Einwirkung des Windes auf freistehende Laubbäume

Abb. 2 Windgescherter Baum

Schnee- und Rauhreifbelastung

Schwerpunkt einer freigestellten Fichte

Schwerpunkt einer freistehenden Fichte

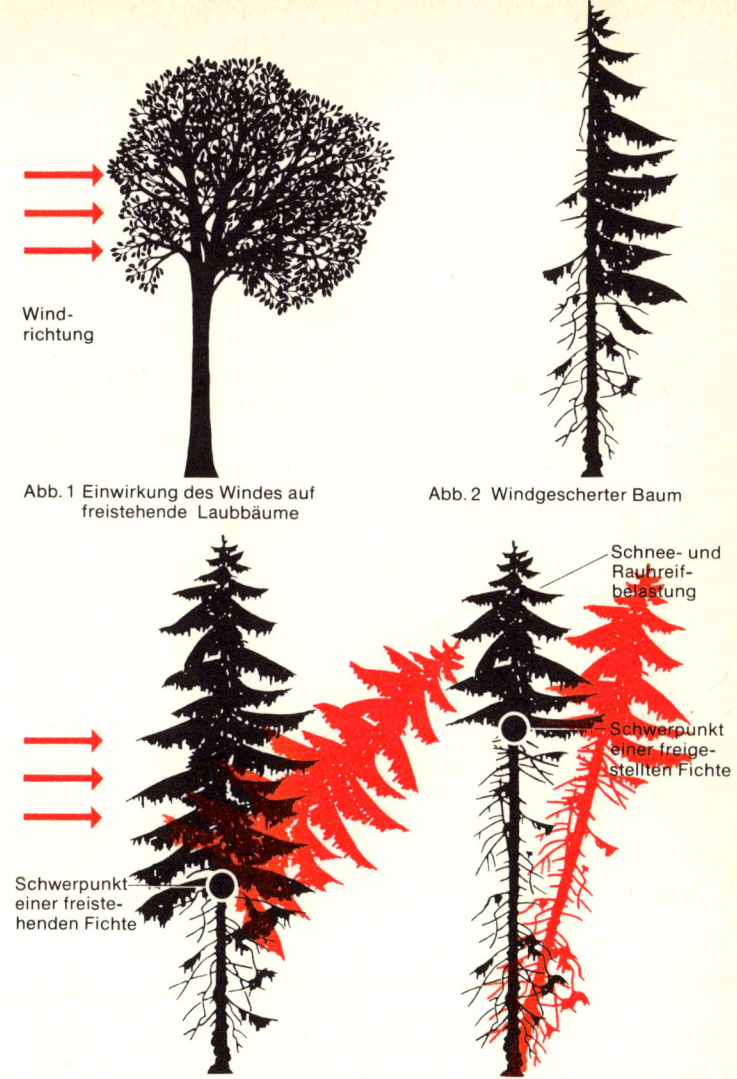

Abb. 3 Windangriff bei freistehend gewachsenen und freigestellten Fichten

Windschutzmaßnahmen für Kulturbestände

In Kulturbeständen entstehen an den Pflanzen häufig dadurch *Windschäden,* daß Saaten freigelegt, verweht oder zugeweht werden oder beispielsweise nasse Getreidepflanzen durch Windeinwirkung umknicken (lagern). In der kalten Jahreszeit wirkt sich besonders die Tatsache negativ aus, daß der Wind oft eine schützende Schneedecke fortweht. Auch *Unkrautsamen* (z. B. Löwenzahn), *Krankheitskeime* und *tierische Schädlinge* (z. B. Kartoffelkäfer) werden vom Wind verschleppt und ausgebreitet. Weitere Schäden entstehen durch die Wirkung *fester Stoffe* wie Sand oder Schnee, die, vom Wind mitgerissen, beim Auftreffen auf den Pflanzen *mechanische Verletzungen* des pflanzlichen Gewebes hervorrufen.

Zur Verhinderung solcher Windwirkungen werden in vielen Gebieten (z. B. Küstenlandschaften, Flußtäler) *Hecken* und regelrechte *Windschutzstreifen* angelegt. Ein richtig angelegter *Windschutzzaun* in Form einer *Baumbepflanzung* reduziert die Bodenerosion durch Wind im Bereich leichter Sandböden und bewirkt, daß die Bodenfeuchtigkeit durch Herabsetzung der Verdunstungsrate länger erhalten bleibt. Außerdem verstärkt sich unter dem Einfluß eines schützenden Windschutzzauns der Taufall, und im Winter bleibt besonders auf beschatteten Flächen gefallener Schnee länger liegen. Schließlich erhöht sich auch die Lufttemperatur, da die einströmende Wärmeenergie nicht durch Konvektion abgeführt wird.

Die Wirkung der Windschutzstreifen ist allerdings begrenzt. Sie hängt von der *Höhe* und der *Bestandsdichte* des Streifens ab sowie vom Abstand zwischen den einzelnen Windschutzdecken. *Mitteldichte Streifen* haben dabei eine bessere Schutzwirkung als dichte, weil in diesen durch Windstau Wirbel auftreten können.

Bereits in einer Entfernung, die der fünffachen Höhe des Schutzstreifens entspricht, tritt vor dem Streifen eine spürbare Verringerung der *Windgeschwindigkeit* ein, die jedoch bis zum Schutzstreifen hin wegen rückwirkenden Windstaus wieder stark zunimmt. Die stärkste Abschwächung des Windes wird unmittelbar hinter dem Schutzstreifen erreicht. Von da an steigt die Windgeschwindigkeit wieder bis etwa zum Fünfundzwanzigfachen der Schutzstreifenhöhe auf 90–100 % der Freilandgeschwindigkeit an. Bei einer angenommenen Schutzstreifenhöhe von 15 m müßte demnach in einer Entfernung von 375 bis 400 m ein weiterer Schutzstreifen quer zur vorherrschenden Windrichtung angelegt werden.

Neben den *günstigen Auswirkungen für die Kulturpflanzen* tragen Windschutzstreifen in baumarmen Gebieten zur *Holzgewinnung* bei. Darüber hinaus schaffen sie ein *Biotop,* in dem viele Nützlinge gute Brut- und Lebensbedingungen vorfinden. Auch hinsichtlich der *Landschaftgestaltung* sind Windschutzstreifen positiv zu bewerten.

Die Anlage von Windschutzstreifen erfordert allerdings, daß die *Landwirtschaft* auch eine Reihe von *Nachteilen* in Kauf nimmt: In modernen, maschinell arbeitenden Betrieben ergeben sich nämlich Schwierigkeiten bei der Bewirtschaftung, da die Schutzstreifen bei den Feldarbeiten ständig umfahren werden müssen. Ihre Erhaltung und Pflege erfordern zusätzlichen Arbeitsaufwand. Auch die unvermeidlichen Flächenverluste sind zu berücksichtigen. In feuchten Gebieten wird zudem die Frühjahrsbestellung durch die verlängerte Schnee- und Wasserretention verzögert. Unmittelbare Beeinträchtigungen resultieren aus der Wurzelkonkurrenz der Bäume und der Kulturpflanzen um Wasser (vornehmlich in trockenen Gebieten) und Nährstoffe. In dem feuchtwarmen Bereich unmittelbar hinter dem Schutzstreifen können sich Pilzkrankheiten ausbreiten.

Da durchaus noch nicht alle Faktoren und Wirkungen der Windschutzstreifen genügend untersucht sind und sich Fehler in der Beurteilung des Standortes und in den Windschutzanlagen selbst nachteilig auswirken können, ist im Einzelfall eine gründliche Voruntersuchung und Beratung unerläßlich.

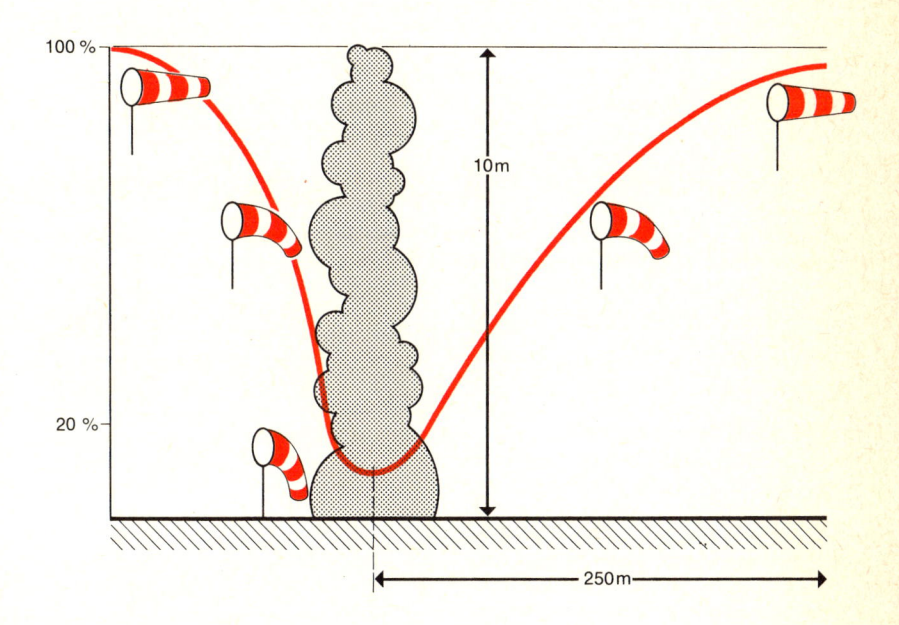

Abb. Schutzwirkung einer Hecke

Bewässerung

Wasser ist für die Pflanze einer der grundlegenden Wachstumsfaktoren, der nur dann Höchsterträge zuläßt, wenn er optimal zur Verfügung steht. Dies ist jedoch selbst in den feuchten Gebieten Mitteleuropas keineswegs immer und überall der Fall, so daß Maßnahmen der Wasserzufuhr durchgeführt werden müssen.

Der Effekt der *anfeuchtenden Bewässerung* ist darin zu sehen, daß Wasser aus niederschlagsreichen Gebieten den niederschlagsarmen Gegenden aus unter- oder oberirdischen Zuflüssen zugeführt wird. – Weiterhin kann Bewässerung auch zur natürlichen Düngung beitragen *(düngende Bewässerung).*

Grundsätzlich unterscheidet man drei unterschiedliche Verfahren der Bewässerung: 1. die *Stau-* oder *Rieselverfahren,* bei denen abgegrenzte Flurstücke überstaut werden oder das Wasser am Hang in Gräben, Furchen oder auf breiter Fläche über Wiesen und Äcker geleitet wird; 2. die *unterirdische Bewässerung,* bei der das Bewässerungswasser über ein unterirdisches Rohrsystem in den Boden geleitet wird *(Drän-Einstau);* 3. die heute vorwiegend angewandte Beregnung (s. S. 292).

Die positiven Auswirkungen der Bewässerung sind insbesondere in niederschlagsarmen Jahren, in denen die Pflanzen die erhöhten Lufttemperaturen aus Wassermangel nicht produktiv nutzen können, besonders augenfällig. Gerade gegen Ende der Vegetationsperiode kann eine rechtzeitige Bewässerung die Wachstumsphase verlängern, eine vorzeitige Notreife verhindern und dadurch die Erträge erhöhen und stabilisieren.

Wie der natürliche Niederschlag fördert auch das Bewässerungswasser den *Gasaustausch der Bodenluft.* Bei Berieselung und Beregnung nimmt das Wasser durch seine große Kontaktoberfläche mit der Luft Sauerstoff auf, dringt in den Boden ein und verdrängt die CO_2-reiche Bodenluft. Daneben haben insbesondere die Stauverfahren noch einen weiteren Effekt. Durch kurzfristiges Überstauen werden *bodenbewohnende Schädlinge* wie Mäuse, Hamster, Engerlinge, Raupen usw. *aus ihren Nisträumen vertrieben* oder vernichtet. Auch *übermäßige Salzanreicherungen,* die besonders in trockenen Gebieten häufig das Pflanzenwachstum beeinträchtigen, *werden* aus dem Boden *ausgewaschen.*

Weiterhin besteht die Möglichkeit, über ein Bewässerungssystem mit geringem Arbeitsaufwand *Düngungs-* und *Pflanzenschutzmaßnahmen* durchzuführen, indem der Dünger oder die Spritzmittel dem Bewässerungswasser zugegeben werden. Auch Jauche und kommunale Abwässer können so als Dünger auf sog. Rieselfelder gebracht werden. Letzteres ist allerdings in den vergangenen Jahren aus hygienischen Gründen in verstärkten Maße kritisiert worden, da sich pathogene Keime aus dem kommunalen Abwasser längere Zeit im Boden halten können und die Gefahr besteht, daß diese Keime dann über das Erntegut wieder auf den Menschen übertragen werden.

Im übrigen bringt die künstliche Bewässerung *nicht nur Vorteile.* So führt z. B. gerade bei den Stau- und Berieselungsverfahren das kurzfristige Überangebot an Wasser zu einer *Verlagerung von Pflanzennährstoffen, Tonmineralen und organischen Kolloiden* in tiefere Bodenschichten. Dadurch verarmt der Oberboden, und im Unterboden kommt es zu Verdichtungen, die das Wurzelwachstum behindern. Die Pflanzen werden aber auch dadurch geschädigt, daß den Wurzeln durch die kurzzeitige Staunässe nicht genügend Luftsauerstoff zur Verfügung steht. Man muß daher bei allen Bewässerungsmaßnahmen immer zugleich auch für eine ausreichende Entwässerung (s. auch S. 296) sorgen. – Besonders zu Beginn einer Vegetationsperiode ist schließlich auch damit zu rechnen, daß das Bewässerungswasser dem Boden Wärme entzieht, wodurch Keimung und Wachstum verzögert werden. Gerade in dieser Hinsicht muß deshalb die Frühjahrsbewässerung äußerst behutsam durchgeführt werden.

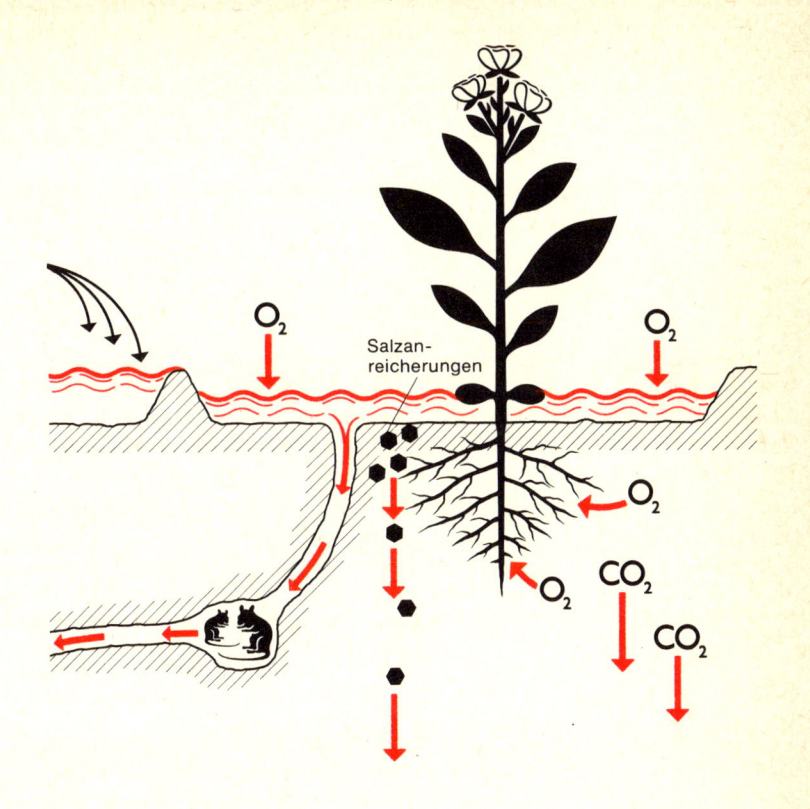

Abb. Die verschiedenen Auswirkungen der Bewässerung

Bewässerung – die Beregnung

Eine *Beregnungsanlage* besteht im wesentlichen aus der Antriebsmaschine, der Pumpe, den Rohrleitungen und den Regnern. Die Pumpe, von einer stationären oder fahrbaren Antriebsmaschine betrieben, drückt das Wasser durch die Rohrleitungen zu den Regnern, von denen es mittels speziell ausgebildeter Düsen ausgespritzt und verteilt wird. Die Rohrleitungen werden nur in Ausnahmefällen stationär verlegt (z. B. bei der Rasenberegnung). In der Regel (v. a. im Feldgemüsebau und beim Frostschutz) werden die Leitungen aus sog. Schnellkupplungsrohren immer wieder neu verlegbar zusammengestellt.

Einer der wichtigsten Faktoren bei der Beregnung ist die *Regendichte* (mm/h). Man unterscheidet *Schwachregner* (viele kleine Regner mit geringer Regendichte sind in die Rohrleitungen eingekuppelt), *Mittelstarkregner* und *Starkregner* (große Regendichte). Letztere werden meist nur auf Park- und Rasenflächen, in Obstkulturen und auf Grasland eingesetzt.

Mit der künstlichen Beregnung sollen ähnliche Bedingungen wie beim natürlichen Niederschlag geschaffen werden. Dies wird jedoch nicht in vollem Umfang erreicht, was z. T. an der Temperatur des verregneten Wassers liegt. Auf dem kurzen Weg, den der Kunstregen durch die Luft zurücklegt, wird dieser zwar merklich erwärmt, ohne jedoch die Wirkung eines warmen Landregens zu erzielen. Es ist deshalb von Vorteil, wenn in entsprechenden Teichen vorgewärmtes Wasser zur Verfügung steht.

Da künstliche Beregnung vornehmlich bei starker Sonneneinstrahlung durchgeführt wird, sind hohe *Verdunstungsverluste* unvermeidlich. Die Verdunstung führt als Folge der Verdunstungskälte zu einer *Abkühlung der Pflanzen und des Bodens* (in manchen Fällen bis zu 3°C), was zwar gelegentlich, wenn zarte Pflanzenteile (z. B. Kopfsalatblätter) unter der Hitzeeinwirkung leiden, durchaus erwünscht sein kann, was jedoch im allgemeinen (besonders zur Zeit der Keimung) beträchtliche Verzögerungen im Pflanzenwachstum verursachen kann.

Auch bezüglich der *geringen Regendichte* kann die künstliche Beregnung nicht mit dem in diesem Sinne idealen Landregen konkurrieren (auch nicht beim Einsatz von Schwachregnern); hinzu kommt, daß Naturregen nicht stoßweise, sondern kontinuierlich fällt. So begünstigt die künstliche Beregnung auf unbebautem Ackerland generell und auf bewachsenem Ackerland zur Zeit der Keimung zwischen den einzelnen Kulturpflanzenreihen, besonders bei schwerem Boden, durch das nur sehr langsame Versickern des Wassers die Bildung von Oberflächenwasser und damit eine Verschlämmung bzw. (in Hanglagen) eine Erosion des Bodens (s. auch S. 104). Auf Grünland sind solche schädlichen Auswirkungen wegen des zusammenhängenden Bewuchses wesentlich geringer.

Gegenüber den anderen Bewässerungsverfahren, bei denen wegen der unvermeidlichen Versickerungsverluste im allgemeinen mit Überschußwasser gearbeitet werden muß, nutzt die Beregnung das Wasser wesentlich besser aus, es sei denn, daß zu geringe Regengaben zu hohe Verdunstungsverluste bewirken. Sickerverluste sind hier, außer in sehr leichten, durchlässigen Böden, kaum zu erwarten.

Die Erhöhung der Produktivität der Kulturpflanzen durch die Beregnung ist in hohem Maße vom *Zeitpunkt der Beregnung* abhängig und nicht so sehr von der Regenmenge. Günstig für eine Beregnung ist z. B. die Zeit kurz vor dem Einsetzen des Wassermangels, während bei einer Beregnung zum Zeitpunkt bereits eingetretener Welke mit Produktivitätsminderung zu rechnen ist. Unzeitige Beregnung vermag sogar den Bestäubungsvorgang zu stören oder kann zu übermäßiger Blattentwicklung führen; außerdem begünstigt sie das Unkrautwachstum.

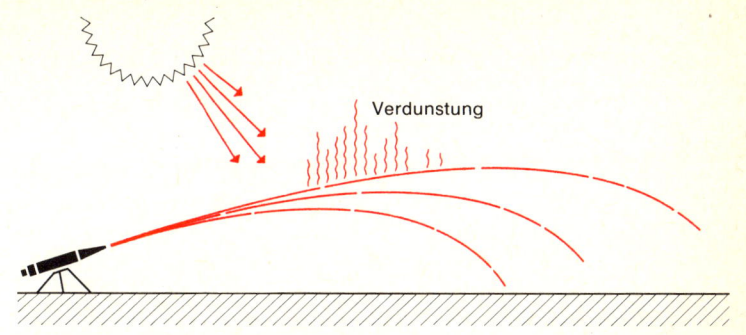

Abb. 1 Starke Sonneneinstrahlung bewirkt übermäßige Verdunstung

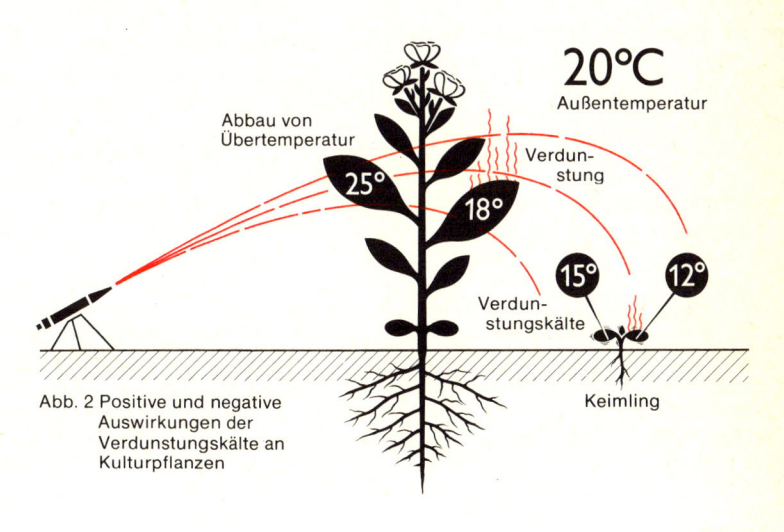

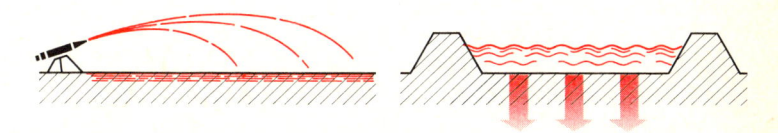

Abb. 2 Positive und negative Auswirkungen der Verdunstungskälte an Kulturpflanzen

Abb. 3 Geringe Sickerwasserverluste bei Beregnung, hohe bei Einstaubewässerung

Künstlicher Niederschlag

In Gebieten mit hoher Hagelhäufigkeit werden im Interesse der Landwirtschaft seit Jahren Versuche unternommen, die Hagelbildung dadurch zu verhindern, daß man hagelträchtige Wolken rechtzeitig zum Abregnen bringt. Derartige Verfahren zur Erreichung eines künstlichen Niederschlags durch menschliche Eingriffe wären auch für Trockengebiete von eminenter Bedeutung. Sie setzen in jedem Falle das Vorhandensein von Wolken voraus; denn die Erzeugung künstlicher Wolken ist nicht möglich.

Am besten geeignet sind *Quellwolken,* in denen die Kondensationströpfchen schon unterkühlt sind; die Wolke muß also über die Grenze von 0 °C hinausreichen. Auch Wolken, die sich durch den Luftraum an der windzugewandten Seite eines Gebirgskamms bilden und dort in große Höhen aufsteigen, bieten Aussicht auf Erfolg bei der Einleitung künstlicher Abregnungsmaßnahmen.

Aufsteigende Wassertröpfchen werden an der Grenze von 0 °C unterkühlt und gefrieren schließlich bei etwa -15 °C durch natürliche Kristallisationskerne. An die Eiskristalle lagert sich rasch weiteres Wasser an, so daß die Kristalle immer schwerer werden und dadurch zu Boden fallen. Bei Überschreiten der 0°-Grenze tauen die Eiskristalle und fallen als Regentropfen weiter. Die Erzeugung künstlichen Niederschlags beruht nun darauf, daß man die unterkühlten Tröpfchen schon vorzeitig zum Gefrieren bringt. Dazu benötigt man Gefrierkerne, die bereits bei Temperaturen dicht unter 0 °C wirksam werden. Man erreicht dies, indem man *Trockeneis,* d. h. Kohlensäureschnee oder Silberjodid vom Flugzeug aus von oben auf die Wolken herabwirft oder indem man Silberjodid durch kleine Raketen direkt in die Wolken schießt. *Silberjodid* besitzt eine sehr ähnliche Gitterstruktur und Gitterenergie wie das Eis und bringt dadurch die unterkühlten Wassertröpfchen bei ca. -2 bis -4 °C zum Gefrieren. Der weitere Ablauf der Regentropfenbildung geschieht dann wie auf S. 52 beschrieben. *Kohlensäureschnee* wirkt weniger als Kristallisationskern als vielmehr durch weitere Unterkühlung der Wassertropfen.

Inwieweit mit diesen Methoden im konkreten Einzelfall tatsächlich Hagel vermieden und/oder künstlicher Niederschlag erzeugt werden konnte, ist schwer abzuschätzen. Da sich für die Erzeugung künstlichen Niederschlags praktisch nur quellende Wolken eignen, kann nie mit Sicherheit vorausgesagt werden, ob diese Quellwolken sich nicht ohnehin in der nächsten Stunde abgeregnet hätten bzw. ob überhaupt Hagel gefallen wäre. Da die gleiche Wolke unter gleichen Bedingungen nicht mehr zur Verfügung steht, ist man bei der Beurteilung des Erfolgs künstlicher Maßnahmen zur Abregnung weitgehend auf Schätzungen angewiesen. Nach eingehenden Beobachtungen ist es allerdings wahrscheinlich, daß man auf diese Weise in Staulagen vor Gebirgskämmen die Niederschlagsrate um rund 10 % steigern kann.

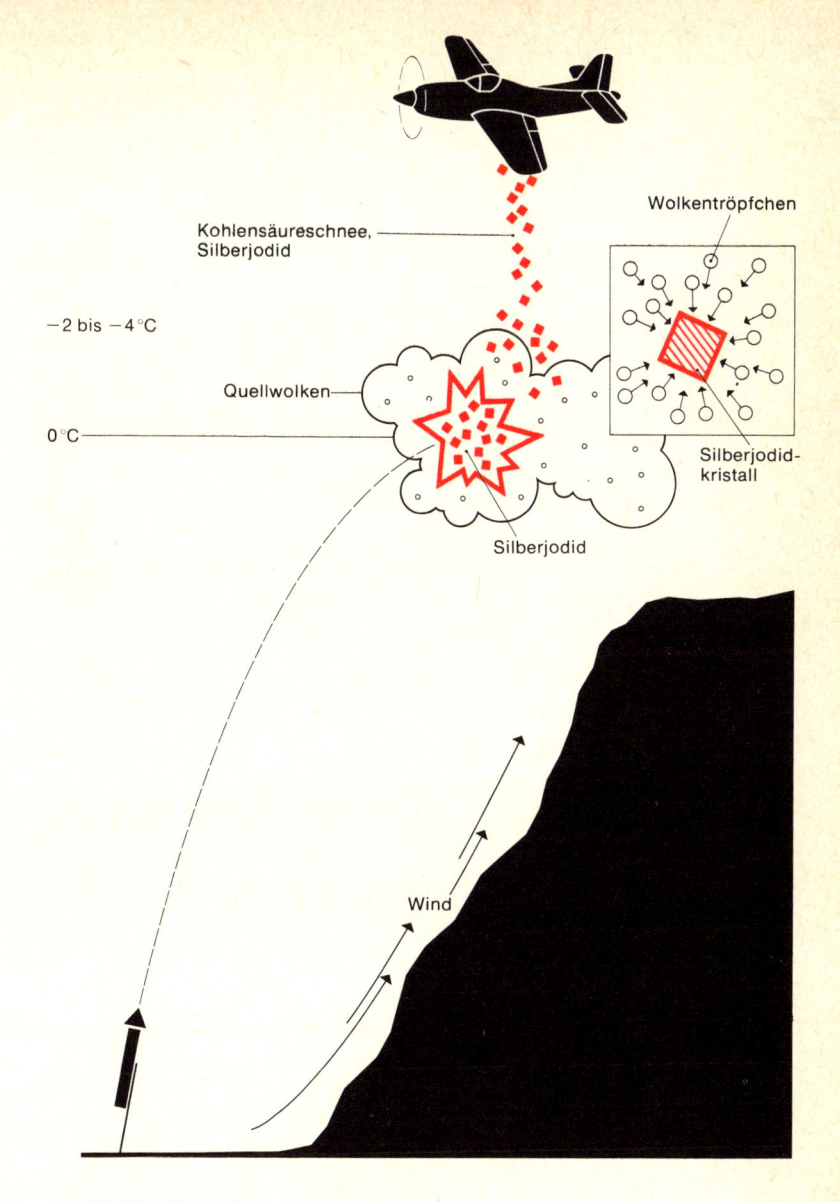

Abb. Künstlicher Niederschlag

Entwässerung durch Dränung

Überschüssiges Bodenwasser, das für das Pflanzenwachstum schädlich ist, muß aus dem Boden abgeführt werden. Dazu werden unterirdische Wasserableitungen *(Dräns)* angelegt, die aus Saugern und Sammlern bestehen. Die *Sauger* haben die Aufgabe, überschüssiges Wasser aus dem Boden aufzunehmen und den *Sammlern* zuzuführen; diese transportieren das Wasser zur *Vorflut* (Bäche, Flüsse u. dgl.). Den Gesamtvorgang der Entwässerung über Dräns bezeichnet man als *Dränung (Dränage).*

Bis vor wenigen Jahren verwendete man als Dräns kurze Tonröhren, an deren Stoßfugen das Wasser in die Sauger eindrang. Heute geht man aus Kostengründen mehr und mehr dazu über, Sammler und Sauger aus geschlitzten PVC-Rohren herzustellen, die außerdem auch billiger verlegt werden können.

Die stärkste Wirkung einer Wasserableitung durch Dränung erreicht man in solchen Gebieten, in denen der Grundwasserstand hoch ist. Allerdings ist die Dränwirkung nicht auf die *Absenkung des Grundwassers* beschränkt; vielmehr hat sie hier, besonders bei schweren, wasserhaltenden Böden, die selbst bei einem mehrere Meter unter Flur liegenden Grundwasserstand vernäßt sind, eine *günstige Auswirkung auf den Wasserhaushalt des Bodens.*

Auch die mit der Anlage der Dränungsgräben verbundene *Auflockerung des Bodens* wirkt sich günstig aus. Das Sickerwasser dringt nämlich in das lockere Erdreich leichter ein als in den gewachsenen Boden, so daß Niederschlagswasser auf schweren, unbearbeitet gebliebenen Bodenarealen in der obersten Schicht talwärts wandert und erst über einen Dränstrang in die Tiefe zu sickern vermag. Schließlich wird das gelockerte Dränungsgrabenmaterial bei tiefem Bodenfrost von dem sich ausdehnenden gewachsenen Bodenkörper leicht zusammengedrückt und trägt dadurch zusätzlich zur Lockerung des Bodenkörpers bei.

Die Ableitung überschüssigen Bodenwassers durch Dränung hat zur Folge, daß Luft in den Boden eindringt. Dadurch kann sich im Frühjahr der Boden schneller erwärmen. Beide Vorgänge, die *Verbesserung des Lufthaushaltes* im Boden und die *zeitigere Erwärmung,* regen die Tätigkeit der Bodenmikroorganismen an, die ihrerseits über die Krümelbildung zur weiteren Verbesserung der Bodenstruktur und damit des Wasserhaushaltes im Boden beitragen (s. auch S. 92ff.).

Steht das Dränsystem, z. B. der Hauptsammler, mit der Außenluft in Verbindung (meist an seinem Auslauf; bei der sog. *Durchlüftungsdränung* über einen besonderen Luftschacht), so kommt es in den nur zu einem geringen Teil mit Wasser gefüllten Rohren zu einer *Luftbewegung,* deren Strömungsrichtung im allgemeinen bei Tage nach außen und bei Nacht nach innen gerichtet ist. Hinzu kommt, daß Windbewegungen stoßweise Luftbewegungen im Dränagesystem verursachen. Man spricht bei diesen Vorgängen von der „Atmung" der Dränage, die ebenfalls zur Erneuerung der Bodenluft beiträgt.

Nicht in allen Jahren und zu allen Jahreszeiten ist die Wirkung der Dränung gleich gut. Die beste Wirkung tritt in feuchten Perioden ein, in denen viel überschüssiges Bodenwasser entfernt werden muß. Ungünstig kann sie sich dagegen in trockenen Perioden bei leichteren Böden auswirken, wenn dringend benötigtes Bodenwasser entfernt und damit der Pflanze entzogen wird.

Weiterhin ist zu berücksichtigen, daß vornehmlich bei leichten Böden durch verstärkten Abfluß aus dem Dränsystem während wasserreicher Perioden und in nassen Gebieten der Hochwasserpegel für die Unterlieger an der Vorflut erhöht wird. Um dies zu verringern, baut man *Stauverschlüsse* in die Sammler ein, die den Abfluß des Dränwassers zeitweilig verhindern. Durch den im Sammler entstehenden Überdruck wird das Wasser wieder nach außen gedrückt und gelangt in den Boden zurück, was in Dürrezeiten vorteilhaft ist.

Abb. 1 Dränage mit Sauger und Sammler

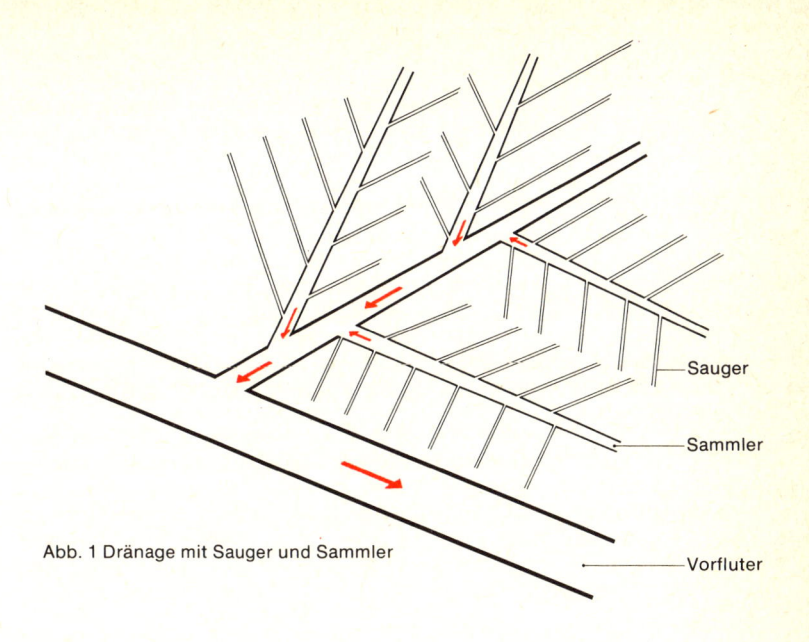

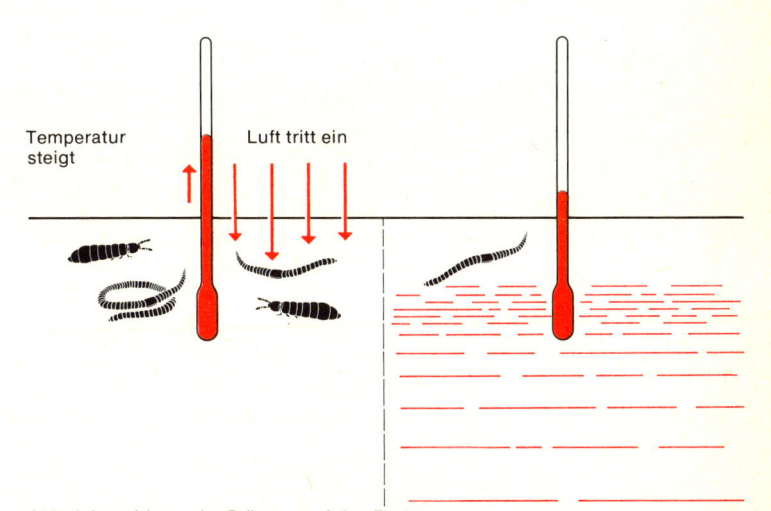

Sauger
Sammler
Vorfluter

Temperatur steigt
Luft tritt ein

Abb. 2 Auswirkung der Dränage auf den Boden

Pestizide – ökologische Problematik

Da Pestizide lebensfeindliche Substanzen sind, verursachen sie beim Versprühen in die Umwelt schwerwiegende ökologische Veränderungen. Eine der bedeutsamsten basiert auf der *Resistenzbildung* bei Schädlingen: Lebewesen haben die Fähigkeit, Abwehrmechanismen zu mobilisieren und gegen ein bestimmtes Gift resistente Stämme auszubilden. Auf Grund von Mutationen, die durch natürliche oder künstliche mutagene Substanzen verursacht werden, entstehen in einer Schädlingspopulation fortlaufend Individuen, bei denen gegenüber ihren Eltern eine bestimmte Eigenschaft verändert ist. Eine solche Eigenschaft kann z. B. die Fähigkeit sein, gegen ein Gift (z. B. ein Pestizid), das diese Tierart normalerweise tötet, nun immun zu sein. Einen erneuten Gifteinsatz werden nun in erster Linie diese immunisierten Individuen überleben. Sie haben außerdem den enormen biologischen Vorteil, daß sie bei der Fortpflanzung in ihrem ökologischen Feld keine Konkurrenten haben. Sie werden sich deshalb besonders schnell vermehren, wodurch ein Schädlingsstamm entsteht, der nun mit dem ursprünglich wirksamen Gift nicht mehr bekämpft werden kann. Resistenzbildung ist deshalb schlechthin als unvermeidbar anzusehen, da sie auf allgemein gültigen biologischen Gesetzmäßigkeiten beruht. Je stärker der Selektionsdruck, d. h., je stärker und öfter die Giftanwendung ist, umso schneller entwickelt sich Resistenz gegen das Gift.

Mit der massenhaften Anwendung chemischer Pestizide nach dem Zweiten Weltkrieg ist die Zahl der resistenten Schädlingsarten sprunghaft angestiegen. Die meisten der heute über 600 bekannten Schädlinge sind *multiresistent*, d. h. immun gegen verschiedene Arten von Pestiziden. Zunehmende Resistenz bedeutet, daß immer höhere Giftkonzentrationen gespritzt werden müssen und daß immer schneller immer mehr neue Gifte entwickelt werden müssen.

Eine andere schwerwiegende ökologische Folge des Einsatzes von Pestiziden ist die *Vermehrung des Schädlingsdrucks*. Von Natur aus existieren für jede Tierart mehrere Begrenzungsfaktoren in Form von Krankheiten, natürlichen Feinden (Nützlinge) und indifferenten Organismen. Durch den Einsatz von Pestiziden werden diese Begrenzungsfaktoren ge- bzw. zerstört, wodurch der Weg zu einer Massenvermehrung der Schädlinge frei wird. Verschiedene Faktoren bewirken außerdem, daß durch Pestizidanwendung die Nützlinge wesentlich stärker geschädigt werden als die Schädlinge. Die natürlichen Feinde von Blattläusen z. B., Marienkäfer, Florfliegen, Schwebfliegen u. a., die in 1 Jahr nur wenige Hundert Nachkommen haben, während sich Blattläuse unter günstigen Bedingungen bereits im Laufe von 1 oder 2 Wochen vertausendfachen können, werden durch einen Pestizideinsatz so sehr geschädigt, daß ihre ohnehin niedrige Vermehrungsrate noch weiter reduziert wird. Hinzu kommt, daß die Nützlinge auf Grund ihrer räuberisch-mobilen Lebensweise mit dem ausgesprühten Gift mit großer Wahrscheinlichkeit in Berührung kommen, selbst wenn sie zunächst von dem Gift nicht unmittelbar getroffen wurden. Demgegenüber werden viele Schädlinge durch ihre festsitzende Lebensweise (Saugen, Fressen) von dem Pestizid oft nicht erreicht (weil sie z. B. unter einem Blatt sitzen) und können überleben.

Aus diesen Gründen bewirkt bereits ein einmaliger Pestizideinsatz eine Störung, u. U. eine Zerstörung der natürlichen Regulationsfaktoren der Schädlinge. So starben z. B. nach einer Phosphamidonbehandlung (organisches Phosphorpräparat) eines 700 ha großen Lärchenwaldes in der Schweiz fast alle Jung- und etwa 70 % der Altvögel. Im Sommer 1974 starben in Baden-Württemberg über 100 Millionen Bienen durch den massiven Einsatz von Pestiziden im Weinbau. Von den rund 2500 Bienenvölkern in diesem Gebiet wurden 1 400 total geschädigt. Von den meisten Menschen unbemerkt, verringert sich die Anzahl vieler kleiner und mittelgroßer Tiere wie Hummeln, Schmetterlinge, Maikäfer und Eidechsen, die das Opfer der schleichenden Vergiftung unseres Lebensraums werden.

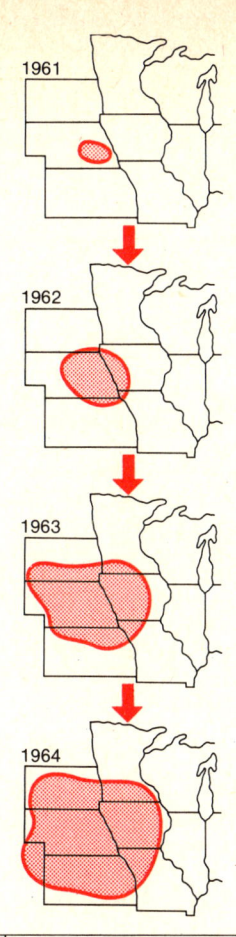

Abb. Ausbreitung von dieldrinresistenten Getreideschädlingen in den USA

Pestizid	Ausbildung von Multiresistenz bei einem Schädlingsstamm der „Roten Zitrusmücke" in den USA: Notwendige Erhöhung der Giftdosis im Vergleich zu nicht resistenten Schädlingen
Trithion	15 000
Iso-Systox	8 570
Methyl Systox	8 000
Schradan	2 000
EPN	1 400
Parathion	883
Phosdrin	350
Pyrazoxon	300
Systox	266
Tetram	111
Delnav	100
Disyston	25
Diazinon	12
Malathion	8
Ethion	8

Ökologische Schäden durch Pestizide
Beispiel Baumwollanbau in Peru

Es gibt inzwischen zahlreiche Beispiele über die verheerenden ökologischen Folgen eines Großeinsatzes von Pestiziden. Eines der bestuntersuchten ist der Baumwollanbau im Canete-Valley in Peru. Dieses Gebiet ist eines von vielen Tälern an der peruanischen Küste, die durch hohe Gebirgszüge getrennt sind und so in sich geschlossene Ökosysteme darstellen. Die ökologische und landwirtschaftliche Entwicklung in diesem Tal läßt sich vom Jahre 1920, als man mit dem Baumwollanbau begann, bis heute in 4 Phasen gliedern.

In der *Subsistenzphase* (Phase vor der Anwendung von DDT bis etwa 1948) befand sich das Ökosystem in einem optimalen Gleichgewicht. Es gab keine großen Monokulturen von Baumwolle; die Kultur- und Düngungsmaßnahmen wurden biologisch durchgeführt; die Schädlinge und Nützlinge hielten sich die Waage, und die Pestizidbehandlung war, wenn überhaupt, gering und erfolgte nur in Form von Arsen- und Nikotinpräparaten. Es wurde nur so viel Baumwolle angebaut, wie einheimische Handwerker verarbeiten konnten.

In der *Ausbeutungsphase* wurden die landwirtschaftlichen Kulturen unter Vernachlässigung ökologischer Gesichtspunkte intensiver genutzt. Man führte neue Baumwollsorten ein, die auf Hochleistung, aber nicht auf Schädlingsresistenz gezüchtet waren. Als sich dadurch das Schädlingsproblem verstärkte, setzte man moderne organische Insektizide zur Bekämpfung der Schädlinge ein. Es zeigten sich erstaunliche Resultate: Der Baumwollertrag stieg von vorher ca. 460 pounds/acre auf rund 650 pounds/acre im Jahr 1954. Die Farmer schlossen daraus, daß die Baumwollernte umso größer würde, je mehr Pestizide eingesetzt würden. Sie pflanzten deshalb die Baumwolle nun in großen Monokulturen an und bekämpften alle anderen Pflanzen, so daß die Pestizidversprühung mit dem Flugzeug möglich wurde. Dadurch verschwanden aber automatisch alle Rückzugsgebiete für Nützlinge.

In den 50er Jahren folgte die sog. *Krisenphase*. 1952 zeigten sich erstmals Resistenzerscheinungen bei Schädlingen. Ein Übergang zu anderen Pestiziden wurde notwendig, und die Behandlung der Baumwollplantagen mit Pestiziden mußte immer häufiger durchgeführt werden. Doch die Zahl der Schädlinge nahm laufend zu. Insektenarten, die vorher nicht als Schädlinge aufgetreten waren, wurden nun zum Schädling und mußten ebenfalls bekämpft werden. Die ökologische Krisensituation wurde immer offensichtlicher. Immer neue Resistenzfälle traten auf. Die älteren Pestizide mußten immer schneller durch neue ersetzt werden; die versprühte Giftmenge mußte ebenfalls oft erhöht werden. Viele Schädlingsarten waren inzwischen multiresistent gegen verschiedene Pestizide geworden. Durch diese ökologische Krise stiegen die Produktionskosten der Landwirte bis zur Rentabilitätsgrenze an.

Im Jahre 1956 ging die Krisenphase in die sog. *Desasterphase* über. Die Multiresistenz der Schädlinge war schneller angestiegen, als neue Pestizide entwickelt und herangeschafft werden konnten. Der Ernteertrag sank ohne Aussicht auf weitere Hilfe und trotz höherer Pestizideinsätze weit unter die Erträge der Subsistenzphase ab. Die Bauern mußten viele Felder aus Rentabilitätsgründen aufgeben. Das vorher weitgehend intakte Ökosystem war durch den Masseneinsatz von Pestiziden total zusammengebrochen.

Der Baumwollanbau in Peru konnte letztlich nur dadurch gerettet werden, daß der chemisch orientierte Pflanzenschutz aufgegeben und durch integrierten Pflanzenschutz, also vornehmlich ökologisch orientierte Pflanzenschutzmethoden, ersetzt wurde (s. auch S. 316).

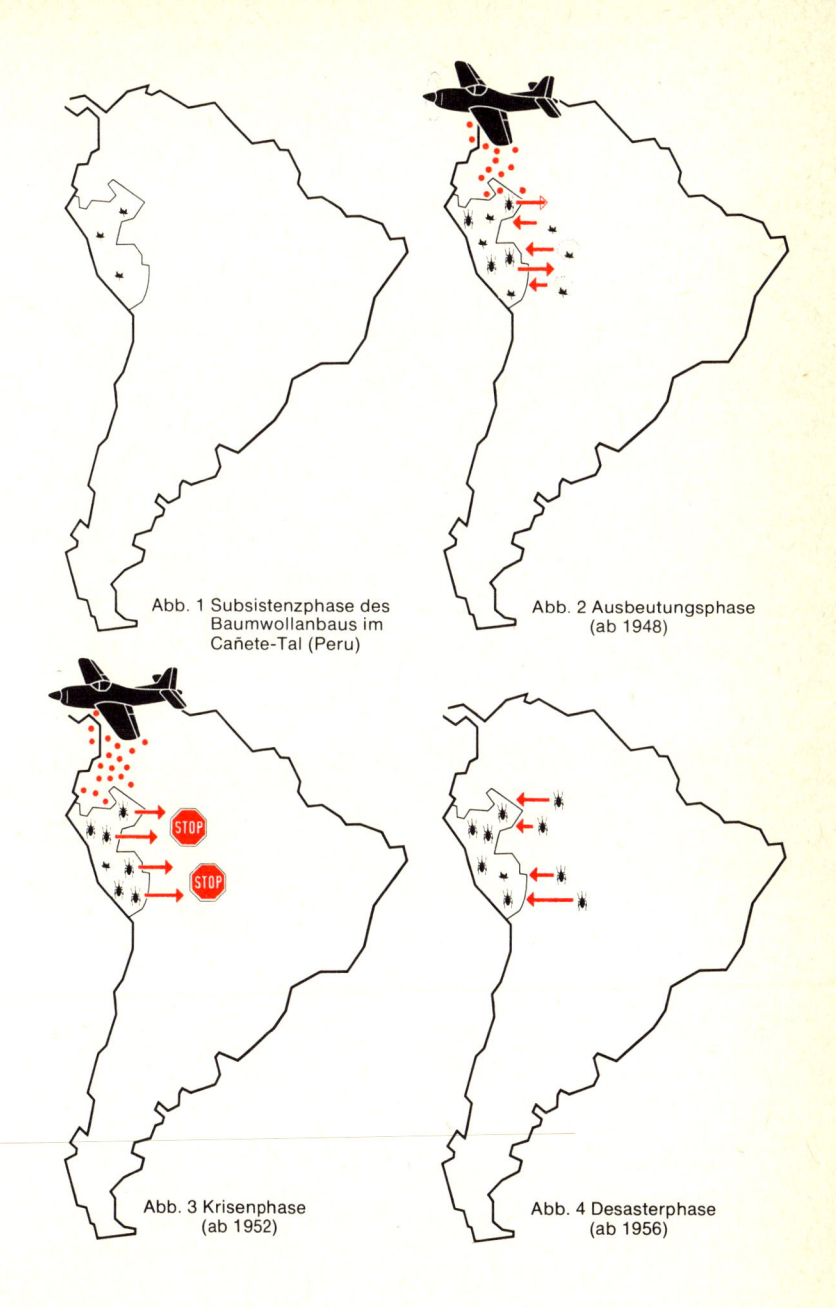

Abb. 1 Subsistenzphase des Baumwollanbaus im Cañete-Tal (Peru)

Abb. 2 Ausbeutungsphase (ab 1948)

Abb. 3 Krisenphase (ab 1952)

Abb. 4 Desasterphase (ab 1956)

Pestizide – medizinische Problematik

Als *Pestizide* bezeichnen wir chemische Substanzen, die in der Land- und Forstwirtschaft sowie im Gartenbau gegen tierische und pflanzliche Schädlinge eingesetzt werden. Man unterscheidet *Herbizide* gegen Unkräuter, *Fungizide* gegen Pilze, *Insektizide* gegen Insekten, *Akarizide* gegen Milben, *Nematizide* gegen Nematoden (Älchen), *Rodentizide* gegen Nagetiere, *Molluskizide* gegen Schnecken und *Saatgutbehandlungsmittel* (Beizmittel). Insgesamt sind in der Bundesrepublik Deutschland über 1 500 Präparate mit über 250 verschiedenen Wirkstoffen zugelassen. Der Einsatz von Pestiziden stieg in der Vergangenheit in der Landwirtschaft stark an, eine Entwicklung, die sich bei Beibehaltung der derzeitigen Landwirtschaftsmethoden noch verstärken dürfte.

Da die Pestizide in den meisten Fällen direkt oder indirekt in die Nahrungsmittel gelangen, sind für viele der Pestizidwirkstoffe *gesetzliche Grenzwerte* (Toleranzdosis) im Hinblick auf Rückstände in Lebensmitteln festgelegt. Unter Toleranzdosis wird dabei diejenige Stoffmenge verstanden, die von einem Menschen ein ganzes Leben lang mit der täglichen Nahrung aufgenommen werden kann, ohne daß nach dem heutigen Stand der Wissenschaft ein Schaden zu erwarten ist. Die Richtlinien für die Grenzwertfestsetzung der Pestizide verlangen, daß eine genügend große Population von mindestens zwei Tierarten wenigstens zwei Jahre lang dahingehend untersucht wird, bei welcher Dosis (in Milligramm pro Kilogramm Körpergewicht) eines Pestizidstoffes gerade kein medizinischer Schaden mehr feststellbar ist. Im allgemeinen wird dann ein Hundertstel dieser Dosis als Grenzwert für den Menschen festgelegt.

Ob dieser für den Menschen eingebaute Sicherheitsfaktor ausreichend ist, ist aus folgenden Gründen umstritten: 1. Die *Übertragbarkeit von Tierexperimenten auf den Menschen* ist beschränkt, da der Mensch in vielen wichtigen Teilen empfindlicher ist als das Tier (z. B. Nervensystem, komplizierterer Stoffwechsel). Ein Beispiel für diese Problematik liefert die Contergankatastrophe (Abb.). Die einzelnen Lebewesen zeigen eine stark unterschiedliche Empfindlichkeit auf *Thalidomid* (Wirkstoff des Contergans). Während beim Versuchstier Ratte erst eine Dosis von 50 mg Thalidomid pro kg Körpergewicht und Tag teratogene Schäden (Mißbildungen) erzeugt, liegt die entsprechende teratogene Dosis beim Menschen zwischen 0,5 und 1 mg. – 2. Im *Tierexperiment* werden *nur gesunde Tiere* eingesetzt. Der Einfluß der Pestizide auf durch Krankheit und andere Umwelteinflüsse vorbelastete Menschen wird nicht untersucht. – 3. Die Untersuchung auf *mutagene (erbschädigende) Effekte* ist unzureichend (s. auch S. 194). – 4. Auf *krebserzeugende Effekte* sind erst etwa 15 % der Pestizide untersucht. Auch viele dieser bereits untersuchten Pestizide wurden unzureichend, meist nur an e i n e r Tierart und in e i n e r Dosierung getestet. – 5. Die meisten *körperfremden Stoffe* werden im Körper um- bzw. abgebaut. Dabei ist jedoch Abbau nicht mit Entgiftung gleichzusetzen. Abbau- bzw. Umbauprodukte sind in manchen Fällen giftiger als das Ausgangsprodukt. Die Entstehung und die Wirkung von Umbauprodukten ist vor allem vom spezifischen Stoffwechsel der einzelnen Lebewesen abhängig; chemische Substanzen können also bei verschiedenen Lebewesen unterschiedliche Giftwirkungen zeigen. – 6. Im Tierexperiment wird jeweils nur die Wirkung eines einzigen Giftes untersucht. Die mögliche *Kombinationswirkung mehrerer Gifte* wird dabei nicht berücksichtigt. Es sind Gifte bekannt, die sich in ihrer Wirkung nicht nur addieren, sondern potenzieren. Hinzu kommen Kombinationsmöglichkeiten mit anderen Umweltgiften, mit Arzneimitteln, mit Lebensmittelzusätzen, mit Genußmitteln usw.

Tab. Geschätzter Anteil der mit Herbiziden, mit Fungiziden und Saatgutbehandlungsmitteln und der mit Insektiziden behandelten Flächen in Prozent der jeweiligen Anbaufläche

	Herbizide	Fungizide und Saatgutbehandlungsmittel	Insektizide
Wintergetreide	70	10–15	unter 5
Sommergetreide	80	15–20	unter 5
Zuckerrüben	95	5–10	40
Futterrüben	60	0	5–10
Kartoffeln	25	40	40
Mais	95–100		unter 5
Raps	über 40	0	80
Erwerbsobstbau	über 50	100	100
Weinreben	über 50	100	100
Hopfen		100	100
Grünland	2–5	0	0
Forst	unter 2	unter 1	1–5

Quelle: Verwendung von unveröffentlichtem Material des Bundesministeriums für Ernährung, Landwirtschaft und Forsten
Bei dieser Tabelle sind biologisch wirtschaftende Bauernhöfe nicht berücksichtigt

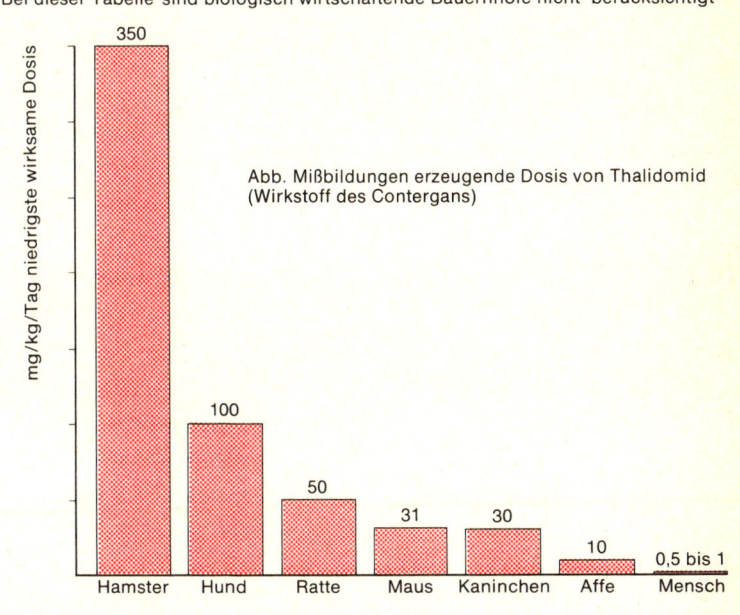

Abb. Mißbildungen erzeugende Dosis von Thalidomid (Wirkstoff des Contergans)

mg/kg/Tag niedrigste wirksame Dosis

Hamster	Hund	Ratte	Maus	Kaninchen	Affe	Mensch
350	100	50	31	30	10	0,5 bis 1

(Nach McColl, Drug Toxicity in the Animal Fetus)

Pestizide – Gesundheitsschäden durch Pestizidrückstände

Im Durchschnitt enthalten etwa 40 % aller zufällig entnommenen Obst- und Gemüseproben Rückstände derjenigen Gifte, die von der Landwirtschaft zur Bekämpfung von Unkräutern und Schädlingen über den Feldern versprüht werden. Bei etwa 6 % der Proben werden die gesetzlich festgelegten Grenzwerte für Pestizide überschritten (über die Problematik dieser Grenzwerte s. S. 302). Welche Schäden an der menschlichen Gesundheit werden nun durch diese Giftrückstände verursacht?

Bei einer *akuten Giftwirkung* ist es in den meisten Fällen leicht, den Zusammenhang zwischen Gift und Krankheit zu rekonstruieren, da zwischen der Einwirkung des Giftes und der Manifestation der Krankheit nur ein geringer Zeitraum liegt. Akute Giftwirkungen treten jedoch meist nur bei hohen Giftkonzentrationen auf, wie sie im Falle der Pestizide praktisch nur bei unsachgemäßem Umgang oder bei „Unfällen" vorkommen.

Wesentlich problematischer ist die *chronische Giftwirkung,* die durch geringe Konzentration eines oder mehrerer Gifte über einen längeren Zeitraum hinweg verursacht wird. Der Kausalzusammenhang ist in diesen Fällen wegen der großen zeitlichen Verschiebung, der Möglichkeit des kombinierten Einwirkens vieler Giftstoffe und der im Falle der Schädlingsbekämpfungsmittel-Rückstände in Nahrungsmitteln nicht registrierten Menge und Art der aufgenommenen Gifte praktisch kaum nachzuweisen.

Bisher nahm man an, daß *phosphororganische Verbindungen,* die als Insektizide in der Landwirtschaft und als Insektensprays und Insektenstrips im Haushalt verwendet werden, nur in größerer Menge giftig seien, in kleineren Quantitäten jedoch vom Organismus rasch abgebaut würden. Neuere Untersuchungen aus der DDR zeigen allerdings, daß solche Verbindungen im Körper des Menschen auch eine Langzeitwirkung entfalten, die zu Krebs und Erbschäden mit körperlichen oder geistigen Mißbildungen führen kann. Die giftigen Wirkungen des in der BRD inzwischen verbotenen *DDT* (s. auch S. 384) sind seit langem bekannt. In den USA wurde bei Personen, die an Hirntumoren, Hirnblutung, erhöhtem Blutdruck, Leberzirrhose und verschiedenen Krebsarten starben, ein deutlich erhöhter DDT-Gehalt im Fettgewebe festgestellt. – Das Insektizid *Heptachlor* wandelt sich im Sonnenlicht zu einer beständigen Substanz um, die etwa 22mal so giftig ist wie die ursprüngliche Substanz. Dieses Umwandlungsprodukt, das ähnlich wie DDT nur sehr schwer wieder abgebaut wird, wenn es einmal in die Umwelt gelangt ist, ist außerdem beträchtlich giftiger als DDT.

Viele Pestizide haben die unangenehme Eigenschaft, sich in Nahrungsketten anzureichern (s. auch S. 512). So fand man hohe Konzentrationen verschiedener Pestizidrückstände in der Muttermilch. Ein Beispiel ist *Hexachlorbenzol,* das in der Landwirtschaft zum Beizen von Saatgut verwendet wird. Hexachlorbenzol reichert sich über verschiedene Zwischenstationen in der Muttermilch so stark an, daß es bei vielen Müttern die Muttermilch im Durchschnitt 10mal stärker verseucht, als bei Kühen erlaubt ist.

Relativ spät (1974) erkannte man, daß viele Pestizide schon in sehr geringer Konzentration *neuropsychische Veränderungen* im Menschen bewirken können, z. B. vegetative Dystonie, Konzentrationsschwäche, Schlafstörungen, Übelkeit, gesteigerte Aggressivität, verringerte oder gesteigerte Motorik. Bisher sind erst wenige Pestizide auf solche Wirkungen hin untersucht worden.

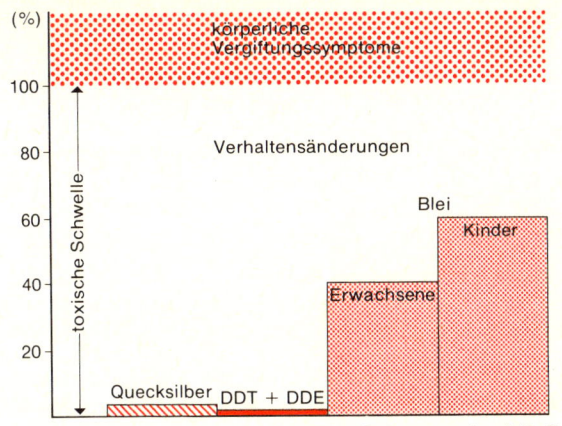

Abb. 1 Psychische Effekte toxischer Substanzen (nach D. Bryce-Smith)

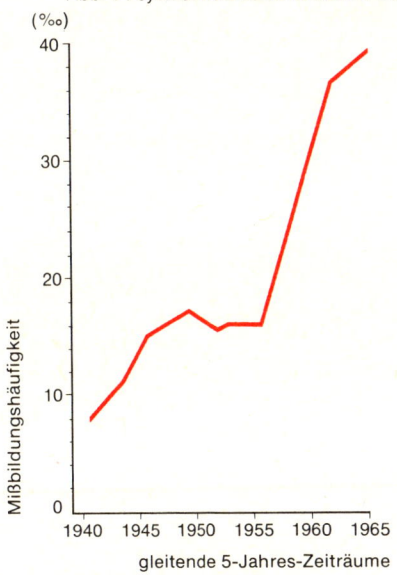

Abb. 2 Die Mißbildungsfrequenz an der Universitäts-Frauenklinik Leipzig in den Jahren 1941 bis 1965 (nach Canzler, Funk und Schlegel, 1969, ohne Contergan-Katastrophe)

Populationsdynamik
Erkenntnisse für die Schädlingsbekämpfung

Die Dichte einer *Population* (Gesamtheit der Individuen einer Art, Rasse usw. in einem begrenzten Gebiet) hängt von vier gegenläufigen Prozessen ab: der Vermehrung, der Sterblichkeit, der Zuwanderung und der Abwanderung.

Bei allen Tieren und Pflanzen ist die Zahl der Nachkommen größer als die Zahl der Individuen, die sich fortpflanzen können. Dies liegt daran, daß ein Teil der Individuen vorzeitig durch Krankheiten oder Feinde umkommt. Das gilt besonders für Insekten. Würde die Vermehrung von Insekten durch keine äußeren Faktoren begrenzt, käme es sehr bald zu einer Übervölkerung an Insekten und dadurch zur Vernichtung der Lebensgrundlagen der Individuen. Da eine solche Entwicklung für keine Art vorteilhaft sein kann, wirken dieser Überproduktion eine Vielzahl von Begrenzungsfaktoren entgegen.

Ein wichtiger *Begrenzungsfaktor* ist die *Nahrungsmenge* im Verhältnis zur *Besiedlungsdichte*. Wenn die Besiedlungsdichte zu hoch wird, machen Konkurrenten den Einzelwesen in einer Population lebenswichtige Grundlagen wie Nahrung, Brutstätten oder Geschlechtspartner streitig. Der Konkurrenzkampf ist dabei unter Artgenossen besonders hart, da diese alle die gleichen Ansprüche haben. Aber auch Konkurrenzkämpfe zwischen artverschiedenen Individuen kommen vor. – Ein weiterer wichtiger Begrenzungsfaktor sind die *natürlichen Feinde* (Krankheitserreger, Räuber oder Schmarotzer) einer Tierart. – Starken Einfluß auf die Populationsdichte haben auch äußere *physikalische Faktoren* wie Temperatur, Luftfeuchtigkeit, Lichtintensität und Windstärke. Die Temperatur z. B. kann einen Einfluß auf die Zahl und Entwicklung der Eier, aber auch indirekt auf Parasiten haben.

Für jede Tier- und Pflanzenart gibt es in bezug auf die Effizienz der einzelnen Umweltfaktoren ein bestimmtes *Optimum*. So gedeiht ein Apfelbaum am besten und trägt die meisten Früchte, wenn die für seine Art bzw. Sorte idealen Bedingungen bezüglich Temperatur, Luftfeuchtigkeit, Sonneneinstrahlung gegeben sind. Ähnliches gilt andererseits auch für die Schädlinge eben dieses Apfelbaums, z. B. den Apfelwickler.

Die genaue Kenntnis der einzelnen Faktoren, die eine Rolle in der Populationsdynamik spielen, ist bedeutsam für eine wirksame biologische Schädlingsbekämpfung (s. auch S. 310ff.). Besonders wenn man die Kurven des jeweiligen ökologischen Optimums für die verschiedenen Nutzpflanzen- und Schädlingsarten kennen würde, was heute leider erst für einige Arten der Fall ist, könnte man allein schon durch eine günstige Standortwahl die Schädlingsbekämpfung wirksamer gestalten.

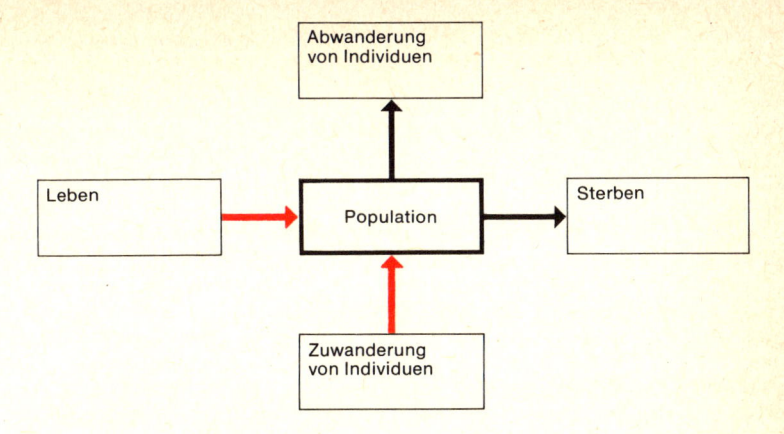

Abb. 1 Verschiedene Faktoren, die das ökologische Gleichgewicht in einer Population aufrechterhalten

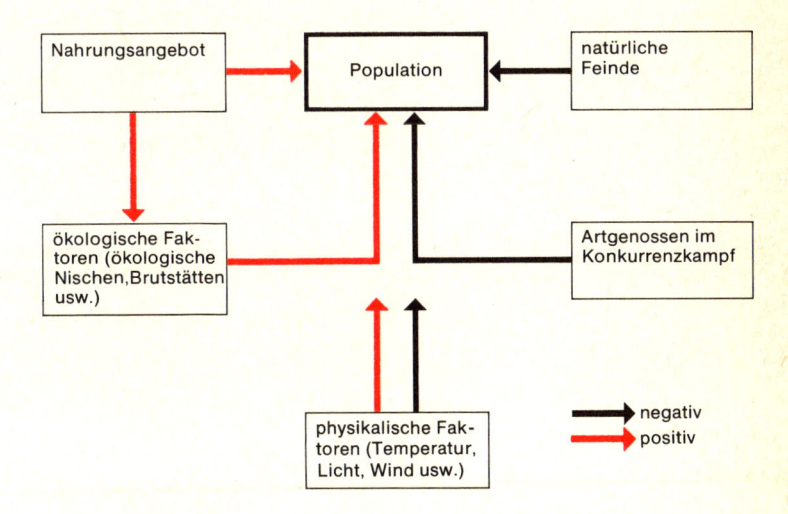

Abb. 2 Einflußgrößen, die die Populationsdichte regeln

Ökologische Schädlingsbekämpfung – Kulturmaßnahmen

Bei den kulturellen Verfahren der Schädlingsbekämpfung wird durch umgestaltende Einwirkung auf Landschaft und Umwelt Einfluß auf die Populationsdichte von Schädlingen in der Land- und Forstwirtschaft genommen. Das Prinzip solcher Maßnahmen ist, die Lebensbedingungen für die betreffenden Schadorganismen ungünstiger zu gestalten, um ihre weitere Vermehrung zu begrenzen und damit die Populationsdichte unterhalb der Schadensschwelle zu halten. Auf lange Sicht bilden solche vorbeugenden Verfahren, bei denen durch einmalige Eingriffe in die Landschaft Dauerwirkungen erreicht werden können, die eleganteste und gleichzeitig am stärksten arbeits- und energiesparende Lösung. Ihre Anwendung setzt jedoch eine genaue Kenntnis der Ökologie der betreffenden Nutzpflanzen und der sie befallenden Schadorganismen voraus.

Die *Erreger von Gelbfieber und Malaria* z. B. werden durch Stechmücken übertragen. Diese können sich nur dann in Massen vermehren, wenn sie genügend Sumpfgebiete besitzen, in denen sich die Larven entwickeln können. Durch Entwässerung ihrer Brutplätze konnten daher in vielen Ländern die Gelbfieber- und Malariaerkrankungen drastisch reduziert werden. – Viele (besonders kleine) Schädlinge meiden den Wind, da sie von diesem schnell fortgetragen werden. Durch das Anpflanzen von Möhren und Kohl auf windexponierten Feldern war es möglich, den Befall dieser Kulturpflanzen durch *Möhrenfliegen* und *Kohlherzgallmücken* erheblich zu verringern.

Anfällig gegen Schädlinge sind vor allem *Monokulturen* einer einzelnen Pflanzenart, bei denen sich die Schädlinge ungehindert vermehren und ausbreiten können. Im Gegensatz dazu bietet die *Mischkultur,* bei der zwei oder mehrere Pflanzenarten kombiniert angebaut werden, günstige Voraussetzungen, die Ausbreitung von Schädlingen von einer befallenen Pflanze auf die nächststehende zu verhindern, da der Abstand zwischen den einzelnen Pflanzen einer Art vergrößert wird. Einen zusätzlichen Effekt kann man erreichen, wenn man zwei Pflanzen in Mischkultur setzt, die sich gegenseitig gegen Schädlinge schützen. So kann z. B. die Anpflanzung von Möhren und Zwiebeln in Mischkultur gleichzeitig einen wirksamen Schutz gegen die Möhrenfliege und gegen die Zwiebelfliege bieten, da die Zwiebelfliege die ätherischen Öle der Möhre und andererseits die Möhrenfliege die Duftstoffe der Zwiebel meidet (s. auch S. 260).

Als ein äußerst wirksames Verfahren des kulturellen Pflanzenschutzes hat sich die Züchtung und Verwendung *resistenter Sorten* von Kulturpflanzen erwiesen. So war es z. B. möglich, der durch die Einschleppung der Reblaus in der zweiten Hälfte des 19. Jahrhunderts bedingten ernsthaften Gefährdung des Weinbaus in Europa dadurch zu begegnen, daß man die europäische Rebe auf amerikanische Unterlagen aufpfropfte, die gegen die Reblaus unempfindlich waren. Heute kennt man zahlreiche schädlingsfeste Sorten, wie z. B. Kartoffeln, die gegen Viruskrankheiten, oder Getreidesorten, die gegen Rostpilze resistent sind. Allerdings müssen die Anstrengungen auf diesem Sektor in Zukunft noch erheblich verstärkt werden.

Zur kulturellen Schädlingsbekämpfung gehört schließlich auch das Anlegen von *Sträuchern* und *Hecken,* die schädlingsfressenden Vögeln als Unterschlupf und Brutstätten dienen. Allgemein gilt, daß Lebensgemeinschaften und Landschaften umso stabiler gegen Massenvermehrungen von Schädlingen sind, je vielseitiger gegliedert und artenreicher sie sind. Das allgemeine Verfahren der kulturellen Schädlingsabwehr besteht deshalb darin, die Vielfalt einer Landschaft zu steigern und dadurch ihre Regulationsfähigkeit zu erhöhen.

Erhalten ökologischer Nischen	Vogelschutz	Förderung der Nützlinge	Standortwahl Vermeiden von Pestiziden	Mischkultur

ökologische Schädlingsbekämpfung

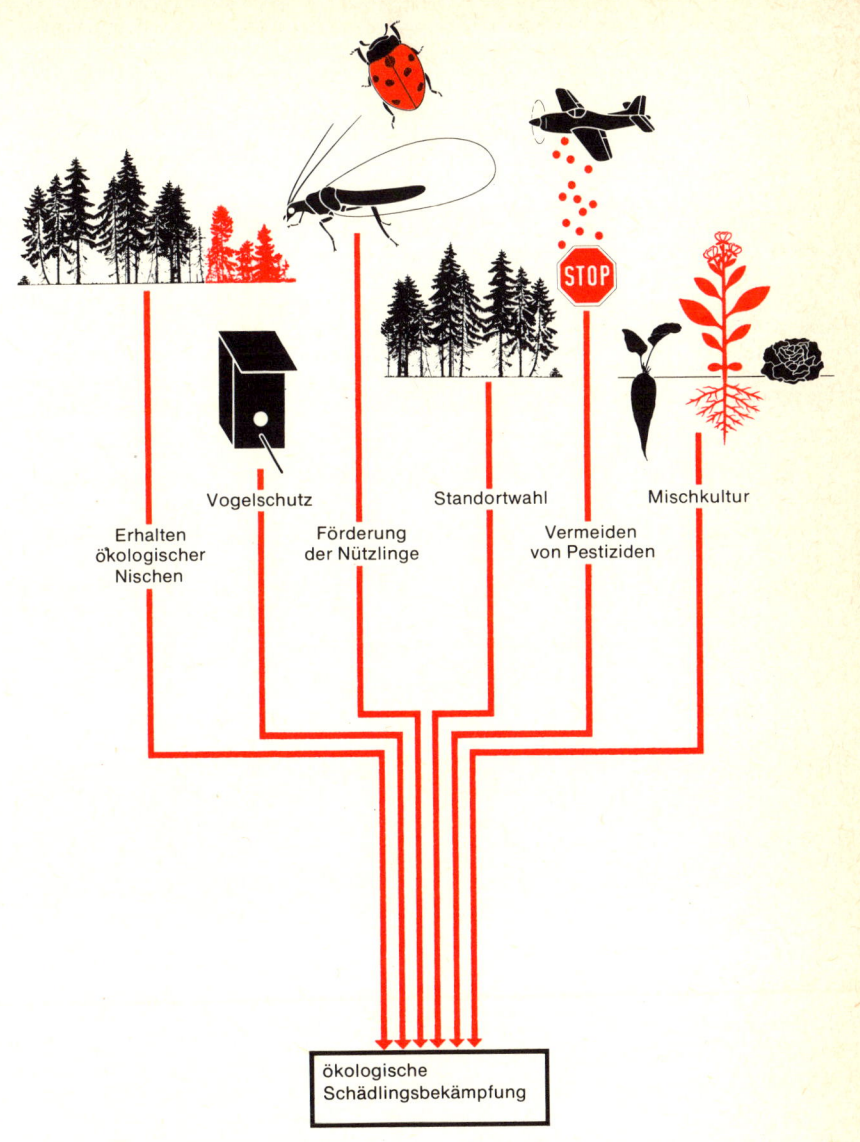

Abb. Die verschiedenen Möglichkeiten der ökologischen Schädlingsbekämpfung

Biologische Schädlingsbekämpfung durch Nützlinge

Als *Nützling* bezeichnet man eine Tierart oft dann, wenn sie als Gegenspieler eines Schädlings in Erscheinung tritt. Dabei sind sowohl der Begriff Schädling als auch der Begriff Nützling relativ, da sie vom Menschen und seinem Nutzdenken ausgehen.

Man unterscheidet unter den Nützlingen: *Räuber,* deren Beutetiere Schädlinge sind; *Parasiten (Schmarotzer),* die an Schädlingen schmarotzen; *Krankheitserreger,* die Krankheiten bei Schädlingen verursachen.

Typische *Räuber* unter den Nützlingen sind z. B. Eidechsen, Greifvögel, Fledermäuse, Wild- und Hauskatzen, verschiedene Insekten wie viele Laufkäfer, die Marienkäfer, Raubwanzen und ihre Larven, die Larven von Schwebfliegen und von einigen Gallmücken.

Zu den *Parasiten* gehören u. a. die *Raupenfliegen* und die *Schlupfwespen.* So legen z. B. die erwachsenen Weibchen der *Blattlausschlupfwespe* jeweils ein Ei in eine ausgewachsene Blattlaus. Die aus dem Ei hervorgegangene Larve frißt innerhalb von ein paar Tagen die Blattlaus von innen her auf. Dann verpuppt sie sich in der Blattlaus, und nach kurzer Zeit entschlüpft der leeren Blattlaushülle eine Schlupfwespe, die nach der Begattung bald wieder viele neue Eier in weitere Blattläuse ablegt. Obwohl von den Schlupfwespenlarven jeweils nur eine Blattlaus getötet wird, kann dennoch durch die hohe Vermehrungsrate in kurzer Zeit eine größere Blattlauspopulation vernichtet werden.

Zur Gruppe der *Krankheitserreger* unter den Nützlingen sind Viren und Mikroorganismen wie Pilze, Bakterien und Protozoen zu rechnen, die in Schädlingen als ihren Wirten eine im allgemeinen tödlich verlaufende Infektionskrankheit hervorrufen. Wenn man die Krankheiten der jeweiligen Lebewesen kennt, kann man die Krankheitserreger isolieren, in Massen züchten und dann zur biologischen Schädlingsbekämpfung einsetzen. Das erste größere Beispiel für eine mikrobielle Schädlingsbekämpfung war die Bekämpfung der Kaninchenplage in Australien durch ein Virus, das bei Kaninchen die tödlich verlaufende Myxomatoseerkrankung hervorruft (s. auch S. 248).

Bei der biologischen Schädlingsbekämpfung durch Nützlinge müssen mehrere wichtige Faktoren erkannt und berücksichtigt werden. So wird z. B. eine Tierart erst dann zum eigentlichen Schädling, wenn sie eine *wirtschaftliche Schadensschwelle* überschreitet (s. S. 308). Dazu kommt es, wenn die Brems- und Begrenzungsfaktoren für eine Massenvermehrung des Schädlings mehr oder weniger weitgehend wegfallen. Bei bestehendem ökologischem Gleichgewicht hat jede Organismenart mehrere für den ungeübten Beobachter kaum erkennbare *Begrenzungsfaktoren,* v. a. in Form ihrer natürlichen Feinde. Das wird besonders dann offenbar, wenn diese nützlichen natürlichen Feinde unbeabsichtigt durch Spritzen giftiger Pestizide so geschädigt werden, daß sie ihre Rolle als Begrenzungsfaktor für die Schädlingsvermehrung nicht mehr erfüllen können. Unter Umständen genügt bereits eine einmalige Spritzung, das ökologische Gleichgewicht einer Lebensgemeinschaft so stark zu verschieben und zu schädigen, daß es zu einer Massenvermehrung von Schädlingen kommt. Deshalb sollte alles getan werden, um das ökologische Gleichgewicht in der Natur zu erhalten oder, soweit es durch die Forst- und Landwirtschaft und den Gartenbau gestört ist, einigermaßen wieder herzustellen.

Einen wichtigen ökologischen Faktor können z. B. die *Schwebfliegen* als Schädlingsvernichter darstellen. Ihre Larven saugen Blattläuse aus und halten so deren Populationsdichte niedrig. Das fertige Insekt selbst hat eine gewisse Ähnlichkeit mit Wespen, da sein gelber, weißer oder orangefarbener Hinterleib je nach Artzugehörigkeit eine schwarze oder schwarzbraune Bänderung aufweisen kann. Die außerordentlich geschickten Flieger können zwischen wilden, blitz-

Eiablage Blattlaus

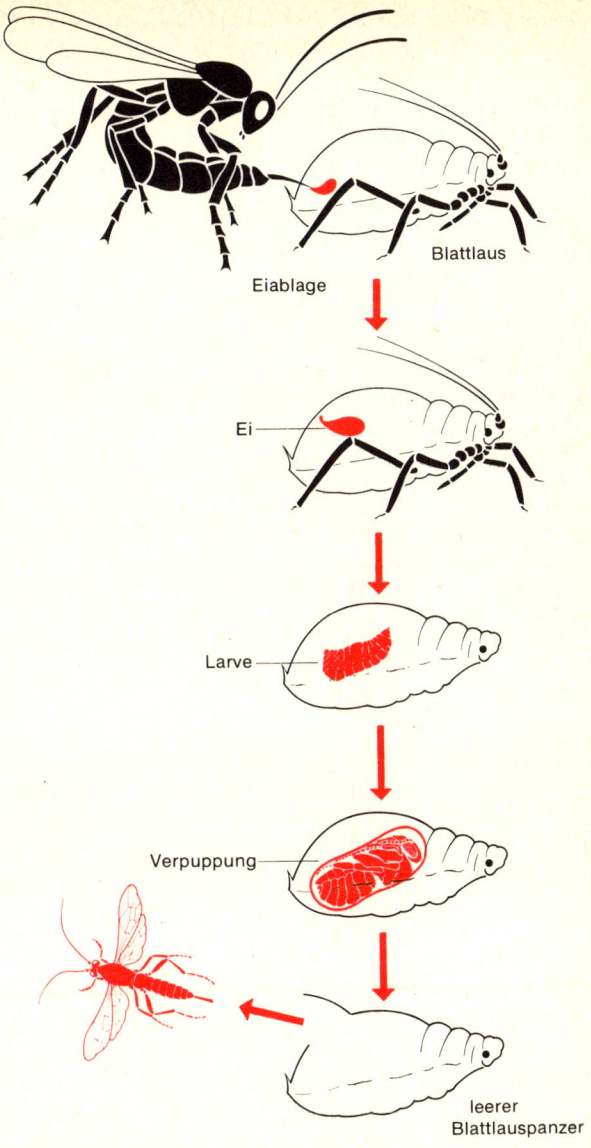

Ei

Larve

Verpuppung

leerer
Blattlauspanzer

Abb. Biologische Blattlausbekämpfung
durch die Schlupfwespe

schnellen Zickzackflügen immer wieder schwirrend an einer Stelle in der Luft verharren. Sie sind im Gegensatz zu ihren Larven Blütenbesucher und ernähren sich von Nektar. So ist das Vorhandensein einer ausreichenden Anzahl von Blütenpflanzen die Voraussetzung dafür, daß genügend Schwebfliegenlarven für die biologische Blattlausbekämpfung in einem bestimmten Areal vorhanden sind. In den intensiv bewirtschafteten Obst- und Gemüsekulturen, in denen jedes Unkraut durch Herbizide vernichtet wird, fehlen die entsprechenden Blüten. Deshalb ist es nicht verwunderlich, daß hier keine nützlichen Schwebfliegenlarven mehr vorkommen.

Auch das *Vorhandensein einer gewissen Anzahl von Schädlingen* während der gesamten Vegetationsperiode ist, so seltsam dies zunächst erscheinen mag, von Nutzen; denn nur so können die Nützlinge erhalten werden. Die beste Gewähr dafür, daß immer Schädlinge in geringer Zahl (unterhalb der wirtschaftlichen Schadensschwelle) vorhanden sind, ist die ökologische Vielfalt mit möglichst vielen Pflanzenarten und zahlreichen ökologischen Nischen. Stehen z. B. noch genügend Unkräuter den zahlreichen (den Nutzpflanzen noch nicht schädlich werdenden) Schädlingen zur Verfügung, so ist das Überleben der Nützlinge gesichert.

Da die Nützlinge gegen giftige chemische Spritzmittel besonders empfindlich sind, sterben in den meisten Fällen die Nützlinge schneller und zu einem höheren Prozentsatz ab als die Schädlinge, für die das Gift bestimmt war. Hinzu kommt, daß sich die Schädlinge schneller wieder erholen, da sie häufig eine kürzere Generationsfolge als die Nützlinge haben und in viel größerer Anzahl vorkommen.

Nützlinge, die möglicherweise in der biologischen Schädlingsbekämpfung von Bedeutung sein können, sind: (u. a. gegen Blattläuse) *Marienkäfer* mit ihren Larven, *Schwebfliegenlarven, Schlupfwespen, Raubwanzen* u. a.; gegen Obstbaumschädlinge (v. a. Raupen) viele *Vögel*, wie z. B. *Meisen; Ohrwürmer* fressen mit Vorliebe Blattläuse und Apfelwicklerlarven; *Mäusevertilger* sind v. a. die *Greifvögel* und das *Mauswiesel;* die verschiedensten *Schlupfwespenarten* sind jeweils spezifische Parasiten einer ganz bestimmten Schädlingsart. Die verschiedenen Krankheitserreger der einzelnen Schädlinge sind erst zu einem kleinen Prozentsatz erforscht.

Der große Vorteil der biologischen Schädlingsbekämpfung liegt darin, daß sie, im Gegensatz zur chemischen Schädlingsbekämpfung, die Qualität der Lebensmittel nicht beeinträchtigt. Krankheitserreger und Parasiten sind wirtsspezifisch, d. h. nur auf eine ganz bestimmte Schädlingsart spezialisiert und darum anderen Tieren oder gar dem Menschen gegenüber jeweils völlig neutral. Ein weiterer Vorteil der biologischen Schädlingsbekämpfung besteht in der Billigkeit und Einfachheit ihrer Methoden. Man benötigt z. B. keine großen Maschinen zum Versprühen und nicht den Arbeitsaufwand für häufige Spritzungen. Die biologische Schädlingsbekämpfung läßt die Natur für sich arbeiten und macht sich deren Gesetzmäßigkeiten zunutze.

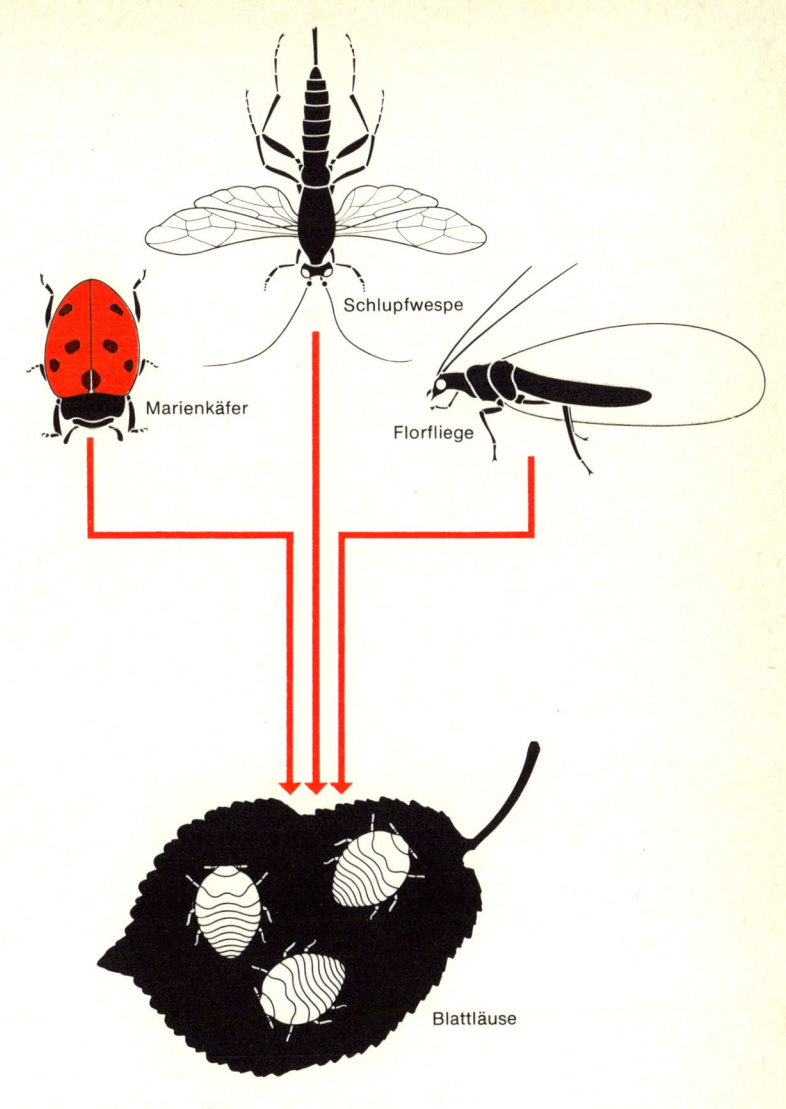

Abb. Nützliche Blattlausvertilger

Der Einsatz tierischer und pflanzlicher Duftstoffe in der biologischen Schädlingsbekämpfung

Viele Tiere haben spezifische Eigenlockstoffe, die sog. *Pheromone*, die die zwischenindividuellen Beziehungen regulieren. Sie sind daher bei gesellig lebenden Tieren wie Ameisen, Bienen, Mäusen, Ratten u. a. am stärksten entwickelt. Aber auch bei nichtgeselligen Gruppen kommen sie in Form von *Sexuallockstoffen* vor, die nur auf den Geschlechtspartner wirken.

Besonders gut untersucht sind heute die *Pheromone bei Insekten*. Diese Substanzen sind meist noch in außerordentlicher Verdünnung wirksam: Die Männchen der Amerikanischen Schabe z. B. reagieren bereits auf 30 Moleküle des Sexuallockstoffs ihrer Geschlechtspartner. Dies bedeutet, daß solche Substanzen kilometerweit wahrgenommen werden können. Inzwischen konnte man die Sexualpheromone u. a. von folgenden Schädlingen isolieren: Apfelwickler, asiatischer Baumwollwurm, Zuckerrohrbohrer, Nonne (ein Kiefernschädling), verschiedene Borkenkäfer und verschiedene Motten, die als Getreideschädlinge auftreten.

Im Prinzip gibt es zwei Möglichkeiten der *Schädlingsbekämpfung durch Pheromone:*

1. Man kann den aus dem Tierorganismus extrahierten oder synthetisch erzeugten Lockstoff in bestimmten *Fallen* anbringen, die dann die Männchen der betreffenden Art anlocken. Ein Beispiel dafür ist die Bekämpfung des *Borkenkäfers*, dessen Pheromon bereits synthetisch hergestellt werden kann. Wenn man nun diesen auf beide Geschlechter wirkenden Lockstoff an bestimmten Fangbäumen anbringt, werden die Borkenkäfer der Umgebung angelockt, diese Bäume zu besuchen. Durch Fällung der Bäume und Entfernung der Rinde kann man die Käferbrut dann leicht zerstören. Die Verwendung von Sexualpheromonen für diese Art der Schädlingsbekämpfung hat jedoch nur dann Aussicht auf Erfolg, wenn die Populationsdichte des Schädlings in dem betreffenden Gebiet gering ist, so daß die Lockstoffe der Fallen nicht durch die Lockstoffe der einzelnen Tiere überdeckt werden.

2. Durch eine *diffuse Verteilung eines Lockstoffs* während der Zeit des Hochzeitsflugs von Faltern kann man die Faltermännchen so irritieren, daß sie die ebenfalls Pheromon aussendenden Weibchen nicht mehr finden können. Zum erstenmal wurde dieses Verfahren in den USA bei der Bekämpfung der amerikanischen *Gemüseeule* erfolgreich erprobt. Man arbeitete dabei mit einer Konzentration von etwa 10^{-10} g Pheromon/l Luft. Um diese Konzentration aufrecht erhalten zu können, benötigte man etwa 1,5 g Substanz pro Hektar und Nacht.

Im Gegensatz zu den Lockmitteln haben bestimmte von manchen Pflanzen abgegebene Duftstoffe eine abstoßende Wirkung auf verschiedene Insekten. Man kann deshalb derartige *Repellents* gezielt im Pflanzenschutz einsetzen, und zwar auf zweierlei Art: 1. Man kann die Repellents aus bestimmten resistenten Pflanzenarten isolieren oder sie synthetisch herstellen und dann über das zu schützende Kulturpflanzenfeld versprühen. So ließen sich aus resistenten Kartoffelsorten mehrere Glucoside wie Solanin und Tomatin isolieren, die abschreckend auf Kartoffelkäfer wirken. 2. Wesentlich einfacher ist die Methode, Repellents ausströmende Pflanzen mit den gewünschten Nutzpflanzen in Mischkultur zu bringen, so daß ein Schädlingsbefall bei den Nutzpflanzen verhindert wird. So kann man z. B. durch den Anbau von Tomaten und Kohl in Mischkultur erreichen, daß die aus der Tomate ausströmenden Repellents einen Befall der Kohlpflanzen durch Kohlweißlingsraupen verhindern.

Borkenkäfer

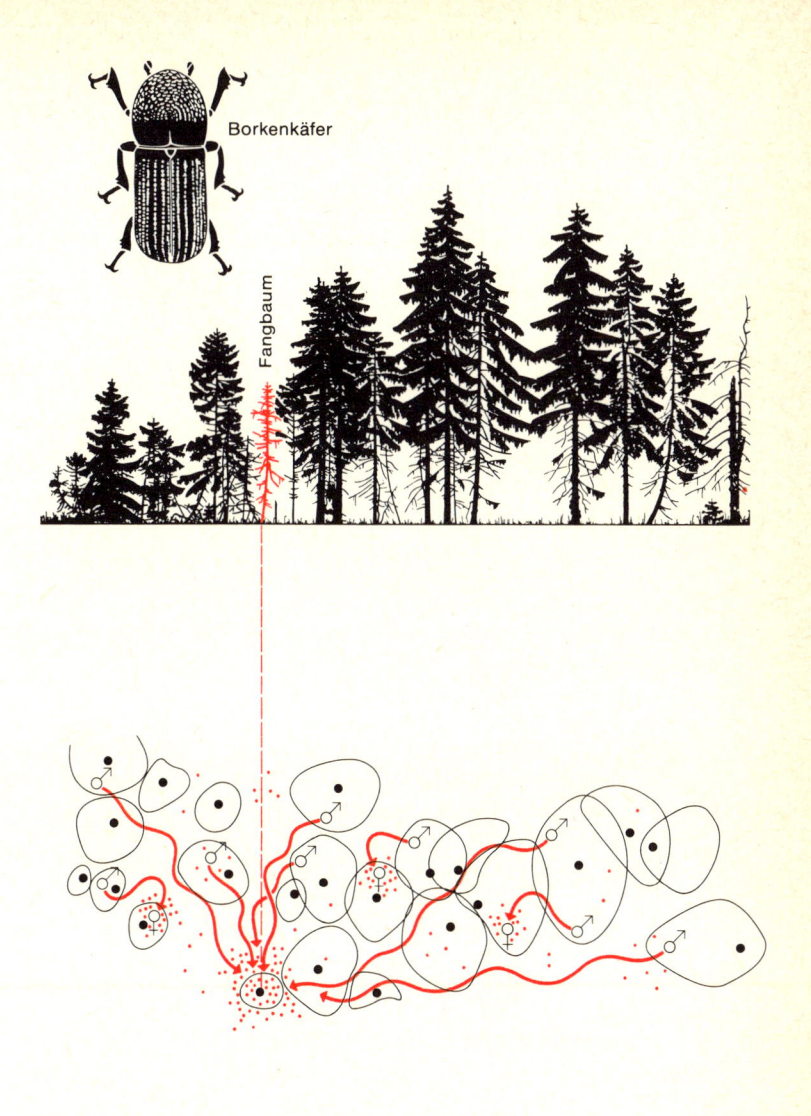

Fangbaum

Abb. Einsatz von Sexuallockstoffen des
Borkenkäfers in einem Fichtenbestand

Unkrautbekämpfung – ökologische Unkrautbekämpfung

Es gibt mehrere Methoden, das Unkrautwachstum zurückzudrängen. Meist werden, v. a. in der Landwirtschaft, *chemische Unkrautbekämpfungsmittel (Herbizide)* verwendet (s. auch S. 302), die über die Unkräuter versprizt werden und dadurch deren Absterben bewirken. Diese Herbizide haben jedoch zum Teil erhebliche negative Nebenwirkungen auch auf andere Pflanzen und somit auf die Qualität der Nahrungsmittel.

Aus diesen Gründen ist ein Übergang zu *ökologischen Unkrautbekämpfungsmethoden* anzustreben. Grundsätzlich kann dies auf dreierlei Art geschehen: mechanisch, durch den Einsatz von unkrautvertilgenden Tieren und durch unkrautverdrängende Pflanzen:

1. Durch *Bearbeitung des Bodens* (Jäten, Pflügen usw.) werden die Unkräuter auf mechanische Weise ausgerissen oder zerstört. Diese herkömmliche Methode ist sehr aufwendig und mühsam.

2. Als recht erfolgreich hat sich der *Einsatz von Tieren* erwiesen, denen die Unkräuter als Nahrung dienen. Bisher wurden allerdings nur eingeschleppte Kräuter auf diese Weise bekämpft. Ein Beispiel unter zahlreichen anderen ist die Bekämpfung der *Feigenkakteen (Opuntien)* in einigen australischen Staaten. Um das Jahr 1840 wurden aus Mittelamerika mehrere solcher Opuntienarten in die australischen Staaten Queensland und Neusüdwales eingebracht, wo sie sich unerwartet schnell ausbreiteten und bereits 1925 eine Fläche von etwa 24 Millionen ha bedeckten. Bereits 1913 begann man mit Versuchen zur Bekämpfung dieser Kakteen. Von etwa 160 nord- und südamerikanischen Tierarten, die als Schädlinge der Opuntien gelten, wurden 48 Arten in einer Quarantänestation auf eine eventuelle Beeinträchtigung des ökologischen Gleichgewichtes im neuen Lebensraum hin untersucht. Von den schließlich freigesetzten 23 Arten konnten sich 13 Arten, 12 Insektenarten und eine Milbenart, vermehren. Am erfolgreichsten war ein argentinischer Kleinschmetterling, dessen Raupen Gänge in die Kakteen fraßen; Fäulnisbakterien bewirkten daraufhin das Absterben der Kakteen. Bereits im Jahr 1936 waren dadurch die zuvor von einem dicken Kakteendickicht überwucherten Flächen in Queensland praktisch unkrautfrei und in Neusüdwales bis auf 10 % wieder für die Landwirtschaft nutzbar.

3. Die *Verdrängung von Unkräutern durch andere Pflanzen* setzt voraus, daß diese Pflanzen nicht ihrerseits als Unkräuter wirken, sondern sogar nach Möglichkeit noch zusätzlich bodenverbessernde Wirkung haben. Da der Begriff *Unkraut* sehr relativ ist, können sich manche Pflanzen je nach dem Standort und der Art der angebauten Nutzpflanze dieser und dem Boden gegenüber schädlich, neutral oder nützlich erweisen. Meist wirkt eine Pflanze dann als Unkraut, wenn sie ein dichtes Wurzelgeflecht besitzt, das das Wurzelwachstum der Nutzpflanze einschränkt und ihr Nahrungsstoffe und Spurenelemente wegnimmt. Gelingt es, anstelle des stark wurzelnden Unkrautes eine andere, nur lockeres Wurzelwerk ausbildende Pflanze emporkommen zu lassen, die zudem noch über die Symbiose mit luftstickstoffbindenden Wurzelbakterien (wie bei Schmetterlingsblütlern) zu einer Verbesserung des Bodens durch Anreicherung des Bodens mit Stickstoffverbindungen beiträgt, ist in den meisten Fällen das Unkrautproblem gelöst. Die Bodenbedeckung durch einen solchen Zwischenfruchtanbau verhindert außerdem ein Austrocknen des Bodens. Das Wachstum der Mikroorganismen und die Lebensbedingungen für die den Boden lockernden Regenwürmer werden ebenfalls gefördert. Das Einbringen von Pflanzen zur Unkrautbekämpfung ist aus den dargelegten Gründen sicher die eleganteste und ökologisch sinnvollste Unkrautbekämpfungsmethode.

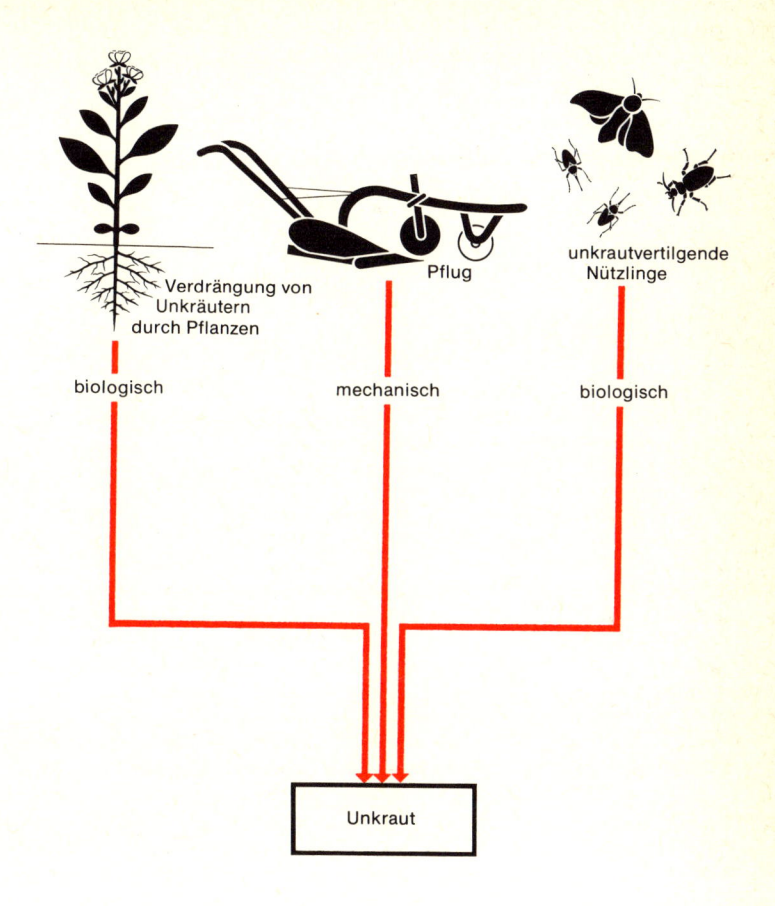

Verdrängung von Unkräutern durch Pflanzen	Pflug	unkrautvertilgende Nützlinge
biologisch	mechanisch	biologisch

→ Unkraut

Abb. Die verschiedenen Formen der ökologischen Unkrautbekämpfung

Raumordnung – die Besiedlungsdichte in der BRD

Die letzte Volkszählung vom 27. Mai 1970 ergab für die BRD eine Bevölkerungszahl von 60,651 Millionen Einwohnern. Das bedeutet gegenüber der Volkszählung von 1961 einen Bevölkerungszuwachs von 4,5 Millionen (7,9 %). Damit stieg die Besiedlungsdichte von 226 auf 244 Einwohner/km^2. Ein beträchtlicher Teil dieser Zuwachsquote resultiert aus dem Zuzug ausländischer Arbeitskräfte und ihrer Familienangehörigen. Im Mai 1970 gab es im Bundesgebiet 2,4 Millionen (4 %) Ausländer. Dies waren 1,7 Millionen (250 %) mehr als 1961. Im Jahr 1972 betrug die Zahl der Ausländer 3,4 Millionen.

Die Besiedlungsdichte und die Zunahme der Bevölkerung sind in den verschiedenen Gebieten der BRD sehr unterschiedlich. Im *Bundes-Raumordnungsprogramm* wird das Bundesgebiet in 38 *Gebietseinheiten* eingeteilt. Diese statistischen Einheiten werden als Räume verstanden, die sich funktional ergänzen, grundsätzlich auf mindestens ein Oberzentrum orientiert sind und mindestens 400 000 Einwohner und ein Gebiet von 5 000 km^2 umfassen. Die Abgrenzung dieser Gebiete hält sich dabei an die Kreisgrenzen. Einen hohen Bevölkerungszuwachs hatten bisher vor allem die stark industrialisierten Länder Nordrhein-Westfalen, Hessen und Baden-Württemberg zu verzeichnen. Gebietseinheiten, die vor allem landwirtschaftlich strukturiert sind, zeigen demgegenüber nur geringfügige Zunahmen, teilweise sogar leichte Abnahmen.

Besonders hoch ist die *Besiedlungsdichte* in industriellen Ballungszonen. Es gibt heute in der BRD 24 Verdichtungsräume. Während diese Räume zusammen nur etwa 7 % der Fläche der BRD ausmachen, leben in ihnen rund 45 % der Bevölkerung des Bundesgebietes. Wegen schlechter Lebensbedingungen als Folge der Industrieballung zeigten einige Verdichtungsräume in den letzten Jahren starke Abwanderungsverluste, die nur teilweise durch den Zuzug weiterer ausländischer Arbeitskräfte ausgeglichen wurden. Die stärkste Zunahme der Besiedlungsdichte weisen die zu Verdichtungsräumen gehörenden *Landkreise* auf. Die im Verdichtungsraum arbeitenden Menschen suchen zunehmend bessere Wohnmöglichkeiten außerhalb des Verdichtungsraums. Diese durch vernachlässigte Umweltschutzmaßnahmen der letzten Jahre und Jahrzehnte hervorgerufene Entwicklung führt zu einer bedenklichen Ausweitung der Verdichtungsräume, zu einer Zersiedlung der bisher als Erholungszonen dienenden Räume und zu einer Verschärfung des Verkehrsproblems (längerer Anreiseweg zwischen Wohnung und Arbeitsplatz).

In der *städtischen Entwicklung* hat sich in den letzten Jahren in dieser Hinsicht ein tiefgreifender Wandel vollzogen. Während die Städte in den zurückliegenden Jahrzehnten als Ziel einer abwandernden Landbevölkerung angesehen wurden, zeigen heute 41 % der Großstädte (BRD) mit über 60 000 Einwohnern einen starken Rückgang der Bevölkerung. Besonders hoch ist dieser Rückgang in den Kernstädten einiger Verdichtungsräume (in Hannover um 366 Einwohner je km^2, in Braunschweig um 290 Einwohner je km^2 sowie in der Mehrzahl der Städte des Ruhrgebietes mit zum Teil mehr als 300 Einwohnern pro km^2).

Entsprechend dieser Abnahme der Besiedlungsdichte in Großstädten und Verdichtungsräumen ist in den letzten Jahren ein (wenn auch geringes) Wachstum der Besiedlungsdichte in ländlich strukturierten Räumen abseits der Verdichtungsräume zu erkennen. Diese Zunahme lag zwischen 1961 und 1970 in vielen Teilen der BRD bei rund 10 Einwohnern je km^2.

Flächennutzung in der BRD

Zwischen 1960 und 1970 haben zugenommen: die Wohnbau- und Industrieflächen um 28 %; die Verkehrsflächen (ohne Flugplätze) um 13,5 %; die Waldflächen um 0,9 %.

Zurückgegangen sind im gleichen Zeitraum: die landwirtschaftlichen Nutzflächen um 3,3%; die unkultivierten Moorflächen um 9,9%: das „Öd- und Unland" um 4,0%.

Landwirtschaftliche Nutzflächen: Die Mechanisierung in der Landwirtschaft, die Konzentration auf die Produktion in Großbetrieben und die Einfuhr von Lebensmitteln aus EG-Ländern führten zu einer Verringerung der landwirtschaftlichen Nutzflächen und zu einer Verminderung bäuerlicher Betriebe. Im Jahr 1970 betrug die landwirtschaftlich genutzte Fläche in der BRD 13,85 Mill. ha. Bei gleichbleibender Entwicklung dürfte diese Fläche bis zum Jahr 1980 um weitere 1–2 Mill. ha abgenommen haben.

Die *ökologische Auswirkung* landwirtschaftlich genutzter Flächen auf die Umwelt hängt von der Art der Nutzung ab. Ein vorwiegend chemotechnisch bewirtschaftetes Agrargebiet kann auf Grund seiner eintönigen Zusammensetzung (große Monokulturen) keine Erholungsfunktion ausüben. Da die Konzentration der Menschen in Ballungsräumen immer mehr zunimmt, muß in Zukunft die agrarwirtschaftlich genutzte Fläche der BRD eine gewisse Erholungsfunktion übernehmen. Dies ist nur möglich durch eine ökologisch sinnvolle Wirtschaftsweise (z. B. Mischkultur an Stelle von Monokulturen, Erhaltung ökologischer Nischen).

Waldfläche: Im Jahr 1972 bedeckten rund 7,2 Mill. ha Wald 29% der Gesamtfläche der Bundesrepublik. Vergleichsweise entfallen heute auf je 100 Bürger in der BRD 11,8 ha Wald (Nordrhein-Westfalen 4,8 ha!), in der DDR 17,0 ha Wald. Die *Aufforstung* und damit das Wachstum des Waldes erfolgte jedoch in der Regel gerade nicht in den Verdichtungsräumen, wo es aus ökologischen Gründen sowie im Interesse der Bereitstellung von Erholungswald besonders wichtig wäre. Im Gegenteil wurden und werden in der Umgebung von Ballungsräumen häufig große Waldstücke für neue Industrie- und Verkehrsanlagen geopfert. In den meisten Fällen wurden Gebiete aufgeforstet, auf denen eine landwirtschaftliche Nutzung eingestellt worden war. Eine vollständige Aufforstung dieser Flächen erscheint aus ökologischer Sicht nicht sinnvoll, da dadurch die landschaftliche Vielfalt als Grundlage der natürlichen Erholungseignung verringert würde.

Verkehrsflächen: Gegenwärtig werden 2 % der Fläche der BRD von Verkehrsflächen beansprucht. Davon sind rund 75 % *Straßen* und *Wege.* Bis 1985 wird dieser gegenwärtige Verkehrsbedarf von 450 000 ha um rund 210 000 ha auf etwa 3 % der Fläche der BRD zunehmen. Dabei ist zu berücksichtigen, daß die neuen Verkehrswege noch weit größere Nutzflächen tangieren bzw. zerschneiden. Sie bringen außerdem erhebliche zusätzliche *Beeinträchtigungen* durch Straßenlärm, Staub- und Abgasemissionen, Ölabschwemmungen usw.

Bis 1985 werden die *Straßenflächen* in der BRD gegenüber dem Stand von 405 000 ha im Jahre 1970 um weitere 180 000 ha zunehmen, während sich der Flächenbedarf der Deutschen *Bundesbahn* und der nicht bundesbahneigenen Eisenbahnen im gleichen Zeitraum von 103 000 ha (1970) auf nur 109 000 vergrößern wird. – Der Flächenbedarf für *zivile Flughäfen* betrug im Jahr 1970 30 000 ha. Auch hier muß jedoch, ähnlich wie beim Straßenverkehr, die Fläche mit berücksichtigt werden, die sich beim Start und bei der Landung von Flugzeugen in der Nähe der Flugplätze als Lärmbelästigungszone ergibt.

Wohnfläche: 1970 betrug die von Siedlungen bedeckte Fläche der BRD rund 900 000 ha; bis 1985 wird sie vermutlich um weitere 240 000 ha zunehmen.

Zersiedlung – Zweitwohnungen

In den letzten Jahren wurden in der BRD wie in anderen hochentwickelten westlichen Industrieländern zunehmend Freizeitwohnsitze und Zweitwohnungen gebaut. Dies führte zu einer starken Inanspruchnahme von Grund und Boden, vor allem in den Erholungsgebieten, mit der Folge, daß wertvolle Landschaften mehr und mehr „zersiedelt" werden. Der Erholungswert der Landschaft wird stark beeinträchtigt und ihre natürliche Leistungsfähigkeit belastet (z. B. durch Abwässer). Am stärksten betroffen sind die landschaftlich reizvollsten Gebiete wie Seeufer, Waldränder, Höhen, Flußtäler.

Mehrere Gründe haben zu dieser Entwicklung geführt. Außer durch objektive Faktoren wie Arbeitszeitverkürzung, mehr Urlaub, ständige Einkommensverbesserungen und steuerliche Vergünstigungen wird diese Entwicklung durch die steigende physische und psychische Belastung des Menschen im Berufsleben der modernen Industriegesellschaft begünstigt. Im Vergleich zu den USA, Schweden oder Frankreich steht die Bundesrepublik in dieser Entwicklung erst am Anfang.

Freizeitwohnsitze in großer Zahl bedeuten für die Gemeinden eine Mehrbelastung ihrer Versorgungsanlagen wie Wasser- und Stromversorgung, Kanalisation und Müllabfuhr und ihrer Verkehrsanlagen (Straßen, Parkplätze), wodurch finanzielle Mehraufwendungen für zusätzliche Infrastruktureinrichtungen und für deren Unterhaltung erforderlich werden. Dieser stärkeren Belastung des Finanzhaushaltes der Gemeinden stehen nicht in jedem Fall eine stärkere zusätzliche Wirtschaftskraft und höhere Einnahmen gegenüber. Die meisten Zweitwohnungen stehen während des größten Teils des Jahres leer, während die gemeindlichen Einrichtungen der Infrastruktur in vollem Umfang bereitgehalten werden müssen.

Da durch die oft weit in die Landschaft hineinreichende Bebauung durch Zweitwohnungen der Erholungswert der Landschaft für die Gesamtbevölkerung vermindert wird, kann dadurch die Grundlage für den Fremdenverkehr einer Gemeinde ernsthaft in Frage gestellt werden. In den Raumordnungsberichten einiger Länder wird deshalb die Auffassung vertreten, daß Freizeitwohnsitze überwiegend außerhalb der Naherholungsräume und der Fremdenverkehrsgebiete auszuweisen seien. Der Raumordnungsbericht 1972 der Bundesregierung legt deshalb fest, daß „die Nachfrage nach Freizeitwohnsitzen im Rahmen der anzustrebenden Raum- und Siedlungsstruktur auf Siedlungen in noch nicht überlasteten oder von einer Überlastung bedrohten Erholungsräumen gelenkt werden soll." In diesen Siedlungen sollen die Freizeitwohnsitze möglichst in die vorhandene Bebauung, z. B. in nicht mehr genutzte landwirtschaftliche Gebäude, integriert werden. Zu einer optimalen Nutzung der örtlichen Infrastruktur sollen zusammenhängende Gebiete für Freizeitwohnsitze im Rahmen eines Bebauungsplans z. B. als Wochenendhausgebiete an bestimmten planerisch ausgewählten Standorten ausgewiesen werden.

In einigen besonders wertvollen Erholungsgebieten schreitet die Entwicklung der Zweitwohnsitze jedoch schon so schnell fort, daß eine nachhaltige Zerstörung dieser Gebiete durch die geplanten raumordnerischen Maßnahmen wahrscheinlich nicht mehr verhindert werden kann. Dies trifft zu für mehrere Räume im bayerischen Alpen- und Voralpengebiet, für die Ufer vieler Seen (vor allem in Bayern) sowie für einige Täler des Schwarzwaldes und anderer Mittelgebirge. In Bayern wurde bereits ein „Sofortprogramm" von der Landesregierung verabschiedet, das die Landschaft freihalten soll und ihre Erholungsfunktion im besonders gefährdeten Alpen- und Voralpengebiet erhalten soll. Durch dieses Sofortprogramm soll dort, wo es noch möglich ist, die weitere Siedlungsentwicklung auf die zentralen Orte und Siedlungsschwerpunkte in großen Verdichtungsräumen gelenkt werden.

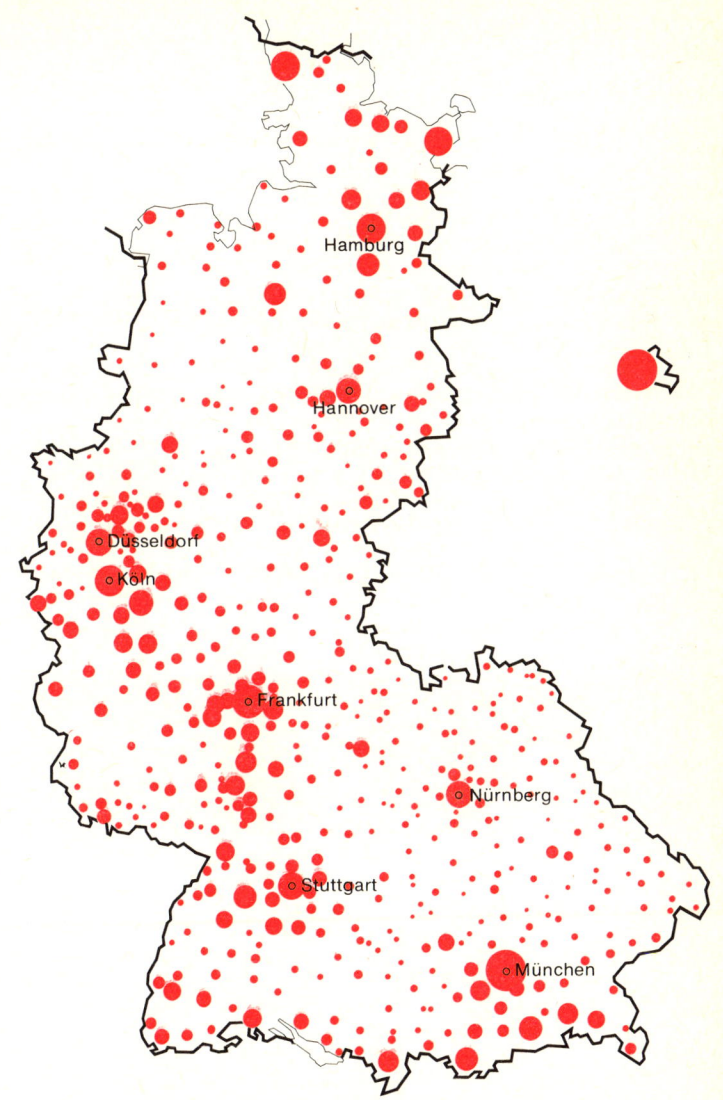

Abb. Ballungsgebiete von Zweitwohnungen

Verstädterung

Mit dem gewaltigen Wachstum der Erdbevölkerung (s. S. 526ff.) ändert sich auch das Verhältnis ihrer Verteilung. Eine der tiefgreifendsten Begleiterscheinungen des Bevölkerungswachstums ist die *Urbanisierung,* die Wanderung der Landbevölkerung in die Großstädte. Diese wachsen dadurch im Verhältnis wesentlich schneller an als die Weltbevölkerung im ganzen. Eine Aufstellung über die Entstehung von Großstädten im Laufe der letzten Jahrhunderte macht diese Entwicklung deutlich. Während es auf der Erde im Jahre 1700 erst 40 Großstädte (mit wenigstens 100 000 Einwohnern) gab, sind in der ersten gedruckten Liste aller Großstädte der Erde von 1870 bereits 164 aufgeführt. 1900 waren es rund 300 und im Jahre 1950 670. Besonders rasch wuchs die Zahl in den letzten 3 Jahrzehnten. 1960 gab es 1 340 und um 1970 bereits 1 872 Großstädte auf der Erde.

Bezüglich der *Großstadtdichte* ergeben sich für Japan und die Niederlande die höchsten Werte von 42 bzw. 41 Großstädten pro 100 000 km^2. Unter den Erdteilen steht Europa mit dem Durchschnittswert 8/100 000 km^2 an der Spitze, gefolgt von Asien mit 2,3, Nordamerika mit 1,2, Mittel- und Südamerika mit 1,1 Großstädten auf 100 000 km^2. Afrika und Australien haben weniger als eine Großstadt auf 100 000 Quadratkilometer.

Eine verhältnismäßig junge Entwicklung sind die *Millionenstädte.* Um 1870 gab es davon erst 10 auf der Erde, um 1900 waren es 17, 1950 bereits 65. In den letzten beiden Jahrzehnten hat sich die Zahl der Millionenstädte mit 152 mehr als verdoppelt; davon entfallen die meisten auf Asien. China hat mindestens 17 dieser Riesenstädte, Japan und Indien je 8, Mittel- und Südamerika 15. In Nordamerika gibt es 8, in Westeuropa 13, in der Sowjetunion 10 und in Afrika 5 Millionenstädte.

Im Jahre 1970 lebte jeder zehnte Einwohner der Erde in einem großstädtischen Ballungsraum. Allein in 14 Stadtkomplexen, die die Fünfmillionengrenze überschritten haben (Tokio, Schanghai, Peking, Bombay, Kalkutta, New York, Los Angeles, Buenos Aires, Paris, London u. a.) leben 3 % der Erdbevölkerung. Für 1990 rechnet man damit, daß mehr als die Hälfte der Erdbevölkerung in Städten mit mehr als 100 000 Einwohnern leben wird.

Die *physischen und psychischen Belastungen* sind in Großstädten auf Grund der Ballung von Menschen, Industrie und Verkehr im allgemeinen größer als in Kleinstädten. Studien aus Großbritannien und den USA zeigten, daß in einer Großstadt durchschnittlich 15 % weniger Sonnenschein, 30 % weniger UV-Strahlung im Winter und 10 % mehr Regen, Hagel oder Schnee auftreten. Es gibt 10 % mehr Wolkentage, 30 % mehr Nebel im Sommer und 100 % mehr Nebel im Winter. Die Temperaturen liegen um 3–8 °C höher, und die Windgeschwindigkeiten sind niedriger. Zahlreiche *Krankheiten* treten als Folge der konzentrierten Luftverschmutzung in Großstädten beträchtlich häufiger auf. Das Vorkommen von Lungenkrebs in Städten mit 1 Million und mehr Einwohnern liegt etwa genau doppelt so hoch wie auf dem Land. Auch Bronchitis und andere Lungenkrankheiten treten wesentlich häufiger auf. Neben diesen physischen Auswirkungen zeigt die unbegrenzte Verstädterung eine Reihe negativer Folgen im psychischen und sozialen Bereich. Das Ende einer solchen Entwicklung ist in dem Kapitel „Die Wachstumskatastrophe New York" (S. 532) beschrieben.

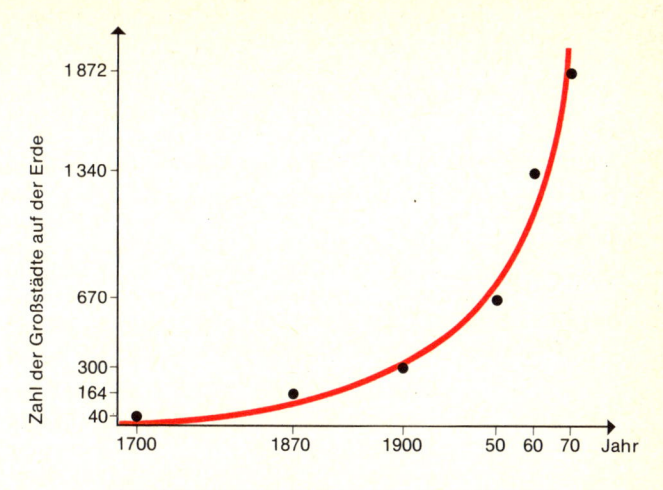

Abb. 1 Entwicklung der Großstädte (über 100 000 Einwohner)

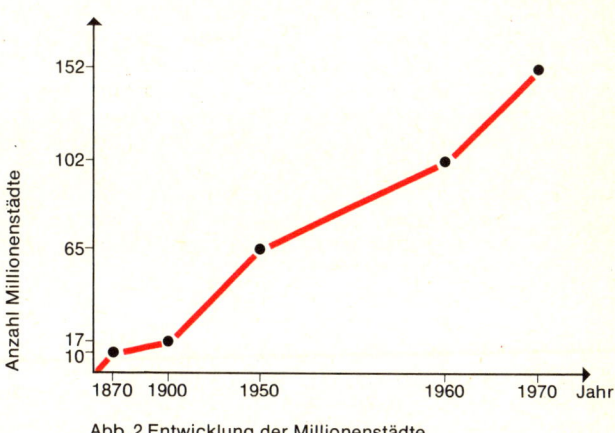

Abb. 2 Entwicklung der Millionenstädte

Mikroklima in Städten

Während globale Änderungen des Klimas durch industrielle Aktivitäten des Menschen bisher noch nicht exakt nachgewiesen werden konnten, finden wir heute in Ballungsgebieten und Großstädten bereits erhebliche Veränderungen einiger Klimaelemente im Vergleich zu ländlichen Gebieten (Abb.).

Die *verringerte Windgeschwindigkeit* ist vor allem auf den Einfluß der Gebäude zurückzuführen, die durch „Oberflächenrauhigkeit" horizontale Winde abschwächen. Eine große Stadt besitzt meist Schneisen wie Flußläufe, Grünanlagen, unbebautes Land o. ä., durch die Winde von außerhalb in das Stadtzentrum gelangen und damit die Stadt mit Frischluft versorgen können. Da im Stadtinneren viel Abwärme von industriellen Prozessen, Raumheizungen, Verkehr und Wärmespeicherung nach Sonneneinstrahlung anfällt, herrscht über dem Zentrum meist ein Auftrieb warmer Luftmassen, durch den über die Luftschneisen Luft von außerhalb angesaugt wird. Dies hat einen günstigen Einfluß auf die verschmutzte Luft der Stadt und auf die höhere, im Sommer oft schwüle Temperatur im Stadtkern. Diese positiven klimatischen Vorgänge können jedoch gestört werden, wenn die Frischluftschneisen, vor allem durch Hochhäuser, verbaut werden.

Der Gehalt der Luft an *Schwebstoffen* und *Staub* in einer Großstadt ist durchschnittlich 10mal so hoch wie auf dem Land. Die Unmengen feinstverteilter Partikel in der Stadtatmosphäre führen zu den häufig zu beobachtenden *Dunstglocken*, die einen beträchtlichen Teil des Sonnenlichtes schlucken. In Städten ist die Zahl der Sonnenscheinstunden um 5–15% niedriger als auf dem Land. Die *ultraviolette Strahlung* im Winter, die für den Menschen zur Bildung von Vitamin D lebensnotwendig ist, wird dadurch um rund 30% verringert. Gleichzeitig behindert der hohe Staubgehalt der Luft die Wärmeabstrahlung, was als Folge der ohnehin erhöhten Wärmefreisetzung in unerwünschter Weise die Temperatur in der Stadt erhöht.

Ein besonders eklatanter Klimaunterschied zwischen Stadt und Land zeigt sich in der *Nebelhäufigkeit,* die in Städten im Winter um durchschnittlich 100%, im Sommer um durchschnittlich 30% erhöht ist. Dies wird vor allem durch zwei Prozesse bewirkt: Zum einen ist die Wasserdampffreisetzung in Städten größer (bei der Verbrennung von 1 l Benzin entsteht 1 m^3 Wasserdampf). Zum anderen ist der Schwebstoffgehalt der Luft stark erhöht. Dadurch steht dem Wasserdampf ein großes Angebot an Kondensationskernen zur Verfügung, was zu stärkerer Nebelbildung führt. Diese Prozesse haben darüber hinaus Einfluß auf die Wolkenbedeckung, die um 5–10% höher liegt als auf dem Land.

Ein anderes Charakteristikum des Stadtklimas ist die *Überwärmung*. Städte sind durch ihre großen Asphalt-, Beton- und Steinflächen einem künstlichen wasserundurchlässigen Fels vergleichbar. Durch die Höhe der Häuser wird die Oberfläche der Stadt vervielfacht. Steine und Asphalt speichern sehr viel Wärme, durch deren Abstrahlung die „Backofenhitze" der sommerlichen Nächte erzeugt wird. Verstärkt wird diese Temperaturerhöhung durch die Eigenerzeugung von Wärme im Bereich der Haushalte, der Industrie und des Verkehrs. Hinzu kommt die Minderabfuhr von Wärme als Folge der geringen innerstädtischen Vegetation. Auf dem Land werden ungefähr zwei Drittel des normalen Niederschlages auf Wald und Wiesen von den Pflanzen wieder verdunstet bzw. versickern; nur etwa ein Drittel fließt oberflächlich ab. In den praktisch vegetationsfreien Städten werden dagegen alle Niederschläge bis auf kleinste Reste von Benetzungswasser abgeführt. Da zum Verdampfen von Wasser Wärme notwendig ist (für 1 l Wasser rund 600 kcal), fehlt diese Art der Wärmeabfuhr in der Stadt fast völlig. Im Durchschnitt liegt die Temperatur in den Städten um 0,5 bis 1,5 °C über der Durchschnittstemperatur ländlicher Gebiete.

UV-Strahlung

STOP Einstrahlungsdefizit
5 bis 30 %

Dunstglocke

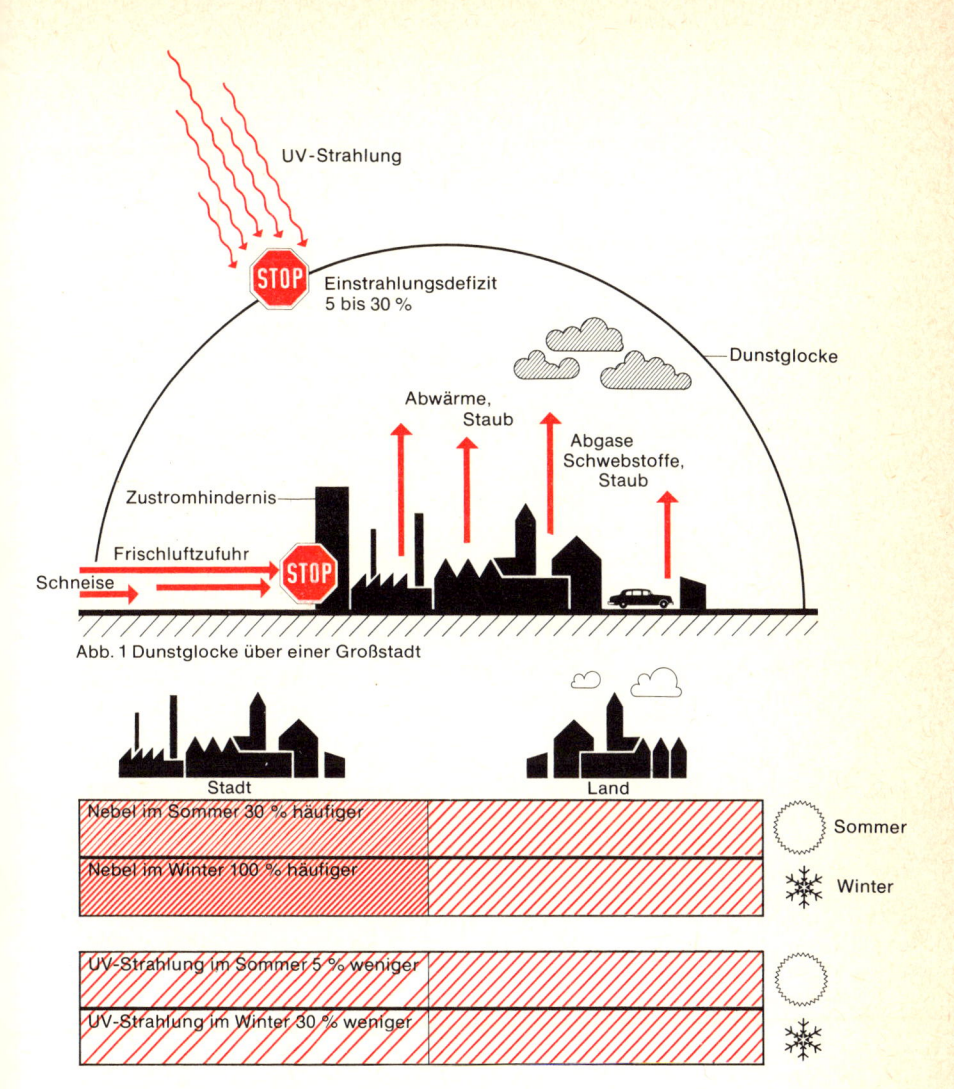

Abwärme, Staub

Abgase
Schwebstoffe,
Staub

Zustromhindernis

Frischluftzufuhr

Schneise

STOP

Abb. 1 Dunstglocke über einer Großstadt

Stadt	Land	
Nebel im Sommer 30 % häufiger		Sommer
Nebel im Winter 100 % häufiger		Winter
UV-Strahlung im Sommer 5 % weniger		Sommer
UV-Strahlung im Winter 30 % weniger		Winter

Abb. 2 Auffallende klimatische Unterschiede zwischen
städtischen und ländlichen Gebieten

Mikroklima in Städten
Bäume und Grünanlagen als Regulatoren

Viele der negativen Veränderungen der Klimaelemente einer Stadt lassen sich durch Pflanzen, vor allem Bäume und Grünanlagen, abschwächen bzw. positiv beeinflussen. Einen wesentlichen Einfluß haben Bäume auf den *Staubgehalt der Stadtluft*. Bei Vergleichsmessungen zwischen baumfreien und baumbestandenen Verkehrsstraßen ergab sich, daß der Staubgehalt in der mit Bäumen bestandenen Straße bei vergleichbarem Verkehrsfluß um rund 70 % niedriger war. Die Ursachen hierfür sind in erster Linie darin zu sehen, daß der Staub an der Blatt- und Zweigoberfläche hängen bleibt bzw. sich auf Grund der verringerten Windstärke innerhalb der Pflanzungen besser niederschlagen kann.

Die Verringerung des Staubgehaltes der Luft hat natürlich auch einen Einfluß auf andere vom Staubgehalt abhängige Klimaelemente. Da Staub sowohl eine Dunstglocke und damit eine Verringerung der Sonnenscheindauer und der UV-Einstrahlung als auch durch Kondensation von Wasserdampf eine Vermehrung des Nebels verursacht, kann durch die Verringerung des Staubes durch Bäume auch ein günstiger Einfluß auf die Häufigkeit und Dichte von Dunstglocken und von Nebel erzielt werden.

Eine zweite wichtige Eigenschaft von Bäumen im Stadtgebiet ist der Einfluß auf die *Temperatur* und die *Windbewegung*. Die Temperatur ist in Städten gegenüber ländlichen Gebieten erhöht (s. S. 324). Bäume können nun gerade in der heißen Jahreszeit, in der sich die höhere Temperatur in Städten besonders unangenehm bemerkbar macht, einen Ausgleich des Stadtklimas bewirken. Bäume spenden im Sommer kühlen Schatten, was auf Grund der unterschiedlichen Temperaturverteilung besondere Luftkreisläufe hervorruft, die zu einer angenehmen, leichten Windbewegung führen. Ein Teil der eingestrahlten Sonnenenergie wird im Sommer von den Pflanzen bei der Photosynthese in den grünen Blättern in chemische Energie umgewandelt (s. S. 200ff.) und kann dadurch nicht zu einer Temperaturerhöhung führen. Da Pflanzen mit ihren Wurzeln aus dem Boden Wasser ansaugen und laufend verdunsten, wird ein anderer Teil des eingestrahlten Sonnenenergie außerdem in Verdunstungswärme umgewandelt. Diese Vorgänge sind umso stärker wirksam, je länger die Sonne scheint und je höher die Temperatur ist. Es ergibt sich dadurch ein Regelkreis, der extreme Spitzen der Sonneneinstrahlung, der Temperatur und der Lufttrockenheit abbaut und zu einem angenehmeren Stadtklima führt.

Neben diesen physikalisch meßbaren positiven Eigenschaften haben Bäume und Grünanlagen in Städten auch eine ästhetische und eine psychologische Funktion. Sie tragen wesentlich zur Schönheit einer Stadt bei und liefern Identifikationspunkte. Repräsentative Befragungen in Großstädten mit der Fragestellung „Was haben Sie an dieser Stadt besonders gern?" ergaben, daß in den meisten Fällen das Grün in der Stadt an oberster Stelle genannt wurde. Eine Vorstellung über diese oft nur unbewußt vorhandene Einstellung der Stadtbewohner zu Grünanlagen vermitteln die harten Reaktionen von Bürgerinitiativen im Falle des Bekanntwerdens von Plänen der Stadtverwaltungen, schöne Bäume oder Alleen für Neubauten oder Straßenverbreiterungen zu fällen. Da dem Bewohner von Großstädten oft nur im Urlaub und an Wochenenden die Möglichkeit gegeben ist, die Natur aufzusuchen und sich dort zu erholen, stellen Bäume und Parks eine wichtige Möglichkeit dar, wenigstens ein kleines Stück Natur in die Stadt zu holen.

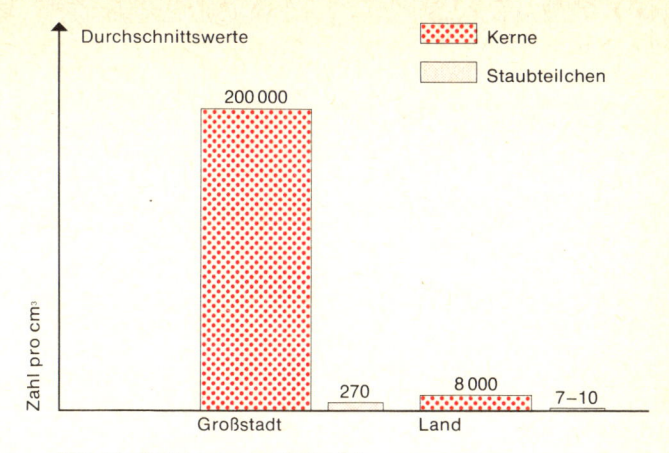

Abb. 1 Luftbeimengungen fester Art
(Kerne: Durchmesser 10–200 nm, Staub: Durchmesser >200 nm)

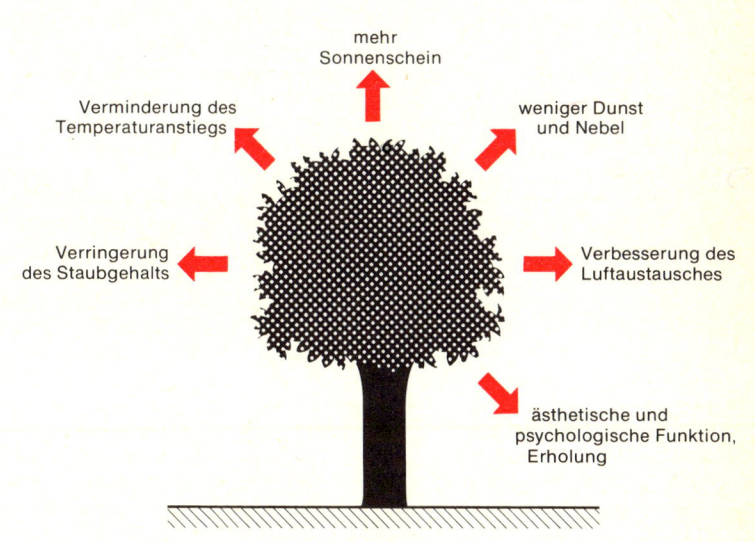

Durchschnittswerte — Kerne, Staubteilchen
Zahl pro cm³
Großstadt: 200 000 (Kerne), 270 (Staubteilchen)
Land: 8 000 (Kerne), 7–10 (Staubteilchen)

Abb. 2 Die verschiedenen positiven Auswirkungen von Bäumen und Grünanlagen in Städten

- mehr Sonnenschein
- weniger Dunst und Nebel
- Verbesserung des Luftaustausches
- ästhetische und psychologische Funktion, Erholung
- Verringerung des Staubgehalts
- Verminderung des Temperaturanstiegs

Verkehr und Umwelt

Eine der stärksten Belastungen unserer Umwelt geht vom Kraftfahrzeugverkehr aus. Man schätzt, daß in der Bundesrepublik rund 50 % der Gesamtluftverschmutzung zu Lasten des Kraftfahrzeugverkehrs gehen. Die Beeinträchtigungen zeigen sich v. a. in Ballungsräumen, in denen heute annähernd die Hälfte der Bevölkerung der Bundesrepublik Deutschland lebt.

Am Beispiel des *Autos* läßt sich demonstrieren, wie das marktwirtschaftliche Prinzip, in diesem Falle das Prinzip der Freiheit der Verkehrsmittelwahl, in Konkurrenz getreten ist zu dem Ziel, eine menschenfreundliche Umwelt zu erhalten. Lange Zeit wurde das Wachstum der Automobilindustrie als Indikator für das wirtschaftliche Wohl und damit für den Lebensstandard schlechthin angesehen. Die Ausbreitung des Individualverkehrs wurde materiell und psychologisch durch Politik und Wirtschaft gefördert, was zur heutigen Situation führte (Abb.).

Die *Kraftfahrzeugdichte* in der Bundesrepublik hat in der Vergangenheit laufend zugenommen. Im Zeitraum von 1961 bis 1971 ist die mittlere Kfz-Dichte von 127 auf 291 Kfz je 1 000 Einwohner gestiegen. Während des gleichen Zeitraums nahm die durchschnittliche Pkw-Dichte von 95 auf 247 Pkw pro 1 000 Einwohner zu und erhöhte damit ihren Anteil von 75 auf 85 %.

Nach einer Prognose der Deutschen Shell-AG wird die Anzahl der Kraftfahrzeuge in der BRD in dem Zeitraum von 1971 bis 1980 von ca. 17,82 auf 22,19 Millionen Kfz ansteigen. Dies entspräche einem Anstieg der Motorisierungsdichte von 291 auf 354 Kfz pro 1 000 Einwohner. In den USA lag die Pkw-Dichte bereits im Jahr 1971 bei 435 Pkw je 1 000 Einwohner.

In den 10 Jahren von 1960 bis 1970 starben in der BRD rund 176 000 Menschen durch einen *Straßenverkehrsunfall*. Die Zahl der Verletzten liegt für den gleichen Zeitraum bei rund 5 Millionen.

Falls keine Gegenmaßnahmen ergriffen werden, muß also für die Zukunft damit gerechnet werden, daß sowohl die Zahl der Autos als auch die negativen Auswirkungen des Autoverkehrs auf die Umwelt weiter stark zunehmen werden.

In der Entwicklung des Kraftfahrzeugverkehrs sind mehrere *positive Rückkopplungen* wirksam, derart daß eine Expansion des Autoverkehrs direkt eine weitere Expansion des Autoverkehrs zur Folge hat. Diese Rückkopplungen waren eine wesentliche Ursache für das starke Anwachsen des Individualverkehrs über die ökologisch vertretbaren Grenzen hinaus. Eine dieser Rückkopplungen besteht zwischen *Auto und Lebensqualität:* Das Auto verringert durch seine negativen Umweltauswirkungen die Lebensqualität in der Stadt. Die unmittelbare Folge davon ist, daß der Wohnwert sinkt und die Wohnungen aus der Innenstadt in die Vororte verdrängt werden. Dementsprechend nimmt auch der Pendelverkehr zwischen Vororten und Innenstadt zu, was auch in diesem Bereich eine Verringerung der Lebensqualität bewirkt. Die Wohnungen werden dadurch immer weiter von der Stadt weg in Flächenbereiche abgedrängt, die nicht vom öffentlichen Verkehr erschlossen sind. Das wiederum hat zur Folge, daß der Autoverkehr weiter zunimmt, da nun einerseits viele Menschen, die früher kein Auto brauchten, auf ein Auto angewiesen sind und andererseits die Entfernungen zwischen Wohn- und Arbeits- bzw. Einkaufsbereich größer geworden sind. Mit dem Anwachsen des Autoverkehrs wird das Phänomen der Rückkopplung erneut wirksam.

Solche Rückkopplungsmechanismen führen in ihrem Zusammenwirken dazu, daß das System Auto–Straße immer weiter expandiert, sich immer mehr verselbständigt und sich so immer mehr der Regulation durch Stadtverwaltungen und Planer entzieht.

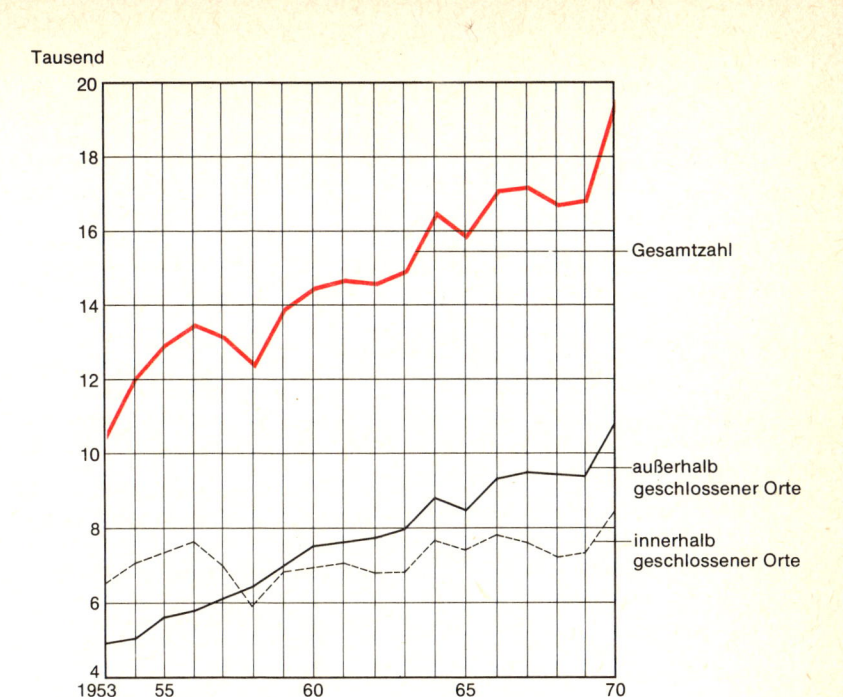

Abb. 1 Bei Straßenverkehrsunfällen getötete Personen

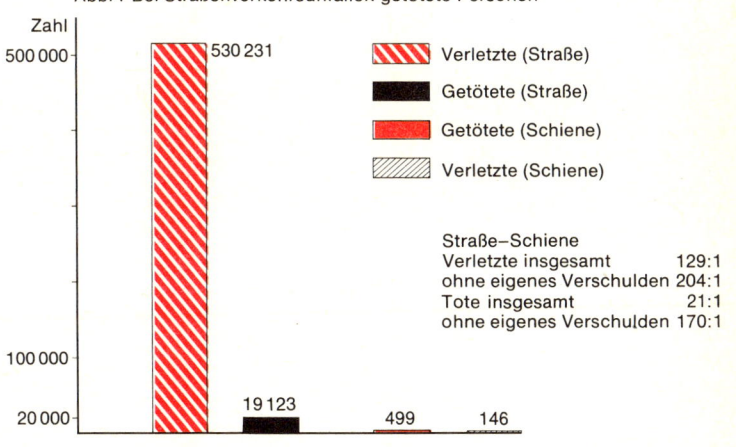

- Gesamtzahl
- außerhalb geschlossener Orte
- innerhalb geschlossener Orte

Abb. 2 Unfallrelationen Straße–Schiene

- Verletzte (Straße): 530 231
- Getötete (Straße): 19 123
- Getötete (Schiene): 499
- Verletzte (Schiene): 146

Straße–Schiene
Verletzte insgesamt 129:1
ohne eigenes Verschulden 204:1
Tote insgesamt 21:1
ohne eigenes Verschulden 170:1

Quelle: Allgemeiner Statistischer Dienst des Bundesverkehrsministeriums

Lösung des Verkehrsproblems – Vorschläge der Gesellschaft für rationale Verkehrspolitik

Um die permanente Verkehrskrise zu lösen, bedarf es konzentrierter Maßnahmen auf vielen Ebenen. Die „Gesellschaft für rationale Verkehrspolitik", die an Problemen der zukünftigen Verkehrsplanung arbeitet, hat die wichtigsten Maßnahmen in einem Katalog zusammengestellt, der in zwei *Grundsatzforderungen* gipfelt:
1. Im Bereich des Verkehrs ist nach volkswirtschaftlichen Kosten-Nutzen-Analysen eine optimale Aufgabenteilung durchzusetzen, wobei jeweils dasjenige Verkehrsmittel zum Einsatz kommt, das unter Berücksichtigung aller einschlägigen Gesichtspunkte bei einem Minimum an volkswirtschaftlichen Kosten ein Maximum an Nutzen erbringt. Dabei werden die ökologischen Folgen jeder Verkehrsart mit berücksichtigt. 2. Jedes Verkehrsmittel hat die vollen von ihm verursachten Kosten, auch die ökologischen Folgekosten, zu tragen.

Für den *Personenverkehr* ergibt sich daraus folgendes: Vorrang der Schiene für den innerdeutschen Fernverkehr; Vorrang von S-Bahn, U-Bahn, Straßenbahn, Bus, Taxi und Fahrrad im innerstädtischen Verkehr; Bevorzugung des Autos im Flächenverkehr; Einsatz des Flugzeugs vorwiegend im interkontinentalen Verkehr. Für den *Güterverkehr* bedeutet dies: Vorrang der Schiene für den Fern- und Massenguttransport; Verwendung des Lastwagens im Flächenverkehr für Verteilung im Bereich der Städte; Einsatz von Binnenschiffen für den Massengutverkehr.

Im einzelnen werden folgende *Maßnahmen* vorgeschlagen:
- Senkung der Ausgaben für den Fernstraßenbau zugunsten des Ausbaus eines leistungsfähigen Fernstreckennetzes der deutschen Bundesbahn;
- Einschränkung des innerstädtischen Straßenbaus und des Baus von Parkhäusern zugunsten des Ausbaus öffentlicher Nahverkehrssysteme;
- stufenweise Anhebung der Mineralölsteuer zur Begleichung der bisher ungedeckten Folgekosten des Kraftfahrzeugverkehrs;
- Erhöhung der Parkgebühren in den Innenstädten bis zur Kostendeckung;
- kostendeckende Heranziehung der Fluggesellschaften zu den Aufwendungen für Flugsicherung, Lärmschutz und Umweltbelästigung;
- Ausbau der Hauptstrecken der Deutschen Bundesbahn für höhere Geschwindigkeiten und Leistungen;
- Modernisierung des öffentlichen Verkehrs;
- beschleunigter Ausbau von S- und U-Bahnanlagen in den Ballungsgebieten;
- gezielter Vorrang für Straßenbahn und Bus in der Straßenverkehrsordnung;
- starke Ausweitung der Fußgängerbereiche in den Stadtkernen;
- Freihaltung der Geh- und Radwege von Kraftfahrzeugen;
- systematischer Ausbau von regionalen Verbundtarifen für die öffentlichen Nahverkehrssysteme in allen Ballungsräumen;
- familienfreundlichere Tarife bei allen öffentlichen Verkehrsbetrieben;
- Verbesserung der Fahrpläne der Deutschen Bundesbahn (Übergänge und Verkehrsanschlüsse) sowie der örtlichen und zeitlichen Verknüpfungen zwischen den einzelnen Verkehrsmitteln;
- dichtere Zugfolge, höhere Reisegeschwindigkeiten und mehr Komfort beim Nahverkehr;
- Verbesserung der Bedingungen für den Fahrradverkehr; Bau von Fahrradstraßen und Radwegen in den Städten und Ballungsräumen und Ausweisung geeigneter kleiner Straßen und asphaltierter Wege als Fahrradstraßen für den Ausflugsverkehr;
- Befreiung des öffentlichen Nahverkehrs von der Mehrwertsteuer (5,5 %);
- Streichung der staatlichen Betriebszuschüsse für den regionalen Luftverkehr.

Diese Maßnahmen sind geeignet, die die Verkehrskrise verursachenden Rückkopplungen zu durchbrechen. Gleichzeitig werden dadurch in der Gesamtheit neue Regelkreise in Gang gesetzt, die eine Lösung der Verkehrskrise ermöglichen.

Fußgängerbereiche

Die stärkste Beeinträchtigung der Umwelt geht in den Innenstädten vom Auto aus, da hier auf engem Raum sehr viele Menschen dem Lärm und den Abgasen ausgesetzt sind. Der hohe Flächenbedarf des Kraftfahrzeugverkehrs steht einer schnellen und unkomplizierten Erreichbarkeit der verschiedenen Geschäfte und Einrichtungen entgegen. Hinzu kommt die große Gefährdung von Fußgängern beim Überqueren der Straße. Aus diesen Gründen sollten die Stadtkerne für den Kraftfahrzeugverkehr gesperrt und zu Fußgängerbereichen ausgebaut werden. Bereits im Jahr 1969 hatten vier Fünftel aller Großstädte in der BRD Fußgängerbereiche eingerichtet. In den frühen 70er Jahren folgten viele Klein- und Mittelstädte diesem Beispiel. Die meisten Fußgängerbereiche bestehen heute jedoch noch aus nur einer oder wenigen Straßen. Nur 28 % der Städte hatten im Jahr 1974 eine Fußgängerzone, die länger als 1 km war.

Anfangs sträubten sich vor allem die Geschäftsinhaber gegen die Einrichtung von Fußgängerbereichen, da sie Umsatzrückgänge befürchteten. Heute jedoch ist den Inhabern von Geschäften und Kaufhäusern sehr daran gelegen, daß ihre Häuser in den Fußgängerbereich einbezogen werden.

Fußgängerbereiche in der Innenstadt ermöglichen dem Bürger ein gefahrloses Spazierengehen oder Einkaufen in abgasfreier Luft und ohne Lärm. Damit werden die Innenstädte auch als Wohnbereich wieder attraktiv, und es kann sich wieder ein gesundes innerstädtisches Leben entfalten. Voraussetzung dafür sind jedoch *große und zusammenhängende Fußgängerbereiche*. Diese wurden erst von wenigen Städten geschaffen wie Bonn, Freiburg, Göttingen, Wuppertal, Alsfeld und Solingen. Für die Zukunft sind solche kompakten Fußgängerbereiche geplant in Augsburg, Darmstadt, Mülheim und Münster. Die meisten Städte, die heute schon Fußgängerbereiche besitzen, wollen diese weiter ausdehnen.

Neben der direkten Wirkung haben Fußgängerbereiche auch einen indirekten Einfluß auf die Lebensqualität ihrer Stadt. Wenn es gelingt, die Fußgängerbereiche optimal an öffentliche Verkehrsmittel und das Radwegnetz anzuschließen, so daß man mit der Straßenbahn oder dem Fahrrad direkt in die Fußgängerzone zum Einkaufen fahren kann, während man das Auto in einiger Entfernung vom Fußgängerbereich abstellt, bietet dies einen Anreiz, umweltfreundliche Verkehrsmittel zu benutzen. Die Fußgängerbereiche sollten daher so angelegt werden, daß sie zwar den Autoverkehr eindämmen, den öffentlichen Verkehr jedoch fördern. Die Bestrebungen sollten dahingehen, Städte zu schaffen, in denen die autofreien Innenbezirke Teil eines bis in die Wohnviertel erweiterten Wegenetzes für Fußgänger sind.

Parallel mit der Schaffung von Fußgängerbereichen in den Städten sollten die Parkmöglichkeiten für Autos in der Innenstadt begrenzt werden. Solchen Überlegungen steht noch immer die Reichsgaragenordnung aus dem Jahr 1939 entgegen, die den Bauherrn beim Bau neuer Wohn- und Arbeitsstätten zur Pflicht macht, „Einstellplätze in geeigneter Größe, Lage und Beschaffenheit samt den notwendigen Zubehöranlagen auf dem Baugrundstück oder in der Nähe zu schaffen". Diese Bestimmungen stammen noch aus der Zeit der beginnenden Motorisierung. Für die Arbeitsstätten in den Kernbereichen der Städte läßt sich eine dem Bedarf angepaßte Anzahl von Garagen und Stellplätzen heute nicht mehr bereitstellen. Gegensätzliche Versuche führen zu irreparablen Schäden in der städtebaulich wertvollen Substanz der Kernbereiche.

Neue Verkehrssysteme – das Kabinentaxi

Das *Kabinentaxi* ist ein elektrisch angetriebenes Kleinfahrzeug mit 1–4 Sitzplätzen, das spurgebunden, aber ohne Bindung an einen Fahrplan zur individuellen Benutzung zur Verfügung steht. Ein in zwei Ebenen verkehrendes Kabinensystem wird seit 1970 von den beiden Firmen Demag AG und Messerschmitt-Bölkow-Blohm GmbH entwickelt, seit dem 1. 1. 1972 mit offizieller Förderung durch das Ministerium für Forschung und Technologie der BRD.

Die einzelnen *Kabinen* haben eine Länge von 2 m, eine Breite von 1,6 m und eine Höhe von 1,5 m. Sie befinden sich oberhalb und unterhalb eines *Fahrbalkens* und werden von Gummirädern getragen und geführt. An jeder *Haltestelle* stehen Kabinentaxis bereit. Der Fahrgast kann im Innern des Taxis selbst sein Fahrziel wählen, worauf das Kabinentaxi dieses Ziel selbsttätig (computergesteuert) erreicht. Die *Fahrzeugfolge* kann außerordentlich dicht sein. Durch eine besondere Regelung wird aber gewährleistet, daß der zeitliche Abstand der einzelnen Kabinen 0,5 Sekunden nicht unterschreitet. Auf diese Art kann eine maximale Verkehrsleistung von 3 000 bis 5 000 beförderten Personen pro Strecke und Stunde erreicht werden.

Die maximale *Fahrgeschwindigkeit* der Kabinen beträgt 36 km/h, die maximale *Beschleunigung* liegt bei 2,5 m/s. Die Kabine wird von 2 Doppelkamm-Linearmotoren angetrieben, gebremst wird sie über zwei Doppelkamm-Linearbremsen; außerdem besitzt die Kabine noch an jedem Rad eine Trommelbremse. Die Geräuschentwicklung am Fahrzeug liegt unter 60 dB (A).

Die Vorteile des Kabinentaxis liegen im Vergleich zur U-Bahn vor allem in der *leichten Verlegbarkeit der Trassen,* da keine Tunnelbauten erforderlich sind. Durch die oberirdische Bauweise wird außerdem in Ballungsgebieten der *Platzbedarf* gering gehalten. Für die Fahrgäste hat das Kabinentaxi den Vorteil, daß die Wartezeit an der Haltestelle entfällt, der Fahrgast sich sein jeweiliges Ziel selbst wählen und auf dem kürzesten Weg ansteuern kann und daß auf Grund der vergleichsweise einfachen oberirdischen Bauweise der Haltestellenabstand gering gehalten werden kann. Die oberirdische Bauweise erlaubt zudem, daß man, über der Straße und den Dächern schwebend, während der Fahrt die Aussicht genießen kann. Da ein Kabinentaxisystem so angelegt würde, daß Kreuzungen entfallen und durch die Computersteuerung Warteschlangen der einzelnen Kabinen vermieden werden, wäre das Kabinentaxi in den meisten Fällen des Stadtverkehrs wesentlich schneller als ein Pkw.

Erste Projektstudien für die Einführung des Kabinentaxis als Nahverkehrsmittel wurden für die Städte *Freiburg* und *Hagen* erstellt. Bei der Untersuchung in der Stadt Hagen ergab sich, daß das Kabinentaxi eine echte Alternative zum Pkw darstellt, da es im erschlossenen Gebiet im Durchschnitt schneller als der Pkw auf autogerechten Stadtstraßen ist und etwa genau so schnell befördert wie eine U-Bahn mit einem sehr dicht verlaufenden Netz. Durch die Einführung des Kabinentaxis in Hagen könnten voraussichtlich 50 % des Stadtverkehrs mit dem Kabinentaxi, 20 % mit Bus und Straßenbahn und der Rest mit dem Pkw abgewickelt werden. Die genaue Durchrechnung des Bedarfs und der Einsatzmöglichkeiten des Kabinentaxis ergab, daß das Kabinentaxisystem im geplanten Umfang die Zahl der zu erwartenden Fahrten ohne Kapazitätsengpässe bewältigen könnte.

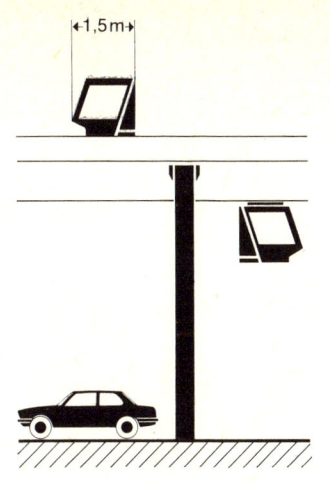

Abb. 1 Aufgeständerter Fahrweg des Kleinkabinentaxis

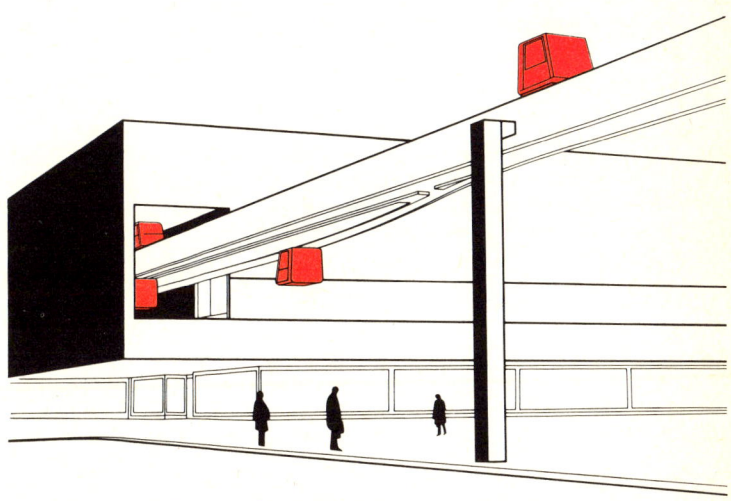

Abb. 2 Projektierte Station in einem Kaufhaus

Benzin – Methanol statt Blei

Der in Kraftfahrzeugen vornehmlich benutzte Ottomotor stellt an Benzin bestimmte Anforderungen, die vor allem durch die Motorkonstruktion bedingt sind. So muß z. B. das Benzin mit der zur Verbrennung erforderlichen Luft ein möglichst homogenes, leicht zündbares Gemisch bilden können. Dieses Kraftstoff-Luft-Gemisch muß aber gleichzeitig möglichst schlechte Selbstentzündungseigenschaften, also eine hohe *Oktanzahl,* haben. Ist die Oktanzahl niedrig, so kann es vorkommen, daß sich das Kraftstoff-Luft-Gemisch vorzeitig entzündet und so zu Störungen des Motorablaufs führt („Klopfen"). Bisher verwendete man zur Erhöhung der Oktanzahl des Benzins fast ausschließlich das umweltfeindliche *Blei,* das dem Benzin in einer Konzentration zwischen 0,3 und 0,6 Gramm pro Liter zugesetzt wurde.

Wie eingehende wissenschaftliche Untersuchungen an der TH Aachen zeigen, könnte man zur Erzielung höherer Oktanzahlen statt des Bleibenzins *Methanol* als Kraftstoff verwenden. Diese Flüssigkeit (Methylalkohol mit der chemischen Formel CH_3OH) unterscheidet sich von den zur Zeit üblichen Kraftstoffen vor allem in folgenden Eigenschaften: Die Oktanzahl von Methanol liegt mit 130–140 wesentlich höher als die von Normal- oder Superbenzin. Die Verdampfungswärme von Methanol ist etwa 3mal so groß wie die von Benzin. Dies bedeutet, daß sich Methanol nicht so leicht verflüchtigt wie Benzin. Auch die Schmelztemperatur von Methanol ist niedriger als die von Benzin. Sie beträgt $-98\,°C$, während die Schmelztemperatur von Benzin in der Größenordnung von -30 bis $-50\,°C$ liegt. Allerdings ist der Heizwert von Methanol nur etwa halb so groß wie der von Benzin (Benzin etwa 10 000 kcal/kg; Methanol etwa 5 000 kcal/kg). Dies bedeutet, daß der Tank eines Kraftfahrzeugs (bei gleichem Aktionsradius) bei Verwendung von reinem Methanol als Kraftstoff etwa doppelt so groß sein müßte wie bei einem benzinbetriebenen Motor. Der verringerte Heizwert von Methanol hat aber keine größeren Auswirkungen auf das Volumen des Motors, da wegen des verringerten Heizwertes auch die für die Verbrennung benötigte Luftmenge, verglichen mit dem üblichen Benzin, ebenfalls nur etwa halb so groß ist. Um einen Motor auf den Betrieb mit Methanol umzustellen, muß daher lediglich der Vergaser so umgestellt werden, daß einer bestimmten Menge an Verbrennungsluft die doppelte Kraftstoffmenge zugeführt werden kann.

Durch die erheblich höhere Oktanzahl des Methanols wird eine höhere Motorleistung und damit eine bessere Energieausbeute des Kraftstoffs ermöglicht. Da eine hohe Oktanzahl eine schlechte Selbstentzündungseigenschaft mitbringt, können in einem mit Methanol betriebenen Motor höhere Verdichtungen erreicht werden, weil in dem Kraftstoff-Luft-Gemisch trotz der höheren Drücke und Temperaturen keine Selbstentzündungen auftreten. Durch diese Erhöhung des Verdichtungsverhältnisses kann der Wirkungsgrad des Motors gesteigert werden.

Der große Vorteil bei Verwendung von Methanol als Motorkraftstoff liegt jedoch v. a. in dessen relativer Umweltfreundlichkeit: Der Ausstoß toxischen Bleis mit den Auspuffabgasen würde entfallen. Man müßte dazu nicht einmal das gesamte Benzin durch Methanol ersetzen. Gemische von bleifreiem Benzin und Methanol könnten die Oktanzahlen von heute handelsüblichen Benzinen erreichen. Versuche ergaben, daß ein normales bleifreies Benzin mit einer Oktanzahl von 90–92 durch 20 %igen Zusatz von Methanol auf die übliche Oktanzahl von 98–100 des verbleiten Superbenzins angehoben werden kann. Im übrigen emittiert ein Methanolmotor merklich weniger Kohlenmonoxid als ein Benzinmotor.

Problematisch bei Verwendung von Methanol als Kraftstoff ist leider die Gefahr von Gesundheitsschädigungen durch Einatmen von Methanoldämpfen. Dieser Nachteil besteht jedoch auch bei normalem, gebleitem Benzin (Verdampfen von Bleitetraäthyl).

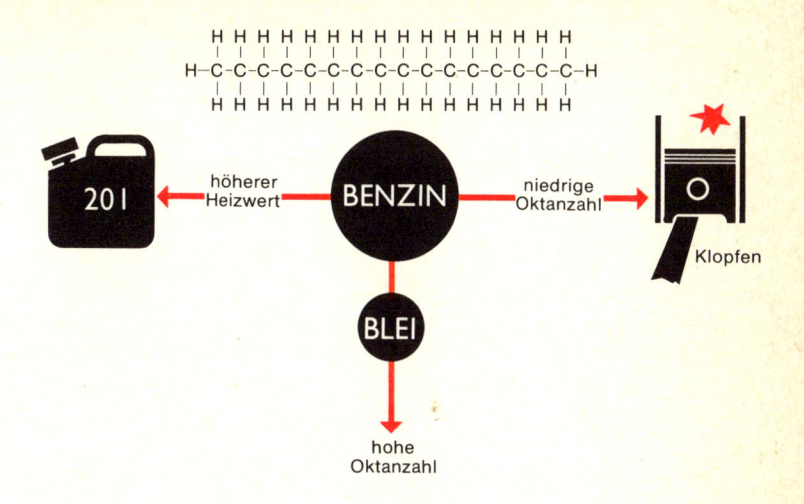

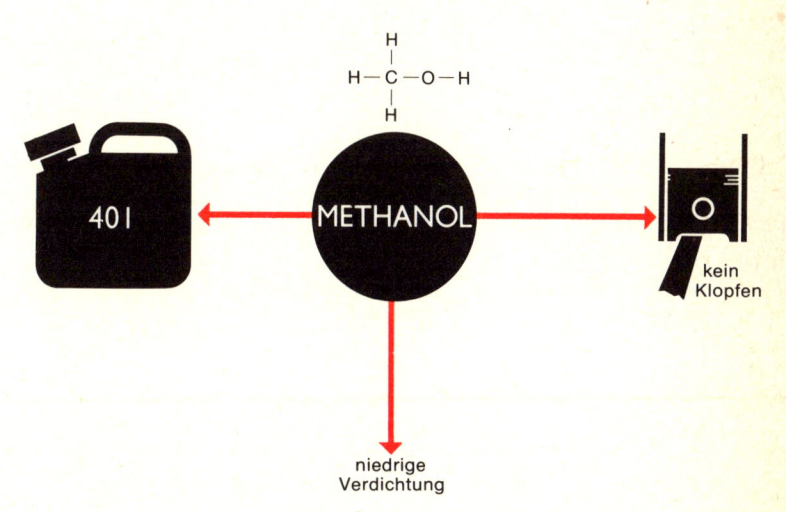

Abb. Vergleich der Eigenschaften von Benzin und Methanol

Luftverunreinigung – Aerosole

Verbrennungsprodukte aus Fahrzeugen, Industrie und privaten Heizungen stellen die bei weitem größte Quelle der Luftverschmutzung durch menschliche Tätigkeit dar. Von den in diesem Sinne in die Atmosphäre freigesetzten Substanzen wurden inzwischen weit über hundert als *Schmutzstoffe* identifiziert. Der Feststoffanteil der Schadstoffe enthält über 20 metallische Elemente. Der Anteil an organischen Verbindungen ist noch weitaus vielfältiger und setzt sich aus zahlreichen aliphatischen (meist gesättigten, überwiegend geradkettigen) und aromatischen (ungesättigten, ringförmigen) Kohlenwasserstoffen, ferner aus Phenolen, Säuren, Basen und vielen anderen Verbindungen zusammen. Zudem können durch Reaktionen von Schmutzstoffen untereinander, sobald sie an die Luft gelangen, neue Verbindungen entstehen. Zu solchen Reaktionen gehören u. a. photochemische Reaktionen (s. auch S. 346).

Unter den Luftverunreinigungen bezeichnet man die aus festen und/oder flüssigen Teilchen bestehenden Schwebstoffe als *Aerosole*. Diese entstehen entweder durch *Kondensationsprozesse,* bei denen Molekülhaufen zusammentreten und größere Teilchen bilden (z. B. Wolkenbildung aus Flüssigkeitströpfchen), oder durch *Dispersionsprozesse,* bei denen grobes Material in feine Teilchen zerkleinert wird (z. B. Flugasche bei der Kohlenstaubverbrennung). Ein wichtiges Merkmal der Aerosole ist ihre *Teilchengröße*. Grober Staub und Schmutz, Flugasche und dgl., deren Partikel größer als 10 µm sind, sedimentieren in der Atmosphäre sehr bald auf Grund der Erdanziehungskraft. Die feineren Teilchen dagegen (Durchmesser unter ca. 5 µm) bilden in der Luft Suspensionen. Bei ihnen wird die Erdanziehungskraft durch die Brownsche Molekularbewegung (Wärmebewegung der Moleküle) überdeckt, da die aus der Brownschen Molekularbewegung resultierende Geschwindigkeit der Aerosole größer ist als ihre Sinkgeschwindigkeit. Dadurch können Aerosole durch Luftströmungen fast wie Gase verteilt werden.

Natürliche Aerosole wie Nebel (1–40 µm), Bakterien (1–15 µm), Pflanzensporen (10–30 µm), Pollen (20–60 µm) bewirken wegen ihrer geringen Konzentration gewöhnlich keine Luftverunreinigung; außerdem sind sie (von möglichen allergischen Reaktionen wie Heuschnupfen abgesehen) in medizinischer Hinsicht im allgemeinen harmlos. *Durch zivilisatorische Prozesse freigesetzte Aerosole* wie Zementstaub (10–150 µm), Flugasche (3–80 µm), Quarz- und Asbeststaub (0,5–10 µm), Ölrauch (0,03–1 µm), Tabakrauch (0,01–0,15 µm), radioaktive Aerosole (0,1–20 µm) können je nach Konzentration zu erheblichen Luftverunreinigungen führen. Darüber hinaus können sie Schäden an lebenden Organismen verursachen. Besonders heimtückisch sind diejenigen Aerosole, die auf Grund ihrer geringen Größe lungengängig sind (s. S. 338).

Wegen der vergrößerten Oberfläche können Aerosole besonders große Oberflächenkräfte aufweisen. Dadurch besitzen sie die Fähigkeit, *Gasmoleküle anzulagern,* was chemische Reaktionen der Aerosole mit den umgebenden Gasen begünstigt. Viele Stoffe, die sich im kompakten Zustand nur langsam mit Sauerstoff verbinden, oxydieren auf diese Weise sofort, wenn sie als feiner Staub in die Atmosphäre gelangen.

Schließlich können durch feste oder flüssige Teilchen, die in der Luft dispergiert sind, die Auswirkungen der Energieeinstrahlung durch die Sonne stark modifiziert werden. Feste oder flüssige Stoffe nehmen die Strahlung auf und geben die Wärme rasch an umliegende Gasmoleküle weiter, die ihrerseits völlig durchlässig für Strahlungsenergie sein können, so daß ohne die Aerosole keine Erwärmung eintreten würde. Durch ihre Wirkung als Kondensationskerne, an denen sich Wasserdampf niederschlagen kann, bewirken sie die Bildung von Dunst oder Nebel.

Strahlung wird aufgenommen

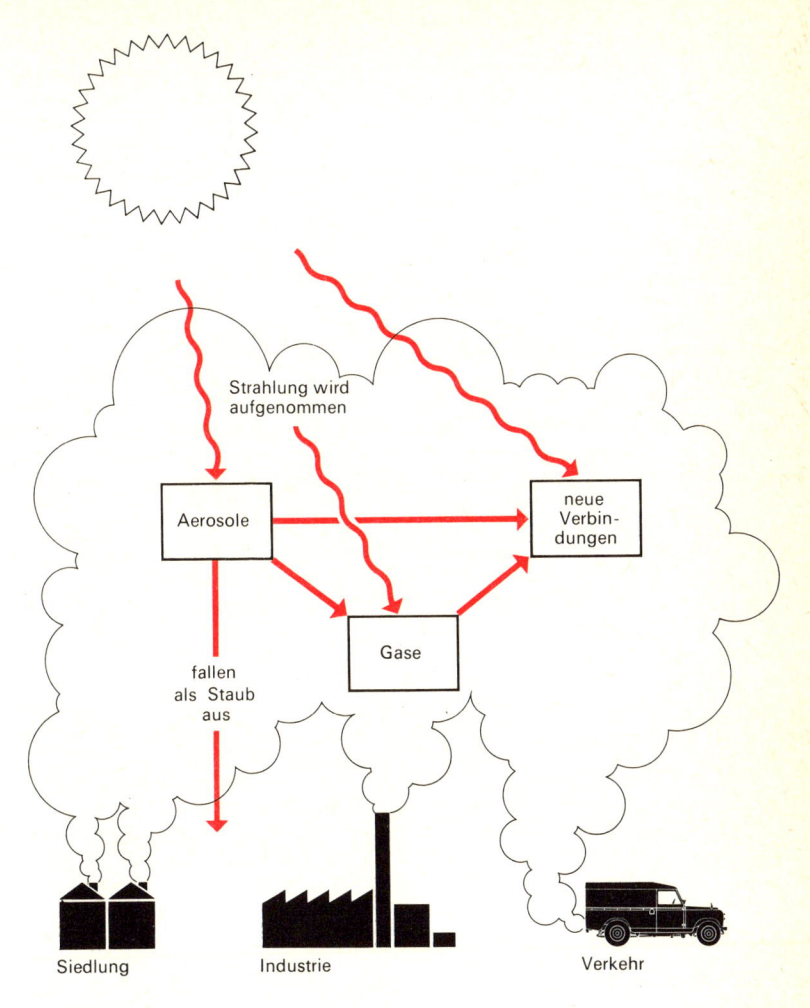

Aerosole

neue Verbindungen

Gase

fallen als Staub aus

Siedlung   Industrie   Verkehr

Abb. Luftverschmutzung

Gesundheitsschäden durch Staubemissionen

Staub entsteht vor allem bei Verbrennungsprozessen (Kraftwerke, Kraftfahrzeuge, Haushalt) und in speziellen Industriebetrieben (z. B. Zementfabriken). Unter medizinischen Gesichtspunkten kann man die Stäube in zwei Klassen einteilen: Grobstäube und Feinstäube. In den letzten Jahren und Jahrzehnten ist eine erhebliche Reduktion der Emission von Grobstäuben dadurch gelungen, daß bei neuen Industrieanlagen Staubfilter eingebaut wurden, die heute Wirkungsgrade bis zu 99 % erreichen (Elektrostaubfilter). In der stahlerzeugenden Industrie konnte der Staubauswurf im letzten Jahrzehnt z. B. auf ein Viertel abgesenkt werden. Diese Reduktion betrifft jedoch in erster Linie den Grobstaub.

Grobstaub ist, medizinisch gesehen, ungefährlicher, da seine Staubpartikel so groß sind, daß sie nicht in die Lungenbläschen gelangen können. Das eigentliche medizinische Problem liegt beim *Feinstaub* (Partikelgrößen von 5–10 µm), der von den Filtereinrichtungen der menschlichen Atemwege nur unzureichend zurückgehalten wird. Er gelangt in die Lungenbläschen und kann sich dort für längere Zeit festsetzen. Erschwerend kommt hinzu, daß im Feinstaub häufig Gifte (z. B. das krebserzeugende 3,4-Benzpyren) oder als Katalysatoren wirkende Schwermetalloxide (z. B. Vanadiumverbindungen) enthalten sind. Diese Giftstoffe können dann direkt in den empfindlichen Lungenbläschen ihre Wirkung entfalten. Durch die katalysatorische Wirkung verschiedener Metalloxide kann außerdem das gasförmige Schwefeldioxid in das noch schädlichere Schwefeltrioxid umgewandelt werden, das seinerseits zusammen mit der Feuchtigkeit in den Lungenbläschen Schwefelsäure bildet. Je nachdem, aus welchem industriellen Prozeß die Feinstäube stammen, wurden bisher folgende Gifte in ihnen nachgewiesen: Arsen, Beryllium, Cadmium, Blei, Selen, Thallium, Uran, Asbest, Chromverbindungen, Quecksilberverbindungen u. a. Besonders zu nennen sind in diesem Zusammenhang der aus Bleipartikeln bestehende Feinstaub der Autoabgase und die Feinstaubemissionen aus den Raffinerien. Letztere verfeuern zur Aufrechterhaltung ihrer Destillationsprozesse die Rückstände aus der Rohöldestillation.

Eine großangelegte amerikanische Untersuchung aus den Jahren 1958 und 1959 (sog. *Nashville-Studie*) bestätigte den direkten Zusammenhang zwischen dem Feinstaubgehalt der Luft und der Sterblichkeits- bzw. Erkrankungsziffer der Bevölkerung. Hierbei wurden insgesamt 375 000 Einwohner untersucht und 25 000 Sterbefälle geprüft, die sich zwischen 1949 und 1956 ereignet hatten. Die Untersuchung lieferte als Ergebnis einen gesicherten Zusammenhang zwischen dem Schwebestaubgehalt der Luft und der Sterblichkeit an Speiseröhrenkrebs, Prostatakrebs und Blasenkrebs. Darüber hinaus war die Sterblichkeit bei allen Krebskrankheiten in den Gebieten mit hohem Staubgehalt signifikant höher als in den Gebieten mit mittlerer und niedriger Luftverunreinigung. Weiter zeigte sich, daß ebenfalls die Sterblichkeit an allen Erkrankungen der Atmungsorgane (insbesondere Grippe und Lungenentzündung) und die Zahl der Asthmaanfälle sowie die Sterblichkeit von Säuglingen in Gebieten mit erhöhter Luftverunreinigung stark erhöht waren. Insgesamt ergab sich, daß eine Erhöhung der Sterblichkeit in den Gebieten auftrat, die einen Schwebestaubgehalt der Luft von mehr als 80–100 µg pro Kubikmeter Luft (24-Stunden-Mittel) hatten (Abb.). Der gesetzliche Grenzwert beträgt demgegenüber heute 100 µg/m^3 (Langzeitwert) und 200 µg/m^3 (Kurzzeitwert) für Schwebestaub.

Genauere Untersuchungen über den zeitlichen Verlauf der Feinstaubkonzentration in der Luft wurden in den letzten Jahren im Ruhrgebiet durch das Medizinische Institut für Lufthygiene und Silikose-Forschung der Universität Düsseldorf durchgeführt. Dabei ergab sich, daß der Grobstaubgehalt zwar stark abgesunken ist, die Feinstaubkonzentration in der Atemluft jedoch in den letzten Jahren ungefähr gleich geblieben ist (Abb.).

Abb. 1 Durchschnittliche jährliche Sterblichkeit infolge chronischer Erkrankungen der Atmungsorgane, in Abhängigkeit vom Schwebestaubgehalt der Luft (Männer zwischen 50 und 69 Jahren in Buffalo und Umgebung; nach Winkelstein).

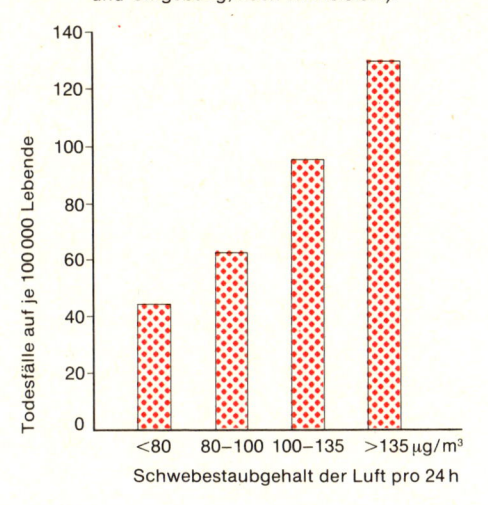

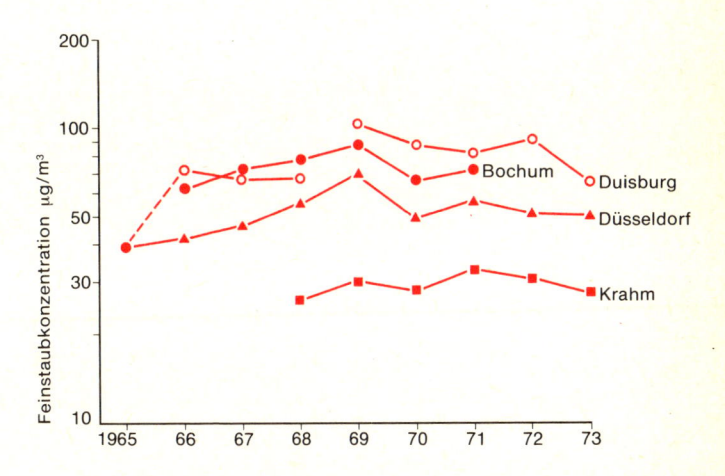

Abb. 2 Jahresmittelwerte der Feinstaubkonzentrationen an vier Meßstellen (Meßzeitraum: 1965 bis 1973, nach Institut f. Lufthygiene und Silikoseforschung, Düsseldorf)

Luftverunreinigung – chemische Industrie

Chemische Reaktionen laufen oft unvollständig ab, so daß neben dem erwünschten Produkt Nebenprodukte auftreten, die von der chemischen Industrie häufig aus Kostengründen an die Luft oder an das Abwasser abgegeben werden. Das Spektrum der von der chemischen Industrie hergestellten Produkte ist außerordentlich reichhaltig: anorganische Substanzen wie Schwefel-, Salpeter-, Salz-, Fluß- und Phosphorsäure sowie deren Salze; organische Substanzen wie Kohlenwasserstoffe, Düngemittel, Pflanzenschutz- und Schädlingsbekämpfungsmittel, Kunststoffe, Chemiefasern, Farben und Lacke, pharmazeutische Erzeugnisse, Klebstoffe, Waschmittel, kosmetische Erzeugnisse, Putzmittel, Leder- und Textilhilfsmittel u. a. Die chemische Industrie ist in der Bundesrepublik Deutschland vor allem auf fünf Bundesländer konzentriert: Nordrhein-Westfalen (42,5 %), Hessen (13,7 %), Rheinland-Pfalz (12,7 %), Baden-Württemberg (10 %), Bayern (9,4 %).

Die hauptsächlichen *Emissionen,* die von Anlagen der chemischen Industrie ausgehen, sind: Gase und Dämpfe organisch-chemischer Verbindungen wie Kohlenwasserstoffe und ihre Halogenderivate, Aldehyde, Ketone, Karbonsäuren, Stickstoff- und Schwefelverbindungen (Amine, Merkaptane, Disulfide); Gase und Dämpfe anorganisch-chemischer Verbindungen wie Schwefelwasserstoff, Salzsäure, Fluorverbindungen, Schwefeldioxid, Phosphorwasserstoffe; schließlich toxische Stäube wie Fluoride, Carbide, Stäube von Eisenlegierungen, Arsen und Asbest.

Die Schwierigkeiten, diese Schadstoffe aus der chemischen Industrie zurückzuhalten, liegen in erster Linie auf folgenden Gebieten: Die chemische Industrie hat es z. T. mit äußerst geruchsintensiven Stoffen zu tun (z. B. Schwefelwasserstoff, Merkaptane). Der menschliche Geruchssinn nimmt Stoffe dieser Art trotz großer Verdünnung wahr. So ist beispielsweise Thiophenol noch bei einer Verdünnung von 1 : 10 Milliarden über den Geruchssinn wahrnehmbar. Um diese Stoffe abzuscheiden, sind Reinigungsanlagen mit besonders hohen Wirkungsgraden erforderlich. Hinzu kommt, daß die chemischen Reaktionen in vielen Fällen unter hohem Druck ablaufen. Die Reaktionsapparate und Zubehörteile müssen deshalb aus Sicherheitsgründen mit Druckentlastungseinrichtungen *(Sicherheitsventile)* versehen werden. Bei einer Betriebsstörung, die in der chemischen Industrie häufig vorkommen kann, treten die Schadstoffe an diesen Stellen in relativ großen Mengen aus. Durch die Sicherheitsventile und Anschluß- und Verbindungsstellen der Leitungen, Pumpen, Lagerbehälter usw. wird eine Vielzahl kleiner und kleinster potentieller Emissionsquellen geschaffen, bei denen eine absolute Abdichtung nicht gewährleistet werden kann. Wegen der Vielfalt der chemischen Schadstoffe und des raschen Wandels der chemischen Produktion ist die großtechnische Entwicklung von spezifischen Filtereinrichtungen nur schwer möglich.

Insgesamt ist der Stand der *Luftreinhaltetechnik* in der chemischen Industrie unbefriedigend. Dies wiegt umso schwerer, als die chemische Industrie bis 1985 mit einer Steigerung des Umsatzes auf etwa das 3,2fache des Jahres 1970 rechnet. Ein besonders starkes Anwachsen der Produktion ist hauptsächlich in den Bereichen geplant, die gleichzeitig die Umwelt stark belasten. Diese Bereiche sind (in Klammer jeweils die geplante mittlere jährliche Produktionszunahme bis 1985): Pflanzenschutz- und Schädlingsbekämpfungsmittel (3,9 %), Kunststoffe (4,1 %), Mineral- und Teerfarben (3,4 %), Chemiefasern (4,8 %), Pharmazeutika (3,6 %) u. a.

Verbesserungen der Emissionssituation konnten bisher vor allem im Bereich der anorganischen Produktion erreicht werden. So konnte durch ein neues Verfahren der Schwefelsäureherstellung der Schwefeldioxidausstoß im Vergleich zu konventionellen Produktionsverfahren um ca. 80 % herabgesetzt werden. Diese neue Technologie wurde nicht zuletzt auch deshalb eingeführt, weil sie wirtschaftlich (Schwefelrückgewinnung) interessant ist.

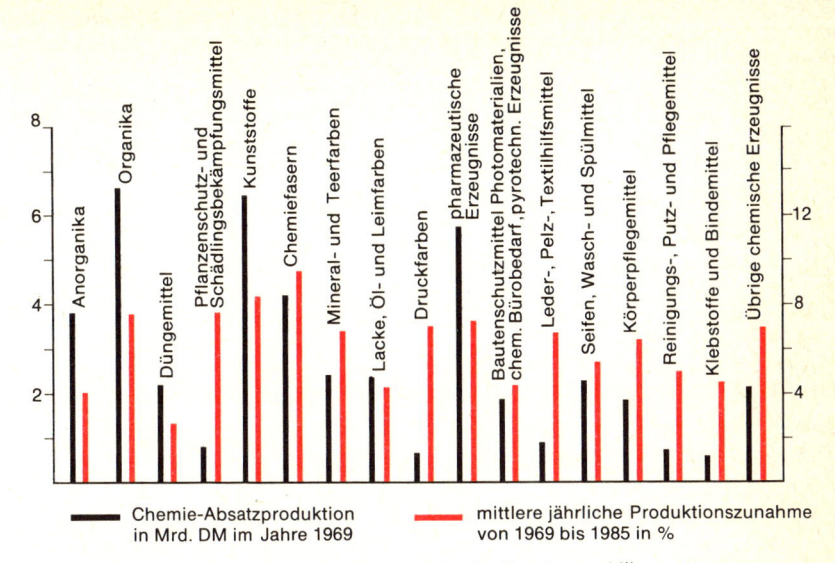

Abb. 1 Entwicklung der chemischen Industrie in der Bundesrepublik nach Produktionsbereichen

— Chemie-Absatzproduktion in Mrd. DM im Jahre 1969
— mittlere jährliche Produktionszunahme von 1969 bis 1985 in %

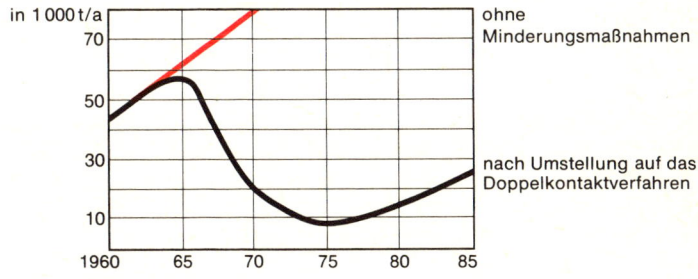

Bezeichnungen: Anorganika, Organika, Düngemittel, Pflanzenschutz- und Schädlingsbekämpfungsmittel, Kunststoffe, Chemiefasern, Mineral- und Teerfarben, Lacke, Öl- und Leimfarben, Druckfarben, pharmazeutische Erzeugnisse, Bautenschutzmittel Photomaterialien, chem. Bürobedarf, pyrotechn. Erzeugnisse, Leder-, Pelz-, Textilhilfsmittel, Seifen, Wasch- und Spülmittel, Körperpflegemittel, Reinigungs-, Putz- und Pflegemittel, Klebstoffe und Bindemittel, Übrige chemische Erzeugnisse

Abb. 2 Schwefeldioxidemissionen aus Schwefelsäurefabriken in der Bundesrepublik

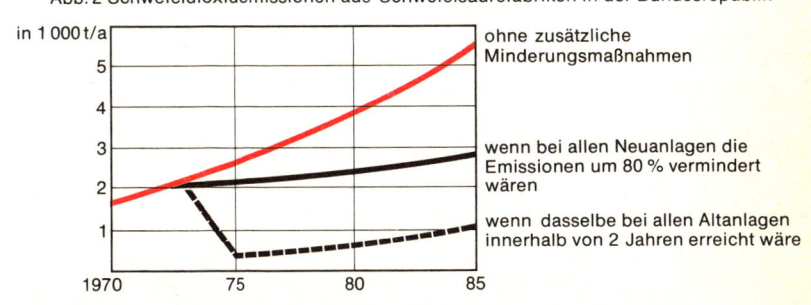

in 1 000 t/a
— ohne Minderungsmaßnahmen
— nach Umstellung auf das Doppelkontaktverfahren

Abb. 3 Emissionen von vorwiegend organisch-chemischen Gasen und Dämpfen bei der Produktion von Pflanzenschutz- und Schädlingsbekämpfungsmitteln in der Bundesrepublik

in 1 000 t/a
— ohne zusätzliche Minderungsmaßnahmen
— wenn bei allen Neuanlagen die Emissionen um 80 % vermindert wären
--- wenn dasselbe bei allen Altanlagen innerhalb von 2 Jahren erreicht wäre

Luftverunreinigung – Mineralölindustrie

Kennzeichnend für die Mineralölindustrie sind Emissionen von Kohlenwasserstoffen und anderen organischen Verbindungen sowie von Schwefeldioxid und Feinstaub. Die Raffinerien verarbeiten das aus den Erdölförderländern importierte Rohöl zu den verschiedenen Mineralölprodukten, vor allem zu Heizöl und Benzin. Das *Rohöl* wird bei diesem Raffinerieprozeß erhitzt und verdampft und dann bei unterschiedlichen Temperaturen wieder niedergeschlagen. Dabei werden die verschiedenen *Fraktionen* von ganz leichten Benzinen bis hin zum schweren Heizöl getrennt. Zurück bleibt bei diesem Prozeß das teerähnliche *Bitumen,* das ebenfalls weiterverarbeitet wird.

Um die Energie für die Verdampfung des Rohöls zu erzeugen, werden in den Raffinerien vor allem die *Destillationsrückstände* verbrannt. Diese enthalten große Mengen Schwefel, der nach dem Verbrennen in Form von Schwefeldioxid (s. S. 382) an die Luft abgegeben wird. Außerdem enthalten die verbrannten Stoffe je nach Ursprungsort mehr oder weniger große Mengen an *Feinstauben* (s. S. 338), die ebenfalls mit den Rauchgasen emittiert werden.

Die zweite Hauptkomponente der Luftverunreinigung durch Raffinerien sind organische Stoffe wie *Kohlenwasserstoffe*. Sie werden überwiegend aus vielen über das ganze Werksgelände verteilten bodennahen Quellen emittiert wie Lagertanks, Flansche, Sicherheitsauslässe, Ventile, Dichtungen, Klärbecken und Fackeln. Diese organischen Gase und Dämpfe sind teilweise sehr geruchsintensiv und führen daher in der Umgebung von Raffinerien zu erheblichen Geruchsbelästigungen. Zwischen 0,4 und 1 % des Rohöldurchsatzes einer Raffinerie werden in Form von organischen Dämpfen an die Umwelt abgegeben. Bei einer Annahme von 0,4 % betragen die direkten Emissionen an organischen Gasen und Dämpfen aus undichten Rohrleitungen und Ventilen etwa 0,08 %, die Prozeßgase der Fackel etwa 0,23 % und die Heizgase der Fackel sowie die Emissionen aus der Abwasseraufbereitung jeweils 0,02 %. Im Durchschnitt hat die Fackel einen Verbrennungswirkungsgrad von nur 50–70 %. Dadurch ergibt sich eine durchschnittliche Abgabe organischer Gase und Dämpfe von 4,3 t pro Tag und pro Million t Jahresrohöldurchsatz der Raffinerie. Man geht davon aus, daß 1/3 der von der Mineralölwirtschaft ausgewiesenen Produktionsverluste als Kohlenwasserstoffe in die Atmosphäre gelangen.

Eine bedeutende Emissionsquelle sind die *Lagertanks*. Dies soll an einem Beispiel näher verdeutlicht werden. Benzol hat bei einer Temperatur von 20 °C einen Dampfdruck von 75 mbar. Dies entspricht einer Sättigungskonzentration von 320 g/m^3. Wenn bei dieser Temperatur ein Benzoltank mit einem Fassungsvermögen von 10 000 m^3 gefüllt wird, dann entsteht (unter der Annahme, daß nur die halbe Sättigungskonzentration erreicht würde) bei einem Festdachtank eine Emission von rund 1,6 t Benzol durch diesen Auffüllvorgang. Wenn statt des Festdachtanks ein Schwimmdachtank oder ein Festdachtank mit Schwimmdecke benutzt würde, ließe sich diese Emission auf etwa 300 kg Benzol verringern.

Auch durch die *Verladung der fertigen Produkte* gelangen Emissionen in die Umwelt. Bei jedem Umfüllen z. B. von Benzin in ein Verteilerlager oder in den Tank eines Fahrzeugs bzw. Schiffs entweichen aus diesen Behältern mit der verdrängten Luft *Benzindämpfe,* die mengenmäßig rund 1,3% des umgeschlagenen Benzins betragen. Ähnlich sieht die Situation bei der *Petrochemie* aus. Petrochemische Produktionsanlagen liegen meist in der Nähe von Raffinerien; in ihnen werden die Endprodukte der Raffinerien weiter verarbeitet. Auch petrochemische Anlagen haben große und lange Rohrsysteme und damit viele Ventile und Flanschen, aus denen Kohlenwasserstoffe und andere organische Verbindungen emittiert werden. Man rechnet, daß durchschnittlich etwa 1 % der in der Petrochemie verarbeiteten Substanzen aus dem Produktionsprozeß entweichen.

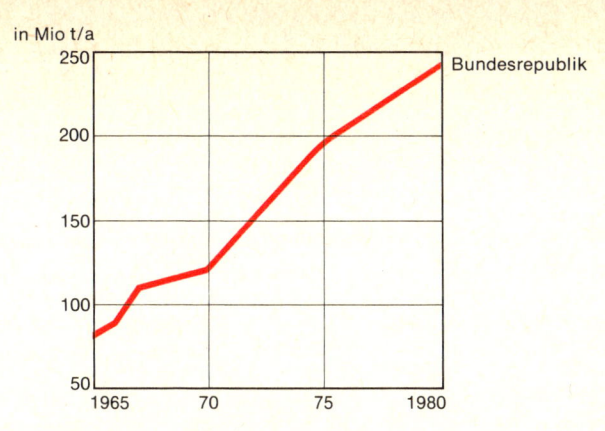

Abb. 1 Wachstum der Raffineriekapazität

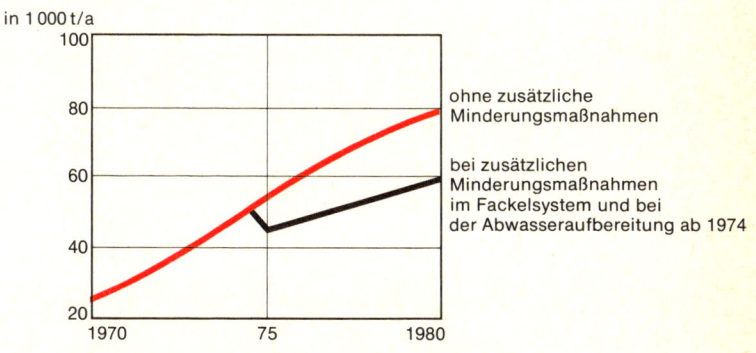

Abb. 2 Emissionen von organischen Gasen und Dämpfen aus der Äthylenerzeugung in der Bundesrepublik

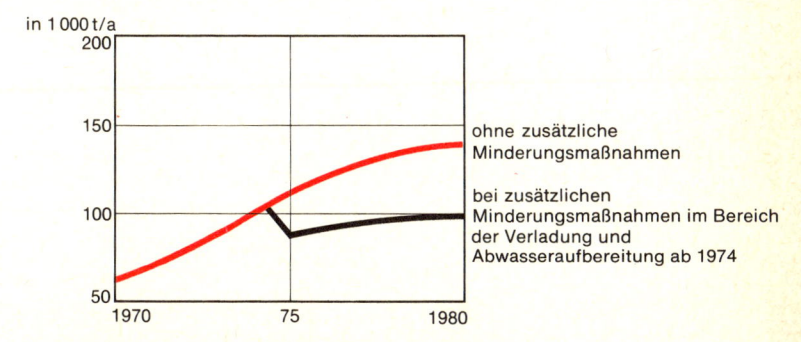

Abb. 3 Emissionen von organischen Gasen und Dämpfen aus Raffinerien in Nordrhein-Westfalen

Luftverunreinigung aus Spraydosen

Ein gutes Beispiel für schwere, irreversible Umweltschäden durch ein industrielles Produkt, das vorher als umweltneutral galt, ist das in zunehmendem Maße für unterschiedliche Zwecke verwendete Konsumgut „Spraydose". Spraydosen enthalten als Treibmittel *Chlorfluormethane* (CF_2Cl_2 und $CFCl_3$). Diese *Treibgase* werden beim Gebrauch der Spraydosen in die Luft freigesetzt. Bisher wußte man lediglich, daß diese Verbindungen so stabil sind, daß sie weder von Pflanzen noch vom Boden oder vom Wasser aufgenommen oder abgebaut werden. Man sah sie deshalb als harmlos an. 1974 jedoch entdeckten amerikanische Wissenschaftler der Universität von Michigan, daß durch Chlorfluormethane eine gravierende Umweltzerstörung bewirkt wird. Chlorfluormethane steigen nämlich in die Stratosphäre auf und zerstören den die Erde umgebenden Ozongürtel (s. S. 380), der einen großen Teil der ionisierenden Strahlung aus dem Weltall abfängt und so Schädigungen durch diese Strahlung auf der Erde verhindert.

Dieser Vorgang läuft folgendermaßen ab: Durch die starke ultraviolette Strahlung in der Stratosphäre werden die Chlorfluormethanmoleküle zersetzt. Dabei werden Chloratome freigesetzt, die auf katalytischem Wege Ozonmoleküle zerstören (s. Abb.). Da das Chloratom bei diesem Vorgang selbst nicht verändert wird, kann es so im Laufe der Zeit beliebig viele Ozonmoleküle spalten. Man nimmt an, daß heute schon rund 10^{31} Ozonmoleküle pro Sekunde auf diese Weise zerstört werden.

Die Abb. zeigt drei Ergebnisse dieser Untersuchungen. Im Modell 1 wird angenommen, daß der Gebrauch von Spraydosen und damit die Freisetzung von Chlorfluormethanen auch in Zukunft im gleichen Maße weiter ansteigen wird wie heute. Die in der Vergangenheit nur geringe Zerstörungsrate der Ozonschicht wird dann nach 1980 steil ansteigen, was empfindliche Schäden auf der Erdoberfläche (Vermehrung der Krebsrate) zur Folge haben kann. Im Modell 2 wird unterstellt, daß der Verbrauch bis 1975 weiter ansteigt und dann die Verbrauchsrate in der Zukunft auf dem Stand von 1975 bleibt. Auch in diesem Fall wird die Ozonschicht, wenn auch zeitlich verzögert, wesentlich gestört.

Ein entscheidendes Problem dieses Vorgangs ist in Modell 3 beschrieben: die *ökologische Zeitverzögerung.* Selbst wenn es gelänge, heute die Freisetzung von Chlorfluormethanen völlig zu unterbinden, würde die Zerstörung von Ozon durch die in der Vergangenheit freigesetzten Abgase noch bis zum Jahr 1990 ansteigen und erst dann wieder im Laufe von Jahrzehnten langsam absinken (s. auch „Verzögerungsfaktoren...", S. 512).

Die dargestellten Ergebnisse sind unter optimistischen Annahmen entstanden. Die amerikanischen Wissenschaftler weisen darauf hin, daß die Realität noch wesentlich schlimmer aussehen könnte, da sie bei ihren Berechnungen pro Chlorfluormethanmolekül (CF_2Cl_2 und $CFCl_3$) nur die Freisetzung und katalytische Wirkung von je einem Chloratom berücksichtigt haben. Es ist jedoch sehr wahrscheinlich, daß pro Molekül alle vier Halogenatome (also auch die Fluoratome) die beschriebene Wirkung zeigen.

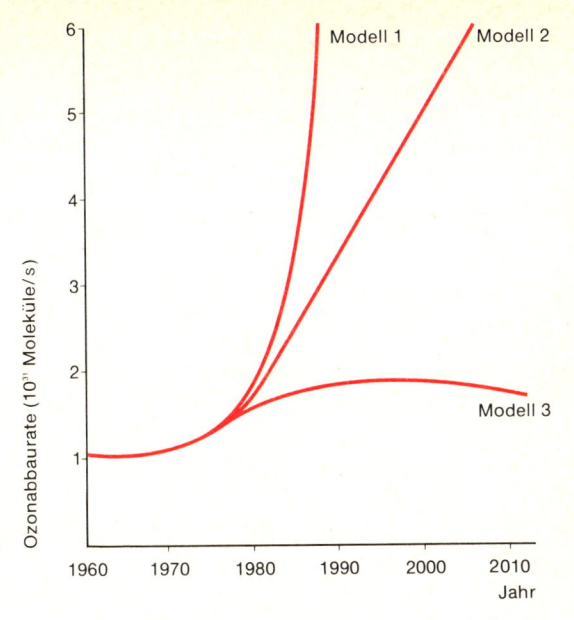

Abb. 1 Natürlicher Ozonabbau im Gleichgewicht mit der Ozonentstehung

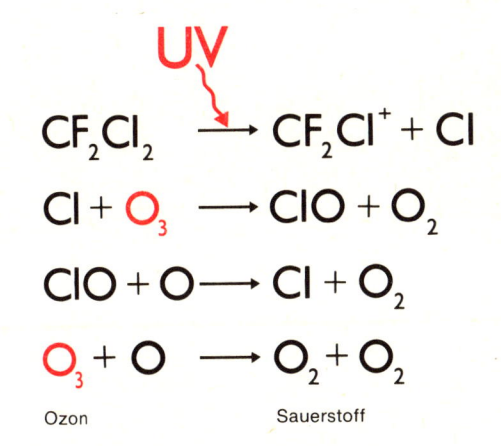

y-axis: Ozonabbaurate (10^{11} Moleküle/s)
x-axis: Jahr

Modell 1, Modell 2, Modell 3

$$CF_2Cl_2 \xrightarrow{UV} CF_2Cl^+ + Cl$$

$$Cl + O_3 \longrightarrow ClO + O_2$$

$$ClO + O \longrightarrow Cl + O_2$$

$$O_3 + O \longrightarrow O_2 + O_2$$

Ozon — Sauerstoff

Abb. 2 Chemische Reaktion der Ozonzerstörung
(modifiziert nach R. Cicerone, R. Stolarski, St. Walters, Universität von Michigan)

Photochemischer Smog

Photochemischer Smog wird durch atmosphärische Schadstoffe gebildet, die unter dem Einfluß der Sonneneinstrahlung entstehen.

Die ersten Auswirkungen des photochemischen Smogs wurden vor etwa 20 Jahren in *Los Angeles* festgestellt, wo eine stark anwachsende Konzentration von Autoabgasen mit der ungünstigen meteorologischen Situation häufiger Inversionswetterlagen zusammentraf. Heute leben in Los Angeles in einem Siedlungsraum von etwa 4 000 Quadratkilometern über 7,5 Millionen Menschen. Vom Pazifischen Ozean her weht dort ständig eine kühle Brise, die in 500–1 000 m Höhe eine starke *atmosphärische Inversion* verursacht. Über diesen vom Ozean herangewehten kühlen Luftmassen lagern warme Luftschichten in der Höhe des umrandenden Gebirges. Dadurch wird ein vertikaler Luftaustausch verhindert; es bildet sich ein meteorologischer ,,Deckel". Alle Abgase, die in Los Angeles erzeugt werden, bleiben nun unterhalb dieser Sperrschicht und reichern sich dort an. Dies ist eine der Voraussetzungen für die Entstehung photochemischen Smogs. Hinzu kommt, daß an vielen Tagen im Jahr die Sonne im sonnigen Kalifornien durch den Deckel der Inversionsschicht hindurchscheint. Somit werden in dem abgeschlossenen Luftraum die vielfältigen Schadstoffe durch das Sonnenlicht verändert.

Obwohl man lange Zeit glaubte, daß diese Art von Smog spezifisch für Los Angeles sei und nur dort vorkomme *(Los-Angeles-Smog;* im Gegensatz zum London-Smog, s. S. 348), weiß man heute, daß photochemischer Smog auch in vielen anderen industriellen Ballungsräumen immer dann auftritt, wenn bestimmte chemische Schadstoffe in einem abgeschlossenen Luftraum durch Sonnenlicht bestrahlt werden. Photochemischer Smog wurde in den letzten Jahren u. a. in Ballungsräumen an der Ostküste der USA, in Südamerika, in Japan und in Europa registriert.

Photochemischer Smog zeigt sich als ein mehr oder weniger dichter *Dunst*, der über der Stadt liegt und die Sichtweiten durch Kontrastverminderung auf Grund von Streulichtwirkung begrenzt. Die Lichtstreuung wird durch die Aerosole (s. S. 336) verursacht, die als Folge der chemischen Reaktionen während des Smoggeschehens entstehen.

Diese *chemischen Reaktionen* sind sehr kompliziert und auch heute noch nicht vollständig analysiert. Ausgangsprodukte sind in erster Linie verschiedene Kohlenwasserstoffe, Schwefeldioxid und Stickoxide. So enthält allein das unverbrannte Normalbenzin über 200 verschiedene Kohlenwasserstoffe aus den Klassen der Aliphate, Olefine und Aromaten. Noch größer ist die Zahl der Kohlenwasserstoffe, die infolge unvollständiger Verbrennung mit den Autoabgasen ausgeschieden werden.

Der *erste Reaktionsschritt* ist die Bildung oxydierender Stoffe unter dem Einfluß der *Photodissoziation*. Die wichtigste Reaktion ist wahrscheinlich die *Entstehung von Ozon* (s. S. 380). Von Bedeutung ist ferner die *Oxydation des Schwefeldioxids* zu Schwefelsäure bei Sonnenlicht. Dabei fällt Ozon als Nebenprodukt an. Diese Reaktion erfolgt nach folgenden Schritten:

$$SO_2 + \text{Sonnenlicht} \rightarrow (SO_2)^+$$
$$(SO_2)^+ + O_2 \rightarrow (SO_4)^+$$
$$(SO_4)^+ + O_2 \rightarrow SO_3 + O_3$$
$$H_2O + SO_3 \rightarrow H_2SO_4 \text{ (Schwefelsäure)}$$

In der *zweiten Phase* der Reaktionsschritte verbindet sich das Ozon als oxydierendes Reagens mit vielen Ausgangsprodukten der Luftverschmutzung, wobei neue, oft sehr aggressive Schadstoffe entstehen. Im folgenden werden einige wichtige Reaktionen und Ausgangsprodukte dargestellt:

Durch die Reaktion von Ozon im Überschuß mit Stickstoffdioxid entsteht *Salpetersäure* nach folgender Formel:

$$2NO_2 + O_3 \rightarrow N_2O_5 + O_2$$
$$N_2O_5 + H_2O \rightarrow 2HNO_3 \text{ (Salpetersäure)}$$

Die aggressive Salpetersäure liegt, ähnlich wie die Schwefelsäure, in Form von Aerosolen vor.

Durch die Einwirkung von Ozon und anderen Oxydanzien auf Kohlenwasserstoffe werden diese oxydiert, wobei *chemische Radikale* entstehen. Man unterscheidet u. a. Alkyl-, Alkoxi-, Peroxi-, Acyl-, Formyl- und Peroxiacylradikale. Diese Radikale sind chemisch sehr aggressiv. Sie können entweder direkt als Schadstoffe auf den Menschen einwirken oder selbst wieder chemische Reaktionen mit anderen Substanzen eingehen, als deren Folge neue Schadstoffe entstehen können. Insgesamt schätzt man die Zahl der möglichen photochemischen Primär- und Sekundärreaktionen in diesem Smog auf mehrere Hundert.

Die *medizinische Auswirkung* des photochemischen Smogs ist bedenklich. Es konnten zwar noch keine direkten Todesfälle nachgewiesen werden (wie beim London-Smog, s. S. 348); unbestritten ist jedoch inzwischen, daß vor allem *Lungenkrankheiten,* insbesondere *Bronchitis,* durch photochemischen Smog verursacht und verstärkt werden. Außerdem wird unter dem Einfluß photochemischen Smogs eine *Zunahme von allergischen Erkrankungen* wie Heuschnupfen registriert. Die aggressiven Substanzen des photochemischen Smogs wirken beim Menschen stark reizend auf die Schleimhäute, besonders auf die der Augen. Insgesamt werden das physische und psychische Wohlbefinden und die Vitalität der Menschen beeinträchtigt.

Schwere *Schäden* verursacht der photochemische Smog *bei organischen Materialien* wie Gummi, Leder, Textilien und Anstrichen. Das Ozon und andere Oxydanzien bleichen Farben aus und machen Autoreifen brüchig. Das Brüchigwerden der Autoreifen in Los Angeles war einer der ersten Schäden, die als Folge des Smogs registriert wurden.

In noch stärkerem Maße werden die *Pflanzen* durch photochemischen Smog *geschädigt.* Man kennt charakteristische Flecke und Verfärbungen an Pflanzen (z. B. Tabak, Spinat, Tomaten, Salat), die bereits bei Konzentrationen von wenigen ppb (Parts per billion) einiger Oxydanzien und chemischer Radikale auftreten (s. S. 351). Bei den Pflanzen wird dadurch die Wasseraufnahme und Photosynthese (s. S. 200 ff.) stark gehemmt. Dies hat Ernteschäden, vor allem bei Weintrauben und Zitrusfrüchten, zur Folge. Durchschnittlich wird in versmogter Luft die Weinernte um 60 % reduziert. Eine Schätzung im Jahr 1966 in den USA ergab, daß der gesamte durch den photochemischen Smog verursachte Schaden in der Größenordnung von 500 Millionen Dollar lag.

London-Smog

Das Wissen um den grundsätzlichen Zusammenhang zwischen Luftverunreinigung und gesundheitlichen Schäden ist bereits einige Jahrzehnte alt. Zum erstenmal wurden Ärzte, Wissenschaftler und Gesundheitsdienststellen auf dieses Problem aufmerksam, als sich 1930 im belgischen Maastal und 1948 in der Innenstadt von Donora in Pennsylvanien (USA) große Smogkatastrophen ereigneten, bei denen viele Menschen starben und bei denen auf Grund des zeitlichen Zusammenhangs zwischen Luftverschmutzung und gesundheitlichem Schaden die Ursachen der Erkrankungen und Todesfälle offensichtlich waren.

Eine größere öffentliche Aktivität zur Reduzierung der Luftverunreinigung wurde jedoch erst durch die *Smogfälle in London* ausgelöst. Vom 5.–9. Dezember 1952 waren viele Gegenden Großbritanniens von Nebel eingehüllt. Besonders stark betroffen war das breite Tal der Themse und v. a. London. Innerhalb von etwa 12 Stunden nach Eintritt des dichten Nebels, der wegen einer starken Inversionswetterlage alle Abgase der Stadt festhielt, begannen eine unwahrscheinlich hohe Zahl von Menschen in London an *Atembeschwerden* zu erkranken. Bald traten ungewöhnlich viele Todesfälle auf. Die *Erkrankungssymptome* waren Husten mit Auswurf und gesteigerter Nasensekretion, Halsschmerzen und plötzliches Erbrechen. Im allgemeinen begann die Erkrankung ganz unvermittelt. Viele der ernsteren Krankheitsfälle (hauptsächlich bei Personen, die schon vorher an chronischer Bronchitis, Asthma oder Lungenfibrose litten) traten erst am dritten oder vierten Nebeltag auf. Die Symptome der schwerer erkrankten Patienten waren Atemnot, Blausucht, Fieber, Rasselgeräusche beim Atmen und Bronchospasmus.

Eine spätere Auswertung der Sterbestatistiken ergab, daß in den 14 Tagen der Smogkatastrophe insgesamt rund 4 000 Menschen mehr starben als sonst in diesem Zeitraum. Die Zahl der Todesfälle nahm dabei vom ersten Katastrophentag an signifikant zu; die Zunahme war in der Innenstadt von London höher als im äußeren Ring der City. Weitere 4 000 Menschen starben in den darauffolgenden Wochen und Monaten. Betroffen waren alle Altersgruppen, am stärksten jedoch Personen über 45 Jahre und Säuglinge bis zu 1 Jahr. In der Altersgruppe von 1–14 Jahre war die Sterblichkeit während der Smogkatastrophe im Vergleich zu vorher 1,3mal, bei der Altersgruppe über 45 Jahre 2,8mal und bei den Säuglingen 2,2mal höher. Über die einzelnen Todesursachen gibt die Tabelle (s. Abb.) Auskunft.

Die *Konzentration an Schwefeldioxid* betrug während der Smogkatastrophe im Durchschnitt 0,7 ppm, sie war also etwa 6mal so hoch wie in normalen Zeiten. Die *Rauchkonzentrationen* lagen etwa 5mal höher als normal. Zur damaligen Zeit nahm man noch an, daß diese Werte medizinisch unbedenklich seien.

In der Folge ereigneten sich weitere Smogzwischenfälle in London: 3.–6. Januar 1956 (1 000 Todesopfer); 2.–5. Dezember 1957 (800 Todesopfer); 5.–10. Dezember 1962 (700 Todesopfer); 7.–22. Januar 1963 (700 Todesopfer). Erst nach diesen weiteren Katastrophen, bei denen noch Tausende von Menschen sterben mußten, wurde die Luftverunreinigung über London durch intensive Gegenmaßnahmen so stark eingedämmt, daß heute die Gefahr großer Smogkatastrophen in London gebannt zu sein scheint. Durch eine Änderung der Heizungstechnik und durch Verwendung raucharmer Brennstoffe konnte in London in den letzten Jahren die Sonnenscheindauer im Winter um 70 % gesteigert werden.

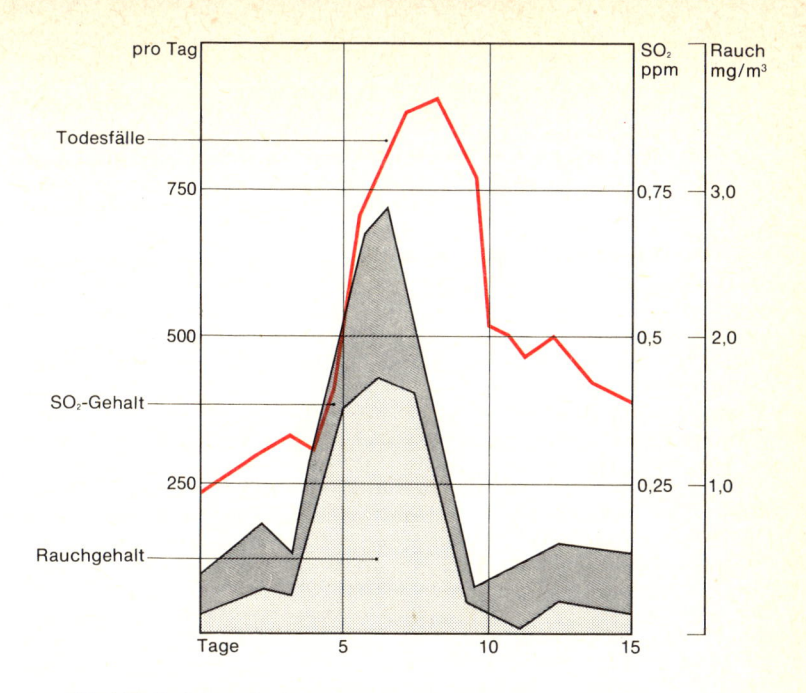

Abb. 1 Die Todesrate der Bevölkerung in Abhängigkeit vom Rauch und SO_2-Gehalt der Luft von London während der „Smogkatastrophe" im Dezember 1952 (modifiziert nach Bättig)

Abb. 2: Smog in der Stadt

setzt sich in Bronchien und Lungenbläschen fest

Luftverunreinigung – Smogalarmpläne

In der Bundesrepublik Deutschland gibt es heute in einigen der besonders durch Luftverschmutzung gefährdeten industriellen Ballungsräume sog. *Smogalarmpläne*. Diese sollen den Auswirkungen smogähnlicher Erscheinungen begegnen, die durch Anreicherung gesundheitsschädlicher Stoffe in der Luft bei länger anhaltenden, austauscharmen Wetterlagen entstehen können. Die ersten Smogalarmpläne entstanden im Ruhrgebiet, im Ballungsraum Rhein-Neckar und im Raffineriezentrum Ingolstadt an der Donau. Als Beispiel für einen Smogalarmplan wird im folgenden der Warnplan für den Raum Ludwigshafen/Mannheim beschrieben. Die Warnkriterien des Planes sehen folgendes vor:

Die *Vorwarnung* wird ausgelöst, wenn die Schwefeldioxidkonzentration (Halbstundenmittel) bei Werten über 0,3 mg/m^3 Luft kontinuierlich ansteigt und zu erwarten ist, daß das austauscharme Wetter in den nächsten 48 Stunden anhält. Die Auslösung dieser Vorwarnung hat eine erhöhte Dienstbereitschaft der zuständigen Behörde zur Folge.

Die *Warnstufe I* wird ausgelöst, wenn während einer Meßdauer von 3 Stunden der gemessene Mittelwert der Schwefeldioxidkonzentration (Mittel über 3 Stunden) mehr als 0,5 mg/m^3 Luft beträgt und der Wert von 0,7 mg/m^3 im gleichen Zeitraum von mehr als zwei Halbstundenmitteln überschritten wird. Die Überschreitung dieser Werte muß jedoch mindestens bei der Hälfte der Meßstationen registriert werden. Der Smogalarmplan geht, was medizinisch anfechtbar ist, davon aus, daß bei Warnstufe I noch keine allgemeine Gesundheitsgefährdung oder nachweisbare, erhebliche Belästigung der Bevölkerung zu befürchten ist. Die bei dieser Warnstufe vorgesehenen Maßnahmen der Betriebe zur Verminderung der Luftverunreinigungen sind deshalb, da die Voraussetzungen für den Erlaß von Anordnungen der zuständigen Behörden bei dieser Warnstufe in der Regel noch nicht vorliegen, durch freiwillige Vereinbarung festgelegt worden. Die Maßnahmen betreffen z. B. (aufschiebbare) Arbeitsvorgänge, die in besonderem Maße zur Luftverunreinigung beitragen können, das Verbrennen von Abfall oder mit Luftverunreinigungen verbundene Wartungsarbeiten.

Die *Warnstufe II* wird dann ausgelöst, wenn die Schwefeldioxidkonzentrationswerte (Halbstundenmittel) für mehr als 2 Stunden über 1,5 mg/m^3 Luft liegen und zu erwarten ist, daß das austauscharme Wetter in den nächsten 24 Stunden anhalten wird. Diese Warnstufe wird jedoch ebenfalls erst dann ausgelöst, wenn die angegebenen Grenzwerte bei mindestens der Hälfte der Meßstationen überschritten werden. Erst bei Erreichen der Warnstufe II müssen die Betriebe Maßnahmen durchführen, die ihnen durch förmliche Anordnungen für den Warnfall auferlegt sind. Diese betreffen z. B. die Umstellung der Feuerung auf schwefelarmes Heizöl und die Einstellung oder Drosselung gewisser technischer Prozesse.

Obwohl die Smogwarnpläne dazu da sein sollen, die Bevölkerung vor den akuten Folgen der Luftverunreinigung zu schützen, können sie diese Aufgabe praktisch kaum erfüllen. Dies hat mehrere Ursachen. Die wichtigste davon ist, daß die Grenzwerte, bei denen der Smogalarm ausgelöst wird, wesentlich zu hoch angesetzt sind und medizinische Erkenntnisse dabei nicht berücksichtigt sind. So weiß man heute, daß z. B. Säuglinge und Kleinkinder bereits bei einer Schwefeldioxidkonzentration von über 0,16 mg/m^3 Luft akut gefährdet sind (s. auch S. 382).

Ein zweiter kritischer Punkt der Regelung ist die Tatsache, daß Smogalarm erst dann ausgelöst wird, wenn die Durchschnittswerte aller Meßstationen oder der Hälfte der Meßstationen die Grenzwerte überschreiten. Dadurch können in einzelnen Stadtteilen, die in der Hauptwindrichtung der Emittenten liegen, noch wesentlich höhere Konzentrationen als die in den Warnkriterien festgelegten zulässigen Werte auftreten.

Pflanzenschäden durch Luftverunreinigungen

Unter den Schadstoffen, die Pflanzenschäden und damit Schäden in der Land- und Forstwirtschaft verursachen können, spielen Schwefeldioxid und Fluorverbindungen eine besondere Rolle.

Die bisher am besten untersuchte Substanz ist *Schwefeldioxid* (s. auch S. 382). Dieses Gas, das vor allem bei Verbrennungsprozessen freigesetzt wird, dringt durch die Spaltöffnungen in die Blätter der Pflanzen ein, verbindet sich dort mit Wasser zu schwefliger Säure und führt dadurch zu lokalen Vergiftungen. Die einzelnen Pflanzenarten reagieren unterhalb einer bestimmten Höchstkonzentration von Schwefeldioxid, die bei allen zum Absterben der pflanzlichen Zellen führt, recht unterschiedlich. Dies beruht vermutlich in erster Linie auf der unterschiedlichen Geschwindigkeit, mit der Schwefeldioxid durch die Blätter aufgenommen wird. Pflanzen mit saftigen Blättern und hoher physiologischer Aktivität (z. B. Getreide, Luzerne, Baumwolle, Weinreben) sind im allgemeinen empfindlicher, da in ihnen das Schwefeldioxid schneller transportiert wird und damit seine giftige Wirkung schneller entfalten kann. Pflanzen mit fleischigen Blättern oder Nadeln sind demgegenüber mehr oder weniger widerstandsfähig. Doch auch bei diesen wurden in der Praxis bereits große Schäden registriert. So sind an vielen Stellen des Ruhrgebietes die Nadelbäume durch die Einwirkung von Schwefeldioxid bereits abgestorben. Unempfindlicher gegen Schwefeldioxid sind solche Pflanzen, die ihre Spaltöffnungen längere Zeit geschlossen halten können (z. B. Mais, Eichen).

In geringerer Konzentration beeinträchtigt Schwefeldioxid die Photosynthese (s. S. 200 ff.) und die Atmung der Pflanzen. Bei höherer Konzentration sterben die Pflanzenzellen ab. Eine Beeinträchtigung der Photosyntheserate tritt auch auf, wenn Schwefeldioxidkonzentrationen, die normalerweise zu Blattschädigungen führen würden, nur wenige Stunden einwirken. Die Pflanze kann sich in solchen Fällen nach zeitweiligem Absinken der Assimilationsleistung wieder erholen.

Die *sichtbaren Schäden* durch Schwefeldioxideinwirkung sind bei den einzelnen Pflanzen unterschiedlich. Einkeimblättrige Pflanzen zeigen eine leichte Fleckung der Blattspitzen bis hin zu einer völligen Ausbleichung der Blätter. Bei zweikeimblättrigen Pflanzen treten scharf begrenzte Flecken auf, die rot, braun oder gelblich werden und dann eintrocknen. Die Blätter rollen sich ein und fallen ab. Mikroskopisch läßt sich eine Störung der Plasmaströmung und oft Plasmolyse beobachten. Durch die Zerstörung des Chlorophylls und der Gerbstoffe werden Farbveränderungen hervorgerufen.

Die Konzentration, in der Schwefeldioxid für Pflanzen giftig wirkt, hängt stark vom Vorhandensein des Schadstoffs *Fluorwasserstoff* ab. Konzentrationen von 0,3–0,5 mg Schwefeldioxid pro m^3 Luft, die von Pflanzen normalerweise unter optimalen Standortbedingungen sehr lange ohne jegliche Schädigung hingenommen werden, führen zu irreversiblen Schädigungen der Pflanze, sobald auch nur Spuren von Fluorwasserstoffgas in der Luft vorhanden sind.

Unter den stark pflanzenschädigenden *gasförmigen Fluorverbindungen* sind Fluorwasserstoff und Siliciumtetrafluorid bereits in Konzentrationen von 0,0001 ppm giftig. Hinzu kommt, daß sich Fluoride auf der Innen- und Außenseite der Blätter anreichern können und so Konzentrationen von mehr als 30–50 ppm erreichen können. Hohe Fluoridkonzentrationen verursachen bei kurzer Einwirkungsdauer von etwa 1 Stunde Schäden, die denen durch Schwefeldioxid gleichen. Geringere Konzentrationen führen bei längerer Einwirkungsdauer von Wochen bis Monaten zum Absterben der Blattspitzen und Blattränder und zur Ausbildung kleinerer Blätter und Sprößlinge. Im Gegensatz zu den meist grauen oder ausgebleicht erscheinenden Flecken bei Schwefeldioxidschäden sind die abgestorbenen Teile der durch Fluorabgase geschädigten Blätter braun.

Luftreinhaltung – der Elektroentstauber

Die Reinhaltung der Luft und die Rückgewinnung wertvoller Rohstoffe, vor allem aus Feinstäuben, ist oft nur durch den Einsatz eines Elektroentstaubers möglich. Bauart, Größe und Leistung eines solchen Entstaubers sind weitgehend von den vorgegebenen Betriebsbedingungen abhängig; sie richten sich außer nach der Gasmenge vor allem nach Gastemperatur, Taupunkt, Rohgasstaubgehalt sowie nach den physikalischen und chemischen Eigenschaften des Staubs und des Trägergases. Elektroentstauber sind praktisch für jeden gewünschten Abscheidegrad und jede Staubkörnung einsetzbar. Sie wurden in nahezu allen stauberzeugenden Anlagen von Industriezweigen wie Bergbau, chemische Industrie, Hüttenwerke, Gießereien, Kraftwerke, Müllverbrennungsanlagen verwendet.

Nach der Art der Entstauberabreinigung (Abklopfen, Durchspülen) unterscheidet man *Trocken-* und *Naßelektroentstauber,* die sich jedoch in der Konstruktion und in ihrer Arbeitsweise nicht wesentlich voneinander unterscheiden:

Die zu entstaubende Luft wird zwischen Elektroden mit großer Potentialdifferenz (50 kV) hindurchgeführt. Die negative Elektrode (Sprüh- oder Ausströmelektrode) mit kleinem Krümmungsradius kann z. B. aus Draht hergestellt sein, während die positive Elektrode (Niederschlagselektrode) aus einem Blech als Platte oder als Rohr mit großem Krümmungsradius gefertigt ist. In der Umgebung der Negativelektrode bildet sich ein Sprühfeld aus. Elektronen wandern von dort zu der als Anode wirkenden Niederschlagselektrode. Auf diesem Weg treffen die Elektronen auf Gasatome, aus denen sie jeweils ein Elektron herausschlagen. Dieser Vorgang entwickelt sich durch die dabei neu entstehenden Elektronen rasch im Sinne einer Kettenreaktion weiter. Auf Grund dieser Kettenreaktion bewegt sich ständig eine Elektronenlawine zur Niederschlagselektrode. Dabei lagern sich sowohl die negativen Elektronen als auch die positiven Gasionen an die einzelnen Staubteilchen an und laden sie auf. Die negativ aufgeladenen Teilchen wandern unter dem Einfluß des elektrischen Feldes zur Niederschlagselektrode, während die positiv geladenen Teilchen zur Sprühelektrode gelangen. An beiden Elektroden lagert sich Staub an, der von dort entfernt werden muß. Durch Abklopfen oder Durchspülen wird die Staubschicht von der Niederschlagsplatte abgelöst. In Form von Fladen oder Staubwolken fällt der abgeschiedene Staub in den unterhalb des elektrischen Feldes angeordneten Staubsammelraum. Auch die Sprühelektroden werden durch Abklopfen oder Durchspülen gereinigt. Die für die gute Abscheidung erforderlichen hohen Spannungen werden in einem netzgespeisten Hochspannungsaggregat erzeugt, gleichgerichtet und dann den Elektroden zugeführt.

Der allgemeine Einsatz von Entstaubern im Industriebereich trägt wesentlich zur Verbesserung der Immissionssituation bei. Man darf davon ausgehen, daß trotz steigender Industrialisierung die Staubemission erheblich zurückgehen würde, wenn alle Altanlagen mit Entstaubern ausgerüstet würden.

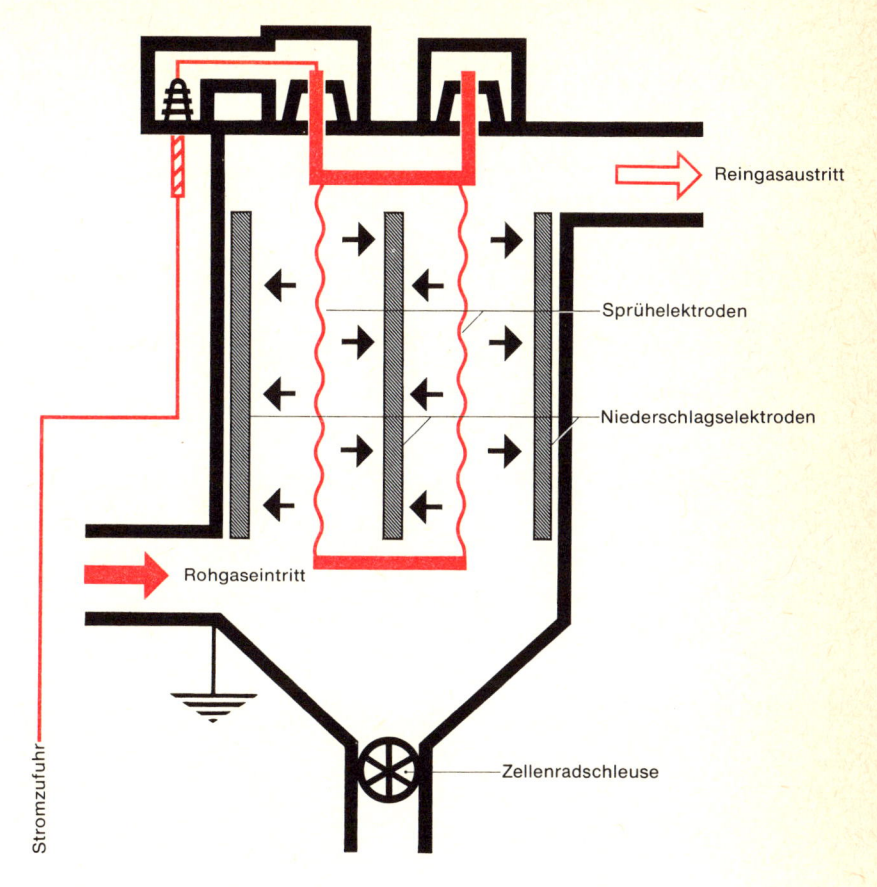

Abb. Der Elektroentstauber im Schema
Quelle: Büttner-Schilde-Haas AG

Reingasaustritt
Sprühelektroden
Niederschlagselektroden
Rohgaseintritt
Stromzufuhr
Zellenradschleuse

Wasserverschmutzung – der Bodensee

Etwa 3 Millionen Menschen des Großraums Stuttgart beziehen ihr Trinkwasser aus dem *Bodensee*. Dies sind etwa 1/3 der gesamten Bevölkerung des Bundeslandes Baden-Württemberg. Stündlich werden fast 30 000 m^3 Wasser aus dem See gepumpt und über Fernleitungen ins Neckargebiet geleitet. Seit Jahren jedoch bedroht eine zunehmende Wasserverschmutzung diesen bedeutendsten Trinkwassersee Mitteleuropas. Während noch vor wenigen Jahrzehnten das Bodenseewasser ohne jede Aufbereitung als Trinkwasser verwendet werden konnte, befürchten Limnologen bis vor kurzem für die Zukunft ein Umkippen des biologischen Gleichgewichtes des Sees.

Jährlich werden dem Bodensee durch Industrie, Besiedelung und Landwirtschaft etwa 36 000 t organische Schmutzstoffe, 18 000 t Stickstoff und 1 000 t Phosphor zugeführt. Der *Phosphatgehalt* des Bodenseewassers stieg von 2 mg Phosphor pro m^3 im Jahr 1935 auf heute etwa 50 mg Phosphor/m^3. Die Konzentrationen der letzten Jahre zeigen eine weiterhin steigende Tendenz. Dieser Phosphor stammt zu etwa 70 % aus häuslichen Abwässern (vor allem Waschmittel), aber auch mit 10–20 % aus der Auswaschung von Phosphatdüngern der Landwirtschaft. Durch die starke Zunahme der Phosphate im Bodensee besteht die Gefahr einer *Eutrophierung:* Durch die Überdüngung mit Phosphat können mehr Pflanzen und Tiere als zuvor ernährt werden, wodurch sich besonders das Algenwachstum explosionsartig steigerte. Es gibt heute etwa 20mal mehr Algen im Bodensee als noch vor 20 Jahren. Dadurch nimmt auch das tierische Plankton zu, was optisch zu einer zunehmenden Trübung des Wassers erkennbar ist. Die Transparenz des Bodenseewassers hat in den letzten 35 Jahren um etwa 2 m abgenommen.

Schwerwiegender noch ist die *Störung des Sauerstoffhaushaltes* des Wassers. Durch die Vermehrung des Planktons vergrößert sich auch die Menge der abgestorbenen Lebewesen. Bei der Zersetzung dieser abgestorbenen Lebewesen wird dem Wasser viel Sauerstoff entzogen. In tiefen Wasserschichten ist deshalb heute im Sommer der Sauerstoffgehalt bereits um rund 60 % vermindert. Durch diesen Sauerstoffmangel in der Tiefe wird die Entwicklung von Fischeiern gestört, in den letzten Jahren fand man am Seegrund viele Eier von Felchen, die abgestorben und verpilzt waren. Der Reichtum des Bodensees an Edelfischen hatte dadurch beträchtlich abgenommen.

Ebenfalls beträchtlich ist die Verschmutzung des Bodensees durch die Motoren der Sportboote, durch die jährlich etwa 20 000 bis 30 000 kg Öl in den See gelangen. Diese *Mineralölverbindungen* werden im See nur sehr langsam abgebaut. Man hat festgestellt, daß durch das Öl schmutzfressende Bakterienkolonien vernichtet werden und daß das Öl im Gewebe von Fischen angereichert wird. Heute ist bereits jeder Quadratmeter des Seebodens mit durchschnittlich einem Gramm Öl verschmutzt. Insgesamt haben sich nach einer Schätzung bereits rund 600 t Mineralöl auf dem Grund des Bodensees abgelagert.

Im Jahr 1967 wurden von der Bodensee-Kommission „Richtlinien für die Reinhaltung des Bodensees" aufgestellt, in denen folgende Forderungen erhoben werden: 1. Erfassung möglichst großer Anteile der anfallenden Abwässer durch den Bau moderner Kanalisationsnetze unter Einbeziehung von Regenrückhaltebecken, um auch einen möglichst großen Teil des verschmutzten Regenwassers reinigen zu können; 2. Bildung von Abwasserverbänden zur Errichtung zentraler Klärwerke mit chemischer Reinigungsstufe; 3. umfassender Anschluß aller gewerblichen und industriellen Abwässer an die zentralen Klärwerke. Im Jahr 1974 waren erst die Hälfte der erforderlichen Abwasservorhaben durchgeführt. Gleichwohl besteht die berechtigte Hoffnung, daß es gelingen wird, das biologische Gleichgewicht im Bodensee wiederherzustellen.

Abb. 1 Einbringung von Schadstoffen in den Bodensee

Abb. 2 Verminderter Fischertrag durch verstärkte Planktonbildung

Wasserverschmutzung – der Rhein

Zwischen Basel und Rotterdam beziehen etwa 18 Millionen Menschen ihr Trinkwasser aus dem Rhein. Allein in Nordrhein-Westfalen werden 3,5 Millionen Einwohner direkt und indirekt durch Trinkwasser aus dem Rhein versorgt. Der Rhein aber ist die größte Kloake Mitteleuropas. Jedes Jahr fließen 12 Milliarden m^3 Abwässer in den Rhein, 10 Milliarden davon aus der Industrie.

Mehrere Großstädte am Rhein besitzen noch keine richtige Kläranlage, sondern reinigen ihre Abwässer nur mechanisch. Durch diese Einleitung von *Abwässern* transportiert der Rhein täglich über die niederländische Grenze: 90000 t organische Schmutzstoffe, 33000 t Salze, 16000 t Sulfate, 11000 t Calcium, 4500 t Magnesium, 17800 t Natrium, 380 t Eisen, 4600 t Nitrate, 1000 t Phosphate, 31 t Mangan, 55 t Nitrit, 52 t Zink und 14 t Blei. Vom Jahr 1960 bis zum Jahr 1970 hat sich allein die Salzfracht von 20000 t auf 33000 t erhöht. Zwischen Konstanz am Bodensee und der niederländischen Grenze steigt die *Salzmenge* im Rhein auf fast das 70fache an. Über 35 % dieser Salzlast kommen aus den französischen Kaligruben im Elsaß. Hinzu kommen weiteres Salz aus der Mosel (ebenfalls aus Salzbergwerken) und etwa 17 % aus Abwässern der Bergwerke im Ruhrgebiet.

Das Trinkwasser, das in Rotterdam aus dem Rhein gewonnen wird, hat dadurch bereits eine Salzkonzentration von über 550 mg Salz pro Liter. Die Geschmacksgrenze liegt bei 250 mg/l. Im Jahr 1972 beschloß deshalb die „Ministerkonferenz gegen die Verunreinigung des Rheins" in Den Haag, die in den französischen Kaligruben anfallenden Salze aufzuhalden. Die Kosten dazu sollen zu 34 % von den Niederlanden, zu je 30 % von Frankreich und der Bundesrepublik, zu 6 % von der Schweiz und zu einem kleineren Teil von Luxemburg getragen werden. Obwohl die Holländer den größten Schaden durch die Verschmutzung des Rheins tragen müssen und gleichzeitig keine Schuld an der Verschmutzung haben, sollen sie also die Hauptkosten für diese Verringerung der Salzlast tragen. Dies entspricht in keiner Weise dem Verursacherprinzip (s. S. 538).

Eine besondere Gefahr droht dem Rhein durch die *aufgewärmten Kühlwässer* von Kernkraftwerken (s. auch S. 362). Während im Jahr 1970 der Rhein mit 1977 Mcal Abwärme pro Sekunde aufgewärmt wurde, soll die Abwärme durch den Bau neuer Kernkraftwerke bis zum Jahr 1985 auf insgesamt 16973 Mcal/s ansteigen. Erhöhte Wassertemperaturen reduzieren die Selbstreinigungskraft des ohnehin schon stark verschmutzten Flusses, so daß das biologische Gleichgewicht gestört und u. U. zerstört wird. Die absolute Grenze für die Lebensmöglichkeit von Fischen ist 3 mg Sauerstoff pro Liter. Streckenweise liegt der *Sauerstoffgehalt des Rheins* schon unter dieser Grenze. An einzelnen Stellen und zu bestimmten Jahreszeiten enthält der Rhein überhaupt keinen Sauerstoff mehr.

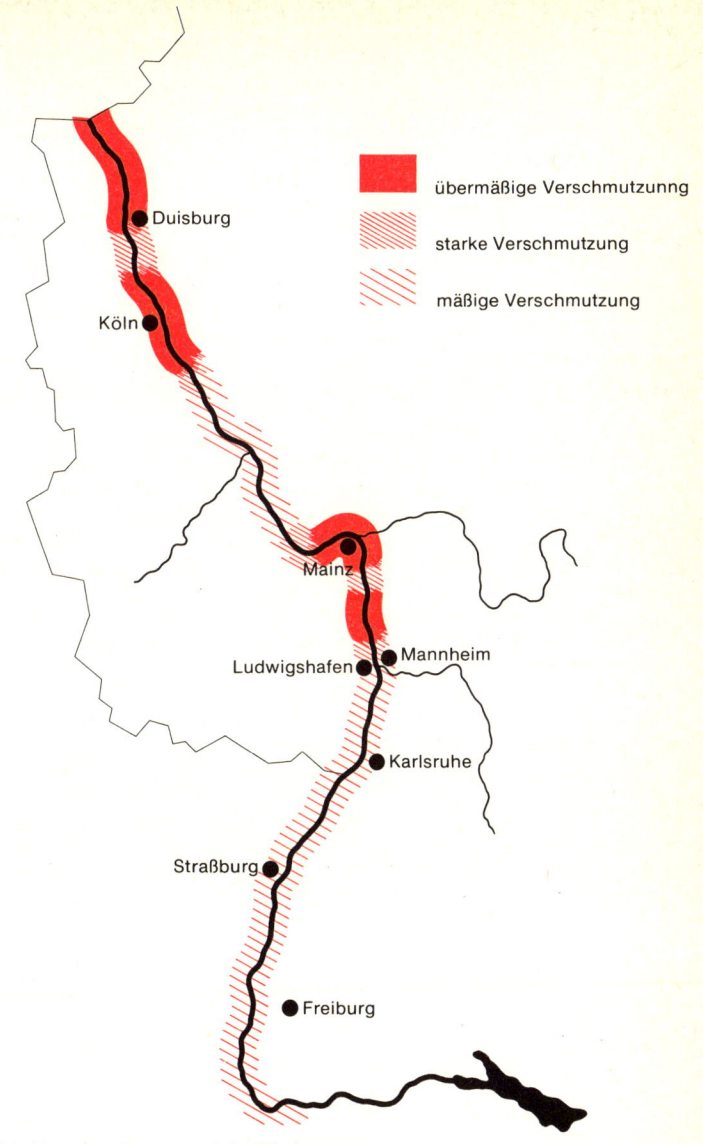

übermäßige Verschmutzunng
starke Verschmutzung
mäßige Verschmutzung

Abb. Verschmutzungsgrad des Rheinwassers

Wasserverschmutzung – die Nordsee

Die Nordsee ist eines der am stärksten verschmutzten Meere der Erde. Gift- und Abfallstoffe gelangen vor allem durch die Flüsse, durch direkte Einleitungen an der Küste, durch das Einbringen von Abfällen und durch das Auswaschen von Schadstoffen aus der Atmosphäre in die Nordsee. Die in die Nordsee mündenden Flüsse führen Abwässer von Großbritannien, Ostfrankreich, Belgien, Holland, Luxemburg, der BRD, der Schweiz, von Dänemark und Norwegen in die Nordsee, da diese Abwässer von den zuständigen Gemeinden bzw. der entsprechenden Industrie zum größten Teil völlig unzureichend geklärt sind. Die nicht abbaubaren Stoffe wie Salze aus Kalibergwerken, Schwermetallabfälle aus der Industrie, Pestizide aus der Landwirtschaft, Phosphate aus Waschmitteln und Landwirtschaft und andere gelangen praktisch unverändert ins Meer.

An vielen Stellen der Nordsee werden Abwässer von Gemeinden oder der Industrie direkt in das Küstengewässer eingeleitet. In der BRD gibt es direkte Einleitungen bei Wilhelmshaven, Bremerhaven, Cuxhaven und auf den Friesischen Inseln. Obwohl die Mengen der direkten Einleitungen geringer sind als die Abwassermengen der Flüsse, spielen sie doch eine erhebliche Rolle, da bei ihnen auch die biologisch abbaubaren Schadstoffe unverändert in die Nordsee eingebracht werden. Ein Beispiel sind die Badestrände, wo die Einleitung häuslicher Abwässer unangenehme ästhetische und medizinische Wirkungen hat.

Ein besonderes Problem stellt das Einbringen meist *industrieller Abfallstoffe durch Schiffe* dar. Man rechnet damit, daß jährlich rund 5 000 t Abfälle aus der Kunstharzfabrikation, 1,6 Millionen t Abwässer aus der Titandioxidproduktion (27 % Schwefelsäure und 6 % Eisensulfat), 18 000 t Abfälle aus der Enzymfabrikation (zu 2/3 organisch), 60 000 t Abfälle aus der Synthesefaserfabrikation, 4,5 Millionen t Faulschlamm, 40 000 t anorganische und organische Säuren und Salze und eine Reihe weiterer Abfälle auf diese Art „beseitigt" werden. Allein durch die Einbringung des Faulschlamms der Stadt London werden der Nordsee jährlich rund 800 t Zink, 200 t Kupfer, 100 t Chrom, 50 t Nickel und 10 t Cadmium zugeführt.

Erst in den letzten Jahren erkannte man, daß ein wesentlicher Teil der Meeresverschmutzung durch *Auswaschung von Schadstoffen aus der Atmosphäre* verursacht wird. Heute weiß man, daß auf diese Weise jährlich etwa 3 Millionen t Schwefeldioxid, 1 Million t Feststoffe, 300 t DDT, 30 t Quecksilber und 1 000 t Blei der Nordsee zugeführt werden.

Eine weitere Quelle der Verschmutzung ist die *Schiffahrt*. Die Schiffe geben fast alle Abfälle und Abwässer ungeklärt ins Meer. Es handelt sich insbesondere um Öle, Fäkalien, Verpackungsmaterial, Flaschen, Küchenabfälle und Waschwasser aus Chemikalientankern. Nach Schätzungen sollen auf diese Weise jährlich rund 100 000 t Erdöl in die Nordsee gelangen, mit der Folge, daß nicht nur das Meerwasser mit Öl verseucht wird (1 l Öl verschmutzt 1 Million l Wasser), sondern auch die Badestrände.

Ein erheblicher Verschmutzungsfaktor dürfte für die Nordsee in Zukunft vermutlich dadurch entstehen, daß im Zuge der Ausbeutung der auf dem Grund der Nordsee festgestellten großen Erdgas- und Erdölvorkommen beträchtliche Erdölmengen ins Meer entweichen werden.

■ starke Verschmutzung
▨ mittlere Verschmutzung
▧ geringe Verschmutzung
● regelmäßiges Einbringen von Abfallstoffen mit Schiffen

Faulschlamm

Asche und Schlacke aus Kraftwerken

Abwässer aus der Synthesefaserproduktion

ausgefaulter Schlamm

Faulschlamm aus London

Säuren, Salze

Eisensulfat, Schwefelsäure

Abb. Ausmaß der Wasserverschmutzung in verschiedenen Teilen der Nordsee

Ölpest – Bekämpfung durch die schwimmende Absaugpumpe

Ausgelaufenes Öl gehört zu den besonders tückischen Wasserverschmutzern, da es sich äußerst schnell auf dem Wasser großflächig verteilt und damit den Gasaustausch sowie andere Lebensfunktionen dieses Biotops erheblich beeinträchtigt. Meist überläßt man die Beseitigung dieses Ölfilms der natürlichen Selbstreinigungskraft des Meeres:
 Innerhalb von 1–2 Wochen verfliegen die leichteren Bestandteile des Öls; die schwer flüchtigen Komponenten verbinden sich mit dem Meerwasser zu einer braunen, zähen Brühe, die nach einigen Wochen entweder auf den Meeresgrund absinkt, als Teerklumpen zu den Stränden treibt oder sich in den großen Wirbelströmungen sammelt.
Chemische Verfahren, das Öl durch Aufbringen von Dispersionsmitteln oder Emulgatoren in größerem Umfang zum Absinken zu bringen, sind sehr umstritten. Sie sind besonders für die flachen Küstengewässer problematisch, da sie dort möglicherweise die den Meeresboden und die darüberliegenden Schichten bevölkernden Lebewesen vergiften.
Am besten wird daher ausgelaufenes Öl an der Wasseroberfläche mit geeigneten Mitteln eingegrenzt und dann abgeschöpft bzw. abgepumpt. Zur Beseitigung von eingegrenzten Ölverunreinigungen geringeren Ausmaßes wurde ein Absauggerät *(schwimmende Absaugpumpe)* entwickelt. Es besteht aus einer trichterförmigen Schüssel, deren Oberkante mit Hilfe von Schwimmern (Schwimmkörpern) wenige Millimeter unter der Wasseroberfläche gehalten wird. Den Schüsselrand schließt ein schwimmender Hohlring nach oben ab. In der Schüssel wird der Wasserspiegel durch kontinuierliches Absaugen des Wassers mittels einer Kreiselpumpe gesenkt. Hierdurch senkt sich der Hohlring, und das schwimmende Öl läuft in die Schüssel. Hat sich genügend Öl angesammelt, so saugt eine Ölpumpe das Öl über Ansaugtrichter ab, die durch einen Schwimmer in ihrer Eintauchtiefe gesteuert werden. Ist kein Öl mehr in der Vertiefung, schaltet sich die Ölpumpe automatisch ab. Die Wasserpumpe hingegen läuft permanent. Geräte dieser Art werden bis zu Leistungen von 40 m^3 pro Stunde gebaut. – Neben diesem System und ähnlichen weitgehend stationären Systemen, die das Öl von einer Stelle aus ansaugen, sind mobile Ölaufnehmer in der Entwicklung, die Leistungen bis zu 60 m^3 in der Stunde erbringen sollen.
 Geräte dieser Größenordnung sind allerdings nur bei begrenzten „Ölunfällen" auf kleineren Wasserflächen (z. B. Häfen und Buchten) einsetzbar. Für Ölkatastrophen größeren Ausmaßes wird z. Zt. ein *Ölansaugschiff* mit herkömmlichem Bug und Zwillingsrumpf entwickelt. Das auf 17 000 t konzipierte Schiff soll eine Länge von 90 m und eine Breite von 30 m erhalten. Der sich verjüngende Zwischenraum zwischen den beiden Heckrümpfen mündet in einen Ansaugkanal im Bug. Das Schiff fährt in Rückwärtsfahrt in die Ölschicht, die in dem sich verengenden Kanal immer höher wird und schließlich in den Bugkanal eingesaugt wird. Das Öl wird in Tanks gepumpt, das Wasser außenbords abgelassen.

Abb. Schwimmende Ölabsaugpumpe

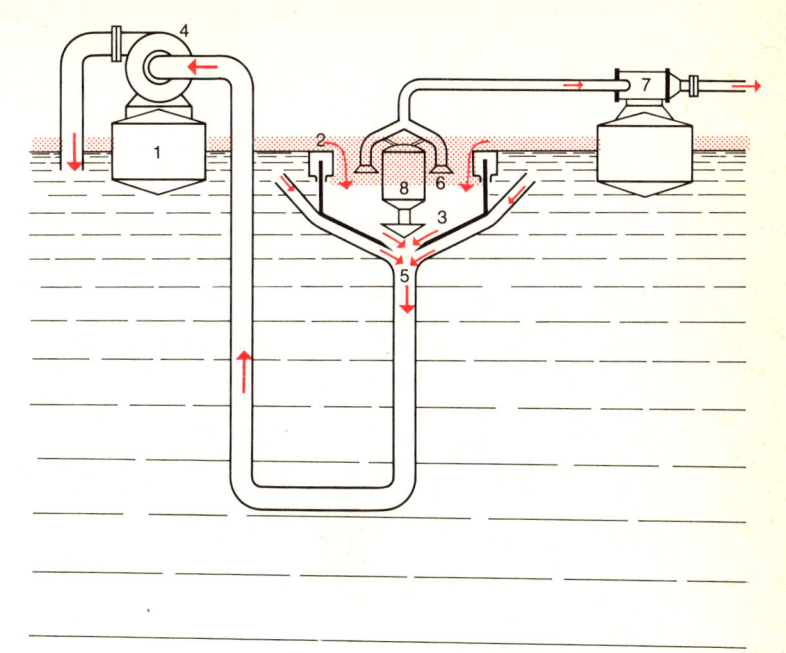

1. Schwimmer
2. Hohlring
3. Schüssel
4. Kreiselpumpe
5. Absaugen des Wassers
6. Absaugtrichter
7. Ölpumpe
8. Schwimmer

Aufheizung der Flüsse

Die meisten heutigen Kraftwerke benutzen zur Kühlung Flußwasser. Dadurch können tiefgreifende negative ökologische Veränderungen eintreten. Die Hauptprobleme sind: Verringerung der Selbstreinigungskraft des Flusses und Gefährdung der Flußfauna durch die Erwärmung des Flußwassers, Abtötung von Wasserorganismen im Kondensator des Kraftwerks und klimatische Auswirkungen durch die Gewässererwärmung.

Durch die *Erwärmung des Flußwassers* wird die Lösungsmöglichkeit des für Wasserorganismen lebensnotwendigen Sauerstoffs verringert, und gleichzeitig werden die Stoffwechselvorgänge der Wasserorganismen beschleunigt. Einem größeren Verbrauch an Sauerstoff steht also ein geringeres Sauerstoffangebot gegenüber. Dadurch kann es zu einer *Beeinträchtigung des Selbstreinigungsvermögens*, zu Sauerstoffschwund und damit zum Absterben von Wasserorganismen bis hin zum Fischsterben und im Extremfall zum ,,Umkippen" des Gewässers kommen. Die Erwärmung des Flußwassers führt zu einer starken *Bakterienvermehrung*. Dies hat zur Folge, daß neben dem durch die Erwärmung schon physikalisch verringerten Sauerstoffgehalt des Wassers der restliche Sauerstoff noch schneller verbraucht wird. Das Wasser gewinnt einen muffigen Geruch und Geschmack, was die Trinkwasseraufbereitung aus dem betreffenden Fluß sehr erschweren kann. Die entstehenden Bakterienmassen können sich an ruhigen Stellen des Flusses, z. B. in Stauräumen vor Wehren, absetzen und dort in Fäulnis übergehen.

Da man diese Problematik schon relativ früh erkannte, wurden vom Gesetzgeber *Grenzwerte für die Aufwärmung von Flußwasser* festgesetzt. Diese Grenzwerte sind jedoch zu hoch angesetzt, da sie lediglich die physikalischen Faktoren in sauberen Flüssen berücksichtigen. Die Grenzwertbedingungen geben an, daß die Aufwärmung eines Gewässers nie mehr als 5 °C betragen darf, wobei die obere Grenze von 28 °C nicht überschritten werden darf. Die Grenzwertfestlegung berücksichtigt nicht, daß es bei diesen Aufwärmspannen in verschmutzten Flüssen bereits zu empfindlichen Störungen ökologischer Vorgänge bis hin zum ,,Umkippen" kommen kann. Es existieren darüber genauere Untersuchungen für den Main, aus denen hervorgeht, daß es im Main immer dann zum Organismentod durch Sauerstoffmangel infolge Verschmutzung und Erwärmung kommt, wenn die Grenze von 23–24 °C überschritten wird.

Ein zweites Problem besteht in der starken *Aufwärmung des vom Kraftwerk in den Kondensator eingesaugten Wassers* bis auf etwa 40 °C. Dies ist gerade die optimale Temperatur für pathogene Bakterien wie Typhusbakterien und Enterokokken. In reinem kaltem Wasser vermehren sich diese Krankheitskeime nicht, wohl aber in verunreinigtem, also nährstoffreichem, erwärmtem Wasser. Bedenklich ist außerdem folgendes: Bei Erwärmung des Wassers auf 40 °C im Kondensator werden die Bakterienfresser, die Rotatorien (Rädertiere) und Ziliaten (Pantoffeltierchen usw.) abgetötet. Es steht also einer Vermehrung pathogener Bakterienarten eine Abtötung der Bakterienfresser gegenüber. Da bei einem 1 000-MW-Kraftwerk pro Sekunde rund 40 000 l Wasser auf diese Art eingesaugt und erwärmt werden, führt dies zu einer Schädigung der Selbstreinigungskraft verschmutzter Flüsse.

Ein drittes Problem ist die *Beeinflussung des Klimas* durch einen erwärmten Fluß. Wissenschaftler des Kernforschungszentrums Karlsruhe haben dies für den Rhein näher durchgerechnet. Sie kamen dabei zu dem Ergebnis, daß bei einer Aufwärmespanne von nur 3 °C die dadurch vom Rhein zusätzlich verdunstete Wassermenge in derselben Größenordnung liegt wie die durch den Rhein natürlich verdunstete. In den nebelreichen Wintermonaten ist die Zunahme der Verdunstung sogar am größten. Die Studie kommt daher zu dem Ergebnis, daß eine merklich verstärkte Nebelbildung als Folge der Flußaufheizung zumindest in Flußnähe nicht auszuschließen ist.

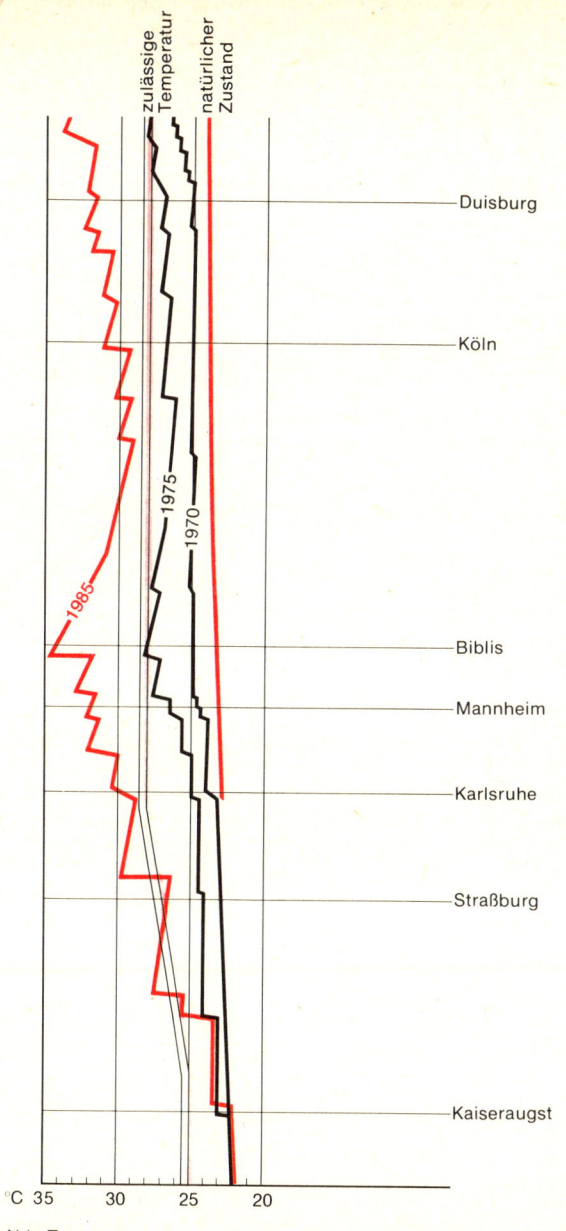

Abb. Temperaturprognose für den Rhein nach dem Sommer-Wärmelastplan

Die Selbstreinigung der Gewässer

In den verschiedenen Zonen der *Vorfluter* (das sind oberirdische Gewässer, in die ungereinigte oder gereinigte Abwässer eingeleitet und von diesen abgeführt werden; also Bäche, Flüsse, Seen) findet man Lebewesen, die in der Lage sind, die jeweils angebotenen Nährstoffe zu verwerten. Die natürliche Selbstreinigung der Gewässer durch den Abbau fäulnisfähiger Stoffe nach einer bestimmten Fließzeit und Fließstrecke des Vorfluters, ist diesen Lebewesen zu verdanken. Unter günstigen Bedingungen werden dadurch die Verunreinigungen weitgehend beseitigt, so daß der ursprüngliche Reinheitszustand wenigstens annähernd wieder erreicht wird.

Die *Selbstreinigungsvorgänge* beruhen meist auf biologischen Vorgängen (Selbstreinigung durch Organismen) oder chemischen Prozessen (v. a. Oxydations- und Reduktionsvorgänge), deren Wirksamkeit durch physikalische Faktoren wie Fließgeschwindigkeit, Gestalt des Flußbettes, Mischungsverhältnis von Schmutz- und Frischwasser, Wassertemperatur, Wassertiefe, Intensität und Dauer der Sonneneinstrahlung und Feinheit der Abfallstoffe unterstützt wird. Die Hauptlast der Selbstreinigung fällt den biologischen Vorgängen zu.

Die *Organismen,* die bei der Selbstreinigung mitwirken, sind Pilze, Algen, Bakterien, Protozoen, Krebse, Muscheln, Würmer, Insektenlarven, Schnecken, Fische, größere räuberische Tiere und Wasservögel. Die beiden letzteren stellen das Endglied der biologischen Selbstreinigungskette im Wasser dar.

Bakterien, Algen und *Pilze* nehmen im Wasser bzw. Abwasser gelöste oder feinverteilte organische bzw. anorganische Komponenten auf. Im Stoffwechsel der Organismen werden diese Stoffe in die körpereigene Substanz eingebaut oder zur Energiegewinnung letztlich zu Wasser und Kohlendioxid abgebaut. Zur Aufrechterhaltung dieser Prozesse wird aus dem Wasser gelöster Sauerstoff entnommen. Die chlorophyllhaltigen Algen sind durch ihre autotrophe Ernährungsweise in der Lage, bei Tag den so aufgezehrten Sauerstoff nachzuliefern. Wird das Gewässer eutrophiert, d. h. mit Pflanzennährstoffen wie Stickstoff oder Phosphor belastet, so kommt es zur explosionsartigen Vermehrung der Algen. Dieser Vorgang bewirkt eine Sauerstoffverknappung, da der bei Tag produzierte Sauerstoff wegen der beschränkten Aufnahmekapazität des Wassers nach dessen Sättigung gasförmig entweicht. Die Aufnahmekapazität ist weitgehend von der Wassertemperatur abhängig. Bei hohen Temperaturen ist der Sättigungspunkt schneller erreicht. Sind nun die Algen in einem Gewässer im Übermaß vorhanden, so bewirkt der nächtliche Sauerstoffbedarf einen starken Sauerstoffschwund.

Die *Protozoen,* die Bakterien und Algen als Nahrung aufnehmen, können z. T. auch gelöste organische Substanzen verwerten. *Krebse, Schnecken* und *Würmer* ernähren sich von ungelösten, abgesetzten oder suspendierten Stoffen. Außerdem ernähren sie sich von Protozoen. *Größere Krebse* und *Insektenlarven* nehmen ihrerseits Kleinkrebse, Würmer, auch Protozoen auf. *Fische* und *Wasservögel,* die selbst wiederum räuberischen Tieren zum Opfer fallen, ernähren sich vielfach von Krebsen und Würmern.

Für die Intensität der Selbstreinigung ist nicht nur ein optimales Funktionieren der Lebensgemeinschaften maßgebend, sondern auch die *Gestaltung des Flußbettes.* In natürlich geformten Flußbetten, also in Gewässern mit großer Oberfläche und starken Turbulenzen (unregelmäßige, starke Wasserströmungen mit Wirbelbildung), sind die Lebensbedingungen für die Organismen auf Grund des besseren Sauerstoffeintrags günstiger als in korrigierten oder gestauten Flußläufen.

Bereits geringfügige Änderungen des einen oder anderen maßgeblichen biologischen, chemischen oder physikalischen Faktors können den Selbstreinigungseffekt der Gewässer erheblich stören.

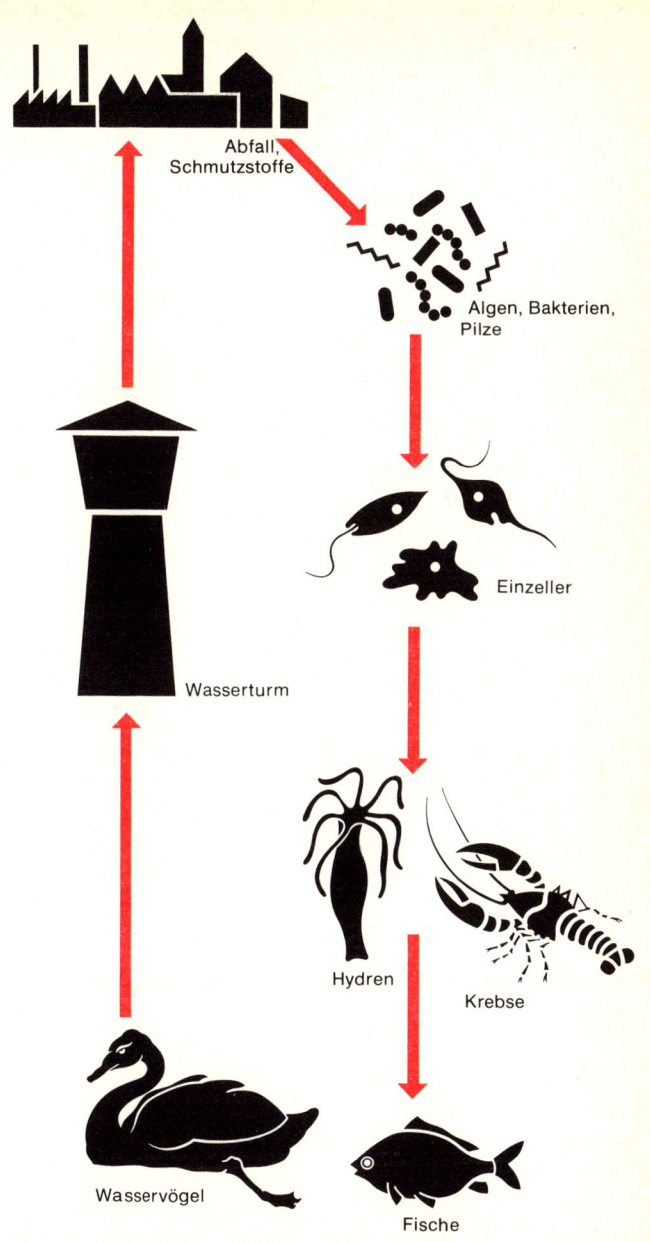

Abb. Abbau von Schmutzstoffen in Gewässern

- Abfall, Schmutzstoffe
- Algen, Bakterien, Pilze
- Einzeller
- Hydren
- Krebse
- Fische
- Wasservögel
- Wasserturm

Abwasserreinigung

Bis vor einigen Jahrzehnten reichte die Selbstreinigungskraft der stehenden und fließenden Gewässer noch aus, um den in sie eingetragenen Schmutz abzubauen (s. S. 364). Die *Belastung der Gewässer* durch Abwässer verschiedenster Herkunft hat sich jedoch in den letzten Jahren vervielfacht. Durch diese Verschmutzungen werden die Abbauvorgänge in den Gewässern entweder durch das Absterben der Mikroorganismen zum Stillstand gebracht oder aber durch die Zufuhr von Nährstoffen verstärkt. Durch die Vermehrung der Organismen wird dem Wasser weiterer Sauerstoff entzogen. Das Selbstreinigungsvermögen der Gewässer wird überschritten, das Gewässer „kippt um". Die unmittelbaren Folgen solcher Verschmutzungen sind Fischsterben, Schlammablagerungen und Faulvorgänge.

Die größte Belastung für die Gewässer stellen die Abwässer aus Haushaltungen und der Industrie dar. Diese Abwässer fließen über ein Kanalnetz der *Kläranlage* zu, die in der Regel zweistufig ausgelegt ist, d. h. aus einer mechanischen und einer biologischen Reinigungsstufe besteht. Zur *mechanischen Stufe* zählt man den Rechen, den Sandfang und die Vorklärbecken. Im *Rechen* werden die groben Verunreinigungen zurückgehalten. Im *Sandfang* setzen sich infolge Verringerung der Fließgeschwindigkeit des Wassers kleinere mineralische Bestandteile ab, und im *Vorklärbecken* werden die sonstigen absetzbaren Stoffe ausgefällt und mit einer Abschöpfeinrichtung Schwimmstoffe entnommen. Die Reinigungsleistung der mechanischen Stufe liegt bei etwa 20–30 %.

Das so vorgereinigte Wasser gelangt anschließend in die *biologische Stufe,* die sich im allgemeinen aus dem *Belebungsbecken* (Tropfkörper) und dem *Nachklärbecken* zusammensetzt. Bakterien und andere Kleinlebewesen wandeln im Belebungsbecken den suspendierten und gelösten Schmutz in absetzbaren Schlamm um, indem sie die Schmutzpartikel und gelösten Stoffe als Nährsubstrat in sich aufnehmen und durch ihre rasche Vermehrung Zellklumpen bilden, die als Folge der Gewichtszunahme zu Boden sinken. Der ganze Vorgang wird durch den künstlichen Eintrag von Luft mit Hilfe von Gebläsen, Rotoren oder Walzen ausgelöst und verstärkt.

Um die *für den Abbau nötigen Mikroorganismen* rasch und in ausreichender Menge zu erhalten, führt man Teile des im Nachklärbecken am Boden abgesetzten Mikroorganismenschlamms in das Belebungsbecken zurück. Das an der Oberfläche des Nachklärbeckens befindliche gereinigte Wasser fließt von hier aus in den Vorfluter (Bach, Fluß und dgl.).

Der Schlamm aus Vor- und Nachklärbecken wird bei herkömmlichen Anlagen in *Faultürmen* durch Mithilfe anaerober Bakterien ausgefault. Bei diesem Prozeß bildet sich Methangas, das zur Energieversorgung der Anlage genutzt werden kann. Der ausgefaulte Schlamm wurde bisher meist in *Trockenbeeten* bis zur Stichfestigkeit getrocknet. In neueren Anlagen bevorzugt man wegen des geringeren Platzbedarfs *maschinelle Entwässerungsanlagen* wie Zentrifugen oder Pressen. Der so entwässerte Schlamm kann dann zusammen mit Hausmüll weiter verarbeitet werden (s. auch S. 370).

Bei optimalem Betrieb kann eine Reinigungsleistung durch eine mechanisch-biologische Kläranlage von über 90 % erreicht werden. Für die Zukunft ist diese Reinigungsleistung jedoch zu gering, weshalb eine weitere Stufe, die chemische, hinzukommen sollte. Die dort angewandten *chemischen Fällungsverfahren* dienen vor allem der Eliminierung von Phosphaten und anderen (speziell gewerblichen) Verschmutzungen.

Mit Hilfe von *Mikrosieben* und ähnlichen technischen Einrichtungen können organische Reststoffe weiter reduziert werden. Ferner wäre eine hygienische Verbesserung des Abwassers durch Chlorung, Bestrahlung, Erhitzung oder Ozonisierung möglich.

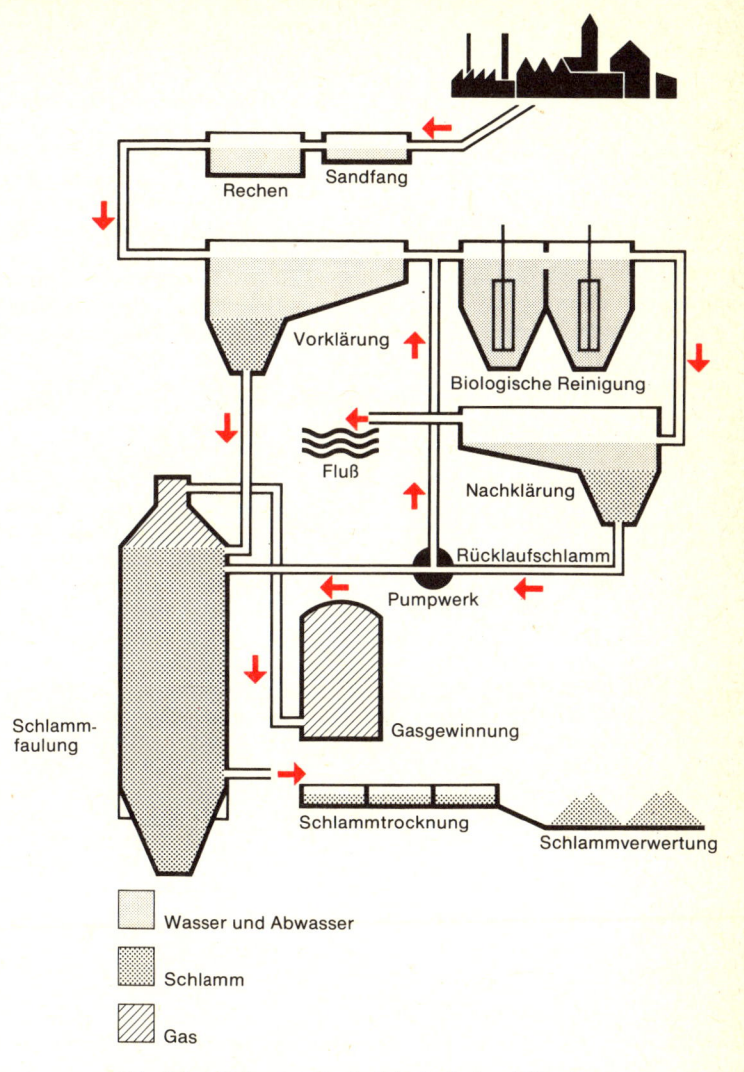

Abb. Schema einer mechanisch-biologischen Kläranlage

Abwasserreinigung – der Wellplattenabscheider

Bei der Reinigung verschmutzter Abwässer kann eine Anlage mit Wellplattenabscheiderpaketen überall eingesetzt werden, wo das Wasser mit Schwimmstoffen oder sedimentierenden Stoffen belastet ist. Die Einsatzbereiche liegen für den *Ölabscheider* in der petrochemischen oder mineralölverarbeitenden Industrie sowie in Tanklagern, Flughäfen, Großgaragen usw. *Feststoffabscheider* werden zur Reinigung von Filterrückspülwasser und zur Schlammabscheidung eingesetzt (z. B. in der Nahrungsmittel- und Textilindustrie).

Die Wirkungsweise des *Wellplattenabscheiders* beruht auf der Ausnutzung der Schwerkraft. In einem Wellplattenabscheider brauchen die Schmutzteilchen nicht den ganzen Weg direkt bis zur Beckenoberfläche aufzusteigen bzw. bis zum Beckenboden abzusinken, da der Abscheider eine Anzahl gewellter, parallel übereinander angeordneter Platten besitzt, wodurch ein Vielfaches an Beckenoberfläche bzw. Beckenboden geschaffen wird. Jedes Teilchen braucht nur den Weg zwischen zwei Platten zurückzulegen und gilt dann als abgeschieden. Durch die Wellung der Platten erreicht man eine bessere Sammlung und Weiterleitung der aus dem Wasser abgetrennten Schmutzstoffe zu den Abscheidekanälen. Zusätzliche Sammelrinnen an der Ein- bzw. Austrittsseite der Wellplatten sorgen dafür, daß die abgeschiedenen Stoffe ungehindert gesammelt und abgeleitet werden können, ohne daß sie durch den ein- oder austretenden Wasserstrom im Schmutzwasser erneut verwirbelt werden bzw. das geklärte Wasser verschmutzen.

Je nach spezifischem Gewicht der abzutrennenden Schmutzstoffe wird der Abscheider von oben nach unten (Stoffe leichter als Wasser, z. B. Öl) oder von unten nach oben (Feststoffe schwerer als Wasser) durchströmt.

Die Funktion der Abscheideanlage und des Abscheiders wird im folgenden am Beispiel der *Ölabscheidung* erläutert. Die *Eintrittskammer* bewirkt eine gleichmäßige Verteilung des ankommenden Schmutzwassers auf die einzelnen parallel geschalteten Zellen der *Abscheidekammer,* so daß alle Plattenpakete gleich beaufschlagt werden. Vor jedem Paket verteilt ein *Strömungskörper* den Wasserstrom gleichmäßig über den gesamten Paketquerschnitt. Das Öl-Wasser-Gemisch tritt von oben her in das Paket ein, das im Winkel von 45° zur Waagrechten eingebaut ist. Es fließt zwischen den übereinander angeordneten *Wellplatten* schräg nach unten. Die Strömung zwischen den Platten ist laminar, die Öltröpfchen steigen ungehindert nach oben bis zur Unterseite der darüberliegenden Platte auf, sammeln sich in den Wellenbergen der Platte und strömen nach oben zum Eintritt des Plattenpaketes zurück. Dort wird das Öl von den *Sammelrinnen* aufgefangen und aus der Strömung des eintretenden Wassers heraus zur Beckenoberfläche geführt. Im Wasser befindlicher Schlamm sammelt sich in den Wellentälern, sinkt mit dem Strömungsfluß des Wassers nach unten zum Austritt des Paketes, wo er ebenfalls von Sammelrinnen aufgenommen und aus der Hauptströmung heraus zum Beckenboden bzw. in einen *Schlammtrichter* abgeleitet wird. Das gereinigte Wasser gelangt in die *Austrittskammer* und von dort über ein *Überlaufwehr* in das *Ablaufgerinne.* Das abgeschiedene Öl sammelt sich als Schicht an der Wasseroberfläche der Abscheidekammer über den Paketen und fließt über einen *Ölabstreifer* oder ein *Skinrohr* in den *Ölsumpf.* Die Abscheidekammer ist mit Schwimmplatten aus Schaumstoff abgedeckt, um Verdampfung und Geruchsbildung zu reduzieren.

Bei der *Abscheidung von Feststoffen* wird die Strömungsrichtung umgekehrt; die Funktion der Gesamtanlage bleibt sinngemäß die gleiche.

Die *Durchsatzleistung* eines Plattenpaketes mit normalem Plattenabstand von 19 mm beträgt 30 m^3 pro Stunde. In besonderen Fällen wird diese Durchsatzleistung reduziert, damit auch Teilchen mit kleinerer Steig- bzw. Sinkgeschwindigkeit vollständig ausgeschieden werden können.

1. Eintrittskammer
2. Abscheidekammer
3. Wellplattenabscheider
4. Austrittskammer
5. Ablaufgerinne
6. Strömungskörper
7. Überlaufwehr
8. Skinrohr
9. Schwimmplatten

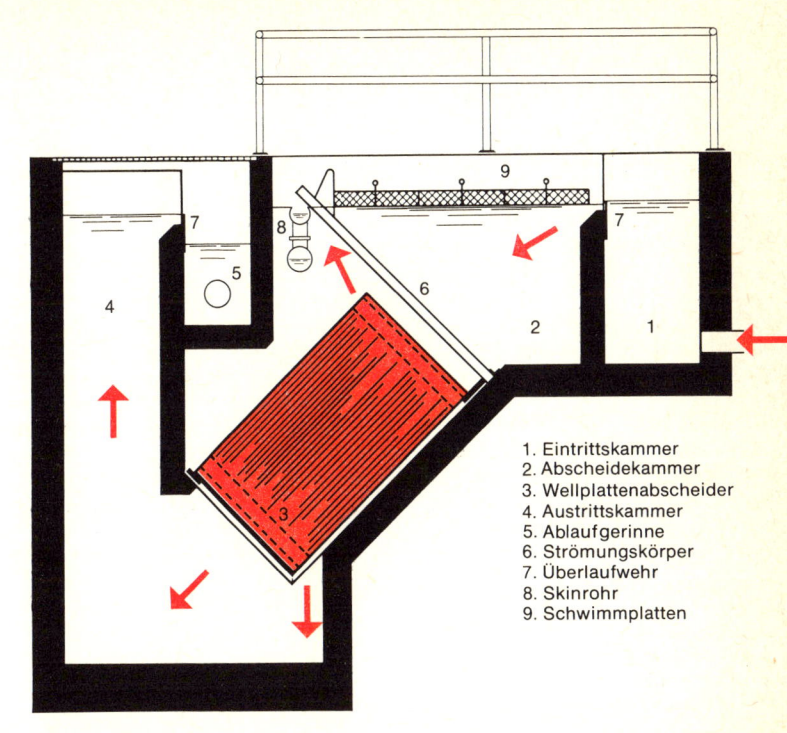

Abb. Wellplattenabscheider zur Ölabscheidung
(Qelle: VKW)

24 Umwelt

369

Kompostierung von Klärschlamm
Das Gegenstromverfahren

Das *Gegenstromverfahren,* das zur Kompostierung von Frischschlamm aus kommunalen Kläranlagen entwickelt wurde, eignet sich für alle Kläranlagensysteme. Die Reaktoren können in Größen von 25 m^3, 50 m^3, 100 m^3 bis 500 m^3 erstellt werden. Eine anaerobe (Faulturm) oder aerobe Schlammstabilisierung ist überflüssig. Notwendig ist jedoch eine maschinelle Entwässerung des Klärschlamms. Ebenso ist zur Durchführung der Kompostierung auf Grund des hohen Stickstoff- und Wassergehaltes des Schlamms ein organischer Kohlenstoffträger, wie z. B. Torf, Sägemehl, gehäckseltes Stroh, Braunkohle, erforderlich.

Der in der Kläranlage mit ca. 98 % Wassergehalt anfallende *Schlamm* wird maschinell durch Pressen oder Zentrifugieren bis zu einem Feuchtigkeitsgehalt von 75–80 % entwässert. Der *entwässerte Schlamm* kann mit einer *Mischschnecke* mit dem benötigten organischen Kohlenstoffträger im Verhältnis 1:1 vermischt werden. Bei laufendem Betrieb kann anstelle der Kohlenstoffträger Rückflußgut im Verhältnis 50 % Schlamm, 40 % Rückgut, 10 % Kohlenstoffträger verwendet werden. Das gemischte Material wird von einer Seilförderanlage in den *Bioreaktor* gehoben, der aus zusammengefügten Metallelementen besteht. Um eine Wärmeabstrahlung zu verhindern, wird der Reaktor über die gesamte Außenwand isoliert. Das aufgegebene Material durchwandert von oben nach unten langsam und kontinuierlich den Reaktor (Dauer der Passage etwa 10 Tage). Die *Belüftung* erfolgt an der Sohle des Reaktors. Die durch Düsen eingedrückte Luft durchströmt das Material nach oben. Eine Steuerung der Luftzufuhr ist möglich. An drei Stellen im Materialhaufwerk (Reaktorfüllung) wird ständig Luft entnommen und mit einem Analysengerät auf den CO_2-Gehalt untersucht. Widerstandsthermometer tasten in 6 verschiedenen Zonen laufend die Temperatur ab, die auf einem 6-Punkte-Farbschreiber registriert wird.

Bei diesem Verwertungsverfahren für reinen Klärschlamm wird nach dem *Schnellrottesystem* gearbeitet. Durch die ständige Zufuhr von Sauerstoff werden für die im Schlamm bereits enthaltenen ab- und umbauenden Mikroorganismen optimale Lebensbedingungen geschaffen. Diese werden so zu hoher Stoffwechselaktivität und starker Vermehrung angeregt. Die eingedüste Luft hat einen anfänglichen Sauerstoffgehalt von ca. 21 %. Sie durchläuft das Material langsam im Gegenstromverfahren nach oben. Dabei veratmen die Organismen Sauerstoff. Es laufen also oxydative Prozesse ab, und der Luftsauerstoffgehalt wird von unten nach oben vermindert. Im oberen Bereich des Reaktors sinkt der Gehalt an Luftsauerstoff auf 7–10 % ab. Mit dem Luftstrom steigt die Temperatur von unten nach oben. Im oberen Bereich unmittelbar unter der Kondenswasserzone staut sich die Temperatur und erreicht dort Werte von ca. 75–82 °C. Das Material, das von oben nach unten langsam und kontinuierlich durch den Reaktor gefahren wird, muß damit notwendigerweise diese Wärmestauzone durchlaufen, wodurch eine Hygienisierung des Klärschlammes gewährleistet wird. Als Endprodukt, das gegenüber dem Ausgangsmaterial an Volumen und Gewicht stark reduziert ist, fällt ein hygienisch einwandfreies, krümeliges Material an.

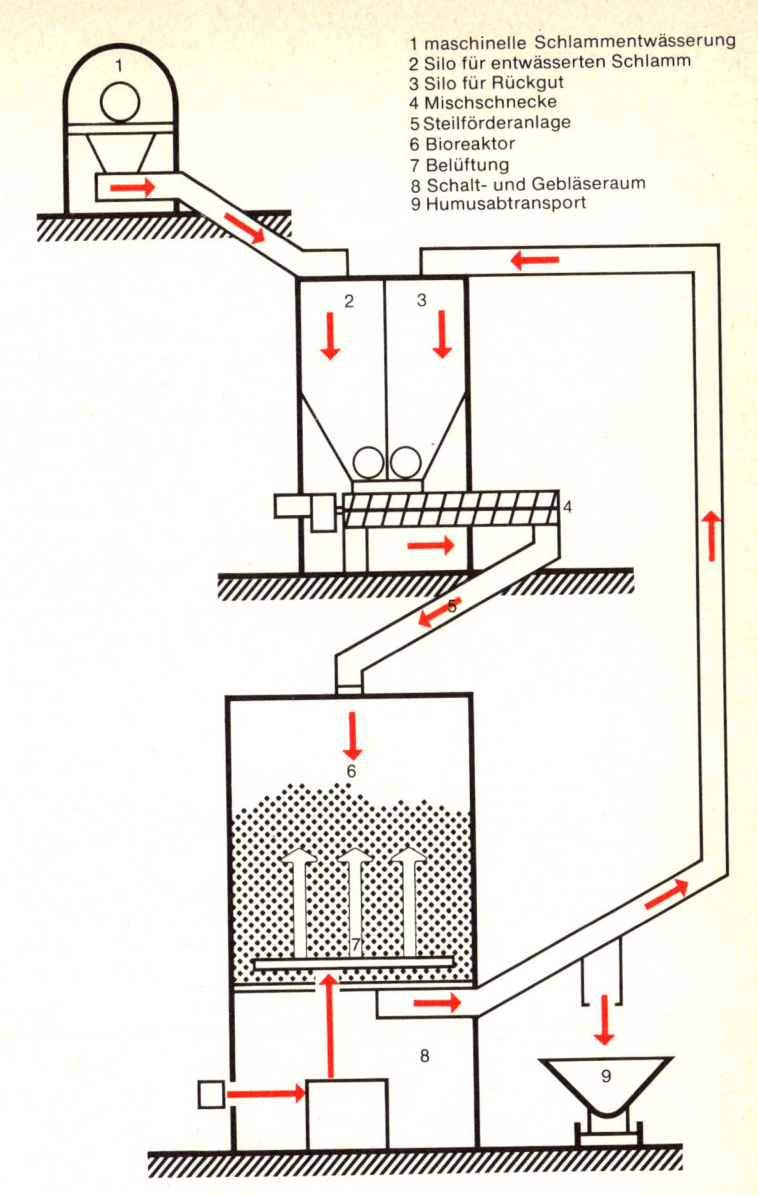

1 maschinelle Schlammentwässerung
2 Silo für entwässerten Schlamm
3 Silo für Rückgut
4 Mischschnecke
5 Steilförderanlage
6 Bioreaktor
7 Belüftung
8 Schalt- und Gebläseraum
9 Humusabtransport

Abb. Klärschlammverrottungsanlage (abgeändert nach F. Kneer)

Wasserversorgung
Aufbereitung von Oberflächenwasser

Heute werden in den Großstädten täglich ca. 200–300 l, in Spitzenzeiten sogar bis 450 l Wasser pro Kopf der Bevölkerung verbraucht. Dazu kommt der industrielle Wasserbedarf. So werden z. B. zur Erzeugung von 1 kg Kunststoff bis zu 500 l, zur Erzeugung von 1 kg Papier bis zu 3000 l Wasser benötigt. Der *gesamte Bedarf an Trinkwasser* wird heute etwa zur Hälfte aus dem *Grundwasser,* zu etwa einem Drittel aus *Quellwasser* und zu rund 15 % aus dem *Oberflächenwasser* der Seen und Flüsse gedeckt.

Die *Grundwasservorräte* der dichtbesiedelten industriellen Ballungsräume sind heute weitgehend bis an die Grenze ihrer Leistungsfähigkeit genutzt. Daher wird man in Zukunft mehr und mehr auf Oberflächenwasser aus Seen und Flüssen zurückgreifen müssen. Diese Art der Trinkwasserversorgung weiter Bevölkerungsteile wird allerdings auf Grund der hohen Aufwendungen für die Aufbereitung des Oberflächenwassers den Wasserpreis erheblich ansteigen lassen.

Im folgenden soll nun ein Beispiel für eine *Flußwasseraufbereitungsanlage* beschrieben werden. Das *Rohwasser* wird über eine geeignete Absaugeinrichtung dem Fluß entnommen und durch ein ferngesteuertes Pumpwerk in das Wasserwerk gefördert. Dort wird das Flußwasser in Vormischern mit *Chlor* entkeimt und mit einem *Flockungsmittel* versetzt. In den nun folgenden Flockungsbecken lagern sich die im Wasser enthaltenen Fremdstoffe an das Flockungsmittel an. Dadurch bilden sich schwere Schlammflocken, die zu Boden sinken. Das darüberstehende *Klarwasser* fließt zur Ozonierungsanlage weiter. Dort wird *Ozongas* feinblasig in das Wasser eingeleitet, wodurch, wesentlich stärker als durch Chlor, eine zusätzliche Entkeimung und Oxydation von gelösten organischen Stoffen bewirkt wird. Das zu diesem Vorgang benötigte Ozongas wird im Wasserwerk mit Hilfe von elektrischer Energie aus Sauerstoff erzeugt und zerfällt nach der Einwirkung auf das Wasser wieder rückstandslos zu Sauerstoff. In der sich anschließenden *Schnellfilteranlage* werden dem Wasser zunächst durch eine ca. 2–3 m starke *Quarzsandschicht* die letzten Schwebstoffe und dann durch die darunterliegenden *Aktivkohlefilter* alle sonstigen noch gelösten Fremdstoffe entzogen. Das aufbereitete Wasser wird bis zu seinem Einsatz im *Filtratbehälter* gespeichert.

Zusätzlich besteht die Möglichkeit, das aufbereitete Wasser zur Temperaturerniedrigung und weiteren Angleichung an natürliches Grundwasser in hierfür geeignete Kiesablagerungen der Flußtäler versickern zu lassen und nach einer bestimmten Verweildauer über die Grundwassererfassung zusammen mit natürlichem Grundwasser zu entnehmen. Zur Speicherung des entnommenen Wassers ist ein Reinwasserbehälter notwendig, von dem aus das Trinkwasser durch Pumpen zum Endverbraucher gefördert wird.

Der *Bedarf an Trinkwasser* ist in den letzten 50 Jahren um etwa das 40fache angestiegen. Der Grund hierfür liegt vor allem in der explosionsartigen Ausweitung der Industrie, im gesteigerten Hygienebewußtsein und im veränderten Konsumverhalten des Menschen. Daneben hat sich die Zahl der Bevölkerung nahezu verdoppelt.

Der Anteil des Oberflächenwassers am Trinkwassergesamtaufkommen wird sich mit ständiger Entwicklung der Industrialisierung ausweiten. So wird man z. B. annehmen können, daß der Rhein das zukünftige Trinkwasserreservoir für ca. 30 Millionen Menschen sein wird.

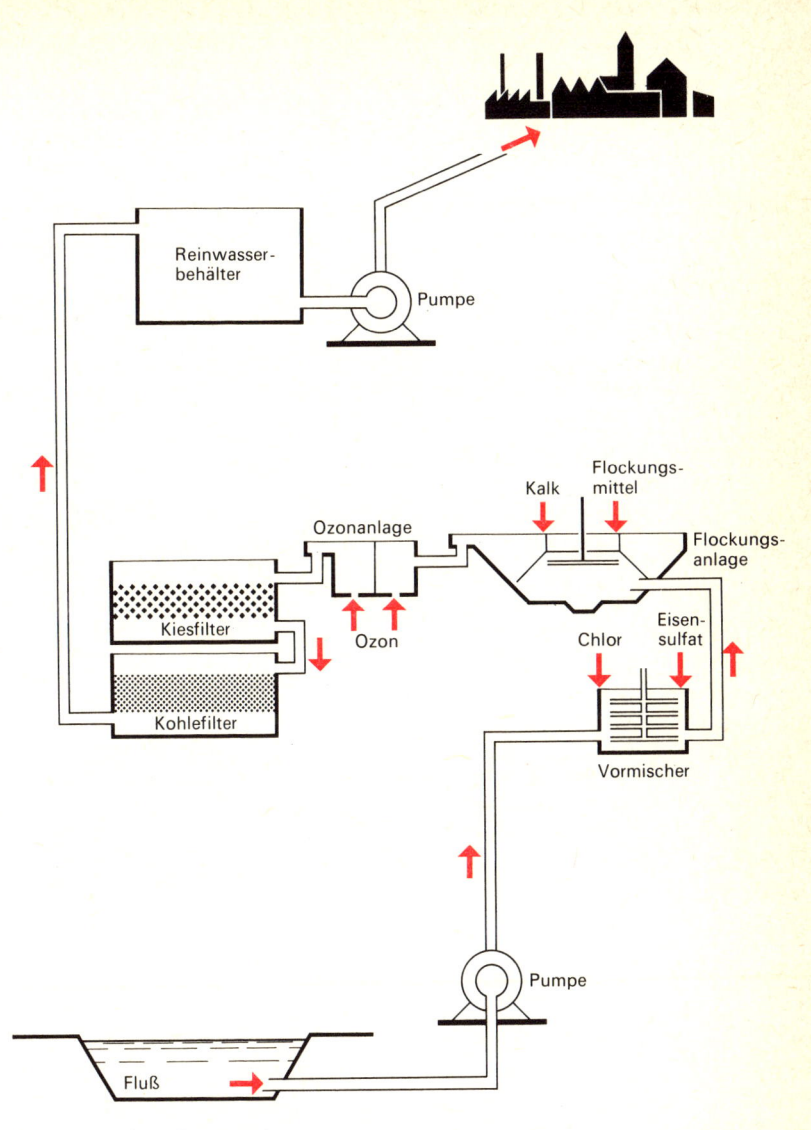

Abb. Schema eines Wasserwerks

Fluor – Fluoridierung des Trinkwassers

Das zu den Halogenen gehörende *Fluor* ist das aggressivste chemische Element, das wir kennen. Es ist ein grünlichgelbes Gas, das ebenso wie Fluorverbindungen giftig ist. Die Einbringung von *Fluoriden* in das Trinkwasser zur Vorbeugung gegen Karies wird von den meisten Medizinern und Toxikologen wegen der damit verbundenen erheblichen medizinischen und toxikologischen Probleme seit Jahren abgelehnt. Gleichwohl wurde im Juli 1974 vom Bundesrat und Bundestag das „Gesetz zur Gesamtreform des Lebensmittelrechts" angenommen, das in § 37, Abs. 2, Nr. 5 den „Zusatz von Fluoriden zu Trinkwasser zur Vorbeugung gegen Karies" als Ausnahme von den Vorschriften des Gesetzes zuläßt, wenn im Einzelfall ein Antrag gestellt wird. Die Landesregierungen werden durch das Gesetz ermächtigt, durch Rechtsverordnung nähere Vorschriften über die Voraussetzungen und das Verfahren bei der Zulassung von Ausnahmen zu erlassen. Zuständig für die Zulassung der Ausnahmen sind die von den Landesregierungen bestimmten Behörden. Begründet wurde dieser Zusatz mit der Notwendigkeit einer umfassenden Bekämpfung der Karies.

Die kariesverhindernde Wirkung von Fluor ist jedoch in der Zahnmedizin umstritten. Es ist bekannt, daß durch Gabe von Fluoriden über Zahnpasten oder die Nahrung der Zahnschmelz gehärtet und so zunächst ein Schutz gegen die weitere Zerstörung des Zahns durch Karies erreicht werden kann. Längerdauernde Untersuchungen zeigten jedoch, daß diese Schutzfunktion nach 10–15 Jahren ins Gegenteil verkehrt wird, da dann die Schädigung des Organismus durch das toxische Fluor die Kariesanfälligkeit der Zähne sogar noch erhöht hat. In den Statistiken der Studien über die Auswirkungen von Fluor im Trinkwasser werden im allgemeinen nur die Anfangserfolge, nicht jedoch die zeitlich verzögerten Schäden dargestellt.

Gegen die *Fluoridierung des Trinkwassers* gibt es verschiedene schwerwiegende toxikologische und juristische Argumente: Wasser ist ein Lebensmittel. Fluor und seine Verbindungen jedoch sind toxische Substanzen. Es ist die Aufgabe der Wasserwerke, ein Trinkwasser zu liefern, das die Forderungen an ein Lebensmittel erfüllt. Der „Deutsche Verein von Gas- und Wasserfachmännern" lehnt deshalb die Fluoridierung des Trinkwassers ab, da es nach seiner Meinung nicht Aufgabe der Wasserwerke ist, Trinkwasser als Träger von Medikamenten einzusetzen. Fluorid übt eine Korrosionswirkung auf Glas, Stahl und eine Anzahl andere Metalle aus. Das Trinkwasser soll mit etwa 1 mg Fluorid pro l Wasser angereichert werden. Jedoch schon bei mehr als 2 mg/l reagiert der Mensch auf Fluor allmählich mit typischen Symptomen einer beginnenden *Zahnfluorose,* da sich ein Teil der täglichen Fluorgabe im Körper speichert. Diese Fluorose führt zunächst zu einer kreidigen Abstumpfung, dann zur bräunlichen Verfärbung des Zahnschmelzes und schließlich zu einer allgemeinen Störung des Kalkhaushaltes, zum Aufweichen oder Brüchigwerden von Knorpel und Knochen. Die Schädigung der Knochen entsteht dadurch, daß das Fluor in Form von Calciumfluorid in die Knochen eingebaut wird und diese dadurch spröde macht.

Das Problem wird dadurch verschärft, daß der Mensch nicht nur über ein evtl. angereichertes Trinkwasser Fluoride zu sich nimmt, sondern daß auch in der Nahrung Fluoride natürlichen und künstlichen Ursprungs vorhanden sind. Diese Zufuhr von Fluor mit der täglichen Nahrung ist in den verschiedenen Ländern und bei verschiedener Ernährungsweise unterschiedlich, so daß die Gesamtaufnahme von Fluor durch das Trinkwasser und die Nahrung nicht genau kontrolliert werden kann. Als ein weiterer Faktor kommt die Belastung der Luft mit Fluorabgasen aus Aluminiumhütten und ähnlichen Industriezweigen hinzu, was ebenfalls zu einer unkontrollierbaren Aufnahme von Fluor führen kann.

Obwohl Fluor, wenn überhaupt, nur bei Kindern vor dem 15. Lebensjahr zahnmedizinisch aktiv ist, würde das gesamte Leitungswasser mit Fluoriden angereichert werden. Man hat errechnet, daß etwa 1 000 l Wasser fluoridiert werden müßten, damit ein Kind im Zahnentwicklungsalter 1 l fluoridiertes Wasser trinken kann. Es würden also 99,9 % des Brauchwassers überflüssigerweise mit Fluoriden belastet. Diese Fluoride können in Kläranlagen nicht zurückgehalten werden, sondern gelangen mit dem Abwasser in die Flüsse und tragen so zu einer weiteren chemischen Belastung unserer Gewässer bei. Über diese belasteten Gewässer könnten die Fluoride wiederum unkontrolliert in die menschlichen Nahrungsmittel gelangen.

Ein schwerwiegendes juristisches Problem ist darin zu sehen, daß der Verbraucher keine Möglichkeit hat, sich aus der Versorgung mit dem fluoridierten Trinkwasser auszuschalten. Diese Situation entspricht also einer Zwangsmedikation, die im Grunde gegen das im Grundgesetz der BRD festgelegte Grundrecht auf körperliche Unversehrtheit und freie Entfaltung der Persönlichkeit verstößt.

In vielen Städten der Erde wurde inzwischen die vor Jahren versuchsweise eingeführte Trinkwasserfluoridierung nach negativen Erfahrungen wieder aufgegeben. In Kassel-Wahlershausen wurde 1971 das 1952 angelaufene Modellvorhaben wieder eingestellt. 1972 wurde in Schweden die Trinkwasserfluoridierung wieder aufgegeben. In den USA sind es bereits über 120 Städte, die nach eingehenden Versuchen die Fluoridierung des Trinkwassers wieder aufgegeben haben. 930 Städte, darunter auch New York, haben die Anträge auf Einführung der Fluoridierung abgelehnt.

Karies ist keine Fluormangelkrankheit, sondern das Ergebnis allgemeiner zivilisatorischer Fehlernährung und mangelnder Zahnpflege. Die Fluormedikation kann daher bestenfalls das Symptom der Karies beeinflussen, nicht aber die Ursache der Krankheit selbst. Im übrigen ist es jedem einzelnen freigestellt, seine Zähne durch Fluortabletten oder fluorhaltige Zahnpasten gegen Karies zu schützen.

Fluor

0,1 % — härtet den Zahnschmelz bei Jugendlichen

99,9 % — zerstört Knochen und Zähne (Fluorose); schädigt als aggressiver Schadstoff die menschliche Gesundheit und die Umwelt

Abb. Auswirkungen der Fluoridierung des Trinkwassers

Gesundheitsschäden durch Kohlenmonoxid

Kohlenmonoxid (CO) ist ein farb- und geruchloses, brennbares, giftiges Gas, das in großen Mengen in Verbrennungsabgasen, vor allem von Kraftfahrzeugen, enthalten ist. Pro Jahr werden in der Bundesrepublik allein durch den Autoverkehr rund 4 000 000 t Kohlenmonoxid an die Luft abgegeben.

Die Giftigkeit von Kohlenmonoxid liegt darin, daß es sich mit dem roten Blutfarbstoff Hämoglobin sehr fest verbindet und dadurch die in der Lunge normalerweise stattfindende Bindung von Sauerstoff an das Hämoglobin verhindert. Es beeinträchtigt dadurch den Sauerstofftransport durch das Blut und führt zu ähnlichen Symptomen wie bei einer Erstickung. Kohlenmonoxid hat eine 200- bis 300mal größere Affinität zum Hämoglobin als der Sauerstoff.

Ein Maß für den Grad der akuten *Kohlenmonoxidvergiftung* ist der Anteil des Hämoglobins im Blut, das mit Kohlenmonoxidmolekülen reagiert hat *(CO-Hämoglobin)*. Bereits bei 2 % CO-Hämoglobin (entsprechend 10 ppm CO in der Einatmungsluft) sind bei empfindlichen Testanordnungen die ersten Auswirkungen auf das zentrale Nervensystem im Sinne einer Beeinträchtigung der Zeitempfindung meßbar. Bei 3 % CO-Hämoglobin (entsprechend 20 ppm CO in der Einatmungsluft) können Störungen der Helligkeitsempfindung und der Sehschärfe beobachtet werden. Bei 4,5 bis 5 % CO-Hämoglobin (entsprechend 30 ppm CO in der Einatmungsluft) sind meßbare Beeinträchtigungen der Sehleistung und psychomotorische Störungen feststellbar. Diese Auswirkungen niedriger Kohlenmonoxidkonzentrationen sind erst vor kurzem bekannt geworden. Bisher nahm man an, daß unter 10 bis 20 % CO-Hämoglobin keine erkennbaren Vergiftungssymptome auftreten. Erst bei 30 % CO-Hämoglobin spürt der Betroffene selbst die Schädigungen, die sich in Form von Kopfschmerzen, Mattigkeit und Schwindelgefühl äußern. CO-Hämoglobin-Konzentrationen von 45 bis 50 % führen gewöhnlich zu Kollaps und Bewußtlosigkeit, noch höhere Sättigungswerte führen rasch zum Tod. – Auf Grund neuerer Untersuchungsergebnisse muß angenommen werden, daß bei niedrigen CO-Konzentrationen eine chronisch-toxische CO-Wirkung auftritt.

Einen besonderen Einfluß hat das Kohlenmonoxid auf das Fahrverhalten des Autofahrers. Eine Untersuchung in den USA ergab, daß bei Autounfällen die Fahrer besonders hohe CO-Hämoglobinwerte aufwiesen. Kraftfahrer, die während der Nachtstunden ein Kraftfahrzeug über eine Autobahn lenkten, zeigten bei einer Erhöhung des CO-Hämoglobinspiegels um 10% eine verlängerte Reaktionszeit auf Bremsleuchten und Geschwindigkeitsveränderungen. Um den wahrscheinlich noch unbedenklichen CO-Hämoglobinwert von 2% nicht zu überschreiten, dürften die CO-Konzentrationen in den Großstädten nicht über 9–10 ppm ansteigen. Zur Zeit werden in unseren Großstädten jedoch schon maximale Stundenwerte von 30, sogar 50 ppm gemessen, wobei Spitzenwerte von 100–300 ppm nicht selten vorkommen.

Der *gesetzliche Grenzwert für Kohlenmonoxid* beträgt 10 mg/m^3 als Jahres- und 24-Stunden-Mittelwert (entspricht 8,6 ppm) und 30 mg/m^3 als Halbstundenwert (entspricht 25,8 ppm). Ein Vergleich dieses gesetzlichen Grenzwertes mit den medizinischen Wirkungen von Kohlenmonoxid ergibt, daß in diesem Grenzwert keine Sicherheitsspanne enthalten ist.

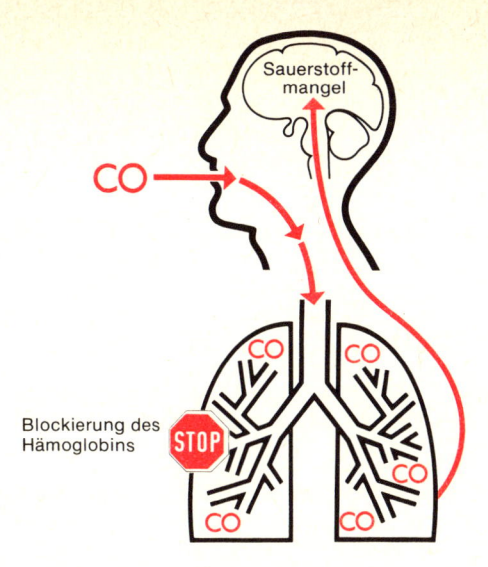

Abb. 1 Schädigende Wirkung von Kohlenmonoxid im Organismus

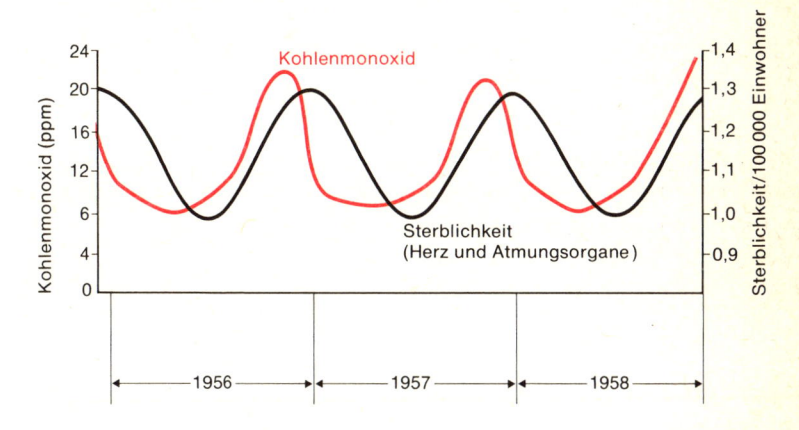

Abb. 2 Sterblichkeit (infolge Krankheiten der Atmungsorgane und des Herzens) und Kohlenmonoxidgehalt der Luft im Gebiet von Los Angeles; modifiziert nach Hechter und Goldsmith

Gesundheitsschäden durch Stickoxide

Stickoxide entstehen überall dort, wo Verbrennungen bei hoher Temperatur durchgeführt werden, also in konventionellen Kraftwerken, in Dampfkesselanlagen, bei Auto- und Flugzeugmotoren und in geringerem Maße bei Haushaltsheizungen, ferner in der chemischen Industrie. Pro Jahr werden in der Bundesrepublik rund 3 Millionen Tonnen Stickoxide in die Luft freigesetzt.

Stickoxide sind giftige Gase, vor allem *Stickstoffmonoxid* (NO) und *Stickstoffdioxid* (NO_2), die die Schleimhäute der Atmungsorgane angreifen und dort Katarrhe und Infektionen begünstigen. Unter Einfluß von Sonnenlicht sind sie zusammen mit organischen Bestandteilen der Autoabgase die Haupterzeuger von photochemischem Smog (s. S. 346f.).

Man hat festgestellt, daß bereits 0,1 ppm NO_2 bei einer ein- bis dreijährigen Einwirkung zu einer Zunahme der Bronchitishäufigkeit führt und einen negativen Einfluß auf die Lungenfunktion bei Kindern hat. Bei Personen, die bereits an einer chronischen Bronchitis leiden, wird der Atemwiderstand durch 1,6–2 ppm NO_2 signifikant erhöht, d. h., die Atmung wird erschwert. In Tierversuchen konnten durch 0,25 ppm NO_2 Veränderungen des Lungengewebes und durch 0,5 ppm leichte Entzündungsreaktionen und Zellveränderungen nachgewiesen werden.

Eine systematische Erhebung über die Wirkungen von Stickstoffdioxid wurde in den Jahren 1968/1969 in den USA durchgeführt. Bei dieser *Chattanooga-Studie* wurden vier getrennte Gebiete untersucht, ein Gebiet mit hohen Stickstoffdioxidwerten (0,06–0,11 ppm) und niedrigen Schwebestaubwerten, ein Gebiet mit niedrigen Stickstoffdioxidwerten (0,05 ppm) und hohem Schwebstaubgehalt sowie zwei Gebiete mit allgemein niedriger Luftverunreinigung. In jedem dieser Gebiete wurden je drei Schulen mit zusammen 987 Kindern und deren Familienangehörigen, insgesamt 4 043 Erwachsene, untersucht. Durch eine statistische Analyse wurden dabei der sozioökonomische Status, das Alter, die Rauchgewohnheiten, das Geschlecht und weitere Einflußfaktoren mitberücksichtigt. Die wichtigsten Ergebnisse dieser Chattanooga-Studie waren: Die Kinder in dem Gebiet mit hohen Stickstoffdioxidwerten (0,06–0,11 ppm) hatten bei Lungenfunktionstests (das maximale Einatmungsvolumen in 0,75 Sekunden) signifikant niedrigere Werte als diejenigen der Kontrollgebiete. Hier war also ein deutlicher Einfluß der Stickstoffdioxidkonzentration auf das Atmungsvermögen der Kinder nachgewiesen. Sowohl bei den Kindern als auch bei den Erwachsenen war im Gebiet mit hohem Stickstoffdioxidgehalt die Häufigkeit der akuten Erkrankungen der Atmungsorgane signifikant höher als in den beiden Kontrollgebieten. Eine erhöhte Krankheitshäufigkeit wurde dabei immer dann registriert, wenn die 24-Stunden-Mittelwerte der Stickstoffdioxidkonzentration über 0,06 ppm lagen.

In einer anderen amerikanischen Untersuchung wurde die Häufigkeit der Erkrankungen der tiefen Atmungsorgane (Lungenentzündung, Bronchitis und Asthma) in Abhängigkeit von der Stickoxidkonzentration untersucht. Der Untersuchungszeitraum betrug drei Jahre. Es wurden 1 800 Schulkinder und 1 100 Kleinkinder untersucht. Das Ergebnis war, daß die Häufigkeit akuter Bronchitis in den Gebieten mit hohen und mittleren Stickstoffdioxidimmissionen bei allen Kindern signifikant höher war als im Kontrollgebiet mit niedrigen Stickstoffdioxidwerten. Eine erhöhte Häufigkeit wurde dabei dort festgestellt, wo die Stickstoffdioxidwerte über 0,06 ppm lagen.

Bis zum Jahr 1974 betrug der *Grenzwert für Stickstoffdioxid* 0,5 ppm (Langzeitwert) bzw. 1 ppm (Kurzzeitwert). Heute beträgt der Grenzwert für Stickstoffdioxid 0,1 mg NO_2/m^3 Luft als Langzeitwert (entspricht 0,085 ppm) und 0,3 mg NO_2/m^3 Luft als Kurzzeitwert (entspricht 0,25 ppm). Der Autoverkehr in unseren Großstädten verursacht jedoch heute schon Kurzzeitwerte von 0,2–0,5 ppm NO_2.

Abb. 1 Die Emission an Stickstoffdioxid in der BRD

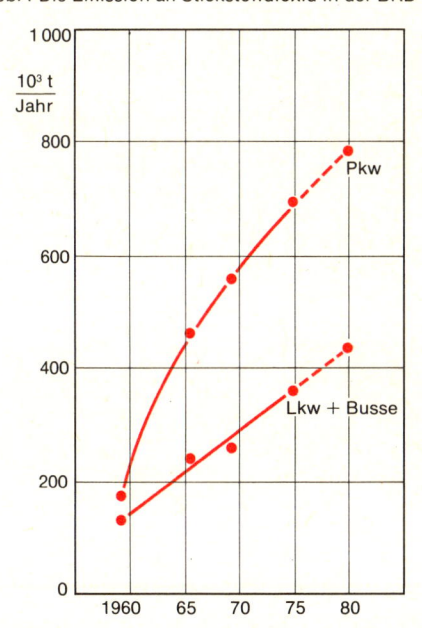

Abb. 2 Stickoxidemission in der BRD durch Straßenverkehr

Ozon – Entstehung und Wirkung auf den Organismus

Ozon entsteht in Höhen oberhalb 30 km durch photochemische Prozesse. Molekularer Sauerstoff (O_2) wird durch ultraviolettes Sonnenlicht (bei einer Wellenlänge von 240 nm) in zwei Sauerstoffatome dissoziiert. Ein so entstandenes O-Atom kann sich mit einem Sauerstoffmolekül (O_2) zum dreiatomigen Sauerstoffmolekül (O_3; Ozon) verbinden. Das O_3-Molekül seinerseits absorbiert sehr stark ultraviolettes Licht im Bereich einer Wellenlänge von 300 nm und wird dadurch wieder in O_2-Moleküle und O-Atome dissoziiert. Ein Teil der O-Atome verbindet sich wiederum zu O_2-Molekülen. Auf diese Weise stellt sich ein photochemisches Gleichgewicht ein. An diesen Prozessen sind auch andere Gase durch rein chemische Umsetzungen beteiligt.

Das in den Schichten oberhalb 30 km entstandene Ozon gelangt nur durch turbulente Luftbewegungen in tiefere Luftbereiche. Aus diesem Grund ist das Maximum der O_3-Konzentration im atmosphärischen Bereich zwischen 20 und 30 km Höhe zu finden, während in der bodennahen Luftschicht nur erheblich geringere Gehalte gemessen werden. Eine Anreicherung des Ozons in tieferen Luftschichten ist nicht möglich, da Ozon bei Berührung mit den organischen Substanzen des festen Bodens und insbesondere an den stark gegliederten Oberflächen der Wälder das dritte Sauerstoffatom an die organischen Substanzen abgibt und dadurch wieder zum molekularen Sauerstoff wird.

In der durch Stickoxide und andere Schadgase verschmutzten Atmosphäre der Großstädte kann eine Reaktion zwischen ultravioletter Strahlung und diesen Schadgasen zur Bildung von Ozon führen. Das z. B. in Autoabgasen enthaltene Stickstoffdioxid zerfällt bei Sonnenbestrahlung durch Photodissoziation in Stickstoffmonoxid und atomaren Sauerstoff. Der atomare Sauerstoff verbindet sich, wie bereits beschreiben, mit molekularem Sauerstoff zu Ozon. Das ist auch der Grund dafür, daß bei Smogsituationen am Tag die O_3-Konzentration der bodennahen Luftschichten in Großstädten auf das Fünffache des normalen Gehaltes und in extremen Fällen bis auf das Tausenfache ansteigen kann.

Durch Ozon erfolgt eine Reizung der Atemwege. Es dringt bedeutend tiefer in die Lunge ein als die Schwefeloxide. Bei sehr hohen Konzentrationen werden die Oberflächen des Atmungstraktes so stark angegriffen, daß es zu einem tödlichen Lungenödem kommt. Untersuchungen an Tieren haben allerdings gezeigt, daß durch wiederholte Inhalation von Ozon in niedriger Konzentration eine gewisse Resistenz gegenüber den Reizwirkungen des Ozons erreichbar ist. Tiere, die längere Zeit niedrigen Ozonkonzentrationen ausgesetzt waren, verstarben nicht, wenn sie danach höheren (im allgemeinen tödlichen) Konzentrationen ausgesetzt wurden. Auch fand man bei Tieren, die über Monate hinweg subletalen (beinahe tödlichen) Ozondosen ausgesetzt waren, eine Verdickung der Bronchiolenwände, wie sie in frühen Stadien der chronischen Bronchitis beim Menschen beobachtet wurde. Ob letztlich Zusammenhänge zwischen der Ozonkonzentration in Ballungszentren und der Häufigkeit chronischer Bronchialerkrankungen bestehen, konnte bislang nicht geklärt werden.

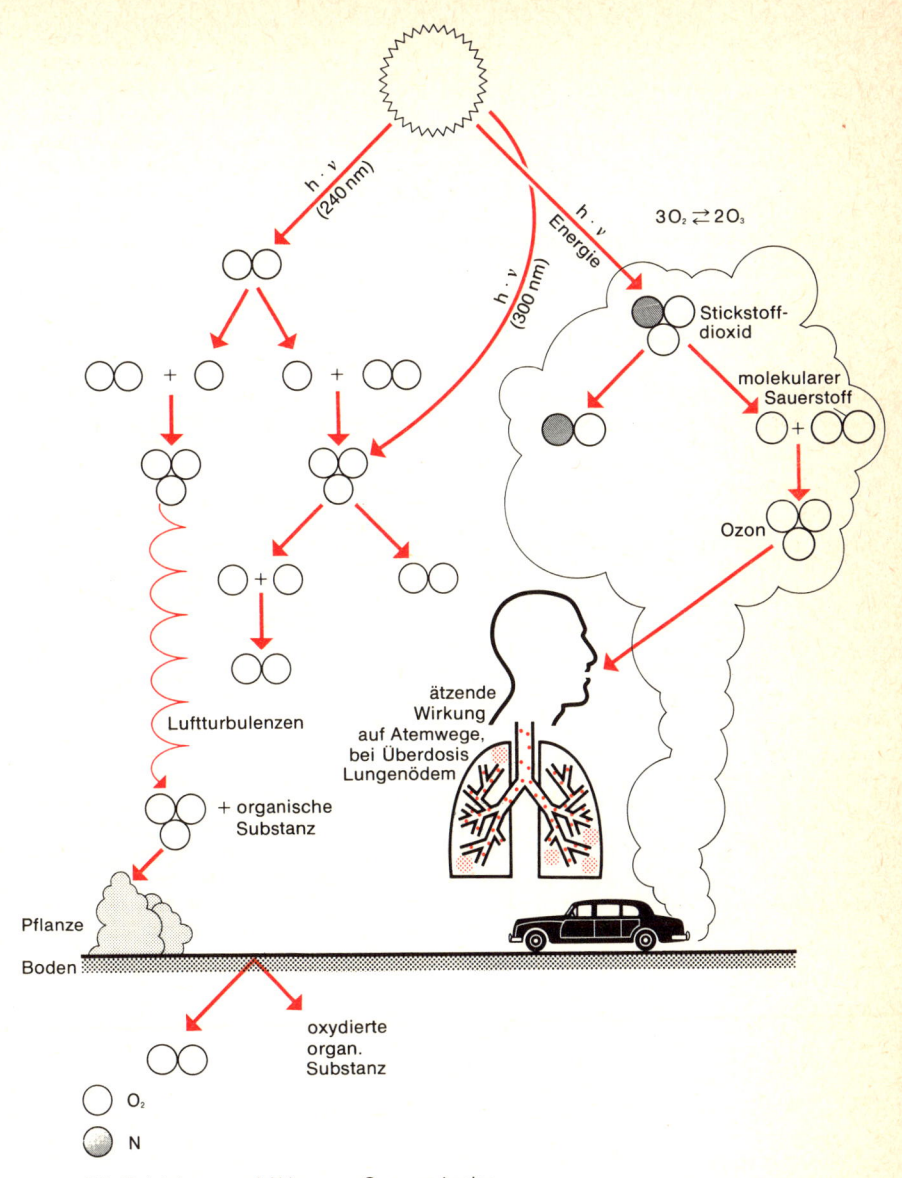

Abb. Entstehung und Abbau von Ozon und seine schädigende Wirkung auf den Organismus

Schwefeldioxid

Schwefeldioxid (SO_2) entsteht bei der Verbrennung fossiler Rohstoffe, die auf Grund ihrer organischen Herkunft Schwefel enthalten, und bei vielen Prozessen in der chemischen Industrie. Schwefeldioxid ist ein farbloses, giftiges Gas, schwerer als Luft, und hat in höheren Konzentrationen einen stechenden Geruch. Die *Gefährlichkeit von Schwefeldioxid* liegt vor allem darin, daß es in die Atemwege eindringt und die unzähligen kleinen Flimmerhärchen der Bronchialschleimhaut schädigt, die die Aufgabe haben, eingedrungene Staub- und Aerosolpartikel aus den Bronchien wieder hinauszubefördern. Durch die Wirkung des Schwefeldioxids bleiben eingeatmete Staub- und Rußpartikel in der Lunge und können dort ihre giftige Wirkung entfalten (s. auch S. 338).

Bei *Kleinkindern* führt Schwefeldioxid vor allem zum sog. *Kruppsyndrom*, einer bedrohlichen, akuten Krankheit, deren Verlauf durch heiseren, bellenden Husten, Fieber und zunehmende, u. U. tödliche Atemnot gekennzeichnet ist. Die Kehlkopfschleimhaut und die Stimmbänder sind geschwollen und entzündet, und die Luftröhre ist stark verschleimt. Das Kruppsyndrom tritt vorwiegend in den Abend- und Nachtstunden und jahreszeitlich bevorzugt in den Wintermonaten auf.

Eine interessante Untersuchung über dieses Problem wurde in den letzten Jahren an der Universitätskinderklinik Frankfurt durchgeführt. In den Jahren 1967 bis 1971 wurden dort insgesamt 576 Kinder mit Kruppsyndrom eingeliefert. Die Krankheitsfälle traten vorwiegend in den Wintermonaten auf, in denen auch eine hohe Staub- und Schwefeldioxidkonzentration gemessen wurde. Mit Methoden der elektronischen Datenverarbeitung wurden die Werte der Luftverschmutzung zeitlich mit dem Krankheitsbeginn der Kruppfälle in Zusammenhang gebracht. Dabei zeigte sich, daß bei Tages- und maximalen 3-Stunden-Mittelwerten ab 60–80 ppb Schwefeldioxid (entspricht 0,16 mg Schwefeldioxid pro m^3 Luft) eine hochsignifikante Zunahme der Krankheitsfälle eintrat. In bezug auf Staub ergab sich, daß die kritische Grenze, über der die Kruppfälle stark zunehmen, bei 0,17 mg Staub pro m^3 Luft liegt.

Eine andere, sehr sorgfältige Studie wurde im Jahr 1964 in den USA durchgeführt. Im Rahmen dieser sog. *Nashville-Studie* wurden insgesamt 9 313 Personen untersucht. Bereits ab einer Konzentration von 0,005 ppm SO_2 nahm die Krankheitsrate in der Bevölkerung zu. Eine besondere Zunahme war bei den Herz- und Kreislaufkrankheiten zu verzeichnen.

Neben der gesundheitsschädigenden Wirkung hat Schwefeldioxid auch einen *Einfluß auf die Vegetation*. Die Tatsache, daß im Ruhrgebiet die Kiefernbestände so gut wie ausgestorben sind, wird auf die Einwirkung von Schwefeldioxid zurückgeführt. Es ist sehr wahrscheinlich, daß bei der Schädigung von Pflanzen durch Schwefeldioxid ein Synergismus mit Fluorabgasen eine Rolle spielt (s. auch S. 351). Die Schäden äußern sich in einer Fleckung der Blattspitzen bis zu einer völligen Ausbleichung der Blätter. Die Flecken können rot, braun und gelblich werden und trocknen dann ein. Die Blätter rollen sich ein und fallen ab. Besonders gefährdet sind Nadelgehölze, die ganz absterben können.

Schließlich gilt als sicher, daß Schwefeldioxid auch eine zerstörende Einwirkung auf andere (tote) Materialien hat. Viele *Bauwerke* aus dem Mittelalter, die unbeschadet Jahrhunderte überdauerten, begannen innerhalb der letzten Jahrzehnte plötzlich zu verfallen. So sind z. B. an der alten Pinakothek in München und am Kölner Dom massive Schäden zu sehen, die auf Schwefeldioxideinfluß zurückgeführt werden können. Schwefeldioxidabgase greifen vor allem Kalksteine an, da Schwefeldioxid mit Wasser zusammen schweflige Säure bildet, die das Calciumcarbonat (Kalk, Marmor) wasserlöslich macht.

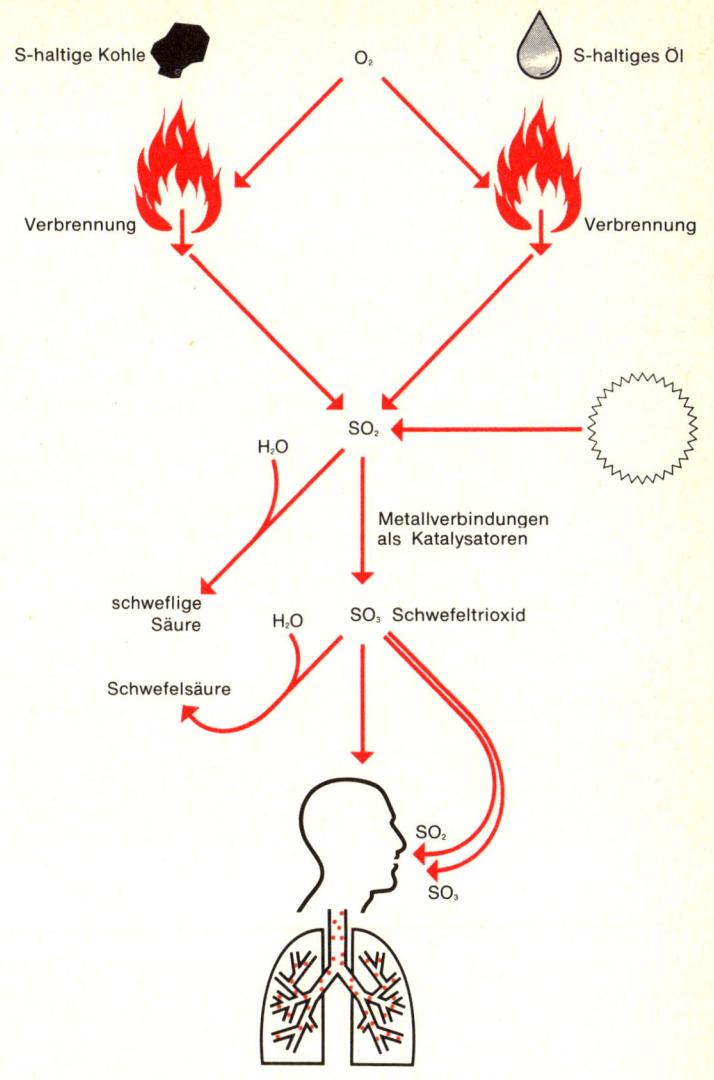

Abb. Schwefeldioxid in der Umwelt

Chlorierte Kohlenwasserstoffe

Zur Gruppe der *chlorierten Kohlenwasserstoffe* gehört eine große Zahl organischer Verbindungen unterschiedlicher Struktur, bei denen eines oder mehrere Wasserstoffatome durch Chloratome ersetzt sind. Gemeinsam ist fast allen diesen Verbindungen, daß sie in Wasser unlöslich sind, während sie sich in Fetten, Ölen und organischen Lösungsmitteln gut lösen. Chlorierte Kohlenwasserstoffe werden eingesetzt als Pestizide (s. S. 298 ff.), Lösungsmittel (z. B. Chloroform, Tetrachloräthylen) sowie als industrielle Hilfsstoffe und technische Produkte (v. a. polychlorierte Biphenyle).

Chlorierte Kohlenwasserstoffe, in erster Linie die Pestizide (bes. Dichlordiphenyltrichloräthan) und die polychlorierten Biphenyle, stellen einen erheblichen Belastungsfaktor für die Umwelt dar. Wenn in der Nahrung des Menschen, der ja das Endglied verschiedener Nahrungsketten ist (s. S. 226), *Dichlordiphenyltrichloräthan (DDT)* oder andere chlorierte Kohlenwasserstoffe enthalten sind, reichern sich diese wegen ihres fettähnlichen Charakters vor allem im Nervengewebe, im Gehirn, in der Leber, in den Keimdrüsen und in der Herzmuskulatur an. Eine bedenkliche *Anreicherung* findet in der *Muttermilch* statt. 1970 wurden in Schweden und in den USA DDT-Mengen in der Muttermilch festgestellt, die den zulässigen Höchstwert für Nahrungsmittel um 70 % überschritten. Nachdem diese Ergebnisse bekannt wurden, begann man, breit angelegte Untersuchungen über den Zusammenhang zwischen DDT und Krankheiten beim Menschen durchzuführen. In den USA stellte man fest, daß Menschen, die an Leberzirrhose, Bluthochdruck, Hirnblutungen, Hirntumoren und verschiedenen Krebsarten starben, im Fettgewebe einen deutlich höheren DDT-Gehalt aufwiesen als andere Verstorbene.

Eine vermutlich noch wesentlich gefährlichere Rolle als DDT spielen die *polychlorierten Biphenyle (PCB)*. Obwohl sie ähnliche Eigenschaften wie DDT besitzen, wurde ihre Problematik erst wesentlich später als die des DDT erkannt. PCB werden vor allem in der Industrie verwendet als elektrische Isolierflüssigkeit, Flammschutzmittel, Hydraulikflüssigkeit, Lackzusätze, Wärmeüberträger u. a. PCB wurden zum ersten Mal vor etwa 100 Jahren synthetisiert. Seit etwa 40 Jahren werden sie industriell in Tausenden von Tonnen pro Jahr hergestellt. Erstmals wurden PCB 1966 in der Natur nachgewiesen, da sie vorher mit DDT verwechselt wurden. Die wissenschaftlichen Arbeiten über die Gefährlichkeit von PCB wurden ausgelöst durch Vergiftungs- und Todesfälle (z. B. 1968/69 in Japan) und den Nachweis von PCB im menschlichen Fettgewebe und in Muttermilch. Bei genaueren Untersuchungen stellte sich in der Folge heraus, daß PCB fast überall verbreitet waren, in Pflanzen, Vögeln, Fischen, Menschen, Gewässern, im Boden und in der Luft.

Im Jahr 1973 forderte die OECD in einer Resolution, PCB nur noch in geschlossenen Systemen zuzulassen. Viele Länder sind inzwischen auf diese Forderung eingegangen. Gleichwohl gelangen PCB, wenn auch in geringerem Umfang, in die Umwelt. Der PCB-Gehalt in Fischen beträgt ein Vielfaches ihres DDT-Gehaltes (Abb.). Er liegt heute zwischen 0,03 und 1,5 ppm, bezogen auf das Frischgewicht. Die Lebern der Tiere enthalten sogar bis zu 11 ppm PCB (Nordsee) bzw. 9,5 ppm PCB (Ostsee), während die entsprechenden Werte für DDT bei 3 ppm bzw. 1,8 ppm liegen.

In vielen Ländern der Erde ist DDT bereits verboten. In der Bundesrepublik Deutschland darf DDT nur noch für die Bekämpfung von bestimmten Schädlingen im Weinbau und in der Forstwirtschaft verwendet werden. Die heute noch in der Industrie vorhandenen PCB könnten durch Verbrennen zerstört werden. Bei einer Verbrennungstemperatur von 1 100 °C würden dabei 99,5 % der PCB vernichtet.

Abb. 1 Anreicherungsfaktoren von DDT

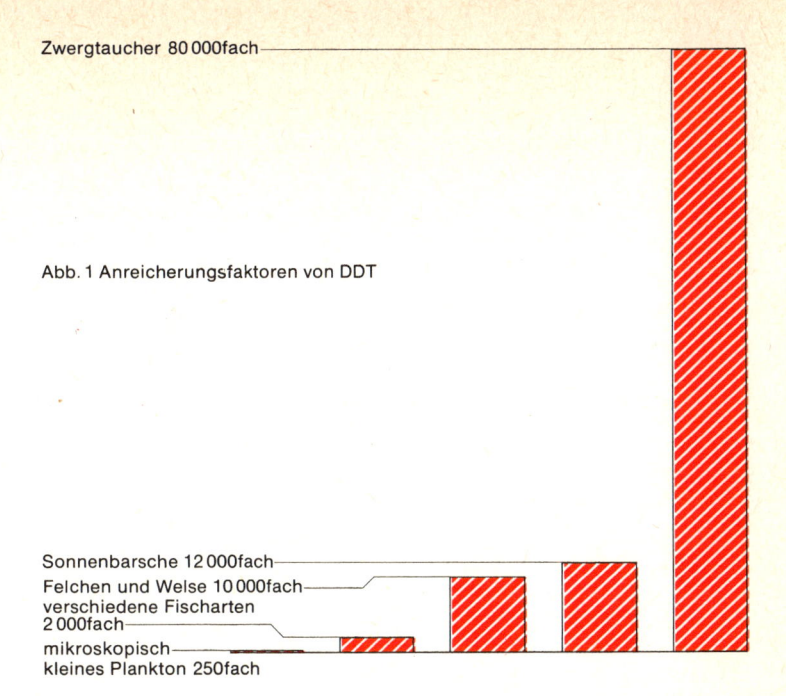

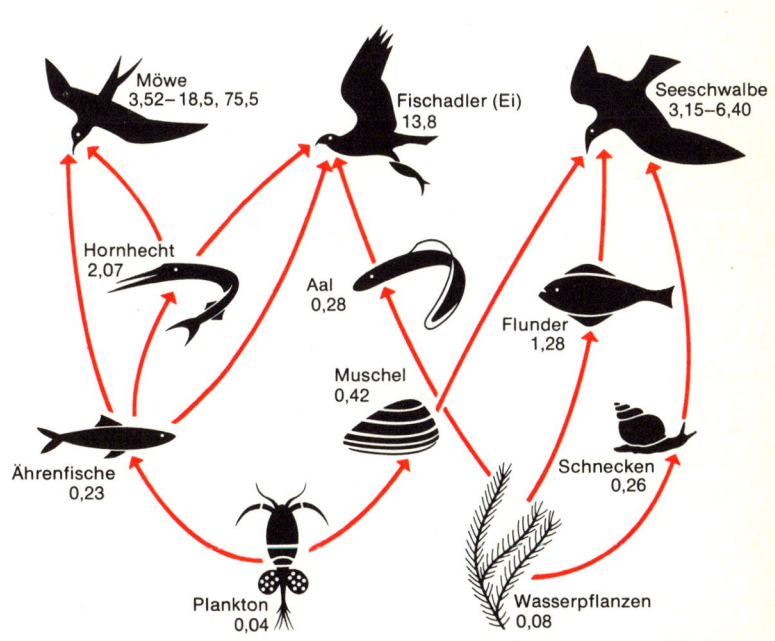

Zwergtaucher 80 000fach

Sonnenbarsche 12 000fach
Felchen und Welse 10 000fach
verschiedene Fischarten 2 000fach
mikroskopisch kleines Plankton 250fach

Möwe
3,52–18,5, 75,5

Fischadler (Ei)
13,8

Seeschwalbe
3,15–6,40

Hornhecht
2,07

Aal
0,28

Flunder
1,28

Muschel
0,42

Ährenfische
0,23

Schnecken
0,26

Plankton
0,04

Wasserpflanzen
0,08

Abb. 2 Anreicherung von DDT in einer Nahrungskette vom Plankton zum Wasservogel (in ppm); modifiziert nach Woodwell

25 Umwelt

Blei – Gesundheitsschäden durch Blei

Blei ist das bekannteste Schwermetall. Von verschiedenen Industrieanlagen wird Bleistaub in Form von Oxiden oder verschiedenen Salzen über Kamine an die Luft abgegeben. Die gefährlichste Quelle für die Kontamination der Umwelt mit Blei ist jedoch der Autoverkehr. Blei wird dem Benzin als organische Verbindung (Bleitetraäthyl oder Bleitetramethyl) zugesetzt (s. auch S. 334). Beim Verbrennen des Benzins geht das Blei in Bleioxid über, das in Form lungengängiger Feinstaubpartikel aus dem Auspuff entweicht. Jährlich werden auf diese Art in der Bundesrepublik zwischen 7 000 und 8 000 t Blei an die Luft abgegeben. Auf der ganzen Erde beläuft sich der jährliche *Bleiniederschlag aus Autoabgasen und Industrieanlagen* auf ca. eine halbe Million Tonnen.

Menschen, Pflanzen und Tiere nehmen Blei aus den verschiedensten Quellen auf. Durch *Abwässer* gelangt es ins Grund- und Flußwasser, durch *Abgase* in die Luft, von dort in die Nahrungsmittel und Getränke. Mit der *Nahrung* werden jedem Bewohner der Bundesrepublik täglich rund 500 Millionstel Gramm Blei zugeführt. Die weitaus größte Menge jedoch nehmen wir mit der *Atemluft* auf. Während das mit der Nahrung aufgenommene Blei im Darm zu etwa 5–15 % absorbiert wird, beträgt der Absorptionsgrad der Lunge für Blei aus Autoabgasen in der Atemluft fast 100 %.

In die Umwelt freigesetztes elementares Blei ist als Schadquelle nur sehr schwer wieder zu eliminieren. Besonders besorgniserregend ist deshalb die *langfristige Anreicherung von Blei* in der Umwelt. So ist z. B. der Boden entlang vielbefahrener Autobahnen und Schnellstraßen bis in eine Entfernung von 0,5 bis 1 km stark mit Blei belastet. Der Gehalt der Weltmeere an Blei liegt heute bereits um das 50fache über dem natürlichen Wert.

Lösliche Bleisalze bzw. unlösliche Bleiverbindungen, die durch den Stoffwechsel in lösliche überführt werden können, sind giftig. Die Krankheitszeichen einer *Bleivergiftung* sind anfangs recht unbestimmt: gestörtes Allgemeinbefinden, Nachlassen des Appetits, Minderung der Arbeitskraft u. a. Später nehmen die Betroffenen ab und werden blutarm. Bei Frauen setzt die monatliche Regel aus. Charakteristische Veränderungen im Blutbild stellen sich ein; die roten Blutkörperchen erscheinen gekörnt. Für jedermann erkennbar ist der sog. *Bleisaum*, eine schiefergraue Verfärbung des Zahnfleisches, die durch Ablagerung des Metalls in der Mundhöhle bewirkt wird. Dieser Bleisaum, der oft das erste spezifisch erkennbare Zeichen der Bleikrankheit ist, kann noch lange bestehen bleiben, selbst wenn die Ursache der Vergiftung weggefallen ist. In der weiteren Folge stellen sich schwerere und schwerste, bisweilen lebensbedrohliche Symptome der Bleivergiftung ein wie Bleikolik, Pulsschwäche und Bluthochdruck, Schrumpfniere, reißende oder brennende Schmerzen in den Muskeln, schließlich Hirnleiden mit heftigen Kopfschmerzen, epilepsieartige Anfälle und Psychosen. Weiterhin wurden Nervenkrankheiten bis hin zu Lähmungserscheinungen, Gelenkerkrankungen, Allergien und andere Hautreaktionen, Anämien und verschiedene Stoffwechselkrankheiten festgestellt. Auch können bei chronischer Bleivergiftung Schädigungen der als Erbträger wirkenden Chromosomen in erhöhtem Maße auftreten.

Die typische Bleivergiftung mit eindeutig diagnostizierbaren Symptomen begegnet hauptsächlich bei Personen, die bei ihrer Tätigkeit in der Bleiindustrie höhere Mengen dieses Schwermetalls aufgenommen haben. Weniger auffällig, aber wahrscheinlich noch problematischer ist die schleichende Vergiftung der Umwelt durch geringe Mengen an Blei und die dadurch entstehende *chronische Bleivergiftung* bei Menschen, die von Kindheit an und lebenslang einer erhöhten Bleizufuhr aus der Umwelt ausgesetzt sind. Dabei ist zu bedenken, daß bereits Bleikonzentrationen, die bedeutend unter dem klinische Symptome auslösenden Wert liegen, zu fühlbaren Verhaltensstörungen führen können.

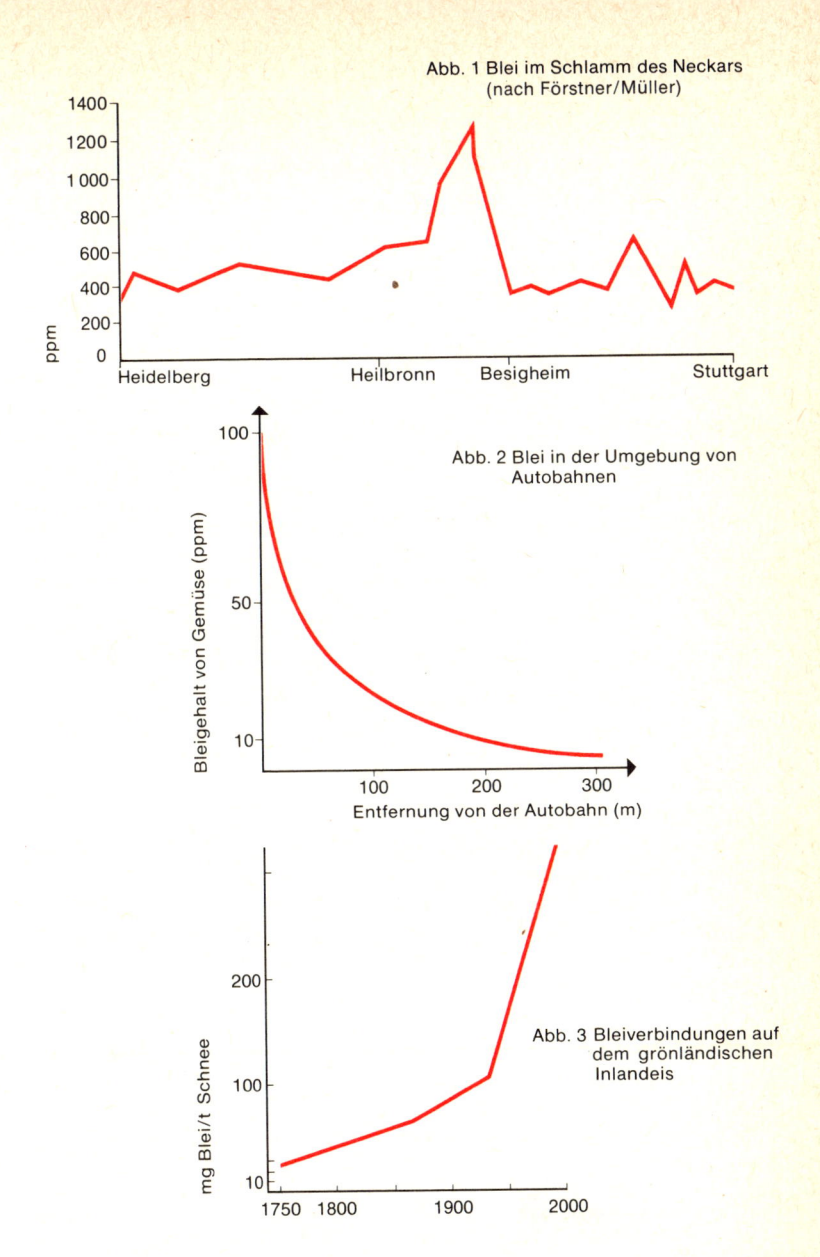

Abb. 1 Blei im Schlamm des Neckars
(nach Förstner/Müller)

Abb. 2 Blei in der Umgebung von Autobahnen

Abb. 3 Bleiverbindungen auf dem grönländischen Inlandeis

Cadmium – Gesundheitsschäden durch Cadmium

Cadmium ist ein silberweißes Metall mit ähnlichen Eigenschaften wie Zink. Es kommt mit diesem vergesellschaftet in verschiedenen Mineralien vor. Industriell wird es in der galvanischen Cadmierung als Korrosionsschutz für Eisen und Stahl, für niedrigschmelzende Legierungen und zum Abbremsen der Kettenreaktion in Kernkraftwerken verwendet. *Cadmiumsulfid* (gelb) und *Cadmiumselenid* (tiefrot) sind Grundsubstanzen für Farben. Cadmium wird in dieser Form z. B. für keramische Glasuren, für Porzellanfarben und für Kunststoffe verwendet. In der Landwirtschaft kommt Cadmium in künstlichen Phosphatdüngern und in einigen Pflanzenschutzmitteln vor.

Cadmium wird fast ausschließlich in den Industrieländern der Erde produziert und verbraucht. Der *Weltverbrauch an Cadmium* stieg zwischen 1925 bis 1950 von 457 t auf 5 800 t pro Jahr. Im Jahre 1969 betrug der Cadmiumverbrauch schon 17 000 t. Auf die Bundesrepublik Deutschland entfielen davon 800 t. Allein der Cadmiumgehalt der Rheinsedimente wird auf etwa 100 t geschätzt. Er rührt vor allem aus Rückständen der Industrie her, die mit Abwässern in den Rhein gelangten.

Wie Blei (s. S. 386) und Quecksilber (s. S. 390) ist Cadmium ein giftiges Schwermetall. Während die Giftwirkung von Blei und Quecksilber bereits seit langer Zeit bekannt ist, wurde die Gefährlichkeit von Cadmium erst in neuerer Zeit offenbar. Eine *Cadmiumvergiftung* äußert sich vor allem in einer Schädigung der Knochen- bzw. Gelenksubstanz.

In den Jahren 1940–1958 starben im Bezirk Tojama in Japan 130 Menschen an einer unbekannten Krankheit („Itai-Itai-Krankheit"). Die Opfer starben unter unvorstellbaren Nervenschmerzen. Die Krankheit galt in den ersten Jahren als Schande, so daß man die Betroffenen vor der Öffentlichkeit versteckt hielt. Bei der Obduktion der Leichen fand man in den Nieren, in der Leber und im Skelett 4 000–6 000 ppm Cadmium. Die ersten Anzeichen der *Itai-Itai-Krankheit* sind: Eiweiß im Urin, Nierenbeschwerden und ein gesenkter Phosphorgehalt im Blutserum. Die Patienten erleiden fürchterliche Schmerzen in der Hüftgegend und in anderen Gelenken. Ursache ist die Auflösung und Entmineralisierung der Knochen als Folge einer Cadmiumvergiftung. Da von diesen Krankheitserscheinungen in der Mehrzahl ältere und körperlich geschwächte Frauen betroffen waren, erregte die Cadmiumkatastrophe nicht die gleiche Aufmerksamkeit wie die Minamata-Katastrophe (s. S. 390). Daß vorwiegend Frauen von dieser Krankheit befallen wurden, erklärt sich daher, daß der Körper der Frau während einer Schwangerschaft das Cadmium wie ein Schwamm aufsaugt und es bei einer vitamin- und kalkarmen Ernährung anstelle des für den Knochenaufbau des Fetus wichtigen Calciums einbaut. Soviel man heute weiß, verliefen die Schwangerschaften völlig normal. Aber 10–30 Jahre später machte sich die Itai-Itai-Krankheit bei den alternden Müttern bemerkbar. Weitere Symptome dieser Krankheit sind Ermüdungserscheinungen, Nierenbeschwerden, Rippenschmerzen, Zahnausfall und Schmerzen in der Wirbelsäule und im Becken. Durch die Einlagerung von Cadmium in die Knochen werden diese spröde und brechen bei der kleinsten Beanspruchung. Die Opfer in Tojama in Japan hatten alle ihr Trinkwasser aus einem Fluß bezogen, in den das Cadmium mit dem Abwasser chemischer Fabriken hineingelangt war.

Eine ähnliche Cadmiumkatastrophe ereignete sich am Tama-Fluß in Japan. Etwa 20 Legierungsunternehmen leiteten Cadmium mit dem Abwasser in den Fluß. Da das Flußwasser zur Bewässerung von Reisfeldern benutzt wird, wurden einige Hundert Hektar Anbaufläche mit Cadmium verseucht. Auf den Reisfeldern wurden 90 ppm Cadmium gemessen, in den Bewässerungsgräben 35–220 ppm und im Schlick des Tama-Flusses 380 ppm. Noch in der Flußmündung, die 40 km entfernt ist, enthielt das Wasser 0,8 ppm Cadmium.

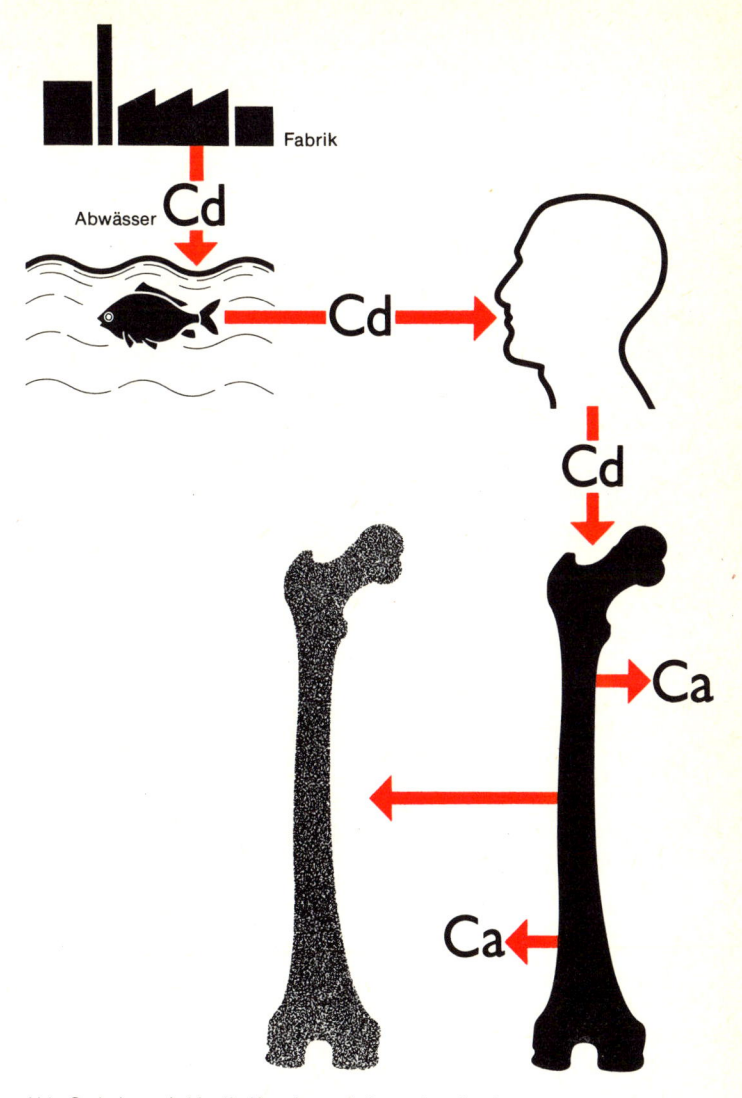

Abb. Cadmium wird in die Knochensubstanz eingebaut und bewirkt Versprödung des Knochens

Gesundheitsschäden durch Quecksilber

Quecksilber ist ein flüssiges Schwermetall, dessen Giftigkeit schon seit längerer Zeit bekannt ist. Größere *Umweltkatastrophen durch Quecksilber* ereigneten sich bisher vor allem in Japan. Mehrere chemische Industriebetriebe, vor allem solche im Gebiet der Minamata-Bucht, hatten jahrzehntelang quecksilberhaltige Abwässer in das Meer abgegeben. Das Quecksilber reicherte sich in Nahrungsketten an und landete schließlich in Speisefischen. Das Quecksilber lag in Form organischer Verbindungen vor und bewirkte irreparable Schädigungen des Nervensystems. Ein gewisser Teil des Quecksilbers kann aus dem Körper wieder ausgeschieden werden, die geschädigten Hirn- und Nervenzellen aber können weder ersetzt noch erneuert werden. Nach offiziellen Angaben starben bisher ca. 80 Personen in Japan an dieser *Minamata-Krankheit;* 1973 Menschen wurden permanent invalid; 19 Kinder erlitten schwere geistige Störungen, obwohl ihre Mütter zum Teil keine Symptome zeigten. Diese Zahlen stellen jedoch nur die auf Grund von Gerichtsbeschlüssen anerkannten Vergiftungsfälle dar. Nach Untersuchungen unabhängiger japanischer Wissenschaftler muß damit gerechnet werden, daß rund 15000 Menschen in Minamata durch quecksilberverseuchte Fische geschädigt wurden.

Die ersten *Krankheitssymptome einer Quecksilbervergiftung* treten im Gefühlszentrum auf und äußern sich in Kribbeln und Absterben der Hände und Füße und in Taubheit der Mundregion. Beinahe gleichzeitig damit treten die Schädigungen des Sehzentrums hervor, zumeist eine Einschränkung des Sehwinkels. Der Sehwinkel kann sich innerhalb einer Woche bis zu einer Sichtbeschränkung einengen, die nur noch den Blick geradeaus (wie durch ein Fernglas) ermöglicht. Schäden im Gehörzentrum führen zur Verminderung des Gehörs und zur Taubheit. Schäden im Kleinhirn führen dazu, daß die körperlichen Bewegungen nicht ausreichend koordiniert werden können, so daß es zu Gleichgewichtsstörungen und erheblichen Sprachbehinderungen kommt. Das Hirn schrumpft (bis 35 %); der Intelligenzquotient sinkt; das Wachstum wird gebremst; Arme und Beine werden oft durch die Muskelverkrampfungen deformiert.

Quecksilberkonzentrationen in der Nahrung im Bereich von einigen mg pro kg können auch *teratogene Wirkungen* beim Menschen (auch für Mäuse nachgewiesen) und *mutagene Effekte* bei verschiedenen Pflanzen zur Folge haben. In menschlichen Lymphozytenkulturen von Personen mit erhöhter Blut-Quecksilber-Konzentration wurde ein Anstieg der Frequenz von Chromosomenbrüchen nachgewiesen.

Als Schadstoff in der Umwelt ist Quecksilber vor allem in Form von *Methylquecksilber* anzusehen. Es gilt als gesichert, daß metallisches und ionisches, aber auch organisch gebundenes Quecksilber (z. B. Phenylquecksilber) durch Mikroorganismen relativ schnell zu Methylquecksilber umgewandelt wird. Man weiß noch sehr wenig über die Verteilung von Schwermetallverbindungen in Biosphäre und Atmosphäre, über Ausscheidung und Stoffwechselverhalten in verschiedenen Organismen einschließlich des Menschen und über die genauen toxikologischen Eigenschaften. Es ist jedoch sicher, daß in Nahrungsketten von niederen Wasserorganismen bis hin zu Robben oder zu den Menschen eine Kumulierung der Methylquecksilberkonzentration um mehrere Zehnerpotenzen erfolgt!

Der *Weltverbrauch* an Quecksilber wird von der UNO auf 9200 t pro Jahr geschätzt. In der *BRD* betrug der *Verbrauch* 1969 760 t, wovon 27 t zum landwirtschaftlichen Pflanzenschutz verwendet wurden. Große Mengen von metallischem Quecksilber werden für die *Chlor-Alkali-Elektrolyse* eingesetzt. Pro produzierte Tonne Chlor gehen 200–300 g Quecksilber verloren – sie gelangen hauptsächlich ins Abwasser. Große Mengen Quecksilber werden außerdem für die Elektroindustrie und eine Reihe weiterer Industriezweige gebraucht. Jährlich fließen rund 10000 t Quecksilber in die Ozeane.

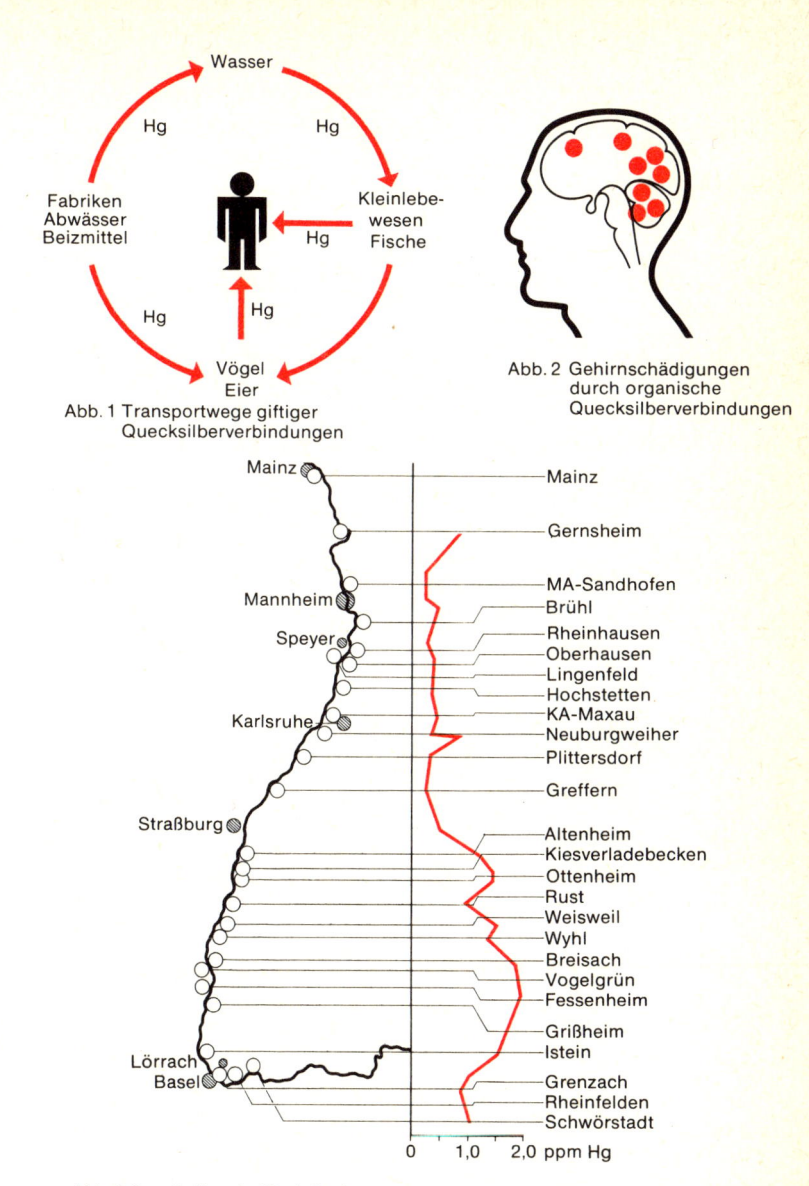

Abb. 1 Transportwege giftiger Quecksilberverbindungen

Abb. 2 Gehirnschädigungen durch organische Quecksilberverbindungen

Abb. 3 Quecksilber in Rheinfischen
(nach Förstner-Müller: Schwermetalle in Flüssen)

Zigaretten und Tabak – Aktivrauchen

Nach Angaben des Bundesgesundheitsministeriums sterben in jedem Jahr rund hunderttausend Menschen in der BRD an Krankheiten, die durch das Rauchen verursacht werden. Auf die gesundheitsschädlichen Folgen des Rauchens wurde zum erstenmal in größerem Rahmen 1964 im *Terry-Report* hingewiesen. Dieser Report des damaligen Direktors der US-Gesundheitsbehörde, Dr. L. Terry, löste in der Medizin intensive Forschungen über die Zusammenhänge zwischen Krankheiten und Zigarettengenuß aus. Inzwischen wurden folgende Zusammenhänge nachgewiesen: Raucher erkranken an Lungenkrebs etwa 11mal häufiger als Nichtraucher; ein Raucher stirbt im Durchschnitt 8,3 Jahre früher als ein Nichtraucher. Zusammenhänge bestehen insbesondere zwischen Rauchen und Krebs der Lippe, der Mundhöhle, der Zunge, des Rachens, des Kehlkopfes, der Speiseröhre, der Harnblase, der Niere und der Bauchspeicheldrüse.

Inzwischen konnten mehr als tausend verschiedene chemische Substanzen im Zigarettenrauch nachgewiesen werden. Ein großer Teil davon liegt in Form lungengängiger Feinstaubpartikel vor, die, beladen mit krebserregenden Kohlenwasserstoffen, in die innersten Bereiche der Lunge, die Lungenbläschen, vordringen. Eines der bekanntesten Gifte ist das Nervengift *Nikotin*. Es löst Krämpfe aus und lähmt das Atemzentrum im Gehirn. Es wirkt in einer Dosis von 50 mg tödlich. Bereits ein Hundertstel dieser Menge (das entspricht der Menge, die aus dem Tabakrauch resorbiert wird) verändert spürbar den Stoffwechsel der Nervenzellen. Nikotin tritt aus der mit Zigarettenrauch angereicherten Atemluft in die Blutwege und reizt das vegetative Nervensystem. Dieses wiederum beeinflußt das Herz, den Magen und andere vegetativ ablaufende Reaktionen des Körpers. Außer den Herzkranzgefäßen werden auch die anderen Arterien des Körpers durch Nikotin geschädigt. Im Durchschnitt sind die Schlagadern eines Mannes, der 30 Jahre lang täglich 20 Zigaretten geraucht hat, im 50. Lebensjahr so starr und brüchig wie die Blutgefäße eines um 15 Jahre älteren Nichtrauchers. Dadurch sind Kreislaufstörungen und Herzinfarkte, Schlaganfälle und andere Folgen unzureichender Blutversorgung entsprechend häufiger. Die Wahrscheinlichkeit, an einem Herzinfarkt zu sterben, ist für Raucher 3- bis 5mal so groß wie für Nichtraucher.

Das noch am wenigsten erforschte Schädigungspotential des Zigarettenrauches liegt im *Tabakteer*. Schon wenige Züge aus einer Zigarette genügen, um den Selbstreinigungsmechanismus der Lunge, die winzigen Flimmerhärchen auf den Schleimhäuten der Atemwege, lahmzulegen. Als Folge davon kommt es bei Gewohnheitsrauchern zum quälenden Raucherhusten und zu einer chronischen Bronchitis. Der Teer enthält eine große Zahl von Giften, die zum Teil noch nicht genau analysiert sind. Die feinen Trennwände zwischen den Lungenbläschen können durch solche Gifte zerstört und abgebaut werden, was zu einer Unterfunktion der Lunge (Emphysem) mit Kurzatmigkeit und erhöhter Infektionsanfälligkeit führt.

In letzter Zeit stellt sich die Zigarettenindustrie zunehmend auf Sorten um, die weniger Nikotin und Teer enthalten. Diese leichteren Zigarettensorten sind, wie durch Tierversuche festgestellt wurde, in der Tat geeignet, die Gefahr, durch Zigarettenrauch an Bronchialkrebs zu erkranken, zu vermindern. Andererseits besteht jedoch nach Angaben des „Ärztlichen Arbeitskreises Rauchen und Gesundheit" zugleich die Befürchtung, daß die in den leichteren Zigaretten neu enthaltenen Zusatzstoffe wie Natriumnitrat auch neue krebserzeugende Substanzen bilden könnten (Nitrosamine), die dann unter Umständen in anderen Teilen des Organismus eine Krebserkrankung verursachen könnten.

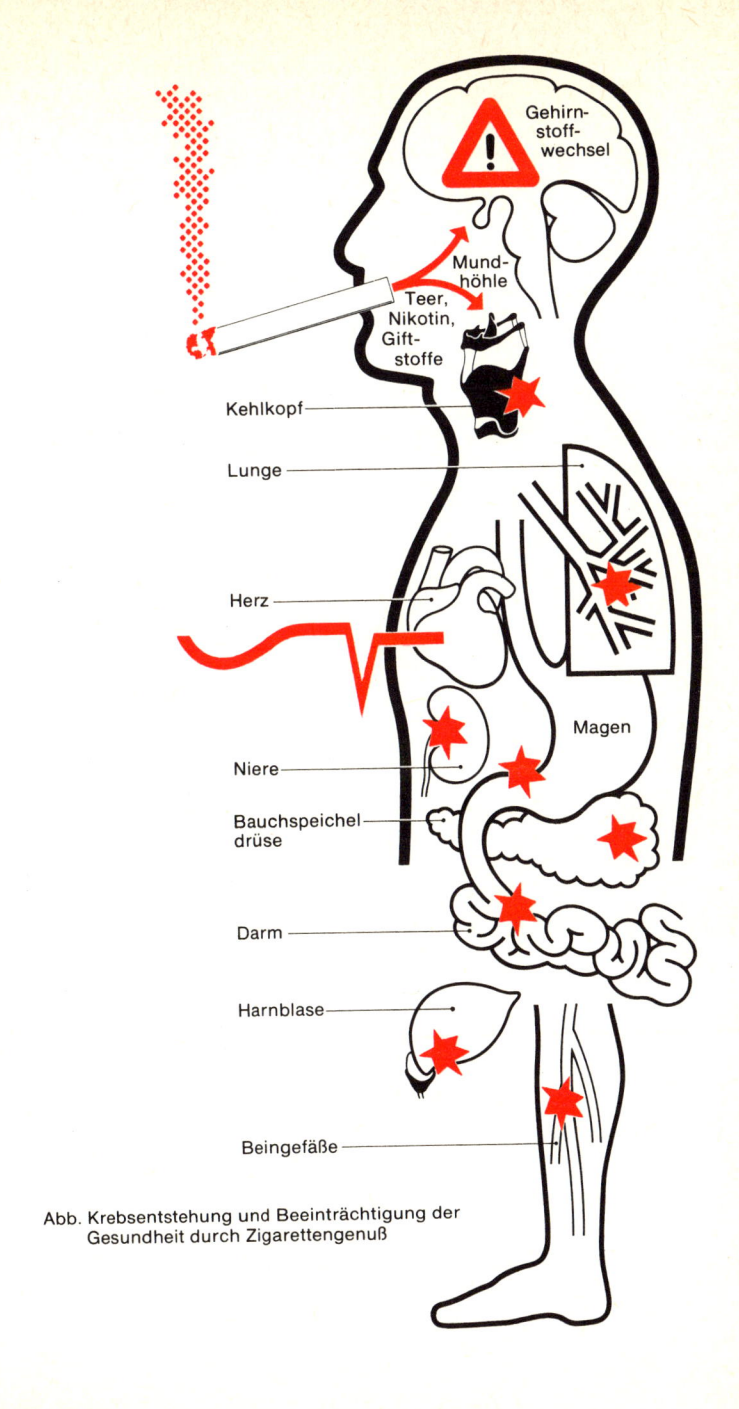

Abb. Krebsentstehung und Beeinträchtigung der Gesundheit durch Zigarettengenuß

Zigaretten und Tabak – Passivrauchen

Das Problem der Aufnahme von Schadstoffen aus dem Tabakrauch trifft neben dem Raucher selbst auch den nichtrauchenden „Mitraucher". Man weiß inzwischen, daß der sog. *Nebenstrom* der Zigarette (also der Rauch, der von der Zigarette abgeht, wenn nicht geraucht wird), dem der Passivraucher vor allem ausgesetzt ist, wesentlich mehr krebserzeugende und andere schädliche Stoffe wie Nikotin, Pyridin, Phenole, Ammoniak enthält als der Hauptstrom, den der Raucher selbst inhaliert. Der Nebenstrom enthält z. B. 3mal mehr (krebserzeugendes) 3,4-Benzpyren als der Hauptstrom. In den Zugpausen gehen alle giftigen Anteile in den Nebenstrom. Dieses Problem wird noch dadurch vergrößert, daß die Zugpausen erheblich länger sind als die kurzen Augenblicke des Ziehens. Darüber hinaus wird der Mitraucher denjenigen Anteilen an schädlichen Stoffen des Hauptstroms ausgesetzt, die beim Rauchen, vor allem beim nichtinhalierenden Rauchen, nicht resorbiert werden. In den meisten Fällen sind dies weit über 90 % der Inhaltsstoffe auch des Hauptstroms. Man hat festgestellt, daß Angehörige der Gaststättenberufe (z. B. Kellner), auch wenn sie Nichtraucher sind, häufiger an Bronchialkrebs erkranken als die übrige Bevölkerung. Untersuchungen ergaben, daß das stark krebserzeugende 3,4-Benzpyren in verqualmten Gaststätten in einer Konzentration von 2,8 bis 14,4 mg/m^3 auftritt (mittlere Werte in der Großstadtluft: 0,28–0,48 mg/m^3).

Eine besondere Gefahr stellt das Passivrauchen für den Embryo beim Rauchen der Mutter während der Schwangerschaft dar, weil für ihn überhaupt keine Möglichkeit besteht, sich der Schädigung zu entziehen. Die Zahl der Früh- und Totgeburten steigt bei rauchenden Schwangeren auf das Mehrfache im Vergleich zu Nichtraucherinnen. Es kommt ferner zu einer deutlichen Verminderung des Geburtsgewichtes und auch zu einer Beeinträchtigung der geistigen Entwicklung der Neugeborenen.

Eine klinisch oft nicht genau nachweisbare Schädigung durch „Mitrauchen" ist die *Beeinträchtigung der geistigen Leistungsfähigkeit*. Der Zigarettenrauch enthält u. a. das giftige Gas Kohlenmonoxid, das eine 250mal höhere Fähigkeit zur Bindung an den roten Blutfarbstoff Hämoglobin hat als der Sauerstoff der Luft. Das Hämoglobin wird dadurch blockiert, kann keinen Sauerstoff mehr aufnehmen und fällt somit für die lebenswichtige Funktion des Sauerstofftransports in mehr oder weniger starkem Maße aus. Ein Mangel an Sauerstoff hat besonders im Gehirn und im Nervensystem schwerwiegende Folgen. Obwohl das Gehirn nur rund 2 % des Körpergewichtes ausmacht, benötigt es etwa 20 % des Sauerstoffbedarfs des ganzen Körpers. Es ist verständlich, daß unter diesen Umständen feinere Gehirnfunktionen wie Konzentrationsfähigkeit, Urteilsvermögen, Merkfähigkeit und Reaktionszeit durch herabgesetzte Sauerstoffzufuhr negativ beeinflußt werden.

Bei breit angelegten Untersuchungen ergab sich, daß bei Nichtrauchern, die gezwungen waren, passiv zu rauchen, folgende Symptome auftraten: Augenbindehautreizung, Kopfschmerzen, Übelkeit, Schwindel, verminderte Konzentrationsfähigkeit u. a.

Der „Ärztliche Arbeitskreis Rauchen und Gesundheit" und andere Organisationen fordern deshalb, daß das Recht des Nichtrauchers auf körperliche Unversehrtheit Vorrang haben muß vor dem Recht des Rauchers auf den Genuß seines Suchtmittels. Der „Ärztliche Arbeitskreis" fordert deshalb ein Rauchverbot überall dort, wo Nichtraucher gezwungen sind, sich in Räumen zusammen mit Rauchern aufzuhalten. In einigen Ländern, z. B. in Bulgarien und Rumänien, wurde dieser Nichtraucherschutz bereits gesetzlich verankert.

verstärkte Freisetzung von: 3,4-Benzpyren, Nikotin, Pyridin, Phenolen, Ammoniak

Mutter raucht aktiv

Filter

Hauptstrom

Nebenstrom

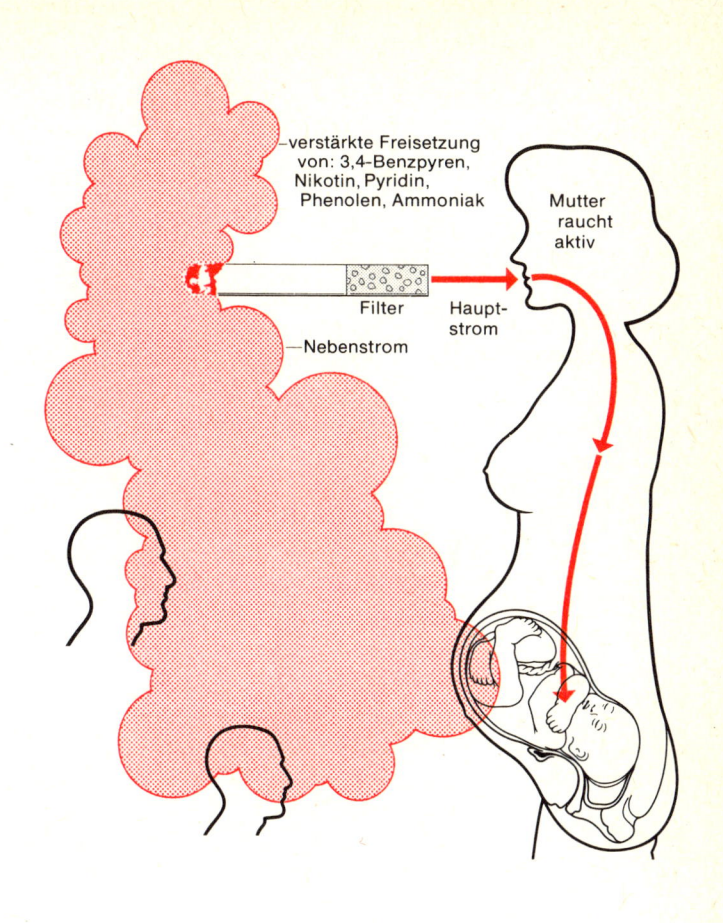

Abb. Schadwirkungen des „Nebenstroms" der Zigarette

Umweltgifte und Krebs

Obwohl der genaue biochemische Mechanismus der *Krebsentstehung* noch nicht bekannt ist, können doch von der Wissenschaft folgende Aussagen über die Krebsentstehung durch Umweltgifte gemacht werden: Die Krebserzeugung ist ein irreversibler Prozeß, d. h., der durch ein krebserzeugendes (kanzerogenes) Gift gesetzte Schaden kann vom Organismus nicht wieder repariert werden; er setzt sich bei der Zellteilung fort und vererbt sich so von Zelle zu Zelle. Man nimmt an, daß zunächst die Erbsubstanz DNS (s. S. 192) durch ionisierende Strahlen (Radioaktivität) oder krebserzeugende chemische Gifte eine Veränderung in Form einer Mutation erfährt, die dazu führt, daß die betreffende Zelle beginnt, sich wild zu vermehren, und so die zur Krebserzeugung führende Veränderung der Erbsubstanz bei jeder Zellteilung an die neue Zelle weitergibt.

Man kennt heute Substanzen, die bereits nach einer einmaligen Verabreichung zu einer krebsartigen Entartung des Gewebes führen. In der Regel jedoch ist bei den meisten anderen krebserzeugenden Substanzen eine Einwirkung der Schadstoffe über einen langen Zeitraum notwendig. Dabei kann man bei allen Krebsfällen eine mitunter sehr lange *Latenzzeit* (Zeit, die zwischen der Einwirkung eines krebserzeugenden Schadstoffs und dem Auftreten der bösartigen Wucherung liegt) zwischen 10 und 40 Jahren feststellen. Auf Grund dieser Latenzzeit ist es sehr schwierig, einen einzelnen Krebsfall auf eine bestimmte Einwirkung zurückzuführen. Im Körper des an Krebs erkrankten Menschen ist dann nur noch die Krebsgeschwulst, aber nicht mehr die zu dieser Krankheit führende Vergiftung feststellbar. Aus diesem Grund können im Umweltschutz die Verursacher von Krebsschäden in der Bevölkerung juristisch meist nicht belangt werden. Diese Tatsache erschwert außerdem im wissenschaftlichen Experiment den hundertprozentigen Nachweis, daß eine Substanz kanzerogen ist.

Eine dritte wichtige Aussage der Krebsforschung ist die Tatsache, daß es für krebserzeugende Substanzen keine *Toleranzdosis* gibt, unter der die betreffende Substanz keinen Krebs mehr erzeugen würde. Es besteht ein direkt proportionaler Zusammenhang zwischen der Konzentration eines krebserzeugenden Stoffs und der Zahl der entstehenden Karzinome. Dabei addieren sich die Wirkungen selbst kleinster Einzeldosen verlustlos, d. h., die Wirkung jeder Einzeldosis bleibt voll summationsfähig erhalten, auch wenn die Substanz längst aus dem Körper wieder ausgeschieden wurde. Bei niedrigen Konzentrationen, wie sie bei der Umweltverschmutzung in der Regel vorliegen, ist die Zahl der Tumorkeimanlagen außerdem ziemlich unabhängig von der zeitlichen Verteilung der Einwirkung und der Größe der Einzeldosen.

Da es in der BRD kein Gesetz gibt, das eine Karzinogenitätsprüfung neuer chemischer Substanzen vorschreibt, kommen in jedem Jahr einige Tausend neuer chemischer Substanzen auf den Markt und damit in die Umwelt, von denen nicht bekannt ist, ob sie krebserzeugend sind oder nicht. Auch bei Wirkstoffgruppen, die schon längere Zeit in hohen Mengen in unsere Umwelt versprüht werden, ist erst ein geringer Teil auf seine Karzinogenität geprüft. So wurden z. B. bei der Stoffgruppe der Pestizide (s. S. 298 ff.), die in der Landwirtschaft zur Schädlingsbekämpfung eingesetzt werden, erst rund 15 % in diesem Sinne überprüft.

Bei einer solchen *Karzinogenitätsprüfung* stellen sich der Krebsforschung erhebliche Schwierigkeiten. Die zwei wichtigsten Punkte sind die Berücksichtigung eventueller *Kombinationswirkungen* und die Übertragung der an Tierversuchen gewonnenen Ergebnisse auf den Menschen. Man kann zwar einen einzelnen Stoff heute recht gut auf seine krebserzeugende Wirkung hin überprüfen; man kann jedoch nicht feststellen, wie dieser Stoff in Kombination mit einem oder mehreren der tausend und mehr Substanzen, die vom Menschen in die Umwelt freigesetzt werden, reagiert. Manche krebserzeugende Substanzen erlangen ihre eigentliche

Kanzerogenität erst in Kombination mit anderen kanzerogenen Stoffen. Ein Beispiel dafür sind die *Nitrosamine,* die zu den stärksten krebserzeugenden Giften gehören, die wir kennen. Sie entstehen aus der Kombination von Nitraten (z. B. Nitratanreicherung in Nahrungsmitteln durch leichtlöslichen Kunstdünger) oder Nitroseabgasen (z. B. in der chemischen Industrie) mit Aminen (z. B. Abgase der chemischen Industrie; Zwischenprodukte im menschlichen Verdauungsstoffwechsel). Nitrosegase und Amine zeigen beide für sich keinerlei Einfluß auf die Krebsentstehung. Erst wenn sie chemisch miteinander reagieren, werden sie karzinogen.

Ein weiteres Problem ist die *Übertragung von Tierversuchen auf den Menschen.* Grundsätzlich kann man verdächtige Substanzen im Experiment nur an Tieren testen. Tiere haben jedoch teilweise einen anderen biochemischen Stoffwechsel als der Mensch. Dies kann zur Folge haben, daß entweder für den Menschen krebserzeugende Gifte durch ein bestimmtes Stoffwechselprodukt des Tierstoffwechsels abgebaut und somit unschädlich gemacht werden, d. h. im Tierexperiment nicht krebserzeugend wirken, oder daß eine chemische Substanz erst in Kombination mit einem spezifisch menschlichen Stoffwechselprodukt, das im Tierversuch nicht auftritt und somit nicht getestet werden kann, zu einer krebserzeugenden Substanz wird. Für Arsenoxid z. B. ist im Tierversuch keine Karzinogenität feststellbar. Beim Menschen wirkt es jedoch bei längerdauernder Einwirkung stark krebserzeugend. Im Tierversuch kann die Karzinogenität von Arsenoxid aus folgenden Gründen nicht ermittelt werden: Ist die verabreichte Dosis zu hoch, so sterben die Versuchstiere, da Arsenoxid neben seiner krebserzeugenden Wirkung außerdem auch chronisch giftig wirkt. Verringert man die Dosis im Tierversuch, um diese akute Giftwirkung zu verhindern, so wird die Latenzzeit des Krebses so groß, daß sie die Lebenserwartung der Versuchstiere übersteigt.

Unter den inzwischen als kanzerogen nachgewiesenen Substanzen nehmen die *polyzyklischen Kohlenwasserstoffe* (z. B. 1,2-Benzanthrazen, 1,2-Benzpyren, 3,4-Benzpyren) eine ,,Spitzenstellung'' ein. Am stärksten vertreten ist das *3,4-Benzpyren.* Es entsteht (zusammen mit anderen polyzyklischen Kohlenwasserstoffen) vor allem bei der unvollständigen Verbrennung von Erdölprodukten in Öfen und Automotoren. Während Landluft im Durchschnitt 0,01 µg Benzpyren pro 1 000 m^3 Luft enthält, liegt die entsprechende Konzentration in der Stadtluft bei durchschnittlich 6,5 µg pro 1 000 m^3 Luft. Pkw-Abgase enthalten im Vergleich dazu zwischen 1 600 und 20 000 µg pro 1 000 m^3 Luft. Benzpyren hat an sich nur eine geringe krebserzeugende Wirkung, die sich jedoch vervielfacht, wenn es zusammen mit Eisenoxid, Schwefeloxid, Ozon und einigen anderen Substanzen auftritt. Benzpyren ist vor allem an Staubpartikel gebunden, wobei Feinstaub rund 10–100mal so viel Benzpyren enthält wie Grobstaub (s. S. 338). Da Feinstaub lungengängig ist und sich in den Lungenbläschen festsetzt, kann das so an ihn gebundene Benzpyren direkt in der Lunge seine krebserzeugende Wirkung entfalten. Dies ist z. B. die Ursache dafür, daß Menschen, die an Hauptverkehrsstraßen wohnen und so den Autoabgasen direkt ausgesetzt sind, etwa viermal so häufig an Lungenkrebs erkranken und sterben als die übrige Bevölkerung. Untersuchungen an der Universität Bochum ergaben, daß Menschen, die ihren Beruf in der City der Großstädte vorwiegend im Freien ausüben (z. B. Stadtgärtner oder Parkwächter), durchschnittlich dreimal so häufig an Lungenkrebs erkrankten wie etwa Elektriker, Bankangestellte oder Einzelhändler. Demgegenüber sterben in den Stadtrandgebieten, die nur eine geringe Belastung durch Autoabgase aufweisen, durchschnittlich nur halb so viel Menschen an Bronchialkrebs. – Zu den Stoffen, deren kanzerogene Eigenschaft nachgewiesen ist, gehören u. a.: Chrom-, Beryllium-, Silber- und Quecksilbersalze, Nickelcarbonyl, Bleiphosphat, Benzol, Asbest, das Herbizid Amitrol, das Fungizid Thioharnstoff sowie die Pestizide Aramit, Aldrin, Dieldrin und DDT.

Wie wirken radioaktive Strahlen auf Lebewesen?

Die beim Zerfall radioaktiver Atomkerne freiwerdende Strahlung ist Materie- oder Wellenstrahlung sehr hoher Energie. Trifft diese Strahlung auf Materie, können sich verschiedene Wechselwirkungen ergeben. Die wichtigste Wechselwirkung ist die *Ionisierung von Atomen:* In der Elektronenhülle eines Atoms ist eine bestimmte Anzahl negativ geladener Elektronen vorhanden, die genau der Anzahl positiv geladener Protonen im Atomkern entspricht. Damit ist ein Atom normalerweise nach außen hin elektrisch neutral. Trifft nun eine radioaktive Strahlung, z. B. ein negativ geladenes Elektron der β-Strahlung, auf ein solches neutrales Atom, so kann es passieren, daß aus der Elektronenhülle des Atoms ein oder mehrere Elektronen auf Grund der hohen Energie der radioaktiven Strahlung herausgeschlagen werden. Dadurch wird das Atom zum Ion, zu einem elektrisch positiv geladenen Atomrumpf. Neu entstandene Ionen haben auf Grund ihrer elektrischen Anziehungskraft die Eigenschaft, chemisch stark zu reagieren. Geschieht dies in toter Materie, z. B. in Luft, so ist dies ohne Bedeutung. Ein ionisiertes Stickstoffatom z. B. kann sich mit ionisierten Sauerstoffatomen verbinden; ionisierte Sauerstoffatome können sich ferner zu je dreien zu einem Ozonmolekül verbinden. Geschieht dieser Vorgang der Ionisierung von Atomen jedoch in lebendem Gewebe, so entstehen daraus u. U. eine Reihe von Schäden.

Wir wissen heute, daß der *Plan für den Aufbau eines Lebewesens* in einem langen Fadenmolekül enthalten ist, in dem durch eine genaue Anordnung kleiner Moleküle Informationen zur Vererbung festgehalten sind (s. auch S. 192). Diese Desoxyribonukleinsäure, kurz *DNS* genannt, besteht aus einem Grundgerüst von Zucker und Phosphatmolekülen, an die in einer bestimmten Reihenfolge vier verschiedene Basenmoleküle angehängt sind. Die Reihenfolge dieser Basen ist der sogenannte genetische Code, der die Erbinformation darstellt. Diese DNS wird bei jeder Zellteilung ebenfalls geteilt und identisch neu aufgebaut, so daß sowohl bei der Entstehung neuer Lebewesen als auch beim Ab- und Aufbau von Körperzellen die Erbinformation in jeder Zelle voll erhalten bleibt. Trifft nun eine radioaktive Strahlung auf ein DNS-Molekül, so besteht die Gefahr, daß über eine Ionisierung von Atomen und die dadurch entstehende chemische Reaktion eine *Veränderung der Basenanordnung* und damit der Erbinformation stattfindet. Man nennt eine solche Änderung der Erbinformation *Mutation.* Auf Grund der in Lebewesen vorhandenen sehr hohen Ordnung sind fast alle Mutationen negativ. Schätzungen geben an, daß über 99,99 % der Mutationen das durch sie bestimmte Merkmal negativ verändern. Erfolgt die Mutation in Keimzellen, d. h. in männlichen Samenzellen oder in weiblichen Eizellen, so kann dies bei der Entstehung eines neuen Lebewesens zu schweren Schäden wie Mißgeburten, Totgeburten, Enzymdefekten und anderen Stoffwechselstörungen führen. In Körperzellen (sog. somatischen Zellen) kann eine Mutation eine krebsige Entartung der Zellen bewirken.

Man muß annehmen, daß für diese Art von Schäden keine Toleranzgrenze besteht, d. h., daß schon die geringste Menge radioaktiver Strahlung solche Schäden zu verursachen vermag. Hohe Strahlendosen können darüber hinaus über den Weg „radioaktive Strahlung → Ionisierung von Atomen → chemische Reaktionen → Bildung giftiger Moleküle → Vergiftung des Gesamtorganismus" zu Sofortschäden in Form von Fieber, Übelkeit, Erbrechen, Haarausfall und zum Strahlentod führen (s. auch S. 402).

Zerfall

Zerfallsprodukt Strahlung

Ionisierung → Reaktionen in anorganischer Materie Stickoxide

Ozon

Reaktionen in organischer Materie

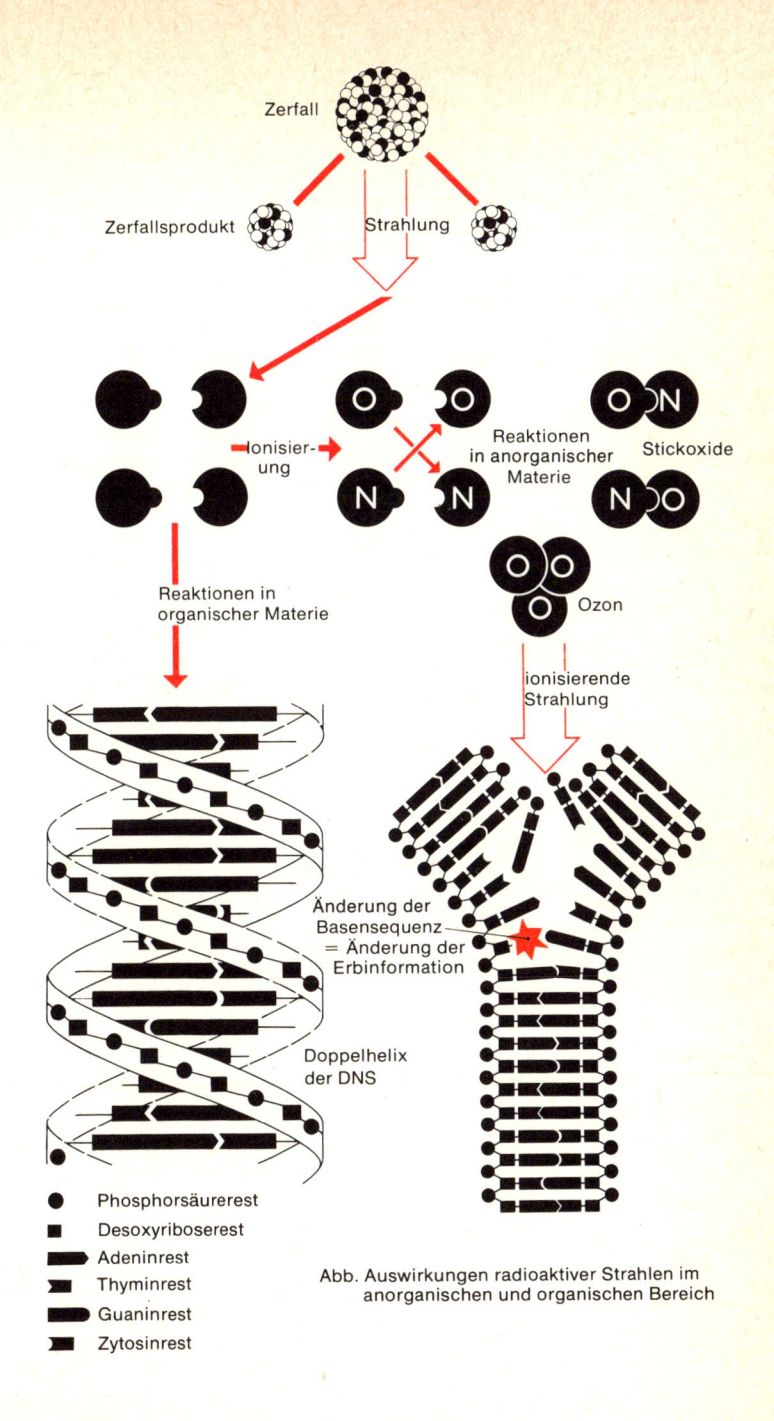

ionisierende Strahlung

Änderung der Basensequenz = Änderung der Erbinformation

Doppelhelix der DNS

- ● Phosphorsäurerest
- ■ Desoxyriboserest
- Adeninrest
- Thyminrest
- Guaninrest
- Zytosinrest

Abb. Auswirkungen radioaktiver Strahlen im anorganischen und organischen Bereich

Die Anreicherung radioaktiver Stoffe

Wie einige andere „Umweltgifte" können sich radioaktive Stoffe in Nahrungsketten stark anreichern. Der Anreicherungsfaktor ist bei den einzelnen radioaktiven Stoffen sehr unterschiedlich. Er hängt von dem chemischen Elementcharakter des radioaktiven Stoffes und von dem Vorhandensein anderer Stoffe in der Umwelt ab. Man fand schon öfter Anreicherungsfaktoren bis zu einer Million.

Betrachten wir die Vorgänge bei solch einer Anreicherung an einem Beispiel: Das Element *Strontium* kommt in der Natur nur in sehr geringen Mengen vor. Es ist chemisch mit Calcium verwandt. Wie dieses ist es ein Erdalkalimetall und hat daher ähnliche chemische Eigenschaften. Bei der Kernspaltung entsteht nun unter anderem das radioaktive Isotop *Strontium 90*. Da Lebewesen zum Aufbau ihres Körpers (vor allem der Knochen) viel Calcium brauchen, nehmen sie dieses aus ihrer Umgebung auf. Durch die Verdauungsprozesse wird das in der Nahrung nur geringfügig vorhandene Calcium bevorzugt extrahiert und durch Stoffwechselprozesse im Körper angereichert. Dabei geschieht es, daß Strontium auf Grund seiner Ähnlichkeit mit Calcium ebenfalls aufgenommen und angereichert wird. Es wird dann im Körper zusammen mit Calcium in die Knochen eingebaut. Befindet sich nun in der Umwelt radioaktives Strontium (z. B. durch Atombombenversuche oder durch Störfälle in Kernkraftwerken), so wird dies in genau derselben Weise angereichert und in die Knochen eingebaut. Es entsteht dadurch eine innere Strahlenquelle im Menschen, die im Falle des Strontium 90 vor allem das blutbildende Knochenmark bestrahlt, wodurch Leukämie entstehen kann.

Hierin liegt die eigentliche Gefahr einer radioaktiven Verseuchung der Umwelt. Bei einer äußeren Strahlenquelle (z. B. einem strahlenden Behälter mit radioaktivem Material) kann sich der Mensch durch Entfernung von der Strahlenquelle in Sicherheit bringen. Hat er jedoch radioaktive Substanzen aus der Umwelt aufgenommen und angereichert, so bildet sich in ihm eine innere Strahlenquelle, der er sich nicht mehr entziehen kann, solange die Substanzen in seinem Körper verbleiben.

In den USA wurde bereits in der Umgebung mehrerer seit längerer Zeit in Betrieb befindlicher Kernkraftwerke eine erhöhte Rate von Krebs und Kindersterblichkeit festgestellt: In der Umgebung des Kernkraftwerks Shippingport (90 MW) stieg bei einer Bevölkerung von 200 000 die Zahl der tödlichen Krebsfälle von 148 pro 100 000 im Jahr 1958 auf 205 pro 100 000 im Jahre 1968. Das ist eine Zunahme von 39 %, während die Zunahme im allgemeinen Durchschnitt des betreffenden Bundesstaates nur 9 % betrug. Ein besonders hohes Anwachsen der Krebssterblichkeit von 180 % gab es in der Stadt Midland, die am Ohio 2 km flußabwärts von Shippingport liegt. Die Stadt Midland bezieht ihr Trinkwasser aus dem Ohio, in den das Kernkraftwerk radioaktive Abwässer abgibt. Ein anderes Beispiel ist der Siedewasserreaktor in Big Rock Point am Michigansee (75 MW). Dort liegt in der Umgebung des Reaktors die Kindersterblichkeit um 50 %, Leukämie um 400 % und die Häufigkeit angeborener Mißbildungen um 230 % höher als im Gesamtdurchschnitt von Michigan. Diese Fälle von Übersterblichkeit traten ein, obwohl nach Behördenangaben die zugelassenen Grenzwerte für Radioaktivität nicht überschritten worden waren.

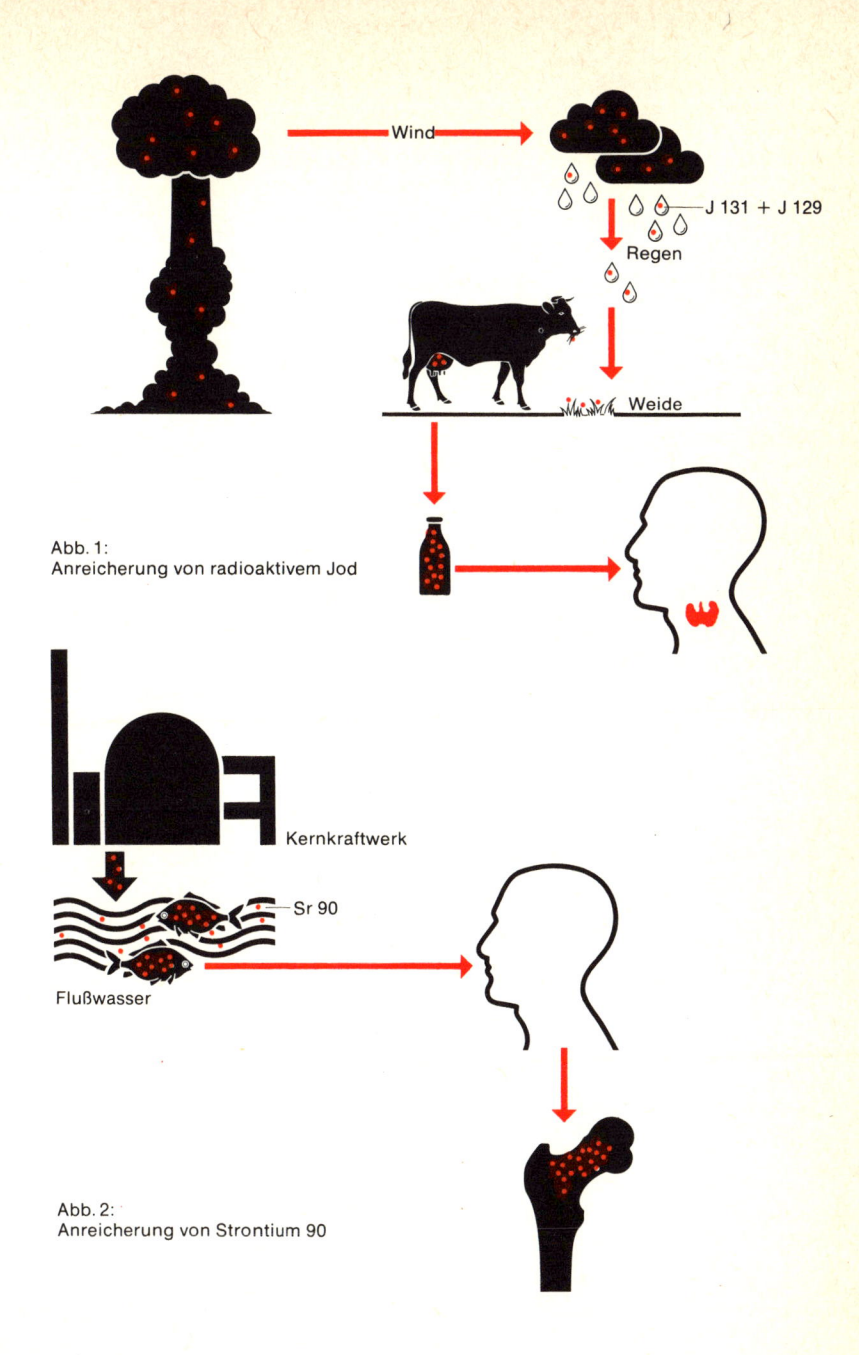

Abb. 1:
Anreicherung von radioaktivem Jod

Wind

J 131 + J 129

Regen

Weide

Kernkraftwerk

Sr 90

Flußwasser

Abb. 2:
Anreicherung von Strontium 90

26 Umwelt

Strahlendosis und Strahlenschäden

Die *Menge eines radioaktiven Stoffes* wird in der Einheit *Curie* (Zeichen: Ci; benannt nach der Entdeckerin des Radiums) angegeben. Eine radioaktive Substanz hat genau dann 1 Ci, wenn in ihr pro Sekunde 37 Milliarden radioaktive Zerfälle stattfinden. 1 Ci ist eine sehr große Menge. Die natürliche Radioaktivität des Bodens liegt pro Gramm in der Größenordnung von 1 pCi (Picocurie; = 1 Billionstel Curie). Zur Messung der von radioaktiven Stoffen ausgesandten *radioaktiven Strahlung* benutzt man die Einheiten Röntgen (Zeichen: r, neuerdings R), Rad (Zeichen: rad, neuerdings rd) und Rem (Zeichen: rem). Die Einheit *Röntgen* (benannt nach dem Entdecker der Röntgenstrahlung) ist ein Maß für die Zahl der durch radioaktive Strahlung in Luft erzeugten Ionisationen: 1 r radioaktiver Strahlung erzeugt in trockener Luft von 0 °C und 760 Torr 2 Milliarden Ionenpaare pro m^3.

Die Einheit *Rad* gibt an, wieviel Energie durch radioaktive Strahlung an die durchstrahlte Materie abgegeben wird; 1 rad ist die Strahlenmenge, die in einem Gramm eines beliebigen Stoffes die Energie 100 erg abgibt. Bei Wasser und weichem Gewebe entspricht 1 r ≈ 1 rad.

Zur Beurteilung biologischer Auswirkungen radioaktiver Strahlung hat man die Einheit *Rem* geschaffen. Rem besteht aus der Energiedosis Rad und einem für die betreffende Strahlenart (α-, β-, γ-, Neutronen-, Protonenstrahlung u. a.) charakteristischen Zahlenfaktor. Dieser *RBW-Faktor* (relative biologische Wirksamkeit) hat für die einzelnen Strahlenarten folgende Werte:

Alphastrahlung	10
Betastrahlung	1
Gammastrahlung	1
Röntgenstrahlung	1
langsame Neutronenstrahlung	4
schnelle Neutronenstrahlung	5–20
Protonenstrahlung	10

In der Umweltdiskussion wird meistens die Einheit Rem verwandt, in der die verschiedenen Auswirkungen der Strahlenarten schon berücksichtigt sind. Der in der BRD gesetzlich festgelegte *Grenzwert für die Strahlenbelastung* aus der Abgabe radioaktiver Stoffe von Kernkraftwerken beträgt 30 mrem pro Jahr durch radioaktive Abgase und 30 mrem pro Jahr durch radioaktive Abwässer. Diese gesetzliche Festlegung von Grenzwerten ging von der Annahme aus, daß es für radioaktive Strahlung eine Toleranzdosis gibt, unterhalb der keine Schäden mehr zu erwarten sind. Neuere strahlenbiologische Forschungen zeigen jedoch, daß diese Annahme aufgegeben werden muß. Überträgt man diese von amerikanischen Wissenschaftlern durchgeführten Untersuchungen auf die Verhältnisse in der BRD, dann ergibt sich, daß ein generelles Erreichen dieses gesetzlich zulässigen Grenzwertes für radioaktive Strahlung allein in der BRD jährlich zu 1 000 bis 3 000 zusätzlichen Todesfällen durch Krebs und Leukämie und zu 2 000–20 000 zusätzlichen Erbschäden (Tot- und Mißgeburten, Erbkrankheiten) führen würde. Diese zunächst umstrittenen Ergebnisse wurden inzwischen von der amerikanischen Umweltschutzbehörde bestätigt.

Abb. 1 Zunahme des Krebsrisikos bei Kindern unter 10 Jahren infolge von Röntgenaufnahmen zur Zeit der pränatalen Entwicklung

Anzahl der Röntgenaufnahmen (0,5 rad pro Aufnahme)

Anstieg des Krebsrisikos in %

Zunahme der Kindersterblichkeit (in Prozent)

Ausstoß radioaktiver Gase (Kilocurie)

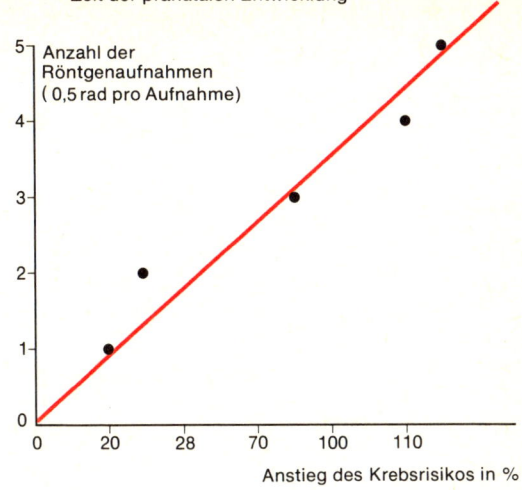

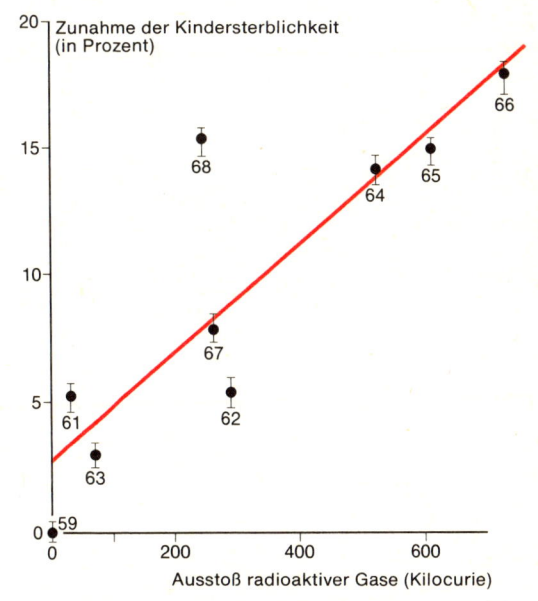

Abb. 2 Zusammenhang zwischen dem Ausstoß radioaktiver Gase aus dem Dresden-Reaktor und der Zunahme der Kindersterblichkeit (Illinois) gegenüber den Vergleichsbezirken (Ohio) (Nach Sternglass 1971)

Plutonium

Plutonium, chemisches Symbol Pu, ist ein künstlich hergestelltes, in winzigen Mengen auch durch natürliche Zerfallsprozesse in der Natur vorkommendes, radioaktives, chemisch und radiologisch hochgiftiges metallisches Element aus der Actinoidenreihe. Es entsteht in Kernreaktoren aus Uran (U) durch den Prozeß: U 238 + Neutron → U 239; U 239 zerfällt unter Aussendung von Betastrahlung zu Neptunium 239 (Np 239), dieses auf die gleiche Weise zu Pu 239. Plutonium hat die Ordnungszahl 94; von ihm sind die Isotope Pu 232 bis Pu 246 bekannt, von denen Pu 244 mit $8,2 \cdot 10^7$ Jahren die längste Halbwertszeit hat. Auch die anderen Isotope sind sehr langlebig; das technisch bedeutungsvollste Pu 239 hat eine Halbwertszeit von 24 400 Jahren.

Pu 239 wird wegen seiner guten Spaltbarkeit durch langsame Neutronen als Kernbrennstoff und zum Bau von Atombomben (die Atombombe, die am 9. 8. 1945 auf die japanische Stadt Nagasaki abgeworfen wurde, war eine Plutoniumbombe) verwendet. Es ist leichter zu gewinnen als Uran (U 235), und seine kritische Masse beträgt nur 8–16 kg gegenüber der kritischen Masse von 50 kg des Urans. Pu 239 wird heute in größeren Mengen in Kernreaktoren (s. S. 496), besonders in schnellen Brütern (s. S. 498), gewonnen. Ein schneller Brüter enthält Plutonium in der Größenordnung von 1 Tonne, das in den Brennstäben des Reaktors enthalten ist.

Radiologisch ist Plutonium, das an der Luft unter Bildung lungengängiger Aerosole (s. S. 336) verbrennt, eines der stärksten bekannten Gifte. Schon Mengen von einem Zehnmillionstel Gramm wirken krebserregend, wenn sie in den menschlichen Organismus eingebaut werden, da Plutonium eine Alphastrahlung geringer Reichweite aussendet, die lokal sehr hohe Strahlungsdosen aufweist. Aus Untersuchungen von Tamplin und Cochran (1974) geht hervor, daß die bisher als tolerabel angesehenen Margen und damit auch die gesetzlich zulässigen Grenzwerte für die Plutoniumkontamination, wie sie für die Bundesrepublik Deutschland in der „Ersten Strahlenschutzverordnung" vom Oktober 1965 festgelegt sind, um den Faktor 300 000 zu hoch angesetzt sind.

Plutonium wird von Wiederaufbereitungsanlagen für Kernbrennstoffe in geringen Mengen an die Umwelt abgegeben. Für die Zukunft ist eine wesentliche Ausweitung des Plutoniumtransports über Straße und Schiene zu den Wiederaufbereitungsanlagen vorgesehen, wobei einerseits das Entweichen von Plutonium durch Leckagen, andererseits aber auch terroristische Störungen nicht hundertprozentig ausgeschlossen werden können. Würde ein 25 kg fassender Transportbehälter bei einem Unfall zerstört, würden etwa 250 Milliarden Lungenkrebsdosen an Plutonium freigesetzt. Aus derselben Menge Plutonium könnte man sich andererseits bei entsprechenden technischen Kenntnissen eine Atombombe herstellen. Die Gefährlichkeit des Plutoniums, v. a. in Anbetracht der Langlebigkeit von Plutoniumisotopen, ist eines der Hauptargumente gegen die Anwendung der Kernspaltung zur Energiegewinnung.

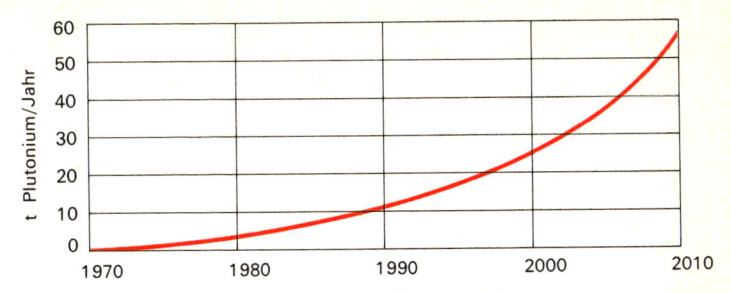

Abb. 1 Jährliche Plutoniumproduktion in Kernkraftwerken

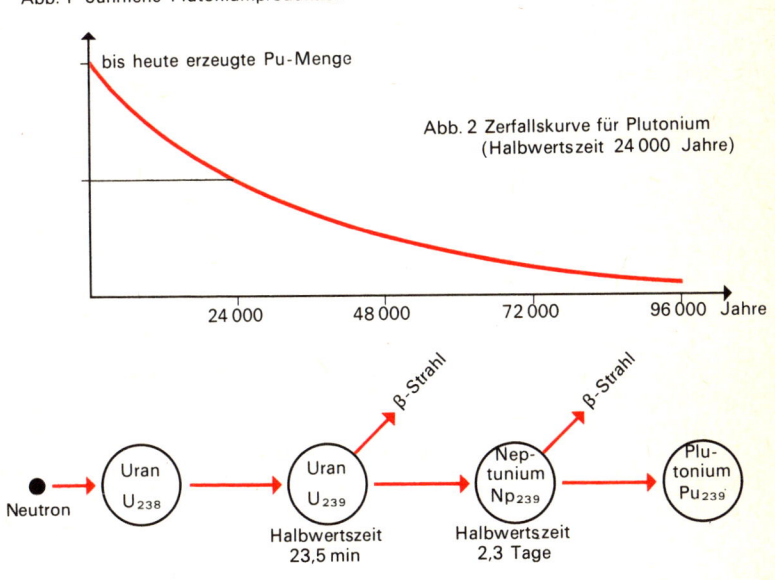

Abb. 2 Zerfallskurve für Plutonium (Halbwertszeit 24 000 Jahre)

bis heute erzeugte Pu-Menge

Abb. 3 Umwandlung von Uran 238 zu Plutonium 239

Tritium

Tritium ist radioaktiver Wasserstoff mit einer Halbwertszeit von 12 Jahren. Es entsteht in großen Mengen in Kernkraftwerken. Seine Ausbreitung in der Umwelt ist nur sehr schwer zu kontrollieren, da seine weichen Betastrahlen mit normalen Strahlenmeßgeräten nicht gemessen werden können. Wenn es in Form von elementarem Wasserstoff vorliegt, kann es durch Stahl-, Beton- und andere Schutzwände hindurchdiffundieren. Die heutigen Kernkraftwerke (1 000 MW) geben pro Jahr zwischen 100–1 000 Ci Tritium mit dem Abwasser an die Umwelt ab. Noch wesentlich größer sind die Abgaben von Tritium aus Wiederaufbereitungsanlagen. Sie liegen in der Größenordnung von 10 000–20 000 Ci für den jährlichen Brennstoffzyklus eines Kernkraftwerks von 1 000 MW.

Da Tritium auf Grund seiner weichen Betastrahlung nur eine geringe Strahlenbelastung verursacht, wurde es bisher als sehr harmloses Radioisotop angesehen. Damit wurde jedoch seine radiotoxische Bedeutung weit unterschätzt. Es ist heute bekannt, daß Tritium auch durch andere Prozesse, sog. *Transmutationen,* lebendes Gewebe zu schädigen vermag. Als Transmutationen bezeichnet man den Übergang des chemischen Elementcharakters während des radioaktiven Zerfalls eines Isotops. Ein Tritiumatom geht beim radioaktiven Zerfall unter Aussendung eines Elektrons in stabiles Helium über. Das chemische Element Wasserstoff verwandelt sich also bei diesem Zerfall in ein Edelgas. Andere biologisch relevante Transmutationen sind der Übergang von radioaktivem Kohlenstoff zu Stickstoff (C 14 → N 14), von radioaktivem Phosphor zu Schwefel (P 32 → S 32) und von radioaktivem Schwefel zu Chlor (S 35 → Cl 35).

Eine solche Umwandlung des Elementcharakters eines Atoms ändert den Chemismus und damit auch die biochemische und physiologische Bedeutung des betreffenden Moleküls, in welches das transmutierte Atom eingelagert ist. In kennzeichnender Weise spricht man daher auch von einem „Selbstmordeffekt" für ein Molekül, wenn in ihm ein solches Atom eingelagert ist. Sind die Moleküle, in die das transmutierende Atom eingebaut ist, in Vielzahl im Organismus vorhanden, so ist das biologische Risiko, das mit der Zerstörung eines einzelnen dieser Moleküle verbunden ist, vernachlässigbar gering. Handelt es sich jedoch um ein *Steuerungsmolekül,* das bereits in Einzahl oder in wenigen Kopien biochemische oder informative Bedeutung hat, wie das bei Makromolekülen der DNS, der RNS und manchen Proteinen der Fall ist (s. auch S. 192), dann kann die transmutative Umwandlung des Elementcharakters eines Atoms dieser Moleküle zu einer manifesten Schädigung des Gesamtorganismus oder eines seiner Teile führen.

Im Falle des Tritiums wurden u. a. bei Zellkulturen des Hamsters *transmutative Schädigungen der Chromosomenstrukturen* beobachtet, und zwar in stärkerem Maße, als dies durch die dem zugehörigen Kernzerfall entsprechenden Strahlendosen der Fall gewesen wäre. Eine höhere Rate an Mutationen, als sie durch Strahlenwirkung aus radioaktivem Zerfall zu erwarten war, wurde mehrfach auch an Bakterien im Anschluß an einen Einbau von Tritium nachgewiesen. Ähnliche Beobachtungen machte man bei der Rate rezessiver geschlechtsgebundener Letalmutationen bei der Taufliege Drosophila. Bei in Thymidin (einem chemischen Baustein der DNS) eingebautem Tritium ergab sich eine bis 50 000fach höhere Schädigung durch Transmutationen, als durch die Strahlendosis des Tritiums allein zu erwarten gewesen wäre. Dieses Problem der Transmutationen ist bei der Festsetzung gesetzlicher Grenzwerte für Tritium nicht beachtet worden. Tritium kommt im Wasser von Natur aus in einer Konzentration von 40 Picocurie pro Liter vor. Der Grenzwert für Tritium in Wasser wurde gleichwohl bei 3 000 000 pCi/l angesetzt.

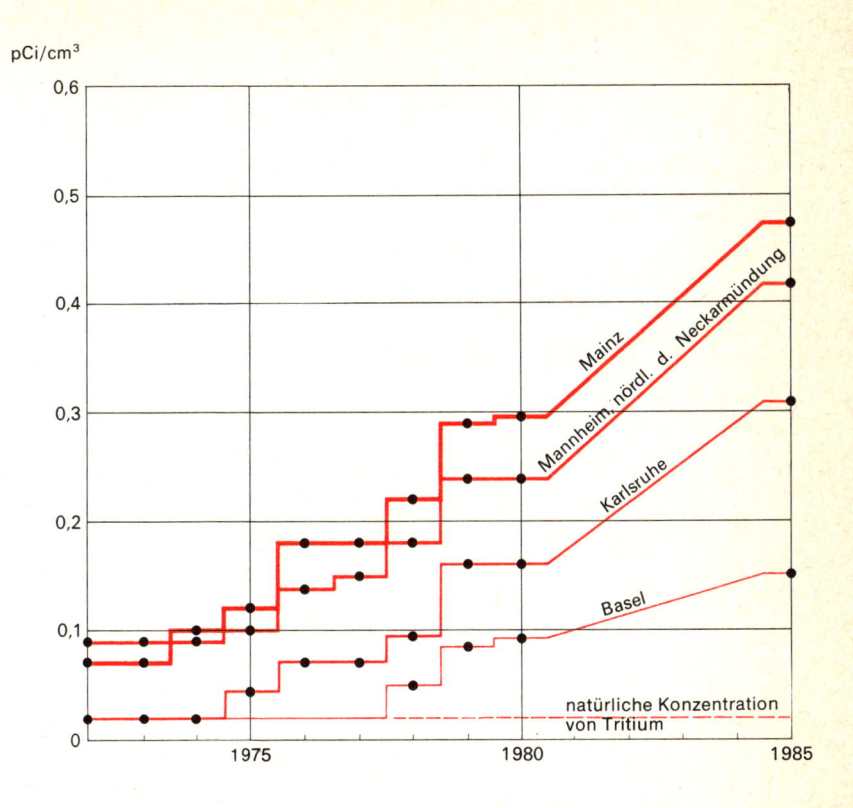

Abb. Zeitliche Zunahme des freigesetzten Tritiums aus kerntechnischen Anlagen im Oberrheingebiet bis 1985
(Quelle: Energie und Umwelt Baden-Württemberg, Kernforschungszentrum Karlsruhe, 1974)

Schall und Lärm

Schall ist jeder mit dem Hörorgan wahrnehmbare Schwingungsvorgang der Luftmoleküle. Für seine Messung eignet sich der durch die Schallerregung hervorgerufene Wechseldruck der Luft. Damit der große in Betracht kommende Amplitudenbereich übersichtlich und auch der subjektiven Empfindung analog dargestellt werden kann, wird der *Schalldruck* in einem logarithmischen Maßstab angegeben. Während der Schalldruck, den eine Schallwelle auf das Trommelfell ausübt, objektiv meßbar ist, gibt es keine physikalische Meßgröße für die physiologische Wirkung von Geräuschen bzw. Lärm auf den menschlichen Organismus.

Als Meßgröße des Schalldruckpegels wird das *Dezibel* (dB) verwendet. Hohe Schallfrequenzen werden lauter empfunden als tiefe Frequenzen. Um diesem Umstand bei der Bewertung eines Geräusches Rechnung zu tragen, wurden Bewertungskurven in Abhängigkeit von der Schallfrequenz aufgestellt. Im allgemeinen wird die Bewertung nach einer mit A bezeichneten *Bewertungskurve* vorgenommen; die Ergebnisse von Schallpegelmessungen werden daher in dB(A) angegeben. Diese Bewertungskurve ist so angelegt, daß eine Zunahme des Schalldruckpegels, die der Mensch als eine Verdopplung des subjektiv wahrgenommenen Lärms empfindet, durch einen Pegelanstieg von 10 dB(A) ausgedrückt wird.

Da die Lärmwirkung außer von der Lautstärke auch vom zeitlichen Verlauf der Lärmintensität abhängt, wird sie anhand eines zeitlich gemittelten Schallpegels (*Mittelungspegel,* äquivalenter Dauerschallpegel) bewertet. Um weitere Faktoren wie Höhe und Anzahl von Pegelspitzen (zur Beurteilung der Gefahr einer Schlafstörung), Auffälligkeit, Ortsüblichkeit, Art und Betriebsweise der Geräuschquelle mit berücksichtigen zu können, wird aus dem Mittelungspegel ein sog. *Beurteilungspegel* gebildet. Dieser soll ein Maß für die tatsächliche Beurteilung der physiologischen Auswirkung eines Lärmpegels sein. Zur Zeit werden mehrere voneinander abweichende Meß- und Beurteilungsverfahren angewandt (DIN 45 633). Die früher häufiger verwendete Einheit Phon entspricht im allgemeinen der heute üblichen Einheit Dezibel.

Der Begriff *Lärm* ist nicht eindeutig zu bestimmen, da neben meßbaren Faktoren auch subjektive Momente, wie z. B. die persönliche Einstellung und die allgemeine körperliche und seelische Verfassung des Betroffenen eine Rolle spielen. Am ehesten wird dem Begriff die folgende Definition von Klosterkötter gerecht: „Unter Lärm sind solche Geräusche zu verstehen, die physiologische Funktionen des Organismus ungünstig beeinflussen, die den Menschen psychisch beeinflussen, also ihn stören, belästigen, ärgern, erschrecken oder die das Gehörorgan schädigen."

Über die gesundheitlichen Auswirkungen von Lärm s. S. 412 ff.

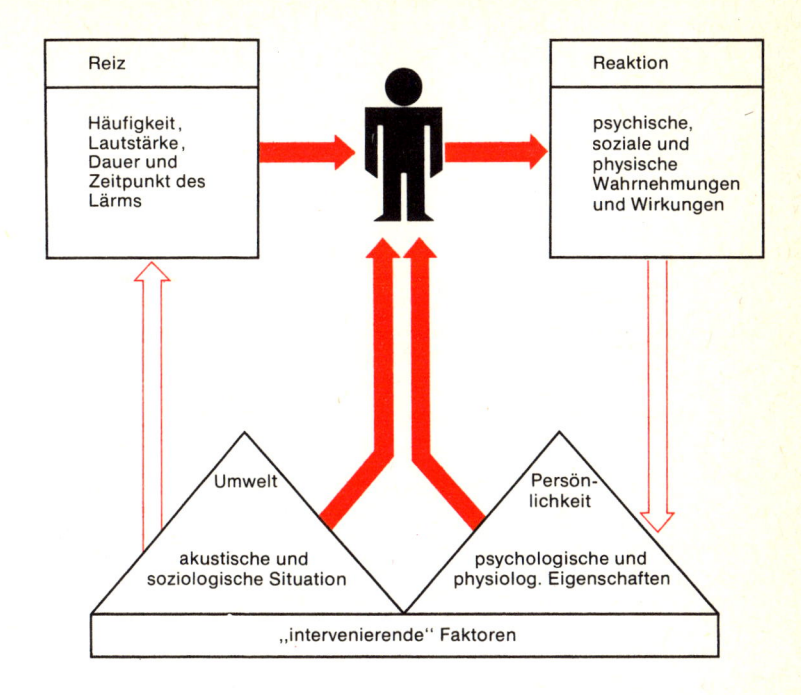

Abb. Auswirkung von Lärm

Lärm – Grenzwerte der Lärmbelästigung

Als Kriterien für die Festlegung von *Richtwerten* zur Beurteilung und Begrenzung von Lärmquellen werden einerseits psychologische, physiologische, motivationsbeeinflussende und sozialpsychologische Lärmwirkungen, andererseits die Gesichtspunkte der Durchführbarkeit von Lärmminderungsmaßnahmen unter Berücksichtigung des Standes der Technik und der Adäquanz der Mittel herangezogen. Solche Richtwerte sind in Gesetze, Rechtsverordnungen und Regelwerke eingegangen. Im folgenden werden drei Lärmrichtlinien beschrieben.

Die *Vornorm DIN 18005* gibt folgende Planungsrichtpegel für Baugebiete an:

Baugebiet	Planungsrichtpegel in dB(A)	
	Tag	Nacht
reines Wohngebiet, Wochenendhausgebiet	50	35
allgemeines Wohngebiet	55	40
Dorfgebiet, Mischgebiet	60	45
Kerngebiet, Gewerbegebiet	65	50
Industriegebiet	70	70
Sondergebiet (je nach Nutzungsart und Wohnungsanteil)	45–70	35–70

Während diese Werte der Vornorm DIN 18005 nur Planungsrichtwerte sind, stellen die folgenden Werte *gesetzlich festgesetzte Grenzwerte* dar. Sie wurden in der „Allgemeinen Verwaltungsvorschrift technische Anleitung zum Schutz gegen Lärm (TA-Lärm)" vom 16. 7. 1968 und in der *VDI-Richtlinie 2058* vom Juni 1973 festgelegt. Die Messung dieser Werte soll 0,5 m außerhalb des geöffneten Fensters erfolgen:

Einwirkungsbereich	Grenzwerte in dB(A)	
	Tag	Nacht
Für Einwirkungsorte, in deren Umgebung nur gewerbliche Anlagen und gegebenenfalls ausnahmsweise Wohnungen für Inhaber und Leiter der Betriebe sowie für Aufsichts- und Bereitschaftspersonen untergebracht sind	70	
Für Einwirkungsorte, in deren Umgebung vorwiegend gewerbliche Anlagen untergebracht sind	65	50
Für Einwirkungsorte, in deren Umgebung weder vorwiegend gewerbliche Anlagen noch vorwiegend Wohnungen untergebracht sind	60	45
Für Einwirkungsorte, in deren Umgebung vorwiegend Wohnungen untergebracht sind	55	40
Für Einwirkungsorte, in deren Umgebung ausschließlich Wohnungen untergebracht sind	50	35
Für Kurgebiete, Krankenhäuser, Pflegeanstalten, soweit sie als solche durch Orts- oder Straßenbeschilderung ausgewiesen sind	45	35

Für das *Innere von Räumen* gelten folgende *Lärmrichtwerte* (VDI-Richtlinie 2791 aus dem Jahr 1973):

Raumart	Mittelungspegel dB(A)	mittlerer Maximalpegel dB(A)
Schlafräume bei Nacht:		
1 in reinen und allgemeinen Wohn-, Krankenhaus- und Kurgebieten	25–30	35–40
2 in allen übrigen Gebieten	30–35	40–45
Wohnräume bei Tag:		
3 wie 1	30–35	40–45
4 wie 2	35–40	45–50
Kommunikations- und Arbeitsräume:		
5 Unterrichtsräume, Einzelbüros, wissenschaftliche Arbeitsräume, Bibliotheken, Konferenz- und Vortragsräume, Arztpraxen	30–40	40–50
6 Büros für mehrere Personen	35–45	45–55
7 Großraumbüros, Schalterräume	40–50	50–60

Im *„Gesetz zum Schutz gegen Fluglärm"* ist für die Abgrenzung der Lärmschutzzone I ein äquivalenter Dauerschallpegel (Mittelungspegel) von 75 dB(A) und für die Lärmschutzzone II von 67 dB(A) festgelegt. In der *Zone I* dürfen nach erfolgter Festsetzung der Lärmschutzbereiche keine Wohnungen mehr gebaut werden. Ferner ist die Gewährung von Entschädigungen für Schallschutzaufwendungen an vorhandenen Wohngebäuden durch den Flugplatzhalter vorgesehen. In der *Zone II* werden für neu zu bauende Wohnungen dem Bauherrn bestimmte Schallschutzanforderungen auferlegt. In beiden Lärmschutzzonen besteht ein Bauverbot für Krankenhäuser, Altenheime, Schulen und ähnliche schutzbedürftige Einrichtungen.

Im „Entwurf eines zweiten Gesetzes zur Änderung des Bundesfernstraßengesetzes" vom 23. 3. 1973 wurde erstmals auch für *Straßenverkehrslärm* ein Emmissionsgrenzwert von 75 dB(A) genannt.

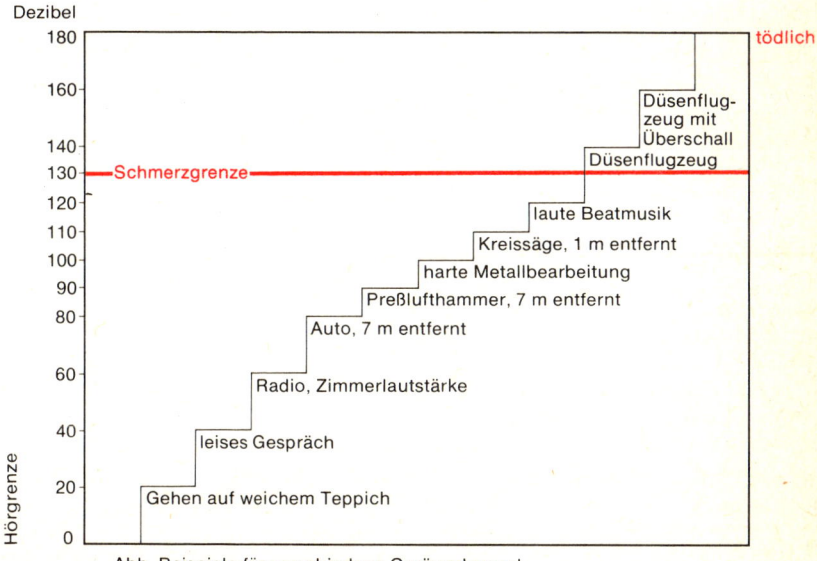

Abb. Beispiele für verschiedene Geräuschpegel

Lärm und menschliches Wohlbefinden

Nach einer Umfrage des Bundesministeriums für Familie, Jugend und Gesundheit fühlt sich jeder zweite Bundesbürger durch Lärm belästigt. Am Tage werden 41 % der Erwachsenen durch Lärm gestört, in der Nacht sind es 25 %. Dauernd von Lärmeinwirkungen in ihrem Wohlbefinden beeinträchtigt fühlen sich 17 % der Bewohner in der BRD.

Das Lärmproblem stellt sich etwas anders dar als jene globalen Umweltprobleme, die heute im Hinblick auf exponentielle Wachstumskatastrophen über Literatur und Massenmedien bewußt gemacht werden. Dabei muß die einseitige Fixierung auf die Frage nach einer Gesundheitsschädigung durch Lärm verlassen werden; statt dessen muß die Forderung in den Mittelpunkt rücken, daß menschliches Wohlbefinden nicht durch vom Menschen gestaltete oder beeinflußbare Umweltverhältnisse – in unserem Fall durch Lärm – beeinträchtigt werden darf.

Die *Belästigung durch Geräusche* hängt von den physikalischen Faktoren des Schalls (Schallstärke, Frequenz, Häufigkeit von Lärmspitzen usw.) und vom psychischen Zustand des Menschen ab. Schallreize führen zu meßbaren Reizantworten im zentralen und vegetativen Nervensystem sowie im Drüsensystem. Diese Veränderungen lassen sich mit unterschiedlichen Methoden nachweisen: Im Elektroenzephalogramm findet man eine Veränderung der elektrobiologischen Potentiale, im Elektromyogramm eine Verstärkung der Muskelaktionspotentiale, die den allgemeinen Spannungszustand einer Muskelgruppe kennzeichnen. Der elektrische Hautwiderstand fällt ab. Der Blutdruck kann geringfügig ansteigen. Die Hauttemperatur ist leicht erniedrigt. Die Pupillen erweitern sich. Magensaft- und Speichelproduktion sind verringert. Atem- und Pulsrate reagieren mit mäßigen Veränderungen; das Herzschlagvolumen nimmt etwas ab. – Maximale Veränderungen entstehen durch Alarm- oder Schreckreaktionen, die durch kurzfristig ansteigende Geräuschpegel (z. B. Knall) ausgelöst werden können. – Sehr niedrige Reizschwellen weist die Änderung (Abfall) des elektrischen Hautwiderstandes auf. Es sind bereits dann signifikante Reaktionen nachweisbar, wenn das Reizgeräusch den allgemeinen Grundgeräuschpegel um 3–6 dB(A) überschreitet.

Ein *ungestörter Schlaf* ist die notwendige Voraussetzung für die Erholung und damit auch für die Erhaltung der Leistungsfähigkeit des Menschen. Häufige Unterbrechungen des Schlafs oder Abkürzungen der Nachtruhe werden subjektiv als lästig empfunden und können zu einer Überreizung der Psyche und schließlich auch des vegetativen Nervensystems führen.

Weniger schlafstörend sind für die meisten Menschen gewisse kontinuierliche Grundgeräusche, an die man sich gewöhnen kann, vor allem wenn sie natürlicher Herkunft und damit auch meist weniger laut sind (z. B. rauschende Gewässer, Wind, Regen). Dagegen können unerwartete und ungewohnte Geräusche und Lärm technischer Herkunft sehr wohl den Schlaf stören. Geräusche beeinflussen auch die Schlaftiefe. Der zur Regeneration besonders geeignete Tiefschlaf geht durch akustische Umweltreize in den weniger erholsamen Dämmerschlaf über. Bereits geringe zusätzliche akustische Reize können bewirken, daß man aus dem Dämmerschlaf aufwacht. Schon bei drei Minuten Beschallung mit 30 dB – was etwa einer ohrnahen Flüstersprache gleichkommt – ist die 10 %-Aufweckschwelle für Erwachsene erreicht. Die 50 %-Aufweckschwelle liegt für Erwachsene bei einer drei Minuten andauernden Geräuscheinwirkung von 45 dB.

Obgleich eine gewisse Gewöhnung an Geräusche natürlichen Ursprungs möglich ist, besteht eine Anpassung an Lärm in bezug auf vegetative Auswirkungen nicht.

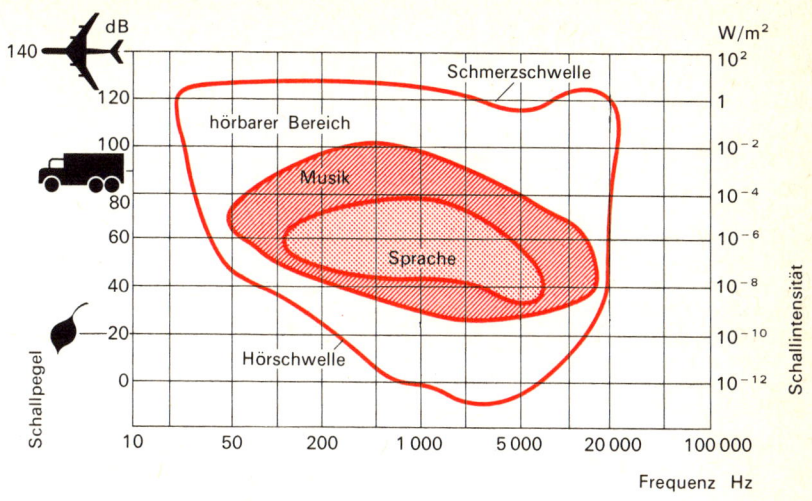

Abb. 1 Geräuschwahrnehmung des menschlichen Ohrs
(Hörflächen, Schwellen und Frequenzbereiche)

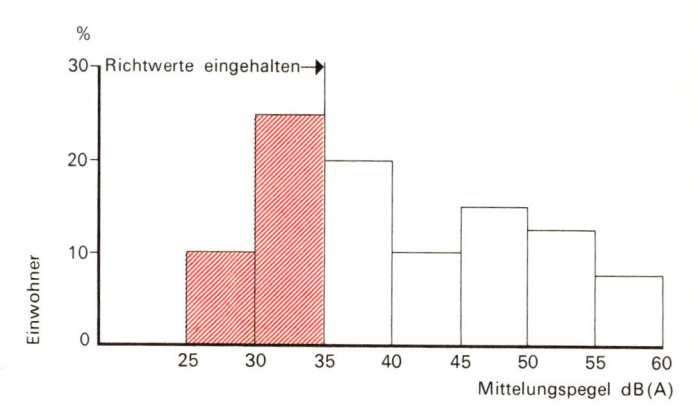

Abb. 2 Lärmbelastung der Einwohner (in %) durch Straßenverkehr
(Großstadt, nachts bei geöffnetem Fenster)

Schwerhörigkeit durch Lärm

Lärmschwerhörigkeit ist das Symptom einer Stoffwechselerschöpfung der Hörsinneszellen des Innenohrs mit degenerativen Veränderungen. Die *Stoffwechselerschöpfung* während der Lärmeinwirkung kommt dadurch zustande, daß der Sauerstoffverbrauch der Hörsinneszellen größer ist als der Sauerstoffantransport durch das Blut.

Das Innenohr übt beim *Hörvorgang* folgende Funktion aus: Die Schallwellen werden über das Trommelfell und den Gehörknöchelchenapparat auf die Innenohrflüssigkeit übertragen. In der Innenohrflüssigkeit liegt eine von vielen Hörsinneszellen besetzte Membran, die die Schwingungen der Innenohrflüssigkeit aufnimmt und an die Sinneszellen weitergibt. In dieser Form empfängt die *Hörsinneszelle* die mechanische Energie des Schalls. Ihre Aufgabe ist es, die mechanische Energie in Nervenimpulse umzuwandeln.

Die *Leistungsfähigkeit des Sinnzellstoffwechsels* ist für Schallstärken ausgelegt, wie sie in der belebten und unbelebten Natur auftreten. Der jahre- und jahrzehntelangen Einwirkung starken Insutrielärms jedoch ist dieser Stoffwechsel nicht gewachsen. Mit dem dadurch eintretenden Sauerstoffmangel geht ein Absinken der bioelektrischen Nervenpotentiale einher. Dem Sauerstoffmangel folgen Störungen des Eiweißstoffwechsels und des Enzymhaushaltes. Die Kerne der Sinneszellen nehmen Schwell- und Schrumpfformen an, die Struktur der Mitochondrien ändert sich. Diese *Folgen der akustischen Überlastung* sind zunächst noch reversibel. Bei fortgesetzter Lärmexposition jedoch kommt es zur Quellung und Deformierung sowie schließlich zum Zerfall der Sinneszellen.

Man weiß heute, daß diese Lärmschäden durch eine jahrelange und während des größten Teils der Arbeitsschicht anhaltende Wirkung von Lärm in der Größenordnung von 90 dB(A) entstehen. Der *Hörschaden* tritt zunächst nur für einen Teil des Frequenzbereiches ein (Abb. 3). Dadurch kann subjektiv noch der Eindruck eines intakten Hörvermögens bestehen. Bei besonders empfindlichen Personen kann ein Hörschaden u. U. schon durch einen Lärmpegel unter 85 dB(A) verursacht werden.

Am Anfang bildet sich die Schwerhörigkeit nur in einem eng begrenzten Frequenzbereich aus. Oberhalb und unterhalb dieser Senke ist die Hörschwelle normal. Subjektive Hörstörungen fehlen noch weitgehend. Manche der Betroffenen klagen jedoch bereits in diesem Stadium über lästige *Ohrgeräusche* (Pfeifen, Zischen usw.). Wenn sich die Hörsenke verbreitert, erreicht die Hörverlustzone schließlich die obere Hörgrenze, d. h., der Patient ist für alle Frequenzen oberhalb eines bestimmten Wertes schwerhörig. Dieses Stadium bedingt schon eine merkliche *Behinderung des Sprachverständnisses*. Die Betroffenen können sich zwar mit einer einzelnen Person in einem ruhigen Raum noch gut unterhalten; sobald das Gespräch aber in einer etwas geräuschvolleren Umgebung stattfindet, haben sie Verständnisschwierigkeiten. Im dritten Stadium dehnt sich die Hörverlustzone weiter auf die mittleren Frequenzen aus, während in den oberen Frequenzen der Hörverlust nur noch geringfügig zunimmt. Die Behinderung des Sprachverständnisses In normaler geräuscherfüllter Umgebung nimmt weiter zu. Die Hörweite für Flüstersprache ist auf 0,1 bis 0,5 m reduziert. In der letzten Phase ergreift die Schwerhörigkeit auch die unteren Frequenzen

Lärmschwerhörigkeit kann weder medikamentös noch durch andere Maßnahmen nennenswert gebessert werden. Dadurch wird ihre Verhütung besonders dringlich. Dies kann auf dreierlei Weise geschehen: durch *Bekämpfung der Lärmentstehung* (z. B. weniger geräuschvolle Produktions- und Bearbeitungsverfahren), durch *Verminderung der Lärmausbreitung* (z. B. Abschirmung der Lärmerzeuger, bauakustische Maßnahmen wie Einbau von Schallschluckmaterialien) und durch *persönlichen Schallschutz* (z. B. Gehörschutzkapseln, Gehörschutzkappen).

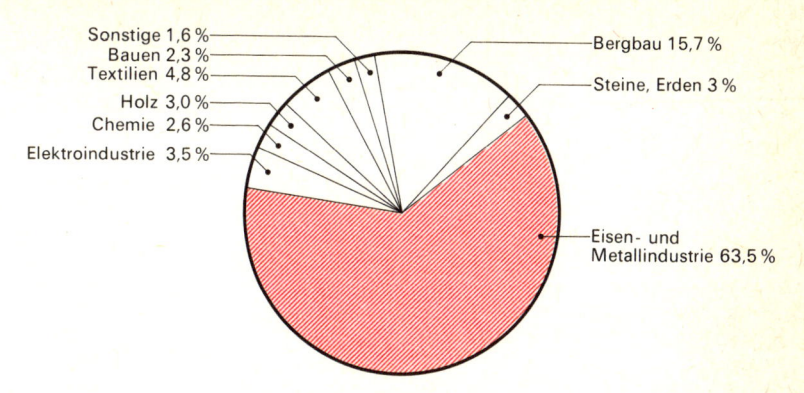

Abb. 1 Auftreten von Lärmschwerhörigkeit in Industriezweigen (1971)

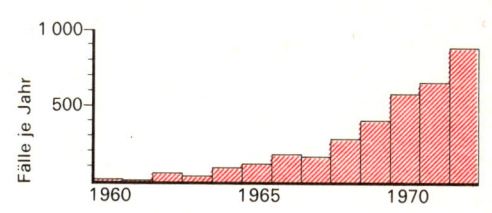

Abb. 2 Zunahme der Lärmschwerhörigkeit

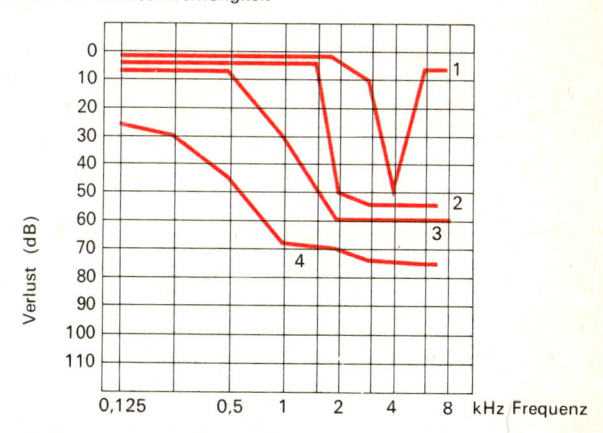

Abb. 3 Schwellenaudiogramme der verschiedenen Schwerhörigkeitsphasen

Lärmschutz

Im folgenden werden verschiedene Möglichkeiten der Lärmabschirmung dargestellt. An erster Stelle sind die sog. *Lärmschutzwände* zu nennen, wie sie an Baustellen, lärmintensiven Industrieanlagen, Eisenbahnen und Schnellstraßen sowie auf Flughäfen eingesetzt werden können. Die einzelnen Lärmschutzelemente der Lärmschutzwand werden meist im Spritzgußverfahren aus UV-stabilisiertem Polyäthylen hoher Dichte hergestellt. Die Konstruktion mit Kunststoff gewährleistet eine ziemliche Wartungsfreiheit, Alterungsbeständigkeit und einen hohen Selbstreinigungsgrad. An der der Schallquelle zugewandten Seite liegen zahlreiche Schalleintrittsöffnungen. Der Lärm trifft durch diese hindurch auf ein *Absorptionsmaterial* im Innern der Lärmschutzwand, in dem er zu einem großen Teil absorbiert wird. Als Absorptionsmaterial wird eine witterungsbeständige Mineralfaserplatte verwendet, die durch Distanzhalter in einem akustisch optimalen Abstand zur Umkleidung der Lärmschutzwand gehalten wird. Die Rückfront der Wand ist geschlossen. Mit einer normalen Lärmschutzwand von ca. 15 kg/m^2 kann eine Schallpegelminderung von Verkehrs- und Industrielärm um ca. 12 bis 13 dB(A) erzielt werden.

Industriell werden Lärmschutzwände aus einzelnen Elementen mit einer Abmessung von 100 x 25 x 15 cm gefertigt. Diese lassen sich in beliebiger Höhe und Länge zusammensetzen. Wegen der bei freistehenden Lärmschutzwänden recht hohen Windbelastung (z. B. 80 bis 150 kp/m^2) müssen die Elemente in einem größeren Fundament gut verankert werden.

Neuerdings werden neben den feststehenden auch *mobile Lärmschutzwände* entwickelt, die sich besonders zum Einsatz im Bereich befristeter Lärmquellen (z. B. Baustellen) eignen und durch die Möglichkeit wiederholter Verwendung auch wirtschaftlich sinnvoll sind.

Zur Lärmabschirmung von Wohnungen sind *schalldämmende Fenster* in Gebrauch. Diese können im Extremfall den Schallpegel um bis zu 50 dB(A) verringern. Da ihr Einbau recht kostspielig ist und da sie andererseits nicht geöffnet werden können (also eine Belüftung über Klimaanlage erforderlich ist), spielen sie in der Praxis keine so bedeutende Rolle.

Bezüglich der Abschirmung von *Verkehrslärm* sind folgende Faktoren zu beachten. Bei einer vierspurigen geländegleichen *Schnellstraße* mit einer mittleren Verkehrsdichte von 2 500 Pkw pro Stunde beträgt der *Schallpegel* in unmittelbarer Nähe der Fahrbahnkante 73 dB(A), in einem 50 m von der Straße entfernten Hochhaus (nach oben zunehmend) 65–66 dB(A). In größerer Höhe über dem Boden nimmt der Lärm mit zunehmender Entfernung von der Straße langsamer ab als in Bodennähe. Dies ist eine Folge der schallschluckenden Wirkung der Bodenoberfläche. Die Lärmbelastung einer *Stadtstraße* mit einer Verkehrsdichte von 1 000 Pkw pro Stunde beträgt an der Fahrbahnkante 70, in mittleren Stockwerken 68 und in oberen Stockwerken 66 dB(A). Enge und hohe Straßenschluchten können den Schallpegel beträchtlich, bis zu 10 dB(A), erhöhen.

Im innerstädtischen Bereich könnte bereits durch die Herausnahme des Durchgangsverkehrs und die Schaffung von Fußgängerzonen eine erste wirksame Lärmdämmung erfolgen. – Im Bereich von Schnellstraßen bzw. Fernverkehrsstraßen läßt sich eine geringe Reduzierung der Lärmbelästigung durch die Anlegung einer *Lärmschutzpflanzung* zwischen Straße und Wohngebiet (Mindestbreite 30 m) erreichen. Auch eine *tiefere Straßenführung* bringt zumindest für die unteren Stockwerke der betroffenen Wohnungen eine gewisse Lärmminderung. Eine sichtliche und spürbare Verbesserung kann dagegen die Anlage eines *bepflanzten Walls* bringen. Auf diese Weise kann z. B. die von einer in 50 m Entfernung verlaufenden Schnellstraße ausgehende Lärmbelästigung für die Bewohner eines Hochhauses auf 45 dB(A) abgesenkt werden.

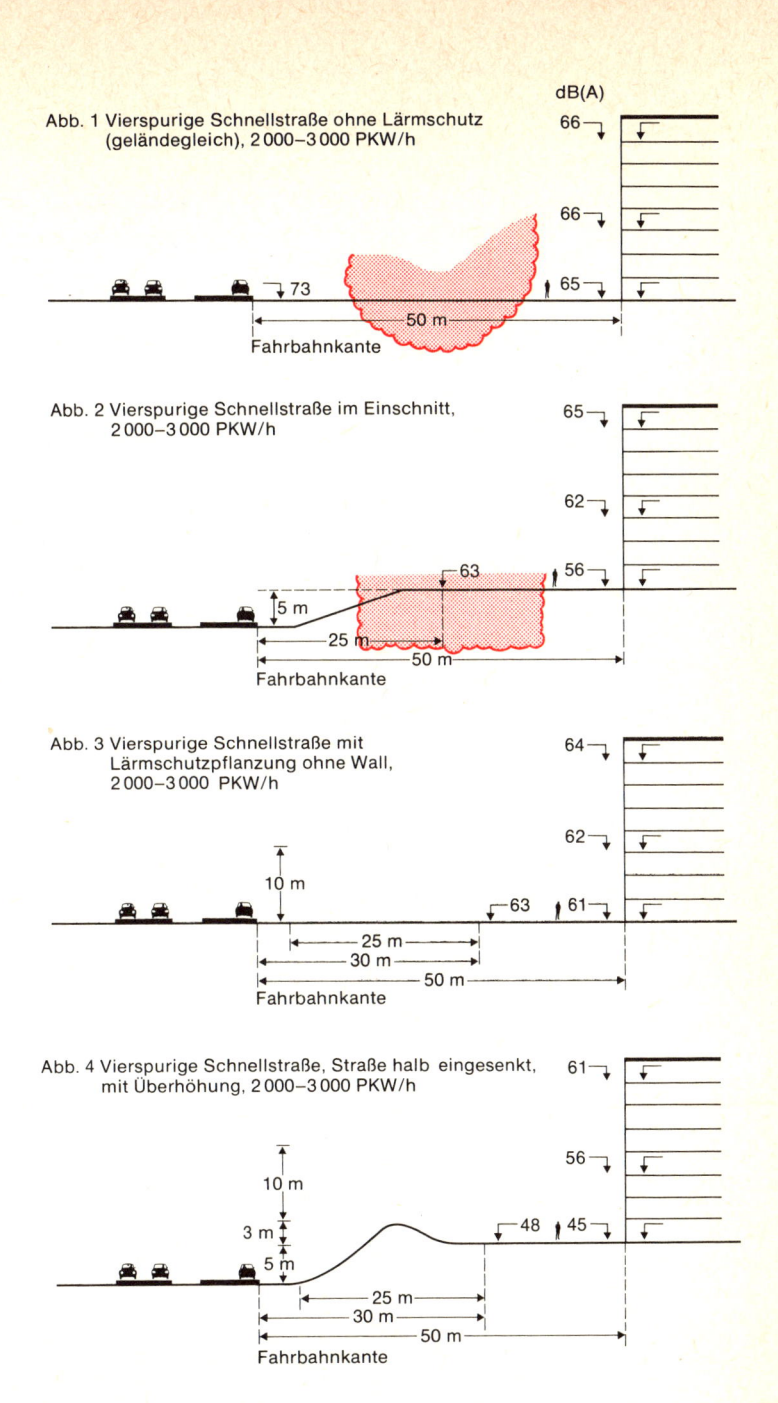

Abb. 1 Vierspurige Schnellstraße ohne Lärmschutz (geländegleich), 2 000–3 000 PKW/h

Abb. 2 Vierspurige Schnellstraße im Einschnitt, 2 000–3 000 PKW/h

Abb. 3 Vierspurige Schnellstraße mit Lärmschutzpflanzung ohne Wall, 2 000–3 000 PKW/h

Abb. 4 Vierspurige Schnellstraße, Straße halb eingesenkt, mit Überhöhung, 2 000–3 000 PKW/h

nach H. Kühne

27 Umwelt

Fluglärm – Fluglärmschutz

Bei den relativ langsam fliegenden *Verkehrsflugzeugen mit Kolbenmotor* rührt der Hauptlärm vom Motor und Propeller her. Die maximale Schallabstrahlung erfolgt etwa in der Schraubenblattebene des Propellers (Abb. 1).

Bei *Flugzeugen mit Strahlturbinen* wird die eingesaugte Luft in der Strahlturbine durch einen Verdichter komprimiert und in eine Brennkammer geleitet. Hier wird Brennstoff eingespritzt und verbrannt. Das heiße Gas-Luft-Gemisch durchströmt die Turbine, die den Verdichter treibt, und verläßt die Strahlturbine durch die Austrittsdüse in hoher Geschwindigkeit, was den Vortrieb des Flugzeugs bewirkt. Hinter der Düse bildet sich eine turbulente Zone aus, in der sich der Schubstrahl mit der Luft der Umgebung vermischt. Die dabei auftretenden Druckschwankungen sind die Quelle des charakteristischen Strahlgeräusches. Da die maximale Schallabstrahlung schräg nach hinten erfolgt (Abb. 2), erzeugt ein Strahlflugzeug erst dann den größten *Schallpegel* für den Betroffenen, wenn es ihn überflogen hat.

Flugzeuge mit Propellerturbinen nehmen eine Mittelstellung ein. Die Turbine treibt hier nicht nur den Verdichter an, sondern auch noch einen Propeller, der den Hauptteil des Schubs liefert, während der Schubanteil der aus der Düse austretenden Gase gering ist. Die Geräusche gehen hier zum einen vom Propeller aus, zum anderen vom Verdichter und dem aus der Turbine austretenden Strahl.

Die größten Schallintensitäten werden vom startenden Flugzeug erzeugt. Beim Start z. B. einer DC 8 von 85 t Startgewicht muß noch in einer Entfernung von 12 km vom Startpunkt in Startrichtung mit einem Schallpegel von 85 dB gerechnet werden. Der Schallpegel von 80 dB reicht in diesem Fall noch bis zu einer Entfernung von ca. 20 km. Messungen haben gezeigt, daß einzelne Orte oder Siedlungsgebiete in der Nähe von Flugplätzen an mehreren Wochentagen oft stundenlang durch Schallpegel bis zu 100 dB und durch regelmäßig wiederholte Übungsflüge mit Pegeln über 110 dB (vor allem durch Militärmaschinen) belastet sind. Dies sind Werte, bei denen es bereits zu bleibender Gehörschädigung kommen kann (s. S. 414).

Als einleitende Maßnahme gegen den Fluglärm müssen *Lärmmeßanlagen* mit Einzelmeßstellen von möglichst großer Streubreite eingerichtet werden. Mit Hilfe der gewonnenen Meßdaten können Zonen unterschiedlicher Lärmbelastung festgelegt werden. Dadurch wird es für die Flugsicherung möglich, *Abflugrouten* zu bestimmen, bei denen nur dünnbesiedelte Gebiete in der Umgebung des Flughafens überflogen werden müssen. Bei Landungen ist allerdings aus flugtechnischen Gründen eine Auffächerung der zu überfliegenden Gebiete nicht so gut möglich und somit die Lärmbelästigung auf diese Weise kaum einzudämmen.

Eine nachhaltige Verbesserung der Fluglärmsituation wird erst durch den allgemeinen Einsatz von *Luftfahrzeugen mit leiseren Triebwerken* erreicht werden können, wie sie heute bereits bei einigen Flugzeugtypen im Kurzstreckenverkehr eingesetzt werden.

Mit den Maßnahmen zur Eindämmung der Auswirkungen des Fluglärms bei startenden und landenden Luftfahrzeugen müssen Bestrebungen zur Bekämpfung des *Bodenlärms* einhergehen. Dies wird durch die Errichtung von *Schallschutzanlagen* auf den Werftgeländen und *Schallschutzmauern* an Flughäfen zur Abschirmung des Fluglärms gegenüber den Anwohnern erreicht.

Zur *Verminderung des nächtlichen Fluglärms* wurde von amtlicher Stelle eine Verfügung erlassen, die ein Verbot für nächtliche Übungs-, Überführungs-, Überprüfungs- und Trainingsflüge sowie für nächtliche Starts und Landungen von Chartermaschinen beinhaltet. Auch Linienmaschinen dürfen in der Zeit von 0 Uhr bis 5 Uhr Ortszeit nicht landen. Die *Nachtflugbeschränkungen* werden von einer Reihe von Maßnahmen flankiert, die unter anderem bewirken sollen, daß die Zahl der Flugbewegungen in den Randzeiten nicht zunimmt.

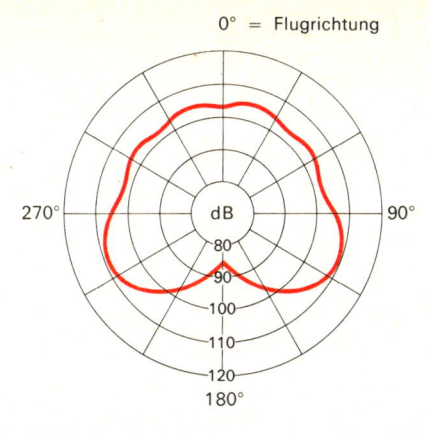

Abb. 1 Richtcharakteristik des von einem Propellerflugzeug erzeugten Gesamtschallpegels (gilt für stehende und fliegende Flugzeuge)

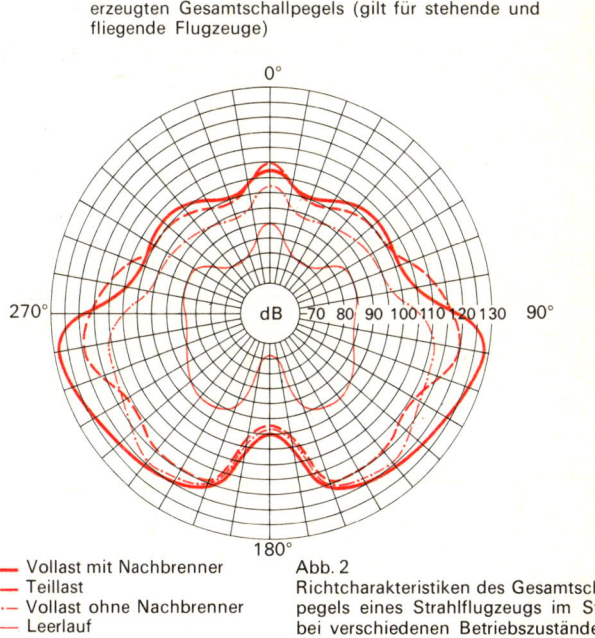

——— Vollast mit Nachbrenner
– – – Teillast
—·—·— Vollast ohne Nachbrenner
——— Leerlauf

Abb. 2 Richtcharakteristiken des Gesamtschallpegels eines Strahlflugzeugs im Stand bei verschiedenen Betriebszuständen

Die Beseitigung von Siedlungsabfällen in industriellen Ballungsräumen

Gesellschaftliche Veränderungen in den letzten zwanzig Jahren haben dazu geführt, daß die Bewohner der Großstädte zunehmend an die Peripherie drängen. Dadurch nimmt die Flächenausdehnung der Ballungsräume stark zu, und die Entsorgung (Abfallbeseitigung), vor allem der Abtransport der Abfälle, wird durch die Vergrößerung der Transportstrecken ständig teurer.

Drei großtechnisch anwendbare Verfahren der Entsorgung stehen den Gemeinden, den Trägern der kommunalen Entsorgung, zur Verfügung. Die *Deponie (Müllkippe)* wird unter den derzeit gegebenen Umständen als die billigste betrachtet (s. auch S. 432). Da Deponien in Zukunft nicht mehr verstreut, unkontrolliert und als Gefahrenquelle für die Umwelt angelegt werden dürfen, wird die *Großdeponie* an zentraler Stelle die Funktion der kleineren Deponien übernehmen. Damit muß der Müll über weite Strecken transportiert werden, was nicht nur eine stärkere finanzielle Belastung für den Bürger mit sich bringt, sondern auch andere Nachteile, die mit dem dadurch gesteigerten Verkehrsaufkommen verbunden sind. Großstädte haben nicht selten ein Müllaufkommen von weit über hundert Fahrzeugladungen pro Tag, wobei die Fahrstrecke zweimal (Hin- und Rückfahrt) zurückgelegt werden muß. Diese Belastung könnte nur durch die Anlage vieler *kleinerer Deponien* um die Ballungszentren herum vermieden werden, was jedoch im allgemeinen daran scheitert, daß meist nicht genügend Plätze ausgewiesen werden können, die den gesetzlichen Anforderungen entsprechen. Außerdem kommt erschwerend hinzu, daß der Betrieb einer kleinen Müllkippe maschinentechnisch den gleichen Aufwand erfordert wie der einer großen. Auch personell ist der Betrieb kleiner geordneter Deponien wesentlich aufwendiger. Für eine Dezentralisierung der Müllentsorgung ist daher das Verfahren der geordneten Deponie nicht sehr günstig.

Unter dem Gesichtspunkt, daß durch die dezentralisierte Müllentsorgung lange Wegstrecken vom Anfallsort zum Ort der Verarbeitung vermieden und dadurch die Transportkosten und die Personalkosten reduziert werden können und daß ferner durch die Verringerung der Fahrzeugdichte auf den Zufahrtstraßen eine Belästigung der Anwohner weitgehend vermieden wird, kommen zwei andere Verfahren der Müllbeseitigung verstärkt in Betracht: Die *Verbrennung* der Siedlungsabfälle (s. auch S. 436) ist dann sinnvoll, wenn die Anlagen weit abseits der bewohnten Gebiete und mit den nötigen Schutzmaßnahmen ausgerüstet werden. Die *Müllkompostierung* (s. auch S. 444 ff.) kommt den Anforderungen nach Dezentralisierung in nahezu idealer Weise entgegen. Kompostwerke sind aller Erfahrung nach optimal wirksam in der Größenordnung von 60 000–80 000 Einwohnergleichwerten (kleinere im Siedlungsgebiet ansässige Handwerks- und Produktionsunternehmen werden von ihrem Müllaufkommen her in Einwohnergleichwerten geschätzt, d. h., ihr Abfallaufkommen entspricht dem einer bestimmten Anzahl Einwohner). Neben dem Müll kann bei der Kompostierung auch der gesamte *Klärschlamm* (s. auch S. 370) verarbeitet werden, der bei der Stadtentsorgung ein Sonderproblem darstellt. Das Endprodukt *Kompost,* das im Umland der Kompostwerke abgesetzt werden sollte, damit es nicht kalkulatorisch mit zu hohen Transportkosten belastet ist, findet bei dezentralisierten Anlagen auf Grund der größeren für die Kompostanwendung zur Verfügung stehenden Fläche bessere Absatzbedingungen.

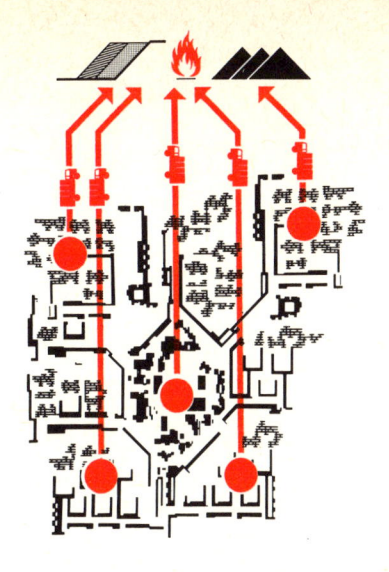

Abb. 1 Zentrale Müllverarbeitung

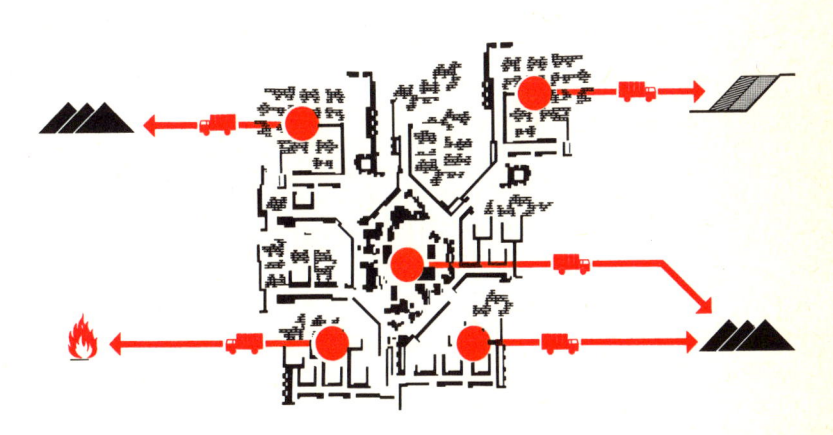

Abb. 2 Dezentralisierte Müllverwertung

Müll – die Müllabsauganlage

Die Abfallbeseitigung bei Großbauten in dichtbesiedelten Gebieten birgt besondere Probleme. Aus Gründen der Hygiene und Rationalisierung sollten die Abfälle möglichst automatisch, d. h. ohne menschliche Berührung vom Ort ihrer Entstehung bis zu einer zentralen Sammelstelle befördert werden. Viele Versorgungsleitungen für Wasser, Strom, Gas, Fernheizung und Telefon werden ebenso wie die Kanalisation unter die Erdoberfläche verlegt. Die Entsorgung festen Haus- und Gewerbemülls kann gleichermaßen unterirdisch über *vollautomatische Müllabsauganlagen* erfolgen, bei denen der Müll über ein geschlossenes System einem zentralen Abscheider direkt zugeführt wird. Von dort gelangen die Abfälle in ein *Verdichtungsaggregat* und werden anschließend abgefahren. Die Entleerung der Abwurfschächte erfolgt in festgelegten Intervallen automatisch und ohne Lärmbelästigung mit Hilfe einer programmierten Steuerung. Die Anlagekapazität kann jederzeit ohne besonderen zusätzlichen Aufwand gesteigert und somit neuen Bedürfnissen angepaßt werden, wenn häufigere Leerungen vorgesehen sind.

Der Weg des Mülls vom Verursacher bis zur Sammelstelle verläuft dabei wie folgt: Die Abfälle werden über *Einschüttöffnungen* in einen der vertikalen *Müllschluckerschächte* geworfen. Der Müll staut sich kurzzeitig bis zum Weitertransport in sog. *Stauräumen* über den Schachtventilen. Diese stellen die Verbindung zwischen den Abwurfschächten und den horizontal darunterliegenden Transportrohren dar. Der Hauptteil eines solchen *Schachtventils* ist eine waagrechte bewegliche Stahlscheibe, die den Boden des Abwurfschachtes bildet und so den Müll zurückhält. Das eigentliche Transportsystem besteht aus *Stahlrohren* mit einem Innendurchmesser von 500 mm. Sie liegen im Erdboden horizontal und können, wenn erforderlich, in Steigungswinkeln und Biegungsradien verlegt werden. Am Anfang des Rohrleitungssystems befindet sich ein *Transportluftventil*, das die Aufgabe hat, bei Beginn des Entleerungsvorgangs die Transportluft einzulassen. In einem *Abscheider*, in dem der Müll von der Transportluft getrennt wird, endet die horizontale Rohrleitung. Von dort gelangen die Abfälle in die darunterliegende *Verdichtungsanlage*. Wegen der Staubfracht und der möglichen Geruchsbelästigung muß die Transportluft durch *Filter* gereinigt werden. Nach der Reinigung wird sie über die *Exhaustorenanlage* schallgedämpft ins Freie geführt.

Für den Ablauf des Entleerungsvorgangs erzeugen die *Exhaustoren* in der Rohrleitung einen Unterdruck. Gleichzeitig setzt sich die bis dahin gesperrte Verdichtungsanlage in Bewegung. Das Transportluftventil öffnet sich, so daß die Transportluft in die Leitungen gesaugt werden kann. Das erste Schachtventil wird geöffnet, und der Müll fällt aus dem vertikalen Schacht in das horizontale Transportrohr, wird hier vom Luftstrom mitgerissen und bis zum Abscheider getragen. Danach schließt sich das erste Schachtventil. Die nächstfolgenden öffnen sich nun, bis alle Abwurfschächte entleert sind. Dieser Vorgang wiederholt sich in allen Leistungssträngen.

Alle Funktionen der Anlage werden von einer Zentrale aus elektronisch gesteuert, angezeigt und überwacht. In einem geschlossenen Saug-, Sammel- und Transportsystem können große Müllmengen mit geringem Arbeitskräftebedarf auf weite Entfernung leicht transportiert werden. Die Anlage arbeitet hygienisch einwandfrei und bringt keinerlei Geruchs- und Lärmbelästigung mit sich. Fahrwege und Mülltonnenstandplätze mit ihren unangenehmen Begleiterscheinungen entfallen vollständig.

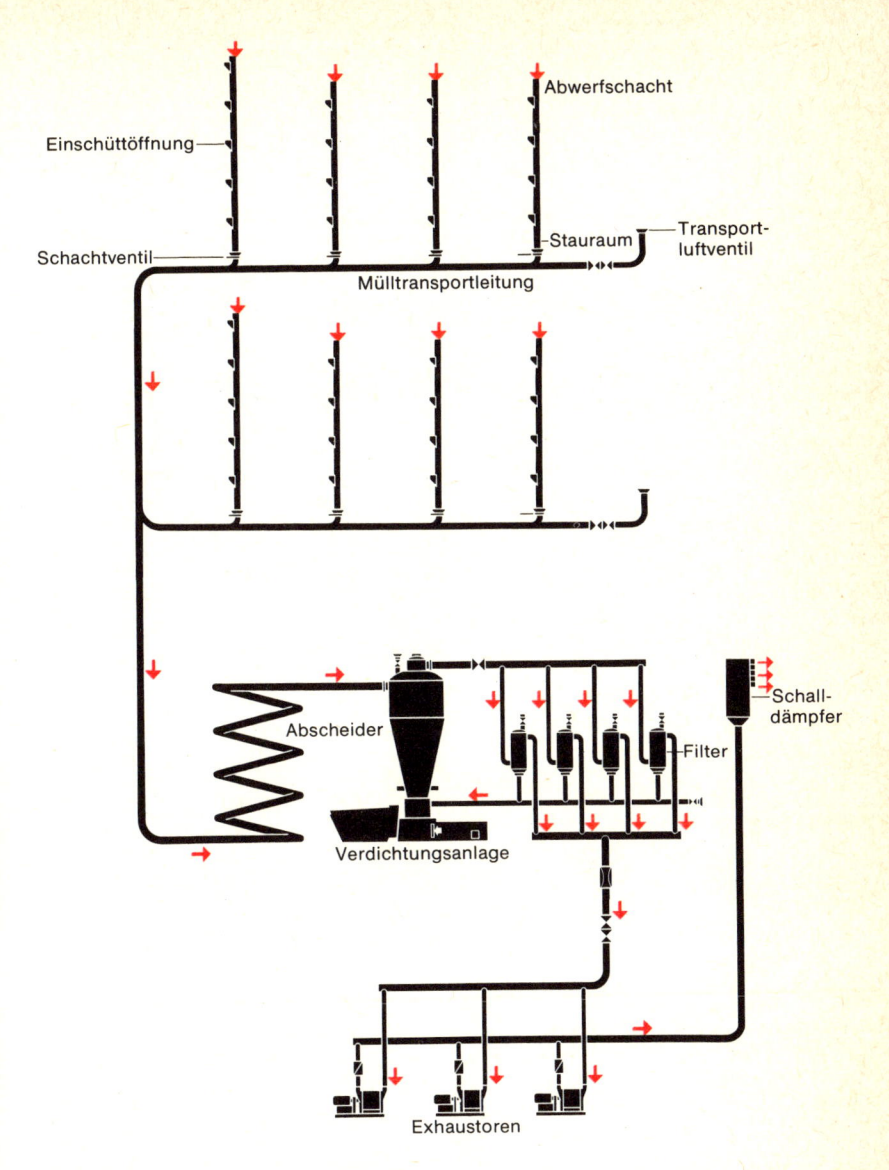

Abb. Schema einer Müllabsauganlage
Quelle: KUKA-Umweltschutz

Müll – die Vorsortierung von Abfällen im Haushalt

Die drei zur Zeit in der Siedlungsabfallbehandlung gebräuchlichen Methoden, Mülldeponie (s. S. 426 ff.), Müllverbrennung (s. S. 436) und Müllkompostierung (s. S. 444 ff.), verlangen keinerlei Vorsortierung der Abfälle, da diese in beliebig anfallender Form verarbeitet werden können. Dabei ist allerdings zu bedenken, daß ohne Vorsortierung im Aufbereitungsgang viele wertvolle Rohstoffe, wie z. B. Papier, Eisen- oder Nichteisenmetalle, Glas, vernichtet und damit dem Wirtschaftskreislauf entzogen werden. Ohne Vorsortierung der Abfälle besteht außerdem die Gefahr, daß Giftstoffe in Deponien oder Kompostierungsanlagen eingebracht werden und dort erhebliche Schäden verursachen.

Die Aussortierung bestimmter Abfallkomponenten im Verarbeitungsprozeß ist nicht ohne Schwierigkeiten durchzuführen und erfordert vom Träger der Abfallbeseitigung hohe maschinelle und personelle Investitionen. Es ist daher zu erwägen, ob eine getrennte Sammlung der einzelnen Komponenten des Hausmülls gegenüber der bislang geübten Praxis Vorteile bringt. Positive Erfahrungen mit dieser Methode wurden bereits in einigen Gemeinden der Bundesrepublik und der Schweiz gemacht.

Nicht für jeden der im Haushalt anfallenden Reststoffe kann in der Regel ein gesonderter Sammelbehälter aufgestellt werden, da dies viel zu unübersichtlich und auch unrentabel wäre. Faßt man die Komponenten allerdings in wenige definierte Untergruppen zusammen, so sollte die Einsammlung bei guter Organisation und Disziplin keine Schwierigkeiten bereiten.

Als wichtigste *Untergruppen in den Siedlungsabfällen* wären die organischen Küchenabfälle, Papier und Pappe, Glas, die Gruppe Steine, Keramik, Asche u. ä. nicht brennbare Materialien, die Kunststoffe sowie die Eisen- und Nichteisenmetalle zu erwähnen. Insgesamt lassen sich fünf Untergruppen, deren getrennte Sammlung wirtschaftliche Bedeutung erlangt, aufstellen:

Die *organischen Küchenabfälle* müssen wegen ihrer Anfälligkeit gegenüber Faulung und der damit verbunden Geruchsbelästigung der Anwohner häufiger eingesammelt und wenn möglich der Kompostierung zugeführt werden. – Alle anderen Abfälle sind weitgehend chemisch und biologisch unangreifbar und brauchen deshalb nur seltener abgeholt zu werden. – *Papier* kann als Rohstoff wieder in die Papiererzeugung eingeführt werden oder, falls hierfür kein Bedarf besteht, zur Energiegewinnung dienen. – *Glas* wird ebenfalls als Rohstoff in die Glasfabrikation für die Herstellung minderwertiger Gläser (Getränkeflaschen) zurückgeführt. – *Eisen-* und *Nichteisenmetalle* können zusammen eingesammelt werden, da ihre magnetische Trennung keine technischen Schwierigkeiten bereitet. Auch sie stellen einen wertvollen Rohstoff dar, der wieder in den technischen Prozeß zurückgeführt werden kann. – Die Materialien der Gruppe *Keramik, Steine, Asche* können weitgehend unbedenklich in Deponien abgelagert werden, da hier weder chemische noch biologische Umsetzungen zu erwarten sind. – *Kunststoffe* können, solange ihre Wiederaufbereitung technisch nicht realisierbar ist, zur Energiegewinnung verwendet werden.

Die getrennte Einsammlung von Müll nach Abfallgruppen bringt zwar im Haushalt und bei der Organisation der Entsorgung noch Schwierigkeiten mit sich, die jedoch durch die inzwischen angelaufene Konstruktion geeigneter Sammelbehälter überwunden werden können. Auf jeden Fall könnte diese Form der Müllentsorgung und die damit verbundene Wiedereingliederung von Teilen der Reststoffe in den Produktionsprozeß für die Abfallbeseitigungsanlagen eine erhebliche Entlastung mit sich bringen. Es ist daher wünschenswert, daß Ansätze, wie sie mit der getrennten Einsammlung von Altpapier bereits gemacht wurden, gefördert und auf andere Stoffgruppen ausgedehnt werden.

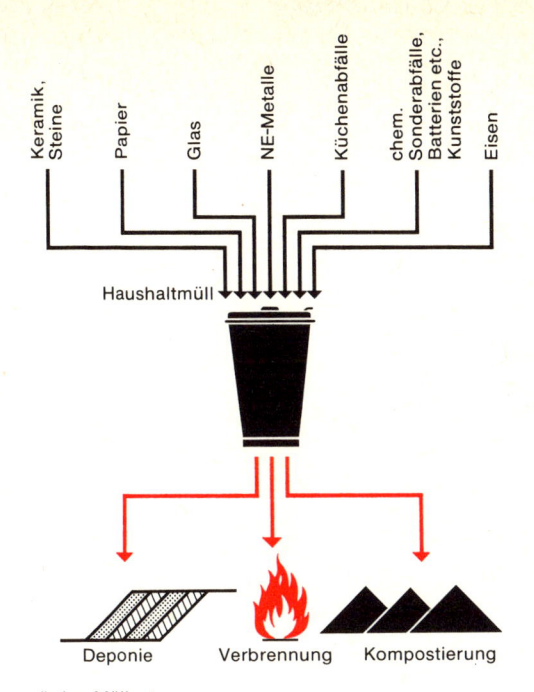

Abb. 1 Gegenwärtige Müllentsorgung

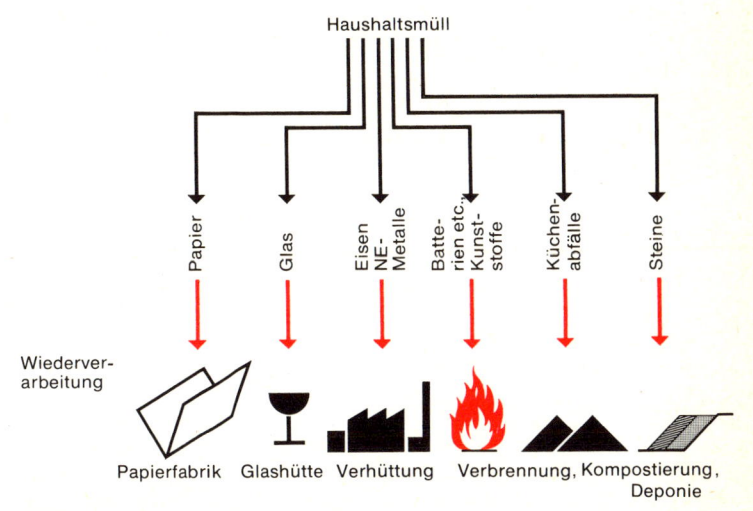

Abb. 2 Vorsortierung von Haushaltsmüll

Müll – die geordnete Deponie

Der überwiegende Teil der Siedlungs- und Produktionsabfälle wird auch in Zukunft durch Ablagerung in der *geordneten Deponie* beseitigt werden. Dies ist vor allem darauf zurückzuführen, daß die Deponie das kostengünstigste Beseitigungsverfahren darstellt. Sowohl die Investitionsaufwendungen als auch die Personal- und Folgekosten machen nur etwa den zehnten Teil der bei den übrigen Beseitigungsverfahren entstehenden Kosten aus. Die geordnete Deponie hat darüber hinaus den Vorteil, daß auf diese Weise auch problematische Abfälle (Sondermüll) beseitigt werden können.

Bei der Einrichtung einer geordneten Deponie muß vor allem darauf geachtet werden, daß der Deponiekörper keine Verbindung zum Grundwasser hat, damit die Auswaschung von Schwermetallen und organischen Schmutzstoffen vermieden wird. Ist diese Voraussetzung erfüllt, kann mit der *schichtweisen Ablagerung der Abfälle* begonnen werden. Die Abfälle werden in einer Schicht von 20–50 cm ausgebreitet und dann mit einem geeigneten *Deponieverdichter* bearbeitet. Dadurch wird der zur Verfügung stehende Deponieraum besser ausgenutzt, und der Müll kann nicht zur Brutstätte von Schadinsekten und Ratten werden. Auch die Gefahr der Selbstentzündung wird damit gebannt.

Nach dem täglichen Abschluß der Deponie wird auf den verfestigten Müll eine *Schicht von unzersetzbarem Material* aufgebracht, die die Aufgabe hat, Geruchsbelästigungen zu vermeiden und Verwehungen loser Teile wie Papier- und Plastikfetzen zu verhindern. Diese Schicht besteht vorwiegend aus Bauschutt, Erdaushub und dgl. Bereitet die Beschaffung solcher Materialien Schwierigkeiten, so kann auch eine *Abdeckung mit Schaum* erfolgen, der abends auf die Deponie aufgespritzt wird; die abdeckende Wirkung hält bis zum nächsten Tag an. Dieses Verfahren hat außerdem noch den Vorteil, daß die Zwischenlagen weitgehend eingespart werden können und somit mehr Raum für die Ablagerung von Siedlungsabfällen zur Verfügung steht.

Bei der *Flächendeponie,* wie sie in ebenem Gelände vornehmlich angelegt wird, breitet man den täglich anfallenden Müll in Streifen aus; anschließend wird er verdichtet und abgedeckt. Ist die gesamte Deponiefläche auf diese Weise bearbeitet, so wird eine zweite Schicht darübergebreitet und ebenso behandelt. Die auf diese Weise entstehende *Halde* kann eine Höhe von 30–50 m erreichen. Danach wird die Deponie abgeschlossen und das Gelände wird rekultiviert.

Seltener angewandt wird in der BRD die sog. *Grabenmethode,* die jedoch in den USA eine Rolle spielt. In einem ebenen Gelände wird ein Graben ausgehoben, in den der Müllsammelwagen die Abfälle entleert. Durch einen Deponieverdichter werden die Abfälle dort verdichtet und anschließend mit dem Aushub bedeckt. Diese Form der Deponie erspart den oft teuren Antransport von Aushub aus Baustellen, benötigt jedoch große Flächen. Günstiger ist die Flächennutzung, wenn über den Gräben eine zusätzliche Flächendeponie angelegt wird.

In *hügeligem Gelände* erfolgt die *Müllablagerung am Hang.* Der Müllsammelwagen entleert an der Hangoberkante, und der Deponieverdichter arbeitet von unten gegen den Hang. Dadurch wird der Sortierungseffekt ausgeglichen. Die Abdeckung erfolgt von unten nach oben.

Ein relativ sauberes Verfahren stellt die sog. *Rottedeponie* dar. Hier wird der Müll in geeigneten Maschinen vorzerkleinert und auf dem Deponiegelände in *Mieten* verrottet. Nach Abschluß der Rotte wird der Müll, wie oben beschrieben, planiert und verdichtet. Die Rottedeponie hat den Vorteil, daß kaum Zersetzungsvorgänge in der Deponie stattfinden und Sackungen dadurch weitgehend vermieden werden. Ferner wird durch den Rotteverlust weiterer Deponieraum eingespart.

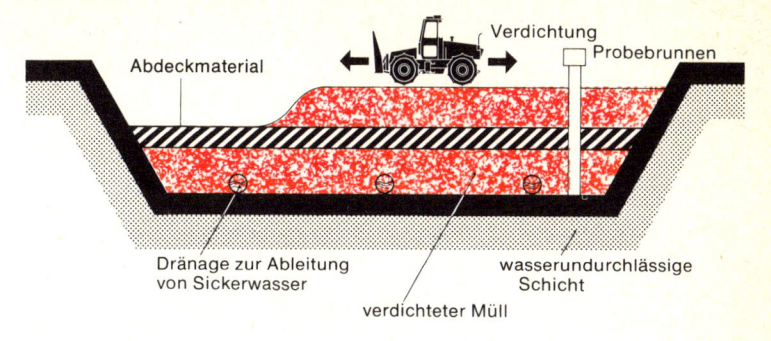

Abb. 1 Deponie in der Ebene

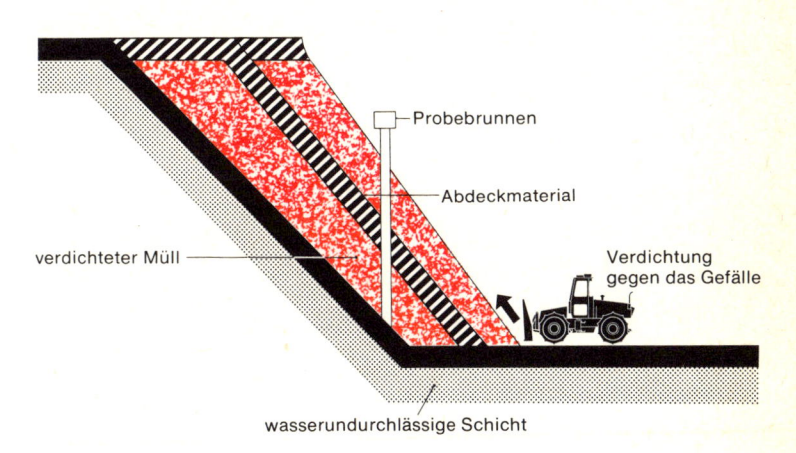

Abb. 2 Deponie am Hang

Müll – der Deponieverdichter

Die wachsende Flut von Siedlungsabfällen kann derzeit technisch im wesentlichen durch drei Beseitigungsverfahren beherrscht werden: die Verbrennung, die Kompostierung und die Deponie. Für viele kleinere und mittlere Gemeinden, die Träger der Entsorgung, sind Verbrennung und Kompostierung auf Grund ihrer hohen Investitions- und Folgelasten zu teuer, zumal dann, wenn nicht genügend Müll anfällt, um rationell arbeitende Großanlagen auszulasten. Nicht in jedem Falle ist ein Zusammenschluß mehrerer Kommunen zur Errichtung einer zentralen Beseitigungsanlage möglich, da die Transportkosten durch die verlängerten Fahrstrecken erheblich ansteigen. Als derzeit kostengünstigste Beseitigungsmethode bleibt daher für einen großen Teil der Gemeinden nur die Deponie.

Die einfache Ablagerung von Hausmüll birgt große Gefahren für Luft und Wasser (s. auch S. 432), die nur durch den fachgerechten Einbau des Mülls in die Deponie vermieden werden können. Zu diesem Zweck wurden die *Müllverdichter* entwickelt, Geräte, die den anfallenden Müll auf der Deponie verteilen, zerkleinern und verdichten. Der Müllverdichter ist zu diesem Zweck mit einem bei einigen Modellen auch als *Ladeschaufel* ausgebildeten *Schild* ausgerüstet, der für die gleichmäßige Verteilung des Mülls sorgt. Der Schild ist breiter als der Verdichter und hält so die Maschine von lockerem Müll frei. Der zweite funktionelle Teil des Verdichters ist der *Stampffuß-* oder *Messerwalze*. Mit den Stampffüßen werden auf kleiner Fläche hohe Drücke erzeugt, wodurch der Müll zerquetscht wird. Stampffußwalzen verdichten den Müll besser als Messerwalzen, haben jedoch keine so gute Zerkleinerungsleistung wie diese. Werden größere Mengen an langfaserigem Sondermüll deponiert, z. B. Plastikplanen, so ist die Ausrüstung des Verdichters mit Messerwalzen den Stampffußwalzen vorzuziehen, da diese leicht umwickelt werden. Zur Lösung spezieller Deponieprobleme sind auch Kombinationen von Stampffuß- und Messerwalzen möglich.

Auf Grund der guten Steigleistung der Verdichter ist es gleichgültig, ob die geordnete Deponie am Hang oder in einer Mulde angelegt wird. Durch ständiges Befahren, Zerkleinern und Verdichten des deponierten Mülls – auch Gewerbe- und Sperrmüll kann auf diese Weise behandelt werden – wird der Deponieraum besser ausgenutzt. Schwelbrände, die durch Methangasbildung in locker geschüttetem Müll verursacht werden, treten durch die Verdichtung nicht mehr auf. Rattenplage und Unkrautausbreitung werden verhindert, da die Ratten ihre Brutstätten nicht mehr ausbauen können und die Unkrautsamen nicht keimen. Setzungen, wie sie bei unverdichtetem Müll auf der Deponie in großem Umfang durch die Verrottung der organischen Substanzen auftreten, sind bei der Verdichtung des Mülls mit Stampffuß- oder Messerwalzenverdichter zwar nicht ausgeschlossen, die gleichmäßige Dichte des Materials hält diese aber sehr gering und kontrollierbar. Eine so behandelte Deponie kann nach Abschluß der Ablagerung aufgeforstet und als Park oder Freizeitgelände genutzt werden, ohne daß nachteilige Auswirkungen auf den Pflanzenbestand zu erwarten sind.

Bei geringem Arbeitskräftebedarf erbringt ein Müllverdichter sehr hohe Arbeitsleistung. So kann ein Mann mit einer Maschine je nach Motorleistung zwischen 300 und 500 m^3 Müll je Stunde verteilen und verdichten. In der Regel kann diese Arbeitskraft ohne weiteres auch den übrigen Betrieb der Deponie (wie Überwachung und Buchführung) übernehmen. Ohne Einbaugerät kommt heute eine modern betriebene, geordnete Deponie nicht mehr aus. Mit diesem sind alle Arbeiten wie Verteilen, Abschieben, Zerkleinern, Homogenisieren, Laden und Rekultivieren mit verhältnismäßig geringen Investitions- und Folgelasten durchführbar.

Schiebeschild für
Sperrmüll etc.

Stampffußwalze oder Messerrad zum
Zerkleinern und/oder Verdichten

Abb. Deponieverdichter
   Quelle: Bomag, Boppard

Müll – Deponie von Müll in „Müllblöcken"

Zu den seit langem in den angelsächsischen Ländern und in Mitteleuropa gebräuchlichen herkömmlichen Deponieverfahren, bei denen der Müll mit Hilfe von Stampffußwalzen oder von ähnlich schwerem Deponiegerät verdichtet wird, entwickelte man während der letzten Jahre in Japan ein Verfahren, das diese Verdichtung mit wesentlich höherem Wirkungsgrad stationär in einer dafür speziell konstruierten Maschine erreicht.

In der entsprechenden Anlage wird der Abfall über Vorratsbunker und Einfülltrichter einer Presse zugeführt. Der eingegebene Abfall wird von allen Seiten durch Stempel zusammengepreßt, wobei Drücke von 200 kp/cm^2 Anwendung finden. Ist ein *Kubus* von etwa 1 m^3 gepreßt, werden aus der oberen Preßplatte kleinere Preßzylinder in das Innere des Kubus gedrückt. Durch diese Maßnahme wird eine weitere Komprimierung im Innern des Kubus bewirkt, was zur Folge hat, daß der ganze *Block* eine feste, nicht von selbst zerfallende Masse bildet. Dadurch wird ein Rückschnelleffekt verhindert, d. h., das komprimierte Material bleibt im vorgegebenen Zustand und dehnt sich nicht mehr aus. Nach dem Entfernen der Preßplatten ist der Kubus so fest, daß er mit einem Kran mit Klemmbacken ausgehoben werden kann.

Um auch die kleineren, losen äußeren Teile an den Block zu binden, wird er mit einem *Drahtgewebe* umgeben und anschließend in eine *Asphaltmasse* getaucht. Ein Block von 1 m^3 Rauminhalt soll nach dem Pressen ein Gewicht von 1,2 t haben. Dies entspricht einer *Verdichtung* von etwa 1:6 bis 1:10, wenn man von einem Ausgangsraumgewicht von 150–200 kp/m^3 ausgeht.

Nach japanischen Angaben soll während der weiteren Lagerung dieses Blocks eine allmähliche Umwandlung in ein torfähnliches Produkt erfolgen. Trifft dies zu, so kann man hier von einer umweltfreundlichen Methode der Beseitigung von Abfällen sprechen. Das Verfahren bietet außerdem den Vorteil einer erheblichen *Rationalisierung des Weitertransportes* großer Abfallmengen aus dicht besiedelten Ballungsgebieten zu entlegenen Großdeponien. Die Blöcke lassen sich mit Kränen ohne Schwierigkeiten auf normale offene Lkw- oder Eisenbahnwagen verladen. So können sie über weite Strecken zu Abfalldeponien gebracht werden, ohne daß irgendwelche Belästigungen wie Geruch, Staub u. dgl. beim Transport zu erwarten sind. Auf der Deponie können die Blöcke im Gelände gestapelt werden, ohne daß der Einsatz teurer und aufwendiger Deponiemaschinen und die Abdeckung mit oft schwer zu beschaffenden und Raum beanspruchenden Abdeckmaterialien erforderlich wäre.

Weitere *Vorteile dieser Deponiemethode* liegen darin, daß aus den weitgehend gas- und wasserdichten Müllblöcken keine Stoffe mit der Umgebung in Kontakt treten können. Es kann also weder zur Verunreinigung von Grundwasser durch Sickerwasser der Deponie noch zur Selbstentzündung des Materials durch Wärme und Gasentwicklung mikrobieller Abbauprozesse kommen. Dadurch wird die *Rekultivierung der abgeschlossenen Deponie* und/oder deren Nutzung durch Bebauung wesentlich erleichtert, da auch, wie bei der herkömmlichen geordneten Deponie üblich, keine Setzungen auftreten. Der Müll ist für lange Zeiträume von der Biosphäre und deren Kreisläufen ausgeschlossen.

Für Bereiche, in denen die Deponie als Verfahren zur Abfallbeseitigung das Gegebene ist, sollte dieser in Japan entwickelten Methode in der Zukunft größere Aufmerksamkeit geschenkt werden.

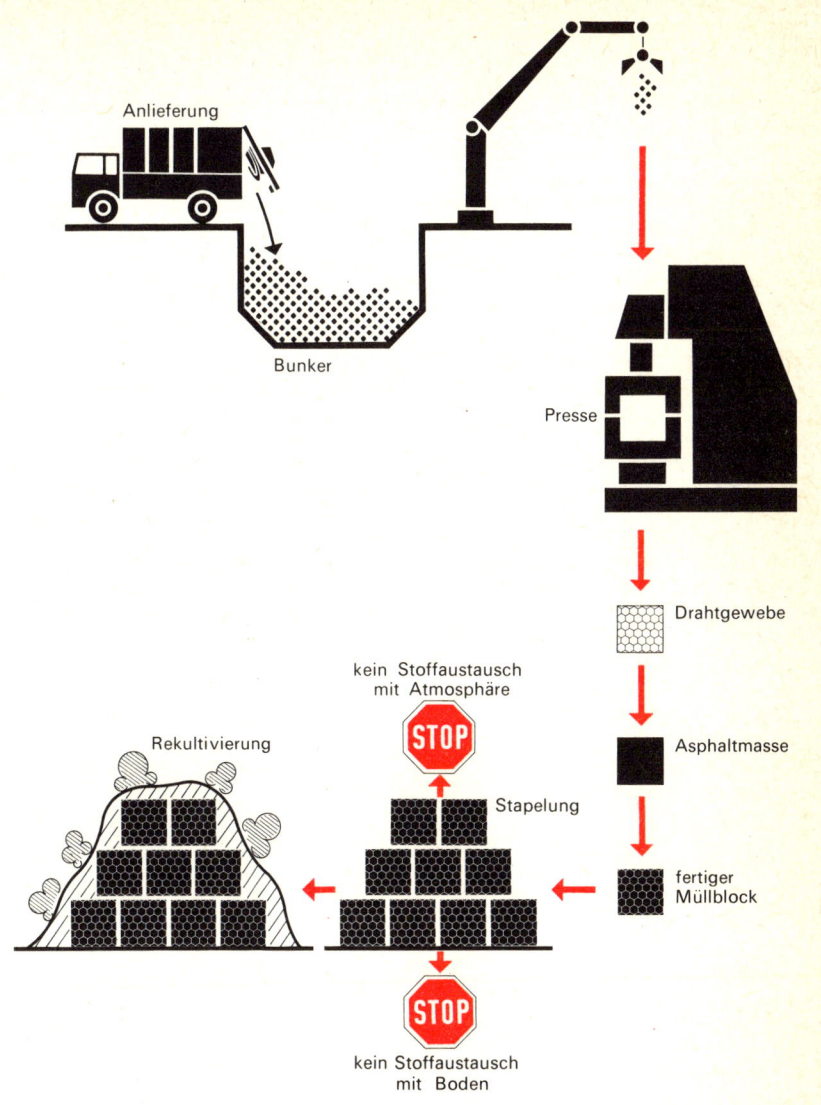

Abb. Deponie von Müllblöcken

Müll – die ungeordnete Müllkippe

Weit verbreitet in Gemeinden ohne geregelte Müllabfuhr ist die Anlage solcher Deponien (Müllkippen), auf denen jeglicher Müll unbehandelt und unkontrolliert abgelagert wird. Müllkippen dieser Art findet man auch an der Peripherie großer Ballungszentren, häufig in Naherholungsgebieten. Bevorzugte Plätze für ungeordnete Müllkippen sind aufgelassene Steinbrüche, kleine Taleinschnitte, ausgekieste Baggerweiher und tiefliegende, oft durch Stau- oder Hochwasser geprägte und daher ungenutzte Auffüllgebiete. Der Müll wird bei der Ablagerung meist über eine Schüttkante abgekippt und rollt bzw. rutscht dabei einen mehr oder minder langen Hang hinunter. Durch das Abkippen an einer Hangkante werden die *Abfallstoffe* nach Größe und spezifischem Gewicht gleichsam „sortiert": Feine Bestandteile oder solche mit rauher Oberfläche bleiben am Oberhang liegen, Gegenstände mittlerer Größe sind am Mittelhang zu finden, große und schwere Stücke kommen erst am Unterhang oder Hangfuß zum Stillstand.

Die *Sortierung* ist umso ausgeprägter, je länger der Hang ist. Durch die Sortierung bildet sich am Mittel- und Oberhang der Kippe eine Zone aus, in der es durch mikrobielle Abbauvorgänge zur *Selbsterhitzung* des Materials und/oder je nach Sauerstoffangebot zur Entstehung von *Methangas* kommt. Man hat in diesem Bereich schon Temperaturen bis zu 55 °C und darüber gemessen.

Durch die Selbsterhitzung kann es in Verbindung mit der Methangasbildung zu *Deponiebränden* kommen, die infolge Sauerstoffmangels meist als *Schwelbrände* mit starker Rauchentwicklung auftreten. Es können dabei Müllbestandteile verbrennen, die zur Bildung giftiger Rauchgase führen. Deponiebrände, insbesondere Brände im Kernbereich der Ablagerung *(Kernbrände)*, sind schwer zu bekämpfen. Wird Wasser eingespritzt, so hat das zur Folge, daß die Aktivität der anaeroben (unter Luftabschluß Methan bildenden) Bakterien erhöht wird, mit der Gefahr einer erneuten Selbstentzündung nach Tagen oder Wochen. Sicher sind Kernbrände nur dann zu bekämpfen, wenn die Deponie vor dem Löschen mit schwerem Erdbaugerät auseinandergezogen wird.

Neben der Brandgefahr ist die stärkste Beeinträchtigung der Umwelt durch ungeordnete Müllkippen in der *Belastung des Grund- und Oberflächenwassers* zu sehen. Nicht selten treten aus ungünstig gelegenen Kippen nach Regenfällen kleine Bäche aus, die erheblich organisch und mineralisch verschmutzt sind. Sofern der Untergrund der Kippen wasserdurchlässig ist, können auch Verschmutzungen mikrobieller und chemischer Art in den Grundwasserbereich gelangen und mit diesem in Strömungsrichtung mehrere Kilometer weit verbreitet werden.

Ratten finden in ungeordneten Kippen nahezu ideale Brut- und Lebensbedingungen. Bei reichlichem Nahrungsangebot stehen ihnen auch in strengen Frostperioden durch die Selbsterhitzung der Kippe immer noch gut temperierte Bereiche als Brutplätze zur Verfügung, in denen sie ihre Jungen aufziehen können. Dadurch sind die Ausfälle an erfrorenen Tieren in harten Wintern sehr gering, die normalerweise zur drastischen Verminderung der Populationsdichte führen würden.

Ungeordnete Müllkippen sind nicht zuletzt auch Brutstätten von *Schadinsekten* und Standorte von *Unkräutern,* die sich von dort in das umliegende Kulturland ausbreiten.

Die Erkenntnisse über die von ungeordneten Müllkippen ausgehenden Gefahren sollten zu einer allgemeinen Sanierung dieser Müllkippen und zur generellen Einführung einer geordneten Müllbeseitigung führen (s. auch S. 426).

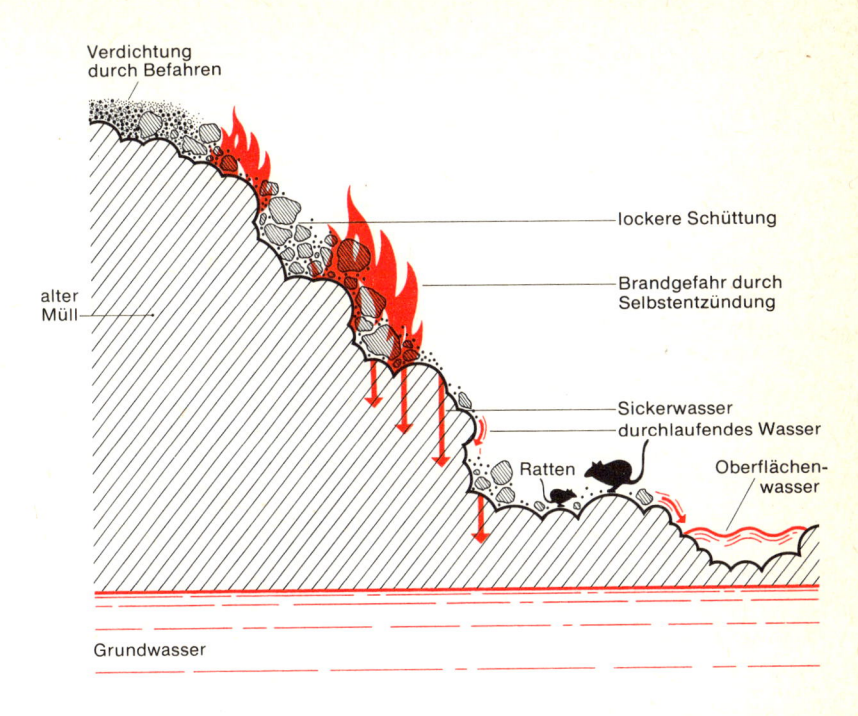

Abb. Die ungeordnete Deponie im Schema

Müll – Kunststoffe im Müll

Die Zusammensetzung des Hausmülls in den Städten und Gemeinden ist durch die Veränderungen der Lebensgewohnheiten einem ständigen Wandel unterworfen. Die Verdrängung des Kohleofens durch Zentral- und Ölheizung bewirkte ein starkes Ansteigen von Materialien im Müll wie Papier, Pappe, Holz, Kunststoff u. a., die früher verbrannt wurden. Der Gesamtanteil der Kunststoffe in den Siedlungsabfällen ist mit 2–4 % jedoch verhältnismäßig gering, obwohl weit mehr Kunststoffe produziert werden, als danach im Siedlungsmüll zu finden sind. Das hängt damit zusammen, daß der Hauptanteil der Kunststoffe bei der Fabrikation von Lacken, Leim und Holzbeschichtungen Verwendung findet. Mengenmäßig wird der Siedlungsabfall durch Kunststoffe kaum belastet.

In den drei gebräuchlichsten Beseitigungsverfahren für kommunale Abfälle entstehen durch den Kunststoffanteil unterschiedliche Probleme. Auf ungeordneten Müllkippen, die ja in nächster Zukunft abgeschafft werden sollen, stellen die in der Landschaft herumfliegenden, vom Wind weitergetragenen Plastikfetzen vor allem von leichten Tragetaschen, ein ständiges Ärgernis für die Angrenzer dar. Solche Plastikmaterialien tragen außerdem bei Schwelbränden nicht unerheblich zur Luftverschmutzung durch starke Rauchentwicklung bei.

In der geordneten Deponie, in der künftig der überwiegende Teil der Siedlungsabfälle beseitigt werden soll, bestehen völlig andere Verhältnisse. Hier wird der Müll zerkleinert, verdichtet und mit Abraum oder ähnlichen Inertmaterialien abgedeckt, so daß ein Verwehen zerkleinerter Kunststoffetzen nicht zu befürchten ist. In der Deponie selbst verursachen die Kunststoffe wegen ihrer Zersetzungsbeständigkeit keinerlei Schwierigkeiten. Sie geben sofort noch nach längerer Lagerung irgendwelche schädlichen Stoffe an die Luft oder das Grundwasser ab. Sie sind außerdem leicht zu verdichten und zu zerkleinern und stören die Verrottung nicht. Langfaserige Kunststoffabfälle könnten sich allenfalls in die Walzen der Deponieverdichter wickeln. Fallen große Mengen solcher Abfälle an, so sollte dies bei der Wahl des Verdichters berücksichtigt werden. (s. auch S. 428).

Bei der *Kompostierung* der Siedlungsabfälle stellt der Kunststoff durch seine hohe Korrosionsbeständigkeit einen *Ballaststoff* dar, der abgelagert oder verbrannt werden muß. Schwierigkeiten bereiten allerdings nur langfaserige Abfälle wie Damenperlonstrümpfe, die sich um die Wellen der Zerkleinerungs- und Förderaggregate winden und damit deren Leistung vermindern oder sie ganz zum Stillstand bringen. Während der Kompostierung selbst erleiden die Kunststoffe kaum Veränderungen. Es werden allenfalls darin enthaltene phosphorhaltige Weichmacher herausgelöst, so daß die Kunststoffteile spröder werden. Bei genügender Zerkleinerung bestehen gegen Kunststoffe weder im Kompost noch im Boden Bedenken. Sie werden aber, um den Kompost optisch aufzuwerten, meist ausgesiebt.

Die Möglichkeit, biologisch oder physikalisch (UV-Licht) *abbaubare Kunststoffe* zu entwickeln und einzuführen, wird seit langem erwogen. Diese Kunststoffe sind aber in weiten Bereichen, z. B. für langlebige Güter, nicht einsetzbar; sie könnten bestenfalls für Verpackungsmaterialien Verwendung finden.

In der *Müllverbrennung* werden die Massenkunststoffe *Polyäthylen, Polystyrol* und *Polypropylen* zu unschädlichem Kohlendioxid und Wasser verbrannt. Ungünstiger sind die Verbrennungsprodukte des *Polyvinylchlorid* (PVC), die zusätzlich Chlorwasserstoff enthalten. Diese gasförmige Salzsäure bewirkt zum einen Korrosion an der Verbrennungsanlage, zum andern hat sie negative Auswirkungen auf die Umgebung. Beide Gefahren lassen sich aber nach dem heutigen Stand der Technik beherrschen, so daß Kunststoffe, sofern es nicht ökonomisch sinnvoller ist, sie dem Wirtschaftskreislauf wieder einzugliedern, unbedenklich verbrannt werden können.

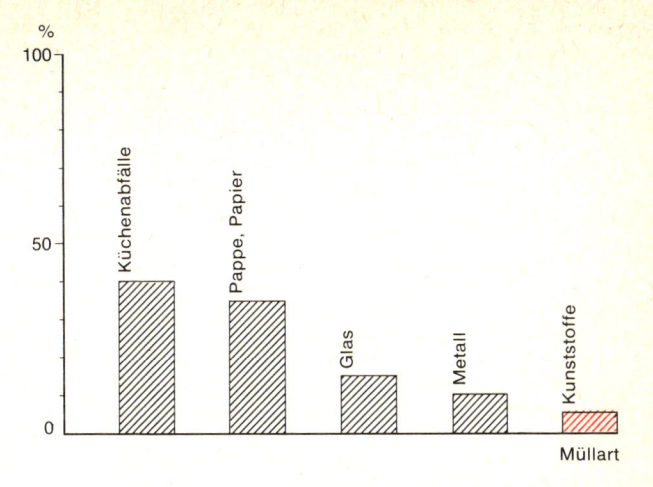

Abb. 1 Zusammensetzung des Hausmülls

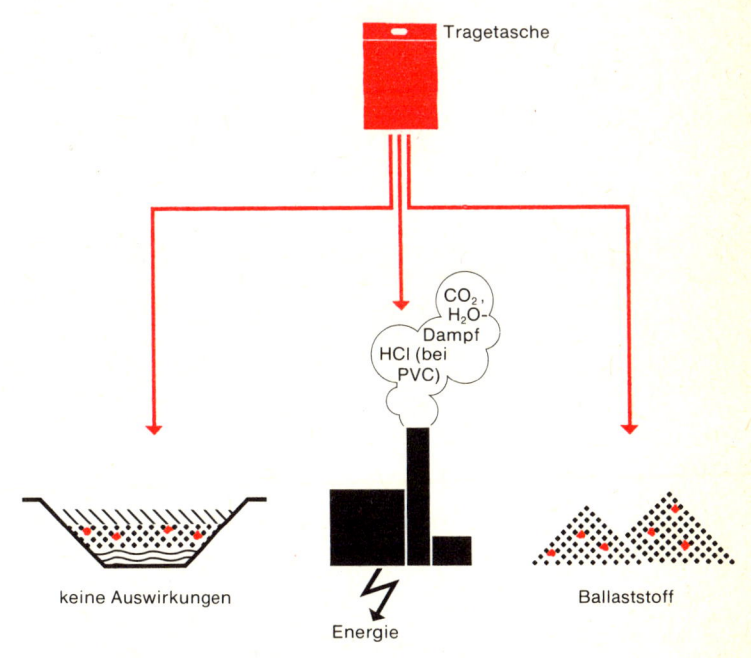

Abb. 2 Auswirkungen von Kunststoff im Müll bei verschiedenen Verarbeitungsverfahren

Müll – die Müllverbrennung

Der Betrieb von *Müllverbrennungsanlagen* sollte über längere Zeiträume ohne Unterbrechung erfolgen, da sonst der Verschleiß an den ständig erhitzten und wieder abkühlenden Teilen der Anlage durch die Wärmedehnung zu groß wird. Um einen kontinuierlichen Betrieb zu gewährleisten, muß man stets Brennmaterial vorrätig halten. Dazu dient ein *Müllbunker*, in dem die Sammelwagen den Müll direkt entleeren. Der Müllbunker trägt außerdem dazu bei, daß in Zeiten großen Müllaufkommens die Anlage nicht überlastet wird.

Aus dem Müllbunker wird der Müll mit Greiferkränen ohne vorherige Sortierung, Absiebung oder Zerkleinerung in den Aufnahmetrichter der Müllfeuerung befördert. Die Entnahme aus dem Bunker kann entweder vollautomatisch oder durch Handsteuerung erfolgen. Der in einer Glaskanzel sitzende Kranführer kommt mit dem Müll nicht in Berührung. Durch Absaugen der Luft (für die Verbrennung) aus dem Bunkerraum wird dieser stets unter geringem Unterdruck gehalten, so daß weder Staub noch Geruch nach außen dringen können.

Mit der Beschickungseinrichtung wird der Müll auf den Rost aufgegeben, wo er zu steriler Schlacke verbrennt. Während der Verbrennung wird der Müll ständig umgelagert und geschürt, damit Unterschiede der Zusammensetzung, Schwankungen im Wassergehalt und im Heizwert des Mülls ausgeglichen werden. Die Beschickung und Schürung werden ölhydraulisch oder elektromechanisch angetrieben. Dem Müll wird von unten her Luft eingeblasen, damit genügend Sauerstoff zur Verfügung steht. Die einwandfreie Verbrennung der entstehenden Gase muß durch intensive Zufuhr an Sekundärluft über dem Brennrost gewährleistet werden.

Wenn die nicht brennbaren Teile als *Schlacke* den Rost verlassen, werden sie im Wasserbad des Entschlackers auf ca. 80 °C abgekühlt. Sie werden dann mit geringem Restgehalt an Wasser steril, staub- und geruchsfrei ausgestoßen. Die Schlacke kann also abgelagert oder im Wegebau eingesetzt werden. Bei einwandfreiem Betrieb der Anlage hat die Schlacke noch etwa 10 % des ursprünglichen Müllvolumens. Durch den Einsatz der Müllverbrennung wird erheblich Deponieraum eingespart.

Auch bei starken Heizwertschwankungen verläuft die Verbrennung im Temperaturbereich oberhalb 800 °C. Alle organischen Komponenten der Verbrennungsgase werden dadurch verbrannt; die Gase werden damit nahezu geruchsfrei. Problematisch bei der Verbrennung ist der ständig anwachsende *Anteil der Kunststoffe* im Müll, besonders des PVC. Bei dessen Verbrennung wird Chlor freigesetzt, das sich mit dem Wasserdampf der Außenluft zu Salzsäure (HCl) verbindet. Dem kann man nur durch entsprechende *Gaswaschanlagen* entgegenwirken. Nach dem Verlassen des Ofens werden die *Rauchgase* abgekühlt, entstaubt (mit einem Wirkungsgrad von 80–90 %) und entweichen durch einen Schornstein in die Atmosphäre.

Um die Verbrennung wirtschaftlicher zu gestalten, kann man die Verbrennungswärme zur Dampf- oder Heißwassererzeugung ausnutzen. Mit Dampfturbinen erzeugt man elektrische Energie; Heißwasser oder Dampf können zur Fernheizung eingesetzt werden.

Durch die Müllverbrennung werden die Siedlungsabfälle hygienisiert, das Deponievolumen wird verringert, und die im Müll enthaltene Energie wird dem Menschen nutzbar gemacht.

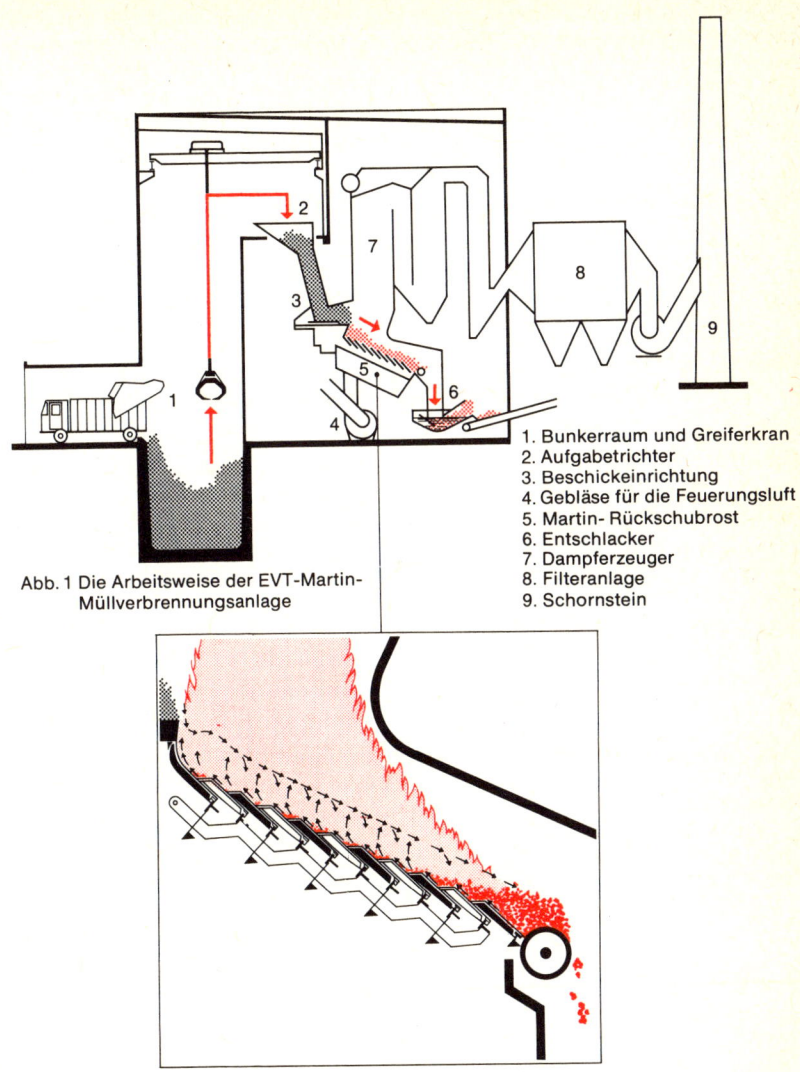

Abb. 1 Die Arbeitsweise der EVT-Martin-
Müllverbrennungsanlage

1. Bunkerraum und Greiferkran
2. Aufgabetrichter
3. Beschickeinrichtung
4. Gebläse für die Feuerungsluft
5. Martin- Rückschubrost
6. Entschlacker
7. Dampferzeuger
8. Filteranlage
9. Schornstein

Abb. 2 Bewegungen von Rost und Brennschicht auf dem Rückschubrost

Emissionen aus Müllverbrennungsanlagen

In kommunalen Müllverbrennungsanlagen, in denen zur Zeit hauptsächlich Hausmüll, in zunehmendem Maße jedoch auch Sperrmüll, hausmüllähnlicher Gewerbemüll und geeignete Industrieabfälle verfeuert werden, sollen die Abfallstoffe zu einem sterilen, nicht mehr fäulnisfähigen und möglichst wasserunlöslichen Produkt verbrannt werden. Dabei werden Volumen und Gewicht weitgehend reduziert. Während der Verbrennung kommt es zur Emission staub- und gasförmiger Luftverunreinigungen.

Nahezu sämtliche kommunalen Abfallverbrennungsanlagen sind zur Staubabscheidung mit Elektrofiltern ausgerüstet, deren Abscheidegrad über 95 % liegt. Dadurch ist der Staubauswurf aus kommunalen Großanlagen im Vergleich zur Gesamtstaubemission aus anderen Quellen sehr gering.

Die *Emission organischer Verbindungen* aus Müllverbrennungsanlagen ist auf Grund der hohen Feuerraumtemperaturen von mindestens 800 °C, verbunden mit dem üblichen hohen Luftüberschuß und einer genügend langen Verweilzeit der Verbrennungsgase im Feuerraum, wodurch organische Verbindungen weitgehend verbrannt werden, weder heute noch in Zukunft von besonderer Bedeutung. Geruchsstoffemissionen aus dem Müllbunker kann man durch kurze Lagerungsdauer der Abfälle und durch Absaugen der Verbrennungsluft aus dem Bunker stark vermindern.

Die *Emission gasförmiger anorganischer Schadstoffe* wird dagegen in Zukunft in zunehmendem Maße problematisch. Besondere Bedeutung erlangen dabei die *Chlorverbindungen*, die durch Verbrennung chlorhaltiger organischer Stoffe und durch Zersetzung von Chloriden entstehen. Der bedeutendste Chlorträger im Müll ist das *Polyvinylchlorid (PVC)*. Der Gehalt an Chlor in reinem PVC, der ca. 57 % beträgt, wird allerdings in der Regel durch den Zusatz von Weichmachern und Füllstoffen herabgesetzt. Bei Hitzeeinwirkung zersetzt sich PVC unter Abspaltung von Chlorwasserstoff. Der Gehalt an Kunststoffen im Müll liegt im Mittel bei 2 bis 3 Gewichtsprozenten, wobei der PVC-Anteil etwa ein Viertel dieses Wertes erreichen kann. Da PVC günstige chemische und physikalische Eigenschaften aufweist, wird es in großem Umfang für Verpackungsmaterialien eingesetzt. Der überwiegende im Hausmüll zu findende Kunststoffanteil setzt sich aus Verpackungsmaterialien zusammen. Nach dem heutigen technischen Entwicklungsstand wird sich der PVC-Anteil im Müll in den nächsten 10 Jahren vermutlich vervierfachen. Da Schlacke und Flugstaub gasförmige Schadstoffe kaum einbinden, ist in diesem Zeitraum auch mit einer Vervierfachung der Chlorwasserstoffemission aus Müllverbrennungsanlagen zu rechnen.

Die spezifische Emission von *Schwefeloxiden,* vornehmlich Schwefeldioxid, aus dem Müll veränderte sich im Laufe der vergangenen Jahre nicht wesentlich, so daß ein Anstieg der Schwefelemission nur aus dem ständig größer werdenden Müllanfall zu erwarten ist.

Auch *Fluorverbindungen* sind in steigendem Maße in den Emissionen aus Müllverbrennungen zu erwarten. Sie entstammen im wesentlichen fluorhaltigen Kunststoffen und Fluortreibmitteln aus Spraydosen. Da sowohl die Benutzung von Kunststoffen als auch von Spraydosen steigende Tendenz aufweist, ist auch hier mit erheblicher Vermehrung von Fluoremissionen zu rechnen.

Für die Abscheidung von Chlor-, Schwefel- und Fluorverbindungen aus Abfallverbrennungsanlagen werden zwei Verfahren erprobt: 1. die *trockene Abgasreinigung,* bei der alkalische Reagenzien den sauren Schadstoffen im Fluorraum zugefügt werden. Der Abscheidegrad ist jedoch sehr gering und steht in keinem Verhältnis zum Aufwand; 2. die *nasse Abgasreinigung,* bei der Staub und Schadstoffe ausgewaschen werden. Der Abscheidegrad ist gut; zu lösen ist das Problem der in großen Mengen anfallenden Waschlösung.

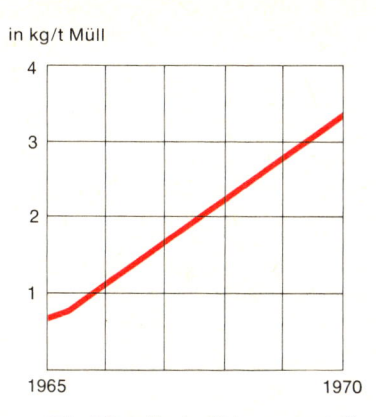

Abb. 1 Spezifische Chlorwasserstoffemission von Hausmüll mit steigendem Kunststoffanteil

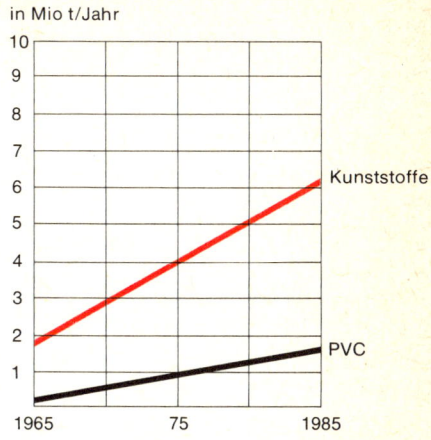

Abb. 2 Kunststoff- und PVC-Verbrauch in der BRD

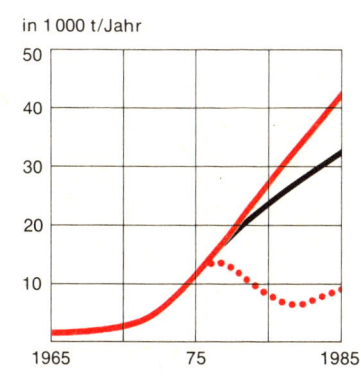

Abb. 3 Chlorwasserstoffemissionen aus der Müllverbrennung mit und ohne Abgasreinigung

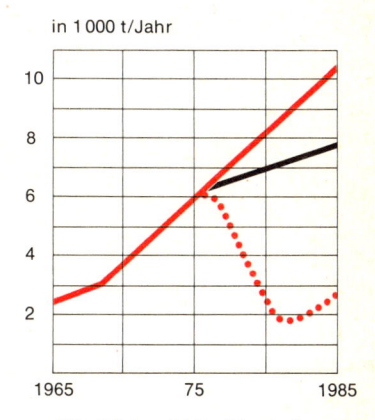

Abb. 4 Schwefeldioxidemissionen aus der Müllverbrennung mit und ohne Abgasreinigung

— ohne Abgasreinigung
— bei Abgasreinigung aller Neuanlagen
••••• bei zusätzlicher Abgasreinigung aller Altanlagen
Quelle: Reine Luft für morgen

Müllverhüttung im Lichtbogenofen

Die Müllverhüttung im Lichtbogenofen ist ein Verbrennungsverfahren, das den Stoffkreislauf enger schließt als die Müllverbrennung allein. Bei diesem Verfahren kann nämlich auch die übrigbleibende Müllschlacke verwertet werden, während sie sonst meist abgelagert werden muß.

Bei der Müllverhüttung wird der Müll in einem Lichtbogenofen (Abb. 1) bei Temperaturen von rund 1500–1700 °C eingeschmolzen, wobei örtlich unter dem Lichtbogen Temperaturen von 3000–3500 °C herrschen. Ähnlich wie in einem Hochofen läuft dabei eine metallurgische Reduktion ab, so daß von einem Verhüttungsprozeß gesprochen werden kann.

Als Prozeßprodukte entstehen Müllgas, Ferrometall und Schlacke, Stoffe, die alle wirtschaftlich genutzt werden können. Das *Müllgas* wird gereinigt und dient zur Erzeugung von Strom und Heizwärme, so daß ein Stoff- und Energiefluß bei der Müllverhüttung besteht, wie er aus Abb. 2 zu entnehmen ist. Das durch Abstich gewonnene *Ferrometall* kann zu Masseln (plattenförmige Metallblöcke) vergossen werden. Es besteht zu etwa 40 % aus Eisen und zu rund 60 % aus Silicium, Aluminium und Calcium. Dieses Ferrometall kann sowohl in einem Sauerstoffkonverter als auch in einem Lichtbogenofen eingesetzt werden. Ebenso würde es sich zur Betonherstellung eignen. – Die *Müllschlacke* kann, da auf Grund der hohen Temperatur mit Sicherheit alle organischen Stoffe zerstört sind, als Zuschlagstoff zum Bauen (z. B. Straßenbau) verwertet werden.

Die Erlöse aus dem Verkauf des Ferrometalls, des Stroms und der Kohle decken die Kosten für die Anlage und werfen darüber hinaus sogar noch einen Gewinn ab (Abb.). Grundsätzlich sollte man jedoch nicht außer acht lassen, daß der Müll auf jeden Fall vernichtet werden muß, so daß Fragen der Wirtschaftlichkeit zweitrangig sind.

Hinsichtlich der Umweltbelastung bringt die Lichtbogenverhüttung, verglichen mit herkömmlichen Verbrennungsverfahren, wenig Probleme. Alle organischen Verbindungen und Krankheitserreger werden mit Sicherheit vernichtet. Es entstehen keine festen Rückstände, die man mit beträchtlichem Aufwand deponieren müßte. Das Ferrometall und die Schlacke werden genutzt. Staub, Dämpfe und Säuren werden aus dem Müllgas abgeschieden. Das saubere Gas kann zur Stromerzeugung genutzt werden. Bei der Müllverhüttung sind Chlor- und Fluorwasserstoff im Abgas enthalten; gleichzeitig verdampfen auch Alkalien im Ofen, die beim Waschen die Säure neutralisieren. Dadurch gelangen Alkalichlorid und Alkalifluorid ins Abwasser, so daß die Salzfracht der Siedlungsabwässer größer wird; die Zunahme dürfte jedoch unbedenklich sein.

Eine großtechnische Anwendung dieses Verfahrens wäre trotz einiger Bedenken (z. B. Abwasserbelastung) zu befürworten, da damit das Müllproblem verringert und der Raubbau an Rohstoffen (Eisenerze u. ä.) vermindert werden könnte.

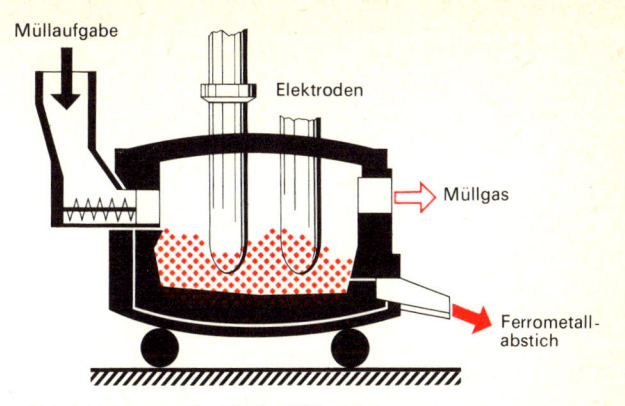

Abb. 1 Lichtbogenofen für die Müllverhüttung (nach Flodin-Gustavson)

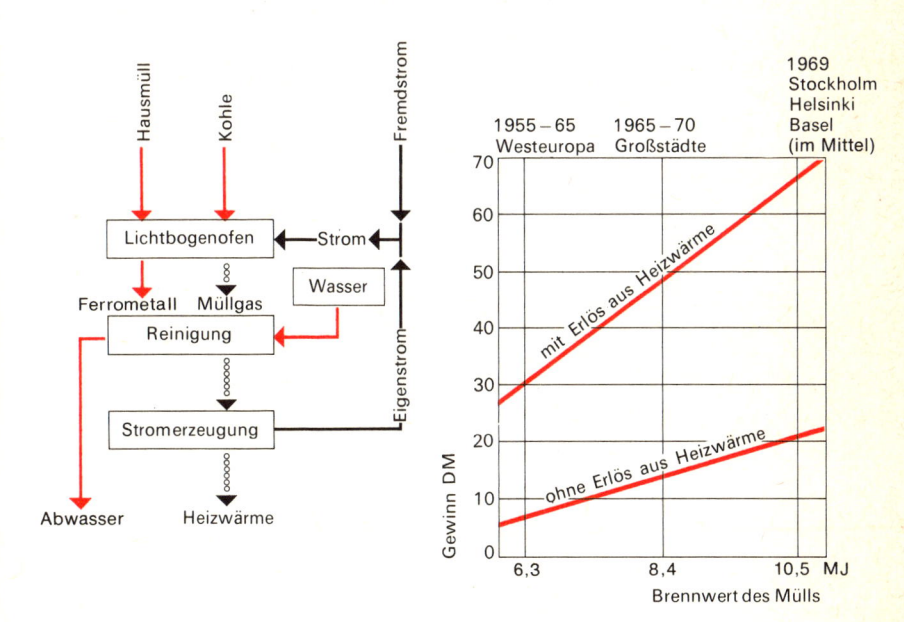

Abb. 2 Stoff- und Energiefluß bei der Müllverhüttung

Abb. 3 Mögliche Gewinne aus 1 t Rohmüll

Die Beseitigung von Abfällen aus der Massentierhaltung
Das Licom-System

Die Beseitigung festen und flüssigen Dungs aus der Massentierhaltung ist gegenwärtig eines der dringlichsten Probleme in der modernen, intensiv betriebenen Tierhaltung. Lagerung und Ausbringung müssen so organisiert werden, daß Grundwasser und Vorfluter (Bäche, Flüsse und dgl.) nicht verschmutzt werden.

Tierische Exkremente enthalten Pflanzennährstoffe und Huminstoffe, die zur Humus- und Düngerversorgung der Böden beitragen. Bei Überdosierung oder Ausbringung zur falschen Zeit besteht die Gefahr, daß die Nährstoffe ausgewaschen werden, wodurch es zu einer *Eutrophierung* (Überschwemmung mit Nährstoffen) der Vorflut kommt.

Dung enthält eine Reihe von geruchsintensiven Verbindungen wie Schwefelwasserstoff, Merkaptan und Ammoniak, die bei der Ausbringung in der Nähe von Siedlungsgebieten zu erheblichen Geruchsbelästigungen führen. Ferner können Krankheitserreger und Unkrautsamen im Dung ebenfalls enthalten sein. Werden diese Keime nicht abgetötet, wird der Unkrautverbreitung Vorschub geleistet, und es besteht die Gefahr einer Boden- und Pflanzenverseuchung.

In den meisten Betrieben mit Massentierhaltung fällt der Dung als *Flüssigmist* an. In einem Flüssigmistsilo herrschen anaerobe (sauerstoffarme) Bedingungen. Die *Folgen der anaeroben Lagerung* sind Bildung von Ammoniak, Schwefelwasserstoff und anderen geruchsintensiven Substanzen. Wird Sauerstoff zugeführt, so werden diese Verbindungen zu geruchfreien Nitraten und Sulfaten, zu Kohlendioxid und Wasser oxydiert. Das ist der Vorgang bei der aeroben Kompostierung.

Die aerobe Kompostierung kann mit Hilfe des *Licom-Systems* auf den Flüssigmist übertragen werden. Der dafür erforderliche Sauerstoff wird durch den sog. *Centri-Rator* in den Dung eingebracht. Der Lufteintrag erfolgt durch ein *Luftrohr*, an dessen unterem Ende ein *Propeller* das Ansaugen der Luft und die intensive Durchmischung des Mistes mit Luft bewirkt. Durch den hohen Sauerstoffgehalt kommt es zum *Aufbau einer aeroben Mikroorganismenpopulation,* die im Verlauf des Kompostierungsprozesses den Großteil der organischen Substanz zu anorganischer abbaut. Bei diesem Abbauprozeß wird Energie frei, wodurch die *Temperatur im Dung* nach kurzer Anlaufzeit bis auf 40–60 °C ansteigt. In diesem Temperaturbereich entwickeln sich thermophile (wärmeliebende) Mikroorganismen, die außerordentlich aggressiv sind und eine hohe Abbauleistung aufweisen. Pathogene Keime und Unkrautsamen werden bei diesen Temperaturen rasch vernichtet.

Das Licom-Verfahren kann als kontinuierlich arbeitendes System mit zwei oder, falls erforderlich, mehreren miteinander verbundenen *Reaktoren* aufgebaut werden. Im ersten Reaktor wird der Abbauprozeß eingeleitet, während im zweiten der eigentliche Abbau stattfindet. Auf Grund des speziellen Umwälzschemas in den Reaktoren ist es unmöglich, daß unbehandelter oder nur kurz behandelter Flüssigdung vom ersten Reaktor durch die Verbindungsrohre direkt in den Lagertank gelangt. Dieses kontinuierlich arbeitende System bringt wesentliche ökonomische Vorteile wie optimale Abbaubedingungen durch ständig gleichbleibende Temperatur, zuverlässige Desinfektion, geringen Arbeitsaufwand und kurze Behandlungszeit (ca. 15 Tage).

Abb. 1 Der Centri-Rator

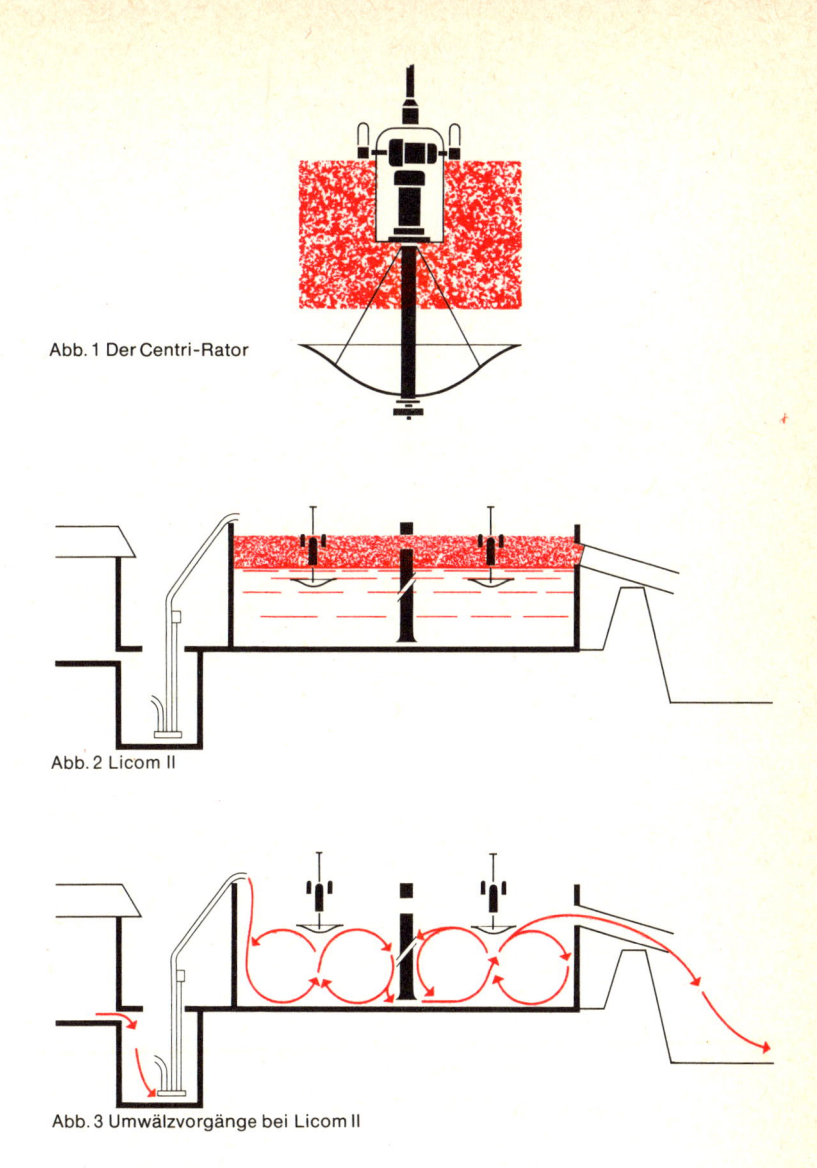

Abb. 2 Licom II

Abb. 3 Umwälzvorgänge bei Licom II

Abb. 1–3 Das Licom-System zur Kompostierung von Dung

Kompostierung von Müllklärschlamm – das Brikollare-Verfahren

Der mit Müllfahrzeugen angelieferte Hausmüll wird ebenso wie der hausmüllähnliche Gewerbemüll in einen Betonbunker entleert. Von dort wird der Müll mittels eines Greiferkrans dem Dosierbunker einer Prallhammermühle zugeführt. Der zerkleinerte Müll wird mit einem Trommelmagneten von Eisen befreit und gelangt in ein Grobsieb, in dem Kunststoffe, Textilien und andere Grobteile aussortiert werden. Steine, Nichteisenmetalle und andere Hartstoffe sowie Glas, Sand und Asche werden danach auf ballistischem Wege und mit Hilfe einer Siebschnecke dem Rottegut entzogen. Der so aufbereitete Müll einerseits und der vorher entwässerte Klärschlamm aus kommunalen Kläranlagen andererseits werden gebunkert, um eine kontinuierliche Beschickung des anschließenden Mischers und der Brikollare-Presse zu gewährleisten.

Die automatisch palettierten *Preßlinge* mit einer Feuchte von 50–55 % werden mit einem Gabelstapler dicht an dicht in einer Rottehalle gestapelt. Innerhalb einiger Stunden setzt in den Preßlingen eine von unangenehmen Gerüchen freie *Intensivrotte* ein, die sich durch eine Erwärmung auf Temperaturen bis 70 °C und eine bis in das Innerste der Preßlinge durchgreifende Verpilzung anzeigt. Die Voraussetzungen für diese Intensivrotte werden durch das Verfahren geschaffen. Sie umfassen:
Kapillarenbildung bei der Pressung des faserigen Müll-Klärschlamm-Gemisches und dadurch gesicherte Luftzufuhr bis ins Innerste der Preßlinge;
ungehindertes Wachstum der Pilze, da es sich um ein sog. ,,statisches Verfahren'' handelt, bei dem die Pilzhyphen nicht dauernd mechanisch beansprucht werden;
Möglichkeit der Zugabe hoher Klärschlammanteile und damit gute Stickstoffversorgung sowie Ausbildung einer vielfältigen Mikroorganismenflora.

Nach 2–3 Wochen *Lagerung in der Rottehalle* ist durch exotherme Trocknung eine Restfeuchte von ca. 20 % erreicht und der Rottevorgang wegen Wassermangels zum Stillstand gekommen. Die gerotteten Preßlinge sind auch von sporenbildenden Mikroorganismen in jedem Falle gesichert entseucht und praktisch konserviert. Sie können, im Freien gestapelt, lange Zeit gelagert werden, wobei lediglich die oberste Schicht mit der Zeit mineralisiert und dadurch die unteren Schichten schützt.

Die *Rotte des Müll-Klärschlamm-Gemisches* muß nicht unbedingt in einer Halle ablaufen. Sie findet auch im Freien statt, ist dann jedoch wie alle Rottevorgänge bedingt witterungsabhängig. Der in der Halle synchrone Verlauf der Entseuchung, des Abbaus des organischen Materials und der Austrocknung bis zur Konservierung ist im Freien, vor allem bei extremen Witterungsverhältnissen, in den äußeren Stapelschichten gestört, und die Rottezeit verlängert sich.

Die Vorteile des Brikollare-Verfahrens liegen darin, daß das Endprodukt wegen der Pressung und äußersten Austrocknung ein Minimalvolumen und -gewicht einnimmt und somit wirtschaftlich transportiert werden kann. Weiterhin kann die Feinaufbereitung des Materials (Feinzerkleinern und Absieben) und damit sein Absatz wegen der Lagerfähigkeit der Preßlinge weitgehend zeitunabhängig vorgenommen werden. Der Kompost, der so gewonnen wird, ist ohne Nachrotte als Bodenverbesserungsmittel einsetzbar. Er zeichnet sich aus durch ein günstiges C/N-Verhältnis und durch eine für die Kürze der Rottezeit extrem hohe Abbaurate organischen Materials.

Die Anlagen sind so konzipiert, daß eine Standardlinie im Einschichtbetrieb die Entsorgung (Abfallbeseitigung) von ca. 100 000 Einwohnern übernehmen kann. Größere Leistungen sind entweder im Mehrschichtbetrieb einer Linie oder durch Parallelschaltung mehrerer Linien möglich.

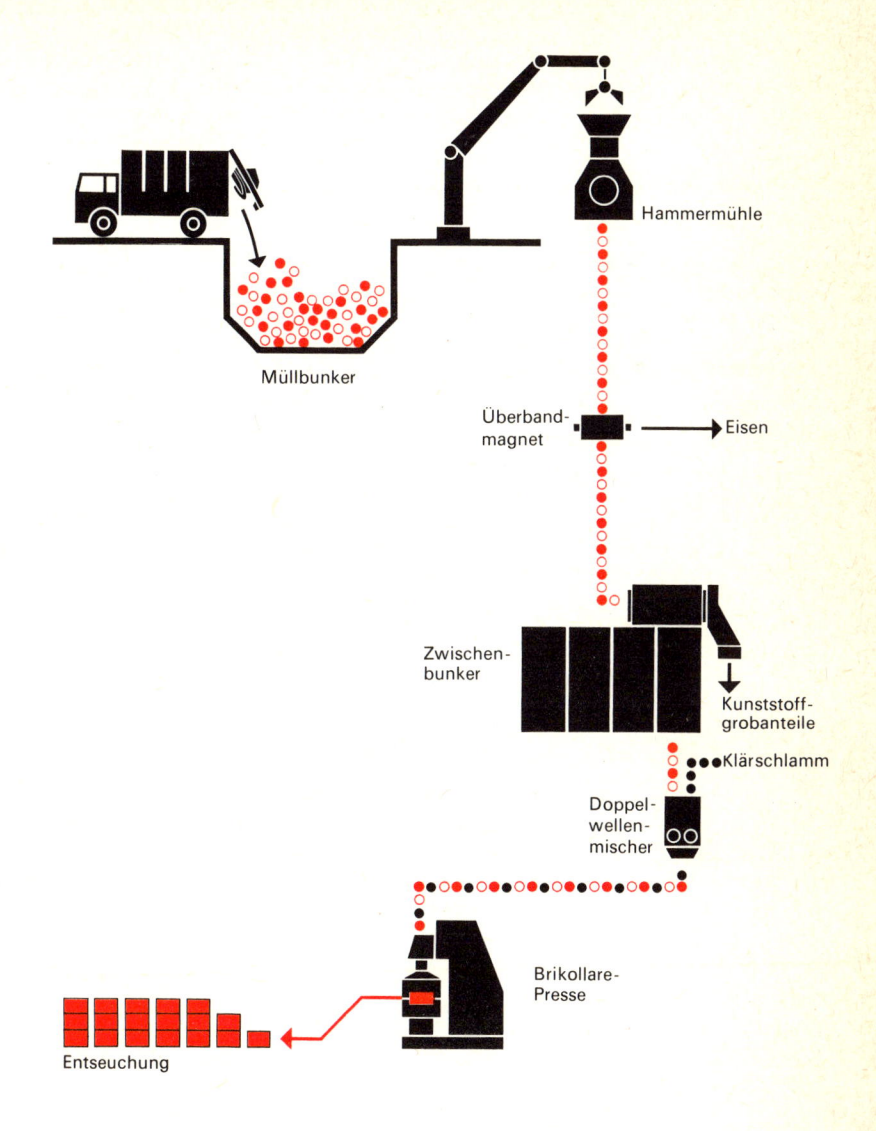

Abb. Schema des Brikollare-Verfahrens

Kompostierung von Müllklärschlamm
Das Jetzer-Kompostplattenverfahren

Verfahren zur Kompostierung und Verwertung von Müll dürfen dann als wirtschaftlich und ökologisch sinnvoll angesehen werden, wenn sie einerseits der rapid ansteigenden Umweltbelastung durch das Müllaufkommen der Ballungszentren und andererseits der zunehmenden Rohstoffverknappung Rechnung tragen. Das sog. Jetzer-Verfahren entspricht diesen Erwartungen. Es hat dabei den Vorteil, daß es sich in seinen drei Stufen weitgehend bekannter Technologien bedient, nämlich in der Kompostierung, in der Plattenverpressung und in der Spanplattenfertigung.

Die *Kompostierungsanlage* liefert den Kompost, der aus mechanisch fermentiertem Hausmüll gewonnen wird. In dem Prozeß, der 1–3 Tage dauert, wird eine vollständige Verrottung der leicht abbaubaren Substanzen erreicht. Der *Kompost* enthält außer 35 bis 50 % Wasser und dem Fasersubstrat eine Vielzahl von kleinen Metall-, Glas-, Stein- und Kunststoffpartikeln.

Der Kompost wird nun dem eigentlichen Jetzer-Verfahren zugeführt. Dabei wird der Fasergrundstoff in eine waagrecht rotierende *Trockentrommel* geleitet, in die von einer Seite heiße Luft einströmt, die mit einer Eingangstemperatur von ca. 800 °C den einfallenden feuchten Faserrohstoff schockartig erhitzt. Während 2 bis 7 Minuten wird der aufgearbeitete Müll unter intensivem Mischen diesem Luftstrom ausgesetzt, dessen Temperatur beim Verlassen der Trockentrommel 100 bis 140 °C beträgt. Das starke Erhitzen und der Wasserdampf bewirken gleichzeitig eine vollständige Abtötung von Protozoen, Pilzen, Bakterien und Viren. Der totale Wasserentzug bei hoher Temperatur und das Auseinanderfallen in einzelne sich ständig bewegende Faserpartikel haben nicht nur die Koagulation des Eiweißes, sondern auch die Zerstörung der Zellwand bzw. der Zytoplasmamembranen von Mikroorganismen zur Folge.

Das Ausgangsmaterial *Frischkompost* ist jetzt in ein absolut keimfreies, inertes, stabiles Fasermaterial umgewandelt worden. Das Fasermaterial wird in einem *Zyklon* von Luft und Wasserdampf getrennt und durch Siebung in fünf Fraktionen aufgeteilt, von denen jede einer speziellen Windsichtung zugeführt wird. Dadurch wird das Material in verschiedene Größen selektiert, und schwere Teile wie Glas, Metall, Keramik werden aussortiert. Die Fasern werden anschließend in Zwischenbunker weitergeleitet.

Vom *Zwischenbunker* gelangen die Fasern zur sog. *Dosierung,* wo sie je nach Bedarf und gewünschter Plattenqualität mit Holzspänen vermischt werden. Es können auch Platten aus 100 % Kompostfasern hergestellt werden. Die Fasern werden beleimt, zum sog. *Preßkuchen* gestreut und anschließend verpreßt. Die Verpressungsart einspricht zum größten Teil den bekannten Methoden der Plattenpressung, wie sie allgemein angewandt werden. Danach erfolgt die Endfertigung, d. h. Besäumen, Schleifen und Zuschneiden der Platten.

Die so hergestellten Faserplatten können vornehmlich als Bauwände, Holz- und Holzspanplattenersatz bzw. Isoliermaterial angewandt werden. Bei großtechnischem Einsatz dieses Verfahrens wird sich jedoch in Zukunft ein mannigfaltigeres Anwendungsspektrum ergeben.

Abb. Das Jetzer-Kompostplattenverfahren

Kompostausbringung

Die wirtschaftliche Ausbringung von Komposten verschiedener Qualitäten zu den unterschiedlichsten Verwendungszwecken ist ein Problem, das bislang nicht in allen Anwendungsbereichen in befriedigender Weise gelöst werden konnte. Diese Tatsache schränkt die Absatzmöglichkeiten von Komposten, insbesondere von Müll-Klärschlamm-Komposten (s. S. 450), ein.

Die *Kompostausbringung von Hand* ist nur bei kleinen Anwendungsmengen wirtschaftlich vertretbar, also z. B. für Hobbygärtner und Betriebe mit sehr kleinen Flächen. – Im Gemüse- und Obstbau bei breiter Aufpflanzung können *Stallmiststreuer* zum Einsatz gelangen, die den Kompost in dünnen Schleiern über die Anbaufläche legen. Der so ausgebrachte Kompost wird je nach Reifegrad und Verwendungszweck sofort eingearbeitet oder bis zur vollständigen Rotte als Mulch an der Oberfläche belassen. Die Einarbeitung erfolgt am günstigsten mit Motorhakkern, Fräsen oder Kombikrümlern. Pflügen oder tiefes Umgraben ist nicht empfehlenswert, da die Gefahr besteht, daß, besonders bei Frischkomposten, biologisch aktives Material in tiefere Bodenschichten gelangt (unter 15 cm) und, da in diesen Regionen das Sauerstoffangebot gering ist, in anaeroben Zustand übergeht, was eine Schädigung der Pflanzen zur Folge hätte.

Bei der *Landschaftsgestaltung* wird der Kompost in der Regel nur oberflächlich ausgebracht und dient als Saatbett für den Rasen oder andere Begrünungsmischungen. Hierzu werden im allgemeinen zwei Verfahren angewandt. Entweder wird der Kompost als rieselfähiges Material mit dem *Miststreuer* ausgebracht oder er wird mit Wasser unter Zusatz von Samen und Bindemittel zu einer pumpfähigen Suspension aufgeschlemmt, die von Tankwagen aus mit geeigneten *pneumatischen Austragsaggregaten* mit einer Reichweite von 20–50 m versprüht wird. Bei dem letzteren Ausbringungsverfahren sind jedoch nur Komposte verwendbar, deren Korngröße im 10-mm-Bereich und darunter liegen, da die Gefahr besteht, daß sich bei der Anwendung von gröberem Material Düsen oder Schlauchkrümmungen zusetzen. Ein Nachteil dieses Verfahrens liegt darin, daß zusätzlich zum Kompost noch die vier- bis fünffache Menge an Wasser transportiert werden muß. Dies verteuert das Verfahren so erheblich, daß eine wirtschaftliche Anwendung nur im Straßenbau bei der Begrünung von Steilhängen in Durchstichen und ähnlichem nicht befahrbarem Gelände gegeben ist.

Der überwiegende Anteil des großtechnisch hergestellten *Müll-Klärschlamm-Kompostes* wird derzeit vom *Weinbau* übernommen. In ebenen Lagen wird der Kompost von Schleppern mit Ladepritschen ausgebracht; bei Standweiten der Rebzeilen über 1,50 m können kleinere, speziell dafür konstruierte Miststreuer eingesetzt werden. In Hanglagen mit einem Gefälle bis zu 60% gelangen bei kleineren Weinbergen Seilzüge mit Schlitten zum Einsatz. Diese sind jedoch (wie auch der Einsatz von Pferdeschlitten oder von menschlichen Arbeitskräften mit Kiepen) nur in Ausnahmefällen wirtschaftlich vertretbar. – Mit Hilfe des *Bühler-Gerätes* können rieselfähige Komposte durch pneumatische Förderung über ein Schlauch-Rohr-System in nahezu jeder Steillage ausgebracht werden. Der Vorteil des Gerätes liegt darin, daß keine zusätzlichen Wassermengen transportiert werden müssen. Außerdem wird eine Beschädigung der Reben durch Fahrzeuge vermieden. Bislang ist das Gerät allerdings nur stationär zu betreiben, wodurch mehrmaliges Umladen des Kompostes erforderlich wird.

Kompost

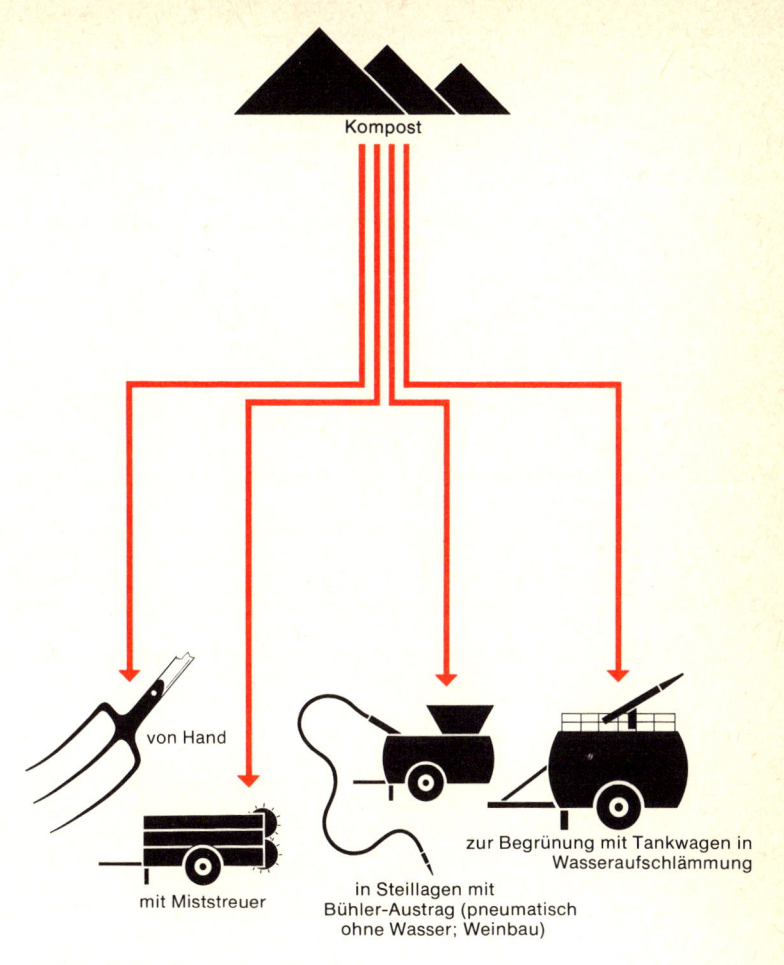

von Hand

mit Miststreuer

in Steillagen mit Bühler-Austrag (pneumatisch ohne Wasser; Weinbau)

zur Begrünung mit Tankwagen in Wasseraufschlämmung

Abb. Die Formen der Kompostausbringung

Die landwirtschaftliche Verwendung von Müllkompost und Müll-Klärschlamm-Kompost

Die Kompostierung von Siedlungsabfällen und Klärschlamm ist das günstigste Müllbeseitigungsverfahren in jenen Städten und Gemeinden, die in Gegenden mit überwiegendem Sonderkulturbau liegen. Eine der nach Ausdehnung und wirtschaftlicher Bedeutung wichtigsten Sonderkulturen ist der *Weinbau*. An seinem Beispiel soll die Verwendung von Müll-Klärschlamm-Kompost aufgezeigt werden.

Ein *Weinberg* ist eine Daueranlage, die in der Regel mindestens dreißig Jahre, oft auch länger, am gleichen Standort besteht. Der Boden um die Rebstöcke wird meist unkrautfrei gehalten, da der Unterwuchs mit der Rebe um Nährstoffe und Wasser konkurriert. Der Abbau durch Bodenmikroorganismen einerseits und die geringe Nachlieferung durch den Rebstock andererseits zehren an der organischen Substanz im Boden. Hinzu kommt, daß bei Weinbergsneuanlagen der Boden rigolt wird, d. h. bis in eine Tiefe von ca. 1 m (einschließlich des mineralischen Unterbodens) umgearbeitet wird. Durch den Verlust des Humus im Oberboden wird dieser sehr erosionsanfällig. Nach Regenfällen abgeschwemmter Boden muß mit großem Arbeitseinsatz wieder in die mit Maschinen kaum zu bearbeitenden Steillagen zurückgetragen werden.

Wie langjährige Untersuchungen ergaben, kann die Erosion in den Steillagen der Weinbaugebiete durch den Einsatz von Müll-Klärschlamm-Kompost verhindert oder doch stark eingeschränkt werden. Der *Austrag des Komposts* erfolgt entweder von Hand (der Kompost wird in den Weinberg getragen und dort verteilt) oder maschinell durch den Einsatz speziell für den Weinberg konstruierter Miststreuer oder durch den Einsatz von *Spritzverfahren*, bei denen der Kompost entweder in wäßriger Suspension oder trocken, von einem Luftstrom getragen, über ein System von Rohrleitungen in den Weinberg gepumpt wird.

Wichtige Faktoren für eine richtige Kompostanwendung sind Aufwandmenge und Reifegrad des Kompostes. Unter *Reifegrad* versteht man das Kompostierungsstadium, in dem sich der Kompost befindet. Man unterscheidet zwischen Frisch- und Reifkompost. *Frischkompost* ist ein durch Schnellrotte (48 Stunden) hygienisiertes Material, das noch reichlich leicht von Mikroorganismen abbaubare organische Substanz enthält. Frischkompost kann für Neupflanzungen nicht verwandt werden, da er noch nicht pflanzenverträglich ist. *Reifkompost* ist einem längeren Rotteprozeß (6–8 Wochen) unterworfen, in dem der überwiegende Teil der leicht abbaubaren organischen Substanz abgebaut oder in resistente Substanz umgebaut wurde. Er ist hygienisch einwandfrei und pflanzenverträglich.

Im Weinbau können beide Kompostformen Verwendung finden. Beim Ausbringen von Frischkompost ist darauf zu achten, daß dieser nicht in den Boden eingearbeitet wird, da er dann in den Bereich der Wurzeln gelangt und diese durch Fäulnisbildung schädigt. Bei Reifkompost besteht diese Gefahr kaum. Die Aufwandmenge sollte bei beiden Formen in allen Kulturen, nicht nur im Weinbau, nicht wesentlich mehr als 1 m^3 je 100 m^2 Boden betragen. Werden größere Mengen aufgebracht, so wird nicht nur der Nährstoffhaushalt des Systems Boden–Pflanze, sondern auch der Wasser- und Lufthaushalt des Bodens empfindlich gestört.

Der Abbau der organischen Substanz durch die Bodenmikroorganismen verbraucht Sauerstoff und erzeugt Kohlendioxid. Die Pflanzenwurzel benötigt ebenfalls Sauerstoff und gibt Kohlendioxid ab. Wird nun der gesamte Sauerstoff durch die Bodenmikroorganismen aufgebraucht und ist zudem noch der Gasaustausch zwischen Boden und Atmosphäre durch eine starke Kompostschicht behindert, so leidet die Pflanze sehr schnell an Sauerstoffmangel im Wurzelbereich, was zum Vergilben der Blätter und schließlich zum Absterben der Pflanzen führt. Müll-Klärschlamm-Kompost sollte nur an der Bodenoberfläche und in dosierten, nicht übertriebenen Mengen verwandt werden, wenn Schäden vermieden werden sollen.

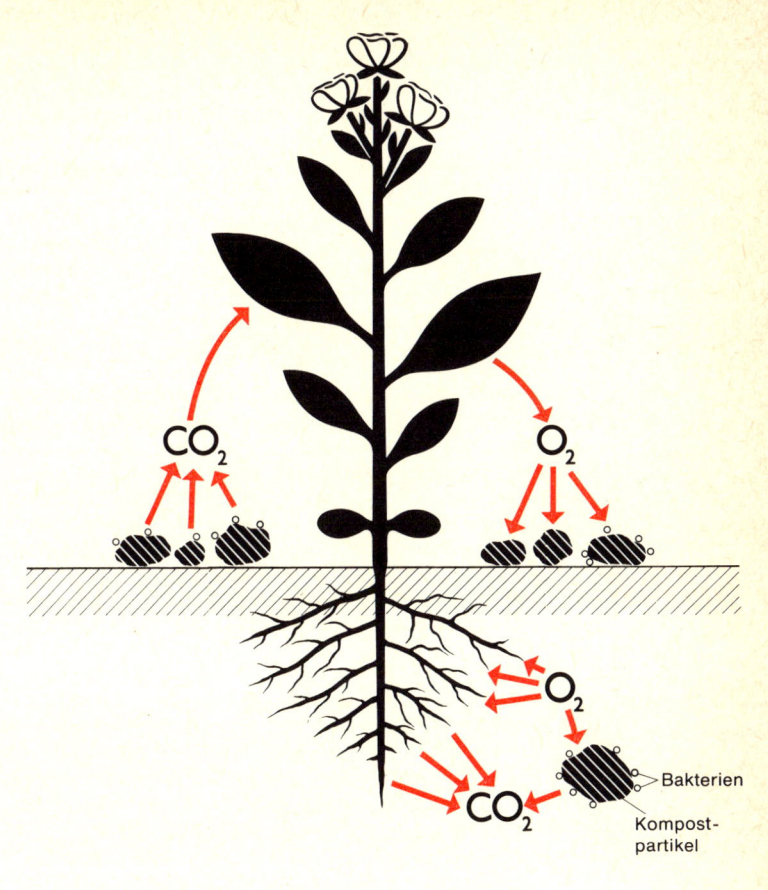

Abb. Müll-Klärschlamm-Kompost soll nicht in den Boden eingearbeitet werden, da er den Wurzeln Sauerstoff entzieht

Die Tiefversenkung flüssiger Abfälle

Manche flüssigen Abfallstoffe aus der industriellen Produktion sind auf Grund ihrer Toxizität oder Radioaktivität zur Wiederaufbereitung zu teuer oder kommen für die Lagerung in geordneten Deponien nicht in Betracht. Auch durch Verbrennung und Kompostierung können solche Abfälle nicht beseitigt werden. Bislang wurden Abfälle dieser Art zum Teil ins Meer eingeleitet, wo sie durch die hohe Verdünnung kaum mehr Schaden anrichten. Durch übermäßiges Einleiten wurde dieser Speicher jedoch zunehmend belastet, so daß inzwischen erhebliche Beschränkungen angeordnet werden mußten.

Radioaktive Abfälle werden bereits seit einiger Zeit in aufgelassenen *Bergwerken* gelagert (s. auch S. 458), wodurch das Material von der Biosphäre weitgehend abgeschlossen ist. Auch *toxische Schlämme* werden gelegentlich auf diese Weise beseitigt; die Lagerkapazitäten sind jedoch stark begrenzt. Weiterhin steht zur Diskussion, flüssige Abfälle in *unterirdische Hohlräume*, die durch kleinere Atomexplosionen erzeugt wurden, zu versenken. Auch die Schaffung künstlicher Kavernen in Salzstöcken durch Einpressen von Süßwasser, welches das Salz löst, und durch anschließendes Herauspumpen der Sole soll zur Lösung dieses Abfallproblems beitragen.

Ein Verfahren, das in den USA mehr und mehr Beachtung findet, kommt aus der Erdölgewinnung. Um die Lager besser ausnutzen zu können, wird in die Randwasserzone einer *Erdöllagerstätte* Salzwasser gepreßt. Dadurch erhöht sich der Lagerstättendruck, und das Gestein wird besser entölt. Dieses Salzwasser könnte möglicherweise auch durch flüssige Sonderabfälle ersetzt werden. Erdöllagerstätten entstehen nur in Speicherräumen, deren Inhalt seit langem nicht mehr am hydrologischen und biologischen Kreislauf teilnimmt. Man kann daher weitgehend sicher sein, daß die flüssigen Abfälle dort für geologische Zeiträume nicht mehr an dem Geschehen in der Hydrosphäre oder Biosphäre teilnehmen. Dies ist eine wichtige Voraussetzung für die Lagerung toxischer oder nuklearer flüssiger Abfallstoffe.

Für die BRD ist diese Art der Abfallbeseitigung aus zwei Gründen von besonderem Interesse. Durch die dichte Besiedlung und den steigenden Bedarf an einwandfreiem Trinkwasser können toxische oder radioaktive Flüssigkeiten nur unter besonderen Vorsichtsmaßnahmen abgelagert oder versenkt werden. Es bedarf dabei besonderer Sorgfalt, um das Trinkwasserreservoir nicht zu gefährden. Vor Inangriffnahme eines solchen Versenkungsprojektes sind daher geologische und hydrogeologische Untersuchungen nötig. Sind günstige unterirdische geologische Strukturen gefunden, so kann die Versenkung nahezu risikolos durchgeführt werden. Da die BRD intensiv geologisch untersucht ist, bereitet die Ausweisung derartiger Bereiche keine großen Schwierigkeiten. Die Lagerung der flüssigen Abfälle erfolgt in den *Poren porösen Gesteins,* das durch undurchlässige Gesteine, z. B. Tongestein, von der Biosphäre abgeschlossen ist. Sie kann in *Mulden (Synklinalen),* in *horizontalen Sandsteinlagern* oder am günstigsten in sog. *Fallen (Antiklinalen)* vorgenommen werden. Zahlreiche Strukturen dieser Art ohne wirtschaftliche Bedeutung (Erdöl, Gas) sind in der BRD zu finden.

Die Tiefversenkung flüssiger toxischer Abfallstoffe aus der Industrie bietet eine Lösung, die eine akute Gefährdung der Umwelt über geologische Zeiträume hinweg ausschließt. Dennoch sollte diese Art der Abfallbeseitigung nur bei wirklich problematischen Abfällen angewandt werden, da die Lagerkapazitäten nicht unbegrenzt sind.

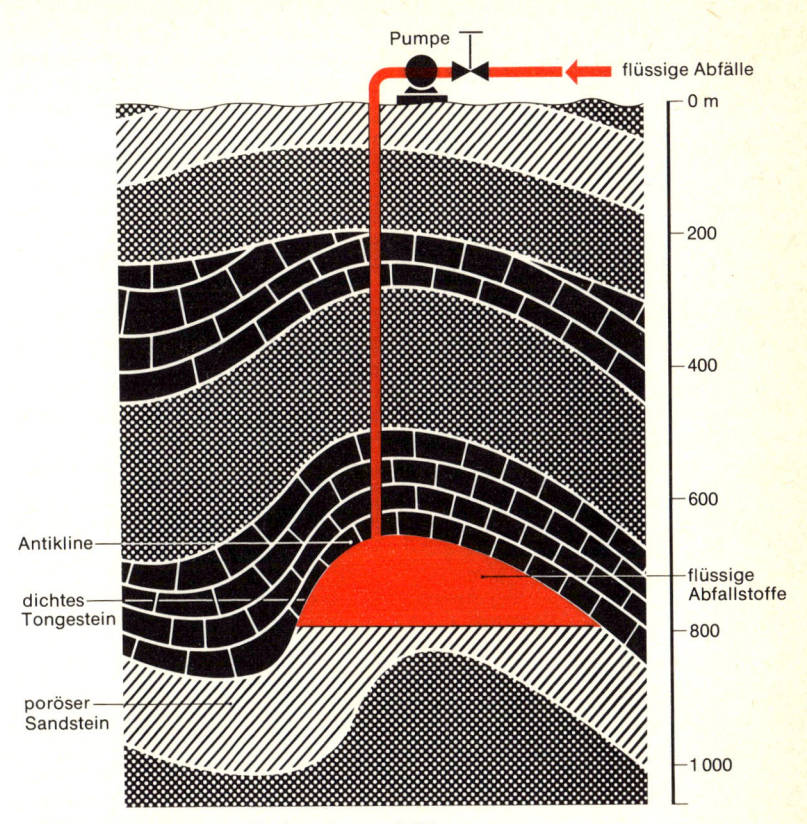

Abb. Tiefversenkung von flüssigen Sonderabfällen;
von Natur dichte Speicherräume in Salz- und Tongesteinen schließen die flüssigen
Abfälle sicher von der Biosphäre ab.

Atommüll – Problematik

Beim Betrieb von Kernkraftwerken fallen radioaktive Abfälle aller Stärkegrade an. Der *schwachaktive Atommüll* besteht aus Rückständen von Filter- und Reinigungsanlagen, von kontaminierten Laborwerkzeugen, Handschuhen und Klärschlämmen aus Abwasseraufbereitungsanlagen. Seine Beseitigung erfolgte bisher durch Versenken im Meer, durch Vergraben im Boden, durch Lagern in Salzbergwerken (s. S. 458) oder in Einzelfällen durch fahrlässiges Deponieren auf Müllkippen.

Mittelaktiver Atommüll besteht aus durch Neutronenbestrahlung radioaktiv gewordenen Bauteilen von Kernkraftwerken, aus stark radioaktiven Rückständen von Reinigungsprozessen (z. B. Ionenaustauscherharze) und aus Abfällen der Kernforschung. Mittelaktiver Atommüll wurde bisher im Meer versenkt und in Salzbergwerken gelagert (s. S. 458). Noch im Jahr 1972 wurden von der Europäischen Kernenergiebehörde 3 800 t schwach- bis mittelradioaktive Abfälle in 7 600 Fässern im Atlantik versenkt. Da es keine Behälter gibt, die auf Jahrhunderte hinaus dem Seewasser standhalten, muß damit gerechnet werden, daß diese und andere in großen Mengen im Meer versenkten radioaktiven Abfälle in der Zukunft freigesetzt, in Nahrungsketten des Meeres angereichert und früher oder später in der Nahrung des Menschen auftauchen werden.

Das eigentliche Problem stellt der *hochradioaktive Atommüll* dar. Er bleibt als hochradioaktive Flüssigkeit bei der Abtrennung von Uran und Plutonium aus abgebrannten Brennelementen in Wiederaufbereitungsanlagen zurück. Man schätzt die Menge des langlebigen hochaktiven Atommülls für das Jahr 2000 auf rund 1 000 Milliarden Ci. Eine befriedigende Lösung zur Beseitigung hochaktiven Atommülls gibt es bisher nicht. Man kann Atommüll nicht vernichten. Im Gegensatz zu chemischen Abfällen, die durch chemische Reaktionen umgewandelt und entgiftet werden können, zerfallen radioaktive Substanzen nach einem nicht beeinflußbaren Zeitgesetz entsprechend ihrer Halbwertszeit. Das Hauptproblem liegt daher in der Beseitigung der auf Grund einer langen Halbwertszeit (HWZ) langlebigen Spaltprodukte wie Strontium 90 (HWZ 28 Jahre), Cäsium 137 (HWZ 30 Jahre), Samarium 151 (HWZ 80 Jahre), Plutonium 239 (HWZ 24 300 Jahre), Jod 129 (HWZ 17 000 000 Jahre). Der Atommüll, der heute produziert wird, muß also über menschlich kaum vorstellbare Zeiträume so sicher aufbewahrt werden, daß nichts davon in die Biosphäre und damit in die Nahrungskette der Lebewesen entweicht.

In verschiedenen Ländern denkt man daran, radioaktive Abfälle im Eis der Antarktis zu versenken; die bestehenden Antarktisverträge sehen Ausnahmeregelungen vor, wenn alle Unterzeichnerstaaten zustimmen. Die bei der Strahlung freiwerdende Wärme würde die Atommüllcontainer allmählich im Eis versinken lassen und sie durch das Eis hindurchschmelzen. Von amerikanischer Seite sind die Verschiffung der Container und ein Transport über Land in die australische Ostantarktis geplant, wo das Eis besonders dick ist.

Wegen der langfristigen Probleme der Beseitigung von Atommüll auf der Erde führte die NASA, die amerikanische Raumflugbehörde, im Auftrag der amerikanischen Atomenergiekommission eine Studie über die Möglichkeiten der *außerplanetaren Atommüllbeseitigung* durch. Die Benutzung des Weltalls als Atommülldeponie wurde bereits von mehreren Vertretern der amerikanischen Atomenergiebehörde als einzig sichere Art der Atommüllbeseitigung vorgeschlagen. Sie ist jedoch aus zwei Gründen kaum zu realisieren. Die Kosten pro kg Atommüll lägen in der Größenordnung von 200 000 Dollar. Bei einem Abtransport von nur 180 t hochaktiver Abfälle (der geschätzte Jahresanfall der BRD für das Jahr 1990) müßten also ca. 30 Milliarden Dollar aufgewendet werden. Abgesehen von diesen unerschwinglichen Beträgen, besteht die Gefahr, daß eine mit Atommüll beladene Rakete durch einen Fehlstart in der Erdatmosphäre verglühen könnte. Über weitere Konzeptionen zur Beseitigung hochradioaktiven Atommülls s. S. 452 und 456.

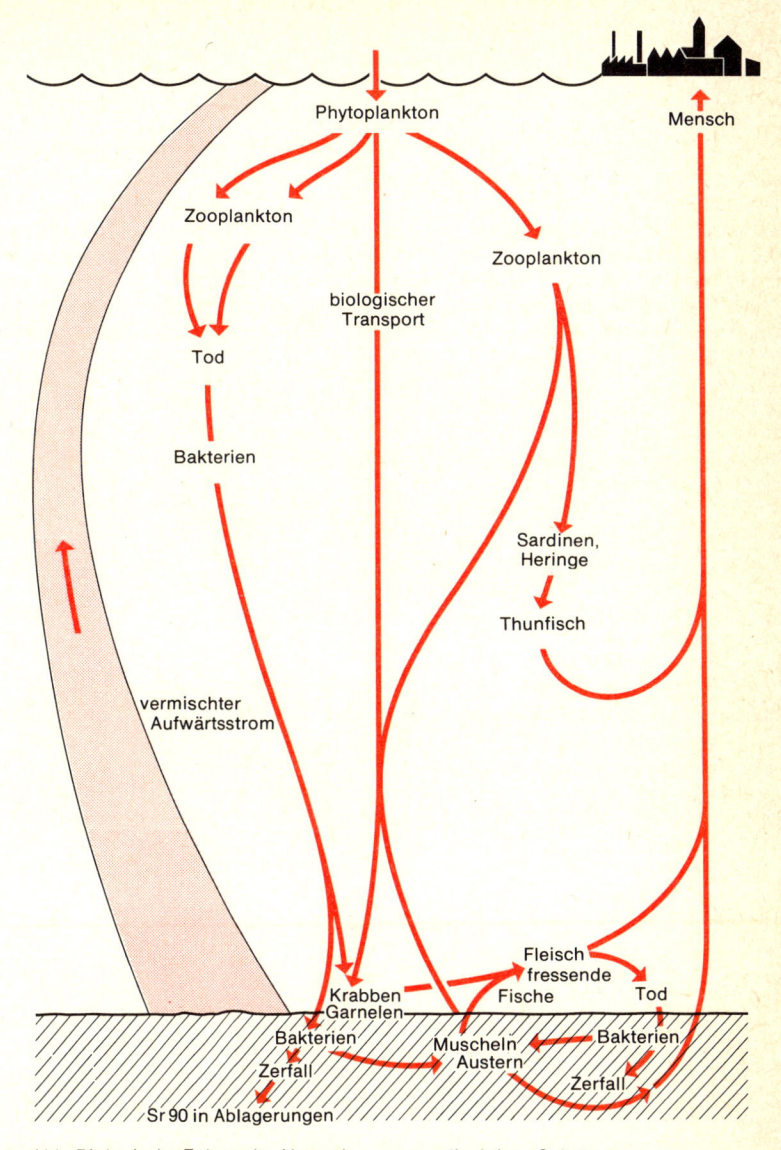

Abb. Biologische Folgen des Versenkens von radioaktiven Substanzen

455

Atommüllagerung in oberirdischen Lagertanks

Manche Länder, darunter neuerdings auch die BRD, streben als „Lösung" des Atommüllproblems die oberirdische Tanklagerung des hochaktiven Atommülls an. In den USA wird diese Form der Lagerung bereits seit etwa 20 Jahren praktiziert. Heute existieren dort über 200 große Stahlbetontanks, von denen jeder über 3 Millionen Liter einer hochradioaktiven Flüssigkeit enthält. Da die Radioaktivität der Abfälle dauernd Wärme erzeugt, müssen die Tanks ununterbrochen gekühlt werden. Das erreicht man dadurch, daß man den Dampf aus den Tanks in einen Kondensator leitet und den Inhalt ständig mit Druckluft durcheinanderwirbelt, damit sich keine radioaktiven Feststoffe auf dem Boden absetzen können, was zu einer starken lokalen Erhitzung führen könnte.

Die Gefahr einer *radioaktiven Verseuchung der Umgebung* aus oberirdischen Lagertanks ist mehrfach gegeben:

1. Die aggressive, aus vielen chemischen Verbindungen bestehende Tanklösung kann in Verbindung mit der starken radioaktiven Strahlung eine *Korrosion der Tankbehälter* bewirken. Unfälle dieser Art kamen besonders in den USA vor. Der letzte geschah im Juni 1973 in Hanford (Staat Washington), dem Hauptlager für Atommüll in den USA. Dabei versickerten unbemerkt 490 000 l radioaktiven Mülls in den Erdboden.

2. Die Tanks mit kochendem Atommüll müssen dauernd gekühlt werden. Pro Kubikmeter hochaktiven Atommülls werden ungefähr 9 kW Energie durch den radioaktiven Zerfall freigesetzt; das sind etwa 31 MW freigesetzter Energie in einem Tank. Obwohl jeder Tank zwei voneinander unabhängige Kühlsysteme hat, besteht die Gefahr, daß durch Stromausfall, Flut, Erdbeben, Sabotage oder menschliches Versagen die *Kühlung ausfällt*. Der Tankinhalt würde sich in diesem Fall auf über 1 000 °C erhitzen. Dadurch würden alle flüchtigen radioaktiven Spaltprodukte in die Atmosphäre freigesetzt werden. Die Folgen eines solchen Unfalls für die nähere und weitere Umgebung wären katastrophal: Nach Untersuchungen der Universität von Kalifornien würde dadurch ein Gebiet von der doppelten Größe der Schweiz für Jahrzehnte unbewohnbar.

3. Durch die radioaktive Strahlung werden Wassermoleküle radiolytisch in Wasserstoff und Sauerstoff gespalten. Die Rate dieser Wasserstoffproduktion ist so hoch, daß bei einem Ausfall des Ventilatorsystems die untere Explosionsgrenze für Wasserstoff in Luft von 4 % in wenigen Stunden erreicht wäre. Es kann so durch Selbsterhitzung zu einer *Knallgasexplosion* kommen, durch die der Tank mitsamt dem Kühlsystem zerstört würde. Neuerdings versucht man, die in flüssiger Form anfallenden radioaktiven Rückstände zur besseren Lagerung zu verfestigen. Damit läßt sich zwar das Problem der radiolytischen Zersetzung von Wasser und der dadurch eventuell entstehenden Knallgasexplosion umgehen; die Auswirkungen eines Ausfalls des Kühlsystems jedoch wären in etwa die gleichen.

Die Lagerung von Atommüll in oberirdischen Lagertanks ist demnach mit erheblichen Risiken belastet, deren Auswirkungen noch nicht abgeschätzt werden können.

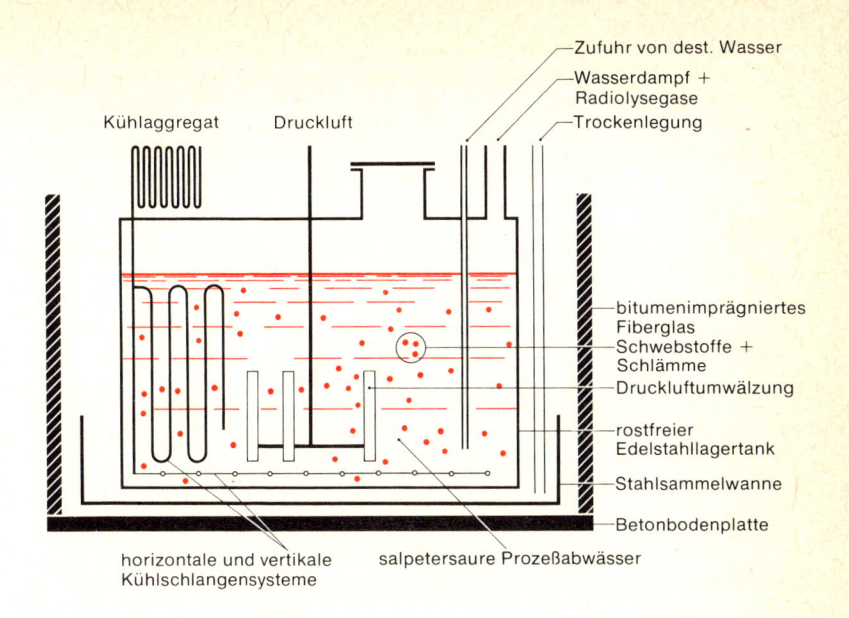

Abb. 1 Tank für die oberirdische Lagerung von Atommüll (nach Weish/Gruber)

Unfalljahr	ausgelaufene radioaktive Flüssigkeit (l)	Freisetzung von Cäsium 137 (kCi)
1960	130 000	4
1965	190 000	40
1969	260 000	51
1973	440 000	40

Abb. 2 Bisherige Unfälle bei der Atommüllagerung

Atommüllagerung im Salzbergwerk

Zur Beseitigung des *Atommülls* entwickelte die BRD das Konzept der Einlagerung radioaktiver Abfälle in Salzbergwerke. Man ging dabei von der Überlegung aus, daß Salzbergwerke auf Grund der fehlenden Verbindung zum Grundwasser (eine Tatsache, die auch für frühere Zeiten gelten muß, weil sonst eine Auswaschung erfolgt wäre) ein hohes Maß an Sicherheit für die Lagerung von Atommüll gewährleisten. Bei der Auswahl der in Frage kommenden Salzbergwerke in der BRD fiel die Wahl auf das stillgelegte Salzbergwerk Asse II bei Wolfenbüttel. Man hat in diesem Bergwerk viele große und kleine Kammern eingerichtet, die nach Auffüllen mit Atommüll verschlossen werden können. Diese Art der Atommüllbeseitigung wurde bisher von Industrie und Behörden als die sicherste Lösung bezeichnet. Inzwischen wurde jedoch bekannt, daß die in der Nähe von Asse II liegenden Schächte Asse I und Asse III durch Grundwassereinbruch abgesoffen sind. Seit 1967 wurden in Asse II rund 10 000 Fässer mit verfestigtem schwachaktivem Atommüll eingelagert; weitere ca. 500 Fässer mittelaktiven Atommülls wurden in Spezialkammern eingelagert. Bis zum Jahr 2000 soll Asse II rund 250 000 m^3 radioaktive Rückstände aufnehmen.

Es scheint, daß das Problem der Beseitigung *schwach- und mittelaktiver Abfälle* in Salzbergwerken gelöst ist. Hauptproblem jedoch ist die Beseitigung des eigentlichen, aus den Brennstäben stammenden *hochaktiven Atommülls*. Man versucht diese flüssigen Abfälle durch verschiedene Verfahren der Verglasung und Keramisierung zu verfestigen und dadurch lagerbar zu machen. Diese Techniken beinhalten jedoch noch zahlreiche ungelöste Probleme. Bei dem *Einschmelzen der radioaktiven Abfälle* in Glasfluß müssen die radioaktiven Lösungen neutralisiert und denitriert werden, bevor sie mit dem Glasmaterial gemischt, getrocknet und geschmolzen werden. Das Erhitzen auf 200 °C (Trocknung) und 1000–1300 °C (Schmelzprozeß) bewirkt Verluste flüchtiger Radionuklide. Dabei werden z. B. Cäsium zu 20 % und Ruthen als flüchtiges Ruthenoxid zu nahezu 100 % in Freiheit gesetzt. Der Wert dieser Technik leidet unter der Freisetzung eben dieser Nuklide, die einen bedeutenden Anteil an der biologisch relevanten Spaltproduktaktivität haben und deren Abscheidung und Langzeitlagerung zusätzliche Probleme aufwerfen.

Auch die häufig diskutierten, vielfältigen Methoden der *Fließbettkalzinierung*, bei der längere Zeit zwischengelagerte Spaltprodukte bei Brenntemperaturen von 600 bis 1 000°C in die Oxidform überführt werden, bieten eine Reihe ungelöster Probleme. Die flüchtigen Spaltprodukte müssen ebenfalls einer Sonderbehandlung zugeführt werden. Aus der Oxidmasse selbst kann je nach der Höhe der Brenntemperatur ein nicht unerheblicher Anteil der Spaltprodukte im Laufe der Zeit ausgewaschen werden. Bei der Lagerung solcher kalzinierter Abfälle in Salzbergwerken stellt sich das Problem der Wärmeentwicklung im Zusammenhang mit der durch die Schächte eindringenden Luftfeuchtigkeit bzw. von Wassereinbrüchen. – Bei der *Lagerung von Atommüll in Stahltanks* kann es durch die Abscheidung von Kondenswasser bei der Thermokonvektion in den Lagerstätten zur Bildung aggressiver Salzlösungen kommen, die im Zusammenwirken mit der Strahlenkorrosion die Behältermaterialien zerstören. – Eine weitere Gefährdungsmöglichkeit besteht durch Erdbeben, bei denen ein großer Teil der im Laufe der Zeit in Salzbergwerken angehäuften radioaktiven Abfälle freigesetzt werden könnte. Dieses Problem wird dadurch verschärft, daß die einmal eingelagerten hochaktiven Abfälle auf Grund ihrer Wärmeentwicklung durch das Salz hindurchschmelzen und nicht mehr zurückgewonnen werden können.

In Kanada, wo zunächst ebenfalls die Lagerung von Atommüll in Salzbergwerken angestrebt wurde, hat die Atomenergiekontrollbehörde jetzt diese Form der Atommüllagerung verworfen und die oberirdische Lagerung empfohlen (s. S. 456).

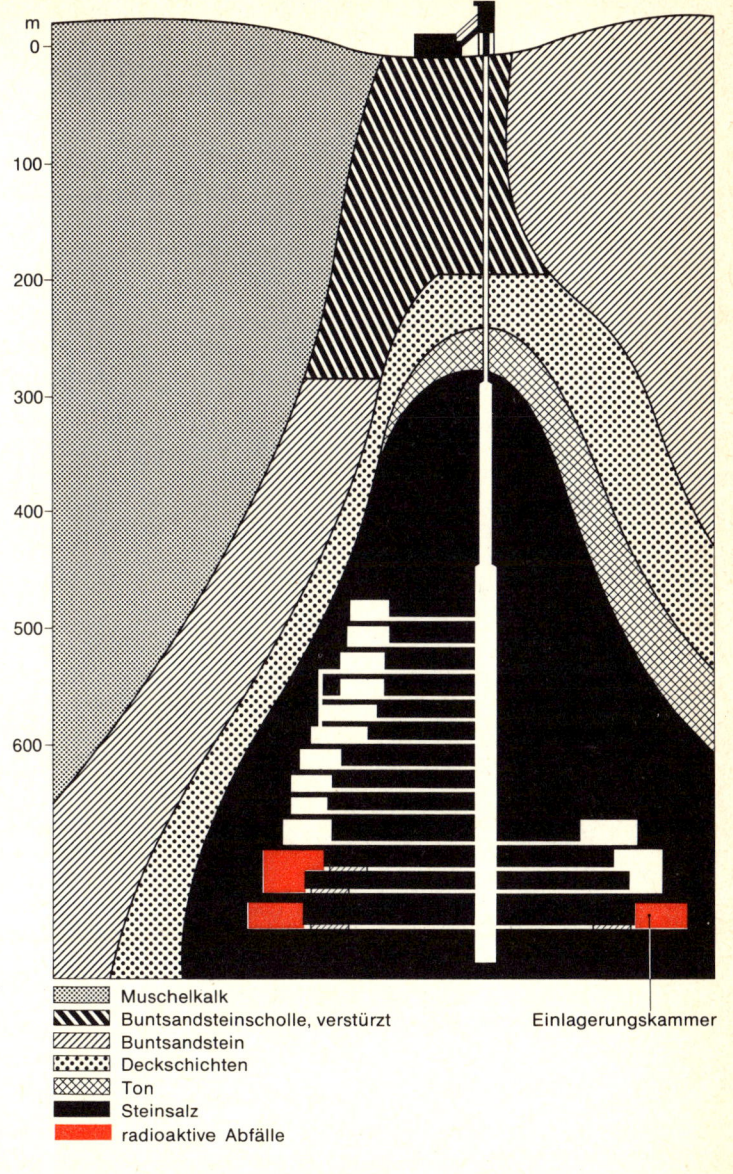

▦	Muschelkalk
▧	Buntsandsteinscholle, verstürzt
▨	Buntsandstein
▩	Deckschichten
▦	Ton
■	Steinsalz
■	radioaktive Abfälle

Abb. Atommüllagerung im Salzbergwerk

Was ist Energie?

Energie ist neben Raum, Zeit und Information eine Grundgröße unserer Welt. Sie liegt in mehreren voneinander grundlegend verschiedenen *Energieformen* vor, die zusammen die physische Wirklichkeit unseres Weltalls aufbauen. Alle physischen Vorgänge können als Übergang von einer Energieform in eine andere gedeutet werden. Die wichtigsten Formen, in denen Energie vorliegt, sind folgende:
 1. *Mechanische Energie:* Um einen Körper von der Masse m auf der Erde (Schwerebeschleunigung $g = 9{,}8 \, m/s^2$) um die Höhe h anzuheben, muß die Arbeit (= Energie) $E = m \cdot g \cdot h$ aufgebracht werden. Diese für das Anheben des Körpers aufgewandte Energie steckt dann in Form *potentieller Energie* (Energie der Lage) in dem Körper. Sie kann beim Herabfallen des Körpers um die gleiche Höhe wieder freigesetzt werden. – Um einen Körper der Masse m zu beschleunigen und ihn auf die Geschwindigkeit v zu bringen, muß Energie in den Körper hineingesteckt werden $E = 1/2 \, m \cdot v^2$. Diese Energie steckt dann in dem sich bewegenden Körper und kann z. B. beim Aufprall des Körpers auf ein Hindernis wieder freigesetzt werden (*kinetische Energie,* Energie der Bewegung).
 2. *Wärmeenergie:* Um einen Körper der Masse m und der spezifischen Wärme c, die vom Material des Körpers abhängt, um eine bestimmte Temperaturdifferenz ΔT (in °C) zu erwärmen, benötigt man eine bestimmte Menge an Energie: $E = m \cdot c \cdot \Delta T$. Diese Wärmeenergie kann von dem Körper z. B. in Form von Wärmestrahlung wieder an die Umgebung abgegeben werden. Die Zuführung von Wärmeenergie muß nicht unbedingt eine Erhöhung der Temperatur eines Körpers zur Folge haben, sondern kann in der Nähe des Schmelz- oder Siedepunktes des Körpers auch für eine *Aggregatänderung* von „fest" nach „flüssig" bzw. von „flüssig" nach „dampfförmig" verbraucht werden.
 3. *Elektrische Energie:* Fließt ein Strom der Stärke I (gemessen in Ampere) und der Spannung U (gemessen in Volt) für die Zeitdauer t, dann ist die von diesem Strom geleistete Energie $E = U \cdot I \cdot t$. Mit Hilfe dieser *Energie eines fließenden elektrischen Stroms* kann z. B. Wärmeenergie freigesetzt (in Elektroheizungen) oder eine Maschine angetrieben werden. – Um ein elektrisches Feld aufzubauen (also zwei elektrische Ladungen zu trennen), ist Energie nötig, die beim Zusammenbrechen des Feldes wieder frei wird *(Energie des elektrischen Feldes).* Die Energie eines geladenen Kondensators mit der Kapazität C und der Spannung U zwischen den Platten des Kondensators ist $E = 1/2 \, C \cdot U^2$. Diese in einem Kondensator gespeicherte Feldenergie kann beim Kurzschließen des Kondensators wieder in Energie eines elektrischen Stroms zurückverwandelt werden. – Entsprechend der Energie eines elektrischen Feldes wird auch in einem magnetischen Feld *magnetische Feldenergie* gespeichert.
 4. *Chemische Energie:* In chemischen Verbindungen ist bei der Bindung von Atomen zu Molekülen chemische Energie gespeichert. Diese kann von unterschiedlicher Größe sein. Man spricht dann von „energiearmen" bzw. „energiereichen" Verbindungen. Eine energiereiche Verbindung ist z. B. Heizöl, bei dem durch Verbrennung (d. h. chemische Reaktion mit Sauerstoff) ein Teil dieser chemischen Bindungsenergie in Wärmeenergie umgewandelt und damit freigesetzt wird. Umgekehrt gibt es chemische Reaktionen, in die Energie hineingesteckt werden muß, damit energiereiche Verbindungen zustandekommen. Ein Beispiel dafür ist die in Pflanzen ablaufende Photosynthese (s. S. 200ff.).
 5. *Energie der Materie:* Letztlich besteht die gesamte Materie aus geballter Energie, wobei der Zusammenhang zwischen Energie und Masse der Materie durch die Formel $E = m \cdot c^2$ (c = Lichtgeschwindigkeit) gegeben ist. Stoßen z. B. ein negativ und ein positiv geladenes Elektron zusammen, so verwandeln sie ihre Masse vollständig in *Strahlungsenergie.* Ein Teil dieser Energie kann bei der Kernspaltung oder Kernverschmelzung freigesetzt werden *(Kernenergie).*

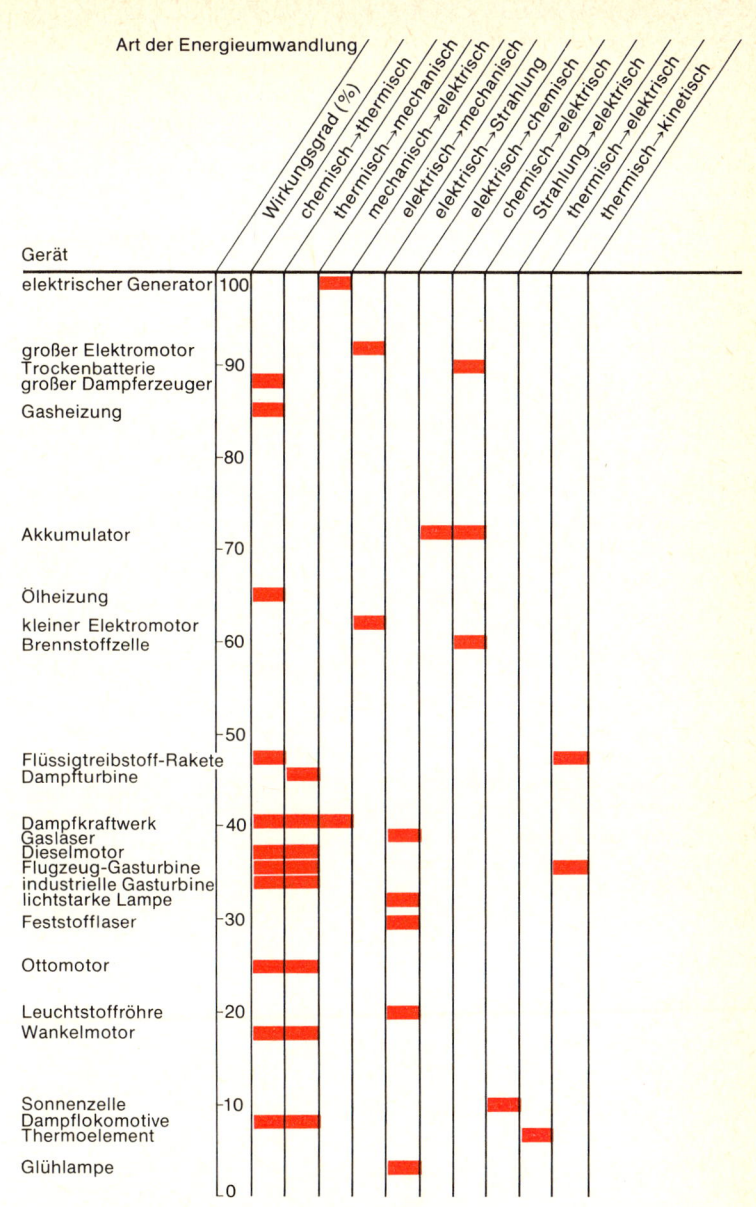

Gerät	Wirkungsgrad (%)	chemisch→thermisch	thermisch→mechanisch	mechanisch→elektrisch	elektrisch→mechanisch	elektrisch→Strahlung	chemisch→chemisch	Strahlung→elektrisch	thermisch→elektrisch	thermisch→kinetisch
elektrischer Generator	100			▬						
großer Elektromotor Trockenbatterie großer Dampferzeuger	90	▬			▬					
Gasheizung		▬								
	80									
Akkumulator	70						▬			
Ölheizung		▬								
kleiner Elektromotor Brennstoffzelle	60				▬		▬			
	50									
Flüssigtreibstoff-Rakete Dampfturbine		▬	▬						▬	
Dampfkraftwerk Gaslaser Dieselmotor Flugzeug-Gasturbine industrielle Gasturbine lichtstarke Lampe Feststofflaser	40 30	▬	▬			▬			▬	
Ottomotor		▬								
Leuchtstoffröhre Wankelmotor	20	▬				▬				
Sonnenzelle Dampflokomotive Thermoelement	10	▬						▬	▬	
Glühlampe	0									

Abb. Wirkungsgrade von Energieumwandlungen
  Modifiziert nach: Conservation of Energy, Committee on Interior
  and Insular Affairs, United States Senate, 1972

Wofür wird Energie gebraucht?

Alle Lebewesen müssen Energie umwandeln, um ihre Lebensvorgänge aufrechterhalten zu können. Diese *biologische Energie* erhalten sie aus ihren Nahrungsmitteln, in denen die durch pflanzliche Photosynthese gewonnene Sonnenenergie in chemische Bindungsenergie umgewandelt und gespeichert wurde (s. auch S. 200 ff.).

Jahrhunderttausende hindurch verbrauchte jeder einzelne Mensch täglich rund 2 000 Kalorien an Energie. Es ist diejenige Energie, die er zur Aufrechterhaltung seines Stoffwechsels als biologische Energie benötigte. Heute konsumieren die Bewohner der hochindustrialisierten Länder pro Kopf täglich rund 220 000 Kalorien, nämlich außer der biologischen Energie auch die technische Energie, die für Heizung, Auto, Fernseher, Tiefkühltruhe, industrielle Produktion, Konsum und Luxus verbraucht wird. Auf jede Kalorie Energie, die biologisch für das Leben notwendig ist, verbrauchen wir also über 100 Kalorien für Luxusbedürfnisse. Man rechnet damit, daß bei anhaltendem Energiewachstum in 10 Jahren rund 400 000 Kalorien, in 20 Jahren rund 800 000 Kalorien pro Kopf und Tag in den Industrieländern produziert und verbraucht werden. Demgegenüber stehen vielen Menschen in den Entwicklungsländern oft noch nicht einmal die 2 000 Kalorien zur Verfügung, die ihr Stoffwechsel zum Leben benötigt.

Technische Energie in Form von Öl, Kohle, Strom und Gas wird vor allem in drei großen Bereichen verbraucht: Industrie, Haushalt und Verkehr. Im *Verkehr* werden rund 92% der Energie in Form von Benzin und Dieselöl verbraucht, der Rest in Form elektrischer Energie für den öffentlichen Verkehr. Die *Haushalte* verbrauchen etwa zu 60% Öl, zu 22% Kohle und Gas und zu 18% elektrische Energie. Die *Industrie* verbraucht zu rund 70% Öl, zu 10% feste Brennstoffe und Gas und zu etwa 20% elektrische Energie. Im Verkehr wird die Energie fast ausschließlich zur Fortbewegung der Fahrzeuge verwandt; ein geringer Teil wird zur Heizung im Fahrzeuginnern benutzt. In den Haushalten gehen etwa 80% der Energie in die Raumheizung, der Rest in Maschinen, Fernseher, Beleuchtung u. ä. Im industriellen Bereich ist die Auffächerung des Energieverbrauchs schwieriger. Einen großen Energieverbrauch haben vor allem die metallerzeugende Industrie (Kohle für den Hochofenprozeß, elektrische Energie für Aluminiumerzeugung) und die chemische Industrie. Sie braucht die Energie vor allem in Form von Wärme zur Aufrechterhaltung chemischer Reaktionen. Ein großer Teil des Energieverbrauchs der chemischen Industrie entfällt auf die Kunstdüngerproduktion. In industriellen Ballungsräumen kann der Energieverbrauch überwiegend durch die Industrie bestimmt werden.

Ein wesentlicher Prozeß, der durch technischen Energieverbrauch ermöglicht wird, ist die zunehmende *Automation* und *Mechanisierung* der industriellen Produktion. In unserer Wirtschaftsstruktur herrscht ein Systemzwang, so wirtschaftlich und gewinnbringend wie möglich zu produzieren, damit jeder einzelne ein seinem persönlichen Lebensstandard entsprechendes Leben führen kann. Was früher von 10 Arbeitern in einer Woche geleistet wurde, kann heute von einem Arbeiter mit wenigen Handgriffen mit einer Maschine produziert werden, die dafür Energie verbraucht. Menschliche Energie und Arbeitskraft werden zunehmend durch technische Energie und Maschinen ersetzt.

Kraftstoff 92 % — elektrische Energie 8%

Verkehr

elektrische Energie 18 % — Kohle/Gas 22 %

Öl 60 %

Haushalt

elektrische Energie 20 %

feste Brennstoffe 10 %

Öl 70 %

Industrie

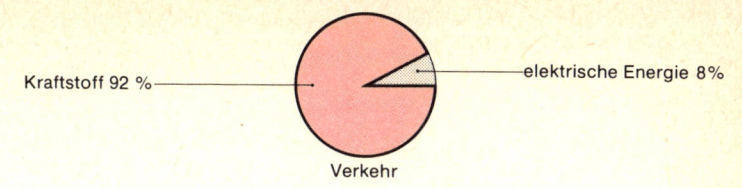

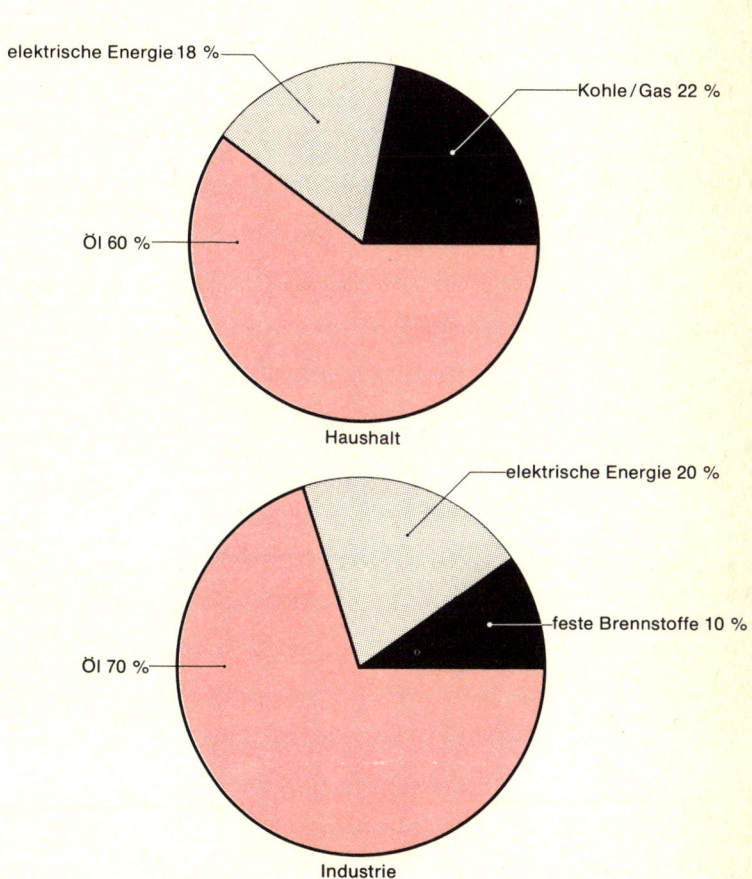

Abb. Der Verbrauch technischer Energie

Energiereserven

Es gibt zwei grundsätzlich verschiedene Arten von Energiereserven: *Energierohstoffe,* die nur in begrenzter Menge auf der Erde vorhanden sind und in Kraftwerken zur Energieerzeugung verbrannt (Öl, Kohle, Erdgas) oder gespalten werden (Uran, Thorium), und *regenerative Naturkräfte,* die vom Menschen zur Energieerzeugung ausgenutzt werden können (Sonne, Wind, Gezeiten, Erdwärme, Wärmeunterschiede in den Ozeanen o. ä.). Diese letzteren Energiequellen haben den großen Vorteil, daß sie nie versiegen, da bei ihnen keine Rohstoffe verbraucht werden. Während bei der Nutzung von Energierohstoffen umweltbelastende Abfallstoffe entstehen (Atommüll, Kohlendioxid, Schwefeldioxid, Sauerstoffverbrauch), entstehen bei der Nutzung regenerativer Naturkräfte keine Abfallsubstanzen.

Trotz dieser enormen Vorteile konzentriert sich die gesamte bisherige Energieforschung und Energieerzeugung fast ausschließlich auf die Nutzung fossiler und nuklearer Brennstoffe. Diese Einseitigkeit ist eine wesentliche Ursache für die heutige, weltweit festzustellende *Energieverknappung.* In der Bundesrepublik Deutschland wurden bisher zum Beispiel über 16 Milliarden DM Steuergelder in die Erforschung der Kernenergie investiert, während die Entwicklung von Verfahren zur Ausnutzung regenerativer Naturkräfte staatlich bisher kaum gefördert wurde. Eine wesentliche Ursache für diese Einseitigkeit der Energieforschung liegt auf wirtschaftlichem Gebiet: Bei der Ausnutzung von Brennstoffen läßt sich an mehreren Stellen ein gewinnbringender Wirtschaftsapparat aufbauen. Ein Profit ist möglich beim Abbau des Rohstoffs, bei der Verarbeitung (z. B. Raffinerie), bei der Vermarktung (z. B. multinationale Mineralölkonzerne), beim Einsatz in Kraftwerken und bei der Beseitigung der Folgelasten (Atommüllagerung, Filter für Kraftwerke). Bei der Ausnutzung regenerativer Naturkräfte jedoch kann man weder am Brennstoff noch an der Abfallbeseitigung verdienen.

Die *fossilen Brennstoffreserven* liegen zu 89% in Form von Kohle vor. Die *Ölvorräte* reichen bei weiter steigendem Verbrauch noch rund 30 Jahre, die *Erdgasvorräte* noch etwa 20 bis 25 Jahre. Der weitaus größte Teil noch nicht verfügbarer fossiler Brennstoffreserven liegt also auf dem Gebiet der *Kohle.* Insgesamt gibt es auf der Erde an sicheren und wahrscheinlichen Vorkommen von Stein- und Braunkohle zusammen etwa 8,8 Billionen Tonnen. Unter der Annahme eines gleichbleibenden Weltenergiebedarfs von 10 Milliarden Tonnen Steinkohleeinheiten (SKE), der dem tatsächlichen Weltenergiebedarf des Jahres 1975 entspricht, könnte also die Kohle (ohne jede andere Energiequelle) den Energiehunger der Welt für die nächsten 800 Jahre decken. Allein in den EG-Ländern gelten Kohlevorkommen von 147 Milliarden Tonnen als gesichert; davon entfallen auf die BRD 132 Milliarden Tonnen!

Der *Vorrat an Uran* für Leichtwasserreaktoren beträgt weltweit 37,4 Milliarden Tonnen SKE an sicheren und 81 Milliarden Tonnen SKE an geschätzten Vorkommen (bis zu Gewinnungskosten von 30 Dollar pro Pound). Dies entspricht etwa einem Achtzigstel der Vorräte an Kohle. Falls sich die Menschheit entschließen sollte, das Uran in Brüterreaktoren zu verwenden und damit zur Plutoniumwirtschaft überzugehen, erhöhten sich die Uranvorräte auf 2 200 Milliarden Tonnen SKE (sichere Vorräte) und 4 320 Milliarden Tonnen SKE (geschätzte Vorräte). Dadurch liegen die Uranvorräte etwa bei einem Dreiviertel des Vorrats an Kohle. Mit diesem Übergang auf die Plutoniumwirtschaft wären jedoch schwere, wahrscheinlich nicht beherrschbare Risiken auf militärischem und ökologischem Gebiet verbunden (s. ,,Plutonium", S. 404, und ,,Schnelle Brüter", S. 498).

Eine endgültige Antwort auf die Frage, wie lange die Energiereserven der Menschheit noch reichen, kann nur dann gegeben werden, wenn man die Frage des zukünftigen Wachstums des Energieverbrauchs miteinbezieht (s. ,,Energieplanung", S. 468ff., ,,Verschwendung von Energie", S. 466).

Erdöl, Erdgas, Kohle

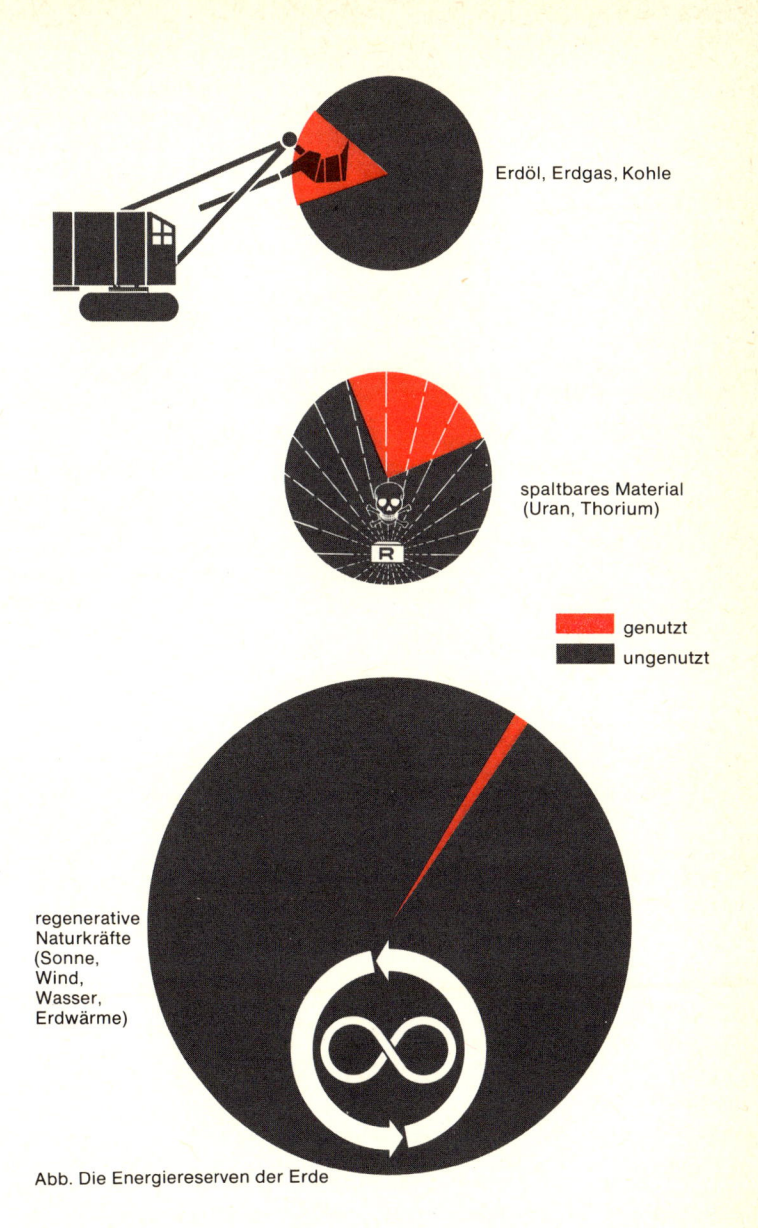

spaltbares Material
(Uran, Thorium)

■ genutzt
■ ungenutzt

regenerative
Naturkräfte
(Sonne,
Wind,
Wasser,
Erdwärme)

Abb. Die Energiereserven der Erde

Verschwendung von Energie

Bei der Diskussion um ein weiteres Energiewachstum ist oft von Energieverschwendung die Rede. Spätestens seit der Ölkrise 1973/74 hat man in den Industrieländern der Erde erkannt, daß ein großer Teil der produzierten Energie ungenutzt verlorengeht oder für überflüssige Dinge genutzt wird. Bei der Untersuchung der heutigen Energiesituation müssen diese beiden Bereiche getrennt untersucht werden: Energieverschwendung durch eine schlechte Nutzung der Energieumwandlung und Energieverschwendung durch Einsatz der Energie für eine Luxus- und Verschleißproduktion.

Ein großer Teil der Energie, die heute erzeugt wird, geht vor ihrer Nutzung als *Abfallenergie* meist in Form von Abwärme an die Umwelt verloren: im Bereich der Industrie etwa 45 %, im Bereich der Haushalte etwa 55 % und im Bereich des Verkehrs etwa 85 %! Diese *Energieverluste* haben ihre Ursache in geringen Wirkungsgraden bei der Energieumwandlung. So besitzt zum Beispiel das Auto nur einen Nutzungsgrad von weniger als 15 %, d. h., von 100 eingesetzten Kalorien in Form von Benzin werden nur 15 Kalorien für die Fortbewegung des Autos ausgenutzt, der Rest von 85 Kalorien geht in Form von unverbrannten Kohlenwasserstoffen (unverbranntes Benzin) und heißen Abgasen durch den Auspuff in die Umwelt. Betrachtet man die gesamte inländische Energieproduktion, so werden nur 35 % der erzeugten Energie wirklich verbraucht, der Rest von 65 % geht verloren. Die beim Endverbrauch auftretenden Verluste sind dabei etwa doppelt so hoch wie die bei der Energieproduktion entstehenden Verluste, einschließlich des Eigenverbrauchs der Kraftwerke.

Es gibt heute schon eine Reihe von Techniken, mit denen diese Energieverluste verringert werden könnten. Einige Beispiele dazu: Bei der Aluminiumproduktion müssen pro Tonne Aluminium rund 24 000 kWh Energie aufgewandt werden. Wird jedoch das Aluminium aus Aluminiumschrott zurückgewonnen (Recycling), so sind pro Tonne erzeugten Aluminiums nur noch rund 750 kWh erforderlich. Der Energieverbrauch beim (auch aus Gründen der Rohstoffverknappung und des Umweltschutzes nötigen) Recycling beträgt also nur etwa 3 % des Energieverbrauchs der normalen Aluminiumproduktion. Bei der Erzeugung von Stahl in Hochöfen werden pro Tonne erzeugten Stahls rund 5 400 kWh Energie verbraucht. Wird der Stahl in Elektrostahlöfen aus Schrott zurückgewonnen, so verringert sich der Energieverbrauch pro Tonne auf 780 kWh, also auf knapp 15 % des normalen Aufwandes. Bei dem Verkehrsmittel Auto müssen pro Personenkilometer rund 500 Wh aufgewandt werden. Wird der Verkehr auf öffentliche Verkehrsmittel verlagert, was aus Gründen des Umweltschutzes ebenfalls nötig ist, so liegt der spezifische Energiebedarf z. B. einer Straßenbahn pro Personenkilometer nur noch bei rund 50 Wh, also nur bei etwa 1/10 des für das Auto nötigen Energiebedarfs. Diese und viele andere *Techniken zur Energieeinsparung* werden heute noch kaum angewandt, weil alle externen Folgekosten der Produktion nicht in die betriebswirtschaftliche Kosten-Nutzen-Analyse der Wirtschaft eingehen. Deshalb ist es in vielen Betriebszweigen billiger, Energie zu verschwenden, als technische Maßnahmen zur Energieeinsparung zu ergreifen.

Der zweite Bereich, in dem Energie verschwendet wird, ist die *Produktion überflüssiger Waren,* die oft nur aus kommerziellen Gründen erfolgt. Beispiele dafür finden sich in der Verpackungsindustrie (hoher Energieverbrauch bei Einwegflaschen, Aluminiumverpackung u. ä.), Textilindustrie (hoher Energieverbrauch bei synthetischen Textilien) und in anderen Wirtschaftsbereichen.

Angesichts der Verknappung der Rohstoffe auf der Erde, der durch die industrielle Produktion entstehenden Umweltverschmutzung und der nur noch begrenzt vorhandenen Energieträger verringert eine solche Energieverschwendung die Lebenschancen nachfolgender Generationen.

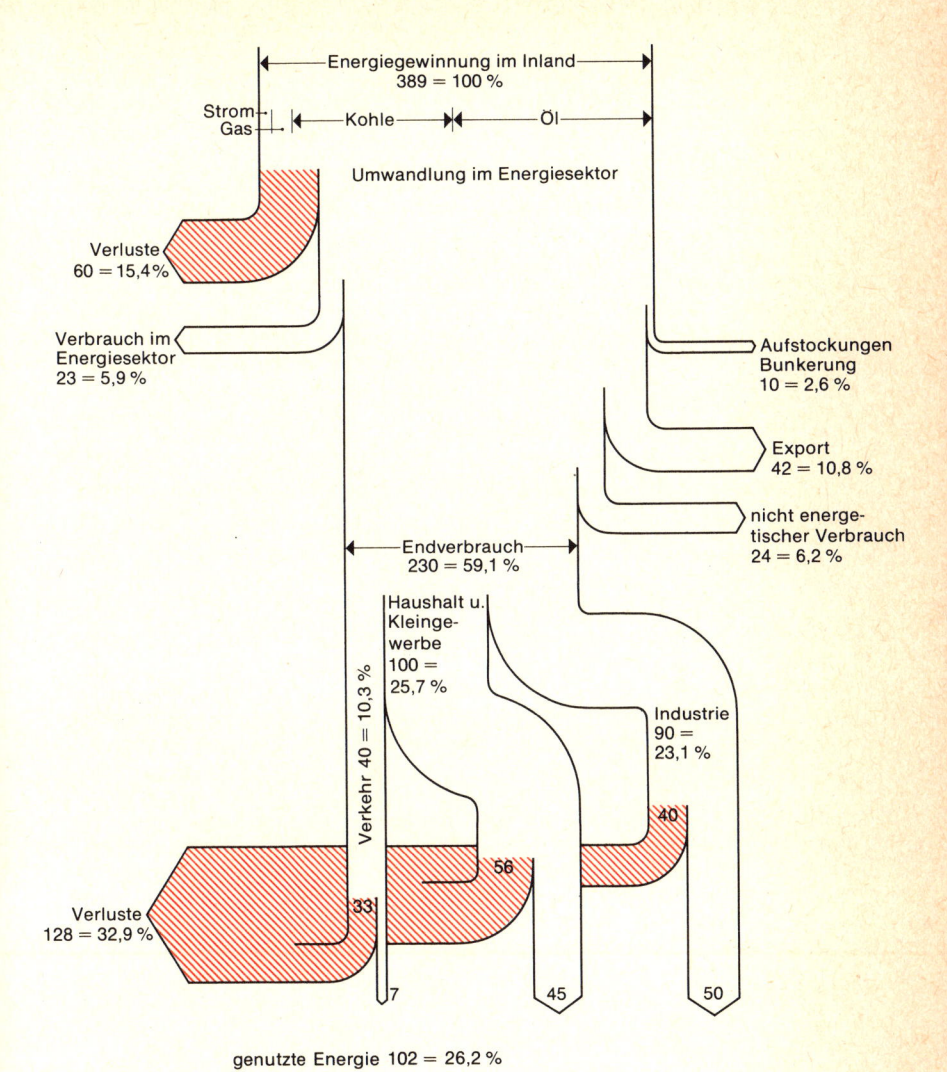

Abb. Energiebilanz der Bundesrepublik 1970 (in Mill. t SKE)

Energieplanung – Wirtschaftsprognosen

Nach Angaben der Energiewirtschaft wird auch in Zukunft der *Energiebedarf in den Industrieländern* stark ansteigen. Im Bereich der elektrischen Energie rechnet die Wirtschaft mit einer Verdopplung des Stromverbrauchs alle 8 bis 10 Jahre. Diese Prognose ist die Grundlage für die staatliche und wirtschaftliche Energieplanung. Während die entscheidende Frage bisher war, wie dieser prognostizierte Energiebedarf in der Zukunft gedeckt werden kann, müssen wir heute die Prognose selbst in Frage stellen. Denn wenn wir die Prognose in die Zukunft prolongieren, kommen wir zu dem absurden Ergebnis, daß die Stromproduktion in 80 Jahren über 1 000mal so hoch liegen müßte wie heute (80 Jahre sind 10 Verdopplungszeiten). Außerdem schreibt diese Prognose die Verhältnisse der Nachkriegszeit (mit dem Wiederaufbau und dem enormen Wachstum auf allen Sektoren) fort. Daß notwendigerweise einmal ein Zustand der Sättigung eintreten muß, berücksichtigt die Prognose nicht.

Ein anderes Problem stellen die *Länder der dritten Welt* dar. Diese Länder mit heute sehr niedrigem Lebensstandard und Energieverbrauch benötigen in Zukunft ein stärkeres Energiewachstum, damit sie über eine Vergrößerung ihres Wirtschaftspotentials zu einer Anhebung des Lebensstandards kommen können. Angesichts der nur begrenzt vorhandenen Energieressourcen auf der Erde ist auch dies ein Argument gegen ein weiteres Energiewachstum in den Industrieländern.

Als Beispiel für die Energieplanung und deren ökologische Auswirkungen in der Bundesrepublik soll im folgenden die Situation im Rheintal dargestellt werden. Bei der Planung neuer Kraftwerke sind in der Bundesrepublik zwei geographische Schwerpunkte festzustellen: der Küstenraum an der Nordsee und das Rheintal zwischen Basel und Ruhrgebiet. Die Energieproduktion durch Kraftwerke betrug im Jahr 1970 im Rheintal zwischen Basel und Düsseldorf 2 590 MW. Für das Jahr 1985 ist eine Energieproduktion in Kraftwerken von insgesamt 35 740 MW geplant.

Das *Rheintal* ist auf Grund seiner meteorologischen Verhältnisse (sehr häufige Inversionswetterlagen) und der Aufgabe des Rheins als Trinkwasserspeicher für ca. 5 Millionen Menschen denkbar ungeeignet für diese geplanten Projekte. Die Forderungen der Raumordnung über die Standortwahl für Kernkraftwerke werden hier völlig ignoriert.

Der Bau der Kraftwerke stellt jedoch erst die erste Stufe einer größeren Gesamtplanung dar. Entsprechend der Energiebereitstellung durch die neuen Kraftwerke sollen neue, energieintensive Industrien im Rheintal entstehen, vor allem metallerzeugende und chemische, also stark umweltverschmutzende Industrien. Ausschlaggebend dafür sind lediglich ökonomische Gründe. Das Rheintal eignet sich ausgezeichnet für die Anlage großer Fabriken. Es besitzt zahlreiche gute Verkehrswege wie Autobahnen und Eisenbahnen. Der Rhein als größter Schiffahrtsweg Europas hat direkte Verbindung zur Nordsee. Er dient außerdem als billige Möglichkeit, Abwässer und Abwärme der Industrie und der Kraftwerke aufzunehmen und wegzuschaffen. An vielen Stellen haben bereits heute Konzerne, vor allem der chemischen Industrie, große Flächen Land im Rheintal aufgekauft, um später neue Industriewerke entstehen zu lassen.

Die Auswirkungen dieser *geplanten Vollindustrialisierung des Rheintals* wären, wenn sie durchgeführt würden, für die Landschaft und die Bewohner katastrophal. Schon heute sind in Ballungsräumen im Rheintal die Grenzen des Wachstums weit überschritten.

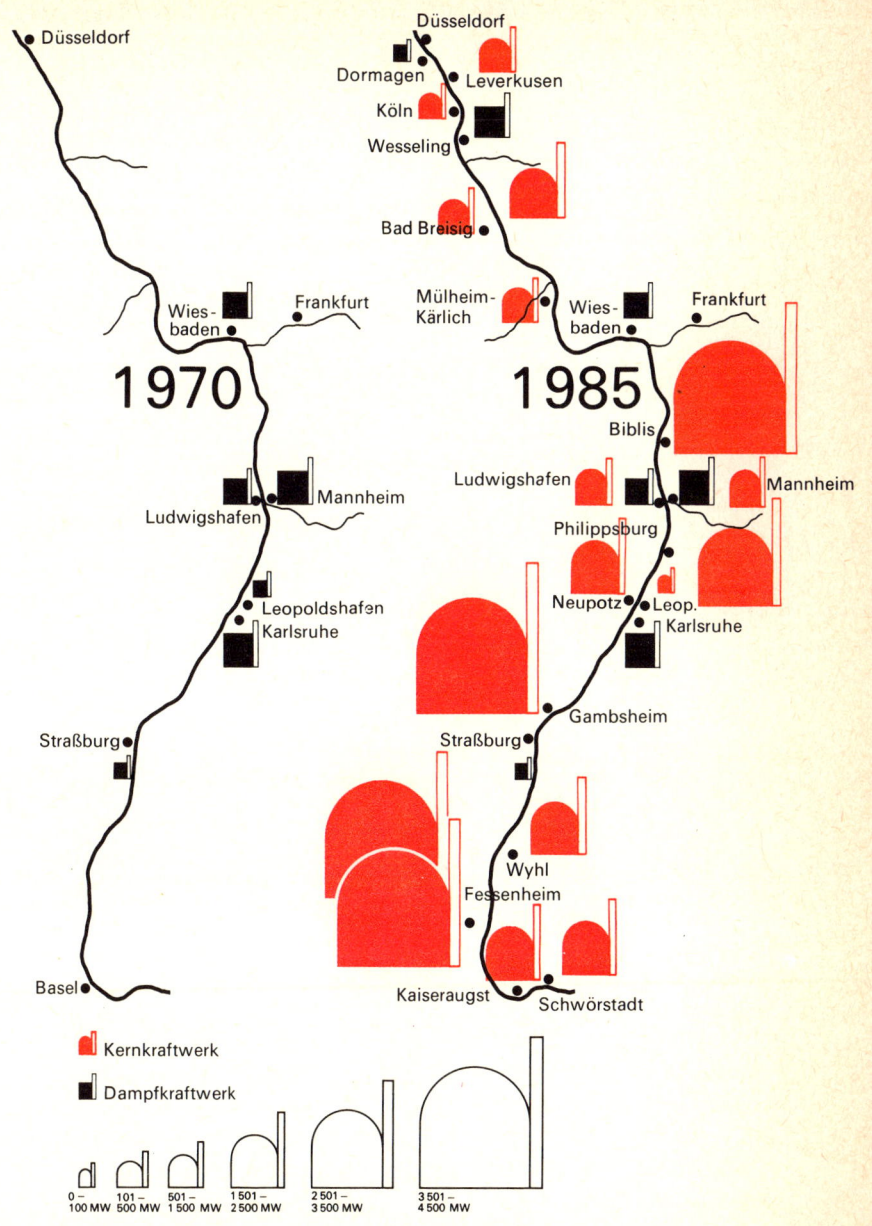

Abb. Energieproduktion im Rheintal 1970 und 1985 (geplant).
Quelle: Wärmelastplan Rhein

Energieplanung – wissenschaftliche Prognosen

Während die Energiewirtschaft auch heute noch mit den einer genaueren Analyse nicht standhaltenden, durch Extrapolation des in der Vergangenheit beobachteten Trends des Energieverbrauchs in die Zukunft entstandenen Energieprognosen rechnet, sind in der letzten Zeit mehrere verbesserte *Studien über den Elektrizitätsbedarf der Zukunft* ausgearbeitet worden. Die bisher umfassendste Studie über dieses Gebiet wurde von der „National Science Foundation" der USA durchgeführt. Dabei zeigte sich, daß bei den drei Verbrauchergruppen *Haushalt, Gewerbe* und *Industrie* der Strompreis den Elektrizitätsverbrauch am stärksten beeinflußt, gefolgt von den weiteren Faktoren: Bevölkerungswachstum, Einkommen und Kosten für andere Energieträger. Während in der Vergangenheit auch in den Industrieländern ein stetes Wachstum der *Bevölkerungszahl* zu verzeichnen war, flacht die Zunahme der Bevölkerungszahl heute ab. Ende 1972 war in den USA die Zahl der Kinder pro Familie mit 2,08 (BRD ca. 1,55) sogar unter den Wert gefallen, der notwendig ist, um die Bevölkerungszahl konstant zu halten.

Die Studie der National Science Foundation kommt zu dem Schluß, daß eine Zunahme des Strompreises und eine Abnahme des Bevölkerungszuwachses einen bis zu 5mal geringeren Elektrizitätsbedarf zur Folge haben wird, als er von der Energiewirtschaft angenommen wird. Konstante Strompreise in den nächsten dreißig Jahren würden den Bedarf weiter steigern, aber erst eine 50 %ige Abnahme der Strompreise (!) hätte eine Verdoppelung des Bedarfs in je 10 Jahren zur Folge. – Eine andere Untersuchung wurde durchgeführt von der „Rand Corporation" in Kalifornien, die zu ähnlichen Ergebnissen kommt.

Die Abb. S. 471 zeigt die voraussichtliche Entwicklung des Elektrizitätsbedarfs auf Grund verschiedener Annahmen nach der Studie der National Science Foundation. Die Kurve 1 stellt die Prognose der Energiewirtschaft (Trendextrapolation aus der Vergangenheit in die Zukunft) dar. Die Kurve 2 stellt die Prognose der National Science Foundation unter der Annahme dar, daß die Strompreise des Jahres 1970 in Zukunft weder fallen noch steigen werden. Die Kurve 3 macht dieselbe Annahme bezüglich des Strompreises und geht zusätzlich von einem verringerten (sich abzeichnenden) Bevölkerungszuwachs aus. Die Kurve 4 nimmt an, daß der Bevölkerungszuwachs so weit zurückgeht, daß um das Jahr 2035 die Bevölkerungszahl konstant wird. Die Kurve 5 hat als Grundlage einen verringerten Bevölkerungszuwachs und ein Ansteigen der Strompreise um jährlich 3,33%, was einer Verdopplung des Strompreises von 1970 bis zum Jahr 2000 gleichkommt. Die Kurve 6 schließlich macht bezüglich des Strompreises dieselbe Annahme einer Verdopplung bis zum Jahr 2000 und zeigt darüber hinaus die Annahme, daß sich bis zum Jahr 2035 die Bevölkerungszahl stabilisiert haben wird.

Auf Grund dieser beiden letztgenannten (sehr realistischen) Annahmen wäre für das Jahr 2000 nur etwa ein Fünftel des von der Energiewirtschaft prognostizierten Strombedarfs anzusetzen. Nicht berücksichtigt sind in dieser Untersuchung weitere wichtige verbrauchssenkende Faktoren wie Einschränkung der Energieverschwendung, neue Techniken zur besseren Ausnutzung der Primärenergie, Beschränkung der Energieproduktion und des Wirtschaftswachstums aus ökologischen Gründen. Obwohl darüber noch keine genauen quantitativen Untersuchungen vorliegen, läßt sich bereits heute abschätzen, daß unter Berücksichtigung dieser (ebenfalls sehr realistischen) Faktoren sich der Energieverbrauch in den hochindustrialisierten Ländern in Zukunft auf ein ökologisch vertretbares Maß senken ließe.

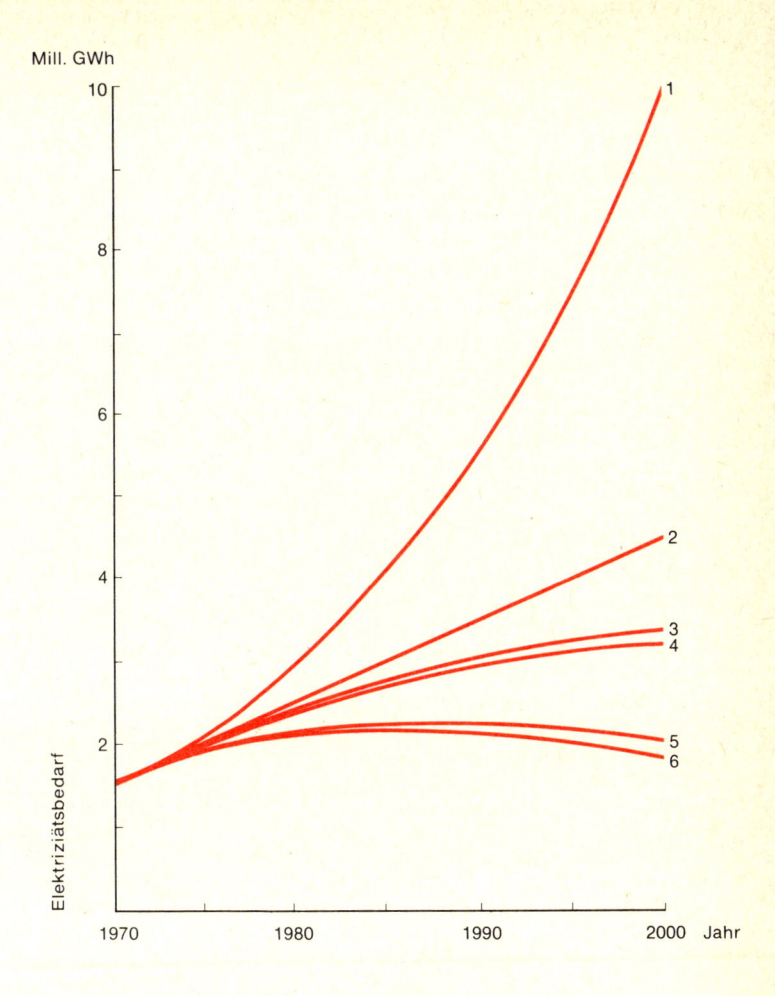

Abb. Elektrizitätsverbrauch bis zum Jahre 2000,
nach unterschiedlichen Prognosen
(nach Chapman/Tyrell)

MHD-Generatoren

In vielen Ländern wird an der Entwicklung von magnetohydrodynamischen Generatoren (MHD-Generatoren) zur Stromerzeugung gearbeitet. Bereits in den sechziger Jahren wurden die ersten großen amerikanischen Anlagen in Betrieb genommen. Zwei dieser Anlagen kamen auf elektrische Leistungen von mehr als 10 MW. Der Lorrho-Generator in Tennessee erreichte fast 18 MW und der Mark-V-Generator in Boston sogar 33 MW.

Das physikalische Prinzip, nach dem magnetohydrodynamische Generatoren arbeiten, ist sehr einfach und wird in konventionellen Dynamomaschinen schon seit dem vorigen Jahrhundert praktisch genutzt: Bewegt man einen elektrischen Leiter (etwa einen Kupferdraht) senkrecht zu einem Magnetfeld, so wird in dem Leiter eine elektrische Spannung induziert. In einem geschlossenen Leitersystem fließt dann ein Strom. Beim Dynamo eines Fahrrades sind es die Kupferdrähte des Ankers, die in dem Feld eines Magneten kreisen. Auch in magnetohydrodynamischen Generatoren wird ein Magnet benutzt. Sie besitzen jedoch keine rotierenden mechanischen Teile. An Stelle eines mechanischen Leiters treibt man heiße Gase durch den Generatorkanal, die ionisiert sind, d. h. Ladungsträger enthalten und somit auch elektrisch leitend sind. In einem solchen Medium (Gasplasma) wird wie im Dynamo quer zum Magnetfeld und damit quer zur Strömungsrichtung eine elektrische Spannung aufgebaut, die abgezapft werden kann.

In *Verbrennungs-MHD-Kraftwerken* wird ein Brennstoff (Öl, Kohle, Gas o. ä.) in raketenähnlichen Brennkammern oberhalb 2500 °C verbrannt. Das Verbrennungsgas verläßt die Kammer mit hoher Geschwindigkeit. Es wird in die MHD-Stufe des Kraftwerks geleitet und bildet dort das Arbeitsmedium. Die in Form eines Plasmas vorliegenden heißen Verbrennungsgase bestehen aus elektrisch negativ geladenen Elektronen und elektrisch positiv geladenen Ionen. Beim Durchflug durch das Magnetfeld werden die Ionen nach einer Seite, die Elektronen zur anderen Seite abgelenkt und über Elektroden aufgefangen. Zwischen diesen Elektroden entsteht dadurch eine elektrische Spannung. Auf diese Art werden im MHD-Teil des Kraftwerks 20 bis 25 % der zugeführten Energie in elektrische Energie umgewandelt. Beim Austritt aus dem MHD-Teil ist das Gas immer noch so heiß, daß es wie in einem normalen Hochtemperatur-Kraftwerk über Wärmetauscher Wasserdampf erzeugt, der wiederum Turbinen und Generatoren antreibt. Auf diese Weise werden im konventionellen zweiten Teil des Kraftwerks noch einmal ca. 30 % der zugeführten Energie in elektrischen Strom umgewandelt. Der Wirkungsgrad eines Verbrennungs-MHD-Kraftwerkes liegt bei 50 bis 55 % und damit um mehr als 10 % über dem Wirkungsgrad eines gewöhnlichen Kraftwerks. Dies ist der entscheidende Vorteil eines MHD-Generators; denn ein höherer Wirkungsgrad bedeutet eine geringere Belastung der Umwelt durch Abwärme, eine bessere Ausnutzung fossiler Brennstoffe und eine geringere Umweltverschmutzung.

Um MHD-Generatoren wirtschaftlich einsetzen zu können, müssen noch eine Reihe von technischen Problemen gelöst werden (starke magnetische Felder, hohe Strömungsgeschwindigkeiten und hohe Leitfähigkeit des Plasmas). In der Sowjetunion arbeiten heute über 1500 Wissenschaftler und Techniker in der MHD-Forschung. Japan wird in den nächsten Jahren etwa 70 Millionen Dollar in die MHD-Forschung investieren. Allein im Jahr 1974 gaben die USA 30 Millionen DM für MHD-Forschung aus.

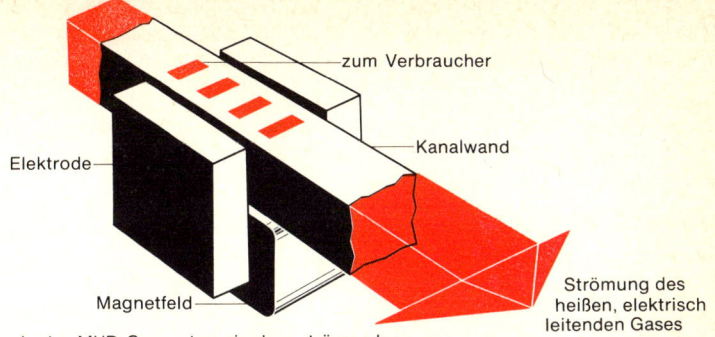

Abb. 1 Prinzip des MHD-Generators: in dem strömenden Gas wird durch das Magnetfeld eine Spannung induziert

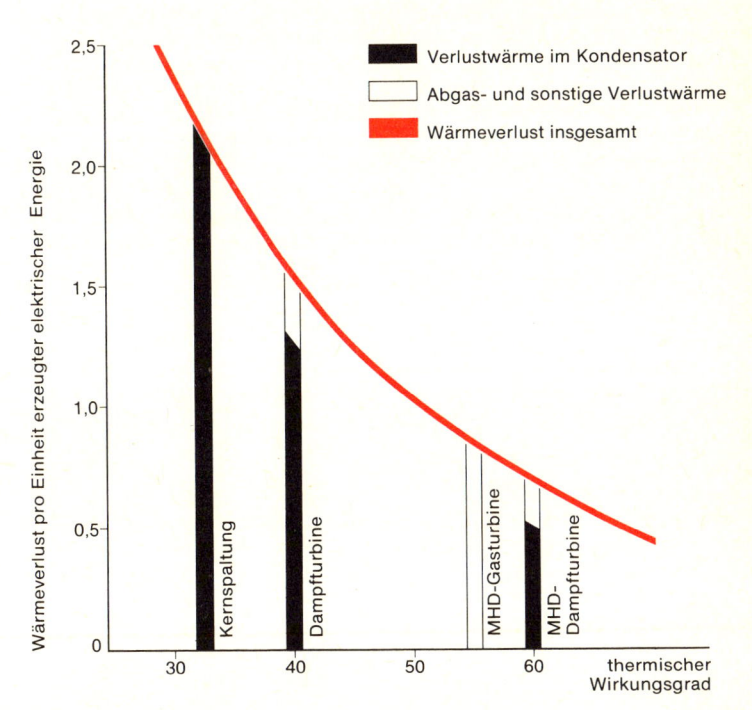

Abb. 2 Thermischer Gesamtwirkungsgrad der verschiedenen stromerzeugenden Systeme. Die Abwärme nimmt mit fallendem Wirkungsgrad rasch zu.
Quelle: Richard J. Rosa, Avco Corp.

Energie aus dem Erdinnern

In den tieferen Schichten der Erdkruste sind große Wärmemengen gespeichert. Diese rühren zum Teil noch von der Entstehung der Erde her, zum anderen Teil entstehen sie v. a. durch radioaktive Prozesse. Die *Temperatur des Erdinnern* nimmt mit der Tiefe zu. An den meisten Orten jedoch werden Temperaturen, die für eine wirtschaftliche Nutzung in Frage kämen, erst in relativ großer Tiefe erreicht. Im Durchschnitt herrscht eine Temperatur von 300 °C erst in einer Tiefe von etwa 10 km. In geologisch jungen Vulkangebieten oder an Bruchstellen in der Erdrinde jedoch findet man Temperaturen von 300 °C schon in wesentlich geringerer Tiefe. In der BRD z. B. liegen solche Gebiete in der Eifel, im Vogelsberg, im Westerwald, in der Rhön, im Uracher Vulkangebiet, im Hegau und im Oberrheingraben bei Landau.

Geothermale Energie kann entweder als Dampf über Kraftwerke in elektrischen Strom umgewandelt oder direkt als Primärwärme genutzt werden. Wissenschaftler der Bundesanstalt für Bodenforschung arbeiten an einem Projekt zur Nutzbarmachung geothermaler Energie des Oberrheingrabens bei Landau. Dort herrscht bereits in 1 000 m Tiefe eine Temperatur von 90 °C. Das Verfahren ist einfach: Kaltes Wasser wird in eine gewisse Tiefe gepumpt, dort durch den hohen Wärmefluß erwärmt und als Heißwasser wieder an die Erdoberfläche gesaugt. Dort kann es für die Heizung von Haushalten, für Industriewärme oder ähnliches genutzt werden.

In mehreren Ländern gibt es bereits seit längerer Zeit eine Reihe von *geothermalen Kraftwerken*. Die Kraftwerke bei „The Geyser" in Nordkalifornien (USA), die mit geothermischem Dampf betrieben werden, haben eine elektrische Leistung von 180 MW. Sie liefern die elektrische Energie zu einem geringeren Preis als vergleichbare Kraftwerke, die mit fossilem oder nuklearem Brennstoff arbeiten; wegen der guten Erfolge plant man, die Leistung auf 400 MW zu erhöhen. – Bei Larderello in Italien ist bereits seit 1904 ein geothermales Kraftwerk in Betrieb. Die gegenwärtige Leistung beträgt 370 MW. Der Dampf, der dort unter ungeheurem Druck aus den Bohrlöchern strömt, stammt von Wasser, das von der Erdoberfläche einsickert, vielleicht vermehrt durch Meerwasser, das durch noch unentstandene Risse in die Erdkruste einströmt. Der Dampf wird in große Turbogeneratoren geleitet und nach der Arbeitsleistung in großen Kühltürmen verflüssigt. Von dort fließt er zu chemischen Anlagen, in denen daraus Borsäure, Ammoniak u. a. Chemikalien gewonnen werden.

Die meisten geothermalen Kraftwerke sind vergleichsweise klein; ihre Leistungen liegen zwischen 1 und 20 MW. Die Wärmereservoire der Erde sind noch zu wenig exploriert, und die Prospektionstechniken stehen noch auf einer frühen Entwicklungsstufe. Damit diese Energiequellen in großem Maßstab nutzbar gemacht werden können, müssen verschiedene Probleme wie die Korrosion der Turbinen durch stark salzhaltige Wässer gelöst werden.

Auch bei geothermischen Kraftwerken gibt es potentielle *Umweltprobleme* wie Luft- und Wasserverunreinigung (durch gelöste Salze und Gase aus dem Erdinnern) oder Bodensenkungen und seismische Störungen durch das Abpumpen des Wassers aus dem Untergrund. Doch erscheinen diese Probleme mit dem nötigen Aufwand lösbar. In den USA gibt es Stellen, wo der Salzgehalt des geothermalen Wassers bis auf 20 % gegenüber einem Salzgehalt von 3,3 % im Meerwasser ansteigt. Diese aus verschiedenen Elementen bestehenden Salze können entweder chemisch extrahiert und so zu einer Rohstoffquelle werden oder wieder in die Bohrlöcher zurückgeführt werden. Die Rückführung des Wassers könnte auch dazu beitragen, Bodensenkungen zu verhindern, die u. U. eintreten, wenn große Wassermengen aus den unterirdischen Reservoiren entnommen werden.

Nach vorsichtigen Schätzungen könnte bis zum Ende dieses Jahrhunderts die elektrische Leistung durch geothermale Energie auf rund 100 000 MW ausgebaut werden. Dies wäre eine beträchtliche Energiereserve.

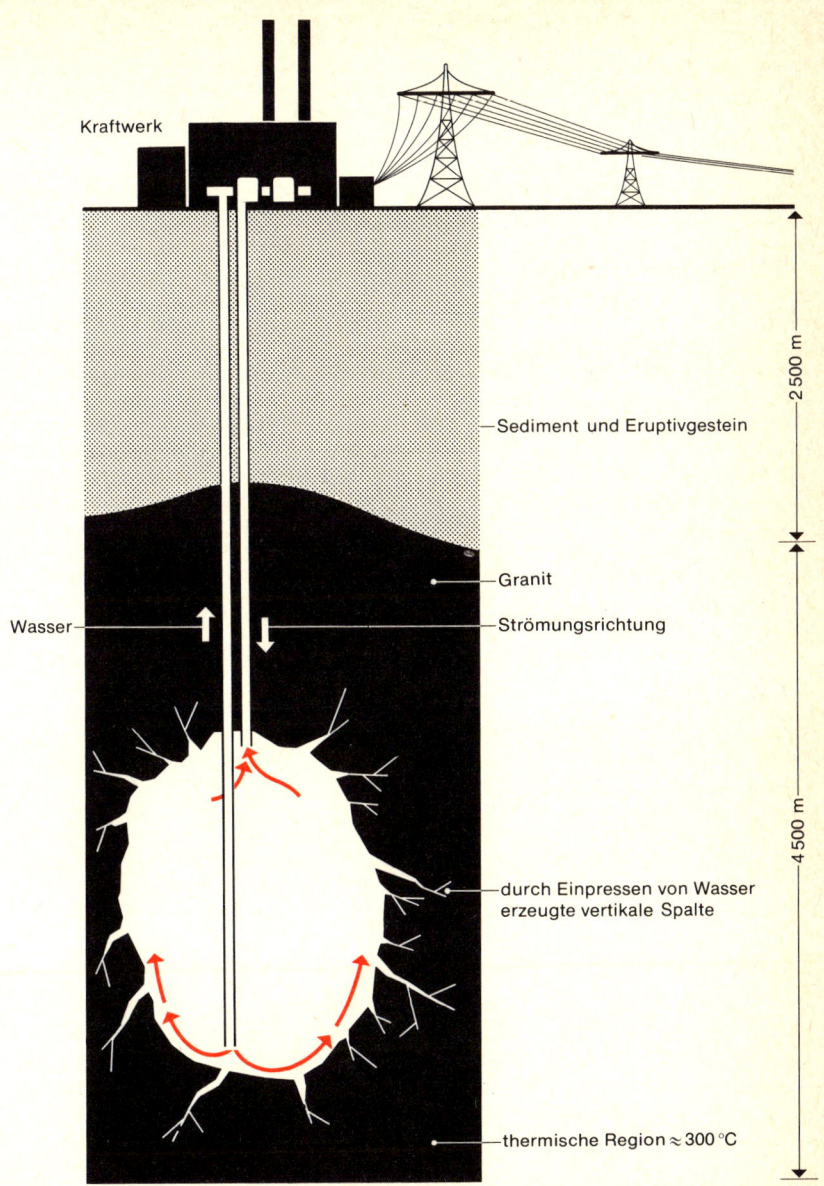

Abb. System zur Gewinnung von Energie aus einem trockenen geothermischen Reservoir (Schema). Quelle: Morton C. Smith, Los Alamos Scientific Laboratory

Windkraftwerke

Der *Wind* als eine der ältesten vom Menschen genutzten Energiequellen ist auch heute noch einer der am wenigsten erforschten Energielieferanten. Früher wurde der Wind hauptsächlich als Energiequelle für Schiffe und Windmühlen benutzt. In Persien gab es schon im siebten nachchristlichen Jahrhundert *Windmühlen* zum Wasserpumpen und Wasserheben. Um 1900 gab es an der Nordseeküste zwischen Holland und Dänemark rund 100 000 Windmühlen. Sie pumpten Wasser, mahlten Getreide, trieben Sägewerke, Ölpressen, Papierfabriken, Hammerwerke u. a. Bereits sehr früh, im Jahre 1890, wurden in Dänemark Windmühlen zur Stromerzeugung gebaut. Die bisher größte *Windmaschine* dieser Art wurde im Jahre 1941 im US-Staat Vermont mit 58 m Rotordurchmesser errichtet. Ihre elektrische Leistung betrug 1 000 kW.

Seit der Energiekrise 1973/74 hat das Interesse an der Windenergie weltweit stark zugenommen. In der Bundesrepublik hat die Solinger Firma SG-Energie Anlagen-Bau mit ihrem *Versuchswindkraftwerk auf Sylt* weithin Aufmerksamkeit erregt. Die Windgeschwindigkeit im Jahresmittel beträgt auf Sylt 6 m/s. Die Rotorblätter der Windenergieanlage ähneln den Tragflächen von Flugzeugen. Ohne Getriebe arbeiten zwei gegenläufige Rotoren von 11 m Durchmesser auf einem eigens konstruierten Spezialgenerator. Die Anlage kostet ca. 120 000 DM und produziert – bei den auf Sylt gegebenen Windverhältnissen – 150 000 kWh im Jahr, die überwiegend von einer *Blockspeicherheizung* für 5 Einfamilienhäuser aufgenommen werden. Durch die Speicher können Windflauten bis zu 3 Tagen überbrückt werden. Bei einer kalkulierten Lebensdauer von ca. 20 Jahren und einem Wartungsaufwand von rund 2 000 DM pro Jahr kostet die Kilowattstunde etwa 7 Pfennig. Die Windmaschine soll die Gemeinschaft der 5 Häuser nicht vollständig energieautark machen, sondern vor allem das Heizöl für Heizzwecke ersetzen.

Ein zweites Windkraftwerk war von 1959 bis 1968 in *Stötten* auf der Schwäbischen Alb in Betrieb. Seine elektrische Leistung betrug 100 kW bei einem zweiflügeligen Rotor von 34 m Durchmesser.

Die Frage, ob Windenergieanlagen mit starren oder verstellbaren Propellern ausgerüstet werden sollen, hängt vor allem von den Windgegebenheiten des Standorts ab. *Verstellpropeller* sind teurer und möglicherweise auch störanfälliger. Dafür können sie sich allen Windgeschwindigkeiten besser anpassen, während der *starre Propeller* nur für einen bestimmten Betriebszustand optimal ist. Früher galten Windgeschwindigkeiten von 3 m/s als Minimum der Verwertbarkeit, heute kann man jedoch mit verstellbaren Propellern noch leichte Winde von nur 1,5 m/s nutzen. Als obere Grenze gelten Windstärken von 20 m/s. Bei höheren Windgeschwindigkeiten wird der Rotor durch besondere Vorrichtungen selbsttätig aus der Windrichtung abgedreht.

Der große Vorteil von Windkraftwerken liegt in ihrer *Umweltfreundlichkeit*. Ein Windkraftwerk verbraucht weder Rohstoffe, noch produziert es Abgase oder sonstigen Müll. Entgegen manchen Befürchtungen verursachen Windenergieanlagen keinen Lärm. Da sie schon bei der vergleichsweise recht niedrigen Umdrehungszahl von 30–40 Umdrehungen pro Minute ihre volle Leistung erreichen, liegt ihre Schallentwicklung nur in der Größenordnung des Rauschens, das z. B. durch ein Segelflugzeug erzeugt wird.

Windkraftwerke könnten vor allem in Entwicklungsländern als billige, technologisch leicht zu beherrschende und umweltfreundliche Energiequelle genutzt werden. Aber auch in den Industrieländern könnten sie, vor allem in windintensiven Bereichen (Küste, Mittel- und Hochgebirge) eine willkommene Entlastung des Energiemarktes bringen. Nach Schätzungen der Welt-Meteorologie-Organisation könnten auf der Erde auf bevorzugten Standorten mit Windkraftwerken rund 20 Millionen MW elektrische Energie erzeugt werden.

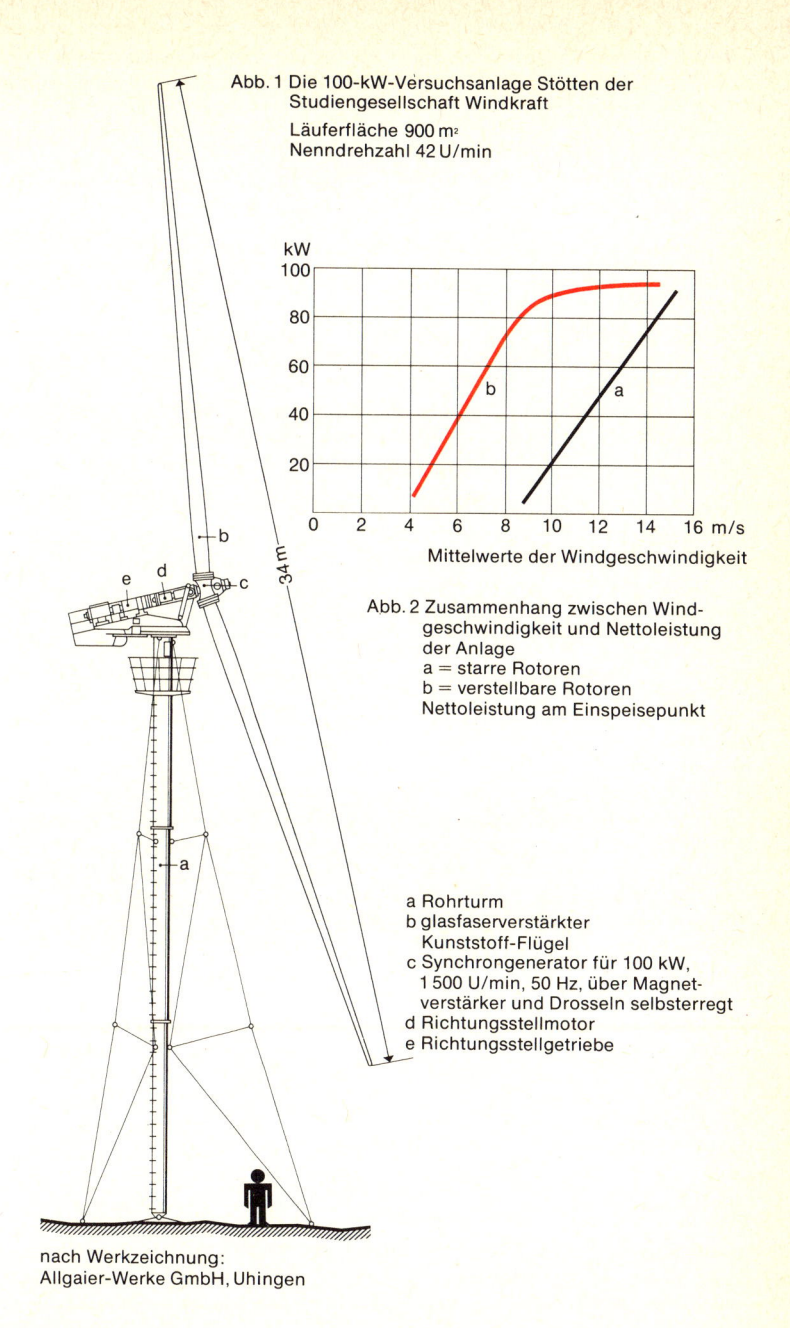

Abb. 1 Die 100-kW-Versuchsanlage Stötten der Studiengesellschaft Windkraft
Läuferfläche 900 m²
Nenndrehzahl 42 U/min

Abb. 2 Zusammenhang zwischen Windgeschwindigkeit und Nettoleistung der Anlage
a = starre Rotoren
b = verstellbare Rotoren
Nettoleistung am Einspeisepunkt

Mittelwerte der Windgeschwindigkeit

a Rohrturm
b glasfaserverstärkter Kunststoff-Flügel
c Synchrongenerator für 100 kW, 1 500 U/min, 50 Hz, über Magnetverstärker und Drosseln selbsterregt
d Richtungsstellmotor
e Richtungsstellgetriebe

nach Werkzeichnung:
Allgaier-Werke GmbH, Uhingen

Wasserenergie

Wasserenergie ist umgewandelte Sonnenenergie. Das Wasser der Erdoberfläche wird durch die Sonneneinstrahlung verdunstet, bildet in der Erdatmosphäre Wolken und kehrt als Regen wieder zur Erdoberfläche zurück. Dort kann es, wenn es als Bach oder Fluß mit einem großen Höhenunterschied zu Tal fließt, zur Energieerzeugung ausgenutzt werden.
Wasserenergie ist der Menschheit seit Jahrtausenden bekannt (Wasserräder für Getreidemühlen, Hammerwerke o. ä.); ihre Verwendung zur Stromerzeugung ist jedoch noch relativ neu. *Stromerzeugung durch Nutzung der Wasserkraft* bietet viele Vorteile wie: Sauberkeit, kein Rohstoffverbrauch, geringste Betriebskosten und vollentwickelte Technik. Trotzdem ist diese Energiequelle, wie die folgende Tabelle zeigt, erst zu einem geringen Teil genutzt.

Wasserenergie, Leistungspotential und ausgebaute Leistung

Gebiet	Leistungs-potential (10^3 MW)	Anteil (%)	ausgebaute Leistung (10^3 MW)	Anteil der ausgebauten Leistung an der möglichen Leistung (%)
Nordamerika	313	11	76	23
Südamerika	577	20	10	1,7
Westeuropa	158	6	90	57
Afrika	780	27	5	0,6
Mittlerer Osten	21	1	1	4,8
Südostasien	455	16	6	1,3
Ferner Osten	42	1	20	48
Australien	45	2	5	11
UdSSR, China und Satelliten	466	16	30	6,4
Erde insgesamt	2 857	100	243	8,5

Das gesamte nutzbare Leistungspotential an Wasserkraft auf der Erde wird also auf etwa 2,9 Millionen MW geschätzt. Dies entspricht der Hälfte der Leistung aller auf der ganzen Erde im Jahre 1969 installierten Kraftwerke. Von diesem nutzbaren Leistungspotential sind demnach gegenwärtig erst 8,5 % ausgebaut. Die Kontinente mit den größten Wasserkraftreserven sind Afrika mit 780 000 MW und Südamerika mit 570 000 MW. Das an einem gegebenen Ort ausschöpfbare Leistungspotential ist proportional sowohl der Wasserführung und -menge als auch der Fallhöhe des Wassers. Deshalb finden sich die geeignetsten Orte zum Bau von Wasserkraftwerken in Gebieten mit großer Niederschlagsmenge und ausgeprägten Höhenunterschieden im Gelände.

Da die industrialisierten Länder seit Beginn dieses Jahrhunderts die günstigsten Standorte genutzt und eine große Anzahl von Wasserkraftwerken errichtet haben, sind bei uns geeignete Standorte für Wasserkraftwerke selten. Sie befinden sich darüber hinaus häufig in gebirgigen Gegenden von besonderem landschaftlichen Reiz. Länder, die bereits viel von ihrem Land für industrielle Zwecke geopfert haben, hüten daher diese Gebiete und stellen sie oft unter Naturschutz. Der weitere Ausbau von Wasserkraftwerken stellt jedoch gerade für Entwicklungsländer eine billige, saubere, ungefährliche und unerschöpfliche Möglichkeit dar, den Energieverbrauch zu decken. Da zur Gewinnung der Wasserenergie häufig Stauseen errichtet werden, bietet sich dadurch außerdem eine gute Möglichkeit zur Bewässerung landwirtschaftlicher Kulturen.

☐ vorhandene Wasserenergie
■ genutzte Wasserenergie

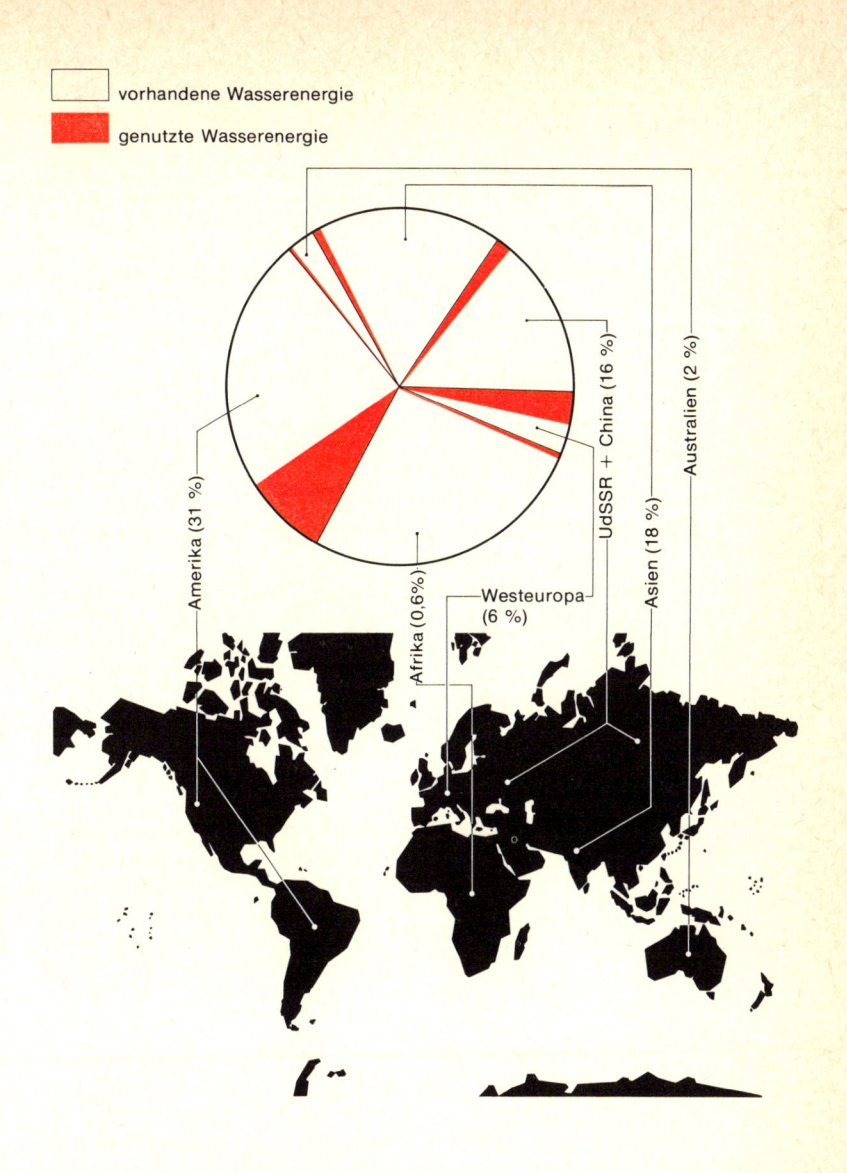

Amerika (31 %)
Afrika (0,6%)
Westeuropa (6 %)
UdSSR + China (16 %)
Asien (18 %)
Australien (2 %)

Abb. Vorhandene und genutzte Wasserenergie in den einzelnen Kontinenten

Gezeitenkraftwerke

Eine besonders elegante Art der Ausnutzung regenerativer Naturkräfte zur Energieerzeugung stellen Gezeitenkraftwerke dar. In ihnen kann, ähnlich wie bei Wasserkraftwerken, Sonnenenergie und ,,Mondenergie" in elektrische Energie umgewandelt werden. Dies geschieht mit einer Periode von 12 Stunden und 24 Minuten, d. h. mit der halben Umlaufzeit des Mondes um die Erde. Da der Mond von allen Himmelskörpern der Erde am nächsten ist, hat die von ihm ausgehende Schwerkraft auf der Erde noch einen meßbaren Einfluß. In den großen Wassergebieten der Erde (Ozeane) hat dies zur Folge, daß der Wasserspiegel in dem Bereich, über dem der Mond gerade steht, auf Grund der Anziehungskraft des Mondes etwas angehoben ist *(Flut)*, während er in den anderen Gebieten etwas unter der Norm liegt *(Ebbe)*. Diese beiden Phasen sind besonders an den Küsten der Meere und Ozeane meßbar (s. auch ,,Die Gezeiten", S. 72).

An besonders günstigen Stellen gibt es an der Küste *Gezeitenunterschiede* von 10 Metern und mehr. Wenn an einer solchen Küste eine Bucht oder eine Flußmündung durch eine Schleuse o. ä. verschlossen wird, läßt sich aus der beim abwechselnden Füllen und Entleeren der Bucht entstehenden Wasserströmung mit Hilfe von Turbinen Energie gewinnen. Die maximale Leistung eines Gezeitenkraftwerks ergibt sich aus der potentiellen Energie der während der Flut in einem Becken gespeicherten Wassermassen und der Gezeitenperiode. Der Wirkungsgrad dieser Ausnutzung liegt zwischen 20 und 25 %.

Pionier im Bau von Gezeitenkraftwerken war Deutschland. Im ersten Weltkrieg arbeitete ein Kleingezeitenkraftwerk in Husum, das den Ein- und Ausstrom der Flut in ein ehemaliges Austernzuchtbecken nutzte, um die Häuser der Umgebung mit elektrischem Strom zu versorgen. – Das erste große Gezeitenkraftwerk ging 1966 in der La-Rance-Flußmündung in Frankreich in Betrieb. Seine Leistung beträgt heute 240 MW und soll im Endausbau auf 320 MW erhöht werden. In einem 750 m langen Damm sind dort insgesamt 10 Turbinen angeordnet, die doppelt arbeiten: Sie nutzen die einströmende und die ausströmende Flut aus. Der Gezeitenhub (der Unterschied zwischen Ebbe und Flut) beträgt dort rund 10 m, maximal 13 m. – In der UdSSR wurde 1968 eine kleine Anlage von 400 kW an der Kislaya-Mündung, 80 km nordöstlich von Murmansk, in Betrieb genommen. Eine größere Anlage von 320 MW ist für den Lombowska-Fluß an der Nordostküste der Halbinsel Kola vorgesehen.

Die folgende Aufstellung zeigt einen Teil der auf der Erde nutzbaren Leistungen aus der Gezeitenenergie. Die möglichen Leistungen liegen an den einzelnen Standorten zwischen 2 und 20 000 MW. Das gesamte Leistungspotential all dieser Standorte zusammen beträgt nach vorläufigen Schätzungen 64 000 MW (im Vergleich dazu beträgt die Leistung eines heutigen Kernkraftwerks 1 200 MW).

Ort oder Gebiet	mittleres Leistungspotential (MW)	mögliche jährliche Energieerzeugung (Mill. MWh)
Nordamerika		
Bay of Fundy (9 Standorte)	29 000	255
Südamerika		
Argentinien (San José)	6 000	52
Europa		
England (Severn)	2 000	15
Holland (Ijsselmeer)	?	?
Frankreich (9 Standorte)	11 000	98
UdSSR (4 Standorte)	16 000	140

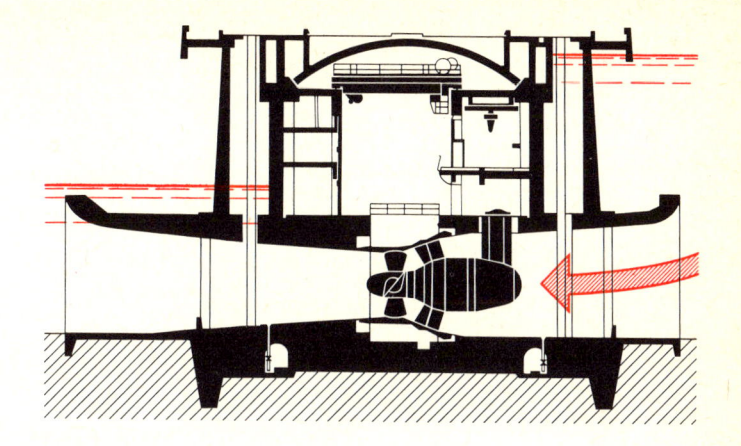

Abb. 1 Arbeit des Gezeitenkraftwerks bei ansteigender Flut

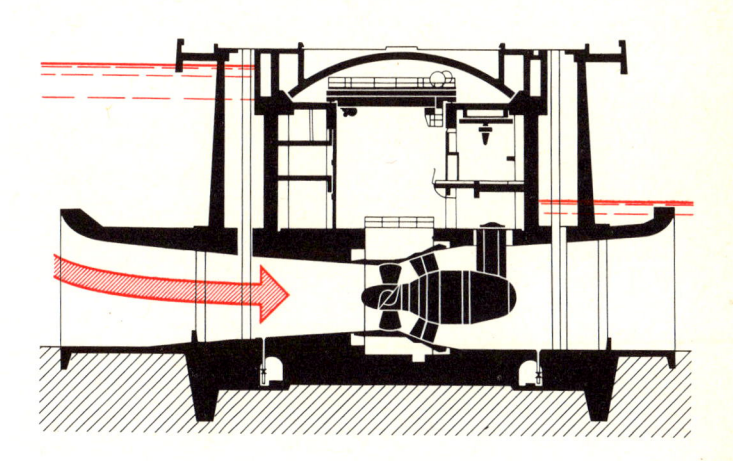

Abb. 2 Arbeit des Gezeitenkraftwerks bei beginnender Ebbe

Energie aus dem Meer

Wenn man nur 0,5 % der Wärme nutzen könnte, die in Form von Temperaturunterschieden in den Ozeanen gespeichert ist, wäre die Menschheit aller Energiesorgen ledig. Diese Überlegung, so utopisch sie heute noch klingen mag, ist schon jetzt nicht mehr völlig unrealistisch. Meerwärmekraftwerke liegen im Bereich des technisch Möglichen. Die Idee, den Energiespeicher Ozean nutzbar zu machen, ist nicht neu. Sie wurde erstmals 1881 von dem französischen Physiker Jacques d'Arsonval ausgesprochen. Dessen Landsmann George Claude baute 1929 in Kuba das erste *Meerwärmekraftwerk*. Die elektrische Leistung betrug damals 22 kW. Es arbeitete zufriedenstellend, aber unwirtschaftlich, da die technischen Mittel Claudes unzureichend waren. Nun haben amerikanische Umwelttechniker diese Idee neu entdeckt. An der Universität von Massachusetts haben die Entwurfsarbeiten für ein Meerwärmekraftwerk begonnen, das vor der Küste von Südflorida im Golfstrom entstehen soll.

Die *Technik eines Meerwärmekraftwerks* sieht folgendermaßen aus: Zwischen den verschiedenen Wassertiefen besteht normalerweise ein Temperaturunterschied, der zur Energieerzeugung ausgenutzt werden kann. In den Tropen, d. h. zwischen den Wendekreisen des Krebses und des Steinbocks, hat das Oberflächenwasser der Ozeane fast unverändert über das ganze Jahr eine Temperatur von 25 °C. In etwa 1 000 m Tiefe herrschen dagegen nur noch Temperaturen von 5 °C. Diesen *Temperaturunterschied* kann man wie in konventionellen Kraftwerken nutzen, indem man auf der „warmen Seite" eine Flüssigkeit verdunsten oder sieden läßt. Der Dampf treibt eine Turbine an und wird auf der „kalten Seite" kondensiert. Da die Wärmeunterschiede in einem niedrigen Bereich liegen, eignet sich Wasser als Medium nicht. Erste Berechnungen haben ergeben, daß das Gas *Propan* für einen Kreislauf in Meerwärmekraftwerken sehr geeignet wäre. Es siedet bereits bei Temperaturen von weniger als 25 °C und kann bei 5 °C wieder verflüssigt werden. Das Kraftwerk würde auf einer schwimmenden Insel auf offener See liegen.

Kraftwerke dieser Art könnten eine der realistischsten technischen Lösungen zur Nutzung der Sonnenenergie sein (s. auch S. 486 ff.). Denn das Wasser wird von der Sonne geheizt. Die Ozeane wirken als Energiespeicher. Die Temperaturunterschiede entstehen durch einen Kreislauf zwischen Polen und Tropen (s. „Meeresströmungen", S. 70).

Meerwärmekraftwerke könnten indes eine noch viel weiterreichende Bedeutung erlangen. Das aus den Tiefen heraufgepumpte Kaltwasser kühlt nicht nur den Ausgang der Turbine. Es ist dann immer noch kalt genug, um Wasserdampf zu kondensieren, der aus warmem Seewasser in einer Unterdruckkammer entsteht. Das Kraftwerk kann dadurch gewissermaßen nebenbei *Trinkwasser* aus dem Meer gewinnen. Man schätzt, daß eine Anlage von 100 MW elektrischer Leistung täglich etwa 200 Millionen l Trinkwasser zu liefern vermag.

Im Gegensatz zur Entwicklung der Kernenergie, insbesondere der schnellen Brüter (s. S. 498), müssen bei dieser Form der Ausnutzung der Sonnenenergie keine wesentlich neuen technischen Probleme mehr gelöst werden.

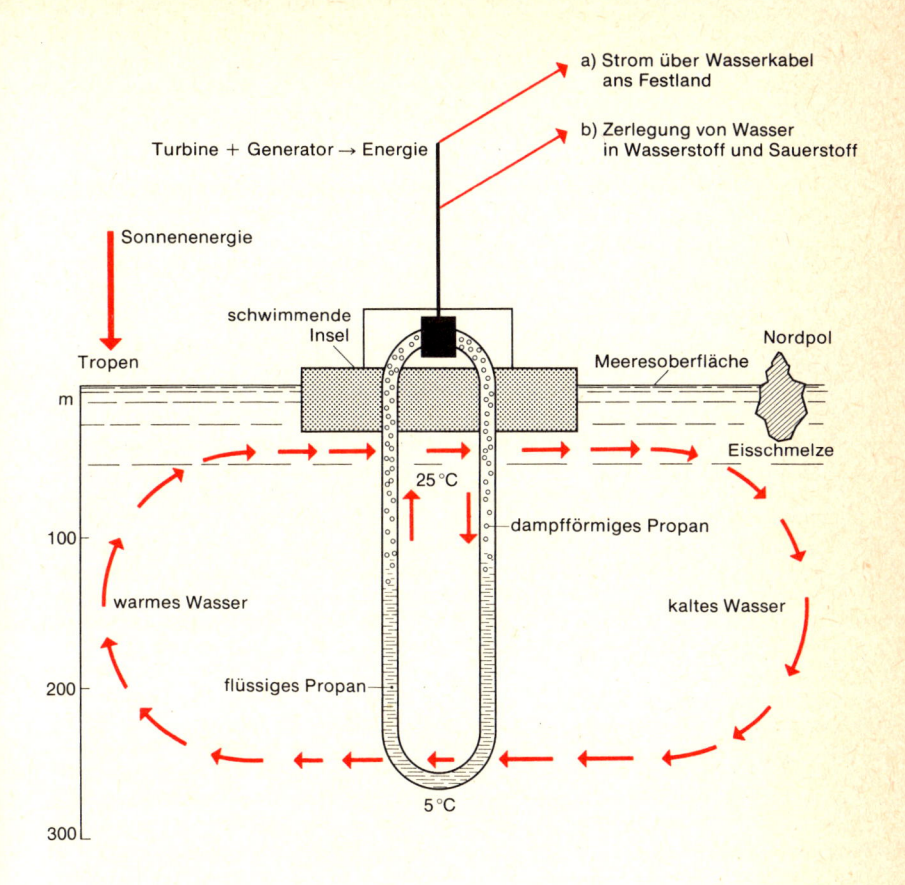

Abb. Energie aus dem Meer

Gletscherkraftwerke

Der Schweizer Hydrobiologe Dr. Stauber, durch langjährige Forschungsarbeiten auf Arktisstationen vertraut mit der Struktur und Dynamik des grönländischen Eisschildes, schlug vor kurzem ein ungewöhnliches Projekt zur Energieerzeugung vor. In jedem Sommer schmelzen in Grönland ungeheuere Eismengen ab, die als Schmelzwasser über Höhenunterschiede von 2000–3000 m ins Meer fließen. Würde man an der Küste von Grönland normale Wasserkraftwerke bauen, könnte man damit enorme Mengen an elektrischer Energie erzeugen. Während die Technologie der nötigen Wasserkraftwerke konventionell wäre, wäre der Baustoff, aus dem Stauwerke, Zulauf- und Druckstollen gearbeitet würden, völlig neu – nämlich felshartes Gletschereis.

Der Flächeninhalt von Grönland als der größten Insel der Erde beträgt rund 2 Millionen km^2. Bei einer vorsichtigen Annahme wären für die Anlegung von Speicherbecken etwa 500 000 km^2 nutzbar. Bei einer Sonnenscheindauer von rund 2000 Stunden im Jahr könnte auf einer Stauseefläche von 1 m^2 pro Jahr eine Energie von rund 8 kWh erzeugt werden. Bei einer Stauseefläche von angenommen 500 000 km^2 ergibt sich eine gewinnbare Nutzenergie von rund 4 000 Milliarden kWh pro Jahr. Umgerechnet entspräche dies einer elektrischen Leistung von rund 200 000 MW. Dies wäre die Leistung von rund 200 großen Kernkraftwerken. Während des Sommers müßte im Innern Grönlands einmalig ein weitverzweigtes Kanalnetz, entsprechend einem Flußsystem, eingegraben werden. Das durch die Sonneneinstrahlung entstehende Schmelzwasser würde in diesen Kanalrinnen zu großen Stauseen fließen. Während des Fließens des im Vergleich zum Eis wärmeren Schmelzwassers würden sich die Rinnen von selbst vergrößern, so daß zum Aufbau des Kanalnetzes relativ wenig technische Energie nötig wäre. Von den Stauseen schießt das Schmelzwasser über Stollen durch den Höhenunterschied von 2000–3000 m zu normalen, großen Wasserkraftwerken, die an der Küste stationiert wären. Die Stauseen sind vor allem dazu da, um auch im Winter eine Energieerzeugung zu ermöglichen. Im Winter bildet sich auf dem Stausee eine 1–2 m starke Eisschicht, die das Wasser gegen ein weiteres Zufrieren isoliert. Das unterhalb der Eisschicht liegende Wasser könnte dann, je nach Bedarf, zur Energieerzeugung abgeleitet werden.

Die nötigen Stauwerke, Zulauf- und Druckstollen können mit geeigneten Techniken mit Hilfe des Eises selbst modelliert werden. Es gibt heute bereits erprobte Verfahren zur Herstellung von Eiskanälen in Gletschern. Mit einer Kreisschneidemaschine (einem Stahlrohr mit stirnseitig rotierendem Sägezahnkranz) lassen sich aus Gletschereis Zylinder mit einem Durchmesser von etwa 10 m herauslösen. Mit einem anschließenden Kreissägewerk läßt sich der längs ausgeschnittene Eiszylinder in halbkreisförmige Teilstücke zerlegen, die, über einen Drehtisch um 180° gekantet, auf den Kanalrand gesetzt werden. Diese Segmente lassen sich unschwer fugengenau zu Dämmen aneinanderstoßen, worauf sie rasch wieder zusammenfrieren.

Mit Hilfe solcher Gletscherkraftwerke könnte ohne Umweltverschmutzung und ohne Verbrauch von Rohstoffen billige Energie in großer Menge erzeugt werden. Zur *Übertragung der Energie* bestehen zwei Möglichkeiten: Der anfallende elektrische Strom kann entweder direkt über Unterseekabel nach Nordamerika und Europa transportiert werden. Eine andere (wahrscheinlich die bessere) Lösung besteht darin, mit Hilfe der in den Wasserkraftwerken anfallenden elektrischen Energie Wasser in Wasserstoff und Sauerstoff zu spalten, den Wasserstoff zu verflüssigen und ihn mit Tankschiffen in die Verbraucherländer zu transportieren. Dort könnte er dann für Heizwecke, zum Antrieb fortgeschrittener Automobile oder in Brennstoffzellen zur Elektrizitätserzeugung verwandt werden.

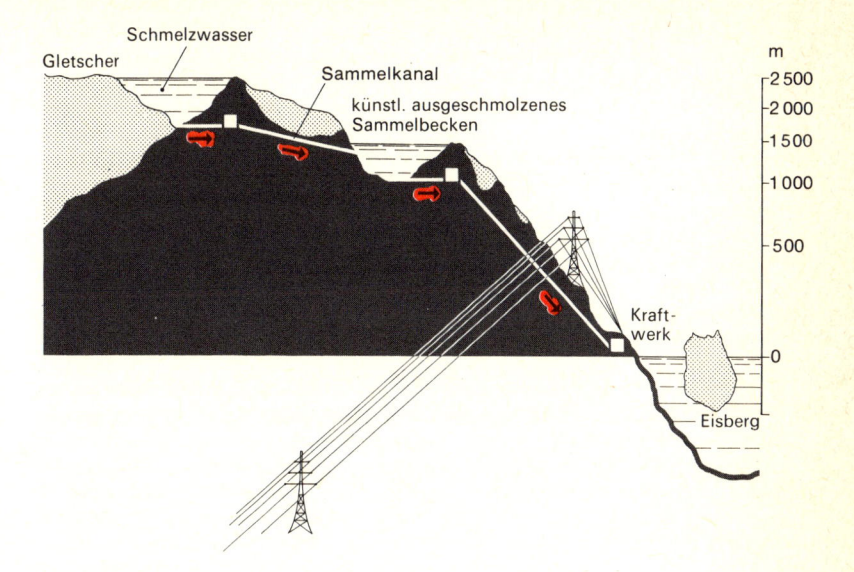

Abb. Gletscherkraftwerk im Schema

Sonnenenergie zur Stromerzeugung

Noch vor wenigen Jahren wurden Vorschläge, die Sonnenenergie zur Stromerzeugung auszunutzen, gewöhnlich mit großer Skepsis aufgenommen. Inzwischen beginnt sich diese Einstellung zu ändern. Von allen Energieformen steht die Sonnenstrahlung dem Menschen am reichlichsten zur Verfügung. Mit der Sonnenenergie, die auf 0,15 % der Landfläche der USA auftrifft, könnte der gesamte heutige Energiebedarf der USA gedeckt werden. In unseren Breiten werden durch die Sonne in jedem Jahr pro m^2 Fläche etwa 1 200 kWh Energie eingestrahlt.

In den USA und in anderen Staaten wie Japan und Australien laufen bereits die ersten Arbeiten zur Entwicklung großer zentraler *Sonnenkraftwerke*. Für moderne Dampfturbinen benötigt man Temperaturen zwischen 300 und 600 °C, was sowohl das Sammeln der Sonnenstrahlung als auch das Speichern der Wärmeenergie kompliziert. Um diese hohen Temperaturen zu erreichen, muß das *Sonnenlicht* mit Spiegeln oder Linsen gebündelt werden. Eine aussichtsreiche Konstruktion wurde von A. Meinel und seiner Arbeitsgruppe an der Universität von Arizona entwickelt. Danach soll das Sonnenlicht mit Linsen auf Rohre aus rostfreiem Stahl zehnfach verstärkt fokussiert werden. Das Rohr ist mit einer speziellen schwarzen Kunststoffschicht überzogen, die nur einen sehr geringen Anteil der aufgenommenen Wärmeenergie wieder abstrahlt. Außerdem befindet sich diese Anordnung in einer Vakuumglaskammer, wodurch sich die Wärmeverluste durch Leitungen und Konvektion vermindern. Durch das Rohr strömt Stickstoff mit einer Geschwindigkeit von etwa 4 m/s, um die Wärme von den Kollektoren zu einer zentralen Speicheranlage zu transportieren. Als Wärmespeichermedium soll ein Latentenergiespeicher mit geschmolzenen Salzen verwendet werden. Je nach Bedarf kann dann Wasserdampf zum Antrieb eines Turbogenerators erzeugt werden.

Wegen des großen Landbedarfs und dem mit der Sonneneinstrahlung steigenden Wirkungsgrad müßte man solche Sonnenkraftwerke vor allem in heißen Wüsten- oder Halbwüstengebieten anlegen. Im europäischen Umkreis würden sich dazu vor allem Nordafrika (Sahara) und Südeuropa (Spanien, Süditalien, Sizilien) eignen. Für ein Sonnenkraftwerk mit einer Leistung von 1 000 MW benötigt man eine Landfläche von etwa 12 km^2. Ein solches Sonnenkraftwerk könnte elektrischen Strom zu einem Preis von 0,02 bis 0,04 DM pro kWh erzeugen.

Eine andere, unkomplizierte und zuverlässige Methode, Sonnenstrahlung in elektrischen Strom umzuwandeln, wird seit Jahren sehr erfolgreich zur Energieversorgung von Raumschiffen eingesetzt: *Solarzellen,* also Halbleiterbausteine, die die einfallende Sonnenstrahlung direkt in elektrischen Strom umsetzen. Ihr besonderer Vorteil liegt darin, daß überhaupt keine mechanisch bewegten Teile benötigt werden, um Elektrizität zu erzeugen. Der Strom fließt direkt aus dem relativ einfach aufgebauten Halbleiterbaustein. Die Betriebszuverlässigkeit ist außerordentlich hoch. Sogar unter harten Weltraumbedingungen wurde eine wartungsfreie Lebensdauer von 10 und mehr Jahren erreicht. Der Wirkungsgrad von Solarzellen liegt heute zwischen 10 und 16 %; theoretisch sind 22 bis 25 % möglich. Der Nachteil von Solarzellen liegt in ihrem hohen Preis.

Mögliche *Umweltprobleme der Sonnenkraftwerke* sind zwar nicht auszuschließen, sie sind jedoch auf alle Fälle wesentlich geringer als bei Verwendung der anderen Energiequellen wie Öl, Kohle, Gas oder Kernenergie. Es sind vor allem Änderungen des lokalen Wärmegleichgewichtes denkbar, da die Oberflächen der Kollektoren mehr Sonnenlicht absorbieren als der Erdboden.

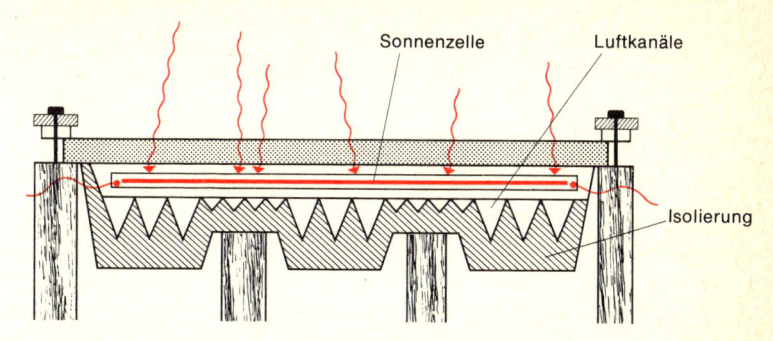

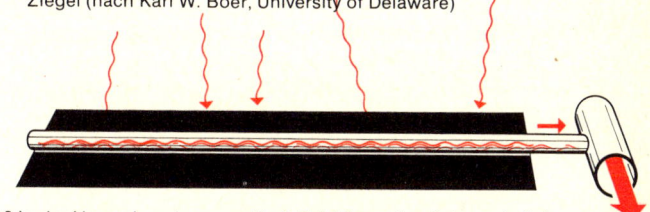

Abb. 1 „Sonnenziegel" zur Abdeckung von Dächern an Stelle der üblichen Ziegel (nach Karl W. Boer, University of Delaware)

Abb. 2 In der Versuchsanlage von Prof. Schöll werden Schwarzkollektoren (mit Asphalt beschichtete Aluminiumbleche) verwendet. Das Wärmetransportmittel strömt in Stahlrohren

Wirkungsgrad einer Sonnenenergieanlage

	derzeitige Anlagenwerte	erreichbare Anlagenwerte
durchschnittlich eingestrahlte Sonnenenergie	700 W/m²	700 W/m²
dem Prozeß zugeführter Anteil	64 % = 450 W/m²	85 % = 600 W/m²
Extraktionsvermögen des Kollektors	80 %	90 %
vom Kollektor auf den Wärmeträger übertragener Energiestrom	360 W/m²	540 W/m²
theoretischer Gütefaktor	100	200
technischer Gütefaktor	52	124
Wärmeträger-Aufheiztemperatur	450 °C	600 °C
Prozeßwirkungsgrad	37 %	48 %
Turbinenwirkungsgrad	75 %	75 %
thermodynamischer Gesamtwirkungsgrad	28 %	36 %
mittlerer Gesamtwirkungsgrad des gesamten Sonnenenergiekraftwerks	14 %	28 %

Rechnung für eine tägliche Sonnenenergiestrahlung von 8 Stunden bei einer mittäglichen Intensität von 930 W/m²

Sonnenenergie zur Heizung und Kühlung

Sonnenenergie könnte in idealer Weise über die ungenutzten Flächen der unzähligen *Hausdächer* eingefangen werden. Nach einer Schätzung, in der die Entwicklungsländer ausgeklammert wurden, entfallen im Weltdurchschnitt pro Kopf der Bevölkerung rund 20 m^2 Dachfläche für alle Gebäudearten. Über diese Fläche bietet die Sonne eine Energie von 24 000 kWh pro Kopf und Jahr an. Diese Energiemenge ist um eine Zehnerpotenz höher als die Summe aller Energien, die heute in Form von Öl und Kernenergie pro Kopf der Weltbevölkerung verbraucht werden. Die gleiche Dachfläche könnte nachts zwischen 3,5 und 8,5 Mill. kcal Abwärme im Jahr ohne Aufwärmung der Luft in den Weltraum abstrahlen.

Es gibt inzwischen mehrere technische Projekte für die Ausnutzung der Sonnenenergie zur Gebäudeheizung. Bei Wolfschlugen in der Nähe von Stuttgart steht eine Prototypanlage mit einer *Kollektorfläche* von 50 m^2 und einer größten thermischen Leistung von 20 kW. Die Anlage erzeugt heißes Wasser (bzw. Dampf), das direkt oder gespeichert zur Gebäudeheizung verwendet wird. Die geneigte Kollektorfläche besteht aus mit Asphalt beschichteten Aluminiumblechen. In der Mitte jeder Blechreihe liegt ein Stahlrohr, durch das das Wärmetransportmedium (Wasser, Wasser-Alkohol-Gemisch oder andere Mischungen) strömt. Das Rohr ist direkt mit dem Kollektor verbunden, so daß die Wärmeverluste sehr gering sind. An beiden Seiten der Anlage befinden sich Verteiler- und Sammelrohre, die das erhitzte Wasser zur Heizung oder zu einem Speicher transportieren.

Von den als Sonnenenergiestrahlung in der Stunde auftreffenden 600–700 kcal/m^2 wird von den Kollektoren rund die Hälfte absorbiert, was einem Wirkungsgrad von 50 % entspricht. Bei Zugrundelegung einer mittleren Sonnenscheindauer von 500 Stunden im Jahr (BRD) ergäbe sich eine jährliche Produktion an Wärmeenergie in Höhe von etwa 200 kcal je m^2 Kollektorfläche. Dies entspricht (bezüglich Raumheizung) einem Heizöläquivalent von etwa 40 l.

Da die Zeiten der Energieerzeugung und des Energieverbrauchs meist nicht zusammenfallen, ist eine *Speicherung der Energie* unabdingbar. Normale Wärmespeicher haben den Nachteil, daß auf Grund des hohen Temperaturunterschiedes zwischen Speicher und Umgebung die Wärme, selbst bei guter Isolierung, im Laufe der Zeit langsam abnimmt. Im sog. *Latentenergiespeicher* wird dies vermieden. Hier wird die zugeführte Wärmeenergie nur zu einem kleinen Teil zur Temperaturerhöhung, zum größeren Teil dagegen für eine Aggregatänderung des Speichermediums verwendet. Das Speichermedium besteht aus bestimmten Salzmischungen, die bei Erwärmung vom festen in einen flüssigen Aggregatzustand übergehen. Bei diesem Schmelzvorgang wird ein großer Teil der Wärmeenergie in Form von Schmelzwärme festgelegt und kann später in Form von Nutzwärme zurückgewonnen werden. Solche Latentenergiespeicher können bis zu 20mal mehr Energie aufnehmen als Bleiakkumulatoren gleichen Gewichtes.

Ein anderes Projekt zur Ausnutzung der Sonnenenergie für Heizung und Klimatisierung verwendet als Dachplatten einsetzbare *Systeme mit Wärmegleichrichtereffekt*. Die aufgenommene Sonnenenergie wird hier an eine dünne Latentspeicherschicht weitergegeben, die so zusammengesetzt werden kann, daß ihre konstantgehaltene Temperatur die gewünschte Raumtemperatur darstellt. So kann die am Tage aufgenommene Sonnenenergie im Latentspeicher gespeichert und nachts an die Raumluft abgegeben werden. Wenn im Sommer die Temperatur im Rauminnern zu stark ansteigt, läßt sich zur *Kühlung* der Gleichrichtereffekt der Dachplatten umkehren, so daß nun die zu warme Raumluft Energie an den Latentspeicher abgibt, der auf Grund seiner konstanten Temperatur und der umgekehrten Gleichrichterwirkung der Dachplatten die Energie nachts in Form von infraroter Strahlung nach außen abstrahlt.

Abb. 1 Spiegelsammelanlage für Sonnenenergie

Abb. 2 Sonneneinstrahlung pro Fläche und Tag

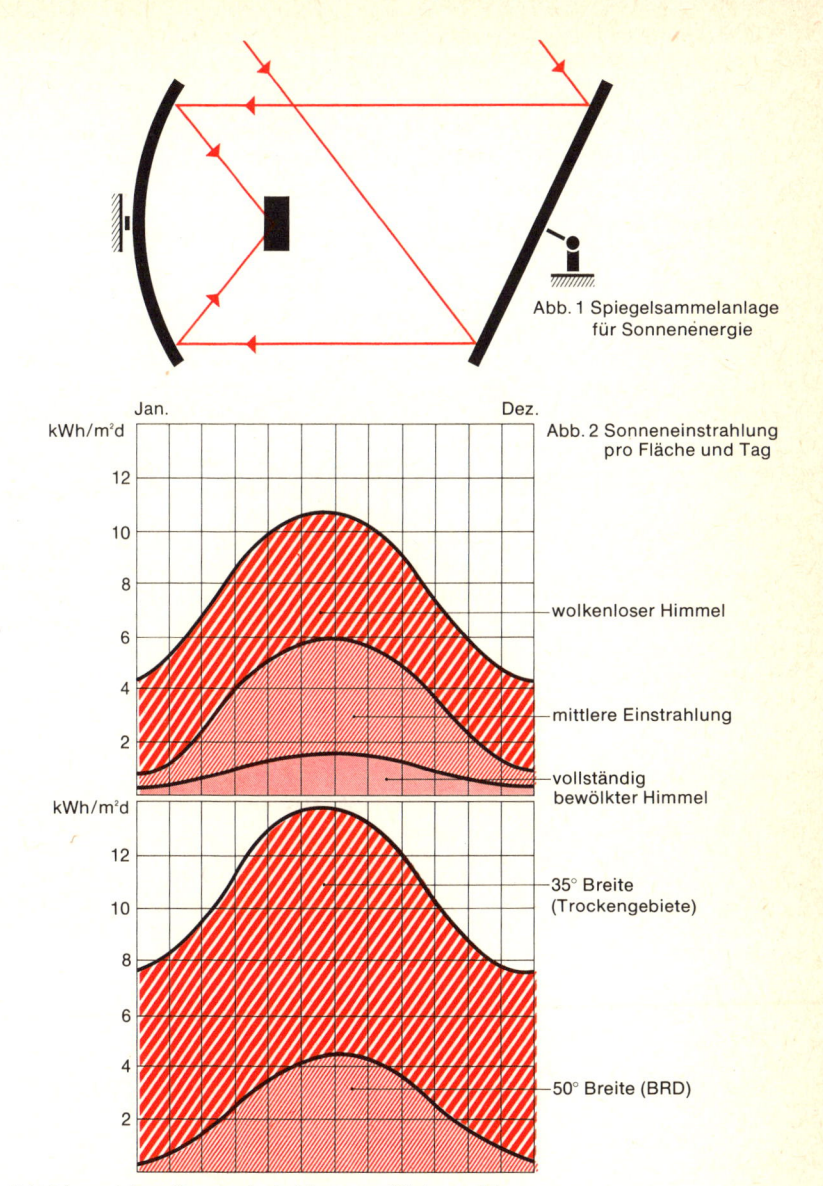

- wolkenloser Himmel
- mittlere Einstrahlung
- vollständig bewölkter Himmel

- 35° Breite (Trockengebiete)
- 50° Breite (BRD)

Abb. 3 Ausnutzbare Sonneneinstrahlung pro Fläche und Tag modifiziert nach Rouvels/Schaefer

Natürliche Radioaktivität

Die natürliche Strahlung, der der Mensch ausgesetzt ist, setzt sich aus drei Quellen zusammen: der Höhenstrahlung aus dem Weltall, der terrestrischen Strahlung aus der Erdrinde (natürliche Radionuklide) und der Strahlung aus Radionukliden, die durch die Einwirkung der Höhenstrahlung entstehen.

Die *kosmische Höhenstrahlung*, die mit großer Intensität aus dem Weltall auf die Erde einstrahlt, wird zum größten Teil von der Lufthülle der Erde abgeschirmt. Je nach Höhe beträgt sie auf der Erdoberfläche zwischen 35 mrem pro Jahr (in Meereshöhe) und 100 mrem pro Jahr (in einer Höhe von 2 000 m). Die *Primärstrahlung* aus dem Weltraum ist eine Korpuskularstrahlung, die vorwiegend aus sehr energiereichen Protonen (Wasserstoffkernen) besteht. Bei deren Wechselwirkung mit Atomkernen der oberen Schichten der Atmosphäre entstehen neue radioaktive Isotope und Elementarteilchen, die ihrerseits wieder auf der Erdoberfläche wirksam werden können. Die ,,harte" Komponente der Höhenstrahlung ist sehr energiereich und durchdringungsfähig; sie ist noch in größeren Tiefen der Erde – zum Beispiel in Bergwerken – nachweisbar (Mesonenkomponente). Die ,,weiche" Komponente besteht aus Elektronen, Positronen und Gammastrahlung, die ein geringeres Durchdringungsvermögen besitzt.

Die *terrestrische Strahlung* stammt aus radioaktiven Stoffen der Erdrinde. Die durch sie verursachte Strahlendosis hängt von der Konzentration solcher Stoffe in der Umgebung des Menschen, d. h. im Erdboden und in den Baumaterialien der Gebäude, ab. Sie beträgt in Gebieten normaler Strahlung zwischen 80–120 mrem pro Jahr und kann, z. B. über Uranlagerstätten oder anderen Gebieten mit hoher Konzentration natürlicher Radionuklide, einige Tausend mrem pro Jahr erreichen. Untersuchungen, die an 1,2 Millionen Lebendgeborenen im Staat New York durchgeführt wurden, lassen vermuten, daß eine erhöhte natürliche Strahlung eine erhöhte Zahl genetischer Schäden zur Folge hat.

Als die Erde entstand, wurde eine große Zahl radioaktiver Stoffe gebildet. Da radioaktive Stoffe unter Aussendung von Strahlen zerfallen, finden wir heute noch diejenigen radioaktiven Stoffe, deren Halbwertszeiten (HWZ) in der Größenordnung des geologischen Alters der Erde liegen, d. h. mehr als einige Milliarden Jahre betragen. Die wichtigsten *natürlichen Radionuklide der Erdrinde (Radioisotope)* sind Kalium 40 (HWZ 1,3 Milliarden Jahre), Uran 238 (HWZ 4,5 Milliarden Jahre) und Thorium 232 (HWZ 14 Milliarden Jahre). Beim Zerfall von Uran 238 und Thorium 232 entstehen eine Reihe von Folgeprodukten, die zum größten Teil ebenfalls radioaktiv sind. Man spricht von ,,radioaktiven Familien" des Urans bzw. Thoriums oder von Zerfallsreihen. Innerhalb dieser Zerfallsreihen treten auch natürliche Radionuklide mit kurzer Halbwertszeit auf.

Eine weitere Quelle für natürliche Radionuklide ist die Höhenstrahlung, bei der durch Wechselwirkung mit der Atmosphäre u. a. radioaktiver Wasserstoff (Tritium) und radioaktiver Kohlenstoff (C 14) entsteht. Die vom Menschen mit der Nahrung aufgenommenen natürlichen Radionuklide verursachen eine Strahlenbelastung zwischen 20 und 30 mrem pro Jahr.

Das Leben war seit seiner Entstehung einer dauernden *natürlichen Strahlenbelastung* ausgesetzt. Wir wissen heute, daß dies ein wesentlicher Faktor der *Evolution der Lebewesen* ist. Aus den durch die Strahlenbelastung entstehenden, zumeist negativen Mutationen (Änderungen der Erbsubstanz) wurden durch die harten Bedingungen der Umwelt jeweils die positiven Mutationen bevorzugt und weitervererbt (Selektion). Wir können annehmen, daß dieser Prozeß auch heute noch stattfindet.

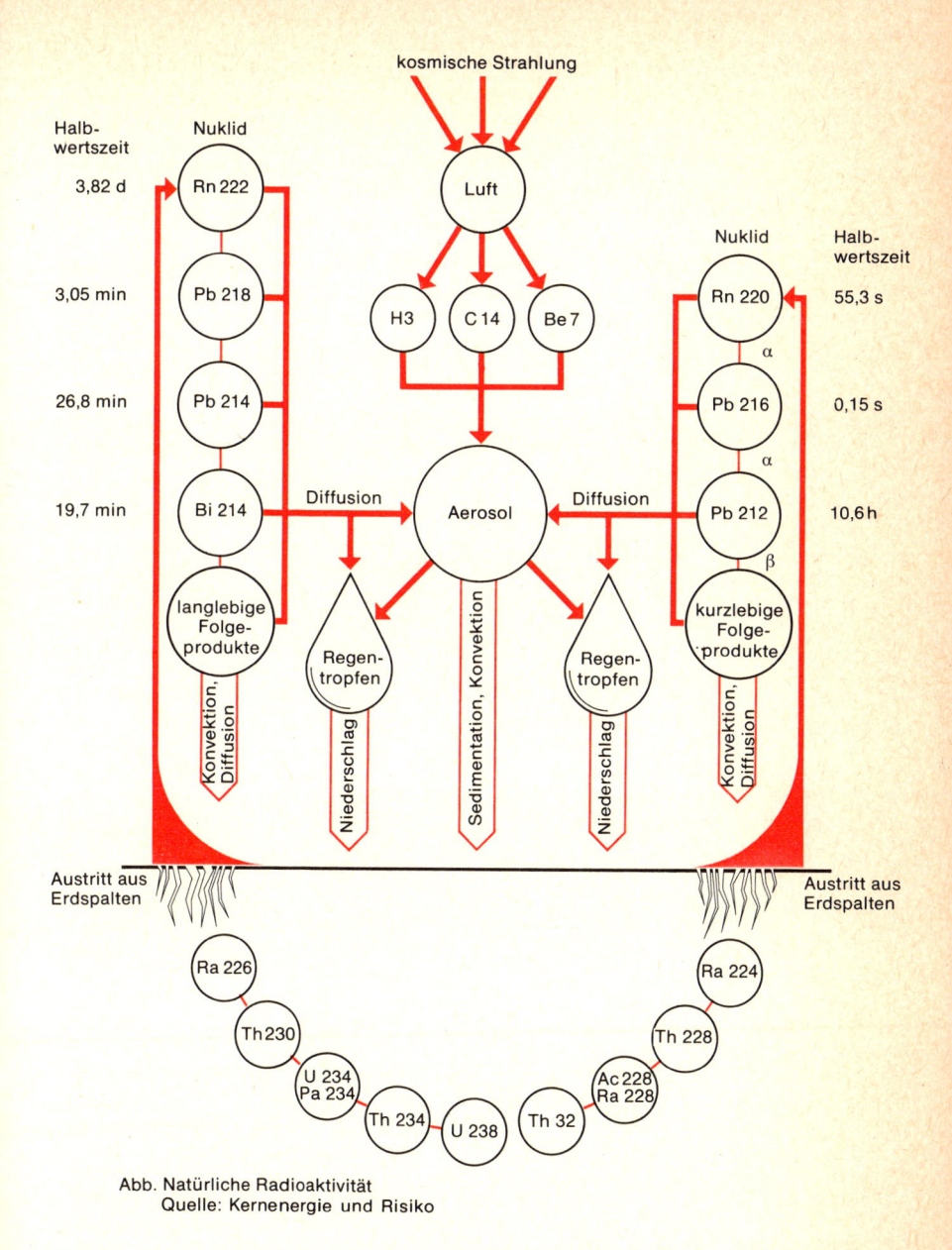

Abb. Natürliche Radioaktivität
Quelle: Kernenergie und Risiko

Kernspaltung und Radioaktivität

Alle *Atome* bestehen aus einem Atomkern und einer Elektronenhülle, in der Elektronen um den Kern kreisen. Bei der Energiegewinnung durch chemische Reaktionen (z. B. durch Verbrennung von Öl oder Kohle) spielen sich die entscheidenden Energievorgänge in der Elektronenhülle ab. Im Gegensatz dazu kommt die durch Kernspaltung gewonnene Energie aus dem Atomkern.

Der *Atomkern* ist zusammengesetzt aus einer für jedes Isotop spezifischen Anzahl von Protonen und Neutronen. *Protonen* sind elektrisch positiv geladene Elementarteilchen, während *Neutronen* keine elektrische Ladung besitzen. Bei der Kernspaltung im Kernkraftwerk wird das Isotop *Uran 235* verwandt. Die Zahl 235 gibt an, daß der Atomkern dieses Uranisotops aus 235 Elementarteilchen (Protonen und Neutronen zusammen) besteht. Dieses besondere Uranisotop hat die Eigenschaft, daß es unter Energiefreisetzung gespalten werden kann. Dieser Vorgang geht so vor sich:

Prallt ein (z. B. aus der Höhenstrahlung des Weltalls kommendes) Neutron auf den Atomkern eines Uran-235-Atoms, so platzt dieser Atomkern. Dabei entstehen zwei kleinere Atomkerne und zwei bis drei freie Neutronen, die ihrerseits neue Uranatomkerne spalten können. Da pro eingeschossenes Neutron zwei bis drei neue Neutronen entstehen, die neue Kernspaltungen auslösen können, spricht man von einer *Kettenreaktion*. Diese kann bei unkontrolliertem Ablauf (z. B. in einer Atombombe) in Sekundenbruchteilen zur Freisetzung einer riesigen Energiemenge führen. Im *Kernkraftwerk* läßt man diese Reaktion kontrolliert ablaufen, indem man durch verschiedene geeignete Absorbermaterialien so viele Neutronen auffängt, daß gerade pro eingeschossenes Neutron nur ein Neutron neuentsteht, das eine neue Kernspaltung erzielen kann (s. auch S. 498).

Die bei der *Kernspaltung* freiwerdende Energie ist Wärmeenergie und radioaktive Strahlung. Die Wärmeenergie entsteht dadurch, daß die beiden beim Zerfall des Uranatoms entstehenden neuen Atomkerne mit einer hohen Geschwindigkeit (d. h. hoher kinetischer Energie) wegfliegen, an andere Atome stoßen und so eine Wärmebewegung der Atome und Moleküle verursachen. Bei der Kernspaltung wird ein geringer Teil der Materie des Urankerns aufgelöst und in Bewegungsenergie der Bruchstücke verwandelt. Mit dieser Wärmeenergie kann dann Wasser erhitzt werden, das Turbinen antreibt, die über Generatoren elektrischen Strom erzeugen.

Ein großer Teil der als Bruchstücke davonfliegenden neuen Atomkerne ist nicht stabil. Diese Instabilität, die man *Radioaktivität* nennt, entsteht durch ein besonderes Verhältnis von Neutronen zu Protonen im Atomkern. Radioaktive Atome haben die Eigenschaft, nach einem bestimmten Zeitgesetz zu zerfallen, wobei radioaktive Strahlung frei wird. Dieses für jede radioaktive Atomart unterschiedliche Zeitgesetz gibt an, wie lange es dauert, bis die Hälfte der radioaktiven Atome zerfallen ist. Diese Zeit nennt man *Halbwertszeit*. Beispiel: von 1 000 000 Atomen eines radioaktiven Isotops sind nach einer Halbwertszeit von 1 Jahr sind demzufolge nach 1 Jahr noch 500 000 radioaktive Atome vorhanden, nach 2 Jahren noch 250 000, nach 3 Jahren noch 125 000 usw. Nach 10 Halbwertszeiten, in diesem Fall nach 10 Jahren, sind noch etwa ein Tausendstel der ursprünglich vorhandenen radioaktiven Atome vorhanden; in unserem Fall also noch 1 000 Atome.

Beim radioaktiven Zerfall eines Atoms wird *radioaktive Strahlung* freigesetzt. Es gibt drei Arten von radioaktiver Strahlung:

Die α-*Strahlung* ist eine Materiestrahlung, die aus Heliumkernen, d. h. je 2 Protonen und 2 Neutronen, besteht.

Die β-*Strahlung* ist ebenfalls eine Materiestrahlung; sie besteht aus Elektronen sehr hoher Geschwindigkeit.

Die γ-*Strahlung* ist eine elektromagnetische Wellenstrahlung sehr hoher Energie.

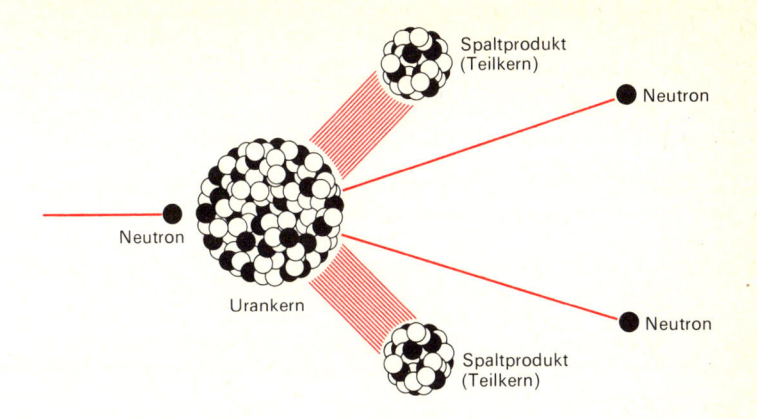

Abb. 1 Kernspaltung

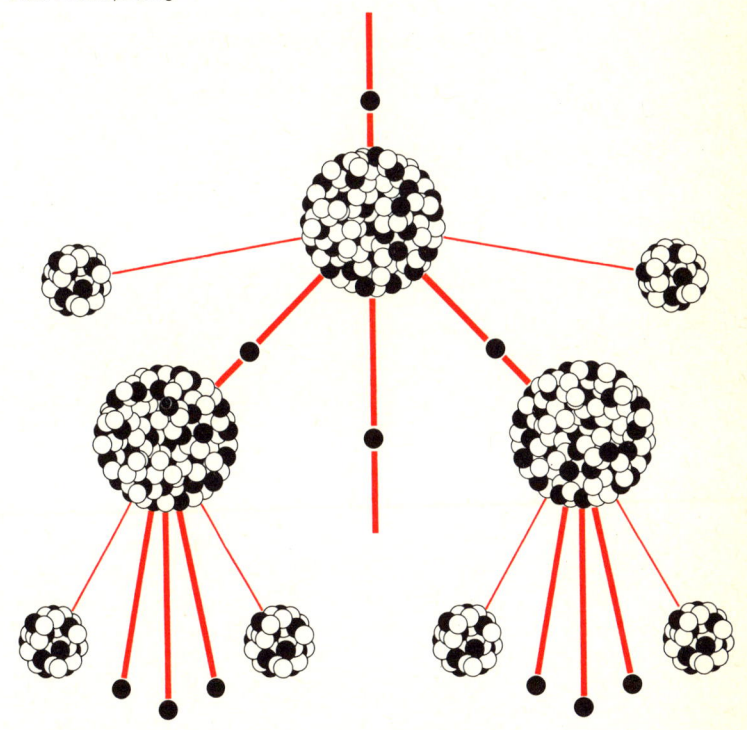

Abb. 2 Kettenreaktion

Kernenergie und Umwelt

Bei der Beurteilung der radiologischen Auswirkungen der Kerntechnik stellt das einzelne Kernkraftwerk nur die ,,Spitze eines Eisberges" dar. Ein Kernkraftwerk ist, damit es arbeiten kann, an einen Brennstoffkreislauf angeschlossen, der an mehreren Stellen durch Abgabe von Radioaktivität die Umwelt beeinträchtigt.

Am Beginn der Kernindustrie steht der *Uranbergbau*. Das Erz wird fein gemahlen und zur Abtrennung des Urans einem Laugungsverfahren unterworfen. Die Abfälle dieser Aufbereitung (Tailings) enthalten die Tochterprodukte der natürlich-radioaktiven Zerfallsreihen und werden auf Halden abgelagert. Allein in den USA beträgt die derzeitige Menge dieser *Abfallerze* heute schon etwa 100 Millionen Tonnen. Der Regen wäscht die löslichen Nuklide in die Böden, das Grundwasser und in die Oberflächengewässer aus, von wo sie von Land- und Wasserorganismen aufgenommen werden können. Durch den Uranbergbau werden die normalerweise tief im Innern der Erdkruste liegenden natürlichen radioaktiven Substanzen an die Oberfläche der Erde und damit in die Biosphäre gebracht.

Als nächstes gelangt das im Bergbau gewonnene Uran in Brennelementfabriken, wo das von Natur aus nur in geringen Mengen vorhandene spaltbare Uranisotop 235 angereichert wird. Bei diesem energetisch sehr aufwendigen *Anreicherungsprozeß* entstehen ebenfalls radioaktive Abwässer, die an die Umwelt abgegeben werden. Ist das Uran genügend angereichert, wird es in Form kleiner Tabletten in Brennelemente für Kernkraftwerke gefüllt. Im *Kernkraftwerk* findet dann der eigentliche Vorgang der Kernspaltung statt, wobei aus dem Uran 235 eine große Zahl zumeist radioaktiver Spaltprodukte entstehen (s. auch S. 496 ff.). Diese zum Teil gasförmigen *Radioisotope* entweichen zu einem geringen Prozentsatz bereits im Kernkraftwerk und werden unterhalb der gesetzlich zulässigen Grenzwerte für Radioaktivität an das Abwasser und die Luft abgegeben.

Nach etwa einem Jahr werden die Brennelemente ausgetauscht und nach einer Zwischenlagerung im Kernkraftwerk zur Abklingung kurzlebiger Radioisotope zu einer *Wiederaufbereitungsanlage* transportiert. Zur Aufarbeitung werden die Brennelemente ferngesteuert zerlegt, die Einzelstäbe in kurze Stücke zerschnitten und das Uranoxid aus den Hülsen mit Salpetersäure herausgelöst. Durch diese *Zerlegung der Brennelemente* werden die bei der Kernspaltung entstandenen *radioaktiven Edelgase* frei. Da Edelgase chemisch nicht gebunden werden können, werden sie von der Wiederaufbereitungsanlage über einen Schornstein an die Luft abgegeben. Andere bei diesem Prozeß freiwerdende gasförmige und flüchtige *Radionuklide* werden durch Filter aus dem Abwasser und der Abluft der Anlage zurückgehalten. Da diese Filter jedoch nicht hundertprozentig absorbieren, entweicht ein gewisser Teil dieser Radioisotope an die Umwelt. Insgesamt liegt die *Abgabe von Radioaktivität* bei Wiederaufbereitungsanlagen, bezogen auf das gleiche Brennstoffäquivalent, um einen Faktor 100–200 höher als bei Kernkraftwerken.

Die bei der Auflösung der Brennelemente entstehende Uranylnitratlösung wird einem vielstufigen Extraktionsverfahren unterworfen, durch das das Uran, das Plutonium und die Spaltprodukte voneinander getrennt werden. Die gereinigten Endprodukte Uran und Plutonium werden von Brennelement-Herstellerfirmen wieder zu neuen Brennelementen verarbeitet.

Besondere Probleme ergeben sich für Wiederaufbereitungsanlagen mit der Abgabe von *Tritium* (s. S. 406) und *Plutonium 239* (s. S. 404).

Die nach der Abtrennung von Uran und Plutonium zurückbleibenden Spaltproduktlösungen können nicht mehr weiter verwendet werden und müssen als *Atommüll* beseitigt werden (s. S. 454 ff.).

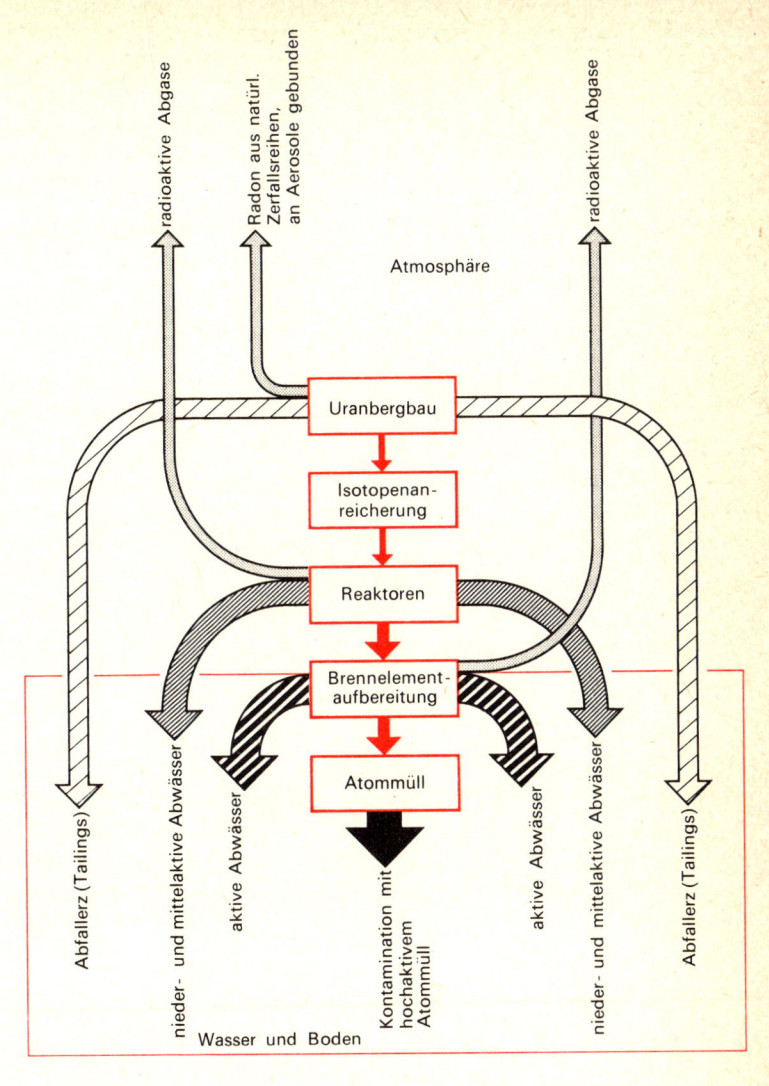

Abb. Schema der Umweltkontaminationen beim Kernbrennstoffkreislauf (nach Gruber/Weish)

Kernkraftwerke – Aufbau

Der wesentliche Unterschied zwischen einem Kernkraftwerk und einem konventionellen Kraftwerk besteht in der Art der zugeführten Energie. In beiden wird durch eine Energiequelle Wasser zu Wasserdampf erhitzt, der über eine Turbine einen Generator antreibt. Dieser erzeugt elektrische Energie, die in das öffentliche Netz eingespeist wird. Beim Kernkraftwerk wird die Energie aus der *Spaltung von Urankernen* gewonnen. Das Uran ist in Form von Urandioxidtabletten in Brennstäben gestapelt. Einige Zehntausend dieser *Brennstäbe* hängen im *Core* (Herz) des Reaktors. Im Inneren der Brennstäbe findet die Kernspaltung statt. Die dabei freigesetzte Wärmeenergie wandert nach außen und wird an der Oberfläche der Brennstäbe von dem Kühlwasser aufgenommen, das, durch Pumpen angetrieben, durch das Core fließt. Das so erhitzte Kühlwasser des Primärkühlkreislaufs gibt über Wärmetauscher seine Energie an einen *Sekundärkreislauf* ab. Der Dampf des Sekundärkreislaufs treibt die Turbinen an. Durch diesen Sekundärkreislauf ist gewährleistet, daß eine eventuelle radioaktive Verseuchung des Primärkühlkreislaufs durch defekt gewordene Brennstäbe nicht an die Turbinen gelangen kann.

Im Core sind neben den Brennstäben *Steuerstäbe* installiert. Diese bestehen aus neutronenabsorbierenden Materialien, mit denen die Kettenreaktion gesteuert werden kann. Bei einer nötigen Schnellabschaltung des Reaktors können diese Steuerstäbe in das Core eingeschossen werden, wodurch sie einen Großteil der Neutronen absorbieren und dadurch die Kernspaltungsrate reduzieren.

Das Reaktordruckgefäß, das das Core umschließt, befindet sich in einem sog. *biologischen Schild,* einer Betonummantelung mit ca. 2 m dicken Wänden. Der gesamte Primärkühlkreis ist in einer kugelförmigen, stählernen Sicherheitshülle mit einem Durchmesser von ca. 50 m untergebracht. In diesem *Sicherheitsbehälter* befinden sich außerdem ein Brennelement-Lagerbecken, eine Be- und Entladeeinrichtung für Brennelemente, ein Abwasserbehälter und verschiedene Sicherheitseinrichtungen wie Notkühlsysteme und Druckspeicher.

Da bei der großen Zahl von Brennstäben dauernd geringe Leckagen auftreten, ist das Wasser des Primärkühlkreislaufs immer geringfügig radioaktiv kontaminiert. Diese Radioaktivität wird zum Teil durch Reinigung des Primärkühlmittels entfernt, zum anderen Teil entweicht sie durch Dampfleckagen des Primärkühlkreislaufs in den Sicherheitsbehälter. Um ein Entweichen dieser radioaktiv kontaminierten Luft in die Umgebung zu verhindern, wird der Sicherheitsbehälter unter einem geringen Unterdruck gehalten. Ein Teil der Luft wird laufend abgesaugt, über verschiedene Filtersysteme geleitet und dann unter Einhaltung der gesetzlich vorgeschriebenen Grenzwerte für Radioaktivität über einen Kamin an die Luft abgegeben. Die bei der Reinigung des Primärkühlwassers anfallenden *radioaktiven Abwässer* werden zunächst längere Zeit gelagert, dann nach vorheriger Reinigung (*Dekontamination*) unter Einhaltung der Grenzwerte mit dem Kühlwasser vermischt und abgeführt.

Durch die starke Neutronenstrahlung werden die Bauteile im Innern des Reaktors mit der Zeit radioaktiv. Die *Lebensdauer eines Kernkraftwerks* liegt zwischen 20 und 40 Jahren. Nach dieser Zeit muß das Kernkraftwerk entweder abgebaut oder zugemauert werden.

Neben dem hier beschriebenen Typ eines leichtwassergekühlten *Druckwasserreaktors* gibt es eine Reihe weiterer Arten von Kernkraftwerken: Der *Siedewasserreaktor* arbeitet mit nur einem Kühlkreislauf. Im Innern des Reaktors herrscht nur geringer Druck. Der im Core entstehende Wasserdampf wird direkt über Turbinen geleitet. *Hochtemperaturreaktoren* sind gasgekühlt. Ihre Brennelemente liegen in von Graphit umgebenen Kugeln. Hochtemperaturreaktoren haben eine hohe Betriebstemperatur und dadurch einen höheren Wirkungsgrad.

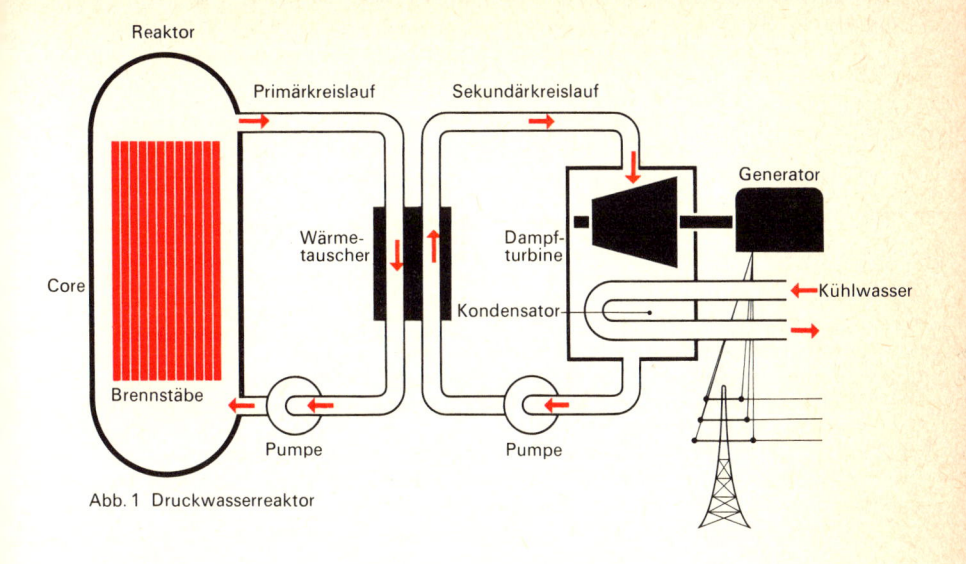

Abb. 1 Druckwasserreaktor

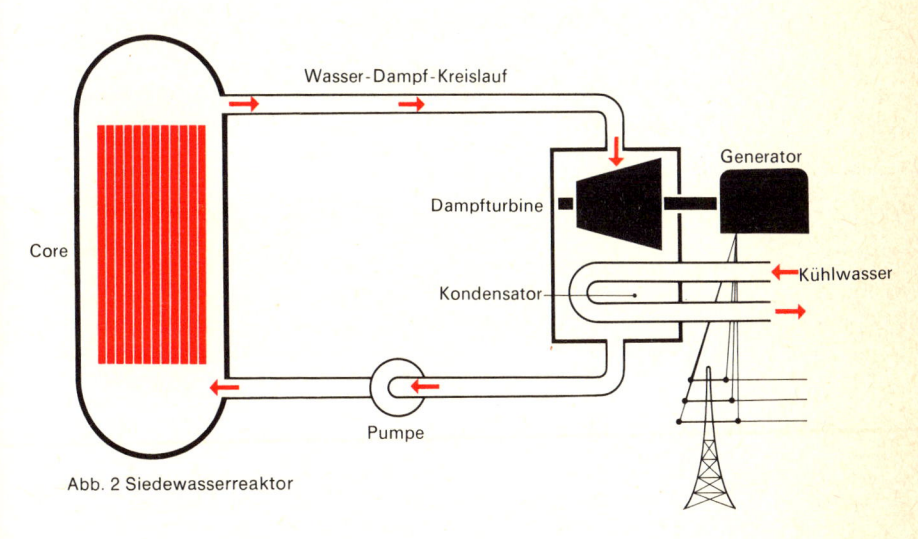

Abb. 2 Siedewasserreaktor

Schnelle Brüter

Da die Vorräte an spaltbarem Uran 235 begrenzt sind, sollen in Zukunft Brutkernkraftwerke gebaut werden, die aus dem nichtspaltbaren und in großer Menge vorhandenen Uran 238 mit Hilfe schneller Neutronen (daher der Name „schnelle Brüter") das spaltbare Plutonium 239 „erbrüten" sollen. Um die heute gebauten Kernkraftwerke auch in Zukunft betreiben zu können, ist die Kernenergiewirtschaft auf den Einsatz dieser schnellen Brüter angewiesen. Die Technologie der schnellen Brüter birgt jedoch schwerwiegende Sicherheitsrisiken.

Bei der Kernspaltung werden „schnelle" Neutronen mit einer Energie von 100 000 bis 10 Millionen Elektronenvolt frei. Die üblichen „thermischen" Reaktoren „moderieren" diese Neutronen, d. h., sie bremsen sie auf thermische Energien (1/10 Elektronenvolt) ab. Schnelle Brüter jedoch haben keinen „Moderator". Bei einem *natriumgekühlten schnellen Brüter* wird etwa 1/2 MW an Wärme pro Liter Reaktorkernvolumen frei; das ist die 5- bis 10fache Leistungsdichte eines Leichtwasserreaktors und die 50 000fache Leistungsdichte eines Reaktors mit Natururanmetall-Brennelementen und Gaskühlung. Der Reaktorkern des Natriumbrüters ist nur 1 bis 3 m³ groß. In diesem Kern hängen Zehntausende von nur bleistiftdicken Brennstoffelementen mit hoch angereichertem Uranoxid. Die Brennelemente werden mit flüssigem Natriummetall gekühlt. Jede Sekunde strömen mehrere Tonnen Natrium mit einer Geschwindigkeit von rund 6 m/s an den Brennstoffelementen vorbei und werden dabei auf etwa 560 °C aufgeheizt. Zwei Wärmekreisläufe führen die Wärme zu einem Dampferzeuger ab, dessen Dampf einen normalen Turbogenerator antreibt.

Der Reaktorkern des Natriumbrüters wird durch mechanische Belastungen, Vibrationen, Turbulenzen im flüssigen Natrium (hohe Strömungsgeschwindigkeit), Temperaturen der stählernen Brennelementhülle (bis zu 700 °C), extrem schnelle Neutronen (die den Stahl anschwellen lassen) und starke Unterschiede des Wärme- und Neutronenflusses beansprucht. Trotzdem müssen die Abmessungen und die Anordnung der 6 mm dicken Brennstoffstäbe innerhalb sehr kleiner Toleranzen konstant bleiben. Eine Verringerung ihres Volumens um nur 2 % löst bereits eine explosionsartige Leistungsabgabe des Reaktors aus. Eine leichte Ausdehnung der Brennstoffelemente hingegen bringt die Kettenraktion zum Stillstand.

Es gibt eine Reihe von Möglichkeiten, wie es in einem schnellen Brüter zu einer *Reaktorkatastrophe* kommen kann. Wenn ein oder mehrere Kühlkanäle verstopft werden (wie es z. B. 1969 bei dem Unfall in dem kleinen Fermi-Reaktor in den USA geschah), kommt es lokal zu einer Überhitzung des Kernbrennstoffs, da die Wärme durch das Kühlmittel nicht mehr abgeführt werden kann. Die Folge ist ein Sieden des Natriums, wodurch die Reaktivität (Kernspaltungsrate) und damit die Energiefreisetzung steil ansteigt. Es kann zum Platzen der Umhüllung kommen. Kernbrennstoff und Spaltprodukte reagieren in einem solchen Fall explosionsartig mit dem heißen Natrium. Wenn so Brennelemente in der unteren Hälfte des Reaktorkerns zerstört werden, werden die Trümmer und Natriumdampfblasen mit dem Natriumstrom in das Zentrum des Reaktorkerns geschwemmt, was die Reaktivität des Reaktors ebenfalls rasch hinauftreibt. Die Überreste defekter Brennstoffstäbe werden unter Umständen auf Grund der Explosion gegen andere Brennstoffstäbe geschleudert, wobei sich eine chemische Kettenreaktion ergeben kann.

Man hat vielfach versucht, solche Unfälle mit dem Computer zu simulieren. Ergebnis: Für jedes Megawatt elektrischer Leistung dürfte maximal eine Energie von 1 MWs (dies entspricht etwa der Sprengkraft von 250 g TNT) für den Bruch der Sicherheitshülle zur Verfügung stehen. Bei einem 1 000-MW-Reaktor entspräche dies einer Sprengwirkung von 250 kg TNT. Ein solcher Unfall könnte also Teile des Reaktorkerns oder den ganzen Kern mitsamt der Sicherheitshülle sprengen. S. auch „Sicherheit von Kernkraftwerken", S. 502.

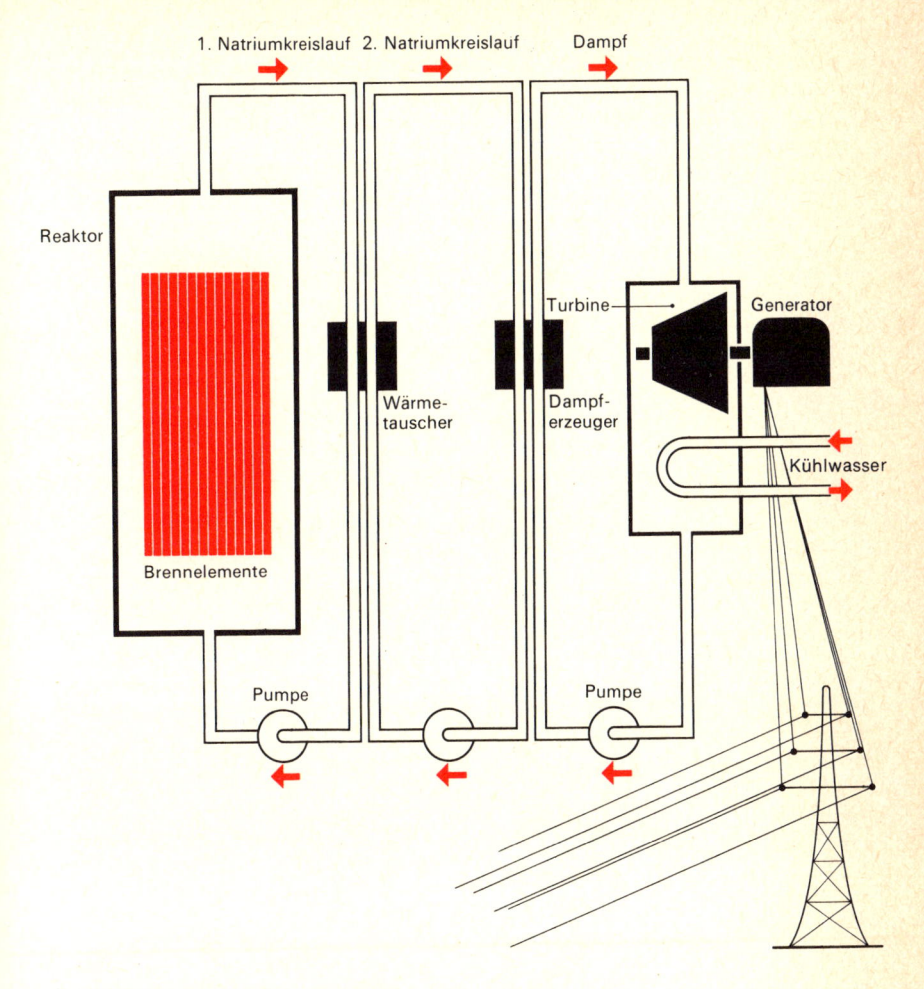

Abb. Schneller Brüter im Schema

Kernfusion

Schon zu Beginn des Atomzeitalters erkannte man, daß die in der Sonne ablaufende und auch der Wasserstoffbombenexplosion zugrundeliegende Reaktion der Kernverschmelzung eine ungeheure Energiequelle wäre, wenn man diesen Prozeß in einem Fusionsreaktor gesteuert ablaufen lassen könnte. Nach ersten Experimenten vor mehr als zwanzig Jahren in den USA, in Großbritannien und der Sowjetunion ist die Kernfusion heute in den Bereich der Großforschung gerückt.

Der Vorgang der Kernfusion ist dem der Kernspaltung entgegengesetzt. Bei der Kernfusion werden Atomkerne schwerer Wasserstoffisotope (Deuterium mit einem Proton und einem Neutron und Tritium mit einem Proton und zwei Neutronen im Kern) bei hoher Temperatur und hohem Druck verschmolzen, wobei Kernbindungsenergie in kinetische Energie umgewandelt und damit als thermische Energie nutzbar gemacht werden kann. Theoretisch sind Verschmelzungen von mehreren Kernarten möglich, in der Praxis soll ein Kernfusionskraftwerk vor allem auf der Basis der *Deuterium-Tritium-Verschmelzung* arbeiten. Als Folgeprodukt bei dieser Fusion entstehen Helium, Tritium, Protonen und Neutronen verschiedener Energien. Eine Kettenreaktion, wie sie in Kernspaltungsreaktoren ausgenutzt wird, ist nicht möglich, weil unter den Folgeprodukten keine Teilchen im Überschuß entstehen, die zur Einleitung neuer Fusionen mit wachsender Reaktionsrate führen.

Kernfusionen in Reaktoren laufen ähnlich wie chemische Verbrennungsreaktionen ab; quantitativ besteht jedoch zwischen beiden ein großer Unterschied. Der Energiegewinn pro Reaktion ist bei der Kernverschmelzung etwa eine Million mal so groß wie bei der chemischen Verbrennung. Obwohl Deuterium und Tritium nur zu einem geringen Prozentsatz im natürlichen Wasser enthalten sind, wäre beim Gelingen der Kernfusion der Energiebedarf der Menschheit für die nächsten Jahrtausende gedeckt.

Trotz dieser verlockenden Zahlen gelang es bisher nicht, ein *funktionierendes Kernfusionskraftwerk* zu bauen. Dies hat im wesentlichen folgende Gründe: Die Deuterium- und Tritiumkerne, die verschmolzen werden sollen, besitzen gleichnamige elektrische Ladungen. Ihrer Annäherung, die für die Kernverschmelzung notwendig ist, steht deshalb die abstoßende elektrische Kraft entgegen. Zur Überwindung dieser Abstoßung müssen die Kerne mit sehr hoher kinetischer Energie aufeinanderprallen. Die Temperatur in einem Fusionsreaktor muß deshalb in der Größenordnung von 100 Millionen Grad liegen. Bei dieser hohen Temperatur entstehen im Plasma ungeheuer hohe Drücke. Das heiße Brennstoffgemisch muß so lange in einem vorgegebenen Volumen eingeschlossen bleiben, bis durch genügend viele Kernfusionsreaktionen mehr nutzbare Energie freigesetzt wird, als zur Heizung des Gemisches und zur Deckung von Strahlungsverlusten aufgewendet werden muß. Das Plasma läßt sich bei einer solch hohen Temperatur nur mit Hilfe eines magnetischen Feldes genügend lange Zeit unter hohem Druck zusammenhalten.

Aus der Sicht des Umweltschutzes wird ein Kernfusionskraftwerk die Umwelt wahrscheinlich weniger belasten als ein Kernspaltungskraftwerk. Wegen der hohen Betriebstemperaturen kann ein hoher thermischer Wirkungsgrad erreicht werden, der etwa in der Größe von 55–60 % im Vergleich zu 35 % bei normalen Kernkraftwerken liegen würde.

Problematisch ist die Beseitigung des als Endprodukt der Fusion neben nichtradioaktivem Helium anfallenden radioaktiven Tritiums. Nicht unbedenklich ist auch die Tatsache, daß beim Kernfusionskraftwerk eine wesentlich stärkere Neutronenstrahlung auftritt, die in den Baumaterialien des Reaktors durch Neutroneneinfang neue radioaktive Substanzen erzeugt. Es ist noch nicht bekannt, ob dieses Problem durch eine geeignete Auswahl von Baumaterialien hinreichend gering gehalten werden kann.

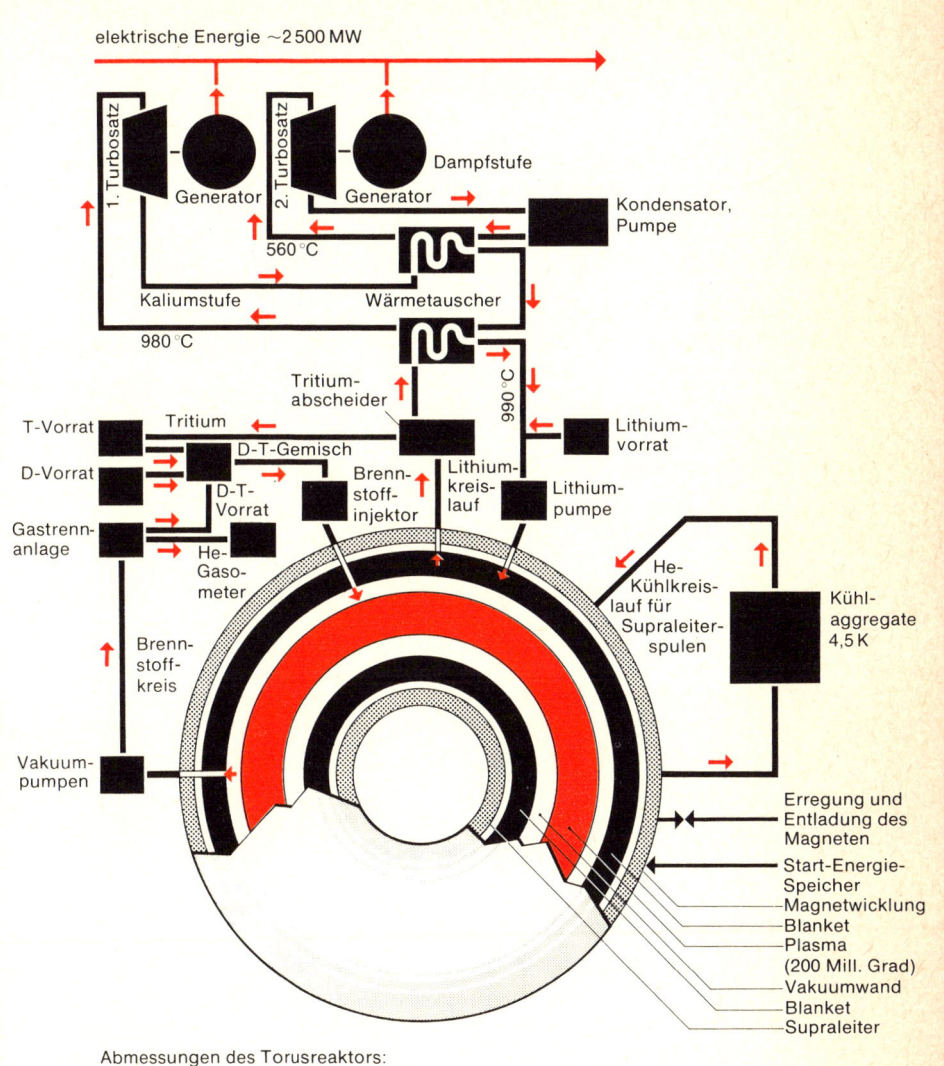

Abmessungen des Torusreaktors:
Torusaußendurchmesser = 18 m
Rohrdurchmesser = 7 m

Abb. Kernfusionsreaktor (schematisch)

Sicherheit von Kernkraftwerken

Wenn in einem Kernkraftwerk eine der Hauptkühlleitungen des Primärkühlkreislaufs bei einem Unfall (durch Fehlfunktion oder Versagen der Ausrüstung, durch menschlichen Irrtum oder durch äußere Umstände, wie z. B. Sabotage oder Erdbeben) aufgerissen würde, würde das Kühlmittel des Primärkühlkreislaufs durch dieses Leck entweichen. In diesem Fall würde der Reaktor durch *Schnellabschaltung* (durch Einschießen der Steuerstäbe) sofort abgestellt. Durch Schnellabschaltung läßt sich jedoch nur die Kernspaltung unterbinden. Der radioaktive Zerfall der Spaltprodukte kann nicht abgestellt werden. Die Wärmeentwicklung durch radioaktiven Zerfall beträgt bei einem Kernkraftwerk von 650 MW drei Sekunden nach Abschalten des Reaktors ungefähr 200 MW, nach einer Stunde 30 MW, nach einem Tag immer noch 12 MW. Der radioaktive Zerfall hält noch mehrere Monate lang in beträchtlicher Höhe an.

Unter normalen Betriebsbedingungen des Reaktors hat die äußere Oberfläche der Brennstoffhüllen eine Temperatur von ungefähr 350 °C, während das Innere der Brennstäbe sehr viel heißer ist, in der Regel 2 200 °C. Diese Temperatur liegt nahe dem Schmelzpunkt des Materials. Nach Verlust der Kühlflüssigkeit beginnt die Oberfläche der Stäbe sich schnell zu erhitzen, sowohl durch die hohen Temperaturen im Innern als auch durch die dauernde Erwärmung durch die Spaltprodukte. Nach 10 bis 15 Sekunden beginnt die Brennstoffhülle zu versagen; innerhalb einer Minute ist die Hülle geschmolzen, und die Brennstoffstäbe selbst beginnen zu schmelzen. Wenn die Notkühlung des Kerns nicht innerhalb dieser ersten Minute wirksam wird, beginnt der gesamte Reaktorkern, der Brennstoff (ca. 100 t) und die Halterung, niederzuschmelzen und auf den Boden des innersten Behälters zusammenzustürzen.

Für diesen Fall eines Kühlmittelverlustunfalls besitzt das Kernkraftwerk mehrere voneinander unabhängige *Notkühlsysteme*. Diese wurden auf Grund theoretischer Berechnungen entwickelt. Bei ihrer ersten und bisher einzigen experimentellen Erprobung in den USA versagten sie völlig: Das Notkühlwasser konnte den Reaktorkern nicht ausreichend kühlen, da es unter anderem durch das Leck des Kühlkreislaufs entwich und der Rest des Notkühlwassers wegen Filmsiedens (Bildung einer wärmeisolierenden Dampfschicht zwischen der heißen Oberfläche der Brennstäbe und dem Notkühlwasser) die von den Brennstäben entwickelte Wärme nicht abführen konnte.

Wenn der Reaktorkern durch Ausfall der Kühlung geschmolzen ist, wird die Situation durch das zu diesem Zeitpunkt zugeführte Notkühlwasser nur verschlimmert. Die geschmolzenen Metalle des Brennstoffs reagieren heftig mit dem Notkühlwasser unter Entwicklung großer Wärmemengen, wobei Dampf und Wasserstoff in solchen Mengen und mit solchem Druck freiwerden, daß allein schon dadurch der Druckbehälter zum Bersten gebracht werden kann. Wenn die umhüllenden Behälter nicht platzen, schmilzt die geschmolzene Masse aus Brennstoff und mitgerissener Halterung weiter nach unten, genährt durch die Hitze, die durch die Radioaktivität der Spaltprodukte erzeugt wird. Für diesen Zeitpunkt im Störfall gibt es keine Technologie mehr, die imstande wäre, den Schmelzvorgang aufzuhalten; er ist außer Kontrolle. Wie tief der geschmolzene Reaktorkern in die Erde einsinken würde und auf welche Art sich das Material schließlich verteilen würde, ist nicht genau bekannt. Aber es ist nahezu sicher, daß praktisch alle gasförmigen Spaltprodukte und ein Teil der flüchtigen und nichtflüchtigen Produkte in die Atmosphäre freigegeben würden. Im Innern eines Kernreaktors heutiger Größenordnung (1 000 MW) haben sich nach einjähriger Betriebszeit etwa so viele langlebige radioaktive Spaltprodukte angesammelt, wie bei der Detonation von ca. 1 000 Atombomben vom Typ Hiroschima freiwürden.

Abb. 1 Betriebsunfall
(Kühlmittelverlust)

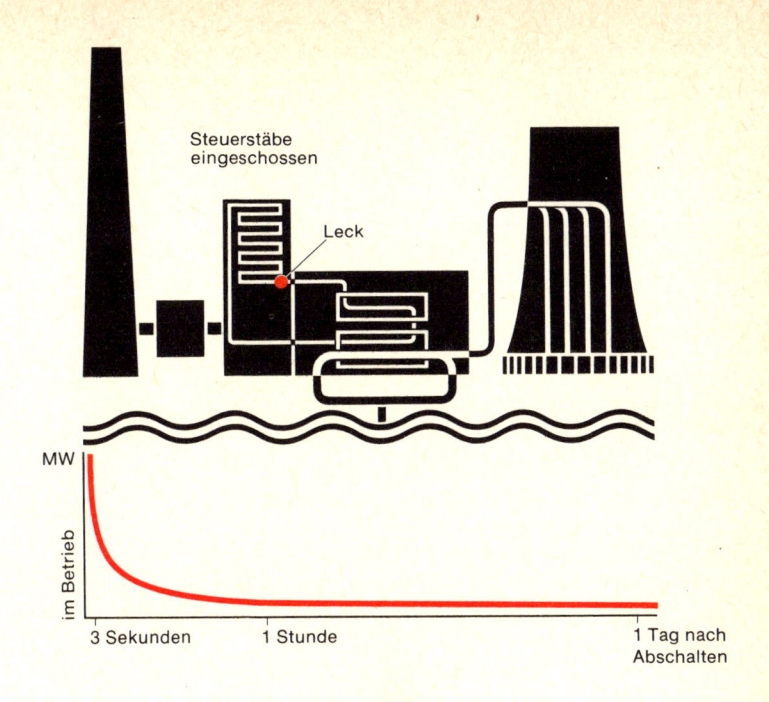

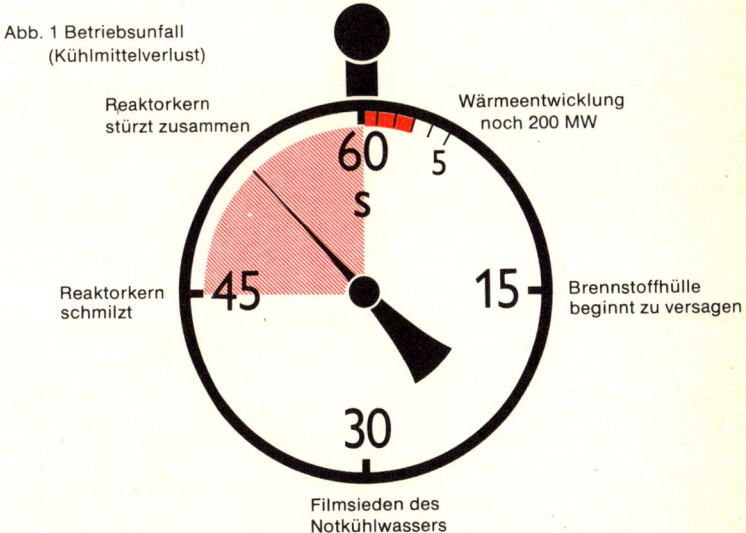

Abb. 2 Die kritische Minute nach der
Reaktorabschaltung

Die Kühlung von Kraftwerken

Alle Kraftwerke, die aus der Verbrennung fossiler Brennstoffe oder der Spaltung von Uran Energie freisetzen und Strom erzeugen, müssen gekühlt werden. Die physikalische Ursache dafür liegt in der Art und Weise der Energieumwandlung von Wärmeenergie über Turbinen in mechanische Energie, die dann einen Generator antreibt, der Strom erzeugt.

Kraftwerke besitzen im Innern einen Brennkessel, in dem durch Feuer (Kohle, Öl, Gas o. ä.) oder Uranspaltung *Wärmeenergie* freigesetzt wird. Diese Wärme wird dazu benutzt, um ein Medium, meistens Wasser, zum Sieden zu bringen. Dadurch entsteht aus flüssigem Wasser Wasserdampf, der unter hohem Druck über Rohre einer Turbine zugeführt wird und diese antreibt. Nach dem Durchgang durch die Turbine wird der Dampf in einen Kondensator geleitet, wo er wieder zu Wasser verflüssigt wird. Dieses Wasser wird dann erneut erhitzt, bildet Dampf und treibt die Turbine wieder an. Um in dem Kondensator Dampf zu Wasser zu verflüssigen, muß der Dampf gekühlt werden, d. h., dem Dampf muß Wärmeenergie entzogen werden. Diese Wärme kann, da sie auf einem niedrigen Temperaturniveau vorliegt, technisch nicht mehr genutzt werden. Sie muß in Form von *Abwärme (Abfallwärme)* an die Umgebung abgeführt werden. Bei fossilbefeuerten Kraftwerken fallen etwa 55–60 % der bei der Verbrennung freiwerdenden Energie als Abwärme an.

Für die Abführung der Abwärme gibt es verschiedene Möglichkeiten. Bisher arbeiteten die meisten Kraftwerke mit der *Flußwasserkühlung*. Bei dieser Art der Kühlung wird vom Kraftwerk kaltes Flußwasser angesaugt, durch den Kondensator geleitet, dort erwärmt und im erwärmten Zustand wieder an den Fluß zurückgegeben. Ein Kraftwerk heutiger Größenordnung (1 000 MW) verbraucht pro Sekunde zwischen 40 und 50 m^3 Wasser, die es um ca. 10 °C aufgewärmt wieder an den Fluß zurückgibt (über die ökologischen Auswirkungen dieser Aufwärmung s. S. 362).

Da diese Art der Abwärmeabfuhr zunehmend an ökologische Grenzen stößt, werden die heute gebauten Großkraftwerke mit *Kühltürmen* ausgerüstet, die die Abwärme an die Atmosphäre abgeben. Bei *Naßkühltürmen* wird das erwärmte Wasser aus den Kondensatoren in den Kühlturm hochgepumpt und dort in kleine Tropfen versprüht. Dabei verdunstet ein Teil des Wassers, wobei dem Gesamtwasser Wärme entzogen wird. Der Rest des Wassers fällt nach unten, wird dort aufgesammelt und als abgekühltes Wasser wieder in den Kondensator zur Kühlung zurückgeleitet. Das verdunstete Wasser entströmt als Wasserdampf in die Atmosphäre (über mögliche klimatische Auswirkungen s. S. 506). – In *Trockenkühltürmen*, die sich äußerlich kaum von Naßkühltürmen unterscheiden, zirkuliert das Wasser in einem geschlossenen Kreislauf. Das vom Kondensator erhitzte Wasser strömt durch viele kleine Röhren mit großer Oberfläche und gibt dadurch einen Großteil seiner Wärme an die Atmosphäre ab. Zur Unterstützung dieses Wärmeaustausches können in großen Trockenkühltürmen Ventilatoren eingebaut werden. Trockenkühltürme haben den Nachteil, daß sie die teuerste Art des Kühlverfahrens darstellen und den Wirkungsgrad des Kraftwerks herabsetzen. Über die ökologischen und klimatologischen Auswirkungen von Trockenkühltürmen liegen bisher noch keine gesicherten Erkenntnisse vor.

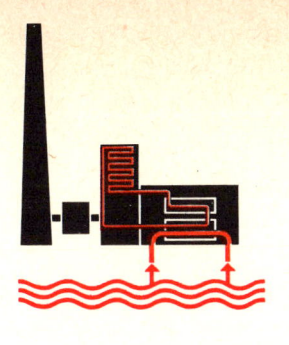

Abb. 1 Flußwasserkühlung

Wasserdampf

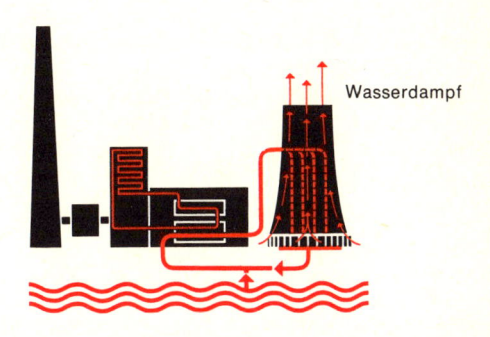

Abb. 2 Naßkühlturm

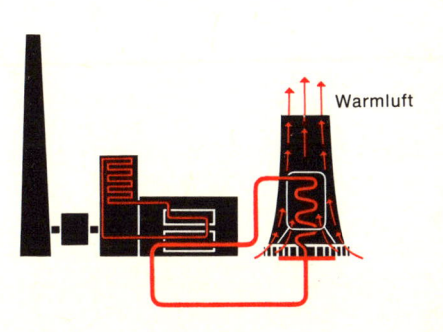

Warmluft

Abb. 3 Trockenkühlturm

Großkühltürme – klimatische Auswirkungen

Bei der Unterhaltung von Kraftwerken geht man heute wegen der negativen Folgen der direkten Flußwassererwärmung in zunehmendem Maße zur Kühlung mit *Naßkühltürmen* über. Man kann dadurch erreichen, daß die negativen Auswirkungen für das Flußwasser reduziert werden. Allerdings haben Naßkühltürme auch negative Auswirkungen auf die Umwelt. Das Hauptproblem besteht in der starken *Abgabe von Wasserdampf* an die Atmosphäre. Bei einem 2 400-Megawatt-Kernkraftwerk mit Leichtwasserreaktor werden beispielsweise mindestens 5 000 t Wasserdampf pro Stunde durch den Kühlturm an die Luft abgegeben. Einen Begriff von dieser Menge vermittelt folgende einfache Rechnung: Würde sich diese Wasserdampfmenge auf einer Fläche von 100 km^2 gleichmäßig verteilen und niederschlagen, so entspräche dies einem jährlichen Niederschlag von ungefähr 300 mm. Der natürliche Niederschlag in Mitteleuropa beträgt demgegenüber 600 bis 700 mm pro km^2 und Jahr. Dieses Beispiel zeigt deutlich, daß eine solche Wasserdampfemission erhebliche Folgen für das Klima der Umgebung haben muß. Eine andere Berechnung zeigt dies noch deutlicher: Ein Kühlturm eines Kernkraftwerks (1 500 MW) gibt pro Sekunde etwa 1 t Dampf an die Luft ab. Dies sind im Jahr rund 30 Millionen t Wasser. Diese verdunstete Wassermenge entspricht einem Sechstel der mittleren Verdunstung des Bodensees! Während der Bodensee jedoch eine Fläche von 538 Millionen Quadratmetern hat, wird diese enorme Wassermenge bei einem Kühlturm konzentriert auf sehr kleiner Fläche, noch dazu meistens in der meteorologisch sehr ungünstigen Situation von Flußtälern mit häufigen Inversionswetterlagen, abgegeben. Dieser Wasserdampf kann zu einer enormen Beeinträchtigung des Lokalklimas führen: verstärkte Nebel- und Wolkenbildung, Rückgang der Sonneneinstrahlung, häufigere Niederschläge sowie häufigere und stärkere Gewitter.

Besonders problematisch ist die Abgabe von Wasserdampf bei einer hohen Luftfeuchtigkeit, wie sie z. B. im Herbst vorkommt. Ist die Luft trocken, dann bleibt der abgegebene Wasserdampf als gasförmiger Dampf in der Atmosphäre, verursacht also weder Nebel noch Verringerung des Sonnenscheins. Bei hoher Luftfeuchtigkeit nahe der absoluten Feuchte der Luft jedoch genügen geringe Mengen Wasserdampf, um die Luft vollständig mit Wasserdampf zu sättigen. Dies hat zur Folge, daß jeder neu hinzugeführte Wasserdampf in Form von kleinen Wassertröpfchen (mit anderen Worten Nebel) ausfällt.

Da bisher weltweit noch keine Erfahrungen mit großen Naßkühltürmen vorliegen, ist die Abschätzung der genauen quantitativen Auswirkungen sehr schwierig. Erste Untersuchungen jedoch zeigen, daß das Klima durch einen Kühlturm, besonders im Herbst, an mindestens 1–3 Tagen im Monat beeinträchtigt wird.

Eine weitere, bisher noch nicht genügend berücksichtigte Auswirkung entsteht durch den sog. *Tropfenauswurf* aus Kühltürmen. Da ein Teil des zwischen Kühlturm und Kondensator zirkulierenden Wassers laufend verdunstet, muß dem Kühlkreislauf diese Menge neu zugeführt werden. Man nimmt wegen der großen Mengen dazu meist Flußwasser. Bei der starken nach oben gehenden Luftströmung im Innern des Kühlturms wird ein Teil des Wassers in Form kleiner Wassertropfen und Aerosole aus dem Kühlturm geschleudert. Bei einem 1 000-Megawatt-Kernkraftwerk verlassen auf diese Weise pro Sekunde etwa 36 l Wasser in Form von kleinen Tröpfchen den Kühlturm. Dadurch können Bakterien, Viren und Giftstoffe aus dem verschmutzten Flußwasser in die Luft kommen, durch den Wind weggetrieben werden und sich auf landwirtschaftlichen Kulturen niederschlagen oder in die Lungen von Menschen kommen.

Abb. Einer der vier bei Wyhl am Kaiserstuhl geplanten Kühltürme

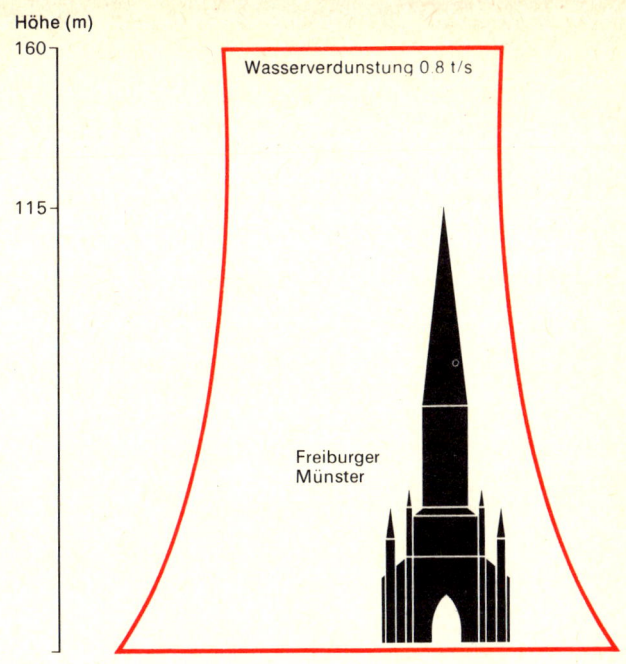

Höhe (m)

160 —

Wasserverdunstung 0.8 t/s

115 —

Freiburger Münster

Daten nasser Kühltürme mit Naturzug

		Fossil	Nuklear
		beheiztes Kraftwerk	
Elektrische Leistung des Kraftwerks	M/We	1 000	1 000
Wirkungsgrad	%	40	32
Leistung des Kühlturms	MJ	1 400	2 000
Kühlturmabmessungen			
Höhe	m	110	130
Durchmesser Tasse	m	90	110
Taille	m	55	65
Mündung	m	60	75
Betriebsdaten			
Wasserumlauf	m³/s	24	36
Verdunstungsverlust	m³/s	0,4	0,6
Wasserauswurf	l/s	≤ 24	≤ 36
Luftdurchsatz	m³/s	20 000	30 000

Quelle: Energie und Umwelt

Wachstum – exponentielles Wachstum

Man unterscheidet drei Arten von Wachstum: lineares, exponentielles und superexponentielles Wachstum. Normalerweise versteht man unter Wachstum *lineares Wachstum*. Dies liegt dann vor, wenn eine Größe jeweils in gleichen Zeiträumen um einen ständig gleichbleibenden Betrag zunimmt. Ein Baum wächst z. B. linear, wenn er jährlich um 50 cm größer wird. Wenn man jeden Monat 10 DM ins Sparschwein legt, wachsen die Ersparnisse ebenfalls linear. Die Zunahme der Ersparnisse ist dabei unabhängig von der Höhe des bereits Ersparten: Monatlich steigen die Ersparnisse im Sparschwein um 10 DM an, gleichgültig wieviel Geld im Sparschwein ist.

Beim *exponentiellen Wachstum* hängt das Wachstum von der Höhe des bereits Erreichten ab. In einem jeweils gleichen Zeitraum nimmt eine Größe jeweils um einen bestimmten Prozentsatz zu. Eine Bakterienkultur, in der sich jede Zelle alle zehn Minuten teilt, wächst exponentiell. Innerhalb eines bestimmten Zeitraums tritt immer ein Wachstum um 100 % ein. Dieses Wachstum ist, absolut gesehen, umso größer, je länger der Wachstumsprozeß schon andauert.

Obwohl exponentielles Wachstum alltäglich ist, bereitet es immer wieder Überraschungen. Es gibt das Märchen von dem Diener, der seinem König ein wertvolles Schachbrett schenkte und als Lohn dafür nur ein einziges Getreidekorn für das erste Feld und für jedes folgende Feld jeweils die doppelte Kornzahl als für das vorhergehende erbat: also für das zweite Feld 2 Körner, für das dritte 4, für das vierte 8 Körner usw. Das entspricht einer exponentiellen Zunahme mit einer Wachstumsrate von 100 % pro Schachbrettfeld. Auf das zehnte Feld entfallen erst 512 Körner, aber auf das einundzwanzigste bereits über 1 000 000 Körner. Es gibt auf der ganzen Erde gar nicht soviele Getreidekörner, wie der König für das vierundsechzigste Feld hätte bezahlen müssen.

Exponentielles Wachstum ist trügerisch, weil schon bei relativ geringen Wachstumsraten in kurzer Zeit astronomische Zahlen erreicht werden. Dieser Vorgang wird dann besonders problematisch, wenn das Wachstum einer festen Wachstumsgrenze zustrebt. Es gibt eine französische Geschichte von einem Teich, in dem eine Wasserlilie wächst. Dieses Gewächs hat eine derartige Lebenskraft, daß es seine Größe jeden Tag verdoppelt. In dreißig Tagen wird es dadurch den ganzen Teich bedecken. Der Besitzer des Teiches beobachtet dieses Geschehen und beschließt, den Wachstumsprozeß dann einzudämmen, wenn die Wasserlilie sich über die Hälfte der Teichoberfläche verbreitet hat. Die Wasserlilie hat 29 Tage gebraucht, bis sie die Hälfte der Teichoberfläche bedeckt. An diesem Stadium angekommen, wird sie aber nur noch eine Nacht brauchen, um den gesamten Teich zu bedecken.

Die Menschheit befindet sich heute auf mehreren Ebenen in einer ähnlichen Situation. Die Gesamtvolkswirtschaft hat sich in mehreren Jahrhunderten zur heutigen Größe entwickelt. Die Bevölkerungszahl der Erde wächst bereits seit mehreren Jahrtausenden. Dadurch entsteht in der normalen Vorstellung des Menschen der Eindruck, daß sich diese Wachstumsprozesse noch für einen Zeitraum ähnlicher Größenordnung in der Zukunft fortsetzen könnten. Wie die folgenden Kapitel zeigen, ist dies jedoch nicht möglich.

Von *superexponentiellem Wachstum* spricht man, wenn nicht nur eine Größe immer schneller anwächst, sondern wenn sich zugleich auch die Verdopplungszeit laufend verringert. Wir finden diese Form des Wachstums z. B. bei starker Geldinflation oder beim massiven Eingriff des Menschen in empfindliche Ökosysteme, bei dem sich mehrere Faktoren in Form superexponentiellen Wachstums „hinauf- oder hinabschaukeln" und so zum Zusammenbruch des Ökosystems führen.

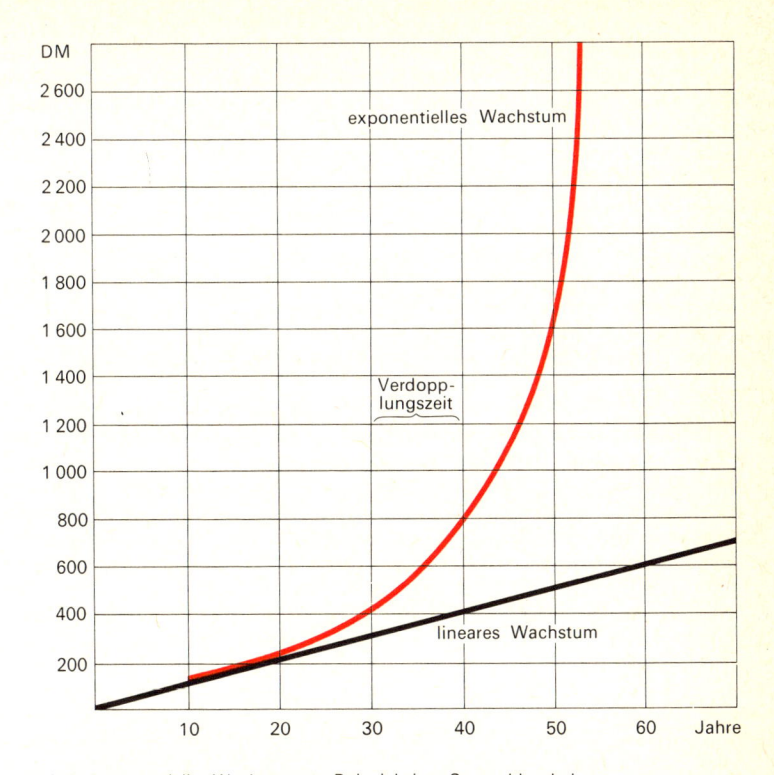

Abb. Exponentielles Wachstum am Beispiel eines Spargeldguthabens
(10 DM, jährlich gespart, wachsen linear zu 100 DM in 10 Jahren an;
dieses Guthaben, mit 7 % fest verzinst, verdoppelt sich jeweils in 10 Jahren)

Verdopplungszeit

Wachstumsrate (in Prozenten jährlich)	Verdopplungszeit (in Jahren)
0,1	700
0,5	140
1,0	70
2,0	35
4,0	18
5,0	14
7,0	10
10,0	7

Was sind Rückkopplungen?

Man unterscheidet negative und positive Rückkopplungen (die Adjektive kennzeichnen dabei die Richtung der Rückkopplung). Ein Beispiel für einen negativ rückgekoppelten Regelkreis ist das biochemische System zur Aufrechterhaltung der Körpertemperatur des Menschen. Die Körpertemperatur eines gesunden Menschen liegt konstant bei 37 °C. Diese Temperatur wird durch die Wärme aufrechterhalten, die bei biochemischen Prozessen frei wird. Kommt der Mensch in eine kalte Umgebung, wird dies von Sinneszellen registriert, die über das Nervensystem den Befehl für eine größere Wärmeproduktion geben. Umgekehrt werden bei einer wärmeren Umgebung auf dem gleichen Weg Maßnahmen wie Schweißabsonderung und vermehrte Durchblutung der äußeren Körperteile zur Reduktion der Temperatur ausgelöst. Merkmal eines solchen *negativen Regelkreises* ist eine Größe (hier Körpertemperatur), die durch ein dynamisches Gleichgewicht von Faktoren auf einem Sollwert (hier 37 °C) gehalten wird. Negative Regelkreise haben also die Aufgabe, ein System gegen äußere Einflüsse stabil zu halten. In der belebten, aber auch in der unbelebten Natur gibt es eine große Zahl solcher negativer Regelkreise (z. B. Blutzuckerspiegelkonstanz, Gleichgewichtsorgane und aufrechter Gang, Nahrungsaufnahme, Hungergefühl).

Positive Regelkreise sind durch exponentielles Wachstum ihrer Grundgröße gekennzeichnet. Ein Beispiel für einen positiven Regelkreis stellt die Vermehrung von Bakterien dar: Die Zahl der Bakterien in einem Reagenzglas ist mit der Grundgröße des Bakterienwachstums, also mit sich selbst, positiv rückgekoppelt, d. h., das Wachstum der Bakterien wird umso schneller und größer, je mehr Bakterien da sind bzw. je länger der Wachstumsprozeß anhält. Ein weiteres Beispiel für einen positiven Regelkreis, bei dem die Grundgröße jedoch nicht direkt, sondern erst über mehrere Zwischengrößen mit sich selbst positiv rückgekoppelt ist, stellt das Anwachsen des Autoverkehrs im Vergleich zum öffentlichen Verkehr in unseren Städten dar. Betrachten wir die beiden Größen ,,Fahrgäste im öffentlichen Verkehr'' und ,,Autobenutzer'': Wenn ein Teil der Straßenbahnbenutzer auf das Auto umsteigt, hat dies ein geringeres Fahrgastaufkommen der Straßenbahn zur Folge. Dies bewirkt eine geringere Wirtschaftlichkeit des öffentlichen Verkehrs, was zu einer Verringerung der Straßenbahnfahrten und damit zu einer Vergrößerung des zeitlichen Abstandes zwischen zwei Straßenbahnfahrten führt. Dies bewirkt eine geringere Attraktivität des öffentlichen Verkehrs, was wiederum dazu führt, daß weitere Straßenbahnbenutzer auf das Auto umsteigen. Laufen diese und ähnliche Rückkopplungen längere Zeit, so wird die Grundgröße ,,öffentlicher Verkehr'' so unwirtschaftlich und damit unattraktiv, daß eine Umkehrung dieses Prozesses immer schwieriger wird.

Positive Rückkopplungen führen in der Natur immer zu Wachstumskatastrophen, wenn die exponentiell wachsende Größe an Wachstumsgrenzen stößt. Fast alle Regelkreise in der Natur sind deshalb negativ rückgekoppelt. Die positiv rückgekoppelten verschwinden, falls sie doch einmal auftreten sollten, als Folge von Wachstumskatastrophen innerhalb kürzester Zeit.

Eine der Ursachen der heutigen Umweltkrise liegt darin, daß der Mensch natürliche, negativ rückgekoppelte Regelkreise im Laufe der Zivilisation aufgebrochen hat und sie dadurch in einen Prozeß positiv rückgekoppelten exponentiellen Wachstums übergeführt hat, was früher oder später bei Beibehaltung des Wachstumsprozesses zwangsläufig zur Katastrophe führen muß.

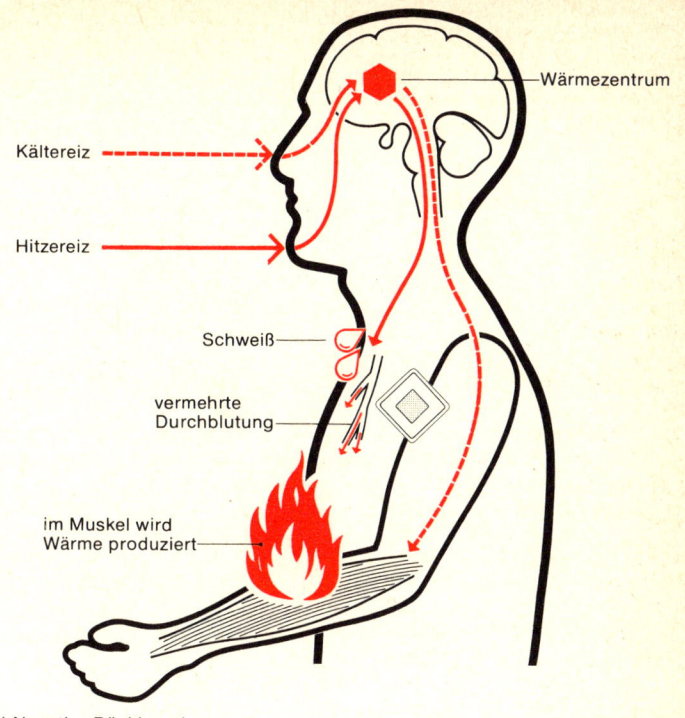

Abb. 1 Negative Rückkopplung

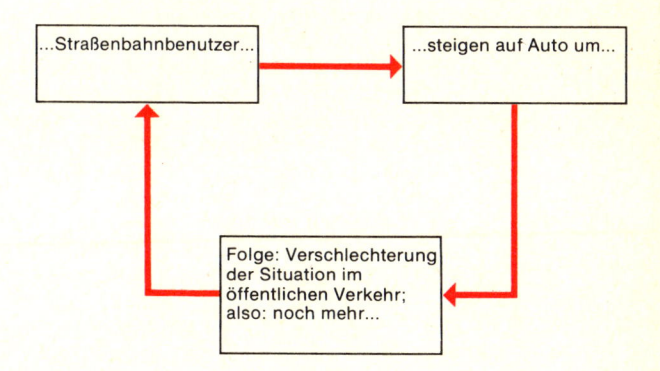

Abb. 2 Beispiel für eine positive Rückkopplung

Verzögerungsfaktoren in ökologischen Prozessen – DDT

Eine wesentliche Erscheinung vieler ökologischer Prozesse sind Verzögerungen der Art, daß sich manche Eingriffe in die Natur oft erst nach einer gewissen Zeit, manchmal erst nach Jahren oder Jahrzehnten auswirken, so daß die schädlichen Folgen nicht mehr rückgängig gemacht werden können.

Im Jahr 1940 wurde von einem Schweizer Wissenschaftler entdeckt, daß der chemische Stoff *DDT* mit großem Erfolg als Schädlingsbekämpfungsmittel eingesetzt werden kann. Kurze Zeit später setzte eine Massenproduktion dieses Stoffes ein. Die Anwendung von DDT in der Land- und Forstwirtschaft und bei der Malariabekämpfung stieg in der Folge stark an und lag im Jahr 1970 bei rund 160 000 t jährlich. Erst in den 60er Jahren wurden wissenschaftliche Untersuchungen bekannt, die das vorher viel gepriesene DDT als schweres Umweltgift offenbarten. Die ersten Veröffentlichungen wurden kaum beachtet. Es dauerte weitere 10 Jahre, bis sich die Erkenntnis allgemein durchsetzte, daß durch die Verwendung des sehr resistenten, in der Natur kaum abbaubaren DDT viele Ökosysteme der Erde stark geschädigt werden. Die höchste Anreicherung von DDT im Erdboden zeigt sich erst etwa 1–2 Jahre nach der Anwendung. Dies hängt damit zusammen, daß ein Großteil des DDT beim Versprühen nicht sofort auf den Erdboden gelangt, sondern zunächst vom Wind verweht und erst später vom Regen aus der Luft auf die Erde ausgewaschen wird. Ein beträchtlicher Teil des DDT gelangt über die Luft oder über die Flüsse ins Meer. Dort reichert sich DDT in Nahrungsketten stark an und gelangt dadurch schließlich in Fische, die vom Menschen verzehrt werden.

Selbst wenn heute weltweit der Verbrauch von DDT stark eingeschränkt würde, würde die Vergiftung der Fische durch DDT noch rund 11 Jahre weiter ansteigen und erst nach weiteren 11 Jahren auf den heutigen Stand reduziert werden. Insgesamt besteht in diesem Fall also eine Verzögerungszeit von 22 Jahren.

Ähnliche Gefahren gehen von vielen anderen langlebigen Giften aus, die durch den Menschen in die Umwelt freigesetzt werden: Quecksilber, Blei, Cadmium, außer DDT noch andere Schädlingsbekämpfungsmittel, chlorierte Kohlenwasserstoffe, radioaktive Substanzen. So können z. B. Krebs und Leukämie als Folge einer radioaktiven Bestrahlung nach einer Latenzzeit von 15–20 Jahren auftreten. Genetische Schäden durch radioaktive Strahlung manifestieren sich oft erst nach Generationen. Leider wird eine solche der normalen menschlichen Denkgewohnheit nicht leicht zugängliche Verzögerung zwischen Ursache und Wirkung in der Umweltdiskussion, besonders bei komplexeren Problemen, noch nicht ausreichend beachtet.

DDT
langlebiger
Schadtstoff
(Pestizid)

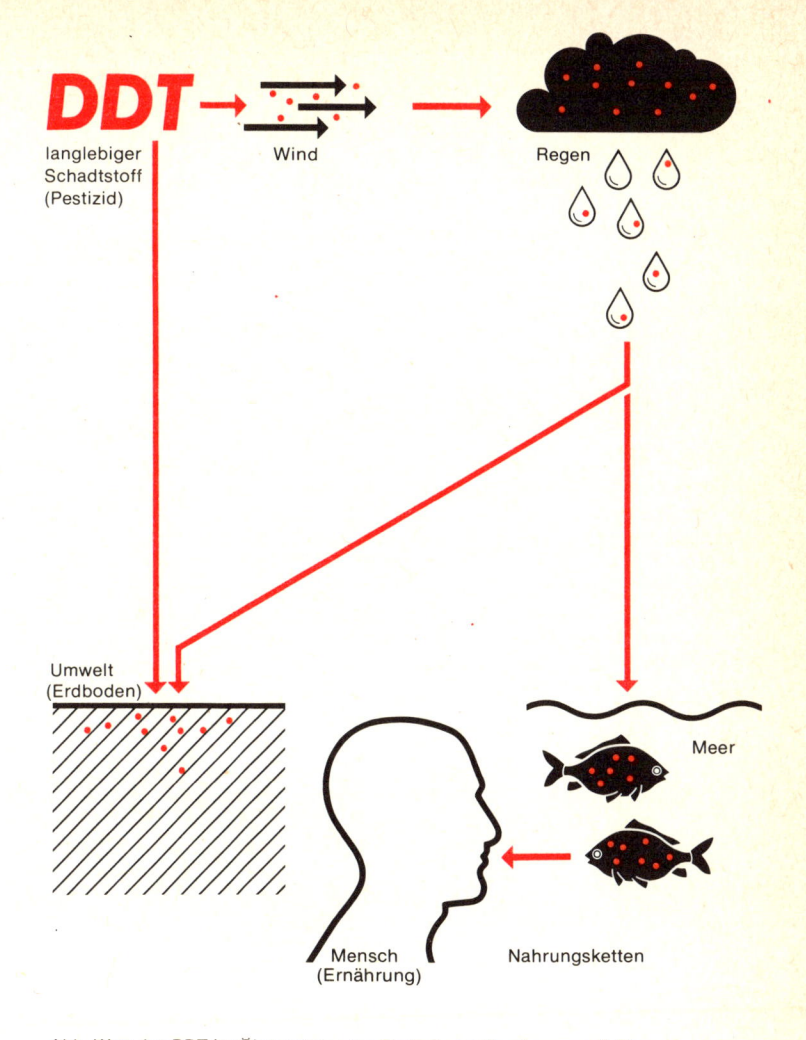

Wind

Regen

Umwelt
(Erdboden)

Meer

Mensch
(Ernährung)

Nahrungsketten

Abb. Weg des DDT im Ökosystem; der Einfluß von Verzögerungsfaktoren

Wachstumsgrenzen

Unbegrenztes Wachstum kann der Planet Erde mit seinem begrenzten Flächenangebot mit Sicherheit nicht tragen. Für jede Population gibt es im Sinne des ökologischen Gleichgewichts ein *Wachstumsoptimum*, bestimmt durch ihren Nahrungs- und Raumbedarf einerseits und das natürliche Angebot an diesen Lebensqualitäten andererseits. Nur für den Menschen schien diese Regel in der Vergangenheit nicht zuzutreffen; er konnte einengende räumliche Grenzen überwinden. „Neuen Lebensraum zu erobern" konnte noch in der ersten Hälfte dieses Jahrhunderts als ernsthaftes bevölkerungspolitisches Vorhaben diskutiert werden. Daneben erschienen mit Hilfe der industriellen Produktion alle natürlichen begrenzenden Faktoren besiegbar. Nahrungsmangel, Krankheit und Tod wurden nicht als biologische Barrieren angesehen, sondern als Probleme, die bewältigt werden konnten. Die *Population des Menschen* stand im Gegensatz zu allen anderen unter dem Gesetz des *unaufhaltsamen Fortschritts*.

Es ist wichtig einzusehen, daß es auch für die Menschheit „Wachstumsgrenzen" gibt, deren Überschreitung nicht möglich ist, deren gewaltsame Überwindung vielmehr zu einer globalen Katastrophe führen muß. Soweit dies z. B. für die explosive *Vermehrung der Weltbevölkerung* gilt (s. auch S. 526), erscheint das auch leicht einsehbar. Daß aber auch die *industrielle Produktion* auf unüberschreitbare Grenzen stößt, ist dagegen längst noch nicht Gemeingut der für unsere Zukunft Verantwortlichen, geschweige der Öffentlichkeit, geworden. Die Existenz derartiger Grenzen für die Industrieproduktion wird sogar vielfach bestritten.

Gewöhnlich wird argumentiert, daß die *Rohstoffvorräte der Erde* zwar endlich und auch nicht regenerierbar seien, daß sie aber zum gegenwärtigen Zeitpunkt erst zu einem Bruchteil prospektiert sind und abgebaut werden und daß über die noch unentdeckten Schätze niemand Voraussagen machen könne. Außerdem könnten Rohstoffe, die zur Mangelware werden, jederzeit durch neue Stoffe ersetzt werden, von denen wir jetzt noch nichts wissen. Mit der Nutzung der Kernenergie (s. S. 492ff.) seien auch die *Energievorräte der Erde* potentiell unerschöpflich. Wertvolle chemische Energieträger wie Erdöl (s. S. 116) und Kohle (s. S. 114) könnten durch die Kernenergie ersetzt und somit als Rohstoffe für die chemische Produktion frei werden, mit deren Hilfe kostbar gewordene Materialien eingespart werden könnten. Wachstumsgrenzen aller Art seien auf jeden Fall technisch überwindbar, und Anlaß zu Beunruhigung oder gar Weltuntergangserwartungen bestehe für die nahe Zukunft nicht.

Diese Fragen sind im einzelnen Gegenstand der sog. Meadows-Studie (s. S. 518ff.) und ihrer Kritik.

Grundsätzlich können für singuläre Probleme singuläre Lösungen gefunden werden. Dadurch werden aber, wie die verschiedenen Hochrechnungen der Meadows-Studie zeigen, die Schwerpunkte nur verlagert und eventuelle katastrophale Entwicklungen zeitlich verschoben (und damit in ihrem Ausmaß vergrößert). Nimmt man z. B. an, daß die Rohstoffvorräte um ein Vielfaches umfangreicher sind, als es nach den bisherigen Schätzungen der Fall ist, so wird, läßt man das zusätzliche Problem einer mutmaßlich schwierigeren und kostspieligeren Ausbeutung als bei den gegenwärtig bekannten Rohstoffen außer Betracht, eine *akute Rohstoffverknappung* erst zu einem viel späteren Zeitpunkt eintreten als bisher angenommen. Der exponentielle Zuwachs der Umweltverschmutzung aber – die wirtschaftlich wertvollen Rohstoffe sind in ihrer überwiegenden Mehrheit ja nach erfolgter Konsumption (z. B. Kohle, Erdöl usw. nach dem Verbrennen) Belastungsstoffe für die Umwelt – würde dafür den Zeitpunkt der katastrophalen „Überschmutzung" der Erde vorverlegen. Die *akute Bedrohung* ginge somit nicht mehr vom Rohstoffmangel, sondern von der *überhandnehmenden Umweltverschmutzung* aus.

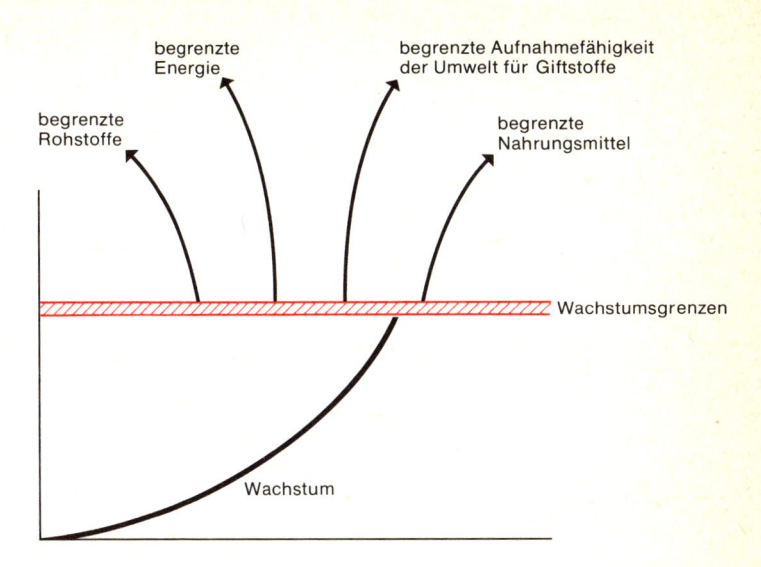

Abb. 1 Natürliche Wachstumsgrenzen

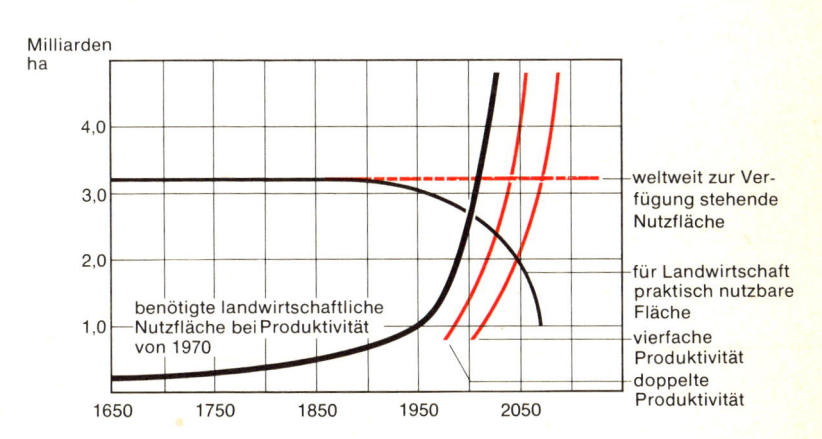

Abb. 2 Landwirtschaftliche Nutzflächen im Verhältnis zum Bevölkerungswachstum (Quelle: FAO)

Die *Wachstumstendenzen* haben in der Tat überall, vornehmlich aber auf industriellem und sozioökonomischem Gebiet, *bedrohliche Kulminationspunkte* erreicht, die die Ideologie vom potentiell unendlichen Fortschritt der Menschheit widerlegen und das Vorhandensein von Wachstumsgrenzen implizieren, die der Mensch um seines Fortbestandes willen achten sollte. Denn wo Wachstum außer Kontrolle gerät, wurde zweifellos eine natürliche Grenze überschritten.

Die klassischen Symptome hierfür lassen sich aber überall in Wirtschaft und Gesellschaft erkennen: Entartung marktwirtschaftlicher Prinzipien zu Monopolstrukturen, schleichende Vergiftung mit langlebigen Pestiziden und radioaktiven Spaltprodukten, Überfluß- und Wegwerfproduktion, eskalierende Kriminalität, zunehmende soziale Desintegration usw. sind nur scheinbar strukturell vom Grundgesetz der freien Marktwirtschaft, der Abhängigkeit der Prosperität vom Zuwachsratenmechanismus, unterschieden. In allen Bereichen gilt, daß Wachstum, das seine Grenzen überschreitet, Mißwachstum wird.

Eine nüchterne Bestandsaufnahme der heute verfügbaren Rohstoffe zeugt keineswegs für eine Überflußsituation: Bleibt der Verbrauch (bzw. die Vergeudung) der Industrieländer auf der gegenwärtigen Höhe, so reichen die *Kupfer-* und *Bleivorräte* noch für 21 Jahre, die *Zinnvorräte* für 15 Jahre, die *Quecksilber-* und *Silbervorräte* noch für 13 Jahre aus, ohne daß Alternativen (Ersatzstoffe) oder Wiedergewinnungsverfahren bislang in Aussicht stehen. Lassen sich vielleicht Zinn und Kupfer durch Kunststoffe ersetzen (die es freilich auch noch nicht gibt), so ist die *Photo-* und *Filmindustrie*, auf die 25 % des Weltsilberverbrauchs entfallen, unbedingt auf die *Silberproduktion* angewiesen und gerät mit der sich abzeichnenden Silberverknappung in eine Existenzkrise. Die Rückgewinnung von Silber aus verbrauchten Fixierbädern wird aber nach wie vor nur ungenügend durchgeführt.

Geht man davon aus, daß pro Kopf der Weltbevölkerung mindestens 0,4 ha Anbaufläche notwendig sind, um die Ernährung der Menschen zu sichern, und weiterhin 0,08 ha pro Kopf als nichtbebaubarer „Bewegungsspielraum" (Wohn-, Straßen-, Flugplatz-, Industrieanlagen-, Abfallfläche) benötigt werden, so wird deutlich, daß bei Anhalten der gegenwärtigen Bevölkerungsentwicklung schon vor dem Jahr 2000 eine hoffnungslose *Landknappheit* eintreten muß, selbst wenn alles potentiell bebaubare Land auf der Erdoberfläche landwirtschaftlich genutzt würde. Hier wird besonders die Eigentümlichkeit exponentieller Prozesse (s. auch S. 508) sichtbar: daß der Umschlag, das Überschreiten einer Grenze unversehens kommt, daß über Nacht aus Überfluß schärfster Mangel wird.

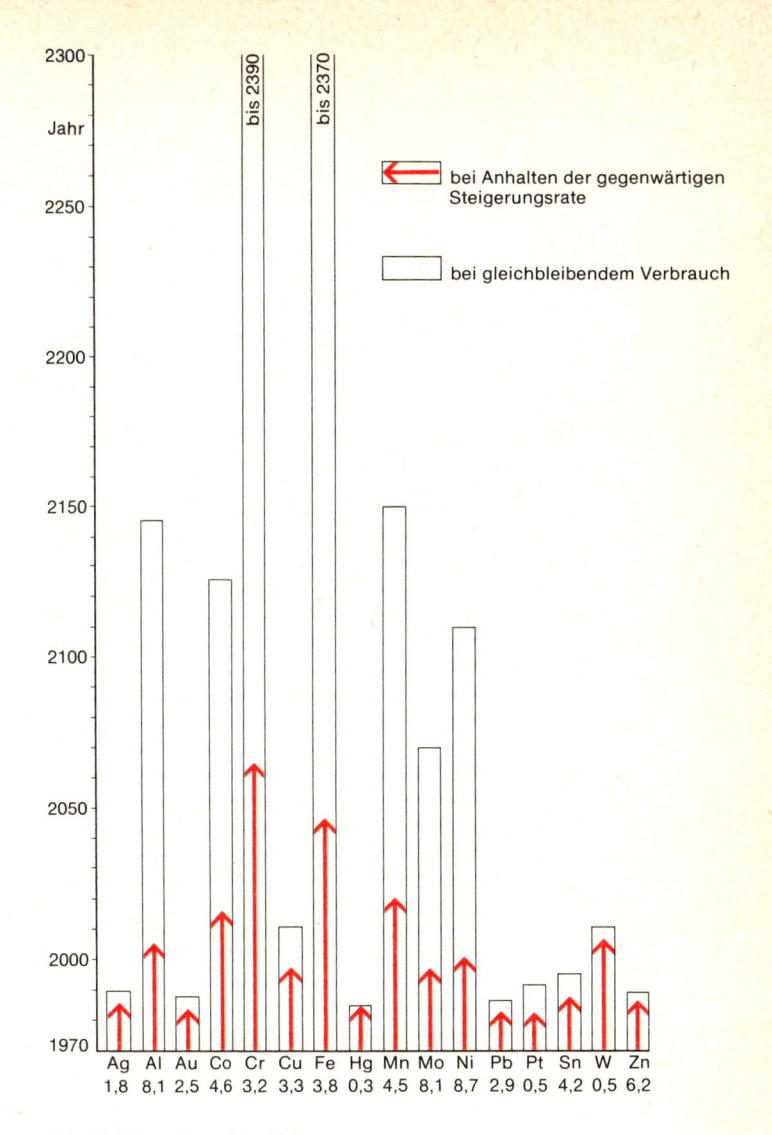

Abb. Metallvorräte auf der Erde
(modifiziert nach Goldsmith)

Die Studie „Grenzen des Wachstums"

In der im Jahr 1972 veröffentlichten wissenschaftlichen Studie „Grenzen des Wachstums", die eine weltweite lebhafte Diskussion auslöste, werden zum ersten Mal in der Geschichte der industriellen Entwicklung der zivilisierten Welt die Hauptziele der Zivilisation „Wachstum" und „Fortschritt" mit wissenschaftlichen Methoden ernsthaft in Frage gestellt. Die Studie wurde von einem Team internationaler Wissenschaftler am Massachusetts Institut of Technology unter Leitung von D. Meadows auf Anregung des Club of Rome durchgeführt.

Der Studie liegt ein umfangreiches Weltmodell zugrunde, in dem die verschiedenen für das Überleben der Menschheit relevanten, naturwissenschaftlich faßbaren Faktoren berücksichtigt und in ihren Wechselbeziehungen dargestellt sind. Dieses Modell enthält vor allem fünf Grundvariablen: Bevölkerungszahl, Wirtschaftswachstum, Rohstoffe, Nahrungsmittel und Umweltverschmutzung. Die zu untersuchenden Kardinalfragen lassen sich wie folgt zusammenfassen: Wie wird sich das Weltsystem verhalten, wenn sich das Wachstum von Bevölkerung und Wirtschaft den maximalen Grenzen nähert? Wie lange kann das Wachstum beibehalten werden, und was sind die Folgen des heute angestrebten Wachstums? Welches Bild wird die Erde bieten, wenn es kein Wachstum mehr gibt?

Um diese Fragen beantworten zu können, wurden mit dem Computer verschiedene Möglichkeiten durchgerechnet, die sich voneinander durch unterschiedliche Hypothesen über das Wachstum und die Rahmenbedingungen des Wachstums wie Rohstoffvorräte, Umweltverschmutzung usw. unterschieden. Der untersuchte Zeitraum lag jeweils zwischen den Jahren 1900 und 2100. Zunächst untersuchte man, welches die Folgen sein würden für den Fall, daß das sich heute abzeichnende Wachstum der Erdbevölkerung und der Industrie ungehindert weitergeht. Das Ergebnis der Untersuchung besagt, daß die Entwicklung eindeutig dahin tendiert, daß das System die Wachstumsgrenzen überschreitet und dann zusammenbricht (Abb.). Der Zusammenbruch resultiere aus der Erschöpfung der begrenzten Rohstoffvorräte, die durch das enorme Wirtschaftswachstum bis zum Jahr 2020 auf ein Minimum abgebaut seien. Die dadurch bedingte Wachstumskatastrophe im wirtschaftlichen Bereich werde auch die bis dahin total von der Industrie abhängige Landwirtschaft mitreißen. Letztlich sei eine Wachstumskatastrophe der Bevölkerung mit dem Tod einiger Milliarden Menschen bis zum Jahr 2100 unabwendbar.

In einem zweiten angenommenen Verlaufsfall wurde untersucht, ob der Zusammenbruch der Wirtschaft durch größere Rohstoffvorräte verhindert werden könne. Man ging dabei von der Hypothese aus, daß die heute bekannten Rohstoffvorräte in Wirklichkeit doppelt so groß seien; alle anderen Größen wurden als unverändert in die Computeranalyse einbezogen. Das Ergebnis war genau so deprimierend: Da sich die Rohstoffvorräte nun viel langsamer erschöpfen, kann die Industrialisierung weiter ansteigen. Die Folge ist eine ins Unermeßliche steigende Vergiftung der Umwelt. Die Wachstumsgrenze liegt also nun nicht mehr in der begrenzten Rohstoffsituation und in einer Einschränkung der Wirtschaft, sondern in der durch die Wirtschaft verursachten Verschmutzung der Umwelt mit langlebigen Schadstoffen. Diese Umweltverschmutzung würde etwa zum selben Zeitpunkt wie im Standardverlauf zu einer Wachstumskatastrophe in der Bevölkerung führen, bei der die Zahl der Toten noch um einiges größer wäre als im Standardfall.

Noch schlimmer war das Ergebnis bei der hypothetischen Ansetzung unbegrenzter Rohstoffvorräte. Für diesen dritten angenommenen Verlaufsfall ging man davon aus, daß mit Hilfe der Kernenergie die vorhandenen Vorräte an Rohstoffen doppelt so gut ausgenutzt werden könnten und daß – ebenfalls mit Hilfe der Kernenergie – die Wiederverwendung und Ersetzung der Rohstoffe möglich würde. Auch für diesen Fall errechnete der Computer eine Wachstumskatastrophe durch Umwelt-

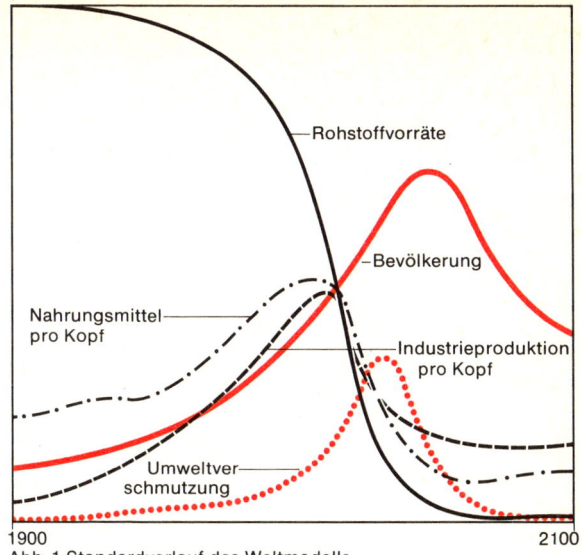

Abb. 1 Standardverlauf des Weltmodells

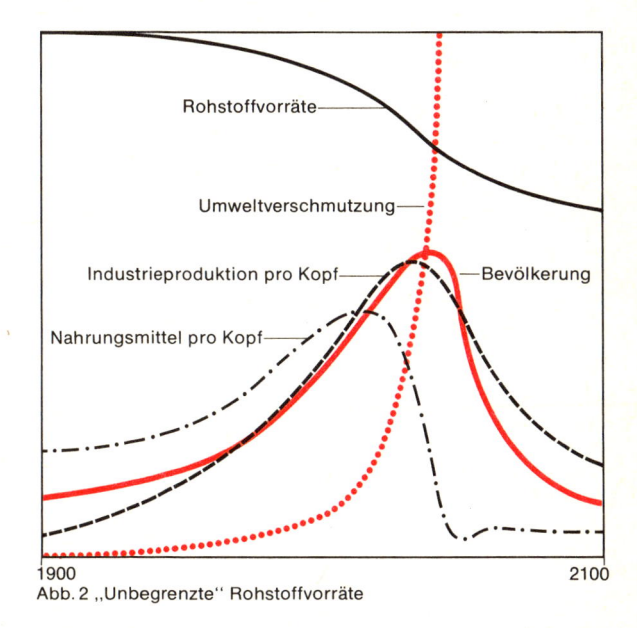

Abb. 2 „Unbegrenzte" Rohstoffvorräte

nach Meadows

verschmutzung mit einem Absinken der Bevölkerungszahl auf einen Wert unter den des Jahres 1900.

Unter der Voraussetzung, daß all diese Computersimulationen richtig seien, würde also − selbst bei unbegrenzten Rohstoffvorräten, starker Bekämpfung der Umweltverschmutzung (Reduktion der Schadstofferzeugung auf 1/4 des Wertes von 1970 bei gleichzeitigem Anwachsen der Industrieproduktion), erhöhter landwirtschaftlicher Produktion und einer perfekten Geburtenkontrolle − die Wachstumskatastrophe bei anhaltendem Wachstum nur bis kurz vor das Jahr 2100 hinausgezögert werden können.

In einer zusätzlichen Reihe von Computerdurchläufen wurde nun untersucht, was man zur Verhinderung dieser Katastrophen tun könne. Als Untersuchungsbasis diente die Hypothese, daß anstelle des Wachstums eine Stabilisierung im Bereich des Rohstoffverbrauchs, der Industrieproduktion, der Bevölkerungszahl usw. erfolgte. Eine Wachstumskatastrophe kann nach dem Ergebnis der Computeranalyse nur für den Fall verhindert werden, daß sowohl Bevölkerungswachstum als auch Wirtschaftswachstum so schnell als möglich in einen Gleichgewichtszustand übergeführt würden. Darüber hinaus müßten folgende zusätzliche Voraussetzungen schnellstmöglich erfüllt werden: Recycling des Abfalls, d. h. Wiederverwendung des Mülls und dadurch Reduktion der Umweltverschmutzung und Einsparung von Rohstoffen; Verhinderung des Freiwerdens langlebiger Gifte; technische Verbesserung von Industriegütern, um deren Nutzungsdauer zu erhöhen und die Reparaturanfälligkeit zu vermindern; Nutzung der Sonnenstrahlung und anderer regenerativer Naturkräfte als Energiequelle; Anwendung biologischer Methoden in der Schädlingsbekämpfung und in der Düngung des Bodens, um eine weitere Verschlechterung und Zerstörung der Böden und Vergiftung der Nahrungsmittel zu vermeiden; optimale Anwendung der Empfängnisverhütung; Reduzierung des Verbrauchs natürlicher Rohstoffe ab 1975 auf 1/4 des Wertes von 1970, um Mangelerscheinungen an nicht regenerierbaren Rohstoffen zu verhindern; Verbesserungen und Wachstum in Bereichen wie Erziehung und Gesundheitswesen, Bildung, Freizeitgestaltung, Erholung, im sozialen Bereich und in der Kommunikation. Wenn diese Voraussetzungen erfüllt seien, könnten nach den Untersuchungen der Meadows-Studie Wachstumskatastrophen in der absehbaren Zukunft verhindert werden. Die Bevölkerungszahl würde zwar bis etwa zum Jahr 2030 noch weiter ansteigen, sich danach jedoch stabilisieren. Ähnliches gelte für die Industrieproduktion.

Da weder die Güter noch das Wirtschaftsvolumen auf dieser Erde gleichmäßig über die einzelnen Länder verteilt sind, können die Konsequenzen dieser Studie nicht für alle Länder in gleicher Weise gelten. So gesehen, bedeutet z. B. die Forderung nach Überführung des Wirtschaftswachstums in einen Gleichgewichtszustand, daß die Industrienationen ihren heutigen Lebensstandard senken müßten, damit die Länder der dritten Welt die Chance erhalten, durch anhaltendes wirtschaftliches Wachstum ihren Lebensstandard zu verbessern.

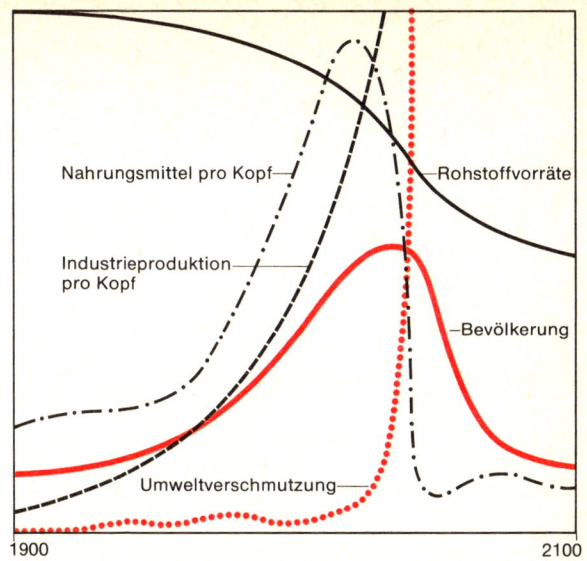

Abb. 1 „Unbegrenzte" Rohstoffvorräte, erhöhte industrielle und landwirtschaftliche Produktivität

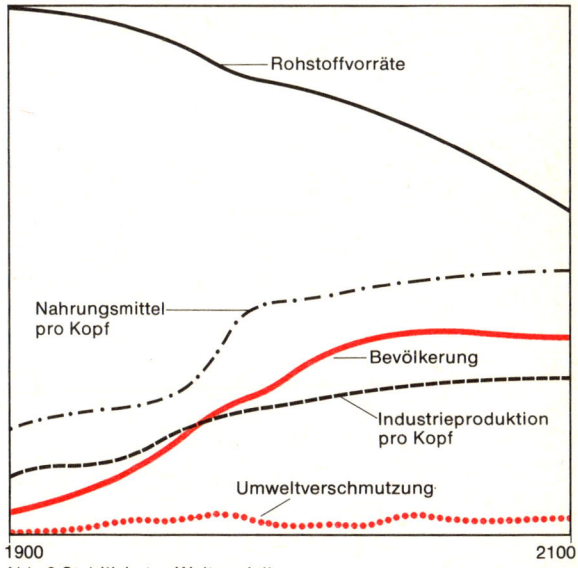

Abb. 2 Stabilisiertes Weltmodell

nach Meadows

Die Ausrottung der Wale – ein Beispiel für die Überschreitung von Wachstumsgrenzen

In einzelnen Bereichen der industriellen Wirtschaft sind schon heute die katastrophalen ökonomischen Folgen eingetreten, die der Weltbevölkerung und der Weltwirtschaft für die nahe Zukunft drohen, sofern die natürlichen Grenzen des Wachstums nicht eingehalten werden. Ein illustratives Beispiel hierfür ist der Zusammenbruch der Walfangindustrie als Folge der Ausrottung ihres Substrats, der Wale.

Walfang wird seit frühgeschichtlichen Zeiten betrieben (schon vor 1 000 v. Chr. in Alaska). Haupterzeugnis des Walfangs ist das Walöl (Tran); daneben werden Walrat (Ambra, zur Parfümherstellung), Barten (Fischbein) und neuerdings Walfleisch (zur menschlichen Ernährung) verwertet. Fangobjekte waren bis zum Beginn der Neuzeit vornehmlich *Glattwale* und *Pottwale.* Seit den 60er Jahren des vorigen Jahrhunderts (Einführung der Harpunenkanone) werden die größeren und schnelleren *Furchenwale,* hauptsächlich der *Blauwal,* gefangen, während der Fang der kleineren Walarten um die Jahrhundertwende vom 19. zum 20. Jahrhundert praktisch eingestellt wurde.

Solange der Walfang von Küstenstationen und relativ kleinen Fangflotten betrieben wurde, blieben die Fangerträge so gering, daß der Bestand an Walen nicht ernsthaft gefährdet wurde. Die natürliche Vermehrungsrate glich den jährlichen Tierverlust aus. Dies änderte sich mit dem Ausbau der Walfangindustrie im 20. Jh., an dem sich immer mehr Länder beteiligten. Immer mehr und noch leistungsfähigere schwimmende Kochereien wurden gebaut, immer stärkere Fangflotten wurden ausgerüstet. Entsprechend stieg die Zahl der erbeuteten Wale von Jahr zu Jahr. Doch damit wurde die ökologische Grenze, die mit der natürlichen Vermehrungsfähigkeit der Wale gesetzt ist, überschritten. Die *Blauwalbestände* in den Weltmeeren *nahmen ab;* dementsprechend sanken die Fangquoten pro Schiff rapide. Durch eine Vergrößerung des technologischen Einsatzes, durch *bessere Aufspür- und Fangtechniken,* gelang es, den Ertrag kurzfristig wieder zu erhöhen. Mittel- und langfristig führten diese Ausbeutungsmethoden jedoch zur *Ausrottung der Wale* und damit zum Absinken der Ertragslage auf den Wert Null.

Diese Entwicklung – sie wird in den nebenstehenden Diagrammen verdeutlicht – fand ihren Höhepunkt in den Jahren nach dem Zweiten Weltkrieg. Während in den 30er Jahren jährlich noch rund 30 000 *Blauwale* gefangen wurden, war bis 1970 die Fangrate auf fast Null abgesunken. Der Blauwal, das größte Säugetier der Erde, war praktisch ausgerottet. Daraufhin wandte sich die Wahlfangindustrie dem zweitgrößten Wal, dem *Finnwal,* zu. Von 1945 bis 1955 stieg die Finnwalfangrate von 2 000 auf 30 000 pro Jahr an. Diese hohe Fangquote konnte etwa sechs Jahre lang aufrechterhalten werden; danach verminderten sich die Erträge auf wenige Tausend im Jahr 1970. Den Finnwal hatte das Schicksal des Blauwals ereilt. Die Industrie mußte sich bereits 1960 auf den drittgrößten Wal, den *Pottwal,* umstellen. Sie erreichte bis 1965 Fangquoten von 25 000 Tieren im Jahr, muß jedoch seitdem von Jahr zu Jahr zunehmende Ertragsminderungen hinnehmen.

Gegenwärtig muß wie im Mittelalter wieder auf den Fang von *Kleinwalen* zurückgegriffen werden, den man wegen seiner Unrentabilität eingestellt hatte. Um diese Unrentabilität zu kompensieren, muß der heutige fangtechnische Aufwand noch bedeutend gesteigert werden, was bedeutet, daß die Ausrottung noch vollkommener und in noch kürzeren Zeiträumen erreicht werden wird. Dennoch ist der Ruin dieses Industriezweigs besiegelt. In der Fangsaison 1971/72 waren nur noch Japan und die Sowjetunion im Walfang tätig; die übrigen Länder haben ihn wegen Unwirtschaftlichkeit aufgegeben.

Walfang in tausend Stück

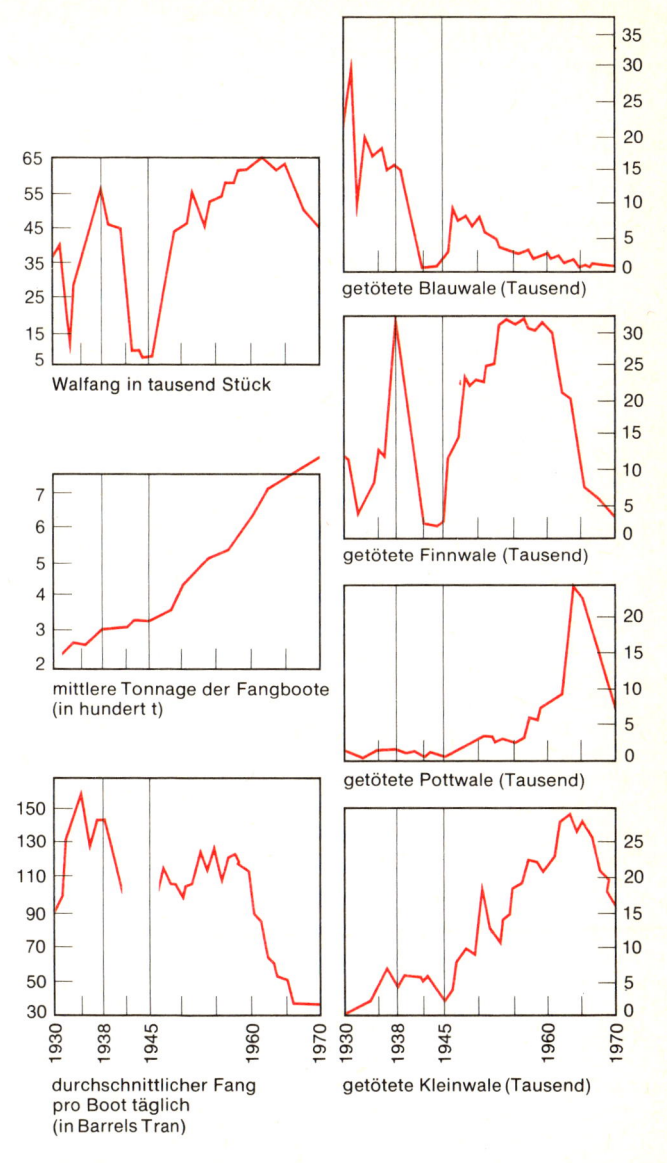

mittlere Tonnage der Fangboote
(in hundert t)

durchschnittlicher Fang
pro Boot täglich
(in Barrels Tran)

getötete Blauwale (Tausend)

getötete Finnwale (Tausend)

getötete Pottwale (Tausend)

getötete Kleinwale (Tausend)

Abb. Walfang zwischen 1930 und 1970 (modifiziert nach Meadows)

Bevölkerungswachstum – regionalisiertes Weltmodell

Nachdem die Meadows-Studie „Grenzen des Wachstums" (s. S. 518) weltweite Aufmerksamkeit erregt und lebhafte Diskussionen ausgelöst hatte, wurde im Jahre 1974 unter dem Titel „Menschheit am Wendepunkt" ein weiteres Weltmodell des Club of Rome veröffentlicht, das als Beitrag zur Erkennung und Lösung der Wachstumsprobleme von rund 50 namhaften Wissenschaftlern aus verschiedenen Ländern erarbeitet wurde. Diese Studie wird auch als „regionalisiertes Weltmodell" bezeichnet, da in ihr, im Gegensatz zur Meadows-Studie, die Erde nicht als einheitliches Gebilde betrachtet wird, sondern die 5 Faktoren „Rohstoffe", „Nahrungsmittel", „Bevölkerung", „Umweltverschmutzung" und „Industrieproduktion" für 10 verschiedene Weltregionen getrennt untersucht werden.

Für die Untersuchung der *Probleme des Bevölkerungswachstums* wurden die 10 Regionen auf die beiden Bereiche „Nord" und „Süd" der Erde aufgeteilt, da man davon ausgehen konnte, daß die Hauptprobleme des Bevölkerungswachstums vermutlich in erster Linie in den südlichen Ländern in Erscheinung treten werden.

Zunächst wurde ein Standardcomputerdurchlauf durchgeführt, dem die heutigen Geburten- und Sterberaten dieser Länder zugrunde gelegt wurden. Dabei ergab sich, daß in der Region „Süd" am Ende des 20. Jahrhunderts insgesamt mehr, weitere 25 Jahre später sogar dreimal mehr Menschen leben werden, als heute auf der gesamten Erde leben. Eine längerfristige Zukunftsprognose ermittelte dann derart hohe Zahlen, daß anzunehmen ist, daß eine solche Entwicklung zwangsläufig entweder durch freiwillige Geburtenbeschränkung oder durch eine ökologisch bedingte Erhöhung der Sterberate verhindert würde.

In einem zweiten Computerdurchlauf wurde untersucht, wie die Entwicklung verlaufen würde, wenn rechtzeitig Gegenmaßnahmen gegen die drohende Wachstumskatastrophe eingeleitet würden. Man ging dabei von der Hypothese aus, daß es ab 1975 durch wirksame bevölkerungspolitische Maßnahmen gelänge, in der gesamten Region „Süd" die Geburtenraten mit den Sterberaten innerhalb von 35 Jahren auf einen Gleichgewichtszustand zu bringen und danach zu stabilisieren. Das überraschende Ergebnis dieser Computerauswertung war, daß ein Gleichgewicht der Bevölkerungszahlen erst 75 Jahre nach dem Einsetzen einer wirksamen Bevölkerungspolitik erreicht würde, d. h., daß die Bevölkerungszunahme erst 40 Jahre nach Erreichen eines Gleichgewichtszustandes zwischen Geburts- und Sterberaten zum Stillstand kommt.

In zwei weiteren Computerdurchläufen wurden die möglichen Auswirkungen einer weiteren Verzögerung wirksamer bevölkerungspolitischer Maßnahmen durchgespielt. Dabei wurde unter sonst gleichen Voraussetzungen wie in den beiden anderen Durchläufen der Zeitpunkt für den Beginn der Maßnahmen im einen Fall auf das Jahr 1985, im anderen auf das Jahr 1995 verschoben. Das Ergebnis dieser Durchläufe ist beunruhigend: Bei Verzögerung der Maßnahmen um 10 Jahre wird die Bevölkerungszahl im Bereich „Süd" um 1,7 Milliarden Menschen auf etwa 8 Milliarden Menschen, bei einer Verzögerung von 20 Jahren um weitere 3,7 Milliarden Menschen auf insgesamt 10 Milliarden Menschen anwachsen.

Schließlich versuchte man in zwei Computerdurchläufen eine Relation zwischen der zuletzt geschilderten Bevölkerungssituation und möglichen Wachstumskatastrophen zu finden, d. h. auf die Zahl der an Hunger u. dgl. sterbenden Menschen zu schließen. Im ersten Durchlauf setzte man für 1990, im zweiten für 1995 das Wirksamwerden drastischer bevölkerungspolitischer Maßnahmen an. Die Hochrechnung auf die wahrscheinliche Zahl der Todesfälle (bei Kindern) besagt, daß bereits bei einer Verzögerung von 5 Jahren (1995 statt 1990) bis zum Jahr 2025 rund 170 Millionen Kinder im Alter bis 15 Jahren den Hungertod erleiden müssen.

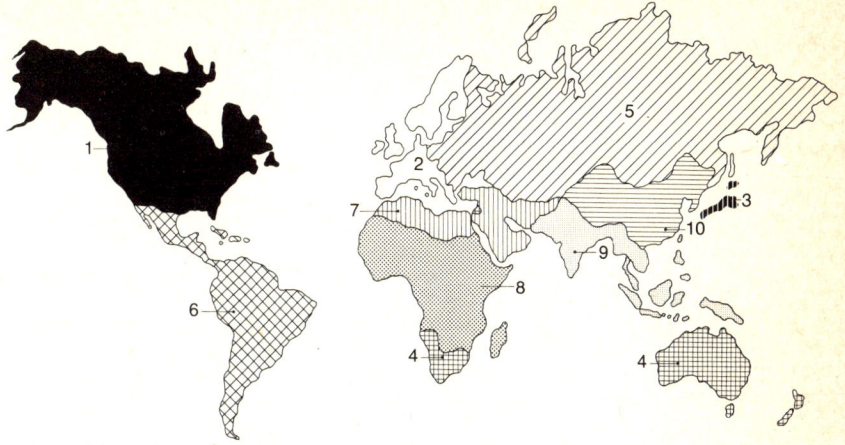

Abb. 1 Die 10 Regionen des verbesserten Weltmodells

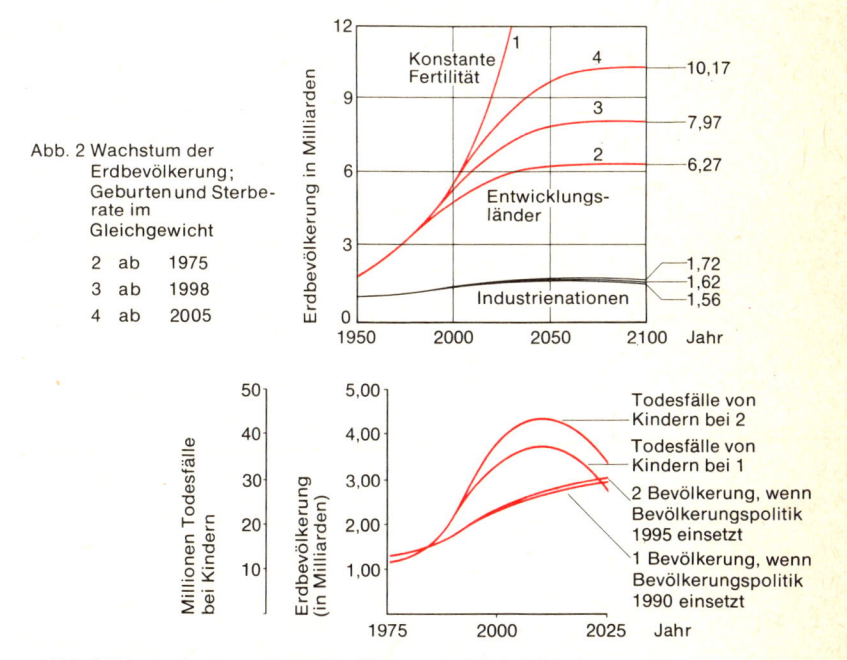

Abb. 2 Wachstum der Erdbevölkerung; Geburten und Sterberate im Gleichgewicht

2 ab 1975
3 ab 1998
4 ab 2005

Abb. 3 Folgen einer verspäteten Bevölkerungspolitik in Südasien
Quelle: „Menschheit am Wendepunkt", 1974

Das Wachstum der Erdbevölkerung

In natürlichen Ökosystemen wird die Zahl der Individuen einer Tierart durch einen negativ rückgekoppelten Regelkreis konstant gehalten. Dies war auch bis vor kurzem in der Geschichte der Menschheit so. Die *Individuenzahl einer Population* bleibt dann konstant, wenn die Geburtenrate gleich der Sterberate ist. In der Natur kommt es manchmal vor, daß dieser Regelkreis durchbrochen wird, indem entweder die Geburtenrate stark ansteigt oder die Sterberate ungewöhnlich stark absinkt. Dies führt dann zu einem starken Wachstum der Population, bis eine *Wachstumsgrenze* (z. B. durch vermindertes Nahrungs- oder Flächenangebot oder sozialen Streß) erreicht ist. Dann kommt es in Form einer *Wachstumskatastrophe* zum Umkippen des Vorgangs.

Um 1650 gab es etwa 500 Millionen Menschen auf der Erde; die *Wachstumsrate* betrug damals etwa 0,3% jährlich. Dies entsprach einer Verdopplungszeit von rund 250 Jahren. 1970 jedoch betrug die Weltbevölkerung etwa 3,6 Milliarden bei einer Wachstumsrate von 2,1% und einer Verdopplungszeit von nur mehr 33 Jahren. Wir sehen daraus, daß nicht nur die Weltbevölkerung stark angestiegen ist, sondern daß sich auch die Wachstumsrate vergrößert hat. Die Ursache dafür liegt in einer Abnahme der Sterberate, die nicht durch eine entsprechende Abnahme der Geburtenrate ausgeglichen wurde.

Die Völker der Vergangenheit hatten sowohl eine *hohe Geburtenrate* als auch eine *hohe Sterberate,* so daß die Bevölkerungszahl innerhalb langer Zeiträume konstant war bzw. nur geringfügig anstieg. Das durchschnittliche Lebensalter betrug um 1650 fast überall in der Welt rund 30 Jahre (bedingt vor allem durch eine hohe Säuglings- und Kindersterblichkeit). Mit der Weiterentwicklung der Medizin und der Verbesserung der Hygiene und mit der Einführung eines öffentlichen Gesundheitswesens sank die Sterberate stark ab, während die Geburtenrate im Weltdurchschnitt etwa gleich blieb. Dies hat den starken superexponentiellen Anstieg verursacht, der aus der Abb. hervorgeht. Die *durchschnittliche Lebenserwartung* der Weltbevölkerung beträgt heute etwa 53 Jahre und steigt weiter an.

Die *Bevölkerungszahl* hat in erster Linie Auswirkungen auf die Ernährungssituation, den Rohstoffverbrauch, die Umweltverschmutzung und die Psyche des Menschen. Eine Bevölkerungszahl kann als ideal angesehen werden, wenn ihr Fortbestand uneingeschränkt gesichert ist und wenn ferner dem einzelnen wie der Gesellschaft die Möglichkeit gegeben ist, Bedürfnisse optimal zu befriedigen. Eine Reihe von Wissenschaftlern ist der Ansicht, daß die Zahl der Erdbevölkerung bereits über dieser optimalen Höhe liegt. Selbst wenn jedoch heute schon alle Nationen eine gezielte Geburtenplanung vornehmen würden, würde trotzdem durch die Dynamik des Bevölkerungszuwachses die Größe der Erdbevölkerung auch weiterhin noch stark ansteigen. Man hat ausgerechnet, daß selbst dann, wenn für jeden lebenden Menschen nur ein Kind als „Ersatz" geboren würde und die Zweikinderfamilie auf der ganzen Welt bis Ende dieses Jahrhunderts eingeführt werden könnte (ein sehr unwahrscheinliches Ereignis), die Weltbevölkerung dann noch um 60 % auf etwa 5,8 Milliarden Menschen ansteigen würde. Wenn das Gleichgewicht zwischen Geburten- und Sterberaten in den Industrienationen im Jahre 2000 und in den unterentwickelten Gebieten im Jahr 2040 erreicht würde, bliebe dann die Weltbevölkerung auf der Höhe von fast 15,5 Milliarden, dem Vierfachen der heutigen Größe, im darauffolgenden Jahrhundert konstant.

Wir haben es hier (wie in vielen anderen ökologischen Prozessen) mit wichtigen *Verzögerungsfaktoren* zu tun, die in der Normalvorstellung des Menschen nicht kalkuliert werden. In diesem Fall wird die Verzögerung dadurch wirksam, daß es auf Grund des starken Bevölkerungswachstums mehr junge als alte Menschen gibt. Viele junge Menschen heute bedeuten aber viele Eltern und viele Kinder in der Zukunft.

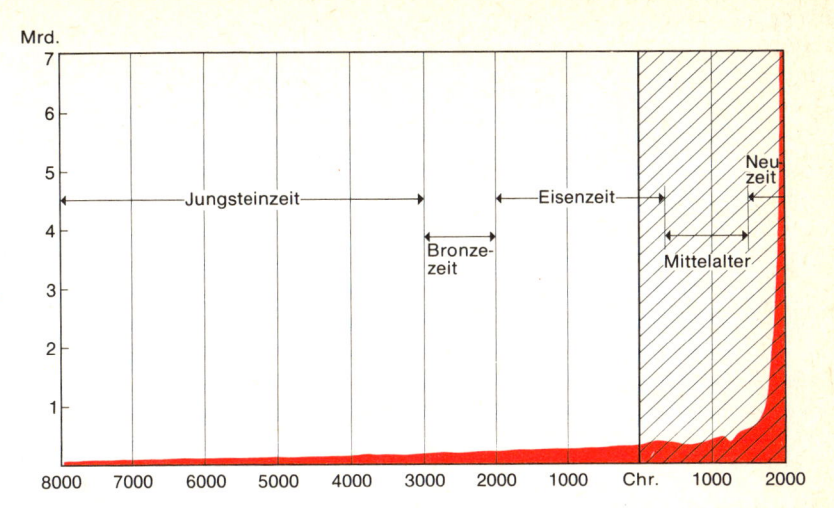

Abb. 1 Wachstum der Erdbevölkerung in zehntausend Jahren (nach Ehrlich & Ehrlich)

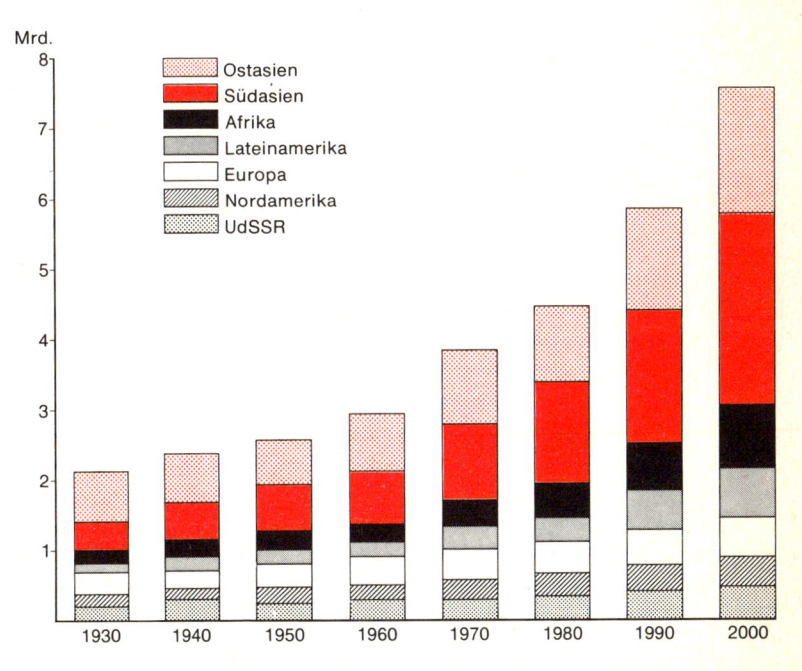

Abb. 2 Wachstum der Erdbevölkerung seit 1930 bis zum Jahr 2000, nach Statistiken der Vereinten Nationen (modifiziert nach Ehrlich & Ehrlich)

Bevölkerungsprobleme in der dritten Welt

Seit etwa dem Ausgang des Mittelalters unterliegt die Bevölkerungsentwicklung derjenigen Völker, die sich in der Einflußsphäre des zivilisatorisch-technischen Fortschritts befinden, einem gesetzmäßigen Mechanismus: Nach einer Periode relativ stabilen Gleichgewichtes bzw. nur geringer Geburtenüberschüsse, in der hohen Geburtenraten entsprechend hohe Sterberaten gegenüberstehen, sinken infolge der Verbesserung der medizinischen und hygienischen Verhältnisse zunächst die Sterberaten, wodurch hohe Geburtenüberschüsse entstehen. Im weiteren Verlauf passen sich jedoch die Geburtenraten den – weiterhin abnehmenden – Sterberaten an.

Auf relativ hohen Zivilisationsstufen spielt sich in der Regel wiederum ein *Gleichgewicht* ein, bei dem die *Bevölkerungszahl* über lange Zeit *stagniert* oder sogar *zurückgeht*. Bestimmende Faktoren hierfür sind der ökonomische und soziale Wandel, die Urbanisation, die Veränderung der Lebensgewohnheiten, die z. B. höhere Aufwendungen für einen angemessenen Lebensstandard des einzelnen erfordern, andererseits die soziale Sicherung der Großfamilie und des Sippenverbandes durch gesellschaftliche Einrichtungen (Sozialversicherung, Altersversorgung) ersetzen und somit die *Kleinfamilie* begünstigen. Erst in jüngster Zeit treten zusätzlich Familienplanung und Geburtenkontrolle in Erscheinung.

Während die westlichen Industrienationen diesen ,,Bevölkerungszyklus" nahezu vollständig durchlaufen haben und im wesentlichen stabilisierte, wenn nicht zurückgehende Bevölkerungszahlen aufweisen, befinden sich die *Länder der dritten Welt* überwiegend in der Anstiegsphase dieses Prozesses. Die Auswirkungen der technologischen Verbesserungen sind erst teilweise eingetreten und kommen in einer *gewaltigen Bevölkerungsvermehrung* zum Ausdruck; stabilisierende Faktoren haben sich jedoch noch nicht herausgebildet.

Obwohl Länder wie die Bundesrepublik seit 1972 keine Geburtenüberschüsse mehr zu verzeichnen haben – bis zum Jahre 1985 ist mit einem Rückgang der deutschen Bevölkerung um 1,8 Millionen zu rechnen –, wird die *Weltbevölkerung* bis zum Jahr 2000 auf über 6,5 Milliarden Menschen *anwachsen* (s. auch S. 526), wobei etwa 5 Milliarden in den weniger entwickelten Regionen der dritten Welt leben werden. Bei dieser ,,Bevölkerungsexplosion" treffen mehrere ungünstige Faktoren zusammen.

Bevölkerungsveränderungen vollziehen sich in der dritten Welt vielfach in anderen Größenordnungen als bei den Industrienationen. Die technologische Entwicklung kann damit nicht Schritt halten. Hunger ist unvermeidlich. Es wird geschätzt, daß jetzt schon in den noch vor wenigen Jahrzehnten ressourcenreichen ,,Kolonien" der westlichen Nationen jährlich 4 Millionen Menschen an Hunger sterben. Da diese technologische Entwicklung ferner nicht autochthon ist, sondern von den westlichen Ländern ,,exportiert" wurde und vornehmlich den Interessen dieser Industrieländer dient, spielen sich die einzelnen Teilschritte nicht zykluskonform ab, was zur *Auflösung der sozialen Strukturen* führt. So stoßen z. B. westliche Arbeits- und Wirtschaftsformen, die an das dritte Wachstumsstadium des Bevölkerungszyklus, d. h. an stagnierende Bevölkerungszahlen und Arbeitskräftemangel, angepaßt und demgemäß kapitalintensiv, arbeitskraftsparend, rationalisiert und automatisiert sind, bei der Übertragung auf die dritte Welt dort auf die zweite Phase des Zyklus, die durch ein Überangebot an Arbeitskräften und von ihnen wirtschaftlich Abhängigen gekennzeichnet ist.

Die *negativen wirtschaftlichen und sozialen Folgen* werden deutlich: Industrieanlagen westlicher Prägung (wie sie durch die Entwicklungshilfe gefördert werden) entziehen in kurzer Zeit allen gleichartigen einheimischen Produktionsanlagen die Existenzgrundlage, weil sie wirtschaftlicher arbeiten. Sie stellen aber weit weniger Arbeitsplätze zur Verfügung als die Vielzahl der alten kleineren Produktionsbetrie-

Nahrungsmittelversorgung

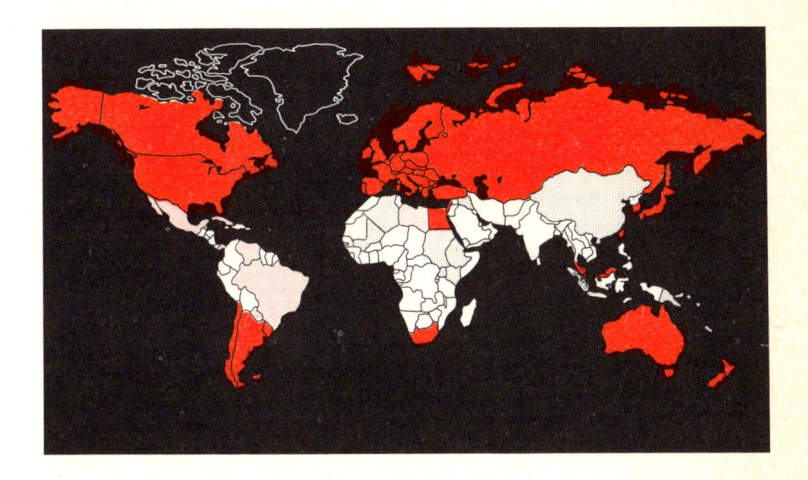

▬ viel Kalorien, viel Eiweiß

▬ viel Kalorien, wenig Eiweiß

▬ zu wenig Kalorien, wenig Eiweiß

▬ wenig Kalorien, zu wenig Eiweiß

Abb. Die Länder der dritten Welt, differenziert nach der Ernährungssituation

be. Während sie also auf der einen Seite zum wirtschaftlichen Wachstum beitragen, begünstigen sie auf der anderen Seite Arbeitslosigkeit, soziale Desintegration und Slumbildung in Ballungszentren.

Auch in der *Landwirtschaft* führt die Anwendung der modernen Technologien (Mechanisierung, Düngung, chemische Unkrautbekämpfung) zur dringend notwendigen Steigerung der Produktion von Nahrungsmitteln; gleichzeitig werden jedoch in erhöhtem Maß Arbeitskräfte freigesetzt. Als Folge der Aufgabe der genossenschaftlichen Produktionsweise zugunsten einer kapitalintensiven Industrieproduktion wird auch das *gesellschaftliche Gefüge* erschüttert. Zwischen Nichtbesitzenden und Besitzenden tut sich eine Kluft auf, wobei die letzteren oft nur an die Stelle der ehemaligen „weißen Herren" getreten sind, die Abhängigkeiten der Bevölkerung aber erhalten geblieben sind.

Im *soziologischen Bereich* ist der *Zerfall der Großfamilie* und des Sippenverbandes bedeutsam, der durch westliche Arbeits- und Produktionsmethoden gefördert wird, wobei die Großfamilie aber nicht durch neue organische soziale Formen abgelöst wird, wie dies in den westlichen Industrienationen seit dem vorigen Jahrhundert der Fall ist. Die *Großfamilie* ist eine soziale Einheit meist bäuerlicher Struktur, die ihren Angehörigen ökonomische Sicherheit und einen bestimmten sozialen Stellenwert gewährleistet. Jedes Mitglied der Großfamilie wird im Fall von Arbeitslosigkeit, Krankheit oder Alter von den übrigen mitversorgt; im Todesfall sind seine Witwe und die Kinder wirtschaftlich gesichert.

Die Großfamilie erlegt dem Mitglied ein *Rangordnungsgefüge* auf, in dem jeder seines Ansehens, gemäß seinem Alter und seiner Lebenserfahrung, seiner Persönlichkeit und Arbeitskraft, gewiß ist, die Arbeitskraft eines jeden möglichst ökonomisch am passenden Ort eingesetzt wird und in dem keiner überflüssig ist. Jeder kann auf die unbedingte Unterstützung aller übrigen Mitglieder hoffen.

Die moderne *technologische Gesellschaft* mußte die starre ökonomische Einheit der Großfamilie, die wirtschaftlichen Veränderungen naturgemäß Widerstand entgegensetzt, auflösen zugunsten kleiner, beweglicherer und manipulierbarer sozialer Einheiten, der *Kernfamilien* bzw. *Kleinfamilien* (Eltern und Kinder). Die größere Zahl ökonomischer Einheiten fördert den Konsum. Die Kleinfamilie ist universeller einsetzbar und wirtschaftlich produktiver als dieselbe Personenzahl im Großfamilienverband, was wiederum zur „Freisetzung" derjenigen führt, die im industriellen Leistungsprozeß nicht oder nicht mehr verwertbar sind, z. B. der Alten und der Kranken.

Die *wirtschaftliche und soziale Sicherung* dieser Personengruppen erfolgt nicht mehr durch die Familienmitglieder, sondern durch anonyme Strukturen (Sozialversicherung, Altersrenten, Krankenversicherung), wie auch *Autoritäts-* und *Abhängigkeitsverhältnisse* zunehmend anonym werden (Gesetzgebung, Ablösung familiärer Bindungen und personeller Treue- und Lehensverpflichtungen durch Arbeitsverträge, Tarifvereinbarungen und beamtenrechtliche Verhältnisse).

Wir haben oben diese soziologischen Veränderungen als bevölkerungsstabilisierenden Faktor beschrieben. Mit dem Abbau der Großfamilie verringert sich die Geburtenzahl, da Kinderreichtum unwesentlich für die Altersversorgung wird.

Auch die westlichen Gesellschaften haben diese Veränderungen durchgemacht. Sie fanden jedoch hier früher und weitgehend zyklusgerecht über einen längeren Zeitraum hinweg und in überschaubarem Rahmen statt, während sie in der dritten Welt plötzlich, überstürzt und zum unangemessenen Entwicklungszeitpunkt eintreten. Somit werden vornehmlich die negativen Aspekte des Leistungssystems wie Leistungsdruck, Abbau der zwischenmenschlichen Kommunikation und Kooperation deutlich. Da die von den Industrieländern geleistete Entwicklungshilfe materiell und ideologisch die gegenwärtigen wirtschaftlichen und sozialen Tendenzen unterstützt und ausweitet, werden die Auswirkungen der Überbevölkerung in der nächsten Zukunft nicht vermindert, sondern eher noch verschärft werden.

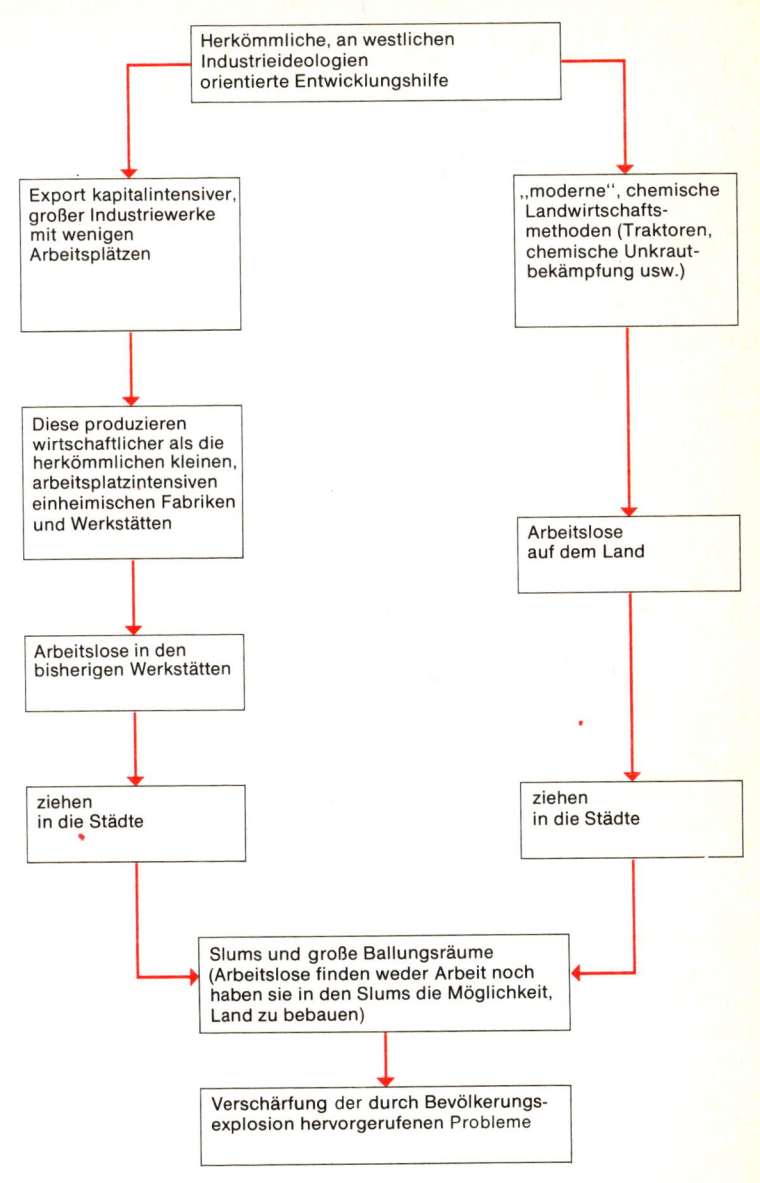

```
┌─────────────────────────────┐
│ Herkömmliche, an westlichen │
│ Industrieideologien         │
│ orientierte Entwicklungshilfe│
└─────────────────────────────┘
```

- Export kapitalintensiver, großer Industriewerke mit wenigen Arbeitsplätzen
- „moderne", chemische Landwirtschaftsmethoden (Traktoren, chemische Unkrautbekämpfung usw.)
- Diese produzieren wirtschaftlicher als die herkömmlichen kleinen, arbeitsplatzintensiven einheimischen Fabriken und Werkstätten
- Arbeitslose auf dem Land
- Arbeitslose in den bisherigen Werkstätten
- ziehen in die Städte
- ziehen in die Städte
- Slums und große Ballungsräume (Arbeitslose finden weder Arbeit noch haben sie in den Slums die Möglichkeit, Land zu bebauen)
- Verschärfung der durch Bevölkerungsexplosion hervorgerufenen Probleme

Abb. Bevölkerungswachstum und soziale Probleme

Die Wachstumskatastrophe New York

Obwohl große Wachstumskatastrophen erst in Zukunft auf die Menschheit zukommen werden, gibt es schon heute Möglichkeiten, begrenzte Wachstumskatastrophen in ihren Ursachen und Auswirkungen zu studieren. Einen erschütternden Studienfall selbstzerstörerischen Wachstums, dessen ursächliche Anfänge zum Teil Jahrzehnte zurückliegen, bietet die Millionenstadt New York. Durch die ungehemmte Ausweitung und ihre Begleitprozesse in der Vergangenheit wurden in New York wesentliche Wachstumsgrenzen ökologischer und sozialer Art überschritten, was direkt oder zeitlich verzögert zur heutigen Situation führte.

Auf Grund der ungeheuren Ballung von Menschen und der auseinandergerissenen Funktionen von „Wohnen" und „Arbeiten" entstand ein praktisch unlösbares *Verkehrsproblem*. Wenigstens zweimal täglich bricht (wie ja auch in anderen Großstädten der Erde) der gesamte Straßenverkehr zusammen: frühmorgens und nach Büroschluß.

Das zweite Problem ist die *Luftverschmutzung* über New York, die durch das hohe Verkehrsaufkommen, die hohe Zahl von Heizungen und den erschwerten Luftaustausch bedingt ist. Die Luftverschmutzung führte zu einer überproportionalen Sterblichkeit in bezug auf bestimmte Krankheiten und zu Smogkatastrophen. Die Menschen fliehen aus der verschmutzten Stadt in die Vorstädte und kehren nur noch zur Arbeit in die Stadt zurück. Genau dieses Verhalten aber verursacht das hohe Verkehrsaufkommen und damit indirekt die starke Luftverschmutzung – ein Teufelskreis, aus dem niemand ausbrechen kann.

Das dritte Problem ist die totale *Anonymität* in der großen Stadt. Die Menschen kennen sich nicht mehr, sie kümmern sich nicht mehr um ihre Nachbarn. Statt sozialer Bindungen wie in Dörfern und Kleinstädten herrscht soziale Desintegration; niemand kümmert sich mehr um das Gemeinwohl. Die Beziehung zu den Mitmenschen geht verloren. Die Psyche des Menschen verkümmert und strebt extremen Erlebnisformen zu.

Das eine Extrem passiven Verhaltens ist die Flucht ins *Rauschgift*, das andere die *Aggressivität,* die in *Kriminalität* mündet. Es gibt mindestens 100 000 Rauschgiftsüchtige in New York, die Heroin, eines der stärksten Rauschgifte, konsumieren. Sowohl die Zahl der Rauschgiftsüchtigen als auch die Zahl der Verbrechen steigt von Jahr zu Jahr weiter an.

Welches sind nun die eigentlichen, tieferen Ursachen dieser Wachstumskatastrophe? Vermutlich sind es keine einzelnen voneinander losgelösten Ursachenfaktoren, sondern polykausale Zusammenhänge. Der Mensch hat sich im Laufe seiner Entwicklung in kleinen, überblickbaren Gemeinschaften entwickelt. Seine biologischen und sozialen Fähigkeiten sind auf solche überblickbaren Zusammenhalte ausgelegt. Wird die Ballung an Menschen zu groß, so schwindet der soziale Bezug zwischen den Menschen.

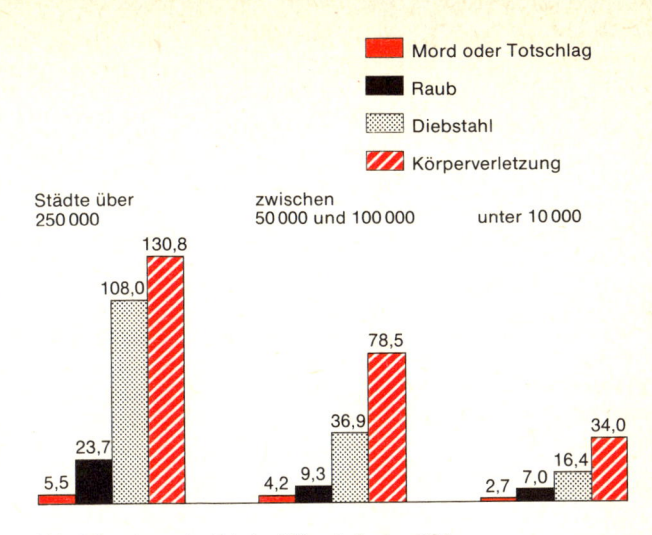

■ Mord oder Totschlag
■ Raub
▨ Diebstahl
▨ Körperverletzung

Städte über 250 000
zwischen 50 000 und 100 000
unter 10 000

130,8
108,0
23,7
5,5

78,5
36,9
4,2 9,3

34,0
16,4
2,7 7,0

Abb. 1 Zunahme der Kriminalitätsrate in den USA;
Verbrechen pro 100 000 Einwohner

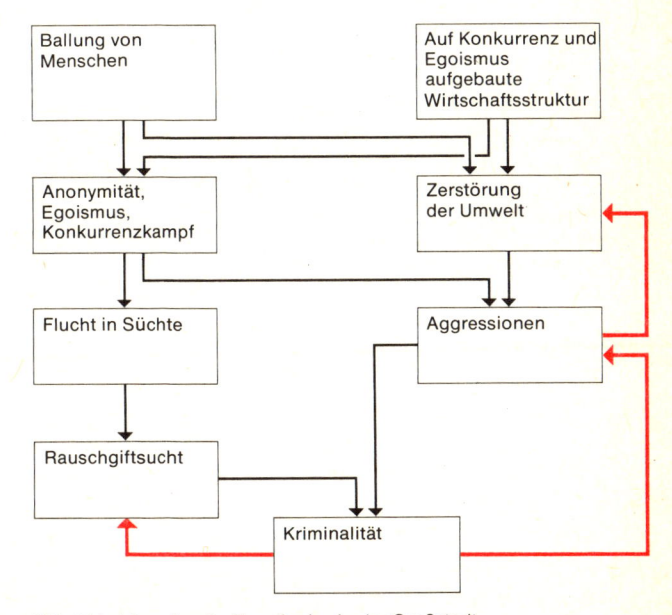

Ballung von Menschen → Anonymität, Egoismus, Konkurrenzkampf → Flucht in Süchte → Rauschgiftsucht

Auf Konkurrenz und Egoismus aufgebaute Wirtschaftsstruktur → Zerstörung der Umwelt → Aggressionen → Kriminalität

Abb. 2 Verhängnisvolle Regelkreise in der Großstadt

Die Informationslawine

In viel stärkerem Maße als die Bevölkerung und die Industrieproduktion wächst die Produktion von Informationen an. Dies läßt sich etwa an der Entwicklung des Handbuchs „Zahlenwerte und Funktionen aus Naturwissenschaften und Technik" darstellen, das von dem Chemiker H. Landolt (1831–1910) und dem Meteorologen R. L. Börnstein (1852–1913) begründet wurde und in 6 Auflagen bis heute das gesamte Zahlengut von physikalischen, chemischen, astronomischen und geologischen Messungen enthält (Abb.). Während die erste Auflage im Jahre 1883 auf 250 Seiten alle damals wichtigen Zahlen enthielt, wuchs die Seitenzahl in den kommenden Jahrzehnten bis auf die enorme Summe von rund 20 000 Seiten im Jahre 1964. Da diese Kurve gut einer exponentiellen Wachstumskurve entspricht und die Weiterentwicklung der Wissenschaft wahrscheinlich auch in Zukunft im gleichen Tempo wie bisher erfolgt, kann man den Versuch einer Extrapolation der Kurve in die Zukunft machen. Es ergibt sich dabei, daß eine Neuauflage im Jahre 2050 die astronomische Seitenzahl von rund 1 Million aufweisen würde. Bei einer Bandstärke von 500 Seiten wären also etwa 2 000 Bände zu erwarten, die allein eine große Bibliothek füllen würden. In diesen Bänden wäre dann das gesamte, durch die wissenschaftliche Forschung angehäufte Wissen gestapelt.

Wäre dieses Wissen noch verwertbar? Nimmt die Verwertbarkeit von Informationen proportional zu ihrer Zahl zu, oder liegt irgendwo ein Optimum, bei dessen Überschreitung die Zahl der Informationen so groß wird, daß sie nicht mehr sinnvoll gesucht und genutzt werden können? Eine mögliche Antwort auf diese Frage kann uns ein Vergleich zwischen der technischen und biologischen Informationsspeicherung geben.

Bei der *technischen Informationsspeicherung* werden alle von der Wissenschaft gelieferten Daten aufgeschrieben, eingeordnet und gespeichert. Da die Wissenschaft immer umfangreicher wird und immer schneller Ergebnisse liefert, führt dies zu einem exponentiellen Wachstum der gespeicherten Informationen. Schon heute übersteigen die gespeicherten wissenschaftlichen Informationen die menschliche Zugriffsmöglichkeit total. Die Zahl der Informationen und wissenschaftlichen Arbeiten ist so groß geworden, daß selbst extrem spezialisierte Wissenschaftler heute die laufend neu produzierte Fachliteratur auf ihrem Gebiet nicht mehr überblicken können. Die meisten wissenschaftlichen Informationen sind also für die Gesellschaft nutzlos, da sie diese nicht erfassen kann.

Ganz anders funktioniert die *biologische Informationsspeicherung*. Eine der wichtigsten Eigenschaften des Gehirns als Informationsspeicherorgan ist die Fähigkeit, die durch die Sinne aufgenommenen Informationen auf ihren Sinn und ihre Brauchbarkeit hin zu überprüfen und danach die für das Leben wichtigen Informationen auszusortieren. Dabei werden über 99,9 % (sofort nach Eintreffen oder nach einer kürzeren oder längeren Speicherzeit) der Informationen wieder gelöscht. Die Folge davon ist, daß das Gehirn jeweils nur die für das Leben notwendigen Informationen bereithält. Nur so kann das Gehirn die Lebensprozesse sinnvoll steuern.

In unserer heutigen Situation der Informationsexplosion herrscht also eine gewaltige Kluft zwischen denjenigen, die die Informationen produzieren (Wissenschaftler), und denjenigen, die die Informationen zur Steuerung der gesellschaftlichen Prozesse verwenden sollen. Ein Ausweg aus dem Dilemma ist nur möglich, wenn sich Wissenschaftler finden, die aus dem Sog in Richtung Spezialisierung ausbrechen und Wissenschaft im Sinne einer fächerübergreifenden Humanökologie betreiben. Auf diese Weise müssen von den Wissenschaftlern selbst die für das Überleben der Menschheit wichtigen wissenschaftlichen Informationen gesichtet und gesammelt werden und so für die politischen Steuerungsprozesse verwertbar gemacht werden.

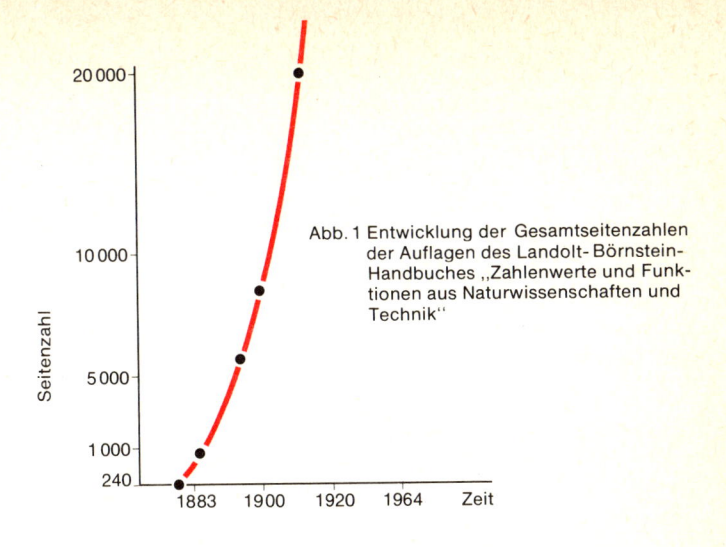

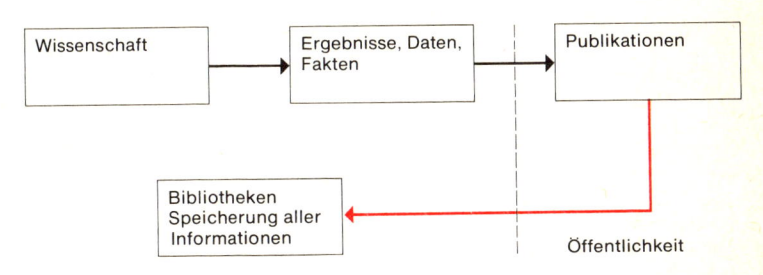

Abb. 1 Entwicklung der Gesamtseitenzahlen der Auflagen des Landolt-Börnstein-Handbuches „Zahlenwerte und Funktionen aus Naturwissenschaften und Technik"

Abb. 2 Technische Informationsspeicherung

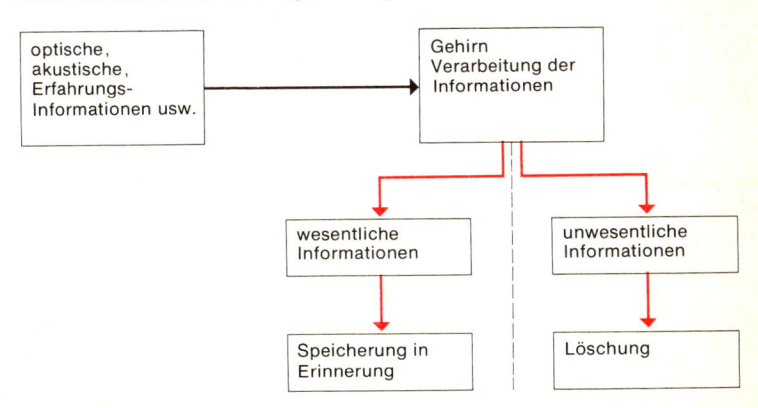

Abb. 3 Biologische Informationsspeicherung (Gehirn)

Kosten-Nutzen-Analyse

Im Umweltschutz wird häufig gefordert, bei der Einführung einer neuen Technologie zunächst die Kosten (Risiko, negative Auswirkungen usw.) gegen den Nutzen dieser Technologie abzuwägen. Kosten-Nutzen-Analysen dieser Art können auf recht unterschiedlichen Ebenen aufgestellt werden. Jeder Betrieb, jedes Wirtschaftsunternehmen prüft, bevor es ein neues Produkt entwickelt und produziert, ob sich die Produktion für das Wirtschaftsunternehmen rentiert. In dieser *betriebswirtschaftlichen Kosten-Nutzen-Analyse* sind jedoch nur diejenigen Faktoren berücksichtigt, die für den Betrieb wichtig sind, also etwa Kosten des Rohstoffs, Kosten des Arbeitseinsatzes, Kosten der auferlegten technischen Umweltschutzmaßnahmen, Gewinnmöglichkeiten, nicht jedoch solche Faktoren wie Verschmutzung der Luft, Verbrauch unersetzlicher Rohstoffe, Ruinierung konkurrierender kleinerer Unternehmen und dgl.

Die Organe des Umweltschutzes fordern deshalb eine *volkswirtschaftliche Kosten-Nutzen-Analyse,* in der nicht nur die Vor- und Nachteile für das einzelne Unternehmen, sondern für die gesamte Volkswirtschaft berücksichtigt sind, also z. B. auch außerbetriebliche Kosten für Gesundheitsschäden (z. B. Krankenhauskosten, Renten) und für die Beseitigung der Umweltverschmutzung.

Der Produzent einer *Einwegflasche* z. B. rechnet sich aus, was ihn auf der einen Seite der Rohstoff für das Glas, die Verarbeitung des Glases und der Transport kostet und was er auf der anderen Seite für den Verkauf der Einwegflasche erlöst. Da er beim Verkauf mehr Geld gewinnt, als er vorher in die Produktion der Einwegflasche investiert hat, fällt seine betriebswirtschaftliche Kosten-Nutzen-Analyse für die Produktion der Einwegflasche positiv aus. Er produziert sie also. Bei der volkswirtschaftlichen Kosten-Nutzen-Analyse interessieren demgegenüber vor allem die Kosten, die der Allgemeinheit dadurch entstehen, daß die Einwegflasche nur einmal gebraucht wird. Die Allgemeinheit muß dies mit relativ hohen Kosten für die Deponie und die Verarbeitung des Mülls bezahlen. Hinzu kommen nicht in Geld ausdrückbare Nachteile wie der Verbleib von Glas aus Einwegflaschen im Müllkompost, die Umweltverschmutzung bei der Energieerzeugung für die Glasherstellung, der Verbrauch an Rohstoffen für die Glasherstellung, die Verschandelung der Landschaft durch weggeworfene Einwegflaschen u. ä. Diese Nachteile werden für die Gesellschaft durch keinerlei Vorteile kompensiert, so daß die volkswirtschaftliche Kosten-Nutzen-Analyse für die Einwegflasche negativ ausfällt. Gleichwohl werden in der Praxis Einwegflaschen in steigendem Maße produziert. Dies zeigt, daß sich unsere Wirtschaftsstruktur von den Bedürfnissen des Menschen gelöst hat und volkswirtschaftlich nicht mehr sinnvoll funktioniert.

Flaschenkosten   Verpackung   Reinigung

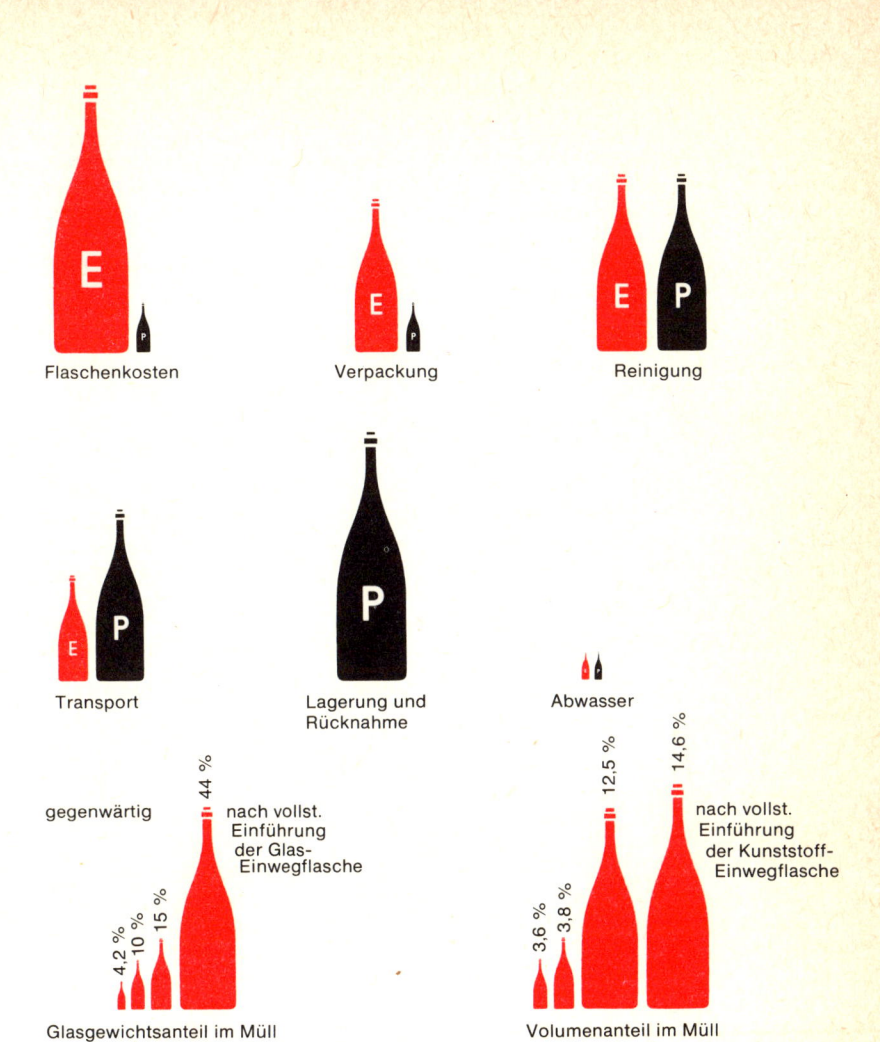

Transport   Lagerung und Rücknahme   Abwasser

gegenwärtig   44 %   nach vollst. Einführung der Glas-Einwegflasche

4,2 %   10 %   15 %

Glasgewichtsanteil im Müll

12,5 %   14,6 %   nach vollst. Einführung der Kunststoff-Einwegflasche

3,6 %   3,8 %

Volumenanteil im Müll

Abb. Die Einwegflasche in der Kosten-Nutzen-Analyse
  E Einwegflasche
  P Pfandflasche

Die Kosten der Umweltbelastung – das Verursacherprinzip

Es ist ein Prinzip der marktwirtschaftlichen Ordnung, daß grundsätzlich alle Kosten den Produkten oder den Leistungen angerechnet werden, die die einzelnen Kosten verursachen. Die Grundlage der Kostenzurechnung ist das *Verursacherprinzip*. Danach muß derjenige die Kosten einer Umweltbelastung oder deren Beseitigung tragen, der verantwortlich für ihre Entstehung ist. Dies bedeutet nicht unbedingt, daß als *Verursacher* immer nur derjenige anzusehen ist, bei dem während oder am Ende eines Produktions- oder Konsumprozesses die Umweltbelastung offensichtlich wird. Ein Verursacher kann auch der sein, der durch Anwendung eines bestimmten Produktes die Grundlage für die spätere Umweltbelastung legt.

Bei der derzeitigen Verteilung der Kosten der Umweltbelastungen wird das Verursacherprinzip weitgehend durchbrochen, indem diese Kosten, vom Produkt oder der Leistung losgelöst, der Allgemeinheit angelastet werden. Die Gewinne werden privatisiert, die Kosten dagegen sozialisiert. Die Allgemeinheit muß heute nicht nur Schäden durch Umweltbelastungen in Kauf nehmen, sondern darüber hinaus auch die Mittel für ihre Beseitigung aufbringen.

Eine echte Kostenzurechnung nach dem Verursacherprinzip könnte dadurch erreicht werden, daß umweltfeindliche Produkte mit finanziellen Abgaben belastet werden, die nach Art und Größe der Umweltbelastung gestaffelt sind. Darin liegt allerdings die Gefahr, daß die Belastung durch Preiserhöhung an den Verbraucher weitergegeben wird. Wenn der gleiche Effekt nun auch bei den entsprechenden Konkurrenzprodukten eintritt, wird sich letzten Endes im Hinblick auf die Produktion und den Konsum der betroffenen umweltbelastenden Produkte nichts ändern. Bei bestimmten Produkten, die nur aus Bequemlichkeitsgründen produziert und konsumiert werden, kann die strikte Anwendung des Verursacherprinzips sogar groteske Folgen haben. Ein Beispiel ist die *Einwegflasche* (s. auch S. 536), die in vielen Bereichen (z. B. Bier, Obstsäfte) unnötig ist und nur zu einem unnötigen Verbrauch von Rohstoffen und zu einer unnötigen Vergrößerung des Müllanfalls führt. Die Mehrbelastung trägt der Verbraucher dadurch, daß er einen höheren Preis für die Einwegflasche zahlen muß. Da andererseits das „Glasproblem" weder für die Mülldeponie noch für die Verbrennung oder Kompostierung des Mülls befriedigend gelöst ist, wird dadurch ein unsinniges Produkt beibehalten und durch die Anwendung des Verursacherprinzips lediglich „sanktioniert".

Ein zweites Problem des Verursacherprinzips liegt in der Unmöglichkeit, immaterielle Schäden (z. B. Zerstörung des Landschaftsbildes, Ausrottung von Tier- und Pflanzenarten, ästhetische Beeinträchtigung, Schädigung der menschlichen Gesundheit) durch finanzielle Aufwendungen auszugleichen. Vorbeugende Überlegungen, die darauf abzielen, die Produktion bestimmter umweltbelastender Produkte gar nicht erst aufzunehmen, wenn kein echter Bedarf an solchen Produkten besteht, sind deshalb in jedem Fall sinnvoller als eine nachträgliche Kostenzuweisung nach dem Verursacherprinzip.

Streß und Umwelt

Unter *Streß* verstehen wir einmal die körperliche oder geistige Überbeanspruchung bis zur Leistungsgrenze; diese Art von Streß ist, medizinisch gesehen, wohl kaum gefährlich. Wirklich bedenklich ist dagegen der psychisch bedingte *Konfliktstreß*, der durch Ausweglosigkeit und das „Sich-nicht-mehr-Zurechtfinden" in der modernen, technisierten Welt verursacht wird. Für diese Form des Streß sind gesundheitliche Schäden nachgewiesen.

Man nimmt an, daß sehr viele Krankheiten keine physische Ursache haben, sondern durch seelische Belastung bedingt sind. Unter den Belastungsfaktoren ist vor allem die moderne Arbeitssituation (z. B. Fließbandarbeit) zu nennen, aber auch die Monotonie und Lieblosigkeit der Großstädte, das Fehlen natürlicher organischer Beziehungssysteme, die Hektik des Verkehrs und der Lärm. Ein großer Teil dieser Krankheiten könnte deshalb durch Maßnahmen verhindert werden, die geeignet sind, die Umweltsituation des Menschen im Hinblick auf sozial-psychologische Faktoren zu verbessern.

Medizinisch gesehen, wird durch eine Streßsituation der *Katecholaminspiegel* (in erster Linie Noradrenalin, ein Hormon, das durch die Nebenniere ausgeschüttet wird) erhöht. Dadurch werden im Übermaß *freie Fettsäuren* mobilisiert, die der Mensch auf Grund seiner überwiegend sitzenden Lebensweise nicht verwerten kann. Die überschüssigen Fettsäuren werden direkt in die Wand der Kreislaufgefäße eingebaut, was die Gefahr einer Arteriosklerose mit sich bringt. Allein das Autofahren im Straßenverkehr der Städte erhöht die Katecholamine im Blut um 80–100 %, schnelles Fahren sogar um 1 000 %. Weitere Folgen des Streß sind hormonell bedingte Beeinträchtigungen des vegetativen Nervensystems, die zu Stoffwechselstörungen, Kreislaufstörungen und Störungen der Immunabwehr führen können. Die Hauptfolgen sind Herzerkrankungen, Infektionsanfälligkeit, Konzentrationsschwäche, Aggressionen und Neurosen.

Geistiger Streß entsteht vor allem durch die Konfrontation des durch biologische Gesetzmäßigkeiten begrenzten Bewußtseins des Menschen mit der Unzahl an wissenschaftlichen und technischen Informationen und Eindrücken. Verschärfend wirkt in diesem Fall ein Leistungsdruck, der die Aufnahmefähigkeit bzw. den Willen zur Aufnahme neuer Informationen übersteigt. Diesem Leistungsdruck steht die zunehmende Erkenntnis eines immer sinnloser werdenden technisch-industriellen Entfaltungsprozesses gegenüber. Je stärker die Technisierung und Industrialisierung unserer Gesellschaft ist, umso stärker wird der einzelne Mensch in diesen technischen Prozeß mit einbezogen. Da mit einem weiteren Wachstum der Technik aber auch die Konfliktsituationen und die negativen Rückwirkungen dieses Prozesses auf den Menschen und auf die Umwelt zunehmen werden, wird sich dadurch zwangsläufig das Streßproblem vergrößern.

Wie kann Streß verringert oder verhindert werden? Ein geeignetes Mittel ist sicher der Aufenthalt in der Natur (Urlaub) und die Beschäftigung mit organischen Systemen. Allerdings kompensiert ein Jahresurlaub von 4 Wochen nicht die Streßprobleme eines ganzen Jahres. Unerläßlich für die Reduzierung der Streßfolgen ist deshalb ein Abbau all derjenigen Streßfaktoren, die in Beruf, Haushalt, Stadt, Freizeit usw. auf den Menschen einwirken. Dazu gehören: humanere Arbeitsplätze, an denen eine sinnvolle Betätigung ohne Hetze möglich ist; starke Einschränkung der Verkehrs- und Lärmbelästigung sowie der Luftverschmutzung in den Städten, gleichzeitig eine Vermehrung der Ruhezonen, Parks und Grünanlagen; schließlich die Schaffung von Naherholungsgebieten, die nach Feierabend und an Wochenenden zu Fuß und ohne Beeinträchtigung durch Autoverkehr erreicht werden können.

Menschliche Psyche und technischer Fortschritt

Eine der Grundvoraussetzungen zur rationalen Bewältigung der modernen Lebenssituation, nämlich die Beherrschung und Steuerung der Technik durch den Menschen und damit die langfristige Dienstbarmachung der technischen Gegebenheiten für den Menschen, ist heute für weite Bereiche der Technik nicht mehr erfüllt. Häufig ist es vielmehr so, daß nicht mehr die Technik dem Menschen, sondern der Mensch der Technik, genauer gesagt dem technisch-wirtschaftlich-industriellen Komplex, dient. Eine Hauptursache dafür liegt darin, daß der technisch-industrielle Komplex ständig anwächst, während die Belastbarkeit der menschlichen Psyche durch biologische Gesetzmäßigkeiten begrenzt ist. Man hat für solche die menschlichen Fähigkeiten und Möglichkeiten übersteigenden Strukturen den Begriff der Suprastruktur geprägt.

Betrachten wir dies an einem Beispiel. Der Mensch ist so beschaffen, daß ihm der Tod eines nahestehenden Menschen zu Herzen geht. Er kann sich darüber hinaus anteilnehmend den Tod von einigen, vielleicht ein oder zwei Dutzend ihm bekannten Menschen vorstellen. Bei einer größeren Zahl von Toten spielt es jedoch irgendwann keine Rolle mehr, ob es 80 oder 90, 2 000 oder 3 000 Tote sind. Technische Entwicklungen, die so mächtig und groß geworden sind, daß sie die Möglichkeit zum Töten von Tausenden, ja Hunderttausenden von Menschen in sich tragen, haben also keinen direkten Bezug mehr zur Psyche des Menschen und damit zum Menschen selbst. Eine technische Entwicklung, die so viele Tote hervorbringen kann, daß es das Begriffs- und Vorstellungsvermögen des Menschen übersteigt, ist deshalb letzten Endes nicht mehr verantwortbar. Und dies genau ist die Situation, in der wir uns heute befinden. Der Autoverkehr z. B. fordert in der Bundesrepublik jährlich 15 000 bis 18 000 Verkehrstote. Der Mensch ist von seinen psychischen Möglichkeiten her völlig überfordert, wollte er sich diese Zahl wirklich vorstellen. Er hat keine Beziehung mehr zu diesen Toten, es sei denn, daß zufällig seine eigene Familie betroffen ist.

Welche Konsequenz ist aus solchen Überlegungen zu ziehen? Damit die Kluft zwischen dem stetig wachsenden technisch-industriellen Komplex und den psychischen Möglichkeiten des Menschen nicht unüberbrückbar wird, müßte entweder der Mensch an den technisch-industriellen Komplex angepaßt werden, oder aber der Komplex müßte auf eine Stufe reduziert werden, auf der er vom Menschen verantwortet und gesteuert werden kann. Die erste Möglichkeit ist praktisch so gut wie ausgeschlossen. Der Mensch entwickelte sich in Jahrhunderttausenden in kleinen, überschaubaren technischen und sozialen Systemen. Diese Entwicklung prägte das Erbgut, das wir heute besitzen. Erst in der Spätzeit, in dem letzten, winzigen Bruchteil dieser Entwicklung, wurde der Mensch mit den von ihm selbst geschaffenen Strukturen konfrontiert, die zur Suprastruktur wurden. Es ist biologisch nicht möglich, das Erbgut des Menschen in wenigen Generationen diesen Suprastrukturen anzugleichen. Es bleibt deshalb also nur die andere Möglichkeit, den technisch-industriellen Komplex wieder an den Menschen anzupassen. Der Mensch muß wieder eine Beziehung zu dem haben, was er produziert. Er muß die Folgen seiner Tätigkeit persönlich abschätzen können, um dafür die Verantwortung zu tragen.

Abb. Die Überforderung der menschlichen Psyche durch die Suprastruktur der technisierten Welt

REGISTER

Kursiv gesetzte Zahlen sind Hauptfundstellen

A

Abbauprozesse 196
Abbau von Nahrungsstoffen, oxydativer 210
Abfall 14
–, radioaktiver 452, 454, 458
Abfallenergie 466
Abfallerze 494
Abfallstoffe, industrielle 358
Abfallwärme 504
Abgase s. Autoabgase
–, radioaktive 402
Abgasemissionen 319
Abgasreinigung 438
Absaugpumpe, schwimmende *360*
Abschwemmung des Bodens 260
Absenkung des Grundwasser 296
Abwärme 324, 356, 504
Abwässer 356, 386, 402
–, radioaktive 496
Abwasserbelastung 266
Abwasserreinigung *366, 368*
Acetylrest 210
Ackerbau 264
Adenin 19
Adenosindiphosphat (ADP) *196*, 202, 208, 224
Adenosintriphosphat (ATP) *196*, 208, 212, 214, 224
ADP s. Adenosindiphosphat
Advektionsnebel 54
Advektivfrost 284
Aerophyten *218*
Aerosole 224, *336*
Aggregatänderung 460
Agrarlandschaft 256, 258
Akarizide 302
Akelei 252
Aktivkohlefilter 372
Aktivrauchen *392*
Albedo 42
Aldehyde 340
Aldolase 208
Aldrin 397
Algen 138, 162, 216, 364
–, einzellige 226
Alkali – Erdalkali – Gruppe 278

alkylierende Verbindungen 194
Allesfresser s. Omnivoren
Allmendeflächen 271
Alpenrose 252
Alpensalamander 239
Alpenveilchen 252
Alphastrahlung 402, 404
Altersrente 530
Altproterozoikum 186
Aluminium 108, 112, 466
Ambra 522
Ameisen 164
Ameisennester 156
Ameisensäuregärung 214
Ameisenstaat *156*
Amine 340
Aminosäuren 84, 94, 222
Aminosäuresequenz 192
Amitrol 397
Ammoniak 206, 222, 266, 394
Amöben 134, 178
Amphibien 188
Amphibienkeim 184
analytische Umweltforschung *21*
Anemonen 252
Anisogamie 178
Anonymität 532
Anpassungserscheinungen 166
Anreicherung 75, 384, 494
–, von Blei 386
Anreicherungshorizont 92
Antarktis 64
Antheridien 180
Anthrazit 114
Antibiotika 94, *268*
Antimon 110
Apatit 84, 224, 274
Äpfelsäure 210
Apfelwickler 314
Apollofalter 239
Äquatorialströmungen 70
Aramit 397
Arbeitsbienen 156, 158
Arbeitskräfte, ausländische 318
Arbeitslosigkeit 528
Arbeitsteilung 14
Arbeitszeitverkürzung 320
Archegonien 180

Argon 40
Arktis 64
Arnika 252
Arnsberger Wald 254
Arsen 338
Arten, ubiquitäre 130
Asbest 338, 397
Asbeststaub 336
Askomyzeten 162
Äskulapnatter 239
Asphaltene 116
Assimilation 44, 138
Assimilationsrate 220
Asthma 378
Äsungspflanzen 233
Aszidien 184
Atembeschwerden 348
Äthylalkohol 214
Atlantikum 234
Atlantischer Ozean 68
Atmosphäre 38, *40*, 220, 224
Atmosphärilien 56
Atmung 212, 220
Atmungskette 208, 210, *212*
Atombombe 404, 492
Atome 398, *492*
Atomforum 33
Atomgesetz 33
Atomkern 398, 492
Atommüll *454, 456, 458*, 494
ATP s. Adenosintriphosphat
Auerhahn *240*
Auerhuhn *240*
Aufbereitung von Oberflächenwasser *372*
Aufforstung 258, 319
Auffrieren 281
Aufheizung der Flüsse 362
Auflockerung des Bodens 296
Aufwindschläuche 46
Augenbindehautreizung 394
Ausbeutungsphase *300*
Ausbleichung der Blätter 351, 382
Ausfällung von Eisen 84
Ausgasen 40
Ausläufer 148
Auslesemechanismus 186
Ausräumungszonen 78
Ausrottung der Wale *522*
Ausrottung von Pflanzen *250*

Ausrottung von Tieren *250*
Außentemperatur 199
Ausstrahlung 96, 284
Austauschströme 46
Auswintern 281
Auto 328, 330
Autoabgase 338, 346, 378, 380, 386
Automation 462
Autoreduplikation 192
autotroph 138, 150, 162, 196
Autoverkehr 510, 540

B

Ballungsräume 319
Bakterienversuche 194
Bakterien 92, 94, 144, 216, 220, 222, 226, 310, 336, 364
–, chemoautotrophe 206
Bachflohkrebs 142
Balz 240
Bandwurm 166, *168*
Bannwald *232*
Bär 199
Bärlapp 252
Bärlappgewächse 188
Base 192
Basedow-Krankheit 198
Basensequenz 192
Basidiomyzeten 162
Baubienen 158
Bäume, freistehende 286
Baumkrone 128
Baumkronenschicht 132
Baumwachtel 248
Baumwollanbau in Peru *300*
Baumwolle 300
Baumwollwurm 314
Bayerischer Wald 254
Befruchtung *178*
Begrenzungsfaktoren 298, 310
Behinderung des Sprachverständnisses 414
Belastung der Gewässer 366
Belebungsbecken 366
Belegungsdichte 266
Benzanthrazen 397
Benzin *334*, 466
Benzindämpfe 342
Benzol 397

542

Benzpyren 338, 394, 397
Berchtesgadener Alpen 253
Beregnung 290, *292*
Bergisches Land 254
Bergmannsche Regel *199*
Bergmischwald 240
Berg-Talwind-System 48
Bergwind 48
Bernsteinsäure 210
Berührungsreiz 176
Beryllium 110, 338
Besenheide 234
Besiedlungsdichte 306, 318
Betastrahlung 402
Betonbunker 444
Betriebsgenehmigung 33
Beutetier 226
Bevölkerungsexplosion 528
Bevölkerungsprobleme *528*
Bevölkerungswachstum 29, 322, *524, 526*
Bevölkerungszahl 318, 470, 526
Bevölkerungszyklus 528
Bewässerung *290*
Bewegungen, nyktinastische *172*
Beweidung 271
Bewertungskurve 408
Bewölkung 58
Biber 248
Bienen 154, 298
Bienenbrut 158
Bienensprache *160*
Bienenstaat *158*
Bienenweide 230
Binnengewässer *78, 84*
Biochore, Biochorion 130
Biologie 38
Biolumineszenz *146*
Bioreaktor 370
Biosphäre 38, *128*, 224
Biosynthese 210
Biotope *130*, 253
Biozönose 128, 130, *132*
Biphenyle, polychlorierte *384*
Birke 162, 234
Birkenpilz 162
Birkhuhn 233
Bitumen 112, 342
Blasenkrebs 338
Blattgrün s. Chlorophyll
Blattläuse 164, 310, 312
Blattlausschlupfwespe 310

Blattstellung 62
Blattsukkulenten 218
Blaualgen 162
Blauwal 522
Blei 110, 334, 338, 358, *386, 512*
Bleiakkumulatoren 488
Bleiindustrie 386
Bleiphosphat 397
Bleisaum 386
Bleitetraäthyl 334, 386
Bleitetramethyl 386
Bleivergiftung *386*
Blindschleiche 239
Blockspeicherheizung 476
Blütenstaub 156, 158
Blutparasiten 166
Blutzellen 184
Boden 88, 94, 100
–, kalkarmer 100
–, kalkreicher 100
–, kalter 100
–, salzhaltiger 98
–, saurer 100
–, trockener 98
–, zinkhaltiger 100
bodenanzeigende Pflanzen (Bodenanzeiger) *98*
Bodenart *98*
Bodenbakterien *138*
Bodenbearbeitung 316
Bodenbeschaffenheit *98*
Bodeneigenschaften 128
Bodenerosion s. Erosion
Bodenfauna *134, 136*
Bodenflora *138*
Bodenfruchtbarkeit 88
Bodenhorizont 86
Bodenkapillaren 86
Bodenkolloide 98
Bodenkunde s. Pedologie
Bodenlockerung 96
Bodenlösung 96
Bodenluft 88, *90*, 286
Bodenmikroorganismen 286
Bodennebel 54
Bodenoberfläche 104
Bodenorganismen 94
Bodenprotozoen *134*
Bodenschicht 132
Bodensee 354
Bodenströmungen 70
Bodentemperatur *96*
Bodentiere 88, 96
Bodenvegetation 228
Bodenvolumen 90
Bodenwasser *92, 296*
Bodenwetterkarten 46
Bohne 260, 281
Bor 110
Borkenkäfer 314

Borstenwürmer 144
Brandrodung 102
Brauchwasser 375
Brauneisen 108
Braunkohle 114
Brennelemente 494
Brennessel 98
Brennstäbe 496
Brennstoffe, fossile 464
Brenztraubensäure 208, 210, 212
Brikettierbarkeit 114
Bronchialkrebs 392, 394
Bronchitis 347, 378
Bruchwaldtorf 234
Brikollare-Verfahren *444*
Brunnen, artesische 86
Brüter, schnelle *498*
Brutkästen 246
Buchen 228
Buchenwald 130, *132*
Bühler-Gerät 448
Bundesbahn 319
Bundes-Raumordnungsprogramm 318
Bunkerde 234, 236
Bürgerinitiativen 13, 33
Buttersäuregärung 214
Bythinella 142

C

Cadmium 338, *388*, 512
Cadmiumselenid 388
Cadmiumsulfid 388
Cadmiumvergiftung *388*
Calcium 120, 278, 400
Calciumcarbonat 84, 124
Calciumfluorid 374
Calciumphosphat 274
Calvin-Zyklus *202*
Captan 195
Carbide 340
Carbonate 84, 92, 120
Cäsium 454
Centri-Rator *442*
Charakterarten *130*
Chattanooga-Studie *378*
chemoautotroph 138
Chemosynthese *206*
Chemotaxis 176
Chemotropismus *174*
China 28
Chitin *152*
Chlor 372
Chlorfluormethane 344
Chloride 92
Chloroform 384

Chlorophyll (Blattgrün) 176, *200*, 206, 351
Chlorophyzeen 162
Chloroplasten 134, 200
Christrose 252
Chrom 338
Chromosomen 178, 406
Chromosomenmutation 192
Club of Rome 23, *518*, 524
Code, genetischer 192
Codon 192
Contergan 302
Core 496
Corioliskraft 46, 70
Curie 402

D

Dachs 199
Dammseen 78
Dampfnebel 54
Darmbakterien 268
Darmflora 268
Darwin 186
Dauerberegnung 284
Dauerformen 138
dB s. Dezibel
DDA 195
DDT (Dichlordiphenyltrichloräthan) 75, 195, 250, 300, 304, *384, 397*, 512
Decarboxylierung 208
Deckzellen 184
Dekontamination 496
Denitrifikation 222
Deodoranzien 266
Deponie 420
–, geordnete *426*
–, ungeordnete *432*
Deponiverdichter *426, 428*
Desasterphase *300*
Desintegration, soziale *516, 528*
Desoxyribonukleinsäure s. DNS
Destillationsrückstände 342
Destruenten 130, *226*
Detritus 142
Deuterium 500
Deuterium-Tritium-Verschmelzung 500
Devon 180
Dezibel (dB) 408
Diamantseifen 112
Dichlordiphenyltrichloräthan s. DDT
Dichlorphos 195
Dichteanomalie 80
Dichtemaximum 76
Dieldrin 195, 397
Differenzierung 178, *184*

543

Diffusion 92, 184
Dimethoat 195
Dionaea 150
Dispersionsprozesse 336
Disulfide 340
DNS (DNA, Desoxyribonukleinsäure) *192*, 396, 398, 406
Dolinen 124
Dosierbunker 444
Drän 296
Drän-Einstau 290
Dränung *296*
dritte Welt *528*
Drohnen 158
Drohnenschlacht 158
Drosera 150
Drosophila 194, 406
Drossel 245
Druckspeicher 496
Druckwasserreaktor 496
Drüsenhaare 150
Duftstoffe *314*
Dünen 98
Dung 442
Düngung 264, 530
Dunkelreaktionen *200*
Dunst 50, 336, 346
Dunstglocke 324
Durchlüfung 90
Durchlüfungsdränung 296

E

E 605 195
Ebbe 480
Edelgase, radioaktive 494
Edelraute 252
Edelweiß 252
Eibe 252
Eichen 228
Eichhörnchen 199
Eidechsen 239, 250, 310
Eikokon 136
Einbürgerung neuer Tierarten 248
Einsiedlerkrebs 164
Einwegflasche *536*, *538*
Einwohneräquivalent 266
Einzeher 142
Einzeldosis 396
Einzeller *176*, 212
Eis 40
Eisbildung 52
Eisen 108, 278
Eisenhut 252
Eisenhydrogele 112
Eisenphosphat 84
Eisensulfat 358
Eisensulfid 84
Eiskristalle 52, 282, 294

Eismeer 76
Eiszeit 144
Eiweiße 114, 222
Eizelle 178, 184
Elefant 198
Elektrizitätsbedarf 470
Elektroentstauber *352*
Elektronen 398
Elektrostaubfilter 338
Embryo 394
Embryonalentwicklung 184
Emissionen 340
Empfängnisverhütung 520
Emphysem 392
Enchyträen 130, 134
Energie 196, *460 ff.*
– aus dem Erdinnern 474
– aus dem Meer *482*
–, biologische 462
–, chemische 460
– der Materie 460
–, elektrische 460
–, geothermale *474*
–, kinetische 460
–, mechanische 460
–, technische 462
Energieaustausch 42
Energiebilanz 128, 208
Energieeinsparung 466
Energiehaushalt der Zelle *196*, *198*
Energieplanung *468*, *470*
Energiereserven *464*
Energierohstoffe 464
Energieumsatz 198
Energieverknappung 464
Energieverluste 466
Energieverschwendung 466
Energievorräte 514
Energiewirtschaft 470
Enolbrenztraubensäure 208
Entladung, elektrische 222
Entropie *184*
Entwässerung 290, 296
Entwicklungsländer 26, 28
Enzian 252
Enzymdefekte 398
Enzyme 150
Enzymprotein 192
Epiphyten *218*, 282
Epithelzellen 184
Erbänderung s. Mutation
Erbgut 190
Erbinformation 178, *192*
–, falsche 194
Erbschäden *192*, 194, 402

Erdaltertum 188
Erdausstrahlung 42
Erdfälle 124
Erdgas *116*, 464
Erdkruste 108
Erdöl 12, 16, *116*, *118*, 358, 464
Erdölfallen 118
Erdölmuttergestein 118
Erdölwanderung 118
Erdrotation 72
Erdumdrehung 70
Erfolgskontrolle 31
Erguẞgestein 108
Erholung *258*
Erholungsfunktion 319
– des Waldes 229, 233
Erholungswert der Landschaft 258
Erkrankungen, allergische 347
Erle 234
Erörterungstermin 33
Erosion 78, *102*, 222, 224, 228, 256, 292
Erosionsschutz 103
Erregung *176*
Errichtungsgenehmigung 33
Ersticken der Pflanzen 281
Eruptivgesteine 120
Erz 110
Erzlager *110*, *112*
Essigsäure 210
Eulen 246
Eulenfalter 154
Eutrophierung 272, 354, 442
Evaporation 56
Evapotranspiration 56
Evolution *16*, 144, *186*, 490
Evolutionstheorie 186
Exhalation 40
Exhaustoren 422
Exkremente, tierische 442

F

Facettenaugen *154*
Fachliteratur 534
Fadenwürmer s. Nematoden
Fahrrad 330
Fäkalien 358
Fallen, lithologische 118
Fallgrubenfänger *150*
Familienplanung 526
Fangeinrichtungen *150*
Farne 144, *180*
Farnkräuter 252
Faserplatten 446
Faulschlamm 358

Faulturm 366, 370
Faulungsvorgänge 90
Fehnkultur 236
Feigenkakteen 316
Feinde, natürliche 306
Feinstaub 338, 342, 397
Feldgemüsebau 292
Feldspat 276
Fenster, schalldämmende 416
Ferredoxin 202
Ferrometall *440*
Feststoffabscheider 368
Fettkraut *150*
Fettpflanzen *218*
Fettsäuren 116
–, freie 539
Feuersalamander 239
Fichtelgebirge 254
Fichtenmonokulturen 228, 258
Fichtenwald 228
Fieber 198
Fiederblättchen 174
Filmindustrie 516
Fingerhut 252
Finkenvögel 245
Finnen 166, 168
Finnwal 522
Fischbein 522
Fische 364
Fischotter *242*
Flächendeponie 426
Flächenerosion *104*
Flächennutzung *319*
Flachmoore *234*
Flachwurzler 228
Flagellaten 134
Flechten 138, *162*
Fleckung der Blattspitzen 351, 382
Fledermäuse 199, 239, 310
fleischfressende Pflanzen 150
Fleischfresser s. Karnivoren
Fliegen 154
Fließbettkalzinierung 458
Fließgewässer 78
Fließgleichgewicht 128
Flockungsmittel 372
Flohkrebse 144
Flöze 114
Flugasche 336
Flügelschwirren 158
Flughäfen 319
Fluglärm *418*
Flugplätze 418
Flugzeuge 418
Fluor *374*, 375
Fluorabgase 382
Fluoride 340, 374
Fluoridierung des Trinkwassers *374*, 375

544

Fluorose 374
Fluorverbindungen 340, 438
Fluorwasserstoff 351
Flurbereinigung 256
Flüssigmist 442
Flußwasseraufbereitungsanlage 372
Flußwasserkühlung 504
Flut 480
Folpet 195
Foraminiferenschlamm 120
Forschungsprogramme 21
Forstschädlinge 229
Forstwirtschaft 229, 230
Fortpflanzung *178 ff.*
−, geschlechtliche *178*
−, parthenogenetische *182*
−, ungeschlechtliche *178*
Fortschritt, technischer 30, *540*
Fossilien 186
Fossilisation 44
Freilandlaboratorium *232*
Fremdenverkehr 320
Frischkompost 446, 448, 450
Frischluft 324
Frosch 184
Frosthärte (Frostresistenz) 28, 281
Frostschutz *284*, 292
Frostschutzberegnung 284
Frostverwitterung 122
Fructose 208
Frühgeburten 394
Frühjahrszirkulation 80
Frühlingsadonisröschen 252
Frühlingskrokus 252
Fumarsäure 210
Fungizide 195, 302
Furchenwal 522
Furchungszellen 184
Fußgängerbereiche *331*
Futterquelle 160
Futterverwertung 268

G

Gallenläuse 182
Gallmücken 310
Galmeipflanzen 100
Galvanotaxis 176
Gameten 178
Gammastrahlung 402, 490
Gartenbau *262*
Gärungen *214*

Gasaustausch 90
Gasmoleküle 336
Gaswaschanlage 436
Gebietseinheit 318
Geburtenkontrolle 520, 526
Geburtenrate 526, 528
Gefrierwärme 282
Gegenstromverfahren *370*
Geißel 134, 176
Geißeltierchen 134, *176*, 178
Geländeaufheizung 284
Gelbfieber 308
Gelegenheitsparasiten 166
Gemse 248
Gemüseeule 314
Genehmigungsverfahren für die Errichtung von Kernkraftwerken *33*
Genehmigungsverfahren für Industrieanlagen *34*
Generationswechsel *180 ff.*
Generatoren, magnetohydrodynamische s. MHD-Generatoren
Genmutation 192
Genommutation 192
Geologie 38
Geotaxis 176
Geotropismus *172*
Geruchsbelästigung 264, 266, 342
Gesamtgutachten 34
Geschlechtsorgane 178
Geschmackssinn 144
geschützte Tiere *239 ff.*
Gestalt *170*
Gesteine 108
Gesteinsablagerungen 74
Gesteinsbitumen 116
Getreide 308
Getreideschädlinge 314
Gewässer *82*
Gewässerkunde 38
Gewässerplan 256
Gezeiten *72*
Gezeitenberge 72
Gezeitenhub 480
Gezeitenkraftwerke *480*
Gezeitenunterschiede 480
Gigantostraken 188
Glattnatter 239
Glattwal 522
Gleichgewicht
−, biologisches 132
−, ökologisches 128, 316

Gleichgewichtsstörungen 390
Gletscher 64, 78
Gletscherkraftwerke *484*
Gletscherwind 48
Gliederfüßer 136
Glimmer 276
Glockenheide 234
Glucose 204, 208, 214
Glucose-1-phosphat 208
Glucose-6-phosphat 208
Glykolyse *208*, 210, 212, 214
Gold 110
Goldhamster 194
Goldkäfer 239
Goldröhrling 162
Grabenmethode 426
Grasheu 270
Graugans 248
Gravitation s. Schwerkraft
Greifvögel 310, 312
Grobstaub 336, 338
Großdeponie 420
Großerholungsgebiete 254
Großfamilie 528, 530
Großkühltürme *506*
Großstädte 318, 322
Großtrappe 248
Grünalgen 162, 164
Grünanlagen *326*
Grundumsatz *198*
Grundwasser 64, *86*, 92, 140, *144*, 256, 372
Grundwassergleiche 86
Grundwasserhorizont 86
Grundwassertiere *144*
Grünlandnutzung 264, 270, 271
Guanin 192
Guanosindiphosphat 210
Guanosintriphosphat 210
Gutachter 34
Güterverkehr 330
Guttationswasser 282

H

Haarsimse 234
Habichtswald 254
Haftwasser 66
Haftwasserzone 86
Hagel 294
Hagelkörner 66
Hakenkranz 168
Hakenlarve 168
Halbwertszeit 404, 406, 492
Halde 426

Halogenderivate 340
Halophyten 98
Hämoglobin 376, 394
Hamster 136, 199
Hanf 260
Hangaufwind 48
Hangwind 48
Haptonastie *174*
Haptotropismus *174*
Harn 222
Hartbraunkohle 114
Harze 116
Haselhuhn 233
Haselmaus 239
Hasen 251
Hauptnährstoffe 278
Hauptstrom der Zigarette 394
Hauskatzen 310
Hausmüll 444
Haustorien 174
Hautflügler *156*
Hautskelett 152
Hearing 34
Hecken 288, 308
Heißwasserformen *142*
Heizung 462
Heizwert 334
Helophyten *148*
Heptachlor 304
Herbivoren 226
Herbizide 195, *232*, 302, 316
Herbstzirkulation 80
Herkuleskäfer 154
Herzerkrankungen 539
Herzfrequenz 198
Herzinfarkt 392
Heterogonie *182*
heterotroph 138, 150, 162, 196
Hexachlorbenzol 304
Hirsche 233, 251
Hirschkäfer 239
Hitzeschäden 280
Hitzetod der Pflanzen 62
Hochgebirgsquellen 140
Hochmoor 100, 234, *236*
Hochnebel 54
Hochöfen 466
Hochtemperaturreaktor 496
Hochwasser 86
Höhenrücken, untermeerische 70
Höhenstrahlung, kosmische 490
Höhenwetterkarten 46
Höhlenbrüter 245
Höhlenflohkrebs 140
Holzertrag 229
Holznutzung 233
Hornissen *156*
Hörschaden 414
Hörsinneszelle 414
Hostmediated assay 195

Hügelbeet 262
Hügelkultur 262
Humateffekt 274
Humanökologie 20ff.
Huminsäuren 84, 112
Huminstoffe 138
Hummeln 156
Hummelwachs 156
Humus 88, 226, 260
Humusstoffe 114
Hundebandwurm 168
Hunger 524
Hutung 271
Hyazinthe 252
Hydratation 124
Hydrologie 38
Hydrolyse 124
Hydrophyten 148
Hydrosphäre 38, 64, 128
Hydrotropismus 174
Hydroxylamin 194

I

Igel 199, 251
Illit 276
Indischer Ozean 68
Indien 28
Individuen, erbgleiche 190
Industrie 14
—, chemische 340
Informationslawine 534
Informationsspeicherung 534
Inkohlung 114
Insekten 152 ff., 199
—, fliegende 128
—, geflügelte 188
Insektenspray 304
Insektenstaaten 156 ff.
Insektenstrip 304
Insektizide 302
Intensivbetrieb 270
Interzellularräume 148
Inversion 60, 346
Ionen 398
Ionisierung von Atomen 398
Isobaren 46
Isogamie 178
Isohypsen 46
Isozitronensäure 210
Itai-Itai-Krankheit 388

J

Jagdfasan 248
Jäten 316
Jauche 270
Javanashorn 251
Jetzer-Kompostplattenverfahren 446
Jod 454
Jungvögel 246
Jura 188

K

Kabinentaxi 332
Kahlschläge 228, 233
Kakerlaken 250
Kalisalz 120
Kalium 108, 120, 276 ff.
Kaliumchlorid 276
Kaliumdüngung 276
Kaliumfixierung 276
Kaliumisotop 40
Kaliummangel 276
Kaliumsulfat 276
Kalk 124
Kalkkrusten 148
Kaltluft 54, 58, 60, 284
Kaltluftseen 58
Kalzium s. Calcium
Kambrium 186
Kanadagans 248
Kaninchen 136, 248
Kannenpflanze 150
kanzerogen 396
Kaolin 124
Karbon 180
Karbonsäuren 340
Karies 374, 375
Karnivoren (Fleischfresser) 226, 245
Karotte 260
Kartoffel 308, 314
Kartoffelkäfer 288
Katecholamine 539
Katecholaminspiegel 539
Keime, resistente 268
Keimung 96
Kernbrände 432
Kernbrennstoffe 404
Kernenergie 460, 464, 494 ff.
Kernfamilie 530
Kernfusion 500
Kernkraftwerk 33, 356, 492, 494, 496 ff.
Kernreaktor 404
Kernspaltung 492
Kernteilung 184
Ketoglutarsäure 210
Ketone 340
Kettenreaktion 492
K-Fixierung 276
Kiefer 234
Kieselsäure 84
Kindersterblichkeit 400
Klappfallenfänger 150
Kläranlage 370
Klärschlamm 420
Klarwasser 372
Kleiber 245
Kleiderlaus 226
Kleinfamilie 528, 530
Kleinstmoore 236
Klima 228
Klimaanlage 416
Klimaxstadium 130
Klinefelter-Syndrom 192
Klone 190

Klopfen 334
Kluftwasser 86
Knallgasexplosion 456
Knallgasreaktion 200, 212
Knollen 218
Knöllchenbakterien 164
Knospen 182
Köcherfliegenlarven 142
Kohl 260
Kohle 12, 16, 112, 114, 464
Kohlelager 114
Kohlendioxid 42, 44, 75, 82, 88, 90, 200, 206, 220, 262, 286, 364
Kohlendioxidanreicherung 90
Kohlendioxidaufnahme 148
Kohlendioxidgehalt der Atmosphäre 44
Kohlenhydrate 208, 212
Kohlenmonoxid 376
Kohlenmonoxidvergiftung 376
Kohlensäureschnee 294
Kohlenstoff 220, 278
—, radioaktiver 406
Kohlenwasserstoffe 116, 118, 336, 340, 342, 346, 466
—, chlorierte 75, 384, 512
—, polyzyklische 397
Kohlherzgallmücken 308
Kohlweißling 239, 260, 314
Kollektorfläche 488
Kollembolen 136
Kombinationswirkung 194, 302, 396
Kompost 420, 446
Kompostausbringung 448
Kompostierung 442
—von Klärschlamm 370
Kondensationskerne 50, 52
Kondensationsprozesse 336
Kondensationswärme 282
Konfliktstreß 539
Königin 158
Königsfasan 248
Königsforst 254
Königssee 253
Konjugation 178
Konsum 14
Konsumenten 130, 226
Kontinentalhang 68
Kontinentalrand 68
Kontinentalschelf 68

Konvergenzen 70
Kopflaus 226
Kopulation 178
Körnerfresser 245
Körpergröße 198
Körpertemperatur 199
Korpuskularstrahlung 490
Kosten-Nutzen-Analyse 258, 330, 466, 536
Kostenzurechnung 538
Kot 222
Kraftfahrzeugdichte 328
Kraftstoff-Luft-Gemisch 334
Kraftwerke 464
Krankenversicherung 530
Krankheitserreger 306, 310
Krankheitskeime 288
Krateseen 78
Krautflora 233
Krautschicht 132, 228
Krebs 344, 392, 396, 400, 402
Krebse 364
Krebsentstehung 396
Kreidezeit 188
Kreislaufstörung 539
Krenobionten 142
Kriechtiere 188, 199
Kriminalität 532
Krisenphase 300
Kristalle 108
Kronenraumklima 62
Kröten 239
Krümelbildung 296
Krümelstruktur 98
Kruppsyndrom 382
Küchenabfälle 358, 424
Kühlflüssigkeit 502
Kühlkreislauf 506
Kühlung von Kraftwerken 504
Kühltürme 504, 506
Kulturland 258, 260
Kunststoffe im Müll 434, 436
Kupfer 110, 112, 278
Kupfermangel 278
Kupferschiefer 112
Kupfersulfat 278
Kutikula 216

L

Lagerstätten, hydrothermale 110
Lamarck 186
Lamarckismus 186
Landpflanzen 188, 216
Landschaftsgestaltung 256
Landschaftsschutzgebiete 238

Landschaftsschutzkarte 238
Landschaftsschutzverordnungen 238
Land-Seewind-System 48
Landwirbeltiere 188
Landwirtschaft 14, 256 ff.
Langmuirsche Kettenreaktion 52
Lärche 162
Lärchenwald 298
Lärm *408 ff.*
Lärmbelästigung, grenzwerte der *410*
Lärmdämmung 416
Lärmmeßanlage 418
Lärmschutz *416*
Lärmschutzwände *416*
Lärmschwerhörigkeit 414
Latentenergiespeicher 486, 488
Latenzzeit 396
Laubbäume 228
Laubfall 222
Laubfrosch 239
Laubwald 228, 230, 253
Laufkäfer 310
Leben *170 ff.*
Lebensdauer *170*
Lebenserwartung 526
Lebensgemeinschaft 128, 130
Lebensqualität 12, 328
Lebensraum 38
Leberblümchen 252
Leberegel 166
Leberzellen 184
Lehmböden 94, 98
Leibeshöhlenparasiten 166
Leimrutenfänger *150*
Leistungsdruck 539
Leitbündel 216
Leitpflanzen 98
Leitungsbahnen 216
Leitungswasser 375
Leuchtbakterien 146
Leuchtorgane 146
Leukämie 400, 402
Libellen 154
Lichtbogenofen *440*
Lichtempfindlichkeit 146
Lichtintensität 204
Lichtquanten 204
Lichtreaktionen *200 ff.*
Lichtreize *172*
Lichtstreuung 346
Licom-System *442*
Lignin 114
Lithium 110
Lithosphäre 38, *108*
London-Smog *348*
Los-Angeles-Smog 346
Lösungsverwitterung *124*

Löwenzahn 180, 190, 288
Luchs 248
Luft 40
Luftaufstieg 58
Luftaustausch 346
Luftbewegung 66, 286
Luftdruck 72
Luftfeuchtigkeit 66, 204
–, relative 54, 66
Luftmoleküle 42
Luftreinhaltetechnik 340
Luftreinhaltung *352*
Luftschicht, bodennahe 46
Luftströmung 46, 106
Lufttemperatur 66
Lufttrübung 284
Luftverunreinigung (Luftverschmutzung) 229, 328, 336 *ff.*, 532
Lüneburger Heide 254
Lungenbläschen 338, 397
Lungenentzündung 378
Lungenfische 188
Lungenkrankheiten 347
Lurche 199
Luxusbedürfnisse 462
Luxusproduktion 466

M

Maare 78
Magerkohle 114
Magma 110
Magmatite 108
Magnesium 108, 120, 278
Magneteisen 108
Mahd 258, *270*
Mähweide 271
Mähwiese 270
Maigallenläuse 182
Maiglöckchen 252
Makrogameten 178
Makronährstoffe 274
Malaria 308
Mangan 278
Manganknollen 112
Marienkäfer 310, 312
Masse, kritische 404
Massentierhaltung *266, 442*
Mastschweine 264
Mauersalpeter 206
Mauersegler 246
Maulwürfe 136
Mäusebussard 233, 245
Mauswiesel 312
Meadows-Studie *518*
MCPA 195
MCPB 195

Mechanisierung 462, 530
Medusen 182
Meer *68 ff.*
Meeresalgen 220
Meeresbecken 120
Meeresboden *68*, 74
Meeresschwelle 68
Meeresströmungen *70*
Meerestiefe 68
Meerwärmekraftwerk *482*
Meerwasser *74*
Mehlschwalben 246
Meisen 245
Melioration 284
Mensch 226
Merkaptane 266, 340
Merkmale, körperliche 190
Messenger-RNS 192
Messerwalze 428
Metagenese *182*
Metalle 110
Metamorphite 108
Meterologie 38
Methan 116, 432
Methanol *334*
Methylquecksilber 390
Methylparathion 195
MHD-Generatoren *472*
Mikrokanäle 104
Mikroklima in Städten *324 ff.*
Mikroorganismen 88, 90, 220, 268, 366, 370, 442
Mikropolulation 92
Mikrosiebe 366
Milan 245
Milchkühe 264
Milchsäure 214
Milchsäuregärung 214
Millionenstädte 322
Mimose 174
Minamata-Krankheit *390*
Mineralböden 88, 90, 276
Minerale 88, 108
Mineralisation der organischen Substanz 92
Mineralölindustrie *342*
Mineralvolldüngung 270
Mischkultur *260*, 308, 314, 319
Mischschnecke 370
Mischwald 229, 233
Mißgeburten 398
Mist 264
Miststreuer 448
Mitochondrien 196, 210
Mitraucher 394
Mittelmeer 68
Mittelungspegel 408
Modifikationen 186, *190*

Möhre 308
Möhrenfliege 260, 308
Molch 184
Molekül, energiereiches 202
Molekularbewegung 40
Molekülschwärme 80
Molluskizide 302
Molybdän 278
Mond 72, 480
Mondtag 72
Mondumlauf 72
Mongolismus 192
Monokultur 229, *260, 286*, 308, 319
monophag 226
Montmorillonit 276
Moorbildung *234*
Moorböden 88, 96
Moorbrandkultur 236
Moore *92, 234 ff.*
Moorseen 234, 236
Moose 144, 180, 216
Moosschicht 132, 228
Mosaikkeime 184
Motorleistung 334
Mudden 234
Mufflon 248
Müll *420 ff.*
Müllabfuhr 432
Müllabsauganlage *422*
Müllbeseitigung 420
Müllblöcke *430*
Müllbunker 436
Müllgas *440*
Müllkippe 420, *432*
Müllklärschlamm *444 ff.*
Müll-Klärschlamm-Gemisch 444
Müll-Klärschlamm-Kompost 448, *450*
Müllkompost *450*
Müllkompostierung 420
Müllschlacke *440*
Müllschlucker *422*
Müllverbrennung *436*, 420
Müllverbrennungsanlagen *438*
Müllverdichter *428*
Müllverhüttung *440*
multiresistent 298
Mundwerkzeuge *152*
Mungo 248
Murmeltier 199, 248
Muschelkrebse 144
Muskelkater 214
Muskelparasiten 166
Muskelzellen 184
Muskelzittern 158
Mutagene (mutagene Substanzen) *194*
Mutation *186, 192*, 398, 406, 490
–, induzierte 192
Muttermilch 304, 384
Mutterzelle 178, 184

Mykorrhiza *162*
Myxobakterien 138
Myxomatose 248
Myzelien 132

N

Nachklärbecken 366
Nachtflugbeschränkungen 418
Nacktfarne 188
Nadelbäume 228, 230, 281
Nadelhölzer 228
NADP 202
Nagasaki 404
Nahrungskette *226, 304*
Nahrungsmenge 306
Narzisse 252
NASA 454
Nashville-Studie *338,* 382
Naßkühltürme 504, 506
Nastien 172
Nationalpark Bayerischer Wald 240, 254
Nationalpark Königssee *253*
Nationalparks *238*
National Science Foundation 470
Natrium 120
Natriumbrüter 498
Naturdenkmale *238*
Naturkräfte, regenerative 464
Naturlandschaften 238
Naturparks *238, 254*
Naturschutz *238*
Naturschutzbehörde 238
Naturschutzbuch 238
Naturschutzgebiete *238*
Naturschutzverordnung 239, 252
Nebel *54,* 324, 336
Nebelsäure 284
Nebenstrom der Zigarette 394
Nektar 158
Nelken 252
Nematizide 302
Nematoden (Fadenwürmer) 134, 142
Nepenthes 150
Nervenzellen 184
Nesselkapseln 164
Nesseltiere *182*
Neusüdwales 316
Neutronen 492, 498
Neutronenstrahlung 402
New York *532*
Nichtmetalle 278
Nickel 110
Nickelcarbonyl 397
Niedermoore *234*

Niedermoor-Schwarzkultur 236
Niederschlag 66, 86, 92, 256, 290, 294
–, künstlicher *294*
Niederschlagsmenge 228
Niederschlagswasser 78, 222
Nikotin *392,* 394
Nipptiden 72
Nischen, ökologische 239, 244
Nisthöhlen 245
Nistkästen 245
Nitratbakterien 206
Nitrate 75, 272, 396
Nitratpflanzen 98
Nitritbakterien 206
Nitrite 194, 206
nitrophil 98
Nitrosamine 392, 396
Nitrosegase 396
Noradrenalin 539
Nordsee 68, 358
Normalbenzin 334
Notkühlsystem 496, 502
Notkühlwasser 502
Nukleinsäure 274
Nukleotide 192
Nutzfläche, landwirtschaftliche 319
Nützlinge 251, *310,* 312
Nutzungsgrad 466
Nymphenstadien 182

O

Oberflächenströmungen 70
Oberflächenwasser 76, 92, 140, 372
Oberpfälzer Wald 254
Oberrheingraben 474
Obersilur 188
Obstkulturen 292
OECD 384
Ohrgeräusche 414
Ohrwürmer 312
Ökologie *20 ff.*
Ökosysteme *128*
Oktanzahl 334
Ölabscheidung 368
Ölansaugschiff 360
Ölfilm 360
oligophag 226
Olländer 28
Ölpest *360*
Ölrauch 336
Omnivoren (Allesfresser) 226
Optimum, ökologisches 306
Opuntien 316
Orchideen 180, 252
Organismen, abbauende *226*
–, saprophytische 94

Organparasiten 166
Ostsee 68
Oxalessigsäure 210
Oxydationsverwitterung *126*
Ozeane 64, 68
Ozon 344, 346, *380*
Ozongas 372

P

Paläozikum 188
Pantoffeltierchen 154, 164, 190
Paraffine 116
Parasiten (Schmarotzer)) *166, 168,* 226, 306, 310
–, fakultative 166
–, obligate 166
Parasitismus *166*
Parks 326
Passivrauchen *394*
Pazifischer Ozean 68
PCB *384*
Pedologie (Bodenkunde) 38
Pedosphäre 38, *88*
Pelzbienen *156*
Pendelverkehr 328
Pentachlorphenol 195
Pentose 192
Perlhuhn 248
Perm 188
Personenverkehr 330
Pestizide *298 ff.*
Pestizidrückstände 304
Petersilie 260
Petrochemie 342
Pfälzer Wald 254
Pfandflaschen 36
Pflanzen
–, amphibische *148*
–, bodenanzeigende *98 ff.*
–, bodenstete 98
–, grüne 226
–, kalkliebende 100
–, kalkmeidende 100
–, xerophytische 98
Pflanzendecke 62
Pflanzenfresser 132, 226
Pflanzennährstoffe *272 ff.*
–, Verlagerung von 290
Pflanzensporen 336
Pflanzenreste 94
Pflanzenschutzmittel 194
Pflügen 316
Phänotyp *190*
Phenole 336, 394
Phenylquecksilber 390
Pheromone *314*
Phon 408
Phosphatanreicherung 274

Phosphatdünger 354
Phosphate 75, 84, 224
Phosphitknollen 112
Phosphoenolbrenztraubensäure 208
Phosphoglycerinsäure 202
Phosphor 84, *224, 274,* 278, 364
Phosphorolyse 208
Phosphorsäure 192, 224
Phosphorverlust 274
Phosphorwasserstoffe 340
Phosphorylase 208
Phosphorylierung 196, 212
Photodissoziation 346
Photoindustrie 516
Photonastie 172
Photophosphorylierung, zyklische 202
Photosynthese 75, 82, 132, 176, *200 ff.,* 206, 216, 218, 220, 262, 280, 282, 347, 351, 462
Photosyntheserate 204
Phototaxis 176
Phototropismus *172*
pH-Wert 75, 98, 110, 136, 224
Picocurie 402
Pilze *138,* 144, 162, 216, 226, 310, 364
–, niedere 94
Pilzhyphen 132, 174
Pilzkrankheiten 288
Pilzschicht 132
Pioniergehölze 233
Pionierpflanzen 103
Planwirtschaft 14
Plasmabrücke 178
Plasmolyse 351
Platin 110
Plutonium 404, 454, 494
Polareis 44, 64
Pollen 336
Polyäthylen 434
Polypengeneration 182
polyphag 226
Polypropylen 434
Polysaccharide 208
Polystyrol 434
Polyvinylchlorid s. PVC
Population 306, 526
Populationsdichte 308
Populationsdynamik *306*
Portionsweide 271
Pottwal 522
Preßkuchen 446
Preßlinge *444*
Primärkühlkreislauf 496, 502

548

Primärstrahlung 490
Propan 482
Propionsäuregärung 214
Proportionsregel *199*
Prostatakrebs 338
Proteine 222
Prothallium 180
Protonen 398, 492
Protonenstrahlung 402
Protoplasma 178
Protozoen 310, 364
Psyche, menschliche *540*
Punktmutation 192
Purpurbakterien *206*
Putzbienen 158
PVC (Polyvinylchlorid) 434, 438
Pyridin 394

Q

Quallen 182
Quarz 108
Quarzsandschicht 372
Quarzstaub 336
Quastenflosser 188
Quecksilber 338, 358, *390*, 512
Quecksilbersalze 397
Quecksilbervergiftung *390*
Quecksilbervorräte 516
Queensland 316
Quellen 78, *140*
Quellenfauna 140
Quellenflora 140
Quellentiere *142*
Quellschnecken 142
Quellwasser 372
Quellwolken 294

R

rad 402
Rädertierchen 142
Radikale, chemische 347
radioaktive Stoffe *400*
Radioaktivität 396, *492*, 494
–, natürliche *490*
Radioisotope 490, 494
Radionuklide 458, 490, 494
Radiostrahlung 42
Raffinerien 342
Randmeere 64
Rangordnung 530
Raseneisenerz 110
Rasensode 262
Rationalisierung 14
Rationsweide 271
Ratten 248, 432
Rattenplage 428

Räuber 226, 306, 310
Raubmilben 136
Raubwanzen 310, 312
Rauch 60
Raucherhusten 392
Rauchgase 436
Rauchgasverwitterung *126*
Rauchkonzentration 348
Rauchschwalben 246
Raumordnung *318*
Raupenfliegen 310
Rauschgift 532
RBW-Faktor 402
Reaktorkatastrophe 498
Reaktorsicherheitskommission 33
Rebe, europäische 308
Reblaus *182*, 308
Recycling 14, 466, 520
Redoxsysteme 212
Reduktion, biologische 116
Reduzenten *226*
Regelkreis *510*
Regen *52*, 228
Regendichte 292
Regenerationsvermögen *170*, *184*
Regentropfen 50, 52, 104
Regentropfenbildung 52
Regenwasser 144
Regenwürmer 134
Rehe 233, 248, 251
Reichsnaturschutzgesetz 252
Reif *282*
Reifkompost 450
Reiz 176
Reizbarkeit 170, *172* ff.
Reizbeantwortung 176
Reizempfindung 170
Reizleitung 170
Reizort 176
Reizqualitäten 176
Rem 402
Repellents *314*
Reptilien 188
Resistenz 186, 298
Retina 146
Revolution
–, industrielle 18
–, wissenschaftlich-technische 16
Rhein *356*
Rheintal 468
Ribosomen 192
Rieselverfahren 290
Riesenstabheuschrecke 154
Ringelnatter 239
Rinnen 104
Rinnenerosion 104
Rippenfarn 252
RNS 406
Rodentizide 302

Rodung 102
Rohkompost 262
Rohöl 342
Rohphosphat 274
Röhricht 234
Rohstoffe 12
Rohstofferschöpfung 14
Rohstoffverknappung 514
Rohstoffvorräte 514, 518
Rohwasser 372
Rollen 106
Röntgen 402
Röntgenstrahlung 42, 402
Rosenkäfer 239
Roteisen 108
Rothaargebirge 254
Rothirsch 248
Rothuhn 248
Rotkehlchen 245
Rottedeponie 426
Rottehalle 444
Rückkopplungen *510*
–, negative 510
–, positive 328, 510
positive 328
Ruderfußkrebse 144
Ruhestadium 136
Rundtanz *160*

S

Sachverständigenrat *31*
Salpetersäure 347
Salzbecken 120
Salzbildung 120
Salzkissen 120
Salzlager *120*
Salzsäure 340
Salzsprengung 122
Salzstock 120
Samen *180*
Samenpflanzen 188
Samenzelle 178
Sammelbienen 158
Sammler 296
Sandböden 90, 94, 98
Sanddeckkultur 236
Sanddorn 252
Sandfang 366
Sandmischkultur 236
Saprophyten 226
Saprozoen 226
Sargassosee 70
Sättigungsdampfdruck 50, 54
Sättigungspunkt 50
Sauerstoff 75, 82, 90, 108, 200, 212, *220*, 278, 364
–, molekularer 380
Sauerstoffgehalt des Rheins 356
Sauerstoffmangel 90
Sauger 296
Säugetiere 188

Saugkanal 152
Saugnäpfe 168
Saugorgane 174
Saurier 188
S-Bahn 330
Schabe, Amerikanische 314
Schachtelhalm 188
Schadensschwelle 308, 310, 312
Schadgase 380
Schadinsekten 432
Schädlinge 288, 298, 308, 312
Schädlingsbekämpfung 260, 306
–, biologische *310* ff.
–, ökologische *308*
Schädlingspopulation 298
Schadraupen 250
Schadstoffe 396
Schall *408*, 414
Schalldruck 408
Schallpegel 408, 416, 418
Schattenblätter 286
Scheinfüßchen 134, 176
Schelfgürtel 76
Schichterosion 104
Schichtwasser 86
Schild, biologischer 496
Schilddrüse, Überfunktion der 198
Schilf 234
Schilftorf 234
Schlacke 436
Schlafbewegungen *172*
Schlämme, toxische 452
Schlammtrichter 368
Schlauchpilze 162
Schleimbakterien 138
Schlingen 239
Schlupfwespen 154, 310, 312
Schlüsselblumen 252
Schmarotzer s. Parasiten
Schmetterlingsblütler 164
Schmelzwärme 488
Schmelzwasser 484
Schmutzstoffe 336
Schnecken 134, 142, 144, 364
Schnee 66
Schneeglöckchen 252
Schnellabschaltung 502
Schnellfilteranlage 372
Schnellrottesystem 370
Schnellstraße 416
Schonwald *232*
Schutzstreifen 284

Schwachregner 292
Schwachzehrer 260
Schwalben 246
Schwangerschaft 394
Schwänzeltanz *160*
Schwarzerle 234
Schwarzes Meer 68
Schwarztorf 234
Schwarzwald 228
Schwarzwälder Hochwald 254
Schwebeeinrichtungen 180
Schwebfliegen 310, *312*
Schwebstaub 378
Schwebstoffe 324
Schwefel 84, 278
Schwefeldioxid 229, 340, 346, 348, 350, *351*, 358, *382*
Schwefeloxide 438
Schwefelsäure 338, 358
Schwefelwasserstoff 84, 116, 206, 266
Schweizer Mannsschild 252
Schwelbrände 432
Schwerkraft (Gravitation) 40
Schwermetalle 110, 278
Schwertlilien 252
Schwimmblattpflanzen *148*
Sedimentation 78, 104
Sedimentite 108
Seeanemone 164
See-Elefanten 251
Seehunde 251
See-Land-Strömung 48
Seelöwen 251
Seen 64, 78, *80*
–, tektonische 78
Seerosen 148, 252
Seescheiden 184
Seewasser 75
Segelfalter 239
Seggen 234
Seggentorfe 234
Seidelbast 252
Seifen 110
Seitenlinienorgane 146
Sekundärkonsumenten 226
Sekundärkreislauf 496
Selbstreinigung der Gewässer *364*
Selbstschüsse 239
Selektionsvorteil 186
Selen 338
Sexuallockstoffe 314
Sicherheitsbehälter 496
Sicherheitsventil 340
Sickerwasser 86, 92

Sickerwasserzone 86
Siebengebirge 254
Siebröhren 216
Siedewasserreaktor 496
Siedlungsabfälle *420*
Silber 110
Silberdistel 252
Silberjodid 294
Silberproduktion 516
Silbervorräte 516
Silicate 108, 124
Silicium 108, 278
Siliciumtetrafluorid 351
Singvögel 251
Sinnesborsten 150
Sinneszellen 146, 414
Sippenverband 530
SKE s. Steinkohleeinheiten
Skinrohr 368
Skorpione 188
Smog, photochemischer *346*
Smogalarmpläne *350*
Smogkatastrophe 532
Solanin 314
Solarzellen *486*
Sommerstagnation 80
Sonde 118
Sondermüll 426
Sonne 72
Sonnenblätter 286
Sonnenblume 260
Sonneneinstrahlung 42, 58, 76, 96, 324
Sonnenenergie 66, 462, *486*, *488*
Sonnenkraftwerke 486
Sonnenlicht 170, 200, 486
–, ultraviolettes 380
Sonnentau 150, 252
soziale Marktwirtschaft 14
Sozialversicherung 530
Spaltöffnungen 200, 216, 218, 351
Spaltung, thermische 116
Speichelkanal 152
Speicherzellen 184
Speiseröhrenkrebs 338
Sperlinge 245
Spermatozoen 180
Sperrschicht 60, 346
Spessart 254
Spitzmaus 198
Sporangien 180
Sporen 138, 180
Sporenbildung 282
Sprachbehinderungen 390
Spraydosen *344*
Springflut 72
Springmäuse 136

Springschwänze *136*
Sproßwachstum 96
Sprudelquellen 140
Sprungschichten 76
Spulwürmer 166
Spurenelemente 74, 75, 84, *278*
Spurengase 40
Stäbchen 146
Stadtstraße 416
Stahl 466
Stallmiststreuer 448
Stammraumklima 62
Stammsukkulenten 218
Stampffußwalze 428
Ständerpilze 138, 162
Standortgenehmigung 33
Standortvorbescheid 33
Standweide 271
Starkregner 292
Starkzehrer 260
Staub 324, *338*
–, grober s. Grobstaub
Staubemission *338*
Staubfilter 338
Stauden 252
Stauverfahren 290
Stauverschlüsse 296
Stauwasser 92
Stechapparat *152*
Stechmücken 166, 250, 308
Stechpalme 128, 252
Steinernes Meer 253
Steinhuder Meer 254
Steinkohle 112
Steinkohleeinheiten (SKE) 464
Steinkohlenwälder 188
Steinsalz 120
Stellplatz 331
Steppenpflanzen 216
Sterberate 526, 528
Sterzeln 158
Steuerstäbe 496, 502
Steuerungsmolekül 406
Stickoxide 222, 346, *378*, 380
Stickstoff 40, 94, 98, 164, *222*, *272*, 278, 364
Stickstoffauswaschung 222, 272
Stickstoffdioxid 347, 378, 380
Stickstoffdüngung 270
Stickstoffmangel 272
Stickstoffmonoxid 378, 380
Stickstoffsammler 222
Stickstoffverlust 272
Stiller Ozean 68
Stockholmer Umweltkonferenz 12, 26
Stofftransport 216

Stoffwechsel *170*
Stoffwechselstörungen 398
Strahlen
–, infrarote 58
–, ionisierende 396
–, radioaktive 186, 192, *398*, *492*
–, terrestrische 490
–, ultraviolette 324
Strahlenbelastung 402
Strahlendosis *402*
Strahlenpilze 94, *138*
Strahlenschäden *402*
Strahlungsbilanz der Erde 42
Strahlungsenergie 460
Strahlungsfrost 284
Strahlungsnebel 54
Straßen 319
Straßenbahn 330, 331, 510
Straßenlärm 319
Straßenverkehr 250
Straßenverkehrsunfall 328
Sträucher 233, 308
Strauchschicht 132
Streß *539*
Streuschicht 130
Streustrahlung 42
Strompreis *470*
Strontium *400*, 454
Strudelwürmer 140, 142, 144
Stubbenhorizont 114
Sturmflut 72
Sturzquellen 140
Stygobionten *144*
Subsistenzphase *300*
Subsistenzwirtschaft 14
Subsysteme *23 ff.*
Sukkulenten *218*
Sukzession, ökologische 130
Sulfat 84, 92, 120
Sulfid 84
Sumatranashorn 251
Sumpfpflanzen *148*
Sumpfschildkröte 239
Superbenzin 334
Superphosphat 274
Suspension 106
Süßwasser 76
Süßwasserspeicher 64
Symbiose 146, *162*
Systemanalyse *22*
Systemforschung *22*
Systemtheorie *22*

T

Tabak 281, *392 ff.*
Tabakrauch 336, 392
Tabakteer 392
Tagfalter 239
Talaufschüttungen 78
Talwind 48

Tau 282
Tauben 245
Taubheit 390
Taufliege 406
Taupunkt 54, 282
Tausendfüßer 188
Taxi 330
Teichrosen 148
Tellereisen 239
Temperatur 56, 58, 60, 62, 76, 82, 96, 120, 122, 280, 482
– in der bodennahen Luftschicht 58 ff.
– in der Pflanzenschicht 62
Temperaturanstieg 58
Temperaturextreme 128
Temperaturgradient 58, 120
Temperaturmaximum 62, 82, 96
Temperaturminimum 62, 82
Temperaturschwankungen 62, 76
Temperaturumkehr 60
Temperaturunterschied 482
Temperaturverhältnisse an Pflanzen 280
Temperaturverwitterung 122
teratogen 390
Tertiärkonsumenten 226
Tetrachloräthylen 384
Teutoburger Wald 254
Thalidomid 302
Thallium 338
Thermalquellen 142
Thermodynamik, zweiter Hauptsatz der 184
Thermotaxis 176
Thermotropismus 172
Thigmotropismus 174
Thioharnstoff 397
Thomasmehl 274
Thymidin 406
Thymin 192
Tiefengestein 108
Tiefenströmungen 70
Tiefenwasser 76
Tiefsee 146
Tiefseeboden 68
Tiefseefische 146
Tiefseegräben 68
Tiefversenkung flüssiger Abfälle 452
Tiefwurzler 260
Tierexkremente 271
Tierexperiment 302
Tierhaltung 264
Tierversuch 302, 397
Titandioxid 358
Tochterzellen 178
Toleranzdosis 302, 396
Tomate 260, 281, 314

Tomatin 314
Tonböden 90, 94
Tonminerale 88, 120, 124, 276
Torf 114
Torfmoos 234
Torfverzehr 236
Totgeburt 194, 394, 398
Traktor 258
Transfer-Ribonukleinsäure 192
Transmutation 406
Transpiration 56, 282
– der Pflanzen 62
Transpirationsrate 56, 286
Traubenzucker 200
Treibgase 344
Trichinen 166
Trinkwasser 372, 375, 482
Triplett 192
Tritium 406, 494
Trittbelastung 271
Trittweide 271
Trockenbeet 366
Trockeneis 294
Trockenkühltürme 504
Trockenstarre 132
Trockentrommel 446
Trollblume 252
Tropfenauswurf 506
Tropfenbildung 50
Tropfkörper 366
Tropophyten 218
Trümmerlagerstätten 110
Truthuhn 248
Tümpelquellen 140
Turbogenerator 486
Turbulenzen 106
Turgorbewegungen 172

U

U-Bahn 330
Übelkeit 394
Überbelastung, akustische 414
Überbeweidung 271
Überdüngung 272
Übergangsmoor 234
Überschußwasser 292
Übertemperatur 280
Überwärmung 324
Ubiquisten 130
Uferpflanzen 252
Uhu 248
Umtriebsweide 271
Umweltbelastung 30, 538
–, Kosten der 538
Umweltbewußtsein 30, 31
Umweltforschung 20 ff.
Umweltfragen 31

Umweltgifte 192, 400
Umweltgutachten 32
Umweltkrise 14, 24
Umweltplanung 12
Umweltpolitik 30
Umweltprogramm 30
Umweltschutz 12, 30
Umweltschutzgesetze 32
Umweltstatistik 31
Umwelttips 36
Umweltverschmutzung 514
Umweltverträglichkeit 31
Unken 239
Unkraut 260, 428, 432
Unkrautbekämpfung 316, 530
Unkrautbekämpfungsmittel 316
Unkrautsamen 288
Unterbeweidung 271
Untersilur 188
Untertemperatur 280
Uran 110, 112, 338, 404, 464, 492, 494
Uranbergbau 494
Uranisotop 492
Uranlagerstätten 112
Uranoxid 498
Urbanisierung 322
Urformen 186
Urlaub 320
Urtierchen 134
Utricularia 150
UV-Licht 192

V

Vakuole 178
Veldensteiner Forst 254
Venusfliegenfalle 150
Veränderungen, neuropsychische 304
Verantwortung 540
Verarmungshorizont 92
Verbandsklage 31, 32
Verdauungssymbiose 164
Verdichtungsräume 318
Verdunstung 56
Verdunstungsverluste 292
Verkehr 328 ff., 416, 532
Verkehrsfläche 319
Verkehrslärm 416
Verkehrstote 540
Vermikulit 276
Verschleißproduktion 466
Verstädterung 322
Versteppung 258
Verursacherprinzip 30, 31, 538

Verwitterung 224, 278
–, biologische 126
–, chemische 88, 124 ff.
–, physikalische 122
Verwitterungsprodukte 88
Verzögerungsfaktoren 512, 526
Viehhaltung 264
Vielzeller 134
Viren 310
Vogelschutz 239, 244 ff.
Vogeltränke 246
Vollzirkulation 82
Vorflut (Vorfluter) 222, 274, 276, 296, 364
Vorkeim 180
Vorklärbecken 366
Vorwegberegnung 284

W

Waben 158
Wabenbau 158
Wachstum 12, 170, 508, 518
– der Erdbevölkerung 518, 526
–, exponentielles 508
–, lineares 508
–, superexponentielles 508
Wachstumsgrenzen 514, 518, 522, 526
Wachstumskatastrophe 518, 526
– New York 532
Wachstumsoptimum 514
Wachszellen 158
Wal 251
Wald 228 ff., 258
Waldameise, Rote 239
Waldbewirtschaftung 229
Waldboden 233
Waldbrände 233
Waldfläche 319
Waldkauz 233
Waldlichtungen 233
Waldschutzgebiete 232
Waldverluste 229
Waldweide 271
Walfang 522
Walfangindustrie 522
Wall, bepflanzter 416
Walrat 522
Walrosse 251
Wärmeenergie 460, 504
Wärmegleichrichtereffekt 488
Wärmeleitfähigkeit des Wassers 80
Wärmereiz 176
Wärmespeicher 488

551

Wärmespeicherung 324
Wärmestrahlung 42, 44, 58, 280
Warmfrontnebel 54
Warmluft 50, 54, 60
Wasser, Kreislauf des 66, 216
Wasserasseln 144
Wasserbedarf 372
Wasserdampf 40, 42, 66, 282, 324, 506
Wasserdampfabgabe 506
Wasserdampfsättigung 50
Wasserenergie *478*
Wassererosion 102, *104*
Wasserhaushalt 228, 258
– des Bodens 96
– der Pflanzen *216*
Wasserkraftwerke *478*
Wasserkreislauf *66*
Wassermangel 216, 292
Wassermilben 142, 144
Wassermolch 239
Wasserpflanzen 216, 220, 224
–, untergetauchte 148
Wasserspaltung 202
Wasserspeicher 66
Wasserspeicherung 218
Wasserstand 86
Wasserstoff 210, 212, 278, 406
Wasserstoffakzeptor 200, 214
Wasserstoffisotope 500
Wassertemperatur 142
Wassertröpfchen 50, 52

Wasserverdunstung 216
Wasserverschmutzung *354 ff.*
Wasserversorgung *372*
Wasservögel 245, 364
Wasserzirkulation 76
Watzmann 253
wechselwarm 199
Wegeplan 256
Weibchen, geflügelte 182
Weichbraunkohle 114
Weichfutterfresser 245
Weichtiere 134
Weide 234, 258, *271*
Weidegang 271
Weidenbruchwald 234
Weinbau 448, 450
Weinernte 347
Weinstock 182
Weißtorf 234
Wellplattenabscheider 368
Weltbevölkerung 514, 526, 528
Weltmodell, regionalisiertes *524*
Wespen *156*
Wetterkunde 38
Wiedenfelser Entwurf 34
Wiederaufbereitungsanlage 406, 494
Wiederkäuer 164
Wiehengebirge 254
Wiese 270
Wildeshauser Geest 254
Wildkatzen 310
Wildpflanzen 250, 260
Wildschweine 251
Wimpern 134
Wimpertierchen 134, 178

Wind *46 ff.*, 80, 476
–, geostrophischer 46
Windbewegung 326
Windbruch 286
Winddruck 72
Winderosion 102, *106*
Windgeschwindigkeit 56, 80, 106, 286, 288, 324
Windkraftwerke *476*
Windmaschine 476
Windmühlen 476
Windrichtung 46
Windschäden 288
Windschutz *288*
Windschutzstreifen 288
Windschutzzaun 288
Windstärke 128
Windwirkung an Pflanzen *286*
Windwurf 286
Wintereier 182
Winterfütterung 245
Winterruhe *199*
Wintersaat 281
Winterschlaf *199*
Winterstagnation 80
Winterstarre *199*
wirbellose Tiere 188
Wirbeltiere 188
Wirtschaftswälder 232
Wirtswechsel *168*
Wohnwert 328
Wolfram 110
Wolken *50*, 52
Wolkentröpfchen 52
Wuchsstockung 94
Wuchsstoffe 94
Wühlmäuse 136
Würfelnatter 239
Würmer 364
–, niedere 134
Wurzelatmung 286
Wurzelbakterien 316
Wurzelknöllchen 164

Wurzelrebläuse 182
Wurzelwachstum 96

X

Xerophyten *216*

Z

Zahnfluorose 374
Zahnpasten, fluorhaltige 375
Zelle *170*
Zellkern 178
Zellteilung 178, 184
Zellulose 114, 164
Zementstaub 336
Zentralnervensystem 176
Zersiedlung *320*
Zigaretten *392 ff.*
Ziliaten 134
Zink 110, 278
Zinnvorräte 516
Zitronensäure 210
Zitronensäurezyklus 208, *210*, 212
Zuckerrohrbohrer 314
Zuckmücken 142
Zugvögel 130
Zweiteilung *178*
Zweitwohnungen 320
Zwergspringschwanz 154
Zwiebel 260, 308
Zwiebelfliege 260, 308
Zwillinge 184
Zwischenwirt 168
Zwitter 136
Zyanophyzeen 162
Zygote 178, 180
Zyklon 446
Zysten 134
Zytosin 192